Top-Angebote für Jagdschein-
anwärter und Jungjäger:
Jetzt entdecken!
Deine Passion
ist unser Revier.
GRUBE
05194/900-0 | INFO@GRUBE.DE | GRUBE.DE

KREBS

Vor und nach der Jägerprüfung

Exklusiv stellen wir allen KREBS-Leserinnen und -Lesern die offiziellen Prüfungsfragen der jeweiligen Bundesländer kostenfrei zur Verfügung unter www.jagdleben.com/Krebs-kostenfreie-Inhalte

So einfach geht es: Den QR-Code scannen, Kurs für das passende Bundesland aussuchen und bei der Anmeldung den Gutscheincode **Krebs151!** einlösen.

Die Komplettausgabe sowie die einzelnen Themengebiete sind auch als eBook erhältlich.

eBook

BLV jagdleben

KREBS

Vor und nach der Jägerprüfung

TOP AKTUELL

Neuester Stand des Jagdrechts – für Prüfung und Praxis

BLV jagdleben

Die Sachgebiete nach Inhalt und Bearbeiter

Gesamtbearbeitung: Christian Teppe, Fachanwalt für Agrarrecht

Jagdrecht, Waffenrecht, Ethik und Brauchtum
Christian Teppe
Fachanwalt für Agrarrecht
Gütestelle Landwirtschaft & Umwelt

Fachlich-sachliche Beratung
Jagdrecht, Waffenrecht, Ethik und Brauchtum, Waffen, Munition, Optik, Wildkunde, Wildbrethygiene, Jagdhunde, Jagdpraxis, UVV, Hege, Land- und Waldbau, Naturschutz
Jörg Koch
Staatl. gepr. Forsttechniker, Waffensachverständiger, Gutachter für Jagd- und Forstwirtschaft, Umweltschutz, prof. Jagdausbilder

Wildkunde (Haarwild/Federwild)
Prof. Dr. Dr. med. vet. habil. Klaus Pohlmeyer
Ehemaliger Leiter des Instituts für Wildtierforschung an der Tierärztlichen Hochschule Hannover i. R.
Fachtierarzt für Wildtierkunde und für Anatomie

Wildbrethygiene
Dr. med. vet. Günther Baumer
Amtstierarzt a. D., Vizepräsident des Bayerischen Jagdverbandes (bis 2018)

Waffe, Munition, Optik
Werner Reb
Dipl. Forsting. (FH), Sachverständiger für Waffen und Munition, Verfasser von Waffenthemen in Zeitschriften und Büchern

Jagdhunde
Egbert Urbach
Leiter der Landesjagdschule des Bayer. Jagdverbandes i. R, Buchautor, JGHV-Verbandsrichter, GM-Hundeführer

Jagdpraxis, Hege
Matthias Meyer
Wildmeister bei der Fürst zu Oettingen-Spielberg'-schen Verwaltung, Fachbuchautor
Verfasser von Jagdpraxisthemen in der Jagdzeitschrift PIRSCH

Landbau
Johannes Urban
ehem. Chefredakteur »Bayerisches Landwirtschaftliches Wochenblatt«

Waldbau
Sepp Kellerer
Chefredakteur »Bayerisches Landwirtschaftliches Wochenblatt«

Jagdrecht, Waffenrecht, Naturschutz, Unfallverhütung
Jost Doerenkamp †
Assessor des Forstdienstes, ehem. Chefredakteur und Herausgeber der Jagdzeitschrift PIRSCH

Das Kapitel Naturschutz wurde von **Dr. Werner d'Oleire-Oltmanns** überarbeitet, ehem. Vors. der Kreisgruppe Berchtesgadener Land im Bayerischen Jagdverband, als Wildbiologe lange im Nationalpark Berchtesgaden tätig.

Ein Werk (Buch) fürs Leben

Als der Forstmann Herbert Krebs im Jahr 1940 sein Lehrbuch »Vor der Jägerprüfung« veröffentlichte, konnte er gewiss nicht ahnen, dass dieses gerade einmal 180 Seiten schmale Büchlein mit seinen immerhin schon 636 Prüfungsfragen als »der KREBS« zu dem Standardwerk und Klassiker der Jagdausbildungsliteratur werden sollte.

Schon 1941 folgte die 2., »verbesserte«, Auflage. In den Jahren danach ging Ausgabe auf Ausgabe in Druck. Dabei passten Herbert Krebs und seine Mitautoren (wie bis heute auch alle ihnen nachfolgenden Bearbeiter) das Lehrbuch beständig den jeweils neuesten wissenschaftlichen Erkenntnissen, den steigenden Anforderungen an das Wissen der Jägerprüfungsaspiranten und den sich wandelnden Einstellungen der Gesellschaft zur Jagd an.

Ein wichtiger Schritt war die Erweiterung des Titels im Jahr 1960 in den bis heute vertrauten Namen »Vor und nach der Jägerprüfung«. Damit wollte Herbert Krebs hervorheben, dass ein Jäger, eine Jägerin, im Prinzip nie aufhört, zu lernen. Denn die erfolgreich bestandene Jägerprüfung ist nur ein erster Schritt. Aus diesem Grund enthält der KREBS auch weit mehr Informationen, als zum Bestehen der Jägerprüfung notwendig sind. Er ist ein Nachschlagewerk für das gesamte jägerische Leben, ein Praxisleitfaden für das Handwerk Jagd.

Heute ist die Jagd technischer geworden; moderne Zieloptiken und Nachtsichtgeräte erobern insbesondere die Hochwildreviere, auch um Antworten auf die herannahende Afrikanische Schweinepest geben zu können. Außerdem gab es noch nie mehr die Nutzung von Natur und Landschaft einschränkende Vorgaben als heute. Zu den klassischen, bekannten Gesetzen von Bund und Ländern sind europäische Richtlinien und Verordnungen hinzugetreten, die ihre örtliche Umsetzung insbesondere durch Naturschutz- und Landschaftsschutzgebietsverordnungen erfahren. An all diese Vorschriften müssen sich Jägerinnen und Jäger genau halten. Dazu müssen sie sie natürlich kennen.

Kennen müssen Jägerinnen und Jäger nicht nur den rechtlichen Rahmen, sondern die gesamte Natur und insbesondere das ihnen anvertraute Wild. Die einzelnen Wildarten sicher ansprechen zu können und innerhalb der Wildarten entscheiden zu können, welches Stück der Wildbahn entnommen werden darf, ist die große Aufgabe, die nur gelingen kann, wenn Jagende sich sicher sind, das richtige Stück auszuwählen. Dies kann nur mit Wissen und Erfahrung in weidgerechter Weise erfolgen. Um das Wissen zu vermitteln, soll dieses Buch nicht nur in der Ausbildung, sondern auch immer wieder im aktiven Jägerleben hilfreich sein. Die für die erfolgreiche Jagd erforderliche Erfahrung kann kein Buch liefern; sie muss mit viel Zeit, Sitzfleisch und guten Jagdfreunden im Revier erworben werden.

Liegen Wissen und Erfahrung vor, können sich Jägerinnen und Jäger so verhalten, wie die Gesellschaft es von ihnen erwartet: weidgerecht, nachhaltig und verantwortungsbewusst.

Dieses Buch habe ich mit meinem Jagdfreund Benedikt Schwenen und seinem Team digital umgesetzt in www.jagdleben.com. Dort ist alles Wissen aus diesem Buch leicht verständlich als modernstes E-Learning präsentiert.

Christian Teppe

Inhalt

A Ethik und Brauchtum

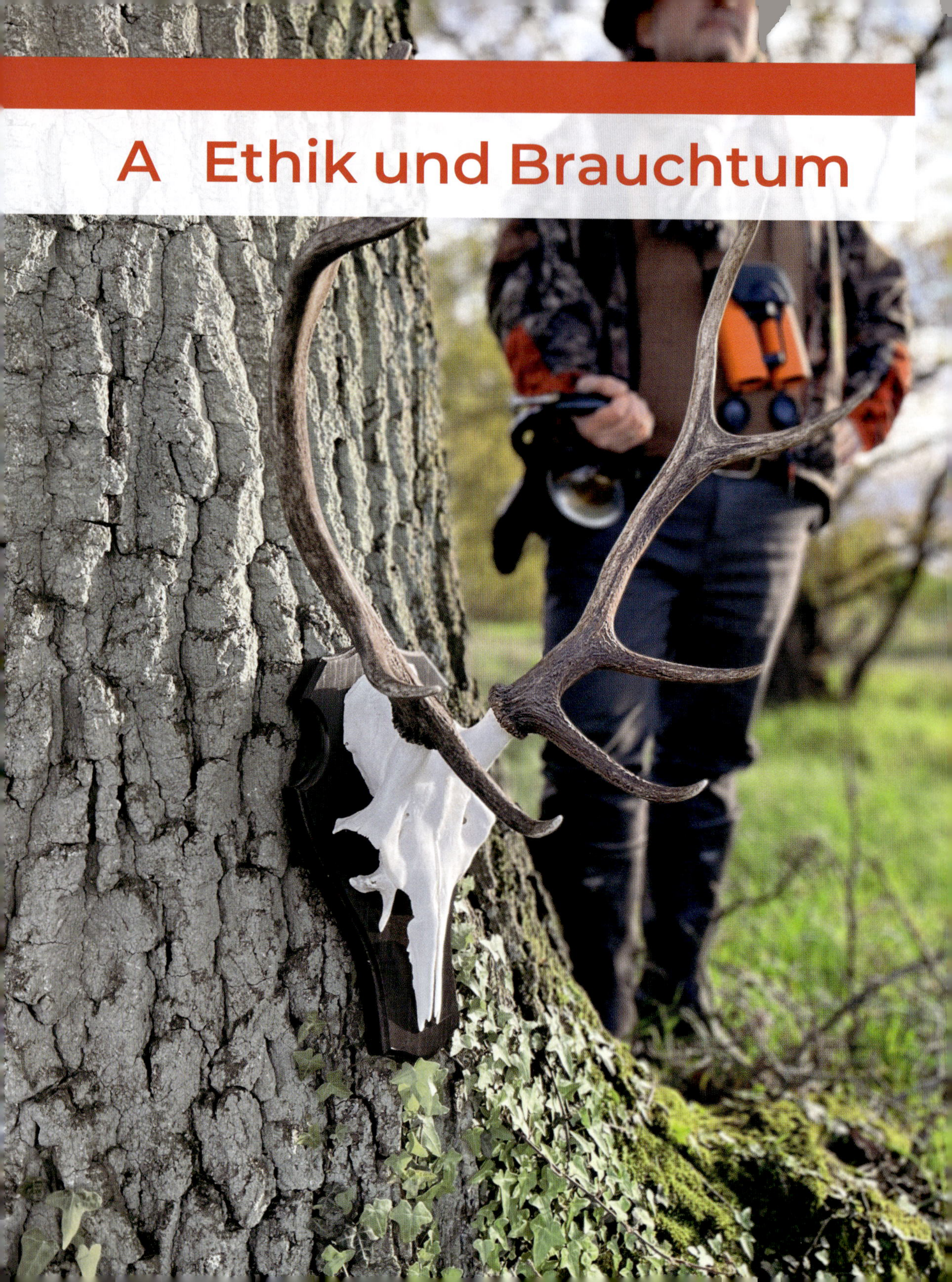

Jagd gestern und heute

Die Entwicklung des heutigen Menschen konnte wohl nur deshalb stattfinden, weil sich frühere Entwicklungsformen dazu entschlossen haben, tierisches Eiweiß zu sich zu nehmen, das sie durch Jagd erbeutet hatten. Die Entwicklung zum Homo sapiens ist also untrennbar mit der Jagd verbunden; nun gilt es jedoch, diesem menschlichen Anspruch in der heutigen Jagd auch gerecht zu werden.

Während die Jagd mit der Domestikation wilder Tiere für die Bauern an Bedeutung verlor, führten Überpopulationen zu empfindlichen Wildschäden an den ohnehin mageren Ernten vergangener Jahrtausende. Eine kleine Gruppe Privilegierter erfreute sich jedoch an der hohen Wilddichte, bot doch die Jagd für weite Teile des Adels und für spätere, weniger edle Machthaber Zeitvertreib, Spiel und gesellschaftliche Anerkennung unter ihresgleichen. Diese Zeiten sind nun – zumindest in Deutschland – vorbei.

Schon seit dem Mittelalter ist man im christlichen Abendland bemüht, den spielerischen Umgang mit dem Tod wilder Tiere durch verantwortungsbewusste Jagd abzulösen. Der berühmteste Aufruf zur Umkehr zur Verantwortung geht wohl mit der Sage vom Heiligen Hubertus einher, der bis zur Erscheinung eines Hirsches mit Kreuz im Geweih wenig Rücksicht auf die Mitgeschöpfe genommen hatte, danach aber geläutert war. Erfreulicherweise wird diesem Schutzheiligen der Jäger am 3. November jeden Jahres konfessionsübergreifend durch Hubertusmessen gedacht. Dabei werden örtliche Jäger und Jagdhornbläser in die Gottesdienste einbezogen. Es kommt zu besonders feierlichen Gottesdiensten, die ein positives Licht nicht nur auf die Kirche, sondern auch auf die Jäger scheinen lassen. Dort, wo solche Messen angeboten werden, sollte sich jeder Jäger fragen, wie er sich einbringen kann; denn bessere Öffentlichkeitsarbeit für das verantwortungsvolle Tun der Jägerschaft kann es kaum geben. Dort, wo diese Messen noch nicht abgehalten werden, sollten Jäger die Initiative ergreifen und zusammen mit den örtlichen Kirchengemeinden Hubertusmessen ins Leben rufen.

Neben den christlichen Ansätzen, den »Schöpfer im Geschöpfe zu ehren«, gibt es, nach der Aufklärung und dem kantschen kategorischen Imperativ, seit dem 19. Jahrhundert auch in der Gesellschaft einen zunehmenden Anspruch auf Schutz der natürlichen Ressourcen, der Natur und speziell der Tiere. Der Gesetzgeber reagierte darauf durch Erlass verschiedenster Gesetze und insbesondere des heute in weiten Teilen noch geltenden Jagdgesetzes, dass seine Wurzeln bereits in den 1920er-Jahren hat.

Weidgerechte Jagd

Die Voraussetzung für weidgerechtes Jagen ist, dass wir Jägerinnen und Jäger bei unserem jagdlichen Tun ethisch handeln. Jäger sein, das bedeutet viel mehr als nur Beute machen, das ist mehr als nur Trophäen sammeln. Jagen heißt, die Zusammenhänge in der Natur erkennen, die Natur lieben und schützen. Jagen ist nicht die Beute. Jagen ist sehen und erleben. Die Jagd erfordert einen aufrechten, ehrlichen und auch demütigen Menschen, einen Menschen, der aufgeht in der Bewunderung der Natur und der im Laufe seines Jägerlebens die Natur in ihrem geistigen Inhalt verstehen lernt und sich schließlich in Demut vor ihr verneigt. Viele Jagdgegner verkennen, dass die Jagd im Kreislauf des Werdens und Vergehens nichts Verwerfliches ist. Diese Fehleinschätzung hat ihren Grund in einem falsch verstandenen Mensch-Tier-Verhältnis, in der zunehmenden Vermenschlichung von Tieren (Anthropomorphismus), die den Jäger als Mörder brandmarkt. Solange wir die Jagd mit Anstand und tierschutzgerecht ausüben, dürfen wir uns unbesorgt als kultivierte Jägerinnen und Jäger bezeichnen.

Wenn wir heute von der Jagd getrost als wertvolles Kulturgut sprechen können und dürfen, dann haben wir das unserem jägerischen Idealismus, unserer Liebe zum Freisein und unserer Achtung vor den Mitgeschöpfen zu verdanken, ohne die es keine weidgerechte, keine ethisch einwandfreie Jagdweise und auch keine Menschlichkeit geben kann. Es ist daher für uns Jägerinnen und Jäger unerlässlich, uns eine ethische Grundeinstellung zu eigen zu machen.

Weidgerechtigkeit – kein leeres Wort

Die Weidgerechtigkeit ist für Jäger keine leere Worthülse und darf auch nicht dazu verkommen; schließlich ist sie zentraler Begriff des Bundesjagdgesetzes (§ 1 Abs. 3). Danach sind alle Jagenden verpflichtet, die allgemeinen Regeln der Weidgerechtigkeit einzuhalten. Um diesem unbestimmten Rechtsbegriff Inhalt zu geben, müssen wir Jägerinnen und Jäger uns die Frage stellen, ob unser Verhalten der Natur, dem Wild, dem Mitjäger, aber auch der Öffentlichkeit und damit anderen Naturnutzern und an der Natur interessierten Menschen gerecht wird. Konkret bedeutet dies:

Was du nicht kennst, das schieß nicht tot!

Nur wenn der Jäger sich zu 100 % sicher ist, das richtige Stück Wild im Absehen zu haben, darf er den Finger krumm machen und das Stück erlegen. Nur so werden Fehlabschüsse, die Ordnungswidrigkeiten oder bei führenden Stücken sogar Straftaten bedeuten können, verhindert.

Jagd ohne Hund ist Schund

Jedem Revier muss ein brauchbarer, also geprüfter Jagdhund, zur Verfügung stehen. Dabei sollten sich Revierinhaber nicht auf andere verlassen, sondern die Mühe auf sich nehmen, mindestens einen eigenen Hund auszubilden. Jungjäger, die einen Hund ausbilden, werden durch ihn schnell jagdlichen Anschluss finden.

Todsünde Jagdneid

Der Charakter des Mitjägers offenbart sich im Erfolg des anderen. Deshalb ist es dringend geboten, dem Erleger aufrichtiges »Weidmannsheil« auszusprechen. Der Erfolg des anderen sollte statt Neid auszulösen, Ansporn sein, seine jagdlichen und Schießfertigkeiten zu optimieren. Mit dem Jagdglück klappt es sicher. Irgendwann.

Wann erwidert man »Weidmannsheil« und wann »Weidmannsdank«?

Beim Treffen zweier Jagenden sagen beide »Weidmannsheil«. Wird man beglückwünscht, z. B. zur bestandenen Jägerprüfung, für Verdienste oder zum weidgerechten Erlegen eines Stückes Wild, antwortet man mit »Weidmannsdank«.

Jäger als Naturschützer

Nicht nur, weil die Jagdverbände als Naturschutzverbände anerkannt sind, sondern weil jeder einzelne Jäger dieser Anerkennung gerecht werden muss, gilt es, dieser auch Taten folgen zu lassen. Sei es die Anlage von Blühstreifen, Streuobwiesen oder Schonungen, das Aufhängen von Nistkästen oder Rettung von Gelegen oder Kitzen vor dem Ausmähen, es gibt jede Menge zu tun! Auch andere Naturschutzverbände dürfen das in Feld und Wald und damit auch in Jagdrevieren.

Jägersprache? Ja bitte! Unter Jägern!

Wer sich als Jäger unter Jägern über Jagd unterhalten möchte, kommt an der korrekten Anwendung jagdlichen Sprachgebrauchs nicht vorbei. Doch ebenso wie man seinen behandelnden Arzt verstehen möchte, möchten Nichtjäger auch den Grünrock verstehen. Doch mit Begriffen wie Anstreichen, Abstreichen, Gesperre oder Überläufer können sie häufig nichts anfangen.

Zur Gesellschaftsjagd mit halbautomatischer Waffe?

Wer – insbesondere zum ersten Mal – zu einer Treib- oder Drückjagd eingeladen ist, sollte die klassischen Waffen wie Repetier- bzw. Doppelbüchse oder (Bock-) Doppelflinte dazu führen. Selbstladebüchsen bzw. -flinten sind auf den meisten Gesellschaftsjagden verpönt, denn sie führen zu Fehlschüssen und damit zu vermeidbaren Nachsuchen, die den Zeitplan strapazieren. Wenn äußerst erfahrene Schützen Selbstladewaffen benutzen, um aus einer Rotte Sauen auch noch das 3. und 4. Stück herauszuschießen und der Jagdherr dieses schätzt, ist hingegen alles in Ordnung. Der Jungjäger allerdings sollte sich zunächst zurückhalten und zunächst die jeweiligen Gepflogenheiten beobachten, um sich ihnen dann anzupassen.

Lass Blumen sprechen!

Seit jeher freuen sich Jagende gemeinsam über die Jagderfolge. Zu besonderen Ereignissen sollte daher zum »Tottrinken« eingeladen werden. Ob im Kreise der Jäger eines Reviers oder unter mehr oder weniger zahlreichen Jagdfreunden – den Feierlichkeiten sind nur räumliche und finanzielle Grenzen gesetzt. Der Gastgeber freut sich dabei besonders, wenn ihm Hilfe bei der Vorbereitung (Dekoration, Wildversorgung, Getränkebeschaffung) angeboten wird. Die Akzeptanz solcher Anlässe beim nichtjagenden Ehegatten, der stets unbemerkt die meiste Last zu tragen hat, darf gerne durch auf ihn abgestimmte Gastgeschenke erhöht werden. Diese Zeichen der Wertschätzung vergrößern die Chance auf Wiederholung einer gelungenen Feier.

Sei hilfreich und gut!

Jagd lebt von Gemeinschaften: Ob Jagdverband, Kreisguppe, Hegering, (Hochwild-) Hegegemeinschaft, Jagdgenossenschaft oder Pächtergemeinschaft bzw. Begehungsscheininhaber, überall muss miteinander für die Jagd gewirkt werden. Nur, wenn sich alle einbringen, können die Gemeinschaften zum Wohle der Jagd und der den Jägern anvertrauten Natur wirken.

Auf gute Nachbarschaft!

Was für Wohnungsnachbarn gilt, gilt erst recht für Jagdnachbarn: Wer neu ist, stellt sich seinen Nachbarn vor, denn spätestens bei der Wildfolge gilt es sich abzustimmen. Aber auch für die Frage nach revierübergreifender Drückjagd oder die Nutzung des Jägernotweges sollte die Abstimmung mit dem Nachbarn umgehend erfolgen. Dadurch werden Irritationen vermieden. Bei Drückjagden gilt: Alle stimmen sich ab und treffen sich idealerweise anschließend zum gemeinsamen Streckelegen und Schüsseltreiben. Wer sich ausschließt und sich stattdessen an die Reviergrenze setzt, um abzustauben, handelt nicht nur unsolidarisch, sondern nicht weidgerecht!

Ethisch eingestellter Jagender sein, das muss heißen, Freund zu sein, Kamerad zu sein. Das muss bedeuten, bereit zu sein, auch mit den anderen Naturliebhabern zu teilen, egal ob Fischer, Wanderer oder Pilzsucher. Und es muss bedeuten, gastfreundlich zu sein, denn die Gastfreundschaft ist Zeichen eines hohen ethischen Bewusstseins.

B Recht

Mehr zum Thema Bundesjagdgesetz gibt es im Video

https://www.jagdleben.com/ExklusivfuerKrebs-Leser

Einleitung

Die Herausforderungen an Jagdscheininhaber sind besonders hoch, wenn es darum geht, allen gesetzlichen Vorgaben gerecht zu werden. Leider sind die vom Jäger einzuhaltenden Vorschriften nicht nur in einem Gesetz, sondern in vielen verschiedenen normiert. Neben dem Jagdrecht gilt es, die Vorschriften des bundeseinheitlichen Waffenrechts einzuhalten. Gerade im Naturschutzrecht können sogar örtliche Verordnungen, beispielsweise Naturschutzgebiets oder Landschaftsgebietsverordnungen für den Jäger von großer Bedeutung sein; denn sie beschränken die Nutzbarkeit der Flächen beispielsweise durch Verbot der Bejagung oder durch ein Verbot, Hochsitze aufzustellen.

Jagdrecht

Allgemeines

In keinem anderen Rechtsgebiet treten die politischen Unterschiede so deutlich zutage wie im Jagdrecht. So kommt es, dass ein Regierungswechsel auf Landesebene in der Regel auch Änderungen des Jagdrechts nach sich zieht. Die Rechtsetzungskompetenz zwischen Bund und Ländern ist im Hinblick auf das Jagdrecht in Art. 72 (3) des Grundgesetzes geregelt (konkurrierende Gesetzgebung). Es sind also die Bundesländer und der Bund gleichermaßen berufen, das Jagdrecht auszugestalten. Wessen Änderung zu berücksichtigen ist, kommt darauf an, wer die letzte Änderung vorgenommen hat. Das neueste Gesetz gilt also, sei es bundes- oder landesgesetzlich.

Neben den Ge- und Verboten enthalten die Gesetze auch Sanktionen in Gestalt von Straf- und Bußgeldvorschriften. Als verwaltungsrechtliche Folge einer Sanktion muss jedes Mal damit gerechnet werden, dass auch die Zuverlässigkeit als Jäger und Waffenbesitzer nach dem Jagd- und Waffenrecht überprüft wird. Hierbei geht es mit dem Begriff der Zuverlässigkeit um einen sogenannten unbestimmten Rechtsbegriff, der insbesondere durch Richterrecht ausgestaltet wird. Dadurch sind die Anforderungen an die Zuverlässigkeit in den vergangenen Jahren erheblich gestiegen. Inzwischen erfolgt auch eine Abfrage bei den Landesämtern für Verfassungsschutz.

Straftäter, Extremisten und sonstige unzuverlässige Personen können also weder Jäger noch Waffenbesitzer sein. Ob es die Zuordnung als sogenannter Reichsbürger oder die Verwirklichung einer Trunkenheitsfahrt ist, der Jagdschein ist »perdu« oder wird erst gar nicht erteilt.

Dabei ist zu berücksichtigen, dass es sich beim Waffenrecht um ein Verbot mit Erlaubnisvorbehalt handelt. Grundsätzlich ist also in Deutschland der Besitz und das Führen der Waffen (z. B. zur Jagd) verboten. Um die Erlaubnis zu erhalten, muss man ein Bedürfnis haben (Jagdschein) und darüber hinaus Gewähr bieten, mit Waffen und Munition umsichtig (besser wäre zu sagen vorbildlich) umzugehen.

Um einen Überblick über das Jagdrecht zu bieten, sollen hier im Einzelnen die Vorschriften des Bundesjagdgesetzes erläutert werden. Es empfiehlt sich, die rechtlichen Gegebenheiten nicht aus Drittquellen zu entnehmen oder vom Hörensagen, sondern direkt in den Gesetzestext zu schauen.

Bundesjagdgesetz (BJagdG)

§ 1 Inhalt des Jagdrechts

(1) Das **Jagdrecht** ist die ausschließliche Befugnis, auf einem bestimmten Gebiet wild lebende Tiere, die dem Jagdrecht unterliegen, (Wild) zu hegen, auf sie die Jagd auszuüben und sie sich anzueignen. Mit dem Jagdrecht ist die Pflicht zur Hege verbunden.

(2) Die **Hege** hat zum Ziel die Erhaltung eines den landschaftlichen und landeskulturellen Verhältnissen angepassten, artenreichen und gesunden Wildbestandes sowie die Pflege und Sicherung seiner Lebensgrundlagen; aufgrund anderer Vorschriften bestehende gleichartige Verpflichtungen bleiben unberührt. Die Hege muss so durchgeführt werden, dass Beeinträchtigungen einer ordnungsgemäßen land-, forst- und fischereiwirtschaftlichen Nutzung, insbesondere Wildschäden, möglichst vermieden werden.

(3) Bei der Ausübung der Jagd sind die allgemein anerkannten Grundsätze deutscher **Weidgerechtigkeit** zu beachten.

(4) Die **Jagdausübung** erstreckt sich auf das Aufsuchen, Nachstellen, Erlegen und Fangen von Wild.

(5) Das Recht zur **Aneignung** von Wild umfasst auch die ausschließliche Befugnis, sich krankes oder verendetes Wild, Fallwild und Abwurfstangen sowie die Eier von Federwild anzueignen.

(6) Das Jagdrecht unterliegt den **Beschränkungen** dieses Gesetzes und der in seinem Rahmen ergangenen landesrechtlichen Vorschriften.

Anmerkung: Das Recht zur Jagd und die Verpflichtung zur Hege sind die beiden Seiten der jagdlichen Medaille und untrennbar miteinander verbunden. Ebenso zentrale Vorschrift ist der unbestimmte Rechtsbegriff der Weidgerechtigkeit in Abs. 3, der dem Jäger anständiges Verhalten gegenüber dem Wild, der Natur und den Mitmenschen als Auftrag erteilt.

§ 2 Tierarten

(1) Tierarten, die dem Jagdrecht unterliegen, sind: (s. Tabelle unten)
(2) Die Länder können weitere Tierarten bestimmen, die dem Jagdrecht unterliegen.
(3) Zum Schalenwild gehören Wisente, Elch-, Rot-, Dam-, Sika-, Reh-, Gams-, Stein-, Muffel- und Schwarzwild.
(4) Zum Hochwild gehören Schalenwild außer Rehwild, ferner Auerwild, Steinadler und Seeadler. Alles übrige Wild gehört zum Niederwild.

Anmerkung: Bund und Länder haben Jagdzeitenverordnungen erlassen. Diese werden regelmäßig geändert. Es genügt also nicht, sich die Jagdzeitenverordnung, die im Jagdschein abgedruckt ist, anzusehen. Vielmehr muss sich der Jagende vor Abgabe des Schusses sicher sein, das Wild innerhalb der zulässigen Jagdzeit zu erlegen, ansonsten verwirklicht er einen Bußgeldtatbestand und riskiert die jagdrechtliche Zuverlässigkeit.

Tierarten, die dem Jagdrecht unterliegen

1. Haarwild:
Wisent *(Bison bonasus)*
Elchwild *(Alces alces)*
Rotwild *(Cervus elaphus)*
Damwild *(Dama dama)*
Sikawild *(Cervus nippon)*
Rehwild *(Capreolus capreolus)*
Gamswild *(Rupicapra rupicapra)*
Steinwild *(Capra ibex)*
Muffelwild *(Ovis gmelini musimon)*
Schwarzwild *(Sus scrofa)*
Feldhase *(Lepus europaeus)*
Schneehase *(Lepus timidus)*
Wildkaninchen *(Oryctolagus cuniculus)*
Murmeltier *(Marmota marmota)*
Wildkatze *(Felis silvestris)*
Luchs *(Lynx lynx)*
Fuchs *(Vulpes vulpes)*
Steinmarder *(Martes foina)*
Baummarder *(Martes martes)*
Iltis *(Mustela putorius)*
Hermelin *(Mustela erminea)*
Mauswiesel *(Mustela nivalis)*
Dachs *(Meles meles)*
Fischotter *(Lutra lutra)*
Seehund *(Phoca vitulina)*

2. Federwild:
Rebhuhn *(Perdix perdix)*
Fasan *(Phasianus colchicus)*
Wachtel *(Coturnix coturnix)*
Auerwild *(Tetrao urogallus)*
Birkwild *(Lyrurus tetrix)*
Rackelwild *(Lyrurus tetrix × Tetrao urogallus)*
Haselwild *(Tetrastes bonasia)*
Alpenschneehuhn *(Lagopus mutus)*
Wildtruthuhn *(Meleagris gallopavo)*
Wildtauben **(Columbidae)**
Höckerschwan *(Cygnus olor)*
Wildgänse (*Anser* und *Branta*)
Wildenten **(Anatinae)**
Säger *(Mergus)*
Waldschnepfe *(Scolopax rusticola)*
Blesshuhn *(Fulica atra)*
Möwen **(Laridae)**
Haubentaucher *(Podiceps cristatus)*
Großtrappe *(Otis tarda)*
Graureiher *(Ardea cinerea)*
Greife **(Accipitridae)**
Falken **(Falconidae)**
Kolkrabe *(Corvus corax)*

§ 3 Inhaber des Jagdrechts, Ausübung des Jagdrechts

(1) Das Jagdrecht steht dem Eigentümer auf seinem Grund und Boden zu. Es ist untrennbar mit dem Eigentum am Grund und Boden verbunden. Als selbstständiges dingliches Recht kann es nicht begründet werden.
(2) Auf Flächen, an denen kein Eigentum begründet ist, steht das Jagdrecht den Ländern zu.
(3) Das Jagdrecht darf nur in Jagdbezirken nach Maßgabe der §§ 4 ff. ausgeübt werden.

Anmerkung: Anders als in der deutschen Vergangenheit und in vielen anderen Staaten ist die Jagd in Deutschland an Grund und Boden gebunden. Dem Grundeigentümer steht damit auch grundsätzlich das Jagdrecht zu. (Zur genaueren Ausgestaltung s. § 4.)

§ 4 Jagdbezirke

Jagdbezirke, in denen die Jagd ausgeübt werden darf, sind entweder Eigenjagdbezirke (§ 7) oder gemeinschaftliche Jagdbezirke (§ 8).

Anmerkung: Das Jagdrecht ist als Teil des Eigentumsrechts (Art. 14 GG) an Grund und Boden gebunden. Für bejagdbare Eigentumsflächen unter 75 ha zusammenhängender Fläche gilt die Pflichtmitgliedschaft in einer Jagdgenossenschaft als Körperschaft des öffentlichen Rechts.

§ 5 Gestaltung der Jagdbezirke

(1) Jagdbezirke können durch Abtrennung, Angliederung oder Austausch von Grundflächen abgerundet werden, wenn dies aus Erfordernissen der Jagdpflege und Jagdausübung notwendig ist.
(2) Natürliche und künstliche Wasserläufe, Wege, Triften und Eisenbahnkörper sowie ähnliche Flächen bilden, wenn sie nach Umfang und Gestalt für sich allein eine ordnungsmäßige Jagdausübung nicht gestatten, keinen Jagdbezirk für sich, unterbrechen nicht den Zusammenhang eines Jagdbezirkes und stellen auch den Zusammenhang zur Bildung eines Jagdbezirkes zwischen getrennt liegenden Flächen nicht her.

Anmerkung: Um die Bejagbarkeit der Flächen zu optimieren, können die Jagdbezirke durch Vereinbarung oder durch Verwaltungsakt der Unteren Jagdbehörde abgerundet werden. Dazu werden entweder einzelne Grundstücke angegliedert oder aber abgetrennt.

§ 6 Befriedete Bezirke, Ruhen der Jagd

Auf Grundflächen, die zu keinem Jagdbezirk gehören, und in befriedeten Bezirken ruht die Jagd. Eine beschränkte Ausübung der Jagd kann gestattet werden. Tiergärten fallen nicht unter die Vorschriften dieses Gesetzes.

Anmerkung: Flächen innerhalb bebauter Ortsteile, einzelne Höfe im Außenbereich oder in Randlage sowie Friedhöfe und Gärten dürfen – auch wenn sie innerhalb des Jagdbezirks liegen – nicht bejagt werden. Es kann jedoch von der zuständigen Ordnungsbehörde eine Schießerlaubnis erteilt werden. Weiterhin können befriedete Bezirke auch per Verwaltungsakte der Jagdbehörde entstehen, so beispielsweise in Naturschutzgebieten, für geschlossene Gewässer oder vollständig eingefriedete Grundflächen.

§ 6a Befriedung von Grundflächen aus ethischen Gründen

(1) Grundflächen, die zu einem gemeinschaftlichen Jagdbezirk gehören und im Eigentum einer natürlichen Person stehen, sind auf Antrag des Grundeigentümers zu befriedeten Bezirken

zu erklären (Befriedung), wenn der Grundeigentümer glaubhaft macht, dass er die Jagdausübung aus ethischen Gründen ablehnt. Eine Befriedung ist zu versagen, soweit Tatsachen die Annahme rechtfertigen, dass ein Ruhen der Jagd auf der vom Antrag umfassten Fläche bezogen auf den gesamten jeweiligen Jagdbezirk die Belange

1. der Erhaltung eines artenreichen und gesunden Wildbestandes sowie der Pflege und Sicherung seiner Lebensgrundlagen,
2. des Schutzes der Land-, Forst- und Fischereiwirtschaft vor übermäßigen Wildschäden,
3. des Naturschutzes und der Landschaftspflege,
4. des Schutzes vor Tierseuchen oder
5. der Abwendung sonstiger Gefahren für die öffentliche Sicherheit und Ordnung

gefährdet. Ethische Gründe nach Satz 1 liegen insbesondere nicht vor, wenn der Antragsteller

1. selbst die Jagd ausübt oder die Ausübung der Jagd durch Dritte auf einem ihm gehörenden Grundstück duldet oder
2. zum Zeitpunkt der behördlichen Entscheidung einen Jagdschein gelöst oder beantragt hat.

Der Antrag ist schriftlich oder zur Niederschrift bei der zuständigen Behörde zu stellen. Der Entscheidung über den Antrag hat neben der Anhörung des Antragstellers eine Anhörung der Jagdgenossenschaft, des Jagdpächters, angrenzender Grundeigentümer, des Jagdbeirats sowie der Träger öffentlicher Belange vorauszugehen.

(2) Die Befriedung soll mit Wirkung zum Ende des Jagdpachtvertrages erfolgen. Sofern dies dem Antragsteller unter Abwägung mit den schutzwürdigen Belangen der Jagdgenossenschaft nicht zuzumuten ist, kann die Behörde einen früheren Zeitpunkt, der jedoch nicht vor Ende des Jagdjahres liegt, bestimmen. In den Fällen des Satzes 2 kann die Jagdgenossenschaft vom Grundeigentümer den Ersatz des Schadens verlangen, der ihr durch die vorzeitige Befriedung entsteht.

(3) Die Befriedung kann räumlich auf einen Teil der Antragsfläche sowie zeitlich beschränkt werden, soweit dies zur Wahrung der Belange nach Absatz 1 Satz 2 erforderlich ist.

(4) Die Befriedung erlischt vorbehaltlich der Sätze 2 und 3 drei Monate nach Übergang des Eigentums an der befriedeten Grundfläche auf einen Dritten. Stellt der Dritte während des Laufs der Frist nach Satz 1 einen Antrag auf erneute Befriedung, so erlischt die bestehende Befriedung mit dem Wirksamwerden der behördlichen Entscheidung über den Antrag. Verzichtet der Dritte vor Ablauf der Frist nach Satz 1 auf einen Antrag auf erneute Befriedung, so erlischt die bestehende Befriedung mit dem Zugang der Verzichtserklärung bei der zuständigen Behörde. Der Grundeigentümer hat den Eigentumswechsel der zuständigen Behörde anzuzeigen. Die Befriedung ist zu widerrufen, wenn

1. der Grundeigentümer schriftlich gegenüber der zuständigen Behörde den Verzicht auf die Befriedung erklärt oder
2. der Grundeigentümer die Jagd ausübt, einen Jagdschein löst oder die Ausübung der Jagd durch Dritte auf einem ihm gehörenden Grundstück duldet.

Die Befriedung ist in der Regel zu widerrufen, wenn Tatsachen bekannt werden, die den Anspruch auf Erklärung zum befriedeten Bezirk entfallen lassen. Die Befriedung ist unter den Vorbehalt des Widerrufs zu stellen für den Fall, dass ein oder mehrere weitere begründete Anträge auf Befriedung in demselben Jagdbezirk gestellt werden und nicht allen Anträgen insgesamt ohne Gefährdung der Belange nach Absatz 1 Satz 2 stattgegeben werden kann. Im Übrigen gelten die verwaltungsverfahrensrechtlichen Vorschriften über Rücknahme und Widerruf von Verwaltungsakten.

(5) Die zuständige Behörde kann eine beschränkte Jagdausübung auf den für befriedet erklärten Grundflächen anordnen, soweit dies zur Vermeidung übermäßiger Wildschäden, der Ge-

fahr von Tierseuchen, aus Gründen des Naturschutzes oder des Tierschutzes, der Seuchenhygiene, der Gewährleistung der Sicherheit des Verkehrs auf öffentlichen Verkehrswegen oder der Abwendung sonstiger Gefahren für die öffentliche Sicherheit und Ordnung erforderlich ist. Widerspruch und Klage gegen die Anordnung haben keine aufschiebende Wirkung. Kommt der Grundeigentümer der Anordnung nicht nach, so kann die zuständige Behörde auf dessen Rechnung die Jagd ausüben lassen.

(6) Wildschäden an Grundstücken, die zum gemeinschaftlichen Jagdbezirk gehören, hat der Grundeigentümer der befriedeten Grundfläche nach dem Verhältnis des Flächenanteils seiner Grundfläche an der Gesamtfläche des gemeinschaftlichen Jagdbezirks anteilig zu ersetzen. Dies gilt nicht, sofern das schädigende Wild auf der befriedeten Grundfläche nicht vorkommt oder der Schaden auch ohne die Befriedung der Grundfläche eingetreten wäre.

(7) Der Grundeigentümer der befriedeten Fläche hat keinen Anspruch auf Ersatz von Wildschäden.

(8) Die Grundsätze der Wildfolge sind im Verhältnis des gemeinschaftlichen Jagdbezirks zu der nach Absatz 1 für befriedet erklärten Grundfläche entsprechend anzuwenden. Einer Vereinbarung nach § 22a Absatz 2 bedarf es nicht. Der Grundeigentümer des für befriedet erklärten Grundstücks ist über die Notwendigkeit der Wildfolge, soweit Belange des Tierschutzes nicht entgegenstehen bereits vor Beginn der Wildfolge, unverzüglich in Kenntnis zu setzen.

(9) Das Recht zur Aneignung von Wild nach § 1 Absatz 1 Satz 1 steht in den Fällen der nach Absatz 5 behördlich angeordneten Jagd und der Wildfolge nach Absatz 8 dem Jagdausübungsberechtigten des Jagdbezirks oder dem beauftragten Jäger zu.

(10) Die Absätze 1–9 sind auf Grundflächen, die einem Eigenjagdbezirk kraft Gesetzes oder auf Grund behördlicher Entscheidung angegliedert sind, entsprechend anzuwenden.

Anmerkung: Erst vor einigen Jahren ist diese Vorschrift eingefügt worden, um Grundeigentümern, die die Jagdausübung glaubhaft aus ethischen Gründen ablehnen, die Möglichkeit einzuräumen, ihre Grundstücke zu befriedeten Bezirken erklären zu lassen. Maßgeblich hierfür war eine Entscheidung des Europäischen Gerichtshofes für Menschenrechte (EGMR). Den Antrag auf Befriedung können nur natürliche Personen stellen, also keine Gesellschaften oder Vereine. Wer glaubhaft machen kann, aus ethischen Gründen die Jagd auf seinem Grundstück nicht dulden zu können, darf als Ausdruck des Eigentumsrechts (Art. 14 GG) verfügen, dass dort nicht gejagt wird. Erklärt die untere Jagdbehörde die Flächen für befriedet, so darf dies nicht die Erhaltung eines artenreichen und gesunden Wildbestandes, die Pflege und Sicherung seiner Lebensgrundlagen, den Schutz der Land-, Forst- und Fischereiwirtschaft vor übermäßigen Schäden, den Schutz vor Tierseuchen oder die Abwendung sonstiger Gefahren für die öffentliche Sicherheit und Ordnung gefährden.

Wer selber Jäger ist, kann diese ethischen Gründe nicht geltend machen.

Die Befriedung kann räumlich auf einen Teil der Antragsfläche sowie zeitlich beschränkt werden. Sie erlischt in der Regel 3 Monate nach Übergang des Eigentums an den befriedeten Flächen auf einen Dritten (Käufer). Sie kann auch durch die Behörde widerrufen werden. Diese kann auch eine beschränkte Jagdausübung auf den für befriedet erklärten Grundflächen anordnen, soweit dies zur Vermeidung übermäßiger Wildschäden, der Gefahr von Tierseuchen, aus Gründen des Naturschutzes oder des Tierschutzes, der Seuchenhygiene, der Gewährleistung der Sicherheit auf öffentlichen Verkehrswegen oder zur Abwendung sonstiger Gefahren für die öffentliche Sicherheit und Ordnung erforderlich ist.

§ 7 Eigenjagdbezirke

(1) Zusammenhängende Grundflächen mit einer land-, forst- oder fischereiwirtschaftlich nutzbaren Fläche von 75 ha an, die im Eigentum ein und derselben Person oder einer Personengemeinschaft stehen, bilden einen Eigenjagdbezirk. Die Länder können abweichend von Satz 1 die Mindestgröße allgemein oder für bestimmte Gebiete höher festsetzen. Soweit am Tag des Inkrafttretens des Einigungsvertrages in den Ländern eine andere als die in Satz 1 bestimmte Größe festgesetzt ist, behält es dabei sein Bewenden, falls sie nicht unter 70 ha beträgt. Die Länder können, soweit bei Inkrafttreten dieses Gesetzes eine solche Regelung besteht, abweichend von Satz 1 bestimmen, dass auch eine sonstige zusammenhängende Fläche von 75 ha einen Eigenjagdbezirk bildet, wenn dies von Grundeigentümern oder Nutznießern zusammenhängender Grundflächen von mindestens je 15 ha beantragt wird.
(2) **Ländergrenzen unterbrechen nicht** den Zusammenhang von Grundflächen, die gemäß Absatz 1 Satz 1 einen Eigenjagdbezirk bilden. In den Fällen des Absatzes 1 Satz 3 besteht ein Eigenjagdbezirk, wenn nach den Vorschriften des Landes, in dem der überwiegende Teil der auf mehrere Länder sich erstreckenden Grundflächen liegt, für die Grundflächen insgesamt die Voraussetzungen für einen Eigenjagdbezirk vorliegen würden. Im Übrigen gelten für jeden Teil eines über mehrere Länder sich erstreckenden Eigenjagdbezirkes die Vorschriften des Landes, in dem er liegt.
(3) Vollständig eingefriedete Flächen sowie an der Bundesgrenze liegende zusammenhängende Grundflächen von geringerem als 75 ha land-, forst- oder fischereiwirtschaftlich nutzbarem Raum können allgemein oder unter besonderen Voraussetzungen zu Eigenjagdbezirken erklärt werden; dabei kann bestimmt werden, dass die Jagd in diesen Bezirken nur unter Beschränkungen ausgeübt werden darf.
(4) In einem Eigenjagdbezirk ist jagdausübungsberechtigt der Eigentümer. An Stelle des Eigentümers tritt der Nutznießer, wenn ihm die Nutzung des ganzen Eigenjagdbezirkes zusteht.

§ 8 Zusammensetzung

(1) Alle Grundflächen einer **Gemeinde oder abgesonderten Gemarkung**, die nicht zu einem Eigenjagdbezirk gehören, bilden einen gemeinschaftlichen Jagdbezirk, wenn sie im Zusammenhang mindestens 150 ha umfassen.
(2) Zusammenhängende Grundflächen verschiedener Gemeinden, die im Übrigen zusammen den Erfordernissen eines gemeinschaftlichen Jagdbezirkes entsprechen, können auf Antrag zu gemeinschaftlichen Jagdbezirken zusammengelegt werden.
(3) Die Teilung gemeinschaftlicher Jagdbezirke in mehrere selbstständige Jagdbezirke kann zugelassen werden, sofern jeder Teil die Mindestgröße von 250 ha hat.
(4) Die Länder können die Mindestgrößen allgemein oder für bestimmte Gebiete höher festsetzen.
(5) In gemeinschaftlichen Jagdbezirken steht die Ausübung des Jagdrechts der **Jagdgenossenschaft** zu.

§ 9 Jagdgenossenschaft

(1) Die Eigentümer der Grundflächen, die zu einem gemeinschaftlichen Jagdbezirk gehören, bilden eine Jagdgenossenschaft. Eigentümer von Grundflächen, auf denen die Jagd nicht ausgeübt werden darf, gehören dieser nicht an.
(2) Die Jagdgenossenschaft wird durch den Jagdvorstand gerichtlich und außergerichtlich vertreten. Der Jagdvorstand ist von der Jagdgenossenschaft zu wählen. Solange die Jagdgenossenschaft

keinen Jagdvorstand gewählt hat, werden die Geschäfte des Jagdvorstandes vom Gemeindevorstand wahrgenommen.
(3) Beschlüsse der Jagdgenossenschaft bedürfen der Mehrheit der anwesenden und vertretenen Jagdgenossen und auch der Mehrheit der bei der Beschlussfassung vertretenen Grundfläche.

Anmerkung: Die Jagdgenossenschaft ist eine Körperschaft des öffentlichen Rechts. Rechtsstreitigkeiten innerhalb der Jagdgenossenschaft, beispielsweise zwischen Jagdgenossen und dem Vorstand, werden daher vor den Verwaltungsgerichten ausgetragen. Streitigkeiten zwischen dem Jagdpächter und der Jagdgenossenschaft hingegen vor den Zivilgerichten. Jede Jagdgenossenschaft verfügt über eine Satzung, die Rechtsverhältnisse zwischen ihr und den Mitgliedern näher ausgestaltet. Die Unteren Jagdbehörden üben die Rechtsaufsicht über die Jagdgenossenschaften aus. Sie haben also – wegen fehlender Fachaufsicht – kein Weisungsrecht gegenüber den Jagdgenossenschaften, wohl aber beratende und hinweisende Funktion.

§ 10 Jagdnutzung

(1) Die Jagdgenossenschaft nutzt die Jagd in der Regel durch Verpachtung. Sie kann die Verpachtung **auf den Kreis der Jagdgenossen beschränken**.
(2) Die Jagdgenossenschaft kann die Jagd auf eigene Rechnung durch angestellte Jäger ausüben lassen. Mit Zustimmung der zuständigen Behörde kann sie die Jagd ruhen lassen.
(3) Die Jagdgenossenschaft beschließt über die Verwendung des Reinertrages der Jagdnutzung. Beschließt die Jagdgenossenschaft, den Ertrag nicht an die Jagdgenossen nach dem Verhältnis des Flächeninhaltes ihrer beteiligten Grundstücke zu verteilen, so kann jeder Jagdgenosse, der dem Beschluss nicht zugestimmt hat, die Auszahlung seines Anteils verlangen. Der Anspruch erlischt, wenn er nicht binnen einem Monat nach der Bekanntmachung der Beschlussfassung schriftlich oder mündlich zu Protokoll des Jagdvorstandes geltend gemacht wird.

§ 10a Bildung von Hegegemeinschaften

(1) Für mehrere zusammenhängende Jagdbezirke können die Jagdausübungsberechtigten zum Zweck der Hege des Wildes eine Hegegemeinschaft als privatrechtlichen Zusammenschluss bilden.
(2) Abweichend von Absatz 1 können die Länder bestimmen, dass für mehrere zusammenhängende Jagdbezirke die Jagdausübungsberechtigten zum Zwecke der Hege des Wildes eine Hegegemeinschaft bilden, falls diese aus Gründen der Hege im Sinne des § 1 Abs. 2 erforderlich ist und eine an alle betroffenen Jagdausübungsberechtigten gerichtete Aufforderung der zuständigen Behörde, innerhalb einer bestimmten Frist eine Hegegemeinschaft zu gründen, ohne Erfolg geblieben ist.
(3) Das Nähere regeln die Länder.

Anmerkung: Hegegemeinschaften können freiwillig oder auf Weisung der Jagdbehörden gebildet werden. Die Länder haben unterschiedliche Ausgestaltungen vorgenommen.

§ 11 Jagdpacht

(1) Die Ausübung des Jagdrechts in seiner Gesamtheit kann an Dritte verpachtet werden. Ein Teil des Jagdausübungsrechts kann nicht Gegenstand eines Jagdpachtvertrages sein; jedoch kann sich der Verpächter einen Teil der Jagdnutzung, der sich auf bestimmtes Wild bezieht, vorbehalten. Die Erteilung von Jagderlaubnisscheinen regeln, unbeschadet des Absatzes 6 Satz 2, die Länder.

Der Jagderlaubnisschein

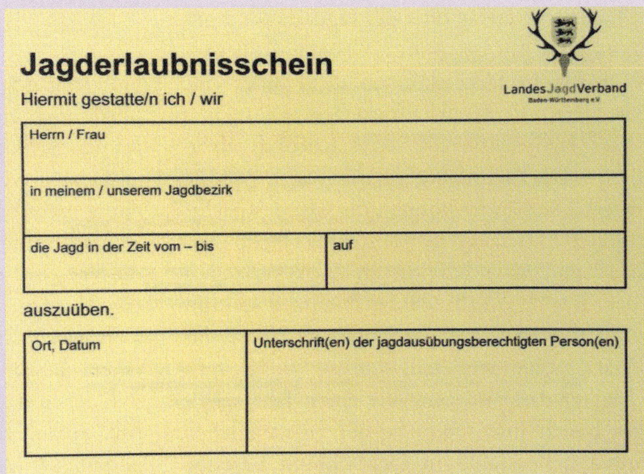
Jagderlaubnisschein

LandesJagdVerband Baden-Württemberg e.V.

Hiermit gestatte/n ich / wir

Herrn / Frau	
in meinem / unserem Jagdbezirk	
die Jagd in der Zeit vom – bis	auf

auszuüben.

Ort, Datum	Unterschrift(en) der jagdausübungsberechtigten Person(en)

Ein Jagdpächter oder Eigenjagdbesitzer kann auch weitere Jäger zur Jagd einladen. Als »Jagdgast« braucht man zur legalen Jagdausübung neben dem Jagdschein die Erlaubnis aller Jagdausübungsberechtigten (JAB) des Reviers, also ggf. aller Mitpächter. Die Jagderlaubnis kann mündlich erteilt werden. Wird der Jagdgast jedoch nicht vom JAB oder einem bestätigten Jagdaufseher begleitet, benötigt er eine schriftliche Jagderlaubnis, die ggf. auch wieder von allen Mitpächtern unterzeichnet sein muss.

Bei den Jagderlaubnisscheinen (JES) unterscheidet man zwischen einem unentgeltlichen und dem entgeltlichen Jagderlaubnisschein (in Rheinland-Pfalz gibt es nur noch Jagderlaubnisscheine). Der unentgeltliche Jagderlaubnisschein ist eine Legitimation ohne jegliche Gegenleistung. Beim entgeltlichen Erlaubnisschein wird eine Gegenleistung – finanziell oder sonstiger Art – gegeben. Zudem ist ein entgeltlicher JES an bestimmte Formalitäten gebunden. So dürfen nicht mehr entgeltliche JES ausgegeben werden, wie von der Flächengröße des Reviers her Jagdpächter zulässig sind, er muss der zuständigen Behörde angezeigt werden und er wird mit der Fläche, auf der man anteilsmäßig jagdberechtigt ist, in den Jagdschein eingetragen.

(2) Die Verpachtung eines Teils eines Jagdbezirkes ist nur zulässig, wenn sowohl der verpachtete als auch der verbleibende Teil bei Eigenjagdbezirken die gesetzliche Mindestgröße, bei gemeinschaftlichen Jagdbezirken die Mindestgröße von 250 ha haben. Die Länder können die Verpachtung eines Teiles von geringerer Größe an den Jagdausübungsberechtigten eines angrenzenden Jagdbezirkes zulassen, soweit dies einer besseren Reviergestaltung dient.

(3) Die **Gesamtfläche**, auf der einem **Jagdpächter** die Ausübung des Jagdrechts zusteht, darf nicht mehr als **1000 ha** umfassen; hierauf sind Flächen anzurechnen, für die dem Pächter aufgrund einer entgeltlichen Jagderlaubnis die Jagdausübung zusteht. Der Inhaber eines oder mehrerer Eigenjagdbezirke mit einer Gesamtfläche von mehr als 1000 ha darf nur zupachten, wenn er Flächen mindestens gleicher Größenordnung verpachtet; der Inhaber eines oder mehrerer Eigenjagdbezirke mit einer Gesamtfläche von weniger als 1000 ha darf nur zupachten, wenn die Gesamtfläche, auf der ihm das Jagdausübungsrecht zusteht, 1000 ha nicht übersteigt. Für Mitpächter, Unterpächter oder Inhaber einer entgeltlichen Jagderlaubnis gilt Satz 1 und 2 entsprechend mit der Maßgabe, dass auf die Gesamtfläche nur die Fläche angerechnet wird, die auf den einzelnen Mitpächter, Unterpächter oder auf den Inhaber einer entgeltlichen Jagderlaubnis, ausgenom-

men die Erlaubnis zu Einzelabschüssen, nach dem Jagdpachtvertrag oder der Jagderlaubnis anteilig entfällt. Für bestimmte Gebiete, insbesondere im Hochgebirge, können die Länder eine höhere Grenze als 1000 ha festsetzen.

(4) Der Jagdpachtvertrag ist **schriftlich** abzuschließen. Die Pachtdauer soll mindestens 9 Jahre betragen. Die Länder können die Mindestpachtzeit höher festsetzen. Ein laufender Jagdpachtvertrag kann auch auf kürzere Zeit verlängert werden. Beginn und Ende der Pachtzeit soll mit Beginn und Ende des Jagdjahres (1. April bis 31. März) zusammenfallen.

(5) Pächter darf nur sein, wer einen Jahresjagdschein besitzt und schon vorher einen solchen während dreier Jahre in Deutschland besessen hat. Für besondere Einzelfälle können Ausnahmen zugelassen werden. Auf den in Satz 1 genannten Zeitraum sind die Zeiten anzurechnen, während derer jemand vor dem Tag des Wirksamwerdens des Beitritts eine Jagderlaubnis in der Deutschen Demokratischen Republik besessen hat.

(6) Ein Jagdpachtvertrag, der bei seinem Abschluss den Vorschriften des Absatzes 1 Satz 2 Halbsatz 1, des Absatzes 2, des Absatzes 3, des Absatzes 4 Satz 1 oder des Absatzes 5 nicht entspricht, ist **nichtig**. Das Gleiche gilt für eine entgeltliche Jagderlaubnis, die bei ihrer Erteilung den Vorschriften des Absatzes 3 nicht entspricht.

(7) Die Fläche, auf der einem Jagdausübungsberechtigten oder Inhaber einer entgeltlichen Jagderlaubnis nach Absatz 3 die Ausübung des Jagdrechts zusteht, ist von der zuständigen Behörde in den Jagdschein einzutragen; das Nähere regeln die Länder.

Anmerkung: Der Jagdpachtvertrag ähnelt seinem Rechtswesen nach einem Miet- bzw. Pachtvertrag nach BGB; es erfolgt jedoch keine Pacht an Sachen sondern nur an dem (Jagd-)Recht.

§ 12 Anzeige von Jagdpachtverträgen

(1) Der Jagdpachtvertrag ist der zuständigen Behörde anzuzeigen. Die Behörde kann den Vertrag binnen 3 Wochen nach Eingang der Anzeige beanstanden, wenn die Vorschriften über die Pachtdauer nicht beachtet sind oder wenn zu erwarten ist, dass durch eine vertragsmäßige Jagdausübung die Vorschriften des § 1 Abs. 2 verletzt werden.

(2) In dem Beanstandungsbescheid sind die Vertragsteile aufzufordern, den Vertrag bis zu einem bestimmten Zeitpunkt, der mindestens 3 Wochen nach Zustellung des Bescheides liegen soll, aufzuheben oder in bestimmter Weise zu ändern.

(3) Kommen die Vertragsteile der Aufforderung nicht nach, so gilt der Vertrag mit Ablauf der Frist als **aufgehoben**, sofern nicht einer der Vertragsteile binnen der Frist einen Antrag auf Entscheidung durch das Amtsgericht stellt. Das Gericht kann entweder den Vertrag aufheben oder feststellen, dass er nicht zu beanstanden ist. Die Bestimmungen für die gerichtliche Entscheidung über die Beanstandung eines Landpachtvertrages gelten sinngemäß; jedoch entscheidet das Gericht ohne Zuziehung ehrenamtlicher Richter.

(4) Vor Ablauf von 3 Wochen nach Anzeige des Vertrages durch einen Beteiligten darf der Pächter die Jagd nicht ausüben, sofern nicht die Behörde die Jagdausübung zu einem früheren Zeitpunkt gestattet. Wird der Vertrag binnen der in Absatz 1 Satz 2 bezeichneten Frist beanstandet, so darf der Pächter die Jagd erst ausüben, wenn die Beanstandungen behoben sind oder wenn durch rechtskräftige gerichtliche Entscheidung festgestellt ist, dass der Vertrag nicht zu beanstanden ist.

Anmerkung: Jeder Jagdpachtvertrag muss der Unteren Jagdbehörde angezeigt werden. Die Genehmigung des Jagdpachtvertrages bedeutet nicht, dass dieser nicht nichtig im Sinne von § 11 sein kann.

§ 13 Erlöschen des Jagdpachtvertrages

Der Jagdpachtvertrag **erlischt**, wenn dem Pächter der Jagdschein **unanfechtbar entzogen** worden ist. Er erlischt auch, wenn die Gültigkeitsdauer des Jagdscheines abgelaufen ist und entweder die zuständige Behörde die Erteilung eines neuen Jagdscheines unanfechtbar abgelehnt hat oder der Pächter die Voraussetzungen für die Erteilung eines neuen Jagdscheines nicht fristgemäß erfüllt. Der Pächter hat dem Verpächter den aus der Beendigung des Pachtvertrages entstehenden **Schaden** zu **ersetzen**, wenn ihn ein Verschulden trifft.

Anmerkung: Wird dem Jagdpächter der Jagdschein von der Behörde entzogen und sind dagegen keine Rechtsmittel mehr möglich, erlischt der Pachtvertrag nach dieser Vorschrift. Es empfiehlt sich daher, als Jagdpächter gegen die Entziehung des Jagdscheines in jedem Fall gerichtlich vorzugehen, um das Erlöschen des Pachtvertrages zu verhindern bzw. zu verzögern.

§ 13a Rechtsstellung der Mitpächter

Sind mehrere Pächter an einem Jagdpachtvertrag beteiligt (Mitpächter), so bleibt der Vertrag, wenn er im Verhältnis zu einem Mitpächter gekündigt wird oder erlischt, mit den übrigen bestehen; dies gilt nicht, soweit der Jagdpachtvertrag infolge des Ausscheidens eines Pächters den Vorschriften des § 11 Abs. 3 nicht mehr entspricht und dieser Mangel bis zum Beginn des nächstens Jagdjahres nicht behoben wird. Ist einem der Beteiligten die Aufrechterhaltung des Vertrages infolge des Ausscheidens eines Pächters nicht zuzumuten, so kann er den Vertrag mit sofortiger Wirkung kündigen. Die Kündigung muss unverzüglich nach Erlangung der Kenntnis von dem Kündigungsgrund erfolgen.

Anmerkung: Anders als Miet- und Pachtrecht des BGB, wo nur der Gesamtheit der Mitpächter gekündigt werden kann, ist dies im Jagdrecht auch gegenüber einzelnen Mitpächtern möglich.

§ 14 Wechsel des Grundeigentümers

(1) Wird ein Eigenjagdbezirk ganz oder teilweise veräußert, so finden die Vorschriften der §§ 566 bis 567b des Bürgerlichen Gesetzbuchs entsprechende Anwendung. Das Gleiche gilt im Falle der Zwangsversteigerung von der Vorschrift des § 57 des Zwangsversteigerungsgesetzes; das Kündigungsrecht des Erstehers ist jedoch ausgeschlossen, wenn nur ein Teil eines Jagdbezirkes versteigert ist und dieser Teil nicht allein schon die Erfordernisse eines Eigenjagdbezirkes erfüllt.
(2) Wird ein zu einem gemeinschaftlichen Jagdbezirk gehöriges Grundstück veräußert, so hat dies auf den Pachtvertrag keinen Einfluss; der Erwerber wird vom Zeitpunkt des Erwerbes an auch dann für die Dauer des Pachtvertrages Mitglied der Jagdgenossenschaft, wenn das veräußerte Grundstück an sich mit anderen Grundstücken des Erwerbers zusammen einen Eigenjagdbezirk bilden könnte. Das Gleiche gilt für den Fall der Zwangsversteigerung eines Grundstücks.

Anmerkung: Grundsätzlich bricht auch nach BGB Kauf weder Miete noch Pacht, sodass auch bei Veräußerung eines Jagdbezirks der Pachtvertrag bestehen bleibt. Ist die Pacht jedoch in Kenntnis einer möglichen Veräußerung verlängert worden, geht dies nicht zulasten des Erwerbers. Das Pachtverhältnis endet dann in der regulären Frist.

§ 15 Allgemeines

(1) Wer die Jagd ausübt, muss einen auf seinen Namen lautenden **Jagdschein mit sich führen** und diesen auf Verlangen den Polizeibeamten so-

Jagdschein, Waffenbesitzkarte und Waffenschein.

wie den Jagdschutzberechtigten (§ 25) vorzeigen. Zum Sammeln von **Abwurfstangen** bedarf es nur der schriftlichen Erlaubnis des Jagdausübungsberechtigten. Wer die Jagd mit Greifen oder Falken (Beizjagd) ausüben will, muss einen auf seinen Namen lautenden Falknerjagdschein mit sich führen.

(2) Der Jagdschein wird von der für den Wohnsitz des Bewerbers zuständigen Behörde als Jahresjagdschein für höchstens **3 Jagdjahre** (§ 11 Abs. 4) oder als Tagesjagdschein für 14 aufeinanderfolgende Tage nach einheitlichen, vom Bundesministerium für Ernährung und Landwirtschaft (Bundesministerium) bestimmten Mustern erteilt.

(3) Der Jagdschein gilt im gesamten Bundesgebiet.

(4) Für Tagesjagdscheine für Ausländer dürfen nur die Gebühren für Inländer erhoben werden, wenn das Heimatland des Ausländers die Gegenseitigkeit gewährleistet.

(5) Die erste Erteilung eines Jagdscheines ist davon abhängig, dass der Bewerber im Geltungsbereich dieses Gesetzes eine Jägerprüfung bestanden hat, die aus einem schriftlichen und einem mündlich-praktischen Teil und einer Schießprüfung bestehen soll; er muss in der Jägerprüfung ausreichende Kenntnisse der Tierarten, der Wildbiologie, der Wildhege, des Jagdbetriebes, der Wildschadensverhütung, des Land- und Waldbaues, des Waffenrechts, der Waffentechnik, der Führung von Jagdwaffen (einschließlich Faustfeuerwaffen), der Führung von Jagdhunden, in der Behandlung des erlegten Wildes unter besonderer Berücksichtigung der hygienisch erforderlichen Maßnahmen, in der Beurteilung der gesundheitlich unbedenklichen Beschaffenheit des Wildbrets, insbesondere auch hinsichtlich seiner Verwendung als Lebensmittel, und im Jagd-, Tierschutz- sowie Naturschutz- und Landschaftspflegerecht nachweisen; mangelhafte Leistungen in der Schießprüfung sind durch Leistungen in anderen Prüfungsteilen nicht ausgleichbar. Die Länder können die Zulassung zur Jägerprüfung insbesondere vom Nachweis einer theoretischen und praktischen Ausbildung abhängig machen. Für Bewerber, die vor dem 1. April 1953 einen Jahresjagdschein besessen haben, entfällt die Jägerprüfung. Eine vor dem Tag des Wirksamwerdens des Beitritts in der Deutschen Demokratischen Republik abgelegte Jagdprüfung für Jäger, die mit der Jagdwaffe die Jagd ausüben wollen, steht der Jägerprüfung im Sinne des Satzes 1 gleich.

(6) Bei der Erteilung von Ausländerjagdscheinen können Ausnahmen von Absatz 5 Satz 1 und 2 gemacht werden.

(7) Die erste Erteilung eines **Falknerjagdscheines** ist davon abhängig, dass der Bewerber im Geltungsbereich dieses Gesetzes zusätzlich zur Jägerprüfung eine Falknerprüfung bestanden hat; er muss darin ausreichende Kenntnisse des Haltens, der Pflege und des Abtragens von Beizvögeln, des Greifvogelschutzes sowie der Beizjagd nachweisen. Für Bewerber, die vor dem 1. April 1977 mindestens 5 Falknerjagdscheine besessen haben, entfällt die Jägerprüfung; gleiches gilt für Bewerber, die vor diesem Zeitpunkt mindestens 5 Jahresjagdscheine besessen und während deren Gel-

tungsdauer die Beizjagd ausgeübt haben. Das Nähere hinsichtlich der Erteilung des Falknerjagdscheines regeln die Länder. Eine vor dem Tag des Wirksamwerdens des Beitritts in der Deutschen Demokratischen Republik abgelegte Jagdprüfung für Falkner steht der Falknerprüfung im Sinne des Satzes 1 gleich.

Anmerkung: Diese Vorschrift regelt die allgemeinen Voraussetzungen und Formalien der Jagdscheine. Zuwiderhandlungen können als Ordnungswidrigkeit geahndet werden.

§ 16 Jugendjagdschein

(1) Personen, die das **16. Lebensjahr vollendet** haben, aber noch nicht 18 Jahre alt sind, darf nur ein Jugendjagdschein erteilt werden.
(2) Der Jugendjagdschein berechtigt nur zur Ausübung der **Jagd in Begleitung** des Erziehungsberechtigten oder einer von dem Erziehungsberechtigten schriftlich beauftragten Aufsichtsperson; die Begleitperson muss jagdlich erfahren sein.
(3) Der Jugendjagdschein berechtigt **nicht zur Teilnahme an Gesellschaftsjagden**.
(4) Im Übrigen gilt § 15 entsprechend.

Anmerkung: Jungjäger zwischen 16 und 18 erhalten einen Jugendjagdschein, mit dem sie in Begleitung eines erwachsenen Jägers jagen dürfen. An Gesellschaftsjagden dürfen sie nur als Treiber teilnehmen.

§ 17 Versagung des Jagdscheines

(1) Der Jagdschein ist zu versagen
1. Personen, die noch nicht 16 Jahre alt sind;
2. Personen, bei denen Tatsachen die Annahme rechtfertigen, dass sie die erforderliche **Zuverlässigkeit** oder **körperliche Eignung** nicht besitzen;
3. Personen, denen der Jagdschein entzogen ist, während der Dauer der Entziehung oder einer Sperre (§§ 18, 41 Abs. 2);
4. Personen, die keine ausreichende **Jagdhaftpflichtversicherung** (500.000 EUR für Personenschäden und 50.000 EUR für Sachschäden) nachweisen; die Versicherung kann nur bei einem Versicherungsunternehmen mit Sitz in der Europäischen Union oder mit Niederlassung im Geltungsbereich des Versicherungsaufsichtsgesetzes genommen werden; die Länder können den Abschluss einer Gemeinschaftsversicherung ohne Beteiligungszwang zulassen.

Fehlen die Zuverlässigkeit oder die persönliche Eignung im Sinne der §§ 5 und 6 des Waffengesetzes, darf nur ein Jagdschein nach § 15 Abs. 7 erteilt werden.
(2) Der Jagdschein kann versagt werden
1. Personen, die noch nicht 18 Jahre alt sind;
2. Personen, die nicht Deutsche im Sinne des Artikels 116 des Grundgesetzes sind;
3. Personen, die nicht mindestens 3 Jahre ihren Wohnsitz oder ihren gewöhnlichen Aufenthalt ununterbrochen im Geltungsbereich dieses Gesetzes haben;
4. Personen, die gegen die Grundsätze des § 1 Abs. 3 schwer oder wiederholt verstoßen haben.

(3) Die erforderliche **Zuverlässigkeit** besitzen Personen nicht, wenn Tatsachen die Annahme rechtfertigen, dass sie
1. Waffen oder Munition **missbräuchlich** oder **leichtfertig** verwenden werden;
2. mit Waffen oder Munition **nicht vorsichtig** und **sachgemäß** umgehen und diese Gegenstände **nicht sorgfältig verwahren** werden;
3. Waffen oder Munition **an Personen überlassen** werden, die zur Ausübung der tatsächlichen Gewalt über diese Gegenstände nicht berechtigt sind.

(4) Die erforderliche Zuverlässigkeit besitzen in der Regel Personen nicht, die

1. a) wegen eines Verbrechens,
   b) wegen eines vorsätzlichen Vergehens, das eine der Annahmen im Sinne des Absatzes 3 Nr. 1 bis 3 rechtfertigt,
   c) wegen einer fahrlässigen Straftat im Zusammenhang mit dem Umgang mit Waffen, Munition oder Sprengstoff,
   d) wegen einer Straftat gegen **jagdrechtliche**, **tierschutzrechtliche** oder **naturschutzrechtliche** Vorschriften, das Waffengesetz, das Gesetz über die Kontrolle von Kriegswaffen oder das Sprengstoffgesetz

   zu einer Freiheitsstrafe, Jugendstrafe, Geldstrafe von mindestens **60 Tagessätzen** oder mindestens zweimal zu einer geringeren Geldstrafe rechtskräftig verurteilt worden sind, wenn seit dem Eintritt der Rechtskraft der letzten Verurteilung 5 Jahre nicht verstrichen sind; in die Frist wird die Zeit eingerechnet, die seit der Vollziehbarkeit des Widerrufs oder der Rücknahme eines Jagdscheines oder einem Waffenbesitzverbot nach § 41 des Waffengesetzes wegen der Tat, die der letzten Verurteilung zugrunde liegt, verstrichen ist; in die Frist nicht eingerechnet wird die Zeit, in welcher der Beteiligte auf behördliche oder richterliche Anordnung in einer Anstalt verwahrt worden ist;
2. wiederholt oder gröblich gegen eine in Nummer 1 Buchstabe d genannte Vorschrift verstoßen haben;
3. geschäftsunfähig oder in der Geschäftsfähigkeit beschränkt sind;
4. **trunksüchtig**, rauschmittelsüchtig, geisteskrank oder geistesschwach sind.

(5) Ist ein Verfahren nach Absatz 4 Nr. 1 noch nicht abgeschlossen, so kann die zuständige Behörde die Entscheidung über den Antrag auf Erteilung des Jagdscheines bis zum rechtskräftigen Abschluss des Verfahrens aussetzen. Die Zeit der Aussetzung des Verfahrens ist in die Frist nach Absatz 4 Nr. 1 erster Halbsatz einzurechnen.

(6) Sind Tatsachen bekannt, die Bedenken gegen die Zuverlässigkeit nach Absatz 4 Nr. 4 oder die körperliche Eignung nach Absatz 1 Nr. 2 begründen, so kann die zuständige Behörde dem Beteiligten die Vorlage eines **amts- oder fachärztlichen Zeugnisses** über die geistige und körperliche Eignung aufgeben.

Anmerkung: Abs. 1 dieser Vorschrift regelt die Fälle, in denen der Jagdschein auf keinen Fall erteilt werden darf. Abs. 2 hingegen eröffnet der Unteren Jagdbehörde Ermessen. Immer häufiger werden Gutachten in Auftrag gegeben, um sich gegenüber der Behörde die Zuverlässigkeit bestätigen zu lassen.

§ 18 Einziehung des Jagdscheines

Wenn Tatsachen, welche die Versagung des Jagdscheines begründen, erst nach Erteilung des Jagdscheines eintreten oder der Behörde, die den Jagdschein erteilt hat, bekannt werden, so ist die Behörde in den Fällen des § 17 Abs. 1 und in den Fällen, in denen nur ein Jugendjagdschein hätte erteilt werden dürfen (§ 16), sowie im Falle der Entziehung gemäß § 41 verpflichtet, in den Fällen des § 17 Abs. 2 berechtigt, den Jagdschein für ungültig zu erklären und einzuziehen. Ein Anspruch auf Rückerstattung der Jagdscheingebühren besteht nicht. Die Behörde kann eine Sperrfrist für die Wiedererteilung des Jagdscheines festsetzen.

Anmerkung: Derjenige, der einen Jagdschein ausgestellt bekommen hat, kann ihn wieder verlieren, wenn sich während der Gültigkeit des Jagdscheines herausstellt, dass die Voraussetzungen des § 17 erfüllt sind. Fällt also im Nachhinein auf, dass der Jagdscheininhaber noch nicht 16 Jahre alt ist, nicht zuverlässig oder nicht körperlich geeignet ist, ihm der Jagdschein entzogen worden ist oder er nicht über eine ausreichende Jagdhaftpflichtversicherung

*verfügt, **muss** der Jagdschein zwingend für ungültig erklärt und eingezogen werden.*
*Ist der Jagdscheininhaber noch nicht 18 Jahre alt, nicht Deutscher, nicht mindestens 3 Jahre in Deutschland wohnhaft oder hat schwer oder wiederholt gegen die Grundsätze der Weidgerechtigkeit verstoßen, **kann** der Jagdschein für ungültig erklärt und eingezogen werden. Die Behörde hat insofern **Ermessen**.*

§ 18a Mitteilungspflichten

Die erstmalige Erteilung einer Erlaubnis nach den §§ 15 und 16, das Ergebnis von Überprüfungen nach § 17 sowie Maßnahmen nach den §§ 18, 40, 41 und 41a sind der für den Vollzug des Waffengesetzes nach dessen § 48 Abs. 1 und 2 zuständigen Behörde mitzuteilen.

Anmerkung: Diese Vorschrift soll den Datenaustausch zwischen der Waffenbehörde und der Jagdbehörde garantieren. Die Waffenbehörde ist demnach durch die Jagdbehörde zu informieren, um ggf. ihrerseits Maßnahmen gegen den waffenbesitzenden Jäger einleiten zu können.

§ 19 Sachliche Verbote

(s. Tabelle Seite 30)

§ 19a Beunruhigen von Wild

Verboten ist, Wild, insbesondere soweit es in seinem Bestand gefährdet oder bedroht ist, unbefugt an seinen Zufluchts-, Nist-, Brut- oder Wohnstätten durch Aufsuchen, Fotografieren, Filmen oder ähnliche Handlungen zu stören. Die Länder können für bestimmtes Wild Ausnahmen zulassen.

Anmerkung: Diese Vorschrift schützt das Wild vor Störungen durch Menschen, nicht nur durch Jäger. Ein Verstoß begründet eine Ordnungswidrigkeit, wenn die Störung vorsätzlich erfolgt.

§ 20 Örtliche Verbote

(1) An Orten, an denen die Jagd nach den Umständen des einzelnen Falles die öffentliche Ruhe, Ordnung oder Sicherheit stören oder das Leben von Menschen gefährden würde, darf nicht gejagt werden.
(2) Die Ausübung der Jagd in Naturschutz- und Wildschutzgebieten sowie in National- und Wildparken wird durch die Länder geregelt.

Anmerkung: Sicherheit ist das oberste Gebot bei der Jagd; deshalb muss die Jagd überall dort zurückstehen, wo eine Gefährdung von Menschen besteht, beispielsweise an Straßen, Waldkindergärten oder in der Nähe von Erntearbeiten, sofern dies nicht ausdrücklich abgestimmt ist. Es verbietet sich außerdem, in räumlicher Nähe zu Beerdigungen oder religiösen Veranstaltungen diese durch Schüsse zu stören. Schutzgebietsverordnungen regeln, welche Einschränkungen die Jagd in Naturschutz- bzw. Landschaftsschutzgebieten erfährt. Dies gilt auch für großräumige Schutzgebiete wie Biosphärenreservate und Nationalparke.

§ 21 Abschussregelung

(1) Der Abschuss des Wildes ist so zu regeln, dass die berechtigten Ansprüche der Land-, Forst- und Fischereiwirtschaft auf **Schutz gegen Wildschäden** voll gewahrt bleiben sowie die Belange von **Naturschutz und Landschaftspflege** berücksichtigt werden. Innerhalb der hierdurch gebotenen Grenzen soll die Abschussregelung dazu beitragen, dass ein **gesunder Wildbestand aller heimischen Tierarten** in angemessener Zahl erhalten bleibt und insbesondere der **Schutz von Tierarten** gesichert ist, deren **Bestand bedroht** erscheint.

§ 19 Sachliche Verbote

(1) Verboten ist

1. mit Schrot, Posten, gehacktem Blei, Bolzen oder Pfeilen, auch als Fangschuss, auf Schalenwild und Seehunde zu schießen;
2. a) auf Rehwild und Seehunde mit Büchsenpatronen zu schießen, deren Auftreffenergie auf 100 m (E 100) weniger als 1000 Joule beträgt;
   b) auf alles übrige Schalenwild mit Büchsenpatronen unter einem Kaliber von 6,5 mm zu schießen; im Kaliber 6,5 mm und darüber müssen die Büchsenpatronen eine Auftreffenergie auf 100 m (E 100) von mind. 2000 Joule haben;
   c) mit halbautomatischen Langwaffen, die mit insgesamt mehr als 3 Patronen geladen sind, sowie mit automatischen Waffen auf Wild zu schießen;
   d) auf Wild mit Pistolen oder Revolvern zu schießen, ausgenommen im Falle der Bau- und Fallenjagd sowie zur Abgabe von Fangschüssen, wenn die Mündungsenergie der Geschosse mind. 200 Joule beträgt;
3. die Lappjagd innerhalb einer Zone von 300 m von der Bezirksgrenze, die Jagd durch Abklingeln der Felder und die Treibjagd bei Mondschein;
4. **Schalenwild**, ausgenommen Schwarzwild, sowie Federwild **zur Nachtzeit** zu erlegen; als Nachtzeit gilt die Zeit von 1 ½ Stunden nach Sonnenuntergang bis 1 ½ Stunden vor Sonnenaufgang; das Verbot umfasst nicht die Jagd auf Möwen, Waldschnepfen, Auer-, Birk- und Rackelwild;
5. a) künstliche Lichtquellen, Spiegel, Vorrichtungen zum Anstrahlen oder Beleuchten des Zieles, Nachtzielgeräte, die einen Bildwandler oder eine elektronische Verstärkung besitzen und für Schusswaffen bestimmt sind (Ausnahmen bestehen in einigen Bundesländern), Tonbandgeräte oder elektrische Schläge erteilende Geräte beim Fang oder Erlegen von Wild aller Art zu verwenden oder zu nutzen sowie zur Nachtzeit an Leuchttürmen oder Leuchtfeuern Federwild zu fangen;
   b) Vogelleim, Fallen, Angelhaken, Netze, Reusen oder ähnliche Einrichtungen sowie geblendete oder verstümmelte Vögel beim Fang oder Erlegen von Federwild zu verwenden;
6. Belohnungen für den Abschuss oder den Fang von Federwild auszusetzen, zu geben oder zu empfangen;
7. Saufänge, Fang- oder Fallgruben ohne Genehmigung der zuständigen Behörde anzulegen;
8. Schlingen jeder Art, in denen sich Wild fangen kann, herzustellen, feilzubieten, zu erwerben oder aufzustellen;
9. Fanggeräte, die nicht unversehrt fangen oder nicht sofort töten, sowie Selbstschussgeräte zu verwenden;
10. in Notzeiten Schalenwild in einem Umkreis von 200 m von Fütterungen zu erlegen;
11. Wild **aus** Luftfahrzeugen, **Kraftfahrzeugen** oder maschinengetriebenen Wasserfahrzeugen zu erlegen; das Verbot umfasst nicht das Erlegen von Wild aus Kraftfahrzeugen durch Körperbehinderte mit Erlaubnis der zuständigen Behörde;
12. die Netzjagd auf Seehunde auszuüben;
13. die Hetzjagd auf Wild auszuüben;
14. die Such- und Treibjagd auf Waldschnepfen im Frühjahr auszuüben;
15. Wild zu vergiften oder vergiftete oder betäubende Köder zu verwenden;
16. die Brackenjagd auf einer Fläche von weniger als 1000 ha auszuüben;
17. Abwurfstangen ohne schriftliche Erlaubnis des Jagdausübungsberechtigten zu sammeln;
18. eingefangenes oder aufgezogenes Wild später als 4 Wochen vor Beginn der Jagdausübung auf dieses Wild auszusetzen.

(2) Die Länder können die Vorschriften des Absatzes 1 mit Ausnahme der Nummer 16 erweitern oder aus besonderen Gründen einschränken; soweit Federwild betroffen ist, ist die Einschränkung nur aus den in Artikel 9 Absatz 1 der Richtlinie 2009/147/EG des Europäischen Parlaments und des Rates vom 30. November 2009 über die Erhaltung der wild lebenden Vogelarten (ABl. L 20 vom 26.1.2010, S. 7) in der jeweils geltenden Fassung genannten Gründen und nach den in Artikel 9 Absatz 2 der Richtlinie 2009/147/EG genannten Maßgaben zulässig.

(3) Die in Absatz 1 Nr. 2 Buchstaben a und b vorgeschriebenen Energiewerte können unterschritten werden, wenn von einem staatlichen oder staatlich anerkannten Fachinstitut die Verwendbarkeit der Munition für bestimmte jagdliche Zwecke bestätigt wird. Auf der kleinsten Verpackungseinheit der Munition ist das Fachinstitut und der Verwendungszweck anzugeben.

Anmerkung: Diese Verbote stellen eine zentrale Vorschrift des Jagdrechts dar und sollten unbedingt verinnerlicht und beachtet werden.

(2) **Schalenwild** (mit Ausnahme von Schwarzwild) sowie **Auer-, Birk- und Rackelwild** dürfen nur aufgrund und im Rahmen eines **Abschussplanes** erlegt werden, der von der zuständigen Behörde im Einvernehmen mit dem Jagdbeirat (§ 37) zu bestätigen oder festzusetzen ist. Seehunde dürfen nur auf Grund und im Rahmen eines Abschussplanes bejagt werden, der jährlich nach näherer Bestimmung der Länder für das Küstenmeer oder Teile davon aufgrund von Bestandsermittlungen aufzustellen ist. In gemeinschaftlichen Jagdbezirken ist der Abschussplan vom Jagdausübungsberechtigten im Einvernehmen mit dem Jagdvorstand aufzustellen. Innerhalb von Hegegemeinschaften sind die Abschusspläne im Einvernehmen mit den Jagdvorständen der Jagdgenossenschaften und den Inhabern der Eigenjagdbezirke aufzustellen, die der Hegegemeinschaft angehören. Das Nähere bestimmt die Landesgesetzgebung. Der Abschussplan für Schalenwild muss erfüllt werden. Die Länder treffen Bestimmungen, nach denen die Erfüllung des Abschussplanes durch ein Abschussmeldeverfahren überwacht und erzwungen werden kann; sie können den körperlichen Nachweis der Erfüllung des Abschussplanes verlangen.

(3) Der Abschuss von Wild, dessen Bestand bedroht erscheint, kann in bestimmten Bezirken oder in bestimmten Revieren dauernd oder zeitweise gänzlich verboten werden.

(4) Den Abschuss in den Staatsforsten regeln die Länder.

§ 22 Jagd- und Schonzeiten

(1) Nach den in § 1 Abs. 2 bestimmten Grundsätzen der Hege bestimmt das Bundesministerium durch Rechtsverordnung mit Zustimmung des Bundesrates die Zeiten, in denen die Jagd auf Wild ausgeübt werden darf (Jagdzeiten). Außerhalb der Jagdzeiten ist Wild mit der Jagd zu verschonen (Schonzeiten). Die Länder können die Jagdzeiten abkürzen oder aufheben; sie können die Schonzeiten für bestimmte Gebiete oder für einzelne Jagdbezirke aus besonderen Gründen, insbesondere aus Gründen der Wildseuchenbekämpfung und Landeskultur, zur Beseitigung kranken oder kümmernden Wildes, zur Vermeidung von übermäßigen Wildschäden, zu wissenschaftlichen, Lehr- und Forschungszwecken, bei Störung des biologischen Gleichgewichts oder der Wildhege aufheben. Für den Lebendfang von Wild können die Länder in Einzelfällen Ausnahmen von Satz 2 zulassen.

(2) Wild, für das eine Jagdzeit nicht festgesetzt ist, ist während des ganzen Jahres mit der Jagd zu verschonen. Die Länder können bei Störung des biologischen Gleichgewichts oder bei schwerer Schädigung der Landeskultur Jagdzeiten festsetzen oder in Einzelfällen zu wissenschaftlichen, Lehr- und Forschungszwecken Ausnahmen zulassen.

(3) Aus Gründen der Landeskultur können Schonzeiten für Wild gänzlich versagt werden (Wild ohne Schonzeit).

(4) In den Setz- und Brutzeiten dürfen bis zum Selbstständigwerden der Jungtiere die für die Aufzucht notwendigen Elterntiere, auch die von Wild ohne Schonzeit, nicht bejagt werden. Die Länder können für Schwarzwild, Wildkaninchen, Fuchs, Ringel- und Türkentaube, Silber- und Lachmöwe sowie für nach Landesrecht dem Jagdrecht unterliegende Tierarten aus den in Absatz 2 Satz 2 und Absatz 3 genannten Gründen sowie zur Bekämpfung von Tierseuchen Ausnahmen bestimmen. Die nach Landesrecht zuständige Behörde kann im Einzelfall das Aushorsten von Nestlingen und Ästlingen der Habichte für Beizzwecke aus den in Artikel 9 Absatz 1 Buchstabe c der Richtlinie 2009/147/EG genannten Gründen und nach den in Artikel 9 Absatz 2 der Richtlinie 2009/147/EG genannten Maßgaben genehmigen. Das Ausnehmen der Gelege von Federwild ist verboten. Die Länder können zulas-

Bundesverordnung über die Jagdzeiten

weiß = Jagdzeit   = Schonzeit

	Jan.	Feb.	März	April	Mai	Juni	Juli	Aug.	Sept.	Okt.	Nov.	Dez.
Rotwild												
Kälber												
Schmalspießer												
Schmaltiere												
Hirsche/Alttiere												
Dam-/Sikawild												
Kälber												
Schmalspießer												
Schmaltiere												
Hirsche/Alttiere												
Rehwild												
Kitze												
Schmalrehe												
Ricken (Geißen)												
Böcke										15.		
Gamswild												15.
Muffelwild												
Schwarzwild*												
Feldhase	15.											
Wildkaninchen*												
Fuchs*												
Stein-/Baummarder										16.		
Iltis												
Hermelin												
Mauswiesel												
Dachs												
Rebhuhn												15.
Fasan	15.											
Wildtruthahn												
Hähne	15.		16.		15.							
Hennen	15.											
Ringel-/Türkentaube		20.										
Höckerschwan		20.										
Graugans	15.											
Bless-, Saat-, Ringel-,	15.											
Kanadagans	15.											
Stockente	15.											
Pfeif-, Krick-, Spieß-, Berg-,	15.											
Reiher-, Tafel-, Samt- und	15.											
Trauerente	15.											
Waldschnepfe	15.									16.		
Blesshuhn		20.							11.			
Lach-, Sturm-, Silber-,		10.										
Mantel-, Heringsmöwe		10.										

Alle nicht aufgeführten Wildarten (ohne Jagdzeit) sind ganzjährig geschont.

* Vorbehaltlich der Bestimmungen des § 22 Abs. 4 BJagdG. Weitere Einschränkungen erfolgen durch die Jagdzeitenverordnungen der Bundesländer.

sen, dass Gelege in Einzelfällen zu wissenschaftlichen, Lehr- und Forschungszwecken oder für Zwecke der Aufzucht ausgenommen werden. Die Länder können ferner das Sammeln der Eier von Ringel- und Türkentauben sowie von Silber- und Lachmöwen aus den in Artikel 9 Absatz 1 der Richtlinie 2009/147/EG genannten Gründen und nach den in Artikel 9 Absatz 2 der Richtlinie 2009/147/EG genannten Maßgaben erlauben.

Anmerkung: Bund und Länder haben jeweils eigene Jagd- und Schonzeitenverordnungen erlassen. Verstöße hiergegen können als Straftat oder Ordnungswidrigkeit verfolgt werden.

§ 22a Verhinderung von vermeidbaren Schmerzen oder Leiden des Wildes

(1) Um krankgeschossenes Wild vor vermeidbaren Schmerzen oder Leiden zu bewahren, ist dieses unverzüglich zu erlegen; das gleiche gilt für schwerkrankes Wild, es sei denn, dass es genügt und möglich ist, es zu fangen und zu versorgen.
(2) Krankgeschossenes oder schwer krankes Wild, das in einen fremden Jagdbezirk wechselt, darf nur verfolgt werden (**Wildfolge**), wenn mit dem Jagdausübungsberechtigten dieses Jagdbezirkes eine **schriftliche Vereinbarung** über die Wildfolge abgeschlossen worden ist. Die Länder erlassen nähere Bestimmungen, insbesondere über die Verpflichtung der Jagdausübungsberechtigten benachbarter Jagdbezirke, Vereinbarungen über die Wildfolge zu treffen; sie können darüber hinaus die Vorschriften über die Wildfolge ergänzen oder erweitern.

Anmerkung: Der Tierschutz genießt auf der Jagd höchste Priorität, deshalb muss krankgeschossenes Wild unverzüglich erlegt werden, um es von den Leiden zu erlösen; gegebenenfalls sind Gesellschaftsjagden dafür zu unterbrechen.

Eine schriftliche Wildfolgevereinbarung ermöglicht die Verfolgung krankgeschossenen Wildes auch über die Jagdgrenzen hinweg.

§ 23 Inhalt des Jagdschutzes

Der Jagdschutz umfasst nach näherer Bestimmung durch die Länder den **Schutz des Wildes** insbesondere vor Wilderern, Futternot, Wildseuchen, vor wildernden Hunden und Katzen sowie die Sorge für die Einhaltung der zum Schutz des Wildes und der Jagd erlassenen Vorschriften.

Anmerkung: Wilderei, streunende Katzen und wildernde Hunde sorgen immer wieder für reißerische Schlagzeilen. Der Jagdausübungsberechtigte sollte sich sehr gut überlegen, einen Wilderer zu stellen, wildernden Hunde zu erschießen oder streunende Katzen in Sichtweise von Wohnhäusern zu erlegen. Vielmehr sollten Polizei und Ordnungsamt eingeschaltet werden, um auf andere Weise für Abhilfe zu sorgen. Etwaige Verfahren nach Anzeigen von Hunde- bzw. Katzenbesitzern sind nicht nur unangenehm, sondern können bei der Feststellung von Fehlern auch zu empfindlichen Strafen und dem Verlust des Jagdscheines führen. Einen Wilderer selbst zu stellen und ihn bis zum Eintreffen der Polizei festzuhalten, erscheint zu gefährlich, um es nicht den Ordnungsbehörden zu überlassen.
Gleichwohl besteht das Recht des Jagdschutzberechtigten nach fast allen Landesjagdgesetzen gegen Personen, die unberechtigt jagen oder sonstige Zuwiderhandlungen gegen jagdrechtliche Vorschriften begehen, anzuhalten, ihnen gefangenes oder erlegtes Wild, Waffen, Jagd- und Fanggeräte abzunehmen und ihre Personalien festzustellen.
***Hunde** wildern, wenn sie ein konkretes Stück Wild verfolgen (hetzen) oder anfallen. Sie wildern aber auch schon dann, wenn sie frei im Jagdbezirk auf der Suche nach Wild umherziehen, ohne ein konkretes Stück Wild zu verfolgen. Ein Teil der landes-*

rechtlichen Regelungen stellt im praktischen Ergebnis eine gesetzliche Vermutung dafür auf, dass ein im Revier außerhalb der Einwirkung seines Herrn herumlaufender Hund dem Wild gefährlich ist und daher als wildernd anzusehen sei. Alle Länder sehen vor, dass Blinden-, Hirten-, Jagd- und Polizeihunde, die als solche kenntlich sind, im Rahmen des Jagdschutzes nicht getötet werden dürfen.
Auch für ***Katzen*** *gilt der Grundsatz, dass sie wildern, wenn sie sich frei im Revier bewegen, egal wie weit sie von der nächsten Behausung entfernt sind. Gleichwohl haben fast alle Bundesländer das Tötungsrecht des Jagdschutzberechtigten sachlich eingeschränkt und einen Abstand von 200–500 m zum nächsten bewohnten Gebäude zur Voraussetzung gemacht.*

§ 24 Wildseuchen

Tritt eine Wildseuche auf, so hat der Jagdausübungsberechtigte dies unverzüglich der zuständigen Behörde anzuzeigen; sie erlässt im Einvernehmen mit dem beamteten Tierarzt die zur Bekämpfung der Seuche erforderlichen Anweisungen.

Anmerkung: Diese Vorschrift verpflichtet den Jäger analog der Vorschrift des Tiergesundheitsgesetzes, das Tierhalter in gleicher Weise verpflichtet, Tierseuchen unverzüglich dem Veterinäramt anzuzeigen. Die anzeigepflichtigen Tierseuchen sind nach der TierSAnzV insbesondere die Klassische und die Afrikanische Schweinepest, die Blauzungenkrankheit, die Aujeszkysche Krankheit, die Geflügelpest und die Tollwut. Die Veterinärämter können sodann die erforderlichen Maßnahmen zur Tierseuchenbekämpfung einleiten. Wer gegen diese Anzeigepflicht verstößt, begeht eine Ordnungswidrigkeit gemäß § 39 BJagdG.

§ 25 Jagdschutzberechtigte

(1) Der Jagdschutz in einem Jagdbezirk obliegt neben den zuständigen öffentlichen Stellen dem Jagdausübungsberechtigten, sofern er Inhaber eines Jagdscheines ist, und den von der zuständigen Behörde bestätigten Jagdaufsehern. Hauptberuflich angestellte Jagdaufseher sollen Berufsjäger oder forstlich ausgebildet sein.
(2) Die bestätigten Jagdaufseher haben innerhalb ihres Dienstbezirkes in Angelegenheiten des Jagdschutzes die Rechte und Pflichten der Polizeibeamten und sind Ermittlungspersonen der Staatsanwaltschaft, sofern sie Berufsjäger oder forstlich ausgebildet sind. Sie haben bei der Anwendung unmittelbaren Zwanges die ihnen durch Landesrecht eingeräumten Befugnisse.

Anmerkung: Ein Jagdgast ist kein Jagdschutzberechtigter, wenn er nicht ausdrücklich schriftlich dazu befugt worden ist.

§ 26 Fernhalten des Wildes

Der **Jagdausübungsberechtigte** sowie der **Eigentümer** oder **Nutzungsberechtigte** eines Grundstückes sind berechtigt, zur **Verhütung von Wildschäden** das Wild von den Grundstücken abzuhalten oder zu verscheuchen. Der Jagdausübungsberechtigte darf dabei das Grundstück nicht beschädigen, der Eigentümer oder Nutzungsberechtigte darf das Wild weder gefährden noch verletzen.

Anmerkung: Wildschutzzäune oder Elektrozäune dürfen zum Schutz der landwirtschaftlichen Kulturen sowohl vom Jagdausübungsberechtigten, als auch vom Eigentümer oder Pächter aufgestellt werden. Der Jäger ist aber nicht ohne Zustimmung des Eigentümers oder Pächters berechtigt, zu diesem Zweck Schneisen in die landwirtschaftlichen Kulturen zu schlagen. Dies bedarf stets der Zustim-

mung des Eigentümers bzw. des Pächters. Wer die Kosten für diesen Zaun trägt, ist gesetzlich nicht geregelt. Die wildschadenspflichtigen Jagdausübungsberechtigten sollten sich rechtzeitig mit den Bewirtschaftern der landwirtschaftlichen Flächen abstimmen, welche Flächen schadensträchtig werden, und dort gemeinsame Schutzkonzepte hinsichtlich Einzäunung, Bejagung und Vergrämung erarbeiten. So kann beispielsweise vereinbart werden, Bejagungsschneisen in Maisfeldern unbewirtschaftet zu lassen, in denen das Wild gut zu erlegen ist. Ob dafür dann eine Entschädigung an den Landwirt gezahlt wird, ist Verhandlungssache.

§ 27 Verhinderung übermäßigen Wildschadens

(1) Die zuständige Behörde kann anordnen, dass der Jagdausübungsberechtigte unabhängig von den Schonzeiten innerhalb einer bestimmten Frist in bestimmtem Umfange den **Wildbestand** zu **verringern** hat, wenn dies mit Rücksicht auf das allgemeine Wohl, insbesondere auf die Interessen der Land-, Forst- und Fischereiwirtschaft und die Belange des Naturschutzes und der Landschaftspflege, notwendig ist.
(2) Kommt der Jagdausübungsberechtigte der Anordnung nicht nach, so kann die zuständige Behörde auf dessen Rechnung den Wildbestand vermindern lassen. Das erlegte Wild ist gegen angemessenes Schussgeld dem Jagdausübungsberechtigten zu überlassen.

Anmerkung: Diese Regelung bestand bereits in früheren Jagdgesetzen und ist in die aktuelle Fassung übernommen worden. Der Wildbestand soll nicht so groß werden, dass das Wild die Land- und Forstwirtschaft über das erträgliche Maß hinaus schädigt. Ist daher der Wildbestand zu groß geworden und der Jagdausübungsberechtigte nicht willens oder in der Lage, den Bestand entsprechend zu regulieren, wird dies durch die Behörden veranlasst.

§ 28 Sonstige Beschränkungen in der Hege

(1) Schwarzwild darf nur in solchen Einfriedungen gehegt werden, die ein Ausbrechen des Schwarzwildes verhüten.
(2) Das Aussetzen von Schwarzwild und Wildkaninchen ist verboten.
(3) Das Aussetzen oder das Ansiedeln fremder Tiere in der freien Natur ist nur mit schriftlicher Genehmigung der zuständigen obersten Landesbehörde oder der von ihr bestimmten Stelle zulässig.
(4) Das Hegen oder Aussetzen weiterer Tierarten kann durch die Länder beschränkt oder verboten werden.
(5) Die Länder können die Fütterung von Wild untersagen oder von einer Genehmigung abhängig machen.

Anmerkung: Grundsätzlich lehnt der Gesetzgeber das Aussetzen von Wild ab. Fremde Wildarten, also solche, die bei Inkrafttreten des Bundesjagdgesetzes am 1. April 1953 in Deutschland nicht vorgekommen sind, dürfen schon nach Bundesrecht nur mit Genehmigung ausgesetzt werden. Heimische Schalenwildarten dürfen in der Regel nach den Landesjagdgesetzen nur mit Genehmigung ausgesetzt werden. Aufgrund dieser Vorschriften „entkommt wie zufällig“ immer wieder Dam- und Rotwild aus Wildgattern.
Aufgrund potenzieller Schäden, die Schwarzwild und Kaninchen anrichten, ist es verboten, diese auszusetzen.
Bundesländer haben zum Teil Regelungen zur Fütterung von Wild gefunden (zitiert nach Schuck, Bundesjagdgesetz § 28). In der Regel ist aufgrund von Futterhygiene nur mit heimischen landwirtschaftlichen Produkten zu füttern. Hierbei wird zwischen einer reinen Erhaltungsfütterung, die ausschließlich die Existenz des Wildes sichern soll, und einer Fütterung, die den körperlichen Zustand

des Wildes optimieren soll, unterschieden. Während die Erhaltungsfütterung deshalb nach Zeitpunkt der Ausbringung, Art und Menge des Futters allein versucht, Notsituationen zu überbrücken, können die Jagdausübungsberechtigten ohne eine einschränkende Regelung durchaus auch eine Fütterung ausbringen, um den Bestand des Wildes zu erhöhen. Der Jagdausübungsberechtigte ist grundsätzlich befugt, den Wildbestand durch Fütterung zu stärken, da das Recht zur Jagdausübung auch das Recht der Bestandsnutzung und -stärkung ist, ebenso wie in der Land-, Forst- und Fischereiwirtschaft verbessernden Maßnahmen gestattet sind.

Die ***Ablenkfütterung*** *bezweckt das Binden von Schwarzwild (oder anderer Wildarten) im Wald, um größere Feldschäden zu vermeiden. Nach Landesrecht bedarf sie in der Regel der Genehmigung. Sie macht nur Sinn, wenn das Wild dort regelmäßig und ungestört Futter aufnehmen kann und nicht weitere Wildschäden dadurch provoziert werden.*

Dagegen dient eine ***Kirrung*** *nur dem Zweck des Anlockens des Wildes. Sie ist keine Fütterung, kann aber zur Fütterung werden, wenn nach Art der Anlage und der Menge des ausgebrachten Futters die Messung des Wildes im Vordergrund steht, insbesondere innerhalb der Notzeit. Eine wirksame Klärung soll einen Gewöhnungseffekt des Wildes herbeiführen, der es dazu bringt, an dieser Stelle nach Futter zu suchen. Hierzu darf nur eine geringe Menge ausgebracht werden, um keinen Fütterungseffekt zu erzielen.*

Zu den Kirrungen zählen auch ***Luderplätze****, an denen in der Regel Raubwild wie Fuchs, Dachs, Marder und Waschbär erlegt werden sollen. Dort werden Getreide, Obst, Fleisch- oder Fischreste ausgebracht und so verblendet, dass andere Tierarten möglichst keinen Zugang haben. Luderplätze sind ebenfalls keine Fütterungen.*

Wildäsungsflächen*, also strukturverbessernde land- und forstwirtschaftliche Maßnahmen, sind im Zweifel nicht als Fütterung zu betrachten. Sie vermehren oder ändern lediglich das natürliche Fruchtpotenzial in Feld und Wald, ebenso wie das Pflanzen entsprechender fruchttragender Bäume, die Anlage von Gehölzen, die eine Verbissmöglichkeit schaffen, das Begrünen von Waldwegen und anderes mehr.*

In der freien Natur bedarf entsprechend der Vorgaben des § 40 Bundesnaturschutzgesetz das Ausbringen von Pflanzen, deren Art in dem betreffenden Gebiet in freier Natur nicht oder seit 100 Jahren nicht mehr vorkommt (z. B. Elefantengras als Dickung), der Genehmigung.

Das ***Ausbringen von Medikamenten*** *ist ebenfalls keine Fütterung, zum Teil aber durch die Länder reglementiert. Insbesondere das Ausbringen von Entwurmungsmitteln wurde und wird praktiziert. Die Impfung von Schwarzwild und Füchsen geht auf spezielle Regelungen zurück (z. B. Tollwutverordnung, Schweinepestverordnung).*

§ 28a Invasive Arten

(1) Dem Jagdausübungsberechtigten ist mit dessen Zustimmung für den Jagdbezirk, in dem er die Jagd ausüben darf, die Durchführung von Management- oder Beseitigungsmaßnahmen, die nach § 40e Absatz 2 Halbsatz 1 BNatSchG festgelegt worden sind, von der nach Landesrecht für Jagd zuständigen Behörde ganz oder teilweise zu übertragen oder die Mitwirkung an der Durchführung der Maßnahmen aufzuerlegen, soweit die Durchführung der Maßnahmen im Rahmen der Jagdausübung mit zulässigen jagdlichen Methoden und Mitteln möglich, zumutbar und wirksam ist. Im Übrigen ist der Jagdausübungsberechtigte zur Durchführung von Managementmaßnahmen nach § 40e Bundesnaturschutzgesetz nicht verpflichtet. Die Sätze 1 und 2 gelten entsprechend für Maßnahmen nach Artikel 17 der Verordnung (EU) Nr. 1143/2014 des Europäischen Parlaments und des Rates vom 22. Oktober 2014 über die Prävention und das Manage-

ment der Einbringung und Ausbreitung invasiver gebietsfremder Arten für die in § 40e Absatz 2 Halbsatz 1 genannten Arten.
(2) Soweit die Durchführung von Managementmaßnahmen nach Absatz 1 nicht vom Jagdausübungsberechtigten übernommen wird, oder soweit dieser die ihm übertragenen Maßnahmen oder die Mitwirkung daran nicht ordnungsgemäß ausführt, trifft die nach Landesrecht für Jagd zuständige Behörde nach Anhörung des Jagdausübungsberechtigten die notwendigen Anordnungen; sie kann insbesondere die Durchführung der Maßnahmen übernehmen oder einen Dritten mit deren Durchführung beauftragen. Maßnahmen unter Einsatz jagdlicher Mittel haben im Einvernehmen mit dem Jagdausübungsberechtigten zu erfolgen; sein Jagdrecht bleibt unberührt.
(3) § 1 Absatz 1 Satz 2 ist auf Arten, für die Managementmaßnahmen nach § 40e oder Beseitigungsmaßnahmen nach § 40a des Bundesnaturschutzgesetzes festgelegt worden sind, nicht anzuwenden; § 22 Absatz 4 Satz 1 und 2 gilt entsprechend.

Anmerkung: Nicht heimische Tierarten, sogenannte invasive Tierarten, kommen auf verschiedene Weise nach Deutschland. So kommen sie verstärkt durch günstige klimatische Bedingungen und reichhaltiges Futterangebot oder sind aus Pelztierfarmen geflohen oder freigesetzt worden. Heute sind Nutria, Waschbär, Nilgans und Kanadagans aus vielen Revieren nicht mehr wegzudenken. Um ihren Einfluss auf heimische Wildarten regulieren zu können, ist diese Vorschrift in das Jagdgesetz eingefügt worden. Die Jäger können beauftragt werden, diese Arten verstärkt zu bejagen. Führt dies nicht zum Erfolg, können die Jagd- und Naturschutzbehörden eigene Maßnahmen zur Bestandsregulierung durchführen.

§ 29 Schadensersatzpflicht

(1) Wird ein Grundstück, das zu einem gemeinschaftlichen Jagdbezirk gehört oder einem gemeinschaftlichen Jagdbezirk angegliedert ist (§ 5 Abs. 1), durch **Schalenwild**, **Wildkaninchen** oder **Fasane** beschädigt, so hat die Jagdgenossenschaft dem Geschädigten den Wildschaden zu ersetzen. Der aus der Genossenschaftskasse geleistete Ersatz ist von den einzelnen Jagdgenossen nach dem Verhältnis des Flächeninhalts ihrer beteiligten Grundstücke zu tragen. Hat der Jagdpächter den Ersatz des Wildschadens ganz oder teilweise übernommen, so trifft die Ersatzpflicht den Jagdpächter. Die Ersatzpflicht der Jagdgenossenschaft bleibt bestehen, soweit der Geschädigte Ersatz von dem Pächter nicht erlangen kann.
(2) Wildschaden an **Grundstücken**, die einem Eigenjagdbezirk **angegliedert** sind (§ 5 Abs. 1), hat der Eigentümer oder der Nutznießer des **Eigenjagdbezirks** zu ersetzen. Im Falle der Verpachtung haftet der Jagdpächter, wenn er sich im Pachtvertrag zum Ersatz des Wildschadens verpflichtet hat. In diesem Falle haftet der Eigentümer oder der Nutznießer nur, soweit der Geschädigte Ersatz von dem Pächter nicht erlangen kann.
(3) Bei Grundstücken, die zu einem Eigenjagdbezirk gehören, richtet sich, abgesehen von den Fällen des Absatzes 2, die Verpflichtung zum Ersatz von Wildschaden (Absatz 1) nach dem zwischen dem Geschädigten und dem Jagdausübungsberechtigten bestehenden Rechtsverhältnis. Sofern nichts anderes bestimmt ist, ist der Jagdausübungsberechtigte ersatzpflichtig, wenn er durch unzulänglichen Abschuss den Schaden verschuldet hat.
(4) Die Länder können bestimmen, dass die Wildschadensersatzpflicht auch auf anderes Wild ausgedehnt wird und dass der Wildschadensbetrag für bestimmtes Wild durch Schaffung eines Wildschadensausgleichs auf eine Mehrheit von Beteiligten zu verteilen ist.

Anmerkung: Die gesetzliche Regelung des Wildschadens ist eine Sonderform des Schadensersatzrechts und deshalb auch nur im gesetzlichen Umfang und bei Vorliegen der gesetzlichen Voraussetzungen zu leisten. Weder die Jagdgenossenschaft noch der Jagdpächter übernimmt eine Garantiehaftung für alle eventuellen Schäden an land- und forstwirtschaftlichen Flächen. Vielmehr ist nach dem Gesetz die Jagdgenossenschaft gegenüber dem einzelnen Grundeigentümer, also Jagdgenossen, bzw. den Bewirtschaftern verpflichtet, den Wildschaden, der durch Schalenwild, Wildkaninchen oder Fasanen verursacht worden ist, zu erstatten. Schäden, die durch andere Wildarten wie Dachs, Waschbär, Hase, Wildgans oder -taube verursacht worden sind, sind nicht erstattungsfähig. Die Übernahme solcher Schäden durch den Jagdpachtvertrag ist jedoch möglich.

In der Praxis wird der Wildschadensersatz in der Regel vom Jagdpächter übernommen. Inzwischen

Übersicht Verfahrenswege bei Wildschäden

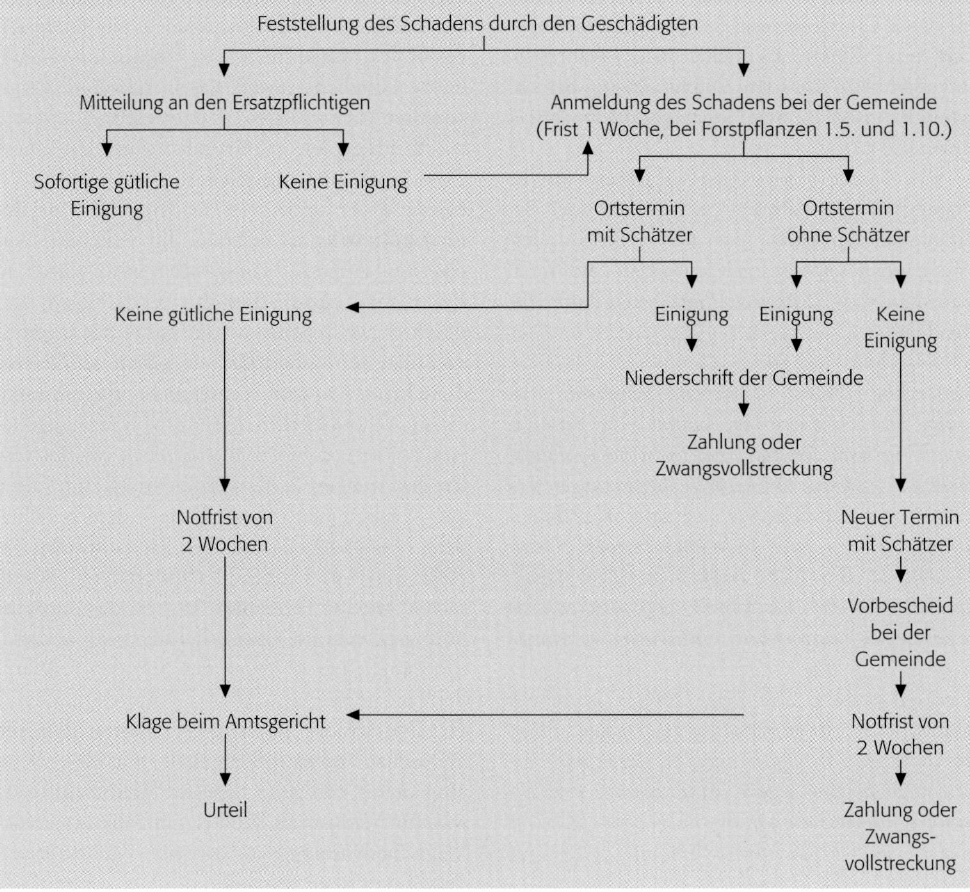

haben sich Regelungen durchgesetzt, die das Risiko zwischen Jagdpächter und Jagdgenossenschaft verteilen, indem sie die Höhe des Wildschadens pro Jahr auf einen bestimmten Betrag deckeln.
Die formellen Voraussetzungen zur Wildschadensersatzpflicht sind streng geregelt; werden diese verletzt, entfällt in der Regel der Anspruch auf Wildschadensersatz.
Der Geschädigte kann entscheiden, ob er gemäß § 249 BGB Wiederherstellung des ursprünglichen Zustands oder Schadensersatz in Form von Geld haben möchte. Nach dem BGB (§ 254) richtet sich auch die Frage des Mitverschuldens des Geschädigten. Verstößt ein Landwirt gegen die sogenannte „gute fachliche Praxis", indem beispielsweise ein Maisfeld nicht sauber abgeerntet wird, bevor es mit Getreide bestellt wird, kann ein prozentualer Abzug vorgenommen werden.

§ 30 Wildschaden durch Wild aus Gehege

Wird durch ein aus einem Gehege ausgetretenes und dort gehegtes Stück Schalenwild Wildschaden angerichtet, so ist ausschließlich derjenige zum Ersatz verpflichtet, dem als Jagdausübungsberechtigten, Eigentümer oder Nutznießer die Aufsicht über das Gehege obliegt.

Anmerkung: Da Wild aus einem Gehege, also einem dauerhaft und vollständig eingefriedeten Grundstück, nicht herrenlos ist, haftet der Tierhalter oder -aufseher, der hier als Jagdausübungsberechtigter, Eigentümer oder Nutznießer bezeichnet wird.

§ 31 Umfang der Ersatzpflicht

(1) Nach den §§ 29 und 30 ist auch der Wildschaden zu ersetzen, der an den getrennten, aber noch nicht eingeernteten Erzeugnissen eines Grundstücks eintritt.

(2) Werden Bodenerzeugnisse, deren voller Wert sich erst zur Zeit der Ernte bemessen lässt, vor diesem Zeitpunkt durch Wild beschädigt, so ist der Wildschaden in dem Umfange zu ersetzen, wie er sich zur Zeit der Ernte darstellt. Bei der Feststellung der Schadenshöhe ist jedoch zu berücksichtigen, ob der Schaden nach den Grundsätzen einer ordentlichen Wirtschaft durch Wiederanbau im gleichen Wirtschaftsjahr ausgeglichen werden kann.

Anmerkung: Der Schadensersatz regelt sich grundsätzlich nach den Vorschriften des Bürgerlichen Gesetzbuches (BGB). Beim Wildschaden ist darauf abzustellen, wie sich dieser auf die Ernte auswirkt. Der nach dem Wildschaden zu erwartende Aufwuchs wird also mitberücksichtigt. Ist es günstiger, die Felder neu zu bestellen, soll nur dies als Kosten in Ansatz gebracht werden.
Aufwendiger wird die Schadensberechnung bei Forstschäden. Hierzu zählen nicht nur Verbiss-, sondern auch Fege- und Schälschäden. Die Schäden sind jeweils nur individuell ermittelbar, weil beispielsweise der Verlust einzelner Bäume in einer Kultur schon bei der Pflanzung einkalkuliert worden ist. In der Regel kommt man an entsprechenden Gutachten nicht vorbei.

§ 32 Schutzvorrichtungen

(1) Ein Anspruch auf Ersatz von Wildschaden ist nicht gegeben, wenn der Geschädigte die von dem Jagdausübungsberechtigten zur Abwehr von Wildschaden getroffenen Maßnahmen unwirksam macht.
(2) Der Wildschaden, der an **Weinbergen, Gärten, Obstgärten, Baumschulen, Alleen, einzelstehenden Bäumen, Forstkulturen,** die durch Einbringen anderer als der im Jagdbezirk vorkommenden Hauptholzarten einer erhöhten Gefährdung ausgesetzt sind, oder Freilandpflanzungen von **Garten- oder hochwertigen Han-**

delsgewächsen entsteht, wird, soweit die Länder nicht anders bestimmen, **nicht ersetzt**, wenn die Herstellung von üblichen **Schutzvorrichtungen unterblieben** ist, die unter gewöhnlichen Umständen zur Abwendung des Schadens ausreichen. Die Länder können bestimmen, welche Schutzvorrichtungen als üblich anzusehen sind.

Anmerkung: Es ergibt sich aus dem Grundsatz des Mitverschuldens, dass derjenige, der eine Schutzvorrichtung beseitigt, für den dadurch entstandenen Schaden nicht auch noch Ersatz verlangen kann. Nimmt ein Landwirt beispielsweise den Elektrozaun ab, um sein Feld zu bewirtschaften, vergisst er anschließend, den Zaun wieder aufzustellen und entsteht dadurch ein Wildschaden, hat er keinen Anspruch auf Ersatz.
Außer in Baden-Württemberg, wo Schäden an Weinbergen grundsätzlich ersatzpflichtig sind, müssen die im Abs. 2 genannten Pflanzungen eingezäunt werden, wenn für sie ggf. Wildschaden geltend gemacht werden soll.

§ 33 Schadensersatzpflicht

(1) Wer die Jagd ausübt, hat dabei die berechtigten Interessen der Grundstückseigentümer oder Nutzungsberechtigten zu beachten, insbesondere besäte Felder und nicht abgemähte Wiesen tunlichst zu schonen. Die Ausübung der Treibjagd auf Feldern, die mit reifender Halm- oder Samenfrucht oder mit Tabak bestanden sind, ist verboten; die Suchjagd ist nur insoweit zulässig, als sie ohne Schaden für die reifenden Früchte durchgeführt werden kann.
(2) Der Jagdausübungsberechtigte haftet dem Grundstückseigentümer oder Nutzungsberechtigten für jeden aus missbräuchlicher Jagdausübung entstehenden Schaden; er haftet auch für den **Jagdschaden**, der durch einen von ihm bestellten **Jagdaufseher** oder durch einen **Jagdgast** angerichtet wird.

Anmerkung: Werden Grundstückseigentümer oder die Bewirtschafter dieser Grundstücke (in der Regel Pächter) durch die Jäger geschädigt, haftet der Jagdausübungsberechtigte, also in der Regel der Jagdpächter. Diese Schädigung kann erfolgen durch Befahren von landwirtschaftlichen Flächen, das Anlegen von Schneisen oder Pirschwegen. Richtig ärgerlich wird es immer dann, wenn durch die Jäger landwirtschaftliche Flächen in Anspruch genommen werden, für die der Landwirt besondere Maßnahmen nach der gemeinsamen europäischen Agrarpolitik beantragt hat und dementsprechend höhere Agrarbeihilfen für sogenannte Agrarumweltmaßnahmen erhält. Die Beschädigung an diesen Flächen, beispielsweise durch Anlegen von Klärungen oder durch Befahren kann dazu führen, dass diese Agrarbeihilfen empfindlich gekürzt werden und dem Landwirt dadurch ein ganz erheblicher Schaden entsteht. Man sollte sich selbst und seinen Mitjägern immer wieder vor Augen halten, dass nur das Jagdrecht gepachtet ist und nicht das Besitzrecht an sämtlichen im Revier befindlichen Grundstücken. Bevor fremde Flächen anders als zur reinen Jagdausübung genutzt werden sollen, muss zwingend mit den Eigentümern gesprochen und sich geeinigt werden. Das verhindert anschließende Verfahren und Prozesse, die beim Jagdschaden in gleicher Weise stattfinden wie bei der Wildschadensregulierung.
Die Haftung gegenüber Nichteigentümern oder Nichtbewirtschaftern regelt sich nach den allgemeinen Grundsätzen des BGB, §§ 823ff. Hier gilt insbesondere, auf die Verkehrssicherungspflichten zu achten. Dazu gehört, jährlich eine Beschau der Ansitzeinrichtungen vorzunehmen, ob diese baulich intakt sind, und Wildschutzzäune zurückzubauen, wenn sie ihre Funktion erfüllt haben und sie nicht als potenzielle Gefahr für andere Menschen, aber auch für das Wild im Revier zu belassen.

§ 34 Geltendmachung des Schadens

Der Anspruch auf Ersatz von Wild- oder Jagdschaden erlischt, wenn der Berechtigte den Schadensfall nicht **binnen 1 Woche, nach**dem er von dem Schaden **Kenntnis** erhalten hat oder bei Beobachtung gehöriger Sorgfalt erhalten hätte, bei der für das beschädigte Grundstück zuständigen Behörde anmeldet. Bei Schaden an forstwirtschaftlich genutzten Grundstücken genügt es, wenn er zweimal im Jahre, jeweils bis zum 1. Mai oder 1. Oktober, bei der zuständigen Behörde angemeldet wird. Die Anmeldung soll die als ersatzpflichtig in Anspruch genommene Person bezeichnen.

Anmerkung: Bei dieser Frist handelt es sich nicht um eine Verjährung, sondern um eine Ausschlussfrist. Wird der Schaden nicht innerhalb 1 Woche ab Kenntnis bei der jeweiligen Gemeinde als Wildschaden angemeldet, besteht kein Anspruch mehr. Die Frist ist gewahrt, wenn innerhalb 1 Woche die Schadensmeldung bei der Gemeinde eingegangen ist. Nach der Rechtsprechung müssen potenzielle Wildschadensflächen im wöchentlichen Abstand von dem Bewirtschafter kontrolliert werden, sodass eine weitere Wochenfrist hinzutritt. Schäden an landwirtschaftlichen Flächen, die älter als 2 Wochen sind, sind also regelmäßig von der Wildschadensersatzpflicht ausgenommen. Treten nach der Anmeldung weitere Schäden auf, so sind diese stets nachzumelden.
Bei forstwirtschaftlichen Schäden sind die Fristen deutlich länger, sodass zum 1. Mai oder zum 1. Oktober eines jeweiligen Jahres der Schaden angemeldet werden kann. Größere landwirtschaftliche, aber auch forstwirtschaftliche Schäden können häufig fünfstellige Euro-Beträge ausmachen. Dies sollte bei der Bewerbung um ein Revier und der Schätzung der damit verbundenen Kosten unbedingt einkalkuliert werden.

§ 35 Verfahren in Wild- und Jagdschadenssachen

Die Länder können in Wild- und Jagdschadenssachen das Beschreiten des ordentlichen Rechtsweges davon abhängig machen, dass zuvor ein Feststellungsverfahren vor einer Verwaltungsbehörde (Vorverfahren) stattfindet, in dem über den Anspruch eine vollstreckbare Verpflichtungserklärung (Anerkenntnis, Vergleich) aufzunehmen oder eine nach Eintritt der Rechtskraft vollstreckbare Entscheidung (Vorbescheid) zu erlassen ist. Die Länder treffen die näheren Bestimmungen hierüber.

Anmerkung: Die Landesjagdgesetze haben die Wildschadensverfahren ausgestaltet. In der Regel wird unverzüglich nach Anmeldung des Wildschadens durch die Gemeinde ein Ortstermin anberaumt, den der von der Gemeinde beauftragte Wildschadensschätzer gemeinsam mit dem Geschädigten und dem Ersatzpflichtigen durchführt. Wird eine Partei nicht oder nicht ordnungsgemäß geladen, stellt dies einen erheblichen Regelverstoß dar, der zum Verlust des Anspruchs führen kann. Aufgrund der Schadensschätzung erlässt sodann die Gemeinde einen sogenannten Vorbescheid, gegen den die Parteien in der Regel binnen 2 Wochen Klage beim zuständigen Amtsgericht einreichen können. Erfolgt dies nicht, kann aus dem Vorbescheid die Zwangsvollstreckung betrieben werden.

§ 36 Ermächtigungen

(1) Das Bundesministerium wird ermächtigt, durch Rechtsverordnung mit Zustimmung des Bundesrates, soweit dies aus Gründen der Hege, zur Bekämpfung von Wilderei und Wildhehlerei, aus wissenschaftlichen Gründen oder zur Verhütung von Gesundheitsschäden durch Fallwild erforderlich ist, Vorschriften zu erlassen über

1. die Anwendung von Ursprungszeichen bei der Verbringung von erlegtem Schalenwild aus dem Erlegungsbezirk und der Verbringung von erlegtem Schalenwild in den Geltungsbereich dieses Gesetzes,
2. den Besitz von
   a) Wild, das nach Rechtsakten der Europäischen Gemeinschaft oder der Europäischen Union aus Gründen des Erhalts der Arten streng oder besonders geschützt oder von den Mitgliedstaaten der Europäischen Union zu schützen ist, oder
   b) sonstigem Wild,

2a. den gewerbsmäßigen Ankauf, Verkauf oder Tausch von
   a) Wild, das nach Rechtsakten der Europäischen Gemeinschaft oder der Europäischen Union aus Gründen des Erhalts der Arten streng oder besonders geschützt oder von den Mitgliedstaaten der Europäischen Union zu schützen ist, oder
   b) sonstigem Wild,

2b. den sonstigen Erwerb, die Ausübung der tatsächlichen Gewalt oder das sonstige Verwenden, die Abgabe, das Anbieten zum Verkauf oder den Tausch, die Zucht, die Beförderung, das Veräußern oder das sonstige Inverkehrbringen von Wild,

3. die Ein-, Durch- und Ausfuhr sowie das sonstige Verbringen von Wild in den, durch den und aus dem Geltungsbereich dieses Gesetzes,
4. die Verpflichtung zur Führung von Wildhandelsbüchern,
5. das Kennzeichnen von Wild.

(2) Die Länder erlassen insbesondere Vorschriften über

1. die behördliche Überwachung des gewerbsmäßigen Ankaufs, Verkaufs und Tausches sowie der gewerbsmäßigen Verarbeitung von Wildbret und die behördliche Überwachung der Wildhandelsbücher,
2. das Aufnehmen, die Pflege und die Aufzucht verletzten oder kranken Wildes und dessen Verbleib.

(3) Die Vorschriften nach Absatz 1 Nummer 2, 2a, 2b und 3 und Absatz 2 Nr. 2 können sich auch auf Eier oder sonstige Entwicklungsformen des Wildes, auf totes Wild, auf Teile des Wildes sowie auf die Nester und die aus Wild gewonnenen Erzeugnisse erstrecken.

(4) Rechtsverordnungen nach Absatz 1 Nr. 1 bedürfen des Einvernehmens mit dem Bundesministerium für Wirtschaft und Energie; Rechtsverordnungen nach Absatz 1 Nr. 3 bedürfen des Einvernehmens mit dem Bundesministerium der Finanzen. Rechtsverordnungen nach Absatz 1 Nr. 2 bis 5 bedürfen, soweit sie Rechtsakte der Europäischen Gemeinschaft oder der Europäischen Union auf dem Gebiet des Artenschutzes oder Verpflichtungen aus internationalen Artenschutzübereinkommen zu beachten haben, des Einvernehmens mit dem Bundesministerium für Umwelt, Naturschutz, Bau und Reaktorsicherheit.

(5) Das Bundesministerium der Finanzen und die von ihm bestimmten Zollstellen wirken bei der Ein-, Durch- und Ausfuhr sowie bei dem sonstigen Verbringen von Wild mit. Das Bundesministerium der Finanzen regelt im Einvernehmen mit dem Bundesministerium durch Rechtsverordnung ohne Zustimmung des Bundesrates die Einzelheiten des Verfahrens nach Satz 1; es kann dabei insbesondere Pflichten zu Anzeigen, Anmeldungen, Auskünften und zur Leistung von Hilfsdiensten sowie zur Duldung von Besichtigungen und von Entnahmen unentgeltlicher Muster und Proben vorsehen. Das Bundesministerium gibt im Einvernehmen mit dem Bundesministerium der Finanzen im Bundesanzeiger die Zollstellen bekannt, bei denen Wild zur Ein-, Durch- und Ausfuhr sowie zum sonstigen Verbringen abgefertigt wird, wenn die Ein-, Durch- und Ausfuhr sowie das sonstige Verbringen

durch Rechtsverordnung nach Absatz 1 Nr. 3 geregelt ist.

Anmerkung: Diese Vorschrift ist die Ermächtigung für die Bundesregierung, Verordnungen über den Umgang mit Wild zu erlassen. Im Wesentlichen spiegelt die Bundeswildschutzverordnung sämtlichen Regelungsgehalt wider. Dadurch soll Wilderei und Wildhehlerei eingedämmt werden. Mit der Anbringung von speziellen Kennzeichen (Wildursprungsmarken, Wildmarken) soll eine wirksame Kontrolle ermöglicht werden. Die Vorschriften dienen auch dem Artenschutz und der damit verbundenen Wildhege. Durch eine bundeseinheitliche Regelung soll hierbei ein flächendeckender Schutz gewährleistet werden. Durch die Kompetenz der Europäischen Union zum Artenschutz greift EU-Recht nunmehr auch unmittelbar in Regelungen des Bundesjagdgesetzes ein (vgl. Schuck, Bundesjagdgesetz § 36).

§ 37 Jagdbeirat und Vereinigung der Jäger

(1) In den Ländern sind Jagdbeiräte zu bilden, denen Vertreter der Landwirtschaft, der Forstwirtschaft, der Jagdgenossenschaften, der Jäger und des Naturschutzes angehören müssen.

(2) Die Länder können die Mitwirkung von Vereinigungen der Jäger für die Fälle vorsehen, in denen Jagdscheininhaber gegen die Grundsätze der Weidgerechtigkeit verstoßen (§ 1 Abs. 3).

Anmerkung: Die Jagdbeiräte wirken bei den Unteren Jagdbehörden bei der Festsetzung der Abschusspläne mit und haben im Übrigen beratende Funktion für die Unteren Jagdbehörden, also in der Regel die Kreisverwaltungen.

§ 38 Strafvorschriften

(1) Mit Freiheitsstrafe bis zu 5 Jahren oder mit Geldstrafe wird bestraft, wer

1. einer vollziehbaren Anordnung nach § 21 Abs. 3 zuwiderhandelt,
2. entgegen § 22 Abs. 2 Satz 1 Wild nicht mit der Jagd verschont oder
3. entgegen § 22 Abs. 4 Satz 1 ein Elterntier bejagt.

(2) Handelt der Täter fahrlässig, so ist die Strafe Freiheitsstrafe bis zu 1 Jahr oder Geldstrafe.

Anmerkung: Während sich unberechtigte Jäger nach § 292 StGB der Wilderei strafbar machen können, macht sich der berechtigte Jäger nach dieser Vorschrift strafbar, wenn Wild bejagt wird, das nach der Bundesjagdzeitenverordnung keine Jagdzeit hat, also ganzjährig geschont ist.

§ 38a Strafvorschriften

(1) Mit Freiheitsstrafe bis zu 5 Jahren oder mit Geldstrafe wird bestraft, wer einer Rechtsverordnung nach § 36 Absatz 1 Nummer 2a Buchstabe a, auch in Verbindung mit Absatz 3, oder einer vollziehbaren Anordnung aufgrund einer solchen Rechtsverordnung zuwiderhandelt, soweit die Rechtsverordnung für einen bestimmten Tatbestand auf diese Strafvorschrift verweist.
(2) Mit Freiheitsstrafe bis zu 3 Jahren oder mit Geldstrafe wird bestraft, wer einer Rechtsverordnung nach § 36 Absatz 1 Nummer 2 Buchstabe a, auch in Verbindung mit Absatz 3, oder einer vollziehbaren Anordnung aufgrund einer solchen Rechtsverordnung zuwiderhandelt, soweit die Rechtsverordnung für einen bestimmten Tatbestand auf diese Strafvorschrift verweist.
(3) Erkennt der Täter in den Fällen des Absatzes 1 leichtfertig nicht, dass sich die Handlung auf Wild einer Art bezieht, die in § 36 Absatz 1 Nummer 2a Buchstabe a genannt ist, so ist die

Strafe Freiheitsstrafe bis zu 2 Jahren oder Geldstrafe.

(4) Erkennt der Täter in den Fällen des Absatzes 2 leichtfertig nicht, dass sich die Handlung auf Wild einer Art bezieht, die in § 36 Absatz 1 Nummer 2 Buchstabe a genannt ist, so ist die Strafe Freiheitsstrafe bis zu einem Jahr oder Geldstrafe.

(5) Die Tat ist nicht strafbar, wenn die Handlung eine unerhebliche Menge der Exemplare betrifft und unerhebliche Auswirkungen auf den Erhaltungszustand der Art hat.

Anmerkung: Mit dieser Vorschrift werden Verstöße gegen die Bundeswildschutzverordnung (BWildSchV) und gegen Europäische Schutzregelungen unter Strafe gestellt.

§ 39 Ordnungswidrigkeiten

(1) Ordnungswidrig handelt, wer

1. in **befriedeten Bezirken** die Jagd ausübt oder einer Beschränkung der Jagderlaubnis (§ 6) zuwiderhandelt;
2. auf vollständig **eingefriedeten Grundflächen** die Jagd entgegen einer nach § 7 Abs. 3 vorgeschriebenen Beschränkung ausübt;
3. aufgrund eines nach § 11 Abs. 6 Satz 1 **nichtigen Jagdpachtvertrages**, einer nach § 11 Abs. 6 Satz 2 nichtigen entgeltlichen Jagderlaubnis oder entgegen § 12 Abs. 4 die Jagd ausübt;
4. als Inhaber eines Jugendjagdscheines **ohne Begleitperson** die Jagd ausübt (§ 16);
5. den Vorschriften des § 19 Abs. 1 Nr. 3 bis 9, 11 bis 14, 16 bis 18, § 19a oder § 20 Abs. 1 zuwiderhandelt;
6. zum Verscheuchen des Wildes Mittel anwendet, durch die **Wild verletzt oder gefährdet** wird (§ 26);
7. einer Vorschrift des § 28 Abs. 1 bis 3 über das **Hegen, Aussetzen** und **Ansiedeln** zuwiderhandelt;
8. den Vorschriften des § 33 Abs. 1 zuwiderhandelt und dadurch **Jagdschaden** anrichtet;
9. den **Jagdschein auf Verlangen nicht vorzeigt** (§ 15 Abs. 1).

(2) Ordnungswidrig handelt, wer vorsätzlich oder fahrlässig

1. die Jagd ausübt, obwohl er **keinen gültigen Jagdschein mit sich führt** oder obwohl ihm die **Jagdausübung verboten** ist (§ 41a);
2. den Vorschriften des § 19 Abs. 1 Nr. 1, 2, 10 und 15 zuwiderhandelt;

*Anmerkung: Nach dieser Vorschrift wird geahndet, falls mit **falscher Munition**, also mit Schrot statt Büchsenpatrone oder mit zu geringer Energie oder zu geringem Kaliber oder **zur Notzeit** im Umkreis von 200 m von Fütterungen oder mit Einsatz von **Gift** gejagt wird.*

3. Schalenwild oder anderes Wild, das nur im Rahmen eines **Abschussplanes** bejagt werden darf, erlegt, bevor der Abschussplan bestätigt oder festgesetzt ist (§ 21 Abs. 2 Satz 1), oder wer den Abschussplan überschreitet;

3a. entgegen § 22 Abs. 1 Satz 2 **Wild nicht** mit der Jagd **verschont**,

*Anmerkung: **Schonzeitvergehen** werden hiernach geahndet.*

4. als Jagdausübungsberechtigter das Auftreten einer **Wildseuche nicht** unverzüglich der zuständigen Behörde **anzeigt** oder den **Weisungen** der zuständigen Behörde zur Bekämpfung der Wildseuche **nicht Folge leistet** (§ 24);
5. einer Rechtsverordnung nach § 36 Absatz 1 Nummer 1, 2 Buchstabe b, auch in Verbindung mit Absatz 3, Nummer 2a Buchstabe b, auch in Verbindung mit Absatz 3, Nummer 2b, auch in Verbindung mit Absatz 3, Nummer 3, auch in Verbindung mit Ab-

satz 3, Nummer 4 oder Nummer 5, Absatz 2 oder Absatz 5 oder einer vollziehbaren Anordnung aufgrund einer solchen Rechtsverordnung zuwiderhandelt, soweit die Rechtsverordnung für einen bestimmten Tatbestand auf diese Bußgeldvorschrift verweist, oder

Anmerkung: Gemeint sind in erster Linie Verstöße gegen die Wildschutzverordnung und Artenschutzbestimmungen.

6. zur Jagd ausgerüstet unbefugt einen **fremden Jagdbezirk** außerhalb der zum allgemeinen Gebrauch bestimmten Wege **betritt**.

(3) Die Ordnungswidrigkeit kann mit einer Geldbuße bis zu **5000 Euro** geahndet werden.

Anmerkung: Die Ordnungswidrigkeiten Abs. 1 können nur vorsätzlich begangen werden. Für die Ordnungswidrigkeiten nach Abs. 2 genügt Fahrlässigkeit, also das Verletzen der im Verkehr erforderlichen Sorgfalt. Selbst wenn man von dem Sachverhalt oder dem Verbot nichts wusste, handelt man gleichwohl ordnungswidrig, wenn man diese Erkenntnisse hätte erlangen können. Es empfiehlt sich daher dringend, die gesetzlichen Vorschriften zu kennen und einzuhalten und sich stets über Aktualisierungen und örtliche Rechtsetzungen wie Schutzgebietsverordnungen etc. informiert zu halten.

§ 40 Einziehung

(1) Ist eine Straftat nach § 38 oder eine Ordnungswidrigkeit nach § 39 Abs. 1 Nr. 5 oder Abs. 2 Nr. 2 bis 3a oder 5 begangen worden, so können

1. Gegenstände, auf die sich die Straftat oder Ordnungswidrigkeit bezieht, und
2. Gegenstände, die zu ihrer Begehung oder Vorbereitung gebraucht worden oder bestimmt gewesen sind,

eingezogen werden.

(2) § 74a des Strafgesetzbuches und § 23 des Gesetzes über Ordnungswidrigkeiten sind anzuwenden.

Anmerkung: Wie auch im allgemeinen Strafrecht dürfen nach dieser Vorschrift Gegenstände, die bei Jagdstraftaten oder -ordnungswidrigkeiten Verwendung gefunden haben, eingezogen werden. Dies können beispielsweise Waffen, Optiken oder Munition, aber auch Trophäen sein.

§ 41 Anordnung der Entziehung des Jagdscheines

(1) Wird jemand wegen einer rechtswidrigen Tat

1. nach § 38 dieses Gesetzes,
2. nach den §§ 113 bis 115, 223 bis 227, 231, 239, 240 des Strafgesetzbuches, sofern derjenige, gegen den sich die Tat richtete, sich in Ausübung des Forst-, Feld-, Jagd- oder Fischereischutzes befand, oder
3. nach den §§ 292 bis 294 des Strafgesetzbuches

verurteilt oder nur deshalb nicht verurteilt, weil seine Schuldunfähigkeit erwiesen oder nicht auszuschließen ist, so ordnet das Gericht die **Entziehung des Jagdscheines** an, wenn sich aus der Tat ergibt, dass die Gefahr besteht, er werde bei weiterem Besitz des Jagdscheines erhebliche rechtswidrige Taten der bezeichneten Art begehen.

(2) Ordnet das Gericht die Entziehung des Jagdscheines an, so bestimmt es zugleich, dass für die Dauer von 1 Jahr bis zu 5 Jahren kein neuer Jagdschein erteilt werden darf (Sperre). Die Sperre kann für immer angeordnet werden, wenn zu erwarten ist, dass die gesetzliche Höchstfrist zur Abwehr der von dem Täter drohenden Gefahr nicht ausreicht. Hat der Täter keinen Jagdschein, so wird nur die Sperre angeordnet. Die Sperre beginnt mit der Rechtskraft des Urteils.

(3) Ergibt sich nach der Anordnung Grund zu der Annahme, dass die Gefahr, der Täter werde erhebliche rechtswidrige Taten der in Absatz 1

bezeichneten Art begehen, nicht mehr besteht, so kann das Gericht die Sperre vorzeitig aufheben.

Anmerkung: Ist eine der genannten Straftaten festgestellt worden, ordnet das Gericht – analog der Entziehung der Fahrerlaubnis (§§ 69 ff. Strafgesetzbuch) – die Entziehung des Jagdscheines von 1 bis zu 5 Jahren an.

§ 41a Verbot der Jagdausübung

(1) Wird gegen jemanden
1. wegen einer Straftat, die er bei oder im Zusammenhang mit der Jagdausübung begangen hat, eine Strafe verhängt oder
2. wegen einer Ordnungswidrigkeit nach § 39, die er unter grober oder beharrlicher Verletzung der Pflichten bei der Jagdausübung begangen hat, eine Geldbuße festgesetzt,

so kann ihm in der Entscheidung für die Dauer von 1 Monat bis zu 6 Monaten verboten werden, die Jagd auszuüben.
(2) Das Verbot der Jagdausübung wird mit der Rechtskraft der Entscheidung wirksam. Für seine Dauer wird ein erteilter Jagdschein, solange er nicht abgelaufen ist, amtlich verwahrt; das Gleiche gilt für einen nach Ablauf des Jagdjahres neu erteilten Jagdschein. Wird er nicht freiwillig herausgegeben, so ist er zu beschlagnahmen.
(3) Ist ein Jagdschein amtlich zu verwahren, so wird die Verbotsfrist erst von dem Tage an gerechnet, an dem dies geschieht. In die Verbotsfrist wird die Zeit nicht eingerechnet, in welcher der Täter auf behördliche Anordnung in einer Anstalt verwahrt wird.
(4) Über den Beginn der Verbotsfrist nach Absatz 3 Satz 1 ist der Täter im Anschluss an die Verkündung der Entscheidung oder bei deren Zustellung zu belehren.

Anmerkung: Bei geringeren Delikten bzw. Ordnungswidrigkeiten erfolgt keine Entziehung gemäß § 41, sondern lediglich ein Verbot der Jagdausübung für 1–6 Monate. Der Jagdschein wird solange amtlich verwahrt. Unabhängig von dieser Frist prüft die Untere Jagdbehörde regelmäßig, ob der Jagdschein wegen fehlender Zuverlässigkeit nach § 18 entzogen oder bei Neubeantragung nach § 17 versagt wird. (vgl. Schuck/Seibel BJagdG, Kommentar zu § 41a, Rz. 8a)

§ 42 Landesrechtliche Straf- und Bußgeldvorschriften

Die Länder können Straf- und Bußgeldbestimmungen für Verstöße gegen die von ihnen erlassenen Vorschriften treffen, soweit solche nicht schon in diesem Gesetz enthalten sind.

Anmerkung: Neben den bundesrechtlichen Straf- und Bußgeldvorschriften sind weitere in den jeweiligen Landesgesetzen vorgesehen. Bevor also die Jagd ausgeübt werden soll, sind diese landesgesetzlichen Vorgaben unbedingt nachzulesen!

§ 44 Sonderregelungen

Die zuständigen Landesregierungen werden ermächtigt, durch Rechtsverordnung im Einvernehmen mit dem Bundesministerium die Ausübung des Jagdrechts auf der Insel Helgoland und die Jagd auf Wasservögel auf dem Untersee und dem Rhein bei Konstanz abweichend von den Vorschriften dieses Gesetzes zu regeln.

Anmerkung: Aus historischen Gründen regeln die Landesregierungen das Jagdrecht in diesen Gebieten. Damit es rechtlich dabei bleiben kann, bedurfte es dieser Vorschrift.

§ 292 StGB Jagdwilderei

(1) Wer unter Verletzung fremden Jagdrechts oder Jagdausübungsrechts

1. dem Wild nachstellt, es fängt, erlegt oder sich oder einem Dritten zueignet oder
2. eine Sache, die dem Jagdrecht unterliegt, sich oder einem Dritten zueignet, beschädigt oder zerstört, wird mit Freiheitsstrafe bis zu drei Jahren oder mit Geldstrafe bestraft.
(2) In besonders schweren Fällen ist die Strafe Freiheitsstrafe von drei Monaten bis zu fünf Jahren. Ein besonders schwerer Fall liegt in der Regel vor, wenn die Tat
1. gewerbs- oder gewohnheitsmäßig,
2. zur Nachtzeit, in der Schonzeit, unter Anwendung von Schlingen oder in anderer nicht weidmännischer Weise oder
3. von mehreren mit Schusswaffen ausgerüsteten Beteiligten gemeinschaftlich begangen wird.
(3) Die Absätze 1 und 2 gelten nicht für die in einem Jagdbezirk zur Ausübung der Jagd befugten Personen hinsichtlich des Jagdrechts auf den zu diesem Jagdbezirk gehörenden nach § 6a des Bundesjagdgesetzes für befriedet erklärten Grundflächen.

Anmerkung: Ist der Täter Angehöriger des Geschädigten oder durfte der Täter in dem Jagdbezirk jagen, hat aber die Freigabe (Zahl oder Art der Tiere) missachtet, wird die Staatsanwaltschaft nur auf Antrag des Jagdrechtsinhabers tätig (vgl. § 294 StGB). In diesen Fällen ist ein Strafantrag innerhalb von 3 Monaten ab Kenntnis der Tat (vgl. §§ 77 ff. StGB) zu stellen.

Notwehr geregelt in § 227 BGB, § 15 OWiG und § 32 StGB

(1) Wer eine Tat begeht, die durch Notwehr geboten ist, handelt nicht rechtswidrig.
(2) Notwehr ist die Verteidigung, die erforderlich ist, um einen gegenwärtigen rechtswidrigen Angriff von sich oder einem anderen abzuwenden.
Jagdrechtlich relevant wird dieses Rechtsinstitut bei Angriffen durch Wilderer, Jagdgegner oder aggressive Motor-Cross-Fahrer, die allesamt schon Jäger angegriffen haben.

§ 34 und § 35 StGB, § 228 BGB, § 16 OWiG Notstand

Der rechtfertigende Notstand ist in § 34 StGB, in § 228 BGB und in § 16 OwiG geregelt: Wer in einer gegenwärtigen, nicht anders abwendbaren Gefahr für Leben, Leib, Freiheit, Ehre, Eigentum oder ein anderes Rechtsgut eine Handlung begeht, um die Gefahr von sich oder einem anderen abzuwenden, handelt nicht rechtswidrig, wenn bei Abwägung der widerstreitenden Interessen, namentlich der betroffenen Rechtsgüter und des Grades der ihnen drohenden Gefahren, das geschützte Interesse das beeinträchtigte wesentlich überwiegt. Dies gilt, soweit die Handlung ein angemessenes Mittel ist, die Gefahr abzuwenden.
Es kommt also darauf an, dass das geschützte Interesse das beeinträchtigte Interesse wesentlich überwiegt und das geringstmögliche Mittel zum Einsatz kommt. Jagdrechtliche Relevanz haben diese Vorschriften dann, wenn z. B. ein Hund angreift und sich der Jäger nicht anders zu helfen weiß, als zur Waffe zu greifen. Besondere Vorsicht sollte gelten, wenn der Angreifer Wolf und der Angegriffene Hund ist, denn der Artenschutz, der über dem Wolf steht, ist weitaus höher zu bewerten als der Tierschutz, der über dem Hund steht.
Anders als der rechtfertigende Notstand kommt der entschuldigende Notstand (§ 35 StGB) nur dann in Betracht, wenn die Gefahr dem Handelnden selbst, dessen Angehörigen oder anderen, ihm nahestehenden Personen droht. Er wird relevant, wenn eine Rechtfertigung nach § 34 StGB scheitert, weil die abzuwägenden Interessen gleichwertig sind („Leben gegen Leben"). Deswegen sind hier nur Extremfälle denkbar, wie der tragische Rettungsnotstand, in dem man eine Lebensgefahr von sich abwenden kann, dadurch aber ein anderer (zwangsläufig) zu Tode kommt.

§ 44a Unberührtheitsklausel

Vorschriften des Lebensmittelrechts, Seuchenrechts, Fleischhygienerechts und Tierschutzrechts bleiben unberührt.

Anmerkung: Landes-, bundes- sowie europarechtliche Vorgaben können neben den Jagdgesetzen von Bund und Ländern den rechtlichen Rahmen der Jäger abstecken. Hierunter fallen (zitiert nach Schuck/Schneider: BJagdG Kommentar):

- *Das EU-Lebensmittel- und Fleischhygienerecht mit den Verordnungen:*
  Verordnung „für Lebensmittelsicherheit", VO (EG) 178/2002
  Verordnung „amtliche Kontrollen", VO (EG) 882/2004
  Verordnung „über Lebensmittelhygiene", VO (EG) 852/2004
  Verordnung „für Lebensmittel tierischen Ursprungs", VO (EG) 853/2004
  Verordnung „für die amtliche Überwachung", VO (EG) 854/2004
  Verordnung „für die amtliche Trichinenuntersuchung", VO (EG) 2075/2005

- *Das deutsche Lebensmittel- und Fleischhygienerecht*

  Lebensmittel- und Futtermittelgesetzbuch (LFGB)

  Lebensmittelhygieneverordnung (LMHV)

  Tierische Lebensmittel-Hygieneverordnung (Tier-LMHV)
  Hierin (Anlage 4 Nummer 1.3 zur Verordnung) sind die bedenklichen Merkmale, auf die beim Erlegen, Aufbrechen, Zerwirken und weiteren Behandeln zu achten ist, aufgelistet:
  1.3.1 Abnorme Verhaltensweisen oder Störungen des Allgemeinbefindens
  1.3.2 Das Fehlen von Anzeichen äußerer Gewalteinwirkung als Todesursache wie beim Fallwild
  1.3.3 Geschwülste oder Abszesse, wenn sie zahlreich oder verteilt in inneren Organen oder in der Muskulatur vorkommen.
  1.3.4 Schwellungen der Gelenke oder Hoden, Hodenvereiterung, Leber- und Milzschwellung, Darm- oder Nabelentzündung, bei Federwild Entzündung des Herzens, des Drüsen- oder Muskelmagens
  1.3.5 Fremder Inhalt in den Körperhöhlen, insbesondere Magen- und Darminhalt oder Harn, wenn Brust- oder Bauchfell verfärbt ist
  1.3.6 Erhebliche Gasbildung im Magen- und Darmkanal mit Verfärbung der inneren Organe
  1.3.7 Erhebliche Abweichungen der Muskulatur oder der Organe in Farbe, Konsistenz oder Geruch
  1.3.8 Offene Knochenbrüche, soweit sie nicht unmittelbar mit dem Erlegen in Zusammenhang stehen
  1.3.9 Erhebliche Abmagerung
  1.3.10 Frische Verklebungen oder Verwachsungen von Organen mit Brust- oder Bauchfell
  1.3.11 Geschwülste oder Wucherungen im Kopfbereich oder an den Ständern bei Federwild
  1.3.12 Verklebte Augenlider, Anzeichen von Durchfall, insbesondere im Bereich der Kloake, sowie Verklebungen und sonstige Veränderungen der Befiederung, Haut- und Kopfanhänge sowie Ständer bei Federwild
  1.3.13 Sonstige erhebliche sinnfällige Veränderungen außer Schutzverletzungen

Hat der Jäger eines dieser Merkmale festgestellt, muss das Stück Wild zur amtlichen Fleischuntersuchung angemeldet oder verworfen werden! Dies gilt auch für den eigenen Verzehr.

- *Tierische Lebensmittel-Überwachungsverordnung (Tier-LMÜV)*
- *Vorschriften des Seuchenrechts*
- *Vorschriften des Fleischhygienerechts*
- *Tierschutzgesetz*

All diese Vorschriften kennt wohl kaum ein Jäger und wird sie auch wegen regelmäßiger Aktualisierungen kaum verinnerlicht behalten. Die Generalklausel des § 1 Abs. 3 (Weidgerechtigkeit) kann inzwischen leider nicht mehr Eventualitäten der komplexen Jagdrechtswelt abdecken, ist aber immer ein guter Ratgeber, wenn man als Jäger die entsprechende Norm gerade nicht parat hat. Ein Jäger sollte sich also fragen: Handle ich gerade weidgerecht? Würde ich das Verhalten, das ich gerade an den Tag lege, bei einem anderen Jäger kritisieren? Würden Nichtjäger mein Verhalten dem Wild, der Natur oder auch meinen Wildbret-Kunden gegenüber als korrekt würdigen? Erst wenn alle diese 3 Fragen positiv beantwortet werden, darf man davon ausgehen, richtig zu handeln.

1 | Welche Jagdgesetze gibt es in Deutschland?
Das Bundesjagdgesetz und die Landesjagdgesetze.

2 | Was sind Verordnungen?
Im Rahmen der Gesetze vom zuständigen Minister erlassene Anweisungen zum Vollzug der Gesetze.

3 | Was versteht man unter Jagdrecht?
Die ausschließliche Befugnis, auf einem bestimmten Gebiet wild lebende Tiere, die dem Jagdrecht unterliegen (Wild), zu hegen, auf sie die Jagd auszuüben und sie sich anzueignen.

4 | Wem gehören die wild lebenden Tiere?
Frei lebende Tiere sind »herrenlos«, sie gehören niemandem. Soweit es sich um Wild im Sinn des Jagdgesetzes handelt, hat der Jagdausübungsberechtigte lediglich ein Aneignungsrecht.

5 | Wie erwirbt der Jäger Besitz an jagdbarem Wild?
Durch Erlegung, Fang oder Aneignung von Fallwild. Das bezieht sich auch auf Teile von Wildtieren, z. B. Eier oder Abwurfstangen.

6 | Wem gehört Fallwild?
Dem Jagdausübungsberechtigten.

7 | Wem gehört gewildertes Wild?
Dem Jagdausübungsberechtigten.

8 | Welche Pflicht ist mit dem Jagdrecht verbunden?
Die Pflicht zur Hege.

9 | Welche Ziele verfolgt die Hege?
Die Erhaltung eines den landschaftlichen und landeskulturellen Verhältnissen angepassten artenreichen und gesunden Wildbestandes sowie die Pflege und Sicherung seiner Lebensgrundlagen.

10 | Wer ist zur Hege verpflichtet?
Der Jagdausübungsberechtigte und die Jagdgenossenschaft.

11 | Was ist bei der Jagdausübung zu beachten?
Die allgemein anerkannten Grundsätze deutscher Weidgerechtigkeit.

12 | Auf was erstreckt sich die Jagdausübung?
Auf das Aufsuchen, Nachstellen, Erlegen und Fangen von Wild.

13 | Hat der Jagdausübungsberechtigte grundsätzlich das Recht, Wild zu fangen?
Ja, aber nur im Rahmen der gesetzlichen Vorschriften. Die Aufnahme des Fangens unter das Jagdrecht verhindert jedoch, dass nicht zur Jagdausübung Berechtigte Wild fangen.

14 | Was schließt die Jagdausübung ein?
Das Recht zur Aneignung von Wild umfasst auch die ausschließliche Befugnis, sich krankes oder verendetes Wild, Fallwild und Abwurfstangen sowie die Eier von Federwild anzueignen.

15 | Können die Länder weitere Tierarten für jagdbar erklären?
Ja, die Länder können weitere Tierarten bestimmen.

16 | Welche Arten wurden von einzelnen Ländern beispielsweise für jagdbar erklärt?
Z. B. Wolf (Niedersachsen, Sachsen), Marderhund, Waschbär, Nutria, Mink, Nilgans, Elster, Rabenkrähe und Eichelhäher.

17 | Welche Wildarten gehören zum Schalenwild?
Zum Schalenwild gehören Wisente, Elch-, Rot-, Dam-, Sika-, Reh-, Gams-, Stein-, Muffel- und Schwarzwild.

18 | Welche Wildarten gehören zum Hochwild?
Zum Hochwild gehören alle Schalenwildarten außer Rehwild, ferner Auerwild, Steinadler und Seeadler.

19 | Woher kommt der Begriff Niederwild?
Hochwild war ursprünglich dem Adel vorbehalten, während Niederwild teilweise dem Bürgertum (dem niedrigeren Volk) zur Bejagung überlassen wurde.

20 | Wer ist Inhaber des Jagdrechts?
Der Eigentümer auf seinem Grund und Boden.

21 | Darf jeder Jagdrechtsinhaber die Jagd ausüben?
Nein, die Fläche, auf der ihm das Jagdrecht zusteht, muss einen Jagdbezirk bilden. Die Jagd ausüben darf ferner nur, wer einen gültigen Jagdschein besitzt.

22 | Was ist der Unterschied zwischen Jagdrecht und Jagdausübungsrecht?
Wer das Jagdrecht hat, kann das Recht zur Jagdausübung eventuell selbst nutzen, es verpachten oder anderweitig vergeben. Ihm steht der Nutzen aus der Jagdausübung zu. Das Recht zur Jagdausübung setzt nicht den Besitz der bejagten Flächen voraus.

23 | Können Jagdrecht und Jagdausübungsrecht personengleich sein?
Ja.

24 | Was ist ein Jägernotweg?
Die Befugnis für einen Jäger, in einem benachbarten Jagdbezirk Privatwege in Jagdausrüstung zu begehen und zu befahren, wenn er seinen Jagdbezirk nicht auf einem dem allgemeinen Verkehr dienenden Weg oder nur auf einem unzumutbaren Umweg erreichen kann.

25 | Kann der Jagdausübungsberechtigte des benachbarten Jagdbezirkes den Jägernotweg verhindern?
Nein, der Jägernotweg wird von der Behörde festgelegt.

26 | Welche Jagdbezirke werden unterschieden?
Eigenjagdbezirke und gemeinschaftliche Jagdbezirke.

27 | Was ist ein Jagdbezirk?
Jagdbezirke sind zusammenhängende Grundflächen, deren Größe, Gestalt und Beschaffenheit eine Ausübung des Jagdrechts gewährleisten.

28 | Welches Jagdsystem gilt in Deutschland?

Ausschließlich das Revierjagdsystem.

29 | Wer stellt die Jagdbezirke fest?

Die Untere Jagdbehörde.

30 | Was ist ein Hochwildrevier?

Ein Revier, in dem zum Hochwild zählendes Schalenwild, das der Abschussplanung unterliegt, regelmäßig vorkommt. Vorkommen von Schwarzwild allein (kein Abschussplan) oder nur Auerwild (kein Schalenwild) macht ein Revier nicht zum Hochwildrevier.

31 | Welche praktische Bedeutung hat die Unterscheidung von Hoch- und Niederwild?

Heute liegt die wesentliche praktische Bedeutung darin, dass nach Landesrecht die Pachtdauer für Hochwildreviere meist länger ist als für Niederwildreviere (in der Regel 12 statt 9 Jahre). Wird ein Revier als »Hochwildrevier« verpachtet, müssen darin mindestens 2 zum Hochwild gehörende Schalenwildarten als Standwild vorkommen. Ist dies nicht gewährleistet, kann der Pächter die Jagdpacht mindern.

32 | Müssen Jagdbezirksgrenzen mit Besitz- oder Gemeindegrenzen identisch sein?

Nein. Jagdbezirke können durch Abtrennung, Angliederung, Austausch von Grundflächen abgerundet werden, wenn dies aus Erfordernissen der Jagdpflege und Jagdausübung notwendig oder vereinbart ist.

33 | Werden Jagdbezirke durch Straßen, Eisenbahnen oder Flussläufe getrennt?

Nein. Natürliche und künstliche Wasserläufe, Wege, Triften und Eisenbahnkörper sowie ähnliche Flächen bilden, wenn sie nach Umfang und Gestalt für sich allein eine ordnungsgemäße Jagdausübung nicht gestatten, keinen Jagdbezirk für sich, unterbrechen nicht den Zusammenhang eines Jagdbezirkes und stellen auch den Zusammenhang zur Bildung eines Jagdbezirkes zwischen getrennt liegenden Flächen nicht her.

34 | Kann ein Jagdbezirk auch nur aus einer Wasserfläche mit dem Ufer bestehen?

Ja, wenn eine ordnungsgemäße Jagdausübung möglich ist.

35 | Können sich über Abrundungen die Pächter ohne Behörde einigen?

Nein, allenfalls können benachbarte Jagdausübungsberechtigte für Teilbereiche ihrer Reviere Jagderlaubnisscheine austauschen.

36 | Wo ruht die Jagd?

Auf Grundflächen, die zu keinem Jagdbezirk gehören, und in befriedeten Bezirken.

37 | Was sind befriedete Bezirke?

Grundflächen, auf denen die Jagd grundsätzlich nicht ausgeübt werden darf. Kraft Gesetzes »befriedet« sind in allen Bundesländern Wohngebäude und die sich anschließenden Hofräume und Hausgärten, Flächen innerhalb bebauter Ortsteile sowie Friedhöfe.

38 | Was gilt für die beschränkte Jagdausübung auf befriedeten Bezirken?

Nach näheren Bestimmungen durch die Länder kann die Jagdbehörde dem Eigentümer oder Nutzer eine beschränkte Jagdausübung gestatten (z. B. zur Verhütung von Schäden durch Wildkaninchen oder zum Fang von Raubwild).

39 | Wem gehört das Wild, das in befriedeten Bezirken zur Strecke kommt?

Dem Grundeigentümer.

40 | Wer haftet für Wildschäden in befriedeten Bezirken?

Wildschäden werden hier nicht erstattet.

41 | Welche Voraussetzungen muss ein Grundeigentümer, der die Jagd aus ethischen Gründen ablehnt, erfüllen, um seine Grundflächen zu befriedeten Bezirken erklären zu lassen?

Die Fläche muss im Eigentum einer natürlichen Person stehen. Diese muss einen Antrag an die zuständige Behörde stellen und glaubhaft machen, dass sie die Jagdausübung aus ethischen Gründen ablehnt. Die Person darf selbst keinen Jagdschein besitzen oder Dritten die Jagd auf ihren Grundstücken erlauben.

42 | Welche Gründe führen zur Versagung der Befriedung?

Eine Befriedung ist zu versagen, wenn Tatsachen die Annahme rechtfertigen, dass ein Ruhen der Jagd auf der vom Antrag umfassten Fläche bezogen auf den gesamten jeweiligen Jagdbezirk folgende Belange gefährdet:

- die Erhaltung eines artenreichen und gesunden Wildbestandes
- den Schutz der Land-, Forst- und Fischereiwirtschaft vor übermäßigen Wildschäden
- den Naturschutz und die Landespflege
- den Schutz vor Tierseuchen
- die Abwendung sonstiger Gefahren für die öffentliche Sicherheit und Ordnung.

43 | Kann die Befriedung beschränkt werden?

Die Befriedung kann räumlich auf einen Teil der Antragsfläche sowie zeitlich beschränkt werden.

44 | Kann die Behörde trotzdem eine beschränkte Jagdausübung anordnen?

Die Behörde kann eine Bejagung anordnen, wenn dies unter anderem. zur Vermeidung übermäßiger Wildschäden, bei der Gefahr von Tierseuchen und zur Gewährleistung der Sicherheit des Verkehrs erforderlich ist.

45 | Hat der Grundeigentümer einer befriedeten Fläche Anspruch auf Wildschadenersatz?

Nein, er hat keinen Anspruch.

46 | Was ist ein Eigenjagdbezirk (EJB)?

Eine zusammenhängende Grundfläche mit einer land-, forst- oder fischereiwirtschaftlich nutzbaren Fläche von mindestens 75 ha (nach BJagdG, die Länder können die Mindestfläche höher ansetzen), die im Eigentum ein und derselben Person oder einer Personengemeinschaft steht.

47 | Kann die Mindestfläche eines Eigenjagdbezirks auf 2 Bundesländer verteilt sein?

Ja, Ländergrenzen unterbrechen nicht den Zusammenhang von Grundflächen, die einen Eigenjagdbezirk bilden.

48 | Können völlig eingefriedete Flächen, die kleiner sind als 75 ha, zu Eigenjagdbezirken erklärt werden?

Ja, vollständig eingefriedete Flächen sowie an der Bundesgrenze liegende zusammenhängende Grundflächen von weniger als 75 ha land-, forst- oder fischereiwirtschaftlich nutzbarem Raum können allgemein oder unter besonderen Voraussetzungen zu Eigenjagdbezirken erklärt werden.

49 | Was geschieht mit Flächen fremder Eigentümer, die von einem EJB umschlossen werden?

Sie werden Teil des Eigenjagdbezirkes.

50 | Wer ist im Eigenjagdbezirk Jagdrechtsinhaber?

Der Grundeigentümer.

51 | Wer ist im Eigenjagdbezirk jagdausübungsberechtigt?
Der Grundeigentümer. Dieser kann das Jagdausübungsrecht jedoch verpachten.

52 | Was sind kommunale Eigenjagden?
Eigenjagdbezirke im Besitz von Kommunen (Gemeinden, Städten, Landkreisen und dergleichen).

53 | Zählt beim Eigenjagdbezirk die überbaute Fläche mit?
Nein.

54 | Kann ein Eigenjagdbezirk auch einem gemeinschaftlichen Jagdbezirk zugeschlagen werden?
Ja, wenn der Eigentümer einverstanden ist.

55 | Was ist ein gemeinschaftlicher Jagdbezirk (GJB)?
Alle Grundflächen einer Gemeinde oder abgesonderten Gemarkung, die nicht zu einem Eigenjagdbezirk gehören, bilden einen gemeinschaftlichen Jagdbezirk, wenn sie im Zusammenhang mindestens 150 ha umfassen.

56 | Wer verwaltet den gemeinschaftlichen Jagdbezirk?
Die Jagdgenossenschaft als Körperschaft des öffentlichen Rechts.

57 | Zählen bei der Mindestgröße die Siedlungsflächen mit?
Ja.

58 | Kann ein GJB einen EJB völlig umschließen?
Ja.

59 | Können die Flächen von zwei oder mehr Gemeinden einen GJB bilden?
Ja, zusammenhängende Grundflächen verschiedener Gemeinden, die im Übrigen zusammen den Erfordernissen eines gemeinschaftlichen Jagdbezirks entsprechen, können auf Antrag zu gemeinschaftlichen Jagdbezirken zusammengelegt werden.

60 | Kann ein gemeinschaftlicher Jagdbezirk geteilt werden?
Ja, die Teilung gemeinschaftlicher Jagdbezirke in mehrere selbstständige Jagdbezirke kann zugelassen werden, sofern jeder Teil die Mindestgröße von 250 ha hat.

61 | Können die Länder die Mindestgrößen bei Teilung ändern?
Ja, die Länder können die Mindestgrößen allgemein oder für bestimmte Gebiete höher festsetzen.

62 | Was ist mit »bestimmte Gebiete« gemeint?
Beispielsweise das Hochgebirge.

63 | Was geschieht mit Flächen, die wegen ihrer geringen Größe weder einen EJB noch einen GJB bilden?
Sie werden einem anderen Jagdbezirk angegliedert.

64 | Wem steht im GJB das Jagdrecht zu?
In gemeinschaftlichen Jagdbezirken steht die Ausübung des Jagdrechts der Jagdgenossenschaft (JG) zu.

65 | Wer bildet die Jagdgenossenschaft (JG)?
Die Eigentümer der Grundflächen, die zu einem gemeinschaftlichen Jagdbezirk gehören, bilden eine JG.

66 | Wie viel bejagbare Fläche muss jemand besitzen, um Jagdgenosse zu sein?
Hier gibt es keine Mindestgröße.

67 | Wer gehört der Jagdgenossenschaft nicht an?

Eigentümer von Grundflächen, auf denen die Jagd nicht ausgeübt werden darf.

68 | Wer führt und vertritt die JG?

Die JG wird durch den Jagdvorstand gerichtlich und außergerichtlich vertreten. Der Jagdvorstand ist von der JG zu wählen. Solange die JG keinen Jagdvorstand gewählt hat, werden die Geschäfte des Jagdvorstandes vom Gemeindevorstand wahrgenommen.

69 | Welche Rechtsform hat eine JG?

Eine Körperschaft des öffentlichen Rechts, der alle Grundeigentümer als Zwangsmitglieder angehören.

70 | Welche Aufgaben hat die JG?

Sie entscheidet über die Jagdnutzung.

71 | Wer ist Jagdgenosse?

Jeder Eigentümer einer bejagbaren Fläche.

72 | Kann ein Grundeigentümer seine Mitgliedschaft in der JG kündigen?

Nein, es handelt sich um eine Zwangsmitgliedschaft.

73 | Kann auch eine Firma oder eine Körperschaft Jagdgenosse sein?

Jagdgenosse ist jeder Eigentümer einer zum GJB gehörenden Fläche, also auch eine Firma oder eine Körperschaft.

74 | Wie muss die JG zur Jahreshauptversammlung einladen?

In ortsüblicher Weise (z. B. im Gemeindeblatt).

75 | Wann ist die JG beschlussfähig?

Wenn ordnungsgemäß eingeladen wurde.

76 | Wie werden Entscheidungen der JG getroffen?

Beschlüsse der JG bedürfen sowohl der Mehrheit der anwesenden und vertretenen Jagdgenossen als auch der Mehrheit der bei der Beschlussfassung vertretenen Grundfläche.

77 | Wie nutzt die JG ihr Recht?

Die Jagdgenossenschaft nutzt die Jagd in der Regel durch Verpachtung. Sie kann die Verpachtung auf den Kreis der Jagdgenossen beschränken.

78 | Nach welchem Modus kann die JG ihr Revier verpachten?

Sie kann Angebote einholen und nach eigenem Gutdünken den Zuschlag erteilen. Sie kann an den Meistbieter versteigern oder sich den Zuschlag unter mehreren Bietern vorbehalten.

79 | Welche weiteren Möglichkeiten der Jagdnutzung hat die JG?

Die Jagdgenossenschaft kann die Jagd auf eigene Rechnung durch angestellte Jäger ausüben lassen (Regiejagd). Mit Zustimmung der zuständigen Behörde kann sie die Jagd ruhen lassen.

80 | Sind im Regiejagdbetrieb die Pirschbezirksinhaber Jagdausübungsberechtigte im Sinne des Gesetzes?

Nein, jagdausübungsberechtigt ist in diesem Fall die Jagdgenossenschaft, vertreten durch ihren angestellten Jäger.

81 | Kann die JG auf die Nutzung ihrer Jagd verzichten?

Nur mit Zustimmung der Unteren Jagdbehörde.

82 | Was geschieht mit dem Jagdpachtertrag?

Die Jagdgenossenschaft beschließt über die

Verwendung des Reinertrages der Jagdnutzung. Beschließt die Jagdgenossenschaft, den Ertrag nicht an die Jagdgenossen nach dem Verhältnis des Flächeninhaltes ihrer beteiligten Grundstücke zu verteilen, so kann jeder Jagdgenosse, der dem Beschluss nicht zugestimmt hat, die Auszahlung seines Anteils verlangen.

83 | Was ist eine Hegegemeinschaft (HG)?

Eine Hegegemeinschaft ist ein von den Jagdausübungsberechtigten mehrerer zusammenhängender Jagdbezirke zum Zwecke der Hege des Wildes gebildeter Zusammenschluss.

84 | Sieht das BJagdG Hegegemeinschaften (HG) zwingend vor?

Die Länder können bestimmen, dass für mehrere zusammenhängende Jagdbezirke die Jagdausübungsberechtigten eine HG zu bilden haben, falls diese aus Gründen der Hege erforderlich ist und eine an alle betroffenen Jagdausübungsberechtigten gerichtete Aufforderung der zuständigen Behörde, innerhalb einer bestimmten Frist eine HG zu gründen, ohne Erfolg geblieben ist.

85 | Können Hegegemeinschaften Abschusspläne festsetzen?

Nein, das können sie nicht. Die Festsetzung der Abschusspläne fällt in die Hoheit der Unteren Jagdbehörden.

86 | Muss die Jagdverpachtung öffentlich bekannt gemacht werden?

Nein, die JG kann sich auch intern auf einen oder mehrere Pächter einigen.

87 | Was zählt als öffentliche Bekanntmachung?

Veröffentlichung im Gemeindeblatt oder in einer Tageszeitung.

88 | Kann das Jagdausübungsrecht in Teilen verpachtet werden?

Nein, die Ausübung des Jagdrechts muss in seiner Gesamtheit an Dritte verpachtet werden. Jedoch kann sich der Verpächter einen Teil der Jagdnutzung, der sich auf bestimmtes Wild bezieht, vorbehalten.

89 | Ist die JG bei Verpachtung an das Höchstgebot gebunden?

Nein.

90 | Ist die JG bei einer Versteigerung an das Höchstgebot gebunden?

Grundsätzlich ja.

91 | Wann darf der Jagdvorsteher beim Zuschlag und beim Pachtabschluss nicht mitwirken?

Wenn er selbst Pachtbewerber ist.

92 | Wann dürfen schriftliche Pachtgebote geöffnet werden?

Erst nach Ablauf der Angebotsfrist.

93 | Ist es möglich, nur Teile eines GJB zu verpachten?

Ja, die Verpachtung eines Teils eines Jagdbezirkes ist zulässig, wenn sowohl der verpachtete als auch der verbleibende Teil die Mindestgröße von 250 ha haben. Die Verpachtung eines Teils von geringerer Größe an den Jagdausübungsberechtigten eines angrenzenden Jagdbezirkes kann zugelassen werden, soweit dies einer besseren Reviergestaltung dient.

94 | Wie groß ist die Fläche, die ein Jäger höchstens pachten darf?

Die Gesamtfläche, auf der einem Jagdpächter die Ausübung des Jagdrechts zusteht, darf nicht mehr als 1000 ha umfassen; hierauf sind Flächen anzurechnen, für die dem Pächter aufgrund einer entgeltlichen Jagderlaubnis die Jagdausübung zusteht. Für bestimmte Gebiete, insbesondere im Hochgebirge, können die Länder eine höhere Grenze als 1000 ha festsetzen.

95 | In welcher Form muss ein Jagdpachtvertrag abgeschlossen werden?

Der Jagdpachtvertrag ist schriftlich abzuschließen.

96 | Wie lange ist die Mindestpachtzeit nach BJagdG?

Die Mindestpachtdauer nach dem BJagdG beträgt 9 Jahre.

97 | Kann ein laufender Jagdpachtvertrag verlängert werden?

Ja. Ein laufender Jagdpachtvertrag kann auch auf kürzere Zeit verlängert werden.

98 | Kann der Jagdpächter einen Teil der Revierfläche oder einen Teil der Jagdnutzung unterverpachten?

Ja – wenn der Verpächter damit einverstanden ist und wenn damit die zulässige Höchstzahl der Pächter nicht überschritten wird.

99 | Was ist ein Jagdjahr?

Das Jagdjahr beginnt am 1. April und endet am 31. März.

100 | Wer wird als »Revierinhaber« bezeichnet?

Der Jagdausübungsberechtigte.

101 | Wann ist ein Jäger jagdpachtfähig?

Pächter darf nur sein, wer einen Jahresjagdschein besitzt und schon vorher einen solchen während dreier Jahre (volle 36 Monate) in Deutschland besessen hat. Für besondere Einzelfälle können Ausnahmen zugelassen werden.

102 | Kann, wer erst einen Jahresjagdschein gelöst hat, einen entgeltlichen Jagderlaubnisschein bekommen?

Ja, denn er ist ja nicht Pächter.

103 | Kann, wer das Jagdausübungsrecht erbt und erst 2 Jahresjagdscheine gelöst hat, als Pächter in den Vertrag eintreten?

Ja, die zuständige Behörde kann Ausnahmen zulassen.

104 | Wie wird die Einhaltung der Höchstpachtfläche kontrolliert?

Die Fläche, auf der einem Jagdausübungsberechtigten oder Inhaber eine entgeltliche Jagderlaubnis zusteht, ist von der zuständigen Behörde in den Jagdschein einzutragen.

105 | Wem müssen Jagdpachtverträge angezeigt werden?

Der Jagdpachtvertrag ist der zuständigen Behörde anzuzeigen.

106 | Welche Behörde ist zuständig?

Die Untere Jagdbehörde.

107 | Wann wird ein Jagdpachtvertrag von der Behörde beanstandet?

Ein Jagdpachtvertrag ist zu beanstanden bei Nichtbeachtung der Pachtfähigkeit des Pächters, der Höchstpachtfläche, der Schriftform sowie des uneingeschränkten Jagdausübungsrechts. Das Gleiche gilt für eine entgeltliche Jagderlaubnis.

108 | Was beabsichtigt der Beanstandungsbescheid?

In dem Beanstandungsbescheid sind die Vertragsteile aufzufordern, den Vertrag bis zu einem bestimmten Zeitpunkt, der mindestens 3 Wochen nach Zustellung des Bescheides liegen soll, aufzuheben oder in bestimmter Weise zu ändern.

109 | Wann darf der Pächter die Jagd tatsächlich ausüben?

Frühestens nach dem Ablauf von 3 Wochen nach Anzeige des Pachtvertrages bei der Behörde, sofern diese nicht die Jagdausübung zu einem früheren Zeitpunkt gestattet. Bei Beanstandungen darf die Jagd erst ausgeübt werden, wenn die Beanstandungen behoben sind oder wenn durch rechtskräftige gerichtliche Entscheidung festgestellt ist, dass der Vertrag nicht zu beanstanden ist.

110 | Wann erlischt ein Jagdpachtvertrag?

Der Jagdpachtvertrag erlischt, wenn dem Pächter der Jagdschein unanfechtbar entzogen worden ist sowie auch dann, wenn die Gültigkeitsdauer des Jagdscheins abgelaufen ist und entweder die zuständige Behörde die Erteilung eines neuen Jagdscheins unanfechtbar abgelehnt hat oder der Pächter die Voraussetzungen für die Erteilung eines neuen Jagdscheins nicht fristgemäß erfüllt.

111 | Kann ein laufender Jagdpachtvertrag in gegenseitigem Einvernehmen aufgelöst werden?

Ja.

112 | Erlischt der Jagdpachtvertrag beim Tod des Pächters?

Sofern im Jagdpachtvertrag nichts anderes vereinbart wurde, erlischt der Jagdpachtvertrag nicht. Er geht an die Erben über, doch können diese nur in den Vertrag eintreten, wenn sie jagdpachtfähig sind.

113 | Läuft der Jagdpachtvertrag weiter, wenn die JG einem von mehreren Pächtern kündigt?

Ja, der Vertrag, wenn er im Verhältnis zu einem Mitpächter gekündigt wird oder erlischt, bleibt mit den übrigen bestehen; dies gilt nicht, wenn der Jagdpachtvertrag infolge des Ausscheidens eines Pächters den Vorschriften des § 11 Abs. 3 nicht mehr entspricht und dieser Mangel bis zum Beginn des nächsten Jagdjahres nicht behoben wird.

114 | Welche Auswirkungen hat der komplette Verkauf einer verpachteten Eigenjagd auf den Pachtvertrag?

Der Pachtvertrag bleibt bis zum Ablauf gültig (§§ 571–579 BGB finden entsprechende Anwendung).

115 | Haben Grundstücksverkäufe in einem GJB Einfluss auf den Pachtvertrag?

Wird ein zu einem gemeinschaftlichen Jagdbezirk gehöriges Grundstück veräußert, so hat dies auf den Pachtvertrag keinen Einfluss. Der Erwerber wird vom Zeitpunkt des Erwerbes an auch dann für die Dauer des Pachtvertrages Mitglied der Jagdgenossenschaft, wenn das veräußerte Grundstück an sich mit anderen Grundstücken des Erwerbers zusammen einen Eigenjagdbezirk bilden könnte.

116 | Wer braucht einen Jagdschein?

Wer die Jagd ausübt, muss einen auf seinen Namen lautenden Jagdschein mit sich führen.

117 | Bedarf es zum Sammeln von Abwurfstangen eines Jagdscheins?

Nein, zum Sammeln von Abwurfstangen bedarf es nur der schriftlichen Erlaubnis des Jagdausübungsberechtigten.

118 | Berechtigt der Jahresjagdschein zur Ausübung der Beizjagd?

Nein, wer die Jagd mit Greifvögeln oder Falken (Beizjagd) ausüben will, muss einen auf seinen Namen lautenden Falknerjagdschein mit sich führen.

119 | Welche Behörde ist für die Erteilung / Verlängerung der Jagdscheine zuständig?
Die für den Wohnsitz des Bewerbers zuständige Untere Jagdbehörde.

120 | Wo ist der Jagdschein gültig?
Der Jagdschein gilt im gesamten Bundesgebiet.

121 | Für welchen Zeitraum ist ein Jahresjagdschein gültig?
Für die Dauer eines Jahres, und zwar vom 1. April bzw. vom Tag seiner Ausstellung bis zum 31. März.

122 | Welche verschiedenen Jagdscheine gibt es?
Jahresjagdschein (als Ein- oder Dreijahresjagdschein), Tagesjagdschein, Jugendjagdschein, Jahres- und Tagesjagdschein für Ausländer und Falknerjagdschein.

123 | Von was wird die Ersterteilung eines Jagdscheins abhängig gemacht?
Der Bewerber muss im Geltungsbereich des Bundesjagdgesetzes eine Jägerprüfung bestanden haben.

124 | Wovon können die Länder die Zulassung zur Jägerprüfung abhängig machen?
Insbesondere vom Nachweis einer theoretischen und praktischen Ausbildung.

125 | Müssen Ausländer, die einen deutschen Jagdschein lösen wollen, auch zwingend die deutsche Jägerprüfung ablegen?
Nein, bei der Erteilung von Ausländerjagdscheinen (Tagesjagdscheinen) können Ausnahmen gemacht werden.

126 | Welches Alter ist zur Erteilung eines Jahresjagdscheins notwendig?
Das vollendete 18. Lebensjahr.

127 | Welches Dokument muss nur bei der erstmaligen Ausstellung eines Jagdscheins vorgelegt werden?
Das Zeugnis über die bestandene Jägerprüfung.

128 | Welche Dokumente müssen immer vorliegen?
Der Versicherungsnachweis. Ein polizeiliches Führungszeugnis wird von der jeweiligen Behörde eingeholt sowie die Überprüfung von den Ämtern für Verfassungsschutz.

129 | Wie hoch ist die Mindestdeckungssumme der Jagdhaftpflichtversicherung?
500.000 Euro für Personenschäden und 50.000 Euro für Sachschäden.

130 | Berechtigt der Jagdschein alleine zur Jagdausübung?
Nein, der Jagdschein allein stellt keine Jagderlaubnis dar.

131 | Benötigen Sie zur Fallenkontrolle einen gültigen Jagdschein?
Zur reinen Fallenkontrolle nicht, wohl aber zum Fängischstellen einer Falle.

132 | Von was wird die Erteilung eines Falknerjagdscheins abhängig gemacht?
Zusätzlich zur Jägerprüfung muss eine Falknerprüfung bestanden worden sein.

133 | Wann benötigen Sie bei der Beizjagd einen Jagd- oder Falknerschein?
Wenn ich den Beizvogel selbst trage.

134 | Wem wird ein Jugendjagdschein ausgestellt?
Personen, die das 16. Lebensjahr vollendet haben, aber noch nicht 18 Jahre alt sind.

135 | Unter welchen Umständen darf der Besitzer eines Jugendjagdscheins die Jagd ausüben?
Der Jugendjagdschein berechtigt nur zur Ausübung der Jagd in Begleitung des Erziehungsberechtigten oder einer von dem Erziehungsberechtigten schriftlich beauftragten Aufsichtsperson; die Begleitperson muss jagdlich erfahren sein.

136 | Wann gilt der Erziehungsberechtigte oder die von ihm beauftragte Begleitperson als jagdlich erfahren?
Wenn er/sie zur Lösung eines Jagdscheines berechtigt ist.

137 | Berechtigt der Jugendjagdschein zur Teilnahme an einer Gesellschaftsjagd?
Nein.

138 | Kann einem Jugendlichen auch ein Tagesjagdschein ausgestellt werden?
Nein.

139 | Darf ein Jugendjagdschein-Inhaber die Fallenjagd ausüben?
Ja, aber nur in Begleitung.

140 | Ein 15-Jähriger hat erfolgreich die Jägerprüfung absolviert. Kann ihm ein Jugendjagdschein ausgestellt werden?
Nein. Denn der Jagdschein ist Personen zu versagen, die noch nicht 16 Jahre alt sind.

141 | Wovon kann die Behörde die Erteilung eines Jagdscheins abhängig machen?
Von der Vorlage eines amts- oder fachärztlichen Zeugnisses über die geistige und körperliche Eignung, sofern Tatsachen bekannt sind, die Bedenken gegen die Zuverlässigkeit oder die körperliche Eignung begründen.

142 | Ist es erlaubt, mit Schrot auf Schalenwild zu schießen?
Nein, es ist verboten.

143 | In welchen Fällen dürfen Sie mit einer Kurzwaffe auf Wild schießen?
Bei der Bau- und Fallenjagd sowie zur Abgabe von Fangschüssen, bei Letzterem muss die Mündungsenergie mindestens 200 Joule betragen.

144 | Wie hoch muss beim Schuss auf Rehwild die Auftreffenergie (E_{100}) mindestens sein?
1.000 Joule.

145 | Nennen Sie das Mindestkaliber und die Mindestauftreffenergie für den Schuss auf Schalenwild (außer Rehwild).
6,5 mm und 2000 Joule.

146 | Mit wie viel Patronen darf ihre halbautomatische Waffe bei der Jagdausübung (beim Schuss auf Wild) höchstens geladen sein?
Maximal 3 Patronen.

147 | Was ist Nachtzeit im Sinne des BJagdG?
Als Nachtzeit gilt die Zeit von 1 1/2 Stunden nach Sonnenuntergang bis 1 1/2 Stunden vor Sonnenaufgang.

148 | Welches Wild darf zur Nachtzeit erlegt werden?
Nur Schwarzwild, Raubwild, Möwen und Waldschnepfen (sowie Auer-, Birk- und Rackelwild, wo dies Jagdzeit hat).

149 | Ist die Verwendung von Nachtzielgeräten zulässig?
Bisher nur in einigen Bundesländern.

150 | Wie ist der Begriff »Notzeit« definiert?

Die meisten Länder haben zwar die Zeiten, in denen nicht gefüttert werden darf, festgelegt, aber den Begriff Notzeit nicht definiert.

151 | Welches Wild darf aus dem Kraftfahrzeug geschossen werden?

Es ist grundsätzlich verboten, Wild aus Kraftfahrzeugen zu erlegen. Menschen mit einer körperlichen Behinderung können aber eine Ausnahmegenehmigung erhalten.

152 | Ist es erlaubt, die Waffe beim Schuss auf Schalenwild auf dem Autodach aufzulegen?

Ja, nur aus dem Auto heraus darf nicht geschossen werden.

153 | Darf eine Katze erlegt werden?

In der Regel zulässig ab 300 Meter Entfernung zum nächsten bewohnten Gebäude. Nach Landesrecht differenziert, teilweise sogar verboten.

154 | Wer darf Abwurfstangen sammeln?

Der Jagdausübungsberechtigte, der Jagdaufseher und alle vom Jagdausübungsberechtigten schriftlich ermächtigten Personen.

155 | Sind alle »sachlichen Verbote« im BJagdG geregelt?

Nein, die Länder können weitere sachliche Verbote erlassen.

156 | Ist das Fotografieren von Wildtieren grundsätzlich erlaubt?

Ja, sofern das Wild, insbesondere soweit es in seinem Bestand gefährdet oder bedroht ist, nicht unbefugt an seinen Zufluchts-, Nist-, Brut- oder Wohnstätten durch Aufsuchen, Fotografieren, Filmen oder ähnliche Handlungen gestört wird.

157 | Wo oder wann darf die Jagd grundsätzlich nicht ausgeübt werden?

An Orten, an denen die Jagd nach den Umständen des einzelnen Falles die öffentliche Ruhe, Ordnung oder Sicherheit stört oder das Leben von Menschen gefährden würde.

158 | Wann wird beispielsweise die öffentliche Ruhe gestört?

Während der Zeit des Gottesdienstes oder während einer Beerdigung.

159 | Kann die Jagd darüber hinaus örtlich verboten werden?

Ja, beispielsweise ganz oder teilweise in Naturschutzgebieten, Wildschutzgebieten oder Nationalparks.

160 | Wie ist der Abschuss zu regeln?

Der Abschuss des Wildes ist so zu regeln, dass die berechtigten Ansprüche der Land-, Forst- und Fischereiwirtschaft auf Schutz gegen Wildschäden voll gewahrt bleiben sowie die Belange von Naturschutz und Landschaftspflege berücksichtigt werden.

161 | Was soll mit den Abschussregelungen erreicht werden?

Abschussregelungen sollen dazu beitragen, dass ein gesunder Wildbestand aller heimischen Tierarten in angemessener Zahl erhalten bleibt und insbesondere der Schutz von Tierarten gesichert ist, deren Bestand bedroht erscheint.

162 | Was ist ein Abschussplan?

Im Abschussplan wird für die jeweilige Wildart die Abschusshöhe, aufgeteilt nach Geschlecht und Altersklassen, festgelegt.

163 | Wer erstellt den Abschussplan bei Gemeinschaftsjagdrevieren?

In gemeinschaftlichen Jagdbezirken ist der

Abschussplan vom Jagdausübungsberechtigten im Einvernehmen mit dem Jagdvorstand aufzustellen.

164 | Für welche Wildarten ist ein Abschussplan vorgeschrieben?

Für Schalenwild – mit Ausnahme von Schwarzwild – sowie Auer-, Birk- und Rackelwild sowie Seehunde.

165 | Gibt es bereits Ausnahmen von der Pflicht des Abschussplanes?

Ja, einige Länder haben den Abschussplan für Rehwild abgeschafft.

166 | Für welches Gebiet gilt ein Abschussplan?

Die Abschusspläne werden revierweise erstellt. Teilweise werden Rot- und Damwild (vor allem Hirsche) auch über Hegegemeinschaften freigegeben, sogenannte Gruppenabschüsse.

167 | Wird Fallwild auf den Abschussplan angerechnet?

Ja.

168 | Sind vermähte Rehkitze auf den Abschussplan anzurechnen?

Ja, sofern die einzelnen Bundesländer keine andere Regelung getroffen haben.

169 | Wer regelt den Abschuss in den Staatsforsten?

Den Abschuss in den Staatsforsten regeln die Länder.

170 | Welche Formalitäten sind mit der Erlegung von Schalenwild verbunden?

Je nach Wildart und Bundesland muss eine Streckenmeldung an die Untere Jagdbehörde geschrieben werden. In allen Bundesländern hat der Jagdausübungsberechtigte eine Streckenliste zu führen, die am Ende des Jagdjahres abgeschlossen und der Unteren Jagdbehörde vorgelegt werden muss.

171 | Wird erlegtes Niederwild auch erfasst?

Niederwild wird in den Streckenlisten erfasst.

172 | Darf abschussplanpflichtiges Schalenwild unter besonderen Umständen auch ohne Plan erlegt werden?

Krankes Schalenwild darf ohne formale Freigabe erlegt werden, wenn es darum geht, dem Tier vermeidbare Leiden zu ersparen und eine Abschussbeantragung nicht zielführend wäre.

173 | Wo findet der Jäger die Jagd- und Schonzeiten verzeichnet?

In der Bundesverordnung über die Jagdzeiten und in den entsprechenden Landesverordnungen.

174 | Kann von der Bundesverordnung über die Jagdzeiten abgewichen werden?

Die Länder können die Jagdzeiten abkürzen oder aufheben; sie können die Schonzeiten für bestimmte Gebiete oder für einzelne Jagdbezirke aus besonderen Gründen, insbesondere aus Gründen der Wildseuchenbekämpfung oder zur Vermeidung von übermäßigen Wildschäden aufheben.

175 | Was ist mit Wild, für das keine Jagdzeit festgesetzt wurde?

Wild, für das keine Jagdzeit festgesetzt ist, ist während des ganzen Jahres mit der Jagd zu verschonen.

176 | Gibt es für solche Wildarten auch Ausnahmen?

Die Länder können bei Störung des biologischen Gleichgewichts oder bei schwerer Schädigung der Landeskultur Jagdzeiten festsetzen oder in

Einzelfällen zu wissenschaftlichen, Lehr- und Forschungszwecken Ausnahmen zulassen.

177 | Können dem Wild Schonzeiten auch ganzjährig versagt werden?

Aus Gründen der Landeskultur können Schonzeiten für Wild gänzlich versagt werden (Wild ohne Schonzeit).

178 | Welche Wildarten haben nach Bundesrecht keine Schonzeit?

Schwarzwild, Fuchs und Wildkaninchen.

179 | Welche Tiere, für die keine Schonzeit festgesetzt wurde, sind trotzdem grundsätzlich geschont?

Die für die Aufzucht notwendigen Elterntiere, auch die von Wild ohne Schonzeit dürfen in den Setz- und Brutzeiten bis zum Selbstständigwerden der Jungtiere nicht bejagt werden.

180 | Was wird unter »Elterntiere« verstanden?

Grundsätzlich jene, die sich an der Aufzucht beteiligen, unabhängig vom Geschlecht.

181 | Kann auch dieser Schutz aufgehoben werden?

Für Schwarzwild, Wildkaninchen, Fuchs, Ringel- und Türkentaube, Silber- und Lachmöwe sowie für nach Landesrecht dem Jagdrecht unterliegende Tierarten können die Länder Ausnahmen bestimmen.

182 | Wann kann beispielsweise der Schutz der Elterntiere beim Schwarzwild aufgehoben werden?

Bei Ausbruch der Schweinepest.

183 | Dürfen Gelege von Fasan und Rebhuhn ausgenommen werden, um Eier künstlich zu erbrüten?

Das Ausnehmen der Gelege von Federwild ist grundsätzlich verboten. Die Länder können jedoch zulassen, dass Gelege in Einzelfällen zu wissenschaftlichen, Lehr- und Forschungszwecken oder für Zwecke der Aufzucht ausgenommen werden. Wohl aber dürfen ausgemähte Gelege ausgenommen werden.

184 | Von welchen Arten dürfen die Länder das Sammeln von Eiern erlauben?

Das Sammeln der Eier von Ringel- und Türkentauben sowie von Silber- und Lachmöwen kann erlaubt werden.

185 | Unter welchen Umständen darf Wild in der Schonzeit erlegt werden?

Um krankgeschossenes Wild vor vermeidbaren Schmerzen oder Leiden zu bewahren. Das Gleiche gilt für schwer krankes Wild, es sei denn, dass es genügt und möglich ist, es zu fangen und zu versorgen.

186 | Ein Rehbock ist eindeutig von Rachenbremsenlarven befallen. Ist dies ein Abschussgrund im oben gedachten Sinne?

Eindeutig nein, denn Rachenbremsen sind weitverbreitet und die befallenen Rehe sind nicht schwer krank.

187 | Was versteht man unter Wildfolge?

Die Verfolgung kranken oder krank geschossenen Wildes über die Reviergrenze hinweg.

188 | Wann darf krankgeschossenes Wild über die Reviergrenze hinweg verfolgt werden?

Krankgeschossenes oder schwer krankes Wild, das in einen fremden Jagdbezirk wechselt, darf nur verfolgt werden (Wildfolge), wenn mit dem Jagdausübungsberechtigten dieses Jagdbezirkes eine schriftliche Vereinbarung über die Wildfolge abgeschlossen worden ist.

189 | Ist die Wildfolgeregelung bundeseinheitlich?
Nein. Hierzu haben alle Länder nähere Bestimmungen erlassen, insbesondere über die Verpflichtung der Jagdausübungsberechtigten benachbarter Jagdbezirke, Vereinbarungen über die Wildfolge zu treffen.

190 | Wer vereinbart das Recht zur Wildfolge?
Die Reviernachbarn miteinander. Es gibt aber auch spezielle Wildfolgeregelungen für Schweißhundeführer auf Basis einer Hegegemeinschaft oder eines Landkreises.

191 | Was muss der Revierinhaber mindestens tun, wenn krankgeschossenes Wild ins Nachbarrevier wechselt und keine Wildfolge vereinbart wurde?
Die Stelle des Überwechselns markieren und den Reviernachbarn oder einen seiner Beauftragten unverzüglich verständigen und sich zur Nachsuche bereithalten.

192 | Darf über die Reviergrenze hinweg ein Fangschuss angetragen werden?
Nur wenn Wildfolge vereinbart wurde.

193 | Wer erteilt die Erlaubnis zur Wildfolge in einem befriedeten Bezirk?
Der Grundstückseigentümer oder der Nutzungsberechtigte.

194 | Auf welchen Abschussplan wird Schalenwild angerechnet, das im Nachbarrevier zur Strecke kommt?
Auf den Abschussplan des Reviers, in dem das Wild tatsächlich zur Strecke kam.

195 | Wer darf das im Nachbarrevier zur Strecke gekommene Wild verwerten?
Der Inhaber des Nachbarreviers.

196 | Können die Revierinhaber in diesem Punkt eine abweichende Regelung treffen?
Ja, hier steht einer privatrechtlichen Vereinbarung nichts im Wege.

197 | Was wird unter Jagdschutz verstanden?
Der Jagdschutz umfasst nach näherer Bestimmung durch die Länder den Schutz des Wildes insbesondere vor Wilderern, Futternot, Wildseuchen, vor wildernden Hunden und Katzen sowie die Sorge für die Einhaltung der zum Schutz des Wildes und der Jagd erlassenen Vorschriften.

198 | Wie ist die Jagdschutzbefugnis fixiert?
Die Jagdschutzbefugnis gilt beim Jagdpächter oder Eigenjagdbesitzer nur für das Revier, in dem er jagdausübungsberechtigt ist, beim Jagdaufseher für den Dienstbezirk, für den er bestätigt wurde.

199 | Wo finden sich die Strafbestimmungen über die Wilderei?
Nicht im Jagdgesetz, sondern im Allgemeinen Strafrecht (§ 292 StGB).

200 | Wer ist zum Jagdschutz verpflichtet?
Der Jagdschutz in einem Jagdbezirk obliegt neben den zuständigen öffentlichen Stellen dem Jagdausübungsberechtigten, sofern er Inhaber eines Jagdscheins ist, und den von der zuständigen Behörde bestätigten Jagdaufsehern.

201 | Kann der Jagdpächter auf die Ausübung des Jagdschutzes verzichten?
Nein, denn er ist dazu gesetzlich verpflichtet.

202 | Welche Befugnisse hat ein bestätigter Jagdaufseher?
Die bestätigten Jagdaufseher haben innerhalb ihres Dienstbezirkes in Angelegenheiten des Jagdschutzes die Rechte und Pflichten der Polizeibeamten und sind Hilfsbeamte der Staats-

anwaltschaft, sofern sie Berufsjäger oder forstlich ausgebildet sind. Sie haben bei der Anwendung unmittelbaren Zwanges die ihnen durch Landesrecht eingeräumten Befugnisse.

203 | Wer gilt als »bestätigter« Jagdaufseher?

Wer von der Unteren Jagdbehörde angelobt, bestätigt und mit einem Dienstausweis (teilweise auch Dienstabzeichen) versehen wurde.

204 | Wie müssen sich Jagdschutzberechtigte ausweisen?

In Ausübung des Jagdschutzes ist ein Dienstausweis (bestätigte Jagdaufseher, Forstbeamte) mitzuführen; private Revierinhaber sind durch den Jagdschein ausgewiesen. In den meisten Bundesländern sind außerdem Jagdschutzabzeichen vorgeschrieben, die am Hut oder am Revers zu tragen sind. Beim Einschreiten gegen Personen muss der Dienstausweis vorgezeigt werden, soweit das aus Sicherheitsgründen zumutbar ist.

205 | Dürfen Jagdschutzbefugnisse auch an Jagdgäste übertragen werden?

Nur teilweise, z.B. das Füttern des Wildes in Notzeiten (landesrechtlichen Vorschriften beachten).

206 | Ist ein bestätigter Jagdaufseher auch dann jagdschutzberechtigt, wenn er als Gast im Nachbarrevier jagt?

Nein, dort nicht.

207 | Welche Rechte hat der Jagdschutzberechtigte gegenüber einem Wilderer?

Er hat

- das Anhalterecht (er darf ihn am Weitergehen oder Weiterfahren hindern),
- das Abnahmerecht (er darf ihm Jagd- und Fanggeräte, Hunde und Frettchen abnehmen),
- das Personenfeststellungsrecht (Feststellung der Personalien).

208 | Was ist bei jeder Jagdschutzhandlung immer zu wahren?

Die Verhältnismäßigkeit der Mittel.

209 | Wer ist zum Jagdschutz gegen wildernde Hunde und Katzen berechtigt?

In der Regel der Jagdausübungsberechtigte sowie der von der zuständigen Behörde bestätigte Jagdaufseher. Die landesrechtlichen Bestimmungen sind dabei stets zu beachten.

210 | Müssen Hunde im Jagdrevier, zumindest im Wald, an der Leine geführt werden?

Grundsätzlich besteht kein Leinenzwang (allerdings ist § 8 Abs. 3 der Tollwutverordnung zu beachten). Doch ist der Hundehalter dafür verantwortlich, dass sich sein Hund nicht seiner Einwirkung entzieht. Je nach Landesrecht begeht derjenige eine Ordnungswidrigkeit, wer Hunde unbeaufsichtigt in einem Jagdrevier laufen lässt.

211 | Ist der Hundehalter für den Schaden haftbar, den sein Hund durch Reißen von Wild anrichtet?

Ja. Der Revierinhaber kann den Hundehalter privatrechtlich auf Schadenersatz verklagen, wenn der Hund nachweislich Wild gerissen hat.

212 | Welche Hunde sind von der Tötungsbefugnis im Jagdschutz grundsätzlich ausgenommen?

Hirtenhunde, Jagdhunde, Blindenhunde, Sanitätshunde, Polizeihunde, soweit sie als solche kenntlich sind und solange sie vom Berechtigten zu ihrem Dienst verwendet werden oder sich aus Anlass der dienstlichen Verwendung nur vorübergehend der Einwirkung ihres Führers entzogen haben.

213 | Wann darf eine streunende Katze getötet werden?

Unbedingt Landesrecht beachten.

214 | Was gilt für die Tötung gefangener Katzen?
Dieselben Regelungen wie für den Abschuss von Katzen.

215 | Was muss der Jäger bei Auftreten einer Wildseuche tun?
Tritt eine Wildseuche auf, so hat der Jagdausübungsberechtigte dies unverzüglich der zuständigen Behörde anzuzeigen.

216 | Was tut die Jagdbehörde bei Auftreten einer Wildseuche?
Sie erlässt im Einvernehmen mit dem beamteten Tierarzt die zur Bekämpfung der Seuche erforderlichen Anweisungen.

217 | Was hat mit seuchenverdächtigem Wild zu geschehen?
Es ist der amtstierärztlichen Untersuchung zuzuführen.

218 | Wer darf zur Verhütung von Wildschäden Wild von Grundstücken fernhalten oder es verscheuchen?
Der Jagdausübungsberechtigte sowie der Eigentümer oder Nutzungsberechtigte eines Grundstücks. Der Jagdausübungsberechtigte darf dabei das Grundstück nicht beschädigen, der Eigentümer oder Nutzungsberechtigte darf das Wild weder gefährden noch verletzen.

219 | Muss der Grundeigentümer Maßnahmen des Jagdpächters zum Fernhalten des Wildes immer dulden?
Ja, muss er, jedoch nur, soweit diese zumutbar sind.

220 | Darf der Grundeigentümer ohne Rücksprache mit dem Jagdausübungsberechtigten das Wild verscheuchen?
Ja, wenn dies zur Abwehr von Schäden notwendig ist.

221 | Welche Möglichkeiten hat die Behörde im Falle »übermäßiger Wildschäden«?
Die zuständige Behörde kann anordnen, dass der Jagdausübungsberechtigte unabhängig von den Schonzeiten innerhalb einer bestimmten Frist in bestimmtem Umfange den Wildbestand zu verringern hat; insbesondere wenn dies mit Rücksicht auf die Interessen der Land-, Forst- und Fischereiwirtschaft notwendig ist.

222 | Hat die Jagdbehörde die Möglichkeit der Ersatzvornahme?
Ja, kommt der Jagdausübungsberechtigte der Anordnung nicht nach, so kann die zuständige Behörde auf dessen Rechnung den Wildbestand vermindern lassen.

223 | Wie sieht die Ersatzvornahme aus?
Ein erfahrener Jäger wird mit der Erfüllung des Abschusses beauftragt.

224 | Darf Schwarzwild in freier Wildbahn gehegt werden?
Nein. Schwarzwild darf nur in solchen Einfriedungen gehegt werden, die ein Ausbrechen des Schwarzwildes verhüten.

225 | Welche Tierarten dürfen nicht ausgesetzt werden?
Schwarzwild und Wildkaninchen.

226 | Was ist Wildschaden?
Schaden an Grund und Boden und Nutzpflanzen verursacht durch Wild.

227 | Schäden welcher Wildarten sind ersatzpflichtig?
Ersatzpflichtig sind nur Schäden, die durch

Schalenwild, Wildkaninchen oder Fasane verursacht werden.

228 | Wer haftet für Wildschäden in einem Gemeinschaftsjagdrevier?
Grundsätzlich zunächst die Jagdgenossenschaft. Hat der Jagdpächter den Ersatz des Wildschadens ganz oder teilweise übernommen, so trifft die Ersatzpflicht den Jagdpächter. Die Ersatzpflicht der Jagdgenossenschaft bleibt bestehen, soweit der Geschädigte Ersatz von dem Pächter nicht erlangen kann.

229 | Wie wird der Wildschaden unter den Jagdgenossen aufgeteilt?
Der aus der Genossenschaftskasse geleistete Ersatz ist von den einzelnen Jagdgenossen nach dem Verhältnis des Flächeninhalts ihrer beteiligten Grundstücke zu tragen.

230 | Wer trägt den Wildschaden in einer Eigenjagd?
Ist die Eigenjagd verpachtet, haftet der Jagdpächter, wenn er sich im Pachtvertrag zum Ersatz des Wildschadens verpflichtet hat. Wildschaden an Grundstücken, die einem Eigenjagdbezirk angegliedert sind, hat der Eigentümer oder der Nutznießer des Eigenjagdbezirks zu ersetzen.

231 | Müssen Schäden an zum Abtransport aufgehäuften Rüben ersetzt werden?
Nein, da die Rüben auf der Miete als eingeerntet zählen. Bei getrennten, aber nicht eingeernteten Erzeugnissen (z. B. Zwiebeln, oder Kartoffeln in Schwatt gelegt) müsste der Schaden ersetzt werden.

232 | Ist der Schaden an eingelagerten Feldfrüchten zu ersetzen?
Nein. Als eingelagert gelten beispielsweise eingemietete Rüben oder Siloballen.

233 | Ist es Wildschaden, wenn ein Reh mit einem Fahrzeug kollidiert?
Nein, und es gibt auch keine Ersatzpflicht.

234 | Sind Schäden von Beutegreifern an Haustieren Wildschäden?
Ja, da sie durch Wild (z. B. Fuchs oder Habicht) verursacht wurden. Sie sind aber nicht ersatzpflichtig.

235 | Welche Situation entsteht, wenn Krähen und Fasane gemeinsam eine Maissaat schädigen?
Es muss ermittelt (abgeschätzt) werden, zu welchem Prozentsatz die Fasane am Schaden beteiligt waren. In der Praxis ist dies kaum korrekt möglich, sodass eine gütliche Einigung angestrebt werden sollte.

236 | Feldhasen haben in erheblichem Umfang Zuckerrüben angenagt. Ist der Schaden ersatzpflichtig?
Nein, weil Hasenschäden nach Bundesrecht nicht ersatzpflichtig sind, solche von Kaninchen jedoch sehr wohl.

237 | Welche Tierarten können in einem Maisfeld gemeinsam zu Schaden gehen und wie wirkt sich das auf die Ersatzpflicht aus?
Neben Schwarzwild können auch der Dachs oder Nager wie Ratte, Nutria, Biber und Bisam beteiligt sein, ebenso Vögel. Hier ist zu prüfen, wie hoch die Sekundärschäden sind. Ersatzpflichtig ist nur der vom Schwarzwild verursachte Schaden.

238 | Worauf ist beim Verbiss einer Buchenkultur zu achten?
Ob der Verbiss durch Schalenwild oder Wildkaninchen (beide ersatzpflichtig) oder durch Hasen (nicht ersatzpflichtig) verursacht wurde.

239 | Müssen Verbissschäden an Weinreben durch Rehwild und Kaninchen ersetzt werden?

Nach Bundesrecht nicht, wohl aber, wenn dies im jeweiligen Bundesland so geregelt ist, beispielsweise in Baden-Württemberg.

240 | Hasen und Kaninchen benagen im Winter gemeinsam Obstbäume. Wie muss der Schaden ersetzt werden?

Hier muss geprüft werden, welchen Anteil am Schaden die Kaninchen haben (ersatzpflichtig).

241 | Sauen verwüsten einen im Feld gelegenen Friedhof. Muss der Jagdpächter oder die Jagdgenossenschaft den Schaden ersetzen?

Nein, denn auch der Friedhof ist ein befriedeter Bezirk, auf dem die Jagd ruht.

242 | Was sind Wildschadensausgleichskassen?

Die Länder können bestimmen, dass für bestimmte Wildarten der Schadenersatz durch Schaffung eines Wildschadensausgleichs auf eine Mehrheit von Beteiligten zu verteilen ist (Wildschadensausgleichskasse).

243 | Wer haftet für Schäden, die aus Gehegen ausgebrochenes Wild verursacht?

Der Jagdausübungsberechtigte, Eigentümer oder Nutznießer, dem die Aufsicht über das Gehege obliegt.

244 | Zu welchem Zeitpunkt wird der Schaden geschätzt?

Werden Bodenerzeugnisse, deren voller Wert sich erst zur Zeit der Ernte bemessen lässt, vor diesem Zeitpunkt durch Wild beschädigt, so ist der Wildschaden in dem Umfang zu ersetzen, wie er sich zur Zeit der Ernte darstellt.

245 | Was ist bei der Schadensbemessung zu berücksichtigen?

Bei der Feststellung der Schadenshöhe ist jedoch zu berücksichtigen, ob der Schaden nach den Grundsätzen einer ordentlichen Wirtschaft durch Wiederanbau im gleichen Wirtschaftsjahr ausgeglichen werden kann.

246 | Wann erlischt der Anspruch auf Wildschadenersatz?

Ein Anspruch auf Ersatz von Wildschaden ist nicht gegeben, wenn der Geschädigte die von dem Jagdausübungsberechtigten zur Abwehr von Wildschaden getroffenen Maßnahmen unwirksam macht.

247 | Welche Wildschäden sind nicht zu ersetzen?

Wildschaden, der in Gärten, Obstgärten, Baumschulen, Alleen, an einzeln stehenden Bäumen, Forstkulturen, die durch Einbringen anderer als der im Jagdbezirk vorkommenden Hauptholzarten einer erhöhten Gefährdung ausgesetzt sind, oder an Freilandpflanzungen oder hochwertigen Handelsgewächsen entsteht, ist nicht zu ersetzen. Voraussetzung ist, dass die Herstellung von üblichen Schutzvorrichtungen, die unter gewöhnlichen Umständen zur Abwendung des Schadens ausreichen, unterblieben ist.

248 | Wie unterscheiden sich Wild- und Jagdschaden?

Schaden, der durch Wild entsteht, ist Wildschaden; Schaden, der durch den Jäger entsteht, ist Jagdschaden.

249 | Für welche (Jagd-)Schäden haftet der Jagdausübungsberechtigte?

Er haftet dem Grundstückseigentümer oder Nutzungsberechtigten für jeden aus missbräuchlicher Jagdausübung entstehenden Schaden; auch für den Jagdschaden, der durch einen von ihm bestellten Jagdaufseher oder durch einen Jagdgast angerichtet wird.

250 | Welche Jagdmethoden sind zum Schutz vor Jagdschäden verboten?

Die Ausübung der Treibjagd auf Feldern, die mit reifender Halm- oder Samenfrucht oder mit Tabak bestanden sind, ist verboten; die Suchjagd ist nur insoweit zulässig, als sie ohne Schaden für die reifenden Früchte durchgeführt werden kann.

251 | Kann Jagdschaden auch durch den Bau von Jagdeinrichtungen entstehen?

Ja, etwa wenn Bäume vernagelt werden.

252 | Sind Jagdschäden durch die Jagdhaftpflichtversicherung gedeckt?

Nein.

253 | Welche Meldefristen sind bei der Geltendmachung von Wild- oder Jagdschäden zu wahren?

Der Berechtigte muss den Schadensfall binnen 1 Woche, nachdem er von dem Schaden Kenntnis erhalten hat oder bei Beachtung gehöriger Sorgfalt erhalten hätte, bei der für das beschädigte Grundstück zuständigen Behörde anmelden. Bei Schaden an forstwirtschaftlich genutzten Grundstücken genügt es, wenn er zweimal im Jahr, jeweils bis zum 1. Mai die Winterschäden und bis zum 1. Oktober die Sommerschäden, bei der zuständigen Behörde angemeldet wird. Die Anmeldung soll die als ersatzpflichtig in Anspruch genommene Person bezeichnen. Werden diese Fristen nicht eingehalten, erlischt der Anspruch auf Ersatz.

254 | Wo sind Wildschäden anzumelden?

Üblicherweise bei der Gemeindeverwaltung.

255 | Welche Möglichkeiten der Schadensabwicklung gibt es?

Durch gütliche Einigung oder durch Anmeldung des Schadens bei der Gemeinde und ein sich anschließendes Verfahren.

256 | Wann kann der Grundeigentümer auf die formale Anmeldung des Schadens verzichten?

Wenn er sich mit dem Jagdausübungsberechtigten schon vor Ablauf der Meldefrist einigt. Die Einigung sollte schriftlich oder mit Zeugen erfolgen.

257 | Kann Wildschadenersatz eingeklagt werden?

Ja. Zuständig ist, unabhängig von der Höhe des Streitwerts, das Amtsgericht.

258 | Wovon können die Länder die Beschreitung des Klageweges abhängig machen?

Die Länder können in Wild- und Jagdschadenssachen das Beschreiten des ordentlichen Rechtsweges davon abhängig machen, dass zuvor ein Feststellungsverfahren vor einer Verwaltungsbehörde (Vorverfahren) stattfindet.

259 | Was ist ein Vorverfahren?

Ein Feststellungsverfahren vor einer Verwaltungsbehörde, in dem über den Anspruch, eine vollstreckbare Verpflichtungserklärung (Anerkenntnis, Vergleich) aufzunehmen oder eine nach Eintritt der Rechtskraft vollstreckbare Entscheidung (Vorbescheid) zu erlassen ist.

260 | Womit endet das Vorverfahren?

Im Vorbescheid der Gemeinde.

261 | Was ist ein Wildschadensschätzer?

Wildschadensschätzer sind in landwirtschaftlichen wie jagdlichen Inhalten kompetente Personen. Sie werden von der Unteren Jagdbehörde bestellt (jeweiliges Landesjagdrecht beachten).

262 | Was ist ein Jagdbeirat?

Ein ehrenamtlich tätiges Gremium, das den Behörden auf Kreis-, Bezirks- und Landesebene in jagdlichen Belangen beratend zur Seite steht.

263 | Wie setzt sich der Jagdbeirat zusammen?

Vertreten sind zumindest die Jägerschaft, Land- und Forstwirtschaft, Jagdgenossenschaft und der Naturschutz. Bestimmungen über die Zusammensetzung und Bestellung des Jagdbeirats treffen die Länder.

264 | Wie ist die Jagdverwaltung aufgebaut?

Die Obersten Jagdbehörden sind die Ministerien von Bund und Länder. Die Oberen Jagdbehörden sind, soweit vorhanden, auf Ebene der Bezirksregierungen angesiedelt, die Unteren Jagdbehörden auf kommunaler Ebene.

265 | Was ist ein Jagdberater?

In Bayern werden von den Jagdbehörden Jagdberater als Wahlbeamte bestimmt, deren Aufgabe es ist, die jeweilige Behörde in Jagdsachen zu beraten.

266 | Welche Funktion hat ein Kreisjägermeister?

Das ist, je nach Landesrecht, ganz unterschiedlich. Auch gibt es nicht in allen Bundesländern Kreisjägermeister. In der Regel berät er die Untere Jagdbehörde.

267 | Was ist eine anerkannte Vereinigung der Jäger?

Nach Vorgaben der Bundesländer Vereinigungen von Jägern, so beispielsweise die Landesjagdverbände.

268 | Welche Straftatbestände kennt das BJagdG?

- Abschuss von in seinem Bestand bedrohtem Wild
- Abschuss von Wild, für das keine Jagdzeit festgesetzt wurde
- Abschuss von Elterntieren, die noch zur Aufzucht (hierzu zählt auch die anschließende Betreuungszeit) der Jungen notwendig sind.

269 | Wie hoch ist der Strafrahmen?

Freiheitsstrafe bis zu 5 Jahren oder Geldstrafe; handelt der Täter fahrlässig, so ist die Strafe Freiheitsstrafe bis zu 6 Monaten oder Geldstrafe bis zu 180 Tagessätzen.

270 | Ein 18-jähriger Inhaber eines Jugendjagdscheins setzt sich am 31. Januar alleine im Revier auf Sauen an. Darf er das?

Nein, er begeht eine Ordnungswidrigkeit, da er die Jagd ohne Begleitperson ausübt.

271 | Sie werden in Ihrem Revier von einer Polizeistreife angehalten. Bei der Kontrolle verweigern Sie das Vorzeigen des Jagdscheins. Mit welcher Anzeige müssen Sie rechnen?

Mit einem Ordnungswidrigkeitsverfahren, da Sie den zum Jagdschutz berechtigten Kontrollorganen zum Vorzeigen des Jagdscheins verpflichtet sind.

272 | Sie erlegen am Abend des 30. Aprils unmittelbar an der Grenze einen starken Rehbock, dem Sie schon lange nachgestellt haben. Ihr Reviernachbar, der das beobachtet hat, zeigt Sie an – wegen einer Straftat oder einer Ordnungswidrigkeit?

Einer Ordnungswidrigkeit, Sie haben ein Schonzeitvergehen begangen.

273 | Womit können Ordnungswidrigkeiten geahndet werden?

Mit einer Geldbuße bis zu 5000 Euro.

274 | Wer ahndet jagdliche Ordnungswidrigkeiten?
Die Untere Jagdbehörde.

275 | Kann ein Gewehr, das in Verbindung mit einer jagdlichen Straftat oder Ordnungswidrigkeit verwendet wurde, eingezogen werden?
Ja.

276 | Wer kann die Entziehung des Jagdscheins anordnen?
Die Untere Jagdbehörde.

277 | Welche Gründe führen zur Entziehung des Jagdscheins?
Verurteilungen wegen Straftaten nach dem Jagdgesetz, nach bestimmten Paragrafen des Strafgesetzbuches (unter anderem Widerstand gegen Vollstreckungsbeamte, Körperverletzung, Freiheitsberaubung, Nötigung, sofern derjenige, gegen den sich die Tat richtete, sich in Ausübung des Forst-, Feld-, Jagd- oder Fischereischutzes befand), sowie wegen Wilderei und viele andere).

278 | Was ordnet das Gericht gleichzeitig mit dem Entzug des Jagdscheines an?
Eine Jagdscheinsperre für die Dauer von 1 bis zu 5 Jahren.

279 | Kann die Sperre lebenslänglich angeordnet werden?
Ja.

280 | Kann auch eine Ordnungswidrigkeit zur Entziehung des Jagdscheins führen?
Nein, aber zum Verlust der jagdlichen Zuverlässigkeit.

281 | Was kann das Gericht anordnen, wenn der Täter zum Tatzeitpunkt keinen Jagdschein besaß?
Die spätere Verweigerung der Ausstellung eines Jagdscheins.

282 | Was kann zu einem Jagdverbot führen?
Das Verhängen einer Strafe für ein Vergehen oder eine Ordnungswidrigkeit, das/die bei oder im Zusammenhang mit der Jagdausübung begangen wurde, oder die Festsetzung einer Geldbuße aufgrund grober oder beharrlicher Verletzung der Pflichten bei der Jagdausübung.

283 | Ab welchem Zeitpunkt gilt das Jagdverbot?
Das Verbot der Jagdausübung wird mit der Rechtskraft der Entscheidung wirksam. Für seine Dauer wird ein erteilter Jagdschein amtlich verwahrt. Wird er nicht freiwillig herausgegeben, so ist er zu beschlagnahmen.

284 | Was ist der Unterschied zwischen Jagdscheinentzug und Verbot der Jagdausübung?
Bei einem Jagdverbot wird der Jagdschein nicht eingezogen, sondern nur für begrenzte Zeit amtlich verwahrt.

285 | Für welchen Zeitraum kann ein Jagdverbot ausgesprochen werden?
Von 1 bis zu 6 Monaten.

286 | Können die Länder zusätzliche Straf- und Ordnungswidrigkeitstatbestände in ihr Landesjagdgesetz aufnehmen?
Ja.

Bundeswildschutzverordnung (BWildSchV)

Die Bundeswildschutzverordnung ist am 1.4.1986 in Kraft getreten. Sie ergänzt das Bundesjagdgesetz aufgrund der in § 36 vorgesehenen Ermächtigung, den Besitz, Erwerb, den Handel und sonstiges Inverkehrbringen von Wild näher zu regeln. Die früher bestehenden landesrechtlichen Vorschriften auf diesem Gebiet waren hauptsächlich darauf abgestellt, den Wildbrethandel zu kontrollieren (um die Wilderei besser bekämpfen zu können). Deshalb bestanden Vorschriften in erster Linie über Wildursprungszeichen und Wildhandelsbücher. Die Erwartung, hier eine neue, bundeseinheitliche Regelung zu bringen, hat die Bundeswildschutzverordnung nicht erfüllt. Sie ist mehr auf den Schutz gefährdeter Wildarten abgestellt, und zwar mit Schwerpunkt auf dem Federwild. Die Bestimmungen sind recht kompliziert und unübersichtlich. Ohne auf alle Einzelheiten einzugehen, sollen die Grundzüge so weit dargestellt werden, wie es für die Jagdpraxis nötig ist.

Alle Wildarten, die der Bundeswildschutzverordnung unterliegen, sind in der folgenden Übersicht aufgeführt. Dazu ist angegeben, welche Vorschriften im Einzelnen für die betreffende Wildart gelten, nämlich unterschieden nach den Anlagen 1 bis 5.

Anlage 1 enthält die allgemeinen, weit gefassten Verbote, während die Anlagen 2 und 3 gewisse Ausnahmen davon zulassen. Anlage 4 enthält die besonderen Vorschriften für die Haltung von Greifvögeln, Anlage 5 spezielle Vorschriften für die gewerbliche Verarbeitung (z. B. durch Präparatoren). Verstöße gegen die BWildSchV werden als Ordnungswidrigkeit geahndet.

Allgemeines

Anlage 1

Es ist allgemein verboten, die in Anlage 1 aufgeführten Tiere (lebend oder tot) sowie Teile (z. B. Skelette, Felle, Federn, Eier, Larven, Puppen) von ihnen oder aus ihnen gewonnene Erzeugnisse in Besitz zu nehmen, zu erwerben, sie zu be- oder verarbeiten oder irgendwie zu verwenden; diese Tiere (Teile, Erzeugnisse) dürfen auch nicht gehandelt werden (abgeben, anbieten, veräußern, in den Verkehr bringen).

Ausgenommen von diesen Verboten ist das Aneignungsrecht des Jagdausübungsberechtigten, das ihm nach dem Jagdgesetz zusteht. Insofern ändert sich also für den Jäger nichts; die Aneignungs- und Besitzverbote betreffen ihn nicht. Eine beachtenswerte Einschränkung ist aber dabei: Der Jagdausübungsberechtigte darf über ein solches Tier, das er sich rechtmäßig angeeignet hat, nicht beliebig verfügen. Er darf es für sich selbst verwerten oder verschenken, jedoch nicht verkaufen (»gegen Entgelt an Dritte abgeben«), auch nicht »zum Zweck des Verkaufs halten, befördern oder anbieten«. Das gilt ebenfalls für alle Teile oder Erzeugnisse solcher Tiere, also Wildbret, Trophäen, Präparate und dergleichen.

Anlage 2

Für die hier genannten Tiere gilt eine Ausnahme von den Vorschriften der Anlage 1: Der Jagdausübungsberechtigte darf sie verkaufen, und zwar auch gewerblich. (Hier bleibt also für den Revierinhaber alles beim Alten; er darf solches Wild an den Wildbrethandel oder die Gastronomie abgeben und überhaupt beliebig »in den Verkehr bringen«.)

Übersicht über die Bundes-Wildschutzverordnung

(Anlagen 1–5: die jeweils geltenden Anlagen sind angekreuzt)

Wildart	Anlagen				
	1	2	3	4	5
Haarwild					
Steinwild ●	x				x
Schneehase ●	x				x
Murmeltier ●	x				x
Seehund ●	x				x
Federwild					
Rebhuhn	x	x			
Fasan	x	x			
Wachtel ●	x				x
Auerwild ●	x				x
Birkwild ●	x				x
Rackelwild ●	x				x
Haselwild ●	x				x
Alpenschneehuhn ●	x				x
Wildtruthuhn	x				
Hohltaube ●	x				x
Ringeltaube	x	x			
Turteltaube ●	x				x
Türkentaube	x				
Höckerschwan	x				
Graugans	x	x			
Blessgans	x		x		
Saatgans	x				
Kurzschnabelgans ●	x				x
Ringelgans	x				
Weißwangengans ●	x				x
Kanadagans	x				
Stockente	x	x			
Löffelente ●	x				x
Schnatterente ●	x				x
Pfeifente	x	x			

Wildart	Anlagen				
	1	2	3	4	5
Krickente	x	x			
Spießente	x	x			
Kolbenente ●	x				x
Bergente	x				
Reiherente	x		x		
Tafelente	x	x			
Schellente ●	x				x
Brandgans ●	x				x
Eisente ●	x				x
Samtente	x				
Trauerente	x				
Eiderente ●	x				x
Mittelsäger ●	x				x
Gänsesäger ●	x				x
Zwergsäger ●	x				x
Waldschnepfe	x		x		
Blesshuhn	x	x			
Mantelmöwe	x				
Heringsmöwe	x				
Silbermöwe	x				
Sturmmöwe	x				
Lachmöwe	x				
Schwarzkopfmöwe ●	x				x
Zwergmöwe ●	x				x
Dreizehenmöwe ●	x				x
Haubentaucher ●	x				x
Graureiher ●	x				x
Kolkrabe ●	x				x
alle einheimischen Greifvögel und Falken ●				x	

● = ohne Jagdzeit (ganzjährig geschont)

Anlage 3

Die hier genannten Tiere darf der Jagdausübungsberechtigte ebenfalls verkaufen, aber nicht gewerblich. (Wildbrethändler, Gastronomen oder Präparatoren dürfen solche Tiere nicht handeln.)

Anlage 4

Diese Anlage bezieht sich ausschließlich auf Greifvögel. Für diese gelten die allgemeinen Verbote nach Anlage 1 nur deshalb nicht, weil sie neben dem Jagdrecht zugleich Naturschutzbestimmungen nach EU-Richtlinien unterliegen, wofür gleichlautende Verbote gelten. Zusätzlich regelt hier die Bundeswildschutzverordnung die Haltung von Greifvögeln in Gefangenschaft. Die Haltung (außer zu wissenschaftlichen Zwecken) wird vom Besitz des Falknerjagdscheins abhängig gemacht, die Zahl der gehaltenen Greifvögel wird beschränkt und eine besondere Kennzeichnung von gehaltenen und gezüchteten Greifvögeln wird vorgeschrieben. Zu- und Abgang sind der Behörde zu melden.

Anlage 5

Wer die hier aufgeführten Tiere lebend oder tot in den Verkehr bringt, sie erwirbt oder verarbeitet, muss ein Aufnahme- und Auslieferungsbuch führen, das eine behördliche Kontrolle ermöglicht. (Diese Vorschrift betrifft insbesondere Präparatoren.)

Für den Jäger – besonders den verantwortlichen Revierinhaber – ist also wichtig zu wissen, was er mit Wild, das er sich rechtmäßig angeeignet hat, weiter tun darf:

- Darf er es unbeschränkt auch an Gewerbebetriebe verkaufen?
- Darf er es nur privat, also »nicht gewerblich«, verkaufen?
- Darf er es überhaupt nicht verkaufen, sondern nur für sich behalten oder unentgeltlich abgeben (verschenken)?

Für Wild, das nicht in den Anlagen 1 bis 5 der BWildSchV aufgeführt ist, bleibt es bei den bisherigen jagdgesetzlichen Regelungen. Nicht berührt von den neuen Vorschriften ist auch der »Altbesitz« (z. B. Trophäen, Präparate), der vor dem 1.4.1986 rechtmäßig erworben wurde. Auch gelten die Vorschriften nicht für solche Rebhühner, Fasanen, Wachteln und Stockenten, die in Gefangenschaft gezüchtet und nicht herrenlos sind.

Für die in Anlage 5 aufgeführten Arten (es sind diejenigen mit ganzjähriger Schonzeit) werden besondere Anforderungen an Handel und Verarbeitung (Präparatoren) gestellt. Dafür ist ein Aufnahme- und Auslieferungsbuch vorgeschrieben, das die behördliche Kontrolle ermöglichen soll.

Die zuständige Naturschutzbehörde kann vom Aneignungsverbot Ausnahmen für Lehr- und Forschungszwecke sowie im Einzelfall auch für die persönliche Aneignung zulassen. Darüber hinaus ist es – vorbehaltlich jagdrechtlicher Vorschriften – zulässig, verletzte, hilflose oder kranke Tiere aufzunehmen und gesund zu pflegen. Sie müssen aber wieder in die Freiheit entlassen werden.

287 | Wie steht es mit der Aneignung von Tieren, die tot aufgefunden werden?

Sofern das Tier dem Jagdrecht unterliegt, hat nur der Revierinhaber das Aneignungsrecht. Bei anderen wild lebenden Tieren ist nach dem Naturschutzrecht zu unterscheiden:

- Tiere ohne besonderen Schutz darf sich jedermann aneignen;
- Tiere, die unter besonderem Schutz stehen, darf sich niemand aneignen.

288 | Gilt das Aneignungsverbot auch für Teile der besonders geschützten Tiere?
Ja, ausnahmslos.

289 | Welches Wild darf der Revierinhaber nicht verkaufen, sondern nur selbst verwerten oder verschenken?
- Dasjenige Wild, das in der BWildSchV (Anlage 1) aufgeführt ist (ohne die Ausnahmen nach Anlage 2 und 3).
- Das Wild, das sinngemäß gleichen EU-Naturschutzrichtlinien (zusätzlich zum Jagdrecht) unterliegt (das sind Fischotter, Wildkatze, Luchs, Großtrappe und alle Greifvögel).

290 | Beziehen sich die Einschränkungen auch auf Trophäen und Präparate dieser Wildarten?
Ja. Sie beziehen sich auf lebendes und totes Wild sowie auf alle seine Teile und daraus gewonnenen Erzeugnisse.

291 | Bei einer Taubenjagd wurden 20 Ringeltauben und 12 Türkentauben erlegt. Darf die gesamte Strecke an einen Gastwirt verkauft werden?
Nur die Ringeltauben (Anlage 2). Die Türkentauben darf der Revierinhaber verschenken, wenn er sie nicht selbst verwertet (Anlage 1).

292 | Ein Revierinhaber hat sich einen in seinem Revier verunglückten Auerhahn präparieren lassen. Darf er das Präparat später zum Verkauf anbieten?
Nein (Anlage 1).

293 | Ein Jagdpächter ist von Beruf Gastwirt. Darf er in seinem Revier geschossene Waldschnepfen auf der Speisekarte anbieten?
Nein, Waldschnepfen dürfen nicht gewerblich verkauft werden (Anlage 3).

294 | Ein Jagdpächter findet in seinem Revier einen Mäusebussard und einen Waldkauz als frisch getötete Unfallopfer an einer Landstraße. Darf er sich die Vögel präparieren lassen?
Den Bussard ja (Aneignungsrecht nach dem Jagdgesetz); den Kauz nur mit vorheriger Genehmigung der Naturschutzbehörde (unterliegt nicht dem Jagdrecht).

295 | Ein Jagdpächter schenkt einige erlegte Lachmöwen einem befreundeten Präparator; dieser möchte die präparierten Vögel verkaufen. Wie ist die Rechtslage?
Der Jagdpächter darf die Möwen verschenken (nicht verkaufen!); der Präparator darf die Vögel nicht für gewerbliche Zwecke verarbeiten und nicht verkaufen (Anlage 1).

296 | Welche Bedingungen muss jemand erfüllen, der Greifvögel halten möchte?
Er muss Inhaber eines gültigen Falknerjagdscheins sein; er darf insgesamt nicht mehr als 2 Greifvögel halten (beschränkt auf Habicht, Steinadler und Wanderfalke) und die gehaltenen Vögel müssen dauerhaft und unverwechselbar gekennzeichnet sein (vorgeschriebene Fußringe). Ausnahmen gibt es für Greifvogelhaltungen zu wissenschaftlichen Zwecken und zur Zucht.

Naturschutzrecht

Gesetz über Naturschutz und Landschaftspflege (BNatSchG)

Analog zum Jagdrecht sind die den Naturschutz betreffenden Vorschriften in Bundes- und Landesrecht aufgeteilt. Wichtigste Rechtsgrundlage ist das zuletzt im Jahr 2009 umfassend novellierte, inzwischen mehrmals überarbeitete Bundesnaturschutzgesetz (BNatSchG). In ihm sind unter anderem europäische Naturschutzrichtlinien, so die Flora-Fauna-Habitat-Richtlinie (FFH-Richtlinie, RL 92/43/EWG) und die Vogelrichtlinie (RL 2009/147/EG), in nationales Recht umgesetzt worden. Das BNatSchG enthält Vorgaben und Regelungen zum Arten- und Gebietsschutz, zur Landschaftsplanung, zur Kompensation von Eingriffen in Natur und Landschaft, zu Biotopverbund und -vernetzung, zum Meeresnaturschutz, zur Erholung in Natur und Landschaft sowie zur Mitwirkung anerkannter Naturschutzvereinigungen (also auch der Jagdverbände, die als Naturschutzverband anerkannt sind) in bestimmten Entscheidungsverfahren. Es wird durch die Landesnaturschutzgesetze sowie die Bundesartenschutzverordnung (BArtSchV) ergänzt. Für den Vollzug des Naturschutzrechts sind weitestgehend die Länder zuständig.

§§ 1–7 Allgemeine Vorschriften

Ziele: Als grundsätzliche Ziele des Naturschutzes und der Landschaftspflege sind Natur und Landschaft aufgrund ihres Eigenwertes und als Grundlage für Leben und Gesundheit des Menschen so zu schützen, dass unter anderem

- die biologische Vielfalt,
- die Leistungs- und Funktionsfähigkeit des Naturhaushalts einschließlich der Regenerationsfähigkeit und nachhaltigen Nutzungsfähigkeit der Naturgüter sowie
- die Vielfalt, Eigenart und Schönheit sowie der Erholungswert von Natur und Landschaft auf Dauer gesichert sind.

Um diese Ziele zu erreichen, sind insbesondere

- lebensfähige Populationen wild lebender Tiere und Pflanzen einschließlich ihrer Lebensstätten zu erhalten und der Austausch zwischen den Populationen sowie Wanderungen und Wiederbesiedelungen zu ermöglichen;
- Gefährdungen von natürlich vorkommenden Ökosystemen, Biotopen und Arten entgegenzuwirken;
- Lebensgemeinschaften und Biotope mit ihren strukturellen und geografischen Eigenheiten in einer repräsentativen Verteilung zu erhalten;
- Naturgüter, die sich nicht erneuern, sparsam und schonend zu nutzen; erneuerbare Naturgüter dürfen nur nachhaltig genutzt werden;
- wild lebende Tiere und Pflanzen, ihre Lebensgemeinschaften sowie ihre Biotope und Lebensstätten auch im Hinblick auf ihre jeweiligen Funktionen im Naturhaushalt zu erhalten;
- Naturlandschaften und historisch gewachsene Kulturlandschaften vor Verunstaltung, Zersiedelung und sonstigen Beeinträchtigungen zu bewahren.

Bei Maßnahmen des Naturschutzes und der Landschaftspflege ist die besondere Bedeutung einer natur- und landschaftsverträglichen Land-, Forst- und Fischereiwirtschaft für die Erhaltung der Kultur- und Erholungslandschaft zu berücksichtigen. Die land-, forst- und fischereiwirtschaftliche Bodennutzung ist nicht als Eingriff anzusehen, soweit dabei die Ziele des Naturschutzes und der Landschaftspflege berücksichtigt werden. Allerdings haben Eigentümer und sonstige Nutzungsberechtigte von Grundstücken Maßnahmen des Naturschutzes und der Landschaftspflege, die aufgrund von Vorschriften dieses Gesetzes bzw. der Länderregelungen erlassen worden sind, zu dulden, soweit dadurch die Nutzung des Grundstücks nicht unzumutbar beeinträchtigt wird (Duldungspflicht gem. § 65 BNatSchG).

Anforderungen: Bei der land-, forst- und fischereiwirtschaftlichen Nutzung sind Grundsätze der »guten fachlichen Praxis« – aus naturschutzrechtlicher Sicht – zu beachten. Bei Beachtung dieser Anforderungen (und der Vorschriften und Regelungen des jeweiligen Rechtskreises) widerspricht sie in der Regel nicht den Zielen des Naturschutzes und der Landschaftspflege. Zu diesen Anforderungen zählen insbesondere

- eine standortangepasste Bewirtschaftung, die eine nachhaltige Bodenfruchtbarkeit und langfristige Nutzbarkeit der Flächen gewährleistet;
- die Erhaltung der zur Vernetzung von Biotopen erforderlichen Landschaftselemente;
- ein ausgewogenes Verhältnis von Tierhaltung zum Pflanzenbau;
- die fachgerechte Anwendung von Dünge- und Pflanzenschutzmitteln;
- der Aufbau naturnaher Wälder und deren nachhaltige Bewirtschaftung ohne Kahlschläge;
- der Erhalt und die Förderung oberirdischer Gewässer einschließlich ihrer Uferzonen als Lebensstätten und Lebensräume für heimische Tier- und Pflanzenarten, wobei der Besatz mit nichtheimischen Tierarten grundsätzlich zu unterlassen ist.

In § 7 werden zahlreiche für das Verständnis wichtige Begriffe definiert (s. hierzu Sachgebiet Naturschutz, Seite 825).

§§ 13–19 Allgemeiner Schutz von Natur und Landschaft

Grundsätzlich gilt, dass erhebliche Beeinträchtigungen von Natur und Landschaft vom Verursacher vorrangig zu vermeiden sind. Nicht vermeidbare erhebliche Beeinträchtigungen sind durch Ausgleichs- oder Ersatzmaßnahmen oder, soweit dies nicht möglich ist, durch einen Ersatz in Geld zu kompensieren. Als Eingriffe in Natur und Landschaft gelten Veränderungen der Gestalt oder Nutzung von Grundflächen oder Veränderungen des mit der belebten Bodenschicht in Verbindung stehenden Grundwasserspiegels, die die Leistungs- und Funktionsfähigkeit des Naturhaushalts oder das Landschaftsbild erheblich beeinträchtigen können. Soweit Beeinträchtigungen nicht vermieden werden können, ist dies zu begründen.

Eine Schädigung von Arten und natürlichen Lebensräumen im Sinne des Umweltschadensgesetzes ist jeder Schaden, der erhebliche nachteilige Auswirkungen auf die Erreichung oder Beibehaltung des günstigen Erhaltungszustands dieser Lebensräume oder Arten hat.

§§ 20–30 Schutz bestimmter Teile von Natur und Landschaft

Die Länder müssen länderübergreifend und sich dabei untereinander abstimmend einen großflächigen Biotopverbund schaffen, der mindestens 10 % ihrer Fläche umfassen soll. Die Ausweisung von Schutzgebieten obliegt den Ländern. Es gibt folgende Kategorien: Naturschutzgebiet, Nationalpark, Nationales Naturmonument, Biosphärenreservat, Landschaftsschutzgebiet, Naturpark, Naturdenkmal sowie geschützter Landschaftsbestandteil (Definition der Kategorien s. Kapitel Naturschutz). Darüber hinaus sind folgende Biotope besonders geschützt:

- Natürliche oder naturnahe Bereiche fließender

und stehender Binnengewässer einschließlich ihrer Ufer, Verlandungsbereiche, Altarme und regelmäßig überschwemmten Bereiche
- Moore, Sümpfe, Röhrichte und andere Feuchtgebiete
- Binnendünen, Block-, Schutt- und Geröllhalden, Lehm- und Lösswände, Zwergstrauch-, Ginster- und Wacholderheiden, Borstgrasrasen, Trockenrasen, Wälder und Gebüsche trockenwarmer Standorte
- Bruch-, Sumpf- und Auenwälder
- Offene Felsbildungen, alpine Rasen sowie Schneetälchen und Krummholzgebüsche,
- Fels- und Steilküsten, Küstendünen und Strandwälle, Strandseen, Boddengewässer, Salzwiesen und Wattflächen im Küstenbereich, Riffe, Sandbänke.

Neben den Definitionen der einzelnen Schutzgebietskategorien werden die für den Aufbau des Europäischen Netzes »Natura 2000« notwendigen Vorgaben genannt.

§§ 37–47 Schutz der wild lebenden Tier- und Pflanzenarten

Die Vorschriften und Regelungen des Artenschutzes sind von unmittelbarer Bedeutung auch für den Jäger. Dem Naturschutzrecht unterliegen alle wild lebenden Pflanzen und Tiere, die nicht dem Jagd- oder Fischereirecht unterliegen. Diese Aufgaben des Artenschutzes werden ausdrücklich genannt:
- Schutz der Tiere und Pflanzen wild lebender Arten und ihrer Lebensgemeinschaften vor Beeinträchtigungen durch den Menschen und die Gewährleistung ihrer sonstigen Lebensbedingungen
- Schutz ihrer Lebensstätten und Biotope sowie
- die Wiederansiedlung von Tieren und Pflanzen verdrängter wild lebender Arten in geeigneten Biotopen innerhalb ihres natürlichen Verbreitungsgebiets.

Wichtig: Die Vorschriften des Jagdrechts wie auch des Fischerei-, Forst-, Tierschutz- sowie des Seuchenrechts bleiben insoweit unberührt. Bestehen jedoch in diesen keine besonderen Bestimmungen zum Schutz und zur Pflege der betreffenden Arten, sind – vorbehaltlich der Rechte der Jagdausübungs- oder Fischereiberechtigten – die Vorschriften des Naturschutzrechts anzuwenden.

Verbote: Die für den Naturschutz und die Landschaftspflege zuständigen Behörden des Bundes und der Länder sind aufgefordert, Vorschriften für einen allgemeinen Schutz wild lebender Tiere zu erlassen. Demnach ist es verboten,
- wild lebende Tiere mutwillig zu beunruhigen oder ohne vernünftigen Grund zu fangen, zu verletzen oder zu töten,
- wild lebende Pflanzen ohne vernünftigen Grund von ihrem Standort zu entnehmen oder zu nutzen oder ihre Bestände niederzuschlagen oder auf sonstige Weise zu verwüsten,
- Lebensstätten wild lebender Tiere und Pflanzen ohne vernünftigen Grund zu beeinträchtigen oder zu zerstören,
- vorbehaltlich jagd- oder fischereirechtlicher Bestimmungen wild lebende Tiere und Pflanzen der in Anhang V der Richtlinie 92/43/EWG aufgeführten Arten aus der Natur zu entnehmen.

Für den persönlichen Gebrauch ist es jedoch erlaubt, wild lebende Blumen, Gräser, Farne, Moose, Flechten, Früchte, Pilze, Tee- und Heilkräuter sowie Zweige wild lebender Pflanzen aus der Natur an Stellen, die keinem Betretungsverbot unterliegen, in geringen Mengen pfleglich zu entnehmen und sich anzueignen.

Weiterhin beinhaltet das BNatSchG Verbote des Abbrennens von Bodendecken auf Wiesen, Feldrainen, Hochrainen und ungenutzten Grundflächen sowie an Hecken, außerdem des Abschneidens von Bäumen, Hecken, Gebüschen und anderen Gehölzen in der Zeit vom 1. März bis zum 30. September.

Für die besonders geschützten Tiere und Pflanzen sind die Schutzvorschriften noch enger gefasst: Tieren dieser Kategorie darf nicht nachgestellt werden, sie dürfen nicht gefangen, verletzt oder getötet werden. Weiterhin ist es verboten, ihre Fortpflanzungs- oder Ruhestätten aus der Natur zu entnehmen, zu beschädigen oder zu zerstören.

Streng geschützte Arten sowie europäischen Vogelarten dürfen während ihrer Fortpflanzungs-, Aufzucht-, Mauser-, Überwinterungs- und Wanderungszeiten zudem nicht erheblich gestört werden. Eine erhebliche Störung liegt vor, wenn sich durch die Störung der Erhaltungszustand der lokalen Population einer Art verschlechtert. Darüber hinaus besteht ein Aneignungs-, Besitz- und Vermarktungsverbot für besonders geschützte Tiere und Pflanzen.

Invasive Arten: Andererseits sind bei nichtheimischen, gebietsfremden und invasiven Arten geeignete Maßnahmen – Beseitigung, Verhinderung der Ausbreitung – zu treffen, um einer Gefährdung von Ökosystemen, Biotopen und Arten durch diese Tiere und Pflanzen entgegenzuwirken.

Dieser Aufgabe wurde mit der Umsetzung der EU VO Nr. 1143/2014 zum »Umgang mit gebietsfremden invasiven Arten« im Rahmen einer umfangreichen Novellierung des BNatSchG Rechnung getragen (s. auch Sachgebiet Recht, BJagdG, Seite 37 und Sachgebiet Naturschutz Seite 846).

§§ 59, 60 Erholung in Natur und Landschaft

Etliche Berührungspunkte mit Jagd und Naturschutz haben die Regelungen über die Erholung in der Natur und das Betretungsrecht. Allgemein gilt, dass die freie Landschaft auf Straßen und Wegen sowie ungenutzte Grundflächen zum Zweck der Erholung von allen betreten werden dürfen. Das Betreten des Waldes richtet sich nach dem Bundeswaldgesetz und den Waldgesetzen der Länder, die erlaubnisfreie Benutzung von oberirdischen Gewässern nach dem Wasserhaushaltsgesetz (WHG, §§ 23 und 24) sowie den Wassergesetzen der Länder. Örtlich und zeitlich begrenzte Betretungsverbote bzw. Wegegebote können aus wichtigen Gründen, insbesondere aus solchen des Naturschutzes und der Landschaftspflege, des Feldschutzes und der land- und forstwirtschaftlichen Bewirtschaftung, zum Schutz der Erholungsuchenden, zur Vermeidung erheblicher Schäden oder zur Wahrung anderer schutzwürdiger Interessen des Grundstücksbesitzers (nach Landesrecht auch in Wildschutzgebieten), verfügt werden. Wichtig: Das Betreten der freien Landschaft erfolgt auf eigene Gefahr!

§§ 63, 64 Mitwirkung von Vereinen

Anerkannten Naturschutzvereinigungen ist bei etlichen Verfahren im Bereich des Naturschutzes – Entstehung von Rechtsvorschriften, Planfeststellungsverfahren, Programmen etc. – Gelegenheit zu Stellungnahmen zu geben. Die Beteiligung geht hin bis zur sogenannten Verbandsklage: Naturschutzvereinigungen können, ohne in eigenen Rechten betroffen zu sein, gegen solche Verfahren klagen, wenn damit Eingriffe in die Natur verbunden sind.

§§ 69–72 Bußgeld und Strafvorschriften

Verstöße gegen das Naturschutzrecht sind vorwiegend Ordnungswidrigkeiten. § 69 zählt die Tatbestände im Einzelnen auf. Es kann ein Bußgeld bis zu 10.000 Euro, in bestimmten Fällen – z. B. bei Verwendung eines Tellereisens oder Töten eines wild lebenden Tieres – bis zu 50.000 Euro ausgesprochen werden. Als Straftaten (§§ 71, 71a) geahndet werden Verstöße, die gewerbsmäßig oder gewohnheitsmäßig begangen werden oder die sich gegen »besonders« bzw. »streng geschützte« Arten richten. Das Strafmaß reicht von Geldstrafen bis hin zur Freiheitsstrafe von bis zu 5 Jahren. Zu einer Ordnungswidrigkeit oder Straftat verwendete Gegenstände können eingezogen werden.

297 | Was beinhaltet das Bundesnaturschutzgesetz BNatSchG)?

Es stellt als Rahmengesetz die allgemeinen Ziele und Grundsätze für Naturschutz und Landschaftspflege auf.

298 | Welche Ziele verfolgt das Bundesnaturschutzgesetz?

Natur und Landschaft so zu schützen, dass die biologische Vielfalt, die Leistungs- und Funktionsfähigkeit des Naturhaushalts, die nachhaltige Nutzung der Naturgüter und die Vielfalt, Eigenart und Schönheit sowie der Erholungswert von Natur und Landschaft auf Dauer gesichert sind.

299 | Haben diese Ziele unbedingt Vorrang gegenüber anderen (z. B. wirtschaftlichen) Ansprüchen?

Nein. Die Naturschutzziele sind gegen anderweitige Ansprüche der Allgemeinheit abzuwägen.

300 | Welcher Grundsatz gilt für die Nutzung von Naturgütern?

Um den Naturhaushalt nicht zu beeinträchtigen, sollen Naturgüter sparsam, schonend und nachhaltig genutzt werden.

301 | Welche Naturgüter sind besonders zu schützen?

Der Boden und seine Fruchtbarkeit, Gewässer und Luft (Schutz vor Verunreinigungen), der Pflanzenwuchs (Vegetation), insbesondere der Wald und der Uferbewuchs von Gewässern, sowie die Tierwelt.

302 | Was ist ein Biotopverbund?

Ein Netz verbundener Biotope, das der nachhaltigen Sicherung von heimischen Tier- und Pflanzenarten und deren Populationen einschließlich ihrer Lebensräume und Lebensgemeinschaften dienen soll.

303 | Aus welchen Elementen besteht ein Biotopverbund?

Der Biotopverbund besteht aus Kernflächen, Verbindungsflächen und Verbindungselementen. Bestandteile sind Nationalparke und nationale Naturmonumente, bestimmte gesetzlich geschützte Biotope, Naturschutzgebiete, Natura-2000-Gebiete und Biosphärenreservate oder Teile dieser Gebiete, ggf. Teile von Landschaftsschutzgebieten und Naturparken.

304 | Welche Auflagen macht das BNatSchG der Landwirtschaft?

Die Landwirtschaft hat Grundsätze der guten fachlichen Praxis zu beachten; insbesondere hat eine standortangepasste Bewirtschaftung zu erfolgen, die die nachhaltige Bodenfruchtbarkeit und langfristige Nutzbarkeit der Flächen gewährleistet.

305 | Was verlangt das BNatSchG von der Forstwirtschaft?

Bei der Nutzung des Waldes ist das Ziel zu verfolgen, naturnahe Wälder aufzubauen und diese ohne Kahlschläge nachhaltig zu bewirtschaften.

306 | Gilt die Land-, Forst- und Fischereiwirtschaft als Eingriff in die Natur?

Die land-, forst- und fischereiwirtschaftliche Bodennutzung ist nicht als Eingriff anzusehen, soweit dabei die Ziele und Grundsätze des Naturschutzes und der Landschaftspflege berücksichtigt werden und die Regeln der guten fachlichen Praxis, die sich aus dem Recht der Land-, Forst- und Fischereiwirtschaft und des

Bundes-Bodenschutzgesetzes ergeben, beachtet werden.

307 | Welche Pflanzen und Tiere unterliegen dem Naturschutzrecht?

Alle wild wachsenden Pflanzen; von den wild lebenden Tieren alle, die nicht dem Jagd- und Fischereirecht unterliegen.

308 | Wo sind die besonders geschützten Pflanzen- und Tierarten verzeichnet?

In der Bundesartenschutzverordnung.

309 | Dürfen »ungeschützte« Pflanzen und Tiere beliebig behandelt werden?

Nein. Auch Pflanzen und Tiere, die nicht unter besonderem Schutz stehen, dürfen nicht unnötig oder mutwillig bzw. ohne vernünftigen Grund beeinträchtigt (beschädigt, gefangen, getötet, beunruhigt) werden.

310 | Dürfen sie auf beliebige Weise verfolgt und getötet werden?

Nein. Nach Landesrecht sind verbotene Fang- und Tötungsmethoden näher bestimmt. Allgemein sind die Forderungen des Tierschutzgesetzes (Vermeidung überflüssiger Leiden und Schmerzen) zu beachten.

311 | Welche Nist-, Brut- und Zufluchtsstätten wild lebender Tiere sind besonders geschützt?

Hecken, Gebüsche, Feldgehölze, einzeln stehende Bäume, Rohr- und Schilfbestände dürfen (nach Landesrecht ständig oder zeitweise) nicht beseitigt werden, das Abflämmen der Bodendecke ist verboten.

312 | Dürfen Tiere nach Belieben ausgesetzt werden?

Nein. Das Aussetzen (Auswildern, Einbürgern) von Wildtierarten muss von der Naturschutzbehörde genehmigt sein. (Für Arten, die dem Jagdrecht unterliegen, ist die Jagdbehörde zuständig.)

313 | Welche Aufgaben hat der Artenschutz?

Der Artenschutz umfasst den Schutz der Tiere und Pflanzen wild lebender Arten und ihrer Lebensgemeinschaften vor Beeinträchtigungen durch den Menschen und die Gewährleistung ihrer sonstigen Lebensbedingungen, den Schutz ihrer Lebensstätten und Biotope sowie die Wiederansiedlung verdrängter wild lebender Arten in geeigneten Biotopen innerhalb ihres natürlichen Verbreitungsgebiets.

314 | Was wird unter einer Population verstanden?

Eine biologisch oder geografisch abgegrenzte Zahl von Individuen.

315 | Gelten Arten, die in vorgeschichtlicher Zeit hier lebten, als heimisch?

Ja, sofern sie ihr Verbreitungsgebiet oder regelmäßiges Wanderungsgebiet ganz oder teilweise im Inland haben oder in geschichtlicher Zeit hatten oder sich auf natürliche Weise in das Inland ausdehnen.

316 | Welche Tier- und Pflanzenarten gelten bei uns als »nicht heimisch«?

Alle Arten, die nach 1492 (Entdeckung Amerikas durch Kolumbus) zu uns gekommen sind, gelten als Neozoen (Tiere) oder Neophyten (Pflanzen) und als nicht heimisch. Es wird unterschieden in invasive und nichtinvasive Arten.

317 | Ist die Ausübung der Jagd in Naturschutzgebieten erlaubt?

Grundsätzlich ja, Einschränkungen im Einzelfall richten sich nach Landesrecht bzw. nach der jeweiligen Schutzverordnung für das betreffende Gebiet.

318 | Darf die freie Flur von jedermann frei betreten werden?

Grundsätzlich ja auf öffentlichen Straßen und Wegen sowie auf ungenutzten Grundflächen zum Zweck der Erholung – unentgeltlich, jedoch auf eigene Gefahr.

319 | Nach welchen Rechtsnormen richtet sich das Betreten des Waldes und die Benutzung von Gewässern?

Das Betreten des Waldes richtet sich nach dem Bundeswaldgesetz und den Waldgesetzen der Länder; die erlaubnisfreie Benutzung von oberirdischen Gewässern nach dem Wasserhaushaltsgesetz sowie den Wassergesetzen der Länder.

320 | Was gilt für Erholung und Freizeitgestaltung?

Erholung und Naturgenuss werden als eine Zweckbestimmung des Naturschutzes herausgestellt; freier Zugang und Erschließung der Landschaft zu diesem Zweck werden gefordert. (Das Gesetz berücksichtigt dabei zu wenig die Erfahrung, dass übermäßige Erholungsnutzung, besonders der Massentourismus, den Naturhaushalt erheblich belastet.)

321 | Gibt es Einschränkungen des allgemeinen Betretungsrechts?

Nur aufgrund einzelner, örtlich und zeitlich begrenzter Anordnungen im Rahmen von Naturschutzgebieten und Wildschutzgebieten (nach Landesrecht).

322 | Gilt das allgemeine Betretungsrecht auch für Reiten, Fahren und Lagern?

Nein. Für das Reiten, das Fahren (mit nicht motorisierten Fahrzeugen), das Lagern (Zelten, Aufstellen von Wohnwagen) und für Veranstaltungen gelten nach Landesrecht Beschränkungen. Das Fahren mit Motorfahrzeugen ist grundsätzlich auf öffentliche Verkehrswege beschränkt, soweit diese nicht für Kraftfahrzeuge gesperrt sind.

323 | Jemand möchte Wildtiere beobachten und fotografieren. Kann er sich auf das freie Betretungsrecht berufen, wenn er die Tiere dabei stört und beunruhigt?

Nein. Soweit es sich um Tiere handelt, die dem Jagdrecht unterliegen, gilt § 19a BJagdG (Schutz des Wildes vor Beunruhigung). Für Tiere, die nach dem Naturschutzrecht unter besonderem Schutz stehen, gibt es ähnliche Vorschriften in den Landesnaturschutzgesetzen. Demnach rechtfertigt es das allgemeine Betretungsrecht nicht, Wildtiere (besonders solche, die geschützt sind) zu stören (besonders nicht an ihren Nist-, Wohn-, Brut- und Zufluchtstätten).

324 | Welche Vereine haben ein Mitwirkungsrecht an bestimmten Entscheidungsverfahren im Bereich des Natur- und Landschaftsschutzes?

Einem nach § 3 des Umwelt-Rechtsbehelfsgesetzes vom Bund anerkannten Vereinigung ist Gelegenheit zur Stellungnahme und zur Einsicht in die einschlägigen Sachverständigengutachten zu geben.

325 | Sind Verstöße gegen das Naturschutzrecht Straftaten?

In den meisten Fällen sind es nur Ordnungswidrigkeiten (Bußgeld bis zu 50.000 Euro). Einige erschwerte Tatbestände (gewerbs- oder gewohnheitsmäßige Verstöße; Verstöße gegen vom Aussterben bedrohte Arten) sind jedoch Straftaten (Freiheitsstrafe bis zu 5 Jahren oder Geldstrafe).

Bundesartenschutz-verordnung (BArtSchV)

Die Bundesartenschutzverordnung in der Neufassung von 2005 bestimmt, welche Tier- und Pflanzenarten unter den »besonderen« bzw. »strengen« Schutz des Bundesnaturschutzgesetzes fallen. (Dabei sind ferner Bestimmungen des Washingtoner Artenschutzübereinkommens und der EU-Artenschutzverordnung (Nr. 338/97 ehemals Nr. 3626/82 berücksichtigt.). Zudem enthält sie Vorschriften zur Haltung von Wirbeltieren und Kennzeichnungsvorschriften.

Definition Geschützte Arten

Allgemein geschützte Arten
Allgemein geschützte Arten (§ 39 BNatSchG) sind alle wild lebenden Tiere und Pflanzen.

Besonders geschützte Arten
Bundesweit besonders geschützte Arten (§ 7 Abs. 2 Nr. 13 BNatSchG) sind:

1. Arten der Anhänge A und B der EG-VO Nr. 338/97 (A- und B-Arten)
2. a) Arten des Anhangs IV der FFH-RL (Anhang IV-Arten)
   b) europäische Vogelarten (VRL)
3. Arten der Anlage 1 der BArtSchV, die in Spalte 2 mit einem Kreuz gekennzeichnet sind (Anlage 1-Arten).

Streng geschützte Arten
Als streng geschützte Arten (§ 7 Abs. 2 Nr. 14 BNatSchG) werden definiert:
Tier- und Pflanzenarten

1. der Anhänge A der EG-VO Nr. 338/97 (A-Arten)
2. des Anhangs IV der FFH-RL (Anhang IV-Arten)
3. Arten der Anlage 1 der BArtSchV, die in Spalte 3 mit einem Kreuz gekennzeichnet sind (teilweise Anlage 1-Arten).

Aus diesem Schutz folgen – über den allgemeinen Artenschutz hinaus – weitergehende Schutzvorschriften und Verbote, wie Zugriffs-, Besitz- und Vermarktungsverbote.

In den Anhanglisten zur BArtSchV sind die besonders sowie streng geschützten Tier- und Pflanzenarten einzeln aufgeführt. Den Jäger betreffen besonders die Bestimmungen über Säugetiere und Vögel. Dafür gilt, dass zunächst grundsätzlich alle heimischen Arten besonders geschützt sind, sofern sie nicht dem Jagdrecht unterliegen. Davon gibt es nur wenige Ausnahmen.

Für folgende Wildarten, die dem Jagdrecht unterliegen, gelten auch gewisse naturschutzrechtliche Vorschriften: Fischotter, Wildkatze, Luchs, Großtrappe, Knäkente, Moorente und sämtliche Greifvögel. Diese sind jedoch nicht mehr wie früher unmittelbar in der BArtSchV aufgeführt, sondern nach internationalem Recht auf dem Umweg über die EU-Verordnung. Das Aneignungsrecht des Jagdausübungsberechtigten wird dadurch nicht berührt, jedoch gelten die übrigen Verkehrs- und Vermarktungsverbote für besonders geschützte Arten (analog zur Anlage 1 der BWildSchutzV).

Der Wolf (wie auch Bär, Biber, Fischotter) ist nicht in der BArtSchV aufgelistet, sondern geschützt nach

- internationalem Recht – Washingtoner Artenschutzabkommen, Berner Konvention;
- europäischem Recht – Anhang IV der FFH-RL (Deutschland ist dadurch verpflichtet, dafür Sorge zu tragen, dass Wölfe langfristig einen lebensfähigen Bestand aufbauen können, den sogenannten »guten Erhaltungszustand«.);
- deutschem Recht – über § 44 BNatschG mit dem Status »streng geschützt«.

Damit besitzen Wölfe in Deutschland den höchstmöglichen Schutzstatus. Mit Ausnahme von Sachsen unterliegen Wölfe nicht dem Jagdrecht, dort hat er jedoch ganzjährig Schonzeit. Nach §§ 45, 45 a BNatSchG bestehen Möglichkeiten, Wölfe zu erlegen, wenn z. B. Weidetiere gerissen werden. Jäger dürfen sich an der Erlegung nur beteiligen, wenn sie von der naturschutzbehörde dazu ausdrücklich ermächtigt sind. Da der Wolf nicht dem Jagdrecht unterliegt, verbiete sich eine Schussabgabe ohne die ausdrückliche Ermächtigung.

Folgende Säugetierarten sind ohne besonderen Schutz (»ungeschützt«): Schermaus, Rötelmaus, Erdmaus, Feldmaus, Hausmaus, Wanderratte, Bisam, Nutria, Marderhund, Waschbär. (Waschbär, Marderhund und Nutria unterliegen in fast allen Bundesländern dem Jagdrecht.)

Im Gegensatz zu früheren Regelungen genießen sämtliche einheimischen Vogelarten, soweit sie nicht dem Jagdrecht unterliegen, den besonderen Schutz des Naturschutzrechts. Dieser weitgehende Schutz ist besonders hinsichtlich Rabenkrähe, Elster und Eichelhäher, umstritten. Mit der Aufnahme der drei Rabenvogelarten in den Anhang II/2 »Jagdbare Arten« der Vogel-Richtlinie 79/409/EWG wurde jedoch die rechtliche Grundlage geschaffen, diese dem Jagdrecht zu unterstellen.

Aneignungsrecht: Bei wild lebenden Tieren ist nach dem Naturschutzrecht zu unterscheiden:

a) Tiere ohne besonderen Schutz darf sich jedermann aneignen;
b) Tiere, die unter besonderem Schutz stehen, darf sich niemand aneignen.

Sofern das Tier dem Jagdrecht unterliegt, hat nur der Revierinhaber das Aneignungsrecht.

Das Aneignungsverbot gilt auch für Teile der besonders geschützten Tiere (z.B. Skelette, Felle, Federn, Eier, Larven, Puppen u. dgl.). Für Lehr- und Forschungszwecke sowie im Einzelfall auch für die persönliche Aneignung kann die Naturschutzbehörde Ausnahmen erteilen. Darüber hinaus ist es – vorbehaltlich jagdrechtlicher Vorschriften – zulässig, verletzte, hilflose oder kranke Tiere aufzunehmen und gesund zu pflegen. Diese müssen jedoch anschließend wieder in die Freiheit entlassen werden.

Für folgende, nicht besonders geschützte lebende Tiere gelten Besitz- und Vermarktungsverbote: Amerikanischer Biber, Schnappschildkröte, Geierschildkröte und Grauhörnchen.

Verbote: Die BArtSchV kennt einen umfangreichen Verbotskatalog. So ist es verboten, wild lebenden Tieren der besonders geschützten Arten und den nicht besonders geschützten Wirbeltierarten, die nicht dem Jagd- oder Fischereirecht unterliegen, in folgender Weise nachzustellen, sie anzulocken, zu fangen oder zu töten:

- mit Schlingen, Netzen, Fallen, Haken, Leim und sonstigen Klebstoffen,
- unter Benutzung von lebenden Tieren als Lockmittel,
- mit Armbrüsten,
- mit künstlichen Lichtquellen, Spiegeln oder anderen beleuchtenden oder blendenden Vorrichtungen,
- mit akustischen, elektrischen oder elektronischen Geräten, durch Begasen oder Ausräuchern oder unter Verwendung von Giftstoffen, vergifteten oder betäubenden Ködern oder sonstigen betäubenden Mitteln,
- mit halbautomatischen oder automatischen Waffen, deren Magazin mehr als 3 Patronen aufnehmen kann,
- oder unter Verwendung von Visiervorrichtungen für das Schießen bei Nacht mit elektronischen Bildverstärkern oder Bildumwandlern,
- unter Verwendung von Sprengstoffen,
- aus Kraftfahrzeugen oder Luftfahrzeugen oder
- aus Booten mit einer Antriebsgeschwindigkeit von mehr als 5 km/h.

326 | Was enthält die Bundesartenschutzverordnung?

Regelungen zum Schutz besonders geschützter wild lebender Pflanzen und Tiere.

327 | Wie steht es mit der Aneignung von Tieren, die tot aufgefunden werden?

Sofern das Tier dem Jagdrecht unterliegt, hat

nur der Revierinhaber das Aneignungsrecht.
Bei anderen wild lebenden Tieren ist nach dem Naturschutzrecht zu unterscheiden:
a) Tiere ohne besonderen Schutz darf sich jedermann aneignen;
b) Tiere, die unter besonderem Schutz stehen, darf sich niemand aneignen.

328 | Gilt das Aneignungsverbot auch für Teile der besonders geschützten Tiere?

Ja, ausnahmslos (z. B. Skelette, Felle, Federn, Eier, Larven, Puppen u. dgl.).

329 | Welche Säugetiere sind ohne besonderen Schutz?

Säugetiere ohne besonderen Schutz (»ungeschützt«) sind: Schermaus, Rötelmaus, Erdmaus, Feldmaus, Hausmaus, Wanderratte, Bisam, Nutria, Marderhund, Waschbär. (Waschbär, Marderhund und Nutrias unterliegen in den meisten Bundesländern dem Jagdrecht.)

330 | Welche Vogelarten sind ohne besonderen Schutz?

Im Gegensatz zu früheren Regelungen gibt es zurzeit keine Ausnahmen; d. h., sämtliche einheimischen Vogelarten (soweit sie nicht dem Jagdrecht unterliegen) genießen den besonderen Schutz des Naturschutzrechts.

331 | Können Rabenvögel in den Katalog der jagdbaren Tiere aufgenommen werden?

Mit der Aufnahme der 3 Rabenvogelarten in den Anhang II/2 »Jagdbare Arten« der Vogel-Richtlinie 79/409/EWG wurde die rechtliche Grundlage geschaffen, diese dem Jagdrecht zu unterstellen.

332 | Gibt es Wildarten, die dem Jagdrecht unterliegen und für die zugleich auch gewisse naturschutzrechtliche Vorschriften gelten?

Dies trifft zu auf Fischotter, Wildkatze, Luchs, Großtrappe, Turteltaube, Knäkente, Moorente und sämtliche Greifvögel.

333 | Wird dadurch das Aneignungsrecht des Jagdausübungsberechtigten berührt?

Das Aneignungsrecht des Jagdausübungsberechtigten wird dadurch nicht berührt, jedoch gelten die übrigen Verkehrs- und Vermarktungsverbote für besonders geschützte Arten, analog zur Anlage 1 der Bundeswildschutzverordnung.

334 | Dürfen Sie in einem Bach Ihres Reviers Krebse fangen?

Nein, weil Krebse dem Fischereirecht unterstehen. Steinkrebs und Edelkrebs gelten überdies als besonders geschützt.

335 | Welche Pflanzenarten sind besonders geschützt?

Aus der umfangreichen Liste sollen hier nur einige besonders wichtige Arten oder Gruppen aufgeführt werden:
Adonisröschen, Akelei, Alpenrosen, Alpenveilchen, Alpenwaldrebe, Anemonen, Arnika, Bärlappgewächse, Christrosen, Diptam, Edelweiß, Eisenhut, Enziane, Fingerhut, Grasnelken, Hauswurzgewächse, Hirschzunge, Karlszepter, Königsfarn, Küchenschelle, Lein, Märzenbecher, Narzissen, Orchideen, Pfingstnelken, Rautenfarne, Schachblumen, Schlüsselblumen, Schneeglöckchen, Schwertlilien, See- und Teichrosen, Seidelbast, Silberdistel, Soldanellen, Sonnentaugewächse, Steinbrechgewächse, Stranddistel, Straußfarn, Sumpfporst, Sumpfwolfsmilch, Traubenhyazinthen, Trollblume, Wassernuss.

336 | Darf man verletzte, hilflose oder kranke Tiere ausnahmsweise aufnehmen und gesund pflegen?

Ja, aber man darf sie nicht behalten, sie müssen wieder in die Freiheit entlassen werden.

Waffenrecht

Allgemeines

Am 1. 4. 2003 ist das aktuelle Waffengesetz (WaffG) in Kraft getreten, im Oktober 2003 folgte die Allgemeine Waffengesetzverordnung (AWaffV). Inzwischen wurde es mehrfach geändert (2008, 2012), zuletzt am 17.2.2020. Das Waffengesetz umfasst den eigentlichen Gesetzestext sowie 2 Anlagen. In Anlage 1 werden waffen- und munitionstechnische sowie die waffenrechtlichen Begriffe definiert. Anlage 2 ist die sogenannte Waffenliste. In ihr werden Waffen kategorisiert nach »Verbotene Waffen«, »Erlaubnispflichtige Waffen« sowie »Vom Gesetz ganz oder teilweise ausgenommene Waffen«. Die Verordnung präzisiert diverse Regelungen des Waffengesetzes. Ausschließlich an die Behörden richtet sich die im Jahr 2012 erlassene Allgemeine Verwaltungsvorschrift zum Waffengesetz (WaffVwV). Sie enthält jedoch für jeden Waffenbesitzer wichtige Hinweise beim Vorgehen in waffenrechtlichen Angelegenheiten.

Der Anwendungsbereich des WaffG ist auf zivile Waffen beschränkt. Kriegswaffen werden vom Waffengesetz nicht erfasst, sie unterliegen dem Kriegswaffenkontrollgesetz (KrWaffKontrG).

Der Rechtskreis Waffenrecht regelt den Umgang mit Waffen sowie Munition unter Berücksichtigung der Belange der öffentlichen Sicherheit und Ordnung. Der Jäger hat zahlreiche Vorschriften daraus zu beachten. Verstöße gegen das Waffenrecht ziehen in der Regel den Entzug der waffenrechtlichen Erlaubnis (Waffenbesitzkarte) und damit meist auch des Jagdscheins nach sich. Durch die jüngste Waffenrechtsnovellierung sind Schalldämpfer und Nachtzielgeräte legalisiert worden. Die jagdliche Verwendung ist bisher jedoch nur in einigen Bundesländern erlaubt.

Waffengesetz (WaffG)

§ 1 Definition Waffen

Waffen sind gemäß § 1 Abs. 2 WaffG:

1. Schusswaffen oder ihnen gleichgestellte Gegenstände und
2. tragbare Gegenstände,
   a) die ihrem Wesen nach dazu bestimmt sind, die Angriffs- oder Abwehrfähigkeit von Menschen zu beseitigen oder herabzusetzen, insbesondere Hieb- und Stoßwaffen;
   b) die, ohne dazu bestimmt zu sein, insbesondere wegen ihrer Beschaffenheit, Handhabung oder Wirkungsweise geeignet sind, die Angriffs- oder Abwehrfähigkeit von Menschen zu beseitigen oder herabzusetzen, und die in diesem Gesetz genannt sind.

Schusswaffen im engeren Sinn sind Gegenstände, die zum Angriff oder zur Verteidigung, zur Signalgebung, zur Jagd, zur Distanzinjektion, zur Markierung zum Sport oder zum Spiel bestimmt sind und bei denen Geschosse durch einen Lauf getrieben werden.

§§ 2–10, 12, 13, 37, 38, 42 Umgang mit Waffen: Erwerb, Besitz; Führen, Schießen, NWR 2

Erlaubnis: Wer mit Waffen oder Munition umgehen will, bedarf der Erlaubnis. Die Erlaubnis zum Erwerb und Besitz von Waffen wird durch die Ausstellung einer Waffenbesitzkarte (WBK) oder den Eintrag in eine bestehende Waffenbesitzkarte dokumentiert. Voraussetzungen für eine Erlaubnis sind, dass

- der Antragsteller das 18. Lebensjahr vollendet hat,
- die erforderliche Zuverlässigkeit und persönliche Eignung besitzt sowie

- die erforderliche Sachkunde und
- ein Bedürfnis

nachgewiesen hat.

Wichtig: Die Behörde hat die Inhaber von waffenrechtlichen Erlaubnissen in regelmäßigen Abständen, mindestens jedoch nach Ablauf von drei Jahren erneut auf ihre Zuverlässigkeit und ihre persönliche Eignung sowie drei Jahre nach der ersten Erteilung der ersten waffenrechtlichen Erlaubnis das Fortbestehen des Bedürfnisses zu prüfen.

Zuverlässigkeit: Nur wer zuverlässig im Sinne des § 5 WaffG ist, erhält die Erlaubnis, Waffen und Munition zu erwerben. Deshalb sind dies gleichzeitig die (zusätzlichen) Voraussetzungen zum Erhalt eines Jagdscheines, vgl. § 17 BJagdG. Das Gesetz beschreibt zwar nicht, wer zuverlässig ist, dafür aber detailliert, wer unzuverlässig ist. Dies sind:

- Straftäter; insbesondere bei schweren Straftaten, hohen Strafen (ab 60 Tagessätzen Geldstrafe, Haftstrafe sowieso), Verstößen gegen Waffen- und Sprengstoffrecht (auch Feuerwerk).
- Personen, die eine Vereinigung unterstützen, die Bestrebungen verfolgt oder selbst verfolgen, die gegen die verfassungsmäßige Ordnung oder den Gedanken der Völkerverständigung gerichtet sind oder durch Gewalt auswärtige Belange der Bundesrepublik Deutschland gefährden. Wer also Extremisten oder Reichsbürger unterstützt, darf keinen Waffenbesitz erlangen.
- Personen, die wegen Gewalttaten aufgefallen sind.
- Personen, die wiederholt oder schwerwiegend gegen das Waffengesetz verstoßen haben.
- Personen, deren bisheriges Verhalten in der Zukunft erwarten lässt, dass sie mit Waffen oder Munition nicht ordnungsgemäß umgehen werden.

Nach gewissen Fristen, bis zu 10 Jahren, besteht die (erneute) Möglichkeit, eine Erlaubnis zu erhalten. Die Vorlage eines positiven Gutachtens kann die Regelannahme der Unzuverlässigkeit widerlegen.

Persönliche Eignung: Die persönliche Eignung besitzen unter anderem Personen nicht, die geschäftsunfähig, alkohol- oder drogenabhängig sind oder aufgrund in der Person liegender Umstände mit Waffen und Munition nicht sachgerecht umgehen können.

Von der Vorschrift, dass Personen unter 25 Jahren, die eine großkalibrige Schusswaffe erwerben wollen, ein medizinisch-psychologisches Zeugnis vorlegen müssen, sind Jäger befreit.

Sachkunde: Die Sachkunde haben Jäger mit dem erfolgreichen Bestehen der Jägerprüfung nachgewiesen.

Nationales Waffenregister: Mit dem 1. September 2020 werden neue Regelungen der Europäischen Feuerwaffenrichtlinie ins Deutsche Waffenrecht überführt:

Jeder Waffenbesitzer bekommt eine persönliche Nationale Waffenregister-ID, NWR-ID. Dieser Nummer ist ein »P« vorangestellt. Die folgende Nummer entspricht den Datenschutzrichtlinien, da sie verklausuliert aus unterschiedlichen Daten generiert wird.

Jeder Jäger und Sportschütze erhält zusätzlich eine Erwerbs-ID, gekennzeichnet durch ein »E«. Die persönliche NWR- sowie die Erwerbs-ID werden vom Amt in die jeweilige Waffenbesitzkarte eingestempelt.

Alle Schusswaffen und wesentlichen Waffenteile erhalten eine ID, diese wird durch ein »W« bei Schusswaffen und ein »T« bei wesentlichen Waffenteilen geführt. Das führende wesentliche Waffenteil bei Langwaffen ist das Gehäuse und bei Kurzwaffen das Griffstück. Alle NWR ID Nummern sind 21-stellig.Weitere wesentliche Waffenteile sind u.a. der Lauf und der Verschluss bzw. Verschlusskopf.

Die pers. NWR- und die Erwerbs-ID kann bei der zuständigen Behörde abgefragt werden. Vor dem Verkauf einer Waffe müssen die IDs der Waffe bekannt sein, sie müssen also rechtzeitig eingefordert werden.

Bedürfnis: Ein Bedürfnis ist bei Inhabern eines gültigen Jagdscheins (im Sinne von § 15 Abs. 1 Satz 1 des BJagdG = Jäger) grundsätzlich gegeben. Bei Jägern, die nicht Jahresjagdscheininhaber sind, wird das Bedürfnis für den Erwerb und Besitz von Schusswaffen und der dafür bestimmten Munition anerkannt, wenn:

- glaubhaft gemacht wird, dass sie die Schusswaffen und die Munition zur Jagdausübung oder zum Training im jagdlichen Schießen einschließlich jagdlicher Schießwettkämpfe benötigen, wenn sie Sportschützen oder Sammler sind und
- wenn die Schusswaffe so wie auch die Munition nach dem Bundesjagdgesetz nicht verboten sind.

Jahresjagdscheininhaber dagegen müssen nicht glaubhaft machen, dass sie die Waffen benötigen. Sie können grundsätzlich Langwaffen (ohne zahlenmäßige Beschränkung) und zwei Kurzwaffen erwerben, letztere jedoch nur gegen vorherige Erlaubnis. Dieser Voreintrag erfolgt durch die Eintragung des gewünschten Modells und Kalibers in eine WBK. Die Erlaubnis zum Erwerb der Munition für diese Kurzwaffen (auch für Fangschussgeber) muss in der WBK eingetragen sein. Wollen sie weitere Kurzwaffen erwerben, muss ein Bedürfnis nachgewiesen werden.

Inhabern eines Jugendjagdscheins wird keine WBK ausgestellt, d. h., sie können keine eigenen Waffen kaufen und diese im Eigentum haben. Sie dürfen Schusswaffen und Munition nur für die Dauer der Jagdausübung oder des Schießtrainings erwerben, besitzen, führen (dies auch im Zusammenhang mit diesen Tätigkeiten, s.oben) und damit schießen.

Führen: Hier gilt, wer eine Waffe erwirbt oder besitzt, darf sie noch nicht führen. Im Gesetz ist genau definiert, wann Jäger Schusswaffen führen sowie damit schießen dürfen:

- zur befugten Jagdausübung einschließlich des Ein- und Anschießens im Revier,
- zur Ausbildung von Jagdhunden im Revier,
- zum Jagd- und zum Forstschutz.

Auch im Zusammenhang mit diesen Tätigkeiten (z. B. Fahrt ins Revier, kurze Besorgung auf dieser Strecke, beim Schüsseltreiben) ist das Führen der Waffe erlaubt. Allerdings darf die Waffe dabei nicht schussbereit sein! Zudem sollte bei einem kurzfristigen Verlassen des Fahrzeugs dieses verschlossen und die Waffe so untergebracht sein, dass sie nicht unmittelbar als solche zu erkennen ist.

Der befugten Jagdausübung gleichgestellt ist der Abschuss von Tieren, die dem Naturschutzrecht unterliegen, wenn die naturschutzrechtliche Ausnahme oder Befreiung die Tötung durch den Jagdscheininhaber vorsieht.

Ansonsten ist das Führen einer Schusswaffe nur mit einem Waffenschein gestattet! Verboten ist auch das Führen von Waffen (das gilt nicht nur für Schusswaffen) bei öffentlichen Veranstaltungen (z. B. Volksfesten, Märkten, Sportveranstaltungen, aber auch bei Kino- und Diskothekenbesuch).

Wer als Jäger eine Schusswaffe führt, muss Personalausweis (oder Pass), die WBK und einen gültigen Jagdschein mit sich führen. Diese Dokumente sind zur Kontrolle befugten Personen (z. B. Polizeibeamten) auf Verlangen vorzuzeigen.

Nur in einem ganz eng begrenzten Rahmen gestattet das WaffG Ausnahmen. So benötigt keine Erlaubnis zum Führen von Waffen, wer

- diese mit Zustimmung eines anderen in dessen Wohnung, Geschäftsräumen oder befriedetem Besitztum oder dessen Schießstätte zu einem von seinem Bedürfnis umfassten Zweck oder im Zusammenhang damit führt;
- diese nicht schussbereit und nicht zugriffsbereit von einem Ort zu einem anderen Ort beför-

Waffenrechtliche Definitionen

Das Waffengesetz teilt Waffen in folgende Kategorien ein:

1. Schusswaffen
2. Den Schusswaffen gleichgestellte Gegenstände
3. Tragbare Gegenstände, die
   a) bestimmt sind, die Angriffs- oder Abwehrfähigkeit von Menschen zu beseitigen oder herabzusetzen, insbesondere Hieb- und Stoßwaffen
   b) nicht bestimmt, aber geeignet sind, die Angriffs- oder Abwehrfähigkeit von Menschen zu beseitigen oder herabzusetzen, und in diesem Gesetz genannt sind.

Schusswaffen

Schusswaffen sind Gegenstände, die zum Angriff oder zur Verteidigung, zur Signalgebung, zur Jagd, zur Distanzinjektion, zur Markierung zum Sport oder zum Spiel bestimmt sind und bei denen Geschosse durch einen Lauf getrieben werden.

Geschosse sind im Sinne des WaffG für Waffen oder Schusswaffen bestimmte feste Körper oder aber gasförmige, flüssige oder feste Stoffe in Umhüllungen.

Der Lauf ist ein aus einem ausreichend festen Werkstoff bestehender rohrförmiger Gegenstand, der Geschossen, die hindurchgetrieben werden, ein gewisses Maß an Führung gibt.

Anhand der **Art des Antriebsmittels** unterscheidet man

- **Feuerwaffen:** Geschossantrieb durch heiße Gase
- **Druckluftwaffen:** Geschossantrieb durch Luft, die in einem Druckbehälter vorkomprimiert und gespeichert sowie über ein Ventilsystem freigegeben wird;
- **Federdruckwaffen:** Geschossantrieb durch direkte Federkraft oder ein von einem Kolben erzeugtes Luftpolster
- **Kaltgaswaffen:** Geschossantrieb durch kalte Treibgase (z. B. CO_2-Waffen),

Weiterhin erfolgt eine gesetzliche Unterteilung in:

- **Automatische Schusswaffen:**
  Schusswaffen, die nach Abgabe eines Schusses selbsttätig erneut schussbereit werden und bei denen aus demselben Lauf durch einmalige Betätigung des Abzugs mehrere Schüsse abgegeben werden können.
- **Halbautomatische Schusswaffen:**
  Schusswaffen, die nach Abgabe eines Schusses selbsttätig erneut schussbereit werden und bei denen aus demselben Lauf durch einmalige Betätigung des Abzugs nur ein Schuss abgegeben werden kann. Double-Action-Revolver zählen nicht dazu.
- **Repetierwaffen:**
  Schusswaffen, bei denen nach Abgabe eines Schusses über einen von Hand zu betätigenden Mechanismus Munition aus einem Patronenlager nachgeladen wird.
- **Einzelladerwaffen:**
  Schusswaffen ohne Magazin mit einem oder mehreren Läufen, die vor jedem Schuss aus demselben Lauf von Hand geladen werden.
- **Langwaffen:**
  Schusswaffen, deren Lauf und Verschluss in geschlossener Stellung insgesamt länger als 30 cm sind und deren kürzeste bestimmungsgemäß verwendbare Gesamtlänge 60 cm überschreitet.
- **Kurzwaffen:**
  Alle anderen Schusswaffen.

Schusswaffen gleichgestellte Gegenstände

Gleichgestellte Gegenstände müssen tragbar sein, ihr Wesensmerkmal ist, dass sie keinen Lauf haben, durch den Geschosse getrieben werden. Hierzu gehören beispielsweise:

- **SRS-Waffen:** Schreckschuss, Reizstoff- und Signalwaffen
- **Armbrüste** (gezieltes Verschießen von festen Körpern, deren Antriebsenergie eingebracht und durch eine Sperrvorrichtung gespeichert werden kann). Pfeil und Bogen gehören nicht dazu, da die Antriebsenergie nicht gespeichert werden kann.

Wesentliche Teile von Schusswaffen, Schalldämpfer

Hierzu gehören:

- Lauf- oder Gaslauf
- Verschlussstück
- Patronen- oder Kartuschenlager
- Bei Kurzwaffen auch das Griffstück oder sonstige Waffenteile, soweit sie für die Aufnahme des Auslösemechanismus bestimmt sind.

- Schalldämpfer sind Vorrichtungen, die der wesentlichen Dämpfung des Mündungsknalls dienen und für Schusswaffen bestimmt sind.

Magazine von Schusswaffen sind keine wesentlichen Teile.

Weitere Begriffe:

Unbrauchbar gemachte Schusswaffen (Dekorationswaffen): vormals funktionsfähige Schusswaffen, die durch bestimmte Maßnahmen dauerhaft so verändert wurden, dass ihre Schussfähigkeit oder die Funktionsfähigkeit ihrer wesentlichen Teile mit allgemeingebräuchlichen Werkzeugen nicht mehr hergestellt werden kann (hierzu ist eine eigene Verordnung vorgesehen).

Salutwaffe: so »unbrauchbar« gemachte Langwaffe (nie Kurzwaffe), dass mit ihr nicht mehr »scharf« geschossen, jedoch noch Kartuschenmunition verwendet werden kann. Die veränderte Waffe muss gemäß BeschussV gekennzeichnet sein. Einsatz z. B. bei Film-, Fernsehaufnahmen, Theatervorführungen.

Anscheinswaffen: Darunter fallen Schusswaffen, die ihrer äußeren Form nach im Gesamterscheinungsbild den Anschein von Feuerwaffen hervorrufen und bei denen zum Antrieb der Geschosse keine heißen Gase verwendet werden (bspw. Soft-Air-Waffen im Militärwaffen-Optik).

Sonstige Vorrichtungen für Schusswaffen:

- **Zielscheinwerfer:** für Schusswaffen bestimmte Vorrichtungen, die das Ziel beleuchten (auch Infrarot)
- **Laser- oder Zielpunktprojektoren:** für Schusswaffen bestimmte Vorrichtungen, die das Ziel markieren
- **Nachtsichtgeräte oder Nachtzielgeräte:** für Schusswaffen bestimmte Vorrichtungen, die eine elektronische Verstärkung oder einen Bildwandler und eine Montageeinrichtung für Schusswaffen besitzen. Zu Nachtzielgeräten zählen auch Nachtsichtvorsätze und Nachtsichtaufsätze für Zielfernrohre.

Zielhilfsmittel wie Zielfernrohre und Rotpunktvisiere werden vom WaffG nicht erfasst.

Tragbare Gegenstände

1. **Tragbare Gegenstände im technischen Sinne** sind solche, die ihrem Wesen nach dazu bestimmt sind, die Angriffs- oder Abwehrfähigkeit von Menschen zu beseitigen oder zu beeinträchtigen.
   - **Hieb- und Stoßwaffen** (Gegenstände, die ihrem Wesen nach dazu bestimmt sind, unter unmittelbarer Ausnutzung der Muskelkraft durch Hieb, Stoß, Stich, Schlag oder Wurf Verletzungen beizubringen). Zur Beurteilung, ob ein Gegenstand als Hieb- und Stoßwaffe einzuordnen ist, ist dessen Zweckbestimmung entscheidend.
     Dazu gehören beispielsweise: Kampfmesser, Bajonett, Schwert, Schlagstock, Wurfstern, Schlagring.
     Nicht darunter fallen beispielsweise: Küchenmesser, Axt, Machete, Hirschfänger, Baseballschläger.
   - **Gegenstände**, die unter anderer als mechanischer Energie Verletzungen beibringen.
     Dazu gehören beispielsweise Elektroimpulsgeräte, Reizstoffsprühgeräte (sofern zum Einsatz gegen Menschen bestimmt), Molotow-Cocktails, Würgegeräte und Präzisionsschleudern.
   - **Tragbare Gegenstände im nicht-technischen Sinne** sind solche, die ohne dazu bestimmt zu sein, insbesondere wegen ihrer Beschaffenheit, Handhabung oder Wirkungsweise geeignet sind, die Angriffs- oder Abwehrfähigkeit von Menschen zu beseitigen oder herabzusetzen.

   Dazu gehören Springmesser, Fallmesser, Faustmesser, Butterflymesser.

Munition

Munition ist zum Verschießen aus Schusswaffen bestimmte

- **Patronenmunition** (bestehend aus Hülse mit Ladung und Geschoss oder ein Geschoss mit Eigenantrieb)
- **Kartuschenmunition** (Hülsen mit Ladung, aber ohne Geschoss)
- **hülsenlose** Munition (Ladung mit und ohne Geschoss, wobei die Treibladung eine den Innenabmessungen einer Schusswaffe angepasste Form hat)
- **pyrotechnische Munition** (Munition, deren Geschosse einen explosionsgefährlichen Stoff enthalten, der Licht-, Schall-, Rauch- oder einen ähnlichen Effekt erzeugen soll.

dert, sofern der Transport der Waffe zu einem von seinem Bedürfnis umfassten Zweck oder im Zusammenhang damit erfolgt.

Ausnahmen gelten auch für ganz bestimmte Sportwettkämpfe (wie Biathlon), für Signalwaffen beim Bergsteigen oder auf Wasserfahrzeugen (Leuchtpistole) sowie zur Abgabe von Start- oder Beendigungszeichen bei Sportveranstaltungen.

Schießen: Das Schießen außerhalb von Schießstätten sowie das Schießen auf Tiere, das nicht unter die »Jagdausübung« oder den »Jagdschutz« fällt, ist verboten. In solchen Fällen genügt der Jagdschein nicht, sondern es muss eine Schießerlaubnis beantragt werden.

§§ 12, 34, 35, 45 Verleihen, Transport, Überlassen, Widerruf

Verleihen: Vereinfacht wurde die Möglichkeit des Verleihens von Schusswaffen. Wer als Inhaber einer Waffenbesitzkarte von einem Berechtigten lediglich vorübergehend eine Waffe erwirbt (sprich: ausleiht), braucht keine Erlaubnis, d. h., die Waffe muss nicht in die WBK eingetragen werden. Damit können jetzt sowohl Lang- wie Kurzwaffen verliehen werden. An Jagdscheininhaber, die noch keine waffenrechtliche Erlaubnis (WBK) haben (dürfen), z. B. Jugendjagdscheininhaber, können nur Langwaffen ausgeliehen werden. Der Verleihzeitraum ist auf maximal 1 Monat begrenzt! (Es wird eine schriftliche Bestätigung benötigt, aus der das Datum der Waffenübergabe hervorgeht.)

Beförderung: Berechtigte können problemlos Schusswaffen und Munition eines anderen Jägers/WBK-Inhabers befördern oder (sicher) aufbewahren.

Vom berechtigten Führen im Rahmen der befugten Jagdausübung muss der Transport unterschieden werden. Dazu zählt beispielsweise die Beförderung der Waffe im Fahrzeug zum Schießstand, zum Büchsenmacher oder auch eine längere Fahrt im Rahmen einer Jagdreise oder -einladung. Wird eine Waffe transportiert, darf diese

- nicht schussbereit (d. h. nicht geladen, auch nicht unterladen) sein und
- nicht zugriffsbereit sein. Nicht zugriffsbereit bedeutet, dass die Waffe nicht innerhalb von 3 Sekunden und mit weniger als 3 Handgriffen unmittelbar in Anschlag gebracht werden kann (also beispielsweise im Kofferraum untergebracht ist). Idealerweise verstaut man die Waffe jedoch in einem verschlossenen Waffenkoffer oder -futteral, da sie dann auf jeden Fall nicht zugriffsbereit im Sinne der Vorschrift ist.

Überlassen: Grundsätzlich dürfen Waffen und Munition nur Berechtigten überlassen werden. Diese Berechtigung muss offensichtlich sein oder nachgewiesen werden (z. B. WBK, bei Langwaffen reicht auch der Jagdschein, bei Kurzwaffenverkauf muss die Erlaubnis in der WBK des Erwerbers eingetragen sein!). Achtung: Damit darf z. B. beim Schüsseltreiben die Schusswaffe nicht dem Wirt zur Aufbewahrung überlassen werden (es sei denn, dieser ist Jahresjagdscheininhaber und kann die Waffen sicher aufbewahren).

Besitzwechsel: Wenn ein Berechtigter nicht gewerblich einem anderen Berechtigten eine Schusswaffe überlässt (verkauft, schenkt), so muss er dies binnen 2 Wochen der zuständigen Behörde schriftlich anzeigen und die WBK zur Berichtigung vorlegen.

Der Erwerber wiederum muss die Waffen innerhalb von 2 Wochen unter Nennung von Name und Anschrift des Überlassenden in seine WBK eintragen beziehungsweise sich eine WBK ausstellen lassen.

Ist eine Schusswaffe noch nicht in die WBK eingetragen, muss ein schriftlicher Nachweis mit sich geführt werden, dass die Anmeldefrist für diese Waffe noch nicht verstrichen ist. Dies gilt auch beim Führen von »Leihwaffen« auf der Jagd.

Werbung: Wer Waffen oder Munition zum Kauf oder Tausch in Medien (Zeitschriften, Internet) anbietet, hat bei den nachstehenden Waffenarten auf das Erfordernis der Erwerbsberechtigung jeweils wie folgt hinzuweisen:

- bei erlaubnispflichtigen Schusswaffen und erlaubnispflichtiger Munition: »Abgabe nur an Inhaber einer Erwerbserlaubnis«,
- bei nicht erlaubnispflichtigen Schusswaffen und nicht erlaubnispflichtiger Munition sowie sonstigen Waffen: »Abgabe nur an Personen mit vollendetem 18. Lebensjahr«,
- bei verbotenen Waffen: »Abgabe nur an Inhaber einer Ausnahmegenehmigung«.

Die Waffen oder Munition dürfen auch unter einer Chiffrenummer oder nur mit Telefonangabe angeboten werden. Nicht erlaubt sind der Vertrieb und das Überlassen von Schusswaffen, Munition, Hieb- oder Stoßwaffen im Reisegewerbe, auf Messen, Ausstellungen und Märkten. Es können jedoch Ausnahmen erteilt werden.

Rücknahme, Widerruf: Waffenrechtliche Erlaubnisse können auch zurückgenommen beziehungsweise widerrufen werden beispielsweise dann, wenn kein Bedürfnis mehr vorliegt. Dies ist für einen Jäger von Bedeutung, wenn er z. B. den Jagdschein nicht mehr löst und somit kein Bedürfnis mehr dokumentiert. Allerdings hat die Behörde hier einen Ermessensspielraum: Aus besonderen Gründen kann auch in Fällen eines endgültigen Wegfalls des Bedürfnisses von einem Widerruf abgesehen werden.

§ 36, § 13 (AWaffV) Waffenaufbewahrung

Mit der Waffengesetznovellierung 2017 wurde die Aufbewahrung von Waffen und Munition neu geregelt. Geblieben ist die Grundvorschrift: Alle Waffen sowie Munitionen müssen so aufbewahrt werden, dass sie nicht abhandenkommen können und vor unbefugtem Zugriff (auch von Familienangehörigen) geschützt sind. Vorgeschrieben ist nun auch, dass Schusswaffen im Waffenschrank ungeladen sein müssen.

Seit Inkrafttreten des Änderungsgesetzes (6.07.2017) sind erlaubnispflichtige Schusswaffen (sowie verbotene Waffen und verbotene Munition) jedoch mindestens in einem zertifizierten Sicherheitsbehältnis des Widerstandsgrads 0 (DIN/EN 1143-1) aufzubewahren.

Waffen dürfen ausschließlich ungeladen aufbewahrt werden. Erlaubnisfreie Waffen und Munition, insbesondere SRS-Waffen und Dekowaffen, Hieb- und Stoßwaffen, außerdem erlaubnispflichtige Salutwaffen sowie Magazine sind in einem verschlossenen Behältnis aufzubewahren.

Für die bisher von Jägern sehr oft verwendeten Waffentresore der Sicherheitsstufen A und B (nach VDMA 24992) hat der Gesetzgeber jedoch einen Bestandsschutz eingeräumt. Die Behältnisse dieser Normen können vom Altbesitzer unter Beachtung der für diese bisher geltenden Vorschriften weiter genutzt werden. Beim Neukauf eines Waffenschranks wird aber auf jeden Fall ein Behältnis des Widerstandsgrads 0 oder I benötigt.

Gemeinschaftliche Aufbewahrung: Zulässig ist auch die gemeinschaftliche Aufbewahrung von Waffen und Munition durch berechtigte Personen, die in häuslicher Gemeinschaft leben. Beispielsweise kann also der Sohn (Jagdscheininhaber) seine Schusswaffen im Waffenschrank des Vaters (ebenfalls Jäger) unterbringen. Dies gilt auch, wenn der Sohn – beispielsweise als Student – nicht im elterlichen Wohnort lebt.

Erbfall: Auch im Erbfall bleibt der Bestandsschutz für die weiteren berechtigten Mitbenutzer, wenn sie infolge des Erbfalls Eigentümer des Sicherheitsbehältnisses werden, bestehen. Dagegen ist die reine Erbschaft eines Behältnisses, etwa durch Erben ohne waffenrechtliche Erlaubnis, nicht geschützt. Diese Erben müssen die geerbten Waffen blockieren und zusätzlich einen Schrank mindestens der Stufe 0 (DIN/EN 1143-1) nachweisen.

Sicherheitsnormen: Für Waffen und Munition gelten nun folgende neue Sicherheitsvorkehrungen (gem. § 13 AWaffV):

- Mindestens in einem verschlossenen Behältnis sind Waffen und Munition aufzubewahren, deren Erwerb von der Erlaubnispflicht freigestellt ist. Darunter fallen beispielsweise Luftdruckwaffen, Schreckschusswaffen, aber auch ein Bajonett (als Hieb- oder Stoßwaffe).
- Mindestaufbewahrungsstandard für erlaubnispflichtige Munition ist ein Stahlblechbehältnis (auch ohne Klassifizierung) mit Schwenkriegelschloss (oder einer gleichwertigen Verschlussvorrichtung) oder ein gleichwertiges Behältnis.
- Erlaubnispflichtige Schusswaffen, Lang- wie Kurzwaffen, müssen mindestens in einem zertifizierten Sicherheitsbehältnis des Widerstandsgrads 0 (DIN/EN 1143-1) aufbewahrt werden. Dabei ist die Zahl der Langwaffen unbegrenzt und auch die Munition kann gemeinsam mit den Schusswaffen untergebracht werden.
- Einschränkungen gibt es bei der Anzahl der Kurzwaffen (und ggf. bei verbotenen Waffen): Liegt das Gewicht eines »0er-Schranks« unter 200 kg, dürfen darin maximal 5, bei einem Gewicht ab 200 kg bis zu 10 Kurzwaffen untergebracht werden. Ist der Kurzwaffenbestand größer, ist ein Waffenschrank des Widerstandsgrads I (DIN/EN 1143-1) notwendig, bzw. mehrere Waffenschränke des Widerstandsgrads 0 (s. auch grafische Übersicht Seite 93).

Ein »1er-Schrank« ist auch erforderlich, wenn Schusswaffen in einem nicht ständig bewohnten Gebäude (z. B. Jagdhütte) aufbewahrt werden sollen. Dabei ist die Anzahl auf maximal 3 Langwaffen beschränkt.

Die Behörde kann auch eine gleichwertige Aufbewahrung zulassen, beispielsweise einen Waffenraum.

Aufbewahrungsnachweis: Die sichere Aufbewahrung ist der Behörde auf Verlangen nachzuweisen. Die Behörde ist zudem berechtigt, vor Ort – auch unangemeldet – zu überprüfen, ob die Sicherheitsbestimmungen eingehalten werden. Den Kontrollorganen ist der Zutritt zu den Räumen, in denen Schusswaffen und Munition aufbewahrt werden, einzuräumen. Allenfalls zur Verhütung dringender Gefahren dürfen auch die Wohnräume gegen den Willen des Inhabers betreten werden – die Unverletzlichkeit der Wohnung wird insoweit eingeschränkt!

Vorübergehende Aufbewahrung: Auch bei einer vorübergehenden Aufbewahrung außerhalb der Wohnung, beispielsweise bei einem Hotelaufenthalt im Rahmen einer Jagdreise, müssen Sicherheitsvorkehrungen getroffen werden. Keinesfalls darf eine Schusswaffe über einen längeren Zeitraum im Fahrzeug gelassen werden. Im Hotelzimmer ist sie im verschlossenen Transportkoffer oder auch in einem verschlossenen Schrank aufzubewahren. Empfehlenswert ist das Anbringen einer Abzugssperrvorrichtung oder die Entnahme eines wesentlichen Teils (Schloss, Vorderschaft). Wobei das Mitführen eines wesentlichen Teils seit der aktuellen Novellierung nicht mehr dem Führverbot unterliegt.

§ 27 Jugendliche in der Jägerausbildung

Grundsätzlich darf nur in zugelassenen Schießstätten geschossen werden. Für Jugendliche (14–16 Jahre) gilt Folgendes: Sofern sie das 14. Lebensjahr vollendet haben und noch nicht 18 Jahre alt sind, ist ihnen das Schießen mit Schusswaffen bis zu einem Kaliber von 5,6 mm lfB (l.r.) für Munition mit Randfeuerzündung, wenn die Mündungsenergie höchstens 200 Joule (J) beträgt, und mit Einzellader-Langwaffen mit glatten Läufen mit Kaliber 12 oder kleiner gestattet. Hierfür muss der Sorgeberechtigte schriftlich sein Einverständnis erklärt haben oder beim Schießen anwesend sein.

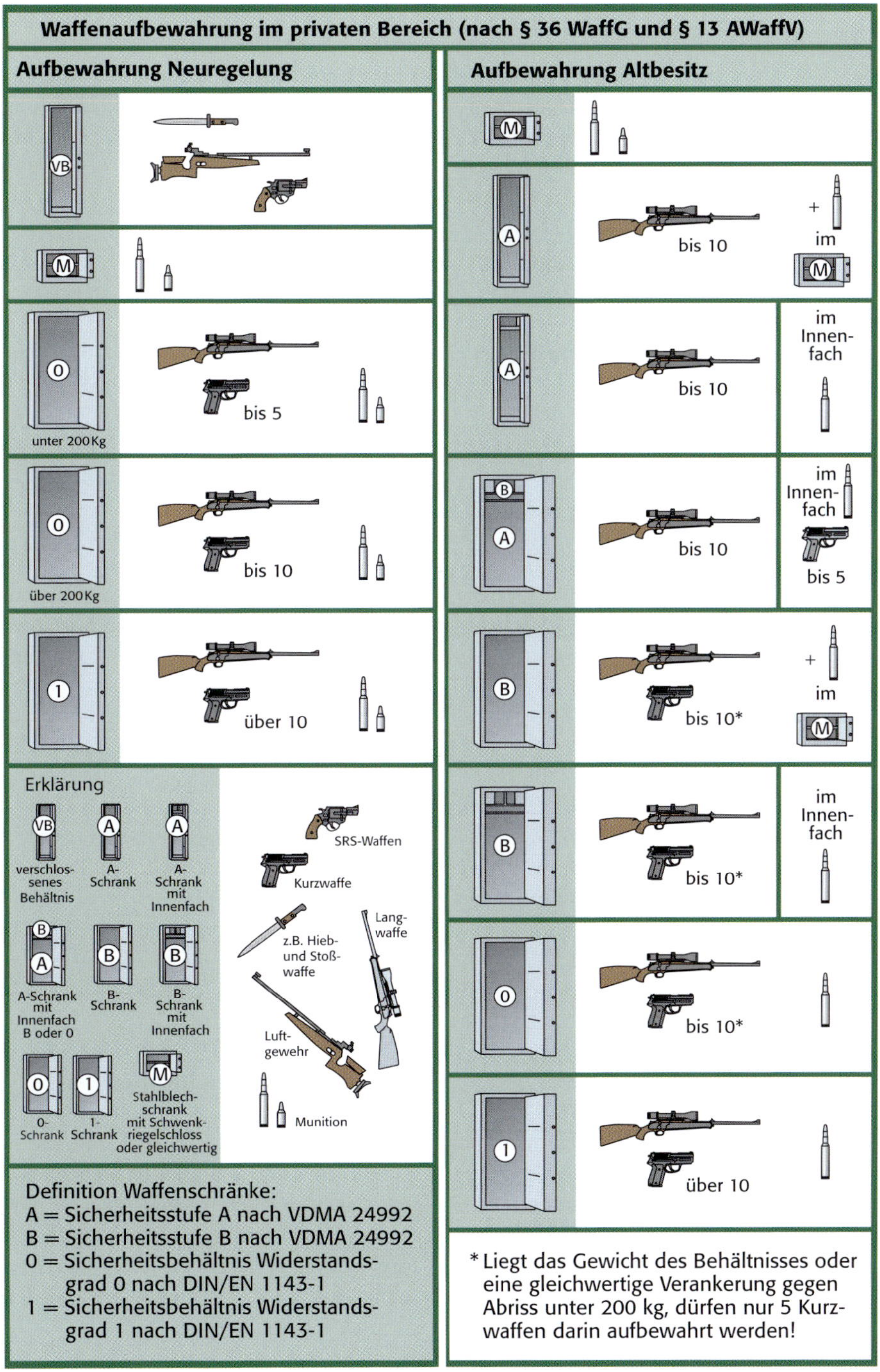
Waffenaufbewahrung im privaten Bereich (nach § 36 WaffG und § 13 AWaffV)
Aufbewahrung Neuregelung
VB
M
O
bis 5
unter 200 Kg
O
bis 10
über 200 Kg
1
über 10
Erklärung
VB
verschlos-senes Behältnis
A
A-Schrank
A
A-Schrank mit Innenfach
B
A
A-Schrank mit Innenfach B oder 0
B
B-Schrank
B
B-Schrank mit Innenfach
0
0-Schrank
1
1-Schrank
M
Stahlblech-schrank mit Schwenk-riegelschloss oder gleichwertig
SRS-Waffen
Kurzwaffe
z.B. Hieb- und Stoß-waffe
Lang-waffe
Luft-gewehr
Munition
Definition Waffenschränke:
A = Sicherheitsstufe A nach VDMA 24992
B = Sicherheitsstufe B nach VDMA 24992
0 = Sicherheitsbehältnis Widerstands-grad 0 nach DIN/EN 1143-1
1 = Sicherheitsbehältnis Widerstands-grad 1 nach DIN/EN 1143-1
Aufbewahrung Altbesitz
M
A
bis 10
+
im
M
A
bis 10
im Innen-fach
B
A
bis 10
im Innen-fach
bis 5
B
bis 10*
+
im
M
B
bis 10*
im Innen-fach
O
bis 10*
1
über 10
* Liegt das Gewicht des Behältnisses oder eine gleichwertige Verankerung gegen Abriss unter 200 kg, dürfen nur 5 Kurz-waffen darin aufbewahrt werden!

Für Jugendliche in der Ausbildung zum Jäger gilt diese Begrenzung auf Kleinkaliber nicht, sie dürfen ohne weitere Erlaubnis mit »Jagdwaffen« schießen. Voraussetzung ist, dass der Sorgeberechtigte und der Ausbildungsleiter ihr Einverständnis in einer von beiden unterzeichneten Berechtigungsbescheinigung erklärt haben. Die Person hat in der Ausbildung die Berechtigungsbescheinigung mit sich zu führen.

§§ 20, 37 Erbfall, Anzeigepflichten bei Fund, Verlust

Es besteht auch weiterhin die Möglichkeit, dass Schusswaffen vererbt werden. Voraussetzung ist, dass der Erblasser diese Waffen berechtigt besessen hat und der Erbe zuverlässig und persönlich geeignet ist. Dem Erben wird eine Frist von 1 Monat (nach Annahme der Erbschaft) eingeräumt, eine WBK zu beantragen oder die Schusswaffen in eine bestehende WBK eintragen zu lassen. Kann ein Erbe kein Bedürfnis im Sinne des WaffG geltend machen (z. B. als Jäger oder Sportschütze), sind die Schusswaffen durch ein dem Stand der Technik entsprechendes Blockiersystem – sofern es für die jeweilige Waffe zur Verfügung steht – zu sichern.

Zunächst muss jedoch derjenige, der beim Tod eines Waffenbesitzers Waffen oder Munition, deren Erwerb der Erlaubnis bedarf, in Besitz nimmt, dies der zuständigen Behörde unverzüglich anzeigen. Die unverzügliche Pflicht zur Information der Behörden gilt auch bei Fund oder Verlust von Waffen. Bei »Fundstücken« kann die Behörde die Waffe sicherstellen oder anordnen, dass sie unbrauchbar gemacht oder einem Berechtigten überlassen wird. Bei Verlust von Waffen wird die örtliche Polizei zwecks Aufnahme von Ermittlungen von der zuständigen Behörde informiert.

Immer wieder entschließt sich ein Waffenbesitzer dazu, dass eine erlaubnispflichtige Schusswaffe unbrauchbar gemacht werden soll, möchte diese aber als Dekorationswaffe behalten. Die Vorgehensweisen zur Unbrauchbarmachung werden künftig in einer eigenen Verordnung geregelt. Allerdings muss der Besitzer die Unbrauchbarmachung der zuständigen Behörde binnen 2 Wochen schriftlich anzeigen und ihr auf Verlangen den Gegenstand vorlegen.

§§ 29–33 Mit der Waffe ins Ausland

Auslandsjagdreisen erfreuen sich bei Jägern zunehmender Beliebtheit, doch auch ein Waffenkauf im oder ein Verkauf ins Ausland ist heute nichts Ungewöhnliches. Das Gesetz unterscheidet hier 2 Verfahrensweisen – das Verbringen und die Mitnahme.

Verbringen: Beim Verbringen wird die Schusswaffe und/oder Munition dauerhaft in den bzw. aus dem Geltungsbereich des WaffG verbracht. Für das Verbringen ist eine Erlaubnis notwendig. Sie kann erteilt werden, wenn der Empfänger zum Erwerb oder Besitz dieser Waffen oder Munition berechtigt ist und der sichere Transport durch einen zum Erwerb oder Besitz dieser Waffen oder Munition Berechtigten gewährleistet ist.

Mitnahme: Bei der Mitnahme wird die Schusswaffe/Munition nur temporär über die Grenzen verbracht, also beispielsweise im Rahmen einer Jagdreise. Auch die Mitnahme in den, durch den oder aus dem Geltungsbereich des WaffG bedarf der Erlaubnis. Für Jäger sowie Sport- und Brauchtumsschützen gelten dabei jedoch erleichterte Verfahrensbedingungen.

Europäischer Feuerwaffenpass: Grundvoraussetzung ist, dass sie Inhaber eines Europäischen Feuerwaffenpasses (EFP) sind und die Schusswaffen, die mitgenommen werden sollen, darin eingetragen sind. Ein Europäischer Feuerwaffenpass wird auf Antrag von der Waffenbehörde ausgestellt. Der EFP berechtigt Jäger zur Mitnahme von bis zu 3 Langwaffen und der dafür bestimmten Munition zum Zweck der Jagd. Sportschützen können bis zu 6 Schusswaffen und Brauchtumsschützen bis zu 3 Einzellader- oder Repetierlangwaffen (inkl. zugehöriger Munition) mitnehmen. Zudem muss der Grund der Mitnahme nachgewiesen werden, also z. B. eine Jagdeinladung oder Unterlagen für eine Jagdreise. Gültigkeit: in der Regel nur 5 Jahre.

Unbedingt zu beachten: Wer aus einem Drittstaat kommend (beispielsweise nach der Jagdreise) Waffen und/oder Munition nach Deutschland mitnimmt (oder verbringt), muss dieses bei der zuständigen Überwachungsbehörde (Zoll, Bundespolizei) anmelden!

Folgende Dokumente müssen bei einem Grenzübertritt mit Schusswaffe/Munition mitgeführt werden: EFP, WBK, Pass (Personalausweis), Grund für die Mitnahme (Jagdeinladung). Zudem empfiehlt es sich, auch den Jagdschein sowie das vom Zoll ausgestellte »Auskunftsblatt INF-3« mitzuführen. Mit diesem Formblatt wird bescheinigt, dass es sich bei der Wiedereinfuhr der mitgenommenen Schusswaffen sowie ggf. der hochwertigen Jagdoptik um die nämliche Ware wie bei der Ausfuhr handelt. Denn die WBK wird vom Zoll nicht als Eigentumsnachweis anerkannt.

Europäischer Feuerwaffenpass

§§ 51–54 Straf- und Bußgeldvorschriften

Verstöße gegen das Waffengesetz sind mit zum Teil erheblichen Strafen beziehungsweise Bußgeldern bewehrt und führen zudem in der Regel zum Verlust der waffenrechtlichen Erlaubnis. Wer z. B. ohne Erlaubnis eine erlaubnispflichtige Schusswaffe erwirbt, besitzt oder führt, kann mit Freiheitsstrafe bis zu 3 Jahren oder Geldstrafe bestraft werden; das Gleiche gilt, wenn einem Nichtberechtigten Schusswaffen oder Munition überlassen werden. Auch Verstöße gegen die Aufbewahrungsvorschriften sind als Straftat eingestuft!

Als Ordnungswidrigkeit (bis zu 10.000 Euro Geldbuße) gilt beispielsweise das nicht fristgerechte An- oder Abmelden von Waffen oder wenn Jäger die vorgeschriebenen Dokumente nicht mit sich führen.

337 | Was regelt das Waffengesetz?

Das Gesetz regelt den Umgang mit Waffen oder Munition unter Berücksichtigung der Belange der öffentlichen Sicherheit und Ordnung.

338 | Wer hat »Umgang« mit Waffen und/oder Munition?

Umgang mit einer Waffe oder Munition hat, wer diese erwirbt, besitzt, überlässt, führt, verbringt, mitnimmt, damit schießt, herstellt, bearbeitet, instand setzt oder damit Handel treibt.

339 | Was sind Schusswaffen?

Geräte, bei denen Geschosse durch einen Lauf getrieben werden.

340 | Was sind wesentliche Teile einer Schusswaffe?

Der Lauf, der Verschluss, das Patronenlager; bei Kurzwaffen auch das Griffstück und sonstige Waffenteile, soweit sie für die Aufnahme des Auslösemechanismus bestimmt sind.

341 | Was ist ein Schalldämpfer im Sinne des Waffengesetzes (WaffG)?

Eine Vorrichtung, die den Mündungsknall dämpfen soll.

342 | Welche Munitionsarten unterscheidet das WaffG?

Patronenmunition, Kartuschenmunition, hülsenlose Munition, pyrotechnische Munition

343 | Wem ist der Umgang mit Waffen und Munition gestattet?

Der Umgang mit Waffen oder Munition ist nur Personen gestattet, die das 18. Lebensjahr vollendet haben. Inhaber des Jugendjagdscheins wird eine waffenrechtliche Erlaubnis allerdings nicht erteilt (s. auch Frage 346).

344 | Welche persönlichen Voraussetzungen müssen zur Erteilung einer waffenrechtlichen Erlaubnis erfüllt sein?

Eine Erlaubnis setzt voraus, dass der Antragsteller

1. das 18. Lebensjahr vollendet hat,
2. die erforderliche Zuverlässigkeit und persönliche Eignung besitzt,
3. die erforderliche Sachkunde nachgewiesen hat,
4. ein Bedürfnis nachgewiesen hat.

345 | Welcher Sachkundenachweis wird dem Jäger beim Antrag auf Erteilung einer WBK anerkannt?

Ein gültiger Jahresjagdschein.

346 | Können Inhaber eines Jugendjagdscheins eine WBK erhalten?

Nein, ihnen wird eine waffenrechtliche Erlaubnis nicht erteilt. Sie dürfen Schusswaffen (nur Langwaffen) und die dafür bestimmte Munition nur für die Dauer der Ausübung der Jagd (oder zum jagdlichen Trainingsschießen) mit einem Leihschein führen und damit schießen.

347 | Muss ein Jagdscheininhaber ein Bedürfnis für den Erwerb und Besitz von Schusswaffen und dafür bestimmter Munition nachweisen?

Nein. Inhaber eines gültigen Jagdscheins brauchen kein gesondertes Bedürfnis nachweisen, wenn

- glaubhaft gemacht wird, dass sie die Schusswaffen und die Munition zur Jagdausübung oder zum Training im jagdlichen Schießen einschließlich jagdlicher Schießwettkämpfe benötigen,
- die zu erwerbende Schusswaffe und Munition nach dem Bundesjagdgesetz in der zum Zeitpunkt des Erwerbs geltenden Fassung nicht verboten ist (Jagdwaffen und -munition).

348 | Wie viele Schusswaffen darf der Jäger erwerben?

Gegen Vorlage des gültigen Jagdscheins Langwaffen in unbegrenzt Zahl. Weiterhin 2 Kurzwaffen, wobei hier die vorherige Genehmigung der Behörde zum Erwerb notwendig ist.

349 | Muss der Jäger ein besonderes Bedürfnis für den Erwerb von Kurzwaffen nachweisen?

Der gültige Jahresjagdschein gilt als Bedürfnisnachweis für höchstens 2 Kurzwaffen. Für weitere Kurzwaffen muss ein besonderes Bedürfnis nachgewiesen werden.

350 | Welche Behörde ist für die Erteilung von Waffenbesitzkarten zuständig?

Die Kreispolizeibehörde, z. B. in NRW. In anderen Bundesländern gewähren die unteren

Verwaltungsbehörden Amtshilfe (Kreishäuser, Landratsämter, Stadtverwaltungen).

351 | Wie ist der Erwerb von Munition durch den Jäger geregelt?

Langwaffenmunition kann ein Jäger durch Vorlage seines gültigen Jagdscheins erwerben; Kurzwaffenmunition nur, wenn in seiner WBK eine entsprechende Munitionserwerbserlaubnis eingetragen ist.

352 | Wer braucht keine WBK, wenn er (vorübergehend) Waffen in Besitz nimmt?

Keine waffenrechtliche Erlaubnis braucht derjenige, der eine Waffe vorübergehend zum gewerbsmäßigen Transport, zu gewerbsmäßiger Aufbewahrung oder zur gewerbsmäßigen Ausführung von Verschönerungen oder ähnlichen Arbeiten an der Waffe erwirbt.

353 | Berechtigt die Waffenbesitzkarte zum Führen von Waffen?

Nein. Die WBK dient nur als Erwerbsberechtigung und Besitznachweis. Zum Führen von Waffen ist eine besondere Erlaubnis, der Waffenschein oder der Jagdschein, erforderlich.

354 | Wann braucht auch der Jäger einen Waffenschein?

Wenn er seine Waffe (etwa einen Revolver zum Selbstschutz) auch außerhalb der befugten Jagdausübung und außerhalb seiner Wohn- oder Geschäftsräume führen will.

355 | Ist das Schießen auf Schießständen erlaubnispflichtig?

Nein. Wer auf einer Schießstätte schießt, braucht keine besondere Erlaubnis.

356 | Darf man im eigenen, von einer hohen Mauer umgebenen Garten mit einer Schusswaffe schießen?

Ja. Jedoch nur mit Schusswaffen, deren Geschosse eine Bewegungsenergie von nicht mehr als 7,5 Joule (J) erreichen, und wenn zudem sichergestellt ist, dass die Geschosse das Besitztum nicht verlassen können.

357 | Kann ein Jäger eine Bockbüchsflinte nur gegen Vorlage des Jagdscheins erwerben?

Ja. Für den Erwerb (und vorübergehenden Besitz) von Langwaffen steht ein Jagdschein einer Waffenbesitzkarte gleich.

358 | Welches Dokument muss der Jäger dem Waffenhändler beim Erwerb von normalen Jagdgewehren vorlegen?

Wenn ein Jäger bereits eine waffenrechtliche Erlaubnis hat, müssen die NWR-ID P und E ebenfalls vorgelegt werden.

359 | Sie erwerben von einem anderen Jäger eine Flinte. Was haben Sie zu tun?

Der Erwerb ist binnen 2 Wochen der zuständigen Behörde schriftlich unter Nennung von Name und Anschrift des Überlassenden zwecks Eintrag in die WBK mitzuteilen.

360 | Was muss der Jäger tun, wenn er eine Kurzwaffe erwerben möchte?

Dazu muss er vorher zur Behörde gehen und eine Erwerbsberechtigung in die Waffenbesitzkarte eintragen lassen. Die erworbene Waffe muss er innerhalb 2 Wochen in die WBK eintragen lassen.

361 | Darf der Inhaber eines Jugendjagdscheines Schusswaffen und zugehörige Munition erwerben?

Ja. Jedoch nur für die Dauer der Ausübung der Jagd oder des Trainings im jagdlichen Schießen einschließlich jagdlicher Schießwettkämpfe.

362 | Darf der Jäger unbeschränkt Munition für Kurzwaffen erwerben?

Nein, er darf nur Munition erwerben, die zu seinen eigenen Kurzwaffen passt. Die Erwerbsberechtigung muss auf der WBK eingetragen sein. (Der Jagdschein allein genügt nicht.)

363 | Darf der Jäger unbeschränkt Munition für Jagdgewehre erwerben?

Ja. Als Erwerbsberechtigung genügt der gültige Jagdschein.

364 | Muss ein Einstecklauf im Kaliber .22 lfB in eine WBK eingetragen werden?

Nein, sofern er für eine Schusswaffe bestimmt ist, die bereits in der WBK des Erwerbers eingetragen ist.

365 | Darf der Jäger eine erworbene Waffe führen, bevor sie in der WBK eingetragen ist?

Ja, innerhalb der Frist, die für die Eintragung vorgeschrieben ist (bei neu erworbenen Langwaffen 2 Wochen, bei Kurzwaffen 2 Wochen, bei Besitzwechsel 2 Wochen). Dabei muss ein Nachweis mitgeführt werden, dass die Anmeldefrist für diese Waffe noch nicht verstrichen ist (z. B. Rechnung des Waffenhändlers).

366 | Was ist unter dem Führen von Waffen zu verstehen?

Die Ausübung der tatsächlichen Gewalt (Besitz, Mit-sich-Führen) außerhalb der eigenen Wohnung, Geschäftsräume oder des eigenen befriedeten Besitztums. (Selbst wenn die Waffe nicht geladen ist.)

367 | Was versteht man unter befugter Jagdausübung?

Dieser Begriff schließt auch das An- und Einschießen der Waffe im Revier und die Ausbildung von Jagdhunden sowie den Jagdschutz und (wenn berechtigt) den Forstschutz ein.

368 | Was gilt für das Verbringen der Waffe ins Revier?

Die Waffe darf auf dem direkten Weg ins und vom Revier zugriffsbereit – aber nicht schussbereit – mitgenommen werden.

369 | Welche Ausweise muss der Jäger bei sich haben, wenn er Schusswaffen bei legaler Jagdausübung führt?

Folgende Dokumente sind mitzuführen: gültiger Jagdschein, Waffenbesitzkarte und Personalausweis (oder Pass); als Jagdgast auch den Jagderlaubnisschein des Revierinhabers.

370 | Wer ist berechtigt, diese Dokumente zu kontrollieren?

Grundsätzlich alle Polizeiorgane, einschließlich der bestätigten und örtlich zuständigen Jagdaufseher. Letztere ausgenommen die Waffenbesitzkarte.

371 | Genügt der gültige Jagdschein, um Waffen auch außerhalb der Jagdausübung führen zu dürfen?

Nein. Wenn der Jäger auch außerhalb der Jagdausübung eine Waffe führen möchte (z. B. eine Kurzwaffe zur Selbstverteidigung), braucht er wie jeder andere Bürger einen Waffenschein.

372 | Wo dürfen Waffen ohne besondere Erlaubnis (Waffenschein, Jagdschein) geführt werden?

In der Wohnung, den Geschäftsräumen oder dem befriedeten Besitztum eines Dritten, wenn dessen Zustimmung dazu vorliegt, sowie in zugelassenen Schießstätten.

373 | Was unterscheidet »Führen« und »Transportieren« von Waffen?

Beim Führen ist die Waffe zugriffsbereit. Beim Transportieren (z. B. zum Schießstand oder Büchsenmacher) muss die Waffe nicht schussbereit (ungeladen) und nicht zugriffsbereit (z. B. in einem verschlossenen Waffenfutteral) verpackt sein.

374 | Ein Jäger hat seine Repetierbüchse offen auf dem Rücksitz seines Autos liegen. Wann ist ihm das erlaubt?

Nur innerhalb des Reviers, in dem er jagen darf, (»befugte Jagdausübung«) sowie auf dem unmittelbaren Hin- und Rückweg ins Revier. Die Waffe darf im Fahrzeug nicht geladen (auch nicht »unterladen«) sein.

375 | Ist das erlaubte Führen einer Waffe zugleich auch eine Schießerlaubnis?

Nicht ohne Weiteres. Das erlaubte Führen ist zwar die Voraussetzung für den Waffengebrauch, doch ist das Schießen selbst an weitere Bedingungen gebunden.

376 | Unter welchen Bedingungen ist dem Jäger das Schießen erlaubt?

Im Rahmen der befugten Jagdausübung (einschließlich des Ein- und Anschießens und zur Jagdhundeausbildung im Revier), beim Jagd- und Forstschutz sowie (wie jedermann) im Fall der Notwehr.

377 | Darf der Jäger in seinem Revier entlaufene Haustiere (z. B. Rind, Schaf) auf Verlangen des Eigentümers schießen?

Nein, hier liegt weder Jagdausübung noch Jagdschutz vor; es wäre eine behördliche Schießerlaubnis erforderlich.

378 | Wo darf ohne besondere Erlaubnis geschossen werden?

Nur in zugelassenen Schießstätten.

379 | Dürfen Sie Ihren 13-jährigen Sohn auf dem Schießstand mit Ihrer Flinte schießen lassen?

Nein. Kindern, die noch nicht 14 Jahre alt sind, ist das Schießen mit Feuerwaffen auch in Schießstätten untersagt.

380 | Ihr 15-jähriger Sohn bereitet sich auf die Jägerprüfung vor. Darf er auf dem Schießstand mit einem Repetierer im Kaliber 6,5 × 57, der der Kreisgruppe gehört, schießen?

Ja. Personen in der Ausbildung zum Jäger dürfen in der Ausbildung ohne behördliche Erlaubnis mit Jagdwaffen schießen, wenn sie das 14. Lebensjahr vollendet haben und der Sorgeberechtigte und der Ausbildungsleiter ihr Einverständnis in einer von beiden unterzeichneten Berechtigungsbescheinigung erklärt haben.

381 | Darf Ihr 15-jähriger Sohn unter Ihrer Aufsicht im Revier auf Scheiben schießen?

Nein, auf keinen Fall!

382 | Was müssen Jäger bei der Mitnahme von Waffen und Munition ins/aus dem Ausland beachten?

Als Jäger muss man Inhaber eines Europäischen Feuerwaffenpasses sein, und die mitgenommenen Waffen müssen darin eingetragen sein. Zudem muss der Grund der Mitnahme nachgewiesen werden.

383 | Sie laden einen Freund aus Österreich zur Jagd ein. Darf er mit seiner Waffe in die Bundesrepublik einreisen?

Ja, er muss aber seinen EU-Feuerwaffenpass und die Jagdeinladung mitführen.

384 | Wem dürfen Sie Waffen und Munition überlassen?

Waffen oder Munition dürfen nur berechtigten Personen überlassen werden. Die Berechtigung muss offensichtlich sein oder nachgewiesen werden.

385 | Darf Ihnen der Büchsenmacher Patronen »offen« verkaufen?

Nein. Munition darf gewerbsmäßig nur in verschlossenen Packungen überlassen werden.

Dies gilt nicht im Fall des Überlassens auf Schießstätten oder soweit einzelne Stücke von Munitionssammlern erworben werden.

386 | Darf der Jäger Schusswaffen an einen anderen Jäger ausleihen?

Ja. An Inhaber einer waffenrechtlichen Erlaubnis (WBK) dürfen Lang- und Kurzwaffen ausgeliehen werden. An Jagdscheininhaber, die noch keine waffenrechtliche Erlaubnis haben (dürfen), z. B. Jugendjagdscheininhaber, dürfen nur Langwaffen ausgeliehen werden.

387 | Dürfen Sie Ihre Waffe von einem Botendienst zum Büchsenmacher bringen lassen?

Ja. Eine gewerbsmäßigen Beförderung ist zulässig. Es sind jedoch bestimmte Voraussetzungen zu beachten. Und nicht jeder Beförderer transportiert Schusswaffen!

388 | Sie erwerben von Ihrem Büchsenmacher einen Drilling. Wer vermerkt den Erwerb in der Waffenbesitzkarte?

Die Waffenbehörde. Der Büchsenmacher trägt die Waffe aus seinem elektronischen Waffenhandelsbuch aus und übermittelt die Überlassung dem NWR. Die Waffenbehörde erhält umgehend die Meldung und binnen 2 Wochen muss der Erwerber bei der Behörde die Waffe in die WBK eintragen lassen.

389 | Sie haben eine Jagdwaffe geerbt. Innerhalb welchen Zeitraums müssen Sie diese anmelden?

Ich muss innerhalb von 4 Wochen eine WBK beantragen oder die Waffe in eine bereits vorhandene WBK eintragen lassen.

390 | Ab wann wird diese vierwöchige Frist gerechnet?

Für den Vermächtnisnehmer oder durch Auflage Begünstigten beginnt diese Frist mit dem Erwerb der Schusswaffen (Annahme des Erbes).

391 | Sie erben eine Flinte, die der Erblasser nicht angemeldet hatte. Dürfen Sie diese behalten?

Nein. Jede nicht registrierte Waffe wird dem LKA zugeführt, um zu überprüfen, ob diese bei einer Straftat eingesetzt wurde, danach entscheidet die Behörde.

392 | Sie wollen in Ihrer Jagdzeitschrift Ihre Flinte inklusive 200 Schuss Munition zum Verkauf anbieten. Welchen Hinweis muss die Verkaufsanzeige enthalten?

Bei erlaubnispflichtigen Schusswaffen und erlaubnispflichtiger Munition: »Abgabe nur an Inhaber einer Erwerbserlaubnis«.

393 | Welche grundsätzlichen Bestimmungen gelten für die Aufbewahrung von Waffen und Munition?

Wer Waffen oder Munition besitzt, hat die erforderlichen Vorkehrungen zu treffen, um zu verhindern, dass diese Gegenstände abhandenkommen oder Dritte sie unbefugt an sich nehmen.

394 | Welche Sicherheitsstufe muss Ihr Waffenschrank mindestens haben?

Schusswaffen, deren Erwerb und Besitz nicht von der Erlaubnispflicht freigestellt sind, sind in einem zertifizierten Sicherheitsbehältnis aufzubewahren, das mindestens der Norm DIN/EN 1143-1 Widerstandsgrad 0 oder einem Behältnis mit gleichem Schutzniveau entspricht.

395 | Dürfen in einem Sicherheitsbehältnis des Widerstandsgrads 0 Schusswaffen und Munition zusammen untergebracht sein?

Ja. Diese Sicherheitsstufe gestattet die gemeinsame Unterbringung von Schusswaffen und Munition.

396 | Ihr Waffenschrank des Widerstandsgrads 0 wiegt 195 kg. Wie viele Kurzwaffen dürfen Sie darin höchstens aufbewahren?
Maximal 5 Kurzwaffen.

397 | Ein Jäger ist in einem entfernten Revier zur Jagd eingeladen. Wie muss er während der Fahrt seine Waffen im Auto verwahren?
Auf dem direkten Weg zur Jagdausübung darf die Waffe »geführt« werden. Sie muss allerdings »nicht schussbereit« (d. h. ungeladen) sein. Es empfiehlt sich jedoch, bei längeren Wegstrecken, die Waffe in einem Futteral zu verpacken.

398 | Ein Jäger fährt mit Jagdwaffen (Lang- und/oder Kurzwaffe) zum Schießstand. Wie muss er seine Waffen im Auto verwahren?
Sie müssen ungeladen und nicht zugriffsbereit in einem verschlossenen Behältnis verpackt sein.

399 | Müssen Sie eine Kontrolle Ihrer Waffenaufbewahrung durch die Behörden zulassen?
Ja. Besitzer von erlaubnispflichtigen Schusswaffen, Munition oder verbotenen Waffen haben der Behörde zur Überprüfung der pflichtgemäßen Aufbewahrung Zutritt zu den Räumen zu gestatten, in denen die Waffen und die Munition aufbewahrt werden.

400 | Damit der Schlüssel Ihres Waffentresors im Falle eines Einbruchs nicht gefunden wird, bewahrt ihn Ihre Ehefrau in Ihrer Handtasche auf, die sie stets bei sich trägt. Genügt das?
Nein, denn der Ehefrau darf der Aufbewahrungsort des Schlüssels nicht bekannt sein.

401 | Sie sind Jäger und Waffensammler. Kann Ihnen die Behörde zusätzliche Auflagen für die Aufbewahrung Ihrer Waffen machen?
Ja. Vor allem wenn wegen der Art und Zahl der aufzubewahrenden Waffen oder Munition oder wegen des Ortes der Aufbewahrung ein höherer Sicherheitsstandard erforderlich ist.

402 | An welche Maßnahmen ist hier beispielsweise gedacht?
An den Einbau von gesicherten Zimmertüren oder Fenstergittern, oder an Alarmanlagen.

403 | Sie entdecken im Nachtkästchen Ihres verstorbenen Großvaters eine alte Pistole. Was müssen Sie tun?
Den Fund der zuständigen Behörde unverzüglich anzeigen.

404 | Nach einer Nachsuche stellen Sie fest, dass Sie Ihren Revolver verloren haben, und finden ihn auch nicht wieder. Was müssen Sie tun?
Das Abhandenkommen der zuständigen Behörde unverzüglich melden und ihr die Waffenbesitzkarte zur Berechtigung vorlegen.

405 | Sie lassen eine alte Hahnflinte vom Büchsenmacher unbrauchbar machen. Was müssen Sie tun?
Die Unbrauchbarmachung der zuständigen Behörde binnen 2 Wochen schriftlich anzeigen und ihr auf Verlangen den Gegenstand vorlegen.

406 | Sie kommen von der Jagd und wollen noch einkaufen. Dürfen Sie Ihren Revolver verdeckt und entladen unter der Jacke tragen?
Nein.

407 | Dürfen Sie nach der Jagd Ihre Flinte mit ins Wirtshaus nehmen, wenn dort gleichzeitig Schützenfest gefeiert wird?
Nein, denn das Schützenfest ist ein Volksfest, bei dem das Tragen von Waffen verboten ist.

C Waffen, Munition, Optik

Mehr zum Thema
Langwaffen gibt es im Video

https://www.jagdleben.com/
ExklusivfuerKrebs-Leser

Allgemeines

Das Kapitel Waffen, Munition und Optik vermittelt grundlegendes Wissen zum Thema, denn nur mit Kenntnis der einschlägigen Materie kann die für Prüfung und Praxis geforderte Sicherheit im praktischen Umgang mit Waffe und Munition erworben, gepflegt und erhalten werden. Unfallverhütung und sichere Handhabung der Waffen ohne eigene oder Gefährdung anderer steht dabei an erster Stelle. Aber auch ansonsten kommt es nach Meinung vernünftiger Prüfer auf den Bezug zur sicheren Praxis auf dem Schießstand und auf der Jagd an und nicht darauf, die letzten technischen Details zu möglichst vielen Waffen und Optiken zu wissen oder gar ballistische Daten von Munition auswendig zu können.

Freilich müssen in der Jägerprüfung gründliche Fähigkeiten im richtigen und sicheren praktischen Gebrauch der zur Jagd hauptsächlich verwendeten Waffen nachgewiesen werden. Dazu vorgelegt werden – samt zugehöriger Munitionen – meist 3 Flinten (Selbstladeflinte, Doppelflinte, Bockflinte mit Ejektor), 2 kombinierte Waffen (meist Drilling mit Einstecklauf, Handspanner-Bockbüchsflinte) und Repetierer (davon einer mit Handspannung) sowie Pistole und Revolver. Diese Waffen muss der Prüfling nach ihren grundlegenden Konstruktionsmerkmalen sowie dem hauptsächlichen Verwendungszweck erkennen und vor allem richtig bedienen können.

Wer in der Jägerprüfung im Bereich »Waffen-Handhabungssicherheit« schwerwiegende Mängel aufzeigt, wird in der Regel von der weiteren Prüfung ausgeschlossen.

Alles Wichtige zum Thema Waffenrecht finden Sie ausführlich im Sachgebiet »Recht« ab Seite 85.

Im Umgang mit der Waffe (hier eine Blaser R8 Professional Success B1 4-20x58 IC) müssen immer die allgemeinen Sicherheitsregeln eingehalten werden.

Gesetzliche Grundbegriffe

1 | Was sind Feuerwaffen?
Zu den Feuer- oder Schusswaffen zählen die Langwaffen (Gewehre mit einer Gesamtlänge von mehr als 60 cm) wie Flinten, Büchsen und kombinierte Waffen sowie die Kurzwaffen (Pistole und Revolver).

2 | Wer erwirbt eine Waffe?
Eine Waffe oder Munition erwirbt, wer die tatsächliche Gewalt darüber erlangt.

3 | Wer besitzt eine Waffe?
Eine Waffe oder Munition besitzt, wer die tatsächliche Gewalt darüber ausübt.

4 | Wer überlässt eine Waffe?
Eine Waffe oder Munition überlässt, wer die tatsächliche Gewalt darüber einem anderen einräumt.

5 | Wer führt eine Waffe?
Eine Waffe führt, wer die tatsächliche Gewalt darüber außerhalb der eigenen Wohnung, eigener Geschäftsräume oder des eigenen befriedeten Besitztums ausübt.

6 | Wer verbringt eine Waffe?
Eine Waffe oder Munition verbringt, wer diese Waffe über die Grenze zum dortigen Verbleib oder mit Ziel des Besitzwechsels in den, durch den oder aus dem Geltungsbereich des Gesetzes zu einer anderen Person oder zu sich selbst transportieren lässt oder selbst transportiert.

7 | Wer nimmt eine Waffe im waffenrechtlichen Sinne mit?
Eine Waffe oder Munition nimmt mit, wer diese Waffe und Munition vorübergehend auf einer Reise ohne Aufgabe des Besitzes zur Verwendung in den, durch den oder aus dem Geltungsbereich des Gesetzes bringt.

8 | Wer schießt mit einer Waffe?
Wer mit einer Schusswaffe Geschosse durch einen Lauf verschießt, Kartuschenmunition abschießt, mit Patronen- oder Kartuschenmunition Reiz- oder andere Wirkstoffe verschießt oder pyrotechnische Munition verschießt.

Beschuss

In Deutschland ist es durch das Beschussgesetz (BeschG) vorgeschrieben, dass jede Schusswaffe, bevor sie in den Verkehr gebracht wird, einem »Härtetest« unterzogen wird, dem staatlichen Beschuss. Das gilt auch für sogenannte »höchstbeanspruchte Teile« einer Schusswaffe (z. B. Lauf, Basküle, Schlitten, Trommel, Verschluss, Griffstück). Die Überprüfung liegt in den Händen der 5 staatlichen Beschussämter Köln, Mellrichstadt, München, Suhl und Ulm. (Das Beschussamt Kiel mit der Beschussstelle Eckernförde hat den Betrieb im Jahr 2017 eingestellt.) Jedes Beschussamt hat dabei sein eigenes Ortszeichen. Die Durchführung des Beschusses hat der Hersteller bzw. Importeur der Waffe zu veranlassen. Jeder, der nachträglich die betreffenden Teile (z. B. Lauf, Verschluss) verändert, etwa ein Büchsenmacher, z. B. nach dem »Aufbohren«, d. h. Aufziehen eines Laufes zu größerem Kaliber oder nach der Reparatur von Verschlussteilen.

Beim Beschuss wird geprüft, ob die höchstbeanspruchten Teile einer Schusswaffe der Beanspruchung standhalten, der sie bei der Verwendung der zugelassenen Munition ausgesetzt werden (Haltbarkeit). Es gibt die

- normale Beschussprüfung (Markierung des Laufes mit »N« für Normalbeschuss),
- verstärkte Beschussprüfung für die Verwendung von Magnum-Munition bei Flinten

Beschusszeichen Flinte

(Markierung des Laufes mit »V« bzw. aktuell mit »CIP S« für »Verstärkter Beschuss«),

- Stahlschrotbeschussprüfung für Flinten (Markierung des Laufs mit einer Lilie),
- Schwarzpulverbeschussprüfung (für Vorderlader- und ähnliche Waffen),
- Instandsetzungsbeschussprüfung (z. B. nach Reparatur, Austausch von Teilen),
- Freiwillige Beschussprüfung (z. B., um eine alte Waffe auf Schäden zu testen).

Für den Beschuss werden Patronen mit stärkerer Ladung verwendet, die einen um etwa 30 % höheren Gasdruck ergeben als die gesetzlich höchstzulässige Normalladung. Einsteckläufe werden zusammen mit der Waffe beschossen. Weiterhin werden die Funktionssicherheit und die Maßhaltigkeit überprüft sowie, ob die nach dem Waffengesetz vorgeschriebenen Kennzeichnungen – Beschussdatum (ggf. verschlüsselt), eine laufende Nummer (Waffennummer), das Kaliber und das Ortszeichen des Beschussamtes – angebracht sind.

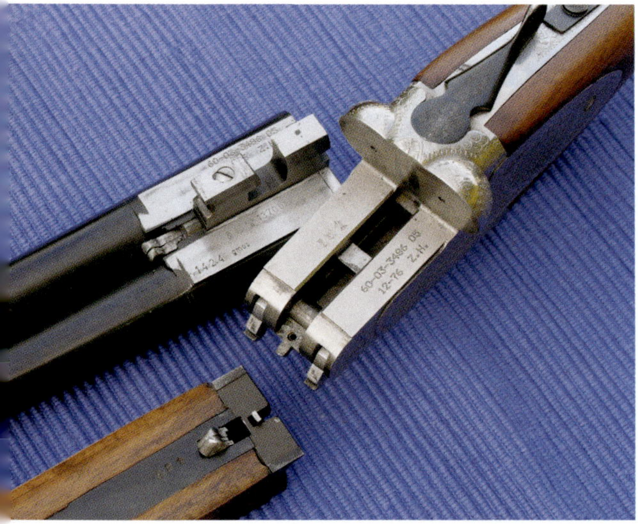

Für WE-Schrot (Stahlschrot) beschossene Waffen tragen ein spezielles Beschusszeichen (»Lilie«).

Wenn die Beschussprüfung keine Beanstandung ergibt, sind die Schusswaffe und deren höchstbeanspruchte Teile je nach Beschussart mit dem jeweiligen amtlichen Beschusszeichen zu versehen. Bestand das Beschusszeichen bis zum Oktober 2014 aus dem Bundesadler mit dem jeweiligen Kennbuchstaben, wird seitdem anstelle des Bundesadlers die Buchstabenkombination CIP (C.I.P. steht für die »Ständige Internationale Kommission für die Überprüfung von Handfeuerwaffen und Munition«) plus Kennbuchstaben in die geprüften Teile eingeschlagen. Wichtig: Alle bisher verwendeten Prüfzeichen behalten ihre Gültigkeit. Eine Übersicht der Beschuss- bzw. Prüfzeichen geben die Tabellen auf den Seiten 107 und 108.

Eine Besonderheit gibt es bei Flinten. Sie können neben den Beschusszeichen für verstärkten Beschuss und Stahlschrotbeschuss – die »Lilie« – noch Angaben über die Chokebohrung aufweisen.

Importierte Waffen müssen in Deutschland dann (neu) beschossen werden, wenn sie kein anerkanntes Beschusszeichen eines anderen CIP-Mitgliedstaates tragen. Wechselseitig anerkannt sind die Beschusszeichen folgender Länder: Belgien, Chile, Deutschland, Finnland, Frankreich, Großbritannien, Italien, Österreich, Russland, Slowakische Republik, Spanien, Tschechische Republik, Ungarn.

Beschusszeichen, Prüfzeichen

Erläuterung	Beschusszeichen, Bundesadler mit Kennbuchstaben (verwendet bis Oktober 2014)	Beschusszeichen, CIP mit Kennbuchstaben (verwendet ab Oktober 2014)
Kennzeichnung nach bestandener Beschussprüfung	N 14	CIP N 15
Normaler Beschuss von Feuerwaffen oder höchstbeanspruchten Teilen nach § 2 Absatz 2 des Gesetzes, die zum Verschießen von Munition mit normaler Ladung bestimmt sind	N	CIP N
Verstärkter Beschuss von Feuerwaffen mit glatten Läufen oder höchstbeanspruchten Teilen nach § 2 Absatz 2 des Gesetzes, die zum Verschießen von Munition mit verstärkter Ladung mit Bleischrot oder bleifreien Schroten vom Typ A oder D bestimmt sind	V	CIP S
Beschuss von Schwarzpulverwaffen	SP	CIP PN
Beschuss bei Feuerwaffen oder höchstbeanspruchten Teilen nach § 2 Abs. 2 des Gesetzes, bei denen zum Antrieb ein entzündbares flüssiges oder gasförmiges Gemisch oder eine Treibladung verwendet wird	L	CIP N
Instandsetzungsbeschuss bei Feuerwaffen oder höchstbeanspruchten Teilen nach § 2 Abs. 2 des Gesetzes, die nach § 3 Abs. 2 des Gesetzes erneut zu prüfen sind	J	CIP N
Freiwilliger Beschuss § 6 Abs. 2 BSchG	F	CIP N
Beschuss bei Böllern	B	B
Stahlschrotbeschuss von Feuerwaffen mit glatten Läufen oder höchstbeanspruchten Teilen nach § 2 Absatz 2 des Gesetzes, die zum Verschießen von Munition mit verstärkter Ladung mit bleifreien Schroten vom Typ B oder C bestimmt sind		CIP
Unbrauchbar gemachte Waffen		
Jahr des Beschusses oder verschlüsselt A – K (ohne J) entsprechend den Zahlen 0 – 9	14 oder BE	15 oder BF

Ortszeichen der zuständigen Behörden (§ 9 Abs. 3 Nr. 1 BeschussV)

Köln | Mellrichstadt | München | Suhl | Ulm | Hannover | Kiel (nicht mehr aktiv)

Prüfzeichen für Munition (§ 32 Abs. 2 Nr. 4 BeschussV)

Köln | Mellrichstadt | München | Suhl | Ulm | Hannover | Kiel (nicht mehr aktiv)

(ab Oktober 2014)

Zulassungszeichen für Handfeuerwaffen, Schussapparate und Einsteckläufe nach § 7 BeschG und für nicht tragbare Geräte nach § 24 Abs. 1BeschussV

Prüfzeichen nach § 25 Abs. 2 BeschV für Geräte nach § 24 Abs. 1 BSchussV. Die Zahl im kleineren Quadrat bezeichnet die 2 letzten Ziffern der Jahreszahl, die einstellige Zahl in Richtung der Laufmündung das Quartal.

Zulassungszeichen für bauartgeprüfte Schreckschuss-, Reizstoff- und Signalwaffen nach § 8 Abs. 1 BSchG und Zusatzgeräte zu diesen Waffen zum Verschießen pyrotechnischer Geschosse

Kennzeichen für Schusswaffen, deren Geschosse eine Bewegungsenergie von nicht mehr als 7,5 Joule erteilt wird (§ 7 Abs. 1 Satz 2 Nr. 1 und § 9 Abs. 2 Satz 1 Nr. 1 BSchG)

Zulassungszeichen für pyrotechnische Munition nach § 10 Abs. 1 BSchG

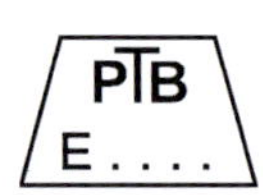

Elektroimpulsgeräte

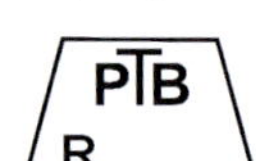

Reizstoffe

Zulassungszeichen nach Bauartprüfungen gemäß § 9 Abs. 2 Nr. 2 bis Nr. 4 BSchG

1 | Was ist der staatliche Beschuss?
Eine gesetzlich vorgeschriebene Prüfung einer Schusswaffe durch ein Beschussamt.

2 | Was wird beim Beschuss geprüft?
Der Beschuss ist eine Gewaltprobe, um festzustellen, ob Läufe und Verschluss die erforderliche Festigkeit besitzen und ob die Funktionssicherheit und Maßhaltigkeit gegeben sind.

3 | Welche Beschussarten gibt es?
Normalbeschuss, verstärkten Beschuss sowie den Instandsetzungsbeschuss.

4 | Was ist ein Beschusszeichen?
Ein vom Beschussamt für eine bestandene Beschussprüfung vergebenes »Prüfsiegel«.

5 | Was bedeutet der Buchstabe »N« unter dem Bundesadler/CIP-Schriftzug in deutschen Beschusszeichen?
Abkürzung für Normalbeschuss, d. h. rauchloses Pulver.

6 | Wo befinden sich die Beschusszeichen?
Bundesadler/CIP und Kennbuchstabe auf jedem wesentlichen Teil sowie sonstigen höchstbeanspruchten Teilen, die zur Aufnahme des Laufs oder des Verschlusses dienen. Das sind z. B. Lauf, Basküle, Schlitten, Trommel, Verschluss und Griffstück.

7 | Welche Bezeichnungen sind auf Läufen sonst noch angebracht?
Das Beschussdatum (ggf. verschlüsselt), einelaufende Nummer (Waffennummer), das Kaliber und das Ortszeichen des Beschussamtes.

8 | Haben auch Kurzwaffen Beschusszeichen?
Ja, am Lauf, bei Pistolen am Verschluss (Schlitten), Griffstück, bei Revolvern auf der Trommel.

9 | Wie erkennen Sie, ob ein Lauf amtlich beschossen ist?
An den Beschusszeichen, die von den staatlichen Beschussämtern in Läufe und ggf. Verschlussteile eingeschlagen werden.

10 | Muss auch ein Wechsellauf oder Einstecklauf amtlich beschossen werden?
Für jeden Lauf ist ein amtlicher Beschuss vorgeschrieben.

11 | Muss eine Waffe neu beschossen werden, wenn der Lauf gekürzt wurde?
Ja. Grundsätzlich ist jede Waffe einem Instandsetzungsbeschuss zu unterziehen, wenn an einem wesentlichen Teil materialschwächende oder verändernde Arbeiten vorgenommen worden sind.

12 | Können auch Privatpersonen Waffen zum Beschuss einliefern, oder geht dies nur über einen Büchsenmacher?
Jeder Waffenbesitzer kann seine Waffen direkt an ein Beschussamt einliefern.

Kaliberangabe auf einem Drilling: oben das Schrotkaliber 16/70 (daneben Beschusszeichen aus Suhl) und unten das Büchsenkaliber 9,3×74 R

Feuerwaffen
Hinterladersystem für Patronenmunition

Langwaffen (Flinten – Büchsen – Kombinierte Waffen)

Waffen mit feststehendem Lauf

Repetierer
- Drehkammerverschluss (Büchse und Flinte)
- Geradzugverschluss
- Unterhebelverschluss (Lever Action)
- Vorderschaftverschluss (Vorderschaftrepetierer Büchse und Flinte)
- »Inline«-Verschluss (Krieghoff Semprio)

Blockverschlusswaffen

Selbstladewaffen

Selbstladeflinten

Selbstladebüchsen

Mehr zum Thema Langwaffen unter www.jagdleben.com/Langwaffen-Laufkombinationen

Kipplaufwaffen

Kipplaufflinte
- Einläufig
- Doppelläufig: Quer ①
  Bock ②

Kipplaufbüchsen
- Einläufig
- Mehrläufig:
  Doppelbüchse ③
  Bockdoppelbüchse ④
  Bergstutzen ⑤

Kombinierte Waffen
- Büchsflinte ⑥
- Bockbüchsflinte ⑦
- Drilling ⑧
- Doppelbüchsdrilling ⑨
- Triumphbock oder Bockdrilling ⑩
- Vierling ⑪
- Schienendrilling ⑫

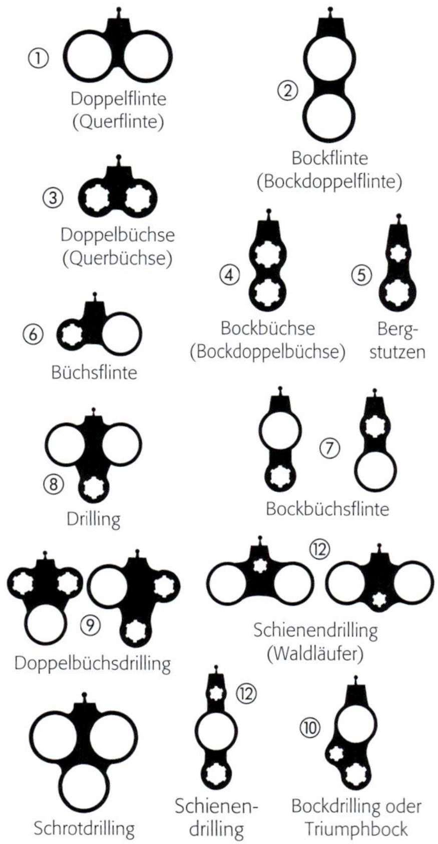

Kurzwaffen

Revolver	Pistolen
	Selbstlade-pistole
	Kipplauf-pistole

Blanke Waffen

Jagdmesser mit feststehender Klinge

Schließmesser (Klappmesser) mit Zusatzwerkzeug

Abfangmesser

Traditionswaffen (Hirschfänger, Weidblatt, Saufeder)

Langwaffen

Allgemeines

Die Entwicklung der Jagdbüchsen ist weitgehend mit der von Militärwaffen verbunden. Bis weit nach der Einführung etwa der Dreyse'schen Kammerladungsbüchse (Hinterladung und Zündnadelschloss, ca. 1840) sowie dem Aufkommen der Mauserbüchse M/71 (die bereits ein Selbstspannerschloss hatte, Patronen mit Metallhülse verschoss und den Weg zur »Jahrtausendentwicklung« Mauser 98 einleitete) dominierten »jagdlich« abgeänderte Militärwaffen. Erst im späten 19. Jahrhundert erschienen wenige speziell für den zivilen Markt gebaute Büchsen, meist ein- und mehrläufige Kipplaufbüchsen sowie Blockbüchsen. Bei den Flinten setzte die Entwicklung zur ausschließlichen Jagdverwendung lange vorher ein. Bereits zur Zeit des Radschlosses, spätestens des Perkussionsschlosses waren mehrläufige Jagdflinten üblich, übrigens eher in der »aufgebockten« Version (»Bockflinte«) als mit nebeneinanderliegenden Läufen. Anfang des 19. Jahrhunderts gab Lefaucheux den Startschuss für Hinterlader-Kipplaufflinten. Deren Weiterentwicklung schloss Büchs-/Bockbüchsflinten ein und fand Ende des 19. Jahrhunderts mit dem Hahndrilling (1892) ein nur vorläufiges Ende. Denn nicht lange danach waren die »Hammerless« genannten Selbstspanner-Kipplaufwaffen am Markt und werden in manchmal nur wenig abgeänderter Form heute noch gebaut – ergänzt allerdings durch moderne Handspanner-Versionen. Bei den Repetierbüchsen wurde das früher herrschende System Mauser 98 inzwischen durch weitgehend abgeleitete Konstruktionen ergänzt. Andere Büchsentypen wie die durch den rapide zunehmenden Schwarzwildbestand Ende des 20. Jahrhunderts beliebter werdende Selbstladebüchse etablierten sich neben der Repetierbüchse. Dagegen ging die Nachfrage nach kombinierten bzw. mehrläufigen Kipplaufwaffen etwas zurück.

Repetierer mit Drehkammerverschluss

Repetierstutzen

Drilling – hier 2 Schrotläufe oben, ein Büchslauf unten

Jagdliche Selbstladeflinte

Bockflinte (Bockdoppelflinte) –
2 Schrotläufe übereinander (»aufgebockt«)

Doppelflinte (Querflinte) –
2 Schrotläufe nebeneinander

Bockbüchsflinte –
Büchs- und Schrotlauf übereinander

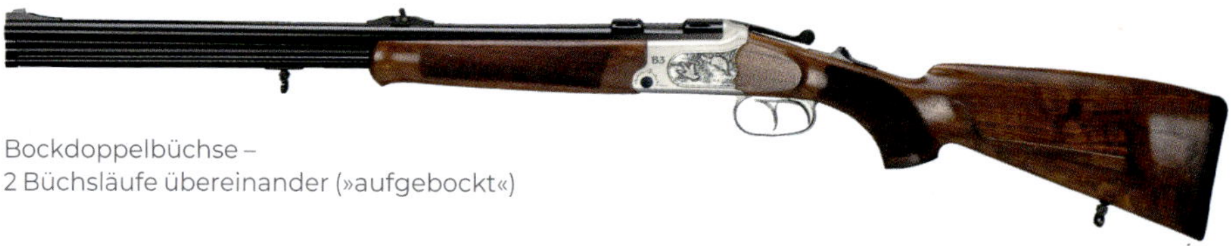

Bockdoppelbüchse –
2 Büchsläufe übereinander (»aufgebockt«)

Kipplaufbüchse – 1 Büchslauf

Bergstutzen: Bockbüchse
mit großem und kleinkalibrigem Kugellauf

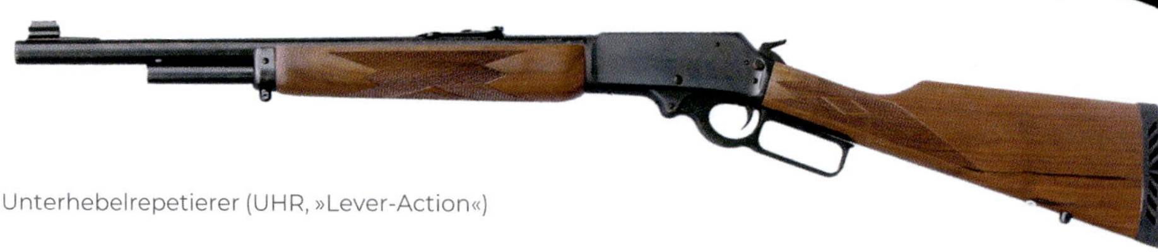

Unterhebelrepetierer (UHR, »Lever-Action«)

13 | Was sind Langwaffen?

Waffen, deren Lauf und Verschluss in geschlossener Stellung insgesamt länger als 30 cm sind und deren kürzeste bestimmungsgemäß verwendbare Gesamtlänge 60 cm überschreitet.

14 | Aus welchen Hauptteilen besteht eine Langwaffe?

Aus dem Schaft (Gehäuse), dem Lauf mit ggf. der Visiereinrichtung, dem Verschluss sowie dem Schloss mit Abzug und Sicherung bzw. Handspannung.

15 | Welches sind die gebräuchlichsten Typen von Jagdgewehren?

Bei den Flinten Doppelflinte und Bockdoppelflinte; bei den Büchsen die Repetierbüchse; bei den kombinierten Waffen Bockbüchsflinte und Drilling.

16 | Welche einläufigen Langwaffen gibt es?

Kipplaufbüchsen (seltener einläufige Kipplaufflinten), Repetierbüchsen und Repetierflinten, Selbstladebüchsen und Selbstladeflinten.

17 | Was versteht man unter einer Flinte?

Flinten sind i. d. R. Gewehre mit glatten Läufen für den Schrotschuss auf Niederwild, auch für den Schuss mit dem Flintenlaufgeschoss (FLG).

18 | Welche einläufigen Flinten gibt es?

Einläufige Kipplaufflinten, Repetierflinten, Selbstladeflinten (halbautomatische Flinten).

19 | Was ist bei jagdlicher Verwendung von Selbstladeflinten und Selbstladebüchsen zu beachten?

Nach dem Jagdgesetz ist es verboten, mit Selbstladewaffen auf Wild zu schießen, wenn sich mehr als 2 Patronen im Magazin befinden.

20 | Welche zweiläufigen Flinten gibt es?

- Doppelflinte (oder Zwilling) mit 2 nebeneinanderliegenden Schrotläufen
- Bockdoppelflinte mit 2 übereinanderliegenden Schrotläufen.

21 | Was ist eine kombinierte Waffe?

Eine Waffe, bei der Schrot- und Kugelläufe miteinander kombiniert sind.

22 | Welches sind die gebräuchlichsten Kombinationen?

- Bockbüchsflinte bzw. Büchsflinte mit über- einander- bzw. nebeneinanderliegendem Kugel- und Schrotlauf
- Drilling mit 2 nebeneinanderliegenden Schrotläufen und einem Kugellauf, meist unten

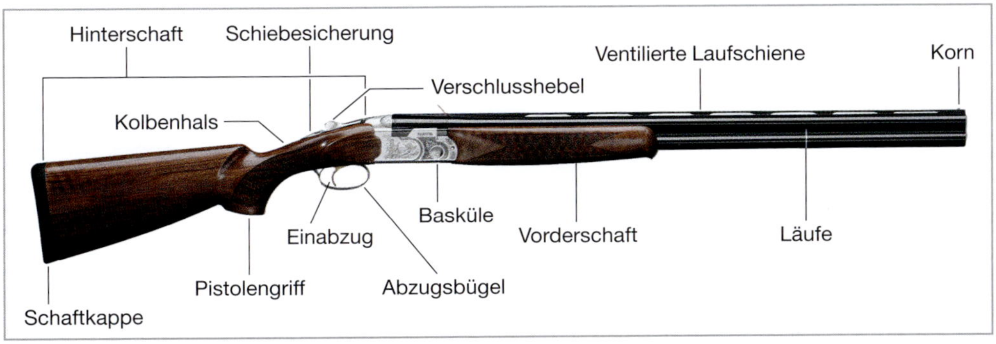

Bockflinte (BDF) Beretta

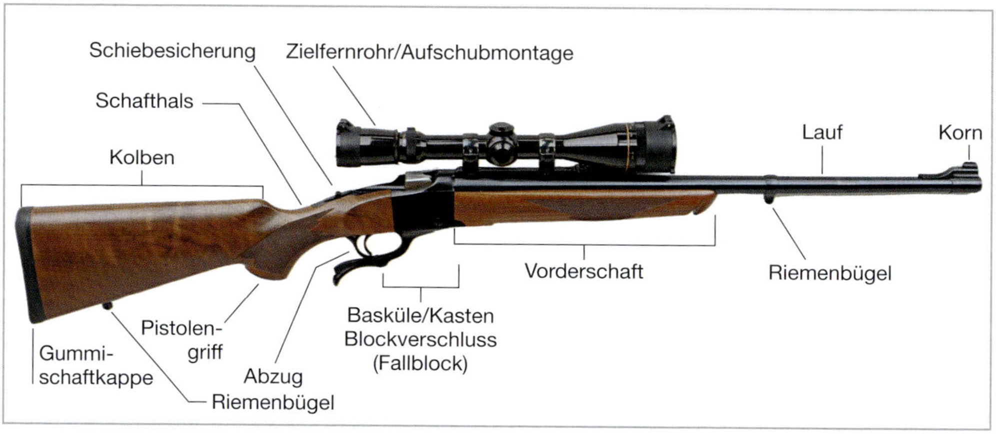

Blockbüchse Ruger Nr. 1

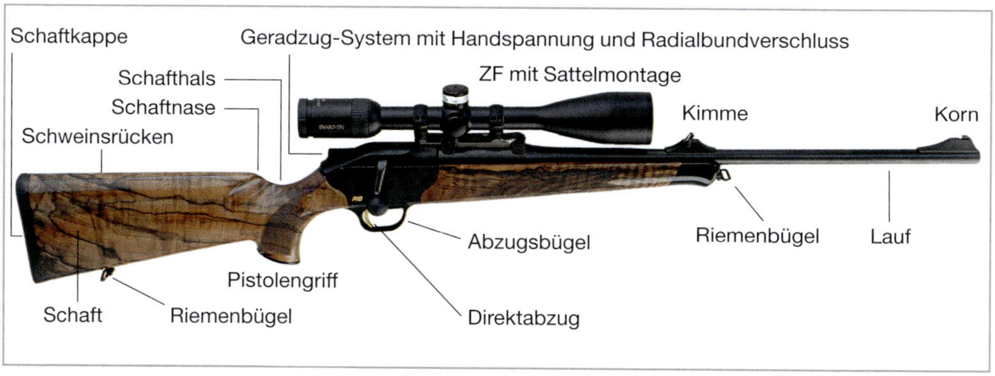

Geradzug-Repetierer: Blaser R8

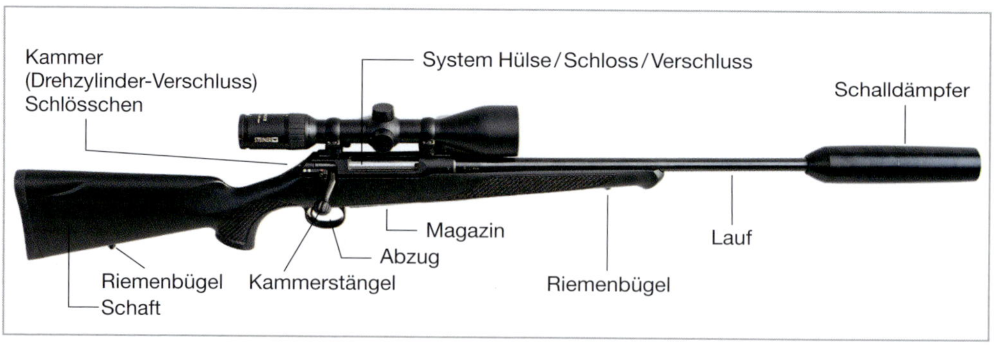

Repetierbüchse: Sauer 100 Classic

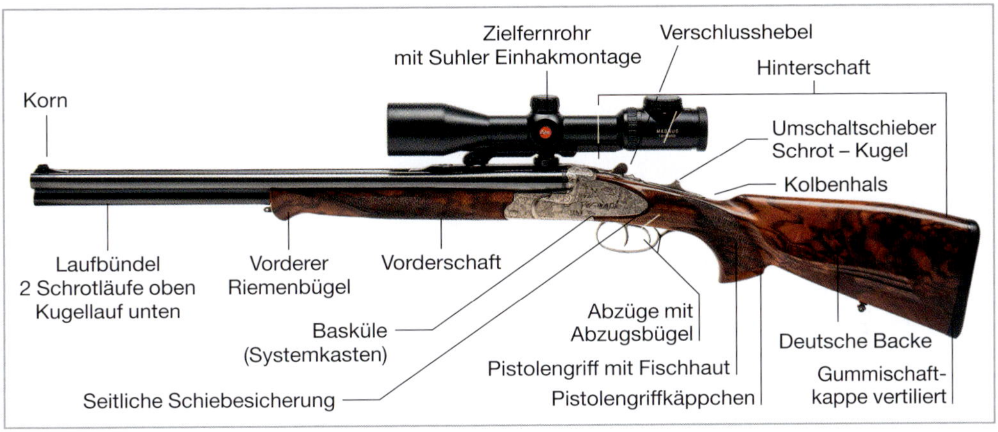

Krieghoff Trumpf-Drilling im Schrotkaliber 20/76 mit Seitenplatten und Brückenschwenkmontage

- Doppelbüchsdrilling mit 2 nebeneinanderliegenden Kugelläufen und 1 Schrotlauf darunter
- Bockdrilling mit oben liegendem Schrotlauf, darunter einem großkalibrigen und seitlich dazwischen einem kleinkalibrigen Kugellauf
- Seltener der Vierling als Kombination von 2 Schrotläufen sowie einem groß- und einem kleinkalibrigen Kugellauf.

23 | Was ist eine Büchse?

Büchsen sind Gewehre mit gezogenen Läufen für den Kugelschuss.

24 | Welche Büchsen gibt es?

- Repetierbüchse mit Mehrladeeinrichtung
- Einläufige Büchse (einschüssig) mit Kipplauf- oder Kippblock- oder Blockverschluss
- Bockdoppelbüchse mit 2 übereinander- bzw. Doppelbüchse mit nebeneinanderliegenden Kugelläufen
- Bergstutzen mit 2 übereinanderliegenden Kugelläufen verschiedenen Kalibers
- Selbstladebüchse (Halbautomat).

25 | Was kennzeichnet eine Repetierbüchse?

Sie hat einen Lauf und eine Mehrladeeinrichtung (Magazin). Die Zufuhr der Patronen in das Lager erfolgt von Hand, z. B. durch Betätigung des Kammerstängels bzw. des Vorderschafts bei Vorderschaftsrepetierern.

26 | Was ist ein Stutzen?

Eine einläufige (Repetier-)Büchse mit kurzem Lauf (ca. 45–55 cm), deren Schaft bis an die Laufmündung reicht (Ganzschaft).

27 | Wozu bevorzugte man den Stutzen ursprünglich?

Für die Gebirgsjagd, weil er »führiger« ist als eine langläufige Büchse und der Ganzschaft den Lauf vor Anschlagen an Fels usw. schützt.

28 | Welche Jagdwaffen haben 2 Kugelläufe?

Doppelbüchse, Bockdoppelbüchse und Bergstutzen haben 2 Kugelläufe, Doppelbüchsdrilling, Büchsflintendrilling und Bockdrilling haben zu ihren 2 Kugelläufen zusätzlich 1 Schrotlauf, der Vierling hat neben seinen 2 Büchsläufen noch 2 Schrotläufe.

29 | Was bedeutet die Bezeichnung »Bock-« (z. B. Bockbüchsflinte)?
Es handelt sich um ein Gewehr mit 2 übereinander angeordneten Läufen.

30 | Wofür werden Doppelbüchsen hauptsächlich benutzt?
Für Bewegungsjagden sowie allgemein für die Jagd auf Hochwild (»schneller 2. Schuss«).

31 | Was ist eine zweiläufige Büchse?
Bei den zweiläufigen Büchsen können die Läufe neben- und übereinander angeordnet sein (Doppelbüchse bzw. Bockdoppelbüchse, auch Bergstutzen).

32 | Was ist ein Bergstutzen?
Eine Bockbüchse mit einem groß- und einem kleinerkalibrigen Kugellauf.

33 | Welche Einzellader sind gebräuchlich?
Kipplaufbüchsen, Kippblockbüchsen, Blockbüchsen sowie Einzellader-Zylinderverschlussbüchsen (wie z. B. manche Jagd-Matchbüchsen).

34 | Was ist eine Kipplaufwaffe?
Eine Waffe, die durch Abkippen des Laufes/Laufbündels geöffnet (und oft auch gespannt) wird.

35 | Was ist ein Drilling?
Der Drilling ist eine Kipplaufwaffe mit 3 Läufen.

36 | Welche Laufanordnung hat ein Doppelbüchsdrilling (auch »Express-Drilling«)?
Er hat 2 meist nebeneinanderliegende Kugelläufe und meist darunter 1 Schrotlauf.

37 | Was versteht man unter einem Bockdrilling?
Er hat einen oben liegenden Schrotlauf, darunter einen großkalibrigen Kugellauf und seitlich anliegend einen kleinkalibrigen Kugellauf.

38 | Welche Laufanordnung hat ein Büchsflintendrilling?
Er hat den Schrotlauf links sowie rechts daneben und unten einen Kugellauf.

39 | Welche Laufanordnung hat eine Bockbüchsflinte?
Schrot- und Kugellauf liegen übereinander (in der Regel oben Schrot, unten Kugel).

40 | Welche Laufanordnung hat eine Büchsflinte?
Schrot- und Kugellauf liegen nebeneinander.

41 | Was ist ein Vorderschaft- bzw. »Inline«-Repetierer?
Eine einläufige, mehrschüssige Büchse oder Flinte mit Kasten-(oder Röhren-)Magazin. Repetiert wird durch Vor- und Zurückschieben des Vorderschafts bzw. der Laufgruppe.

42 | Was ist ein Unterhebelrepetierer?
Eine einläufige, mehrschüssige Büchse (selten Flinte) mit Kasten- oder Röhrenmagazin, die mit einem Unterhebel repetiert wird.

43 | Welche Selbstladegewehre gibt es und was ist ihr Vorteil?
Selbstladeflinten und -büchsen haben den Vorteil des schnellen 3. Schusses. Für den Schuss auf Wild sind sie nur erlaubt, wenn das Magazin mit nicht mehr als 2 Patronen geladen ist.

44 | Was unterscheidet Selbstlader (»halbautomatische Waffen«) von (voll)automatischen Waffen?

Beim Halbautomaten muss jeder einzelne Schuss durch Betätigen des Abzugs ausgelöst werden; nur der Nachladevorgang erfolgt zwangsgesteuert (»halbautomatisch«). Bei vollautomatischen Waffen unterscheidet man »Reihenfeuer« (mehrere Schüsse bei einmaliger Abzugsbetätigung) und »Dauerfeuer« (die Waffe schießt, solange der Abzug gedrückt ist). Vollautomatische Waffen sind für den privaten Gebrauch verboten.

45 | Nach welchen 2 Systemen funktionieren Selbstladegewehre?

Beim Rückstoßlader wird die (mechanische) Kraft des Rückstoßes für den Ladevorgang genutzt, während beim Gasdrucklader das Auswerfen der Hülse, das Spannen des Schlosses und Einführen einer neuen Patrone ins Lager durch die nach rückwärts geleiteten Pulvergase erfolgen.

46 | Was ist ein Take-down-Repetierer?

Bei einem Take-down-Repetierer lassen sich Lauf und Schaft abnehmen, sei es für Transporte oder um Wechselläufe in anderen Kalibern zu verwenden.

47 | Was versteht man unter »offener Visierung«?

Kimme (Aussparung eines auf dem Lauf angebrachten Blechs) und **Korn** (punktförmige, runde oder eckige Erhebung am Laufende in der Nähe der Mündung).

48 | Was ist eine Schonzeitwaffe?

Eine meist kleinkalibrige Büchse bzw. kombinierte Waffe, die (während der Schonzeit des Schalenwildes) der Jagd auf Kleinwild und Beutegreifer dient.

Take-down-Repetierer mit Stutzenvorderschaft

Englischer Schaft

Schaft mit
Pistolengriff, ohne Backe

Schaft mit
Pistolengriff, mit Backe

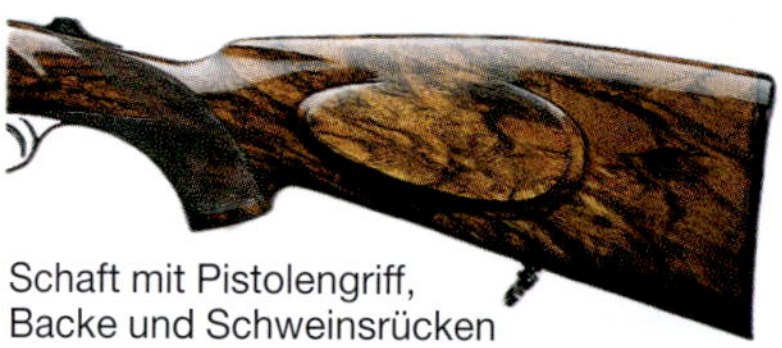

Schaft mit Pistolengriff,
Backe und Schweinsrücken

Schaft mit Pistolengriff, Monte-Carlo-Effekt und Monte-Carlo-Backe

Schaft mit Pistolengriff,
Schweinsrücken und bayerischer Backe

Schaftformen für Flinten und Büchsen

Schäfte

Der Schaft besteht überwiegend aus Nussbaumholz, auch aus Schichtholz oder Kunststoff. Es gibt je nach Waffentyp einteilige oder mehrteilige Schäfte. Die Maße, besonders des Hinterschafts, nach Länge, Senkung, Schränkung und Winkel der Schaftkappe, sind verantwortlich dafür, ob der Schaft dem individuellen Schützen passt. Gerade für das Schießen auf Bewegungsjagden und das jagdliche Flintenschießen kommt es auf einen passgenauen Schaft an.

49 | Welche Aufgabe hat der Schaft?

Es ist die »Handhabe« der Waffe. Wenn mit einem Gewehr gute Trefferergebnisse erzielt werden sollen, so muss der Schaft »passen«.

50 | Wofür ist der passende Schaft von besonderer Wichtigkeit?

Für den Schuss auf bewegte Ziele.

51 | Aus welchen Materialien werden Schäfte gefertigt?

Überwiegend aus Nussbaumholz, außerdem aus Buchen- und anderen Harthölzern, aus Schichtholz und Kunststoff.

52 | Welche Vorteile haben Kunststoffschäfte?

Kunststoff verzieht sich nicht unter Feuchtigkeitseinfluss und ist strapazierfähiger.

53 | Was ist ein Schichtholzschaft?

Schichtholz wird aus meist versetzt verleimten und farblich abgesetzten Holzschichten gefertigt. Es ist oft schwerer als Nussbaumholz, aber ähnlich verzugsfest wie Kunststoff.

54 | Welche Schaftformen sind bei Flinten üblich?

Meist ohne Backe, mit oder ohne Pistolengriff.

55 | Was versteht man unter Backe?
Eine mehr oder weniger schmuckvolle Auswölbung an der Schützenseite des Schafts.

56 | Wozu dient die Backe?
Sie soll dem Schützen durch »Anbacken« Halt beim Zielen gewähren.

57 | Welche Backenformen gibt es?
Die abgerundete oder »deutsche Backe«, die »bayerische Backe« mit kantigem Verlauf und die hochgezogene »Monte-Carlo-Backe«.

58 | Was ist ein »Lochschaft«?
Dabei handelt es sich um einen ergonomisch-schießtechnisch vorteilhaften, mit einem Daumengriffloch (und steil stehendem Pistolengriff) versehenen Hinterschaft.

59 | Was versteht man unter Vorderschaft?
Das ist der vordere, unter dem Lauf liegende Teil des Schafts.

60 | Welche Funktion hat der Vorderschaft bei Kipplaufgewehren?
Er verbindet den Lauf mit dem System (Basküle), spannt beim Aufkippen die Schlosse (bei Selbstspannergewehren) und dient der Führhand des Schützen als Haltegriff. Kipplaufwaffen können meist erst nach Abnahme des Vorderschafts zerlegt werden.

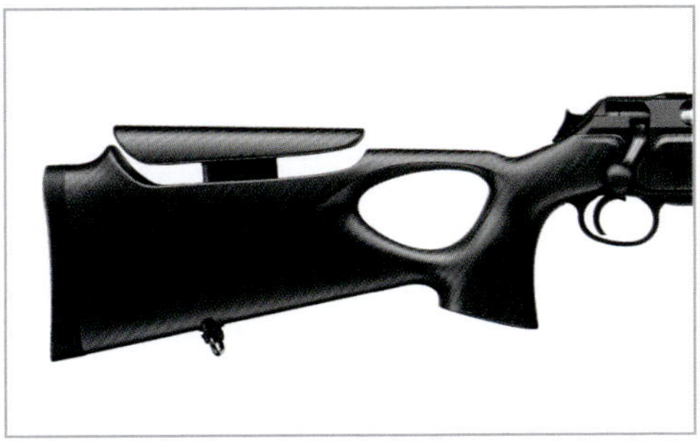

Repetierer mit Kunststoff-Lochschaft und höhenverstellbarem Schaftrücken

61 | Was ist ein Pistol(en)griff?
Ein vertikal geformter Griff für die Schießhand.

62 | Welche Maßbezeichnungen gibt es für den Schaft?
Die Senkung an der »Nase«, die Senkung an der »Kappe«, die Schränkung, den »Pitch« (Winkel der Schaftkappe) und die Schaftlänge (Abzuglänge) (s. Abbildung Seite 120).

63 | Was versteht man unter Senkung?
Die Abwinkelung des Schafts aus der nach hinten verlängerten Längsachse des Gewehres. Gemessen wird die Senkung an der Schaftnase und an der Schaftkappe.

64 | Was versteht man unter Schränkung?
Die seitliche Ausbiegung des Hinterschaftes aus der Längsachse (»aus dem Gesicht«).

65 | Was versteht man unter Pitch?
Unter Pitch versteht man den Winkel der Schaftkappe, d. h. messtechnisch den Abstand der Laufmündung (Kornseite) von einer senkrechten Wand, an der die Waffe mit der Oberseite der Basküle anliegt, wobei die Schaftkappe oben (mit der »Ferse«) und unten (mit der »Zehe«) also flach auf dem Boden stehen muss. Durchschnittliche Pitchmaße liegen bei 25–30 mm (positiver Pitch), keinesfalls soll die auf die Schaftkappe gestellte Flinte auf die Kornseite fallen (negativer Pitch).

66 | Wie wird die Schaftlänge gemessen?
Vom vorderen Abzug bis zur Mitte der Schaftkappe (sog. »Abzugmaß«).

67 | Was ist ein Linksschaft?
Ein Schaft für Linkshänder. Gute Linksschäfte

haben nicht nur die Backe auf der rechten Seite, sondern sind auch nach links, d. h. »aus dem Gesicht«, geschränkt.

68 | Was ist eine »Fischhaut«?

Eine eingeschnittene oder gepresste Aufrauung an Pistolengriff, Kolbenhals und Vorderschaft, die den Händen des Schützen Halt geben soll.

69 | Was ist ein Hinterschaftmagazin?

In den Hauptschaft bei Büchsen bzw. kombinierten Gewehren eingebautes Magazin mit Sprung- oder Klappdeckel für Reserve-Büchsenpatronen bzw. den kurzen Einstecklauf.

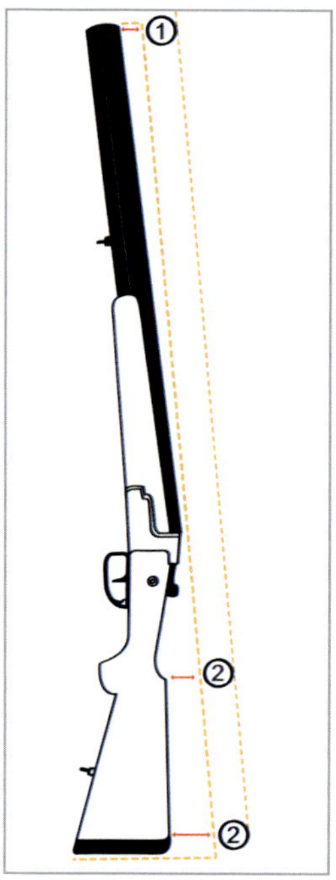

① Der Pitch ergibt sich aus dem Abstand der Mündung zur Wand, vorausgesetzt die Flinte steht mit der Schaftkappe auf dem Boden ② Senkung

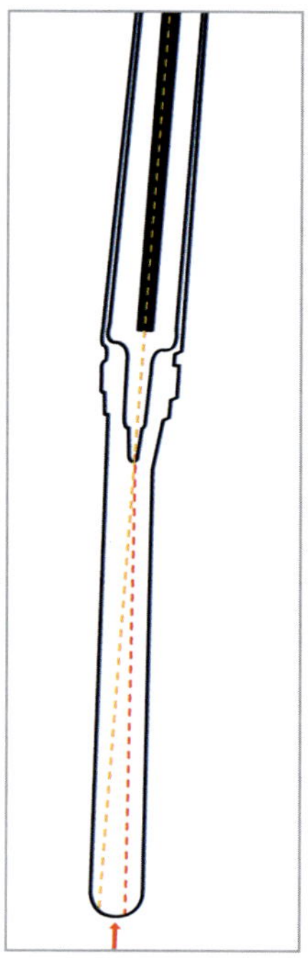

Die Schränkung → ist ein Maß für den seitlichen Versatz des Schaftes gegenüber der Laufachse.

Läufe

Die Ablösung des Pulvers durch leistungsfähigere (Nitro-)Pulver und ihre hohen Drücke machten bereits in der Mitte des vorletzten Jahrhunderts haltbarere Laufstähle erforderlich. Die früher aufwendig geschmiedeten Damastläufe wurden von stabilen Waffenläufen abgelöst, die aus tief gebohrten und tief gezogenen Stahlstangen hergestellt wurden. Beim Laufziehen wird aus einem Rohling das Laufinnere zunächst zylindrisch glatt gebohrt und anschließend werden die spiralförmigen Züge geschnitten. Eine andere Herstellungsart ist das Laufdrücken (»Knopfdrücken«), bei dem eine Nuss aus zähem Stahl mit negativem Profil durch die Laufbohrung gepresst wird. Das Hämmern ist die häufigste Form der Laufherstellung. Hier wird der Laufmantel in einer hydraulischen Rundknetmaschine auf eine Form (Hämmerdorn) gehämmert, die der des späteren Laufinneren entspricht. Nach Herausziehen des Dornes erhält man einen besonders hart verdichteten Gewehrlauf und eine extrem glatte, daher langlebige Laufinnenfläche. Beim Hämmern entsteht außerdem ein außen und innen fertiger Lauf samt Patronenlager.

70 | Was ist ein Büchslauf/Büchsenlauf/ Kugellauf?

Ein zum Verschießen von Büchsengeschossen bestimmter Lauf mit Zügen und Feldern.

71 | Woraus bestehen Gewehrläufe?

Gewehrläufe bestehen aus vergütetem, rostträgem Stahl in Speziallegierungen.

72 | Wie werden Büchsenläufe hergestellt?

Mit dem Hämmerverfahren, dem Laufziehverfahren oder dem Laufdrückverfahren.

73 | Was versteht man unter Drall?

Die spiralförmigen Windungen von Zügen und

Feldern im Büchsenlauf sowie die dadurch dem Geschoss mitgeteilte Drehbewegung.

74 | Was ist die Dralllänge?

Unter Dralllänge versteht man das Maß der Lauflänge, innerhalb dessen sich das Geschoss einmal um seine Längsachse dreht. Diese beträgt je nach Kaliber etwa 20–40 cm.

75 | Was sind Züge und Felder?

Züge sind die spiralförmig ca. (0,1 –) 0,2 mm tief in die Innenseite des Laufs eingebrachten Vertiefungen. Felder sind die erhabenen, dazwischen stehen gebliebenen Teile.

76 | Welche Aufgabe haben Züge und Felder?

Züge und Felder geben dem Geschoss eine stabilisierende Eigendrehung (Drall/Rotation) um die Längsachse.

77 | Wie oft dreht sich ein Büchsengeschoss im Lauf um seine eigene Achse?

Bei einer Lauflänge von 65 cm und einer Dralllänge von 24 cm dreht sich z. B. ein Geschoss beim Durchgang durch den Lauf ca. 2 ½ Mal um seine eigene Achse.

78 | Was versteht man unter Büchsenkaliber?

- Im waffentechnischen Zusammenhang die in Millimetern gemessenen Zug- und Feldkalibermaße. Beispieslweise hat das Kaliber 7 mm ein Feldmaß von 6,98 mm und ein Zugmaß von 7,24 mm.
- Oft wird auch von einer Patrone z. B. 7 × 57 R bzw. .308 als »Büchsenkaliber« gesprochen.

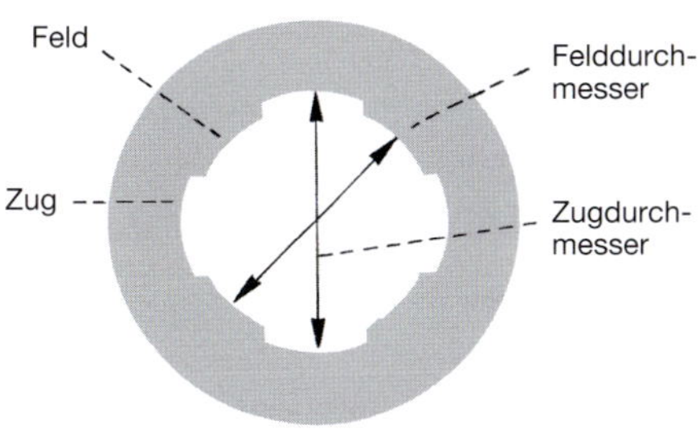

Querschnitt durch einen Büchsenlauf mit Zug- und Feldprofil (4 Züge)

79 | Wie nennt man die gedachte Linie durch die Mitte des Gewehrlaufs?

Seelenachse.

80 | Was ist ein frei schwingender Lauf?

Er liegt nicht am Schaft an und kann so frei schwingen, was die Präzision günstig beeinflusst.

81 | Wozu dienen Mündungs- oder Rückstoßbremsen?

Hauptsächlich zur Verminderung des Hochschlagens der Waffe. Dadurch läuft der Rückstoß geradliniger auf die Schützenschulter zu, was den (gefühlten) Rückstoß vermindert. Mündungsbremsen erhöhen den Lärmpegel für den Schützen immens. Damit versehene Waffen sollten immer nur mit Gehörschutz benutzt werden.

82 | Was unterscheidet den Schrotlauf/ Flintenlauf vom Kugellauf/Büchslauf?

Schrotläufe sind i. d. R. innen glatt und haben einen größeren Querschnitt, Büchsenläufe sind immer gezogen.

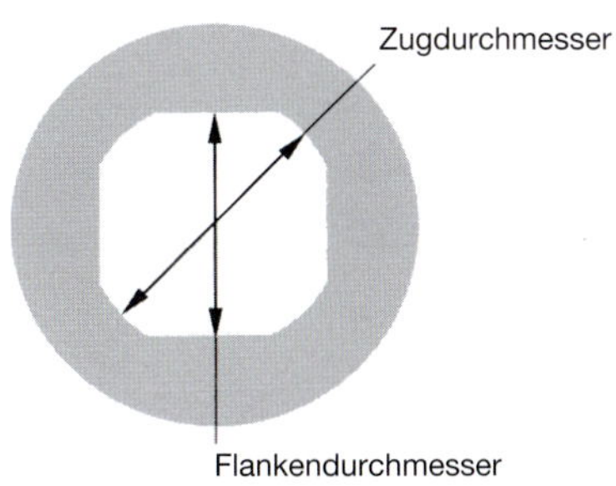

Querschnitt durch einen Polygonlauf

Wechsellaufbündel (Bockdoppelbüchse) samt zweitem Vorderschaft für eine Krieghoff-Bockbüchsflinte

83 | Gibt es auch gezogene Flintenläufe?

Ja, Spezialflinten zum Verschießen von Flintenlaufgeschossen (Sabot) haben einen (ganz oder teilweise) gezogenen Lauf.

84 | Welche Lauflänge haben Büchsen?

Je nach Gewehrtyp beträgt die Lauflänge 51–65 cm, im Extrem etwa 45 bis etwa 72 cm. Patronen mit starker Pulverladung erfordern zur optimalen Gasdruckentwicklung längere Läufe.

85 | Hat die Lauflänge Einfluss auf die Schusspräzision?

Nein. Oft wird die beste Schusspräzision mit kurzen und dicken Läufen erzielt.

86 | Welche Längen sind bei Schrotläufen üblich?

Die Lauflängen liegen in der Regel zwischen ca. 65 und 76 cm, auch bis 81 cm.

87 | Welche Lauflängen sind bei kombinierten Waffen üblich?

Die Läufe sind zugunsten der Führigkeit häufig kürzer, zwischen 55 und 65 cm.

88 | Was sind Wechselläufe?

Läufe bei Repetierbüchsen bzw. Kipplaufbüchsen bzw. Laufbündel bei mehrläufigen Kipplaufwaffen, die unter Benutzung desselben Schafts und Verschlusssystems gegeneinander ausgewechselt werden können.

89 | Was versteht man unter einer Choke- oder Würgebohrung?

Die Laufmündungen von Schrotläufen sind für die verschiedenen Verwendungszwecke unterschiedlich eng gehalten. Man spricht von einer Choke- oder Würgebohrung, wenn sich der Lauf an der Mündung verengt.

90 | Wozu dient die Chokebohrung?

Sie soll die Schrotgarbe beim Verlassen des Laufs in die Länge ziehen und im Durchmesser verringern, was die Deckung verbessert und die wirksame Schussentfernung vergrößern kann.

91 | Was ist eine Skeetbohrung?

Skeetläufe sind so angelegt, dass sich das Laufende geringfügig erweitert (also das Gegenteil einer Chokebohrung). Hiermit erreicht man eine Vergrößerung des Garbendurchmessers.

92 | Was versteht man unter Zylinderbohrung?

Davon spricht man, wenn der Durchmesser der Mündung gegenüber dem Laufdurchmesser gleich ist.

93 | Welche Chokebohrungen sind üblich?
Es gibt Flintenläufe mit einer ¼-Choke-Bohrung (Verengung etwa 0,25 mm), ½-Choke (0,45 mm), ¾-Choke (0,76 mm) und Voll-Choke-Bohrung (0,875 – 1 mm).

94 | Was ist Polychoke, Multichoke usw.?
Mit solchen Mündungsaufsätzen oder -einsätzen wird ohne Werkzeug die gewünschte Chokewirkung unterschiedlich und stufenlos eingestellt.

95 | Was sind Wechselchokes?
Mit einfachem Werkzeug austauschbare Mündungseinsätze verschiedener Chokewirkung.

96 | Was ist eine Laufschiene?
Auf dem Lauf oder zwischen zwei Läufen befindliche Abdeckung. Nimmt die offene Visierung auf.

97 | Wozu dient das Patronenlager?
Das Patronenlager nimmt die Patrone auf. Seine Abmessungen sind geringfügig größer als die der Patrone. Beim Schuss dichtet die Hülse das Patronenlager gasdrucktechnisch nach hinten ab (»Liderung«).

98 | Was ist ein Einstecklauf?
Ein in den Waffenlauf eingeschobenes Gerät aus kleinkalibrigem Lauf einschließlich Patronenlager. Meist als »Schonzeit-« oder «Rehwildkugel« im Schrotlauf.

99 | Wozu wird ein Einstecklauf gebraucht?
Ein Einstecklauf erlaubt es, aus kombinierten Waffen preisgünstige Übungsmunition bzw. kleinkalibrige Büchsenpatronen verwenden zu können.

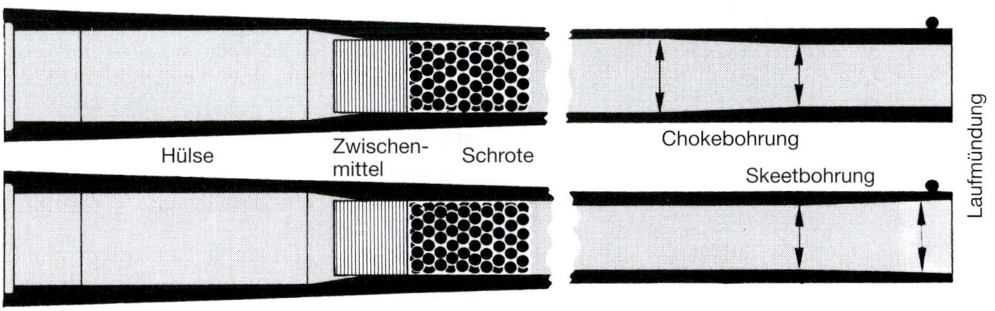

Mögliche Mündungsarten von Schrotläufen

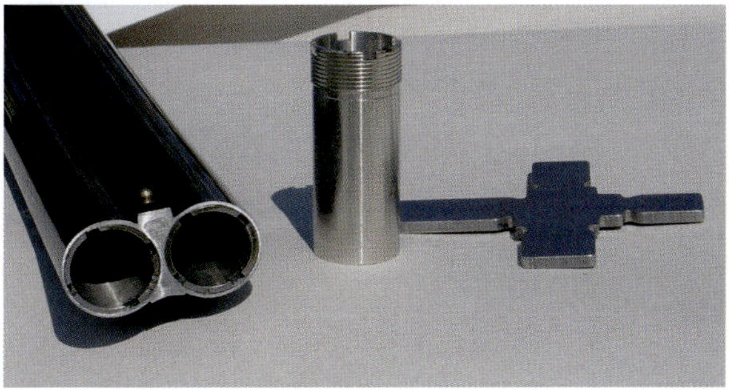

Doppelflinte mit Choke, Einsatz und Schlüssel

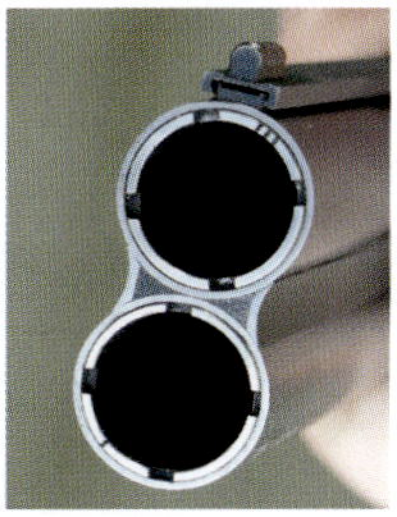

Kennzeichnung Kerbenanzahl:

I = Vollchoke
II = ¾ Choke
III = ½ Choke
IIII = ¼ Choke
IIIII = Zylinder

Bockflinte mit Chokeeinsätzen. Anders als abgebildet ist der Vollchoke üblicherweise oben

Mündungslange Einsteckläufe in Bockbüchsflinte und Doppelbüchsdrilling

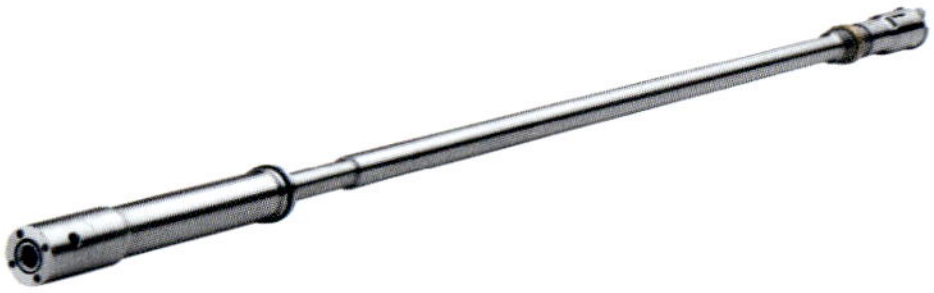

Mündungslanger Einstecklauf

100 | In welchen Lauf des Drillings ist der Einstecklauf montiert?

Meist im rechten Schrotlauf, weil so der Stecher auch für die »Schonzeitkugel« benützt werden kann. Ist ein mit der großen Kugel gleicher Einstecklauf im linken Schrotlauf montiert, so sind schnelle Doubletten auch auf starkes Wild möglich.

101 | Welche Kaliber sind für Einsteckläufe gebräuchlich?

Meistens kleine Zentralfeuerpatronen wie .22 Hornet bzw. die rehwildtauglichen .222 Rem bis 6 × 70 R. Hochwildtaugliche Patronen sind möglich, belasten jedoch den Verschluss stärker, vor allem den von Drillingen. Seltener Randfeuerpatronen (.22 l.f.B., .22 Win. Mag.).

102 | Wie beeinflussen Einsteckläufe die Treffpunktlage (TPL) der Läufe?

- Ist der Befestigungsmechanismus eines Einstecklaufs exakt gearbeitet, so hält er nach sachgerechtem Aus- und Einbau die Treffpunktlage.
- Durch den E-Lauf kann sich die Treffpunktlage (TPL) der anderen Läufe ändern.

103 | Was geschieht, wenn aus einer kombinierten Waffe mit fest verlöteten Läufen mehrere Kugelschüsse kurz nacheinander abgefeuert werden?

Die Schüsse fangen an zu klettern. Da die Schrotläufe kälter bleiben (sich nicht ausdehnen) und der Kugellauf heiß wird (sich ausdehnt), wird der Kugellauf leicht nach oben gezogen. Nach dem Abkühlen befindet sich der Kugellauf wieder in seiner Ursprungsstellung, die Waffe trifft wieder.

104 | Für welchen Lauf ist der vordere Abzug einer Bockbüchsflinte grundsätzlich gedacht?

Für den unteren, den Büchsenlauf.

105 | Wo befindet sich der Laufwählschalter (-umschaltschieber) der Flinte?

Meistens auf der »Scheibe« genannten Oberseite der Basküle, in den Sicherungsschieber integriert. Andere Flinten haben den Laufwählschalter z. B. im Abzugsbügel.

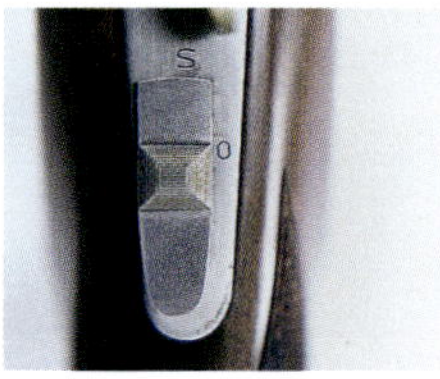

Bei Flinten ist der Laufumschaltschieber oft im Sicherungsschieber integriert. Links: Beretta-BDF (ein roter Punkt = Abfeuern des unteren Laufs zuerst); rechts: Browning-BDF (»U« = unterer Lauf zuerst).

106 | Was ist ein Auszieher?

Bei Kipplaufgewehren ohne Ejektor wird vom Auszieher beim Abkippen der Läufe die Patrone oder Hülse aus dem Patronenlager so weit herausgehoben, dass man sie fassen und entfernen kann. Bei Repetierbüchsen/Selbstladern übernimmt diese Aufgabe die am Verschlusszylinder sitzende Ausziehkralle zusammen mit dem Ausstoßer.

107 | Was ist ein Ejektor?

Bei Kipplaufwaffen gibt es einen Ejektor genannten Hülsenauswerfer. Er schleudert die Hülse beim Abkippen der Läufe selbsttätig hinaus.

108 | Welche offenen (nicht optischen) Zieleinrichtungen haben Flinten?

Normalerweise Laufschiene und Korn (Flintenvisierung), auch Hilfskorn. Eine Kimme ist nur auf speziellen FLG-Flinten zu finden.

109 | Welche offene (nicht optische) Zieleinrichtung haben Büchsen und kombinierte Waffen?

Viele Büchsen und alle kombinierten Waffen sind mit Kimme und Korn ausgerüstet.

110 | Was ist ein Diopter?

Der Diopter ist ein Lochvisier (geschlossenes Visier, heute an Jagdwaffen selten).

111 | Welche Nachteile haben Kimme und Korn?

- Dass man bei Dämmerung das Ziel nicht mehr genau genug bzw. bei Weitem nicht so gut wie mit einem Zielfernrohr erkennt.
- Das Auge kann die Bilder von 3 verschieden weit entfernten Objekten, nämlich Kimme, Korn und Ziel, schlecht in einer Bildebene übereinbringen.

Verschlüsse

Während die Entwicklung der Verschlüsse jagdlicher Repetierer meist von Militärkonstruktionen wie der Kammerladungsbüchse von Dreyse, dem Kommissionsgewehr M/88 und der Mauser 98 abgeleitet werden kann, verlief die Evolution der Kipplaufverschlüsse nicht ganz so geradlinig. Dies hängt damit zusammen, dass auf dem Kontinent und den Britischen Inseln parallel geforscht und gebaut wurde. Von den vielen Kipplaufverschlüssen des 19. Jahrhunderts, ergänzt durch Weiterentwicklungen bis in unsere Zeit hinein, blieben letztlich nur die besten übrig: Überwiegend solche, die großteils maschinell gefertigt werden können.

112 | Welche Funktion hat der Verschluss?

Er verriegelt zusammen mit der beim Schuss nach hinten gasdicht abschließenden (»lidernden«) Patronenhülse das Patronenlager. Er bildet den Laufabschluss nach hinten, nimmt die Schlossteile auf und verbindet Lauf und Schaft.

113 | Welche Verschlüsse werden unterschieden?

Man unterscheidet Kipplauf-, Kammer- (Zylinder-) und Blockverschlüsse.

Drehkammerverschluss

Geradezugverschluss

Kippblockverschluss bei einer Handspanner-Bockbüchsflinte

114 | Welche Verschlüsse finden wir bei Repetierbüchsen?

Kammer- = Zylinderverschlüsse, überwiegend Drehkammer- und Geradezugverschlüsse.

115 | Wie funktioniert ein Zylinderverschluss?

Die Verschlusskammer wird mit dem Kammerstängel in der Kammerhülse bewegt. Die Verriegelung wird meist dadurch erzielt, dass Verschlusswarzen in entsprechende Ausnehmungen eingreifen. Zylinderverschlüsse funktionieren meist als Drehkammerverschluss; andere Konstruktionen greifen (wieder) das Prinzip des Geradezugverschlusses auf.

116 | Haben alle Repetierbüchsen einen Zylinderverschluss (Kammerverschluss) mit seitlichem Kammergriff (Kammerstängel)?

Nein; es gibt »Unterhebel-Repetierer« (Lever Action) und »Vorderschaft-Repetierer« sowie die »Inline«-Repetierbüchse »Semprio« von Krieghoff.

117 | Gibt es auch Repetierflinten?

Ja, mit Zylinderverschluss und Kammergriff sowie meist als »Vorderschaftrepetierer«, bei der der Verschluss mit dem Vorderschaft betätigt wird.

118 | Was ist ein Blockverschluss?

Der Verschlussblock bewegt sich vertikal im Verschlussgehäuse. Er findet bei einläufigen Büchsen Verwendung (Blockbüchsen).

119 | Bei welchen Waffen findet der Kippblockverschluss Verwendung?

Für ein- und mehrläufige (auch kombinierte) Kipplaufgewehre.

120 | Welche Waffen haben Selbstladeverschlüsse?

Selbstladeverschlüsse findet man bei den »halbautomatischen« Waffen.

121 | Welche verschiedenen Verschluss-Ausführungen gibt es bei Kipplaufwaffen?

- Einfache und doppelte Laufhakenverriegelungen
- Greenerverschluss- (einfacher Querriegel)
- Kerstenverschluss (doppelter Querriegel)
- Purdeyverschluss (Purdey-»Nase«)
- Flankenverschluss

Bei Flinten oft anzutreffen ist der Keilverschluss, bei Büchsen der Kippblockverschluss.

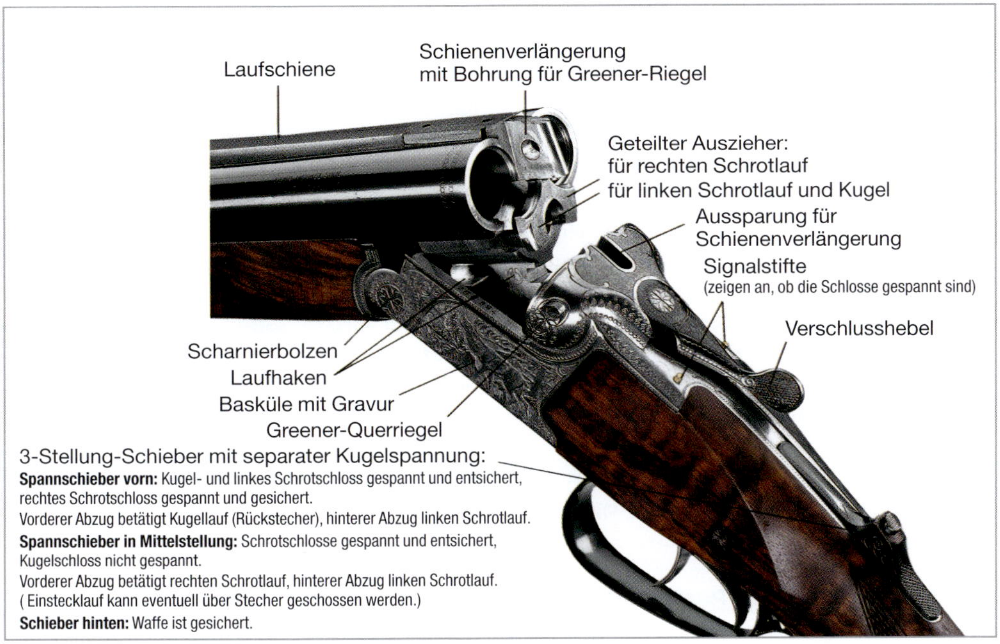

Greenerverschluss

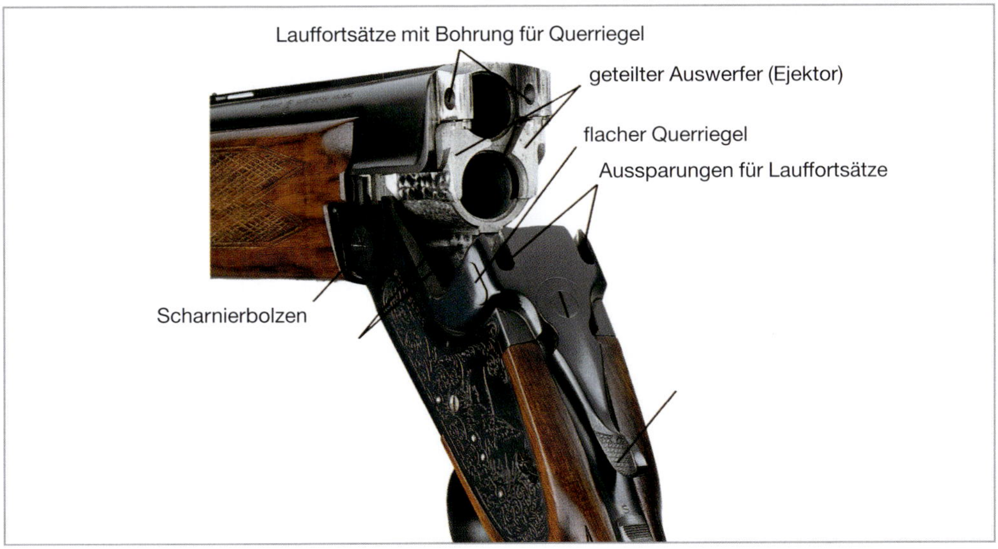

Kerstenverschluss (Doppelgreener Verschluss)

122 | Was versteht man unter Basküle?
Die Basküle ist der Verschlusskasten (das Gehäuse) und dient bei Kipplaufgewehren zur Aufnahme der Verschluss- und Schlossbestandteile.

123 | Was verriegelt der Greenerverschluss?
Der Greenerverschluss hat zusätzlich zu den Laufhaken einen einfachen Querriegel, der aus einer durchbohrten Verlängerung der Laufschiene besteht. Diese Verlängerung greift in einen Ausschnitt des Systemkastens ein und mit dem Verschlusshebel wird ein Bolzen durch die Bohrung geschoben.

124 | Was kennzeichnet den Kerstenverschluss?
Der Kerstenverschluss hat 2 seitliche Laufverlängerungen, die im Systemkasten verriegeln (Doppelgreener).

125 | Wie funktioniert der Purdeyverschluss?
Beim Purdeyverschluss ist an der Stoßfläche der Läufe eine Nase angebracht, die in eine Ausnehmung des Stoßbodens eingreift und dort verriegelt wird.

126 | Was ist ein Flankenverschluss?
Seine Kennzeichen sind seitliche Scharnierbolzen und die fehlenden Laufhaken.

127 | Welcher weitere Verschluss hat sich bei Bockdoppelbüchsen und Bockbüchsflinten durchgesetzt?
Der Keilverschluss.

128 | Welcher Verschluss ist oft bei stabilen Kipplaufbüchsen anzutreffen?
Der Kippblockverschluss verbindet die Vorteile der stabilen Blockverriegelung mit denen der Kipplaufwaffe.

129 | Was ist der Stoßboden bei Kipplaufwaffen?
Die Fläche der Basküle, an der die Läufe von Kipplaufgewehren im geschlossenen Zustand anliegen. Er dient dem Laufabschluss und nimmt über den Boden der Patronenhülse die Kraft des rückwärts wirkenden Gasdrucks auf.

130 | Wann wird in der Fachsprache eine Kipplaufwaffe als »gebrochen« bezeichnet?
Wenn sie geöffnet, aufgeklappt (»gekippt«) ist.

131 | Wie wird der Spannmechanismus betätigt?
Bei Selbstspanner-Kipplaufwaffen durch Abkippen der Läufe, bei Repetierern durch Öffnen bzw. Schließen des Schlosses, bei Handspannern durch Spannen der Hähne bzw. Betätigen des Spannhebels oder Spannschiebers.

Schlosse

132 | Welches sind die wichtigen Bestandteile des Verschlusses?
Der Verschluss besteht im Wesentlichen aus der Verriegelung sowie dem Schloss, das den Spann-, Schlag-, Abzugs- und Sicherungsmechanismus enthält.

133 | Wie wird eine Kipplaufwaffe gespannt?
Entweder wird beim Abkippen der Kipplaufwaffe das Schloss gespannt (Selbstspanner) oder durch Betätigung der Spanneinrichtung, meist Vorschieben des Spannschiebers (Handspanner).

134 | Wie wird eine Selbstspanner-Kipplaufwaffe entspannt?
Durch Halten des Abzugs bzw. der Abzüge bei geöffneter Waffe und beim Schließen der Waffe.

135 | Wie wird eine Handspanner-Kipplaufwaffe entspannt?
Durch Zurücknahme des Spannschiebers.

136 | Wie wird eine Repetierbüchse gespannt?

Beim Öffnen oder beim Schließen des Kammerverschlusses (Selbstspanner) oder durch Betätigung einer separaten Spanneinrichtung, meist Vorschieben eines Spannschiebers (Handspanner).

137 | Wie wird eine Repetierbüchse entspannt?

Beim Selbstspanner durch Öffnen des Kammerverschlusses, Festhalten des Abzugs und Schließen des Kammerverschlusses bei festgehaltenem Abzug bzw. beim Handspanner durch Rücknahme des Spannstücks.

138 | Wie wird eine Hahnwaffe gespannt?

Durch Zurückziehen des Hahnes/der Hähne.

139 | Wie wird eine Hahnwaffe entspannt?

Durch Festhalten des Hahnes, Durchziehen und Festhalten des zugehörigen Abzugs sowie Vorlassen des Hahnes.

140 | Wie wird der Schuss ausgelöst?

Durch Betätigen des Abzuges wird der unter Federspannung stehende Schlagbolzen (bei Kammerverschlüssen) bzw. das auf den Zündstift aufschlagende Schlagstück (bei Kipplaufverschlüssen) freigegeben. Schlagbolzen bzw. Zündstift schlagen auf das Zündhütchen und lösen so den Schuss aus.

141 | Was sind Seitenschlosse?

Bei diesem System sind die Schlossteile auf den Innenseiten der Seitenplatten montiert.

142 | Welche Vorteile haben Seitenschlosse?

Die auf den Innenseiten der Seitenplatten montierten Seitenschlosse sind meist leicht abnehmbar und dann gut zu reinigen. Sie ermöglichen geringere Abzugsgewichte (Abzugswiderstände).

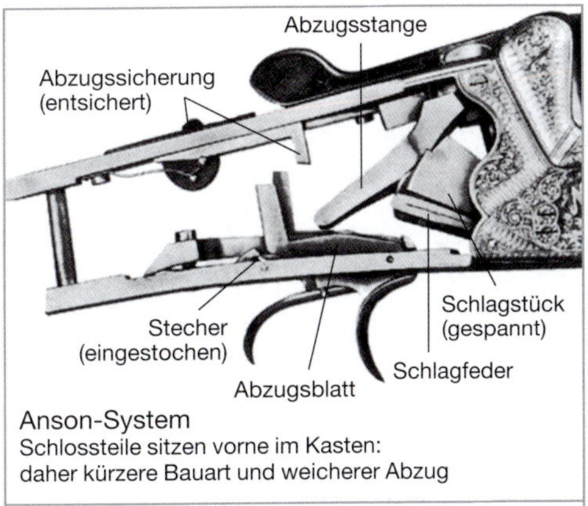

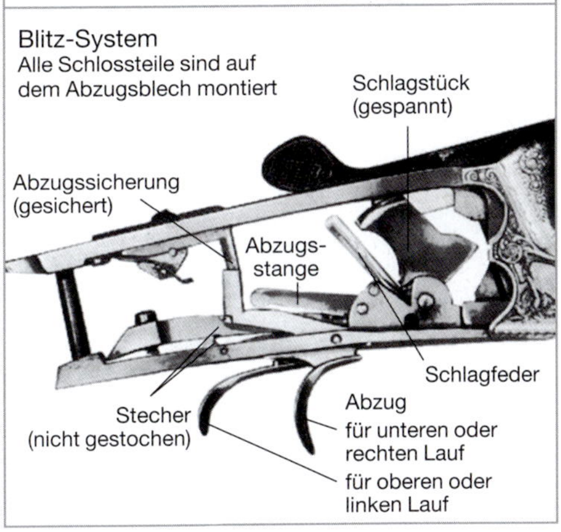

2 Systeme für Kipplaufwaffen: Aufbau eines Anson- und eines Blitz-Systems

143 | Was ist eine separate Kugelspannung?

Bei manchen Drillingen gängige Konstruktion, mit der die Kugel separat von Hand (meist per Spannschieber) gespannt werden kann und nicht zwangsgesteuert bereits beim Abkippen spannt. Achtung: Wenn der Spannschieber in vorderer Position steht, spannt sich die separate Kugelspannung beim Öffnen der Waffe selbstständig. Das ist zwar ein praktischer Vorteil, doch gleichermaßen ein sicherheitstechnischer Nachteil.

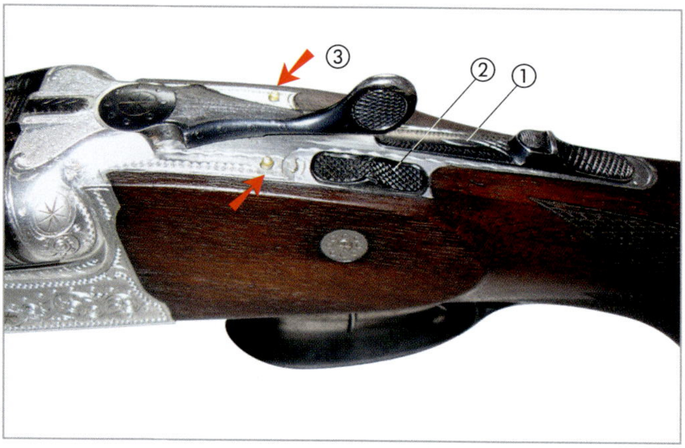

Der Drilling mit separater Kugelspannung ① ist gesichert ②, die beiden Schrotläufe sind gespannt ③, das Kugelschloss entspannt. Ob geladen oder eingestochen ist, kann nicht gesagt werden.

144 | Haben Hahngewehre eine Sicherung?

Hahngewehre haben keine Sicherung, da sie nur im Bedarfsfall durch Spannen der Hähne schussbereit gemacht und danach wieder entspannt werden.

145 | Wie hoch muss der Abzugswiderstand einer Flinte sein?

Mindestens so hoch, dass beim Zuklappen der Flinte keinesfalls der Schuss bricht.

146 | Was sind Signalstifte?

Bei manchen Waffen zeigen Signalstifte an, ob die Schlosse gespannt sind.

147 | Welche Funktion hat der Umschaltschieber beim Drilling?

Damit wird vom unteren Lauf auf den rechten Lauf umgeschaltet und umgekehrt.

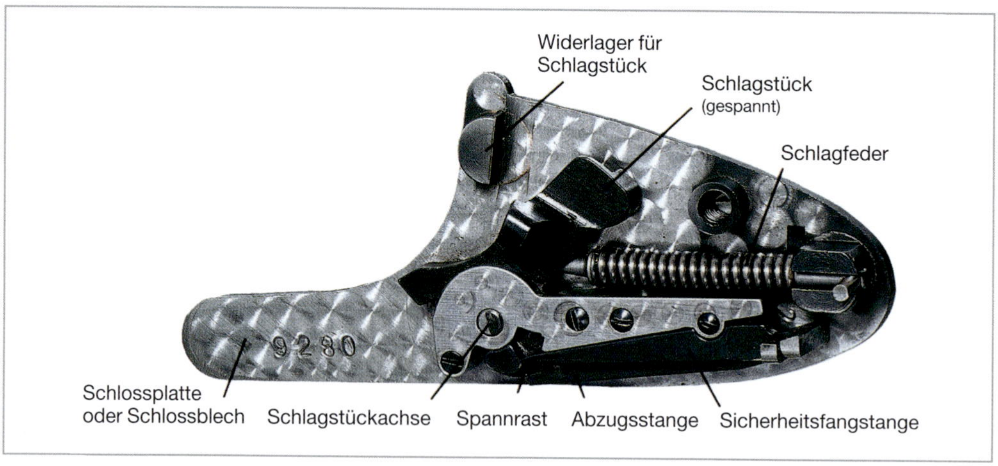

Aufbau eines Seitenschlosses

Sicherungen

Alle Selbstspannergewehre haben eine Sicherung, die das unbeabsichtigte Auslösen eines Schusses verhindern soll. Es gibt verschiedene Sicherungssysteme, die durch einen außen liegenden Hebel, Druckknopf oder Schieber betätigt werden. Die Konstruktionen und ihre Handhabung sind so verschiedenartig und vielfältig, vor allem bei kombinierten Waffen und zum Teil in Verbindung mit einer Handspannung. Zudem werden ständig neue Systeme erfunden, sodass sich jeder Jäger beim Erwerb einer Waffe genauestens über die Funktion des jeweiligen Spann-, Stech- und Sicherungsmechanismus informieren muss. Man sagt: »Sicherungen sind nur so sicher wie ihr Bediener!« oder: »Die Sicherung sitzt zwischen den Ohren des Schützen!«, womit auch ausgedrückt werden soll, dass man sich nie auf eine noch so gute mechanische Sicherung oder Handspannung verlassen darf und jede Waffe immer und überall als »feuerbereit« behandeln muss. »Sicher« ist nur das ungeladene Gewehr.

148 | Bietet eine Sicherung absoluten Schutz vor dem unbeabsichtigten Lösen des Schusses?
Nein, absolut sicher ist nur das entladene Gewehr.

149 | Welche Sicherungssysteme gibt es?
Schlagstück-, Stangen-, Abzugs-, Schlagbolzensicherung.

150 | Auf welches Schlossteil wirkt die Sicherung bei Repetierern?
Sicherungen am Schlösschen wie die Flügelsicherung beim »98er« (Mauser System 98) wirken meist auf den Schlagbolzen. Schiebesicherungen wirken meist nur auf den Abzug.

151 | Wie werden Sicherungen betätigt?
Bei den Repetierbüchsen durch einen am

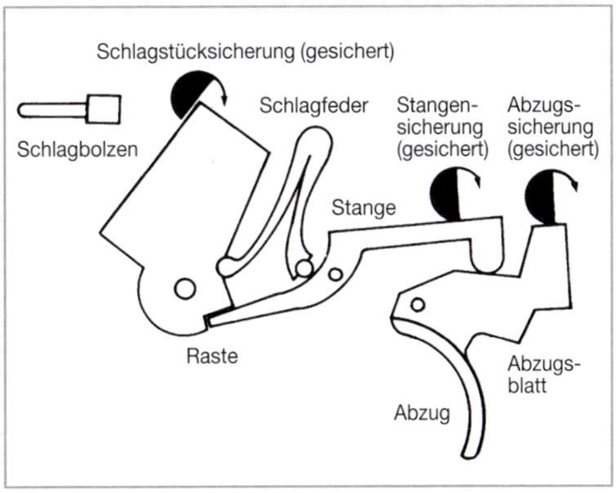

Schematische Darstellung der 3 möglichen Sicherungssysteme einer Kipplaufwaffe

Schlösschen (98er-Flügelsicherung) oder seitlich horizontal gelagerten 3-Stellungs-Kipphebel bzw. durch einen Schieber auf dem Kolbenhals (Schiebesicherung). Bei Kipplaufwaffen meist durch einen Schieber auf dem oder seitlich am Kolbenhals. Zudem gibt es Druckknopfsicherungen im Abzugsbügel, z. B. bei einigen Selbstladebüchsen.

152 | Bei welcher Flügelstellung ist eine Repetierbüchse System 98 gesichert?
Wenn der Flügel nach rechts gestellt ist. In diesem Zustand ist auch die Kammer arretiert. Bei senkrechter Flügelstellung ist das Gewehr gesichert und die Kammer kann geöffnet werden.

153 | Woran erkennt man bei den meisten Schiebesicherungen den jeweiligen Sicherungszustand?
Es ist entsichert, wenn ein roter Punkt oder »F« sichtbar ist. In gesichertem Zustand erscheint ein »S« oder ein weißer Punkt.

154 | Was ist eine »automatische« Sicherung?
Eine nur auf den Abzug wirkende Sicherung,

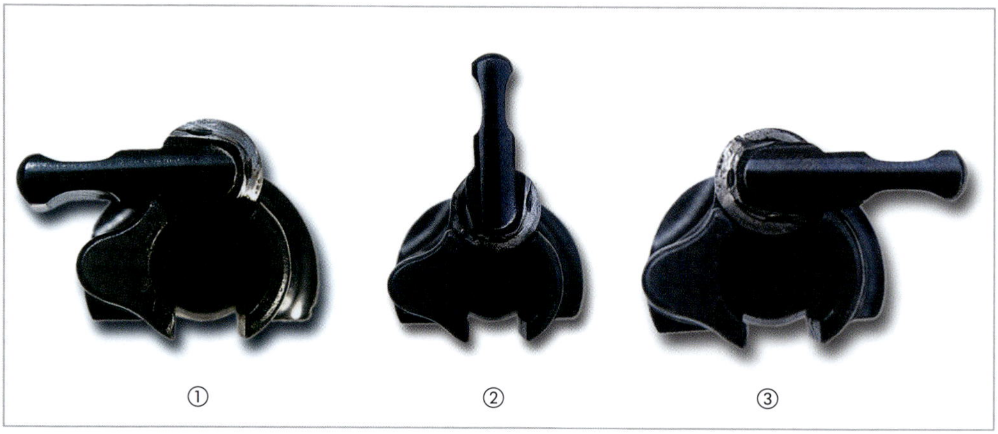

① Das Schlösschen mit der Flügelsicherung eines 98er-Repetierers. Der Flügel steht links – es ist entsichert. ② Flügel senkrecht: gesichert ③ Flügel rechts: gesichert und zusätzlich die Kammer blockiert

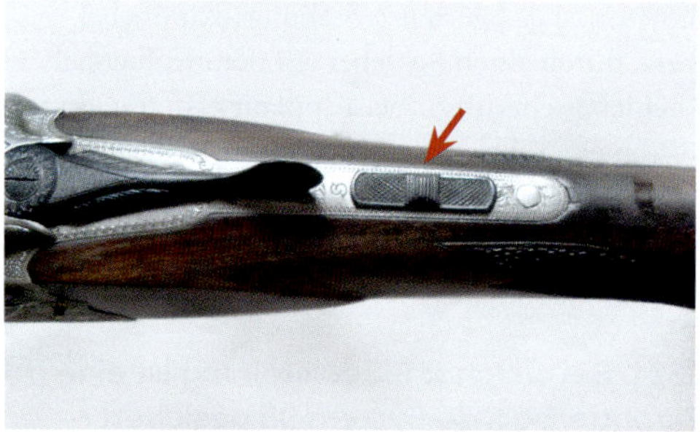

Auf dem Kolbenhals liegende Greenersicherung

Seitliche Schiebesicherung bei einem Drilling: Der rote Punkt zeigt an, dass die Waffe entsichert ist.

meist an Flinten, die beim Öffnen/Schließen der Waffe zwangsgesteuert sichert. Automatische Sicherungen sind umstritten, weniger, weil sie das schnelle Nachschießen verhindern, sondern weil sie einen nicht immer vorhandenen »sicheren« Zustand vortäuschen.

155 | Wo liegt bei Flinten die Sicherung?

Bei Kipplaufflinten meist auf der »Scheibe« genannten Oberseite des Kolbenhalses, bei Selbstladeflinten und Vorderschaftrepetierflinten meist am oder im Abzugsbügel.

156 | Welche Sicherungen sind bei gebräuchlich?

Schiebesicherungen auf der »Scheibe« (bei Bockflinten mit Einabzug oft kombiniert mit der Laufumschaltung) oder meist beim Drilling als »Greenersicherung« seitlich am Kolbenhals.

157 | Welche Sicherungen sind an Repetierbüchsen üblich?

Es gibt Repetierbüchsen mit Schlagstück-, Abzugsstollen- und Abzugssicherung sowie Handspanner (ohne Sicherung).

Abzüge

Unter »Abzug« wird zum einen das gesamte Abzugssystem, d. h. die Einrichtung an einer Schusswaffe, mit der die Fingerbewegung über eine Hebelmechanik den schussauslösenden Mechanismus der Waffe auslöst. Zum anderen wird der »Abzugszüngel« alleine bezeichnet. Im Wesentlichen unterscheidet man 4 Abzugssystemvarianten:

- Flintenabzug/Direktabzug
- Druckpunktabzug/Matchabzug
- Stecherabzug (Rückstecher und deutscher Abzug)
- Kombiabzug (Direktabzug plus Rückstecher).

Bei der Beurteilung eines Abzugs für den praktischen Gebrauch ist weniger entscheidend, ob er »hart« oder »weich« steht (er sollte aus Sicherheitsgründen eher hart stehen), sondern wie gut er kontrollierbar ist; ob er spielfrei (»trocken«) steht, ohne Vorzug und Kratzen auslöst und wie sicher er ist. Ein Stecherabzug ist schon aus konstruktiven und handhabungsbedingten Gründen nicht »sicher«.

Aus Sicherheitsgründen (Verwechslungsgefahr) empfiehlt es sich daher, möglichst nur ein Abzugssystem für alle geführten Waffen zu verwenden.

158 | Was ist ein Flintenabzug?

Flintenabzüge sind Direktabzüge (also ohne Druckpunkt oder Stecher), die in allen Waffenarten Verwendung finden.

159 | Welcher Abzug ist bei Flinten gebräuchlich?

Flinten haben Ein- bzw. Doppelabzüge. Bei Einabzügen ist der Lauf meist wählbar, d. h., der Schütze bestimmt, welcher Lauf (zuerst) feuert. Bei Doppelabzügen ist der vordere Abzug für den rechten bzw. bei Bockwaffen für den unteren Lauf bestimmt und der hintere Abzug für den linken bzw. oberen Lauf.

160 | Was ist ein Druckpunktabzug?

Beim Druckpunktabzug ergibt sich zunächst ein leichter Vorweg bis zum Druckpunkt, sodass sich der Abzugsfinger am Züngel »anlehnen« kann. Erst nach Überwinden des Druckpunkts mit seinem genau definierten Abzugswiderstand bricht der Schuss. Der Matchabzug ist ein besonders leicht stehender Druckpunktabzug.

161 | Was ist ein Kombiabzug?

Der Kombiabzug ist ein Direktabzug plus Rückstecher. Er wird überwiegend ungestochen als Flintenabzug geschossen.

Bockflinte mit Einabzug

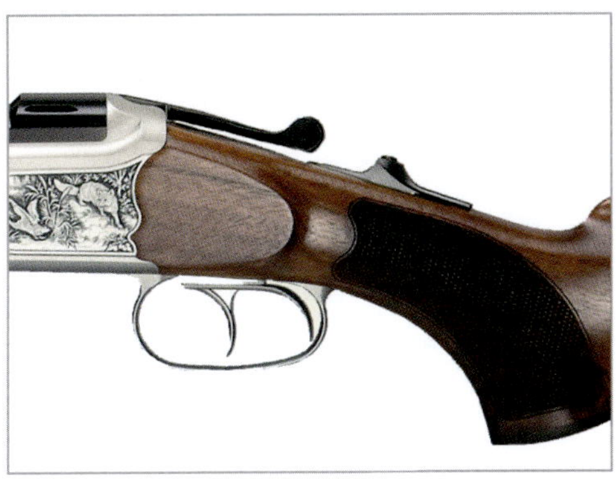

Bockdoppelbüchse mit Doppelabzug und Handspannung

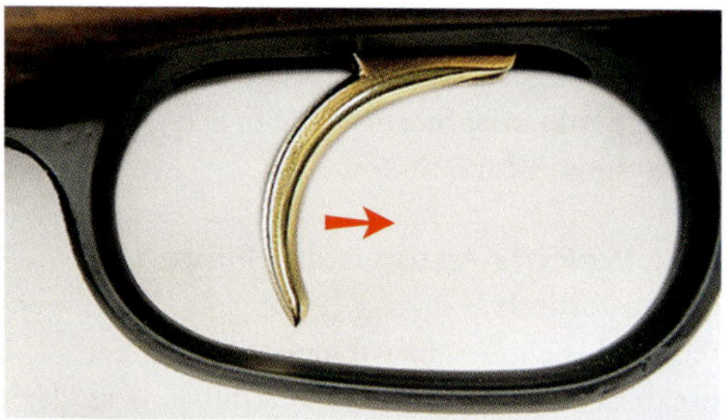

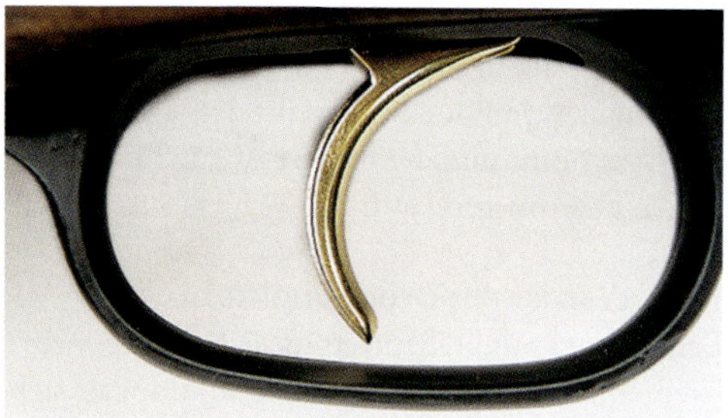

Französische- oder Rückstecher an einem Repetierer (Stecherschraube verdeckt). Eingestochen wird durch das Vordrücken des Abzugs.

162 | Wann spricht man von einem Einabzug?

Bei Doppelflinten, insbesondere bei Bockdoppelflinten, bevorzugt man den Einbau eines Abzuges für beide Läufe, da man den 2. Schuss, ohne Umgreifen schneller auslösen kann.

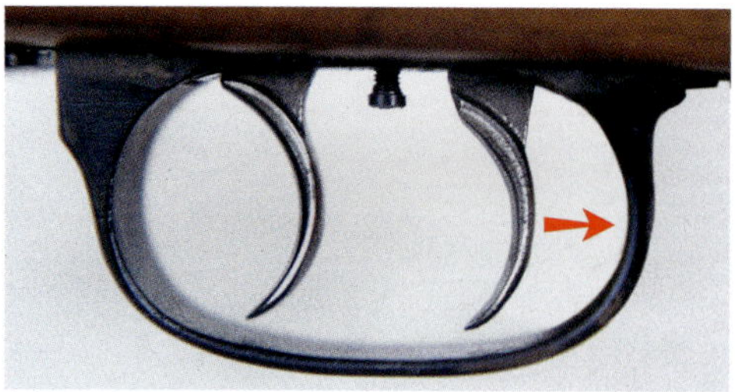

Deutscher Stecher bei einem Repetierer. Eingestochen wird durch das Zurückziehen des hinteren Züngels bis zum Einrasten. Die Schussauslösung erfolgt durch den vorderen Abzug.

163 | Wozu dient ein Stecher?

Der veraltete Stecher dient zur Feineinstellung des Abzugs, um den Schuss durch feinste Berührung des Abzuges auslösen zu können. Achtung: Die hohe Empfindlichkeit des gestochenen Abzugs ist eine erhebliche Gefahrenquelle!

164 | Welche Stecherarten werden unterschieden?

Rückstecher (auch französischer Stecher – nur ein Abzugszüngel) und deutscher Stecher (auch Doppelzüngelstecher – 2 Abzugszüngel)

165 | Wie erkennt man, ob ein Gewehr einen Stecher hat?

Beim deutschen Stecher (nur an einläufigen Büchsen zu finden) am Vorhandensein von 2 Abzugszüngeln samt Stecherschraube, beim Rückstecher an der Stecherschaube auf dem Abzugsblatt.

166 | Wie funktioniert der französische Stecher?

Der Rückstecher (französischer Stecher) wird durch Druck nach vorne eingestochen, d. h. feingestellt.

167 | Wie wird der deutsche Stecher eingestochen?

Durch Zurückziehen des hinteren Abzugs.

168 | Wann wird gestochen?

Erst im Anschlag, kurz vor dem Schuss.

169 | Was heißt Entstechen?

Hat man ein Gewehr eingestochen und kommt nicht zum Schuss, so muss es gesichert und entstochen werden. Der durch Rückstecher oder Doppelzüngelstecher »gespannte« Abzug wird durch Entstechen wieder in seine ursprüngliche Lage gebracht.

170 | Wann muss unbedingt entstochen werden?

Kommt man nicht zum Schuss, muss sofort entstochen werden. Es ist gefährlich, eine gestochene Waffe außer im Anschlag handzuhaben oder gar abzustellen.

171 | Wie wird entstochen?

Achtung: Vor dem Entstechen ist zu sichern bzw. die Handspannung zurückzunehmen. Wenn möglich, wie bei Kipplaufwaffen, ist auch der Verschluss zu öffnen. Beim Rückstecher wird der Abzug zwischen Daumen und Zeigefinger langsam zurückgeführt. Beim Doppelzüngelstecher hält der Mittelfinger den Stecherabzug gedrückt und gibt ihn erst wieder frei, wenn der Zeigefinger den vorderen Abzug betätigt hat.

172 | Welche zusätzliche Gefahr birgt der deutsche Stecher bei falscher Handhabung?

Drückt man aus Versehen (weil man diese Bewegung vom Rückstecher so gewohnt ist) das hintere Züngel nach vorne, so kann der Schuss brechen!

Schalldämpfer

Sinn und Wirkungsweise: Der Knall beim Schuss der Jagdwaffe setzt sich im Wesentlichen zusammen aus dem nicht dämpfbaren, da an jeder Stelle der Flugbahn auftretenden Geschossknall sowie dem Mündungsknall. Der Mündungsknall entsteht meist durch die schlagartige Entspannung des hohen Überdrucks an der Mündung, wenn das Geschoss dieselbe verlässt. Nur der Mündungsknall ist dämpfbar, sodass der Knall bei Jagdwaffen mit einem Schalldämpfer zwar nur teilweise, aber gehörtechnisch effektiv reduziert werden kann. In Zahlen ausgedrückt bedeutet dies, dass ein Gewehrknall von ca. 160 dB (eine Lautstärke, die bereits bei nur einem Schuss eine irreparable Gehörschädigung hervorrufen kann) mit einem guten Schalldämpfer bis auf zwar immer noch laute, aber im Freien verträgliche etwa 130 dB reduziert werden kann.

A-Tec-Hertz-Schalldämpfer

Schalldämpfer wirken auf den Mündungsknall hauptsächlich durch die Kombination aus Verwirbelung des Gasstroms, Entspannung des Gasdrucks, Reduktion von Gastemperatur und Gasgeschwindigkeit (sowie Frequenzmodulation).

Zudem verringern Schalldämpfer den Hoch- und Rückschlag der Waffe (was das leidige »Mucken« bekämpft) und verbessern die Präzision der Waffe, sodass der Schütze allgemein erfolgreicher wird.

Rechtlich sind Schalldämpfer den Waffen gleichgesetzt, d. h., sie müssen in die WBK eingetragen werden.

Magazinkapazitäten

Magazine für Langwaffen mit einer Kapazität von mehr als zehn Schuss und für Kurzwaffen mit einer Kapazität von mehr als 20 Schuss sind inzwischen verboten. Magazine, die sowohl in Lang- als auch in Kurzwaffen passen, gelten als Magazine für Kurzwaffen, es sei denn, der Besitzer verfügt auch über eine dazu passende Langwaffe.
Personen, die die betroffenen Magazine vor der 13. Juni 2017 erworben haben, dürfen diese behalten, wenn sie den Besitz vor Ablauf eines Jahres nach Inkrafttreten der Gesetzesänderung bei der zuständigen Waffenbehörde anzeigen.
Sportschützen, die nachweisen können, dass sie betroffenen großen Magazine für die Teilnahme an bestimmten Schießwettbewerben im Ausland benötigen, können diese auch künftig mit einer Ausnahmegenehmigung des Bundeskriminalamtes nach § 40 Abs. 4 Waffengesetz nutzen.

Kurzwaffen

Im Unterschied zu Langwaffen (Gewehren) haben Kurzwaffen – früher sagte man Faustfeuerwaffen dazu – eine Gesamtlänge von weniger als 60 cm. Kurzwaffen sind keine Jagdwaffen. Ihr Hauptzweck ist die Verwendung als Polizei- und Militärwaffe, im jagdlichen Bereich dienen sie zum Fangschuss. Treffsicherheit und vor allem Wirksamkeit lassen auf größere Entfernung rasch nach. Neben den »Gebrauchswaffen« für den Jäger gibt es »Sportwaffen« zum (jagd)sportlichen Schießen.

Das Waffengesetz stellt an Erwerb, Besitz und Führen von Kurzwaffen strengere Anforderungen als bei Langwaffen, jedoch wird für Jagdscheininhaber das »Bedürfnis« im Sinn des Waffengesetzes zum Erwerb und Besitz von 2 Kurzwaffen ohne besonderen Nachweis anerkannt. Das BJagdG verbietet es, mit Kurzwaffen auf Wild zu schießen (gesundes Wild zu »jagen«), ausgenommen bei der Bau- und Fallenjagd sowie bei Fangschüssen auf verletztes oder krankes Wild. Bei Fangschüssen auf Schalenwild mit der Kurzwaffe muss die Mündungsenergie des Geschosses mindestens 200 Joule betragen, bei Fangschüssen auf anderes Wild als Schalenwild ist keine Minimalleistung gefordert.

Die jagdliche Verwendung von Kurzwaffen beschränkt sich somit auf

- das Töten von Wild bei der Fallenjagd
- das Erlegen von Wild bei der Baujagd (im Einschlag, d. h., falls der Bau aufgegraben wird und der Fuchs oder Dachs, meist mit Nahschuss in den Kopf, erlegt werden kann)
- den Fangschuss im Verlauf einer Nachsuche, als Alternative zum Abfangen mit der »blanken Waffe« in solchen Fällen, wo der Fangschuss mit dem Gewehr unzweckmäßig oder nicht möglich ist.

»Gebrauchswaffen« sind Selbstladepistolen und Revolver. Hinsichtlich Zuverlässigkeit und Praxiseignung gibt es keine Unterschiede.

Pistolen gibt es in großer Modellvielfalt. Sie sind, abgesehen von den Kipplaufpistolen, Selbstlader. Nach dem ersten Schuss erfolgen das Auswerfen der Hülse, Spannen des Schlosses und Nachladen der Patrone aus dem Magazin zwangsgesteuert (wie bei Selbstladegewehren).

Revolver haben ein Trommelmagazin und müssen für jeden Schuss eigens gespannt werden. Man unterscheidet 2 Funktionsweisen: Durch Betätigen des Spannabzuges (Double Action) oder Spannen des Hahns per Hand (Single Action) dreht sich die Trommel und bringt jeweils eine neue Patrone hinter den Lauf. Die Trommel enthält je nach Kaliber 5–8 Schuss. Es gibt Revolver, bei denen sich die Trommel linksherum dreht (z. B. Smith & Wesson) und andere mit einer Drehung rechtsherum (z. B. Colt). Revolver unterscheiden sich optisch sehr in der Lauflänge. Sie beträgt in der Regel zwischen 2½ und 6 (8) Zoll. Im jagdlichen Gebrauch hat sichein 4-Zoll-Lauf bewährt.

Walther PDP Compact mit 4-Zoll Lauf im Kaliber 9 mm

Revolver Taurus 689 im Kaliber .357 Mag.

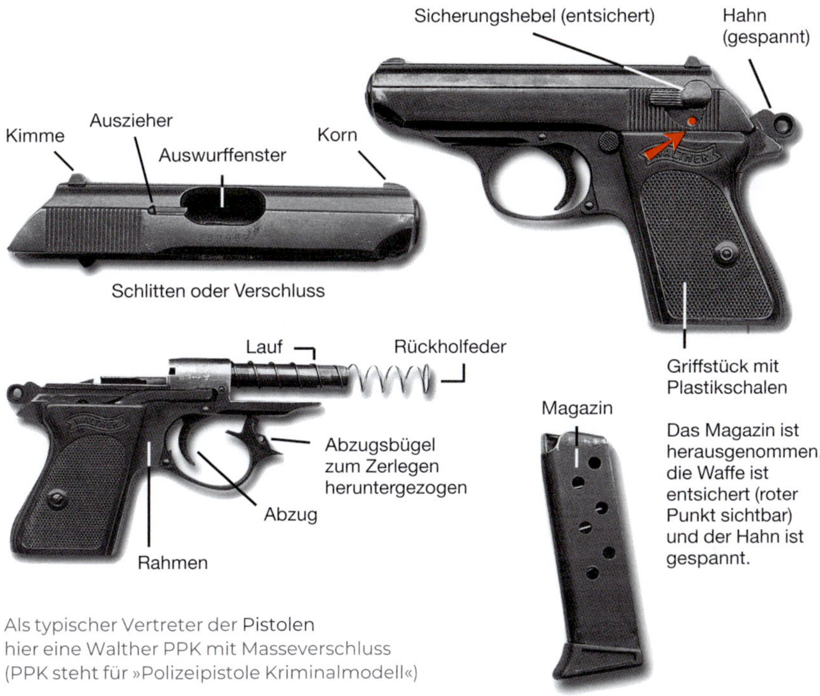

Als typischer Vertreter der Pistolen hier eine Walther PPK mit Masseverschluss (PPK steht für »Polizeipistole Kriminalmodell«)

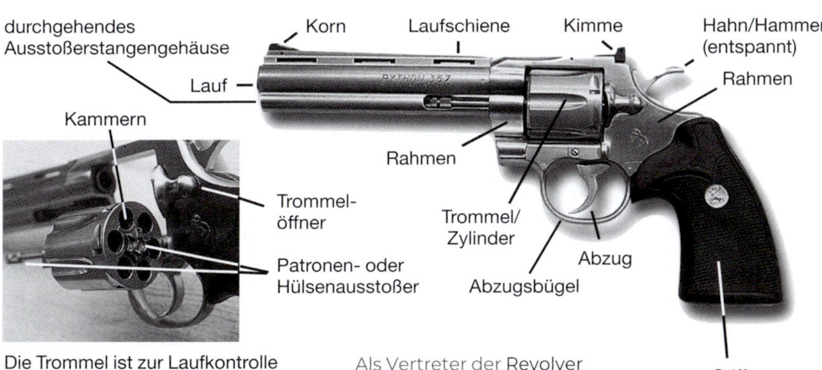

Die Trommel ist zur Laufkontrolle und zum Laden ausgeschwenkt.

Als Vertreter der Revolver hier ein Colt Python (im Kaliber .357 Magnum)

173 | Welche 3 Arten von Kurzwaffen sind gebräuchlich?
Pistole mit Magazin und Selbstlademechanismus; Revolver mit Trommel zur Aufnahme mehrerer Patronen; Kipplaufpistole (ein- oder mehrschüssig – selten).

174 | Wozu braucht der Jäger eine Kurzwaffe?
Zum Töten von Raubwild bei der Fallen- und Baujagd sowie für Fangschüsse.

175 | Worauf wird die Kurzwaffe bei der Fallen- und Baujagd eingesetzt?
Auf Raubwild, das in Kastenfallen lebend gefangen ist oder bei der Baujagd im Einschlag steckt. Oft genügen kleinkalibrige Patronen (.22 kurz, .22 lfB).

176 | Kann für Pistole und Revolver die gleiche Munition verwendet werden?
Normalerweise nicht; es gibt für beide unterschiedliche Kaliber, und auch die Bauart der Patronen ist verschieden (Pistolen verschießen meistens Patronen ohne Rand, in Revolvern haben sich dagegen Randpatronen eingeführt). Allerdings eignen sich die kleinkalibrigen Randfeuerpatronen (.22 lfB, .22 Win. Mag.) gleichermaßen für Revolver und Pistole, zudem werden Pistolen auch für Randpatronen und Revolver auch für randlose Patronen angeboten.

177 | Welche Geschosse werden zumeist aus Kurzwaffen verschossen?
Vollmantelgeschosse und Bleigeschosse; für den Fangschuss auch Teilmantelgeschosse oder spezielle Fangschussgeschosse, teilweise bleifrei mit Hohlspitze und Sollbruchstellen.

178 | Was ist bei der Verwendung der Kurzwaffe für Fangschüsse zu beachten?
Wo der Fangschuss mit der Langwaffe (dem Gewehr) nicht möglich oder unzweckmäßig ist, kann ein Fangschuss mit der Kurzwaffe tierschutzgerechter sein als das früher übliche »Abfangen« mit der »blanken Waffe«. Für den Fangschuss auf Schalenwild muss die Mündungsenergie (E_0) der Kurzwaffenladung mindestens 200 Joule betragen.

Revolver

179 | Welche Vor- und Nachteile hat der Revolver?
Vorteile sind übersichtliche Handhabung und die in der Regel leistungsfähige Munition. Nachteile sind geringere Feuergeschwindigkeit, umständlicheres Nachladen (Ausstoßen der einzelnen Hülsen und Einlegen der neuen Patronen in die Trommel) sowie größere Dimension der Waffe infolge der runden Trommel.

180 | Aus welchen Hauptteilen besteht ein Revolver?
Aus Rahmen mit Lauf und Griff, Spann- und Abzugsmechanismus (Hahn, Abzug) und Trommel.

181 | Wo sind beim Revolver die Patronen untergebracht?
In einer meist ausschwenkbaren Trommel (gleichzeitig Magazin und Patronenlager).

182 | Was ist ein Double-Action-Revolver?
Double action (englisch) bedeutet »doppelte Bewegung«; das heißt, der Hahn eines Revolvers (oder auch einer Pistole entsprechender Bauart) kann entweder von Hand gespannt werden oder wahlweise unmittelbar durch Betätigen des Abzugs (Spannabzug).

183 | Was ist ein Single-Action-Revolver?
Bei Single-Action-Revolvern (englisch = »einfache Bewegung«) muss der Hahn für jeden

Schuss neu von Hand gespannt werden.

184 | Wie kontrollieren Sie, ob der Lauf des Revolvers frei von Fremdkörpern ist?
Bei entladener und ausgeklappter Trommel von vorne durch die Mündung sehen.

185 | Welches sind gebräuchliche Revolverkaliber?
.38 Spec.; .357 Mag., .44 Mag.

186 | Wie wird der Revolver entspannt?
Durch Festhalten des Hahns, Durchziehen des Abzugs und Vorlassen des Hahns. Manche Modelle haben eine Sicherheitsrast, in die der Hahn gebracht werden soll.

187 | Wie wird der Revolver entladen?
Zum Entladen wird der Trommelöffner betätigt und die Trommel ausgeschwenkt. Patronen oder Hülsen können mit dem Hülsenausstoßer ausgeworfen werden.

188 | Haben Revolver eine Sicherung?
Nein, wie Hahngewehre sind sie entspannt, wenn der Hahn in Ruhestellung liegt. Die meisten haben jedoch eine Fallsicherung, auch innenliegende Schlagbolzen-Sicherung genannt.

Pistolen

189 | Welche Vor- und Nachteile haben Pistolen?
Vorteile: handliches, flaches Format, hohe Patronenzahl im Magazin (7–15), schnelles Nachladen mit Reservemagazin. Nachteile: etwas kompliziertere Handhabung für im Umgang mit ihrer Waffe Ungeübte.

190 | Welche besonderen Unfallgefahren sind bei der Selbstladepistole zu beachten?
Die häufigste Unfallursache (z. B. beim Reinigen) ist, dass nach Entfernen des Magazins die Waffe für entladen gehalten wird, obwohl sich noch eine Patrone im Lauf befinden kann. Nach Herausnehmen des Magazins muss daher sofort der Schlitten zurückgezogen (Verschluss geöffnet) werden, um die ggf. noch im Lauf (Patronenlager) befindliche Patrone auszuwerfen. Umgekehrt genügt es nicht, die Patrone im Lauf auszuwerfen, wenn vorher das Magazin nicht entfernt wurde. Beim Zurückgleiten des Verschlussstücks wird nämlich die nächste Patrone aus dem Magazin in den Lauf geladen. Das ist gefährlich, weil die Pistole jetzt auch gespannt ist. Die gleiche Gefahr besteht, wenn man nach dem Schießen vergisst, die Pistole zu entspannen. Dies geschieht entweder über Vorlassen des Hahnes oder Betätigung der Sicherung bzw. Entspannwalze.

191 | Was versteht man bei der Pistole unter »Schlitten«?
Anderer Ausdruck für Verschluss(stück).

192 | In welchem Funktionszustand befinden sich die meisten Pistolen nach Schussabgabe?
Geladen, gespannt und ungesichert.

193 | Wie wird die Pistole entladen?
- Entnahme des Magazins
- Zurückziehen des Schlittens mit Auswerfen der im Lauf befindlichen Patrone (einschließlich visueller Überprüfung »Patronenlager frei«)
- Vorlassen des Schlittens und
- Entspannen, ggf.
- »schrankfertig machen«: Entladen des Magazins.

194 | Welches sind gebräuchliche Pistolenkaliber?
(7,65 mm, 9 mm kurz), 9 mm Luger, .357 SIG, .40 S&W, .45 Auto.

Munition

Allgemeines

Historie: Erst so wichtige Erfindungen Anfang bis Mitte des 19. Jahrhunderts wie die chemische Anzündung (das Zündhütchen), die Metallhülse, das Nitrozellulosepulver sowie das Mantelgeschoss machten die uns geläufige, für Gewehre und Kurzwaffen verwendete Patronenmunition möglich.

Aufbau: Die Patrone besteht aus 4 bzw. 5 Komponenten, nämlich aus einer Hülse, in deren Boden sich die Anzündung befindet, entweder im Rand des Hülsenbodens verteilt (Randfeuerpatronen) oder bei den Zentralfeuerpatronen in Form eines Zündhütchens (Kurz- und Büchsenpatronen) oder in Form einer mehrteiligen Zündung bei den Schrotpatronen. In der Hülse befindet sich das Treibladungsmittel (Pulver) und darüber die Geschossvorlage (Einzelgeschoss oder Schrotladung). Die Metallpatrone hat demnach 4 Komponenten, bei der Schrotpatrone ist zwischen Pulverladung und Geschossvorlage ein der Gasabdichtung dienendes Zwischenmittel eingesetzt. Das Angebot an moderner Munition ist vielseitig und qualitativ besser denn je, auch was Geschosse und ihre Wirkweise im Wildkörper betrifft.

Nach der Europäischen REACH-Verordnung ist es in Feuchtgebieten und im Umkreis von 100m verboten, Schrotmunition mit einem Bleigehalt ab 1% zu verschießen oder solche Munition während des Schießens in Feuchtgebieten oder auf dem Weg zum Schießen in Feuchtgebieten mitzuführen. Ein Verstoß kann als Straftat mit bis zu zwei Jahren Haft geahndet werden.
In einigen Bundesländern (z.B. Niedersachsen) und vielen staatlichen Forstrevieren ist auch der Einsatz bleihaltiger Büchsenmunition und Flintenlaufgeschosse verboten. Erlaubt sind bleihaltige Geschosse hingegen auf den meisten Schießständen und aus Kurzwaffen.

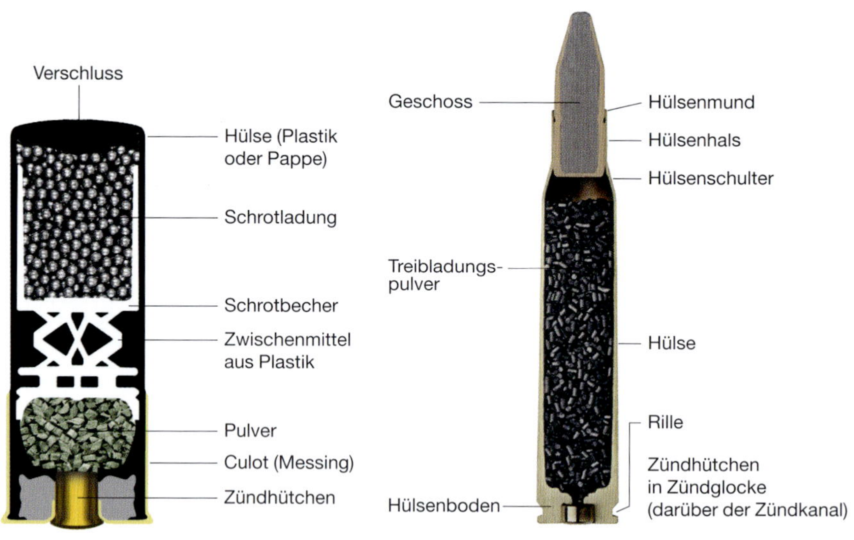

Aufbau einer Schrotpatrone (Zwischenmittel aus Plastik) und einer Büchsenpatrone

195 | Was sind Randfeuerpatronen?

Die Zündmasse ist in den hohlen Rand des Patronenbodens eingegossen. Der Schlagbolzen schlägt auf den Patronenrand.

196 | Was sind Zentralfeuerpatronen?

Patronen mit einer Anzündung (Zündhütchen) im Zentrum des Patronenbodens.

197 | Wo an der Patrone wird das Kaliber bezeichnet?

Bei den Messingpatronen am Hülsenboden (z. B. 7 × 57), bei den Schrotpatronen am Hülsenboden (z. B. 12) und an der Hülse (Längenangabe, z. B. 70 mm).

198 | Was ist eine Pufferpatrone?

Manche Kipplaufwaffen mit automatischer Sicherung und/oder Einabzug können nicht über den Abzug entspannt werden und müssen abgeschlagen werden. Zur Schlagbolzenschonung hält der Handel Pufferpatronen vor. Diese haben anstelle des Zündhütchens einen elastischen, die Energie des Schlagbolzens auffangenden Einsatz aus Kunststoff. Zur Vermeidung von Verwechslungen sollten Pufferpatronen keinesfalls wie Patronen aussehen und man sollte auch keine Hülsen als Pufferpatronen verwenden. Außer für Waffen mit Blattfedern sind Pufferpatronen nicht unbedingt erforderlich, man kann die Schlosse auch »ohne« abschlagen.

199 | Was ist eine Reduzierhülse?

Reduzierhülsen (Adapter) dienen zur behelfsmäßigen Verwendung von schwächeren, kürzeren Patronen aus Läufen gleichen Kalibers (z. B. .30 Carbine aus .30-06 oder .32 H&R aus 8 × 57).

200 | Was ist ein Fangschussgeber?

Eine Reduzierhülse, mit der eine speziell für den Fangschuss geeignete Patrone aus der Lang- oder Kurzwaffe verschossen werden kann.

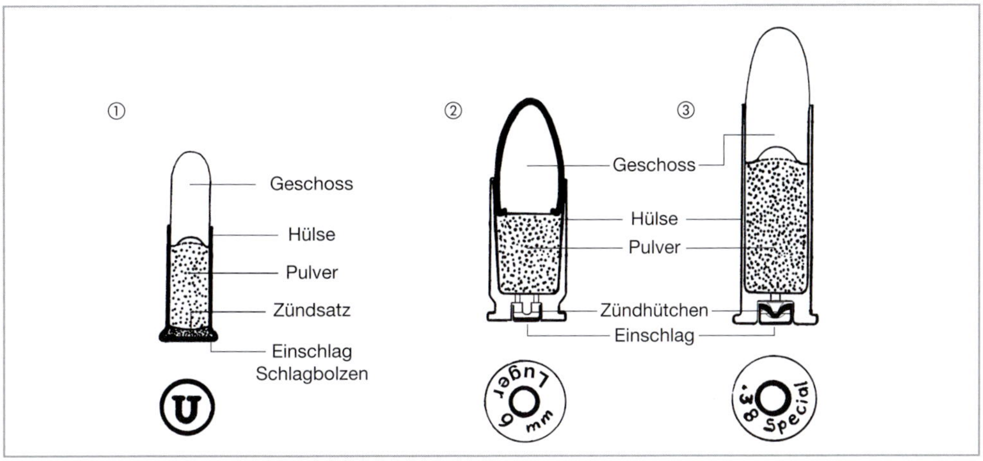

① Aufbau einer Randfeuerpatrone

② Zentralfeuerpatrone ohne Rand und mit Berdan-Zündung. Amboss ist Hülsenbestandteil, Zündhütchen weist 2 Zündkanäle auf.

③ Zentralfeuerpatrone mit Rand und mit Amboss-Zündung (Boxer-Zündung). Amboss ist Bestandteil des Zündhütchens, mittiger Zündkanal in Hülse.

Schrotpatronen

201 | Welche wichtigen Angaben finden Sie auf der Verpackung der Schrotpatronen?

Die C.I.P.-Zulassung, das Kaliber, die Hülsenlänge, möglicherweise eine Gasdruckangabe sowie den Hinweis auf verladenen Nichtbleischrot und die Schrotstärke.

202 | Welche Kaliber gibt es bei Schrotpatronen?

Üblich sind die Kaliber 12, 16 und 20, seltener 10, 24, 28, 32 und 36/.410.

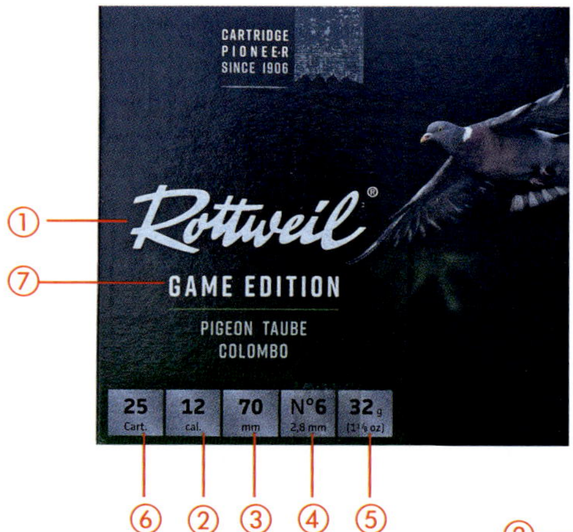

Angaben auf Schrotpatronenverpackungen:

① Hersteller
② Kaliber
③ Hülsenlänge
④ Schrotstärke
⑤ Schrotgewicht
⑥ Packungsinhalt (25 Stück)
⑦ Markenbezeichnung

203 | Was besagt die Kaliberbezeichnung 12?

Formt man aus einem englischen Pfund Blei (453,6 g) 12 gleich große Kugeln, so entspricht der Durchmesser jeder dieser Kugeln dem Innendurchmesser des Schrotlaufs im Kaliber 12. Demnach ist das Kaliber 12 dicker als das Kaliber 16.

204 | Welche Durchmesser haben die Flintenkaliber?

Der Durchmesser im Kaliber 12 beträgt tatsächlich 18,2 mm, im Kaliber 16 16,8 mm und im Kaliber 20 15,7 mm. Je kleiner die Kaliberzahl, desto größer der Laufdurchmesser.

205 | Wie baut sich eine Schrotpatrone auf?

Sie besteht aus der Hülse mit eingesetzter Zündung, der Pulverladung, dem Zwischenmittel und der Schrotladung. Der Hülsenmund ist mit einem Bördel- oder Sternverschluss verschlossen.

206 | Wie wird die Hülsenlänge gemessen?

Das Maß der Hülsenlänge bezieht sich auf die Hülse, nicht auf das (kürzere) Längenmaß der gebördelten oder sterngefalteten Patrone.

207 | Welche Hülsenlängen sind gebräuchlich?

①–④ Hülsen von 67,5–89,0 mm
Rechts: Maßgeblich ist die Länge der abgefeuerten Hülse.

70 mm und 76 mm »Magnum«. Selten wird die früher übliche Länge von 65 mm verwendet, häufiger die Zwischengröße 67,5 mm.

208 | Dürfen 70-mm-Hülsen auch aus Gewehren mit 65-mm-Patronenlager verschossen werden?

Nein, denn im kürzeren Patronenlager ist nicht genügend Platz zum vollen Entfalten des Hülsenmundes, es kann zu Laufaufbauchungen oder Laufsprengungen kommen.

209 | Welche Patronenlager sind für 67,5 mm Hülsenlänge geeignet?

Patronen mit 67,5 mm Hülsenlänge können aus Flinten mit 65 mm langen sowie mit 70 mm langem Patronenlager, oder größer, verschossen werden.

210 | Wie sind Schrotpatronen mit 70 mm Hülsenlänge gekennzeichnet?

Durch einen Längsstreifen und den Aufdruck »70 mm«. Das gilt aber nicht für (alle) ausländischen Fabrikate, weswegen im Zweifel die Angaben auf der Patronenpackung zu beachten sind.

211 | Woraus besteht die Hülse einer Schrotpatrone?

Aus Pappe oder Kunststoff, mit einer Bodenkappe meist aus Metall mit eingesetzter Zündung. Plastikhülsen haben den Vorteil, unempfindlicher gegen Feuchte zu sein, verrotten aber schlechter.

212 | Welche Hülsenverschlüsse werden unterschieden?

Verschlossen sind Schrotpatronen entweder durch den Stern- oder den Faltverschluss oder den Bördelverschluss (heute seltener) mit Abdeckplättchen aus Pappe oder Kunststoff. Durch die Faltung wird der Innenraum der Patrone geringfügig verkleinert, was aber durch Verkürzung des Zwischenmittels ausgeglichen wird.

213 | Welche Treibladungsmittel werden bei Schrotpatronen verwendet?

Schrotpatronen werden mit vergleichsweise offensivem (schnell abbrennendem) Pulver geladen.

214 | Wie hoch ist der Gasdruck einer Schrotpatrone?

Der Gasdruck bei Schrotpatronen liegt je nach Kaliber und Hülsenlänge zwischen 740 und 1050 bar (gemessen mit mech.-elektr. Wandler).

215 | Was versteht man unter Zwischenmittel?

Die die Schrote von der Pulverladung trennenden Zwischenmittel sind Pfropfen aus Filz oder Plastik, heute oft Schrotbehälter (Schrotbecher), die beim Schuss die Aufgabe haben, die sich bei der Verbrennung des Pulvers entwickelnden Gase gegen die Schrotladung hin abzudichten. Auch das in Streupatronen enthaltene Streukreuz zählt zu den Zwischenmitteln.

216 | Aus welchem Material werden Schrote in der Regel hergestellt?

Aus Hartblei, auch aus Weicheisen (»WE-«,

»Stahlschrote«) sowie seltener aus Zink, Wismut und andere Metalle.

217 | Wie wird die Schrotgröße angegeben?

In mm, z. B. Schrotkorn-Durchmesser 2,5 mm, 3 mm, 3,5 mm, seltener mit Codenummern, z. B. Nr. 6 = 2,7 mm, Nr. 5 = 3,0 mm.

218 | Wie erkennt man die Schrotgröße auf der Patrone?

Auf allen Schrotpatronen ist entweder auf der Hülse oder dem Abdeckplättchen die Schrotgröße bzw. eine dafür geltende Nummer angegeben.

219 | Sind die Angaben international einheitlich?

Nein, die »Schrotnummern« sind in einzelnen Ländern verschieden, sodass eine verwirrende Vielfalt von Bezeichnungen vorhanden ist. Klar ist in jedem Fall die Angabe des Schrotdurchmessers in Millimetern.

220 | Wie viele Schrote enthält eine Patrone?

Anzahl der Bleischrote in der Patrone:

Beispiel:

Kaliber	Schrotladung in g	Schrotgröße in mm 2,5	3	3,5	4
12/70	35	390	225	140	95
16/70	31	335	195	120	80
20/70	26	290	170	105	70

Es handelt sich dabei um Durchschnittswerte. Das Gewicht der Schrotladung kann bei gleichem Kaliber unterschiedlich sein und damit auch die Zahl der Schrote.
Die Tabelle gilt nur für Bleischrot und ähnlich schwere Schrote. Wegen ihrer geringeren Dichte müssen Weicheisenschrote (»Stahlschrote«) 2–3 Stufen (0,5–0,75 mm) »dicker« sein.

Flintenkaliber	Kaliber in mm
4	23,4
8	20,8
10	19,3
12	18,2
16	16,8
20	15,7
24	14,7
28	13,8
32	12,7
36 (.410)	10,2

221 | Welche Schrotstärken werden bei der Jagd verwendet?

Jeder Jäger muss wissen, welche Schrotgröße er für die verschiedenen Wildarten benötigt. Die wichtigsten Bleischrotgrößen sind:

- 2-mm-Schrote für das Skeetschießen, außerdem für schwaches Wild auf kurze Distanz auf Jagden mit eingeschränktem Sicherheitsbereich
- 2,5 mm für Tauben, Rebhühner, Schnepfen
- 2,7 mm gilt als universal von Taube bis Fuchs auf nicht zu große Entfernung
- 3 mm für Kaninchen, Enten, Fasane, Hasen
- 3,5 mm für weite Hasen und Füchse nur bei schwerer Ladung und engem Choke
- 4 mm nur ausnahmsweise mit schwerer Ladung/engem Choke auf Ansitzfuchs.

Auf Gesellschaftsjagden sollten aus Sicherheitsgründen keine stärkeren Schrote als 3 mm verwendet werden.

222 | Welche Geschwindigkeit erreichen Schrote und wo wird diese gemessen?

Als Faustzahl für die V_0 (V= Velocitas/Geschwindigkeit) von Schroten gilt 400 m/s. Sie wird einige Meter (2,5–12,5 m) nach Verlassen des Laufes gemessen. Die V_5 beträgt je nach Schrotstärke 350–370 m/s, die $V_{12,5}$ fällt bereits auf 260–330 m/s. Bei der für den Schrotschuss eher maximalen Distanz von 35 m (V_{35}) verringert sich die Fluggeschwindigkeit durchschnittlich auf 190–240 m/s.

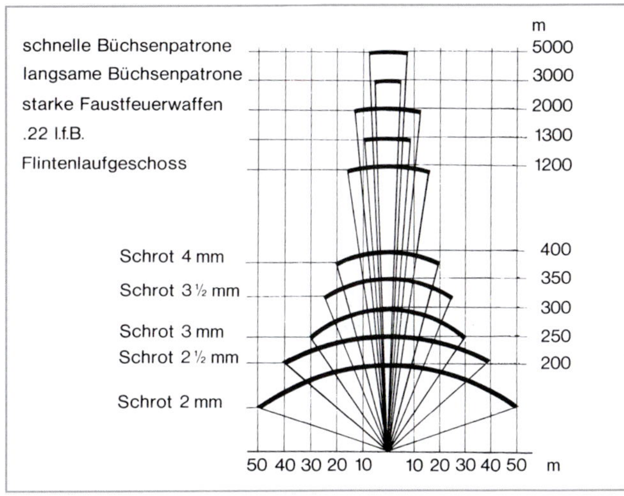

Gefahrenbereiche beim Büchsen- und Flintengeschoss

223 | Was versteht man unter Streupatronen?

Das sind Schrotpatronen, die schon auf kurze Entfernung eine gute Deckung bei großer Streuung ergeben, weil in die Schrotladung ein zusätzliches Zwischenmittel eingesetzt ist, meist ein Streukreuz, das die Schrotgarbe gleichmäßig streut.

224 | Wozu werden Streupatronen verwendet?

Für Schüsse auf kurze Entfernung, z. B. bei der Kaninchenjagd, um das Wild nicht zu zerschießen. Streupatronen haben besondere Vorteile in eng gebohrten Läufen.

225 | Welche Bleischrotgröße haben Streupatronen?

2,7 mm für Jagdzwecke und 2 mm für den Wurfscheibensport, wenn aus eng gebohrten Läufen eine größere Streuung erzielt werden soll.

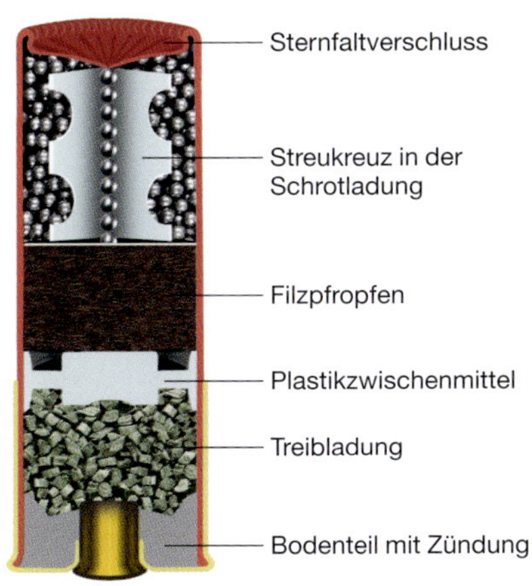

Streupatrone mit Streukreuz

226 | In welchem Bereich gefährdet ein Schrotschuss Menschen?

Bis 400 m können Menschen (z. B. das Auge) durch den Schrotschuss gefährdet werden. Faustregel: Schrotgröße in Millimetern mal 100 in Metern, z. B. Schrotgröße 3 mm × 100 = 300 m Gefahrenbereich.

227 | Bei welchen Abgangswinkeln wird die höchste Reichweite mit Schroten erzielt?

Die größte Flugweite haben Schrote bei Abgangswinkeln von 20–30 Grad.

228 | Wovon hängt die Wirkung eines Schrotschusses ab?

Von der Ladung, d. h. der Anzahl der Schrote (also nur indirekt vom Kaliber), der Schrotgröße und der Schussentfernung. Man erwartet von einer guten Schrotpatrone eine gleichmäßige Deckung, d. h., es müssen auf 35 m mindestens

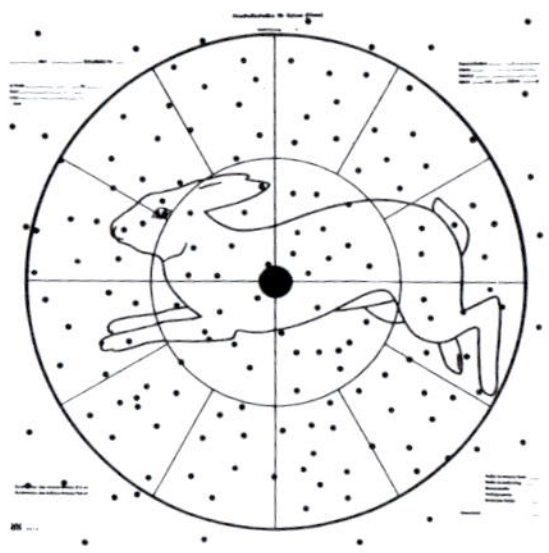

Schussbild einer Streupatrone auf 25 m Schussentfernung

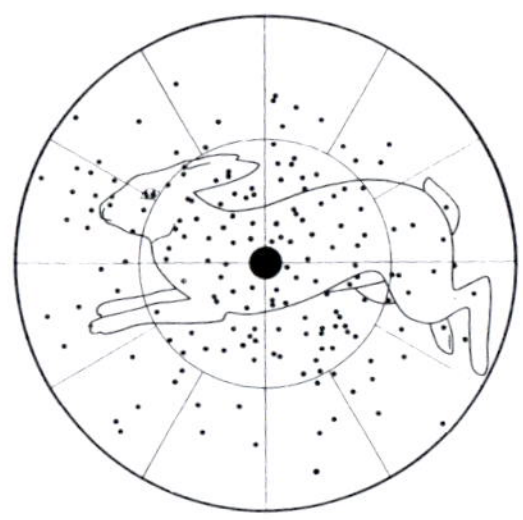

Schussbild einer Normalpatrone auf 25 m Schussentfernung: Das Wild ist zerschossen.

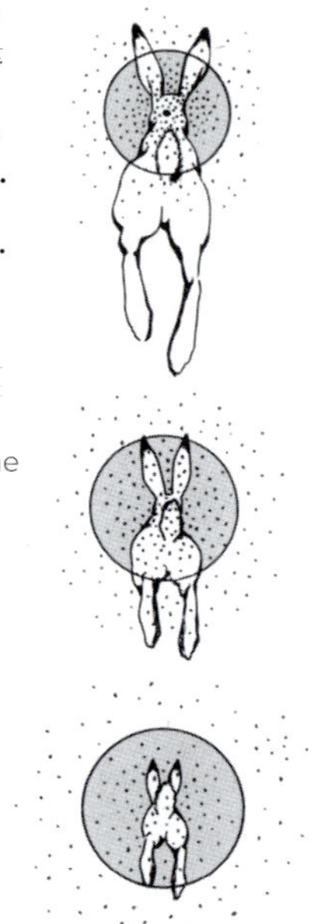

Auf die richtige Schussentfernung kommt es an. (Ein Schuss auf den untersten Hasen von hinten ist zu vermeiden.)

60–75 % der Schrote auf einer Scheibe von 75 cm Durchmesser gleichmäßig verteilt sein.

229 | Was versteht man unter Deckung?

Unter Deckung versteht man die gleichmäßige Verteilung und die Anzahl der Schrotkugeln, die bei einem Schuss auf 35 m Entfernung (Streupatrone 25 m) eine Scheibe mit 75 cm Durchmesser erreichen. Der Erfolg eines Schrotschusses hängt im Wesentlichen von der guten Deckung der Schrotgarbe ab.

230 | Warum ist die gleichmäßige Deckung wichtig?

Weil die Schrotschusswirkweise nicht nur auf Verletzungen durch einzelne Schrote beruht, sondern auch auf der Schockwirkung durch das gleichzeitige Auftreffen vieler Schrote mit ausreichender Auftreffwucht. Das wildstärkenangepasste Verhältnis von Deckung zu Auftreffwucht ist wichtig. Die Deckung steigt mit Abnahme des Schrotdurchmessers; bei gröberem Schrot ist die Auftreffwucht des Einzelkorns größer.

231 | Welcher Fehler bei der Auswahl der Schrotstärke für ein bestimmtes Wild wird oft gemacht?

Es wird mit zu grobem Schrot geschossen. Je geringer der Durchmesser des einzelnen Schrotkornes, umso mehr Schrotkörner befinden sich in einer Patrone. Beim Schrotschuss kommt es aber nicht darauf an, dass einige wenige Schrotkörner ihr Ziel erreichen, sondern dass der Schuss das Ziel »deckt« (multiple Wirkung), d. h., dass eine Vielzahl von Schrotkörnern ihr Ziel erreicht. Deshalb lässt sich die wirksame Schussentfernung nicht beliebig durch gröbere Schrote oder Erhöhung des Ladegewichts steigern. Sicherer ist, mit schwächeren Schroten auf kurze Entfernung zu schießen.

232 | Warum muss man sich mit seiner Flinte »einschießen«?

Um zu wissen, wie und wohin die Läufe mit welcher Munition schießen (große Scheibe verwenden).

233 | Was sind Postenschrote (»Roller«)?

Weichbleischrote von 4,5–8,6 mm Durchmesser. Die Deckung ist deutlich schlechter als die von Schrot in kleinerem Durchmesser. Deckung geht vor Schrotstärke! Der Schuss auf Schalenwild ist mit Postenschrot verboten.

234 | Welchen Durchmesser haben Schrote der früheren deutschen Nummer 5?

3 mm.

235 | Kann eine Schrotpatrone mit 65 mm Hülsenlänge aus einem 70 mm langen Patronenlager verschossen werden?

Ja.

236 | Kann eine Schrotpatrone mit 67,5 mm langer Hülse aus einem 65 mm langen Lager verschossen werden?

Ja.

237 | Ihre Flinte ist eng gebohrt. Wie können Sie bei der Kaninchenjagd den Streukreis erweitern?

Durch Verwendung einer Streupatrone.

238 | Welche Schrotstärke verwenden Sie auf Schnepfen und Kaninchen?

2,5 mm für Schnepfen sowie 2,7 oder 3 mm auf Kaninchen, eine Universalgröße ist 2,7 mm.

239 | Welche Entfernung sollte beim Schrotschuss auf Wild nicht überschritten werden?

Die Grenze für den wirksamen Schrotschuss liegt bei 35 m. Darüber hinaus wird das Krankschießen des Wildes wahrscheinlicher als ein zufällig tödlicher Treffer.

240 | Wo dürfen keine Bleischrote verwendet werden?

An Gewässern, weil die Gefahr bestehen kann, dass gründelndes Wasserwild möglicherweise toxisch wirkendes Blei aufnimmt.

241 | Was ist der Unterschied zwischen bleihaltigen und bleifreien Geschossen?

Bleigeschosse sind wegen der höheren Dichte von Blei schwerer, bleifreie Munition ist weniger formbar und benötigt eine höhere Geschossenergie.

Flintenlaufgeschosspatronen

Anstelle der Schrotladung kann aus einer Schrotpatronenhülse ein Flintenlaufgeschoss (FLG) verfeuert werden. Ein FLG ist ein Einzelgeschoss aus Blei, Kupfer, Messing usw., das aus dem glatten (auch ganz oder teilweise gezogenen) Flintenlauf verschossen wird. Die Stabilisierung beruht im glatten Lauf auf dem Pfeil-/Bolzenprinzip, eine Drallstabilisierung findet nur im gezogenen Lauf statt. Führungsrippen erlauben das Verschießen des FLG auch aus engen Chokebohrungen, denn der Druck, den die stauchbaren Rippen auf die Laufwandung ausüben, ist nicht größer als der von Schroten einer normalen Schrotladung. Die Treffsicherheit der FLG ist in der Regel auf Schrotschussentfernung begrenzt, wobei aber spezielle Ladungen/Läufe bis 100 m tauglich sind. Einschießen zur Feststellung der Schussleistung und der Treffpunktlage ist unbedingt erforderlich. Die Verwendung des FLG auf Schalenwild ist erlaubt, ohne dass wie bei Büchsenpatronen die »Sachlichen Gebote« des BJagdG hinsichtlich der Mindestenergie auf 100 m (E_{100}) beachtet werden müssen. Die Abprallneigung der FLG ist größer als die der Büchsenpatronengeschosse, was zu verstärkter Vorsicht hinsichtlich des Hintergeländes zwingt (auf Geschossfang achten).

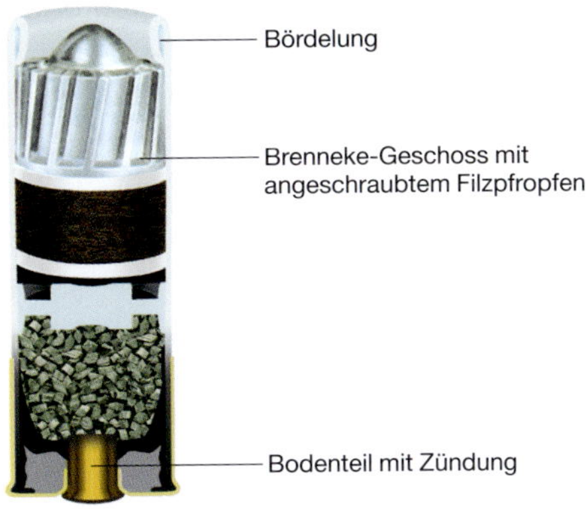

Aufbau einer Flintenlaufgeschosspatrone

242 | Wie hoch ist die Mündungsgeschwindigkeit (V_0) von FLG?

Die V_0 beträgt (je nach Ladung) etwa 410–470 m/s.

243 | Welche Energie wird erreicht?

Die Auftreffwucht liegt je nach Ladung bei 25 m (E_{25}) um 1500 – 2000 Joule, bei 50 m (E_{50}) um 1000 – 1500 Joule. Für den Schuss auf Schalenwild mit FLG ist keine Mindestenergie gefordert. Die noch leistungsstärkeren »Magnum«-FLG dürfen nur aus so beschossenen Waffen benützt werden.

244 | Wozu dienen Flintenlaufgeschosse?

Zum Schuss auf Schalenwild (meist auf Schwarzwild) bei Drück- und Treibjagden (sowie zu Fangschüssen mit der Flinte auf Schalenwild).

245 | Wozu dienen die schrägen Rippen am Flintenlaufgeschoss?

Sie ermöglichen dessen Durchgang durch die Würgebohrung, wobei die Bleirippen zusammengepresst werden. Sie geben dem Geschoss keine stabilisierende Rotation.

246 | Wie weit kann ein Flintenlaufgeschoss das Hintergelände gefährden?

1500 m bei einem Abgangswinkel von ca. 30 Grad (viermal so weit wie beim Schrotschuss). FLG prallen leicht von Hindernissen ab (auf Geschossfang achten!).

247 | Welche Masse haben Flintenlaufgeschosse?

Je nach Kaliber etwa (19)24–39 g.

248 | Welche V_0 haben unterkalibrige Treibkäfig-FLG?

Die V_0 liegt bei ca. 580–600 m/s und verringert sich bei V_{50} auf ca. 520–550 m/s.

249 | Wie hoch ist die Auftreffenergie unterkalibriger Treibkäfig-FLG?

Bei 50 m kann die Auftreffenergie bis 3000 Joule betragen.

250 | Ist der Schuss mit dem Flintenlaufgeschoss auf sämtliches Schalenwild erlaubt?

Ja, denn an FLG werden keine ballistischen Bedingungen für den Schuss auf Schalenwild gestellt.

251 | Was verleiht dem Flintenlaufgeschoss seine Richtungsstabilität?

Der vorne liegende Schwerpunkt (Pfeil- bzw. Bolzenstabilisierung).

Büchsenpatronen

Wir unterscheiden grundsätzlich nach:

- **Schonzeitpatronen**, die nicht für Schalenwild zugelassen sind (das sind die Randfeuerpatronen Kaliber .22 sowie die Zentralfeuerpatrone .22 Hornet)
- **Rehwildpatronen**, die für übriges Schalenwild nicht zugelassen sind (Kaliber unter 6,5 mm, z. B. .222 Rem., 5,6 × 50(R), 5,6 × 52 R, 5,6 × 57(R), 6 × 70 R, .243 Win. sowie alte Patronen mit einer E_{100} unter 2000 Joule wie die 9,3 × 72 R [alte Försterpatrone])
- **Universal-Schalenwildpatronen** für Rehwild und Hochwild (das sind die gebräuchlichsten Patronen wie 6,5 × 57, 7 × 57, 7 × 64, .270 Win., .308 Win, .30-06, 8 × 57 JS, 8,5 × 63 und deren Versionen mit Rand, für die eine große Zahl von Laborierungen verfügbar ist)
- **Hochwildpatronen** für starkes Hochwild (z. B. 8 × 68 S, 9,3 × 62, 9,3 × 64, 9,3 × 74 R)
- **Gamspatronen** (besonders »rasante« Patronen für Weitschüsse wie die entsprechenden Ladungen der 6,5 × 57, 6,5 × 65, 6,5 × 68 und

Schonzeitpatronen
(KK-Munition v.l.):

.22 kurz
.22 lang (lfB)
.22 Magnum
.22 Hornet (Zentralfeuerpatrone)

Übersicht über häufig verwendete Büchsenpatronen:
6,5×54 Mannl.-Schönauer, 5,6×57, 6,5×52 R, 5,6×52 R, 5,6×50 R Mag., .243 Win., .22–250 Rem., .224 Weatherby, .223 Rem. .222 Rem. Mag., .222 Rem. (v. l.)

.17. Rem., 9,3×72 R, 6×70 R, 6,5×68 R, .243 Win., 9,3×74 R, 8×68 S, 8×57 IS, .308 Win., 7×65 R, 7×64, 7×57 R, 6,5×57 R (v. l.)

.270 Win.). Die in den anderen Alpenländern beliebten Gamspatronen kleinerer Kaliber wie .243 Win. oder 5,6×57 sind in Deutschland auf Hochwild nicht zugelassen.

Wirkungsweise: Unterschieden werden Zerlegungs-, Teilzerlegungs- und Deformationsgeschosse sowie Voll- bzw. Vollmantelgeschosse.

- **Teilzerlegungsgeschosse** sind so konstruiert, dass der vordere Teil zerlegt (Splitterwirkung), während der massivere hintere Teil Tiefen- und Durchschlagswirkung mit Ausschuss ergeben soll. Nach diesem Prinzip wirken z.B. das Brenneke TIG, das RUAG Ammotec ID-Classic, aber auch die bleifreien Teilzerlegungsgeschosse wie das Sax KJG.
- **Deformationsgeschosse** zerlegen kaum. Sie »pilzen auf«, d. h., sie vergrößern – angepasst an den jeweiligen Zielwiderstand – durch Aufstauchen ihren Querschnitt. Eine solche Konstruktion ist z.B. das Swift A-Frame, aber auch die deformierenden (»bleifreien«) Kupfervollgeschosse wie das Barnes-»TTSX« oder das Reichenberg HDB.
- **Voll- und Vollmantelgeschosse** (Solids) sollen nicht zerlegen und dienen in kleinkalibrigen Patronen entweder dem Schuss auf Pelzträger oder in Großkalibern für Dickhäuter.

252 | Welche Bedingungen stellt der Gesetzgeber (D) für Büchsenpatronen beim Schuss auf Schalenwild?

Für Rehwild ist eine Auftreffenergie auf 100 m (E_{100}) von mindestens 1000 Joule vorgeschrieben. Auf alles übrige Schalenwild darf mit Büchsenpatronen unter einem Kaliber von 6,5 mm nicht geschossen werden. Zudem müssen im Kaliber 6,5 mm und darüber die Büchsenpatronen eine Auftreffenergie auf 100 m (E_{100}) von mindestens 2000 Joule haben. (Länderweise existieren Ausnahmen für den Schuss auf kleine Frischlinge.)

253 | Wie ist eine Büchsenpatrone aufgebaut?

In einer Messinghülse befinden sich das Zündhütchen, die Pulverladung und das Geschoss.

254 | Welche 2 Typen von Büchsenpatronen werden nach ihrem Zündsystem unterschieden?

- Randfeuerpatronen, das sind kleinkalibrige Patronen, bei denen der Zündsatz in den Hülsenbodenrand eingelassen ist und der Schlagbolzen auf den Hülsenrand schlägt, und
- Zentralfeuerpatronen, bei denen der Zündsatz in Kapselform (Zündhütchen) in der Mitte des Hülsenbodens eingesetzt ist.

255 | Woraus besteht die Hülse einer Büchsenpatrone?

Hülsen für Büchsen- und Kurzwaffenpatronen sind durch den hohen Gasdruck großen Beanspruchungen ausgesetzt und werden aus hochwertigen Messinglegierungen gefertigt.

256 | Welche Aufgabe hat die Hülse?

Sie nimmt die anderen Patronenkomponenten auf (Zündhütchen, Treibladungspulver, Geschoss) und schließt beim Schuss den Lauf zum Verschluss hin gasdicht ab (»Liderung«).

257 | Wie werden die Hülsen ihrer Form nach unterschieden?

3 verschiedene Hülsenbodenformen:

Hülse mit Rille,
Gürtelhülse,
Hülse mit Rand (v. o.)

Bei den Hülsen für Zentralfeuerpatronen unterscheidet man »randlose«, d. h. ohne vorstehenden Rand am Hülsenboden, jedoch mit einer Rille für den Eingriff des Patronenausziehers von Repetierbüchsen, z. B. 7 × 57, und Patronen mit Rand, der am Hülsenboden vorsteht und zum Ausziehen der Hülse aus dem Patronenlager von Kipplaufwaffen dient. Zur Unterscheidung steht hinter der Kaliberbezeichnung von Büchsenpatronen mit Rand ein »R« (z. B. 7 × 57 R).

258 | Was ist eine Gürtelhülse?

Patronen mit Gürtelhülse sind randlos, haben also keinen Rand, liegen jedoch mit der Vorderseite des Gürtels im Patronenlager an. Der Gürtel dient dabei nur der Anlage im Lager, nicht etwa der Verstärkung der Hülse.

259 | Wie werden die Maße für Kaliber und Hülsenlänge angegeben?

Die Maße für Kaliber und Hülsenlänge sind für manche Büchsenpatronen in Millimetern angegeben und teils gerundet wie bei 6,5 × 57 (eigentlich 6,7 × 56,7). Manche Büchsenpatronen werden nach dem Zollmaß bezeichnet, z. B. .243 Win. (= Geschossdurchmesser 0,243 Zoll/Inch). Oft sind Maße gerundet, z. B.: .300 Win. (eigentlich .308"/0,308 Zoll). Angaben zur Hülsenlänge fehlen bei fast allen nach dem Zollmaß bezeichneten Patronen. Oft angefügt ist die Firma, die die Patrone konstruierte.

260 | Was versteht man unter Laborierung?

Die Zusammensetzung einer Patronenladung nach ihren wesentlichen Komponenten, wie Zündhütchen, Pulversorte und -gewicht, Geschossart und -gewicht, bei Schrotpatronen dazu die Zwischenmittel, Schrotgröße und -gewicht sowie die Verschlussart. Von den Munitionsherstellern wird jede Laborierung unter einem auf der kleinsten Packung auf-

Gebräuchliche angloamerikanische Geschosskaliber in Inch/Zoll ( ) = Kaliberbeispiel	maximaler Geschossdurchmesser in mm
.172 (.17 Rem.)	4,37
.204 (.204 Ruger)	5,18
.224 (.222 Rem.)	5,69
.228 (5,6×52 R)	5,79
.243 (.243 Win.)	6,17
.257 (.25-06 Rem.)	6,53
.264 (6,5×57)	6,71
.277 (.270 Win.)	7,04
.284 (7 mm Rem. Mag.)	7,21
.307 (7,5 mm Swiss)	7,81
.308 (.308 Win.)	7,82
.312 (.303 British)	7,92
.318 (8×57 IR)	8,08
.321 (.32 Win. Special)	8,15
.323 (8×57 IS)	8,20
.338 (.338 Win. Mag.)	8,58
.348 (.348 Win.)	8,84
.358 (.35 Rem.)	9,09
.366 (9,3×62)	9,30
.375 (.375 H&H Mag.)	9,53
.410 (.450/.400 N.E. 3")	10,41
.411 (.405 Win.)	10,44
.416 (.416 Rigby)	10,57
.423 (.404 Jeffery)	10,74
.429 (.444 Marlin)	10,90
.435 (.425 Westley Richards)	11,05
.458 (.458 Win. Mag.)	11,63
.466 (.500/465 N.E.)	11,84
.474 (.470 N.E.)	12,04
.489 (.475 No.2 N.E.)	12,42
.505 (.505 Gibbs)	12,83
.510 (.500 Jeffery)	12,95
.585 (.577 N.E.)	14,86
.620 (.600 N.E.)	15,75
.700 (.700 N.E.)	17,78

gedruckten Fertigungszeichen (FZ) geführt. Nur Patronen mit gleichem Fertigungszeichen gewährleisten gleiche Treffpunktlage!

261 | Wie werden nicht mit »mm« gekennzeichnete Büchsenpatronen bezeichnet?

Mit dem genauen oder ungefähren Kaliber nach englischen Zoll (Inch), z. B.: .222 Rem. (genauer Geschossdurchmesser 0,222 Zoll) oder .308 Win. (entsprechend dem Geschossdurchmesser 0,308 Zoll).

262 | Welche Angaben sind beim Kauf von Büchsenpatronen erforderlich?

Kaliberbezeichnung, ggf. Hülsenlänge, mit oder ohne Rand, Geschosstyp und Geschossgewicht, z. B.: 6,5 × 65 R, KS-Geschoss, 8,2 g.

263 | Wie wird das Kaliber eines Büchsenlaufs gemessen?

Durch Abnahme des Feld- und Zugkalibers mit einem Spezialwerkzeug (geht nur bei gerader Anzahl der Züge) oder durch Vermessung eines Bleidurchtriebs.

264 | Was bedeutet die Kaliberangabe .308 Win.?

.308 bedeutet (in diesem Fall) den Geschossdurchmesser, »Win.« meint den Konstrukteur Winchester.

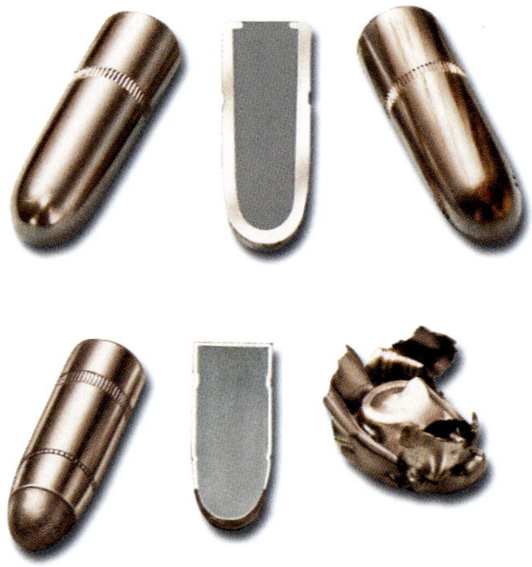

Vollmantel- (oben) und Teilmantelgeschoss im Ganzen, im Querschnitt und nach dem Auftreffen im Ziel (v. l.)

Kegelspitzgeschoss im Ganzen, im Querschnitt, wobei die nach hinten stärker werdende Geschosswand zu erkennen ist, und nach dem Auftreffen im Ziel (v. l.)

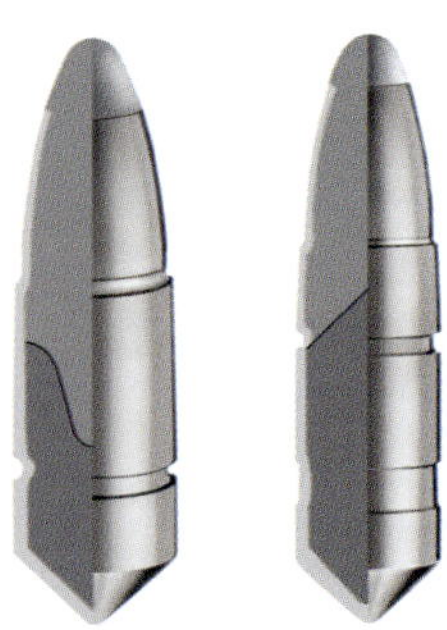

Die Geschosse TIG/ID-Classic und TUG/UNI-Classic in der schematischen Darstellung

Auf dem Hülsenboden sind der Hersteller und das Kaliber eingeprägt.

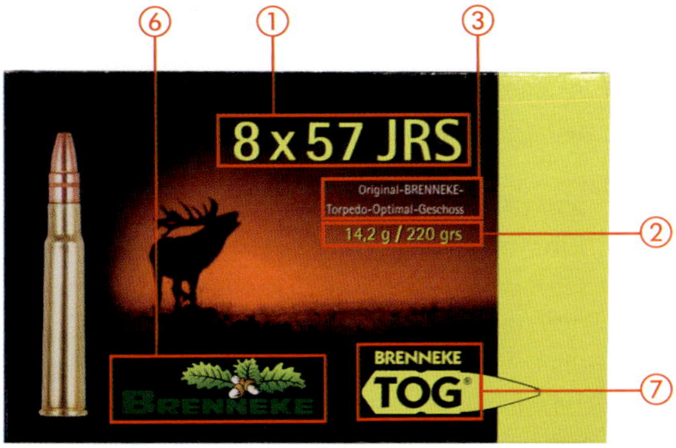

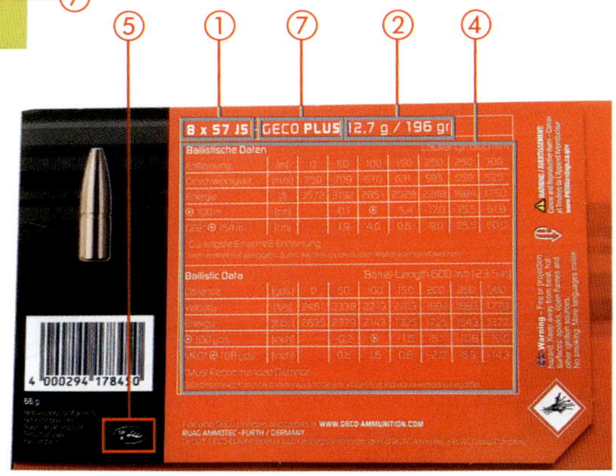

Angaben auf Schachteln einer Büchsenpatrone:

① Kaliber
② Geschossgewicht in Gramm und/oder Grain
③ Geschosskonstruktion
④ ballistische Daten (auf der Schachtelinnenseite oder in separater Anlage)
⑤ Prüfzeichen
⑥ Hersteller
⑦ Marke
⑧ Los- oder Seriennummer
⑨ Anzahl der Patronen pro Packungseinheit

265 | Was besagt die deutsche Kaliberbezeichnung bei Büchsenpatronen?

Den (meist nur annähernden) Durchmesser des Geschosses und die Hülsenlänge (in Millimeter).

266 | Was bedeutet die Bezeichnung 7 × 64?

Eine Büchsenpatrone im Nennkaliber 7 mm (tatsächlicher Geschossdurchmesser 7,2 mm) mit 64 mm Hülsenlänge.

267 | Wo stehen die Kaliberangaben auf einer Büchsenpatrone?

Auf dem Hülsenboden.

268 | Welchen Gasdruck haben Jagdbüchsenpatronen?

Je nach Laborierung ca. 3000–4400 bar.

269 | Was für ein Pulver wird in Büchsenpatronen verwendet?

Büchsenpatronen werden mit (im Vergleich zu Kurz- oder Schrotpatronen) relativ progressivem (langsam verbrennendem) Nitrozellulose-Pulver geladen. Der Gasdruck von Büchsenpatronen ist wesentlich höher als der von Schrotpatronen.

270 | Welche Büchsengeschosse unterscheiden wir?

Nach der Wirkung grob nach Deformations-, Splitter- und Massivgeschossen, nach dem Aufbau/Material grob in Mantelgeschosse sowie (bleifreie) Monolithen.

271 | Was sind Patronen mit Rand?

Der überstehende Hülsenrand sorgt dafür, dass

der Patronenauszieher die Hülse gut fassen kann. Randpatronen werden mit einem R hinter der Kaliberangabe bezeichnet (z. B. 7 × 57 R) und vor allem in Kipplaufwaffen und Blockbüchsen verwendet.

272 | Was muss man über die Bezeichnung »S« im Kaliber 8 × 57 IS / 8 × 57 IRS wissen?

Patronen im Kaliber 8 mm mit der Bezeichnung »S« dürfen nicht aus Läufen für das Kaliber 8 × 57 I oder IR verschossen werden, da es dabei zu Laufsprengungen kommen kann. Die Gefahr liegt darin, dass S-Patronen zwar in das Lager der Patrone mit dem »dünneren« Geschoss hineinpassen, die S-Geschosse jedoch 1/10 mm im Geschossdurchmesser stärker sind und der Gasdruck nicht entweichen kann.

273 | Wie sind die »S«-Patronen besonders gekennzeichnet?

Durch die Kaliberbezeichnung. Eine weitere Kennzeichnung ist bei manchen RWS-Patronen eingeführt: Das Geschoss ist sicht- und fühlbar gerändelt, zudem wird ein schwarzes Zündhütchen verwendet. Die Packung hat zusätzlich die Warnaufschrift: »Achtung! Nur für Läufe mit S-Kaliber«.

274 | Was bedeutet die Kaliberangabe 7 × 57?

Nennkaliber 7 mm (tatsächlich 7,2 mm), Hülsenlänge 57 mm.

275 | Patronen welcher Kaliber könnte man als Schonzeitpatronen bezeichnen?

Praktisch alle Kaliber, die wegen einer E_{100} von weniger als 1000 Joule nicht für den Schuss auf Rehwild zugelassen sind.

276 | Wie wirkt ein Geschoss optimal im Wildkörper?

Beim Auftreffen deformiert der Geschossvorderteil oder splittert ab. Der Geschossrest soll den Wildkörper durchdringen, im Schusskanal Gewebezerstörung bewirken und Ausschuss ergeben.

277 | Welche Büchsenkaliber sind bei Einsteckläufen gebräuchlich?

Überwiegend Schonzeitpatronen (z. B. .22 Hornet) und Rehwildpatronen (z. B. 5,6 × 50 R), inzwischen in Waffen mit kräftigen Verschlüssen auch hochwildtaugliche Patronen, um z. B. aus einer Bockbüchsflinte 8 × 57 IRS/20 mithilfe des Einstecklaufs eine »Bockdoppelbüchse« 2 × 8 × 57 IRS zu machen.

278 | Was sind Kleinkaliberpatronen (»KK«-Patronen)?

Patronen im Kaliber 5,6 mm mit Randfeuerzündung zum Übungsschießen und für die Schonzeit wie .22 lfB und .22 Winchester Magnum. .22 lr (»long rifle«) und .22 lfB (»lang für Büchsen«) bezeichnet die gleiche Patrone. Die .22 Win. Mag. wird meist nur ».22 Magnum« genannt.

279 | Wohin geht die Entwicklung bei den Büchsengeschossen unter Berücksichtigung der Umwelt und des Verbraucherschutzes?

Hin zu den »bleifreien« Geschossen, da diese sich dem Zielwiderstand besser anpassen, weniger Wildbret entwerten und gesundheitlich unbedenklicher beim Wildbretverzehr sind.

Kurzwaffenpatronen

280 | Kann für Pistole und Revolver die gleiche Munition verwendet werden?

Normalerweise nicht; es gibt für beide Waffentypen Kaliber unterschiedlicher Bauart. Allerdings eignen sich die kleinkalibrigen Randfeuer-

Moderne Pistolenpatronen (v. l.):
9 mm Luger
.357 SIG
.40 S&W
10 mm Auto
.45 ACP (Vollmantel)
.45 ACP (Hollowpoint)
.50 AE

Revolverpatronen (v. l.):
.454 Casull
.44 Rem. Mag.
.357 Mag.
.38 Spezial
.38 S&W
.38 Spezial WC
.32 S&W
7,62 Nagant
.22 Win. Mag.
.22 lfB

patronen .22 lfB. und .22 Win. Mag. gleichermaßen für Revolver und Pistolen; zudem werden Pistolen für Randpatronen und Revolver für randlose Patronen angeboten.

281 | Welche Geschosse werden aus Kurzwaffen verschossen?

Aus Pistolen wie Revolvern werden Vollmantel- und Bleigeschosse geschossen; für den Fangschuss auch Teilmantel- oder besonders gut wirkende spezielle Hohlspitz-Fangschussgeschosse.

282 | Nennen Sie mindestens 5 Kaliber für Revolver.

.22 lfB., .22 Mag., .38 Spec., .357 Mag., .41 Mag., .44 Mag., .45 Long Colt.

283 | Nennen Sie mindestens fünf Kaliber für Pistolen.

.22 lfB, .22 Mag., 7,65 mm Browning, 9 mm Luger, .357 SIG, .45 Auto.

284 | Welches sind die gebräuchlichsten jagdlich geeigneten Kurzwaffenkaliber?

Verwendungszweck	Pistole	Revolver
Bau- und Fallenjagd	.22 kurz .22 lfB .22 Win. Mag. 6,35 mm Browning	.22 kurz .22 lfB .22 Win. Mag. .38 Special (Wadcutter)
Fangschuss geringes Schalenwild (Reh)	.22 Win. Mag.* 7,65 mm Browning 9 mm kurz	.22 Win. Mag* .32 H&R Magnum 38 Special
Fangschuss starkes Schalenwild	9 mm Luger .357 SIG .40 S & W 10 mm Auto .45 Auto	.38 Special (starke Laborierung) .357 Magnum .41 Magnum .44 Magnum

* nur, sofern aus der Waffe eine E_0 > 200 Joule erreicht wird

Ballistik

Als Teilbereich der Physik und Mechanik – »Lehre von den geworfenen Körpern« – beschreibt Ballistik alle Vorgänge, die einen sich durch den Raum bewegenden Körper betreffen, insbesondere die aus einer Waffe verschossenen Projektile (Geschosse). Es wird unterschieden nach **Innenballistik** (Vorgänge in der Waffe beim Abschuss eines Projektils), **Mündungsballistik** (auch Übergangs- oder Abgangsballistik = Vorgänge an der Laufmündung beim Schuss), **Außenballistik** (Vorgänge am Projektil während des Fluges) sowie **Zielballistik** (Wirkung des Projektils im Ziel). Weitere Aspekte sind Geschoss-, Mündungs- und Auftreffenergie.

285 | Wie wird die Ballistik unterteilt?

In Innenballistik, Mündungsballistik, Außenballistik und Zielballistik.

286 | Welche ballistischen Werte werden bei Büchsenpatronen z. B. auf der Packung meist angegeben?

Geschossgeschwindigkeit (Mündungsgeschwindigkeit V_0 und Geschwindigkeiten auf weitere Entfernungen, meist V_{100}, V_{200}, V_{300}); Geschossenergie (Auftreffwucht), ebenfalls in E_0, E_{100}, E_{200} und dergleichen; Gasdruck; günstigste Einschießentfernung (GEE) sowie Angaben, wie weit die Treffpunktlage auf andere Entfernungen abweicht (Hochschuss bis zur GEE, Tiefschuss nach GEE).

287 | Wie genau sind die in Prospekten und auf den Packungen angegebenen ballistischen Werte?

Nur annähernd genau, da von vielen individuellen Faktoren und Einflüssen abhängig. Besonders die mögliche Abweichung der Treffpunktlage auf große Distanzen ist durch Probeschießen zu überprüfen.

Patrone	Geschoss	
	Art	Gew.
		(g)
.204 Ruger	V-MAX	2,6
.22 Hornet	TMS	3,0
.222 Rem.	TMS	3,24
.223 Rem.	TMS	3,6
5,6 x 50 R Mag.	TMS	4,1
.243 Win.	TMS	6,5
.25-06 Rem.	SST	7,6
6,5 x 55 SE	EVO green	6,9
6,5 x 57 R	KS	8,2
6,5 x 65 R RWS	KS	8,2
.270 Win.	HIT	8,4
.270 WSM	HIT	8,4
7 x 57	ID Classic	10,5
7 mm Rem. Mag.	HIT	9,1
7 x 64	EVO	10,3
7 mm Blaser Mag.	Inter Lock	9,0
.308 Win.	HIT	10,7
.30-06 Springf.	DK	10,7
.300 Win. Mag.	GMX	11,7
.300 RUM	GMX	11,7
8 x 58 IS	DK	11,7
8 x 68 S	EVO	13,0
8,5 x 63	KJG/SAX	9,0
.338 Win. Mag.	SST	14,6
.338 Lapua Mag.	BTHP	16,2
.35 Whelen	SP	13,0
9,3 x 62	KS	16,0
9,3 x 64	Uni Classic	19,0
9,3 x 74R	HIT	16,2
.375 H & H Mag.	DGX	19,4
.375 Ruger	SP-RP	17,5
.416 Rigby	DGX	25,9
.404 Jeffery	DGS	25,9
.444 Marlin	FTX	17,2
.458 Win. Mag.	DGX	32,4
.470 N.E.	DGS	32,4
.500 Jeffery	Solid	35,0
.50 BMG	A-MAX	48,6

Lauf-länge	max. Gas-druck (CJP)	Geschwindigkeit (m/s)				Energie (Joule)				Treffpunktlage in cm zur Visierlinie durch Zielfernrohr, 5 cm über Seelenachse			
(mm)	(bar)	V_o	V_{50}	V_{100}	V_{200}	E_0	E_{50}	E_{100}	E_{200}	GEE m	50 m	100 m	200 m
610	4050	1189	1123	1058	936	1832	1634	1452	1135	252	0,5	4,0	+4,2
600	3200	740	650	566	423	821	634	481	268	134	2,4	4,0	−21,0
600	3700	970	882	800	649	1524	1260	1037	682	181	1,1	4,0	−2,6
600	4300	990	910	834	694	1764	1491	1252	867	189	1,0	4,0	−1,3
600	3400	900	835	773	656	1661	1429	1225	882	175	1,3	4,0	−3,7
600	4150	910	867	826	746	2691	2443	2217	1809	188	1,1	4,0	−1,5
610	4500	948	907	866	788	3407	3116	2845	2356	199	1,0	4,0	−0,1
650	3800	900	857	815	735	2795	2534	2292	1864	186	1,2	4,0	−1,8
600	3300	835	793	753	676	2859	2578	2325	1874	172	1,5	4,0	−4,3
650	3800	870	827	786	707	3103	2804	2533	2049	180	1,3	4,0	−2,9
650	4300	921	880	840	765	3567	3256	2967	2461	192	1,1	4,0	−0,9
650	4450	963	920	879	798	3900	3559	3249	2678	202	1,0	4,0	+0,3
600	3900	800	755	711	629	3360	2993	2654	2077	163	1,7	4,0	−6,5
650	4300	940	904	869	802	4020	3718	3436	2927	200	1,0	4,0	0,0
650	4150	880	841	803	730	3988	3642	3321	2744	182	1,2	4,0	−2,4
650	4200	960	918	877	799	4149	3793	3463	2874	193	1,5	4,0	−0,8
600	4150	821	785	751	684	3606	3297	3017	2503	171	1,5	4,0	−4,4
600	4050	870	818	767	671	4049	3580	3147	2409	175	1,4	4,0	−3,7
610	4300	936	903	870	807	5107	4753	4418	3800	200	1,0	4,0	0,0
610	4400	969	936	903	838	5480	5105	4751	4097	209	0,9	4,0	+0,9
600	3900	820	767	717	622	3934	3441	3007	2263	164	1,6	4,0	−6,2
650	4400	915	869	825	741	5442	4909	4424	3569	187	1,1	3,9	−1,6
650	4300	1029	969	913	807	4765	4225	3751	2931	203	0,6	4,0	+0,3
610	4300	866	836	807	750	5463	5093	4743	4096	184	1,3	4,0	−2,1
610	4200	884	861	838	793	6329	6001	5686	5093	192	1,2	4,0	−1,0
610	4400	887	832	779	678	5098	4488	3934	2982	178	1,3	4,0	−3,3
600	3900	800	754	710	626	5120	4548	4033	3135	162	1,7	4,0	−6,5
650	4400	785	754	723	664	5854	5401	4966	4189	165	1,7	4,0	−5,8
600	3400	710	677	645	584	4084	3714	3371	2763	149	2,2	4,0	−10,7
610	4300	771	719	669	574	5781	5028	4352	3206	155	1,9	4,0	−9,1
610	4275	866	825	786	710	6556	5960	5406	4414	179	1,3	4,0	−2,9
610	3250	736	692	650	569	7023	6213	5476	4199	151	2,1	4,0	−10,4
610	3650	701	659	619	542	6370	5633	4962	3802	145	2,3	4,0	−12,8
610	3550	709	648	591	484	4312	3610	2996	2008	142	2,4	4,0	−15,5
610	4300	652	608	566	485	6893	5992	5182	3810	137	2,8	4,0	−17,9
610	2700	655	610	567	485	6958	6035	5307	3809	137	2,8	4,0	−17,8
650	3300	730	672	617	515	9381	7956	6705	4680	146	2,2	4,0	−13,1
610	3700	858	843	829	800	17891	17287	16698	15566	189	1,2	4,0	−1,3

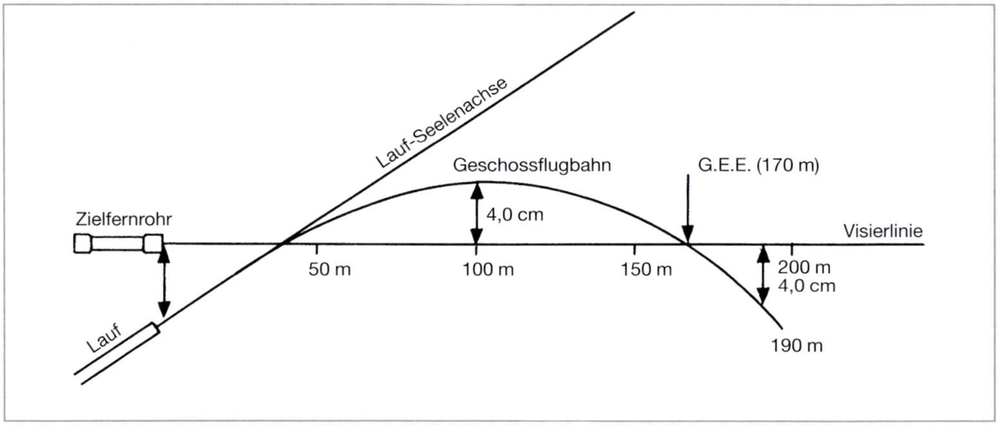

Flugbahn eines Einzelgeschosses

288 | Was bedeutet günstigste Einschießentfernung (GEE)?

Es ist diejenige Entfernung, auf der die Flugbahn des Geschosses die Visierlinie zum 2. Mal schneidet (bei 4 cm Hochschuss auf 100 m).

289 | Welchen Vorteil hat es, wenn eine Büchse auf GEE eingeschossen wird?

Dadurch wird erreicht, dass das Geschoss im Bereich vor der GEE nicht allzu hoch schießt und im Bereich nach der GEE auf jagdlich vertretbare Entfernung nicht übermäßig »fällt«.

290 | Bei welcher Distanz liegt die GEE?

Bei modernen Büchsenpatronen liegt die GEE meist um 150 bis über 200 m, je nach der »Rasanz« (Gestrecktheit) der Flugbahn der betreffenden Laborierung.

291 | Wie kann ich auf GEE einschießen, wenn nur ein 100-m-Schießstand zur Verfügung steht?

Das Gewehr ist im Anhalt an die Schusstafel auf 100 m mit etwas (2–4 cm) Hochschuss einzuschießen.

292 | Welchen Nachteil hat eine auf 100 m »Fleck« anstatt auf GEE »Fleck« eingeschossene Büchse?

Auf 100 m »Fleck« einzuschießen verschenkt den Vorteil der gestreckten Flugbahn moderner Geschosse auf eine »möglicherweise doch« notwendig werdende größere Schussdistanz.

293 | Was ist beim Schuss steil bergauf oder bergab zu beachten?

Bei Standardladungen gilt der Spruch: »Bergauf und bergunter, halt immer drunter!«

- Da die senkrecht zur Erdoberfläche wirkende Erdanziehungskraft beim Winkelschuss verkürzt und daher weniger auf die Geschossflugbahn einwirkt als beim horizontalen Schuss, ist die Flugbahn gestreckter. Daraus ergibt sich im Vergleich zum Horizontalschuss ein laborierungsabhängiger Hochschuss. Dieser ist auf jagdliche Distanz am geringsten bei rasantem Geschoss und steilem Winkel, weswegen der Spruch »Bergauf und bergunter, halt drunter!« vor allem für langsame Ladungen gilt.
- Der Wildkörper hat eine Walzenform, sodass ein in der »10« der Scheibe sitzender Treffer

auf dem Wildkörper – je nachdem, ob hinauf- oder hinuntergeschossen wird – einen Tief- oder Hochschuss ergeben wird. Das ist beim Abkommen zu berücksichtigen. Das Ausmaß einer Winkelschussabweichung kann nur durch praktisches Schießen mit der entsprechenden Waffen/Montage/Zielmittel/Patronen-Kombination im Gelände ermittelt werden.

- Beim nahen Steilschuss, z. B. von hoher Kanzel, kann die Erdanziehung unberücksichtigt bleiben, jedoch ist der vertikale Abstand zwischen Visierlinie und Geschossbahn zu bedenken – um dieses Maß muss man auf dem Wildkörper höher abkommen.

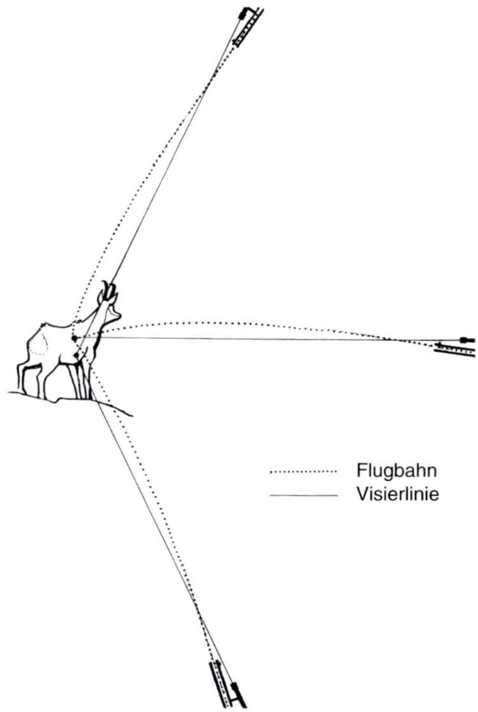

»Bergauf und bergunter, halt drunter!« gilt vor allem bei wenig rasanten Ladungen.

294 | Was ist beim Schuss im Hochgebirge zu beachten?

Der Luftwiderstand für das Geschoss ist in großen Höhen geringer. Dadurch ergibt sich aus dem im Flachland eingeschossenen Gewehr ein geringer, daher meist vernachlässigbarer Hochschuss. Mehr Augenmerk ist der bei Seitenwind häufig starken Winddrift zu schenken.

295 | Was ist Freiflug?

Mit Freiflug bezeichnet man die Strecke des rotationslosen Geschossweges, auf der das Geschoss sich nicht mehr im Hülsenhals befindet, ohne aber in die Felder des Laufs eingepresst worden zu sein.

296 | Welche Auswirkungen kann Freiflug haben?

Freiflug kann einerseits den Spitzengasdruck senken und andererseits in manchen Fällen die Präzision verschlechtern.

297 | Was ist der rotationslose Geschossweg?

Der Weg, der nach der Patronenzündung (Beginn der Geschossbeschleunigung) vom Geschoss bis zum Eintritt in die Felder zurückgelegt wird. Die Länge des rotationslosen Geschossweges ist ein waffen- und laborierungsabhängiges Minimalmaß und wird bei Fabrikpatronen eingehalten.

298 | Was ist ein Nachbrenner?

Wenn – meist wegen ungenügender Anzündung – die Patrone verzögert zündet. Wie beim hör- und spürbar »schlappen Schuss« ist vor dem Nachladen der Lauf auf Fremdkörper zu überprüfen.

299 | Welche Außeneinflüsse wirken auf die Flugbahn eines Geschosses ein?

Die Erdanziehungskraft, der Luftwiderstand und atmosphärische Einflüsse.

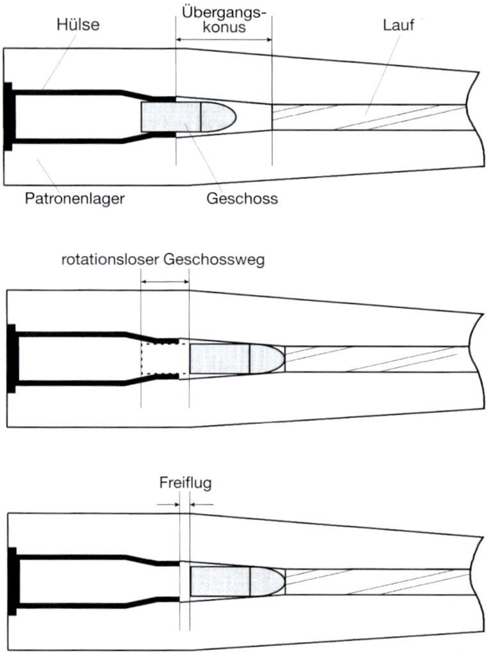

Schematische Darstellung des Freiflugs eines Geschosses

300 | Wie wird eine Waffe eingeschossen?

Zuerst gibt man einen Kontrollschuss ab. Wenn die Treffpunktlage abweicht, werden am »Türmchen« des Zielfernrohrs die seitliche und vertikale Abweichung korrigiert und es wird erneut geschossen, bis das Trefferbild mit dem Ziel übereinstimmt.

301 | Wie wird die Geschwindigkeit des Geschosses bezeichnet?

Mit V (von lat. *velocitas*) unter Anfügung der Distanz zur Mündung, z. B. V_0 (Mündungsgeschwindigkeit), V_{100} (Geschossgeschwindigkeit auf 100 m) usw.

302 | Welche Faktoren beeinflussen wesentlich die Flugbahn eines Büchsengeschosses?

Erdanziehung und Luftwiderstand allgemein, Geschossgeschwindigkeit und ballistischer Koeffizient (BC) im Besonderen.

303 | Was versteht man unter Joule?

Joule (gesprochen »Dschuul«, abgekürzt »J«) ist die internationale Maßeinheit für Energie. Im Falle der Zielballistik handelt es sich um die Bewegungsenergie (kinetische Energie) des Geschosses. Für dessen zielballistische Wirkung sind aber außer der Energiemenge und der Geschosskonstruktion vor allem die Art und Geschwindigkeit der Energieabgabe maßgeblich.

304 | Was ist der gefährlichste Abgangswinkel beim Kugelschuss?

Mit 30–33 Grad Abgangswinkel erreicht man die größte Flugweite eines Geschosses.

305 | Woraus resultiert die Energie eines Büchsengeschosses?

Aus Geschossgeschwindigkeit und Geschossmasse.

306 | Was bedeutet Rasanz?

Rasanz bezieht sich auf die Krümmung der Geschossflugbahn und ist keine absolute Messgröße. Rasanter beim direkten Vergleich ist die Ladung mit der flacheren Geschossbahn, d. h., rasanter ist das Geschoss mit höherer Durchschnittsgeschwindigkeit und höherem BC (ballistischem Koeffizienten). Bei gleichem Haltepunkt können rasante Ladungen die Trefferwahrscheinlichkeit auf große Distanz steigern. Da Rasanz für »flach schießend« steht, sollte der laienhafte Begriff »hochrasant« vermieden werden – denn das würde »hochflach …« bedeuten.

307 | Wie groß ist der Gefahrenbereich bei einem Büchsenschuss?

Von 1500 (z. B. .22 lfB) bis 6000 m.

Sonstiges

Aufbewahrung

Die Aufbewahrung von Waffen und Munition ist im Waffengesetz geregelt (s- Seite 82). Grundregel: Waffen und Munition müssen so aufbewahrt werden, dass sie nicht abhandenkommen und unbefugte Dritte sie nicht an sich nehmen können. Schusswaffen dürfen nur ungeladen im Waffenschrank aufbewahrt werden.

Sinnvollerweise sollten Schusswaffen entspannt aufbewahrt werden. Um die Magazinfeder zu schonen, ist das Magazin zu entleeren.

Der Raum für die Aufbewahrung von Waffen soll gleichmäßig temperiert und trocken sein. Stark ausgekühlte Waffen, die in einen geheizten Raum gebracht werden, beschlagen leicht; sie müssen rechtzeitig durchgewischt und abgetrocknet werden. Längeres Aufbewahren in Futteralen kann durch Feuchtigkeitsreste zur Rostbildung führen. Aus dem gleichen Grund sollen Mündungsschoner und Schalldämpfer abgenommen werden. Beim Transport in Fahrzeugen ist die Waffe so unterzubringen, dass sie keiner zu starken Erschütterung ausgesetzt ist.

Unfallverhütung

Die Handhabung jeder Schusswaffe erfordert Disziplin und Selbstbeherrschung. Zu den Grundregeln im Umgang mit der Waffe gehört es z.B., dass man sie nur dort lädt, wo man auch zum Schießen berechtigt ist. Es ist selbstverständlich, das Gewehr zu entladen, wenn man einen Hochsitz besteigt oder verlässt, einen Graben überspringt oder in das Auto einsteigt. Dazu gehört auch, dass man vor Abgabe eines jeden Schusses prüft, ob das Hintergelände einen sicheren Kugelfang bietet und niemand durch den Schuss gefährdet wird. Niemals darf eine geladene oder ungeladene Waffe auf Mensch oder Tier gerichtet oder zielend angeschlagen werden, es sei denn auf Wild, das erlegt werden soll.

Bei Gesellschaftsjagden sind besondere Vorsichtsmaßnahmen notwendig, die – in einer Aufstellung zusammengefasst – mit jedem Jagdschein ausgegeben werden (mehr dazu s. Kapitel »Gesellschaftsjagd«, Seite 651 sowie Unfallverhütungsvorschriften ab Seite 701).

Auf Sicherungen darf man sich nie verlassen, besonders dann nicht, wenn die Gefahr besteht, dass das Gewehr einer Erschütterung oder Beschädigung durch Sturz oder Fall ausgesetzt wird. Absolut sicher ist nur das entladene Gewehr! Handspanner sind im Allgemeinen sicherer, sobald sie entspannt sind, als bloß gesicherte Selbstspanner. Doch sind Handspannsysteme keinesfalls perfekt, weil man z.B. das Entspannen vergessen könnte. Deshalb gilt: Immer entladen, in jedem Fall aber, wenn es die Unfallverhütungsvorschriften vorschreiben!

Klebeband schützt die Mündung des Büchsenlaufes und kann gefahrlos durchschossen werden.

Eine weitere Unfallquelle können Fremdkörper im Lauf sein. Auch wenn es nicht gleich zu einem Unfall kommt, kann die Waffe beschädigt werden. Deshalb vor dem Laden durch den Lauf schauen (soweit technisch möglich). Besonders bei Schnee sollten die Läufe durch Mündungsschoner oder Klebeband geschützt sein (s. Bild Seite 161). Klebeband lässt sich ohne Folgen für Sicherheit oder Treffpunktlage durchschießen, durchsichtiges Klebeband lässt den Kontrollblick durch den Lauf zu.

Für jede Waffe darf nur die dafür geeignete Munition verwendet werden. Besonders gefahrenträchtig sind diejenigen Fälle, wo Patronen zwar in das Patronenlager bzw. Magazin passen, beim Schuss aber (infolge zu hoher Ladung und/oder stärkeren Kalibers) einen überhöhten Gasdruck ergeben. Daher die Angaben auf den Munitionspackungen und auf den Patronen selbst beachten! Munition für verschiedene Waffen ordentlich getrennt halten, damit es beim Griff in Schublade oder Patronentasche keine Verwechslungen gibt! Funktionsstörungen beim Schießen können an der Munition liegen, aber auch an der Waffe (z. B. zu kurzer, abgenützter Schlagbolzen, schlappe Schlagfeder). Bei einem Versager – der Schuss geht nicht los – nicht sofort den Verschluss öffnen bzw. repetieren oder nachladen. Es könnte als »Nachbrenner« zu einer verzögerten Schussentwicklung kommen (selten); daher einen Augenblick vorsichtig abwarten. Danach bei der entnommenen Patrone den Einschlag des Schlagbolzens kontrollieren (s. dazu auch den Wortlaut der VSG 4.4 Seite 702).

308 | Was regelt die Handhabung der Waffe im Jagdbetrieb?

Die Unfallverhütungsvorschriften (früher UVV – richtig: VSG 4.4 der Landwirtschaftlichen Berufsgenossenschaften) zusammen mit der Gebrauchsanweisung der Waffe.

309 | Was muss der erste Handgriff sein, sobald der Jäger ein Gewehr in die Hand nimmt?

Er muss sich durch Öffnen des Verschlusses überzeugen, dass das Gewehr nicht geladen ist. Das gilt auch, wenn man die eigene Waffe aus dem Gewehrschrank nimmt; erst recht, wenn einem ein fremdes Gewehr – z. B. auf dem Schießstand – übergeben wird. Die Mündung zeigt dabei immer in eine sichere Richtung.

310 | Was ist zu tun, wenn bei der Waffe Funktionsstörungen oder Beschädigungen festgestellt werden?

Die Waffe darf nicht mehr verwendet werden und ist zum Fachmann (Büchsenmacher) zur Überprüfung und Reparatur zu bringen.

311 | Gibt es eine Stelle, wo Waffen überprüft und Ursachen von Mängeln gutachtlich festgestellt werden können?

Ja, die Beschussämter und die DEVA (Deutsche Versuchs- und Prüfanstalt für Jagd- und Sportwaffen e.V., Dune 3, 33184 Altenbeken-Buke).

312 | Auf Ihrer Doppelflinte fehlt der Beschussstempel »N«. Dürfen Sie damit die heute gebräuchlichen Schrotpatronen verschießen?

Nein. Es können dann nur Schwarzpulverpatronen verschossen werden, sofern die Waffe dafür beschossen ist.

313 | Was sind die wichtigsten Vorgänge bei der Handhabung von Waffen, die jeder Jäger bei seinen eigenen Waffen zuverlässig beherrschen muss?

Laden und Entladen; Spannen und Entspannen; Sichern und Entsichern; gegebenenfalls Stechen und Entstechen; bei kombinierten Waffen Umstellung Schrot/Kugel; Zerlegen der Waffe (nur soweit für ordnungsgemäße Reinigung erforderlich).

314 | Woran ist äußerlich erkennbar, ob ein Jagdgewehr gespannt ist?

Bei Handspannern an der Stellung der Hähne bzw. des Spannschiebers bzw. des Kammerstängels. Bei manchen Selbstspannern an Signalstiften oder Signalwellen. Bei Selbstspanner-Repetierbüchsen an der Stellung des Schlosses bzw. einer Spannanzeige.

315 | Gibt es auch Kennzeichen, ob das Gewehr geladen ist?

Nein, das ist äußerlich nicht erkennbar.

316 | Wo kann sich der Anfänger die nötige Sicherheit im Umgang mit Waffen aneignen?

Die erste Grundlage ist der Lehrgang zur Ausbildung für die Jägerprüfung. Dazu kommt das Übungsschießen auf Schießständen/-kinos.

317 | Müssen auch Gewehre mit Handspannung in unsicheren Situationen entladen werden?

Ja! Entspannte Handspanner sind zwar »sicherer« als gesicherte Selbstspanner, doch auch sie müssen in unfallträchtigen Situationen entladen werden.

318 | Wann ist ein Gewehr unbedingt zu entladen?

Immer außerhalb der eigentlichen Jagdausübung: wenn das Treiben beendet ist, wenn der Jäger Hindernisse (Zäune, Gräben) übersteigt, wenn er Hochsitze besteigt oder verlässt, beim Begehen von unsicherem Gelände (Glatteis, Stege, steile Wege oder Hänge), vor dem Einsteigen in Fahrzeuge, vor dem Betreten von Wohngebäuden, beim Verlassen des Reviers.

319 | Wie ist das Gewehr zu tragen, wenn der Jäger in Gesellschaft anderer Personen ist?

Immer so, dass die Mündung keinesfalls auf Menschen gerichtet ist.

Nicht schussbereit ist eine Waffe, wenn sie vollständig entladen ist (hier eine Blaser F16 Game).

320 | Welche Sicherheitsvorkehrung sieht die VSG 4.4 bei einer Gesellschaftsjagd vor?

Das entladene Gewehr ist mit geöffnetem Verschluss zu tragen. Der Jagdleiter kann anderes anordnen, z. B. bei Schneefall »Waffe entladen, Mündung nach unten, Verschluss zu«.

321 | Wie sind Gewehre zu halten, wenn sie geladen oder entladen werden?

Immer in eine Richtung, in der niemand gefährdet werden kann. Nach dem Laden sind selbstspannende Schlosse zu sichern bzw. nachspannende Handspanner zu entspannen, sofern nicht sofort weitergeschossen wird.

322 | Wann wird das Gewehr bei der Jagdausübung entsichert bzw. bei Handspannern gespannt?

Erst während oder kurz bevor man in Anschlag geht.

323 | Wann wird ein Büchsenschloss eingestochen?

Erst, wenn man bereits auf das Wild in Anschlag gegangen ist, also unmittelbar vor dem Schuss.

Wegen Überladung der Patrone (zu hoher Gasdruck) gesprengter 98er-Repetierer

324 | Wie ist beim Entstechen (wenn man nicht zum Schuss gekommen ist) vorzugehen?

Die Waffe ist sofort zu sichern und, wenn möglich, der Verschluss zu öffnen. Erst nach dem Sichern entstechen!

325 | Was ist zum Schutz gegen Fremdkörper im Lauf zu tun?

Nach dem Reinigen und vor dem Laden durch den Lauf schauen. Besondere Vorsicht bei Schnee! Mündungsschoner benutzen! Ein die Mündung des Büchsenlaufs schützendes Klebeband kann ohne Gefahr durchschossen werden (s. Bild Seite 161).

326 | Was ist zu tun, wenn der Schuss versagt?

Kurze Zeit abwarten, ob der Schuss nicht noch verzögert losgeht (»Nachbrenner«). Erst dann den Verschluss öffnen und die Versagerpatrone entnehmen.

327 | Was ist ein schlapper Schuss?

Ein Schuss, bei dem das Treibmittel (Pulver) nicht genug Kraft entwickelt.

328 | Welche Gefahr birgt ein schlapper Schuss?

Dass das Geschoss oder der Pfropfen im Lauf stecken bleiben, der nächste Schuss die Waffe beschädigt und dabei der Schütze verletzt wird.

329 | Wie bemerken Sie einen schlappen Schuss?

Am ungewohnt schwachen Schussknall und Rückstoß.

330 | Wodurch kann überhöhter Gasdruck entstehen?

Durch Fremdkörper im Lauf oder durch fehlerhafte oder unpassende Munition.

331 | Was kann bei überhöhtem Gasdruck passieren?

Laufaufbauchung, Riss im Lauf, Laufsprengungen, Durchschlag des Zündhütchens mit Gasaustritt durch das Schlagbolzenloch ins Schloss (mögliche Folge: Schloss- und Schaftsprengung).

332 | Was kann zur Laufsprengung führen?

Munitionsmängel, ein Fremdkörper im Lauf oder ein Materialfehler.

333 | Was ist ein Hülsenreißer, was ist ein Durchschläger?

Die abgeschossene Hülse ist im vorderen Bereich aufgerissen (Hülsenreißer) bzw. das Zündhütchen ist nach hinten durchgeschlagen (Durchschläger) mit der Gefahr der Schlossbeschädigung durch rückschlagende hochgespannte Pulvergase.

334 | Welche Ursachen haben Hülsenreißer und Durchschläger?

Ursachen können sein: Materialfehler oder zu starke Ladung einzelner Patronen oder unstimmige Abmessungen (Toleranzüberschreitung) des Patronenlagers bzw. (beim Durchschläger) ein zu langer, unpassender oder beschädigter Schlagbolzen.

335 | Was versteht man unter Doppeln?

Das gleichzeitige Losgehen von 2 Schüssen aus mehrläufigen Gewehren.

336 | Was sind die hauptsächlichen Ursachen des Doppelns?

Funktionsstörungen der Gewehrschlosse/Abzüge oder Bedienungsfehler. (Z. B. »doppeln« Kugel- und Schrotlauf von Büchsflinten, wenn bei eingestochenem Kugelschloss versehentlich mit dem 2. Abzug der Schrotschuss ausgelöst wird.)

337 | Welche besondere Gefahrenquelle beinhaltet das Abzugssystem?

Eine besonders große Gefahrenquelle bilden Stecherabzüge, vor allem der veraltete deutsche Stecher. Wo immer möglich, sollte man Stecherabzüge meiden und gegen Flintenabzüge austauschen sowie Konstruktionen verwenden, mit denen auch ungestochen sauber geschossen werden kann.

338 | Was bedeutet »eine Waffe ist unterladen«?

Wenn das Patronenlager frei, jedoch das Magazin geladen ist, spricht man von einer unterladenen Waffe. »Unterladen« steht rechtlich dem Zustand »geladen« gleich, d. h., wenn eine Waffe als entladen gelten soll, muss auch das Magazin leer bzw. entnommen sein.

339 | Wo können Schrote abprallen und unkontrolliert weiterfliegen?

Schrote sind wegen ihrer unstabilen Kugelform besonders abprallgefährdet, dies umso mehr beim Auftreffen auf glatte, harte Flächen wie Steine, Wasser, Eis oder gefrorenen Boden.

Pflege von Jagdwaffen

Der Lauf ist nach jedem Gebrauch, ob geschossen wurde oder nicht, trocken zu wischen. Dazu eignen sich Reinigungsschnüre aus Nylon mit kalibergenauen Anpresskugeln ebenso wie der Filzreiniger, der mit einem kunststoffummantelten Stahlseil vom Patronenlager zur Mündung durch den Lauf gezogen wird. Das Stahlseil ist vor allem z. B. bei einer Selbstladebüchse oder einem Geradezugrepetierer sinnvoll.

Je nach Beanspruchung, aber mindestens einmal im Jahr, ist der Lauf mit Bronzebürste und Waffenöl oder einem chemischen Laufreiniger zu reinigen. Dabei werden die Geschossablagerungen im Lauf effektiv entfernt. Bei bleifreier Munition verkürzt sich der Zeitraum meist um die Hälfte. Nach der Reinigung wird der Lauf mit einer geringen Menge an Waffenöl konserviert. Dieses Öl sollte man vor der nächsten Schussabgabe mit einem trockenen Filz oder einer Reinigungsschnur wieder entfernen. Der Durchmesser des Putzstocks richtet sich nach dem Kaliberdurchmesser.

Einstecklӓufe werden wie ein »normaler« Lauf gereinigt. Der Einstecklauf sollte auch einmal ausgebaut werden, da sich zwischen Einstecklauf und Waffenlauf Kondenswasser bilden kann.

Bürsten aus Stahldraht und Stahlwolle können das Feld-Zug-Profil nachhaltig beschädigen und dürfen zur Laufreinigung nicht verwendet werden. Bronze- oder Messingbürsten können Ruß und Geschossablagerungen aber effektiv entfernen.

Zur Pflege gehören auch die Außenseite der Waffe und der Schaft. Ein Gewehr mit Kunststoff- oder Schichtholzschaft kann mit einem Mikrofasertuch und mildem Reinigungsmittel gesäubert werden. Traditionelle Holzschäfte z. B. aus Nussholz schützt man mit Schaftöl gegen das Eindringen von Feuchtigkeit. Durch die Feuchtigkeit kann sich das Holz verformen und so die Schussleistung negativ beeinflussen.

340 | Was ist zur Pflege von Waffen erforderlich?

Geeignetes Werkzeug, Putzstock, Bronzebürste, Reinigungsfilze oder Baumwollpatch. Hochwertiges Waffenöl, Laufreiniger/Kupferlöser und ggf. ein Schaftöl und ein sauberer, saugfähiger Lappen. Das Wichtigste ist, die Verschmutzung zu erkennen. Danach richtet sich die Wahl des Werkzeuges und der Chemie. Die Waffe ist trocken zu halten. Sollte sie sehr nass geworden sein, ist sie in ihre Baugruppen zu zerlegen und mit einem trockenen Tuch und danach mit einem leicht öligen Lappen abzuwischen.

341 | Von welcher Seite wird der Lauf durchgewischt?

Wenn möglich, vom Patronenlager zur Mündung hin. Dabei die Waffe fest fixieren, am besten in einem Reinigungsgestell oder einem Schraubstock. Die Bürste, die den Lauf komplett verlassen hat, kann wieder zurückgezogen werden. Bei Selbstladebüchsen kann auch von der Mündung zum Patronenlager hin gereinigt werden. Das Einführen der Bürste erfolgt sehr vorsichtig. Bei ihrem Austritt im Patronenlager ist darauf zu achten, dass die Bürste den Lauf ganz verlässt und man nicht am Gehäuse bzw. Verschlusskopf anstößt.

342 | Was muss geschehen, bevor ein gereinigt und eingeölt aufbewahrtes Gewehr erneut verwendet wird?

Man soll nicht mit eingeöltem Patronenlager und Lauf schießen. Das Gewehr muss daher vor dem nächsten Schuss mit einer sauberen Reinigungsschnur, Patch, Filzreiniger oder Wollwischer entölt werden.

343 | Was ist ein Ölschuss?

Der erste Schuss nach dem Einölen mit (oft) abweichender Treffpunktlage infolge von Öl im Büchsenlauf.

Reinigungswerkzeug für die Laufreinigung sollte hochwertig sein. Bronzebürste, Filzreiniger, Patch und Putzstock dienen der Grundreinigung. Mit Reinigungsschnüren kann zwischendurch schnell gereinigt werden.

Optik

Unentbehrlich für jeden Jäger ist eine leistungsfähige, auf die Anforderungen verschiedener Jagdarten abgestimmte Jagdoptik. Zur Jagdoptik zählen wir Ferngläser, Zielfernrohre und andere Zieloptiken sowie Spektive; im weiteren Sinne auch Entfernungsmesser, Nachtsichtgeräte und Wärmebildkameras.

Fernglas

Wesentliche Merkmale eines Fernglases sind die Vergrößerung und der Objektivdurchmesser (das Objektiv ist der dem Objekt zugewandte Linsenteil). Aus diesen beiden Werten lassen sich Dämmerungszahl und Austrittspupille berechnen. Vergrößerung (z. B. 8 ×) und Objektivdurchmesser (z. B. 56) sind auf jedem Fernglas angegeben. Die Dämmerungsleistung ist umso besser, je größer der Objektivdurchmesser und gleichzeitig die Vergrößerung sind. Nach oben sind jedoch Grenzen durch Gewicht und Handlichkeit des Geräts gesetzt. Auch kann die optische Leistung nur innerhalb gewisser Grenzen vom Auge überhaupt genützt werden. Viel mehr als von den rechnerischen optischen Daten ist die Güte eines optischen Geräts von der Qualität der Glassorten, der »Lichtrechnung« und der Verarbeitung abhängig. Ein weiteres wichtiges Merkmal ist die Qualität der »Vergütung«, das ist ein Überzug der Glasoberflächen mit einem reflexmindernden Belag, der die Helligkeit und andere Qualitätseigenschaften des Bildes steigert. Aus allen diesen Qualitätsmerkmalen zusammengenommen erklären sich die erheblichen Preisunterschiede zwischen »Billiggläsern« und Markenfabrikaten der Premiumklasse.

Blaser RD20 im Anschlag

Modernes Dachkantprismen-Fernglas ZEISS Victory

Nachtglas Swarovski SLC 8×56

Verschiedene Modelle: Wir unterscheiden

- superleichte »Pocket-Gläser« (oft faltbar), z. B. 8×20 oder 10×25,
- leichte Pirschgläser zum Beobachten bei Tageslicht, z. B. 8×32 oder 10×32,
- universell brauchbare Jagdgläser für Tag und Dämmerung, z. B. 7×42, 8×42, 10×42,
- sowie Dämmerungs-/Nachtgläser, mit Werten von z. B. 8×50 oder 8×56.

Pirschglas Meopta Meostar 8×25

Allerdings können viele ältere Jäger große Austrittspupillen nicht (mehr) nutzen, sodass für diese in der Dämmerung ein 10×42 (AP 4,2 mm) ausreichen würde oder ein 10×56 empfehlenswert wäre.

Die **Dämmerungszahl** (DZ) ist ein immer im Zusammenhang mit der Austrittspupille (AP) zu sehendes Maß für die Leistung eines Glases bei schwachem Licht. Mit größerer Vergrößerung

Universalglas Swarovski EL 10×42

Fernglas Minox X-range 10×42

werden Sehfeld und die Schärfentiefe geringer. Hoch vergrößernde Gläser sind zur Freihandbeobachtung wenig geeignet, eine Ausnahme machen gute, mechanisch bildstabilisierte Gläser wie das 20×60 S von Carl Zeiss. Seit einigen Jahren sind Ferngläser und auch Zielfernrohre mit integriertem Entfernungsmesser erhältlich.

Ausstattungsmerkmale: Jagdgläser sollten haptisch geformt und eine griffige, geräuschdämpfende Oberfläche haben, um klappernde Geräusche zu vermeiden. Ein Mitteltrieb ist zur schnellen Schärfeeinstellung zweckmäßiger als die Einzeleinstellung der Okulare, andererseits haben Ferngläser mit dem breiter bauenden **Porrosystem** eine große Schärfentiefe und müssen, unterstützt durch die Adaptationsfähigkeit des Auges, nicht so oft nachfokussiert (»nachgestellt«) werden wie ein Fernglas mit dem wegen seiner schlanken Bauweise beliebten **Dachkantprismensystem.** Je nach Anordnung der Prismen (Glaskörper) im Innern des Fernglases ergibt sich die lange, schlanke Dachkantprismenform oder die kurze und breite, gedrungene Porrform. Für Brillenträger sind umstülpbare Okularmuscheln oder noch besser mehrstufige Dreh-/Schiebemuscheln nützlich, um auch durch die Brille das volle Gesichtsfeld zu haben. Allerdings haben nur qualitativ hochwertige Gläser richtige (gerechnete) Brillenträger-Okulare.

Porroform: Steiner-Nighthunter 8×56

Zieloptik

Das Wichtigste am Zielfernrohr (ZF) ist nicht seine Vergrößerung oder seine Dämmerungsleistung, sondern die Vereinfachung des Visierens. Während beim Visieren über Kimme und Korn das Auge 3 Punkte »zusammenschauen« muss (nämlich Kimme, Korn und Ziel), muss der Jäger beim Zielfernrohr nur das Absehen auf das Ziel bringen. Viele Zielfehler werden dadurch von vornherein vermieden. Vergrößerung (Zoom) und Dämmerungsleistung sind zusätzliche Vorteile, die sicheres Zielen noch dann erlauben, wenn für die »offene Visierung« (Kimme und Korn) oder bei zu schwacher Vergrößerung das »Büchsenlicht« nicht ausreichen würde. Sinnlos und schädlich ist es dagegen, wenn man sich durch starke Vergrößerung zu übermäßig weitem Schießen verleiten lässt, denn die Optik holt das Ziel nur scheinbar näher heran.

Eine geringe Vergrößerung (1- bis 4-fach) wird zum Flüchtigschießen verwendet. Für den nor-

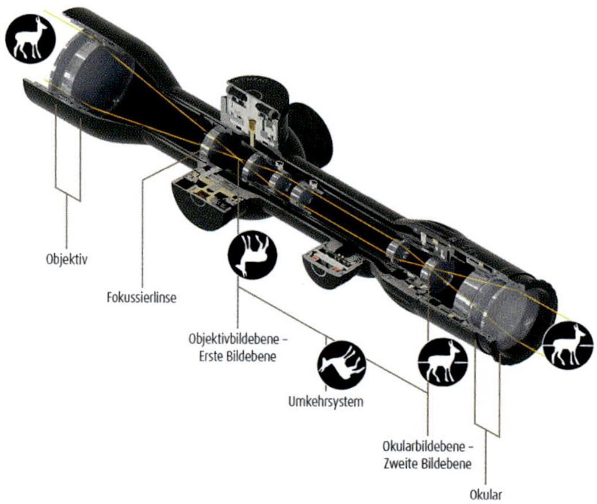

Schnittbild eines Zielfernrohrmodells mit variabler Vergrößerung (Zenith von Schmidt & Bender)

malen Jagdbetrieb ist die 4- bis 10-fache Vergrößerung üblich, für den Ansitz in tiefer Dämmerung bzw. bei Nacht die 6- bis 12-fache, für weite Distanzen auch 15- bis 20-fach. Bei gleicher Vergrößerung ist die Austrittspupille umso größer, je größer das Objektiv ist.

Zielfernrohre mit fester Vergrößerung (z.B. 8×56) dienen Spezialzwecken, universell bei gleich guter Qualität und hoher Strapazierfähigkeit sind variable Zielfernrohre, die mit Vierfach-Zoom (Vergrößerung 1,5- bis 6-fach, 2,5- bis 10-fach oder 3- bis 12-fach) bis hin zu aktuellen Spitzenmodellen mit Sechs- oder Acht-Zoom (2,5- bis 15-fach, 1,1- bis 8-fach, 4,8- bis 36-fach) erhältlich sind. Beim variablen Zielfernrohr kann die Vergrößerung nach Bedarf schnell geändert werden.

Das **Absehen** ist die Zielmarke im Zielfernrohr. Es besteht meist aus einem Fadenkreuz, Punkt oder Zielstachel. Als praktisch haben sich dimmbar beleuchtete Tag- und Nachtabsehen erwiesen, die ein gutes Abkommen sowohl bei schlechtem Licht (Dämmerungsleuchtabsehen)

Drückjagdglas Meopta 1–6×24

Universalglas Steiner 1,6–8×42

Weitschuss-ZF Zeiss 4,8–36×60

Zielfernrohr mit integrierter Laserentfernungsmessung und Flugbahnkompensation: Swarovski dS 5–25×52 p

als auch tagsüber beim schnellen Schuss auf bewegtes Wild ermöglichen sollen.

Absehenschnellverstellungen (ASV) und ballistische Absehen (BA) machen Zielfernrohre universeller. Aus individueller Waffe auf die Bahnkurve der Munition justierte ASV-Zielfernrohre ermöglichen rasche Haltepunktkorrekturen in der Höhe, d.h. für weite Schüsse: Mit ASV am Höhenturm Zieldistanz einstellen und »Fleck« halten; unsicheres »Drüberzielen« entfällt. Es gibt auch ASV für seitliche Haltepunktkorrekturen zum Ausgleich von Seitenwind. Zusätzliche Zielmarken des BA ermöglichen den Schuss auf andere Distanzen als die, auf die der zentrale Absehen-Zielpunkt justiert ist, (vertikale Zielmarken) bzw. dienen zum Ausgleich von Seitenwind (horizontale Zielmarken).

Leuchtpunktvisiere (Reflex-/Rotpunktvisiere): Dies sind sehr kompakte und leichte Visiereinrichtungen für den schnellen Schuss auf sich bewegendes Wild. Es gibt sie ohne und mit Vergrößerung. Gedacht für Drückjagdwaffen, Kurzwaffen, selten auf Flinten. Es gibt Scheiben- (Zeiss Compact, Doctersight III) und Röhrenreflexvisiere (Aimpoint, Microdot, Zeiss Z-Point).

Montagen

Zielfernoptikmontagen: Die Montage stellt die Verbindung zwischen Waffe und Zieloptik dar. Sie ist eine wesentliche Grundlage für eine gute Schussleistung. Folgende Montagesysteme sind heute gebräuchlich:

- Suhler Einhakmontagen (nicht mehr zeitgemäß, nur noch bei alten Waffen)
- Schwenkmontagen (in diversen Ausführungen)
- Aufkipp-/Sattelmontagen
- Aufschubmontagen
- Festmontagen
- Dentler Montagen
- Picatinny Montagen

Leuchtpunktvisier Doctersight

Aimpoint Leuchtpunktvisier

Blaser Sattelmontage

Schwenkmontagen sind weitverbreitet – hier eine von Recknagel auf DBD Krieghoff Optima.

Spektive / Teleskope

Zur Beobachtung auf weite Distanz dient das Spektiv – ein Fernrohr mit einer sehr starken optischen (hier z. B. 70fachen) Vergrößerung. Dabei unterscheidet man zwischen Geradeeinblick- und Schrägeinblick-Spektiven.

Swarowski Spektive

Technik für die Nachtjagd

Die erfolgreiche Jagd bei Dunkelheit erfordert den Einsatz besonderer Technologien. Grundsätzlich unterscheidet man hierbei zwischen Nachtsicht- und Wärmebildtechnik. Die Wärmebildtechnik basiert auf der Darstellung von Wärmebildsignaturen der Wildkörper, während die Nachtsichttechnik (Infrarot) einen Restlicht-Anteil benötigt.

Danach folgt die Unterscheidung zwischen Vor- und Aufsatzgeräten, die zum Erlegen des Wildes bestimmt sind, und Handgeräten, die zur reinen Ansprache und Beobachtung des Wildes dienen.

Vor- bzw. Aufsatzgeräte verfügen über kein eigenes Absehen und werden mittels eines Adapters auf das Zielfernrohr montiert. Hierbei gibt es auch Dual-Use-Geräte, die sowohl zum Beobachten des Wildes als auch zur Montage am Zielfernrohr genutzt werden können.

Derzeit in der Diskussion ist die Benutzung von Zielgeräten (Nachtsicht- und Wärmebild), die wie Zielfernrohre direkt auf der Waffe montiert werden. Sie verfügen über ein integriertes Absehen und benötigen keine weitere Zieloptik und sind damit direkt für die Schussabgabe vorgesehen. Ihre Nutzung ist derzeit in Deutschland nicht zugelassen (Stand 09/2025).

Jäger mit gültigem Jagdschein dürfen – je nach Landesjagdrecht – Vorsatz- und Aufsatzgeräte ebenso wie Dual-Use-Geräte zur befugten Jagdausübung am Zielfernrohr montieren und verwenden. Bitte dabei unbedingt das jeweilige Landesrecht beachten. Nach Beschlusslage zum Redaktionsschluss ist demnächst damit zu rechnen, dass auch Zielgeräte erlaubt werden.

Wärmebildkamera Vorsatzgerät Guide TB630 LRF

Wärmebildkamera Handgerät Guide TD633L

Die **Wärmebildtechnik** zum Aufspüren, Beobachten und Erlegen von Wildtieren ist mittlerweile ein fester Bestandteil bei der Jagdausübung geworden. Insbesondere in der Nacht verschafft sie dem Jäger einen entscheidenden Vorteil. Erfahren Sie mehr unter www.jagdleben.com/Waermebildtechnik

344 | Welche optischen Geräte sind bei der Jagd gebräuchlich?

Fernglas, Zielfernrohr, Spektiv, ggf. Entfernungsmesser, Nachtsichtoptik und Wärmebildgeräte.

345 | Was ist das Objektiv, was das Okular?

Das Objektiv ist die dem Objekt zugewandte Linse, das Okular die hintere, dem Auge zugewandte.

346 | Was bedeutet beim optischen Gerät (Fernglas oder Zielfernrohr) die Angabe 8 × 56?

Ein Gerät mit 8-facher Vergrößerung und 56 mm Objektivdurchmesser.

347 | Auf welche Entfernung bezieht sich beim Fernglas die Angabe »Sehfeld 145 m«?

Beim Fernglas bezieht sich die Angabe des Sehfelds (»Gesichtsfeld«) auf 1000 m Entfernung, beim Zielfernrohr (ZF) auf 100 m.

348 | Gibt es einen Zusammenhang zwischen Vergrößerung und Sehfeld?

Je höher die Vergrößerung, desto enger ist gewöhnlicherweise das Sehfeld.

349 | Wie errechnet sich die Austrittspupille?

Durch Division des Objektivdurchmessers durch die Vergrößerung, z. B. beim 8 × 56 (56 : 8) = 7 mm. Dies gilt aber nur bei ZF mit fixer Vergrößerung, bei variablen ZF nur bei größter Vergrößerung. So hat ein 8 × 56 eine größere AP als z. B. ein auf 8-fach gestelltes 3 – 12 × 56.

350 | Welche Wirkung hat die Vergütung?

Durch einen aufgedampften reflexmindernden Belag auf den Oberflächen der Gläser (Linsen und Prismen) wird weitgehend verhindert, dass Licht beim Durchgang durch das optische System durch Reflexion verloren geht.

351 | Was sind die optischen Daten eines Fernglases?

Angegeben werden Vergrößerung und Objektivdurchmesser (z. B.: 7 × 42, d. h. 7-fache Vergrößerung, 42 mm Objektivdurchmesser). Daraus kann man die Austrittspupille und die Dämmerungszahl errechnen.

352 | Worauf achten Sie beim Kauf eines Jagdglases für den Ansitz?

Es muss weniger auf Größe und Gewicht geachtet werden als auf den Objektivdurchmesser. Als Ansitzgläser eignen sich qualitativ hochwertige Optiken ab den Nenndaten 10 × 42, vor allem aber 8 × 50, 10 × 50, 8 × 56 und 10 × 56.

353 | Was versteht man unter Dämmerungsleistung?

Eine Bezeichnung für das Vermögen eines fernoptischen Geräts, Details in der Dämmerung scharf aufzulösen. Ist in erster Linie abhängig von der allgemeinen Qualität (vor allem der Vergütung) des Geräts und von dessen Dämmerungszahl (DZ).

354 | Wie wird die Dämmerungszahl (DZ) errechnet?

Man multipliziert Vergrößerung und Objektivdurchmesser (z. B. 8 × 56 = 448) und zieht die Quadratwurzel aus dem Ergebnis (Wurzel aus 448 = 21,2).

355 | Wovon ist die Leistung eines Fernglases vor allem abhängig?

Außer von den rechnerischen Kenndaten wird die Bildgüte von der Qualität der verwendeten Glassorten, deren optischer Rechnung, ihrer Verarbeitung und von der Vergütung (reflexmindernder Belag) bestimmt.

356 | Kann man die Austrittspupille sehen?

Der bei guter Optik kreisrunde Lichtpunkt ist

zu sehen, wenn man aus etwas Abstand auf das Okular schaut.

357 | Was ist der Dioptrienausgleich?

1. Anpassung des Fernglases an die unterschiedliche Sehleistung der beiden Augen. Nach erstmaliger Einstellung (oft fixierbar am rechten Okular) hat man auf alle Entfernungen beidseitig die gleiche Schärfe.
2. Beim Zielfernrohr (und Spektiv) dient der Dioptrienausgleich der Anpassung an das (ggf. mit Korrekturlinsen ausgestattete) Zielauge.

358 | Wie wird beim Fernglas die Sehschärfe eingestellt?

Durch gleichzeitiges Scharfstellen (Fokussieren) beider Okulare durch Verdrehen des Mitteltriebs (nach Einstellung des Dioptrieausgleichs) oder durch Einzelfokussierung der beiden Okulare.

359 | Was ist ein Mitteltrieb und was eine Einzelokulareinstellung?

Der Mitteltrieb befindet sich auf der Brücke des Fernglases, mit ihm werden beide Okulare verstellt. Bei der Einzelokularverstellung wird jedes Okular für sich verdreht.

360 | Was ist ein Spektiv?

Ein Fernrohr (Ausziehfernrohr oder Teleskop) mit hoher Vergrößerung zur Beobachtung auf große Entfernung oder für kleine Details.

361 | Welche Vergrößerung haben Spektive?

Bei fester Vergrößerung in der Regel 30- oder 32-fach. Bei variabler Vergrößerung im Bereich 15- bis 40- oder 60-fach.

362 | Welche Vorteile hat die variable Vergrößerung beim Spektiv?

Da bei geringer Vergrößerung das Gesichtsfeld und der Schärfebereich größer sind, kann man ein weit entferntes Objekt zunächst mit der schwachen Vergrößerung »einfangen« (um es leichter zu finden) und dann mit stärkerer Vergrößerung genauer beobachten. Auch wird mit geringerer Vergrößerung die Hitzeschlierenbildung minimiert.

363 | Welche Nachteile haben Spektive?

Sie sind wegen der kleinen Austrittspupille bei schlechtem Licht weniger brauchbar. Ausziehspektive sind empfindlicher gegen Beschädigungen und nicht wasserdicht.

364 | Welche Vorteile bietet ein Zielfernrohr?

Es erleichtert das Zielen auch noch bei schlechtem Licht, weil das Auge nur Absehen und Ziel »zusammenschauen« muss, sowohl bei ruhiger Auflage als auch bei bewegtem Ziel.

365 | Welchen Vorteil haben variable Zielfernrohre?

Je nach Bedarf kann die günstigste Vergrößerung eingestellt werden.

366 | Was ist das Absehen?

Die im Zielfernrohr angebrachte Zielmarke

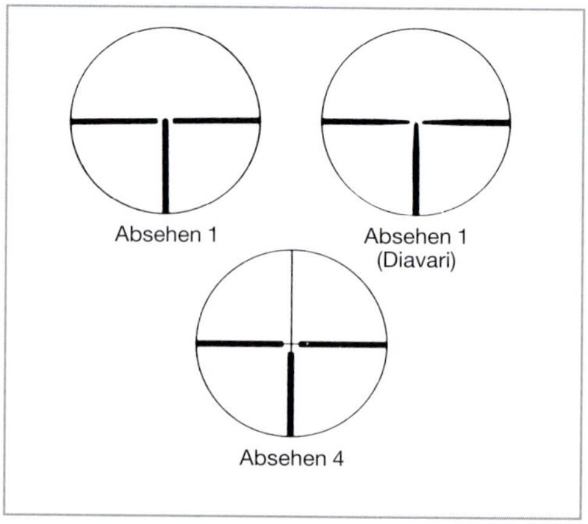

Die wichtigsten Absehen: Abs. 4 wird bevorzugt.

(Fadenkreuz, Zielpunkt, Zielstachel oder Ähnliches). Viele Absehen sind beleuchtet.

367 | Welche beleuchteten Absehen gibt es?

- »Dämmerungsleuchtabsehen« sind teilbeleuchtete Absehen für Dämmerung und Nachtansitz: Die feine (teilweise) Beleuchtung des Absehens wird bei schlechtem Licht zugeschaltet und ist »gegen null« dimmbar, um das Ziel nicht zu überstrahlen.
- »Tag- und Nachtleuchtabsehen« sind (zuschaltbar) beleuchtete Absehen für Tag und Nacht: Das in einem weiten Bereich dimmbare Absehen (optimal als Zielpunkt ausgeführt) lässt selbst flüchtige Ziele schnell aufnehmen und ist bei entsprechendem Objektivdurchmesser bei Dämmerung und Nachtansitz universell einsetzbar.

368 | Wie kann das Absehen verstellt werden?

In den »Türmchen« am Mittenrohr sitzen Höhen- und Seitenverstellung, bei denen eine Rastendrehung der Stellschraube (ein »Klick«) eine Treffpunktverlagerung von meist 1 cm auf 100 m bewirkt.

369 | Was ist eine Absehenschnellverstellung (ASV)?

ASV-Zielfernrohre ermöglichen rasche Haltepunktkorrekturen in der Höhe, d.h. für weite Schüsse.

370 | Was ist ein ballistisches Absehen (BA)?

Zusätzliche Zielmarken des BA ermöglichen den Schuss auf andere Distanzen als die, auf die der zentrale Absehen-Zielpunkt justiert ist (vertikale Zielmarken), bzw. dienen zum Ausgleich von Seitenwind (horizontale Zielmarken).

371 | Wie wird das Zielfernrohr auf dem Gewehr befestigt?

Durch die Montage. Diese muss sorgfältig ausgewählt werden, damit das Zielfernrohr ohne Verspannung festsitzt und sich auch nach wiederholtem Abnehmen und Aufsetzen nicht lockert.

372 | Welche Zielfernrohrmontagen sind gebräuchlich?

Vor allem Schwenk- und Aufschubmontagen in vielen Ausführungen. Manche Waffenhersteller haben hauseigene Montagen für ihre Waffen.

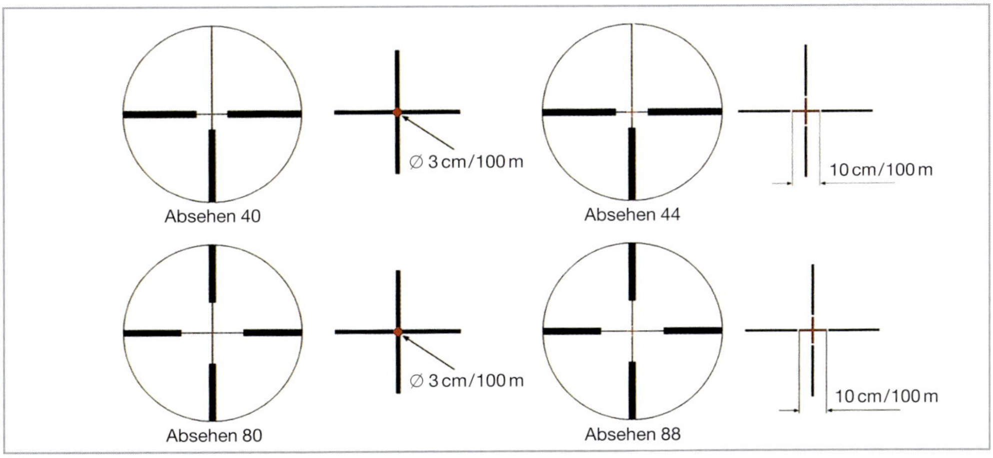

Leuchtabsehen für die Zielfernrohre der VM/V-Serie von Zeiss

Aus Kostengründen wird die – wenn handwerklich sauber ausgeführt – hochwertige Suhler Einhakmontage kaum noch und die einfache, aber robuste Festmontage auf Picatinny-Schiene immer mehr verwendet.

373 | Was versteht man unter einem Drückjagdglas?

Ein Zielfernrohr mit kleiner Vergrößerung und großem Sehfeld (heute meist mit Tageslicht-Leuchtpunktabsehen).

374 | Was versteht man unter Parallaxe?

Eine Verschiebung zwischen Ziel und Absehen, wenn das Auge (bei schrägem Einblick in das Okular) außerhalb der Optikachse des Zielfernrohrs positioniert ist oder wenn das Ziel nicht in der parallaxenfrei eingestellten Entfernung liegt (oft 100 m). Die Parallaxe kann Abweichungen von der Treffpunktlage verursachen, die sich aber auf jagdliche Distanzen meist nur im Zentimeterbereich bewegen.

375 | Was ist ein Rotpunktreflexvisier?

Ein Zielgerät (meist) ohne Vergrößerung mit dimmbarem Rotpunkt.

376 | Was sind die Vorteile des Rotpunktvisiers?

Diese Visiere werden »beide Augen offen« geschossen und haben daher ein praktisch unbegrenztes Sehfeld (Sicherheit!). Mit dem roten Punkt ist außerdem eine schnelle Zielaufnahme möglich.

377 | Was sind die Nachteile des Rotpunktvisiers?

Wegen der fehlenden Vergrößerung und der oft geringeren Transmission (dem meist dunkleren Bild) dieser Geräte kann man kaum ansprechen (z. B. wenn auf einer Bewegungsjagd Geiß und Kitze anwechseln).

Blanke Waffen

Waren früher die persönlichen blanken Waffen des gerechten Jägers wie Saufeder, Standhauer und Hirschfänger noch eine unabdingbare Notwendigkeit – heute braucht höchstens der Saujagdprofi ein langklingiges, stabiles Abfangmesser –, so sind sie inzwischen wegen anderer Jagdformen und durch die Verbesserung der Jagdwaffen- und Munitionstechnik überflüssig geworden oder von besser für diese Spezialzwecke geeignetem Werkzeug abgelöst worden. Was der Jäger aber braucht, ist ein zum Aufbrechen geeignetes Weidmesser. Dieses sollte keinen zu dicken Klingenrücken aufweisen und es muss auch nicht zu lang sein: Eine 8-cm-Klinge für Rehwild und 10 cm für Hochwild reichen aus. Ob man ein feststehendes Messer wählt oder ein stabiles Klappmesser, ist eher eine Geschmackssache.

378 | Was sind blanke Waffen?

Als »blanke« oder »kalte Waffen« bezeichnen wir die traditionellen Hieb- und Stichwaffen des Jägers wie Saufeder, Weidblatt und Hirschfänger. Von praktischer Bedeutung sind heute nur noch die von der Funktion mehr Werkzeug als Waffe darstellenden Weidmesser.

379 | Was ist ein Standhauer?

Damit bezeichnete man früher ein Weidblatt.

380 | Wozu dient ein Weidblatt?

Im praktischen Jagdbetrieb gibt es Situationen, in denen ein Fangschuss nicht angebracht werden kann. In solchen Fällen ist das Weidblatt (oder ein anderes Abfangmesser) eine geeignete Waffe, um stärkeres Schalenwild abzufangen.

381 | Was ist eine Saufeder?

Ein »Jagdspieß« mit zweiseitig geschliffener Klinge.

Nicker, Abfangmesser (Weidblatt), Saufeder und zwei Jagdmesser mit Zusatzwerkzeug

382 | Wozu wird eine Saufeder verwendet?

Zum Abfangen von Sauen, wenn diese von Hunden gestellt und »gebunden« (festgehalten) sind, falls der (tierschutzgerechtere) Fangschuss nicht möglich ist.

383 | Wozu diente ein Hirschfänger?

Ursprünglich zum Abfangen von Schalenwild verwendet, wird er heute nur noch als Zierwaffe zur Uniform von Berufsjägern getragen.

384 | Was versteht man unter einem Jagd- oder Weidmesser?

Ein wichtiges Werkzeug mit feststehender Klinge oder als Klappmesser. Es dient zum Aufbrechen, selten zum Abfangen von schwachem Wild.

385 | Womit können Universaljagdmesser und »Universal-Tools« noch ausgerüstet sein?

Es gibt sie mit Aufbrechklinge, zweiter Messerklinge, Korkenzieher, Flaschenöffner sowie Zangen, Feile und Säge.

386 | Welche Werkzeuge können zum Aufbrechen noch benutzt werden?

Manche Jagdmesser sind zusätzlich mit einer Knochensäge ausgestattet, zum Aufsägen des Schlosses bei starkem Schalenwild. Viele Jäger benutzen eine Zange oder Aufbrechsäge.

Übungsschießen/ Praxisschießen

Einer der wichtigsten Abschnitte der praktischen Jägerprüfung ist der Umgang mit der Waffe. Darauf wird deshalb besonderer Wert gelegt, weil bei leichtsinnigem Gebrauch von Waffen großes Unheil angerichtet werden kann. Jeder Jäger sollte in der Lage sein, mit seinen Schusswaffen sicher umzugehen und sie zu Reinigungszwecken so weit wie nötig zu zerlegen. Er muss wissen, wie man während der Jagd oder auf Schießständen die Jagdwaffe hält, wie man sie trägt und welche Vorsichtsmaßnahmen außerdem notwendig sind. Im praktischen Teil der Jägerprüfung werden unter anderem folgende Themen im Umgang mit der Waffe geprüft: Laden, Entladen, Spannen, ggf. Einstechen (je nach Art der Waffe), Auswahl der zur Waffe passenden Munition, Prüfen, ob eine Waffe geladen ist, Waffenhandhabung (geladen, ungeladen), Sichern und Entstechen nach »nicht zu Schuss kommen«, Entspannen sowie auf dem Schießstand Kugel- und Schrotschuss im jagdlichen Anschlag mit den nach Prüfungsordnung geforderten Treffergebnissen.

Der richtige Anschlag

Nicht nur der saubere und schnelle Anschlag spielt beim Schrotschuss eine Rolle, sondern auch die Fußstellung und die Körperhaltung. Weder breitbeinig noch zu eng soll man stehen, die Füße in kleinem Abstand zueinander (weniger als schulterbreit), der linke Fuß etwas vorgezogen (beim Rechtsschützen), sodass die Fußspitze etwa dahin zeigt, wo die Wurfscheibe getroffen werden will. Das Körpergewicht ruht gleichmäßig auf beiden Füßen, sodass es rasch nach rechts und links verlagert werden kann.

Einschießen: Die sorgfältige Ermittlung der Treffpunktlage und viel Übung sind Voraussetzungen für den weidgerechten Schuss.

Die DJV-Wildscheiben gelten als Standard für den Schießstand: Rehbock, 100 m (oben links); Fuchs, 100 m (oben rechts); neu: annehmender Keiler (für Fangschuss mit Kurzwaffe) (unten links); Gamsbock, 100 m (Mitte rechts); laufender Keiler (unten rechts)

Flintenanschlag

Locker mit leicht nach vorne gebeugtem Oberkörper sollte die Körperhaltung sein. Nicht nur Kopf und Arm – der ganze Körper soll sich beim Schwingen mit der Waffe drehen.

Machen Sie Anschlagübungen. Prüfen Sie, ob Ihnen der Schaft richtig liegt. Schließen Sie die Augen und schlagen Sie mehrmals mit der Flinte an. Schlagen Sie mit geschlossenen Augen so oft an, bis Sie glauben, dass Ihr Anschlag richtig ist. Dann öffnen Sie die Augen wieder. Wenn Ihnen Ihre Waffe passt, muss das Korn genau auf der Mitte der Schiene zu sehen sein. Sie sollen noch etwas Schiene sehen. Legen Sie eine Münze hinten auf die Schiene und lassen Sie das Korn darüber stehen. Wenn Sie die Münze wegnehmen, sehen Sie so viel Schiene, dass Sie das Ziel »unten anfassen« können.

Beim Kugelschuss sind Anschlagfehler häufige Fehlerquellen. Beim aufgelegten Schießen sollen Waffen mit ihrem Vorderschaft möglichst weit vorne aufliegen, wobei die beiden aufgelegten Ellbogen und die Auflage ein stabiles Dreieck bilden. Wenn immer möglich, liegt die Führhand

Gewehranschlag stehend freihändig: Kopf aufrecht, Riemen gefasst

unter dem Hinterschaft. Keinesfalls darf der Lauf anliegen oder Druck von oben auf Lauf und Zielfernrohr ausgeübt werden. Entgegen landläufiger Meinung schaden harte Unterlagen weniger als zu weiche Auflagen.

Der freihändige Büchsenschuss wird leider wenig geübt, sodass Fehlschüsse gerade auf kurze Distanz beim Pirschen oder auf der Bewegungsjagd vorkommen. Ein Hilfsmittel, um nicht freihändig schießen zu müssen, wenn Auflegen oder Anstreichen nicht möglich sind, ist ein Pirsch-/Zielstock nach Art des vom Bergjäger verwendeten Bergstocks. Der Umgang mit ihm muss aber geübt sein, genau wie mit dem Zweibein oder Dreibein.

Es ist hier leider nicht möglich, die praktische Handhabung bis ins Detail zu erklären, denn gerade für die Handhabung der Waffen ist es notwendig, sie in der Hand zu halten, mit ihnen umzugehen und durch diesen Umgang Sicherheit in der Handhabung zu erwerben. Darum ist jedem angehenden Jäger zu empfehlen, bei erfahrenen Jägern, Büchsenmachern und Schießwarten die Handhabung der Waffen immer wieder unter Anleitung und schließlich so oft wie möglich das praktische Schießen auf Kipp- oder Rollhasen oder auf Wurfscheiben sowie das jagdliche Kugelschießen zu üben.

Diese Möglichkeiten werden im Rahmen der Ausbildungslehrgänge zur Jägerprüfung geboten. Die meisten Jagdvereine, Kreisgruppen und Schießschulen führen vor der Jagdzeit Übungsschießen durch. Darüber hinaus sind Schießlehrgänge zu empfehlen. Es gehört viel Übung dazu, neben der Sicherheit im Umgang mit der Waffe die notwendige Treffsicherheit zu erlangen, um beim Schuss auf lebendes Wild dieses so schnell wie möglich zu töten. Das ist beim Schuss auf

Liegendanschlag: auf Ellenbogenauflage und bequemen Körperwinkel achten

Im Schießkino lässt sich der Schuss auf sich bewegende Ziele realitätsnah üben.

stehende Ziele einfach, die Schwierigkeit nimmt aber zu, wenn flüchtiges Wild mit Kugel oder Schrot beschossen werden soll. Hier kommt es auf richtigen Anschlag, Vorschwingen, rechtzeitiges Abdrücken und dabei Durchschwingen an.

Schätzen der Schussentfernung

Wichtig ist es – vor allem beim Flintenschießen –, die Schussentfernungen richtig zu schätzen. Gerade beim Schrotschuss ist »zu weit schießen« eine der schlimmsten tierquälerischen (und deshalb unweidmännischen) Handlungsweisen, die sich ein Jäger zuschulden kommen lassen kann. Denn dabei wird das Stück Wild oft nur von einzelnen Schroten »angebleit« und geht, wenn nicht mit dem firmen Hund nachgesucht, elend zugrunde. Die wirksame Schrotschussentfernung liegt mit den für die jeweilige Wildart tauglichen Schrotgrößen zwischen 20 m und 35 m. Daran ändern auch eng gebohrte »Weitschussflinten« und mit besonders starken Ladungen versehene »Weitschusspatronen« nichts, die manchmal in unverantwortlicher Weise angepriesen werden. Ein einzelnes grobes Schrotkorn kann zwar zufällig auch auf 80 m einen Hasen töten oder einen Fasan aus der Luft holen (wie es auch noch auf 200 oder 300 m das Menschenauge verletzen kann). Solche Zufallstreffer sind aber eher als »Unfälle« zu werten und bestätigen nur die Unverantwortlichkeit des Weitschießens.

Beim Büchsenschuss ermöglicht die heute übliche Kombination von moderner Waffe, präziser Munition und hochwertiger Zieloptik gutes Treffen. Wenn die Büchse mit etwas Hochschuss auf 100 m eingeschossen ist, ergeben sich zwischen 50 und 200 m keine großen Abweichungen vom »Fleckschuss«. Der bei Übungsschießen ermittelte Streukreis wird das Blatt eines Rehs in jedem Fall abdecken. Dabei ist aber zu bedenken, dass dieser nicht nur vom technischen Einfluss

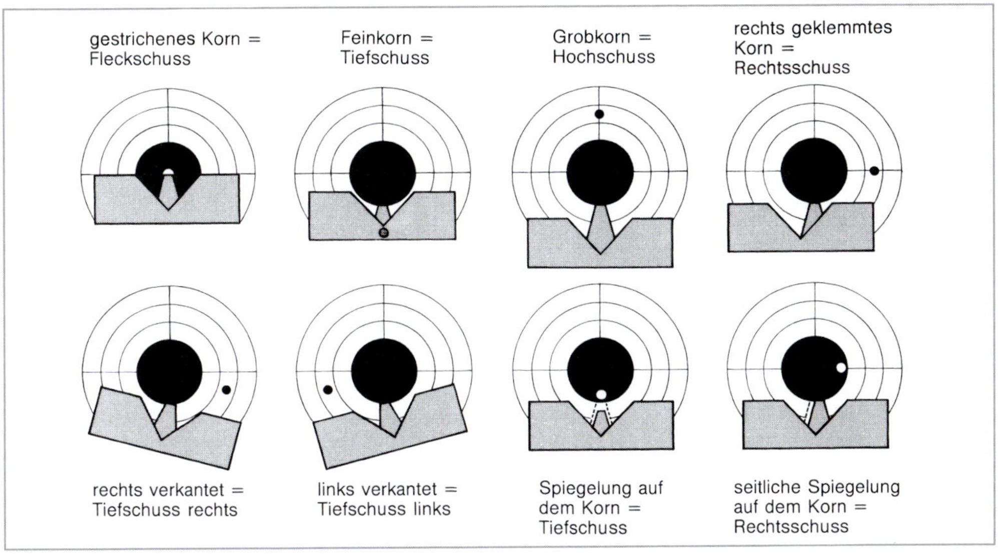

Zielfehler und ihre Auswirkungen beim Schuss über Kimme und Korn

von Büchse und Munition abhängt (wie er mit optimal aufgelegter Waffe am Schießstand unter weitgehendem Ausschluss von Störfaktoren ermittelt wird), sondern dass noch die »Schützenstreuung« dazukommt, die wesentlich größer werden kann, wenn Aufregung mit im Spiel ist (»Jagdfieber«). Größere Distanzen können mit viel Übung nur in Kenntnis der ballistischen Gegebenheiten und der genauen Distanz gemeistert werden. Die Dämmerungsleistung und Vergrößerung der Zieloptik holt das Ziel nur scheinbar näher heran und erleichtert das Zielen; auf das ballistische Verhalten des Geschosses – also auf Flugbahn und Streuung – hat die Zieloptik jedoch keinen Einfluss.

Daraus ergibt sich auch beim Kugelschuss eine verantwortliche Einschränkung der Schussentfernung. Eine starre Grenze kann hier nicht angegeben werden, doch in jedem Fall müssen die persönlichen Grenzen und die der Kombination aus Waffe, Optik und Munition auf dem Schießstand kennengelernt werden. Erst eingeübte, erfahrene und beherrschte Schützen mit besonders leistungsfähiger Waffe, Optik und Munition setzen sich in die Lage, im Hochgebirge oder in weiten Ebenen etwas weiter schießen – und treffen – zu können.

Besondere Übung und Erfahrung setzt das Bewegungsschießen mit der Kugel voraus, wie es im Schießkino und auf den laufenden Keiler geübt werden kann.

Bei alledem muss der Schütze mit der technischen Funktion seiner Waffe sicher vertraut und die Handgriffe müssen ihm »in Fleisch und Blut übergegangen« sein. Viel Umsicht ist nötig, wenn wechselweise verschiedene Waffen mit unterschiedlicher Funktion verwendet werden. Grundsätzlich gilt hier: üben, üben, üben …

In Ausbildungslehrgängen und bei Jägerprüfungen werden als Lehr- und Prüfmaterial meist nur einige gängige Waffentypen verwendet. Auf diese konzentriert sich der Prüfungskandidat natürlich besonders. Erwirbt er später einen anderen Waffentyp, muss er sich beim Fachmann

(Büchsenmacher, Schießlehrer) genauestens über alle Funktionen und die Handhabung informieren. Es gibt inzwischen eine so große Vielfalt von waffentechnischen Besonderheiten, dass kaum ein Spezialist alle Einzelheiten beherrscht. Umso wichtiger ist es, dass sich jeder Jäger mit seinen eigenen Waffen vertraut macht.

387 | Welche Vorsichtsmaßnahmen sind auf Schießständen vorgeschrieben?

Laut Standvorschrift muss der Gewehrriemen abgenommen werden. Selbstverständlich ist der Verschluss offen, die Waffe entladen und die Mündung zeigt in eine Richtung, in der niemand gefährdet wird (nach oben bzw. auf den Kugelfang). Die Waffe darf erst auf dem Stand geladen werden.

388 | Wer darf auf einem zugelassenen Schießstand mit der Waffe üben?

Berechtigte und versicherte Personen.

389 | Dürfen Sie Ihre Waffe auch im Revier einschießen?

Ja, die Waffengesetzgebung erlaubt auch das Einschießen im Revier.

390 | Gilt die Jagdhaftpflichtversicherung auch beim Schießen auf dem Schießstand?

Ja, sofern vereinbart.

391 | Darf auf dem Schießstand mehr als eine Patrone geladen werden?

Ja, wenn die Schießaufsicht vorher informiert wurde.

392 | Was versteht man unter Skeet?

Eine Flintendisziplin, bei der von wechselnden Standorten des Schützen in verschiedenen Winkeln aus »Niederhaus« und »Hochhaus« geworfene Wurfscheiben beschossen werden.

393 | Was versteht man unter Trap?

Eine Flintendisziplin, bei der von wechselnden Standorten des Schützen aus einem davor liegenden Graben/Bunker vom Schützen wegfliegende Wurfscheiben beschossen werden.

394 | Was ist ein Kipphase?

Eine quer zur Schießbahnrichtung auf Schienen laufende Scheibe mit den Umrissen eines flüchtenden Hasen. Wird die dreiteilige Scheibe voll getroffen, so kippen alle 3 Teile um.

395 | Was ist ein Rollhase?

Eine rollende (bei Bodenunebenheiten springende), vor allem im Verlauf vom Jagdparcours zu findende Wurfscheibe, mit der ein flüchtender Hase bzw. Kaninchen imitiert wird.

396 | Was ist ein Jagdparcours?

In abwechslungsreiches, oft bewaldetes Gelände eingepasste Schießanlage für das sportliche und jagdliche Schießen auf Wurf- und Rollscheiben unter möglichst jagdnahen Bedingungen.

397 | Wie erwarten Sie die Wurfscheibe/den Kipphasen?

Im sogenannten »jagdlichen Anschlag«.

398 | Welche Schrotstärken dürfen Sie auf Schießständen verwenden?

Je nach Standvorschrift, oft nur WE-Schrote.

399 | Wie kann man den Kugelschuss auf flüchtiges Wild üben?

Auf einem Schießstand mit »Laufender-Keiler«- und Überläufer-Scheibe oder in einem Schießkino. Die Verwendung des Stechers ist auch hier aus Sicherheitsgründen abzulehnen.

400 | Was ist ein Laufender Keiler?

Eine mit definierter Geschwindigkeit auf 50 oder 60 m quer laufende Scheibe (Keiler oder Überläufer).

401 | Auf welche Distanz wird auf DJV-Ständen mit der Kugel geschossen?
100 m auf stehende und 50 oder 60 m auf laufende Ziele.

402 | Welche Disziplinen sind beim Kugelschießen üblich?
Rehbock stehend angestrichen oder sitzend aufgelegt sowie Überläufer stehend freihändig, Fuchs liegend freihändig, jeweils auf 100 m. Laufender Keiler/Überläufer auf 50 oder 60 m.

403 | Am Schießstand hat man es mit bekannten Schussentfernungen zu tun. Welche Schwierigkeit kommt in der Jagdpraxis dazu?
Das Einschätzen der Entfernung zur Wahl des richtigen Haltepunkts und um die vertretbare Schussentfernung nicht zu überschreiten.

404 | Warum soll sich der Jäger bei der Schussdistanz zurückhalten, obwohl die technischen Eigenschaften von Waffe und Munition meist auch weitere Schüsse zulassen würden?
Weil die Treffsicherheit nicht allein von den technischen Gegebenheiten abhängt. Es kommen die »Schützenstreuung« und atmosphärische Einflüsse (z. B. Seitenwind) hinzu, welche die technische Streuung eines Büchsenlaufs erheblich vergrößern.

405 | Welchen Einfluss hat zusätzlich dazu die »Schützenstreuung«?
Sie kann die technisch bedingte Streuung erheblich vergrößern. Ein vom Hochsitz ruhig und mit fester Auflage gezielter Schuss wird die technische Streuung nur geringfügig vergrößern; freihändig oder mit unsicherer Auflage, im »Jagdfieber« oder nach körperlicher Anstrengung kann das Treffen zum Zufall werden, sodass man besser nicht schießt.

406 | Wie kann der Jäger die technische Schussleistung eines Büchsenlaufs feststellen?
Durch aufgelegtes Schießen auf dem Schießstand; am zuverlässigsten mit einer festen Auflage wie z. B. einer Benchrest-Ausrüstung (bestehend aus einer Vorderschaftauflage und einem »Ohrensäckchen« für den Hinterschaft).

407 | Was ist ein Schussbild?
Die Gesamtheit von mehreren (aussagekräftig ab 5) Schusslöchern auf einer Scheibe, aus der gleichen Waffe hintereinander geschossen. Ein Schussbild zeigt die Streuung des Laufs auf die betreffende Entfernung. Dadurch lässt sich ermitteln, mit welcher Laborierung der Lauf »am besten schießt«, d. h. die geringste Streuung ergibt.

408 | Was versteht man unter dem »Klettern« eines Laufs?
Durch Erwärmung des Laufs beim Schuss ändern sich die Laufschwingungen und dadurch die Treffpunktlage, meist zum Hochschuss (»klettern«). Das gilt vor allem, wenn der Lauf nicht frei schwingen kann, sondern einseitig anliegt wie bei (falsch) ganzgeschäfteten Büchsen und fest verlöteten Laufbündeln. Für ein aussagekräftiges Schussbild von solchen Waffen muss der Lauf zwischen den Schüssen abgekühlt sein. Bei freischwingenden Läufen tritt »Klettern« seltener auf.

409 | Wo sitzt der Schuss, wenn bei offener Visierung das Korn rechts geklemmt wird?
Rechts.

410 | Zu welchem Trefferergebnis führt das Abkommen bei offener Visierung mit Grobkorn?
Es führt zu einem Hochschuss.

D Wildkunde

Haarwild ... 189

Federwild ... 364

Mehr zu den Themen Rotwild sowie Falken- und Eulenartige gibt es in den Videos https://www.jagdleben.com/ ExklusivfuerKrebs-Leser

Haarwild

Allgemeines

Alle im Bundesjagdgesetz aufgelisteten Arten des Haarwildes sind Säugetiere (Mammalia). Säugetiere treten etwa 50 Millionen Jahre nach den Vögeln am Übergang der Kreidezeit zum Tertiär erstmalig auf. Die großartige Formenentfaltung der Säuger ist als Produkt der jeweiligen Umwelt und deren Bedingungen zu sehen. Den sich ändernden Umweltbedingungen nicht anpassungsfähige Arten starben aus. Anpassungsfähige Arten blieben in an den Lebensraum angepassten Modifikationen, die über die Zeit genetisch verankert wurden (Mutationen), großflächig oder in Nischen, je nach Habitat und Feinddruck, existent.

Säugetiere haben eine Fülle von Merkmalen entwickelt, die sie gegenüber allen anderen Klassen abgrenzen und sie zu den höchstentwickelten Wirbeltieren werden lassen. Gemeinsame Kennzeichen der meisten Säugetiere sind neben der Entwicklung eines hervorragenden, bei den Sinnesorganen dominierenden Riechorgans die Ausbildung einer behaarten, mit vielen Drüsen versehenen Haut. Zur Namensgebung »Säugetier« hat die spezifische Umwandlung regionaler Hautdrüsenkomplexe zur Milchdrüse geführt. Hierdurch hat sich bei den Säugetieren eine besondere Brutpflege entwickelt, die durch das Säugen, die Ernährung der Jungen mit Milch, charakterisiert ist. Weitere allgemeine Säugetiermerkmale sind: eine augenfällige Vergrößerung der Großhirnrinde, die Ausbildung des die Brusthöhle von der Bauchhöhle trennenden Zwerchfells, das gleichzeitig als wichtigster Atmungs-

Rotwild ist die größte bei uns wild lebende Wildart.

Zoologische Einteilung des Haarwildes (**in Klammern** die wissenschaftlichen Bezeichnungen)

Klasse:	**Säugetiere (Mammalia)**		
Ordnung:	**Hasentiere (Lagomorpha)**		
	Feldhase *(Lepus europaeus)*	Familie: Hasen (Leporidae)	
	Schneehase *(Lepus timidus)*	Familie: Hasen (Leporidae)	
	Wildkaninchen *(Oryctolagus cuniculus)*	Familie: Hasen (Leporidae)	
Ordnung:	**Nagetiere (Rodentia)**		
	Murmeltier *(Marmota marmota)*	Familie: Hörnchen (Sciuridae)	
	Biber *(Castor fiber)*	Familie: Biber (Castoridae)	
	Nutria *(Myocastor coypus)*	Familie: Nutrias (Myocastoridae)	
	Bisam *(Ondatra zibethicus)*	Familie: Wühlmäuse (Microtidae)	
Ordnung:	**Raubtiere (Carnivora)** (jagdlich: Raubwild)		
	Fuchs *(Vulpes vulpes)*	Familie: Hundeartige (Canidae)	
	Wolf *(Canis lupus)*	Familie: Hundeartige (Canidae)	
	Marderhund *(Nyctereutes procyonoides)*	Familie: Hundeartige (Canidae)	
	Waschbär *(Procyon lotor)*	Familie: Kleinbären (Procyonidae)	
	Braunbär *(Ursus arctos)*	Familie: Bären (Ursidae)	
Unterfamilie »echte Marder«	**Baummarder** *(Martes martes)*	Familie: Marderartige (Mustelidae)	
Unterfamilie »echte Marder«	**Steinmarder** *(Martes foina)*	Familie: Marderartige (Mustelidae)	
Unterfamilie »echte Marder«	**Fischotter** *(Lutra lutra)*	Familie: Marderartige (Mustelidae)	
Unterfamilie »echte Marder«	**Dachs** *(Meles meles)*	Familie: Marderartige (Mustelidae)	
»Stinkmarder«	**Iltis** *(Mustela putorius)*	Familie: Marderartige (Mustelidae)	
»Stinkmarder«	**Nerz** *(Mustela lutreola)*	Familie: Marderartige (Mustelidae)	
»Stinkmarder«	**Mink** *(Neovison vison)*	Familie: Marderartige (Mustelidae)	
»Stinkmarder«	**Hermelin** *(Mustela erminea)*	Familie: Marderartige (Mustelidae)	
»Stinkmarder«	**Mauswiesel** *(Mustela nivalis)*	Familie: Marderartige (Mustelidae)	
	Luchs *(Lynx lynx)*	Familie: Katzenartige (Felidae)	
	Wildkatze *(Felis silvestris)*	Familie: Katzenartige (Felidae)	
Ordnung:	**Robben (Pinnipedia)**		
	Seehund *(Phoca vitulina)*	Familie: Seehunde (Phocidae)	
Ordnung:	**Paarhufer (Artiodactyla)** (jagdlich: Schalenwild)		
	Wildschwein *(Sus scrofa)*	Familie: Schweine (Suidae)	
Unterfamilie »echte Hirsche«	**Rothirsch** *(Cervus elaphus)*	Familie: Hirsche (Cervidae) (Geweihträger)	Wiederkäuer
Unterfamilie »echte Hirsche«	**Damhirsch** *(Dama dama)*	Familie: Hirsche (Cervidae) (Geweihträger)	Wiederkäuer
Unterfamilie »echte Hirsche«	**Sikahirsch** *(Cervus nippon)*	Familie: Hirsche (Cervidae) (Geweihträger)	Wiederkäuer
»Trughirsche«	**Reh** *(Capreolus capreolus)*	Familie: Hirsche (Cervidae) (Geweihträger)	Wiederkäuer
»Trughirsche«	**Elch** *(Alces alces)*	Familie: Hirsche (Cervidae) (Geweihträger)	Wiederkäuer
	Wisent *(Bison bonasus)*	Familie: Rinderartige (Bovidae) (Hornträger)	Wiederkäuer
	Gämse *(Rupicapra rupicapra)*	Familie: Rinderartige (Bovidae) (Hornträger)	Wiederkäuer
	Alpensteinbock *(Capra ibex)*	Familie: Rinderartige (Bovidae) (Hornträger)	Wiederkäuer
	Mufflon *(Ovis gmelini musimon)*	Familie: Rinderartige (Bovidae) (Hornträger)	Wiederkäuer

Die Tabelle gibt eine vereinfachte Übersicht über die einheimischen Säugetierarten, die dem Jagdrecht unterliegen. Dünn gedruckt sind die Namen einiger Arten, die nicht (oder nicht in allen Bundesländern) dem Jagdrecht unterstellt sind.

muskel fungiert, die Ausbildung von in der Regel sieben Halswirbeln sowie die Ausbildung artspezifischer Gebisse.

Gebiss

Hierbei gehen die spezialisierten Gebisse alle auf eine Grundform zurück, die unterschiedlich konfigurierte Zähne (Heterodontie) enthält, von denen die überwiegende Zahl einmal gewechselt wird. Die der ersten Generation bezeichnen wir als Milchzähne, die ihnen nach Ausfall folgenden als bleibende oder permanente Zähne. Der Zahnwechsel läuft regelmäßig nach einem tierartspezifischen Zeitplan ab. Dem Zahnwechsel unterliegen nur die Molaren nicht.

In der Grundform beinhaltet das Säugergebiss 3 Front- oder Schneidezähne (I_{1-3}), denen in der Reihung nach hinten 1 Eckzahn (C), 4 vordere Mahl- oder Backenzähne (Prämolaren P_{1-4}) sowie 3 hintere Mahl- oder Backenzähne (Molaren M_{1-3}) folgen. Diese Grundform der Bezahnung finden wir in jeder Hälfte des Unter- und Oberkiefers eines Säugetiers.
Beim Wiederkäuer, wie Damwild, Rotwild, Rehwild, ist der P_1 allerdings nicht vorhanden (Prämolaren P_2–P_4). Der P_4 ist erst ein dreiteiliger Milchzahn und wird im fertigen Gebiss zweiteilig. Das vollständige Säugergebiss besteht somit aus $4 \times 11 = 44$ Zähnen. Während die Zahnsubstanzen grundsätzlich vorhanden sind, sind die Zahnform und die Zahnzahl speziesabhängig unterschiedlich. Ein wie oben beschriebenes vollständiges Gebiss finden wir bei den wenig spezialisierten Allesfressern (z. B. Wildschwein). Je nach Ernährungsweise – Fleisch- oder Pflanzenfresser – haben sich die Zähne in ihrer jeweiligen Gesamtheit zu spezialisierten Gebissen umgeformt und ausgebildet. So finden wir neben der im omnivoren Gebiss enthaltenen Grundform das hochspezialisierte der Insek-

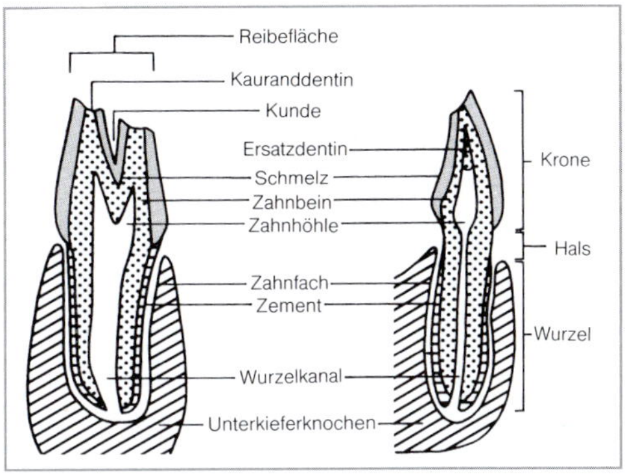

Schematischer Längsschnitt durch den Backenzahn (li.) und Schneidezahn (re.) eines Säugetiers am Beispiel des Rothirsches

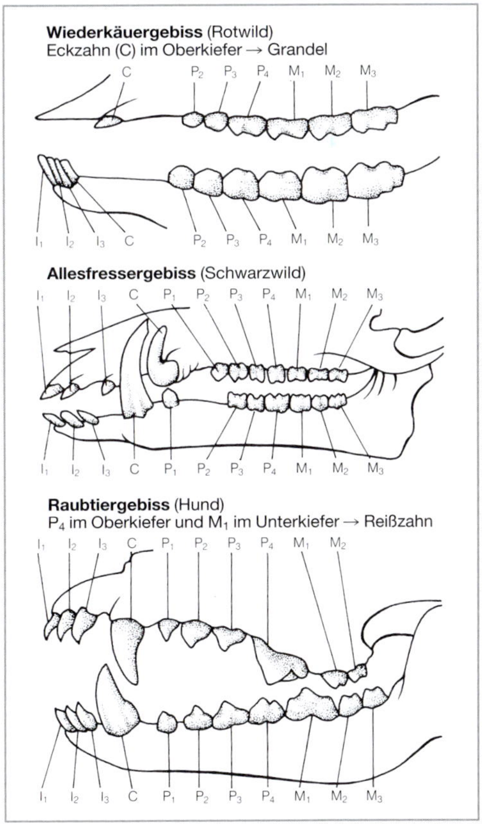

tenfresser, der Fleisch- und der Grasfresser. In Anpassung an die Ernährungsweise ist das Fleischfressergebiss durch »schneidende«, das der Grasfresser durch »mahlende« Zähne charakterisiert.

Haut

Die äußere behaarte Haut schützt den Körper gegen Verletzungen und Infektionen, ihre Pigmente absorbieren zellzerstörende kosmische Strahlung. Die starke Durchblutung der unteren Hautschichten und die Vielzahl von Schweißdrüsen regeln die Körpertemperatur, die so konstant gehalten werden kann. In unserer durch Jahreszeiten charakterisierten Klimazone unterliegt das Haarkleid des heimischen Haarwildes einem Haarwechsel. Dieser Haarwechsel wird durch fotoperiodische Einflüsse (Tageslänge) unter Beteiligung von Sexual- und Schilddrüsenhormonen ausgelöst. Zeitlich modifizierend üben auch Temperaturschwankungen Einfluss auf ihn aus. Während mit Beginn der kälteren Jahreszeit ein Teil des kurzen Sommerhaares ausfällt, zeigt der größere Teil dieser Deckhaare ein auffallendes Längenwachstum, das z. B. beim Rotwild die doppelte Sommerhaarlänge erreicht. Mit dem Längenwachstum der Deckhaare geht die Entstehung von Wollhaaren einher, die sich als zweite Haarart zwischen die Deckhaare schieben. Letztere dienen den Wollhaaren als effektive Stützen. Das Haarkleid wird somit insgesamt länger und dichter. Im Frühjahr fällt zunächst in dichten Büscheln das Winterwollhaar aus. Dann folgt das lange Winterdeckhaar, das durch neues, kurzes Sommerdeckhaar ersetzt wird. Dieses periodisch ablaufende Geschehen beinhaltet somit einen augenfälligen Haarwechsel nur im Frühjahr. Ob die herbstliche Umgestaltung des Haarkleides, die im Vergleich zum Sommerhaar zu einer dunkleren Decke führt – die Tiere färben um –, als Haarwechsel zu deuten ist, wird kontrovers diskutiert. Sommerdecken und -schwarten eignen sich nur zur Ledergewinnung, die Winterbälge des Raubwildes liefern wertvolle Rauchware.

Drüsen

Die Sekrete der Vielzahl von Hautdrüsen, vor allem solcher Drüsen, die als Duftorgane dienen, verleihen der jeweiligen Spezies einen arteigenen Geruch. Über die Hautduftorgane läuft bei den Säugetieren das olfaktorische (geruchliche) Erkennen arteigener sowie artfremder Individuen. Die hierauf erfolgenden Reaktionen sind im Verhaltensrepertoire einer jeden Tierart fest verankert. So wird z. B. die geruchliche Wahrnehmung eines für die Spezies relevanten Raubtieres oder des Menschen mit Flucht beantwortet. Innerartlich stehen Sekrete bestimmter Duftdrüsen im Dienste des Geschlechtslebens (Brunft, Rausche, Ranz).

Sinne

Neben dem Geruchssinn, über den bei nachtaktiven Tieren vornehmlich auch die Futterauswahl bestimmt wird, kommt beim Haarwild dem Gehörsinn vor dem Gesichtssinn die größere Bedeutung zu. Aufgenommene Lautäußerungen dienen der innerartlichen Kommunikation oder werden als Störgeräusche, die auf eine Gefahrenquelle hinweisen können, differenziert. Der Gesichtssinn dient mit Ausnahme weniger tagaktiver kletternder Nagetiere und katzenartiger Beutegreifer dem Erkennen im Nahbereich sowie auffälliger Bewegungen im näheren wie weiteren Umfeld. Auch die optischen Wahrnehmungen werden, wie alle anderen Sinnesleistungen, interpretiert und vornehmlich in Hinblick auf Überleben und Unversehrtheit beantwortet.

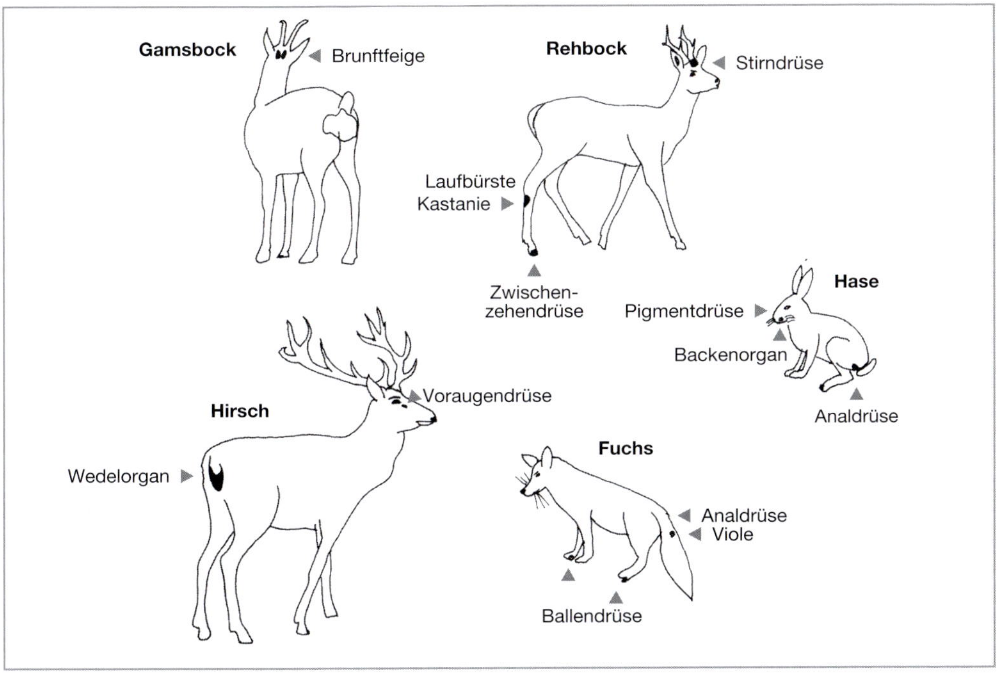

Duftdrüsen beim Haarwild

Fortpflanzung

Allen hier relevanten Säugetierarten ist eine intrauterine Entwicklung der Jungtiere zu eigen. Aus der/den im Eileiter befruchteten Eizelle(n) entwickeln sich ein oder mehrere Embryonen, die sich in der Gebärmutter einnisten. Über den Mutterkuchen, die Plazenta, erfolgt der Anschluss des Embryos an den Stoffwechsel des Muttertieres, sodass die Ernährung des sich vom Embryo über den Fötus bis zur geburtsreifen Frucht entwickelnden neuen Lebewesens gesichert ist. Dieser hochkomplexe Entwicklungsgang stellt die höchste Form der Brutpflege im gesamten Tierreich dar.

Nach einer tierartspezifischen langen Tragzeit werden das oder die Jungtiere in unterschiedlichen Reifestadien geboren (gesetzt). Hieraus resultieren Jungtiere, die als Nestflüchter oder Nesthocker bezeichnet werden. **Nesthocker** werden in Verstecken, nicht selten in unterirdischen, unbehaart und blind geboren und bis zur vollständigen Entwicklung gesäugt und gepflegt. **Nestflüchter** zeichnen sich durch voll entwickelte Sinnesorgane sowie weitgehende Bewegungsfähigkeit aus, die ihnen innerhalb kurzer Zeit erlaubt, dem Muttertier – anfänglich zumindest zeitweilig – zu folgen. Die Jungtiere von katzen-, marder- und hundeartigen Beutegreifern, die der Nagetiere u.a. sind typische Nesthocker. Die Jungen der Huftiere sind Nestflüchter, die auch als Laufjunge bezeichnet werden. Bei vielen Säugetierarten tragen die Jungtiere ein spezifisches Haarkleid, das bei den hirschartigen durch weiße Flecke in der Decke und bei den Sauen durch eine zweifarbige Längsstreifung der Schwarte charakterisiert ist.

Skelettsystem

Vögeln wie Säugern liegt als Wirbeltieren ein grundsätzlich gleicher anatomischer Aufbau zugrunde. Trotz erheblich unterschiedlicher Erscheinungsformen ist der jeweilige Gesamtorganismus aus den gleichen Bausteinen zusammengesetzt. Jedes Wirbeltier besitzt einen passiven und aktiven Bewegungsapparat, der durch das stützende Skelettsystem bzw. durch die Muskulatur repräsentiert wird.

Skelett und Muskelsystem formen und umfassen Höhlen, die das Eingeweidesystem beinhalten. Letzteres umfasst Organe, die folgenden Funktionsweisen zuzuordnen sind:

- **Verdauungssystem**
- **Atmungssystem**
- **Kreislaufsystem**
- **Harn- und Geschlechtsorgane** und
- **Nervensystem**

Das stützende Knochengerüst der Säugetiere wird in das Skelett des Kopfes, des Stammes und der Gliedmaßen untergliedert.

Skelett des Kopfes

Hier erfolgt eine Einteilung in Angesichts- und Hirnschädel sowie Unterkiefer. Der Angesichtsschädel beherbergt ganz vornehmlich die linke und rechte Nasenhöhle. Der Hirnschädel bildet die knöcherne Kapsel um das Groß- und Kleinhirn. Die Grenze zwischen Angesichts- und Hirnschädel entspricht der Verbindungslinie zwischen dem hinteren Rand der rechten und linken Augenhöhle. Zusammen mit dem Boden der Nasenhöhlen liefert der Unterkiefer die knöcherne Grundlage der Mundhöhle.

Skelett des Stammes

Es umfasst die gesamte Wirbelsäule, die Rippen und das Brustbein. Grundsätzlich sind 7 Halswirbel ausgebildet, die untereinander sehr beweglich sind. Die Region zwischen dem Hinterhaupt und dem 1. sowie dem 2. Halswirbel wird als Genick bezeichnet. Den Halswirbeln, die wie alle Wirbel durch Zwischenwirbelscheiben (Bandscheiben) gegeneinander isoliert sind, folgen die Brustwirbel. Sie sind durch eine tierartspezifische Zahl sowie durch hohe Dornfortsätze (Widerrist) gekennzeichnet. Grundsätzlich tragen alle Brustwirbel rechts und links eine Rippe. Damit ist die Anzahl der Brustwirbel immer mit der Zahl der Rippenpaare identisch. Jede Rippe besteht aus einem oberen größeren knöchernen und einem kleineren unteren knorpeligen Abschnitt. Mit dem Knorpelanteil ist jede Rippe mit dem Brustbein verbunden, das als flacher, eckiger Knochenstab vorliegt. Die Brustwirbelsäule oben, die Rippen jeweils seitlich und das Brustbein mittig unten formen den Brustkorb. Den Brustwirbeln folgen in der Regel 6 Lendenwirbel, die aufgrund ihrer speziellen gelenkigen Verzahnung untereinander kaum noch beweglich sind. Sie sind durch breite, wenig hohe Dornfortsätze und flache, annähernd rechteckige, mehr oder weniger horizontal seitlich vorragende Querfortsätze charakterisiert.

Den Lendenwirbeln schließt sich das Kreuzbein an, das nur bei ganz jungen Tieren noch aus einzelnen Wirbeln besteht. Seine Zwischenwirbelscheiben schwinden sehr früh, sodass das Kreuzbein sich als ein massives Knochenelement darstellt. Die Anzahl der Schwanzwirbel variiert stark. Beim scheinbar schwanz- oder wedellosen Reh sind nur 2 oder 3 Schwanzwirbelrudimente vorhanden, während die knöcherne Grundlage langschwänziger Tiere aus bis zu 23 Wirbeln bestehen kann. Die Wirbelsäule, die in ihrer Gesamtheit eine Aneinanderreihung aller Wirbel darstellt, ummantelt mit ihren Wirbelbögen schützend das Rückenmark, das neben dem Gehirn den zweiten wesentlichen Anteil des Zentralnervensystems darstellt.

Skelett der Gliedmaßen

Sowohl die Vorder- wie auch die Hintergliedmaßen sind grundsätzlich in 4 gleiche Abschnitte

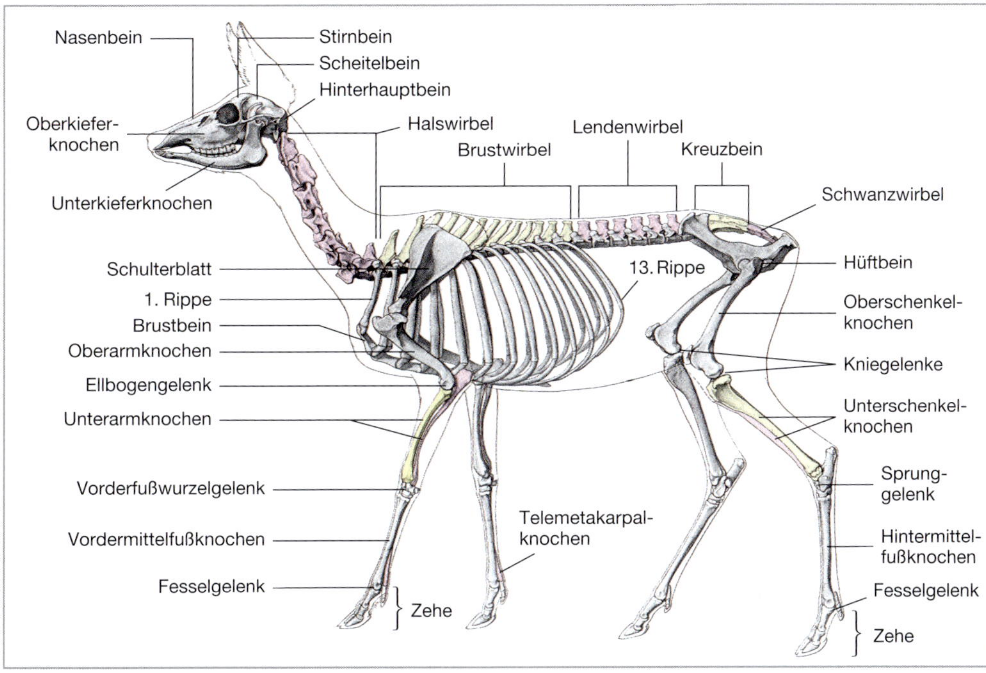

Skelett einer Geiß/Ricke; Beispiel für eine Schalenwildart

gegliedert. Dem Schultergürtel der Vordergliedmaßen entspricht der Beckengürtel der Hintergliedmaßen, dem Oberarmbein das Oberschenkelbein, den Unterarmknochen die Unterschenkelknochen, den Knochen des Vorderfußes denen des Hinterfußes.

a) Vordergliedmaße/Vorderlauf

Der Schultergürtel wird nur noch durch einen Knochen repräsentiert, das Schulterblatt (Blatt). Er ist nicht gelenkig, sondern durch eine sinnvolle Muskelverbindung mit dem Brustkorb verbunden. Über das Schultergelenk hat der platte Knochen in einem nach hinten offenen Winkel Verbindung mit dem Oberarmknochen. Mit seinem walzenförmigen unteren Abschluss verbindet sich das Oberarmbein gelenkig mit der Elle und Speiche im Ellenbogengelenk. Diese knöchernen Repräsentanten des Unterarms sind nur noch bei den Fleischfressern nennenswert gegeneinander beweglich. Bei allen Schalenwildarten sind sie miteinander verknöchert, wobei der Speiche die Stützfunktion zukommt und die Elle tierartlich unterschiedlich weit zurückgebildet ist. Der nachfolgende Fuß ist immer dreigeteilt. Er beginnt unterhalb der Unterarmknochen mit den Knochen der Handwurzel, denen folgen die Knochen des Mittelfußes, an die sich die Knochen der dreigliedrigen Zehen anschließen.

b) Hintergliedmaße/Hinterlauf

Der Beckengürtel wird durch das Hüftbein dargestellt, das einen Zusammenschluss von drei großen Knochen repräsentiert. Das rechte und das linke Hüftbein sind unten mittig in der Beckennaht, dem Schloss, zusammengewachsen.

Oben vorne fügt sich zwischen die beiden Hüftbeine das Kreuzbein ein, sodass ein geschlossener knöcherner Ring entsteht, der die Beckenhöhle umschließt. Über das Hüftgelenk findet das Oberschenkelbein in einem nach vorne offenen Winkel Anschluss an den Beckengürtel. Zwischen den unteren beiden Gelenkknorren gleitet auf der Vorderseite des Oberschenkelknochens die Kniescheibe, die mit ihm das Kniescheibengelenk bildet. Darüber hinaus stehen die unten liegenden Gelenkflächen des Knochens mit den nachfolgenden Unterschenkelknochen, dem Schienenbein und dem Wadenbein, im Kniekehlgelenk in Verbindung. Somit ist das Kniegelenk immer ein aus Kniescheiben- und Kniekehlgelenk zusammengesetztes Gelenk.

Merke: Das Kniegelenk ist durch die Kniescheibe charakterisiert und befindet sich also nur am Hinterlauf. Fälschlicherweise wird das Vorderfußwurzelgelenk häufig als Kniegelenk des Vorderlaufes bezeichnet.

Wie bei den Unterarmknochen verliert im Unterschenkel ein Knochen, hier das Wadenbein, bei den Säugetieren seine Funktion und ist, wie die Elle der Vordergliedmaßen, tierartlich unterschiedlich stark zurückgebildet. Der Fuß des Hinterlaufs beginnt mit den Knochen des Sprunggelenkes, von denen das Fersenbein als Ansatzknochen für die Achillessehne augenfällig nach oben hinten ausgestellt ist. Die folgenden Mittelfuß- und Zehenknochen entsprechen denen des Vorderlaufs.

Der Fuß des Haarwildes ist sehr unterschiedlich ausgeformt. Bei den Fleischfressern sowie bei Hase und Kaninchen finden wir an den Vorderläufen 5 Zehen, die die Ausbildung von 5 Mittelhandknochen bedingen. An den Hinterläufen fehlt in der Regel die erste (innere) Zehe. Der Fuß des Schalenwildes ist vorne wie hinten auf 4 Zehen reduziert. Hierbei stellen die 3. und 4. Zehe jeweils die fußenden Hauptzehen dar, während die 2. und 5. Zehe als sogenannte Afterzehen (Geäfter) zurückgebildet sind. Beim Wildschwein sind die beiden Afterzehen noch relativ umfassend ausgebildet. Dies hat zur Folge, dass auch noch 4 Mittelfußknochen ausgebildet sind. Bei allen anderen Schalenwildarten sind nur noch die Mittelfußknochen 3 und 4 als zusammengewachsenes singuläres Knochenelement existent, dessen unteres Ende zwei getrennte Gelenkwalzen zur beweglichen Verbindung mit den beiden ersten Zehenknochen aufweist. Die rudimentären Afterklauen sind der Hinterfläche der Mittelfußknochen unten bindegewebig angefügt.

An den Mittelhandknochen der Cerviden verbleiben Rudimente der ehemaligen Mittelhandknochen 2 und 5. Bei den Trughirschen (s. Grafik Seite 195) verbleiben nur rudimentäre untere Abschnitte dieser Knochen, bei den Echthirschen dagegen ausschließlich obere Anteile. Erstere werden daher auch als telemetakarpale, letztere als plesiometakarpale Hirsche bezeichnet.

Das 3. Zehenglied beider Gliedmaßenpaare, das Klauenbein oder Krallenbein, ist regelmäßig von schützendem Horn überzogen. Die Krallenbeine vornehmlich der Katzen- und Marderartigen stellen gefährliche Waffen dar, sind beim Kaninchen, Hasen, Murmeltier, Dachs und Fuchs hervorragende Scharr- und Graborgane. Alle diese Tierarten fußen darüber hinaus auf allen 3 Gliedern der Zehe (Zehengänger), während die Schalenwildarten als Fluchttiere Zehenspitzengänger sind. Die Sohlengänger sind beim Haarwild durch den Braunbären und den Waschbären vertreten.

Skelettmuskulatur

Jeder zur Skelettmuskulatur zählende Muskel hat seinen Ursprung und Ansatz in der Regel direkt, seltener indirekt am Knochen. Ein Muskel besteht regelmäßig aus einer Ursprungs- und einer

Ansatzsehne mit dazwischen liegendem Muskelbauch, der sich aus einer sehr großen Zahl kontraktiler Muskelfasern zusammensetzt. Die durch nervale Reize willkürlich ausgelösten Muskelkontraktionen bewegen über Gelenkaktionen den Tierkörper. Vornehmlich Aktivitäten der Hintergliedmaßenmuskulatur bringen das Tier nach vorne, während die Muskulatur der Vordergliedmaßen und die des vorderen Rumpfabschnittes den aus der Hinterhand kommenden Schub aufnimmt. Darüber hinaus verschließen flächige Muskeln die knöchern vorgegebenen Körperhöhlen, sodass je eine nach außen hermetisch abgeschlossene Brust- und Bauchhöhle, getrennt durch das Zwerchfell, entstehen. Die Bauchhöhle steht mit der schwanzwärts von ihr liegenden Beckenhöhle in weit offener Verbindung.

Neben der Skelettmuskulatur, die willkürlich gesteuert wird, kommt als zweite Muskelart die Eingeweidemuskulatur vor (z. B. die des Magen-Darm-Traktes). Ihre Aktivitäten werden vom vegetativen Nervensystem gesteuert, das nicht willkürlich beeinflussbar ist.

Verdauungssystem

Das Verdauungssystem der Säugetiere beginnt mit dem Kopfdarm, der durch Lippen, Mundhöhle, Zähne und Zunge vertreten ist. Assoziierte Organe des Kopfdarmes sind die verschiedenen Speicheldrüsen, deren Sekret neben mechanischen auch wesentliche biochemische Aufgaben (Pufferung der Salzsäure im Magen etc.) zukommt. Der nachfolgende Schlund dient als Transportorgan, das die aufgenommene, mehr oder weniger grob zerkleinerte Nahrung in den Magen leitet. Der linksseitig die Luftröhre (Drossel) begleitende Schlund durchläuft die Brusthöhle, quert in einer Muskelspalte eingebettet das Zwerchfell und öffnet sich hinter dem Zwerchfell, also in der Bauchhöhle, in den Magen. Handelt es sich um einen Wiederkäuer, mündet der Schlund von oben in den Pansen, dem größten der 3 Vormägen der Wiederkäuer. Mit Ausnahme des Schwarzwildes gehören alle heimischen Schalenwildarten zu den Wiederkäuern. Die verbleibenden Haarwildarten besitzen wie die Sauen einen einhöhligen Magen (Monogastrier).

Der mehrhöhlige Magen der Wiederkäuer, deren Verdauungssystem unter den Pflanzenfres-

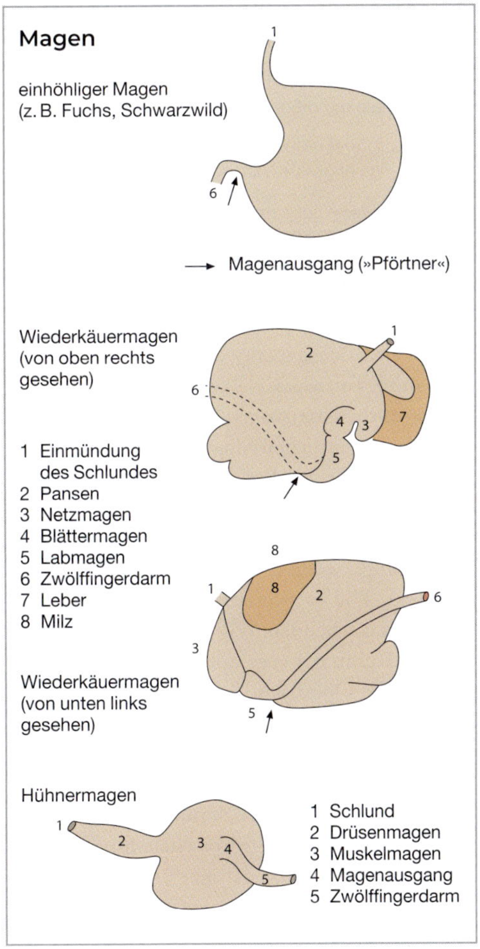

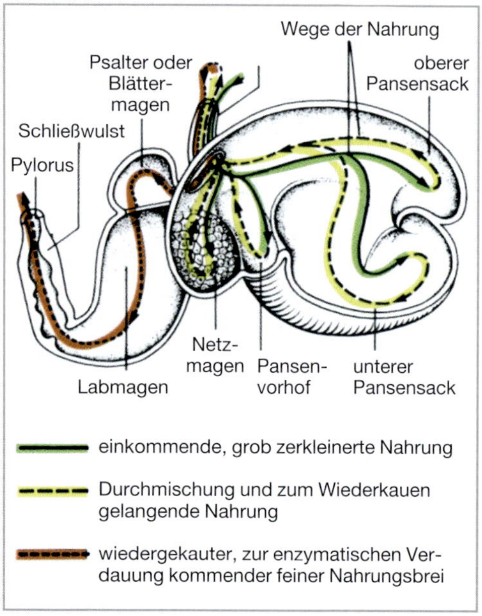

Wiederkäuermagen

sern als am höchsten entwickelt zu werten ist, besteht aus 3 Vormägen – Pansen, Netzmagen oder Haube und Blättermagen – sowie dem nachgeschalteten eigentlichen Magen, dem Labmagen.

Der voluminöse **Pansen** dient als Speicherorgan. Über seine mit einer Vielzahl unterschiedlich geformter Zotten besetzte Schleimhautinnenauskleidung werden hochkalorige Fettsäuren resorbiert. Die in Klimazonen mit wechselnden Jahreszeiten lebenden Wildwiederkäuer reduzieren mit Beginn der vegetationsarmen Zeit die resorbierende Oberfläche im Pansen durch eine deutliche Verkleinerung der Zotten. Die Reduktion der Oberfläche ist als sinnvolle Anpassung an das verringerte Futterangebot des Winters zu erklären, dessen Energiegehalt nur für die Aufrechterhaltung eines stark gedrosselten Stoffwechsels ausreicht. Energie, die darüber hinaus gebraucht wird, wird aus den im Sommer angelegten Fettdepots (Feistzeit) aktiviert.

Der **Netzmagen,** dessen Schleimhautinnenauskleidung in der Aufsicht ein netzartiges Aussehen hat, dient der Größenselektion der Futterpartikel. Sind die Futterpartikel zu groß, werden sie zurück in den Pansen und von hier aus durch den Schlund zurück in die Maulhöhle, zum sogenannten Wiederkauen, befördert.

Futterpartikel, die vom Netzmagen in der Größe akzeptiert werden, gelangen in den **Blättermagen,** dessen Lumen durch eine Vielzahl unterschiedlich großer Schleimhautblätter ausgefüllt ist. Zwischen diesen Blättern wird das Futter weiter zerkleinert. Bei diesem Zerreibevorgang wird dem Futter ein Großteil der beinhalteten Flüssigkeiten ausgepresst. Der leicht breiige Futtersaft gelangt aus dem Blättermagen in den Labmagen, in dem die chemische Verdauung vornehmlich durch Salzsäure und Pepsin beginnt. In seiner Aufgabe, der enzymatischen Verdauung, entspricht der Labmagen dem Magen der Nichtwiederkäuer.

Die dem Magensystem der Wiederkäuer bzw. dem Magen der Monogastrier (Lebewesen, die nur einen Magen besitzen) folgenden Darmabschnitte sind regelmäßig in Dünndarm und Dickdarm gegliedert. Der **Dünndarm** beginnt mit dem Zwölffingerdarm, setzt sich fort in den Leer- oder Kranzdarm und endet mit dem kurzen Hüftdarm. Im Dünndarm wird die Aufschließung des Nahrungsbreis fortgesetzt und seine Resorption über die Darmschleimhaut mit dem Transfer in das venöse Blutsystem des Darms intensiviert.

Wie der Dünndarm ist auch der **Dickdarm** dreigeteilt. Er beginnt mit dem Blinddarm, einer bei Pflanzenfressern voluminösen Gärkammer, bei Fleischfressern dagegen in Länge und Volumen stark reduziert, dem sich der Grimmdarm als längster Dickdarmabschnitt anschließt. Diesem tierartspezifisch konfigurierten Darm schließt sich der gerade nach hinten verlaufende End- oder Mastdarm an, der als Weiddarm bezeichnet

1

2

3

4

5

6

7

8

9

10

Losungen:

1 Rothirschlosung, Kotbeeren zusammengepresst (Frühjahr)
2 Rotwildlosung mit Zäpfchen und Näpfchen (diese Ausformungen sind geschlechtsunspezifisch)
3 Rehwildlosung, einzelne Kotbeeren, kommt aber auch gepresst vor.
4 Schwarzwildlosung
5 Fuchslosung, meist mit Mäusehaaren durchsetzt, im Sommer auch Obstkerne
6 Dachslosung (Frühjahr)
7 Marderlosung, je nach Nahrung oft schwarzblau und mit Obstkernen
8 Hasenlosung, hellbraun, rund, flach gedrückt, Struktur erkennbar
9 Kaninchenlosung, kleiner als Hasenlosung, mehr kugelförmig und zahlreich
10 Wolfslosung

1 2 3 4 5 6

Gewölle:
1 Mäusebussard
2 Habicht (hier mit einem Geflügelfußring)
3 Turmfalke
4 Baumfalke
5 Uhu (unten mittig skelettierter Rattenschädel)
6 Waldkauz

wird. Sein Endstück ist als Anus (Weidloch) zirkulär fixiert. Zwei hier eingebaute Schließmuskeln regeln als Endabschnitte des Verdauungssystems den Kotabsatz. Dem Dickdarm kommt vornehmlich in seinen hinteren Abschnitten die wichtige Aufgabe der Wasserrückresorption zu. Je mehr Wasser dem Darminhalt entzogen wird, umso formbarer wird er. Ein spezifisches Schleimhautrelief im Enddarmbereich sowie der Grad des Wasserentzugs führen zu der speziestypischen Ausformung und Konsistenz der **Losung**.

Für die Aufschließung ihrer Nahrung benötigen Pflanzenfresser entsprechende Darmlängen. So beträgt z. B. bei einem adulten Damhirsch die Gesamtlänge des Darms im Mittel 35 m, von denen der für die eigentliche Nahrungsaufnahme sehr wichtige Dünndarm etwa 26 m für sich beansprucht.

Dem Darmsystem angefügt sind 2 Darmanhangsdrüsen:

- die Leber
- die Bauchspeicheldrüse.

Die unterschiedlich gestaltete, braunrote **Leber** liegt rechts vorne in der Bauchhöhle dem Zwerchfell unmittelbar auf. Ihre wesentliche Aufgabe besteht in der Speicherung der aus der Nahrung über den Darm aufgenommenen Energieträger und deren Abgabe an den Körper zur Aufrechterhaltung des Stoffwechsels. Daneben bildet die Leber kontinuierlich die Gallenflüssigkeit, die –

falls vorhanden – in einer Gallenblase bevorratet oder direkt in den Zwölffingerdarm abgegeben wird. Die Gallenflüssigkeit emulgiert die Fette im Darm, die so besser verdaut werden können. Die in der Gallenflüssigkeit enthaltenen Farbpigmente sind Ursache für die grünbraune Losungsfarbe.

Der **Bauchspeicheldrüse** sind zwei Funktionskreise zuzuordnen. Zum einen produziert sie erhebliche Mengen von »Bauchspeichel«, eine wässrige Flüssigkeit, die vornehmlich Amylasen und Lipasen, also Enzyme zur Stärke- und Fettverdauung, enthält. Dieses Sekret wird ebenfalls in den Zwölffingerdarm abgegeben. Zum anderen bildet die Bauchspeicheldrüse das für die Regulierung des Blutzuckers unabdingbare Insulin, das direkt in die Blutbahn gelangt.

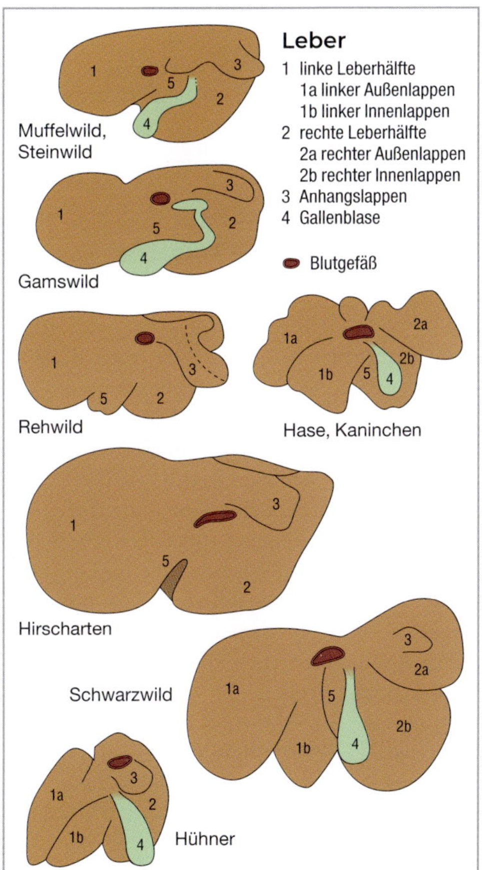

Kreislaufsystem

Zentrales Organ dieses Systems ist das mehr oder weniger mittig in der Brusthöhle gelegene **Herz**, ein vierfach gekammerter Hohlmuskel, der als Saug-Druck-Pumpe den Kreislauf aufrechterhält. Durch eine senkrecht verlaufende Scheidewand ist das Herz in eine rechte venöse und eine linke arterielle Hälfte unterteilt. Jede Herzhälfte wird durch eine horizontal ausgerichtete Scheidewand in eine kleinere Vorkammer und eine größere Hauptkammer gegliedert. Über mit Klappen versehene Öffnungen stehen die Vorkammer und Hauptkammer der jeweiligen Herzhälfte miteinander in Verbindung.

Ebenfalls in der Brusthöhle gelegen finden wir die zweigeteilte **Lunge** als zentrales Organ des Atmungssystems, das funktionell in engstem Zusammenhang mit dem Herz-Kreislauf-System steht. Die rechte und die linke Lunge, mittig verbunden über die Luftröhrenwurzel, umfassen von oben beidseitig das Herz. Ihr rosarotes, schwammiges Gewebe ist ohne Muskulatur. Daher sind die Lungenbewegungen, das Aufblähen (= Entfaltung) und das Entblähen (= Zusammensinken) abhängig von der Atmung. Das Einatmen entfaltet und vergrößert die Lungenflügel, das Ausatmen reduziert das Lungenvolumen und verkleinert das Organ. Für diese funktionellen Form- und Volumenänderungen sind das Zwerchfell als wichtigster Atmungsmuskel sowie weitere, am Brustkorb gelegene Atmungsmuskeln verantwortlich. Der aus einer Zweiteilung der Luftröhre für jeden Lungenflügel hervorgehende Hauptbronchus teilt sich seinerseits jeweils in einen Bronchialbaum auf, dessen kleinste Endaufteilungen die Lungen-

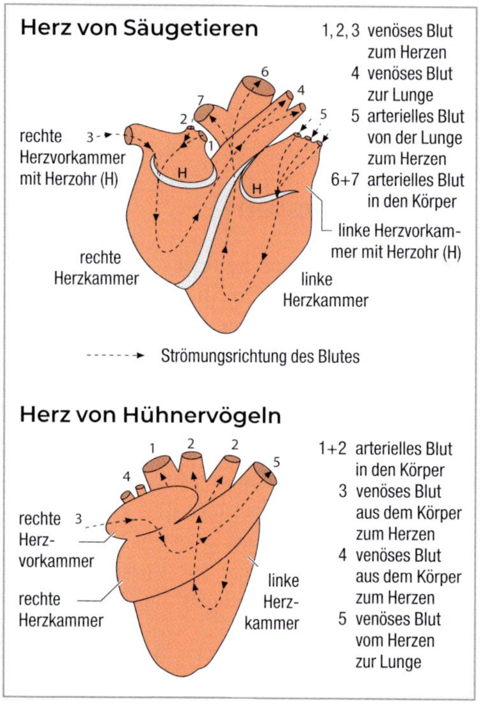

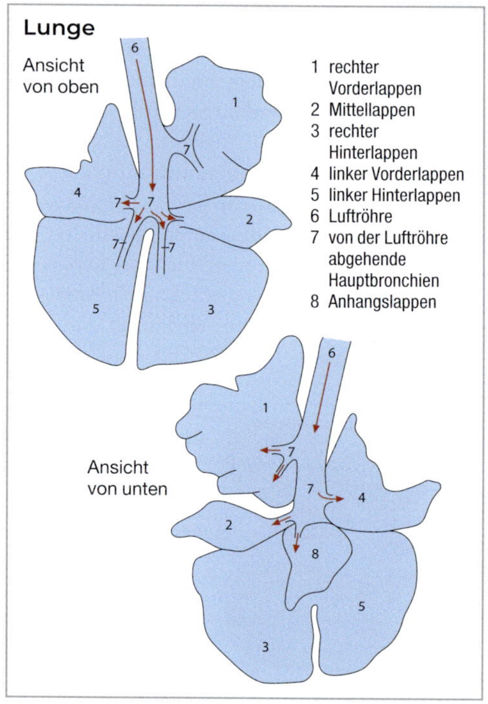

bläschen darstellen. In diesen, von einer Vielzahl feinster Gefäße (Kapillaren) umsponnenen Bläschen findet der Gasaustausch statt.

Zum Verständnis dieses so eminent wichtigen physiologischen Vorganges sind Kenntnisse über den **Blutkreislauf** unumgänglich:

Aus dem Körper wird das Blut, dessen rote Blutkörperchen mit CO_2 beladen sind, sogenanntes venöses Blut, über zwei große und eine kleinere Sammelvene zur rechten Herzvorkammer transportiert. Von der rechten Vorkammer gelangt das venöse Blut nach Klappenöffnung in die rechte Hauptkammer. Aus dieser wird das Blut durch die Kontraktion der Kammermuskulatur in die Lungenarterie gepumpt, die ihrerseits in die rechte und linke Lungenflügel eintritt und sich hier bis in mikroskopisch feinste Arterienästchen aufteilt, die die Lungenbläschen wie ein Spinnengewebe überziehen. Die roten Blutkörperchen geben hier das an sie gebundene, aus den Verbrennungsprozessen aller Körperzellen herrührende CO_2 in die Lungenbläschen ab. Aus den Lungenbläschen wird das CO_2 bei der Ausatmung über Bronchialbaum, Luftröhre, Kehlkopf, Nasenhöhle, Nasenlöcher (über den Windfang) an die Außenwelt abgegeben. Die nachfolgende Einatmung führt sauerstoffreiche Luft bis in die Lungenbläschen, aus denen der Sauerstoff (O_2) in die roten Blutkörperchen übertritt. Damit ist der Gasaustausch, nämlich die Abgabe des giftigen CO_2 und die Aufnahme des für die Zellverbrennungsprozesse notwendigen O_2, erfolgt. Das jetzt sauerstoffreiche, das arterielle Blut, gelangt über die Lungenvenen zum linken Vorhof des Herzens, aus der Vorkammer dann in die linke Hauptkammer. Durch die Kontraktion der auf-

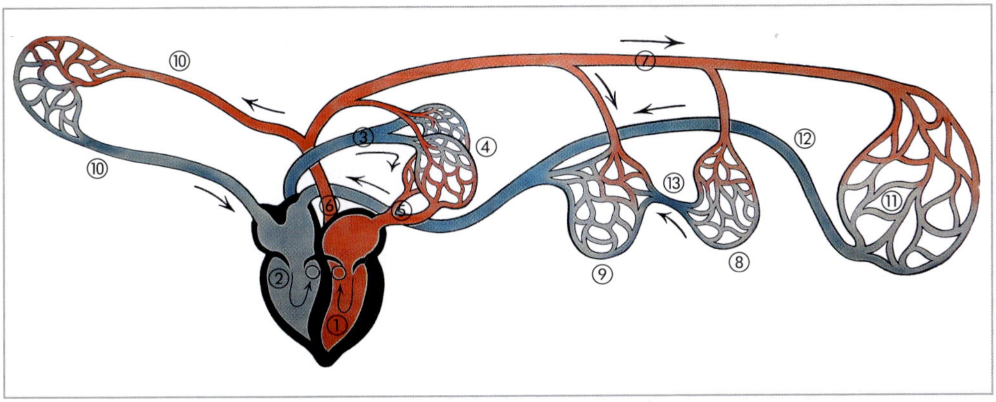

Schema des Blutkreislaufs:
① linke Herzkammer ② rechte Herzkammer ③ Lungenarterie, kleiner Kreislauf ④ Kapillargebiet der rechten und linken Lungenflügel ⑤ Lungenvenen ⑥ Brustaorta ⑦ Bauchaorta ⑧ Kapillargebiet Magen-Darm ⑨ Kapillargebiet Leber ⑩ Arterie/Vene Hals- und Kopfbereich ⑪ Kapillargebiet Becken + Hintergliedmaße ⑫ hintere Hohlvene ⑬ Pfortader
Blau = venöses, rot = arterielles Blut; ⟶ = Fließrichtung

fallend starken Muskelbewandung der linken Kammer wird das O_2-reiche Blut über die Aorta, die große Hauptschlagader des Körpers, in den Körperkreislauf gepumpt. Über das arterielle Gefäßbett des Körperkreislaufes werden alle Körperzellen erreicht und mit sauerstoffreichem Blut für ihre Stoffwechselverbrennungsprozesse versorgt. Das in den Zellen vorliegende CO_2 wird nach Abgabe des O_2 an die roten Blutkörperchen gebunden, sodass aus dem an die Zellen herangeführten arteriellen Blut wieder venöses (CO_2-reiches) Blut wird, das dann in Venen wieder zum rechten Vorhof transportiert wird. Somit unterscheiden wir 2 Blutkreisläufe:

- Lungenkreislauf oder kleiner Kreislauf → CO_2-Abgabe und O_2-Aufnahme
- Körperkreislauf oder großer Kreislauf → Versorgung aller Gewebe mit O_2 sowie anschließendem Abtransport der Verbrennungsgase (CO_2).

Damit das pumpende Herz seine gewaltige Arbeit ungestört erbringen kann, hat es eine »autonome« Nervenversorgung, die nicht dem Willen unterworfen ist.

Dem Kreislaufsystem, das aus den zum Herzen laufenden Venen und den vom Herzen in die Peripherie ziehenden Arterien besteht, ist als weiteres Gefäßsystem das Lymphsystem beigeordnet. Dieses Leitungssystem besitzt mikroskopisch kleine Anfangsleitungsbahnen, die sich zu 2 großen Sammelgängen im Körper vereinigen. Die in den Lymphgefäßen befindliche Lymphe stellt verstoffwechseltes Zellwasser dar, das bei Säugetieren durch die in das Gangsystem eingebauten Lymphknoten filtriert wird. Eventuell, z. B. bei einer Infektion, in der Lymphflüssigkeit, mitfließende Bakterien werden in den Lymphknoten abgefangen und von den hier in Mengen enthaltenen Körperabwehrzellen, soweit möglich, vernichtet. Die über viele Lymphknoten laufende Lymphe wird als unersätzliche Körperflüssigkeit in die vordere große Körpersammelvene geleitet und so dem Kreislauf wieder zugeführt.

Die in der Bauchhöhle gelegene **Milz** produziert körpereigene Abwehrzellen. In ihr werden auch gealterte (verbrauchte) rote Blutkörperchen abgebaut.

Wichtige Lymphknoten im Tierkörper
(hier Kitz)

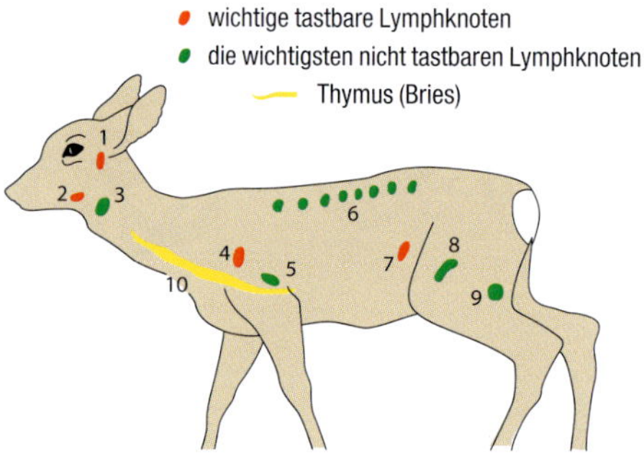

1 Lymphknoten an der Ohrspeicheldrüse
2 Unterkieferlymphknoten
3 obere Halslymphknoten
4 Buglymphknoten
5 Achsellymphknoten
6 Lymphknoten entlang der Hauptschlagader
7 Kniefaltenlymphknoten
8 Leistenlymphknoten
9 Kniekehllymphknoten
10 Thymus

Milz

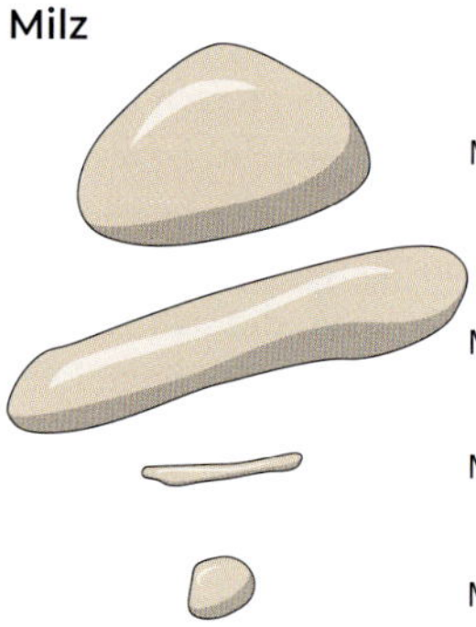

Milz von Cerviden

Milz vom Schwarzwild

Milz von Hasenartigen

Milz von Hühnervögeln

Harn- und Geschlechtsorgane

Harnorgane: Zu den Harnorganen zählen die harnbildenden **Nieren**, die beiderseits rechts und links hoch am Beginn des hinteren Drittels der Bauchhöhle auf dem Bauchfell gelegen sind. Die Nieren befreien das ihnen zugeführte arterielle Blut von sogenannten harnpflichtigen Stoffen, die im Wesentlichen giftige Endprodukte des Eiweißstoffwechsels darstellen. Von jeder Niere führt ein Harnleiter zur Harnblase, aus der der Urin bei ausreichender Füllung und dadurch ausgelöstem Dehnungsreiz über eine Harnröhre ausgeschieden wird.

Beim weiblichen Säugetier mündet die Harnröhre an der vorderen Grenze des Scheidenvorhofs, sodass der Harn über die Scham abgesetzt wird. Beim männlichen Tier lagert sich die Harnröhre dem Begattungsorgan Penis (Brunftrute) an dessen Unterseite an und endet mit der Brunftrute an ihrer Spitze.

Geschlechtsapparat: Der **männliche Genitaltrakt** ist in keimbildende, keimbewahrende und keimleitende Organe sowie das Begattungsorgan untergliedert. Die Spermien werden in den im Hodensack gelegenen Hoden (zusammen: Kurzwildbret) produziert und dann im Gangsystem des jeweiligen Nebenhodens gelagert (keimbewahrendes Organ). Bei der Ejakulation gelangen die Spermien durch rhythmische Kontraktion der Gangmuskulatur in den jeweiligen Samenleiter. Die beiden Samenleiter münden in das Beckenstück der Harnröhre ein, die so zur Harn-Samen-Röhre wird. Bei der Ejakulation werden dem Samen die Sekrete der akzessorischen Geschlechtsdrüsen zugegeben, die sich in unterschiedlicher Zahl und Ausformung dem Beckenstück der Harn-Samen-Röhre auflagern (zigarrenähnlich geformt und sehr groß ist die Harnröhrenzwiebeldrüse beim geschlechtsreifen Keiler).

Die Mischung aus Spermien und den Sekreten der akzessorischen Geschlechtsdrüsen wird als Ejakulat bezeichnet. Der Penis (Brunftrute) trägt in einer Rinne an seiner Unterseite die Harn-Samen-Röhre. Die Brunftruten unseres Schalenwildes beinhalten ganz überwiegend straffes Bindegewebe, das ihnen ohne nennenswerten Einstrom von arteriellem Blut eine ausreichende

Eigensteifigkeit verleiht und die die Penetration des weiblichen Genitales zum Beschlag ermöglicht. Marder- und hundeartige Spezies tragen im Penis einen Penisknochen, der der Versteifung der Brunftrute zum selben Zweck dient.

Auch der **weibliche Geschlechtsapparat** setzt sich aus den keimbereitenden, den keimleitenden und den keimbewahrenden Organen sowie aus dem Begattungsorgan zusammen, das gleichzeitig auch den Geburtsweg repräsentiert.

Die keimbereitenden, rechts und links in der Bauchhöhle auffindbaren Eierstöcke dienen der zyklischen Heranbildung befruchtungsreifer Eizellen. In der Brunft (Rausche, Ranz etc.) fließen die Eizellen aus einem flüssigkeitsgefüllten Bläschen aus (Ovulation) und werden vom Eileiter, dem keimleitenden Organ, aufgefangen. Im Eileiter findet nach der Begattung die Befruchtung der Eizelle durch das Spermium statt. Im Eileiter beginnt sofort nach der Befruchtung die Embryonalentwicklung. Nach 7 bis 11 Tagen verlässt der Embryo den Eileiter und tritt in die Gebärmutter (Tracht) über. Hier erfolgt die Einnistung des Eis unter Ausbildung des Mutterkuchens.

Einige Tierarten (Reh, Musteliden) zeigen eine **Keimruhe**, früher nicht korrekt als Eiruhe bezeichnet. Bei diesen Tierarten entwickelt sich die befruchtete Eizelle, der Keimling, extrem langsam. Hieraus resultiert eine verlängerte Tragzeit, die zu einem Geburts-(Setz-)Termin in klimatisch günstiger Zeit für die Jungen führt. Die keimbewahrende Gebärmutter besteht bei allen dem Haarwild zugeordneten Säugetieren aus 2 Gebärmutterhörnern, die sich in ihrem Verlauf nach hinten zu einem Gebärmutterkörper vereinen. Der Gebärmutterkörper seinerseits geht in den die Tracht nach hinten abschließenden Gebärmutterhals über. Der Gebärmutterhals mündet mit dem äußeren Muttermund in die Scheide. Somit besteht die Tracht der Säugetiere aus den paarigen Gebärmutterhörnern, dem Gebärmutterkörper und dem Gebärmutterhals.

Nieren

Außenansicht nach dem Herauslösen aus der Kapsel

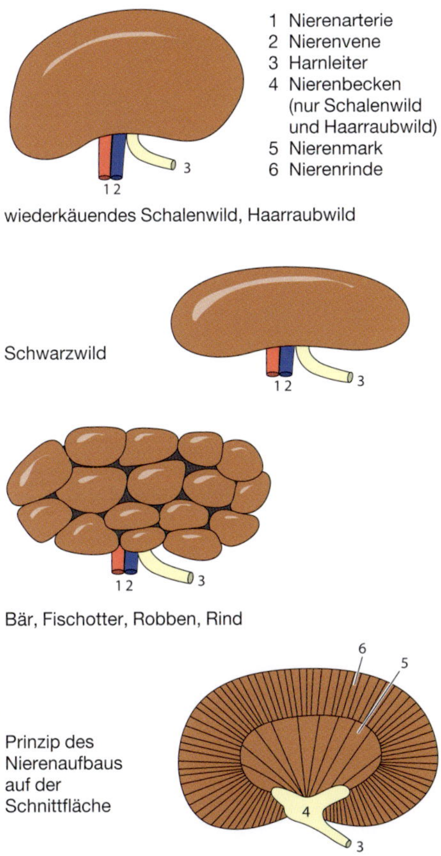

Scheide, Scheidenvorhof und Scham stellen das weibliche Begattungsorgan dar und sind gleichzeitig die Austreibungsbahn für die Frucht bei der Geburt (Geburtsweg). Wir unterscheiden Mehrlingsgeburten und Einzelgeburten, wobei nur bei großen Huftieren die Einzelgeburt die Regel ist. Je nach Verhalten der Jungtiere nach der Geburt werden sie als Nestflüchter oder Nesthocker eingeordnet.

Schalenwild

Als Schalenwild fassen wir die dem Jagdrecht unterliegenden Paarhufer zusammen (Huftiere mit gespaltenen Klauen, d.h. zwei Zehen, im Unterschied zu den Einhufern). Die Hufe (Klauen) heißen in der Jägersprache »Schalen«.

Die zoologische Ordnung der Paarhufer (Artiodactyla) umfasst die primitiveren Nichtwiederkäuer (Nonruminantia), bei uns einzig durch das Schwarzwild vertreten (Familie der Schweine, Suidae) und die hoch entwickelten Wiederkäuer (Ruminantia).

Zum wiederkäuenden Schalenwild gehören die Familien der Hirschartigen (Geweihträger, Cerviden), nämlich Rotwild, Damwild, Sikawild, Rehwild und Elch, und der Rinderartigen (Hornträger, Boviden), bei uns vertreten durch das Gamswild, Stein- oder Fahlwild, Muffelwild und den Wisent.

Hauptunterscheidungsmerkmal sind die Stirnwaffen, die auch als Jagdtrophäen von Bedeutung sind. Bei den Hirschartigen (Cerviden) tragen nur die männlichen Tiere ein Geweih (einzige Ausnahme das Ren, das bei uns nicht vorkommt). Geweihe bestehen aus Knochensubstanz, sie werden jährlich unter hormoneller Steuerung abgeworfen und neu gebildet. Sie sind in der Regel in mehrere Enden verzweigt (vereckt).

Die Rinderartigen tragen Hörner. Diese bestehen aus hohlen Hornschläuchen, die als Überzug über langen, knöchernen Stirnzapfen sitzen, zeitlebens weiterwachsen (am stärksten bis zur Geschlechtsreife, je nach Art und Lebensbedingungen in den ersten 4 bis 5 Jahren) und nicht abgeworfen werden.

Hornsubstanz ist modifizierte äußere Haut und wird von Hautzellen gebildet. Hörner sind verschiedenartig gebogen oder gewunden, aber nicht verzweigt. Bei den jagdbaren Arten tragen gewöhnlich beide Geschlechter Hörner. Die

Rehgeiß (Ricke) mit 2 starken Kitzen

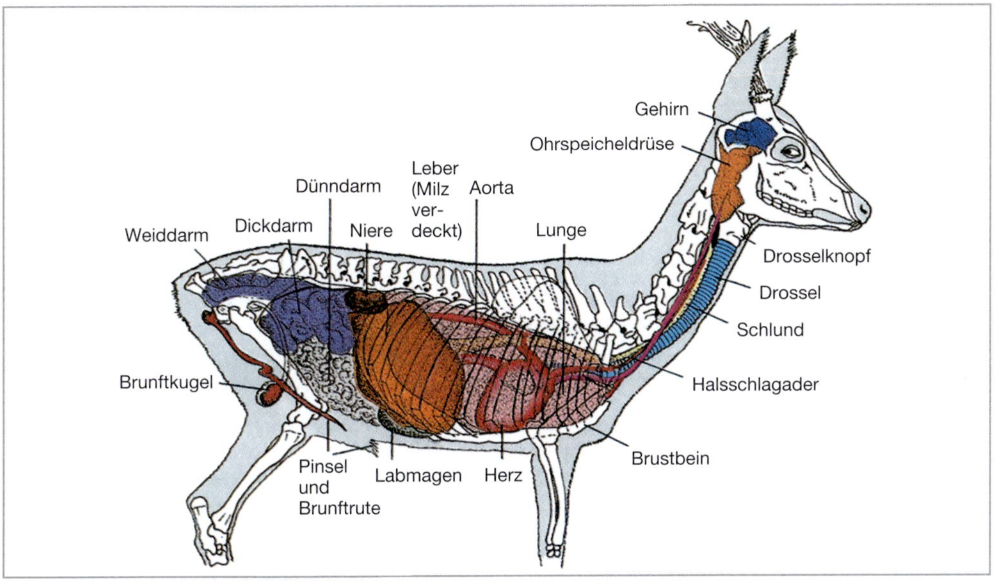

Die inneren Organe des wiederkäuenden Schalenwildes (Rehbock rechtsseitig)

Hörner der Weibchen sind in der Regel geringer, beim weiblichen Muffelwild fehlen sie häufig.

Weitere zoologische Unterteilungen: Bei den Hirschartigen unterscheiden wir die sogenannten Echten Hirsche von den Trughirschen. Zu den Echten Hirschen mit einem Hauptverbreitungsgebiet in Europa und Asien gehören bei uns die plesiometakarpalen Arten Rotwild, Damwild und Sikawild. Zu den Trughirschen zählen das Rehwild und die Elche, die als telemetakarpale Hirsche einzuordnen sind (s. auch Skelettsystem Seite 195).

Übersicht unserer 10 Schalenwildarten

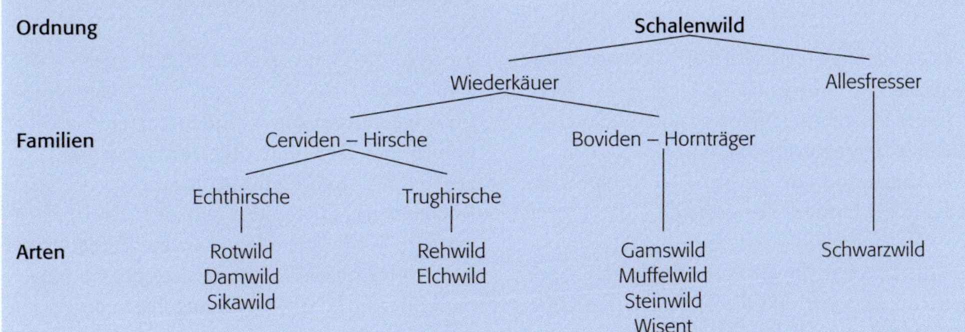

Allen Wiederkäuern gemeinsam ist der hoch entwickelte Verdauungsapparat (s. Verdauungssystem, Seite 197 ff.). Eng mit der Ernährungsweise verbunden ist das typische Wiederkäuergebiss: Die Schneidezähne fehlen im Oberkiefer völlig; im Unterkiefer bilden sie eine breite, abgeflachte Reihe, an die sich beiderseits der umgeformte Eckzahn als kleiner vierter Schneidezahn anschließt. Im Oberkiefer fehlt der Eckzahn ganz oder ist wie beim Rotwild, Sikawild und selten auch beim Rehwild zur Grandel verkümmert. Den Grandeln fehlt regelmäßig der Schmelzüberzug. Daher können Pflanzensäfte in das Zahnbein (Dentin) eindringen, wodurch die unterschiedlich braunen Färbungen dieser Zähne bedingt sind. Die Backenzähne (je 3 Prämolaren und Molaren in jeder Kieferhälfte oben und unten) bilden eine geschlossene, massive Reihe von Mahlzähnen mit Längsfalten zum Zerreiben der Nahrung beim Wiederkäuen. Das Wildschwein besitzt als einziges Schalenwild einen einhöhligen Magen. Sein vollständiges, urtümliches Gebiss weist diese Wildart als Allesfresser (omnivor) aus (Schwarzwild s.Seite 286 ff.).

1 | Aus welchen Grundbausteinen besteht der Tierkörper?

Aus Zellen, jeweils spezifisch gleiche Zellen formen die unterschiedlichen Strukturen und Organe des Körpers.

2 | Was versteht man unter Stoffwechsel?

Eigenschaft eines Organismus (z. B. eines Tieres), aus seiner Umgebung Nahrung aufzunehmen, diese im Körper zu verteilen und einzubauen sowie Abbauprodukte der Verarbeitungsprozesse wieder in die Umwelt abzugeben.

3 | Was besagt die Bergmann'sche Regel?

Innerhalb einer Art sind die Tiere kälterer Klimazonen durchschnittlich größer als Individuen von Populationen wärmerer Bereiche. (Klimaregel = bei geometrisch ähnlichen Körpern besitzen solche mit größerem Volumen die relativ kleinere Oberfläche und damit eine geringere Wärmeabstrahlung, z. B. europäischer Bär – Kamtschatka-Bär, europäischer Elch – Alaska-Elch.

4 | Welchen Einfluss hat die Umwelt auf die Arten?

Arten passen sich den Umweltverhältnissen an. Sind sie dazu nicht fähig, verschwinden sie (ökologische Potenz eines Tieres).

5 | Welche Unterschiede bestehen im Knochenbau zwischen Säugern und Vögeln?

Vogelknochen sind höher mineralisiert und in Teilen pneumatisiert (Knochen beinhalten Luftsackeinstülpungen = Gewichtersparnis beim Fliegen).

6 | Aus was besteht Blut?

Blut besteht aus Blutwasser (Serum) und im Serum schwimmenden Körperchen, nämlich roten und weißen Blutkörperchen sowie Blutplättchen. Die roten Blutkörperchen bewerkstelligen den Gastransport (O_2 und CO_2), die weißen Blutkörperchen stellen in ihrer Gesamtheit ein Abwehrsystem des Körpers dar, die Blutplättchen dienen bei Verletzungen der lebensrettenden Blutgerinnung.

7 | Welche Organe sind im Schädel platziert?

Im Angesichtsschädel befinden sich die Nasenhöhlen und die Mundhöhle, im Hirnschädel liegen Groß- und Kleinhirn sowie das verlängerte Rückenmark. Dieses setzt sich als Halswirbelmark im Wirbelkanal fort. Letzteres bildet in seiner sich fortsetzenden Gesamtheit das Rückenmark. Bei seitlicher Betrachung liegen die Augen auf der Grenze zwischen dem Hirn- und dem Angesichtsschädel.

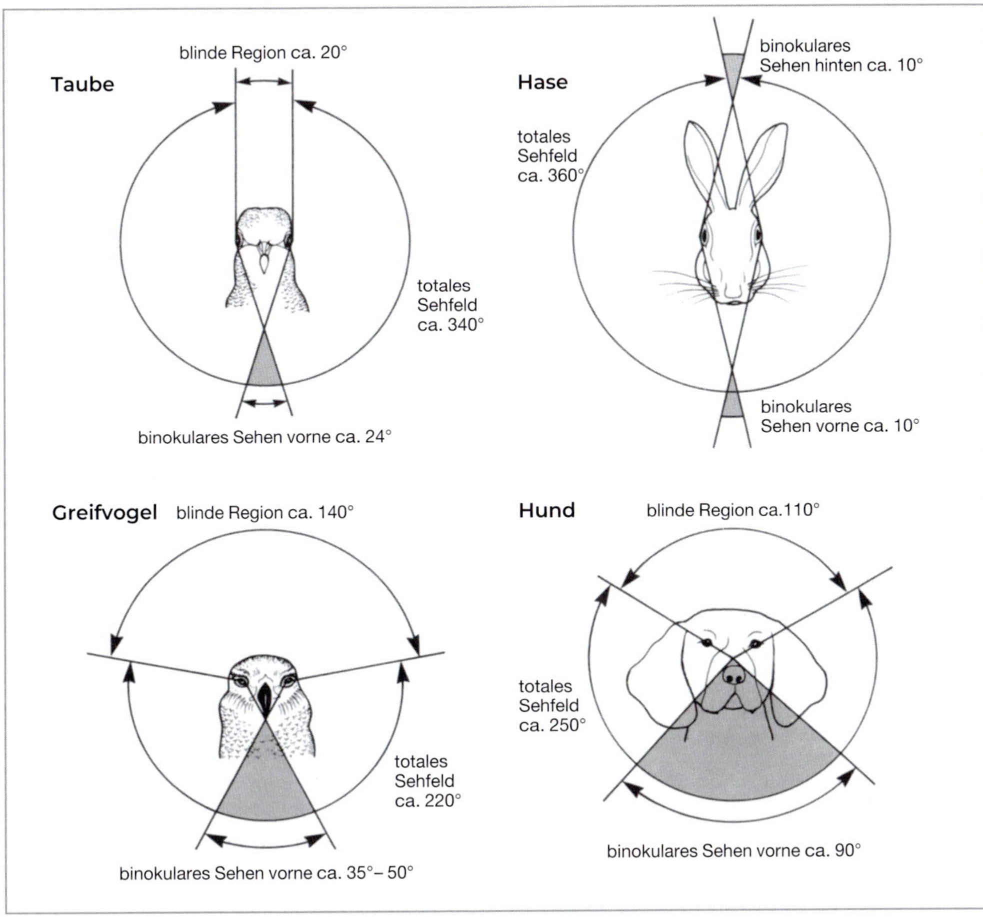

Bei Fluchttieren sind die Augen seitlich am Kopf angeordnet. Sie haben daher ein sehr großes Sehfeld. So können beispielsweise Hasen ohne Kopfbewegung 360° einsehen. Bei Beutegreifern sind die Augen hingegen vorne im Gesicht angeordnet. Daher ist ihr Sehfeld wesentlich kleiner. Entsprechend groß ist hingegen ihr binokulares Sehen, das beim Hund rund 90° beträgt. Der binokulare Sehbereich der Fluchttiere ist minimal.

8 | Was verrät uns die Form des Gesichtsschädels?

Ob es sich um ein Fluchttier oder einen Beutegreifer handelt.

9 | Wie sind die Augen der Beutegreifer angeordnet?

Ihre Augen sind weiter nach innen, zur Mittellinie des Schädels angeordnet und erreichen z. B. beim Seehund eine Frontstellung.

10 | Wie sind die Augen beim Friedwild angeordnet?

In seitlich am Kopf gelegenen Augenhöhlen.

11 | Wie sind Brust- und Bauchhöhle getrennt?
Durch das Zwerchfell, das gleichzeitig wichtigster Atmungsmuskel ist.

12 | Was unterscheidet Säuger und Vögel beim Verdauungssystem?
Vögel besitzen in der Regel einen Kropf (temporärer Nahrungsspeicher) sowie einen Drüsen- und Muskelmagen. Besondere Magenausbildungen bei fischfressenden Vögeln (sogenannter Grätenmagen) und Greifvögeln. Das Darmsystem der Vögel endet in einer Kloake.

13 | Welche Aufgaben hat die Haut?
Sie umhüllt als schützendes Organ den Gesamtkörper, dient mit der Aufrechterhaltung einer gleichbleibenden Körpertemperatur und durch die Sekrete ihrer Drüsen der inner- und interartlichen Kommunikation.

14 | Welche Aufgaben hat das Skelett?
Das Skelett hat stützende Funktion, formt knöchern Körperhöhlen (Brust-, Bauch- und Beckenhöhle) vor. Über Gelenke, die zwischen Einzelknochen ausgebildete sind, ist mithilfe der Muskulatur die Bewegung möglich.

15 | Aus was besteht ein Zahn?
Schmelz, Zahnbein (Dentin), Zement.

16 | Welche Zahnarten gibt es?
Schneidezähne, Eckzähne, vordere und hintere Mahlzähne (Prämolaren und Molaren).

17 | Erscheinen alle Zähne als Milchzähne?
Nein, die Molaren nicht.

18 | Welche Zähne wachsen lebenslänglich nach?
Wurzellose Zähne wie Eckzähne der Sauen, Schneidezähne der Hasen

19 | Was sind »Kunden«?
Von Schmelz ausgekleidete Taschen in den Kauflächen der Backenzähne bei Nagern und Wiederkäuern.

20 | Was sind Grandeln?
Eckzähne im Oberkiefer; vornehmlich beim Rotwild, Sikawild, selten Rehwild.

21 | Was kennzeichnet ein Wiederkäuergebiss?
Fehlende Schneidezähne im Oberkiefer; Umstellung und Umformung des Eckzahns zum 4. Schneidezahn (C_1) im Unterkiefer.

22 | Was kennzeichnet ein Allesfressergebiss?
Zahlenmäßig vollständiges Gebiss, Prämolaren mehr oder weniger scharfkantig, Molaren dagegen stumpfhöckrig (s. Schwarzwild).

23 | Was kennzeichnet ein Raubtiergebiss?
Dolchartige Eckzähne (Fangzähne, C), Brechscherengebiss im Backenzahnbereich durch die Reißzähne = P_4 oben und M_1 unten.

24 | Was kennzeichnet ein Nagergebiss?
Insgesamt 22 Zähne, je 1 Schneidezahn oben und unten, fehlende Eckzähne, 4 Backenzähne oben und 5 Backenzähne unten, jeweils beidseitig.

25 | Was kennzeichnet das Gebiss der Hasenartigen?
Insgesamt 28 Zähne, im Oberkiefer gaumenseitig des rechten und linken Schneidezahns jeweils ein Stiftzahn.

26 | Welche Besonderheit hat das Gebiss des Schwarzwildes?
Die Eckzähne (oben Haderer, unten Gewehre oder Hauer) wachsen lebenslänglich nach.

Wiederkäuer (z. B. Rehwild)

Zahnformel
(Rehwild und alle Boviden)

$\frac{0\,0\,3\,3}{3\,1\,3\,3} = 32$

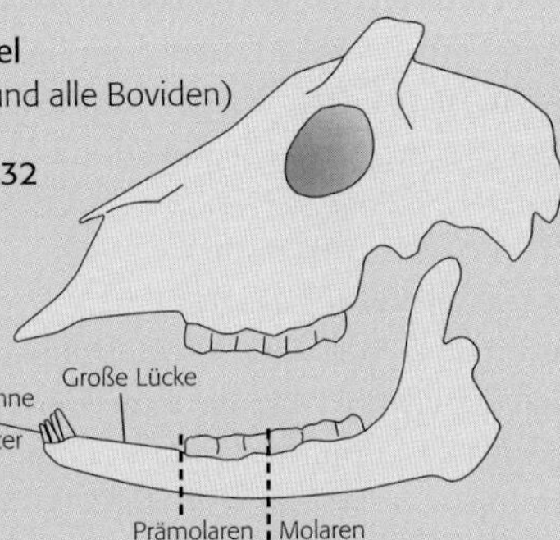

Wiederkäuer haben keine Schneidezähne im Oberkiefer; die Eckzähne im Unterkiefer wurden zu Schneidezähnen umgebildet; im Oberkiefer fehlen die Eckzähne oder sind selten rudimentär (Grandeln) vorhanden; oben und unten befinden sich auf jeder Seite 6 Backenzähne.

Allesfresser (z. B. Schwarzwild)

Zahnformel (Schwarzwild)

$\frac{3\,1\,4\,3}{3\,1\,4\,3} = 44$

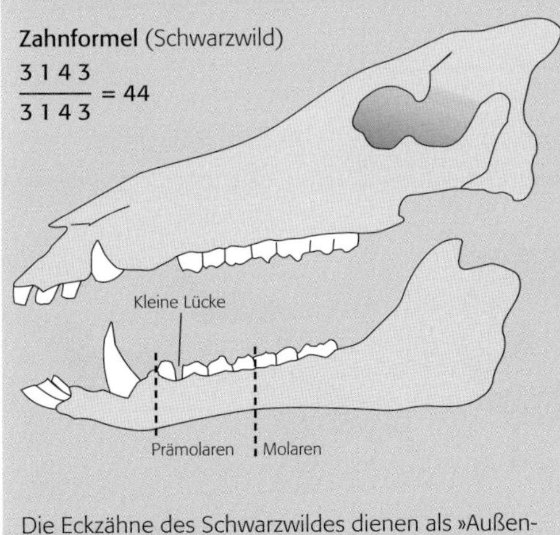

Die Eckzähne des Schwarzwildes dienen als »Außenwerkzeuge«, sind ohne Wurzel und damit lebenslänglich nachwachsend. Die Backenzähne sind vollzählig, der P_1 ist unten vorgezogen, jedoch nicht immer vorhanden.

Fleischfresser (z. B. Fuchs)

Zahnformel
(Fuchs)

$\frac{3\,1\,4\,2}{3\,1\,4\,3} = 42$

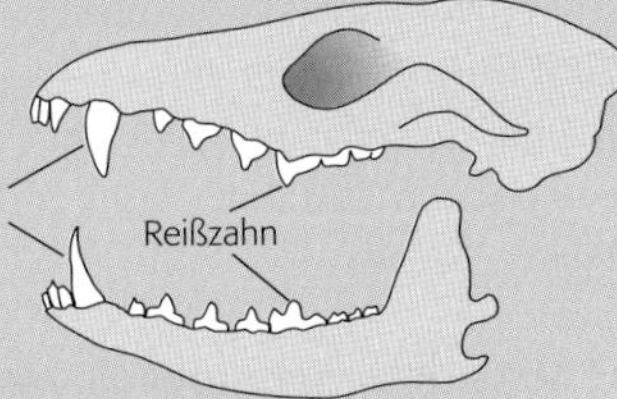

Raubtiere haben stark ausgeprägte Eckzähne (Fangzähne), die zum Festhalten und Töten der Beute dienen. Die Backenzähne sind – von Art zu Art unterschiedlich – nicht mehr vollzählig vorhanden.

Hasenartige (z. B. Wildkaninchen)

Zahnformel
(Kaninchen)

$\frac{2\,0\,3\,3}{1\,0\,2\,3} = 28$

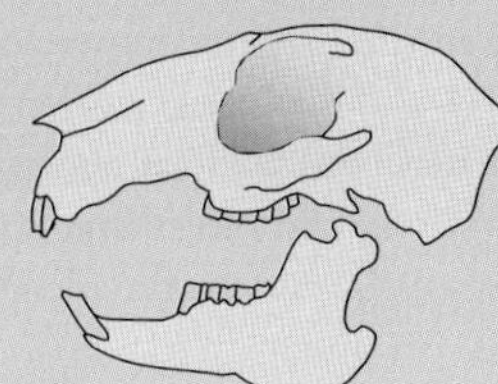

Hasen und auch Nagetiere haben oben und unten je 2 Schneidezähne ohne Wurzeln (Nagezähne), die sich abnutzen und ständig nachwachsen. Die Eckzähne fehlen ganz. Die Backenzähne fehlen teilweise. Hasenartige haben außerdem oben je 2 direkt hinter den Schneidezähnen sitzende Stiftzähne.

Insektenfresser (z. B. Igel)

Gebissaufbau wie Fleischfresser

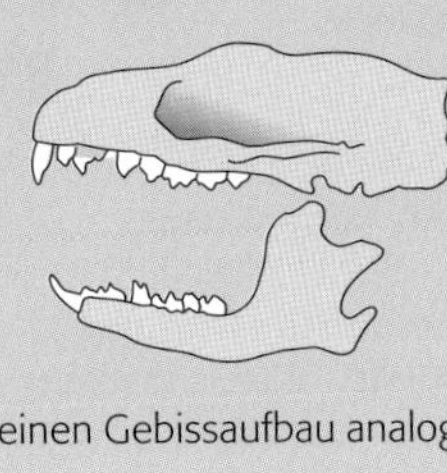

Insektenfresser haben einen Gebissaufbau analog den Raubtieren.

Schädelskelette (aus Hespeler, Jagdwissen kompakt)

27 | Was sind Prämolaren, was sind Molaren?

Prämolaren, im vollständigen Gebiss 4, sind die vorderen Backen- oder Mahlzähne, sie haben Milchzahnvorläufer.
Molaren, im vollständigen Gebiss 3, sind die hinteren Mahlzähne, keine Milchzahnvorgänger.

28 | Was unterscheidet Geweihe von Hörnern?

Geweih ist stets Knochenmaterial; es wird unter hormoneller Steuerung jährlich neu gebildet und abgeworfen (Cerviden). Hörner bestehen aus von speziellen Regionen der Haut gebildetem Horn (= Hautderivat), das als Hornschlauch oder -scheide immer einem Knochenzapfen aufsitzt. Horn wird zeitlebens immer von der Basis her gebildet und nicht abgeworfen (Ausnahme: die nordamerikanische Pronghorn-Antilope). Hornbasisumfang und Hornlänge sind daher gute Altersansprechhilfen (Boviden).

29 | Wie ist das Geweih aufgebaut?

Es gibt eine rechte und eine linke Stange, beide tragen Sprossen oder Enden (jägersprachlich: das Geweih ist vereckt). Stangen können schaufelartig verbreitert sein (Damwild, Elch).

30 | Wo vollzieht sich das Geweihwachstum?

Unmittelbar nach dem Abwurf bilden Knochenzellen der Rosenstöcke das neue Geweih, das sich zunächst als Stümpfe, dann mit kolbigen Auftreibungen und später als fertiges Bastgeweih darstellt. Bei älteren Rothirschen wird das innerhalb von ca. 4 ½ Monaten neu gebildete Geweih Ende Juli gefegt. Erst Tage nach dem Fegen ist das fertige Geweih ein toter Knochen. Geweihe wachsen immer nur an der Spitze.

31 | Wie wird der Aufbau und Abwurf von Geweihen gesteuert?

Durch Sexualhormone, die einen jahreszeitlichen Zyklus durchlaufen. Beim niedrigsten Testos-

Übersicht Äsungstypen bei Wiederkäuern

Konzentratselektierer – Rehwild, Elchwild
Mischäser(Intermediär)-Typ – Gamswild, Rotwild/Damwild
Raufutter(Gras)-Äser – Wisent, Steinwild, Muffelwild

Konzentratselektierer
- relativ kleiner Pansen
- benötigen energiereiche, leicht verdauliche Äsung (Knospen, Blüten, Kräuter)
- suchen Nahrung selektiv, zahlreiche Fressperioden häufiges Wiederkäuen

Mischäser(Intermediär)-Typ
- decken ihren Nahrungsbedarf durch eine Mischäsung aus Gras und Kräutern, oft auch Laub
- Gamswild tendiert im Frühjahr und Sommer zum Konzentratselektierer
- Damwild tendiert zum Rau- und Grasfutterfresser

Raufutter(Gras)-Äser
- relativ großer Pansen
- grasen flächendeckend
- wenige, aber lange Fressperioden, langes Wiederkäuen
- Nahrung: zellulosehaltig und faserreich (energiearm)

terongehalt erfolgt der Stangenabwurf. Zum Zeitpunkt des fertig geschobenen und gefegten Geweihs (kurz vor der Brunft) erreicht das Testosteron seinen höchsten Level.

32 | Was sind Rosenstöcke?
Knochenauswüchse (Exostosen) des jeweiligen Stirnbeines.

33 | Welche Geweihe werden nicht mehr abgeworfen?
Perückengeweihe.

34 | Tragen beide Geschlechter Geweihe?
Nein, Ausnahme: Rentier (Trughirsch).

35 | Wo vollzieht sich das Wachstum der Hörner?
Im Hautsaum unmittelbar an der Hornbasis. Von der Basis wird das Horn tütenartig zur Spitze geschoben.

36 | Tragen beide Geschlechter Hörner?
Ja, die Hörner der weiblichen Tiere sind jedoch schwächer. Bei Muffelschafen fehlen sie häufig.

37 | Wie unterscheiden sich Wiederkäuer- von Allesfressermägen?
Die Wiederkäuer besitzen ein Magensystem, bestehend aus 3 Vormägen und 1 Haupt- oder Drüsenmagen (= Labmagen). Letzterer entspricht in Aufgabe und Funktion dem nur in Einzahl vorkommenden Magen der Allesfresser, der Raub- und Nagetiere sowie der Hasenartigen (sogenannte Monogastrier).

38 | Welche wichtigen Wildarten haben eine Gallenblase?
Alle Boviden, die Hasenartigen, das Schwarzwild, die Hühner- und die Entenvögel.

39 | Welche Aufgaben hat der Blinddarm?
Der Blinddarm dient als Gärkammer, in dem bei den nicht wiederkäuenden Pflanzenfressern durch Bakterien die Zellulose aufgespalten wird.

40 | Welche Wildarten nehmen ihre Nahrung in zwei getrennten Vorgängen auf?
Wiederkäuer: 1. Füllung des Pansens mit grob vorgekauter Äsung, 2. Wiederkäuen zur Feinzerkleinerung in Ruhephase.

41 | Wo findet die Zelluloseverdauung beim Hasen statt?
Im Blinddarm.

42 | Haben alle Säuger Drüsen?
Ja, Hautdrüsen und im Körper gelegene Drüsen (z. B. Speicheldrüsen, Schilddrüse, Nebennieren etc.).

43 | Welche Funktion haben Duftdrüsen?
Sie sind Hautdrüsen und dienen der innerartlichen und zwischenartlichen Kommunikation (Arterkennung, Feindvermeidung).

44 | Sind Duftdrüsen geschlechtsspezifisch?
Grundsätzlich nein; es gibt jedoch einige ge schlechtsspezifische Drüsen, z. B. Vorhautdrüsen bei männlichen Tieren, Brunftfeigen beim Gamsbock. Letztere kommen in wesentlich geringerem Umfang auch bei der Gamsgeiß vor.

45 | Welche Haare unterscheiden wir in Balg/Decke/Schwarte?
Deckhaare und Wollhaare; Grannenhaare sind besonders lange Deckhaare, Borsten sind auffallend starke und harte Deckhaare der Sauen.

46 | Was sind Vibrissen?
Tasthaare, vornehmlich im Gesichtsbereich (Maulspalte). Stark ausgebildet bei Feliden, Caniden, Robben. Diese Tasthaare dienen vor allem zur Orientierung in der Dunkelheit.

47 | Wie wird der Haarwechsel gesteuert?

Der Haarwechsel wird unter Beteiligung des Sexualzyklus und von Aktivitätsschüben von Schilddrüsen- und Nebennierenhormonen fotoperiodisch (durch die Tageslänge) gesteuert.

48 | Wie oft wechseln die Haarwildarten ihr Haar?

Einmal, im Frühjahr, sichtbarer Ausfall und Neubildung von Haaren. Ob das Längenwachstum der Deckhaare, die Zunahme der Wollhaare und das Umfärben im Herbst als echter Haarwechsel anzusehen ist, wird kontrovers diskutiert.

49 | Welche Haarwildarten tragen weißes Winterfell?

Schneehase und Großes Wiesel (Hermelin). Regional kommt es in Mittel- und Südeuropa auch zu einer Umfärbung des Mauswiesels.

Rehe verlieren im Frühjahr ihr stumpf gewordenes Winterhaar.

50 | Wie erfolgt die Fortpflanzung beim Haarwild?

Durch Begattung mit einhergehender Befruchtung der Eizelle(n) im Eileiter des weiblichen Tieres.

51 | Welche Substanzen steuern die Paarungsbereitschaft der Säuger?

Vorwiegend das Östrogen bei den weiblichen und das Testosteron bei den männlichen Tieren (sogenannte Geschlechtshormone).

52 | Wie funktioniert die Keimruhe?

Nach erfolgreicher Befruchtung entwickelt sich die Zygote (befruchtete Eizelle) extrem langsam, ihre Zellteilungsvorgänge ruhen mehr oder weniger. Erst mit fortgeschrittener Jahreszeit kommt es zu einer dann stürmisch ablaufenden Entwicklung des Keimlings. Grund: Die Geburt soll in einer für das Junge klimatisch günstigen Zeit erfolgen, während die kräftezehrende Brunft in eine für die Elterntiere günstige Zeit vorverlegt ist.

53 | Bei welchem Haarwild gibt es eine Keimruhe?

Reh, Dachs, Stein- und Baummarder, bedingt Großes Wiesel, Bär, Europäischer Fischotter.

54 | Welchen Sinn macht die »Überproduktion« mancher Arten?

Nur so ist die Art erhaltbar, da eine große Anzahl der Jungtiere vor Erreichen der Geschlechtsreife Fressfeinden, Krankheiten etc. zum Opfer fällt.

55 | Welche Strategien verfolgen Muttertiere bei ihrer Jungenaufzucht?

Jungtiere werden bei allen Nesthockern versteckt (Erdbauten, natürliche Höhlen etc.), bei Nestflüchtern häufig entfernt vom Muttertier (in Rufweite) abgelegt, bis sie dem Muttertier wirklich folgen können.

Wie verhalten sich Jungtiere?

Den Müttern folgen: Muffellämmer, Gams- und Steinwildkitze.

Es liegen alleine ab: Rehkitze, Kälber von Rot-, Dam- und Sikawild sowie Junghasen.

Im Nest hocken: Frischlinge, Kaninchen, die Jungen aller Haarraubwildarten und Nager.

56 | Welche Haarwildarten werden blind geboren?

Kaninchen, Murmeltier, Wolf, Fuchs, Marderhund, Stein- und Baummarder, Iltis, Großes Wiesel, Mauswiesel, Dachs, Fischotter, Wildkatze, Luchs, Waschbär, Braunbär (grundsätzlich nur Nesthocker, die in dunklen Verstecken geboren werden).

57 | Welche Haarwildarten führen ihre Jungtiere überhaupt nicht?

Feldhase und Schneehase. Die Jungen legen sich selbst ab.

58 | Welche sozialen Strategien unterscheiden wir beim Haarwild?

Singuläre Lebensweise gegenüber der Rudel- oder Rottenbildung.

59 | Welche Haarwildarten sind Rudeltiere?

Rotwild, Damwild, Sikawild, Muffelwild, Gamswild, Steinwild, Wisent, Schwarzwild.

60 | Was versteht man unter offenen Gesellschaften?

Verbände mit wechselnden Individuen in der Zusammensetzung (z. B. Rehwild und Gams).

61 | Was ist ein Streifgebiet?

Der von der jeweiligen Wildart genutzte Lebensraum, der z. B. nach Jahreszeit und Äsungsangebot, aufgrund menschlicher Aktivität etc. wechseln kann.

62 | Welche Haarwildarten leben in Kolonien?

Kaninchen, Murmeltiere.

63 | Welche Schalenwildarten leben territorial?

Rehwild, vom Schwarzwild adulte (erwachsene) Keiler und Großrotten (Sippenverband).

64 | Welche Haarwildarten bringen ihre Jungen in einem Bau zu Welt?

Kaninchen, Fuchs, Dachs, Hermelin, Mauswiesel, Marderhund, Waschbär, Murmeltier, Biber, Nutria.

65 | Wie reguliert sich Haarwild ohne Eingriffe des Jägers?

Durch innerartliche Selbstregulation bei Lebensraumerschöpfung: reduzierte Reproduktion, erhöhte natürliche Sterblichkeit.

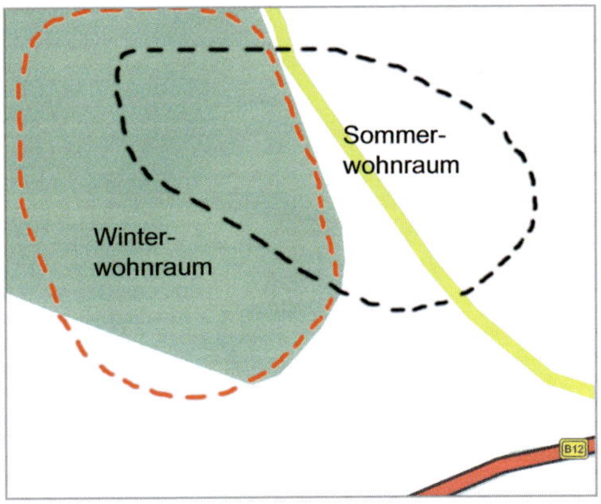

Sommerwohnraum und Winterwohnraum ergeben zusammen das Jahresstreifgebiet (Homerange).

66 | In welchem Lebensabschnitt ist die natürliche Sterblichkeit am höchsten?

Bei allen Arten im 1. Lebensjahr und hier überwiegend im 1. Halbjahr.

67 | Welche Haarwildarten kommen heute auch in urbanen Bereichen vor?

Kaninchen, Fuchs, Steinmarder, Hermelin, Waschbär, Reh, Schwarzwild.

68 | Welche Wildarten gehören zum Schalenwild?

Cerviden: Rot-, Dam-, Sika-, Reh- und Elchwild; Boviden: Wisent, Muffel-, Gams- und Steinwild; Suiden: Schwarzwild.

69 | Welche Wildarten gehören zu den Cerviden?

Echthirsche: Rotwild, Damwild, Sikawild; Trughirsche: Elchwild, Rehwild.

70 | Welche Wildarten zählen zu den Wiederkäuern?

Alle Schalenwildarten außer dem Schwarzwild.

71 | Welche Wildarten (Landesrecht beachten!) gehören zu den Nagern?

Murmeltier, Nutria, Biber.

72 | Welche Arten werden zum Raubwild gerechnet?

Hundeartige (Caniden): Wolf, Fuchs, Marderhund; Katzenartige (Feliden): Luchs, Wildkatze; Marderartige (Musteliden): Stein- und Baummarder, Hermelin, Mauswiesel, Dachs, Fischotter, Iltis, Mink und Nerz; Braunbär; Waschbär; Seehund.

73 | Wer kümmert sich um totes Wild, wenn es der Mensch nicht tut?

Aasfresser jeder Art, vom Fuchs bis zur Fliegenlarve.

74 | Welche Wildarten zählen zu den Hasenartigen?

Feldhase, Schneehase, Wildkaninchen.

Jungkaninchen liegen zunächst in einer Satzröhre und werden von der Mutter betreut.

Rotwild *(Cervus elaphus)*

Lebensraum und Lebensweise: Rotwild, unsere größte heimische frei lebende Wildart, war ursprünglich in offenen oder licht bewaldeten Landschaften und Auen beheimatet. Landeskultur und Besiedlung haben es in geschlossene Waldgebiete zurückgedrängt. Es kommt heute bei uns nur noch in mehr oder weniger großen, voneinander isolierten Rückzugsgebieten vor. Wo es ungestört ist, bevorzugt es offene, übersichtliche Flächen und ist tagaktiv. Menschliche Aktivitäten haben es heute vornehmlich zum Nachtwild gemacht.

Sozialverhalten: Rotwild lebt in Rudeln. Erwachsene Hirsche bilden Hirschrudel, ältere Hirsche sind gelegentlich Einzelgänger. Die Kahlwildrudel setzen sich aus mehreren weiblichen Stücken mit ihrem Nachwuchs zusammen. Diesen aus Mutterfamilien zusammengesetzten Rudeln schließen sich gelegentlich jüngere Hirsche lose an. Hirsche vom 1. und 2. Kopf stehen in der Regel noch beim weiblichen Wild. Die Kahlwildrudel werden von einem Leittier geführt. Dieses führt stets ein Hirschkalb. Verliert es dieses, verliert es meist auch seinen Rang. Vor dem Setzen verlassen die hoch beschlagenen Tiere das Rudel und führen nach einigen Wochen das neue Kalb in die Rudelgemeinschaft ein. Zu Beginn der Brunft ziehen die Kahlwildrudel zu den gewohnten Brunftplätzen, auf denen sich nach und nach auch die Hirsche einfinden. Ein Platzhirsch beherrscht das Rudel, während die Beihirsche am Rande der Rudel mit mehr oder weniger Erfolg versuchen, zum Beschlag zu kommen.

Natürliche Feinde des Rotwildes sind bei uns der regional wieder vorkommende Luchs und der Wolf. Während der Wolf Tiere aller Altersstufen erbeutet, beschränkt sich der schwächere Luchs in der Regel auf das Reißen von Kälbern.

Äsung: Ursprünglich bewohnte unser Rotwild Baumsavannen. Beim Äsen nutzt es daher als Intermediärtyp den Gras- und Kräuteraufwuchs offener Flächen. Im Wald besteht seine Äsung

Rotwild-Brunftrudel. Der Hirsch ist mittelalt und somit noch nicht jagdbar.

Steckbrief Rotwild

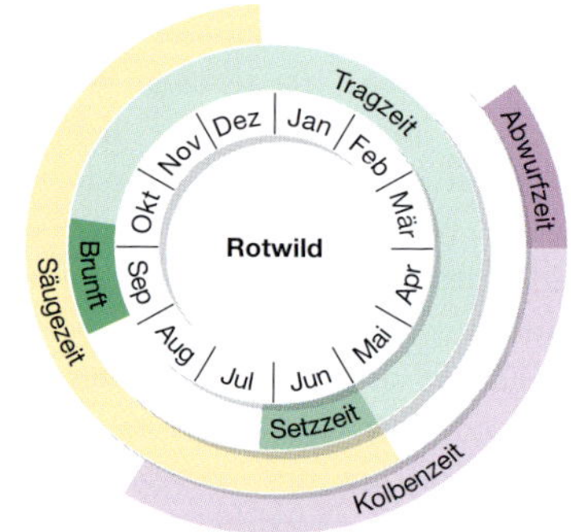

Jahreszyklus

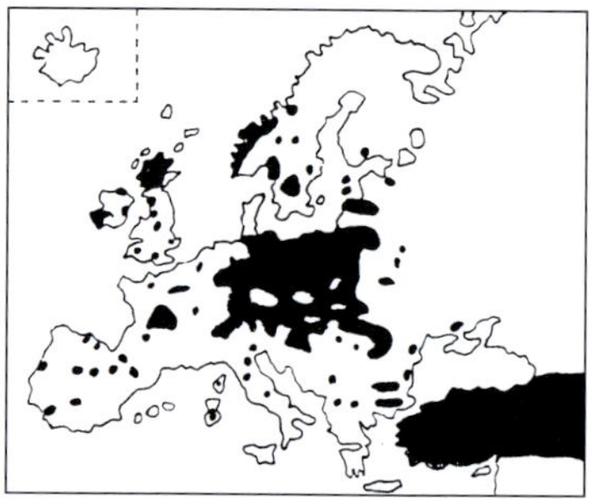
Verbreitungsgebiet

Körperbau: Paarhufer; Läufertyp; Gewicht bis 160 kg, ♀ bis 90 kg (aufgebrochen).
Sinne: Rotwild hört sehr gut (bewegliche Lauscher). Gesichtssinn gut, erkennt aber unbewegliche Objekte relativ schlecht. Geruchssinn sehr gut.
Lautäußerungen: Schrecken als Warnlaut, Mahnen als Kontaktlaut, Röhren (nur Hirsche) in der Brunft als Kontaktlaut und Drohgebärde, Klagelaut, hauptsächlich bei Kälbern.
Lebensweise: Hierarchische Rudelbildung; ganzjährig Kahlwildrudel aus Tieren, Kälbern, Jährlingen und gelegentlich auch 2-jährigen Hirschen; Hirsche bilden eigene Rudel, die sich vor der Brunft auflösen und später wieder finden. Teilweise saisonale Wanderungen, nicht territorial.
Ursprünglich und wo heute noch möglich weitgehend tagaktiv, in den meisten Rotwildgebieten jedoch vorwiegend dämmerungs- und nachtaktiv. Stellt sich im Sommer habitatabhängig auch im Feld (Raps, Getreide) ein.
Fortpflanzung: Geschlechtsreife mit 16–18 Monaten; Brunft Mitte September bis Mitte Oktober, Dauer etwa 3–4 Wochen, Tragzeit 34 Wochen (8–9 Monate), 1 Kalb, sehr selten 2; Setzzeit mehrheitlich im Juni; Säugedauer rund 6 Monate.
Nahrung: Intermediärtyp – Gräser und Kräuter, Triebe, Knospen, Blätter, Nadeln, Rinde, Hackfrüchte, reifendes Getreide, Raps, Erbsen; Nahrungsaufnahme wenig selektiv.
Geweihzyklus: Geweihabwurf Ende Februar / März, Hirsche vom 1. Kopf April / Mai. Geweihaufbau etwa 140–170 Tage.
Zahnformel: $\frac{0\,1\,3\,3}{3\,1\,3\,3} = 34$

daneben auch aus Trieben von Laub- und Nadelhölzern, Pilzen und Waldfrüchten aller Art, wie Eicheln, Bucheckern, Wildobst oder Vogelbeeren. Im Felde kann Rotwild an Kartoffeln, Rüben, Mais, Hafer und Erbsen zu Schaden gehen. In Notzeiten verbeißt es vermehrt Laub- und Nadelholzkulturen. Durch Abschälen von Rinde junger Waldbäume (Sommer- und Winterschälung) sind erhebliche und nachhaltige Schäden möglich.

Wie bei allen Wiederkäuern wechseln beim Rotwild Äsungs- und Wiederkäuphasen ab. Daraus ergibt sich ein Äsungsrhythmus, in dem mehrmals täglich Perioden der Äsungssuche mit Ruhezeiten abwechseln. Wo Rotwild durch menschliche Störungen an dieser Periodik gehin-

Der Rothirsch ist biologisch erst ab dem 12. Kopf jagdbar – und dann im Alter sicher anzusprechen.

dert wird, kommt es zu Verhaltensänderungen (Umstellung zum Nachttier), zu gesundheitlichen Schäden im Verdauungstrakt und vermehrten Wildschäden.

Sinne und Lautäußerungen: Rotwild hört (vernimmt) und riecht (windet) sehr gut. Obwohl es auch gut sieht (äugt), werden unbewegte Objekte schlecht erkannt (Bewegungsseher). Beide Geschlechter – führende Alttiere am häufigsten – schrecken mit tiefem, weithin hallendem Warnlaut, wenn sie überraschend gestört werden. Der Kontaktlaut zur gegenseitigen Stimmfühlung im Rudel, besonders zur Verständigung zwischen Muttertier und Kalb sowie als Locklaut zur Brunft ist das Mahnen, ein leiser, nasaler Laut. Während der Brunftzeit schreit, orgelt oder röhrt der meldende Hirsch in unterschiedlicher Intensität und Klangfärbung. Als Platzhirsch fordert er Nebenbuhler mit dem Kampfruf heraus; ebenso herausfordernd meldet der suchende Hirsch. Müde niedergetan brummt, knört oder trenzt der Brunfthirsch. Beim Treiben eines brunftigen Tieres oder beim Verfolgen eines Rivalen ertönt der abgehackte Sprengruf. Rotwild klagt selten (schreiender Schmerz- und Angstlaut, vor allem Jungwild bei Verletzungen).

Haarwechsel: Das Rotwild verfärbt im September/Oktober, die jüngeren Stücke früher als die älteren. Das Winterhaar ist dunkelgraubraun, länger und mit dichter Unterwolle; der Hirsch trägt seine Winterhaar (Brunftmähne) bis zum Haarwechsel im Frühjahr. Im Mai ist der Haarwechsel beendet, das Rotwild trägt dann sein rotbraunes, kurzes Sommerhaar.

Das Geweih: Beim männlichen Kalb (Hirschkalb) entwickeln sich gegen Ende des 1. Lebensjahres die knöchernen Stirnzapfen (Rosenstöcke). Zu Beginn des 2. Lebensjahres (jetzt Schmalspießer) entstehen als Erstlingsgeweih (Geweih vom 1. Kopf) meist einfache Spieße, die im Herbst (September/Oktober) gefegt werden. Nur bei besonders guter Entwicklung können Spießer vom 1. Kopf bereits Augsprossen tragen oder oben in 2 oder 3 Enden geteilt sein (Gabelspießer bzw. Kronenspießer). Immer fehlen dem Erstlingsgeweih die Rosen.

Die Spieße werden im folgenden Frühjahr (April/Mai, Ende des 2. Lebensjahres) abgeworfen. Nach dem Abwurf baut sich auf den Rosenstöcken das neue Geweih (vom 2. Kopf) auf. Bei sehr schlechter Entwicklung können es wieder nur Spieße (jetzt mit Rosen!) oder ein Gabelgeweih (mit Augsprossen) sein; normal ist ein Sechser- oder Achtergeweih. Es wird nun (im 3. Lebensjahr) im August gefegt und danach im März abgeworfen, worauf sich das Geweih vom 3. Kopf bildet und so weiter. Hirsche ab dem 5. oder 6. Kopf sind körperlich ausgereift.

Die älteren Hirsche werfen in ihrer Mehrzahl im März ab (je älter, umso früher, manche schon Ende Februar). Nicht selten fallen beide Stangen zugleich ab, häufiger jedoch in einem Abstand von bis zu 24 Stunden und mehr. Das kolbenartig heranwachsende neue Geweih (Kolbengeweih) ist während des Aufbaues weich und von einer samtweichen, silbrig glänzenden Nährhaut (dem Bast) überzogen, die mit fortschreitender Geweihreife von unten beginnend nachdunkelt, bis sie schließlich am fertigen Geweih eintrocknet und vom Hirsch durch Fegen (Schlagen) an Sträuchern oder Stämmchen abgestreift wird. Das jetzt hervortretende, fertig verknöcherte Geweih ist anfangs fast farblos, verfärbt sich aber unter dem Einfluss von Pflanzensäften beim Fegen rasch braun bis dunkelbraun, wobei die Endenspitzen durch weiteres Schlagen hell poliert werden. Der Aufbau eines neuen Geweihs dauert beim erwachsenen Hirsch rund 140 Tage. Gefegt wird das Geweih der älteren Hirsche in der zweiten Julihälfte. Der Geweihzyklus wird, beginnend mit dem Abwurf, von Hormonen gesteuert. Die Hormonausschüttung wird durch das Licht-/Dunkelheits-Verhältnis ausgelöst.

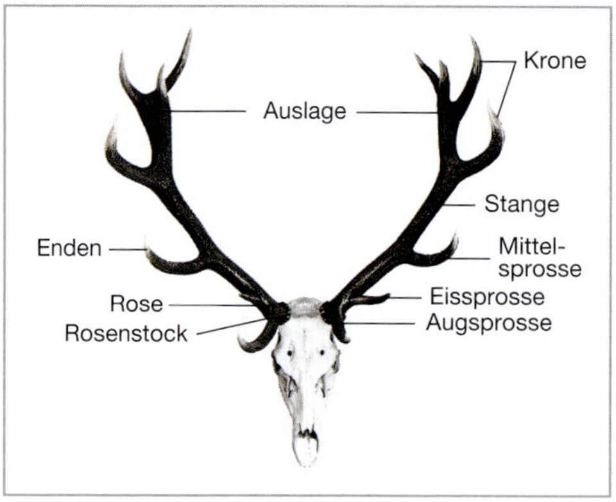

Bezeichnungen am Hirschgeweih

Die Oberfläche der Geweihe ist durch Längsrillen strukturiert, in denen während der Geweihbildung Blutgefäße verlaufen. Körnige Unebenheiten (Perlung) sind luxurierende Merkmale, die bei einzelnen Hirschen unterschiedlich ausgeprägt sein können.

Ein Geweih besteht aus den beiden Stangen, die jeweils mit der Rose, der wulstigen Verdickung rings um das untere Ende der Geweihstange, auf den Rosenstöcken sitzen. An der Stange unterscheiden wir in der Regel 3 Sprossen: von unten nach oben die (meist besonders kräftige) Augsprosse, darüber (in der Regel schwächer, oft nur angedeutet, bei manchen Rothirschen zeitweilig oder stets fehlend) die Eissprosse und etwa in Stangenmitte die Mittelsprosse. Sehr selten kann es zwischen Mittelsprosse und Krone noch eine weitere Sprosse geben, die sog. Wolfssprosse. Oben läuft die Stange entweder in einer einfachen Spitze aus oder sie endet mit einer Gabel (in 2 Enden geteilt) oder mit einer Krone (3 und mehr Enden). Bezeichnet werden Rothirschgeweihe nach der Zahl der Enden. Die Endenzahl der endenreichsten Stange wird verdoppelt: Ein gerader Zwölfender z. B. hat an jeder Stange 6 Enden; ein ungerader Zwölfer nur an einer Stange 6, an der anderen weniger Enden. Die Endenzahl ist kein Altersmerkmal! Wenn auch junge Hirsche meist endenärmere Geweihe (Spieße, Gabeln, Sechser, Achter) tragen, können grundsätzlich fast alle Endenzahlen in jedem Alter auftreten. Mehr verraten die Stärke (Masse) und Form (Länge, Schwung, Auslage) des Geweihes und seine Proportionen über das Alter. Mit etwa 11–13 Jahren trägt der Hirsch sein stärkstes Geweih. Noch ältere Hirsche setzen zurück, d. h., ihr Geweih verliert an Zahl der Enden, an Masse, Gewicht und Stangenlänge. »Hirschgreise« tragen nicht selten nur noch Geweihstümpfe. Durch Erbdefekt geweihlose Hirsche (selten) heißen Mönch oder Plattkopf. Geweihmissbildungen sind in der Regel auf Verletzungen während der Geweihbildungsphase zurückzuführen.

Die Geweihe dienen den Hirschen als Blickfang zum gegenseitigen Erkennen und Imponieren. Im spielerischen Kräftemessen (Scherzen) wird schon während der Feistzeit (äsungsreiche Zeit, Mai–August, zum Anlegen von Fettreserven) die Rangordnung in Hirschrudeln hergestellt. Zu ernsthaften Geweihkämpfen kommt es in der Brunft zwischen ebenbürtigen Rivalen. Dabei kann es zu Verletzungen kommen (Forkeln), die gelegentlich auch tödlich sind. Todesfälle entstehen auch durch unlösbares gegenseitiges Verklemmen der Geweihe (Verkämpfen) oder durch Verstricken in Draht. Geweihe werden auch als Verteidigungswaffen gegen Angreifer (z. B. Wölfe) eingesetzt.

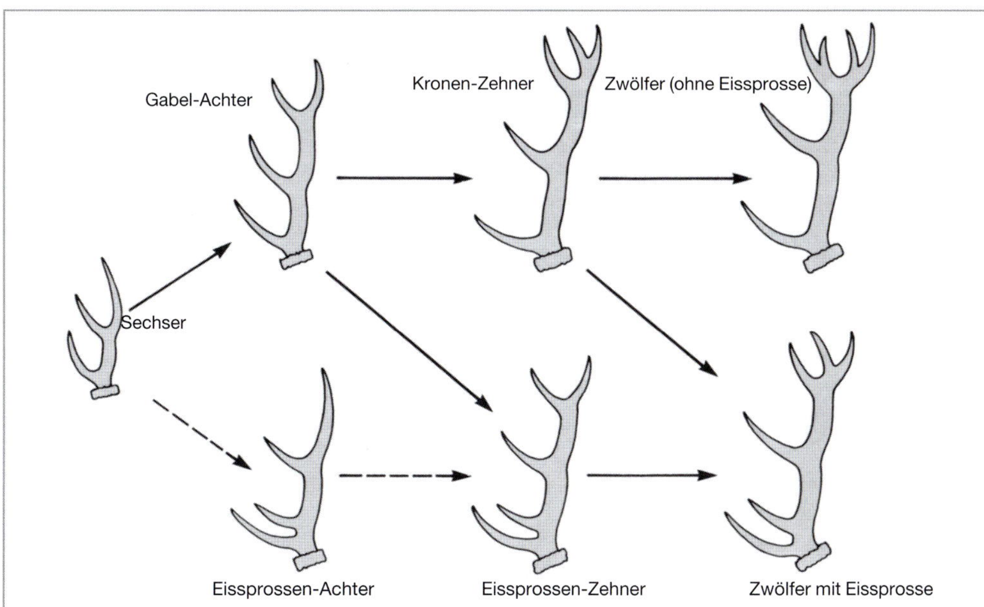

Mögliche Geweihentwicklung beim Rothirsch (schematisch)

Die abgeworfene Einzelstange nennt man Abwurfstange, beide zusammen den Abwurf (Passstangen). Die Abwurffläche an der Stangenbasis heißt Petschaft. An der Petschaft kann eine grobe Alterseinschätzung vorgenommen werden. Ist die Petschaft konvex (gewölbt), handelt es sich um einen jungen Hirsch, ist sie konkav (Mulde), handelt es sich um einen alten Hirsch, und wenn sie flach ist, um einen mittelalten Hirsch. Nach dem Abwerfen bis zum Fegen erheben sich die Hirsche bei Auseinandersetzungen auf die Hinterläufe und schlagen mit den Vorderläufen auf den Gegner ein (Rangordnungskampf/Scherzen). Auch weibliches Wild zeigt dieses Verhalten.

Fortpflanzung: Die Brunftzeit dauert 3–4 Wochen, etwa von Mitte September bis Mitte Oktober. Kalte Nächte steigern den Brunftbetrieb und lassen die Hirsche lebhafter melden. In warmen Nächten dagegen läuft der Brunftbetrieb auffallend still ab. Ein Platzhirsch kann in diesen Wochen 15–20 kg an Gewicht verlieren, da er kaum Äsung aufnimmt und in dieser Zeit größtenteils von den in der Leber gespeicherten

Augsprosse

Bastgeweih

Kolben mit Augsprossen

Frisch gefegtes Geweih

Energiereserven und von seinem Speicherfett (Feist) lebt.

In natürlich gegliederten Rotwildbeständen bemühen sich Hirsche ab dem 5./6. Kopf um ein Brunftrudel. Als Platzhirsch (Haremshalter) versucht er das Rudel zusammenzuhalten und ausbrechende Stücke zurückzutreiben. Andererseits muss er Rivalen durch Imponieren und Röhren optisch und akustisch abwehren. Stoßen gleichrangige Hirsche aufeinander, kommt es zum Kampf um das Rudel. Der Platzhirsch und der Herausforderer zeigen sich erst von ihrer besten Seite und posen beim Parallelgang. Lässt sich keiner der beiden davon beeindrucken, gehen sie voneinander weg, drehen sich nach ein paar Schritten gleichzeitig um und rennen aufeinander zu, um im Kampf ihre Kräfte zu messen. Der Gewinner ist der neue oder alte Platzhirsch. Jüngere Hirsche bis zum 5. Kopf sind sogenannte Schneider, die vom Platzhirsch geduldet werden, da sie für ihn keine Konkurrenz darstellen. Das einzelne Alt- oder Schmaltier ist nur 2–3 Tage brunftig. Nur in dieser Zeit lässt es den Beschlag zu. Äußeres Zeichen der Paarungsbereitschaft bei den weiblichen Tieren ist der angehobene, waagerecht getragene Wedel. Der Platzhirsch kontrolliert die Paarungsbereitschaft seiner Tiere geruchlich. Findet er ein brunftiges Stück, so wird es für kurze Zeit getrieben und dann beschlagen. Die Brunft ist für den Platzhirsch sehr energieaufwendig. Daher stehen häufig zum Ende der Brunft jüngere Hirsche bei den Rudeln, die der erschöpfte Platzhirsch verlassen hat. Es beschlägt also nicht nur der stärkste Hirsch. Mitunter kommt es zu einer Nachbrunft bis in den Dezember, wenn ein Tier ausnahmsweise spätbrunftig wird oder in der Hauptbrunftzeit nicht erfolgreich befruchtet wurde.

Weibliches Rotwild wird im 2. Lebensjahr geschlechtsreif (Schmaltier). Schmaltiere, die in ihrer ersten Brunft noch nicht beschlagen werden, heißen »übergehendes Schmaltier«. Übergehende Schmaltiere finden wir in der Regel nur in klimatisch ungünstigen Regionen mit knappen Futterressourcen.

Die Tragzeit beträgt 34 Wochen (rund 8 ½ Monate). Die Setzzeit fällt im Wesentlichen in den Juni. 1 Kalb ist die Regel, 2 kommen nur ausnahmsweise vor. Das Muttertier legt sein Kalb in den ersten Wochen fast immer außerhalb des eigenen Einstandes ab. Die Kälber sind in den ersten Monaten gelblich gefleckt und verfärben im Spätsommer als Erste in das dunkle Winterhaar. Die Geschlechter der Kälber sind schwer zu unterscheiden. Starke Hirschkälber können im Herbst allerdings bereits einen dickeren Kopf (die

Kämpfe finden nur zwischen annähernd gleichrangigen Hirschen statt.

Der Platzhirsch treibt das Rudel zusammen und hält Rivalen auf Distanz.

Das Alttier setzt in der Regel 1 Kalb, sehr selten 2.

Rosenstöcke deuten sich an!) und einen dunkleren, etwas dichter behaarten Hals (Träger) aufweisen.

Im Rudel bestimmt der Rang der Mutter auch die soziale Stellung des Kalbes. Es wird bis in den Winter gesäugt. Verwaiste Kälber werden aus dem Rudel verstoßen und bleiben in der Entwicklung zurück (kümmern, gehen im Winter ein).

Gebiss: Rotwild besitzt das charakteristische Wiederkäuergebiss. Abweichend vom Grundbauplan sind die Eckzähne im Oberkiefer beim Rotwild als sogenannte »Grandeln« vorhanden. Dagegen sind die Eckzähne im Unterkiefer zum Schneidezahnbogen vorgerückt und haben Form und Funktion eines 4. Schneidezahns. Die Reihe der Backenzähne besteht aus je 3 Prämolaren und Molaren in jeder Kieferhälfte.

Die Schneidezähne des Milchgebisses brechen beim Rotwildkalb bald nach dem Setzen durch. In den folgenden 4 Wochen erscheinen die vorderen 3 Prämolaren in jeder Kieferhälfte und 2 Milchhaken (Grandeln) beiderseits im Oberkiefer. Der 3. untere Milchbackenzahn ist dreiteilig. Bis zum 18. Lebensmonat erscheinen der 4. und 5. Backenzahn (= 1. und 2. Molar) im Ober- und Unterkiefer. Molaren haben keine Milchzahnvorläufer. Zwischen dem 17. und27. Monat werden die Milchschneidezähne durch Dauerzähne ersetzt. Zwischen dem 23. und 27. Lebensmonat wechselt das Rotwild die Prämolaren. Der 3. Backenzahn im Unterkiefer ist im Dauergebiss zweiteilig. Mit dem Erscheinen des hintersten Molars (M_3) ist das Dauergebiss bis zum 32. Lebensmonat vollständig. Die Milchhaken werden zwischen dem 16. und 18. Monat gewechselt. Die Molaren sind stets zweiteilige Zähne, M_3 trägt darüber hinaus häufig eine einteilige Anhangsäule, wodurch der Zahn dreiteilig erscheint.
Die Zahnformel des Dauergebisses lautet:

$$\frac{0\,1\,3\,3}{3\,1\,3\,3} \times 2 = 34 \text{ Zähne.}$$

Diese Zahnformel gilt (mit Ausnahme der bei anderen Arten fehlenden Grandeln) für alle Wiederkäuer (= 32 Zähne).

Altersbestimmung: Beim lebenden Rotwild liefern das Verhalten, der Körperbau (die Figur) und beim Hirsch zusätzlich das Geweih wesentliche Altershinweise.

Beim weiblichen Rotwild (Kahlwild) wird die Unterscheidung von Kalb, Schmaltier und Alttier durch die Vergleichsmöglichkeit im Rudel erleichtert. Verwechslungen im Frühwinter zwischen einem geringen Schmaltier und einem starken Kalb sind möglich. Führende Alttiere kann man im Sommer (Mai bis Juli) bei Sicht spitz von hinten am prallen Gesäuge (Spinne) sicher erkennen. Hirsche vom 1. und 2. Kopf stehen in der Regel noch beim weiblichen Wild. Hirsche dieser Altersstufe sind sicher nach ihrem Gebäude als Junghirsche anzusprechen. Spätestens vom 3. Kopf an trägt der Hirsch von Anfang September bis zum Haarwechsel im Frühjahr eine Mähne. Vom 4. Kopf an tritt das typische Hirschgebäude deutlich hervor. Das Haupt wird stumpfer und wirkt nicht mehr so jugendlich. Das Schwergewicht des Rumpfes beginnt sich nach vorn zu verlagern. Mit dem 7. Kopf tritt der Widerrist deutlich hervor, das Haupt wird mehr waagerecht getragen, das Gesicht wirkt bullig. Der Bauch (die Bauchlinie) ist nicht mehr zu übersehen, ein Senkrücken deutet sich an.

Am erlegten Wild ist eine Schätzung des Alters nach dem Grad der Abnutzung der Backenzähne möglich. Solange der Zahnwechsel noch nicht abgeschlossen ist (30.–32. Lebensmonat), lässt sich das Alter exakt nach dem Zahnstatus bestimmen. Danach ist der Jäger auf mehr oder weniger genaue Zahnalterschätzungen angewiesen.

Die vom Zahnschmelz überzogene Zahnkrone wird mit zunehmendem Alter mehr und mehr abgeschliffen. Auf der Kaufläche schwindet der Schmelz und das Zahnbein (Dentin) wird sichtbar. Da es sich bei den Backenzähnen um schmelzfaltige Zähne handelt, die im mittleren Bereich der Kaufläche durch taschenförmige, mit Schmelz ausgekleidete Vertiefungen (Kunden) gekennzeichnet sind, entsteht eine strukturierte Zahnoberfläche. Diese ist durch höher stehende, extrem harte Schmelzleisten und durch vertiefte, sich unterschiedlich braun färbende Dentinflä-

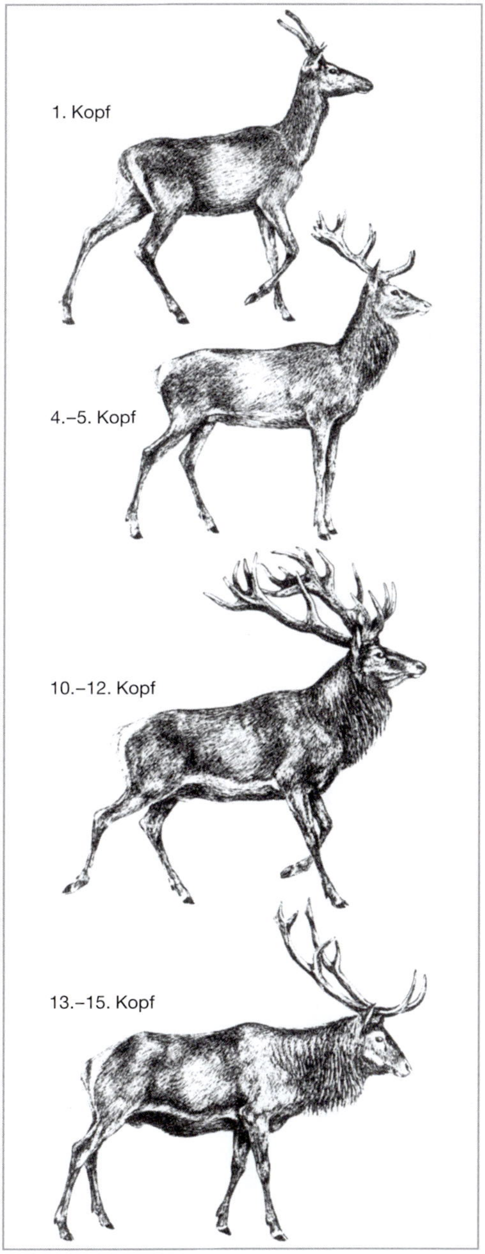

Altersmerkmale im Körperbau

chen charakterisiert. Durch den permanent erfolgenden Zahnabrieb wird die Tiefe der Kunden reduziert, ein Vorgang, der bis zum völligen Schwinden dieser taschenförmigen Vertiefungen führt. Je stärker der Abschliff fortgeschritten ist, umso älter ist das betreffende Stück.

Da Zähne genetisch bedingt unterschiedliche Härtegrade aufweisen, kann die Altersbestimmung nach dem Zahnabrieb immer nur eine Schätzung sein. Die Altersschätzung nach dem Zahnabrieb genügt zur Altersfestlegung jung, mittel – oder alt. Mit wissenschaftlichen Methoden lässt sich das Alter auch durch die Untersuchung einzelner Zähne feststellen. Dabei werden, je nach Methode, ein Schneidezahn oder ein Molar aufgesägt, die Fläche glatt geschliffen und unter dem Mikroskop die Ersatz-Dentinschichten oder die Ersatz-Zementzonen als Jahresringe gezählt. In der Regel werden die besten Alterseinschätzungen durch Auszählen der Ersatz-Zementauflagerungen an der Wurzel der Zange (I_1) erzielt. Bei diesem Verfahren muss der Zahn entkalkt, histologisch aufgearbeitet und die Wurzel in 50 µm starke Querschnitte aufgeschnitten werden. In den mit Methylenblau gefärbten Schnitten sind die Zementauflagerungen ähnlich den Jahresringen in einer Baumscheibe auszählbar.

Grobe Alterseinschätzung Rotwild anhand des Zahnabriebs

Ab dem Milchzahngebiss lässt sich das Alter grob bestimmen, denn der M1 erscheint mit ca. 6 Mon., M2 mit ca. 18 Mon. und M3 mit ca. 30 Mon.

Sind alle Backenzähne vorhanden und spitz, ist das Stück zwischen 3 und 5 Jahre alt.

Weisen M1–M3 leichte Abnutzungen auf, ist das Alter mit 5–7 Jahren einzuschätzen.

Ab jetzt sieht man zuerst auf den M1, da dieser der älteste Zahn im Dauergebiss ist. Ist der M1 schon stark abgeschliffen und ist an den Seiten noch etwas von der Kunde zu sehen, die in der Mitte bereits abgeschliffen ist, so ist das Alter mit 8–10 Jahren zu beziffern.

Ist der M1 abgeschliffen, M2+M3 noch gut vorhanden, liegt das Alter zwischen 10 und 12 Jahre.

Ist der M1 tief ausgeschliffen, M2+M3 stark abgenutzt, ist das Alter mit 12 Jahren und älter zu bestimmen.

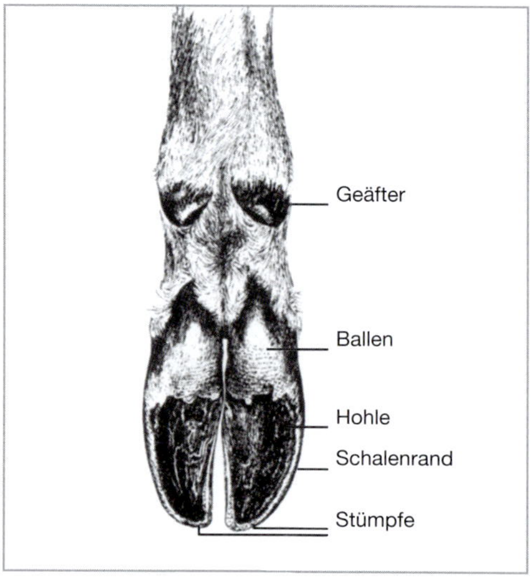

Zehe mit Schalen und Geäfter eines Rothirschlaufes

Fährte: Die Fährte besteht aus den Abdrücken (Trittsiegeln) der Schalen während der Fortbewegung. Das Trittsiegel vom Tier ist geringer als das des Hirsches. Die Spitzen sind abgestumpft und heißen »Stümpfe«, die beim Hirsch stärker abgerundet sind als beim weiblichen Wild. Jungwild, Kahlwild und Hirsche haben, je nach Körperstärke, eine unterschiedliche Schrittweite. Der seitliche Abstand der Tritte beider Körperhälften heißt »Schrank« (der Hirsch »schränkt« – am stärksten der beleibte Feisthirsch). Die altüberlieferten »hirschgerechten Fährtenzeichen« ermöglichen das Ansprechen einzelner Hirsche nach Besonderheiten im Fährtenbild: »Übereilen« (wenn der Hinterlauf vor dem Tritt des Vorderlaufs aufgesetzt wird), »Hinterlassen« (wenn der Hinterlauf zurückbleibt), »Beitritt« (Hinterlauf tritt neben dem Vorderlauf auf), »Kreuztritt« (Hinterlauf-Trittsiegel überdeckt den Vordertritt teilweise) und Ähnliches. Im heutigen Jagdbetrieb haben diese Zeichen kaum mehr praktische Bedeutung.

Losung: Sie besteht während der meisten Zeit des Jahres aus Kotbeeren, die bei beiden Geschlechtern durch Näpfchen und Zäpfchen lose miteinander verbunden sind (s. Seite 199). Die Losung des weiblichen Wildes ist geringer als die der Hirsche, die des Feisthirsches ist oft fladenförmig. Die Losungsbeeren des Brunfthirsches sind auffallend klein und erscheinen durch extremen Wasserentzug wie »verkümmert«. Ursächlich hierfür ist die äußerst geringe Nahrungsaufnahme des Brunfthirsches.

75 | Bevorzugt Rotwild geschlossene Wälder oder offene Landschaften?

Rotwild bevorzugt offene Lebensräume (ursprünglicher Lebensraum: Baumsavanne). Es wurde erst in den letzten Jahrhunderten in den Wald gedrängt.

76 | Was sind Rotwildgebiete?

Von den Behörden ausgewiesene Gebiete, in denen Rotwild ständig vorkommt.

77 | Was sind Rotwildrandgebiete?

Regionen, in denen Rotwild nur in geringer Zahl oder nur zu bestimmten Jahreszeiten vorkommt.

78 | Wie schwer wird Rotwild (aufgebrochen) bei uns?

- Weibliches erwachsenes Rotwild bis 90 kg
- Männliches erwachsenes Rotwild bis 160 kg
- Schmaltiere bis 60 kg
- Schmalspießer bis 70 kg
- Kälber bis 50 kg
- Rotwild in klimatisch ungünstigen Lebensräumen ist in der Regel schwächer als solches in günstigen Bereichen.

79 | Gehört das Rotwild zu den Schlüpfern oder zu den Läufern?

Rotwild gehört zu den Läufern.

80 | Welche Sinne sind besonders gut entwickelt?

Geruchssinn, Gehör, Sehen, d.h., Rotwild windet sehr gut, vernimmt sehr gut, äugt gut (= Bewegungswahrnehmungen).

81 | Welche anatomische Struktur ist für den Gehörsinn von Bedeutung?

Große, bewegliche Lauscher, die als Auffangtrichter wirken.

82 | Welche wichtigen Hautdrüsen hat das Rotwild?

1. Voraugendrüse, 2. Wedelorgen, 3. bei männlichen Tieren Vorhautdrüsen

83 | Wie viele Schneidezähne hat das Rotwild im Oberkiefer?

Grundsätzlich fehlen die Schneidezähne im Oberkiefer.

84 | Wann ist das Gebiss des Rotwildes komplett?

Ab dem 30.–32. Lebensmonat ist das Dauergebiss vollständig.

85 | Welcher Zahn erscheint zuletzt?

Der 3. Molar, M_3.

86 | Welche Lautäußerungen kommen beim Rotwild vor?

Mahnen (nasaler Laut), Schrecken (tiefes, rollendes Bellen) sowie die Brunftlaute des Hirsches. Kälber klagen gelegentlich bei Schmerzen.

87 | Welche unterschiedlichen Schreie (Rufe) kennen wir beim Rothirsch?

Laute Rufe: Röhren, Schreien, Orgeln, Sprengruf; leise Rufe: Trenzen, Knören

88 | Wann werfen die Hirsche ab?

In den Monaten Februar bis April.

89 | Wie werden die Hirsche zwischen Geweihabwurf und Fegen genannt?

Kolbenhirsch, Basthirsch.

90 | Wie lange dauert der Aufbau des Hirschgeweihs?

Der Geweihaufbau dauert ca. 5 Monate, respektive 140 Tage.

91 | Was ist der Bast?

Silbrig glänzende, mit samtartigen Härchen besetzte und mit vielen Hautdrüsen versehene Ernährungshaut des heranreifenden Geweihs.

Schmalspießer – keine Rosen (Plusvariante)

92 | Wann schiebt der Hirsch sein erstes Geweih?

Beim Hirschkalb bilden sich am Ende des Geburtsjahres knöcherne Stirnbeinzapfen (Rosenstöcke), auf denen sich zu Beginn des nachfolgenden Jahres (= etwa 8 Monate alt) das Erstlingsgeweih in Form von rosenlosen Spießen entwickelt.

93 | Wie alt ist ein Schmalspießer?

Spießer mit gefegten rosenlosen Spießen sind 15–16 Monate alt (Geweih vom 1. Kopf).

94 | Wann fegen die Schmalspießer?

Ende September bis Oktober des auf die Geburt folgenden Jahres.

95 | Wann werfen die Schmalspießer ab?

Sie werfen im April, gelegentlich erst im Mai ab.

96 | Was ist ein Kolbenhirsch?

Ein im Anfangsstadium der Geweihbildung stehender Hirsch.

97 | Was ist ein Kronenhirsch?

Ein Hirsch mit mindestens 3 das Geweih abschließenden Enden oberhalb der Mittelsprosse.

98 | Was ist ein ungerades Geweih?

Ein Geweih mit unterschiedlicher Endenzahl der beiden Stangen.

99 | Was versteht man unter Zurücksetzen?

Altersbedingte Abnahme der Geweihstärke, Reduktion der Enden, Verkürzung der Stangen.

100 | Was sind brandige Enden?

Poröse, stumpfe, leicht aufgetriebene, wie abgebrochen erscheinende Enden der Stangen oder Sprossen eines Geweihs.

101 | Was ist ein Plattkopf?

Ein zeitlebens geweihlos bleibender Hirsch (auch

Mönch genannt). Rosenstöcke sind nur rudimentär ausgebildet und heben sich unter der Decke nicht ab. Wahrscheinlich ein genetischer Defekt.

102 | Was sind Passstangen?

Beide von einem Geweih stammende abgeworfene Stangen eines Jahres.

103 | Was versteht man unter Demarkationslinie?

Rillenförmige, zirkuläre Vertiefung am Rosenstock, die die Abwurflinie außen markiert. Entsteht durch knochenauflösende Zellen, die den Rosenstock gegen die Stange abtrennen.

104 | Was ist die Petschaft?

Die Basis der abgeworfenen Stange unterhalb der Rose, entspricht der Trennfläche zwischen Rosenstock und Stange.

105 | Wie wird das Alter eines Hirsches bezeichnet?

Nach der Zahl der von ihm getragenen Geweihe werden Hirsche als solche vom 1., 2., 3. Kopf usw. bezeichnet.

106 | Welche Geweihstufe erreicht der Hirsch vom 1. Kopf in der Regel?

Der Hirsch vom 1. Kopf trägt in der Regel Spieße ohne Rosen. Daher die Bezeichnung als Schmalspießer.

107 | Woran erkennt man einen jungen Hirsch?

Im Wesentlichen am Körperbau, der in seinen Proportionen unfertig wirkt. Langes Haupt, schlanker, aufrecht getragener Träger, Körpermassen in etwa gleichmäßig verteilt.

108 | Kann ein Hirsch vom 3. Kopf schon beidseitig Kronen tragen?

Ja.

109 | Lässt sich aus der Endenzahl auf das Alter schließen?

Nein.

110 | Wie schaut ein wirklich alter Hirsch aus?

Große Körperkontur mit augenfälliger Verlagerung der Körpermasse nach vorne. Bei annähernd waagerechter Trägerhaltung scheinen die Vorderläufe mittig des Tierkörpers zu stehen. Kurzes, bulliges Haupt, stark ausgeformte Wamme, deutlicher Widerrist, Senkrücken, sehr stumpfer Keulenwinkel, häufig starke Stirnlockenbildung, starkstangiges Geweih, dessen Masse unten liegt.

111 | Wie erkennt man bei Kälbern im Herbst das Geschlecht?

Die Unterscheidung ist schwierig, Hirschkälber tragen gelegentlich eine angedeutete Mähne, ihr Haupt wirkt durch die Ausbildung der Rosenstöcke vergleichsweise kürzer und runder.

112 | Wie unterscheiden wir das starke Kalb vom schwachen Schmaltier?

Zur Unterscheidung bietet sich die Kopfform an, die beim Schmaltier länger und flacher erscheint,

Ein wirklich alter Hirsch

Kleinstrudel: Alttier, Kalb (vorne), Schmaltier (v.r.n.l.)

während das Haupt des Kalbes durch die noch gewölbte Stirn rundlicher erscheint. Die Unterscheidung ist schwierig.

113 | Wie unterscheiden wir das starke Schmaltier vom Alttier?

Das Schmaltier zeigt einen jugendlichen Gesichtsausdruck, ihm fehlt ein sichtbares Gesäuge (Unterscheidungsmerkmal im Sommer), seine Bauchlinie ist gerade. Dadurch wirkt es vergleichsweise hochläufiger. Vorsicht beim Schmaltierabschuss im Mai und Juni!

114 | Was ist der Schrank?

Unter Schrank versteht man den Abstand der Trittsiegel der Läufe der rechten und linken Körperhälfte. Je breiter der Körper des Hirsches ist (je mehr Bauch er hat), umso größer ist der Schrank. Bei jungem Rotwild formt die Reihe der Trittsiegel im Schritt eine annähernd gerade Linie.

115 | Wie wird die Schrittlänge gemessen?

Der Abstand der einzelnen Tritte voneinander wird von Schalenspitze (von den Stümpfen) zu Schalenspitze gemessen.

116 | Welche meldepflichtige Seuche kann beim Rotwild auftreten?

Die Aujeszky'sche Krankheit (Pseudowut) ist eine meldepflichtige Erkrankung des Rotwildes, die durch heftigsten Juckreiz charakterisiert ist und die Tiere zu permanentem Scheuern zwingt (Differenzialdiagnose: Tollwut). Empfänglich ist Rotwild auch für die anzeigepflichtigen Krankheiten Tuberkulose, Maul- und Klauenseuche, Tollwut und Milzbrand.

117 | Welche bewegungsauffällige Krankheit ist typisch für das Rotwild?

Die Kreuzlähme (endemische Parese, spinale Ataxie). Die Ursachen dieser als »Schleuderkrankheit« bezeichneten Erkrankung, die zwischenzeitlich auch bei Dam-, Sika- und Elchwild sowie bei Weißwedelhirschen beobachtet wurde, sind noch nicht geklärt.

118 | Welche Ektoparasiten finden sich auf und in der Decke des Rotwildes?

Hirschläuse, Zecken, Hautdassellarven und Rachendassellarven.

119 | Welche Endoparasiten kommen beim Rotwild hauptsächlich vor?

Magen-Darm-Nematoden, regional Großer Leberegel, Lungenwürmer, Bandwurmlarven (= Finnen)

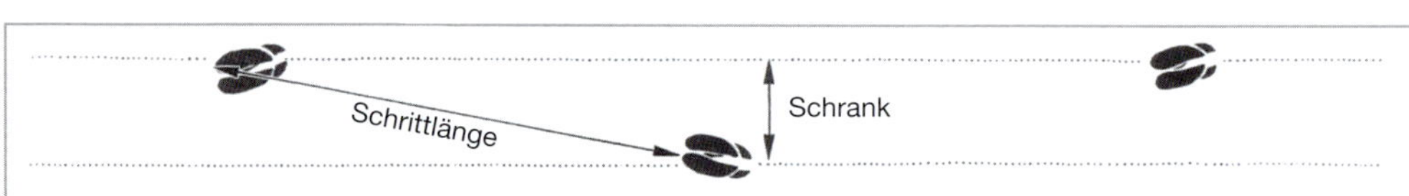

Der »Schrank« – Abstand der Tritte beider Körperhälften

120 | Kann Rotwild an Tollwut erkranken?
Ja.

121 | Welchem Äsungstyp gehört das Rotwild an?
Rotwild ist ein Mischäser. Es deckt seinen Nahrungsbedarf durch eine Mischung aus Gras, Kräutern, Laub und jungen Strauch- und Baumtrieben.

122 | Wie viele Äsungsintervalle hat das Rotwild?
Innerhalb von 24 Stunden wechseln beim Rotwild mindestens 5 Futteraufnahmen mit 5 Wiederkäuphasen ab.

123 | Wie reagiert das Rotwild, wenn es an regelmäßiger Aufnahme artgerechter Nahrung gehindert wird?
Durch Schälen junger Bäume in den Einständen. Pansenerkrankungen sind bei anhaltenden Äsungsstörungen möglich.

124 | Wie unterscheidet sich der Verbiss des Rotwildes an der Waldverjüngung von dem der Rehe?
Rehe verbeißen nur den Spitzenbereich von Zweigen und Trieben und wechseln dabei häufig den Standort. Rotwild verbeißt Pflanzen zum Teil vollständig.

125 | Wie reduziert das Rotwild seinen Nahrungsbedarf im Winter?
Durch Reduktion der resorbierenden Pansenoberfläche und durch Herabsetzen der Aktivitäten (großes Ruhebedürfnis im Winter). Hierdurch erhebliche Drosselung des Gesamtstoffwechsels.

126 | Welche Hegemaßnahmen kommen dem Äsungsbedürfnis des Rotwildes entgegen?
Ruhezonen und störungsfreie Äsungsflächen.

127 | Ist Rotwild tag- oder nachtaktiv?
Rotwild war tagaktiv, ist durch menschliche Aktivitäten einschließlich der Jagd zum dämmerungs- und nachtaktiven Tier geworden.

128 | Was versteht man unter Äsungsintervall?
Die Zeit zwischen Äsungsaufnahme und Wiederkäuruhephase.

129 | Wie lebt das Rotwild?
Kahlwild in Rudeln, die aus Familienverbänden als kleinste soziale Einheit gebildet werden. Hirsche vom 1. und 2. Kopf sind häufig mit diesen Rudeln vergesellschaftet.

130 | Wer führt ein Kahlwildrudel an?
Das Kahlwildrudel wird immer von einem führenden Alttier als Leittier angeführt.

131 | Was ist ein Gelttier?
Ein in der Regel aus Altersgründen (Senilität) nicht mehr führendes Alttier.

132 | Was ist ein übergehendes Schmaltier?
Ein als Schmaltier nicht beschlagenes, im 3. Lebensjahr stehendes Tier. Kann in klimatisch ungünstigen Rotwildgebieten (Gebirge) oder bei überhöhter Wilddichte vorkommen.

133 | Wie leben Hirsche im Sommer?
Junge und mittelalte Hirsche bilden Hirschrudel, alte Hirsche sind Einzelgänger oder ziehen zusammen mit einem oder zwei jüngeren Hirschen, sogenannten Adjutanten. Ältere Hirsche treten nur in der Brunft zum Rudel.

134 | Welche Körperpflege betreibt Rotwild?
Rotwild suhlt, wobei Suhlen mit höherem Wasserstand reinen Schlammsuhlen vorgezogen

Rothirsch in der Suhle

werden. Rotwild steht im Sommer gern in bauchhohem Wasser.

135 | Was ist eine Suhle?

Eine Suhle ist eine natürliche oder künstlich erstellte Bodenvertiefung, in der Wasser steht und deren Untergrund schlammig ist.

136 | Verteidigen Hirsche ein Revier?

Hirsche sind nicht territorial, sie verteidigen kein Revier.

137 | Woran orientiert sich die Rangstellung eines Hirsches?

Die Rangordnung in den Hirschrudeln verändert sich im Jahreslauf. Ausschlaggebend sind dabei Alter, Stärke des Geweihs, Masse und Größe, Aggressivität und Kampferfahrung.

138 | Wann gilt ein Hirsch als wirklich »reif«?

Mit dem 12. Kopf und älter.

139 | Wann findet die Hirschbrunft statt?

September bis Anfang Oktober mit Höhepunkt in der 2. Septemberhälfte. Regionale Zeitverschiebungen, vornehmlich nach hinten, sind möglich.

140 | Was ist ein Platzhirsch?

Der Platzhirsch beherrscht in der Brunft ein Rudel.

141 | Was sind Beihirsche?

Jüngere Hirsche (ab dem 5. Kopf), die sich in der Nähe des Brunftrudels aufhalten.

142 | Wie verhält sich der Platzhirsch in der Brunft?

Er hält das Brunftrudel zusammen, hält Beihirsche auf Distanz (meist genügt Imponieren) und beschlägt die brunftigen Stücke.

143 | Welchen Ruf hören wir, wenn der Platzhirsch sein Kahlwild zurücktreibt oder einen abgeschlagenen Gegner verfolgt?

Den Sprengruf, ein kurzer, abgehackt klingender, einsilbiger Ton.

144 | Was ist ein Brunftplatz?

Ein von Kahlwild etablierter, mehr oder weniger offener Platz, der alljährlich wieder aufgesucht wird. Hier stellen sich Brunftrudel und suchende Hirsche Anfang September ein.

145 | Was sind Schneider?

Junge Hirsche bis zum 5. Kopf, die vom Platzhirsch geduldet werden.

146 | Was ist ein Brunftfleck?

Eine schwarze Verfärbung der Decke vor und seitlich des Pinsels, der durch Erregungsnässen, Ejakulationen und den Sekreten der Vorhautdrüsen (Pinseldrüsen) entsteht und dessen intensive Brunftwitterung von den Geschlechtspheromonen (innerartliche Botenstoffe) herrührt.

147 | Was geht einem Brunftkampf voraus?

Junghirsche werden direkt attackiert und verjagt. Gleichrangige Hirsche röhren sich zunächst gegenseitig an (sogenanntes Ausröhren), danach folgen – gelegentlich bis zu 30 Minuten andauernde – Parallelmärsche, in denen sich die Rivalen fixieren und gegeneinander zu imponieren versuchen. Erst danach folgen direkte Kämpfe, die zwar als Kommentkampf (ritualisierter Kampf) ausgeführt werden, aber durchaus einen gefährlichen Verlauf nehmen können.

148 | Welche Technik liegt dem Brunftkampf zugrunde?

Im Brunftkampf werden die Geweihe gebunden; der Kampf selbst ist ein Schiebekampf.

149 | Was hat die Brunftmähne mit der Brunft zu tun?

Die Brunftmähne (Winterhaar) lässt den Hirsch größer erscheinen. Sie stellt auch einen Schutz gegenüber Forkelverletzungen dar.

150 | Was geschieht mit dem Alttier, das nicht fruchtbar beschlagen wurde?

Ein nicht fruchtbar beschlagenes Alttier geht in einen neuen Geschlechtszyklus, der beim Rotwild in der Zeit von September bis Mitte Dezember alle 18 Tage periodisch wiederkehrt, wenn eine Befruchtung der Eizelle ausbleibt. Das entspricht 6 Geschlechtszyklen im Jahr.

151 | Wie lange beträgt die Tragzeit des Rotwilds?

Rotwild trägt 34 Wochen (8 1/2 Monate).

152 | Wann setzt das Rotwild?

Die meisten Kälber werden Ende Mai bis Mitte Juni geboren.

153 | Wie viele Kälber werden geboren?

In der Regel wird ein Kalb geboren. Zwillingsgeburten sind sehr selten.

154 | Wie lange liegen die Kälber ab?

In den ersten Lebenstagen liegen die Kälber die meiste Zeit ab, folgen aber nach wenigen Tagen schon ihren Müttern und werden dann nur noch zeitweise abgelegt.

155 | Wann steht ein Alttier, das frisch gesetzt hat, wieder beim Rudel?

Das Alttier stellt sich nach ca. 2–3 Wochen mit seinem Kalb zum Rudel.

156 | Wie lange werden die Kälber gesäugt?

Kälber können bis zu einem Alter von einem halben Jahr gesäugt werden. Wesentlich ist die Milchernährung bis in den September.

157 | Wie unterscheiden sich die Gechlechter der Kälber?

Starke Hirschkälber können im Herbst einen dickeren Kopf und einen dunkleren Träger haben.

158 | Wie hoch ist der jährliche nutzbare Zuwachs beim Rotwild?

Der nutzbare Zuwachs beträgt 70–75 % bezogen auf den Bestand der weiblichen Tiere.

159 | Wer bestimmt im Kahlwildrudel die Flucht?

Das Leittier.

160 | Welches Stück tritt immer zuerst aus?

Das Leittier, gefolgt vom Kalb. Daher darf nie auf das erste Stück geschossen werden.

161 | Wo befinden sich die Kälber in der Regel?

Hinter ihren Müttern.

162 | Ist die Rangordnung im Rudel dauerhaft fixiert?
Das Leittier verliert seinen Rang, wenn es sein Kalb verliert. Mit steigender Rudelgröße kommt es nicht selten zu Auseinandersetzungen über die Führung des Rudels.

163 | Wie leben die Hirsche zwischen Geweihabwurf und Brunft?
Jüngere und mittelalte Hirsche in Hirschrudeln, ältere einzeln oder in Kleinrudeln.

164 | Wie tragen Kolbenhirsche Rangordnungskämpfe aus?
Durch Schlagen mit den Vorderläufen.

165 | Was ist ein Basthirsch?
Hirsche mit annähernd fertig geschobenem, aber noch nicht gefegtem Geweih.

166 | Wer lebt im Feisthirschrudel?
In Feisthirschrudeln stehen jüngere und mittelalte Hirsche zusammen.

167 | Was sind Rotwildrichtlinien?
Vorgaben der zuständigen Behörden zur Bewirtschaftung des Rotwildvorkommens.

168 | In welche Altersklassen werden Rothirsche eingeteilt?
Die Einteilung erfolgt in 1. Jugendklasse (männlich: Hirschkälber bis zum 3-jährigen Hirsch; weiblich: Kälber, Schmaltiere), 2. mittlere Altersklasse (4- bis 10-jährige Hirsche, Alttiere), 3. obere Altersklasse (männlich: ab 11 Jahren, Alttiere)

169 | Wann setzt ein Hirsch zurück?
In der Regel ab dem 14. Kopf.

170 | Kann man Hirsch und Tier sicher an der Losung unterscheiden?
Nein, die festen Kotbeeren beider Geschlechter tragen Zäpfchen und Näpfchen, wobei bei Hirschen die Losung runder und bei Tieren länglicher ist.

171 | Was sind Zäpfchen und Näpfchen?
Zäpfchen, konisch spitz vorragende Spitzenabschnitte der Kotbeeren, fügen sich in das Näpfchen der im Weiddarm vorgelagerten Kotperle von hinten ein.

172 | Was sind »hirschgerechte Fährtenzeichen«?
Die Summe der aus Trittsiegel und Fährte ablesbaren Zeichen, die aufgrund ihrer Besonderheiten einem bestimmten Hirsch zuzuordnen sind und an denen er individuell wiederzuerkennen ist, werden als »hirschgerechte Fährtenzeichen« bezeichnet. Sicher interessant, aber heute kaum noch von praktischem Wert.

173 | Wie unterscheiden sich gleich starke Hirsch- und Tierfährte?
Hirschfährte im Spitzenbereich immer abgerundeter, stumpfer als die des Tieres. Auch der Schrank des Hirsches ist weiter als der des Tieres.

174 | Was ist der Unterschied zwischen Trittsiegel und Fährte?
Unter Trittsiegel verstehen wir einen einzelnen Schalenabdruck; die Summe der Trittsiegel ergibt die Fährte.

175 | Wie entsteht ein Schlosstritt?
Das mitten im Rotwildbett zu findende Trittsiegel, das beim ruhigen Erheben des Hirsches aus dem Bett durch weites Unterschieben des Hinterlaufes nach vorne unter den Körper entsteht, ist der Schlosstritt.

176 | Wie schaut ein Beitritt aus?
Die Trittsiegel vom Vorder- und Hinterlauf derselben Körperseite stehen nicht in, sondern

nebeneinander. Typisches Fährtenzeichen des starken Feisthirsches.

177 | Was versteht man unter Gewende?

Das Gewende (Wenden) ist ein »Himmelszeichen«, das durch Abknicken kleiner Zweige oder Abstreifen von Blättern durch das Geweih beim Ziehen durch Dickungen u.Ä. entsteht.

178 | Lassen sich Rotwildschäden grundsätzlich vermeiden?

Nein, Rotwild ist ein Pflanzenfresser. Dieser wirtschaftliche Schaden muss aber bei angepassten Populationsgrößen kein ökologischer Schaden sein.

179 | Welche Feldschäden verursacht Rotwild?

Schäden an Hackfrüchten (Zuckerrüben, Kartoffeln), an reifendem Getreide sowie im Raps, an Erbsen, Bohnen, Sonnenblumen u.a.

180 | Welche Waldschäden verursacht Rotwild?

Im Wald Schäden durch Sommer- und Winterschäle sowie durch starken Verbiss an jungen Bäumen. Hirsche verursachen Schäden durch das Schlagen mit dem Geweih (beim Verfegen oder in der Brunft – Erregungsschlagen)

181 | Wie kann man Schälschäden vorbeugen?

Durch zahlenmäßige Anpassung des Bestandes an den Lebensraum, durch Äsungsverbesserungen und – ganz wichtig – Ruhezonen, sodass dem Rotwild die Einhaltung des natürlichen Äsungsrhythmus möglich ist. Auch technische Schälschutzmaßnahmen sind möglich.

Weidmannssprache

Aalstrich	dunkler Strich mittig auf dem Rücken
Alttier	weibliches Stück vom 3. Lebensjahr an
äsen	fressen
Äser	Maul
Äsung	Naahrungå
äugen	sehen, schauen
Aufbruch	die Innereien insgesamt (Geräusch und Gescheide)
aufwerfen	ruckartiges Hochnehmen des Hauptes
Bast	Nährhaut, die während des Wachstums das Geweih umhüllt
Beihirsch	schwächerer Hirsch bei einem Brunftrudel
beschlagen	begatten
Bett	Lager
Blatt	vorderer Teil des Rumpfes
Brunftfleck	dunkler Deckenfleck am Bauch vor und seitlich des Pinsels
Brunftkugeln	Hoden
Brunftmähne	Halsmähne des Hirsches
Brunftrute	männliches Glied
Burgstall	kleine Erhöhung im Trittsiegel des Hirsches zwischen Ballen und Schale
Decke	Haut mit Haaren
Drossel	Luftröhre
Drosselknopf	Kehlkopf
eingehen	sterben durch Krankheit oder Alter
Einstand	bevorzugter Aufenthaltsort von Wild
Fallwild	eingegangenes bzw. verunglücktes Wild

Weidmannssprache (Fortsetzung)

fegen	abreiben des Bastes vom Geweih
Feist	Fett
Feisthirsch	Hirsch in der Zeit vom Fegen bis zur Brunft
Feuchtblatt	äußeres weibliches Geschlechtsteil
flüchtig	in schneller Gangart (Galopp)
Geäfter	Afterklauen, kleine, rudimentäre Klauen oberhalb der fußenden Schalen
Gelttier	unfruchtbares (seniles) Alttier
Geräusch	die essbaren Innereien (Herz, Lunge, Leber, Milz, Nieren)
gering	schwach, klein
Gesäuge	Euter
Gescheide	Eingeweide (großes Gescheide = Vormägen und Labmagen der Wiederkäuer, kleines Gescheide = übriges Darmkonvolut)
Grandeln	obere Eckzähne
Haupt	Kopf
Himmelszeichen	Zeichen, die der Hirsch beim Ziehen durch Dickungen mit dem Geweih an Blättern und Zweigen etc. hinterlässt
Hirschbart	Haare aus der Brunftmähne
Hirschkalb	männliches Kalb
hochbeschlagen	Endstadium der Trächtigkeit
hoch werden	aufstehen
Kälbertier	weibliches Stück mit Kalb
Kahlwild	weibliches Wild und Kälber
Kammer	Brusthöhle
Klagen	Angst- oder Schmerzlaute
knören	kurzes, leises Schreien des Hirsches in der Brunft, auch trenzen genannt
Kolbenhirsch	Hirsch im Bast
kümmern	kränkeln
Kurzwildbret	Hodensack mit Hoden
Lauf	Gliedmaße
Lauscher	Ohren
Lecker	Zunge
Leittier	das ein Rudel führende weibliche Stück
Lichter	Augen
Losung	Kot
Luser	s. Lauscher
mahnen	nasaler kurzer Laut (Kontaktlaut)
melden	Brunftlaut des Hirsches
Mönch	geweihlos bleibender Hirsch, auch Plattkopf
nässen	Harn absetzen
orgeln	Schreien des Rothirsches in der Brunft
Pansen	größter Vormagen der Wiederkäuer
Passstangen	zusammengehörende Abwurfstangen von einem Hirsch
Petschaft	Trennfläche an der Basis der Abwurfstange
Pinsel	lange, pinselartig angeordnete Haare an der Vorhaut
Plattkopf	s. Mönch
Platzhirsch	stärkster Hirsch eines Brunftplatzes
rinnen	schwimmen
röhren	s. orgeln
Rose	abgesetzte Rundumverdickung am unteren Ende der Geweihstange
Rosenstock	Stirnzapfen, auf dem das Geweih sitzt
Rudel	mehrere Stücke Rotwild zusammen
schälen	abbeißen von Baumrinde
Schalen	Klauen

Weidmannssprache (Fortsetzung)

Scheibe	s. Spiegel
Schloss	knorpelige (junge Tiere) bzw. knöcherne (alte Tiere), Verwachsungsnaht der beiden Hüftknochen
Schlosstritt	Trittsiegel in der Mitte des Hirschbettes
Schlund	Speiseröhre
Schmalspießer	Hirsch im 2. Lebensjahr (vom 1. Kopf)
Schmaltier	weibliches Stück im 2. Lebensjahr
Schneider	geringer Hirsch
Schnitthaar	abgeschossene Haare am Anschuss
Schrank	seitlicher Abstand des linken zum rechten Trittsiegel in der Fährte
schrecken	Schreck- und Warnlaut
schreien	s. orgeln
Schweiß	Blut
setzen	gebären
sichern	prüfen der Umgebung mit den Sinnesorganen
Spiegel	helle Behaarung auf den Hinter- und Innenseiten der Keulen unterhalb des Weidlochs
Spießer	Hirsch mit Spießgeweih (ohne Enden)
Spinne	s. Gesäuge
Sprengruf	Brunftlaut des Hirsches beim Vertreiben eines Nebenbuhlers
Standwild	Wild, das ständig im Revier ist
Stich	Halsgrube an der Brustspitze, der Brusteingang
Suhle	Schlammbad
Träger	Hals
trenzen	s. knören
Trittsiegel	Schalenabdruck
Troll	beschleunigte Fortbewegung (Trab)
Trupp	einige Hirsche zusammen (kleines Rudel)
überfallen	Überspringen eines Hindernisses
übergehendes Tier	weibliches Stück im 3. Lebensjahr, das noch nicht beschlagen ist
verbeißen	Pflanzen abbeißen
verenden	Tod durch akute Gewalteinwirkung, z. B. durch Erlegen
verfärben	Haarwechsel
vergrämen	stark beunruhigen
verhoffen	stehen bleiben (und sichern)
vernehmen	hören
vertraut	unbekümmert
Vorschlag	Körperpartie vor Widerrist und Vorderläufen (vorderer Teil der Brust samt Träger und Haupt)
Wände	gesamte Rippenpartie (beim Zerwirken)
Weidloch	After
Wechselwild	Wild, das nicht ständig im Revier ist
Wedel	Schwanz
Wildkalb	weibliches Kalb
Wildbret	Fleisch
winden	riechen
Windfang	Nase
Wundbett	Lager eines angeschweißten Stückes
zeichnen	Reaktion des Wildes auf den Schuss
ziehen	gehen
Ziemer	Rücken

Sikawild *(Cervus nippon)*

Das mit dem Rotwild verwandte Sikawild kommt in der Bundesrepublik Deutschland in geringen Beständen in Nordrhein-Westfalen (Sauerland), in Niedersachsen (Weserbergland), in Schleswig-Holstein und in Südbaden in freier Wildbahn vor, in die es 1893 erstmals entlassen wurde. Außerdem findet man es in Wildgehegen. Es stammt aus Ostasien, wo es in verschiedenen Unterarten vorkommt. Es ähnelt in Gestalt und Verhalten dem Rotwild, ist aber wesentlich kleiner. Es gilt als klima- und wetterharte, robuste Wildart und in seiner Nahrungswahl als relativ anspruchslos (Typ: Mischäser). Die Decke auch der erwachsenen Tiere ist im Sommer auf dunklem Untergrund hell gefleckt, im Winter fast schwarz mit hellem Spiegel (ähnlich wie Damwild). Charakteristisch für das Sika ist die helle Hinterlaufbürste. Die Lautäußerung der Hirsche, die wie die Rothirsche im Winterhaar eine starke Brunftmähne tragen, ist in der Brunft ein schrilles Pfeifen. Die weidmännischen Ausdrücke sind dieselben wie beim Rotwild. Das Geweih zeigt regulär 8 Enden, ausnahmsweise 10–12, die selten auch als Krone geformt sein können, ähnlich einem geringen Rothirsch.

In der Sommerdecke ist weibliches Sikawild leicht mit Damwild zu verwechseln.

Das mit scharfen Sinnen ausgestattete, standorttreue Sikawild ist in Rotwildrevieren unerwünscht, da beide Arten sich untereinander fruchtbar kreuzen (Bastarde sollen fortpflanzungsfähig sein). Sika-Kahlwild lebt im Sommer in kleineren Mutterfamilienrudeln, die im Winter auch Großrudel bilden. Junge Hirsche leben in Trupps, alte Hirsche sind Einzelgänger. Im ausgehenden Winter sind auch größere Hirschrudel zu beobachten.

Zur Brunft werden die Hirsche territorial und beginnen einen »Harem« um sich zu scharen. Mitunter kämpfen die Hirsche erbittert um ein brunftiges Stück aus dem Rudel. Weil das Sikawild vorwiegend Waldbewohner ist, bleibt es bei Gefahr zunächst wie versteinert stehen, und der Jäger hat Mühe, den zur Brunft fast schwarzen Hirsch im Stangenholz zu entdecken.

182 | Welche Lebensräume bevorzugt Sikawild?

Sikawild bevorzugt zusammenhängende Wälder.

183 | Wie groß ist Sikawild?

Etwa so groß wie Damwild.

184 | Wie ist die Färbung des Sikawildes?

Sommerhaar: rote Grundfarbe mit weißen Flecken.
Winterhaar: dunkelbraun bis schwarz wirkend, mit Flecken.

185 | Wie ist der Geweihzyklus des Sikawildes?

Das Geweih wird ab Mitte August gefegt und im April/Mai des Folgejahres abgeworfen.

186 | Welche Geweihstufe erreicht der Sikahirsch?

In der Regel ist die Endausformung das Achtergeweih mit charakteristischer Gabel. Zehner oder Zwölfer können auftreten.

Steckbrief Sikawild

Körperbau: Gewicht ♂ bis 55 kg, ♀ bis 35 kg (aufgebrochen). Widerristhöhe bis 100 cm; Figur und Färbung vergleichbar dem Damwild. Hirsche im Winterhaar fast schwarz.
Sinne: Gesichts-, Hör- und Geruchssinn vergleichbar dem Rotwild.
Lautäußerungen: Hohes, schrilles Pfeifen als »Brunftschrei«; Mahnen als Kontaktlaut; kurzes Pfeifen als Warnruf (Schrecken).
Lebensweise: Meist größere Kahlwildrudel (Tiere, Schmaltiere und Kälber); Hirsche vom 1. Kopf bilden häufig eigene kleine Rudel, ebenso Hirsche vom 2. und 3. Kopf; ältere Hirsche leben überwiegend als Einzelgänger. Hirschrudel lösen sich zur Brunft auf.
Sikawild ist tag- und nachtaktiv; steht im Sommer gerne im waldnahen Feld.
Fortpflanzung: Geschlechtsreife mit ca. 18 Monaten; Brunft Oktober / November; Tragzeit 7 ½ bis 8 Monate; Setzzeit Mitte Mai bis Mitte Juli; 1 (2) Kalb; Säugezeit 3–4 Monate.
Nahrung: Wenig selektive Äsungsaufnahme (Grasertyp); nimmt Gräser, Zwergsträucher, Blätter, Feldfrüchte, Baumrinde.
Geweihzyklus: Geweihabwurf – Spießer: Mitte bis Ende Mai; – ältere Hirsche: Mitte April bis Ende Mai. Fegezeit ab Mitte Juli. Meist nur 8er-Geweih, selten 10er-Geweih, Stangenlänge bis etwa 70 cm.
Zahnformel: $\frac{0\,1\,3\,3}{3\,1\,3\,3} = 34$

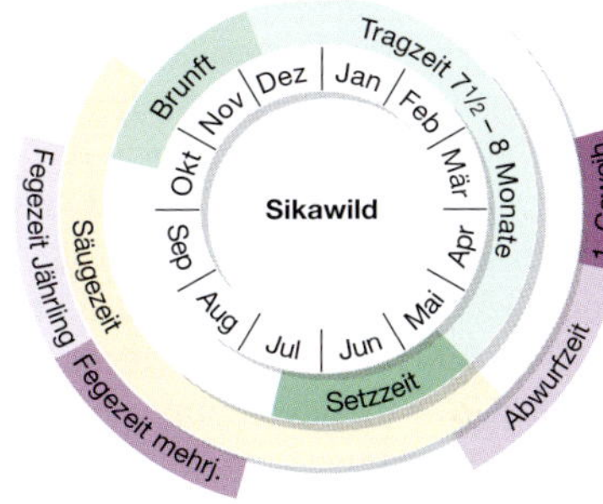

Jahreszyklus

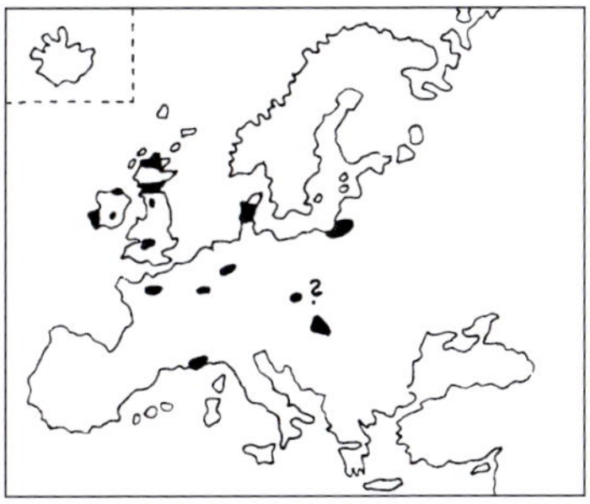
Verbreitungsgebiet

187 | Welchem Äsungstyp wird das Sikawild zugeordnet?
Sikawild zählt zum Typ Raufutterfresser.

188 | Lebt Sikawild einzeln oder in Rudeln?
Weibliches Sikawild lebt in Mutterfamilien, die sich zu Rudeln zusammenschließen können. Alte Hirsche leben häufig als Einzelgänger, mittelalte bilden Hirschtrupps. Im ausgehenden Winter bilden Hirsche größere Rudel.

189 | Ist Sikawild territorial?
Sikawild lebt standorttreu, aber nicht im eigentlichen Sinne territorial, da es keine Territorien verteidigt.

190 | Können sich Rot- und Sikawild fruchtbar paaren?
Ja, eine Bastardierung ist möglich, kommt aber eher selten vor. In Rotwildrevieren ist Sikawild daher unerwünscht.

Damwild *(Dama dama)*

Herkunft: Bei dieser Echthirschart unterscheiden wir zwei Arten: das Europäische Damwild und das Mesopotamische Damwild. Letzteres ist heute in Restpopulationen noch im Iran heimisch. Das Europäische Damwild hat bis zur letzten Eiszeit (Weichseleiszeit) große Bereiche der nördlichen Halbkugel besiedelt. Die extremen Klimaänderungen haben diese Wildart in den östlichen Mittelmeerraum abgedrängt, von wo aus das Damwild in der nachfolgenden Warmzeit sich nicht wieder nach Norden ausgebreitet hat. Alle heutigen Vorkommen in Mittel- und Nordeuropa sind gewollte Wiedereinführungen, die in Frankreich, England und Deutschland erstmalig schon durch die Römer erfolgten. Das Damwild ist nach Definition des BNatSchG (§ 7) heute bei uns eine heimische Wildart.

Damwild zeichnet sich durch eine hohe Anpassungsfähigkeit an seinen Lebensraum aus, wodurch sich seine bemerkenswerte Ausbreitung in den vergangenen 10–15 Jahren erklärt. Die stetige Zunahme der Strecke beim Damwild, auch außerhalb seiner Hauptverbreitungsgebiete, belegt die enorm gestiegene jagdliche Bedeutung dieser interessanten Wildart.

Parkähnliche Landschaften sind die bevorzugten Einstandsgebiete der zum Äsungstyp »Mischfresser« zählenden Hirschart. Sein Hauptlebensraum ist in allen seinen Vorkommen bei uns der Wald. Charakteristisch für ältere Hirsche ist das Schauflergeweih, wobei nur die männlichen Tiere ein Geweih entwickeln. Eine Besonderheit sind die bei Flucht ausgeführten »Prellsprünge«, bei denen sich das Tier mit allen 4 Läufen zugleich vom Boden abstößt.

Die robuste, wenig krankheits- und störanfällige Wildart wird häufig im Gatter zur Präsentation oder zur landwirtschaftlichen Wildfleischproduktion gehalten. Wildbret des Dam- und des Sikawildes ist sehr schmackhaft und hochwertig.

Für Damwild charakteristisch ist das gefleckte Sommerkleid.

Steckbrief Damwild

Körperbau: Läufertyp; auffällig langer, oberseitig schwarzer Wedel; Gewicht ♂ bis 90 kg, ♀ bis 45 kg (aufgebrochen); Geschlecht der Kälber schon im September zu unterscheiden (im Gegensatz zum Rotwild), da beim Hirschkalb der Pinsel deutlich sichtbar ist.
Sinne: Gesichtssinn sehr gut (besser als beim Rotwild); Geruchs- und Gehörsinn ebenfalls sehr gut.
Lautäußerungen: Schrecken als Warnruf; Blöken als Kontaktlaut; Kälber fiepen; »grunzender« Brunftschrei als Informationsruf.
Lebensweise: Bildung größerer Kahlwildrudel einschließlich Schmalspießer, vereinzelt auch 2-jährige Hirsche. Hirsche in eigenen Rudeln. Ausgesprochen tagaktiv, hält sich gerne im Feld auf und nimmt auch in kleinen Feldgehölzen Einstand. Hirsche brunften oft weit entfernt vom Sommereinstand.
Fortpflanzung: Geschlechtsreife mit 16 Monaten; Brunft Mitte Oktober bis Anfang November (fest fixierte Brunftplätze); Tragzeit ca. 230 Tage; Setzzeit Juni (bis Anfang Juli); 1 Kalb (sehr selten 2); Säugezeit bis 4 Monate.
Nahrung: Damwild weidet. Gräser, Zwergsträucher, Laub, Feldfrüchte. Intermediärty, zum Graser tendierend.
Geweihzyklus: Bildung der Rosenstöcke bis Februar abgeschlossen, danach Bildung des Erstlingsgeweihs (nicht nur Spieße!), das Ende Juli, Anfang August gefegt wird; Geweihabwurf Mitte April bis Anfang Mai; Fegezeit der mehrjährigen Hirsche 2. Augusthälfte.
Zahnformel: $\frac{0\,0\,3\,3}{3\,1\,3\,3} = 32$

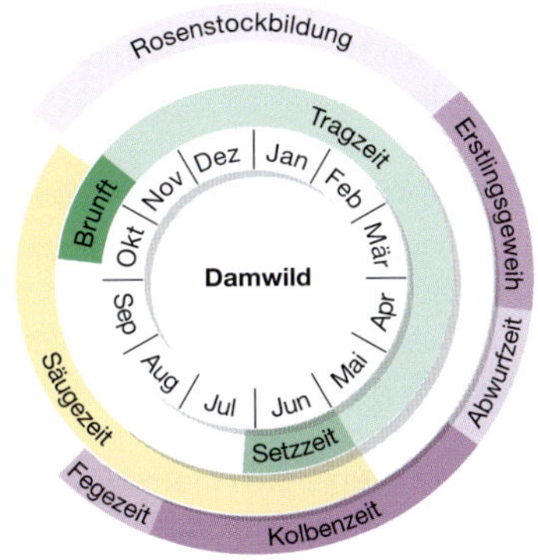

Jahreszyklus

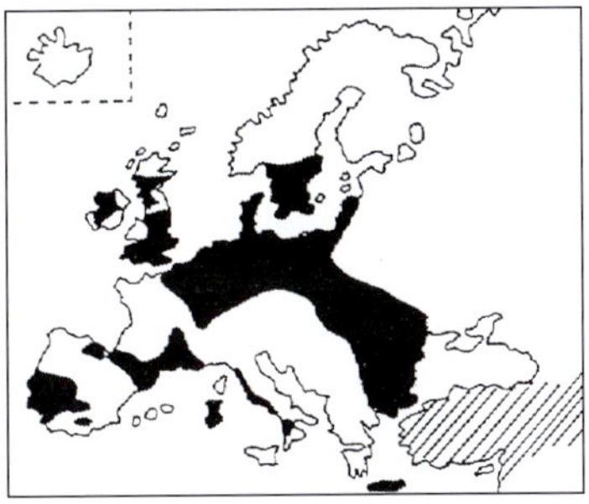

Verbreitungsgebiet

Natürliche Feinde des Damwildes bei uns sind Wolf, Luchs, Fuchs, Wildschwein und Kolkrabe. In der Regel fallen jedoch Kälber, vornehmlich schwache Tiere, den Feinden zum Opfer. Hinsichtlich seiner Populationsentwicklung sind diese Verluste zu vernachlässigen. Dagegen ist die rasante Entwicklung der Wolfspopulation für die Damwildvorkommen von sehr großer Bedeutung. Wie aus der Literatur bekannt, hat der Wolf die Ansiedlung von Damwild im Baltikum verhindert, aus Rumänien wissen wir um eine Bestandsregulierung des dortigen Damwildes allein durch die Wölfe.

191 | Ist das Damwild bei uns einheimisch?

Nein, alle Damwildvorkommen in Mittel- und Nordeuropa sind auf Einbürgerungen zurückzuführen, die teilweise schon durch die Römer erfolgten.

192 | Welche Landschaft bevorzugt Damwild?

Damwild ist eine Hirschart reich gegliederter Landschaften (Parklandschaft), der Ebenen und des Hügellandes.

193 | Wie schwer wird Damwild bei uns?

Erwachsene Hirsche: bis 90 kg aufgebrochen; Alttiere: bis 45 kg aufgebrochen.
Die Gewichte sind standortabhängig. Hirsche verlieren bis zu 20 kg Lebendmasse in der Brunft.

194 | Kommen beim Damwild ausnahmsweise Grandeln vor?

Nein, Grandeln fehlen immer.

195 | Wie unterscheiden sich Sommer- und Winterdecke des Damwilds?

Die Sommerdecke der »wildfarbenen« (normgefärbten) Tiere ist braun-rostrot und hell gefleckt. Die Winterdecke ist immer dunkler und ohne Fleckung. Das Winterhaar ist länger und durch die neu gebildeten Wollhaare dichter. Bei hellbraunen Tieren sind die Flecken auch im dunklen Winterhaar erkennbar. Sommer-Farbvarianten von schwarz, dunkelbraun, hellbraun bis weiß kommen beim Damwild häufig vor.

Dam-Alttier mit weißem Kalb (kein Albino)

196 | Was sind Albinos?

Tiere mit weißem Haar und pigmentloser Iris (rote Lichter). Weißes Damwild ist nicht selten, in der Regel sind die Tiere jedoch keine Albinos.

197 | Wann schiebt der Damhirsch sein erstes Geweih?

Das erste Geweih schiebt der Damhirsch im April bis Juni des auf seine Geburt folgenden Jahres.

198 | Wann werfen Damhirsche ab?

Die Geweihe werden im April/Mai abgeworfen.

199 | Wann fegen Damhirsche?

Das Fegen des Geweihs erfolgt im August (bis Anfang September). Schmalspießer fegen häufig als Erste.

200 | Wie werden die Damhirsche nach ihrer Geweihentwicklung angesprochen?

- Schmalspießer (= 1. Kopf)
- Knieper (2. Kopf), tragen in der Regel neben Aug- und Mittelsprosse schmale Schaufel
- Löffler: angehender Schaufler (= 3. Kopf);
- Halbschaufler (= 4. und 5. Kopf)
- Schaufler (= 6. und 7. Kopf)
- Vollschaufler (= 8. Kopf und älter).

Hirsche sind frühestens mit 6 Jahren ausgewachsen.

201 | Welche Geschlechts- und Altersklassen werden unterschieden?

- weibliche Tiere: Wildkälber; Schmaltiere und Alttiere
- männliche Tiere: Hirschkälber; Spießer; Knieper (Hirsche bis zum 2. Kopf); Löffler; Halbschaufler; Schaufler (Hirsche bis zum 7. Kopf); Vollschaufler (Hirsche ab 8. Kopf und älter, jägersprachlich reife Hirsche).

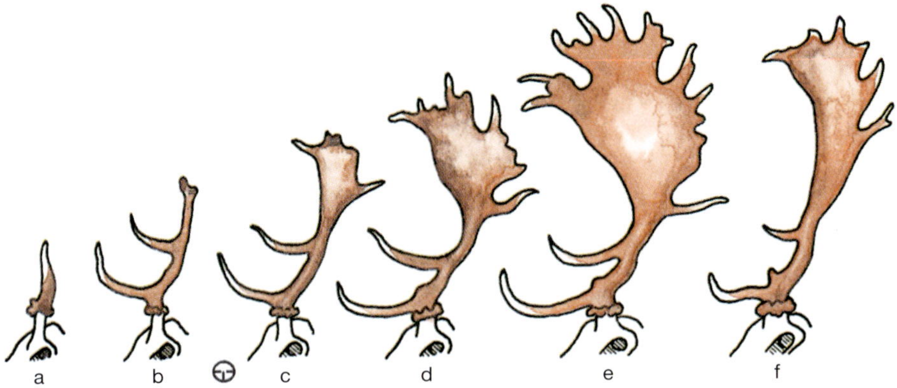

Geweihformen beim Damhirsch: a) Spießer, b) Knieper (Schwerpunkt der Auslese im 2.–3. Kopf), c) Löffler, d) Halbschaufler, e) Vollschaufler, f) Altschaufler. Eissprossen sind selten ausgebildet.

202 | Bis wann kann man den Zahnwechsel zur Altersbestimmung heranziehen?

Der Zahnwechsel ist mit dem 28. Lebensmonat beendet.

203 | Ist der Zahnabschliff altersabhängig?

Der Zahnabrieb ist altersabhängig. Aufgrund der individuellen Härte der Zahnsubstanzen kann der Zahnabrieb gleichaltriger Hirsche jedoch unterschiedlich sein.

204 | Wie sind Hirsch- und Tierkälber zu unterscheiden?

Von allen Echthirscharten trägt das Damhirschkalb als Einziges schon mit Beginn des Septembers einen deutlich sichtbaren Pinsel.

205 | Wie unterscheiden wir Schmaltier und Alttier?

Schmaltier und Alttier unterscheiden sich deutlich in der Größe.

206 | Welche Merkmale sprechen für einen Hirsch der Jugendklasse?

Die Geweihausformung in der Jugendklasse ist ein wesentliches Ansprechmerkmal. Hinzu kommen das jugendliche Aussehen sowie der nicht ausgereifte Körperbau.

207 | Welche Körpermerkmale charakterisieren einen alten Damhirsch?

Breites, dunkles, bullig wirkendes Haupt, Körpermasse liegt vorne, deutlicher Widerrist und charakteristischer Hängebauch; deutlich sichtbarer Drosselknopf (= äußerlich im oberen Halsbereich augenfälliger Teil des Kehlkopfes).

208 | Welchem Äsungstyp steht Damwild nahe?

Damwild zählt zum Äsungstyp Mischfresser; eine weidende Äsungsaufnahme ist die Regel.

209 | Welche Äsung bevorzugt das Damwild?

Eine Mischäsung aus Gräsern, Kräutern, Laub, jungen Trieben; von den Großsamen nimmt das Damwild neben Eicheln und Bucheckern als einzige heimische Schalenwildart gerne die Früchte der Kastanie.

210 | Welche landwirtschaftlichen Kulturpflanzen äst Damwild im Sommer?

Angenommen werden alle Getreidearten, bevorzugt Hafer, Weizen sowie reifende Maiskolben. Sehr beliebt ist auch Raps.

211 | Lebt Damwild territorial?

Damwild lebt nicht territorial, es ist wie das Rotwild eine ziehende Wildart.

212 | Suhlt das Damwild?

Damwild suhlt nicht.

213 | Welche Auffälligkeit in der Fortbewegung des Damwildes gibt es?

Neben den bekannten Bewegungsarten Schritt (Ziehen), Trab (Troll), Galopp (Flucht) zeigt Damwild in der Flucht Prellsprünge. Hierbei befinden sich alle 4 Läufe gleichzeitig in der Luft. Die Prellsprünge werden gedeutet als visuelles Alarmsignal, Überwachung der Störquelle sowie Duftmarkierung durch Sekretabgabe bei Ab- und Aufsprung aus den Schalendrüsen.

214 | Mit welchen Verhaltensformen muss der Jäger bei der Bejagung rechnen?

Da Damwild hervorragend äugt und das »Eräugte« auch erkennt, ist die Pirsch auf diese Rudel bildende Wildart äußerst schwierig.

215 | Wie verhält sich Damwild bei Drückjagden?

Damwild lässt sich kaum gezielt drücken. Es verbleibt in der Regel im Bestand, geht bei Beunruhigung kaum nach vorne und ebenso selten versucht es, rückwärts auszubrechen. Bei langzeitiger Beunruhigung sind seitliche Ausweich- und Absetzbewegungen die Regel.

Damwild ist bei uns im eigentlichen Sinne nicht autochthon, lebt aber schon lange hier.

216 | Wann brunftet das Damwild?

Von Anfang Oktober bis Mitte November, der Höhepunkt liegt in der zweiten Oktoberhälfte.

217 | Wie läuft die Brunft ab?

Die Hirsche stellen sich auf tradierten Brunftplätzen in den Kahlwildrevieren ein. Hier schlagen sie Brunftkuhlen und rülpsen den ganzen Tag, mit Aktivitätsmaxima in den frühen Vormittagsstunden und am Spätnachmittag. In der Regel zieht das Kahlwild zum Hirsch. Paarungswillige Schmal- und Alttiere erwählen sich ihren Partner. Abweichend hiervon werden neuerdings auch dem Kahlwild nachziehende Brunfthirsche beobachtet. Auf guten Brunftplätzen können sich bis zu 100 Stück Damwild aufhalten. Da die Brunft sich ganz überwiegend bei Tageslicht abspielt, stellt die Damwildbrunft ein großartiges, voll miterlebbares Ereignis dar.

218 | Wie unterscheiden sich die Brunftplätze von Rot- und Damwild?

Die Brunftplätze des Damwildes befinden sich bevorzugt in Altholzbeständen mit lückigem Unterbau.

219 | Was sind Brunftkuhlen?

Brunftkuhlen sind vom Brunfthirsch mit den Schalen ausgeschlagene Bodenvertiefungen, in denen der Hirsch auf seinem Brunftplatz liegt.

220 | Wie lange trägt Damwild?

Die Tragzeit beträgt 33 Wochen.

221 | Wann werden die Kälber geboren?

Die Kälber werden im Juni geboren. Zwillinge sind sehr selten.

222 | Wie lange liegen die Kälber ab?

Kälber werden in den ersten 2 Wochen zeitweise abgelegt, danach folgen sie ihren Müttern.

223 | Wann nehmen die Kälber die erste Grünäsung auf?

Ab Mitte der 2. Lebenswoche.

224 | Wie lange saugen die Kälber?

Mehrheitlich bis in den Oktober des Geburtsjahres hinein, vereinzelt bis Januar.

225 | Wie hoch ist die Zuwachsrate beim Damwild?

Die nutzbare Zuwachsrate beträgt 70 %, bezogen auf den Bestand des weiblichen Wildes.

226 | Welche Schäden verursacht Damwild im Wald?

Verbiss- und Schälschäden. Schlagschäden durch Hirsche. Wir kennen beim Damwild die Sommer- und Winterschäle. Bei angepasstem Bestand tritt das Schälen jedoch kaum in Erscheinung.

227 | Welche Schäden verursacht Damwild im Feld?

Wildschäden treten auf an Hafer, Weizen, Mais sowie an Grünraps. Rübenblätter werden sehr gern genommen. Kartoffel werden mit den Läufen ausgeschlagen.

Weidmannssprache

Damtier	weibliches Stück
Damspießer	Damhirsch vom 1. Kopf
Dorn	nach hinten zeigendes Schaufelende
Halbschaufler	junger, angehender Damschaufler (3.–4. Kopf)
Knieper	Damhirsch vom 2. Kopf
Krebsschere	abartige Schaufelbildung
Löffler	Damhirsch vom 3. Kopf, gelegentlich auch vom 2. Kopf
Schaufel	oberer, abgeflachter Geweihteil
angehender Schaufler	Damhirsch etwa ab dem 4. Kopf
Schaufler	Damhirsch ab dem 6. Kopf (mit ausgebildeter Schaufel)

Elchwild *(Alces alces)*

Der Elch ist die größte lebende Hirschart auf unserer Erde. Diese Trughirschart war immer nur auf der nördlichen Halbkugel beheimatet. Die europäische Unterart, wesentlich kleiner als ihre Verwandten in Alaska und Ostrussland, ist in historischer Zeit in Mitteleuropa ausgerottet worden. Stabile Elchpopulationen finden wir in Europa noch in Norwegen, Schweden, Finnland, Russland, im Baltikum und Polen. Aus dem polnischen Verbreitungsgebiet wandern nicht selten einzelne Hirsche (sogenannte Wanderhirsche) in die östlichen Bundesländer ein.

Das etwa pferdegroße, tag- und dämmerungsaktive Elchwild erscheint sehr hochläufig und imponiert durch einen gedrungenen Rumpf mit einem hohen Widerrist. Auffallend ist seine weit überhängende, wulstige Oberlippe. Die schwarzen Spitzen der Grannenhaare lassen den mächtigen Rumpf des Elches schwarz erscheinen, gegen den sich seine hellgrau behaarten Läufe deutlich abheben. Elche sind als stark selektierende Wildart nahrungsmäßig an Sträucher, Weichholz und Baumaufwuchs gebunden (Laub, Rinde). In kleinen Familiengruppen oder singulär lebend, sind große weichholzreiche Nadelwälder, Erlenbrüche und Moore ihr bevorzugter Lebensraum. Elchwild orientiert sich ganz vornehmlich über seinen Geruchssinn. Es wittert von allen Schalenwildarten am besten und vernimmt mit seinen großen, sehr beweglichen Lauschern hervorragend. Sein Gesichtssinn ist dagegen schlecht. Natürliche Feinde in seinen Vorkommensgebieten sind Bär und Wolf. Jungtiere werden auch vom Luchs geschlagen.

Europäische Elche schieben nur verhältnismäßig bescheidene Geweihe (Stangenelch, 6er).

228 | Wo finden wir heute noch Elchwild?

Natürliche (und starke) Populationen in Europa finden wir in Schweden, Norwegen, Finnland, Polen und Russland. Neuerdings sind Zuwanderungen nach Deutschland in der Lausitz und Mecklenburg-Vorpommern zu beobachten.

229 | Welche Lebensräume beansprucht Elchwild?

Große zusammenhängende Mischwälder, Erlen- und Birkenbrüche, Moore.

230 | Wie schwer wird Elchwild?

In Europa erreichen starke Hirsche ein Körpergewicht bis zu 500 kg aufgebrochen, starke Alttiere ein solches von 350 kg.

231 | Welcher Geweihtypus dominiert beim europäischen Elch?

Beim europäischen Elchhirsch dominiert das Stangengeweih.

232 | Stehen Elche den Grasern oder den Konzentratselektierern nahe?

Elche sind Konzentratselektierer.

233 | Äsen Elche nur an Land?

Elche nehmen neben der Landäsung auch gerne Wasserpflanzen auf. Hierbei wird häufig das gesamte Haupt in das Wasser eingetaucht, wobei die Nüstern aktiv verschlossen werden.

Steckbrief Elchwild

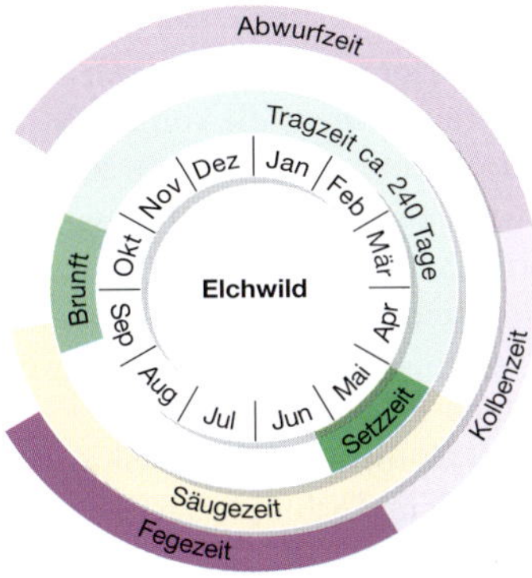

Jahreszyklus

Körperbau: Auffälliger Schulterhöcker; langer, rammnasiger Kopf, Hirsche tragen Kehlbart; Nüstern können geschlossen werden (Äsen unter Wasser); Widerristhöhe 175–200 cm; Gewicht ♂ bis 500 kg, ♀ bis 350 kg aufgebrochen.
Sinne: Geruchs- und Hörsinn sehr gut, Gesichtssinn eher mäßig.
Lautäußerungen: Mahnen als Lockruf; heiseres Röhren als Brunftschrei.
Sozialverhalten: Mutterfamilien; gelegentlich lose Rudel; Hirsche meist Einzelgänger.
Lebensweise: Tag- und dämmerungsaktiv.
Fortpflanzung: Geschlechtsreife mit 18 Monaten; Brunft Mitte September bis Mitte Oktober; Tragzeit etwa 240 Tage; Hauptsetzzeit Mai; häufig 2 Kälber; Säugezeit bis zur nächsten Brunft.
Nahrung: Überwiegend Laubholzblätter und -triebe, Stauden, Wasserpflanzen, Schilf, Seggen, Süßgräser. Konzentratselektierer.
Geweihzyklus: Beginn des Geweihaufbaus April / Mai; Fegezeit Juni bis August; Geweihabwurf ab November. In Europa überwiegend Stangenelche und geringe Schaufler.
Zahnformel: $\frac{0\,0\,3\,3}{3\,1\,3\,3} = 32$

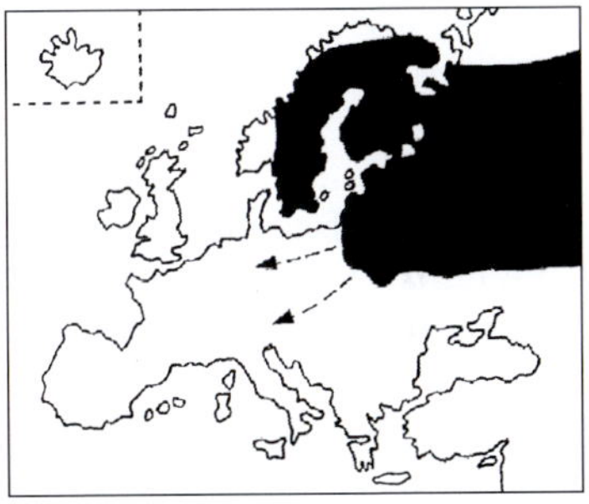
Verbreitungsgebiet

234 | Sind Elche Rudeltiere?
Nein, Elche leben in kleinen Familiengruppen, ältere Hirsche sind Einzelgänger.

235 | Wann findet die Brunft statt?
Die Brunft des Elchwildes findet im September/Oktober statt. Die Hirsche suchen aktiv brunftige Stücke. In der Stärke etwa so laut wie beim Damhirsch, klingt der Brunftschrei wie ein dumpfes Brüllen.

236 | Wie viele Kälber setzt das Elchtier?
Beim Elch sind Zwillingsgeburten annähernd so häufig wie Einzelkälber. Drillinge sind selten.

237 | Welche Schäden verursacht Elchwild?
In besiedelten Gebieten mit Ackerbau sind Schäden an Getreide und Hackfrüchten zum Teil erheblich. Im Wald sind die Schäl- und Verbissschäden an jungen Kiefern unübersehbar. Fichten werden weder geschält noch verbissen.

238 | Wie werden Elchhirsche nach dem Geweih angesprochen?
Das Erstlingsgeweih ist ein seitlich abstehendes Spießergeweih. Bei Stangenelchen folgen Gabler, Sechser, Achter usw. Schaufler tragen seitlich ausladende, schalenartig geformte Schaufeln mit am vorderen Rand ausgebildeten Enden.

Rehwild *(Capreolus capreolus)*

Naturgeschichte: Rehwild ist unsere kleinste und häufigste Hirschart, die von der Meeresküste bis ins Hochgebirge in fast jedem Revier vorkommt. Der umfassende Verbreitungsgrad belegt die enorme Anpassungsfähigkeit dieses Trughirsches. In der Bundesrepublik Deutschland kommen seit 1995 jährlich (einschließlich Fallwild) mehr als 1 Million Stück zur Strecke.

Nach Körperbau und Lebensweise ist Rehwild als Ducker und Schlüpfer an unterholzreiche Biotope, besonders an abwechslungsreiche Wald-Feld-Landschaften mit Feldgehölzen, Hecken, dicht bemantelten Waldrändern sowie an deckungsreiche Wälder aller Art angepasst. Vom Äsungstyp gehört das Reh zu den Konzentratselektierern.

Die Stirnwaffen der Böcke sind Geweihe, doch hat sich in der Jägersprache weitgehend der falsche Ausdruck Gehörn eingebürgert. Das Gebiss ist ein typisches Wiederkäuergebiss. Grandeln (rudimentäre Eckzähne im Oberkiefer) kommen nur ausnahmsweise vor. Eine Besonderheit ist die durch Keimruhe verlängerte Tragzeit, sodass der Brunft im Hochsommer eine Setzzeit von Ende April bis Mai, im Gebirge bis Mitte Juni folgt.

Lebensraum und Lebensweise: Vom Spätherbst bis ins Frühjahr hinein sind Rehe untereinander verträglich und stehen – ohne feste Bindung – gern in Familiengruppen (Sprüngen) zusammen (keine Trennung nach Geschlecht und Alter). Spätestens im April suchen die erwachsenen Böcke ihren festen Einstand, den sie durch Duftmarken abgrenzen und gegen andere Böcke verteidigen (Territorialverhalten, Einstandskämpfe). Nur weibliches Wild und z. T. noch unreife Jährlinge duldet der Bock in seinem Einstand. Ähnlich unduldsam sind auch führende Geißen (Ricken) gegeneinander.

Feldrehe in waldarmen Gebieten leben ständig außerhalb des Waldes und bilden im Winter in

Bock und Geiß im zeitigen Frühjahr: Beide sind noch im Winterhaar. Dass der Bock jedoch schon vollständig verfegt hat, spricht für ein älteres Stück.

Steckbrief Rehwild

Körperbau: Hinten stark überbaut (Schlüpfertyp); Gewicht ♂ bis 25 kg, ♀ bis 20 kg (aufgebrochen).
Sinne: Geruchssinn hervorragend, Hörsinn sehr gut, Gesichtssinn = Bewegungsseher.
Lautäußerungen: Schrecken als Warn- und Kontaktlaut; Fiepen als Kontaktlaut; Klagen bei Angst oder Schmerzen; Keuchen in der Bewegung während der Brunft.
Sozialverhalten: Vom Fegen bis zur Brunft territorial; weitgehend einzelgängerisch, fester Zusammenhalt nur zwischen Ricke und Kitzen; im Herbst und Winter auch größere Gruppen (Sprünge), ohne festen Zusammenhalt und Führung.
Lebensweise: Tag-, dämmerungs- und nachtaktiv; orientiert sich an Grenzlinien (z.B. Waldränder).
Fortpflanzung: Brunft Mitte Juli bis Anfang August; Tragzeit mit ca. 4 ½ Monaten Keimruhe etwa 285 Tage; 2 (1–3) Kitze; Säugezeit bis November (selten Dezember).
Nahrung: Selektiert bevorzugt energiereiche und leicht verdauliche Pflanzenteile; im Winter hoher Anteil an Laub- und Nadelholztrieben.
Geweihzyklus: Abwurf ab Oktober bis Anfang Januar; Fegezeit Mitte März bis April, Jährlinge bis Juni.
Zahnformel: $\frac{0\,0\,3\,3}{3\,1\,3\,3} = 32$

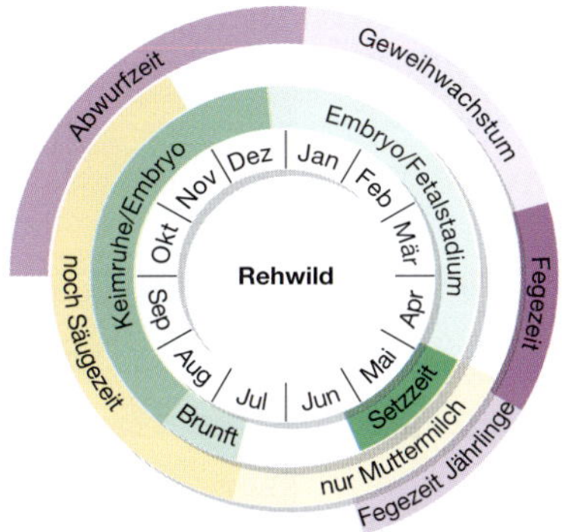

Jahreszyklus

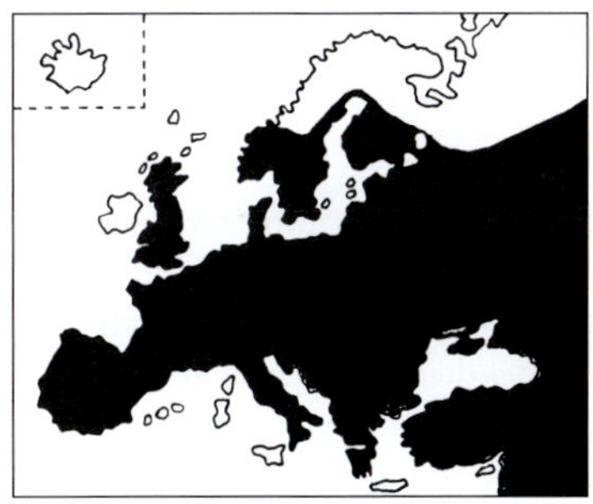
Verbreitungsgebiet

der deckungslosen Flur auch größere Sprünge – eine bemerkenswerte Anpassung an den für Rehe untypischen Lebensraum.

Sinne und Verhalten: Rehwild orientiert sich vornehmlich geruchlich; es vernimmt gut; der Gesichtssinn ist untergeordnet (Bewegungsseher). Der innerartlichen Kommunikation dienen die Zwischenzehendrüsen und Laufbürsten der Hinterläufe sowie beim Bock die Stirnlockendrüse.

Lautäußerungen sind das Fiepen als Kontaktlaut zwischen Mutter und Kitz sowie in der Brunft zwischen Geiß und Bock, dann oft zum Geschrei oder Sprengfiepen gesteigert und vom Jäger bei der Blattjagd (Lockjagd) nachgeahmt. Schreck- und Warnlaut ist das bellende Schrecken. Bei schmerzhaften Verletzungen klagt Rehwild.

Aktivitätshöhen hat das Rehwild von März bis Ende Mai, die aus der Verfügbarkeit frischer Nahrung und den Einstandskämpfen resultieren. Dieser Phase folgt eine Zeit der Ruhe von Juni bis Mitte Juli, in der Rehwild nur wenig in Anblick kommt (Feistzeit). Das Aktivitätsmaximum mit annähernd ganztägiger Sichtbarkeit zeigt das Rehwild in den ca. 3 Wochen der Brunft. Nach der Brunft sind vornehmlich die Böcke auffal-

Das Alter mehrjähriger Rehböcke kann nur geschätzt werden. Zuverlässige Altersmerkmale gibt es nicht, und selbst die Summe der Merkmale kann täuschen.

lend inaktiv. Einer mittleren Aktivitätsphase im Herbst folgt die Winterruhe, die bis in den Januar anhält. Ab der 2. Januarhälfte wird das Rehwild wieder deutlich häufiger sichtbar.

Haarwechsel: Das Verfärben erfolgt im Zeitraum April bis Mai (= Ausfall des Winterhaares) und September. Das Sommerhaar ist, individuell verschieden, gelblich bis tiefrot. Als Charakteristikum des Winterhaares ist der große, weiße Spiegel herauszustellen.

Hauptschmuck: Das Geweih (Gehörn, Gewicht, Krone) wird jährlich neu geschoben, gefegt und abgeworfen. Es ist unmittelbar nach dem Fegen weiß, verfärbt sich aber unter dem Einfluss von Pflanzensäften und Licht bald dunkler. Die Einfärbung ist abhängig von den befegten Pflanzen und von der Härte der Geweihsubstanz. Auf kalkarmen Moorböden entstehen poröse Geweihe, die durch Fegen an Erlen eine fast schwarze Färbung annehmen, sogenannte Moorböcke. Schon im Alter von 3–4 Monaten formt das normal entwickelte Bockkitz Rosenstöcke. Vereinzelt schieben Bockkitze im 1. Lebenswinter kleine Knöpfe, die auch abgeworfen werden, ehe der Aufbau des 1. regulären Geweihs erfolgt. Es variiert zwischen kaum sichtbaren »Knöpfen« und Sechserstangen. Jährlinge fegen meist erst im Mai (bis Mitte Juni), ältere Böcke schon im März und April. Abgeworfen werden die Geweihe in der Zeit von Oktober bis Anfang Januar. Die Geweihe unterliegen in ihrer Ausformung den Einflüssen von Witterung, Ernährung und Krankheit.

Fortpflanzung: Die Brunft beginnt mehrheitlich in der 3. Juliwoche und endet spätestens Mitte August. Gegen Ende der Brunftzeit (Blattzeit) verlassen die Böcke auf der Suche nach noch nicht beschlagenen Ricken und Schmalrehen ihre Territorien.

1–2 nicht selten auch 3 weiß getupfte Kitze kommen nach verlängerter Tragzeit (Keimruhe bis Anfang Dezember) im Mai/Juni zur Welt. Die Kitze legen sich in Deckung ab. Dabei drücken sie sich zur Feindvermeidung reglos an den Boden und werden jeweils nur kurz zum Säugen und Säubern von der Mutter aufgesucht. Dieses angeborene Verhalten führt bei Wiesen- und Grünfutterschlagmahd zu Kitzverlusten.

Gebiss: Zwischen dem 11. und 14. Lebensmonat wird das Dauergebiss mit 32 Zähnen vollständig. (Die Entwicklung des Rehgebisses ist der Tabelle auf Seite 252 zu entnehmen.)

Altersbestimmung: Die Altersbestimmung am lebenden Rehwild ist schwierig. Sicher sind nur Jährlingsböcke und Schmalrehe altersmäßig einzuordnen. Das Alter mehrjähriger Stücke kann nur geschätzt werden, sodass nur eine Eingliederung in die Klassen jung, mittelalt, alt sinnvoll ist.

Der Zustand des Gebisses erlaubt eine genauere Alterseingliederung. Ist der 3. Prämolar dreiteilig (Milchzahn), so ist das Reh jünger als 12–13 Monate. Im Dauergebiss gibt der Abschliff der Backenzähne (besonders der des 1. Molars) Auskunft über das ungefähre Alter (s. Bildreihe Seite 252), allerdings variiert der Zahnabrieb individuell stark, je nach Härte der Zahnsubstanzen. Eine exakte Altersbestimmung erlaubt – wie beim Rotwild – das Zementzonen-Auszählverfahren (s. Seite 226).

Ein zusätzliches gutes Altersmerkmal liefern auch die Höhe und Stärke der Rosenstöcke beim Bock: dünn und hoch = junger Bock, dick und kurz = älterer Bock. Weibliches Rehwild altersmäßig richtig anzusprechen, ist mit Ausnahme der Schmalrehe im Sommerhalbjahr schwierig.

Feinde: Natürliche Feinde des Rehwildes sind Fuchs und – wo vorkommend – Wolf und Luchs. Während der Fuchs vor allem für junge Kitze als Prädator (Beutegreifer) relevant ist, macht das Rehwild für die beiden Spitzenprädatoren den größten Teil ihrer Beute aus. Wo Wolf und Luchs jagen, kann das Rehwild bis zur Unsichtbarkeit heimlich werden. Auch wildernde Hunde entsprechender Größe reißen Rehwild jeden Alters und beiderlei Geschlechts.

239 | Wo kommt das europäische Rehwild als heimische Art (autochthon) vor?

In allen europäischen Ländern, ausgenommen

Weidmannssprache

abspringen	wegflüchten
Angstgeschrei	ängstliches Fiepen der Geiß, die von einem Bock bedrängt wird
blatten	nachahmen des Brunftlautes der Geiß
Blattzeit	Paarungszeit
Bockkitz	männliches Rehkitz
fiepen	Kontaktlaut des Rehwildes
Geiß	weibliches Reh (in Süddeutschland)
Geiß-, Rickenkitz	weibliches Rehkitz
Geltgeiß, -ricke	nicht mehr fruchtbare, alte Geiß
Jährling	1-jähriger Rehbock (im 2. Lebensjahr)
Kitzgeiß	führende Rehgeiß (Ricke)
Kreuzbock	Rehbock, bei dem Vorder- und Hintersprosse auf gleicher Höhe aus der Stange hervorgehen
Muffelfleck	weißer Fleck vorne auf dem Nasenrücken
Pinsel	Haarbüschel an der Hautöffnung für die Brunftrute
plätzen	scharren mit dem Vorderlauf
Ricke	weibliches Reh
Schmalreh	weibliches Reh im 2. Lebensjahr
schrecken, schmälen	Warnlaut, Kontaktlaut
Schürze	Haare am weiblichen äußeren Geschlechtsteil
Sprung	mehrere Rehe zusammen
Windfang	Nase

Entwicklung des Gebisses beim Rehwild

Lebensmonat	Schneidezähne	Eckzähne	Backenzähne	
1.–4.	I $\frac{0}{123}$	C $\frac{0}{1}$	P $\frac{1\,2\,3}{1\,2\,3}$	M $\frac{\mathrm{I}}{\mathrm{I}}$
5.–6.	I $\frac{0}{123}$	C $\frac{0}{1}$	P $\frac{1\,2\,3}{1\,2\,3}$	M $\frac{\mathrm{I\,II}}{\mathrm{I\,II}}$
7.–8.	I $\frac{0}{\mathrm{I\,II}\,3}$	C $\frac{0}{1}$	P $\frac{1\,2\,3}{1\,2\,3}$	M $\frac{\mathrm{I\,II}}{\mathrm{I\,II}}$
10.	I $\frac{0}{\mathrm{I\,II\,III}}$	C $\frac{0}{\mathrm{I}}$	P $\frac{1\,2\,3}{1\,2\,3}$	M $\frac{\mathrm{I\,II\,(III)}}{\mathrm{I\,II\,(III)}}$
12.–13.	I $\frac{0}{\mathrm{I\,II\,III}}$	C $\frac{0}{\mathrm{I}}$	P $\frac{\mathrm{I\,II\,III}}{\mathrm{I\,II\,(III)}}$	M $\frac{\mathrm{I\,II\,III}}{\mathrm{I\,II\,III}}$

Erläuterungen: I = Incisivi = Schneidezähne; C = Canini = Eckzähne; P = Prämolares = vordere Backenzähne; M = Molares = hintere Backenzähne; arabische Ziffern = Milchgebiss; römische Ziffern = Dauergebiss. Die obigen Formeln geben jeweils die Hälfte des Gebisses an. Die Verdoppelung ergibt die Gesamtzahl, im Endstadium 32 Zähne. Haken (Grandeln) im Oberkiefer kommen beim Rehwild nur in Ausnahmefällen vor. Im Gegensatz zu Rotwildgrandeln haben diese keinen Schmuck- bzw. Trophäenwert.

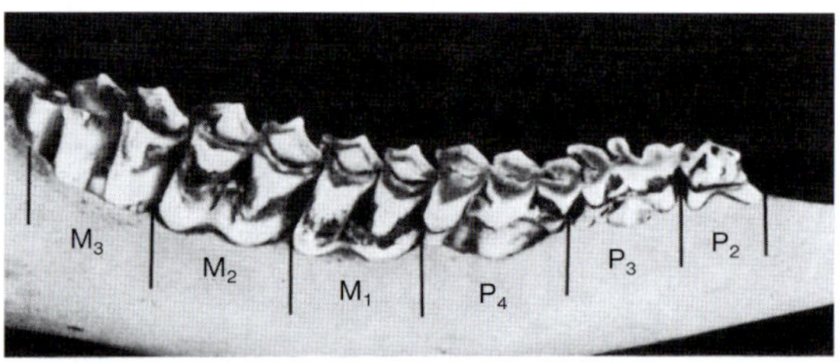

Unterkiefer zu Ende des 1. Lebensjahres (10–12 Monate): Die Prämolaren (P_2–P_4) sind noch die Milchzähne vor dem Wechsel; sie sind bereits stark abgeschliffen und sitzen locker. Der P_4 ist als Milchzahn »dreiteilig«! Die Molaren (M_1–M_3) sind bereits vorhanden, M_3 noch nicht völlig herausgeschoben, alle Zähne zungenseitig spitz und scharfkantig.

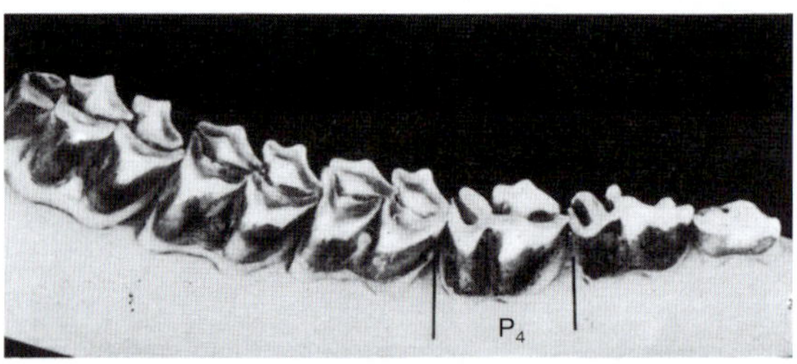

Fertiges Dauergebiss im 2. Lebensjahr. Der P_4 (3. Zahn von vorn) ist jetzt »zweiteilig«! Zahnkronen noch sägeartig scharf, erst geringe Abnützung.

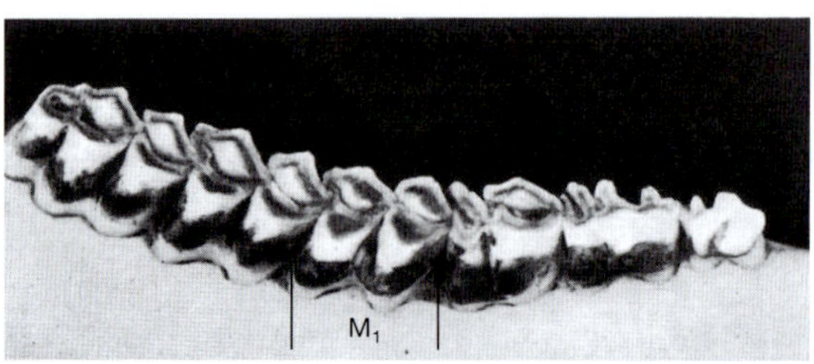

Beim 3- bis 4-jährigen Reh ist die Backenzahnreihe schon deutlich abgeschliffen. Am deutlichsten ist die Abnützung beim M_1 (4. Zahn von vorn), weil dieser der »älteste« Zahn im Dauergebiss ist.

Irland und das nördlichste Skandinavien, in Kleinasien und im europäischen Teil Russlands (in Spanien und Italien nicht flächendeckend).

240 | Zu welcher Tierfamilie gehört das Rehwild und was sind deren Merkmale?

Rehwild gehört zu den Trughirschen (Telemetakarpalier). Der Wedel ist rudimentär und äußerlich kaum sichtbar. Es lebt im Sommer immer solitär bzw. in Familiengruppen und territorial. Die im Winter zu beobachtenden Sprünge (Zusammenfinden mehrerer Rehe) besonders in Feldrevieren sind Notgemeinschaften.

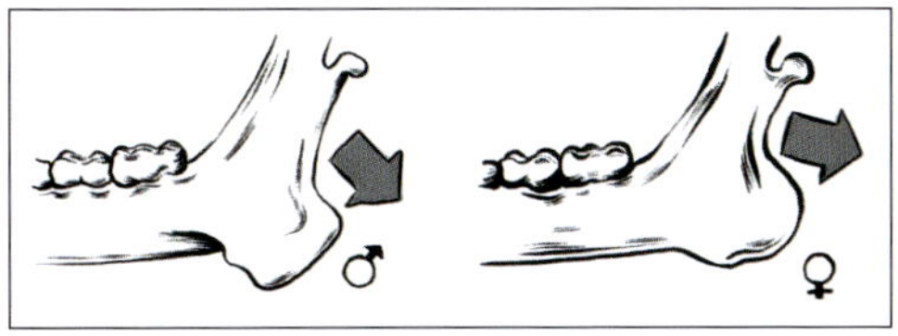

Rehwild ist die einzige Schalenwildart, an der das Geschlecht am Unterkiefer zu erkennen ist. Beim Bock zeigt der Winkelvorsatz (kantig) nach unten, dadurch entsteht eine Furche am Kiefer. Anders bei der Ricke (Geiß), wo der Winkelvorsatz (abgerundet) mehr nach hinten zeigt und somit keine Furche entsteht.

241 | Welche Landschaften sagen dem Reh zu?

Rehwild bevorzugt Gemengelagen von Wald, Feld, Wiese. Es ist durch die forstliche Aufschließung der Wälder auch in reinen Waldgebieten ansässig geworden. Es gibt aber auch reine Feldrehe.

242 | Besiedelt das Rehwild auch alpine Räume?

Rehwild ist selbst oberhalb der Waldgrenze anzutreffen.

243 | Ist das Reh ein Läufer?

Das Rehwild ist ein »Schlüpfer«, kein Läufer. Typisch für diesen Unterholzbewohner ist die überbaute Kruppe.

244 | Welches Lebendgewicht erreichen Rehe in Mitteleuropa?

Im Mittel werden 20 kg Lebendmasse erreicht (Spitzengewichte bis 30 kg).

245 | Wie viel Prozent des Körpergewichtes entfallen auf den Aufbruch?

Der Gesamtaufbruch macht ca. 27 % der Lebendmasse aus.

Die Zusammensetzung von Rehwildsprüngen wechselt im Herbst und Winter laufend, da es sich zu diesen Jahreszeiten um lose Zweckgemeinschaften ohne feste Hierarchie und Zusammenhalt handelt.

246 | Wann ist der Zahnwechsel beim Rehwild abgeschlossen?

Nach 12–13 Monaten.

247 | Welche Duftdrüsen besitzt das Rehwild?

Neben den Talg- und Schweißdrüsen, die über die ganze Decke verteilt sind, besitzt das Reh 3 Duftdrüsenkomplexe: 1. Laufbürste (Hinterlauf), 2. Zwischenschalendrüse (im Hautspalt zwischen den Hinterzehen), 3. Stirndrüse (Bock).

248 | Wann wechseln Rehe ihr Haarkleid?

Ende September bildet sich in wenigen Tagen die graue Winterdecke. Im Zeitraum April/Mai wird das Winterhaar abgestoßen. Führende Ricken färben später als nichtführende.

249 | Wie ist die Färbung des Rehwildes?

Rehwild ist im Sommerhaar glänzend rot (von dunkel braunrot bis fahlgelb). Das dunkle Winterhaar variiert zwischen hellgrau und dunkelgrau. Im Winterhaar ist der große, weiße Spiegel auffällig.

250 | Was ist der Muffelfleck?

Der weiße Haarbezirk auf dem Nasenrücken unmittelbar hinter dem schwarz pigmentierten Windfang. In der Regel ist er beim Rehbock deutlicher ausgebildet als bei weiblichen Stücken.

251 | Wie werden die einzelnen Altersstufen bezeichnet?

Die Altersstufen beim weiblichen Wild sind: Geißkitz, Schmalreh, Geiß (im norddeutschen Raum ist der Ausdruck Ricke/Rickenkitz geläufig). Die des männlichen Rehwildes sind: Bockkitz, Jährling, mittelalter Bock, alter Bock.

252 | Was ist eine Geiß/Ricke?

Eine Geiß/Ricke ist ein weibliches Tier, das mindestens einmal ein Kitz gesetzt oder zumindest das 2. Lebensjahr vollendet hat.

253 | Tragen Rehböcke ein Gehörn?

Rehböcke tragen zoologisch gesehen wie alle Cerviden ein Geweih, das aus Knochen besteht und unter hormoneller Steuerung jährlich gebildet und abgeworfen wird. In der jagdlichen Umgangssprache hat sich fälschlich das Wort »Gehörn« eingebürgert.

254 | Tragen weibliche Rehe auch ein Geweih?

Weibliche Rehe sind geweihlos. Ausnahmsweise tragen Ricken aufgrund von Hormonentgleisungen im hohen Alter Geweihausbildungen, die in der Regel nicht gefegt werden.

255 | Was ist ein Geweih im biologischen Sinne?

Ein Geweih ist ein auf den Stirnzapfen aufsitzender, spezifisch geformter Knochen (Stangen, Vereckungen, Schaufeln).

256 | Wodurch wird die Stärke eines Geweihs bestimmt?

Primär die Äsung sowie die Wilddichte in Verbindung mit der Lebensraumqualität.

257 | Wer bestimmt die Form eines Geweihs?

Die Grundform des Geweihs ist genetisch festgelegt. Äußere Faktoren wie ungünstige Witterung in den Monaten Januar–März (Nahrungsmangel, Frostgeweih) beeinflussen die Geweihbildung negativ. Gesundheitliche Störungen sowie starker Endoparasitenbefall können zu Fehlbildungen des wachsenden Geweihs führen.

258 | Wann beginnt der Bock mit dem Schieben seines neuen Geweihs?

Sofort nach dem Abwerfen der alten Geweihstangen werden die neuen ausgebildet.

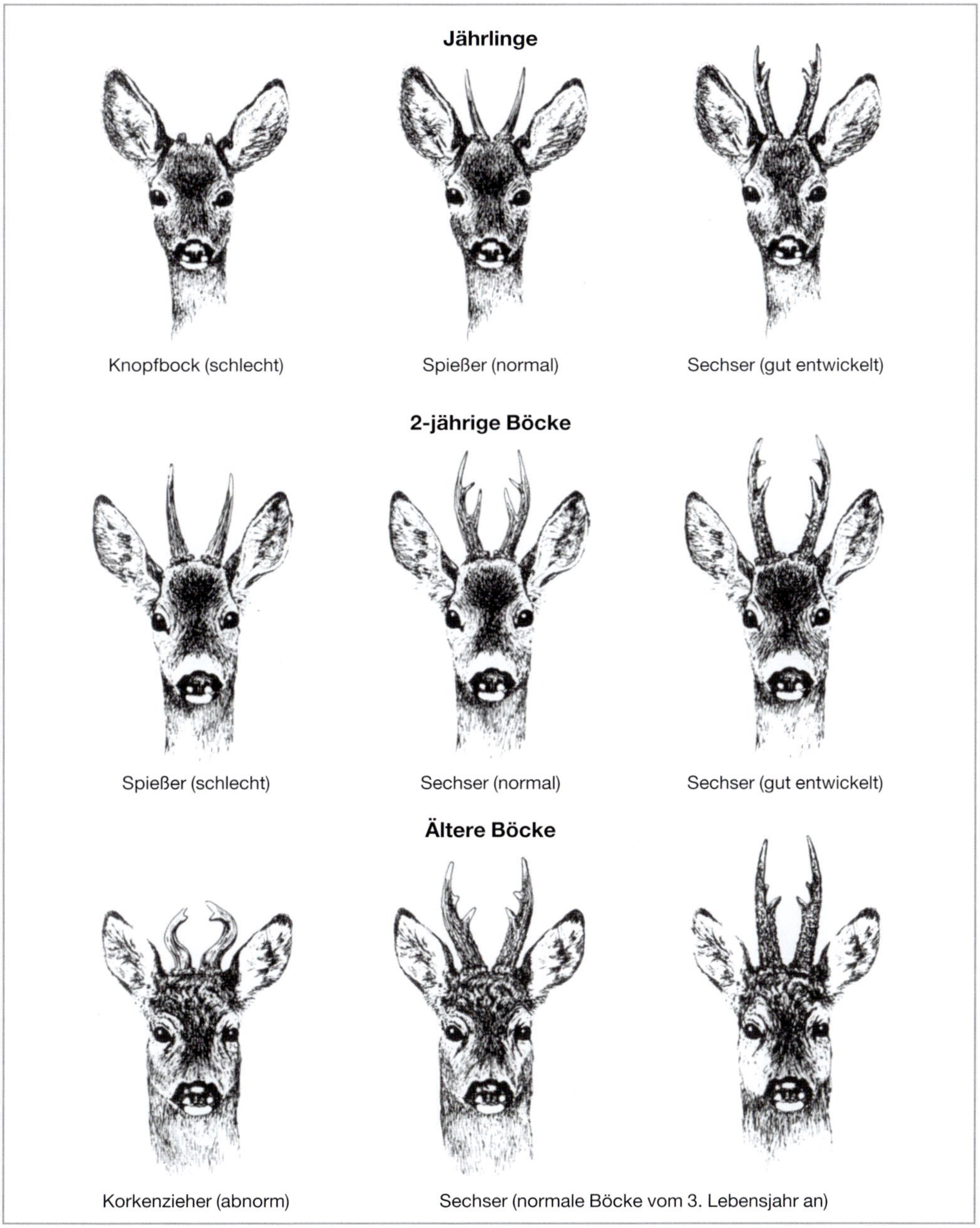

Mögliche Beispiele der Geweihentwicklung

259 | Wo erfolgt das Geweihwachstum?
Das Geweihwachstum erfolgt immer an der Spitze, nicht an der Basis.

260 | Wie kommt es zur Vereckung des Geweihs?
Die genetisch festgelegte Grundform des Rehgeweihs in seiner Endstufe ist das Sechsergeweih. Am Bastgeweih kommt es an den Vereckungsstellen zu einem überschießenden und gerichteten Knochenwachstum.

261 | Was veranlasst die Böcke, das Geweihwachstum einzustellen und zu fegen?
Der Geweihaufbau sistiert, wenn die Produktion des Sexualhormons Testosteron die der Wachs-

Nicht jedes Bockkitz schiebt Knöpfe.

Einseitig abgeworfene Stange

Überwallung der Rosenstöcke

Bastgeweih kurz vor dem Fegen

tumshormone übersteigt. Ohne Testosteronproduktion (Kastraten) mineralisieren Geweihe nicht und wuchern weiter (Perückenböcke).

262 | Wann fegen die mehrjährigen Böcke?

Das Fegen der Geweihe setzt bei mehrjährigen Böcken schon Mitte März ein und ist Ende April in der Regel abgeschlossen.

263 | Fegen die mehrjährigen Böcke altersmäßig abgestuft?

Ein altersabhängiges, zeitlich unterschiedliches Fegen mehrjähriger Böcke ist nicht nachweisbar.

264 | Wann fegen die Jährlinge?

Von Ende April bis in den Juni hinein.

265 | Was geschieht beim Fegen?

Die tote Basthaut wird durch heftiges Schlagen und Reiben der Stangen an Stämmchen, Buschwerk, Zweigen, Ästen etc. abgestreift. Gleichzeitig wird damit das Revier markiert.

266 | Wie bekommt das Geweih seine Farbe?

In das nach dem Fegen weiße (beinfarbige), immer noch poröse Knochenmaterial des Geweihs dringen beim Fegen Pflanzensäfte ein, die seine unterschiedlich braunen Farbtöne bewirken.

267 | Wie kommt es zum Abwerfen der Geweihe?

Der Geweihabwurf erfolgt bei niedrigem Testosterongehalt im Blut. Hierdurch werden knochenfressende Zellen aktiviert, die zirkulär von außen beginnend den Rosenstock (Demarkationslinie) gegen die Stange abtrennen.

268 | In welchem Zeitraum werfen die Böcke ab?

Die Abwurfzeit der Rehgeweihe liegt in der Zeit von Ende September bis Mitte Januar.

269 | Ist das Abwurfdatum altersabhängig?

Ältere Böcke werfen mehrheitlich früher ab als jüngere Böcke. Diese Regel wird häufig gebrochen; gelegentlich werfen Jährlinge schon Ende September ab.

270 | Werden beide Stangen gleichzeitig abgeworfen?

In der Regel folgt der Stangenabwurf um wenige Tage zeitlich versetzt.

271 | Wirft der Bock jedes Jahr zur selben Zeit ab?

Nein, der Stangenabwurf kann bei jedem Bock von Jahr zu Jahr variieren.

272 | Wie kündigt sich der baldige Abwurf am Rosenstock an?

An präparierten Schädeln von Ende September bis zum Ende der Schusszeit (15.10.) erlegten Böcken ist an den Rosenstöcken die rundherum verlaufende, rinnenförmige Demarkationslinie deutlich erkennbar.

273 | Was ist ein Knopfbock?

Ein Jährlingsbock, der als Geweih nur kleine »Knöpfe« trägt.

Der eingetrocknete Bast wird gefegt, nicht weil es juckt, sondern testosteronbedingt.

Stangenteilung infolge Verletzung

274 | Worauf deutet das regelmäßige Vorkommen von Knopfböcken hin?

Gehäuftes Auftreten von Knopfböcken ist ganz überwiegend auf eine zu hohe Rehwilddichte zurückzuführen (= mangelhafte Nahrungsgrundlage). Daneben sind zu häufige Störungen, starker Parasitenbefall, frühzeitiger Verlust der Mutter ursächlich für diese Negativentwicklung. Eine erbliche Disposition besteht nicht.

275 | Muss ein Knopfbock immer schwach im Wildbret sein?

In der Regel sind Knopfböcke auffallend schwach. Gelegentlich zeigen sie jedoch auch ein der Altersklasse entsprechendes Gewicht.

276 | Wie kann es zur Verletzung des Kurzwildbrets kommen?

Verletzungen des Kurzwildbrets sind in der Regel mechanischen Ursprungs, z. B. unglückliches Einklemmen, Stacheldraht etc. Hodenerkrankungen (Entzündungen) mit nachfolgender Sterilität werden gelegentlich beobachtet.

277 | Wie reagiert ein Rehbock mit gefegtem Geweih auf eine Kurzwildbretverletzung, die einer Kastration gleichkommt?

Wenige Wochen nach der Verletzung wirft der Bock ab. Das sich neu bildende Geweih entartet durch übermäßiges Wachstum aufgrund ausbleibender Verknöcherung zur sogenannten Perücke (= fehlende männliche Keimdrüsenhormone).

Knopfböcke sollten die Ausnahme sein.

Perückenbildung durch Hodenverletzung (Kastrat)

278 | Welche Ursachen liegen einer Stangenteilung oder Mehrstangigkeit zugrunde?

Mehrstangigkeit entsteht durch Verletzung des Rosenstocks oder der Baststangen, aber auch durch Mutation.

279 | Wann kann eine Geweihstange nach unten wachsen?

Erfolgt bei der Bildung des Geweihs ein verletzungsbedingter Bruch mit einem Abknicken der Stange/n bei erhaltener Gefäßversorgung, führt die Verknöcherung dazu, dass die falsche Stangenausrichtung fixiert wird.

280 | Wann liegt eine echte Mehrstangigkeit vor?

Wenn jede Stange einen eigenen Rosenstock hat.

281 | Wie entsteht eine Pendelstange?

Die Ausbildung einer Pendelstange ist auf einen Rosenstockbruch zurückzuführen.

282 | Was ist ein Korkenzieher?

Beim sogenannten Korkenzieher sind die Stangen korkenzieherartig gewunden. Mit hoher Wahrscheinlichkeit ist dies auf eine durch zeitweiligen Hunger ausgelöste Knochenaufbaustörung zurückzuführen (Hungergehörn).

283 | Was ist ein Frostgeweih?

Das sogenannte Frostgeweih besteht aus 2 annähernd gleich hohen Gehörnstümpfen, die wie abgeschnitten wirken. Der zirkuläre freie Rand der Stümpfe umfasst eine zentrale muldenartige Vertiefung. Dies ist nicht eine frost-, sondern eine hungerbedingte Abnormität.

284 | Was ist ein Ledergeweih?

Ein Ledergeweih ist ein nicht gefegtes Bastgeweih, bei dem der nicht mehr versorgte Bast lederartig eingetrocknet ist und der Geweihoberfläche fest aufliegt.

285 | Was ist ein Gummigeweih?

Ein Gummigeweih entsteht bei ausbleibender Verknöcherung, die vornehmlich die obere Hälfte des Geweihs betrifft. Auch diese Regelwidrigkeit ist auf eine Knochenstoffwechselstörung, bedingt durch eine lang anhaltende Hungerperiode, zurückzuführen.

286 | Vererben alte Rehböcke besser als junge?

Nein, das einmal vorhandene Erbgut bleibt vom Alter unbeeinflusst.

287 | Lässt sich am Zahnabschliff das Alter eines Rehs sicher erkennen?

Nein, der Zahnabrieb erlaubt nur eine Altersbestimmung nach Altersklassen.

288 | Was beeinflusst die Stärke des Zahnabschliffs?

Da die 3 Zahnsubstanzen individuell unterschiedlich hart sind, stellt sich auch bei gleich alten Stücken der Zahnabrieb unterschiedlich dar. Darüber hinaus hat die Zusammensetzung der regelmäßig aufgenommenen Äsung einen großen Einfluss auf den Zahnabrieb.

289 | Wie kann man den Jährling vom 2-jährigen Bock unterscheiden?

Der 3. untere Backenzahn (P_3) trägt anfänglich noch die Kappe des dreiteiligen Milchzahnvorgängers. Nach Verlust dieses Milchzahnrudiments stellt sich der zweiteilige Dauerzahn beim Jährling »unbenutzt«, wie »unfertig« dar.

290 | Sind Schmalreh und Geiß im Spätherbst sicher zu unterscheiden?

Nein, starke Schmalrehe erreichen die Körpergröße von Geißen (Ricken).

291 | Wie unterscheiden sich 1-jährige von mehrjährigen Rehen beim Aufbrechen?

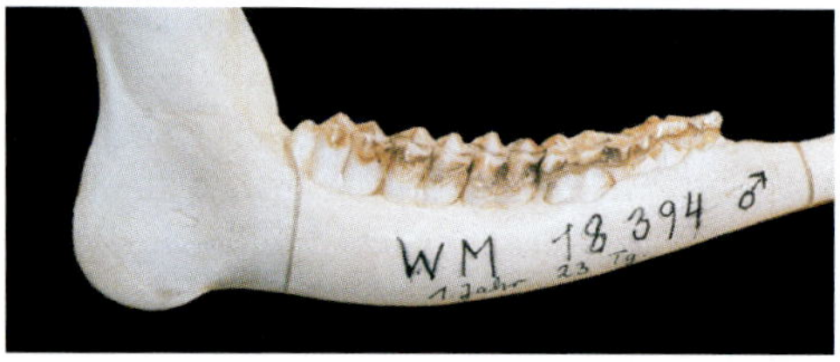

Jährling im Zahnwechsel

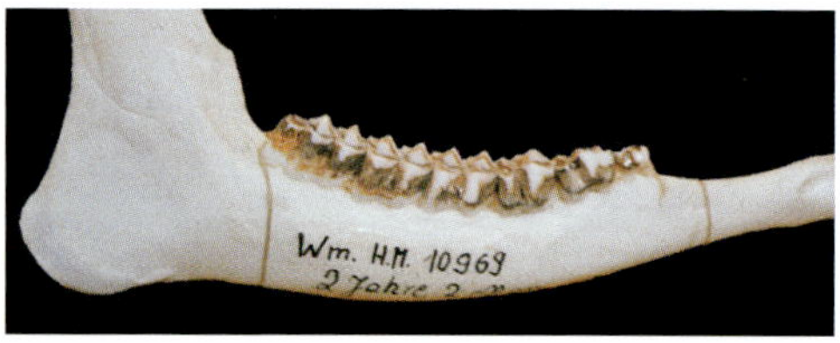

2-Jähriger mit normalem Abschliff

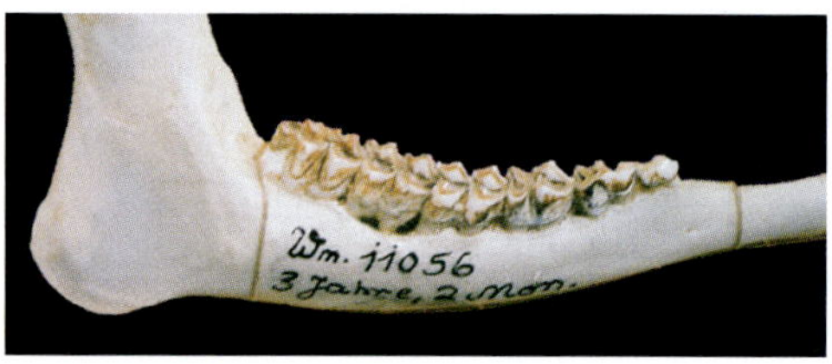

3-Jähriger mit normalem Abschliff

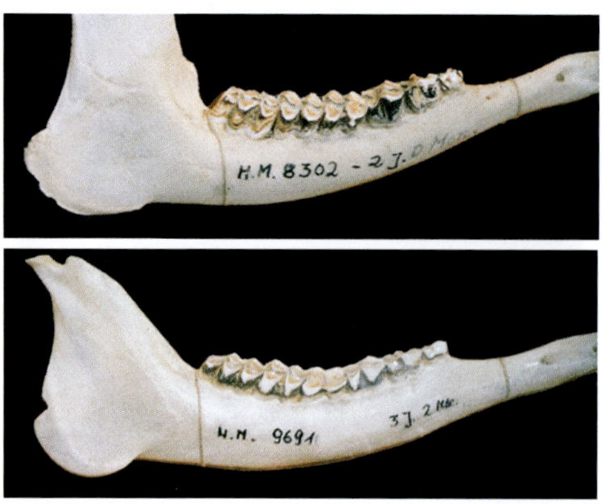

Die Zähne beider Unterkiefer zeigen einen hohen Abriebsgrad und lassen auf ein höheres Alter schließen, als deren Träger waren (oben 2-jährig, unten 3-jährig).

Bei bis zu 1-jährigen Rehen sind der Brustkorb (Brustbein) und vornehmlich die noch nicht verknöcherte Beckennaht (Schloss) leicht mit dem Messer aufzutrennen.

292 | Welche Tendenz besteht hinsichtlich der Gesichtsmaske der Böcke bezüglich des Alters?

In der Regel haben 2-jährige Böcke das bunteste Gesicht, bei älteren Böcken fließen die Farben ineinander, der alte Bock trägt häufig eine eisgraue Maske. Gelegentlich haben aber selbst Jährlinge eisgraue Gesichter. Die Gesichtsfärbung sollte nie allein zur Altersansprache herangezogen werden, da zu häufig Ausnahmen auftreten.

293 | Lassen sich mehrjährige, nicht markierte Rehböcke altersmäßig exakt einordnen?

Nein, auch hier lassen die Körperausbildung und das Verhalten nur eine Altersklasseneinteilung (mittelalt, alt) zu.

294 | Welche Rosenformen werden unterschieden?

In der Höhe unterscheiden wir eine Kranzrose (wulstige zirkuläre Verdickung) von einer Schnurrose (flach, schmal). In der Form wird zwischen der Tellerrose und der Dachrose differenziert. Die gewöhnliche Form ist die Kranztellerrose.

295 | Sind Dachrosen ein sicheres Altersmerkmal?

Dachrosen weisen häufig auf ein höheres Alter hin, sind aber als alleiniges Ansprechmerkmal nicht ausreichend, da derartige Rosenausformungen auch bei jüngeren Böcken vorkommen können.

296 | Was kennzeichnet in der Regel einen jungen Bock?

Der junge Bock besitzt einen schmalen Rumpf, trägt den noch dünnen Träger ganz überwiegend aufrecht, zeigt einen deutlichen Absatz beim Übergang der unteren Halskontur in die Brust. Sein rundliches Haupt trägt kindliche/jugendliche Züge.

297 | Welche Merkmale sprechen für einen alten Rehbock?

Massiger Rumpf, starker, annähernd waagerecht getragener Hals, nicht selten graue Gesichtsmaske und Dachrosen. Heimliches Verhalten. Achtung: Heimlich sind oft auch revierlose 2-Jährige.

298 | Haben Jährlingsgeweihe bereits Rosen?

Im Gegensatz zum Erstlings- oder Kitzgeweih zeigen Jährlingsgeweihe Rosen (= geschlossener Kranz von Perlen um das untere Stangenende).

299 | Welche Geweihstufe können Jährlingsböcke erreichen?

Knöpfe bis Sechsergeweih.

300 | Welche Endoparasiten finden wir beim Rehwild?

Rachenbremsen, Hautdassel, Magen-Darm-Würmer, Lungenwürmer, Leberegel, Bandwurmlarven (Finnen), Sarkosporidien.

301 | Für welche Endoparasiten ist das Reh Zwischenwirt?

Für den Hundebandwurm.

302 | Welche Ektoparasiten schädigen das Haarkleid?

Rehhaarlinge: Sie treten gelegentlich bei Gehegerehen in Massen auf (haarlose Stellen am Hals und an der Innenseite der Läufe). In freier Wildbahn ist der Parasit harmlos. Hautdassel: entwerten bei starkem Befall durch die Hautbohrungen die Decken.

Fehlansprache: sehr gut veranlagter Jährlings-Sechser mit überlauscherhohem Geweih, Dachrosen und eisgrauem Gesicht.

303 | Welche Pilzerkrankungen finden wir beim Rehwild?

Gelegentlich tritt beim Reh die Glatzflechte (Trichophytie) auf, die durch Haarausfall, Juckreiz und Schuppenbildung charakterisiert ist. Merke hingegen: Die Strahlenpilzerkrankung – eine schwammartige Knochenauftreibung am Unterkiefer, vornehmlich bei Rehwild auftretend – ist keine Pilzerkrankung. Die deutsche Bezeichnung ist irreführend. Die Erkrankung ist bakteriell bedingt.

304 | Welchem Äsungstyp gehört das Reh an?

Das Reh gehört zum Äsungstyp Konzentratselektierer.

305 | Welche Äsung bevorzugt das Rehwild?

Rehwild bevorzugt leicht verdauliche Äsung (Blatt- und Krautäsung mit hohem Gehalt an Rohprotein und Kohlenhydraten).

306 | Wie kompensieren die Rehe die winterliche Nahrungsknappheit?

Durch Rückbildung der Zotten im Pansen (= Reduzierung der resorbierenden Oberfläche), Aufzehrung des im Herbst angelegten Feistdepots sowie durch Inaktivität (Herabsetzung des Grundumsatzes).

307 | Welche natürliche Nahrung findet Rehwild im Winter?

Neben der noch vorhandenen Grünäsung (vornehmlich Wintersaaten) werden knospentragende Spitzentriebe von Gehölzen aufgenommen.

308 | Sind Rehe tag- oder nachtaktiv?

Rehe sind tag-, dämmerungs- und nachtaktiv.

309 | In welchen Intervallen äst das Rehwild?

Rehwild nimmt seine Nahrung in 8–11 Äsungsperioden auf (kleiner Pansen!). Je nach Futterzusammensetzung benötigt das Reh 7–12 Stunden der Ruhe zum Wiederkäuen innerhalb eines Tages.

310 | Welche Verhaltensänderungen beginnt mit dem Fegen?

Mit dem Fegen – ausgelöst durch einen hohen Testosteronspiegel im Blut – setzt gleichzeitig das Territorialverhalten ein.

311 | Welche Böcke verteidigen noch keine Wohnräume?

Jährlinge und schwache 2-Jährige.

312 | Wo leben die Jährlinge im Frühjahr und Sommer?

In Nischen zwischen den Territorien der Platzböcke. Häufig schließen sich mehrere Jährlinge zusammen, die so gemeinsam übersommern.

313 | Welche Rehe wandern ab?

Vornehmlich bessere Jährlinge. Die Minusvarianten (= körperlich schwach, geringe Geweihentwicklung) werden vom territorialen Bock als Neutrum geduldet.

314 | Wann werden die meisten Rehe zu Verkehrsopfern?

In der Zeit der Festlegung der Territorien (März bis Anfang Mai).

315 | Suhlen Rehe?

Rehwild suhlt nicht.

316 | Wie nässt das weibliche Reh und wie das männliche?

Weibliches Rehwild hockt sich deutlich sichtbar zum Nässen hin, Böcke nässen im Stehen mit leicht aufgekrümmter Kruppe.

317 | Wann lassen sich Schmalreh und Geiß am sichersten unterscheiden?

Im Frühsommer (Juni). Neben den allgemeinen körperlichen Unterschieden weist das pralle, deutlich sichtbare Gesäuge (Spinne) die Geiß aus.

318 | Lassen sich Bock und Ricke im Sommer am Spiegel unterscheiden?

Nässendes weibliches Reh

Schmalreh: »schmal« und ohne Gesäuge

Führende Geiß, deutlich sichtbares Gesäuge

Nein, im Sommerhaar ist der Spiegel nur angedeutet.

319 | Woran unterscheiden wir den abgeworfenen Bock von der Geiß/Ricke?

Der Bock zeigt durch seine Rosenstöcke ein stufig eckiges Haupt, sein Pinsel ist deutlich sichtbar, sein Spiegel ist nierenförmig. Ein weibliches Reh zeigt einen herzförmigen Spiegel mit einer Schürze (Haarschürze über dem Feuchtblatt). Bei laktierenden Ricken ist die Spinne (Gesäuge) deutlich zu erkennen.

320 | Gibt es bei den mehrjährigen Böcken zuverlässige Altersmerkmale?

Nein. Neben der Heranziehung und Beurteilung aller bekannten Altersmerkmale gibt das Verhalten des Bocks häufig den besten Aufschluss zur Alterseinschätzung.

321 | Welchen Vorteil hat es, Geiß und Kitz schon im Frühherbst zu bejagen?

Das Rehwild tritt zu dieser Zeit noch bei gutem Licht aus, ist daher gut ansprechbar und sicher zu erlegen. Die Bindung zwischen Geiß und Kitz ist noch sehr eng, das erleichtert den Abschuss schwacher Familien. Ein frühzeitiger Abschuss erhöht die Äsungsmenge für das verbleibende Wild.

In der Brunft kann es auch zu Kämpfen kommen.

322 | Wann ist die Brunftzeit des Rehwildes?

Mitte Juli/Anfang August.

323 | Was ist Brunftzeit und was Blattzeit?

Die Blattzeit beginnt am Ende der Brunft. Die territorialen Böcke verlassen auf der Suche nach noch brunftigen Geißen/Schmalrehen ihre Gebiete und orientieren sich dabei nach rufenden (fiependen) weiblichen Stücken. Dieses Fiepen ahmt der Jäger mit dem »Blatter« nach, um den suchenden Bock anzulocken.

324 | Was geschieht mit Geißen, die in der Brunft nicht fruchtbar beschlagen wurden?

Nicht fruchtbar beschlagene Geißen werden frühestens nach 9 Tagen (Ellenberg) erneut brunftig. Strandgaard beobachtete Intervalle von 20 und 22 Tagen. Starke Geißkitze können im Frühwinter brunftig werden und fruchtbar beschlagen werden. In diesen Fällen entfällt die Keimruhe.

325 | Welche Besonderheit weist die Fortpflanzung der Rehe auf?

Das Rehwild besitzt eine sogenannte Keimruhe, die – auch als Vortragszeit bezeichnet – bis Mitte Dezember dauert. 18 Wochen Keimruhe, 24 Wochen Tragzeit.

326 | Wie lange ist die Tragzeit?

Die Tragzeit beträgt 9 1/2 Monate, wenn man die Keimruhe mitzählt.

327 | Wie viele Kitze werden gesetzt?

Zwillinge sind die Regel. Schmalrehe haben häufig nur 1 Kitz. Drillinge sind nicht selten.

328 | In welchem Alter folgen Kitze regelmäßig ihren Müttern?

Die Kitze folgen ihrer Mutter ab der 4. Lebenswoche.

329 | Wann nehmen Kitze erstmalig pflanzliche Nahrung auf?

Kitze nehmen am Ende der 1. Lebenswoche erste grüne Blättchen auf. Im Alter von knapp 3 Wochen erfolgt erstes Wiederkäuen.

330 | Wann sind Kitze selbstständig?

Kitze werden bis in den November (vereinzelt Dezember) des Geburtsjahres gesäugt und bis in das auf die Geburt hin folgende Frühjahr von den Ricken geführt. Die Milchproduktion der

Der Bock »treibt« nicht, er folgt der Geiß nur.

Geißen sind nur 1 Tag paarungsbereit.

Geiß geht aber schon im Sommer stark zurück und ist im Herbst sehr gering. Selbstständig überleben können Kitze sicher schon ab Oktober, sie werden aber kümmern.

331 | Wie hoch sollte das Gewicht normal entwickelter Kitze im Oktober sein?

Aufgebrochen über 10 kg.

332 | Verlieren Kitze bis zum Ende der Jagdzeit an Körpergewicht?

Ja, durch Abbau der Fettdepots (Feistabbau). Daher ist es sinnvoll, Kitze frühzeitig zu schießen.

333 | Wie hoch ist der jährliche Zuwachs im Rehwildbestand?

Das ist, je nach Standort sowie Dichte und Struktur des Wildbestandes, unterschiedlich. Es wird eine Zuwachsrate von 120 % des weiblichen Wildes angenommen. Jagdpraktisch hat die Zahl wenig Wert, da die Frühjahrsbestände nicht bekannt sind.

334 | Welche Jagdarten auf das Rehwild sind bei uns gebräuchlich?

Rehwild wird vornehmlich auf dem Ansitz und vereinzelt auf der Pirsch erlegt. Die Erlegung auf Drückjagden gewinnt auch bei uns an Bedeutung. In vielen europäischen Ländern wird der Großteil der Rehe auf Bewegungsjagden erlegt.

335 | Wann sind männliche und weibliche Rehe immer sicher zu unterscheiden?

In der Zeit, in der der Bock sein Geweih schiebt/trägt. Im Winter ist fast immer der Pinsel zu sehen.

336 | Welche Schäden verursacht Rehwild im Wald?

Verbiss- und Fegeschäden an Forstpflanzen.

Rehwild im Winterhaar

337 | Warum fegen Rehe auch noch nach Abstreifen der Basthaut?

Zur Markierung ihres Territoriums.

338 | Welche Baumarten bevorzugen Rehböcke zum Fegen?

Bevorzugt werden vor allem Minderheiten sowie weiche und stark harzende Hölzer.

339 | Welche Baumarten werden verbissen?

Nahezu alle Baumarten, bevorzugt Tanne, Eiche und Buntlaubhölzer.

340 | Schält Rehwild?

Rehwild schält nicht.

341 | Welche Schäden verursacht Rehwild im Feld?

Die durch Beäsung von Kulturpflanzen entstehenden Schäden sind zu vernachlässigen. Im urbanen Bereich machen sich Rehe unbeliebt durch den Verbiss von Gartenpflanzen.

Wisent *(Bison bonasus)*

Der Wisent ist das einzig überlebende Wildrind in Europa. Um 1000 nach Christus wurde noch von starken Beständen im Harz und in Sachsen berichtet. Der letzte Wisent in Deutschland wurde 1775 in Ostpreußen erlegt. Seine Rückzugszentren waren die baltischen Staaten, Polen und Ungarn. Nach dem 1. Weltkrieg waren auch diese Bestände fast vernichtet. Aus ca. 50 überlebenden Exemplaren wurde der heutige Bestand wieder aufgebaut, zum Teil mithilfe von Einkreuzungen mit dem amerikanischen Bison (Indianerbüffel). Heute leben wieder ca. 3000 Wisente in freier Wildbahn, vornehmlich in Polen und in den GUS-Staaten. Das größte Vorkommen finden wir im polnischen Teil des Urwaldes von Bialowice (Nationalpark). Seit 2013 leben Wisente erstmalig wieder in Deutschland in freier Wildbahn. 7 Tiere wurden in den Wäldern des Fürsten zu Sayn-Wittgenstein-Berleburg im Rothaargebirge (Nordrhein-Westfalen) freigesetzt. Mittlerweile werden die ersten Wisente auch an der polnischen Grenze in Mecklenburg-Vorpommern wieder beobachtet.

Kühe und Bullen tragen Hörner.

Der Wisent ist ein typisches Waldrind. Er lebt in Herden, die von einer Leitkuh angeführt werden. Als wiederkäuender Rau- und Grasfutterfresser äst er flächendeckend und schafft so Lichtungen im Wald bzw. hält vorhandene frei. Er verursacht erhebliche Schäl- und Verbissschäden. Die wuchtige, gedrungene Rindergestalt mit hohem Widerrist ist dicht braun behaart, trägt am Hals, an Wamme (nur Bulle) und Kopf eine mähnenartige Behaarung.

Die Bullen erreichen eine Lebendmasse bis zu 900 kg, Kühe bis zu 700 kg. Der Kopf ist durch eine starke Stirnvorwölbung charakterisiert, die geschwungenen, im Querschnitt runden Hörner, Holme genannt, werden bis zu 45 cm lang und stellen gefährliche Waffen dar. Wie für die Rinderartigen (Boviden) charakteristisch, wachsen die den knöchernen Stirnzapfen überziehenden und aufsitzenden Hornschläuche permanent und werden nicht gewechselt. Die Brunft des Wildrindes findet von August bis Anfang Oktober statt. Nach neunmonatiger Tragzeit wird 1 Kalb geboren. Als Feinde für dieses Großwild sind nur Wölfe relevant, die – im Rudel jagend – Jungtiere erbeuten können.

342 | Wie schwer kann ein Wisent werden?

Bullen bis zu 900 kg, Kühe bis zu 700 kg.

343 | Zu welchem Äsungstyp gehört der Wisent?

Der Wisent ist ein Gras- oder Raufutterfresser,

Steckbrief Wisent

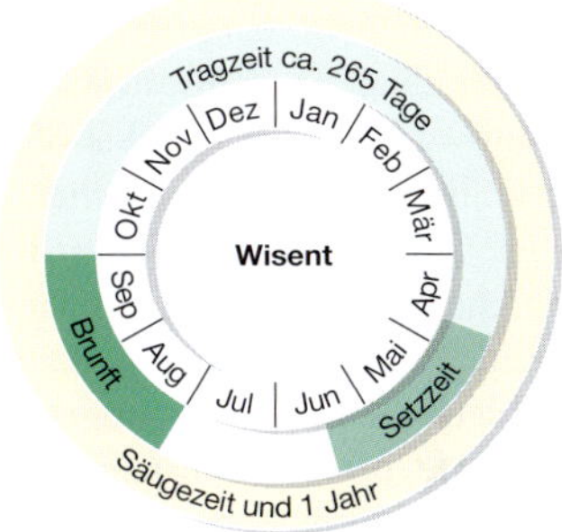

Jahreszyklus

Körperbau: Paarhufer; Wiederkäuer; Schulterhöhe bis 200 cm; Gewicht ♂ bis 900 kg, ♀ bis 700 kg; ♂ und ♀ tragen Hörner.
Verhalten: Überwiegend dämmerungs- und nachtaktiv. Kühe, Kälber und Jungbullen leben ganzjährig in Herden aus bis zu 20 Tieren, die von der ranghöchsten (ältesten) Kuh angeführt werden. Herdenstärke wechselt im Jahreslauf. Alte Bullen und einzelne alte Kühe werden zu Einzelgängern.
Fortpflanzung: Geschlechtsreife ♂ mit 3 Jahren, ♀ mit 4 Jahren. Brunft August bis Anfang Oktober; Bullen ziehen zu den Herden und bleiben, solange brünstige Kühe vorhanden sind; ein Platzbulle (ähnlich Rothirsch); Tragzeit 9 Monate; in der Regel 1 Kalb; Führungszeit länger als 1 Jahr.
Lautäußerungen: Brummen, bei Bullen ein tiefes, bei Kühen in der Tonlage etwas höher.
Nahrung: Grasertyp; Raufutter- und Grasfresser.
Zahnformel: $\frac{0\,0\,3\,3}{3\,1\,3\,3} = 32$

Verbreitungsgebiet

dessen Äsungsverhalten durch flächendeckendes Abgrasen mit wenigen, aber langen Äsungszeiten und Ruhepausen mit langen Wiederkauphasen charakterisiert ist.

344 | Wie ist das Sozialverhalten der Wisente?

Wisente leben gesellig in Herden, die von einer Leitkuh angeführt werden. Alte Bullen sind Einzelgänger.

345 | Wo leben Wisente?

Der Wisent ist ein typischer Waldbewohner (Waldrind).

346 | Wann ist Brunftzeit?

Die Brunft des Wisents findet im August bis Anfang Oktober statt.

347 | Welche Schäden verursachen Wisente?

Wisente verursachen im Wald erhebliche Schälschäden. Daneben kommt es auch zu massivem Verbiss nahezu aller Waldbaumarten. In landwirtschaftlichen Kulturen stehen Fraß- und Trittschäden im Vordergrund.

348 | Wie trägt der Wisent zur Gestaltung seines Lebensraumes Wald bei?

Wisente schaffen und halten eine Vielzahl von Lichtungen frei von Waldaufwuchs (natürliche Waldformationen, hohe Artenvielfat).

Gamswild
(Rupricapra rupricapra)

Naturgeschichte, Lebensraum, Lebensweise: Das Gamswild (Gämse, Krickelwild) gehört zur Unterfamilie der ziegenähnlichen Hornträger (Caprinae). Es bewohnt die Alpen und weitere europäische Hochgebirge (Pyrenäen, Apennin, Abruzzen, Tatra, Karpaten, Balkan, Kaukasus). In Mittelgebirgen wie den Vogesen, im Hochschwarzwald, im Elbsandsteingebirge und im Riesengebirge wurde es in neuerer Zeit eingebürgert. In den Zentralalpen lebt Gamswild zum Teil ganzjährig oberhalb der Waldgrenze (»Gratgams«); im deutschen Alpenbereich wechseln in der Regel Sommereinstände in den Hochlagen (Latschenregion, Almmatten) und in der »Kampfzone« des Bergwaldes mit Wintereinständen in tieferen Waldlagen. In den Vorbergen mit Höhenlagen unter der Waldgrenze gibt es reine »Waldgams«. Prähistorische Funde weisen den Bergwald der Vorberge als ehemals natürliches Verbreitungsgebiet des Gamswildes aus. Der jetzige Lebensraum Hochgebirge ist als Rückzugsgebiet zu interpretieren. Die Äsung besteht im Sommer vorwiegend aus Kräutern und Gräsern der Bergmatten, im Winter bei verringertem Bedarf aus dem dürren Lahnergras als »Naturheu«, aus Knospen von Zwergsträuchern und Laubbäumen sowie Baumflechten. Naturverjüngungen des Bergschutzwaldes und Forstkulturen können vom Gamswild stark verbissen werden.

Körperbau: Gämsen haben ein besonders voluminöses Herz, das bis zu 200-mal pro Minute schlagen kann. Pro Milliliter Blut sind rund 13 Millionen rote Blutkörperchen vorhanden, dreimal so viel wie im menschlichen Blut. Diese gewährleisten eine hohe Sauerstoffversorgung bei körperlicher Leistung in großer Höhe.

Die Schalen lassen sich weit spreizen und verfügen über besonders harte Ränder, während die Ballen gummiartig weich sind. Hierdurch finden die Gams guten Halt in steilen und glatten Fels.

Böcke sind nur geringfügig größer als Geißen, jedoch zwischen 30 und 40 % schwerer.

Sinne und Verhaltensweise: Das Gamswild orientiert sich vornehmlich über den Geruchs-

Gämsen suchen im Winter freie Hochlagen auf, von denen der Wind den Schnee abweht.

Steckbrief Gamswild

Körperbau: Sehr voluminöses Herz und besonders hoher Gehalt an roten Blutkörperchen zur Sauerstoffversorgung bei Anstrengung in höheren Lagen. Schalen besonders weit spreizbar und scharfrandig mit weichen Ballen; Gewicht ♂ bis 50 kg, ♀ bis 40 kg (unaufgebrochen).
Sinne: Geruchssinn sehr gut, Gehörsinn ebenfalls gut, Gesichtssinn mäßig.
Lautäußerungen: Bei Gefahr Pfeifen; Böcke in der Brunft :Blädern; Kontaktlaut der Kitze: Meckern.
Sozialverhalten: Geißen und Jungwild leben in offenen Gesellschaften (Scharwild); junge Böcke bilden kleine Gruppen; alte Böcke leben mehrheitlich alleine.
Lebensweise: Nacht- und tagaktiv; Hauptäsungszeiten früher Morgen und früher Abend. Am Tage im Sommer schattseitig (kühl), wechseln am Spätnachmittag auf die Sonnseite. Im Winter weitgehend sonnseitig.
Fortpflanzung: Geschlechtsreife im 2. – 4. Lebensjahr; Brunft November und Dezember; Tragzeit 25–26 Wochen; Setzzeit Mai/Anfang Juni; 1, selten 2 Kitze; Säugezeit bis November.
Nahrung: Mischäser, Gräser, Kräuter, Knospen, Nadel- und Laubzweige, Flechten.
Zahnformel: $\frac{0\,0\,3\,3}{3\,1\,3\,3} = 32$

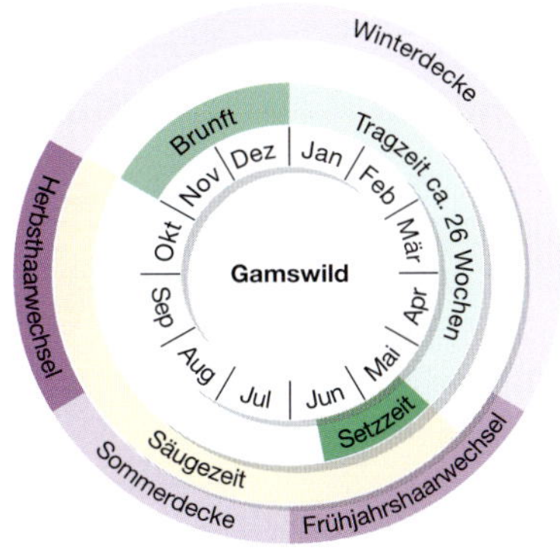

Jahreszyklus

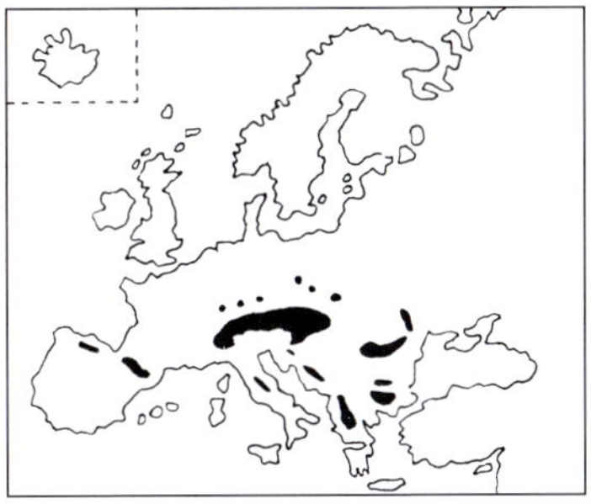
Verbreitungsgebiet

und Gehörsinn. Ihr Gesichtssinn ist auf Fernsicht eingestellt. Es erfasst gut kontrastreiche Bewegungen. Als Bewegungsseher werden ruhende Objekte nur schwer erkannt. Im steilen Gelände fühlt es sich vor Verfolgung sicher und beäugt von einem Felsvorsprung aus sich nähernde Menschen oft lange, ehe es zögernd und mit häufigen Orientierungspausen (»Standerl« oder »Haberl«) weitersteigt.

Gestörte Gämsen lassen als Warnlaut ein Pfeifen hören, das häufig von erregtem Aufstampfen mit den Vorderläufen begleitet ist. Der Warnpfiff entsteht, indem ein scharfer Luftstrom durch die Nase(Windfang) ausgestoßen wird. Der normale Kontaktlaut, vor allem zwischen Muttergeiß und Kitz, ist ein verhaltenes Meckern. In verstärkter Form leitet sich davon das »Blädern« ab, der Brunftlaut des Bockes. Als Angst- und Schmerzlaut ist, vor allem von Jungwild, ein klagendes Blöken zu hören.

Weibliche Gams und Jungwild (Kitze, Jährlinge, selten auch 2-jährige Böcke) bilden teils größere Rudel (Zusammenschlüsse von Mutterfamilien); jüngere Böcke stehen im Sommer meist in kleinen Gruppen zusammen. Alte Böcke gehen in der Regel allein.

Körperbezeichnungen beim Gamswild

Da Gamswild vorwiegend tagaktiv ist (Hauptäsungszeiten am frühen Vormittag und am späten Nachmittag), ist es im deckungsarmen Gelände oberhalb der Waldgrenze auf Almen, Schuttkaren

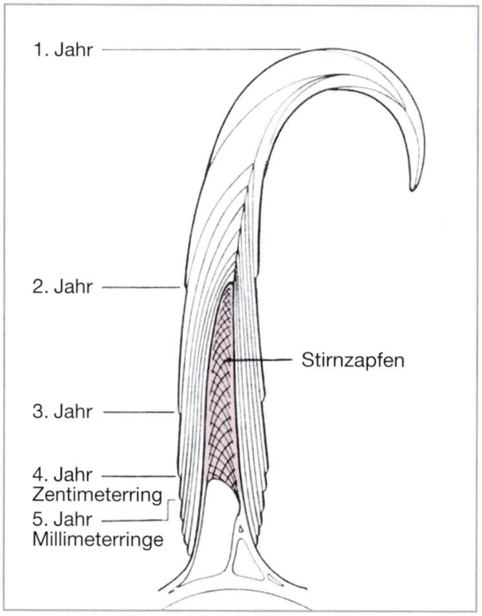

Aufbau einer Gamskrucke

und in Felswänden leicht mit einem guten Fernglas oder Spektiv zu beobachten. Gegenüber als harmlos erkannten, sich wiederholenden menschlichen Störungen sind Gämsen auffallend unempfindlich. Dagegen sind sie sehr empfindlich gegen überraschende Störungen, vor allem auch durch Gleitschirmflieger sowie Tourenskifahrer im Winter. Das dadurch bedingte Abdrängen in ungünstige und gefährliche Einstände (Steinschlag, Lawinen) kann für das Wild lebensbedrohend werden.

Haarwechsel: Das Gamswild wechselt im Mai/Juni vom Winter- zum Sommerhaar. Im Frühherbst wechselt es ins Winterhaar. Das kurze Sommerhaar ist ziegenartig gelbbraun mit einem dunklen Aalstrich auf dem Rücken, das sehr dichte und lange Winterhaar fast schwarz. Auffällig ist die helldunkle Gesichtsmaske (Zügel). Eine einfarbig schwarze Farbabweichung (Melanismus) wird als »Kohlgams« bezeichnet.

Krucke: Bock und Geiß tragen als Stirnwaffen die »Krucke«. Die auf Stirnzapfen sitzenden Hornschläuche sind oben nach hinten unten »gehakelt«. Diese Hakelung ist bei Böcken meist stärker ausgeprägt als bei den Geißkrucken. Die Schläuche der Geißen sind dünner, aber oft ebenso hoch, gelegentlich sogar höher als die der Böcke. Außerdem ist der Querschnitt an der Basis beim Bock mehr gleichmäßig rund, bei der Geiß eher oval.

Fortpflanzung: Die Gamsbrunft findet im November und Anfang Dezember statt. Die Böcke sind während dieser Zeit fast ständig auf den Läufen. Bald vertreiben sie eifersüchtig einen Nebenbuhler, bald treiben sie eine brunftige Geiß. Während der Brunft schwillt die Brunftfeige, ein beidseitig hinter den Krucken liegendes Duftdrüsenpaket des Gamsbocks, stark an. Die Drüse sondert ein unangenehm riechendes Sekret ab, das der Einstandsmarkierung dient. Geißen werden in der Regel im 3. oder 4. Jahr erstmals beschlagen, selten schon als 2-Jährige.

Altersbestimmung: Am lebenden Wild ist die Krucke kein verlässliches Altersmerkmal (abgesehen von den ersten 3 Jahren), da ihre Höhe unterschiedlich sein kann und vom 4. Lebensjahr an nur unmerklich zunimmt. Das sicherste Alterszeichen sind bei beiden Geschlechtern die Zügel. Das sind die dunklen Streifen, die seitlich am Haupt vom Windfang über die Lichter bis an die Lauscher führen. Sind diese Streifen nicht mehr von der hellen Grundfärbung des Gesichtes abgegrenzt, sondern an den Rändern »verwaschen«, so handelt es sich meistens um ein älteres Stück. Beim Bock im Winterhaar deutet ein langer Pinsel auf höheres Alter. Die sehr unterschiedlich entwickelten »Barthaare« auf dem Rücken der Winterdecke sind kein Alterszeichen. Mittelalte Böcke haben meist »den besten Bart«.

Am erlegten Stück kann das wirkliche Alter an den Jahresringen der Krucke bestimmt werden. Das Hauptwachstum der Schläuche erfolgt in den ersten 4 Lebensjahren, am stärksten im 2. und 3. Jahr. Im 5. Jahr beträgt der Zuwachs noch etwa 1 cm, und der Hornschlauch legt sich unten eng an den Stirnzapfen an. Danach folgen jährlich nur noch schmale »Millimeterringe«. Die welligen »Schmuckringe« auf der Hornoberfläche

Gämsen sind im Bereich viel begangener Touristenpfade oft erstaunlich vertraut.

Gamskitze liegen nicht ab, sie folgen schon unmittelbar nach der Geburt der Mutter ins sichere Gelände.

Weidmannssprache

Bartgams	Gamsbock ab November
blädern	Brunftlaut des Bockes
Brunftfeigen	Duftdrüsen hinter der Krucke
Gamsbart	Rückenhaare
Geraffel	Geißen und Jungwild (»Scharwild«)
Haberl	Orientierungspause bei der Flucht
hakeln	mit der Krucke schlagen, kämpfen
Jahresringe	jährliche Zuwachsringe der Krucke
Jahrling	1-jährige Gams
Kohlgams	schwarze (melanistische) Spielart des Gamswildes
Krucke	Stirnwaffen (Hörner)
Krickel	anderer Ausdruck für Krucke
meckern	Kontaktlaut
Pechkrucke	Krucke mit Belag von Baumharz
pfeifen	Warnlaut
Reif	helle Spitzen der Barthaare
Scharwild	Geißen und Jungwild
Schlauch	einzelnes Hohlhorn der Krucke
Schmuckringe	wulstförmige Ringe zwischen den Jahresringen
Wachler	Ausdruck für (guten) Gamsbart
Zügel	schwarzer Gesichtsstreifen

dürfen nicht mit den echten, schärfer abgesetzten Jahresringen verwechselt werden.

Hege: Gamswild lebt unter weitgehend natürlichen Bedingungen in einem vom Menschen wenig veränderten Lebensraum mit intakter natürlicher Auslese (Bergwinter). Hegerische Hilfen und Eingriffe sind daher nur begrenzt erforderlich. Eine Fütterung ist unnötig und unsinnig. Die Erhaltung der Almwirtschaft bzw. die Pflege aufgelassener Almweiden als Äsungsflächen (auch für Rotwild) erscheint sinnvoll. Üblich ist die Anlage von Salzlecken, die sehr gern angenommen werden.

Durch die zunehmende Beunruhigung der offenen Hochlagen durch Tourismus und Sport wird Gamswild vermehrt auch im Sommer in tiefere Waldlagen verdrängt, wo es in Äsungskonkurrenz mit Reh- und Rotwild Verbissschäden verursacht. Diese stellen nicht nur einen forstwirtschaftlichen Schaden im Wirtschaftswald dar, sondern tragen zur Gefährdung der Waldverjüngung auch in den Schutzwäldern bei. Daher sind menschliche Aktivitäten zu kanalisieren, um dem Gamswild ungestörte Einstände oberhalb der Waldgrenze zu sichern (Ruhezonen, Wildschutzgebiete, Wegegebote). Natürliche Regulative der Gamsbestände sind vor allem die extreme Winterwitterung im Hochgebirge, Lawinenabgänge und Steinschlag, durch die viele Tiere, weitgehend unselektiv, zu Tode kommen. Potenzielle Beutegreifer sind Steinadler, Wolf und Luchs.

349 | Welchen Lebensraum bevorzugt das Gamswild?

Wichtigstes Kriterium für den Lebensraum von Gamswild ist steiles Gelände mit ausreichend Fels und Fluchtgebiet. Gamsen leben auf offenen Rasen- und Krummholzflächen aber auch im Wald.

350 | Welches Körperorgan ermöglicht dem Gamswild extreme Leistungen?

Sein besonders voluminöses Herz in Verbindung mit einer sehr hohen Anzahl an roten Blutkörperchen (ausreichende Sauerstoffversorgung bei hoher körperlicher Leistung).

351 | Wann ist das Dauergebiss des Gamswildes vollständig?

Erst nach 40–42 Monaten (also mit knapp 3 ¹/₂ Jahren).

352 | Wie ist der Gesichtssinn des Gamswildes?

Gamswild ist ein »Bewegungsfernseher«. Im Nahbereich wird z. B. der ruhig stehende Mensch nicht erkannt.

353 | Wie ist der Geruchssinn des Gamswildes entwickelt?

Gamswild windet ausgezeichnet (Geruchssinn = Hauptsinn).

354 | Wie ist die Sommerdecke des Gamswildes gefärbt?

Das kurzhaarige Sommerhaar ist ziegenartig gelbbraun mit einem charakteristischen dunklen Aalstrich (Aalstrich fehlt in der Regel nur der Pyrenäengams).

355 | Wie lange trägt das Gamswild die reine Sommerdecke?

Im September beginnt der Wechsel vom gelbbraunen, kurzen Sommerhaar zum langen, fast schwarzen Winterhaar. Letzteres besteht aus dem dichten, wollartigen Unterhaar und dem langen Deckhaar.

356 | Wo sitzen in der Winterdecke die längsten Haare?

Die längsten, bis zu 24 cm langen Haare der Winterdecke befinden sich entlang der hinteren Rückenlinie.

357 | Wie sind die Krucken des Gamswilds aufgebaut?

Die Krucken bestehen aus Hornschläuchen, die tütenartig langen, knöchernen Stirnbeinauswüchsen (= Stirnzapfen) aufsitzen.

358 | Was sind Schmuckringe?

Ringartige, wellige Oberflächenstrukturen der Hornschläuche (Achtung: nicht zu verwechseln mit den Jahresringen).

359 | Was ist ein Pechbelag?

Harzauflagerungen vornehmlich auf den unteren Hornschlauchbereichen, die durch Reiben und Schlagen der Krucken an Latschen etc. bedingt sind.

360 | Wie unterscheiden sich die Krucken von Bock und Geiß?

Die Krucken des Bockes sind – meist – stärker gehakelt und dicker als die der Geiß.

361 | Was sind Brunftfeigen?

Hautdrüsenpakete, die hinter der Krucke liegen und in der Brunft beim Bock sichtbar anschwellen (Duftdrüsen: innerartliche Kommunikation).

362 | In welchem Lebensjahr ist der Zuwachs bei der Gamskrucke am größten?

Im 2. Lebensjahr.

363 | Kann man an den Krucken das Geschlecht der Gams erkennen?

In der Regel ja, jedoch nicht immer. Verwechslungen beim Ansprechen nur nach der Ausformung der Krucken sind möglich. Wir sprechen z.B. von einer bockkruckigen Geiß und umgekehrt.

364 | Welche altersbedingten Veränderungen finden im Gesicht der Gams statt?

Die Zügel sind anfänglich scharf gegen das sie begrenzende helle Haar abgesetzt. Mit zunehmendem Alter schwinden diese Konturlinien; sie verwischen und fließen ineinander über, sodass das Haupt einfarbiger grau wirkt.

365 | Welche Altersmerkmale finden wir am lebenden Gamsbock?

Neben den allgemein gültigen Merkmalen wie starkes, gedrungenes Gebäude und dicker Träger bieten die Kruckenentwicklung (Spektiv!), die Gesichtsfärbung sowie die Länge des etwa mittig vom Bauch schnurartig herabhängenden Pinsels gute Altershinweise. Ab einem Alter von 8 Jahren gilt ein Bock als reif.

366 | Welche Altersmerkmale finden wir an der lebenden Gamsgeiß?

Neben der allgemeinen körperlichen Zustandsbeurteilung sind auch bei der Gamsgeiß die Kruckenhöhe sowie die Gesichtsfärbung orientierende Altersmerkmale.

367 | Wie wird an der erlegten Gams das Alter bestimmt?

An der erlegten Gams erlauben die Jahresringe an den Schläuchen eine sichere Altersfestlegung – sofern die Jahresringe an der Basis nicht mit Pech überlagert sind.

368 | Welche Altersbezeichnungen sind gebräuchlich?

Kitz, Jahrling (Jährling), Geiß, Bock.

369 | Wie alt können Gamsgeißen werden?

Geißen erreichen in der Wildbahn ein Alter von 16 Jahren und mehr.

370 | Was ist Gamsblindheit?

Eine Entzündung der Lidbindehäute und der Hornhaut des Auges, hervorgerufen durch ein Bakterium *(Mycoplasma conjunctivae).* Folge: Erblindung, dadurch Tod durch Absturz und Verhungern (Übertragung durch Hausschafe).

371 | Unter welcher Viruserkrankung leidet das Gamswild?

Unter der Papillomatose. Durch das Papillomvirus werden an Äser und Lecker warzenartige Wucherungen hervorgerufen, die bei entsprechender Größe eine Äsungsaufnahme unmöglich machen. Im fortgeschrittenen Stadium finden sich die Wucherungen auch an den Läufen.

372 | Welcher Ektoparasit tritt beim Gamswild seuchenhaft auf?

Eine Grabmilbe *(Sarcoptes rupicaprae),* die die Gamsräude auslöst. Seit dem 19. Jahrhundert treten im alpinen Bereich immer wieder sehr verlustreiche Seuchenzüge dieser hochansteckenden Krankheit auf.

373 | Welche Endoparasiten finden wir beim Gamswild?

Neben den Magen-Darm-Würmern leidet Gamswild am meisten unter dem Befall des kleinen Lungenwurmes. Auf den Befall mit diesem Parasiten ist ein hoher Anteil der Kitzverluste zurückzuführen.

374 | Welchem Äsungstyp wird das Gamswild zugeordnet?

Im Sommer sind Gams Konzentratselektierer, im Winter eher dem Intermediärtyp zuzuordnen.

375 | Was äst das Gamswild im Sommer?

Saftige, eiweißreiche Grünäsung.

376 | Welche Nahrung steht ihm im Winter zur Verfügung?
Triebe, Nadeln von Bäumen und Sträuchern (Verbissschäden!), Flechten sowie trockenes Gras (= Heu vom Halm).

377 | Wie gelangt Gamswild an Nahrung unterm Schnee?
Gamswild sucht im Winter zur Äsung Hanglagen auf, auf denen neigungsbedingt der Schnee abrutscht, vom Wind abgeblasen oder von der Sonne abgetaut wird (Südhänge). Der noch vorhandene Schnee wird mit den Vorderläufen weggeschlagen (Äsung wird freigeschlagen). Lawinenhänge werden instinktiv gemieden.

378 | Wie spart Gamswild in kritischen Wettersituationen Energie?
Neben der physiologischen Reduktion des Stoffwechsels (sehr starke Verkleinerung der Oberfläche der resorbierenden Pansenschleimhaut und des Pansenvolumens zum Winter hin!) sucht Gamswild geschützte Stellen auf, von denen es sich in kritischen Wettersituationen oft über Tage nicht fortbewegt.

379 | Wie lebt das Gamswild?
Geißen bilden zusammen mit Kitzen, Jahrlingen und einzelnen jungen Böcken Rudel, die sozial offen sind, d. h., familienfremde Gämsen werden nicht abgewiesen (keine Leitgeiß!). Böcke bilden außerhalb der Brunft Junggesellengruppen oder leben solitär.

380 | Was ist ein Scharwildrudel?
Ein Rudel aus Geißen und Jungwild wird als Scharwildrudel bezeichnet.

381 | Was ist ein »Laubbock«?
Ein Laubbock hat seinen Einstand im Wald.

382 | Was ist ein »Latschenbock«?
Ein Bock, der seinen Einstand in den Latschen hat.

383 | Was sind Gratgams?
Gratgams stehen oberhalb der Waldgrenze.

384 | Was ist ein Bartgams?
Ein Gamsbock im Winterhaar.

385 | Welche natürlichen Feinde hat das Gamswild?
Für Jungtiere stellt der Steinadler eine Gefahr dar. Für alle Gämsen sind, wo sie vorkommen, Wolf, Luchs und Bär natürliche Fressfeinde.

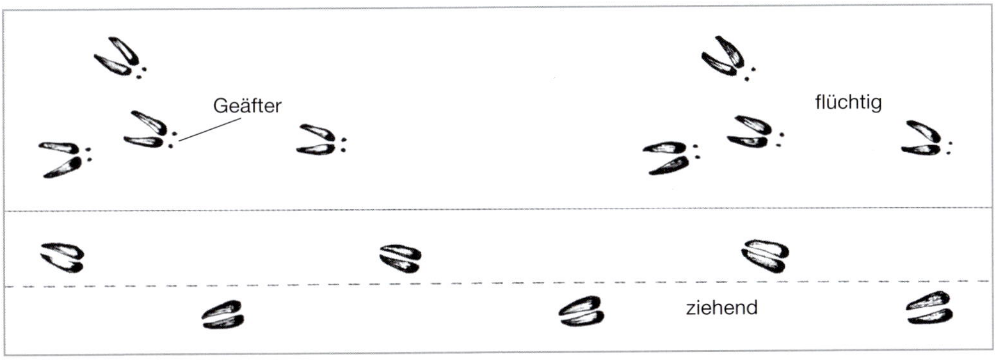

Gamsfährte

Ein Platzbock verjagt 2 Beiböcke.

386 | Welche Faktoren regulieren die Gams noch?

Gamswildbestände werden besonders durch die Witterungsverhältnisse im Winter reguliert. Mindestens 50 % der geborenen Kitze (Nachwuchsrate bis 60 % der erwachsenen weiblichen Tiere) verenden noch in ihrem 1. Lebensjahr. Daneben sind Steinschlag und Lawinen weitere Mortalitätsursachen.

387 | Wann ist die Brunftzeit?

November bis Mitte Dezember.

388 | Wie lange ist die Tragzeit des Gamswildes?

Die Tragzeit beträgt gut 6 Monate (25–26 Wochen).

389 | Wie viele Kitze setzt eine Geiß?

Ganz überwiegend wird 1 Kitz gesetzt, selten Zwillinge.

390 | Nimmt die Geiß jedes Jahr auf?

Nein, Geißen setzen häufig ein Jahr aus.

391 | Werden Kitze abgelegt?

Nein, Kitze folgen ihren Müttern unmittelbar nach der Geburt, oft noch vor dem ersten Saugakt. Die Geiß schließt sich etwa 2 Wochen nach der Geburt mit dem Kitz wieder dem Rudel an.

392 | Was sind »Kindergärten«?

Kitze aus einem Scharwildrudel schließen sich häufig zusammen, um miteinander zu spielen, zu springen, zu rennen, zu kämpfen. Sie werden oft von einer Geiß beaufsichtigt. Vor allem im Spätsommer und Herbst lassen Geißen ihre Kitze bis zu einem ganzen Tag im »Kindergarten«, um sich selbst vom Rudel zu entfernen.

Muffelwild
(Ovis gmelini musimon)

Das Muffelwild oder Mufflon ist das einzige Wildschaf Europas und weltweit die kleinste Wildschafform. Es stammt von kleinasiatischen Mufflons ab, deren Stammform nicht mehr existent ist. Mit den jungsteinzeitlichen Menschen gelangten die Mufflons als Fleischlieferant, Jagdobjekt, vielleicht auch als Kulttier in den Mittelmeerraum, wo sie, ohne jemals domestiziert gewesen zu sein, auf Korsika und Sardinien überlebten. Die heute in Mitteleuropa lebenden Bestände wurden um 1905 durch Aussetzungen von Tieren dieser Inselpopulationen begründet. Wie das Damwild ist auch das Muffelwild heute bei uns als heimische Wildart einzuordnen. Als Stammform des Hausschafes ist es mit ihm fruchtbar kreuzbar.

Bei geeignetem Klima (möglichst trockenwarm) und Vorhandensein von steinig-felsigem Boden gedeiht Muffelwild in vielen Waldrevieren gut. Niederschlagsreiches Klima und ausschließlich weicher Boden sagen ihm nicht zu und führen zu Erkrankungen (Schalenauswachsen). Die Anzahl der Schneetage stellt einen limitierenden Faktor für das Vorkommen des Wildschafs dar.

Lebensraum und Lebensweise: Das Muffelwild lebt überwiegend im Wald. Es bevorzugt Lichtungen und Blößen innerhalb des Waldes und nimmt Deckung in Laub- und Nadelholzdickungen. Es ist mehr tagaktiv als Rotwild und wechselt in seinem Streifgebiet oft »unstet« weit umher. Als Äsung bevorzugt es Gräser und Kräuter der Bodenvegetation, verbeißt aber auch Gehölze (Raufutterfresser) und tritt bei kleinflächigem Waldanteil auch auf die Feldflur aus (Wiesen, Saatfelder). Schälschäden kommen in unterschiedlichem, zum Teil erheblichem Umfang vor. Mit Rot-, Dam- und Rehwild verträgt sich Muffelwild gut, doch steht es zu ihnen in Äsungskonkurrenz, sodass bei seiner Hege bzw.

Muffelwild – hier ein starker Widder mit Schaf – ist tagaktiv und äugt hervorragend.

Steckbrief Muffelwild

Körperbau: Läufertyp mit hohen Läufen; ♂ mit kreisförmig gebogenen Hörnern; ♀ hornlos oder mit kurzen Stümpfen; Gewicht ♂ 40–55 kg, ♀ bis 40 kg (unaufgebrochen).
Sinne: Gesichts-, Hör- und Geruchssinn sehr gut.
Lautäußerungen: Meckern als Kontaktlaut (ähnlich wie bei Hausschafen); pfeifender Warnlaut (ähnlich dem der Gams); Blädern als Brunftlaut des treibenden Widders.
Lebensweise: Stark wechselnde Rudelzusammensetzung, reine Schaf- und Lammrudel ebenso wie gemischte größere Rudel; im Frühjahr oft Widder-/Schmalschafrudel; Widder häufig in Kleinstrudeln. Feste Streifgebiete, in denen das Mufelwild unstet wechselt; tag- und dämmerungsaktiv. Hindernisse wie Straßen, Bahnlinien oder Bäche werden häufig nicht oder nur ungern gequert.
Fortpflanzung: Geschlechtsreife ♀ 18 Monate, ♂ 18–30 Monate; Brunft Oktober bis Dezember; Tragzeit 5–5 ½ Monate; Hauptsetzzeit April bis Anfang Mai. Säugezeit etwa 5 Monate.
Nahrung: Ausgesprochener Graser; äst unselektiv Gräser, Wildstauden (z. B. Brennnessel), die Triebe von Waldbäumen, Rinde (Schälen!) und landwirtschaftliche Kulturpflanzen.
Zahnformel: $\frac{0\,0\,3\,3}{3\,1\,3\,3} = 32$

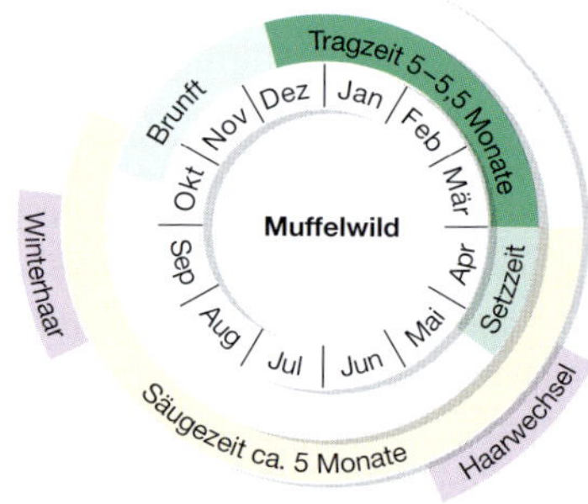

Jahreszyklus

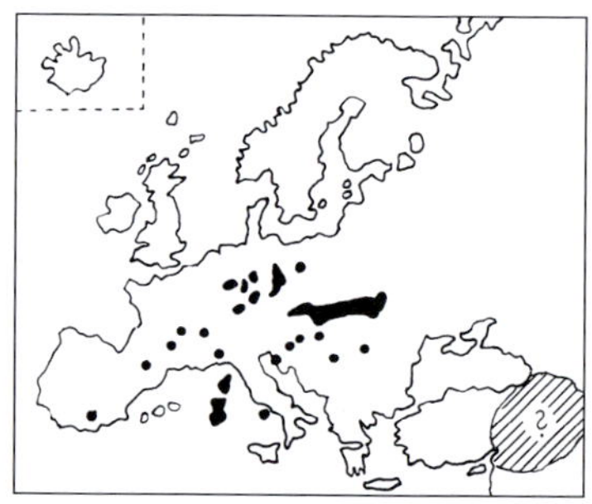

Verbreitungsgebiet

Einbürgerung die Äsungsverhältnisse, vor allem die Verbissbelastung des Waldes zu beachten sind. Seit der Jungsteinzeitist das Muffelwild in Eurasien bodenständig. Die Hege des Muffelwildes in seinen jetzigen Vorkommensgebieten ist aktiver Artenschutz für eine in seiner Heimat existenziell bedrohte Wildart.

Sinne und Verhaltensweise: Muffelwild riecht (windet) und hört (vernimmt) sehr gut und sieht (äugt) besser als alle anderen Schalenwildarten. Es lebt gesellig in Rudeln, erwachsene Widder in kleineren Trupps. In der Brunft schließen sich die Widder den Schafrudeln an. Lautäußerungen sind das Meckern als Kontaktlaut (ähnlich wie bei Hausschafen) und ein pfeifender Warnlaut (ähnlich dem der Gams). Der vom treibenden Widder ausgestoßene Brunftlaut wird häufig als Blädern bezeichnet.

Haarwechsel: Auch Muffelwild verfärbt zweimal im Jahr. Die Decke des Widders ist im Winter braun bis schwarzbraun mit hellem »Sattelfleck« und hellem Spiegel. Außerdem sind die

Körperbezeichnungen beim Muffelwild

Läufe von den Schalen herauf bis zum Sprung- bzw. Vorderfußwurzelgelenk bräunlich weiß. Im Sommer ist der Widder rotbraun mit den erwähnten hellen Abzeichen. Das weibliche Wild, Alt- und Schmalschaf, ist schlichter gefärbt, im Winter graubraun, im Sommer gelblich braun. Es hat keinen Sattelfleck. Den eigentlichen Haarwechsel, den Ausfall des Winterhaares, beobachten wir im Mai, das Winterhaar bildet sich im September und Oktober.

Hauptschmuck: Das männliche Lamm (Widderlamm) schiebt im Alter von 3–4 Monaten Stirnzapfen mit kleinen Hornspitzen – dem Beginn der Schnecken. Die Hornschläuche wachsen in Jahresperioden weiter. Das Hauptwachstum liegt in den ersten 5–6 Lebensjahren. Auch der Basisumfang der Schnecke nimmt bis zum 5. Lebensjahr zu, er kann bis zu 35 cm erreichen. Die Schneckenlänge kann bis zu 80 cm und mehr betragen. Die Oberfläche der Schnecken trägt kräftige »Schmuckwülste«, die nicht mit den weniger auffälligen »Jahresringen« zu verwechseln sind. Eine Besonderheit sind die »Einwachser«, bei denen die Schlauchspitzen nach innen gegen den Träger oder Unterkieferbereich wachsen. Über das Stadium des Scheuerns kommt es im Verlauf

Das Wachstum von Hörnern erfolgt immer an der Basis. Der größte Wachstumsschub findet im 2. Lebensjahr statt. Ab dem 5. Lebensjahr ist der Zuwachs nur noch gering.

Schafe tragen gelegentlich Hörner.

Die Widder tragen das ganze Jahr hindurch ritualisierte Kämpfe aus.

Weidmannssprache

Einwachser	Widder mit nach innen wachsenden Schnecken
Lamm	Junges
meckern	Lautäußerung
Sattelfleck	weißlicher Fleck auf beiden Körperseiten etwa mittig beim Widder
Schabracke	Sattelfleck
Schaf	weibliches Stück
Schmalschaf	weibliches 1-jähriges Stück
Schaflamm	weibliches Jungtier
Schnecke	Hauptschmuck beim Widder
Widder	männliches Stück
Widderlamm	männliches Jungtier

des weiteren Schlauchwachstums zum Einwachsen. Damit einhergehende Wundinfektionen führen neben erheblichen Schmerzen zum Tod des Tieres. Weibliche Individuen (Schafe) bleiben in der Regel hornlos. Treten Hörner auf, stellen sie sich als nur kurze Stümpfe dar.

Brunft: Die Brunft fällt in die Monate Oktober, November und Dezember. Zwischen starken Widdern kommt es häufig zu Kämpfen, bei denen sie mit gesenkten Häuptern aufeinanderprallen, sodass man das Krachen über weite Entfernung hört.

Altersbestimmung: Sie erfolgt bei den Widdern wie beim Gamswild nach den Jahresringen der Schnecken. Bei den Schafen gibt die Gebissabnutzung einen Anhaltspunkt. Die Zahnformel entspricht der des Gamswildes. Der Zahnwechsel ist nach 43–45 Monaten beendet.

Feinde: Natürliche Feinde des Muffelwildes sind Wolf und Luchs. Ersterer hat nach seiner Rückkehr in der Sächsischen Schweiz und in der Göhrde (Niedersachsen) das dortige Muffelwild ausgerottet. Im Harz ist der Luchs die Ursache für die existenzgefährdende Absenkung der Muffelwildpopulation.

393 | Ist das Muffelwild bei uns autochthon?

Nein, alle Muffelwildvorkommen in Deutschland gehen auf Einbürgerungen zurück.

394 | Wo gibt/gab es in Deutschland nennenswerte Muffelwildbestände?

Vornehmlich in den jungen Bundesländern Brandenburg, Thüringen, Sachsen-Anhalt und Sachsen. In den alten Bundesländern kommt Muffelwild in Nordrhein-Westfalen, Rheinland-Pfalz, Niedersachsen und Hessen vor.

395 | Welche Lebensräume bevorzugt das Muffelwild?

Standorte bis maximal 500 m über NN, mit weniger als 600 mm Niederschlag und weniger als 30 Schneetagen, trockene Böden, lichte Laub-, Misch- und Kiefernwälder mit üppiger Bodenvegetation.

396 | Kommt Muffelwild auch im Hochgebirge vor?

Ja, es gibt mehrere inneralpine und südalpine Vorkommen.

397 | Wie schwer wird ein Widder?

Widder sind mit dem vollendeten 4. Lebensjahr körperlich ausgereift und erreichen Körpergewichte bis 55 kg.

398 | Wie schwer wird ein Schaf?

Mittelalte Schafe bringen eine mittlere Körpermasse von 32 kg.

399 | Was versteht man unter Schabracke?

Den hellen Sattelfleck, auch Schneefleck genannt, an beiden Körperseiten des Widders. Es kommen jedoch auch Widder ohne diesen Sattelfleck vor.

400 | An welchen Körperteilen der Widder lässt sich das Alter ablesen?

An der Schneckenlänge und an der Breite der Schmuckwülste an der Schlauchbasis. Weitere Altersmerkmale sind ein *deutlich* abgesetzter Sattelfleck und im Winterhaar die Brunftmähne. Im hohen Alter färbt sich die Decke in einen weißlichen Grauton um, das Haupt wirkt greisenhaft.

401 | Woran erkennt man ein altes Schaf?

Kantig wirkendes Haupt, deutlich ausgeprägter Widerrist, langer, dünn erscheinender Träger, Hängebauch.

402 | Wodurch fallen Widder akustisch auf?

Spielerisch (oder in der Brunft echt) kämpfende Widder schlagen ihre schneckenbewehrten Häupter mit einem weithin hörbaren Ton zusammen, der mit einem auf Holz treffenden Axthieb vergleichbar ist.

403 | Ist das Muffelwild standorttreu?

Muffelwild besitzt ein festes Streifgebiet, in dem es sich aber unstet bewegt.

404 | Wann ist Muffelwild überwiegend aktiv?

Muffelwild ist eine tagaktive Wildart; aufgrund menschlicher Aktivitäten ist es jedoch vielerorts dämmerungsaktiv geworden.

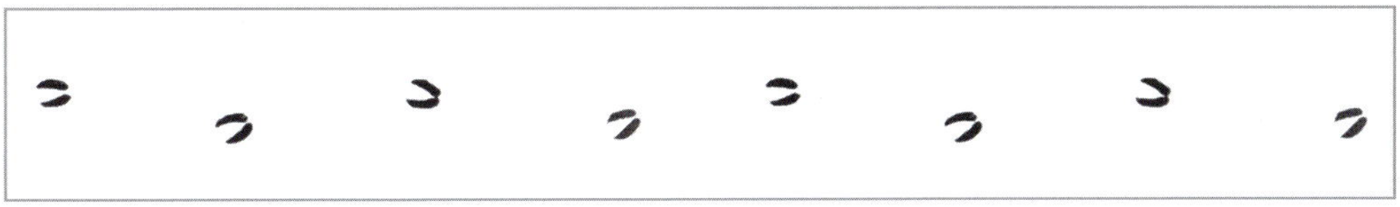

Muffelwildfährte

405 | Wie lebt das weibliche Muffelwild?
Weibliches Muffelwild lebt in Mutterfamilien, die sich zu größeren, dann auch gemischten Rudeln zusammenschließen können.

406 | Wem schließen sich die jüngeren Widder an?
Jüngere Widder befinden sich in den Rudeln der weiblichen Tiere, ab dem 3. Lebensjahr schließen sie sich reinen Widderrudeln an.

407 | Sind ältere Widder Einzelgänger?
Ja. Sie treten nur in der Brunft zu den Schafrudeln.

408 | Welche Lautäußerungen kennen wir beim Muffelwild?
Als Kontaktlaut ein Meckern, als Warnlaut ein Pfeifen, als Brunftlaut das Blädern.

409 | Wann brunftet das Muffelwild?
Von Oktober bis Dezember, mit Höhepunkt im November.

410 | Wie läuft die Brunft des Muffelwildes ab?
Altwidder ziehen zu den Schafrudeln und legen untereinander die Rangordnung fest. Junge Widder werden in den Rudeln geduldet. Das brunftige Schaf wird abseits des Rudels vom dominanten Widder beschlagen, der nicht selten danach dieses Brunftrudel verlässt.

Muffellämmer sind typische Nestflüchter.

411 | Wie lange dauert die Tragzeit des Muffelwildes?
Die Tragzeit beträgt 5–5 ½ Monate.

412 | Wann kommen die Lämmer zur Welt?
Die Lämmer werden in der Mehrzahl April bis Anfang Mai geboren.

413 | Kommt es bei Muffelschafen zu Zwillingsgeburten?
Zwillingsgeburten sind möglich, aber selten.

414 | Gibt es Schafe, die zweimal in einem Kalenderjahr lammen?
Ja, in Gründerpopulationen, die noch expandieren können, werden nicht selten Herbstlämmer angetroffen.

415 | Liegen Muffellämmer ab?
Nein, sie folgen schon wenige Stunden nach der Geburt ihren Müttern.

416 | Wie hoch ist der jährliche Zuwachs beim Muffelwild?
Die nutzbare Zuwachsrate liegt beim Muffelwild zwischen 50 und 70 %.

417 | Welche Schäden verursacht Muffelwild im Wald?
Schälschäden, Rammschäden und Verbissschäden (Maitriebverbiss an Fichten).

418 | Welche Schäden verursacht Muffelwild an landwirtschaftlichen Kulturen?
Im Winter auf Getreide- und Rapsschlägen; Populationen in kleinstrukturierten Wald-Feld-Revieren nehmen auch im Sommer Feldäsung an (hier Schäden im Getreide).

Steinwild *(Capra ibex)*

Naturgeschichte: Sibirischer, Nubischer und Alpen-Steinbock kommen in den Hochgebirgen Europas, Asiens und Nordafrikas vor. Unser Alpen-Steinbock im 17./18. Jahrhundert nahezu ausgerottet. Ein kleiner Restbestand in Norditalien (Gran Paradiso, damals Hofjagd des italienischen Königs, heute Nationalpark) war Anfang des 20. Jahrhunderts Ausgangspunkt für Wiedereinbürgerungen in der Schweiz, Frankreich, Österreich, Jugoslawien und Deutschland. Hauptursache für die damalige Beinahe-Ausrottung war der Volksaberglaube, nach dem den Bezoarkugeln und dem Herzkreuz, ein kreuzförmiger Knochen im bindegewebigen Trennbereich zwischen Herzvorkammern und Hauptkammern nahe der abgehenden Aorta, wundertätige Heilwirkung und Schutzwirkung zugeschrieben wurde. Die wiederbegründeten kleinen Steinwildkolonien in den bayerischen Alpen (Berchtesgaden, Inntal, Benediktenwand, Allgäu) sind ganzjährig geschont. In der Schweiz, in Österreich und Italien werden einige Bestände schon wieder planmäßig bejagt. Der Gesamtbestand an Alpen-Steinböcken wird auf 20.000 Tiere geschätzt. Steinböcke sind echte Vertreter der Wildziegen (Gattung *Capra*); Kreuzungen mit Hausziegen sind möglich, mit der Gams dagegen nicht.

Lebensraum: Das Steinwild lebt in den hohen Gebirgslagen zwischen Waldgrenze und ewigem Schnee, bis in Höhen von 3500 m. Täler werden nur überquert, wenn die Talsohle oberhalb der Waldgrenze liegt. Die Äsung der unter den Wiederkäuern mit zu den besten Kletterern gehörenden Steinwildarten besteht im Winter vorwiegend aus holzigen Trieben, im Sommer aus Gräsern und Kräutern der Alpenmatten und der Grasbänder in Felswänden (Äsungstyp Raufutterfresser).

Steinböcke vergesellschaften sich das ganze Jahr hindurch.

Steckbrief Steinwild

Körperbau: Schulterhöhe der Böcke ca. 95 cm, plumper Gesamteindruck, jedoch ungeheuer wendig. Kräftige Läufe, Schalen gummiartig, aber hartrandig. Haarwechsel nur im Frühjahr.
Gewichte ♂ bis 70–100 kg, ♀ bis 40–50 kg.
Sinne: Gesichtssinn, Hörsinn und Geruchssinn sehr gut.
Lautäußerungen: Pfeifen ähnlich Gams; bei Erschrecken kurzes »Niesen«; bei Drohung »Blasen«; Meckern als Kontaktlaut, hauptsächlich Kitze.
Lebensweise: Geißen, Jährlinge und Kitze bilden ganzjährig offene Gesellschaften (Fahlwildrudel). Böcke leben zumindest ab Frühjahr in Bockrudeln (Altersgruppen), die sich zur Brunft auflösen und im Laufe des Spätwinters wieder neu finden.
Fortpflanzung: Geschlechtsreife ♂ ca. 18 Monate, ♀ ab 18 Monaten möglich. Brunft Dezember/ Anfang Januar. Geschlechtszyklus 20 Tage. Tragzeit durchschnittlich 167 Tage. Hauptsetzzeit Juni, 1, selten 2 Kitze. Säugezeit bis in den Winter hinein.
Nahrung: Raufutterfresser; Gräser, Kräuter, Nadel- und Laubzweige, Flechten.
Zahnformel: $\frac{0\,0\,3\,3}{3\,1\,3\,3} = 32$

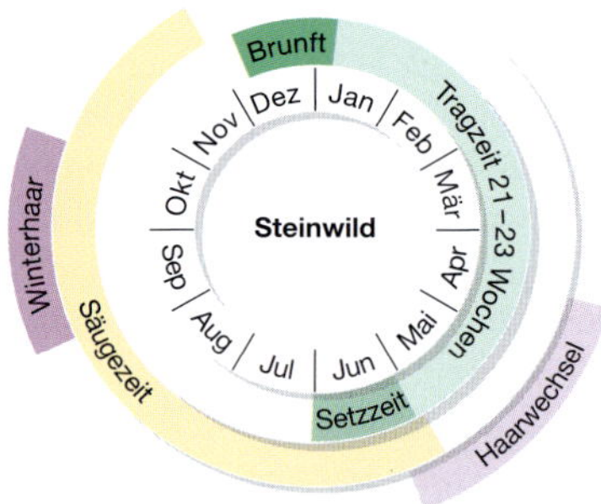

Jahreszyklus

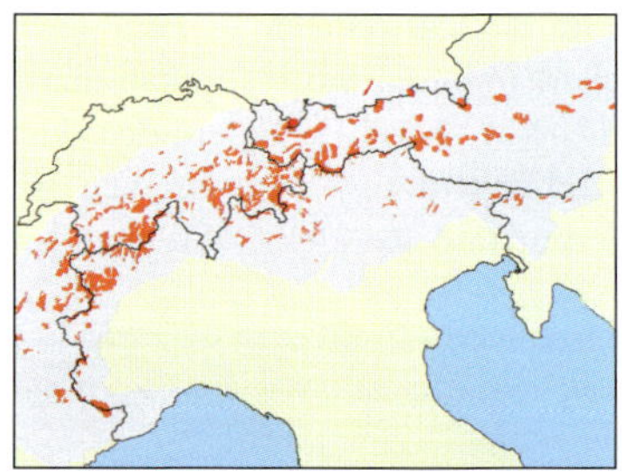

Verbreitungsgebiet (Alpenraum)

Sinne und Verhaltensweise: Steinwild äugt sehr gut, auch die übrigen Sinne sind gut entwickelt. Steinböcke leben fast ganzjährig in Bockrudeln, die sich nur zur Brunft auflösen. Manche Böcke ziehen nach der Brunft noch einige Zeit mit den Geißen, andere finden sich gleich wieder zu Bockrudeln zusammen. Geißen und Jungwild bilden ganzjährig eigene Rudel, ohne feste Hierarchie.

Haarkleid: Steinwild wechselt im Frühjahr (April bis Juni) sein Haarkleid. Das dann erscheinende Sommerhaar wird im Herbst nicht gewechselt. Das Winterhaar wächst zwischen dem Sommerhaar durch. Beide werden erst im nächsten Frühjahr durch das neue Sommerhaar ersetzt. Das Winterhaar zeigt dichtes, helles Unterhaar und langes, hartes, graubraunes Deckhaar. Farblich vermittelt die Sommerdecke einen grau-fahlen Gesamteindruck (Fahlwild). Die dunkle Winterdecke isoliert das Wild bis zu einer Temperatur von −35 °C. Erst bei Unterschreiten dieser extremen Temperatur erfolgt eine Steigerung der körpereigenen Wärmeproduktion.

Hauptschmuck: Beide Geschlechter tragen nach hinten gebogene Hörner (Gehörn). Beim weiblichen Wild erreichen sie eine Länge bis

30 cm und sind rundlich, während die Hörner der Böcke im Querschnitt dreieckig sind und bis zu 105 cm lang werden können. Typisch sind – insbesondere bei den Böcken – die Hornwülste an der Frontseite, die als Schmuckwülste anzusehen sind. Auch beim Steinwild erfolgt das Hauptwachstum des Gehörns in den ersten 5 Lebensjahren, ähnlich wie bei Gams- und Muffelwild. An den Jahresringen ist das Alter des Hornträgers ablesbar.

Brunft: Die Brunft findet im Dezember/Anfang Januar statt. Hierbei stehen mehrere Böcke im Rudel (Kommunalbrunft). Der dominante Bock kommt in der Regel zum Beschlag. Nach einer Tragzeit von ca. 5 1/2 Monaten wird in der Regel ein Kitz geboren.

419 | Welche körperlichen Besonderheiten ermöglichen das Leben in extremer alpiner Landschaft?

Hervorragendes Herz-Lungen-System, sehr hohe Zahl von roten Blutkörperchen (12–15 Millionen/ml), kräftige, klobig wirkende Läufe, scharfrandige, sehr spreizbare Schalen mit einem zentralen gummiartigen Polster, extrem schützendes, isolierendes Winterhaar.

420 | Tragen Steinböcke einen Bart?

Alpensteinböcke tragen kurze Kinnbärte.

421 | Wie vergesellschaftet sich Steinwild?

Geißen und Jungwild leben ganzjährig in offenen Gesellschaften, denen sich teilweise auch die 1- und 2-jährigen Böcke anschließen. Nach der Brunft ziehen auch die älteren Böcke einige Zeit mit den Geißen, schließen sich aber nach und nach, spätestens jedoch im Frühjahr wieder in eigenen Bockrudeln zusammen.

422 | Wie vermeiden Steinböcke Energie zehrende Auseinandersetzungen in der Brunft?

Steinböcke werden 70–100 kg schwer.

Die Böcke legen ihre Ränge über das ganze Jahr hinweg fest. Die Brunft läuft als Kommunalbrunft ab. Der dominante Bock imponiert durch Körpermasse und Gehörnausbildung. Kämpfe untereinander werden – wenn überhaupt – als ritualisierte Kommentkämpfe ausgeführt, was eine hohe Energieeinsparung bedeutet.

423 | Wann ist die Brunft des Steinwildes?

Im Dezember/Anfang Januar.

424 | Sind Kreuzungen zwischen Steinwild und Hausziege oder Steinwild und Gams möglich?

Kreuzungen mit Ziegen sind möglich, die Bastarde sind fortpflanzungsfähig. Kreuzungen mit Gamswild sind nicht möglich.

Schwarzwild *(Sus scrofa)*

Naturgeschichte: Das Wildschwein gehört zu den nicht wiederkäuenden Paarhufern und ist der einzige Vertreter seiner Familie (Suidae) in Europa. Der Allesfresser ist die Stammform unseres Hausschweines.

Lebensraum und Lebensweise: Das Schwarzwild ist durch intensivste Bejagung zum Nachttier geworden. In ungestörten Revieren ist es tagaktiv.

Ausreichendes Fraßangebot, Wasserverfügbarkeit und genügend Deckung sind die einzigen Ansprüche, die Sauen an ihren Lebensraum stellen. Die Unterschätzung ihrer Anpassungsfähigkeit an unterschiedlichste Lebensräume, das Nichtwissen um ihre potenzielle Reproduktionsleistung und die flächendeckende Intensivierung im Ackerbau mit optimaler, annähernd ganzjähriger bester Ernährungsgrundlage und Einstandsmöglichkeiten sowie eine nicht ausreichende Bejagung haben zu einer phänomenalen, fast unglaublichen Vermehrung geführt, die u.a. zur Besiedlung bzw. Wiederbesiedlung ehemals schwarzwildfreier Regionen geführt hat. Dies wird eindrucksvoll durch die rasant zunehmende Besiedlung selbst urbaner Räume (z.B. Berlin, Wolfsburg) durch die Sauen belegt.

Seit der Jahrtausendwende werden in Deutschland jährlich ca. 500.000 Sauen (2015/16 610.000 Stück) bei steigender Tendenz gestreckt. Dieses rasante Anwachsen der Bestände führt zu gestiegenen Wildschäden im Acker- wie Grünlandbereich sowie zu einem hohen Risiko der Infektion mit dem Virus der Europäischen Schweinepest. Aktuell erscheint eine Infektion mit der Afrikanischen Schweinepest, ebenfalls eine hoch kontagiöse virale, tödlich verlaufende seuchenhafte Erkrankung, leider nicht mehr ausgeschlossen. Aus dem Osten kommend, hat dieses Virus zwischen-

Schwarzwild ist unsere wehrhafteste Wildart.

Steckbrief Schwarzwild

Körperbau: Kräftiger Nacken und keilförmiger Kopf mit Wurfscheibe zum Brechen; Schulterhöhe bis 110 cm; Gewicht ♂ bis 160 kg (aufgebrochen).
Sinne: Geruchs- und Gehörsinn sehr gut, Gesichtssinn schwach.
Lautäußerungen: Grunzen als Kontaktlaut; helles, durchdringendes Quieken bei Auseinandersetzungen; »Blasen« als Warnlaut; »Wetzen« (Aufeinanderschlagen der Waffen) bei Aggression.
Lebensweise: Familienrotten aus Bachen mit weiblichen Nachkommen und männlichen Frischlingen; Überläuferkeiler bilden Kleinrotten; ältere Keiler sind Einzelgänger; tagaktiv, jedoch durch hohen Jagddruck vielerorts nachtaktiv geworden; feste Streifgebiete, die sich überschneiden.
Fortpflanzung: Geschlechtsreife mit 8–9 Monaten; Haupt-Rauschzeit November und Anfang Dezember; Tragzeit ca. 115 Tage; Haupt-Frischzeit März und Anfang April; Säugezeit bis 4 Monate.
Nahrung: Allesfresser; Gräser und Kräuter, Waldfrüchte aller Art, Wurzeln und Knollen, im Feld hauptsächlich Hackfrüchte und Getreide ab Teigreife, Würmer, Engerlinge und Aas.
Zahnformel: $\frac{3\,1\,4\,3}{3\,1\,4\,3} = 44$

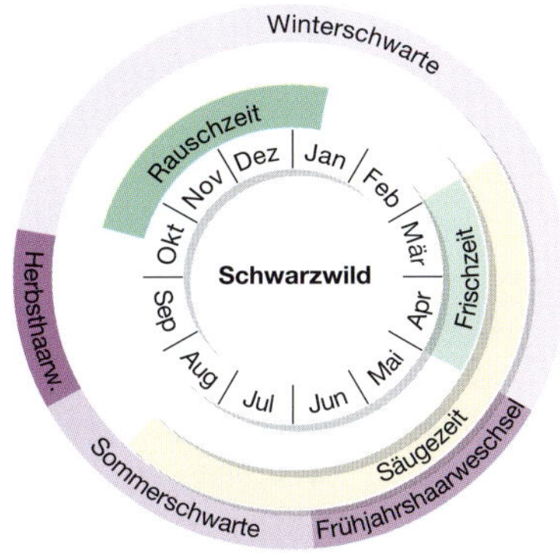

Jahreszyklus

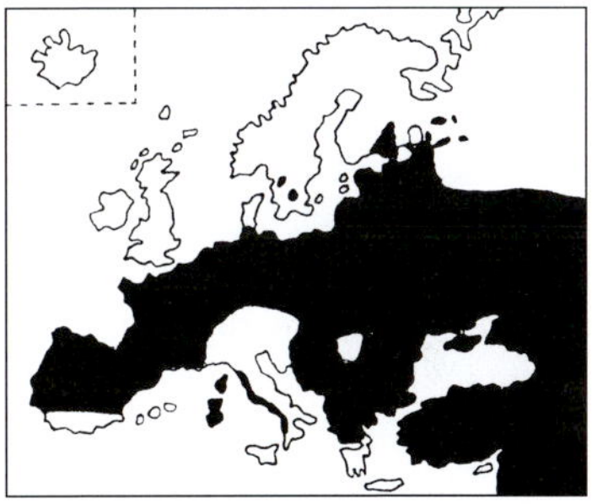
Verbreitungsgebiet

zeitlich Polen und Tschechien (Stand 2018) erreicht.

Den Schäden stehen die Wohlfahrtswirkungen der Sauen im Wald gegenüber, die das Schwarzwild durch Vertilgung von forstschädlichen Insektenlarven und Mäusen sowie sein Brechen im Waldboden leistet.

Sinne und Verhaltensweise: Sauen wittern hervorragend, ihr Gehör ist gut ausgebildet, der Gesichtssinn steht dagegen zurück. Sauen leben in Sippenverbänden zusammen, die unter der Führung einer Leitbache ausschließlich miteinander verwandte Rottenmitglieder vereinigen. Männliche Rottenmitglieder werden im Alter von ca. 1 1/2 Jahren zur Vermeidung der Inzucht aus dem Rottenverband vertrieben, weibliche verbleiben in der Rotte. Die Leitbache dominiert, die nachgeordneten Bachen sind hierarchisch sozial eingegliedert (Matriarchat). Nach Verlassen des Familienverbandes leben männliche Überläufer zunächst in brüderlichen Kleinrotten zusammen. Ab dem dritten Lebensjahr besetzen sie ein Revier, in dem sie getrennt von den Rotten solitär leben. Nur in der Rauschzeit treten sie zu den Rotten.

Sauen besitzen ein umfangreiches Lautrepertoire. Als Kontaktlaut dienen ruhige Grunzlaute; helles, durchdringendes Quieken ertönt bei Aus-

Körperteile und ihre Bezeichnungen beim Schwarzwild

einandersetzungen, das sogenannte Blasen oder ein kurzes »Wuff« dienen als Warnlaut. Vertraut ziehende oder im Gebräch stehende Rotten sind aufgrund ihrer Lautäußerungen schon frühzeitig zu hören. Rivalisierende Keilerkämpfe (Einstandskämpfe, Rauschzeit) werden durch das Wetzen (Aufeinanderschlagen) der Waffen und durch lautstarkes Grunzen in allen Tonhöhen beeindruckend begleitet.

Haarkleid/Haarwechsel: Der Haarwechsel vollzieht sich im Frühjahr, wobei auch bei den Sauen das lange, dunkle Winterhaar sichtbar in flächigen Partien ausfällt. Führende Bachen verlieren erst im Juni ihr Winterhaar vollständig. Das Sommerhaar ist kurz (wie geschoren) und trotz vieler Schattierungen ganz überwiegend grausilbrig. Das schwarze Winterhaar ist namensgebend gewesen. Es entwickelt sich im September/Oktober und ist durch eine sehr dichte Unterwolle sowie langes, borstiges Deckhaar charakterisiert, das besonders im Rückenbereich sehr lang werden kann (Kammborsten oder Federn, aus denen der Saubart gebunden wird).

Fortpflanzung: Die Rauschzeit erstreckt sich von Mitte Oktober bis Anfang Januar. Die meisten Bachen werden von November bis Anfang Dezember beschlagen. Dabei spielen intakte Sozialverbände eine wichtige Rolle: Die Bachen einer Großrotte sind in ihrer Rausche mit der der Leitbache synchronisiert, sodass in der Rotte die Frischlinge etwa zum gleichen Zeitpunkt gesetzt werden. Verliert eine Bache früh alle Frischlinge, kann sie etwa 10 Tage danach erneut rauschig werden. So erklären sich die Frischlinge des Spätsommers und Herbstes. Weibliche Frischlinge werden, sobald sie eine Körpermasse von ca. 40 kg erreichen, schon in ihrem Geburtsjahr rauschig. Sie tragen nach neuesten Untersuchungen mit mehr als 40 % zur Gesamtreproduktion bei. In sozial intakten Rotten schließen sich alle führenden Bachen etwa 2–3 Wochen nach dem Frischen mit ihren Frischlingen wieder der Leitbache an und bilden einen Sippenverband. Zusammen mit Überläufern (den vorjährigen Frischlingen) spricht man von einer »gemischten Rotte«.

Dem Frischen geht der Bau des Frischkessels voraus. In diesem nestartigen, von der Bache aus abgebissenen Zweigen, Gras oder Schilf errichteten Lager verbringen die Frischlinge die ersten 1–2 Wochen. Obwohl die Frischlinge – wie alle jungen Huftiere – mit voll entwickelten Sinnesorganen zur Welt kommen, zeigen sie damit noch Anklänge an das Verhalten von »Nesthockern«. Auch der Bau des Frischkessels durch die Bache erinnert an die gemeinsamen entwicklungsgeschichtlichen Ursprünge von Huftieren und Raubtieren, denen die allesfressenden Sauen noch näher stehen als die höher spezialisierten Wiederkäuer.

Gegen Feinde (Raubwild, Hunde, auch Menschen) verteidigt die Bache ihre Frischlinge energisch. Ihr Biss verursacht in der Regel schlecht heilende Quetschwunden.

Gebiss: Der Zahnwechsel vom Milch- zum Dauergebiss ist erst nach 2 Jahren beendet. Bis zum abgeschlossenen Zahnwechsel sind Sauen am Zahnstatus ohne Schwierigkeiten altersmäßig einzuordnen (Differenzierung: Überläufer, Frischling). Nach vollendetem Zahnwechsel hat die Sau 44 Zähne, nämlich in jeder Kieferhälfte des Ober- und Unterkiefers je 3 Schneidezähne, 1 Eckzahn, 4 Prämolaren und 3 Molaren.

Das Gebiss entspricht dem vollständigen Säugetiergebiss; es ist noch kein Zahn infolge Spezialisierung verloren gegangen (im Gegensatz zu den Wiederkäuern!). Die Eckzähne sind besonders stark entwickelt, sie dienen als Waffen und als Werkzeuge beim Brechen in hartem Boden. Das Gewaff des Keilers besteht aus den Haderern (Eckzähne im Oberkiefer) und den Gewehren (Hauer im Unterkiefer). Die kleineren Eckzähne der Bachen werden Haken genannt. Die Eckzähne der Sauen haben »offene« Wurzeln und wachsen zum Ausgleich der starken Abnützung bis ins hohe Alter weiter. Sie stecken zu zwei Dritteln im Kieferknochen, was beim Absägen der Kiefer zwecks Gewinnung des Gewaffs als Jagdtrophäe zu beachten ist (Sägeschnitt hinter dem 5. Backenzahn).

Altersbestimmung: Wegen des gedrungenen Körperbaus und der je nach körperlicher Verfassung in allen Altersklassen sehr unterschiedlichen

Rotten bestehen aus Mutterfamilien, die eng miteinander verwandt sind.

Körperstärke (Gewicht) ist es schwierig, ein einzeln gehendes Stück Schwarzwild auf sein Alter anzusprechen. In der Dämmerung oder bei Mondschein wirken geringe Sauen oft wesentlich stärker. Erleichtert wird das Ansprechen aber durch das Sozialverhalten und durch Vergleichsmöglichkeiten innerhalb der Rotten. Führende Bachen, Frischlinge und Überläufer sind dann relativ leicht voneinander zu unterscheiden. Im Winter können starke Frischlinge mit geringen Überläufern verwechselt werden; doch ist das Winterhaar von Frischlingen mehr bräunlich mit meist noch angedeuteter Streifenzeichnung.

Einer sehr sorgfältigen Ansprache bedarf es im Spätwinter bei einzeln gehenden Stücken. In vielen Fällen handelt es sich hierbei nicht um den ersehnten Keiler, sondern um eine hoch beschlagene Bache, die sich zum Frischen von der Rotte getrennt hat.

Die Geschlechter sind am zuverlässigsten am Pinsel (Keiler, auch schon beim Überläufer) bzw. an dessen Fehlen (Bache) zu unterscheiden. Im Körperbau kann eine alte Bache stärker sein als ein jüngerer Keiler. Nur wirklich starke Keiler sind am massigeren Schädel mit breit aufgewölbten Lefzen (unter denen die Waffen sitzen, die aber meist nur wenig hervorschauen) zweifelsfrei – und auch nur bei gutem Licht – von ähnlich starken Bachen zu unterscheiden.

Nach erfolgtem Zahnwechsel ist nur noch eine ungefähre Altersschätzung möglich. Bei Bachen schließen sich die Wurzeln der Haken im höheren Alter immer stärker. Bei beiden Geschlechtern gibt die Weite der Wurzelöffnung der Schneidezähne ebenfalls eine recht genaue Möglichkeit zur Altersfestlegung, je kleiner die Öffnung, umso älter ist das Stück.

Zur Verminderung von Wildschäden in der Feldflur ist es wichtig, die Rotten möglichst »im Wald zu halten«. Wintersnot leidet Schwarzwild nur, wenn strenger Frost das Brechen im tiefgefrorenen Boden erschwert. Fütterungen (Mais, Eicheln, Kartoffeln) werden in Notwintern gern angenommen.

Feinde: Der wieder eingewanderte Wolf ist der einzige natürliche Feind des Wildschweins. Das Wolfsrudel hetzt eine Rotte an, separiert so ein oder zwei schwächere (jüngere) Stücke, die dann gerissen werden. Starke, erwachsene Sauen wehren sich – häufig mit Erfolg – gegen die Wölfe. Doch konnten auch hohe Wolfdichten, wie z. B. in Slowenien und Kroatien, den Anstieg der dortigen Schwarzwildbestände nicht stoppen!

425 | Welche Lebensräume bevorzugt das Schwarzwild?

Sauen besiedeln alle Lebensräume, die ihnen ausreichend Fraß und Deckung bieten. Wasserzugang muss gewährleistet sein (zum Schöpfen und zum Suhlen).

426 | Welche Unterarten leben in Europa?

Die am weitesten verbreitete Unterart ist das mitteleuropäische Wildschwein. Daneben existiert als starke Population das südeuropäische Wildschwein (Ungarn bis Russland). In Spanien lebt als kleinere Unterart das iberische Wildschwein. Das Italien-Wildschwein ist vom mitteleuropäischen Wildschwein stark zurückgedrängt worden.

427 | Wie schwer wird ein Wildschwein?

Starke Keiler erreichen in Deutschland ein Aufbruchgewicht von ca. 160 kg, starke Bachen erreichen Gewichte bis 90 kg.

428 | Wie sind die Sinne des Schwarzwildes entwickelt?

Sauen wittern vorzüglich und vernehmen sehr gut. Ihr Gesichtssinn ist weniger gut ausgeprägt.

429 | Wann beginnt der Zahnwechsel?

Der Zahnwechsel beginnt mit dem Wechsel

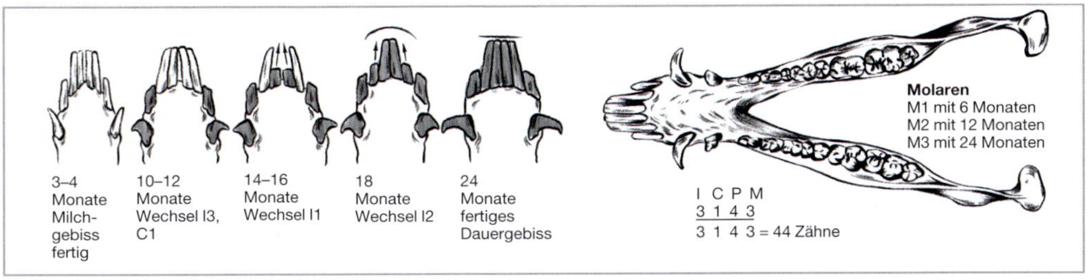

Das Dauergebiss besteht aus 44 Zähnen. Milchschneidezähne und Milcheckzähne sind bei der Geburt vorhanden. Vormahlmilchzähne erscheinen später. Erscheinen der Molaren ist in Lebensmonaten angegeben. Wann kommt welcher Molar, die es nur als Dauergebiss gibt.

des 3. Milchschneidezahns in einem Alter von 12 Monaten.

430 | Wann ist das Dauergebiss vollständig?

Nach dem vollendeten 2. Lebensjahr.

431 | Welche Farbe haben die Winterschwarten eines Frischlings und eines gleich schweren Überläufers?

Frischlinge sind an ihrer braunen, Überläufer an ihrer schwarzen Schwartengrundfarbe zu erkennen.

432 | Wie werden die einzelnen Altersgruppen bezeichnet?

- Frischlinge (1. Lebensjahr; rechnerisch bis 31. März des auf die Geburt folgenden Jahres)
- Überläufer (2. Lebensjahr, ab 1. April)
- 2-jähriger Keiler – 2-jährige Bache
- 3-jähriger Keiler – 3-jährige Bache usw.
- grobe Sauen (3-jährig und älter)
- angehendes Schwein (4-jähriger Keiler)
- hauendes Schwein (5- – 7-jähriger Keiler)
- Hauptschwein (starker, 8-jähriger oder älterer Keiler)

433 | Kann man vom Gewicht einer erwachsenen Sau auf deren Alter schließen?

Nein, aufgrund von Gewichtsüberschneidungen in den einzelnen Altersklassen ist dies nicht möglich. Das Nahrungsangebot ist für die Gewichtsentwicklung entscheidend.

434 | In welchem Alter verlieren Frischlinge ihre Streifen?

Im Alter von 2 Monaten beginnen sie zu verwischen, mit 4 Monaten sind sie kaum sichtbar.

435 | Woran erkennt man auf der Drückjagd im Winter die Frischlinge?

An ihrer braunen Schwartenfarbe (es gibt Ausnahmen!) sowie an ihrem kurzen, quastenlosen Pürzel.

436 | Wie sind Frischlinge und Überläufer am Unterkiefer zu unterscheiden?

Bei Frischlingen sind I_1 und I_2 noch Milchzähne, I_3 und C_1 sind gewechselt. Im Alter von 15 Monaten (Überläufer) ist I_1 gewechselt und stellt sich als noch kurzer Dauerzahn dar.

437 | Lässt sich am Dauergebiss des Schwarzwildes das Alter schätzen?

Ja, an der Weite der Wurzelkanäle isoliert vorliegender Schneidezähne lässt sich das Alter beim Schwarzwild schätzen. Bei Keilern lässt sich eine erste Einschätzung anhand der Länge des Abschliffes der Gewehre vornehmen: 1 cm = ca. 1 Jahr (Achtung ungenau, jedoch praxisüblich).

Ein Überläufer (2. Lebensjahr) im Gebräch.

438 | Was ist die bedeutendste Krankheit beim Schwarzwild?
Die Europäische Schweinepest (ESP). Die Ausbreitung der von Osten nach Westen vordringenden Afrikanischen Schweinepest (ASP) wird mit großer Sorge beobachtet.

439 | Wie wird die Europäische Schweinepest bekämpft?
Durch verstärkten Abschuss bei gleichzeitiger oraler Immunisierung über Impfköder.

Überläufer, erkennbar an der grauen Schwartenbehaarung

440 | Welcher Ektoparasit kommt beim Schwarzwild vor?
Die Räudemilbe, eine Grabmilbe, die einen starken Juckreiz auslöst, zum vollständigen Haarausfall führen kann und zu einer starken, grob strukturierten Krustenbildung der Schwarte führt.

441 | Welche wichtigen Endoparasiten benutzen das Schwarzwild als Wirtstier?
Bandwürmer, in Form ihrer Larven (Finnen), sowie Trichinen (eingekapselt in der Muskulatur: *Trichinella spiralis;* nicht eingekapselt: *Trichinella pseudospiralis)* – können auch den Menschen infizieren.

442 | Wie ist Schwarzwild hinsichtlich seiner Nahrung einzuordnen?
Schwarzwild ist Allesfresser (omnivor).

443 | Welche tierische Nahrung nimmt Schwarzwild regelmäßig auf?
Regenwürmer, Puppen, Insektenlarven, Aas.

444 | Wie ist das natürliche Verhalten des Schwarzwildes bei geringem Jagddruck?
Es verhält sich vertraut und ist im Wald tagaktiv.

445 | Wie lebt das Schwarzwild?
Bachen und Frischlinge leben in Familienverbänden, ältere Keiler sind Einzelgänger.

446 | Wer führt die Rotte an?
Die Leitbache, die gleichzeitig auch immer eine führende Bache ist.

447 | Wann teilt sich die Rotte?
Als maximale Rottengrößen werden in der Literatur 30–35 Individuen angegeben. Spätestens bei dieser Größenordnung verlassen nachgeordnete Bachen mit ihren Frischlingen sowie Über-

läufer die Rotte und bilden einen neuen Verband. Nach neueren Untersuchungen kommt es auch bei kleineren Rottengrößen nach Rangstreitigkeiten zu Rottenteilungen.

448 | Werden verwaiste Frischlinge in der Rotte geduldet?

Ja.

449 | In welchem Alter verlassen die jungen Keiler die Rotte?

Überläuferkeiler werden in einem Alter von 16–18 Monaten von allen Bachen eines Familienverbandes aus der Rotte vertrieben.

450 | Warum suhlt Schwarzwild?

Zum Wohlbefinden, zum Abkühlen, zum Abtöten von Ektoparasiten, zum Schutz vor erneutem Ektoparasitenbefall.

451 | Was ist ein Malbaum?

Ein Baum, an dem Schwarzwild sich z. B. nach dem Suhlen scheuert. Malbäume dienen auch der Markierung.

452 | Wo ruht Schwarzwild?

Die Bache mit den Frischlingen ruht im Kessel bis zu 2 Monate. Danach ruht Schwarzwild im Schutz von Dickungen oder sonnt sich in exponierten Lagen.

453 | Wie verhalten sich die Bachen bei Gefahr?

Sie warnen durch Blasen die Rotte und verteidigen ihre Frischlinge vehement.

454 | Was sind Kotplätze?

In sozial intakten Großrotten animiert der Kotabsatz der Leitbache die übrigen Rottenmitglieder ebenfalls zum Kotabsatz. Es gibt jedoch keine festen, regelmäßig aufgesuchten Kotplätze bei Sauen.

Malbaum an einer Suhle

455 | Wie nennt man die Paarungszeit des Schwarzwildes?

Rauschzeit.

456 | Ist das Wildbret eines rauschigen Keilers verwertbar?

In der Regel nicht, da Keiler in der Rauschzeit einen intensiven geschlechtsspezifischen Geruch haben. In luftgetrockneten Würsten oder als Kaltrauchware ist der Geschlechtsgeruch jedoch nicht mehr feststellbar.

457 | Wann ist die Rauschzeit des Schwarzwildes?

Oktober bis Anfang Januar, Schwerpunkt November.

458 | Wann wird Schwarzwild erstmals rauschig?

Schon als Frischling (im 1. Lebensjahr), wenn die Frischlingsbache körperlich gut entwickelt ist (> 40 kg Lebendmasse).

459 | Kann eine Bache auch zweimal im Jahr rauschig werden?

Ja, nach frühzeitigem vollständigem Verlust des gesamten Wurfes rauschen Sauen erneut.

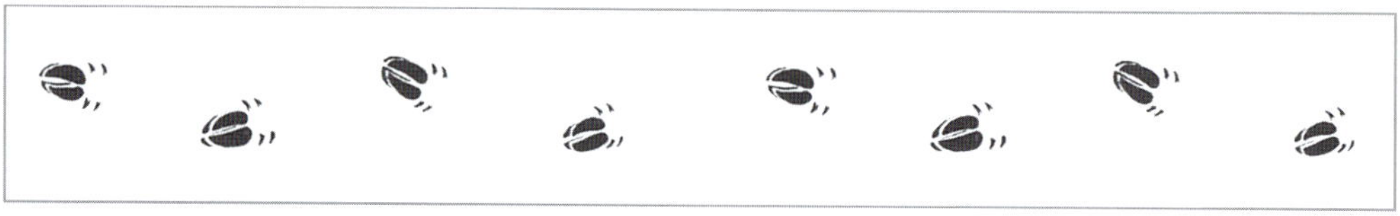

Fährtenbild einer vertraut ziehenden Sau; das Trittsiegel des Hinterlaufs steht in dem des Vorderlaufs. Daher die Doppelung des gut zu erkennenden Geäfters.

460 | Wer löst die Rauschzeit aus?

Die Leitbache. Ist die Rottenstruktur zerstört und gibt es keine Leitbache, fehlt die Synchronisation und es kommt zum Rauschchaos (jede Bache wird eigenständig rauschig).

461 | Wie lange ist die Tragzeit?

3 Monate, 3 Wochen, 3 Tage – knapp 4 Monate.

462 | Wie viele Frischlinge frischt eine Bache?

Ernährungs- und altersabhängig im Mittel aller Bachen 4 Frischlinge pro Bache. Individuell sind Frischlingszahlen von 8–12 bei Altbachen belegt.

463 | Wo verbringen Frischlinge ihre erste Lebenswoche?

Im Wurfkessel.

464 | Wie lange säugen Frischlinge?

3–4 Monate.

465 | Wann ist mit besonders vielen Frischlingen zu rechnen?

In der Regel nach guten Baummasten (Eichel, Bucheckern).

466 | Welche Schäden verursacht Schwarzwild im Feld?

Ihre 1. Lebenswoche verbringen die Frischlinge im Kessel.

Die von Schwarzwild im Grünland und an Feldfrüchten verursachten Schäden sind oft gravierend.

Fraß- und Trittschäden in reifendem Getreide (Weizen, Hafer und Mais) sowie in Hackfruchtschlägen (Kartoffel, Zuckerrüben), Wühlschäden durch Brechen im Grünland.

467 | Verursacht Schwarzwild auch Schäden im Wald?

Nein, Eichensaaten müssen jedoch durch Zaun geschützt werden.

468 | Gefährdet Schwarzwild Jungtiere anderer Wildarten?

Ja, obwohl es nicht gezielt sucht, fallen Gelege und Jungwild den Sauen zum Opfer.

Weidmannssprache

Bache	weibliches Stück
Basse	starker alter Keiler
blasen	schnauben (Warnlaut)
Borsten	Haare
brechen	im Boden wühlen
einschieben	ins Lager gehen
Federn	Rückenborsten in der Winterschwarte
Fraß	Nahrung
frischen	gebären
Frischlinge	Ferkel (1. Lebensjahr)
Gebräch	aufgewühlter Boden
Gebrech	Maul
Gewaff	die 4 Eckzähne
Gewehre	Eckzähne im Unterkiefer des Keilers
Haderer	Eckzähne im Oberkiefer des Keilers
Haken	Eckzähne der Bache
hauendes Schwein	Keiler, 5–7 Jahre
Hauptschwein	Keiler, 8 Jahre und älter
Keiler	männliches Stück
Kessel	Lager
klagen	quieken
Malbaum	ein Baum, an dem sich Schwarzwild nach dem Suhlen reibt
Pürzel	Schwanz
Rauschzeit	Begattungszeit
Rotte	mehrere Sauen zusammen
Schild	stark verdickte Schwarte im Schulterbereich älterer Keiler (geschlechtsspezifisch)
Schwarte	Haut
Teller	Ohren
Überläufer	Sau im 2. Lebensjahr
Waffen	s. Gewaff
Weißes	Fett
wetzen	das Zusammenschlagen des Gewaffs beim erregten Keiler
Wurf	Rüssel

Hasen- und Nagetiere

Feldhase *(Lepus europaeus)*

Naturgeschichte – Der Feldhase gehört, gemeinsam mit Schneehase und Wildkaninchen, zur Ordnung der Hasenartigen (Lagomorpha). Der ursprünglich recht anpassungsfähige Steppenbewohner lebt heute in unserer Kulturlandschaft in unterschiedlich hohen Populationsdichten. Er bevorzugt als Lebensraum gegliederte landwirtschaftliche Nutzflächen, kommt aber auch im Wald vor.

Mit den Nagetieren (Rodentia) haben die Hasen nur einige äußerliche Ähnlichkeiten in der Ernährungsweise gemeinsam, sind aber nicht näher mit ihnen verwandt. Als reinen Pflanzenfressern fehlen ihnen die Eckzähne. Die Schneidezähne sind auf je 1 großen »Nagezahn« in jeder Kieferhälfte reduziert. Dazu kommt im Oberkiefer noch ein rückgebildeter kleiner »Stiftzahn« hinter (gaumenwärts) jedem der beiden Nagezähne. Die Backenzähne sind schmelzfaltig. Ihre Kauflächen eignen sich daher zum feinen Zerraspeln der Äsung.

Lebensraum und Lebensweise: Den Tag verbringt der Hase in unruhigen Revieren meist ruhend in seinem Lager (Sasse). In ruhigen, gut besetzten Revieren sind häufig auch Tagesaktivitäten zu beobachten. Zum Abend ist mit Aufsuchen der Äsungsplätze die stärkste Aktivität zu verzeichnen. Während der Begattungszeit (Rammelzeit) sind anfänglich tagsüber Rammelgruppen zu sehen. Als Deckung für den Tag bevorzugt der Hase frisch umgepflügte Sturzäcker, aber auch Feldraine, Grabenböschungen, Wiesen und Heckenränder. Immer benutzt er eine ausgescharrte Sasse (Mulde), in die er sich mit der Nase gegen den Wind und angelegten Ohren (Löffeln) drückt. Seine Balgfarbe lässt ihn mit seiner Umgebung verschmelzen.

Seine Feindvermeidungsstrategie ist das Sich-Drücken. In der Flucht versucht er sich

Hasenhochzeitsgesellschaft: Oft folgen mehrere Rammler einer paarungsbereiten Häsin.

Körperbezeichnungen beim Hasen

Haken schlagend seinen Verfolgern zu entziehen (Fluchtgeschwindigkeit ca. 50 km/h). Witterungsabhängig wählt der Hase die Lage der Sasse in seinem Wohnrevier; er bevorzugt warme, windstille Plätze. Hasen leben als Einzelgänger, finden sich aber an Äsungsplätzen verträglich zusammen. Viele Hasen rücken jeden Abend vom Wald her ins Feld und kehren morgens dorthin zurück (Aus- bzw. Einlauf).

Sinne und Verhaltensweise: Der Feldhase hört (vernimmt) sehr gut und nimmt in der Sasse selbst geringe Bodenerschütterungen wahr. Fühlt er sich sicher, verfällt er in der Sasse in eine Ruheform, die durch dösenden Halbschlaf charakterisiert ist. Das Witterungsvermögen ist ebenfalls recht gut, der Gesichtssinn hauptsächlich auf das Erfassen von Bewegungen ausgerichtet (Bewegungsseher). Dem bei gutem Wind still stehenden Jäger läuft der Hase buchstäblich vor die Stiefelspitzen.

Zur besseren Orientierung macht der Hase seinen bekannten »Kegel«, indem er sich auf den Hinterläufen aufrichtet.

Hasen haben an ihren Pfoten keine Ballen und keine Duftdrüsen. Sie sind dort dicht behaart. Dies ist vermutlich der Grund, weshalb eine Hasenspur so schlecht »steht«, und erfahrene Hundeführer ihren Hund umgehend auf die Spur eines leicht angeschossenen Hasen ansetzen. Duftdrüsen finden sich an den Wangen. Beim

Der Hase macht einen »Kegel«.

Steckbrief Feldhase

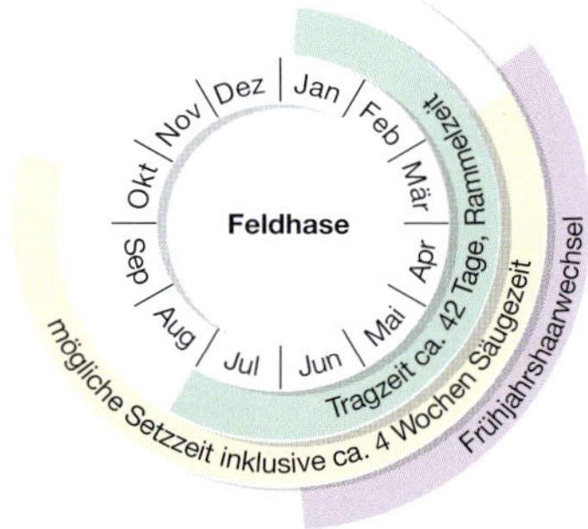

Jahreszyklus

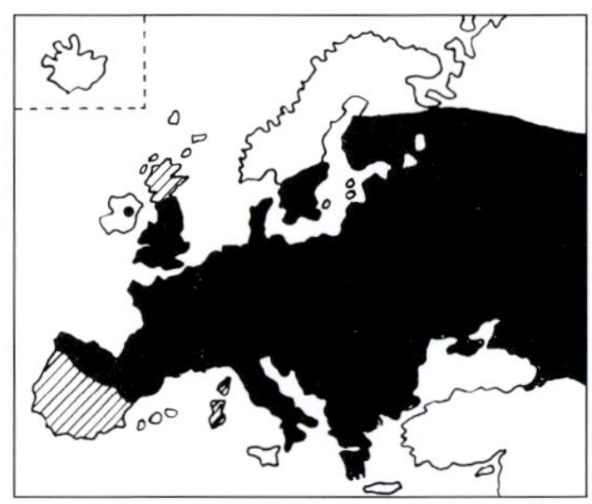
Verbreitungsgebiet

Körperbau: Hinterläufe stark verlängert; Augenanordnung seitlich, Gesichtsfeld > 360°; Gewicht bis 5,5 kg.
Sinne: Sehvermögen und Hörsinn sehr gut, Geruchssinn gut; nimmt Erschütterungen sehr gut wahr; Vibrissen im Gesicht.
Lautäußerungen: Durchdringendes Klagen.
Lebensweise: Überwiegend dämmerungs- und nachtaktiv, aber nicht ausschließlich; Einzelgänger, jedoch Rammelgesellschaften; feste, überlappende Streifgebiete; teilweise Wechsel zwischen Sommer- und Winterlebensraum.
Fortpflanzung: Geschlechtsreife mit 7 Monaten; im Februar Paarbildung mit Jahresehe; Rammelzeit Januar bis August (in Gruppen); Tragzeit 42 Tage; 3, selten 4 Würfe mit im Mittel 3 Jungen (1–5); Säugezeit etwa 4 Wochen.
Nahrung: Mischäser; Gräser, Kräuter, landwirtschaftliche Kulturpflanzen; im Winter auch Knospen, Holzteile, Baumrinde; nimmt Blinddarmlosung auf (Zökotrophie).
Zahnformel: $\frac{2\,0\,3\,3}{1\,0\,2\,3} = 28$

Putzen überträgt der Hase deren Duftstoffe auf seine Pfotenbehaarung. Hieraus erklärt sich die unterschiedliche Witterungsintensität von Hasenspuren für die Hundenase.

Im Schnee oder weichen Untergrund findet man seine typische Spur und dort, wo er äste, seine kugelige Losung. Ferner verraten alte oder frische Sassen ihren Benützer und besonders im Winter auch Verbissstellen an Ginstersträuchern und Nagespuren an jungen Obstbäumen.

In Not geraten, stößt der Hase ein Klagen aus, das dem Geschrei eines kleinen Kindes sehr ähnlich ist. Der Jäger benutzt diese »Hasenklage« zum Anlocken (Reizen) des Fuchses. An weiteren

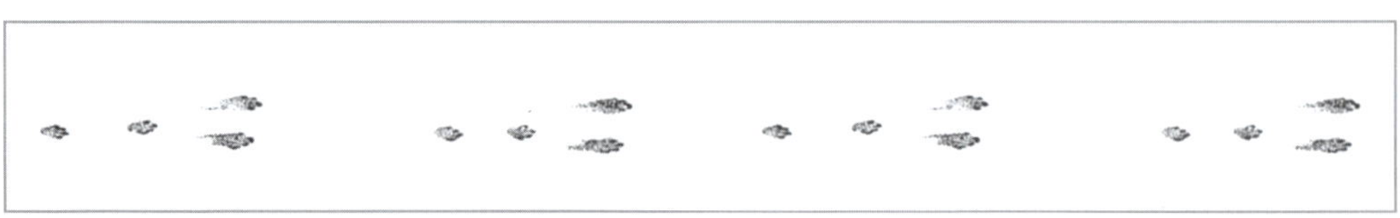
Hasenspur nach rechts laufend; Hinterläufe greifen vor die Vorderläufe.

Lautäußerungen ist (aus nächster Nähe) manchmal ein leises, knurrendes Murren zu hören.

Fortpflanzung: Die Hasen rammeln bei günstigem Wetter schon von Ende Dezember an bis in den August. Im Vorfrühling kommt es in der Feldflur zu größeren »Hochzeitsgesellschaften«, wobei es den ganzen Tag über lebhaftes Verfolgungstreiben zwischen mehreren Rammlern und Häsinnen gibt. Bei diesem Paarungsvorspiel lernen sich die einzelnen Paare kennen, die in der Regel nach erfolgter Begattung beisammenbleiben. Bei den weiteren Deckakten im Lauf des Frühjahrs und Sommers bleiben die lebhaften Paarungstreiben zwischen den bereits »verheirateten Paaren« aus. Der Hase lebt also nicht, wie früher angenommen, polygam, sondern eher in Einehe, die in der Regel das Jahr über andauert. Trotz dieser Paarbildung beteiligt sich der Rammler nicht an der Jungenaufzucht.

Die Tragzeit beträgt 42 Tage. Von März bis August bringt die Häsin 3–4 Sätze mit im Mittel 3 Junghasen zur Welt. Diese werden behaart und sehend geboren. Bis zu 80 % der Junghasen gehen durch Witterungseinflüsse (nasskaltes Frühjahrswetter), natürliche Feinde und Krankheiten zugrunde. Auch unter günstigen Bedingungen ist höchstens mit einer Verdoppelung des Ausgangsbesatzes als nutzbarem Zuwachs zu rechnen. Die Mutter (Satzhäsin) säugt ihre Jungen nur abends oder nachts für wenige Minuten. Hierzu suchen die häufig einzeln liegenden Junghäschen den Säugeplatz auf. Der Abstand zwischen den einzelnen, sich reglos drückenden Junghasen und das nur einmalige Säugen in 24 Stunden Abstand an einem speziellen Säugeplatz erschwert es den Fressfeinden, die Jungen aufzuspüren. Nach etwa 4 Wochen sind sie selbstständig und auf keine Betreuung mehr angewiesen. Erst im nächsten Frühjahr sind sie selbst fortpflanzungsfähig.

In Ausnahmefällen kann es bei der Häsin zu einer sogenannten doppelten Trächtigkeit (Superfötation) kommen, d.h., eine bereits trächtige Häsin kann, noch bevor sie gesetzt hat, erneut mit Erfolg befruchtet werden. Für den Zuwachs eines Hasenbesatzes ist dieser seltene Vorgang jedoch ohne Bedeutung.

Feinde: Natürliche Fressfeinde des Hasen sind ganz überwiegend Fuchs, Marder und das Habichtweibchen, auch der Uhu. Aaskrähen und Großes Wiesel dezimieren ebenso wie wildernde Katzen die Junghasenbestände.

469 | Welche Landschaftsform sagt dem Feldhasen besonders zu?

Der Feldhase bevorzugt Lebensräume mit geringem Waldanteil, Schwarzerde- oder Lössböden, in denen die mittlere Jahrestemperatur höher als 8 °C und die Niederschlagsmengen geringer als 500 mm ausfallen.

470 | Wie soll die landwirtschaftliche Struktur sein?

Mittelgroße Feldstrukturen (bis ca. 5 ha Schlaggröße) sind optimale Hasenlebensräume.

471 | Benötigt der Feldhase Hecken und Feldgehölze?

Nicht unbedingt, sie fördern jedoch die Lebensraumqualität.

472 | Kommt der Feldhase auch im Wald vor?

Ja, in jüngster Zeit sogar nachweislich vermehrt.

473 | Kommt der Feldhase auch im Hochgebirge vor?

Ja, etwa bis zur Waldgrenze.

474 | Wie schwer wird ein Feldhase?

Rammler wiegen bis 5,5 kg, Häsinnen bis 4,8 kg.

475 | Wie sind die Augen des Feldhasen angeordnet?

Seitlich (Fluchttier), sie ermöglichen ihm einen

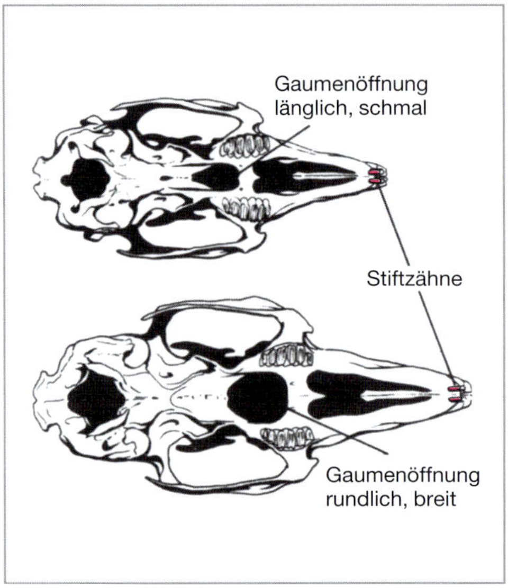

Kaninchen- (o.) und Hasenschädel (u.) zum Vergleich

vollständigen Rundumblick (> 360°). Sehbereich eines jeden Sehers beträgt 190°.

476 | Welche Besonderheit weist das Hasengebiss auf?

Gaumenwärts der beiden Schneidezähnen des Oberkiefers befindet sich jeweils ein gleich hoher Stütz- oder Stiftzahn.

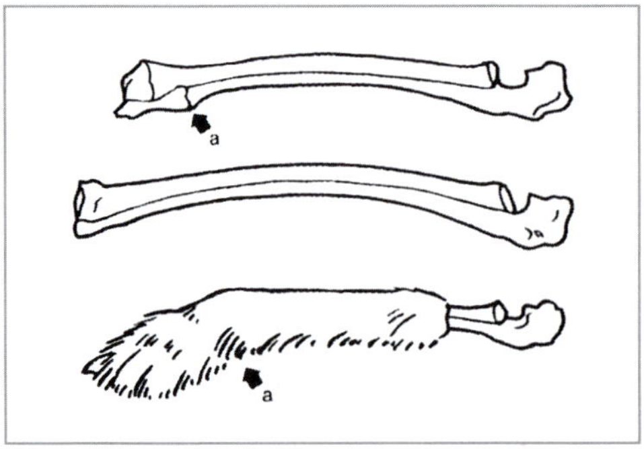

Das »Stroh'sche Zeichen«

477 | Was unterscheidet die Nagezähne des Hasen von den Schneidezähnen der Wiederkäuer?

Die Schneidezähne des Hasen besitzen offene Wurzeln und wachsen ständig nach, um den Abrieb auszugleichen.

478 | Was kennzeichnet die Verdauung des Hasen?

Als reiner Pflanzenfresser (Äsungstyp Intermediär) benötigt der nur mit einem einhöhligen Magen ausgestattete Hase große »Gärkammern« im Darm. Daher die auffallende Größe des Blinddarms und der Grimmdarmabschnitte!

479 | Welche Hautdrüsen besitzt der Feldhase?

Beidseitig am Kopf Backendrüsenorgane, die Kinndrüsen und die Pigmentdrüse im Nasenlappen. Weitere Drüsen im Bereich des Weidloches und der Genitalöffnungen.

480 | Wie lässt sich das Geschlecht feststellen?

An den äußeren Geschlechtsorganen.

481 | Wie unterscheidet sich ein Hase vom gleich schweren Wildkaninchen?

Balgfarbe Wildkaninchen: einheitlich bräunlich grau. Feldhase: überwiegend Brauntöne. Die Löffelspitzen des Hasen sind stets schwarzrandig und überragen beim Umklappen nach vorn stets die Windfangspitze. Die kleineren Kaninchenlöffel sind maximal auf Kopflänge umklappbar. Die Augen beim Wildkaninchen sind dunkel und beim Hasen hellbraun.

482 | Wann ist ein Hase ausgewachsen?

Im Alter von 9 Monaten.

483 | Wie unterscheiden Sie Alt- und Junghase?

Am »Stroh'schen Zeichen«. Dies ist die fühlbare Auftreibung am unteren Ende auf der Außenseite der Elle (etwa 1 cm oberhalb des Vorderfußwurzelgelenkes), das bis längstens zum 8. Monat fühlbar bleibt. Auch die Biegsamkeit des vom Tränenbein ausgehenden Augendorns liefert einen Altershinweis.

484 | Wie alt kann ein Feldhase werden?

In der Wildbahn wird er selten älter als 3 Jahre.

485 | Was sind die wichtigsten Krankheiten beim Feldhasen?

Klassische Hasenkrankheiten sind die Coccidiose (Parasitose) der Junghasen sowie die bakteriellen Erkrankungen Pseudotuberkulose (Hasenseuche), Pasteurellose, Tularämie und Brucellose (die beiden Letzteren sind ansteckend für den Menschen). Verluste hat in den vergangenen 20 Jahren die Viruserkrankung EBHS (European Brown Hare Syndrom) verursacht.

486 | Welche Nahrung bevorzugt der Feldhase?

Grünäsung, vor allem landwirtschaftliche Kulturpflanzen, machen zu allen Jahreszeiten zwischen 70 und 98 % der Äsung aus. Im Spätwinter und Vorfrühling werden vermehrt vor allem Holzteile, Knospen und auch dürre Altgräser genommen.

487 | Welche Besonderheit zeigt die Verdauung beim Hasen?

Wir unterscheiden 2 Kotfraktionen: die zuerst abgesetzten Enddarmlosungskugeln und den nachfolgenden, breiig zusammenhängenden Blinddarmkot. Letzterer wird sehr häufig vom Hasen wieder aufgenommen (Zökotrophie = Aufnahme von Blinddarmkot). Vorteil: Er beinhaltet wichtige Vitamine und zellulosespaltende Bakterien. Nachteil: Reinfektionen mit Parasiten etc.

488 | Benötigt der Feldhase Wasserstellen im Revier?

Der Hase deckt seinen Bedarf an Wasser annähernd vollständig über die Grünäsung. Schöpfende Hasen sind jedoch wiederholt beobachtet worden.

Der sich drückende Hase ist im Altgras wie auf dem Acker kaum zu erkennen.

489 | Wandern Hasen im Herbst ab?
Hasen unternehmen keine Wanderungen. Sie ziehen sich aber aus ungünstigen Feldhabitaten nach der Ernte in nahe gelegene Waldbiotope zurück.

490 | Wie groß ist das Streifgebiet des Feldhasen?
Die Streifgebietsgrößen liegen etwa zwischen 5 und 15 ha.

491 | Sind Feldhasen gesellig?
Hasen leben einzeln, wobei sie Hasengruppen zugehörig sind, in denen es wohl auch eine Rangordnung gibt.

492 | Wo ruht der Feldhase?
Der Feldhase ruht in Kauerstellung (geringste Wärmeabstrahlung) in einer flachen, selbst gescharrten Erdmulde – der Sasse.

493 | Werden die Sassen mehrmals benutzt?
Witterungsbedingt und abhängig vom Äsungsangebot werden Sassen wiederholt benutzt.

494 | Was sind Hexensteige?
Hexensteige sind Hasenwechsel (Pässe) im Getreidefeld, die durch häufige Nutzung von mehreren Hasen entstehen. Die alte Erklärung, sie würden durch ein Freiäsen entstehen, ist falsch.

495 | Wie nennt man die Paarungszeit des Hasen?
Rammelzeit.

496 | Wann beginnt die Paarung?
Die Paarung beginnt im Januar, gelegentlich schon Ende Dezember.

497 | Sind die Rammler und Häsinnen bei ihren Paarungsspielen alleine?

In der Regel liegen Junghasen getrennt ab, werden aber zusammen gesäugt.

Nein, in der Regel bemühen sich mehrere Rammler um eine Häsin (Rammelgruppen, Hochzeitsgesellschaften).

498 | Wie lange ist die Tragzeit?
42 Tage.

499 | Wie viele Jungen bringt eine Häsin?
1–5 Junge, im Mittel 3.

500 | Wie werden die Jungen geboren?
Voll behaart, Seher offen, ausgestattet mit angeborenem Drückreflex.

501 | Wie oft werden die Junghasen gesäugt?
Die Junghasen werden nur einmal am Tag, am späten Abend oder nachts gesäugt. Säugezeit: 3–4 Wochen.

502 | Ab wann hoppeln die Junghasen mit ihren Müttern?
Gar nicht. Junghasen werden nicht geführt.

503 | Wann sind die Junghasen selbstständig?
Ab der 5. Lebenswoche.

504 | Von welchem Faktor hängt das Überleben der Junghasen primär ab?
Von der Witterung.

505 | Welche Faktoren bestimmen die Feldhasendichte generell?
Lebensraum, Witterung, Fressfeinde.

506 | Was tun Sie, um Ihren Hasenbesatz nicht zu übernutzen?
Der Hasenbestand muss vor großen Jagden eingeschätzt werden. Aus dieser Bestandserhebung leitet sich die mögliche Strecke ab. Nur 1 große Jagd und nur auf der Hälfte der Revierfläche!

Weidmannssprache

Auslauf	Hasenpass vom Wald zum Feld (abends)
Balg	Fell
Besatz	Hasenbestand
Blume	Schwanz
Dreiläufer	3–4 Monate alter Junghase
Einlauf	Hasenpass vom Feld zum Wald (morgens)
Häsin	weiblicher Hase
Hasenbart	Barthaare
Hexensteige	Hasenpässe im Getreide
innehaben	trächtig sein
Kegel machen	Aufrichten auf den Hinterläufen
klagen	Angstgeschrei
Löffel	Ohren
Pass	Hasenwechsel
quäken	klagen
Quarthase	1–2 Monate alter Hase
Rammelzeit	Begattungszeit
Rammler	männlicher Hase
rutschen	langsame Fortbewegung beim Äsen
Sasse	Lager
Seher	Augen
setzen	gebären
Sprünge	Hinterläufe
Wolle	Haare
zu Holze rücken	in den Wald laufen

507 | Mit welchen Zuwachsraten ist zu rechnen?
In guten Hasengebieten ist bei guter Witterung mit einem nutzbaren Zuwachs von 1 1/2–2 Junghasen pro Häsin zu rechnen, in schlechten dagegen mit maximal 1 Hasen.

508 | Welche Schäden verursacht der Feldhase im Wald?
Verbissschäden, vornehmlich an jungen Laubholzkulturen.

509 | Welche landwirtschaftlichen Sonderkulturen werden durch Feldhasen geschädigt?
Gemüse, Spargel, Blumen im Feldanbau, Rebstöcke, Obstbaumkulturen.

Alpenschneehase
(Lepus timidus varronis)

Das Vorkommen des Alpenschneehasen ist auf die Hochlagen der Alpen beschränkt. Eine nah verwandte Unterart, der Nordische Schneehase *(L. timidus timidus)* ist heimisch in Schottland, Irland, Skandinavien und Nordosteuropa.

Der Schneehase hat bei uns jagdlich keine Bedeutung. In seinem einzigen Vorkommen, den bayerischen Alpen, ist er ganzjährig geschont. Sein Lebensraum liegt im Sommer vorwiegend über der Waldgrenze (1000–2000 m), im Winter auch im Bergwald bis um 800 m Höhe. Sein Sommerbalg ist graubraun mit weißer Unterseite. Der Wechsel des Sommerhaares gegen das weiße Winterhaar erfolgt über einen längeren Zeitraum, sodass der Hase im Übergangshaar gescheckt ist. Im Winter ist er rein weiß mit schwarzen Löffelspitzen. Der Schneehase ist kleiner als der Feldhase, die Lebensräume überschneiden sich. Kreuzungen zwischen Feld- und Schneehasen kommen vor, die Bastarde sind jedoch unfruchtbar.

Bei extremer Kälte lässt sich der Hase einschneien (Iglueffekt). Seine im Winterhaar stark behaarten Pfoten verhindern ein Einsinken im lockeren Schnee (Schneeschuheffekt).

Natürliche Fressfeinde sind Marder, Fuchs, Luchs, Uhu und Steinadler.

510 | Wo lebt der Schneehase in Deutschland?

In den Hochlagen der bayerischen Alpen.

511 | Überschneidet sich sein Lebensraum mit dem des Feldhasen?

Ja, etwa im Bereich zwischen 1000 m und der Baumgrenze. Die Tendenz geht beim Feldhasen in höhere Lagen.

Die Löffelspitzen des Schneehasen sind auch im Winter schwarz.

Schneehase während des Haarwechsels

Steckbrief Alpenschneehase

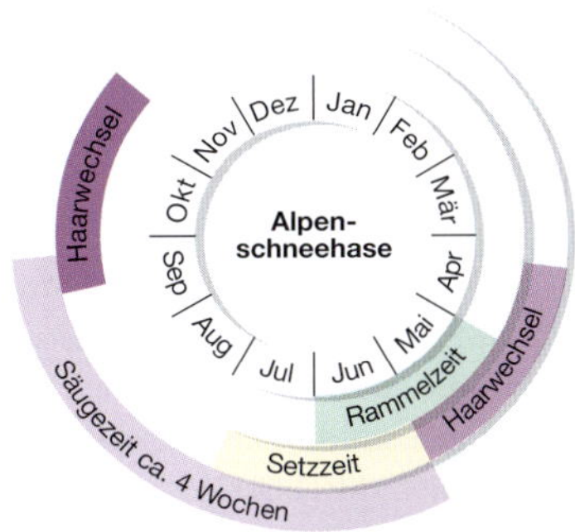

Jahreszyklus

Körperbau: Körper tiefen Temperaturen angepasst; kleiner als Feldhase, Löffel nur kopflang; Balg dichter, im Winter weiß, im Sommer graubraun; Pfoten stark behaart (Schneeschuh);
Gewicht bis 3,5 kg.
Sinne: Sehvermögen, Hör- und Geruchssinn sehr gut; Vibrissen im Gesicht.
Verhalten: Dämmerungs- und nachtaktiv; Einzelgänger.
Fortpflanzung: Geschlechtsreife mit 8–9 Monaten; Tragzeit ca. 48 Tage; meist 2 Würfe; 2–4 sehende und behaarte Junge; Säugezeit wahrscheinlich 3 Wochen.
Nahrung: Gräser und Kräuter, im Winter hoher Anteil an Zweigen und Rinde; nimmt Blinddarmlosung auf (Zökotrophie).
Zahnformel: $\frac{2\,0\,3\,3}{1\,0\,2\,3} = 28$

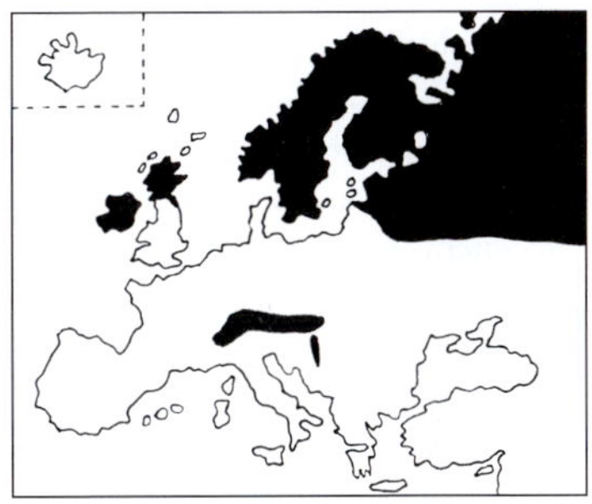
Verbreitungsgebiet

512 | Ist der Schneehase leichter oder schwerer als ein Feldhase?

Der Schneehase ist kleiner und leichter als der Feldhase.

513 | Wann wechselt der Schneehase das Haar?

Der Schneehase wechselt sein weißes Winterhaar im Mai bis Juni gegen das braungraue Sommerhaar. Der Wechsel des Sommerhaares gegen das weiße Winterhaar im Herbst erfolgt über einen längeren Zeitraum, sodass der Hase im Übergangshaar gescheckt ist.

514 | Wie schützt er sich vor extremer Kälte?

Er lässt sich einschneien, sodass er in einer Art Schneehöhle sitzt (Iglueffekt).

515 | Wie reduziert er sein Einsinken im Lockerschnee?

Im Winterhaar sind die Pfoten stark behaart, was einen Schneeschuheffekt bewirkt.

516 | Wann beginnt die Rammelzeit?

Etwa ab Anfang April.

517 | Wie viele Würfe bringt die Häsin?

In der Regel wirft die Häsin 2 Sätze mit jeweils 2–4 Jungen.

518 | Kommt es zu Kreuzungen zwischen Schnee- und Feldhase?

Kreuzungen kommen vor. Die Jungen sind jedoch unfruchtbar.

Wildkaninchen
(Oryctolagus cuniculus)

Naturgeschichte: Ursprünglich in Spanien und Nordafrika lebend, wurde das Kaninchen seit der Römerzeit bis ins Mittelalter über West- und Mitteleuropa verbreitet. Es wurde frühzeitig (vor allem in Klöstern) in Gefangenschaft gehalten und so zum Hauskaninchen domestiziert.

Lebensraum und Lebensweise: Wildkaninchen benötigen mildes Klima sowie zur Anlage der Baue leichte, durchlässige Böden (Sand). Sie leben gesellig in Familienverbänden (Sippen) mit ausgeprägter sozialer Rangordnung in Baukolonien an Waldrändern, in Hecken, Böschungen und lichten Kiefernwäldern. Sie besiedeln auch Gärten, Parks und Friedhöfe, Flugplätze und Industriegelände. Tagsüber liegen Wildkaninchen bei trockenem Wetter gern außerhalb der Baue in Deckung; bei Störung oder Gefahr suchen sie im Bau Zuflucht, wohin ihnen von ihren zahlreichen natürlichen Feinden nur Steinmarder, Iltis und Hermelin folgen können.

Zur Äsung entfernen sich Kaninchen meist nur wenige Hundert Meter von den Bauen. Das Wohngebiet (Territorium) einer Sippe wird durch das stets an gleichen Plätzen mit der Losung abgesetzte Analdrüsensekret markiert. Bei hoher Populationsdichte können Wildschäden an landwirtschaftlichen Kulturen sowie durch Verbiss von Knospen und Rinden an Forstpflanzen beträchtlich sein. Kreuzungen mit dem Feldhasen sind nicht möglich.

Die ehemals hohen Kaninchenbestände in Deutschland, die keiner besonderen Hege bedurften, sind insgesamt durch die Myxomatose und besonders in den letzten Jahren durch RHD (Chinaseuche/Rabbit Haemorrhagic Disease, s. a. Seite 502) existenzbedrohend zusammengebrochen. Nur sporadisch lokal, vornehmlich im urbanen und suburbanen Bereich, treten zurzeit noch nennenswerte Kaninchenbestände auf. Leider wurde im Jahr 2016 ein neues, mutiertes RHD-Virus beim Wildkaninchen nachgewiesen, dass lokal und regional zum Erlöschen der Populationen geführt hat.

Die Hinterläufe greifen vor die Vorderläufe.

Steckbrief Wildkaninchen

Körperbau: Deutlich kleiner als Feldhase; Löffel kürzer und ohne schwarzen Rand; Zehen vorne 5, hinten 4; Sohlen ohne Ballen und Duftdrüsen; Gewicht ♂ bis 2,5 kg.
Sinne: Sehr gute Bewegungsseher; Hörsinn sehr gut; Geruchssinn gut.
Lautäußerungen: Durchdringendes Pfeifen als Klagelaut; Murren als Kontaktlaut; kräftiges Klopfen mit den Hinterläufen (Trommeln) bei Gefahr.
Lebensweise: Überwiegend nacht- und dämmerungsaktiv, bei Tage meist im Bau; lebt territorial in Kolonien (Familiengruppen) mit fester Rangordnung und »Leit-Rammler«.
Fortpflanzung: Geschlechtsreife mit 6–8 Monaten; Rammelzeit Februar bis September; Tragzeit ca. 30 Tage; bis zu 5 Würfe mit je 5–10 nackten und blinden Jungen in »Satzröhre«; Öffnen der Augen mit 10 Tagen; Säugezeit 4 Wochen (nur nachts).
Nahrung: Gräser, Kräuter, landwirtschaftliche Kulturpflanzen, Blätter, Knospen und Holztriebe von Sträuchern sowie Rinde; nimmt Blinddarmlosung auf (Zökotrophie).
Zahnformel: $\frac{2\,0\,3\,3}{1\,0\,2\,3} = 28$

Jahreszyklus

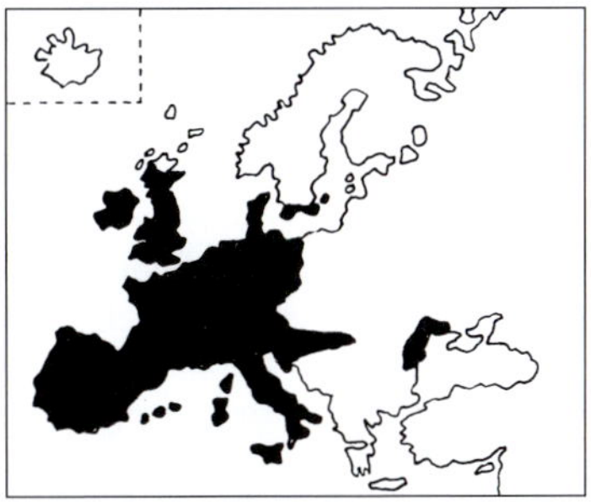
Verbreitungsgebiet

519 | War das Kaninchen schon immer in unserem Raum beheimatet?

Nein, in der Wildbahn ist diese Wildart in Deutschland flächendeckend erst seit dem 17. Jahrhundert anzutreffen. Einbürgerungen in Mitteleuropa gehen auf spanische Kaninchen zurück.

520 | Welche Landschaften sagen dem Wildkaninchen zu?

Hecken, Gebüsch, Ödland und Forstkulturen sind neben einem ausgeglichenen Klima mit geringen Schneehöhen wesentliche Voraussetzungen für ein Dauervorkommen von Wildkaninchen.

521 | Welche Ansprüche stellt es an den Boden?

Sandige, trockene Böden, die den Kaninchen die Möglichkeit geben, Erdbaue anzulegen.

522 | Wie schwer wird ein Kaninchen?

2,0 bis 2,5 kg Lebendmasse.

523 | Gibt es einen erkennbaren Geschlechtsdimorphismus?

Nein, nur die Beurteilung der äußeren Genitalien ermöglicht die Geschlechtsbestimmung.

524 | Wie unterscheiden wir das Kaninchen vom gleich großen Feldhasen?

Die einfarbigen Löffel sind nicht über die Nasenspitze hinaus vorklappbar, der graue Kaninchenbalg unterscheidet sich deutlich gegenüber der braunen Grundfarbe des Hasenbalges, die Hinterläufe des Kaninchens sind im Vergleich wesentlich kürzer.

525 | Was ist die wichtigste Krankheit der Kaninchen?

Die wichtigste Krankheit des Kaninchens ist die RHD (Chinaseuche) mit ihren derzeit 2 viralen Erregertypen. Auch die Myxomatose (seit etwa Mitte der 1950er-Jahre in Deutschland) tritt immer wieder auf.

526 | Bilden Kaninchen gegen die Myxomatose eine Resistenz aus?

Kaninchen haben zwischenzeitlich eine mehr oder weniger wirksame Resistenz gegen Myxomatose ausgebildet. Die Ausbildung einer Immunität ist in Einzelfällen nachgewiesen.

527 | Welche Nahrung bevorzugen Kaninchen?

Kaninchen sind anspruchslose, nicht spezialisierte Grünpflanzenfresser (Gräser, Wild- und Kulturpflanzen fast jeglicher Art).

528 | Wo leben Kaninchen?

Kaninchen leben in einer Sippengesellschaft in fest zugeordneten Bauen oder Baukolonien.

529 | Sind Kaninchen nachtaktiv?

Kaninchen sind vornehmlich dämmerungs- und nachtaktiv.

530 | Haben Kaninchen große Streifgebiete?

Nein, Streifgebiete um den Heimatbau sind kaum größer als 800 m im Durchmesser.

531 | Wann ist die Paarungszeit der Kaninchen?

Kaninchen äsen stets nahe ihrer Baue. Schäden entstehen stets am Feldrand.

Die Rammelzeit beginnt im Februar/März und geht bis Ende Juli/Anfang August.

532 | Wie lange ist die Tragzeit?

28–31 Tage.

533 | Wie viele Jungen bringt eine Kaninchen-Häsin?

Im Mittel werden 4–5 Junge pro Wurf geboren. Bis zu 5 Würfe pro Jahr sind möglich.

534 | Wo werden die Jungen geboren?

Die Häsin gräbt eine spezielle Satzröhre, in der sie aus eigener Bauchwolle für die nackt und blind geborenen Jungen ein Nest baut. Die Wurfbauten werden verschlossen gehalten und nur in der Nacht zum Säugen von der Häsin geöffnet (Säugezeit: 4 Wochen).

535 | Gibt es Kreuzungen zwischen Kaninchen und Feldhase?

Nein.

536 | Welche Schäden verursacht das Kaninchen im Wald?

Verbiss- und Schälschäden. Letztere besonders bei Schnee an jungen Pflanzen.

537 | Welche Schäden verursacht das Kaninchen im Feld?

Bei hohem Besatz wird in Wiesen und Weiden der Aufwuchs verhindert, junge Getreidepflanzen und Hackfrüchte (außer Kartoffel) im Auflaufstadium abgeäst, Speise- und Futterrüben angeäst. Die Schäden erfolgen vom Rand her in die Tiefe oder – aus Sicht der Kaninchen – vom baunahen zum baufernen Teil des Äsungsareals.

538 | Welche landwirtschaftlichen Sonderkulturen sind durch Kaninchen stark gefährdet?

Gemüse- und Blumenanbau.

Wildkaninchen haben einen eher grauen Balg (Feldhase braun) und im Unterschied zum Feldhasen hat das Kaninchen relativ kurze einfarbige Ohren(Löffel). Es ist deutlich zierlicher und hat kürzere Hinterläufe.

Der Feldhase hat lange Löffel mit schwarzen Enden (Spitzen).

Alpenmurmeltier
(Marmota marmota)

Das Alpenmurmeltier ist ein Nagetier aus der Familie der Hörnchen (Erdhörnchen); nahe verwandte Arten sind das Steppenmurmeltier in Asien sowie das Alaska-Murmeltier.

Lebensraum und Lebensweise: Das Alpenmurmeltier lebt ganzjährig in den Hochlagen der Alpen (sowie der Pyrenäen und Karpaten) oberhalb der Waldgrenze und überdauert dort den Winter als echter Winterschläfer in Erdbauen.

An der oberen Waldgrenze, auf Almmatten und unter Geröll legen die Familienverbände (Sippen) ihre Baukolonien an. Die Geschlechter sind äußerlich nicht eindeutig zu differenzieren. Vor dem Winterschlaf wird der Kessel im Bau mit dürrem Gras ausgepolstert, nach Beziehen des Winterlagers wird der Eingang von innen verschlossen. Der Winterschlaf dauert von Ende September/Anfang Oktober bis April. Die Tiere senken dabei ihre Körperfunktionen (Atmung, Herztätigkeit, Rückbildungen im Verdauungstrakt) und zehren von dem im Sommer angemästeten Fett. Sie erwachen im Frühjahr stark abgemagert (Körpermasseverlust von ca. 40 %).

Murmeltiere bringen nicht jedes Jahr Junge zur Welt.

Im Sommer leben die Murmeltiere als reine Pflanzenfresser von Gräsern und Kräutern der Bergmatten. Tagaktiv sind sie im offenen Gelände von Weitem gut zu beobachten. Viele Volksnamen in allen Alpengegenden (Mankei, Mungg, Murmele, Murmandl) beweisen seine Volkstümlichkeit. Fett (Mankeischmalz) und Zähne galten als Heilmittel bzw. Amulett (die Nagezähne sind heute Jagdtrophäe). Natürliche Feinde sind vor allem Steinadler und Fuchs. Bei Gefahr stoßen Murmeltiere schrille Warnschreie (Pfiffe) aus, worauf alle Koloniebewohner zu Bau fahren und sich später nur allmählich, vorsichtig sichernd, wieder herauswagen.

Das Murmeltier ist in Deutschland ganzjährig geschont. Die Bestandsregulation erfolgt über Steinadler und Winterverluste sowie innerartlich. Ranghohe Weibchen verhindern, dass rangniedrige Weibchen reproduzieren. Würfe rangniedriger Weibchen werden vom ranghöheren Weibchen getötet. Wird eine Familiengruppe von einem fremden Männchen übernommen, tötet dieses sämtliche Junge. In der jagdlichen Terminologie wird das Männchen Bär, das Weibchen Katze und die Jungen Affen genannt.

539 | In welchen Regionen lebt das Murmeltier?

Alpenmurmeltiere leben in den Alpen in offenem Gelände teilweise auch unterhalb der Waldgrenze. Es gibt sogar wesentlich tiefer noch Kolonien (im Allgäu bis auf 1300 m).

540 | Lassen sich »Bär« und »Katze« zuverlässig unterscheiden?

Nein, es gibt keine zuverlässigen Unterscheidungsmerkmale.

Steckbrief Alpenmurmeltier

Körperbau: Vorne 4, hinten 5 Zehen mit kräftigen Grabkrallen; Gewicht ♂ und ♀ bis 5,5 kg.
Sinne: Sehvermögen sehr gut; Hörsinn und Geruchssinn untergeordnet; Vibrissen im Gesicht.
Lautäußerungen: Scharfer Pfiff bei Gefahr; Muckern als Kontaktlaut.
Lebensweise: Lebt in Familiengruppen, die in Kolonien siedeln, jeweils dominiert von einem älteren Männchen; Winterschlaf rund 6–7 Monate, erwacht regelmäßig, um Kot und Urin abzusetzen und die Körpertemperatur hochzufahren; trägt im Spätsommer Heu als Polstermaterial (keine Äsung!) in den Winterbau.
Fortpflanzung: Geschlechtsreife mit 3–4 Jahren; Paarung im April/Mai im Winterbau; Tragzeit ca. 34 Tage; im Mittel 3 nackte, blinde Junge (Nesthocker, bei hoher Inzuchtrate); Öffnen der Augen mit 22–24 Tagen; Säugezeit mind. 2 Monate; erscheinen mit 40 Tagen auf dem Bau; mit 2 Jahren erwachsen.
Nahrung: Gräser und Kräuter alpiner Matten und Viehweiden.
Zahnformel: $\frac{1\ 0\ 2\ 3}{1\ 0\ 1\ 3} = 22$

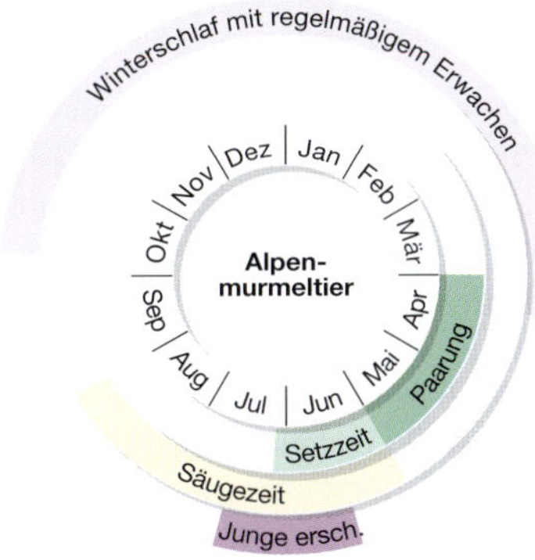

Jahreszyklus

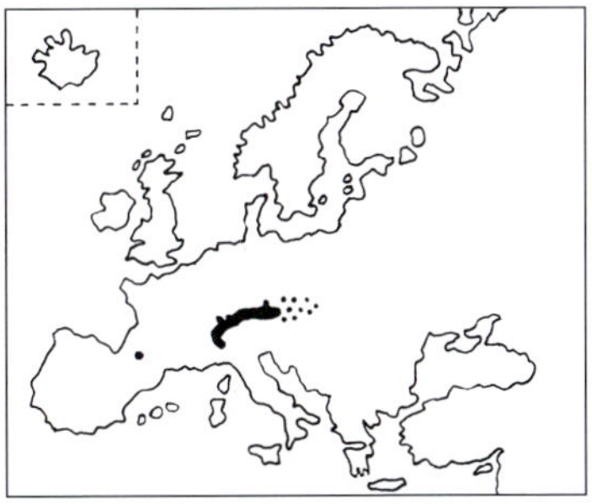

Verbreitungsgebiet

541 | Wie ernähren sich Murmeltiere?

Murmeltiere bevorzugen als ausgesprochene Pflanzenfresser krautartige Pflanzen und Gräser. Nach dem Winterschlaf werden mangels frischer Gräser etc. Wurzeln und Zwiebeln ausgegraben und aufgenommen.

542 | Wie leben Murmeltiere?

Murmeltiere leben gesellig in Kolonien.

543 | Wie überwintern Murmeltiere?

Im Winterschlaf in speziellen Bauten, die mit trockenem Gras ausgepolsterte Schlafkessel aufweisen.

Die orangefarbenen, ständig nachwachsenden Nagezähne gelten als Trophäen.

Europäischer Biber
(Castor fiber)

Der Europäische Biber ist bei einem Gewicht von 20–25 kg und einer Kopf-Rumpf-Länge ohne-Schwanz (Kelle) von 80–90 cm das größte europäische Nagetier. Er hat Schwimmhäute zwischen den Hinterzehen, seine bis 40 cm lange Kelle ist waagerecht abgeplattet und mit Schuppen besetzt. Der Balg ist braun. Der Biber lebt in Familienverbänden. Er baut Reisigburgen im Wasser und Erdbaue im Ufer sowie Dämme, um den Wasserstand zu regulieren. Er schwimmt und taucht ausgezeichnet. Der Biber lebt von Wasserpflanzen, Ufergräsern und Kräutern, Rinde und Zweigen von Laubbäumen, besonders Weichhölzern. Er fällt Bäume, indem er sie durch Benagen rings um den Stamm zu Fall bringt, um an die Zweige zu gelangen, mit denen er Wintervorräte unter Wasser anlegt (Nahrungsflöße). Landwirtschaftliche Kulturpflanzen (Gemüse, Rüben) von ufernahen Äckern werden gerne genommen.

Charakteristisch für den Biber ist die flache breite Kelle (Schwanz).

Der in Mitteleuropa fast völlig ausgerottete Biber wurde etwa ab 1980 erfolgreich wiedereingebürgert (u.a. an Donau, Inn und Saar). Die Gesamtpopulation wird zurzeit (Stand 2018) mit über 30.000 Individuen angegeben. Da er nicht bejagt wird und kaum natürliche Feinde hat, ist er inzwischen vielerorts zum Problemtier geworden. Der Biber unterliegt nicht dem Jagdrecht, sondern dem Naturschutzrecht. In Bayern darf er derzeit mit Ausnahmegenehmigung geschossen werden.

544 | Wo kommt der Biber heute noch/wieder vor?

Im Mittelabschnitt der Elbe und den dortigen Nebenflüssen, in Teilen Brandenburgs und Rheinland-Pfalz', im Saarland, Emsland, am Niederrhein und Hochrhein, in Spessart, Rhön und Eifel sowie in weiten Teilen Bayerns.

545 | Welche Lebensräume besiedelt der Biber?

Der Lebensraum des Bibers ist immer an Wasser (Fließ- oder Stehgewässer) gebunden (semiaquatische Lebensweise). Vegetationsreiche Ufer und anschließende Auwälder sind sein bevorzugter Lebensraum. Er besiedelt selbst städtische Gewässer.

546 | Wie schwer kann ein Biber werden?

Erwachsene Biber erreichen ein Körpergewicht bis 25 kg.

547 | Welche Drüsen besitzt der Biber?

Zwei in den Weidlochbereich einmündende, feigenförmige Duftdrüsen, die das sogenannte Bibergeil enthalten (Markierungsdrüsen). Dem Bibergeil misst der Volksglaube Heilkräfte zu (Heilaberglaube).

Steckbrief Europäischer Biber

Körperbau: Gedrungener Korpus mit flachem Schwanz von halber Körperlänge (Kelle); vorne und hinten 5 Zehen (hinten mit Schwimmhäuten); Augen und Nase mit Hautfalte verschließbar; Gewicht bis 25 kg.
Sinne: Sehvermögen gut; Hör- und Geruchssinn eher mäßig.
Lautäußerungen: Klatschen mit der Kelle aufs Wasser als Warnlaut.
Lebensweise: Bewohnt in Familiengruppen Baue im Wasser oder in der Uferböschung; staut Fließgewässer an; entfernt sich kaum weiter als 30 m vom Ufer.
Fortpflanzung: Einehe; Hauptpaarungszeit Januar/Februar; Tragzeit ca. 106 Tage; Wurfzeit April/Mai; 2–4 sehende und behaarte Jungen; Säugezeit ca. 2 Monate.
Nahrung: Gräser, Kräuter, Zweige und Rinde von Laubhölzern (Winteräsung), aber auch landwirtschaftliche Kulturpflanzen.
Zahnformel: $\frac{1\,0\,1\,3}{1\,0\,1\,3} = 20$

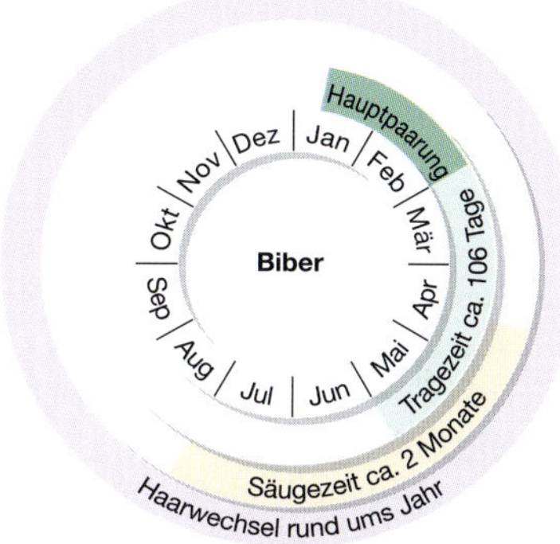

Jahreszyklus

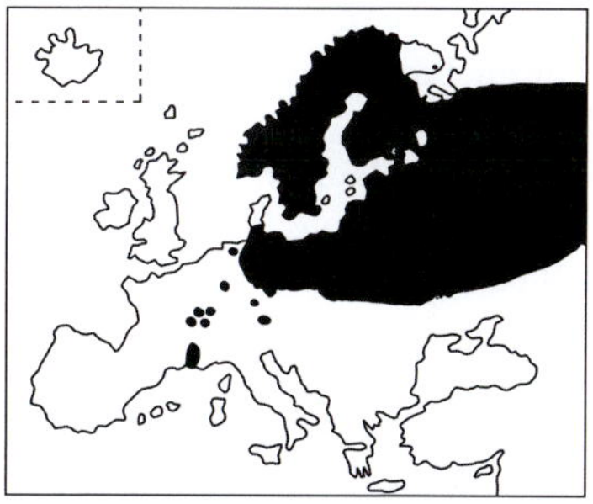

Verbreitungsgebiet

548 | Wo ruhen Biber?
In selbst gegrabenen Erdbauten oder in Biberburgen, die die Biber aus Ästen, Zweigwerk, Lehm etc. im Wasser errichten. Die Zugänge liegen immer unter Wasser.

549 | Welchen Warnlaut gibt der Biber ab?
Er schlägt mit der Kelle auf die Wasseroberfläche.

550 | Wann paaren sich die Biber?
In der Zeit von Januar bis April. Biber leben absolut monogam.

551 | Wie hoch ist die Fortpflanzungsrate?
Im Schnitt 3 Junge je Weibchen.

552 | Welche Schäden entstehen durch Biber?
Ökonomisch relevante Schäden treten auf durch an- wie abgenagte Bäume aller Altersklassen, an Rüben und Kohlpflanzen sowie indirekt durch den Bau von Dämmen (Überflutungen, Ufereinbrüche).

553 | Unterliegt der Biber dem Jagdrecht?
Nein, er unterliegt dem Naturschutzrecht.

Nutria *(Myocastor coypus)*

Die aus Südamerika stammenden Nutrias (»Biberratte«, auch Sumpfbiber) kommen bei uns immer häufiger vor. Es sind Nachkommen verwilderter Flüchtlinge oder illegal ausgesetzter Tiere aus aufgelassenen Pelztierfarmen. Das ähnlich wie der Biber ans Leben im Wasser angepasste Nagetier (semiaquatisch) lebt vornehmlich in klimatisch milden Flussauwäldern, Altarmen, Seen, Teichen und grabenreichem Marschland mit Schilf- und Binsengürteln.

In einigen Bundesländern unterliegt die Nutria dem Jagdrecht. Wo sie nicht dem Jagdrecht unterliegt, genießt sie auch nach dem Naturschutzrecht keinen besonderen Schutz. Das Fleisch der bis zu 8 kg schweren Tiere ist genießbar (Pflicht zur Trichinenbeschau!), der Balg als Pelzwerk zu verwerten.

Nutrias legen Baue in Uferböschungen an, jedoch keine Burgen aus Pflanzenteilen, wie wir sie vom Biber kennen. Ihre Zugänge liegen immer oberirdisch.

Die Hinterzehen sind mit Schwimmhäuten verbunden, die Vorderzehen jedoch nicht.

554 | Wo ist die Heimat der Nutria?
Die Nutria kommt aus Südamerika.

555 | Wie kam die Nutria zu uns?
Der Wildbestand der Nutria ist durch entkommene oder ausgesetzte Farmtiere begründet worden.

556 | Welche Lebensräume bewohnt sie bei uns?
Die Nutria ist an Wasser gebunden. Sie bevorzugt stehende Gewässer mit reicher Unterwasserflora (Altarme, Seen, Teiche, große Buchten, grabenreiches Marschland) mit Schilf und Binsengürteln. Semiaquatische Lebensweise.

557 | Wie schwer wird die Nutria?
Bis zu 8 kg.

558 | Wie ist die Nutria leicht vom Biber zu unterscheiden?
Der Schwanz der Nutria ist abgerundet dreieckig, der des Bibers als Kelle flach und breit geformt.

559 | Welche Nahrung bevorzugt die Nutria?
Als – fast – reiner Pflanzenfresser lebt die Nutria von allen Teilen der Wasserpflanzen, aber auch von Kulturpflanzen. Weichhölzer werden geschält.

560 | Wo ruhen Nutrias und wo bringen sie ihre Jungen zur Welt?
Die nachtaktiven Tiere ruhen in einem selbst gegrabenen Erdbau mit großem Kessel. Seine Röhren münden immer oberirdisch. Im Wurfkessel dieser Bauten werden die Jungen geboren.

561 | Wann paaren sich die Nutrias?
Nutrias paaren sich über das ganze Jahr.

562 | Wie hoch ist die Fortpflanzungsrate?
Das Weibchen wirft nach einer Tragzeit von

Steckbrief Nutria

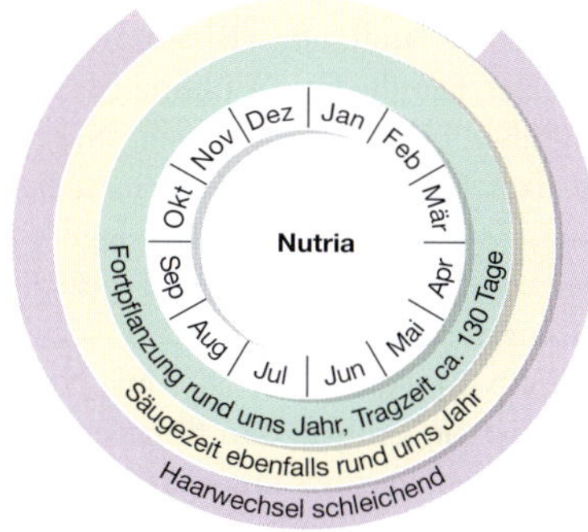

Jahreszyklus

Verbreitungsgebiet

Körperbau: Ähnlich Biber, jedoch abgerundet dreieckiger Schwanz; vorne und hinten je 5 Zehen, hinten mit Schwimmhäuten; innere Mundhöhle separat abschließbar; Gewicht ♂ bis 8 kg. Haarwechsel über das ganze Jahr verteilt.
Verhalten: An Gewässer gebunden; lebt in Familiengruppen, ältere Männchen auch alleine; bewohnt Erdbau im Uferbereich; taucht bis zu 5 Minuten.
Fortpflanzung: Geschlechtsreife mit 5–6 Monaten; Paarungszeit ganzjährig (Zyklus alle 2–4 Wochen); neuerliche Begattung schon kurz nach der Geburt; Tragzeit ca. 130 Tage; 4–7 sehende und behaarte Junge; Säugezeit etwa 8 Wochen.
Nahrung: Rhizome, Stängel und Blätter von Wasserpflanzen, Rinde von Weichhölzern, teilweise landwirtschaftliche Kulturpflanzen in Ufernähe (Hackfrüchte, Mais, Klee), in geringem Maße auch Muscheln, Schnecken u.a.
Zahnformel: $\frac{1\,0\,1\,3}{1\,0\,1\,3} = 20$

19 Wochen 4–7 sehende und behaarte Junge im Wurfkessel.

563 | Ist der Balg der Nutria verwertbar?

Ja, er stellt ein gutes Pelzwerk dar.

564 | Ist das Wildbret der Nutrias verwertbar?

Das Wildbret der Nutrias ist wohlschmeckend und genießbar.

565 | Wer reguliert die Nutrias?

Fressfeinde der Nutrias sind Fuchs, Dachs, Marderhund, Greife etc. Wesentliche Bestandssenkungen verursachen strenge Winter, an die die Tiere nicht angepasst sind. Entgegen den Erwartungen werden die Bestände jedoch auch durch härtere, selbst länger andauernde Winter nicht ausgelöscht (Klimawandel!).

566 | Welche Schäden verursachen Nutrias?

Schäden an Feldfrüchten, besonders an Hackfrüchten sind auffallend. Durch ihre grabende Tätigkeit wird die Haltbarkeit von Dämmen und Uferböschungen erheblich negativ beeinflusst. Hierdurch hat sich die Nutria regional zu einem echtem Problemtier entwickelt.

Bisam *(Ondatra zibethicus)*

Der Bisam – landläufig »Bisamratte« genannt – gehört zur Familie der Wühlmäuse. Der kaninchengroße, bis 1,5 kg schwere Nager genießt nach dem Naturschutzrecht keinen besonderen Schutz. Er unterliegt nicht dem Jagdrecht. Zum Erlegen des Bisams ist somit eine spezielle Schießerlaubnis notwendig.

Der Bisam wurde um 1900 aus Nordamerika als Pelztier eingeführt. Von Böhmen aus hat sich der Bisam seither über fast ganz Mitteleuropa an sämtlichen Gewässern ausgebreitet und verursacht durch Unterwühlen von Dämmen und Ufern erhebliche Schäden. Eigentümer von Gewässern sind zur Bisambekämpfung verpflichtet; staatliche Bisamfänger sowie ehrenamtlich bestätigte Fänger betreiben den Fang mit Fallen gegen amtliche Fangprämien und verwerten die Bälge. Auch das Fleisch ist genießbar, unterliegt aber, da Bisam gelegentlich auch tierische Nahrung aufnimmt, der Pflicht zur Trichinenbeschau. Zu seinen natürlichen Feinden zählen der Fischotter und der Mink.

567 | Wo ist die Heimat der Bisame?
Ihre ursprüngliche Heimat ist Nordamerika.

568 | Wie unterscheiden wir Bisam und Nutria?
Der Bisamschwanz ist seitlich abgeplattet (im Querschnitt oval), der der Nutria abgerundet dreieckig.

569 | Ist der Bisam Allesfresser?
Nein, er ist überwiegend Pflanzenfresser, nimmt aber auch Muscheln und andere Wassertiere.

570 | Wo ruht er und wo bringt er seine Jungen zur Welt?
In selbst gegrabenen Bauten im Uferbereich. Die Bauten besitzen große Kessel mit Lüftungssystemen. Zugänge unter Wasser. In Flachwasserbereichen, Sumpflandschaften etc. werden Burgen aus abgebissenen Pflanzen errichtet (bis 1,50 m über dem Wasserspiegel herausragend).

571 | Sind Bisame Einzelgänger?
Bisame leben sowohl einzeln als auch in Familiengruppen. Dämmerungs- und nachtaktiv.

572 | Wie ist die Vermehrung der Bisame?
Die Ranz beginnt im Dezember und endet mit ausgehendem Sommer. Die Tragzeit beträgt 28 Tage, 2–4 Würfe pro Jahr.

Bisam richten an Dämmen und Ufern erhebliche Wühlschäden an.

Steckbrief Bisam

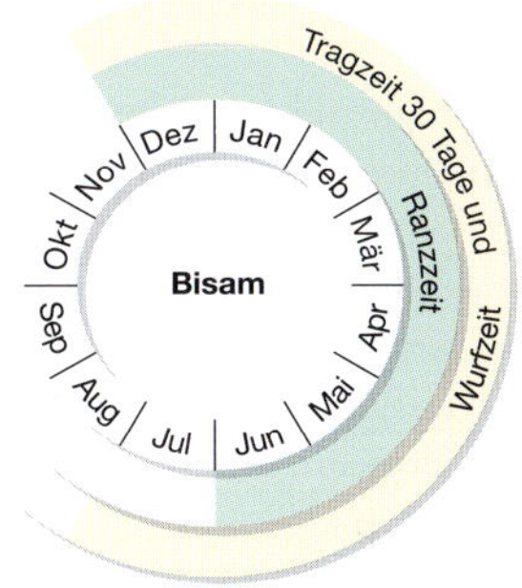

Jahreszyklus

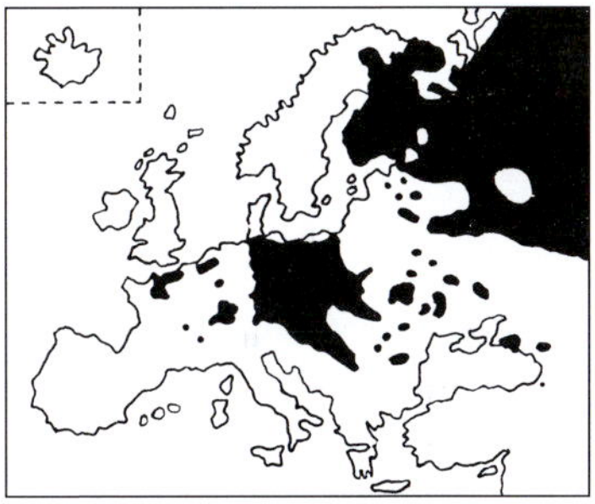

Verbreitungsgebiet

Körperbau: Gestalt ähnlich Biber, aber wesentlich kleiner; Schwanz seitlich abgeplattet; vorne 4, hinten 5 Zehen mit angedeuteten Schwimmhäuten; Nase und Außenohr verschließbar; Körperlänge bis 40 cm; Gewicht bis 1,5 kg; Haarwechsel ganzjährig.
Sinne: Sehvermögen gut, Hör- und Geruchssinn eher mäßig; Vibrissen im Gesicht.
Verhalten: Überwiegend dämmerungs- und nachtaktiv; lebt in Familien; baut Burgen ähnlich Biber oder gräbt Baue im Uferbereich; taucht bis 20 Minuten.
Fortpflanzung: Ranzzeit von Dezember bis August; Tragzeit 30 Tage; bis zu 4 Würfe; jeweils 4–8 blinde, nackte Junge; Öffnen der Augen nach ca. 10 Tagen; Säugezeit ca. 18 Tage; selbstständig mit 4 Wochen.
Nahrung: Überwiegend Wasser- und Uferpflanzen, Kulturpflanzen, in geringem Maße Muscheln. Daher unterliegt er auch der Trichinenbeschau.
Zahnformel: $\frac{1\,0\,0\,3}{1\,0\,0\,3} = 16$

Art	volkstümliche Namen	Größe (cm) KR = Kopf-Rumpf-Länge S = Schwanzlänge	Gewicht (kg)	Form des Schwanzes	Schwimmhäute	Nahrung	Lebensraum, Häufigkeit
Biber *Castor fiber*	Fabelname: »Meister Bockert«	KR: 80–100 S: 30–40	20–25	flach abgeplattet, beschuppt (»Kelle«)	an Hinterzehen, stark	Pflanzen in und am Wassser; Rinde; fällt Bäume!	Gewässer mit Auwäldern; (örtl. wiedereingebürgert)
Nutria *Myocastor coypus*	»Sumpfbiber« »Biberratte«	KR: 45–65 S: 30–40	4–8	abgerundet, dreieckig, dünn behaart	an Hinterzehen, schwach	Wasserpflanzen	ruhige Gewässer in mildem Klima
Bisam *Ondatra zibethicus*	»Bisamratte« »Wasserratte«	KR: 35–40 S: 20–30	1–1,5	lang, seitlich kielförmig flach, beschuppt mit Borsten	an Hinterzehen, angedeutet	Wasser- und Uferpflanzen	Gewässer aller Art; häufig

Haarraubwild

Als Haarraubwild bezeichnen wir die dem Jagdrecht unterliegenden, überwiegend Fleisch fressenden Beutegreifer (§ 2 BJagdG sowie LJG). Sie gehören zoologisch folgenden Familien an:

- Hundeartige: Wolf, Fuchs, Marderhund
- Marderartige: Dachs, Stein- und Baummarder, Iltis, Hermelin, Mauswiesel, Nerz und Mink, Fischotter.
- Katzenartige: Luchs, Wildkatze
- Bärenartige: Braunbär, Waschbär
- Wasserraubtiere: Robben (Flossenfüßler).

Kennzeichnend für alle ist das Raubtiergebiss, bestehend aus schwachen, schmalen Schneidezähnen, starken, langen Fangzähnen (Eckzähne) und kräftigen Backenzähnen, von denen P_4 im Oberkiefer und M_1 im Unterkiefer als sogenannte Reißzähne ausgebildet sind (s. Seite 191).

Beim Raubwild unterscheiden wir Generalisten (z. B. Fuchs) und Spezialisten (z. B. Fischotter). Letztere sind auf eine oder nur sehr wenige Beutetierarten spezialisiert, während erstere keine Präferenzen im Beutespektrum zeigen.

Alle heimischen Raubtiere gehören zu einem intakten Ökosystem, in dem sie wesentliche natürliche Aufgaben zu erfüllen haben. Die Eingruppierung der Beutegreifer in nützlich und schädlich aus menschlicher Sicht ist anachronistisch und wildbiologisch nicht zulässig. Das Raubwild ist ein wesentlicher Bestandteil der Biodiversität in unserem Ökosystem und hat auch in der Kulturlandschaft seine regulierende Aufgabe, insbesondere durch Eingriffe in die Kleinnagerpopulationen. In *stabilen* Wildtierbeständen gefährdet Prädation auch in der Summe weder die Art noch schmälert sie nennenswert die vom Menschen gewünschte Nutzung. Dagegen können Wildarten, deren Vorkommen durch extreme Witterung und erhebliche Lebensraumverschlechterung auf das Existenzminimum abgesunken ist, durch generalistische Beutegreifer zum Erlöschen gebracht werden. Die opportunistischen Beutegreifer zählen zu den Gewinnern in unserer Kulturlandschaft. Sie sind zahlenmäßig stark vertreten, sodass deren Bejagung nicht nur in Form der Nutzung einer natürlichen Ressource, sondern auch aus ökologischen und Artenschutzgründen sinnvoll und erforderlich ist.

Erwachsene, gesunde Hasen sind selten Beute des Fuchses.

Wolf *(Canis lupus)*

Historie: 10.000 Jahre lang war der Wolf, der Stammvater all unserer Hunde, über die ganze nördliche Erdhalbkugel verbreitet, von Asien bis Nordamerika. Auch heute noch besiedelt er weite Teile Eurasiens und Nordamerikas. Seit Beginn des 19. Jahrhunderts hat ihn der wirtschaftende Mensch als Schaden verursachenden Konkurrenten aus den dichter besiedelten Räumen Europas verdrängt, ihn massiv dezimiert oder gänzlich ausgerottet. Restvorkommen in Europa, in der Regel isolierte Populationen, gibt es in Spanien, Portugal, Italien und Griechenland sowie in Skandinavien und in den östlichen Ländern Polen, Tschechische Republik, Rumänien, Bulgarien und Kroatien. Eine allgemeine und grundsätzliche Einstellungsänderung der Mehrheit der Bevölkerung gegenüber dem Wolf führte Ende des 20. Jahrhunderts zur internationalen Unterschutzstellung dieses Spitzenprädators. So auch in Deutschland, wo er dem Naturschutzgesetz unterliegt. Der Wolf gehört bislang also nicht zu den jagdbaren Wildarten (Ausnahme Sachsen, dort ganzjährig geschont)!

Durch den verfügten Schutz haben sich die Wolfsbestände europaweit erholt, die Anzahl der Wölfe nimmt zu. Eine weitere Zunahme und

Wölfe leben in strengen Hierarchien und bedienen sich einer reichen Körpersprache.

Steckbrief Wolf

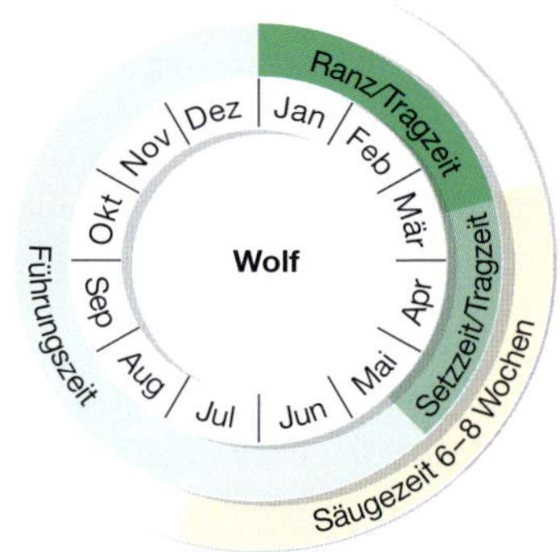

Jahreszyklus

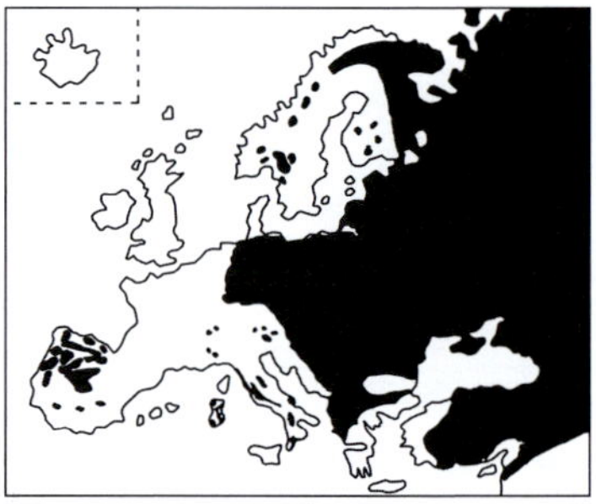
Verbreitungsgebiet

Körperbau: Gesamtlänge ♂ bis 200 cm; Schulterhöhe bis 80 cm; Gewicht bis 50 kg; Zehen vorne 5, hinten 4; 10 Zitzen.
Sinne: Sehvermögen gut, Geruchssinn und Hörsinn sehr gut.
Lautäußerungen: Heulen als Kontakt- und Revierlaut, Knurren als Drohlaut, Winseln der Welpen als Kontaktlaut.
Lebensweise: Streng territorial in großem Streifgebiet; überwiegend dämmerungs- und nachtaktiv, lebt und jagt im Rudel mit strenger Rangordnung.
Fortpflanzung: Geschlechtsreife mit 2–3 Jahren; polygam bei Rudelhierarchie; Ranzzeit Januar bis März; Tragzeit 62–65 Tage; 4 bis 8 blinde, behaarte Junge; Öffnen der Augen mit 9–12 Tagen; Säugezeit 6–8 Wochen; Führung durch Eltern etwa 11 Monate; Verbleib der Rüden im Rudel bis zur Geschlechtsreife mit 2 Jahren.
Nahrung: Schalenwild bis Elch, Haustiere: Schaf, Ziege, Rind, Pferd, Hund; Aas, Kleinnager; Nahrungsbedarf schwankt zwischen 7 und 14 % des Körpergewichtes.
Zahnformel: $\frac{3\,1\,4\,2}{3\,1\,4\,3} = 42$

Ausbreitung der europäischen Population wird prognostiziert. Zwischenzeitlich hat sich der Wolf auch in Deutschland wieder in größerer Zahl etabliert. Zuwanderer aus dem Osten, vornehmlich Exemplare aus der westpolnischen Wolfspopulation, besiedelten die Muskauer Heide (Sachsen), wo im Jahre 2000 nach etwa 100 Jahren wieder der erste Wolfswurf in Deutschland nachgewiesen wurde. Ausgehend von der Lausitz haben sich innerhalb von gut 10 Jahren vor allem in Brandenburg, Thüringen, Sachsen-Anhalt, Mecklenburg-Vorpommern, Bayern, Schleswig-Holstein und Niedersachsen Wölfe angesiedelt. Korrekterweise muss hier festgehalten werden, dass der Wolf in Deutschland nie vollständig ausgelöscht war. Vor dem 2. Weltkrieg waren Wölfe im Osten des Deutschen Reiches heimisch. Ebenso traten in der ehemaligen DDR immer wieder Wölfe auf, die aber intensiv bejagt wurden, wodurch Rudelbildungen und eine weitere Ausbreitung flächendeckend verhindert wurde.

In Deutschland lebten nach den aktuellen Angaben der deutschen Dokumentations- und Beratungsstelle des Bundes für den Wolf (DBBW) im Monitoring-Jahr 2022/2023 insgesamt 184 bestätigte Rudel, 47 Paare und 22 territoriale Einzeltiere. Im Untersuchungszeitraum wurden in den bestätigten Wolf-Territorien insgesamt 1139 Wölfe nachgewiesen, die tatsächliche Zahl dürfte deutlich höher liegen. Deshalb kann eine Gesamtzahl aller deutschlandweit lebenden Wölfe derzeit nicht exakt angegeben werden.

Lebensraum und Lebensweise: Bevorzugte Lebensräume des Wolfes sind eigentlich störungsarme, wildreiche, zusammenhängende Waldgebiete mit einem hinreichenden Maß an Beutetieren. Die häufig zu beobachtende Tolerierung menschlicher Störungen in ihren derzeitigen Territorien belegt die hohe Anpassungsfähigkeit dieses großen Beutegreifers. Die Rückkehr der Wölfe nach Deutschland ist eine natürliche Ausbreitung dieser Wildart. Die Wiederbesiedlung geschieht aus drei Richtungen, nämlich aus Polen, dem Balkan und von den Alpen her. Findet ein Wolfspaar auf dieser Wanderung ein adäquates Territorium, zieht es dort seinen 1. Wurf auf und jagt dann mit seinem Nachwuchs zusammen im Rudel. Der 1 Jahr später nachfolgende 2. Wurf wird ebenso aufgezogen und in das bestehende Rudel integriert. Dieses »Großrudel« verlassen als erste Rudelmitglieder die Jungrüden (in einem Alter von +1 1/2 Jahren). Mit Erreichen der Geschlechtsreife folgen ihnen einige weibliche Jungtiere (Alter + 2 Jahre). In den von diesen Einzeltieren neu erschlossenen Streifgebieten kommt es auffallend schnell zur Paarbildung nicht verwandter Individuen, die hier nun ihrerseits in die

Der Wolf gehört zu den großen Beutegreifern mit hoher Anpassungsfähigkeit.

Reproduktion gehen. Dieses genetisch vorgegebene Verhalten und die hohe Reproduktionsleistung eines Wolfspaares erklären die rasche Ausbreitung der Wölfe in Deutschland. Die gegebene hohe Verfügbarkeit an Nahrung beschleunigt diese zusätzlich.

Die für ein Wolfsrudel bei uns typische Zusammensetzung des Rudels kann somit wie folgt aussehen: Elternpaar plus 2 verbliebene weibliche Jährlinge, plus 4 Welpen; in Summe: 8 Wölfe.

Fortpflanzung: Die in der Literatur immer wieder betonte Dominanz des reproduzierenden Paares (Alpha-Fähe und Alpha-Rüde) existiert auch in der freien Wildbahn. Hier kann es jedoch nicht zur Unterdrückung sexueller Aktivitäten beim geschlechtsreifen Nachwuchs kommen, da der Nachwuchs das Rudel frühzeitig verlässt. In Deutschland ist die Reproduktion der Wölfe derzeit sehr hoch. Sie liegt bei 30 % Zunahme pro Jahr.

Ernährung: Die wesentlichste Nahrungsressource der Wölfe in Deutschland sind alle Schalenwildarten, ganz vornehmlich Reh-, Rot- und Schwarzwild. Rehwild stellt mit über 50 % den Hauptanteil der Beute dar, gefolgt vom Rotwild, vornehmlich Kälbern, und dem Schwarzwild, auch hier vornehmlich schwächere Stücke. Der Tagesnahrungsbedarf eines erwachsenen Wolfes wird in der Literatur mit 4 kg Fleisch angegeben. Rein rechnerisch ergibt sich hieraus eine Jahresbeute von ca. 70 Rehen oder 9 Stück Rotwild oder 17 Stück Schwarzwild pro Wolf. Dies sind sicher beeindruckende Zahlen, die die biologische Wirklichkeit so jedoch nicht korrekt wiedergeben, da das Nahrungsspektrum des Wolfes weit gefächert ist. Neben den Verlusten an Nutzwild wird aus Wolfsgebieten auch von auffallenden Verhaltensänderungen der Beutetiere berichtet, die vom Jäger Änderungen seiner Bejagungsstrategien und -methoden erfordern.

Je mehr Wölfe zusammen jagen, desto größer kann die Beute sein.

Regionale Muffelwildvorkommen sind zwischenzeitlich nachweislich durch den Wolf ausgerottet worden. Sorgfältig zu beobachten sind die zu erwartenden Eingriffe und deren Auswirkungen beim Damwild. So haben sich z. B. die Strecken dieser Wildart in Brandenburg seit der Etablierung von Wölfen innerhalb von nur 7 Jahren halbiert. Übergriffe von Wölfen auf Weidevieh, vornehmlich Schafe, aber auch Rinder sowie auf gegattertes Damwild in relevanten Größenordnungen sind hinreichend belegt.

Die auffallend schnelle Wiederansiedlung und die Ausbreitung der Wölfe werden von Anhängern des nicht nutzenden Naturschutzes begrüßt. In Jägerschaft und Landwirtschaft herrscht hierzu eine sehr ambivalente Einstellung. Das Populations- und Ausbreitungsgeschehen um den Wolf bedarf einer intensiven Beobachtung und einer exakten Dokumentation. Hierauf basierend muss unter Einschluss der Betroffenen im Konsens in absehbarer Zeit eine politische Lösung gefunden werden, die sowohl dem Wolf, seinen Beutetieren – *Artenschutz ist nicht teilbar* – und nicht zuletzt dem wirtschaftenden Menschen gerecht wird.

573 | Wo finden wir heute in Europa stabile Wolfsbestände?
In Spanien, Portugal, Italien, Skandinavien, auf dem Balkan, in Polen, in Deutschland und in den ehemaligen GUS-Staaten.

574 | Wo gibt es in Deutschland reproduzierende Wölfe?
Ja, Wölfe sind bislang wieder in Sachsen, Brandenburg, Sachsen-Anhalt, Mecklenburg-Vorpommern, Schleswig-Holstein, Niedersachsen und Bayern heimisch geworden.

575 | Welchen Lebensraum bevorzugt der Wolf?
Große zusammenhängende Waldgebiete, Moore. Er scheut jedoch auch urbane Bereiche nicht.

576 | Wie schwer wird ein Wolf?
Rüden erreichen bis 50 kg, Fähen bis 40 kg Lebendmasse.

577 | Welche Wildkrankheit kann beim Wolf besonders problematisch werden?
Die Tollwut, eine tödlich verlaufende Viruserkrankung. An Tollwut erkrankte Wölfe verlieren die Scheu vor Menschen. Durch Angriffe tollwütiger Wölfe sind in den vergangenen 60 Jahren in Europa 5 Menschen zu Tode gekommen. (Die Tollwut gilt in der BRD seit 2008 als getilgt.)

578 | Wovon ernährt sich der Wolf?
Er ernährt sich ganz überwiegend von Wild- und Haussäugetieren, d. h. allen Schalenwildarten; bei Haustieren: Hund bis einschließlich Rind; Fuchs, Hase.

579 | Wie sind Wölfe sozial organisiert?
Wölfe leben in strenger Rangordnung in Rudeln, die von der ranghöchsten Wölfin geführt werden.

580 | Wann teilt sich ein Rudel?
Wolfsrudel haben eine durch Nahrungsangebot und Streifgebietsgröße bestimmte obere Rudelgröße. Wird diese erreicht bzw. überschritten, wandern junge, rangniedrigere Tiere aus dem Rudel ab.

581 | Greifen Wölfe den Menschen an?
In der Regel nicht.

582 | Wie ist das Jagdverhalten der Wölfe?
Mittel- und südeuropäische Wölfe jagen sowohl im Rudel als auch einzeln.

583 | Wann ist die Ranzzeit des Wolfes?
Die Ranz fällt in die Monate Januar bis März.

584 | Welche Besonderheit im Sexualverhalten gibt es?
Es kommt im Rudel nur das Alpha-Paar zur Fortpflanzung. Bei Nahrungsknappheit reproduziert auch das Alpha-Paar nicht.

585 | Wie lange ist die Tragzeit und wie viele Welpen bringt die Wölfin zur Welt?
Die Tragzeit beträgt 62–65 Tage. Die Wurfgröße beträgt in der Regel 4–8 Jungtiere.

586 | Wo bringt die Wölfin die Jungen zur Welt?
In übernommenen Erdbauten, Felshöhlen, unter Wurzeltellern etc. Auch Schilfpartien und Weidendickichte werden als Wurfplatz gewählt.

587 | Welche Schäden entstehen durch den Wolf?
Neben Schalenwild reißen Wölfe Weidetiere, im wesentlichen Schafe, gegattertes Schalenwild, Rinder.

Goldschakal *(Canis aureus)*

Situation: Der Goldschakal (Canis aureus) ist ein Raubtier, das in verschiedenen Regionen Eurasiens und Nordafrikas beheimatet ist. Vornehmlich bevorzugt er warme Klimazonen, jedoch durch die globale Erwärmung erschließt er immer mehr nördliche Länder. In Deutschland wurde erstmals ein Goldschakal 1997 in Brandenburg nachgewiesen. Die ersten Nachfahren wurden in Baden-Württemberg bestätigt und mittlerweile gibt es zahlreiche Nachweise, dass der Goldschakal in Deutschland flächendeckend vorkommt. Der Goldschakal unterliegt nicht dem Jagdrecht und hat daher auch keine Jagdzeit. Er unterliegt dem Naturschutz, da er im Anhang V der FFH-Richtlinie der EU gelistet ist. Im Anhang V sind Tierarten enthalten, »deren Rückgang und Gefährdung vor allem durch die Entnahme aus der Natur verursacht wurde und die daher vor weiterer unkontrollierter Entnahme geschützt werden müssen«.

Merkmale: Der Goldschakal ist ein mittelgroßes Raubtier und gehört zur Familie der Hunde (Canidae). Er hat eine schlanke Körperform mit einer Schulterhöhe von etwa 40 bis 50 Zentimetern und einem Gewicht von 6 bis 14 Kilogramm und ist somit größer als der Fuchs, jedoch wesentlich kleiner als der Wolf. Das Fell des Goldschakals variiert je nach Region und

Kommt mittlerweile flächendeckend in Deutschland vor: der Goldschakal.

Steckbrief Goldschakal

Körperbau: Gesamtlänge bis 150 cm, Schulterhöhe 40–50 cm
Sinne: Sehr guter Gehörsinn, guter Geruchsinn und Sehvermögen
Lautäußerungen: Bellen, Knurren und gelegentlich leises Heulen
Lebensweise: Monogam, territorial, Streifgebiet ca. 5–6 km², kleines Geheck
Fortpflanzung: Mit ca. 2 Jahren geschlechtsreif, Ranzzeit Januar/ Februar, 60–70 Tage Tragzeit, 4–6 Welpen, Säugezeit 6–8 Wochen, mit 8–10 Monaten verlassen die Welpen das Geheck, gelegentlich bleibt ein Welpe länger und hilft bei der nächsten Aufzucht.
Nahrung: Insekten, Amphibien, Kleinsäuger, Aas, auch Früchte und Samen
Zahnformel:
Zahnformel: $\frac{3\,1\,4\,2}{3\,1\,4\,3} = 42$

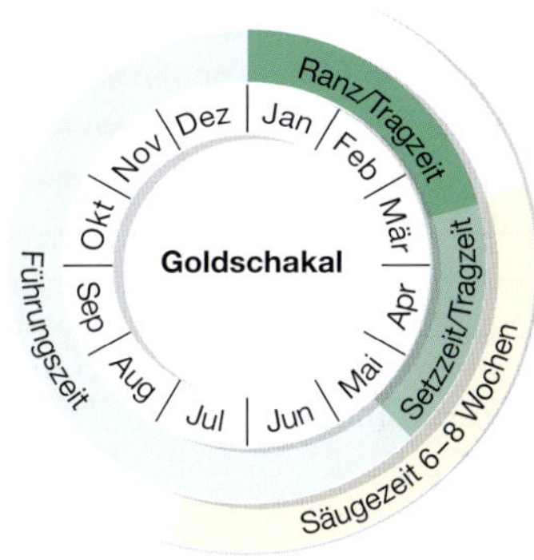

Jahreszyklus

Verbreitungsgebiet

kann von hellgelb bis zu dunkelbraun oder grau reichen. Namensgebend ist die goldene Färbung am Nacken und an den Schultern.

Verbreitung und Lebensraum: Der Goldschakal hat eine beeindruckende geografische Verbreitung und ist in verschiedenen Ländern Eurasiens und Nordafrikas zu finden. Er bewohnt eine Vielzahl von Lebensräumen wie Wälder, Grasland, Wüsten, landwirtschaftliche Flächen und ländliche Siedlungen. Diese Anpassungsfähigkeit hat dazu geführt, dass der Goldschakal in verschiedenen Ökosystemen erfolgreich überleben kann.

Ernährung: Der Goldschakal ist ein opportunistischer Allesfresser. Seine Ernährung besteht aus einer breiten Palette von Beutetieren, darunter Nagetiere, Vögel, Reptilien, Insekten und sogar Aas. Er ist auch in der Lage, pflanzliche Nahrung wie Früchte und Samen zu sich zu nehmen. Diese Vielseitigkeit in der Ernährung ermöglicht es dem Goldschakal, sich an verfügbare Nahrungsquellen anzupassen und in verschiedenen Lebensräumen zu überleben.

Fortpflanzung: Die Fortpflanzung (Ranz) beim Goldschakal erfolgt normalerweise einmal im Jahr, meistens im Januar bis Februar. Die Paarung ist monogam, was bedeutet, dass ein Paar eine langfristige Bindung eingeht. Nach einer Tragzeit von etwa 60 bis 70 Tagen werden 4 bis 6 Welpen geboren, die ca. 6 bis 8 Wochen gesäugt werden. Die Welpen sind bei der Geburt blind und hilflos, entwickeln sich jedoch schnell. Sie werden von beiden Elternteilen versorgt und lernen wichtige Jagd- und Sozialfähigkeiten, um später erfolgreich auf eigenen Pfoten stehen zu können. In der Regel verlassen die Jungtiere die Elterntiere mit ca. 8 bis 10 Lebensmonaten, doch kommt es immer wieder vor, dass einzelne Jungtiere beim Geheck bleiben und sich an der Aufzucht des nächsten Nachwuchses beteiligen.

Bedeutung für das Ökosystem: Der Goldschakal spielt eine wichtige Rolle im Ökosystem, da er dazu beiträgt, das Gleichgewicht in den Populationen von Beutetieren zu erhalten. Durch die Regulation der Nagetierpopulationen kann er auch indirekt die Ausbreitung von Krankheiten kontrollieren. Darüber hinaus ist er als Aasfresser wichtig, da er Kadaver beseitigt und so die Hygiene in der Umwelt verbessert.

588 | Wo ist der Goldschakal beheimatet?

Der Goldschakal ist in verschiedenen Regionen Eurasiens und Nordafrikas beheimatet.

589 | Ist der Goldschakal mit dem Fuchs zu verwechseln?

Nein, da er eine kürzere und buschigere Lunte hat, seine Gehöre spitz auslaufen und weiter auseinander stehen.

590 | Wie groß ist ein Goldschakal?

Ein Goldschakal hat eine Schulterhöhe von etwa 40 bis 50 Zentimetern, ist ca. 1 m lang ohne Lunte und wiegt zwischen 6 und 14 Kilogramm.

591 | Wie groß ist das Revier von Goldschakalen?

Ca. 5–6 km^2

592 | Was frisst ein Goldschakal?

Der Goldschakal ist ein opportunistischer Allesfresser und ernährt sich von einer Vielzahl an Beutetieren wie Nagetieren, Vögeln, Reptilien, Insekten, Aas und gelegentlich auch pflanzlicher Nahrung.

593 | Wie lange dauert die Tragzeit beim Goldschakal?

Etwa 60 bis 70 Tage.

594 | Wie viele Welpen bekommt eine Goldschakal-Fähe?

Normalerweise 4 bis 6 Welpen.

595 | Wann verlassen die Goldschakal-Welpen ihre Eltern?

Normalerweise wenn sie etwa 8 bis 10 Monate alt sind.

596 | Welche Farbe hat das Fell des Goldschakals?

Sie variiert je nach Region und kann von hellgelb bis zu dunkelbraun oder grau reichen. Namensgebend ist die goldene Färbung am Nacken und an den Schultern.

597 | Welche Rolle spielt der Goldschakal im Ökosystem?

Der Goldschakal spielt eine wichtige Rolle im Ökosystem, da er dazu beiträgt, das Gleichgewicht in den Populationen von Beutetieren zu erhalten und als Aasfresser Kadaver beseitigt.

598 | Wie kommunizieren Goldschakale miteinander?

Durch verschiedene Lautäußerungen wie Bellen, Heulen und Knurren.

599 | Wie lange leben Goldschakale in freier Wildbahn?

Goldschakale haben eine durchschnittliche Lebenserwartung von etwa 8 bis 10 Jahren in freier Wildbahn.

Fuchs *(Vulpes vulpes)*

Lebensraum und Lebensweise: Der Fuchs ist unsere häufigste und am weitesten verbreitete Raubwildart. Seine größte Siedlungsdichte erreicht er in abwechslungsreichen Feld-/Wald-Landschaften. Im Winter und zur Aufzucht der Welpen nutzt der Fuchs meist vom Dachs gegrabene Erdbaue oder er erweitert Kaninchenbaue. Sobald die Jungen ausgelaufen sind, werden die Baue nur noch gelegentlich kontrolliert. Erst ab Mitte November ruhen Füchse tagsüber in den Bauen – oft aber auch dann noch im Freien. Füchse sind vorwiegend dämmerungs- und nachtaktiv. Die Hauptbeute des Nahrungsgeneralisten sind Mäuse und Regenwürmer. Daneben gehören zum Beutespektrum Niederwild, Vogelgelege und Jungvögel. Insekten und auch pflanzliche Nahrung – Obst, Beeren, Zuckerrüben – runden das Nahrungsspektrum ab. Aas, Fallwild und Verkehrsopfer werden gerne genommen. Nicht alle an Geheckbauen gefundenen Beutereste stammen daher von Tieren, die der Fuchs selbst erbeutet hat. Misthaufen und Müllhalden werden gern nach Fressbarem abgesucht. Natürliche Feinde fehlen weitgehend (regional Wolf, Luchs, Steinadler, Uhu). Natürliche Regulative stellen Räude, Tollwut und Staupe dar. In für Beutetiere suboptimalen Lebensräumen kann der Eingriff durch den Fuchs drastisch und bei einigen Arten existenzbedrohend sein.

Füchse leben als Einzelgänger in Streifgebieten. Zur Ranz stellen sich Rüden zur Fähe. Die Fähe wird in der Jungenaufzucht vom Rüden durch Herantragen von Fraß unterstützt. Sie führt ihre Jungtiere und lehrt sie jagen.

Sinne und Verhalten: Sinnesschärfe und Reaktionsschnelligkeit zeichnen den Fuchs aus, Voraussetzungen, um erfolgreich Beutetiere zu jagen. Hauptsinne sind Geruch und Gehör. Beim Fangen von Mäusen (»Mausen«) orientiert sich der Fuchs vornehmlich nach dem Gehör und bemisst danach die Weite seines Zusprungs. Das Sehen kommt an dritter Stelle; es ist besonders auf das Erkennen von Bewegungen ausgerichtet (»Bewegungsseher«). Der Fuchs erkennt jedoch den still stehenden Jäger leichter, als z.B. Schalenwild das vermag.

Behaarung: Die Sommerbehaarung des Fuchses ist kurz und stumpf, die der Jungfüchse

4 Wochen alte Jungfüchse verbringen schon viel Zeit außerhalb des Baus.

Steckbrief Fuchs

Körperbau: Gesamtlänge ♂ bis 130 cm; Schulterhöhe bis 40 cm; Gewicht bis 10 kg; Zehen vorne 5, hinten 4; 6(–10) Zitzen; Haarwechsel (April bis August).
Sinne: Sehvermögen gut, Geruchssinn sehr gut, Hörsinn sehr gut.
Lautäußerungen: Heiseres Bellen als Warnlaut und bei Unsicherheit; hohes Wimmern als Lockruf der Fähe; Keckern bei Auseinandersetzungen.
Lebensweise: Überwiegend dämmerungs- und nachtaktiv; bewohnt Streifgebiet, das nicht wirklich verteidigt wird; lebt die meiste Zeit einzelgängerisch außerhalb des Baus.
Fortpflanzung: Geschlechtsreife mit 9 Monaten; Saisonehe; Ranzzeit Januar bis Anfang Februar; Tragzeit 51–53 Tage; bis 6 blinde, behaarte Junge; Öffnen der Augen mit 12–14 Tagen; Säugezeit 4 Wochen; Führung durch Eltern 3–4 Monate.
Nahrung: Hauptsächlich Kleinnager, Schalenwild bis krankes Rehwild, Aas, Hausgeflügel, daneben Insekten, Lurche, Obst.
Zahnformel: $\frac{3\,1\,4\,2}{3\,1\,4\,3} = 42$

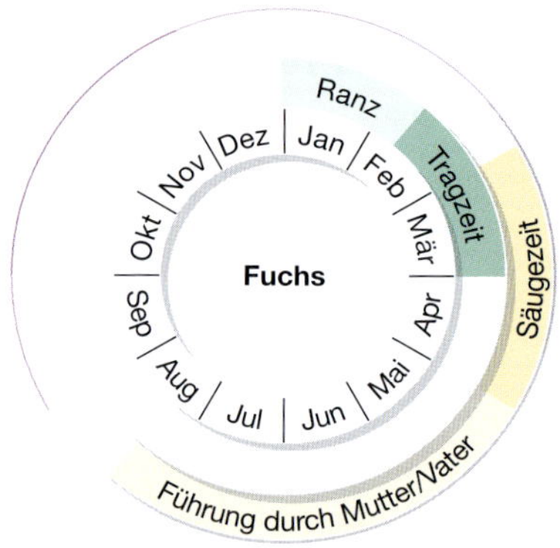

Jahreszyklus

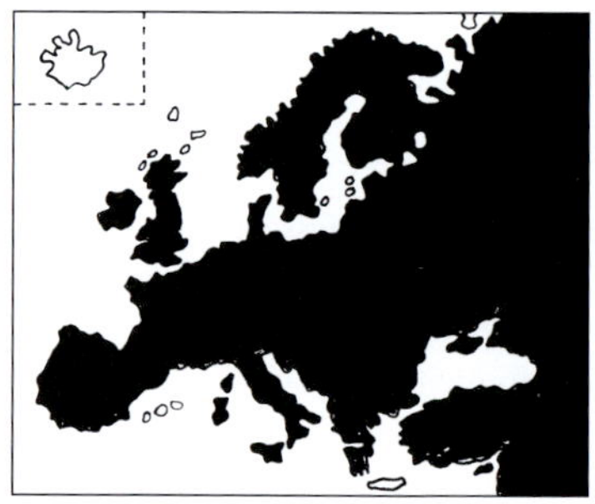

Verbreitungsgebiet

wollig. Sommerbälge sind wertlos. Der Winterbalg – wie der Sommerbalg immer von rötlicher Grundfarbe (namensgebend: Rotfuchs) – ist langhaarig, glänzend und dicht. Er variiert in der Färbung. Rücken- und Seitenpartien sind regelmäßig rötlich, die Bauchseite ist weißlich, die Außenseiten der Gehöre und seine Läufe sind schwarz. Die Spitze der buschigen Lunte trägt oft eine »Blume«, eine weiße (beim »Kohlfuchs« schwarze) Spitze. Füchse werden nach ihren Balgfarben bezeichnet. Neben dem Rotfuchs gibt es den Birk-, Kreuz- und Kohlfuchs. Winterbälge des Raubwildes werden im Fellhandel »Rauchware« genannt. Übergangsbälge zwischen Herbst und Winter werden als »grün« oder »grünledrig« bezeichnet, wenn die Balgseite innen (das Leder) noch nicht völlig weiß ist.

Gebiss: Der Fuchs hat ein typisches Raubtiergebiss, charakterisiert durch lange Eckzähne (Fangzähne) und spitzhöckrige Backenzähne.

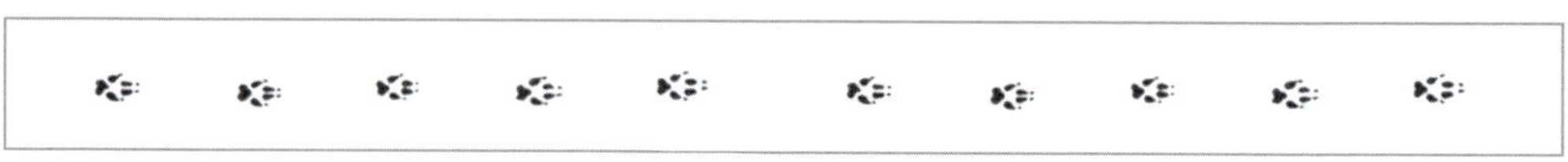

Fuchsspur (»schnüren«)

Körperbezeichnungen beim Fuchs

Die Zahnformel entspricht der unserer Haushunde: $\frac{3\,1\,4\,2}{3\,1\,4\,3} = 42$

Der jeweils am stärksten ausgebildete Backenzahn im Ober- (P_4) und Unterkiefer (M_1) wird als Reißzahn bezeichnet; er dient zum Zerbeißen und Zerkauen von Muskelfleisch, Sehnen und Bindegewebe sowie Knochen der Beutetiere.

Fortpflanzung: Die Ranz ist im Januar/Februar. Der Jäger sagt, »die Fähe rennt«. Häufig folgen ihr mehrere Rüden. Die Fähe geht 52 Tage »dick« und »wölft« in der Regel 4–6 Welpen. Die Welpen sind typische Nesthocker. Als »Heckbau« zur Jungenaufzucht benutzt die Fähe entweder einen Teil eines vorhandenen größeren Baues oder sie legt eigens einen kleinen Bau in guter Deckung (Dickung, Getreidefeld, unter Feldscheune) an. In den ersten 2 Wochen genügt den Welpen die Muttermilch. Danach erbricht die Fähe halbverdauten Nahrungsbrei. Später wird vor dem Bau gefüttert. Die Rüden beteiligen sich an der Aufzucht der Jungen. Beute wird im Überfluss herangeschafft, um das Überleben aller Jungtiere zu garantieren (sog. »surplus killing« zur Arterhaltung). Bei der heutigen hohen Fuchspopulation ist jedem dritten Geheck eine Ammenfähe zuzuordnen (Jungtier vom Vorjahr). Nach 2–3 Monaten kann man die Fähe, gelegentlich auch Fähe und Rüde mit ihrem Nachwuchs auf der Schulpirsch beobachten. Bis zum Selbstständigwerden im Juli/August überleben pro Wurf im Mittel 4 Jungfüchse.

600 | Welches Verbreitungsgebiet hat der Fuchs?

Ganz Eurasien, außer Island und einigen Mittelmeer- und Atlantikinseln.

601 | Welche Lebensräume besiedelt er bei uns?

Alle Lebensräume, auch urbane Bereiche.

602 | Welcher Unterschied fällt beim Vergleich von Fuchs- und Dachsschädel auf?

Dem Fuchsschädel fehlt die für den adulten Dachs typische hohe mittige Knochenleiste über dem Hirnschädel.

603 | Was sind Reißzähne?

P_4 im Oberkiefer, M_1 im Unterkiefer, jeweils beidseitig.

604 | Wie nennt man die Eckzähne?

Fangzähne, beidseitig im Unter- und Oberkiefer. Die auffallend langen Zähne werden auch als Haken bezeichnet und ausgelöst als Trophäen/Erinnerungsstücke aufbewahrt.

605 | Welche Duftdrüsen besitzt der Fuchs?

Die Viole (obere Seite vorderes Drittel der Lunte), Drüsen rund um das Weidloch (Zirkumanaldrüsen) und Analbeuteldrüsen (wie beim Hund).

606 | Wie oft wechselt der Fuchs sein Haar?

Einmal jährlich, von April bis August.

607 | Welche Farbvarianten kennen wir beim Fuchs?

- den *Birkfuchs* = gelbrote Oberseite, weiße Kehle, große Blume
- den *Kohl- oder Brandfuchs* = dunkle Farbvariante, überwiegend dunkelbraunrot, Bauch und Kehle grauweiß, Blume fehlt
- den *Kreuzfuchs* = Kreuzung eines dunklen Rückenstreifens mit einem ebenso dunklen Streifen über die Schultern.

608 | Was ist die wichtigste Krankheit beim Fuchs?

In der Ranz sind Füchse auch tagaktiv.

Die Tollwut, eine virale Erkrankung, die hochansteckend ist und zum Tod führt.

609 | Was versteht man unter Tollwutimmunisierung?

Die Ausbringung von Impfködern zur oralen Immunisierung der Füchse gegen Tollwut. Durch die Immunisierung ist die Tollwut in Deutschland seit 2008 gelöscht.

610 | Welche Krankheit tritt beim Fuchs noch seuchenhaft auf?

Die Räude (Milbe) und die Staupe (Virus).

611 | Für welche gefährlichen Parasiten dient der Fuchs als Wirt?

Für den Fuchsbandwurm *(Echinococcus multilocularis)* und regional die Trichine *(Trichinella spiralis)*.

612 | Lebt der Fuchs rein karnivorisch?

Nein, er bevorzugt tierische, nimmt jedoch auch vegetarische Nahrung auf. Nahrungsgeneralist!

613 | Was ist die Hauptnahrung des Fuchses?

Die Hauptnahrung des Fuchses sind Mäuse und Regenwürmer.

614 | Wie ist das Sozialverhalten der Füchse?

Füchse leben im Frühjahr und Sommer (Jungenaufzucht) in Familienterritorien: Fähe, Rüde und bei hoher Populationsdichte häufig eine Ammenfähe (= Jungtier aus dem vorangegangenen Wurf). Füchse führen eine Saisonehe. Verwaiste Jungfüchse werden adoptiert.

615 | Sind Füchse rein nachtaktiv?

Nein, Füchse sind zwar überwiegend dämmerungs- und nachtaktiv, sie sind aber – vor allem in der Ranz – auch tagsüber zu beobachten.

616 | Lebt der Fuchs auch gemeinsam mit dem Dachs in einem Bau?
Ja, in der Regel ist er der Obermieter. Die friedliche Wohngemeinschaft wird Burgfrieden genannt.

617 | Wann steckt der Fuchs im Bau?
Etwa ab Mitte November bis zum Ende der Ranz, die Fähe zudem während der Welpenaufzucht.

618 | Welche Laute kennen wir beim Fuchs?
Das Bellen, das Keckern, das Knurren, das Winseln. Als Warnlaut dient ein kurzes »Wauh«.

619 | Wann paaren sich die Füchse?
Die Ranz findet im Januar/Februar statt.

620 | Wie spielt sich die Ranz ab?
Fast immer folgen mehrere Rüden einer Fähe. Die Begattung erfolgt zunächst durch den Alpha-Rüden.

621 | Wie lange ist die Tragzeit?
51–53 Tage, also 10 Tage weniger als beim Hund.

622 | Wie viele Welpen wölft die Fähe?
Mehrheitlich 4–6 Welpen.

623 | Beteiligt sich auch der Rüde an der Welpenaufzucht?
Ja, er trägt Fraß zu.

624 | Wann werden die Jungfüchse selbstständig?
Mit Beginn des 5. Lebensmonats.

625 | Welchen Einfluss hat der Fuchs auf das Niederwild?
Auch wenn der Nahrungsgeneralist sich im Jahresverlauf ganz überwiegend von Mäusen ernährt, dezimiert er das Niederwild, besonders deren Jungtiere, nicht unerheblich.

626 | Reißen Füchse auch Haustiere?
Ja, hier aber fast ausschließlich Federvieh in Freilandhaltung.

627 | Wo findet man überwiegend Fuchslosung?
Auf Erhebungen (Stubben, Steine etc.).

Weidmannssprache

Balg	Fell
befahren	bewohnt (Bau)
bellen	Lautäußerung
Blume	weiße Spitze der Lunte
Branten	Pfoten
dick gehen	trächtig sein
Fang	Maul
Fangzähne	Eckzähne
Geheck	Junge
Gehöre	Ohren
Geschröt	Hoden
keckern	Lautäußerung
Kern	abgebalgter Fuchskörper
Läufe	Gliedmaßen
Lunte	Schwanz
mausen	Mausfang
Nägel	Krallen
Nuss	Scham
Ranzzeit	Paarungszeit
reißen	lebende Beute fangen
Reißzähne	4. oberer und 5. unterer Backenzahn
Riss	vom Fuchs gerissenes Wild
Röhre	Eingang zum Bau
Rollzeit	Paarungszeit
Rute	männliches Geschlechtsteil
Schnalle	Scham (s. Nuss)
schnüren	langsame, gerade Gangart
Seher	Augen
Standarte	Schwanz (Lunte)
verklüften	im Bau vergraben
Viole	Duftdrüse auf der Schwanzwurzel
Wolle	Haar

Marderhund (Enok) *(Nyctereutes procyonoides)*

Lebensraum und Lebensweise: Der Marderhund ist ein in Ostasien beheimatetes, hundeartiges Raubtier und gehört wie der Fuchs zur Familie der Canidae. Er wurde zwischen 1928 und 1955 in hohen Stückzahlen als Pelztier in der Ukraine angesiedelt. Von dort aus erfolgte eine selbstständige Ausbreitung in Richtung Westen. Sein graubrauner, dichter Balg kann zu Verwechslungen mit dem Waschbär führen. Er hat Branten ähnlich dem Fuchs (Zehen-, kein Sohlengänger), die buschige Lunte ist einfarbig (ohne Ringelzeichnung), und er klettert nicht. Die Spur ist geschränkt wie von einem kleinen Hund (nicht schnürend wie beim Fuchs).

Der Marderhund besiedelt vorwiegend Au- und Mischwälder im Flachland (bis max. 500 m Höhe) und Schilfbestände an Gewässern, auch dringt er in die Feldflur vor. Er ist vorwiegend nachtaktiv, ruht tagsüber in Erdbauen. Als Allesfresser erbeutet er stöbernd und sammelnd überwiegend Kleintiere (Insekten, Mäuse, Vogeleier, Jungvögel, Lurche, Fische) und nimmt zusätzlich viel pflanzliche Nahrung auf.

Sieht man von Gelegeverlusten bei Bodenbrütern und geringgradigen Verlusten durch Erbeutung von Jungtieren des Niederwildes ab, ist der Marderhund jagdwirtschaftlich unbedeutend. Als fremde Wildart ist er bei uns nicht erwünscht. Aufgrund seiner zwischenzeitlich erreichten starken Verbreitung ist eine Ausrottung mit jagdlichen Mitteln nicht mehr möglich. Erlegt wird er meist nur zufällig (Ansitz, Baujagd). Auch die Jagd mit Fallen ist möglich (jagdrechtliche Stellung wie Waschbär).

628 | Wo ist die Heimat des Marderhundes?

Seine Heimat ist das Amur- und Ussurigebiet in Ostasien.

629 | Welche Lebensräume besiedelt er?

Er bevorzugt wwasserreiche Reviere bis zu einer Seehöhe von max. 500 m.

630 | Wem ähnelt der Marderhund im Aussehen?

Der Enok findet bei uns gute Lebensbedingungen und ist auch durch intensive Bejagung nicht mehr zu verdrängen.

Steckbrief Marderhund

Verbreitung: In Ost- und Westdeutschland inzwischen häufig bzw. flächendeckend vorkommend. Große Ausbreitungstendenz nach Westen.
Körperbau: Gesamtlänge ♂ bis 105 cm; Schulterhöhe bis 22 cm; Gewicht bis 10 kg; Zehen vorne 5, hinten 4; Zitzen 10.
Sinne: Sehvermögen eher mäßig; Geruchssinn sehr ausgeprägt; Hörsinn eher mäßig.
Lautäußerungen: Verständigungsruf »Ouuh«; Keckern und Schnarren bei Auseinandersetzung.
Lebensweise: Lebt in Familiengruppen; überwiegend dämmerungs- und nachtaktiv; bezieht zur Ruhe und Jungenaufzucht Erdhöhlen und hält Winterruhe; guter Schwimmer.
Fortpflanzung: Geschlechtsreife mit 8–10 Monaten; Dauerehe; Ranzzeit Februar / März; Tragzeit 60–63 Tage; 5–8 blinde, behaarte Junge; Nesthocker; Öffnen der Augen mit 10 Tagen; Säugezeit 45–60 Tage; Aufzucht gemeinsam; Führung 3–4 Monate.
Nahrung: Insekten, Lurche, Nager, Eier, Jungvögel, Hausgeflügel, Beeren, Früchte (bis 80 % pflanzlich).
Zahnformel: $\frac{3\,1\,4\,2}{3\,1\,4\,3} = 42$

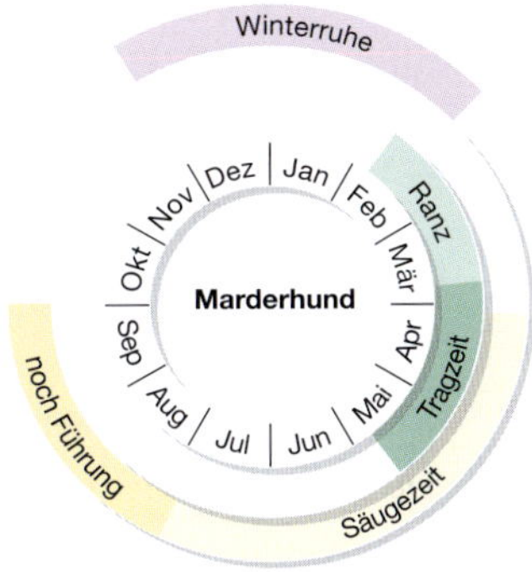

Jahreszyklus

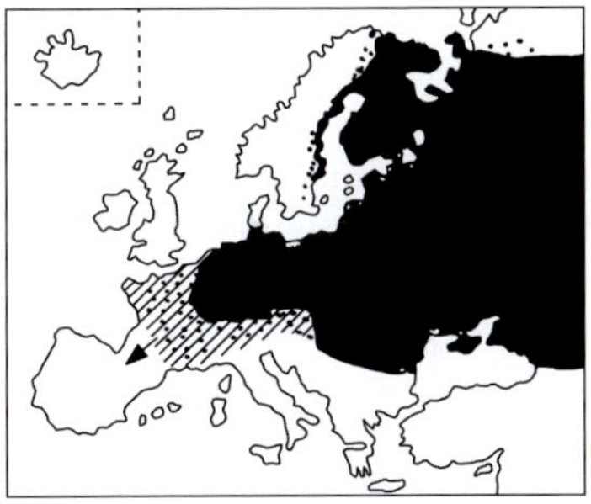
Verbreitungsgebiet

Aufgrund seiner Gesichtsmaske ist er eventuell mit dem Waschbär verwechselbar. Der Marderhund besitzt eine einfarbig dunkle Rute, er ist ein Zehengänger und klettert nicht. (Waschbär: Ringe an der Rute, Sohlengänger, guter Kletterer).

631 | Wie ernährt sich der Marderhund?
Obwohl zum Raubwild gehörend, ist der ausgeprägte Nahrungsgeneralist ein Allesfresser, der von allen kleineren Raubwildarten die meiste pflanzliche Nahrung aufnimmt.

632 | Leben Marderhunde solitär?
Nein, sie leben in Familiengruppen.

633 | Wie ist die Lebensweise?
Marderhunde sind ganz überwiegend dämmerungs- und nachtaktiv.

634 | Wie leben die Geschlechter?
Monogam, Dauerehe.

635 | Halten Marderhunde einen Winterschlaf?
Nein, sie halten ähnlich dem Dachs witterungsabhängig eine Winterruhe.

636 | Wann ist die Ranzzeit?
Von Februar bis Ende März.

Braunbär *(Ursus arctos)*

Lebensraum und Lebensweise: Der Braunbär ist die größte in Europa heimische Raubwildart. Als bekanntester Vertreter der Großbären ist er in zahlreichen Unterarten über weite Teile Asiens, Nordamerikas und Europas verbreitet. Von dem einstigen Verbreitungsraum sind in Mittel- und Südeuropa nur inselartige Restvorkommen (in Spanien, Frankreich, Italien) geblieben. Neuerdings beobachtet und unterstützt man eine Wiederbesiedelung von Teilen Österreichs durch Bären, die aus den östlichen Vorkommen (Slowenien, Kroatien) zuwandern. In Nord- und Osteuropa, wo das Bärenvorkommen an das große, östliche Verbreitungsgebiet anschließt, ist der Bärenbestand gesichert. Die stabilen Vorkommen in Ost- und Südosteuropa erlauben eine nachhaltige Bejagung, die in der Regel als Ansitzjagd am Luder oder am Riss erfolgt.

Trotz seiner Körpergröße ist der Bär ein flinker Läufer. Der Bär benötigt große, zusammenhängende Wälder, in denen er seinen überaus reichhaltigen Speiseplan zusammenstellen kann. Aus der Winterruhe erwacht, sucht er bevorzugt Fallwild, das er auf sehr große Entfernungen wittert. Neben den vorkommenden Schalenwildarten fallen ihm auch Weidetiere zum Opfer. In den Sommermonaten überwiegt die vegetarische Nahrung. Für die Winterruhe frisst er sich starke Feistreserven an. Die Umformung der Kauflächen seiner Backzähne verrät den Allesfresser.

Fortpflanzung: Die Bärzeit findet von April bis Juni statt. Die Bärin geht mit einer unterschiedlich langen Keimruhe bis zu 8 Monaten »dick«. Die Jungbären werden während der Winterruhe in der Höhle geboren. Bis zu 3 Jungbären können im Frühjahr mit der Mutterbärin das Lager verlassen, doch unterliegen die Jungbären bis zum Selbstständigwerden im 3. Lebensjahr einer hohen Sterblichkeit.

Braunbären sind im deutschsprachigen Raum streng geschützt.

Bären stellen bei geringer Dichte keine Gefahr für den Menschen dar. Zu Unfällen kann es mit futterzahmen Bären oder bei überraschenden Nahbegegnungen mit Bärinnen, die noch nicht 1-jährige Junge führen, kommen.

Der Braunbär, eine imposante Erscheinung

Steckbrief Braunbär

Verbreitung: Gesicherte Vorkommen Osteuropa, Balkan (einschließlich Slowenien). Restvorkommen in Spanien, Frankreich und Italien; gering in Skandinavien; wieder eingewandert in Österreich und der Schweiz.
Körperbau: Gesamtlänge ♂ bis 210 cm; Schulterhöhe bis 115 cm; Gewicht bis 250 kg; Zehen vorne und hinten je 5; 6 Zitzen, thorakal angelegt.
Sinne: Sehvermögen gut, Geruchssinn und Hörsinn sehr gut.
Lautäußerungen: Gedämpftes Brummen als Verständigungslaut; blasendes »Wuff« bei Erschrecken; Brüllen bei Schmerz.
Fortpflanzung: Geschlechtsreife mit 2 ½–4 Jahren; keine feste Bindung; Bärzeit April bis Juni; Tragzeit 6–8 Wochen ab November, vorher Keimruhe; 1–3 Junge, blind, nackt; Öffnen der Seher mit 4–5 Wochen; Säugezeit etwa 6 Monate; Führung durch die Mutter 1–2 (3) Jahre.
Nahrung: Insekten, Lurche, Säuger bis Rotwildgröße, Aas, Haustiere bis Jungrind, Honig, Gras, Getreide, Früchte, Beeren, Wurzeln, Pilze.
Lebensweise: Territorialer Einzelgänger; dämmerungs- und nachtaktiv; hält Winterruhe mit Merkmalen des Winterschlafes in primitiven Höhlen.
Zahnformel: $\frac{3\,1\,4\,2}{3\,1\,4\,3} = 42$

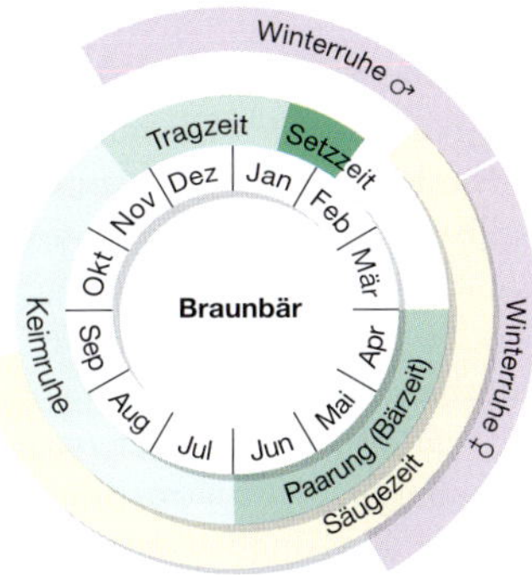

Jahreszyklus

Verbreitungsgebiet

637 | Wie schwer werden europäische Braunbären?
Bis zu 250 kg Körpergewicht.

638 | Wovon lebt der Bär?
Der Bär ist omnivor (Allesfresser) mit einem hohen Anteil vegetarischer Nahrung.

639 | Wann paaren sich die Braunbären?
April bis Juni, seltener Juli bis August.

640 | Wann kommen die Jungen zur Welt?
Keimruhe bis November, Geburten in der Schlafhöhle von Mitte Januar bis Anfang Februar; 1–3 blinde und nackte Junge.

641 | Ist der Bär Winterschläfer oder Winterruher?
Er ist Winterruher mit deutlicher Tendenz zum Winterschläfer.

642 | Scheut der Braunbär den Menschen und seine Ansiedlungen?
Nein, besonders dann nicht, wenn er dort fressbare Abfälle findet. Aber Angriffe auf Menschen sind sehr selten.

Waschbär *(Procyon lotor)*

Lebensraum und Lebensweise: Der Waschbär ist ein Vertreter der Kleinbären (Procyonidae) aus Nordamerika. 1934 wurden 2 Pärchen Waschbären in Nordhessen ausgesetzt; andere entkamen später aus Pelztierfarmen oder wurden freigesetzt. Seither hat sich der Waschbär in Waldgebieten weit verbreitet (Zentren in Hessen, Nordrhein-Westfalen, Niedersachsen sowie in Brandenburg). Zwischenzeitlich dürfte der Waschbär alle Bundesländer besiedelt haben. Er dringt gerne in urbane Bereiche vor.

Sein dichter Balg ist silber- bis schwarzgrau, die buschige Rute schwarz geringelt; typisch ist seine schwarze Gesichtsmaske. Die Körpergröße ist etwas geringer als beim Fuchs (Körperlänge bis 70 cm, Gewicht bis 7 kg). Typisch sind sein »Katzenbuckel« und seine springend-hüpfende Fortbewegungsart.

Der Waschbär ist Sohlengänger (Trittsiegel!), seine Vorderbranten setzt er geschickt als Greifhände ein, er schwimmt und klettert gut.

Er ist ein vorwiegend nachtaktiver Allesfresser mit Vorliebe für Insekten, Mäuse, Vogeleier und Früchte; in Obstkulturen kann er Schaden anrichten. Den Tag verschläft er ähnlich wie die Marder in einem Versteck. Er lebt gesellig in Familiengruppen.

Die schwarze Augenbinde und die schwarzen Luntenringe sind markant.

In den meisten Bundesländern unterliegt der Waschbär dem Jagdrecht und hat ausgewiesene Jagdzeiten (ansonsten hat er auch nach dem Naturschutzrecht keinen besonderen Schutz). Seine weitere Verbreitung ist nicht erwünscht, weil er als Fremdling ein Nahrungskonkurrent für einheimisches Raubwild ist und zusätzliche Verluste beim Niederwild (besonders Bodenbrüter) verursacht.

643 | Wo ist die Heimat des Waschbären?

Nord- und Mittelamerika.

644 | Wie kam er zu uns?

Er wurde 1934 in Hessen ausgewildert, entwichene Farmtiere begründeten weitere Populationen.

645 | Welche Lebensräume bevorzugt er bei uns?

Gut strukturierte und vernetzte forst- und landwirtschaftlich genutzte Gebiete mit Gewässern. Auch häufig in urbanen Lebensräumen anzutreffen, d. h. Kulturfolger.

646 | Wie schwer wird der Waschbär?

Bis zu 7 kg.

647 | Von was ernährt sich der Waschbär?

Von etwa 50 % pflanzlicher und 50 % fleischlicher Nahrung.

648 | Wann sind Waschbären aktiv?

Vorwiegend in der Dämmerung und in der Nacht.

649 | Wie lebt der Waschbär?

Waschbären leben gesellig, Mutterfamilien pflegen auch nach dem Selbstständigwerden der Jungen noch Kontakt miteinander und überwintern zusammen.

Steckbrief Waschbär

Verbreitung: Kernvorkommen Deutschland zwischen Mainlinie und Norddeutscher Tiefebene.
Körperbau: Gesamtlänge ♂ bis 100 cm; Schulterhöhe bis 35 cm; Gewicht bis 7 kg; Zehen vorne und hinten je 5; 6 Zitzen.
Sinne: Sehvermögen gut, aber farbenblind, Geruchssinn und Hörsinn gut, Tastsinn sehr gut; Vibrissen im Gesicht.
Lautäußerungen: Knurren, Keckern, Kreischen.
Lebensweise: Überwiegend dämmerungs- und nachtaktiv; bewohnt hohle Bäume und Erdhöhlen; Familien wohnen zusammen; hält Winterruhe.
Fortpflanzung: Geschlechtsreife ♂ mit 20 Monaten, ♀ mit 10–12 Monaten; polygam; Ranzzeit Januar bis März; Tragzeit etwa 63 Tage; 2–4 (7) Junge, blind, behaart; Öffnen der Seher mit 18–23 Tagen; Säugezeit etwa 7 Wochen; Führung durch die Mutter etwa 6 Monate.
Nahrung: Kleinnager, Eier, Jungvögel, Fische, Haustiere bis Huhn, Obst, Beeren, Waldfrüchte.
Zahnformel: $\frac{3\,1\,4\,2}{3\,1\,4\,2} = 40$

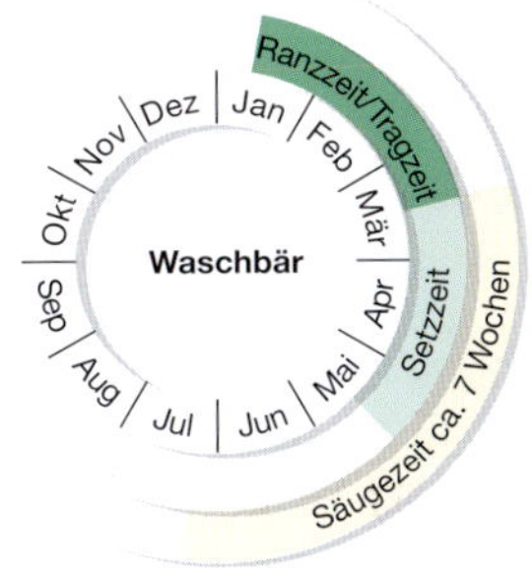

Jahreszyklus

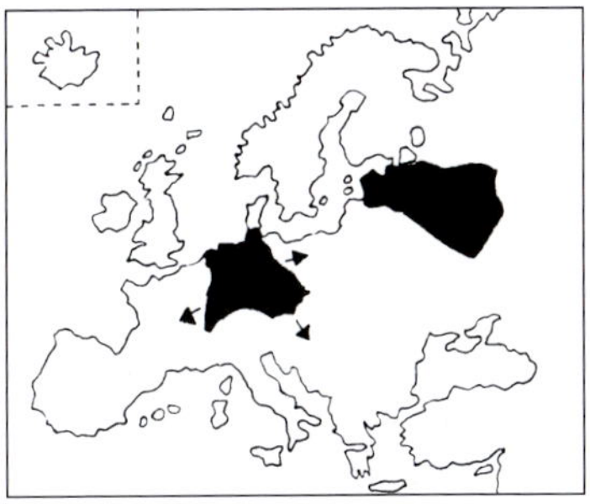
Verbreitungsgebiet

650 | Wo verbringt der Waschbär den Tag?
Ruhend in Baumhöhlen, Scheunen, Speichern, seltener in Fuchs- und Dachsbauen.

651 | Hält der Waschbär einen Winterschlaf?
Nein, er hält eine Winterruhe.

652 | Sind Waschbären Bodentiere?
Ja, sie schwimmen und klettern jedoch auch sehr gut.

653 | Sind Waschbären Zehengänger?
Waschbären sind – wie die Großbären – Sohlengänger.

654 | Wann ist die Paarungszeit?
Januar bis März. Bei Verlust des ganzen Wurfes kommt es nicht selten zu einer Nachranz Mai bis Juni.

655 | Wie lang ist die Tragzeit und wie viele Jungen wirft die Bärin?
63 Tage, 2–5 Jungtiere.

656 | Wie unterscheidet sich der Waschbär im Aussehen vom Dachs?
Die schwarzweiße Gesichtsmaske ist beim Dachs längs gestreift, beim Waschbär quer.

657 | Welche wichtigen Krankheiten können beim Waschbär auftreten?
Tollwut, Tularämie, Räude, Endoparasiten. Achtung: Der Waschbär-Spulwurm ist menschenpathogen (Zoonose).

Luchs *(Lynx lynx)*

Lebensraum und Lebensweise: Der Luchs ist neben der Wildkatze der einzige Vertreter des katzenartigen Raubwildes (Feliden) in Europa. In Mitteleuropa wurde er überwiegend im 19. Jahrhundert ausgerottet. Restbestände hielten sich in Skandinavien und auf dem Balkan. Stabile Vorkommen finden sich in Osteuropa.

In Deutschland, hier ist der Luchs streng geschützt, gibt es ein grenzüberschreitendes Vorkommen im Bayerischen Wald (über-wie-gend Zuwanderer aus Böhmen). Ausgesetzt wurden Luchse im Harz. Sie stammen aus Gehegezuchten. Seit Jahren wiederholt nachgewiesene Würfe und erfolgreiche Aufzuchten weisen auf eine sich positiv entwickelnde Auswilderung hin. Mittlerweile sind sie bis in die norddeutsche Tiefebene vorgedrungen. Auch im Pfälzer Wald wurden Luchse angesiedelt, die vermutlich aus dem Elsass zuwanderten. Einzelne Luchse leben in verschiedenen deutschen Mittelgebirgen.

Die Läufe des etwa schäferhundgroßen Luchses sind verhältnismäßig lang, der Körper gedrungen, der Balg gelblich braun, mit dunklen Flecken übersät. Am runden »Katzenkopf« fallen ein dicht behaarter »Backenbart« sowie die Haarbüschel an den Gehörspitzen (»Pinselohr«). Auch seine »Stummelrute« ist charakteristisch.

Der Luchs bewohnt als Einzelgänger große Waldgebiete, die er als »Pirschjäger« durchstreift. Er erbeutet kleine bis mittelgroße Säugetiere (hauptsächlich Reh, Gams und Rotwildkälber). In der Regel kehrt er mehrere Tage zu einem größeren Riss zurück und nimmt auch Fallwild an. Konkurrenten, die ihm den Riss streitig machen, sind – soweit vorkommend – Bär und Wolf sowie Schwarzwild, Fuchs, Adler und Rabenvögel. Schäden entstehen durch Reißen von Haustieren (hauptsächlich Schafe, auch Ziegen). Die Reviergröße eines Luchses kann je nach Waldstruktur und Beutetierdichte 450 Quadratkilometer umfassen. Hauptsinnesorgane sind Gesicht und Gehör; der Geruchssinn ist, wie bei allen Katzen, schlecht entwickelt. Der Luchs gehört zu den jagdbaren Wildarten, ist jedoch ganzjährig geschont.

Der Luchs – charakteristisch sind die hohen Läufe, die Stummelrute und die Haarbüschel (Pinsel) an den Gehören.

Steckbrief Luchs

Verbreitung: In 46 europäischen und asiatischen Ländern anzutreffen – von Frankreich und Spanien im Westen, China und Nordkorea im Osten bis nach Griechenland und Indien im Süden und Norwegen und Russland im Norden.
Körperbau: Gesamtlänge ♂ bis 130 cm; Schulterhöhe bis 70 cm; Gewicht bis 30 kg; Zehen vorne 5, hinten 4; 6 Zitzen.
Sinne: Sehvermögen sehr gut, Geruchssinn mäßig, Hörsinn sehr gut; Vibrissen im Gesicht.
Lautäußerungen: Fauchen, Knurren; abgehacktes Miauen als Ranzschrei.
Lebensweise: Einzelgänger mit großem Streifgebiet, das verteidigt wird; gelegentlich tag-, meist jedoch dämmerungs- und nachtaktiv; scheut die Nähe zu Menschen nicht, meidet aber Agrarlandschaften.
Fortpflanzung: Geschlechtsreife mit 18–30 Monaten; polygam; Ranzzeit Februar/März; Tragzeit 70–75 Tage; 2–4 (6) Junge, blind, schwach behaart; Öffnen der Seher mit 14–17 Tagen; Säugezeit bis 5 Monate; Führung durch die Mutter etwa 12 Monate.
Nahrung: Nager, Schalenwild bis Rotwildkalb, Vögel bis Auerhahn, gelegentlich Aas.
Zahnformel: $\frac{3\,1\,2\,1}{3\,1\,2\,1} = 28$

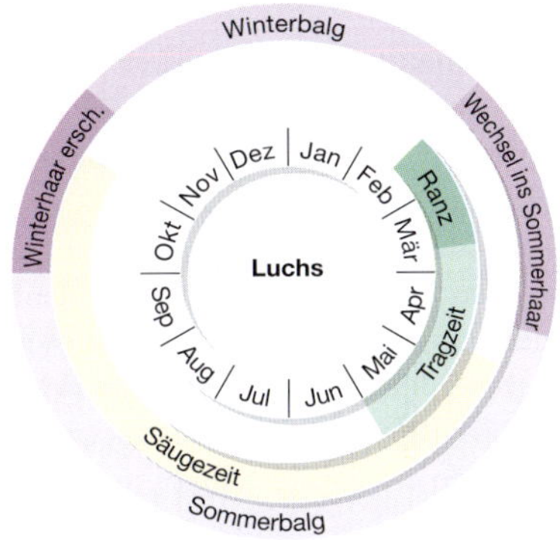

Jahreszyklus

Verbreitungsgebiet

658 | Wo kommt der Luchs in Deutschland gegenwärtig vor?

Im Bayerischen Wald, im Harz und in seinen benachbarten Mittelgebirgen, nicht abgesichert im Schwarzwald.

659 | Welche Lebensräume bewohnt der Luchs?

Geschlossene, große Waldgebiete.

660 | Was erbeutet der Luchs in Mitteleuropa?

Bevorzugte Beutetierart ist das Reh (auch Fallwild!). Vom Schalenwild zählen das Rotwildkalb, das Muffelwild sowie die Gams zu seinem Beutespektrum.

661 | Wie lebt der Luchs?

Der Luchs ist ein ausgesprochener Einzelgänger.

662 | Wie groß ist sein Streifgebiet?

Je nach Beutetiervorkommen, im Mittel ca. 10.000 ha.

663 | Wie jagt der Luchs?

Er ist Pirschjäger, der nur Erfolg hat, wenn er seiner Beute, die er kaum weiter als 20 m verfolgt, sehr nahe kommt.

Wildkatze *(Felis silvestris)*

Lebensraum und Lebensweise: Die Wildkatze ist wesentlich stärker als die Hauskatze. Die Färbung ist gelblich grau gestreift. Die buschige, etwa 30 cm lange Rute trägt 3 deutliche schwarze Ringe und endet in einer abgerundeten stumpfen, schwarzen Spitze. Der schwarze Sohlenfleck hinter den Ballen ist geringer als bei Hauskatzen. Der Nasenspiegel ist fleischfarben. Das Trittsiegel der Wildkatze ist rund wie bei Hauskatzen, nur stärker, Krallen drücken sich im Spurenbild nicht ab. Wildkatzen haben immer 4 Streifen längs über den Kopf. Zudem haben sie mit höchstens 1,5 m einen kürzeren Darm als Hauskatzen.

Infolge ganzjähriger Schonung hat sich die Wildkatze in den meisten Mittelgebirgen wieder verbreitet (Hunsrück, Eifel, Pfälzerwald, Taunus, Harz). Klimatisch raue Hochlagen meidet sie. Auch in geschlossenen größeren Waldungen der Ebene ist sie wieder heimisch.

Sie lebt in ausgedehnten, deckungsreichen Waldgebieten, wo sie sonnseitige Hanglagen und nahrungsreiche Schlagflächen (Mäuse!) bevorzugt. Mäuse erbeutet sie nach Art der Hauskatze. Daneben reißt sie gelegentlich auch größere Beute (Hase, Rehkitz, bodenbrütende Vögel). Als ihre natürlichen Feinde sind Wolf, Luchs und Uhu zu nennen.Die Wildkatze orientiert sich vor allem mit Gesicht und Gehör; der Geruchssinn ist schlecht entwickelt.

Wildkatze trägt ihrem Jungen Beute zu.

Die europäische Wildkatze ist nicht die Stammform unserer Hauskatzen (diese stammen ursprünglich von der nubischen Falbkatze ab), sie sind jedoch untereinander fruchtbar kreuzbar. Die Bastarde (Blendlinge) haben unter den Lebensbedingungen in freier Wildbahn geringe Überlebenschancen, sodass einer Gefahr der Verbastardisierung heute wenig Bedeutung zugesprochen wird.

Die Wildkatze gehört wie der Luchs zum jagdbaren Wild, ist aber wie er ganzjährig geschont. In ihren Vorkommensgebieten ist die Fangjagd auf Lebendfallen zu beschränken. Hier sind auch nur eindeutig an ihrer Färbung erkennbare, verwilderte Hauskatzen zu schießen.

664 | Wo kommt die Wildkatze in Deutschland vor?

Zwischenzeitlich wieder in vielen Mittelgebirgen (Harz, Eifel, Hunsrück, Bayrischer Wald etc.) sowie in den großen Waldungen der Ebene (Lüneburger Heide).

665 | Welche Lebensräume bevorzugt die Wildkatze?

Ihr primärer Lebensraum ist der Wald (= Waldkatze).

666 | Wie schwer kann eine Wildkatze werden?

Sie erreicht ein Körpergewicht von 8 kg.

667 | Sind Wildkatzen und »wildfarbene« Hauskatzen im Revier sicher unterscheidbar?

Nein, Verwechslungen kommen vor.

668 | Welches Organ ist bei der Wildkatze deutlich kürzer als bei der Hauskatze?

Steckbrief Wildkatze

Verbreitung: Fehlt im Norden, ausgenommen Teile Schottlands völlig, ebenso in weiten Teilen Mittel- und Osteuropas. In Deutschland zunehmende Verbreitung in den Mittelgebirgen.
Körperbau: Gesamtlänge ♂ 95 cm; Gewicht bis 8 kg; Zehen vorne 5, hinten 4; 8 Zitzen.
Sinne: Sehvermögen sehr gut, Geruchsinn mäßig, Hörsinn sehr gut; Vibrissen im Gesicht.
Lautäußerungen: Lang gezogenes, gutturales Miauen des Kuders als Ranzlaut, kreischendes Miauen bei der Paarung, kurzes, abgehacktes »Ma-u, Ma-u« als Revierlaut.
Lebensweise: Überwiegend dämmerungsaktiv, aber auch tagaktiv (Sonne!).
Fortpflanzung: Geschlechtsreife mit 9 Monaten; polygam; Ranzzeit Februar bis März; Tragzeit 60–66 Tage; 2 bis 4 blinde, behaarte Junge; Öffnen der Augen mit 10–12 Tagen; Säugezeit etwa 3 Monate; Führung durch Mutter etwa 4 Monate.
Nahrung: Hauptsächlich Mäuse, Säuger bis Rehkitzgröße, Vögel bis Fasanengröße, Kerbtiere, Lurche.
Zahnformel: $\frac{3\,1\,3\,1}{3\,1\,2\,1} = 30$

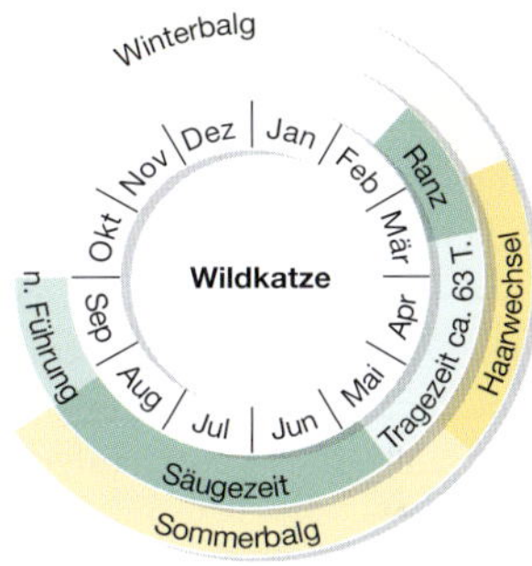

Jahreszyklus

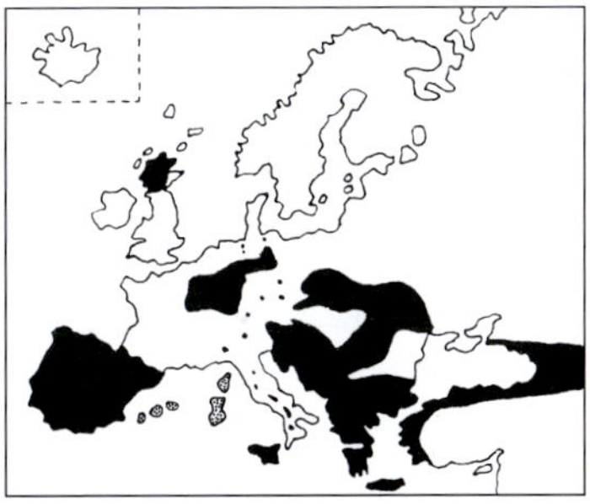

Verbreitungsgebiet

Der Darm. Katzen mit einer Darmlänge von mehr als 150 cm sind Hauskatzen.

669 | Was ist die Nahrung der Wildkatze?
Ganz überwiegend Kleinnager, Hasen, Vögel.

670 | Wann ist die Wildkatze aktiv?
Ganz überwiegend in der Dämmerung und in der Nacht.

671 | Wie unterscheiden wir Wildkatzen- und Fuchsspur?
Im Trittsiegel der Katze sind keine Krallenabdrücke zu sehen, sie nagelt nicht.

672 | Wann ranzt die Wildkatze?
Von Februar bis März.

673 | Paart sich die Wild- mit der Hauskatze?
Ja, die Jungtiere aus dieser Verbindung werden »Blendlinge« genannt.

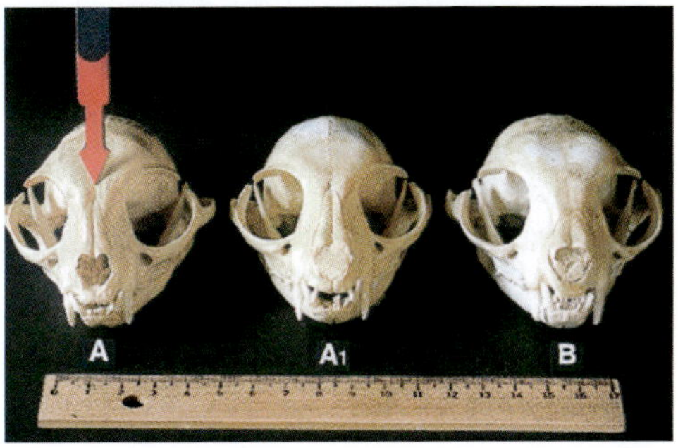

Vergleich der Schädel von Hauskatze (A) mit »Glabella-Grübchen« (Pfeil), das der Blendling nur angedeutet hat (A1). Die Wildkatze (B) hat keine Glabella.

Steinmarder *(Martes foina)*

Lebensraum und Lebensweise: Im Gegensatz zum Baummarder lebt der Steinmarder in starken und zunehmenden Populationen oft in der Nähe menschlicher Siedlungen. Selbst in Großstädten ist er mit hohen Vorkommen vertreten (Hausmarder). Den Tag verschläft er auf Heuböden oder Speichern, unter trockenen Wegdurchlässen, in Stein- und Reisighaufen oder anderen Schlupfwinkeln.

Fortpflanzung: Die Ranz des Steinmarders wie auch des Baummarders fällt in den Hochsommer (Juli/August). Aufgrund der Keimruhe kommen dann im April 3–5 Junge zur Welt.

In Wohngebäuden stört er durch nächtliches Rumoren auf Dachböden und macht sich unbeliebt durch Zerbeißen von Kabel und Schläuchen im Motorraum abgestellter Kraftfahrzeuge. Die starke Zunahme und Verbreitung des Steinmarders belegt seine große Anpassungsfähigkeit und weist ihn als Kulturfolger aus.

In der Körperform ist der Steinmarder dem Baummarder sehr ähnlich, nur ist er um etwa 10 cm kürzer. Sein Kehlfleck ist in der Regel weiß (Weißkehlchen) und deutlich bis auf die Vorderläufe hinab gegabelt. Seine Nase ist fleischfarben. Dies ist ein sicheres Unterscheidungsmerkmal zwischen den beiden Arten. Im Gegensatz zum Baummarder schimmert beim Steinmarder die helle Unterwolle auch im Winterbalg durch. Wegen fehlender Sohlenbehaarung sind im weichen Untergrund seine Ballenabdrücke deutlich sichtbar.

Der nachtaktive Marder erbeutet Mäuse, Ratten, Wildkaninchen, Junghasen, bodenbrütende Vögel und deren Gelege und liebt im Spätsommer süßes Obst. Die vom Volksmund dem Marder unterstellte Blutrünstigkeit ist nicht existent. Die hierfür angeführten Massaker in Hühnerställen sind äußerst selten.

Die Siedlungsdichte des Steinmarders ist im urbanen Raum, infolge bester Lebensbedingungen, häufig höher als in der freien Landschaft.

Steckbrief Steinmarder

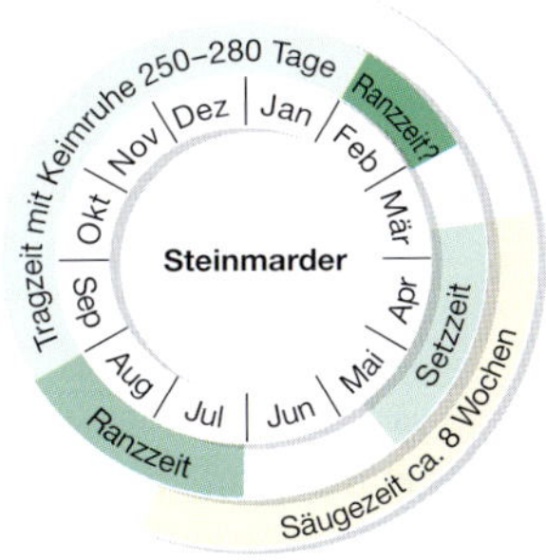

Jahreszyklus

Verbreitung: Fehlt in Island, Irland, Großbritannien und Skandinavien; flächendeckend in ganz Mittel- und Südeuropa und Türkei, außer auf den meisten Mittelmeerinseln.
Körperbau: Gesamtlänge ♂ bis 78 cm; Gewicht bis 2,3 kg; Zehen vorne und hinten je 5; Zitzen 4.
Sinne: Sehvermögen, Geruchssinn und Hörsinn sehr gut; Vibrissen am Kopf und an der Innenseite der Vorderläufe.
Lautäußerungen: Muckern, Zirpen, Kreischen.
Lebensweise: Überwiegend dämmerungs- und nachtaktiv; lebt in urbanen Bereichen wie in freier Landschaft.
Fortpflanzung: Geschlechtsreife mit 1 ½–2 ½ Jahren; polygam; Ranzzeit Juli / August, vermutlich auch Februar; Keimruhe; Tragzeit 250–280 Tage, vermutlich auch 60 Tage; 3–5 (7) Junge, blind, fast nackt und Nesthocker; Öffnen der Seher mit 34–38 Tagen; Säugezeit etwa 8 Wochen; Führung durch die Mutter etwa 3 Monate.
Nahrung: Kleinnager, Kaninchen, Junghasen, Eier, Vögel bis Fasanengröße, Beeren, Obst, Weintrauben.
Zahnformel: $\frac{3\,1\,4\,1}{3\,1\,4\,2} = 38$

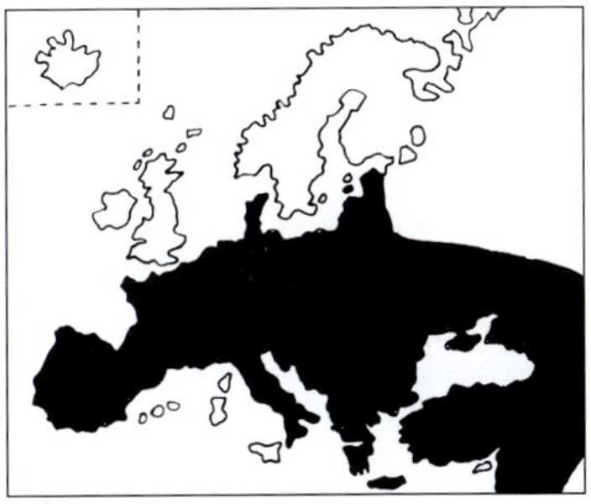
Verbreitungsgebiet

674 | Wie schwer wird ein Steinmarder?

Rüden erreichen ein Gewicht von wenig mehr als 2 kg, Fähen ein solches bis 1,5 kg.

675 | Welche Drüsen besitzt der Steinmarder?

Anal-, Bauch- und Sohlendrüsen, mit deren Sekreten die Streifgebiete markiert werden.

676 | Wie schaut der Balg des Steinmarders aus?

Das graubraune Grannenhaar (Deckhaar) lässt die weißgraue, dichte Unterwolle durchschimmern. Auffallend der weiße, stets gegabelte Kehlfleck.

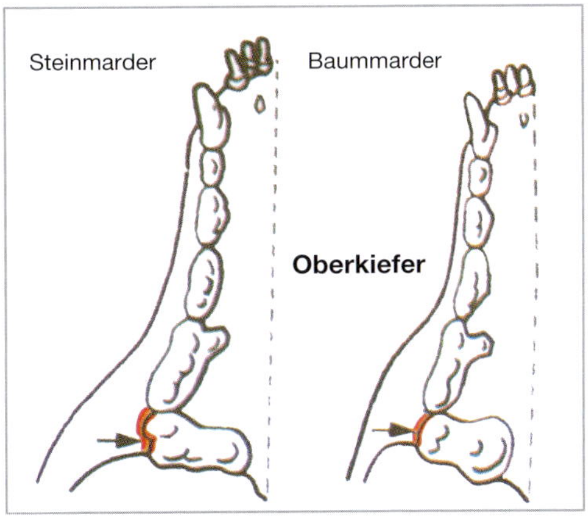

Unterscheidung nach dem M_1

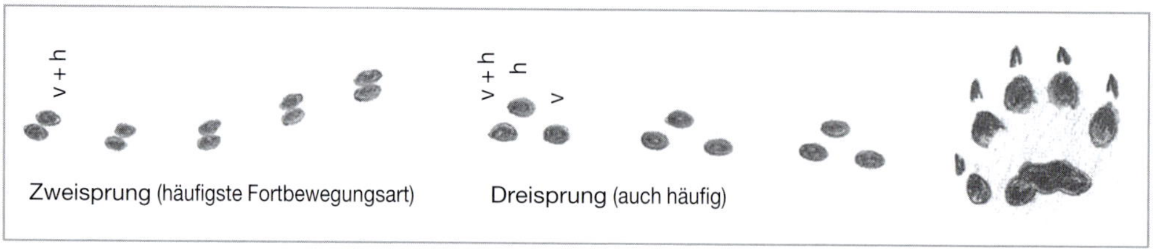

Marderspur

677 | Von welchen Krankheiten ist der Steinmarder hauptsächlich betroffen?

Von Endo- und Ektoparasitosen (Lungenwürmer, Räudemilben); er ist für das Virus der Tollwut und Staupe empfänglich.

678 | Lebt der Steinmarder rein carnivorisch?

Nein, etwa 50 % der Nahrung dieses Nahrungsgeneralisten ist pflanzlich (Beeren, Steinobst!).

679 | Warum ist die Steinmarderlosung im Sommer und Herbst oft violett oder blau?

Durch den Farbstoff der gefressenen Heibeeren.

680 | Wie leben Steinmarder?

Steinmarder leben einzelgängerisch.

681 | Wo verbringt der Steinmarder den Tag?

In Verstecken auf der Erde (Holzstapel, Reisighaufen, Durchlässe) oder auf Gebäudeböden. Nicht wie der Baummarder in Baumverstecken.

682 | Wo setzt der Steinmarder bevorzugt seine Losung ab?

An markanten Punkten (Steinen, Wurzelstöcken).

683 | Wodurch fallen Steinmarder in Wohnsiedlungen unangenehm auf?

Sie poltern schlafstörend auf Dachböden, hinterlassen hier Fraßreste, setzen Kot und Harn ab. In geparkten Autos werden Gummiteile und Kabel zerbissen.

684 | Wann ist die Ranzzeit?

Juli/August, danach Keimruhe bis Januar/Februar. Eine Ranzzeit im Februar wird diskutiert.

685 | Wo werden die Jungen geboren?

In von der Fähe ausgesuchten Verstecken, z. B. auf der Erde oder auf Dachböden.

686 | Wie viele Junge wirft die Fähe?

2–7, im Mittel 3–4 blinde, annähernd nackte Junge.

687 | Paaren sich Baum- und Steinmarder miteinander?

Nein.

688 | Woran unterscheidet sich das Gebiss des Baummarders von jenem des Steinmarders?

Im Oberkiefer ist der P_3 beim Steinmarder backenseitig konvex, beim Baummarder konkav geformt. M_1 im Oberkiefer zeigt beim Steinmarder backenseitig eine Einziehung, während die gleiche Fläche sich beim Baummarder backenseitig vorwölbt (s. Grafik Seite 343).

689 | Wie unterscheiden sich die Spurbilder der beiden Marder?

Im Tritt des Steinmarders drücken sich deutlich die Zehenballen ab, die aufgrund der Behaarung der Brantenunterseite beim Baummarder nicht sichtbar sind. Die Spur des Baummarders erscheint verwischt.

Baummarder *(Martes martes)*

Lebensraum und Lebensweise: Der in ganz Europa beheimatete Baummarder ist an den Lebensraum Wald gebunden (Waldmarder). Wie bei allen Marderartigen ist der Rüde stets größer und schwerer als die Fähe. Charakteristisch ist sein kastanienbrauner, seidig glänzender Balg mit einem abgerundeten dottergelben Kehlfleck (Gelbkehlchen). Seine Branten sind im Sohlenbereich vollständig behaart, sodass sich im Spurenbild seine Ballen nicht abbilden. Er weist eine kakaobraune Nase auf. Baummarder leben außerhalb der Ranz einzelgängerisch und bejagen ein markiertes Streifgebiet, das gegen Artgenossen des gleichen Geschlechts verteidigt wird. Auf ihren nächtlichen Streifzügen bewegen sie sich sowohl auf dem Boden als auch kletternd und springend in den Baumkronen (fortholzen). Den Tag verschläft der Baummarder in hohlen Bäumen (Mardereichen), Eichhörnchenkobeln und Greifvogelhorsten.

Die Kehle des Baummarders ist ockergelb gefärbt, die des Steinmarders hingegen weiß.

690 | Wie ist das Verbreitungsgebiet des Baummarders?

Von ganz Westeuropa einschließlich der Britischen Inseln (mit Ausnahme Mittel- und Südspaniens) bis nach Westsibirien.

691 | Welchen Landschaftstyp bewohnt der Baummarder?

Der Baummarder ist weitgehend an größere Wälder gebunden. Bevorzugt werden Altholzbestände.

692 | Welche Nahrung bevorzugt der Baummarder?

Fleischliche und pflanzliche Nahrung. Kleinnager und Säugetiere bis Hasengröße, Vögel bis Auerhuhngröße, Eier, Insekten, Amphibien, Beeren, Obst. Eichhörnchen gehören zum Nahrungsspektrum, sind jedoch im Gegensatz zu älteren Angaben nur seltene Beutetiere.

693 | Welchen Aktivitätszyklus hat der Baummarder?

Er ist ganz überwiegend dämmerungs- und nachtaktiv. Den Tag verschläft er – meist an sonnenexponierten Stellen – in Baumhöhlen, Nestern, Horsten.

694 | Wo bewegt sich der Baummarder vorzugsweise?

Überwiegend auf der Erde, klettert aber auch.

695 | Welche Spurbilder sind für beide Marderarten typisch?

Der Paartritt, der Dreitritt und der Hasentritt.

Steckbrief Baummarder

Verbreitung: Fehlt in Mittel- und Südspanien sowie auf dem Balkan weitgehend, in Skandinavien nur lückenhaft, ansonsten ganz Mittel- und Nordeuropa.
Körperbau: Gesamtlänge ♂ bis 75 cm; Gewicht bis 1,85 kg; Zehen vorne und hinten je 5; 4 (6) Zitzen.
Sinne: Sehvermögen, Geruchssinn und Hörsinn sehr gut; Vibrissen am Kopf und der Innenseite der Vorderläufe.
Lautäußerungen: Glucksen (freudige Erregung), Keckern, Zischen (Drohung).
Lebensweise: Überwiegend dämmerungs- und nachtaktiv; besiedelt hauptsächlich Waldungen.
Fortpflanzung: Geschlechtsreife mit 1 ½–2 ½ Jahren; polygam; Ranzzeit Juli / August (Keimruhe), vermutlich auch Februar; Tragzeit 250–280 Tage, vermutlich auch 60 Tage; 2–4 (7) Junge, blind, fast nackt und Nesthocker; Öffnen der Seher mit 34–38 Tagen; Säugezeit etwa 8 Wochen; Führung durch die Mutter etwa 3 Monate.
Nahrung: Kleinnager, Wald- und Schneehasen, Eier, Vögel bis Auerhuhngröße, Insekten, Beeren.
Zahnformel: $\frac{3\,1\,4\,1}{3\,1\,4\,2} = 38$

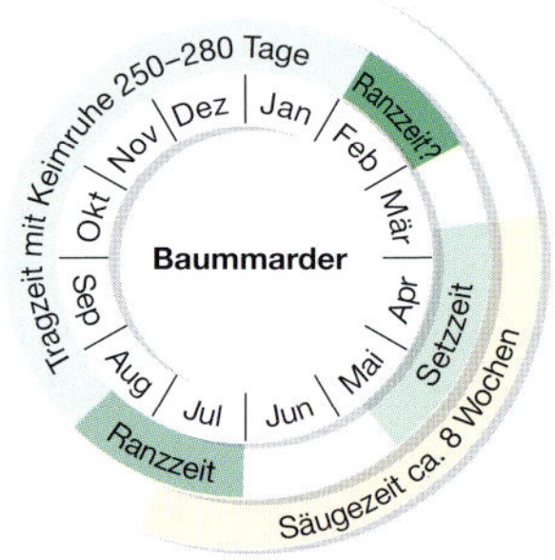

Jahreszyklus

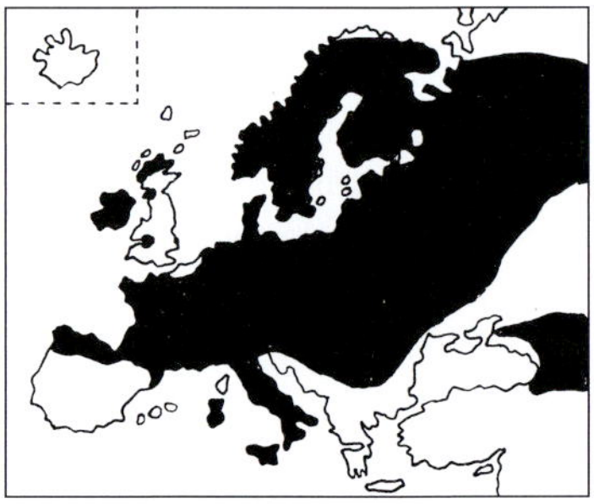

Verbreitungsgebiet

696 | Wie unterscheiden sich die beiden Marderarten im Balg?

Baummarder: Balggrundfärbung: kastanienbraun; Kehlfleck gelbrot, selten weißlich, immer unten abgerundet. Brantenunterseite dicht behaart.
Steinmarder: Balggrundfärbung graubraun; Kehlfleck weiß und immer unten tief gegabelt. Brantenunterseite unbehaart.

697 | Wann ranzt der Baummarder?

Die Hauptranzzeit liegt im Juli und dauert bis Mitte August (Keimruhe!). Wie beim Steinmarder wird eine Ranz im Februar diskutiert.

698 | Welches für alle Marderarten typische Verhalten zeigt der Baummarder bei der Kopulation?

Den Nackenbiss.

699 | Wie lange ist die Tragzeit?

Einschließlich der Keimruhe etwa 9 Monate.

700 | Wie kommen die Jungen zur Welt?

Blind, wenig behaart (Nesthocker).

701 | Wann öffnen sie die Seher?

Am Ende der 5. Lebenswoche.

Iltis *(Mustela putorius)*

Lebensraum und Lebensweise: Der Iltis zählt zur Familie der Marder (Unterfamilie Stinkmarder). Der in Europa vorkommende dunklere Iltis hat als Vetter den in Südostasien vorkommenden helleren Steppeniltis. Der heimische Iltis bevorzugt als Lebensraum Feuchtgebiete, sein Vorkommen ist an Gräben und Bachläufe gebunden. In der Figur ist der schwächere Iltis den beiden Echtmardern ähnlich, in der Färbung jedoch unterscheidet er sich deutlich. Im Gegensatz zu den beiden Mardern ist er »verkehrt« gefärbt: Seine Bauchseite ist regelmäßig dunkel, fast schwarz, seine seitlichen Körperflächen und der Rücken erscheinen dagegen durch die durchschimmernde gelbliche Unterwolle hell (bei Echtmardern umgekehrt). Das Gesicht ist typisch weißbraun gefleckt (Gesichtsmaske), seine Rute ist kürzer als bei den Echtmardern. Der überwiegend nachtaktive Iltis bewegt sich hauptsächlich am Boden und hinterlässt hierbei den für die Iltisspur typischen häufigen Dreisprung (Abzeichnung von nur 3 Trittsiegeln). Er klettert wenig, ist dagegen – angepasst an sein Jagdgebiet – ein guter Schwimmer.

Die Reviere werden mit intensiv riechenden Duftsekreten markiert (Stinkmarder, Stänker).

Ernährungsweise: In sein Nahrungsspektrum fallen neben Amphibien Säugetiere wie Mäuse, Ratten, Bisame und Kaninchen. Vögel und Aas werden ebenfalls genommen. Bei Nahrungsüberfluss werden im Herbst Vorratslager angelegt. Die Bevorratung von lebenden Fröschen, die durch Biss gelähmt sein sollen, ist wohl nicht zutreffend. Wahrscheinlicher ist, dass die Amphi-

Der Iltis muss nicht gezielt bejagt werden; er ist der natürliche Feind der Wanderratte.

Steckbrief Iltis

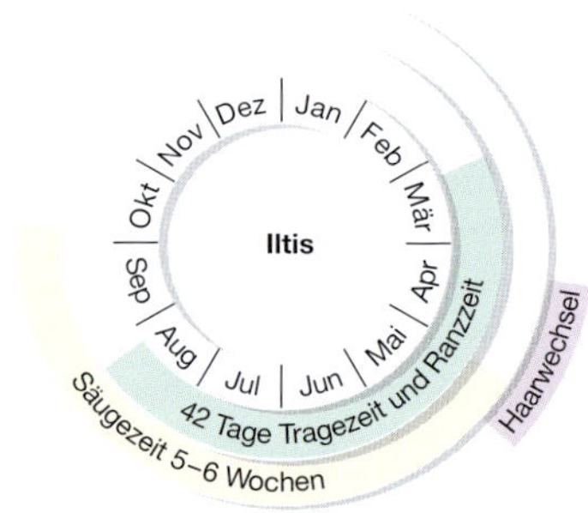

Jahreszyklus

Verbreitung: Fehlt in Island und Irland; vereinzelt in Großbritannien; in Schweden und Finnland nur im Süden; fehlt in weiten Teilen des Balkans und auf den Mittelmeerinseln.
Körperbau: Gesamtlänge ♂ bis 46 cm; Gewicht bis 1,5 kg; Zehen vorne und hinten je 5; 8 Zitzen.
Sinne: Sehvermögen mäßig; Geruchssinn gut; Hörsinn sehr gut; Vibrissen am Kopf.
Lautäußerungen: Glucksen (freudige Erregung), Keckern, Zischen (Drohung).
Lebensweise: Überwiegend dämmerungs- und nachtaktiv, im Herbst viel tagaktiv; ist an Gewässer oder Feuchtgebiete gebunden; im Winter gerne Rückzug in Gehöfte, zu denen es noch Zugangsmöglichkeiten gibt.
Fortpflanzung: Geschlechtsreife mit 10 Monaten; vermutlich polygam; Ranzzeit März bis Juni; Tragzeit 41–42 Tage; 3–7 (12) Junge, blind, fast nackt; Öffnen der Seher mit 30 Tagen; Säugezeit etwa 5–6 Wochen; Führung durch die Mutter etwa 3 Monate.
Nahrung: Amphibien, Kleinnager, Aas, Eier, Wirbellose; Beeren und Früchte gering.
Zahnformel: $\frac{3\,1\,3\,1}{3\,1\,3\,2} = 34$

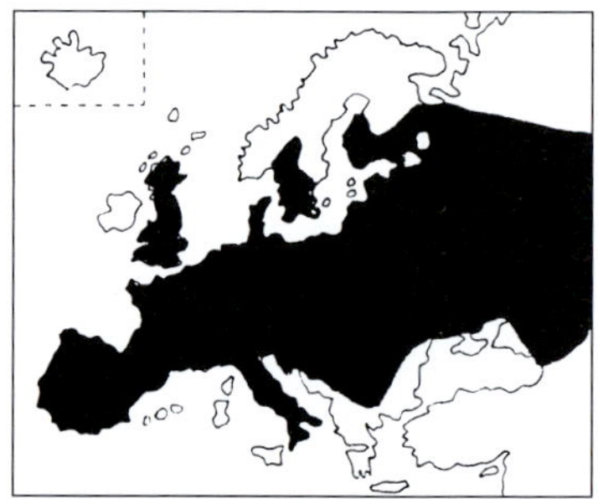
Verbreitungsgebiet

bien in der ihnen eigenen spätherbstlichen Körperstarre in den Vorratskammern verbleiben. Vor allem im Winter hält er sich wegen des besseren Angebots an Kleinnagern gern in Gehöften, Ställen und Scheunen auf.

Durch Trockenlegen von Feuchtgebieten, Verrohrung von Gräben sowie infolge von Verbauung und Verschmutzung der Gewässer hat der Iltis erheblich an Lebensraum verloren, wodurch seine Populationen stark zurückgegangen sind. Daher sollte auf gezielte Bejagung verzichtet werden, zumal seine effektive Jagd auf Wanderratten manchem Entenküken das Überleben sichert.

Da der Iltis dem Wildkaninchen in den Bau folgt, wurde er schon von den Römern gezähmt und als Jagdhilfe bei der Kaninchenjagd eingesetzt. Durch die jahrhundertelange Haltung in menschlicher Obhut ist aus dem Iltis das Frettchen entstanden, das heute als domestiziertes Haustier einzuordnen ist. Als »Albinofrettchen« oder als »iltisfarbene« Frettchen werden sie von Jägern zum »Frettieren«, dem Heraustreiben von Kaninchen aus dem Bau, verwendet. Die vor dem Frettchen springenden Kaninchen werden geschossen oder in speziellen Netzen oder Drahtfallen gefangen. Gelegentlich werden sie auch mit dem Habicht gebeizt.

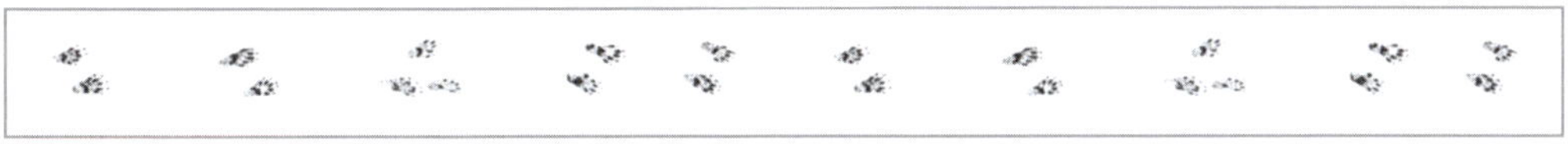

Iltisspur

702 | Welche Lebensräume sagen dem Iltis besonders zu?

Eine kleinstrukturierte, grabenreiche Landschaft mit Feldgehölzen und bewachsenen Bach- und Teichrändern. Der Iltis ist an Gewässer gebunden.

703 | Wie schwer wird ein Iltis?

Er erreicht ein Körpergewicht bis 1,5 kg.

704 | Wodurch fällt der Iltis optisch auf?

Durch seine Gesichtsmaske, die durch die über die Seher verlaufende schwärzliche Querbinde charakterisiert ist.

705 | Welche Nahrung bevorzugt der Iltis?

Mäuse, Ratten, Amphibien, Kaninchen, Jungvögel, Vogeleier, Aas, Schnecken, Regenwürmer.

706 | Mit welcher Drüse markiert der Iltis?

Mit dem Sekret seiner Analbeuteldrüsen.

707 | Ist der Iltis tagaktiv?

Er ist überwiegend dämmerungs- und nachtaktiv.

708 | Wo verbringt der Iltis den Tag?

Schlafend in Verstecken (Erdhöhlen, Kaninchenbauen, Reisighaufen etc.).

709 | Warum überwintert der Iltis gerne in Ställen?

Wegen des guten Nahrungsangebotes an Ratten und Mäusen sowie der Wärme der Ställe (Kompensation der Energieverluste durch Abstrahlung der Körperwärme). Zu modernen Ställen hat der Iltis jedoch keinen Zugang mehr.

710 | Wann ranzt der Iltis?

März bis Anfang Juni.

711 | Wie viele Junge wirft die Fähe?

Nach einer Tragzeit von 42 Tagen (keine Keimruhe) werden 3–7 Jungtiere geboren.

712 | Beteiligt sich der Rüde an der Aufzucht der Jungen?

Nein.

713 | Wie unterscheiden sich die Schädel von Iltis und Steinmarder?

Der Iltis trägt eine deutliche, mittig über dem Hirnschädel stehende Knochenleiste. Darüber hinaus besitzt der Iltis nur 34, der Steinmarder 38 Zähne.

714 | Wie ist sein Balg im Vergleich mit Stein- und Baummarder?

Rücken und Körperseite erscheinen trotz des dunklen Grannenhaares durch die gelbe Unterwolle hell, Bauch und Branten sind ausschließlich schwarzbraun behaart.

715 | Wie unterscheidet sich die Iltisspur von der des Stein- und Baummarders?

Die Nägel zeichnen sich beim Iltis schärfer ab und seine Sprünge sind kürzer. Häufiger als bei den Mardern zeigt sein Spurenbild den »Dreisprung«, das heißt 3 Trittsiegel nebeneinander.

716 | Welche Parasiten hinterlassen am Schädelknochen des Iltis häufig Spuren?

Saugwürmer *(Troglotema acutum)* und Fadenwürmer *(Skrjabingulus nasicola)* verursachen Löcher im Skelett des Schädels.

Europäischer Nerz
(Mustela lutreola)

Amerikanischer Nerz (Mink)
(Neovison vison)

Der Europäische Nerz ist in Mitteleuropa ausgestorben. Restvorkommen werden in Skandinavien vermutet, ansonsten ist sein Vorkommen heute auf Teile Osteuropas beschränkt.

Der Nerz ähnelt sehr dem Iltis, er ist jedoch dunkler gefärbt. An die Stelle der Gesichtsmaske des Iltis tritt beim Nerz nur ein weißer Fleck am Unterkiefer. In seiner Lebensweise ist er sehr eng an Gewässer gebunden (»Sumpfotter«). Er besitzt angedeutete Schwimmhäute zwischen den Zehen. Flussufer und Moorgebiete im Flachland waren sein Lebensraum. Der Nerz ernährt sich hauptsächlich von Fischen, Flusskrebsen und Fröschen.

Anstelle des Europäischen Nerzes haben sich regional aus Pelztierzuchten entkommene Amerikanische Nerze (»Mink«) verbreitet. In Schleswig-Holstein, in Mecklenburg-Vorpommern und Brandenburg kommen sie gebietsweise häufig vor.

Der Europäische Nerz unterliegt nicht dem Jagdrecht. Er gehört zu den nach dem Naturschutzrecht »besonders geschützten« Tieren. Er ist eine der bedrohtesten Tierarten unseres Kontinents. In seinen letzten Vorkommen, beispielsweise in Estland, steht er in starker Konkurrenz mit dem robusteren amerikanischen Mink, mit dem er nach heute Kenntnissen nicht nahe verwandt ist. Wo beide Arten aufeinandertreffen, verdrängt der etwas größere und aggressivere Mink den Nerz. Die Paarung zwischen den beiden Arten ergibt keine fruchtbaren Nachkommen. Durch Mischpaarungen entfallen für den Europäischen Nerz notwendige Nachkommen.

Als Faunenfremdling ist der Mink intensiv zu bejagen. Der Mink ist im Bundesjagdgesetz nicht als jagdbares Wild aufgeführt, in Ländergesetzen dagegen wohl. Er kann bei uns mit der Falle bejagt werden, da in Deutschland der Nerz ausgestorben ist. Bei geplanten bzw. schon erfolgten Nerzwiederansiedlungen verbietet sich diese Jagdart. Wie andere Neozoen auch ist der Mink allein mit jagdlichen Mitteln nicht mehr aus der Wildbahn zu entfernen. Als natürliche Feinde sind Fuchs und Fischotter zu sehen.

Minke kommen in zahlreichen Farbvariationen vor. Sie verdrängen den Nerz.

Steckbrief Nerz/Mink

Verbreitung: Verbreitungsgebiet von Mink und Nerz überdecken sich teilweise, wobei der Nerz in Mitteleuropa nicht mehr existent ist.
Körperbau: Gesamtlänge ♂ bis 70 cm; Gewicht bis 1,5 kg; Zehen vorne und hinten je 5; vorne schwach und hinten stark ausgebildete Schwimmhäute; 6–8 Zitzen.
Sinne: Sehvermögen und Hörsinn gut, Geruchssinn sehr gut; Vibrissen im Gesicht.
Lautäußerungen: Verständigungslaute Keckern und Kichern.
Lebensweise: Überwiegend dämmerungs- und nachtaktiv; an fisch- oder amphibienreiche Gewässer gebunden; wohnt in Höhlen.
Fortpflanzung: Geschlechtsreife mit 9 Monaten; polygam; Ranzzeit meist März; Tragzeit 40–75 Tage; 3–6 Junge, blind, fast nackt; Öffnen der Seher mit 34–42 Tagen; Säugezeit 4–5 Wochen; Führung durch die Mutter etwa 4 Monate.
Nahrung: Kleinnager (Bisam!), Fische, Krebse, Wasserinsekten, Amphibien, Reptilien, Vögel, Gelege.
Zahnformel: $\frac{3\,1\,3\,1}{3\,1\,3\,2} = 34$

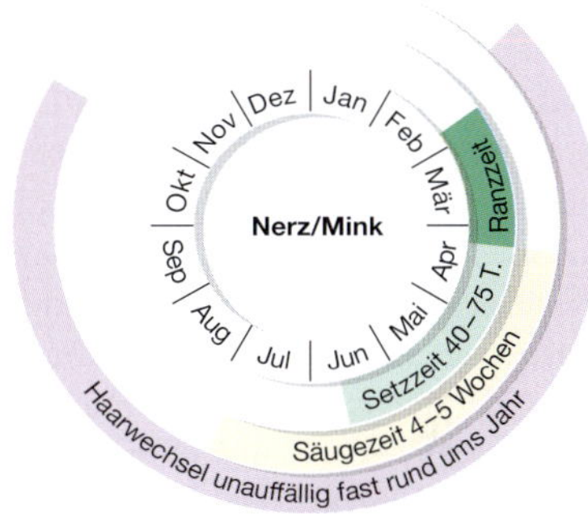

Jahreszyklus

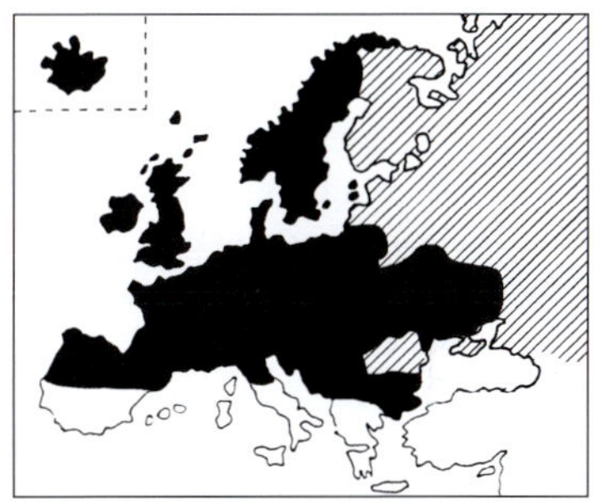

Verbreitungsgebiet
(schwarz und schraffiert = Mink; schraffiert = Nerz)

717 | Sind Nerz und Mink problemlos zu unterscheiden?

Bei gleicher Balggrundfärbung ist eine Unterscheidung schwer. Die weiße Lippenberandung und der weiße Kinn-Kehlfleck weisen den Nerz aus. Der Kinn-Kehlfleck kommt ohne Lippenberandung beim Mink vor.

718 | Welche Farbvariationen gibt es beim Mink?

Farbvarianten von schwarz über braun, silbergrau bis weiß kommen auch in der Wildbahn vor.

719 | Sind Mink und Nerz tag- oder nachtaktiv?

Sie sind dämmerungs- und nachtaktiv.

720 | Woher stammt der Mink?

Der Mink ist in Nordamerika heimisch.

721 | Welche Beutetiere sind durch den Mink besonders gefährdet?

Wiesenbrüter und ihre Gelege; Flusskrebse.

722 | Wann ist die Paarungszeit des Minks?

In der Regel im März.

Hermelin (Großes Wiesel) *(Mustela erminea)*

Lebensraum und Lebensweise: Wie der Iltis zählt das Große Wiesel zu den Stinkmardern. Es ist über ganz Mittel- und Nordeuropa bis in die Polarzone verbreitet. Es fehlt in Südeuropa. Das Großwiesel ist im Sommer bauchseitig gelblich, ansonsten gesamthaft braun gefärbt mit Ausnahme einer stets schwarzen Rutenquaste.

Im Winter färbt es in unserer Klimazone in der Regel rein weiß mit schwarzer Quaste um.

Das Hermelin ist ein typischer Waldrand- und Heckenbewohner. Es ist tagaktiv. Der ihm eigene hohe Stoffwechsel erfordert eine häufige Nahrungsaufnahme. Seine Nahrung besteht vornehmlich aus Kleinnagern. Daneben zählen Vögel bis Rebhuhngröße sowie Säuger bis zum Hasen zu seinem Beutespektrum. In allen Vorkommensgebieten sind die Bestände des Großen Wiesels als gesichert und stabil anzusehen. Das Hermelin wird ganz überwiegend mit der Wippbrettfalle bejagt. Die Tierschutzgerechtigkeit und -konformität dieser Falle wird allerdings kontrovers diskutiert.

Hermelin im Sommerhaar

Hermelin im Winterhaar

723 | Wo können wir das Hermelin antreffen?
Von der Küste bis in das Hochgebirge.

724 | Wie schwer wird ein Hermelin?
Rüden erreichen ein Gewicht von maximal 450 g.

725 | Was ist die Hauptnahrung des Hermelins?
Mäuse und andere Kleinnager.

726 | Welche Besonderheit zeichnet das Hermelin aus?
Es wechselt seine Balgfarbe, von Braun-Gelb im Sommer zum reinen Weiß im Winter. Dieser Haarwechsel ist klimaabhängig! Im maritim geprägten Klima der Britischen Inseln z. B. findet der Haarwechsel nicht statt.

727 | Welchen Unterschied im Balg gibt es zwischen Hermelin und Mauswiesel?
Dem Mauswiesel, das in Klimazonen mit ausgeprägten Wintern (Gebirge) auch weiß umfärbt, fehlt immer die schwarze Schwanzquaste.

728 | Ist das Hermelin nachtaktiv?
Das Hermelin ist überwiegend tagaktiv.

729 | Bewegt sich das Hermelin nur auf dem Boden?
Nein, es klettert auch gut.

Steckbrief Hermelin

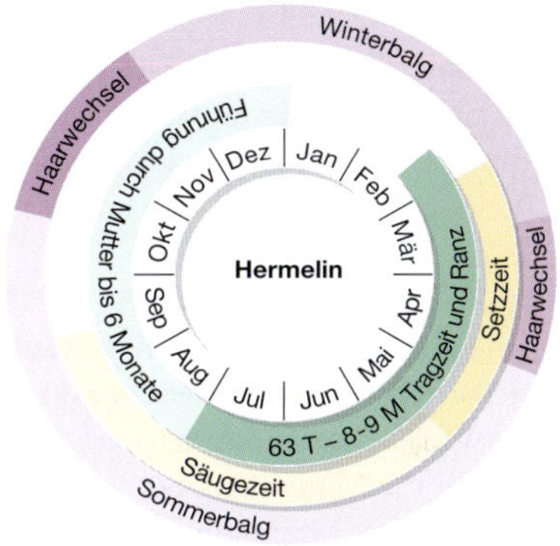

Jahreszyklus

Verbreitung: Fehlt in Island, sonst ganz Nord-, West-, Mittel- und Osteuropa, fehlt jedoch in Südeuropa weitgehend.
Körperbau: Gesamtlänge ♂ bis 39 cm; Gewicht bis 450 g; Zehen vorne und hinten je 5; 8 Zitzen.
Sinne: Sehvermögen gut, Geruchssinn sehr gut, Hörsinn gut; Vibrissen im Gesicht.
Lautäußerungen: Keckern und Trillern als Verständigungslaut, hohes, durchdringendes »kri-kri« als Drohschrei.
Lebensweise: Im Sommer überwiegend tagaktiv, im Winter häufiger nachtaktiv; klettert und schwimmt; jagt auch unter der Erde.
Fortpflanzung: Geschlechtsreife mit 2–3 Monaten; Ranzzeit variabel, Februar bis Juli; Tragzeit variabel mit Keimruhe bis Spätwinter (8–9 Monate); Setzzeit: März bis Mai, 4–7 (13) Junge, blind, fast nackt und Nesthocker; Öffnen der Seher mit 34–42 Tagen; Säugezeit 6–7 Wochen; Führung durch die Mutter etwa 6 Monate.
Nahrung: Kleinnager bis Kaninchen, Junghasen, Eier, Vögel bis Fasanengröße, Beeren.
Zahnformel: $\frac{3\,1\,3\,1}{3\,1\,3\,2} = 34$

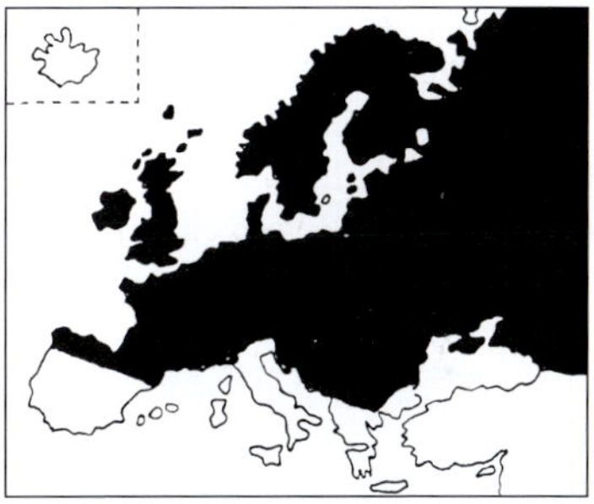

Verbreitungsgebiet

730 | Wo »wohnt« das Hermelin?
Es baut in seinem Territorium mehrere gut ausgepolsterte, versteckte Nester (Steinhaufen, Erdröhren etc.).

731 | Welche natürlichen Feinde hat das Hermelin?
Fuchs, Marder, Eulen, Habicht.

732 | Wann ranzt das Hermelin?
In der Regel im Februar bis März. Von einer weiteren Ranz im Sommer wird berichtet. Besonderheit: etwa 3–4 Wochen alte Jungtiere können vom Vater begattet werden (Säuglingsträchtigkeit).

733 | Welche Nahrung bevorzugt das Hermelin?
Tierische Nahrung, aufgrund seines auffallend hohen Stoffwechsels benötigt das Hermelin eine stetige Nahrungszufuhr.

734 | Wie lange ist die Tragzeit?
Bei der Winterranz beträgt die Tragzeit 63 Tage, bei der Sommerranz unter Einschaltung der Keimruhe 8–9 Monate, bei der Säuglingsbegat tung – ebenfalls Keimruhe – 12–13 Monate.

735 | Wie viele Junge gehören zu einem Wurf?
4–7 Jungtiere, die blind und nur spärlich behaart geboren werden.

Mauswiesel *(Mustela nivalis)*

Lebensraum und Lebensweise: Mit Ausnahme Irlands und Islands kommt das Mauswiesel in ganz Europa vor. Es ist der kleinste Raubsäuger der Welt. Es ähnelt in Form und auch in der Größe dem Hermelin. Aufgrund von Größenüberschneidungen ist äußerlich nur die beim Mauswiesel regelmäßig fehlende schwarze Rutenquaste als sicheres Unterscheidungsmerkmal der beiden Wieselarten heranzuziehen. In Deutschland färben die Mauswiesel nur im Hochgebirge von der braunen Sommerfarbe zum winterlichen Gesamtweiß um.

Im Bundesjagdgesetz sind für das Mauswiesel Jagd- und Schonzeiten ausgewiesen. In den meisten Bundesländern ist seine Bejagung ausgesetzt, die aus Gründen der Niederwildhege definitiv auch nicht erforderlich ist.

Mauswiesel können sowohl bei Tag als auch bei Nacht unterwegs sein, in den meisten Fällen sind sie allerdings tag- oder dämmerungsaktiv. Außerhalb der Paarungszeit leben Mauswiesel meist einzelgängerisch. Bei guten Nahrungsverhältnissen sind sie standorttreu. Dabei werden von Männchen bis zu 50 ha große Reviere genutzt.

Ihr Lebensraum ist die Agrarlandschaft, die Nahrung der Mauswiesel besteht vorrangig aus Kleinsäugern, insbesondere Nagetieren, bevorzugt Wühlmäusen, sie können aber auch auf andere Nahrung wie Vögel und deren Eier, Junghasen oder Eidechsen ausweichen. Aufgrund ihres hohen Grundumsatzes sind diese kleinen Raubtiere auf eine kontinuierliche Deckung ihres Energiebedarfs angewiesen. Mauswiesel sind bekannt dafür, dass sie auch Beutetiere, die wesentlich größer sind als sie selbst, angreifen und töten, beispielsweise Kaninchen oder Ratten. Oft töten sie auch mehr Tiere – in der Regel durch Genickbiss – als sie verzehren können. Zu ihren natürlichen Feinden zählen unter anderem Greifvögel, Eulen, Füchse und auch Hermeline.

Mauswiesel, unsere kleinste heimische Raubsäugerart

Steckbrief Mauswiesel

Verbreitung: Fehlt nur auf Island und Irland sowie den schottischen Inseln, ansonsten ganz Europa und Nordafrika.
Körperbau: Gesamtlänge ♂ bis 28 cm; Gewicht bis 140 g; Zehen vorne und hinten je 5; 8 Zitzen.
Sinne: Sehvermögen und Geruchssinn sehr gut, Hörsinn gut; Vibrissen im Gesicht.
Lautäußerungen: Scharfes Keckern und Knurren als Drohschrei; anhaltendes Kollern als Paarungslaut; Zwitschern als Nestruf der Jungen; Maunzen und Quäken als Ranzruf der Fähe.
Lebensweise: Überwiegend dämmerungs- und tagaktiv; besiedelt bevorzugt Agrarlandschaften; lebt in Gängen von Kleinnagern.
Fortpflanzung: Geschlechtsreife mit 3–4 Monaten; vermutlich polygam; Ranzzeit März bis Mai; Tragzeit variabel, 33–37 Tage; bis 3 Würfe; 4–9 (12) Junge, blind, fast nackt; Öffnen der Seher mit 23 Tagen (umstritten); Säugezeit 6–8 Wochen; Führung durch die Mutter 2–3 Monate.
Nahrung: Kleinnager, Eier, Vögel, Beeren.
Zahnformel: $\frac{3\,1\,3\,1}{3\,1\,3\,2} = 34$

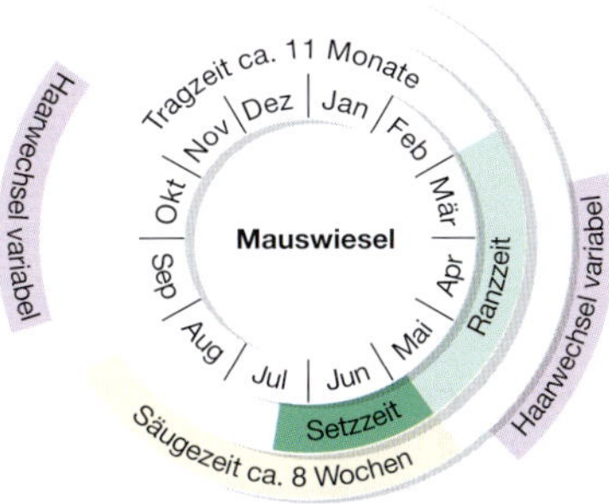

Jahreszyklus

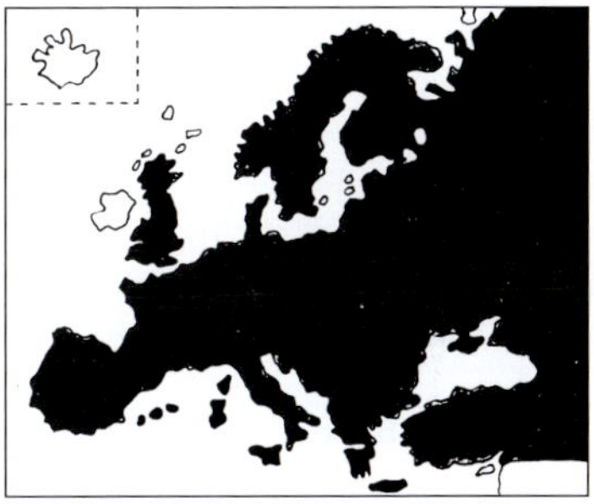

Verbreitungsgebiet

736 | Welche Lebensräume bevorzugt das Mauswiesel?

Als reines Feldtier finden wir das Mauswiesel an Heckenrändern, Feldrainen, Brachflächen u. a. Es bevorzugt trockene Lagen.

737 | Wie schwer wird ein Mauswiesel?

Mauswiesel erreichen ein Körpergewicht bis 140 g.

738 | Wie viele Zähne hat das Mauswiesel?

34 Zähne.

739 | Ist das Mauswiesel tagaktiv?

Ja, es ist tag- und dämmerungsaktiv.

740 | Wie sieht das Nahrungsspektrum des Mauswiesels aus?

Ganz überwiegend Kleinnager, aber auch Vögel und deren Gelege.

741 | Wie lassen sich gleich große Hermeline und Mauswiesel unterscheiden?

Dem Mauswiesel fehlt regelmäßig die schwarze Schwanzquaste.

742 | Wie ist die Fortpflanzung des Mauswiesels?

Hauptranz von März bis Mai. Häufig gibt es 2 Würfe pro Jahr. Tragzeit 5 Wochen. Wurfgröße 4–9 Junge.

Dachs *(Meles meles)*

Lebensraum und Lebensweise: Ein schwarzweiß gestreiftes Gesicht, kleine Gehöre und Seher, ein zugespitzter Kopf, der halslos in einen massigen Rumpf überzugehen scheint, charakterisieren den Dachs, dessen Schwarte mit silbrig weißen Borsten besetzt ist. Vertraut bewegt sich der Nachtbummler deutlich hörbar schnüffelnd oder schmatzend gemächlich auf kurzen, kräftigen Läufen voran.

Der Abdruck seiner Branten (Spurenbild) im nassweichen Boden oder Neuschnee ist durch Ballen- und besonders lange Zehennägelabdrücke (er »nagelt«) gekennzeichnet. Nur an langen Sommerabenden und während der Ranzzeit verlässt er noch bei Tageslicht seinen Bau, den er in der Regel. im ersten Morgengrauen wieder aufsucht. Dann hat er es meist eilig und nimmt die letzte Strecke im »Schweinsgalopp«. Nur äußerst selten verbringt der Dachs den Tag über der Erde.

In der Regel besteht ein älterer Dachsbau aus mehreren Etagen, zu denen eine Vielzahl von teils alten, teils frischen Röhren (Ein- und Ausfahrten) führen. Häufig bewohnt neben dem Dachs auch anderes Raubwild, z.B. der Fuchs, den geräumigen Bau, dann in verschiedenen Kesseln und Etagen. Das isolierende Polstermaterial wird im Frühjahr wieder entfernt und durch neues ersetzt. Wie der Wechsel der Kessel während der Winterruhe dient dieses Verhalten der Verhinderung des Ektoparasitenbefalls.

Die beiden schwarzen Streifen sind markant.

Bis zum Herbst frisst er sich eine dicke Feistschicht an (Schmalzmann), von der er in seiner Winterruhe ausgiebig zehrt. Je nach Temperatur und Schneelage wird die Winterruhe mehr oder weniger häufig unterbrochen.

Zoologisch gehört der gesellig lebende Dachs zu den Mardern (Mustelidae). Die Jahresstrecke in Deutschland beträgt derzeit rund 85.000 Stück (Stand: 2020/21). Diese Zahl bedeutet einen Streckenanstieg von ca. 40 % im Vergleich zur Strecke vor 10 Jahren. Die Streckensteigerung spiegelt die Erholung und den Wiederanstieg der Dachspopulation nach ihrer drastischen Dezimierung durch die damalige Baubegasung, die zur Bekämpfung der Tollwut durchgeführt wurde, deutlich wider.

Sinne und Verhaltensweise: Der Dachs hat außer dem Menschen bei uns keinen Feind. Wolf und Luchs scheinen ihn zu meiden. Er riecht (wittert) und hört (vernimmt) gut, sein Gesichtssinn ist weniger gut ausgebildet. Beim Ausfahren aus dem Bau ist er vorsichtig, während er bei der Fraßsuche recht unbekümmert ist.

Zum umfangreichen Lautrepertoire des Dachses gehören Schnaufen, Fauchen, Keckern, Murren und Brummen. Seine vornehmlich im Sommer und Herbst zu hörenden, durchdringenden kreischenden Schreie wurden lange Zeit fälschlich als Ranzschreie gedeutet.

Der Dachs lebt gesellig in Familiensippen. Die Baue, in denen er regelmäßig den Tag verbringt, sind Zentrum des Familienlebens. Jede Sippe besitzt ein Territorium, das durch

Steckbrief Dachs

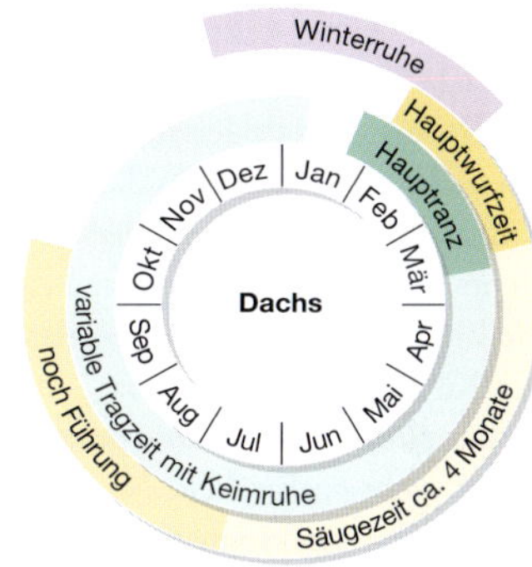

Jahreszyklus

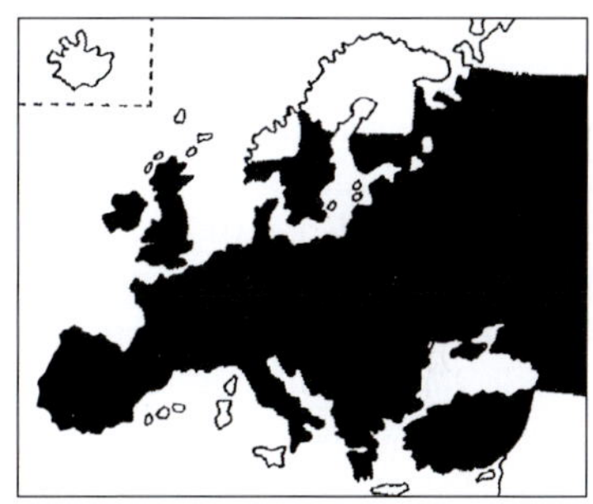

Verbreitungsgebiet

Verbreitung: Fehlt auf Island, auf den schottischen Inseln und im nördlichen Skandinavien sowie auf den westlichen Mittelmeerinseln, ansonsten ganz Europa und Türkei.
Körperbau: Gesamtlänge ♂ bis 100 cm; Schulterhöhe bis 30 cm; Gewicht bis 25 kg; Zehen vorne und hinten je 5; 6 (8) Zitzen.
Sinne: Sehvermögen sehr mäßig, Geruchssinn sehr gut, Hörsinn gut.
Lautäußerungen: Welpen quieken als Kontaktlaut; Altdachse schnurren; kreischende Schreie bei Auseinandersetzungen.
Lebensweise: Überwiegend dämmerungs- und nachtaktiv; lebt gesellig im Bau; hält kurze Winterruhe.
Fortpflanzung: Geschlechtsreife mit 18–22 Monaten; Ranzzeit variabel: Januar bis Oktober; Tragzeit variabel mit Keimruhe bis Mitte Dezember / Januar (auch bis Anfang März möglich); 2–4 Junge, blind, schwach behaart; Öffnen der Seher mit 28–35 Tagen; Säugezeit etwa 4 Monate; Führung durch die Mutter etwa 6 Monate.
Nahrung: Kleinnager, Insekten, Weichtiere, Lurche, Eier, Beeren, Früchte, Pilze, Wurzeln, Feldfrüchte.
Zahnformel: $\frac{3\,1\,4\,1}{3\,1\,4\,2} = 38$

Duftmarken und Dachsaborte abgegrenzt wird und das notfalls gegen männliche Eindringlinge verteidigt wird. Diese Streifgebietsverteidigungen scheinen die Ursache für die Dachsschreie zu sein. Zur Sippe gehören mehrere männliche und weibliche Dachse, die wiederum verschiedene Baue oder einen großen Bau bewohnen. Stets aber hat nur 1 Dächsin der Sippe Junge.

Nahrung: Der Dachs ist Allesfresser, der von Würmern, Larven und Schnecken, Käfern, dem Nest voller Jungmäuse, den Gelegen von Bodenbrütern, den Waben der Erdwespen nebst Larven und Honig bis zu Waldbeeren, den herabgefallenen Zwetschgen und Pflaumen in den Dorfgärten, dem milchigen Hafer und Mais auf den Feldern alles aufnimmt.

Der Dachs belauert oder erjagt seine Beutetiere nicht, sondern sammelt auf, was leicht erreichbar ist. Deshalb sagt man »er geht zur Weide«, wenn er zur Nahrungssuche geht. Dabei »sticht« der Dachs in lockerem Boden nach Gewürm, sodass Spuren entstehen, die dem Gebräch von geringen Sauen ähneln. Pflanzliche Nahrung (Wurzeln, Früchte) hat einen größeren Anteil als bei anderem Raubwild. In milchreifen Getreide- und Maisfeldern kann der Dachs Schäden verursachen, die ebenfalls (in kleinerem Maßstab) an Schwarzwildschäden erinnern. Häufig dreht er auf der Suche nach Larven Rinderkot um.

Der skelettierte Dachsschädel weist bei adulten Tieren in der Längsrichtung mittig über dem Hirnschädel einen deutlichen Knochenkamm auf, durch den er sich leicht vom Fuchs- und Hundeschädel unterscheiden lässt. Je älter der Dachs ist, umso höher ist der Kamm; beim männlichen Tier ist er kräftiger ausgebildet als beim weiblichen. Diese Knochenleiste dient den kräftigen Kaumuskeln als Ansatz.

Fortpflanzung: Die Ranz- oder Rollzeit des Dachses ist nicht einheitlich. Nach neueren Forschungen ranzen im Hochsommer (Juli/August) nur die grade geschlechtsreif gewordenen Jungfähen. Die älteren werden zu über 80 % bereits kurz nach dem Werfen im Frühjahr (Februar/März) wieder vom Rüden gedeckt. Eine je nach dem Zeitpunkt der Ranz unterschiedlich lange andauernde Keimruhe sorgt dafür, dass die Jungen regelmäßig Ende Januar bis Anfang März geworfen werden.

Die Jungen sind bei der Geburt noch wenig entwickelt, zunächst dünn weiß behaart und öffnen nach 3–4 Wochen die Augen. Sie werden fast 2 Monate lang im Bau gesäugt. Erst im Juni sieht man Jungdachse auf dem Bau in der Sonne spielen.

Wenn Dachswildbret verzehrt werden soll, ist das Tier vorher auf Trichinen zu untersuchen. Dachsborsten werden zu Rasierpinseln verarbeitet, seine Schwarte kann als Vorlage gegerbt werden.

743 | Wie ist das Verbreitungsgebiet des Dachses?

Er kommt in ganz Europa sowie in der Türkei vor. Er fehlt in Island, Nordskandinavien sowie auf den schottischen und Mittelmeerinseln.

744 | Welche Lebensräume besiedelt der Dachs bei uns?

Er bevorzugt strukturierte Gebiete, in denen Wald und Feld häufig wechseln.

745 | Wie schwer wird ein Dachs?

Er erreicht Körpergewichte bis maximal 25 kg (18 kg sind Durchschnitt).

746 | Woran erkennt man einen Dachsschädel?

An der hohen, mittig auf dem Hirnschädel verlaufenden Knochenleiste (fehlt beim Jungdachs).

747 | Was haben Dachsfähen mit Rehgeißen gemeinsam?

Die Keimruhe.

748 | Was befähigt den Dachs zum Graben seiner Baue?

Die stark ausgebildeten Krallen an seinen Branten und die gut ausgebildete Muskulatur seiner Vorderextremitäten.

749 | Welche wichtigen Drüsen hat der Dachs?

Er besitzt wie alle Marderartigen 2 Analbeuteldrüsen sowie eine bis 3 cm tiefe Drüsentasche (Schmalzloch, Stinkloch) über dem Weidloch.

750 | Gibt es einen deutlichen Geschlechtsdimorphismus?

Nein, das Geschlecht ist am lebenden Dachs nicht zu erkennen.

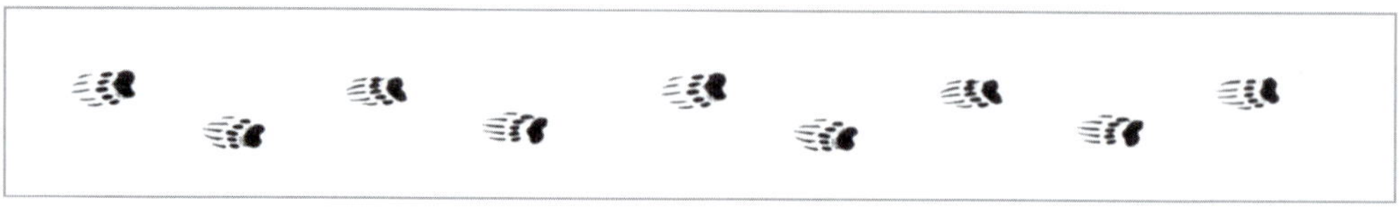

Dachsspur

751 | Von was lebt der Dachs?

Der Dachs ist Nahrungsgeneralist. Seine Hauptbeute sind Regenwürmer (!), Insekten, Kleinnager. Daneben Eier, Beeren, Obst, Feldfrüchte wie Hafer, Weizen, Mais, jeweils in der Milchreife.

752 | Kann man den Dachs als Jäger bezeichnen?

Nein, er ist ein Sammler.

753 | Wann sind Dachse aktiv?

In der späten Dämmerung sowie nachts.

754 | Wie lebt der Dachs?

In Familiensippen.

755 | Woran erkennt man, ob ein Bau vom Dachs befahren ist?

Am Geschleif, eine breite, rinnenartige, längere Vertiefung vor dem eigentlichen Röhreneingang.

756 | Polstern Dachse ihre Kessel aus oder ruhen sie auf dem blanken Boden?

Dachse polstern ihre Schlafkessel intensiv aus.

757 | Benutzen Dachs und Fuchs Baue gemeinsam?

Ja, der Fuchs steckt in der Regel in alten Dachsburgen in den »oberen Geschossen«.

758 | Wo setzt der Dachs seine Losung ab?

In Dachstoiletten (-aborten); das sind selbst gegrabene, bis handtiefe und handbreite Erdlöcher.

759 | Wie markiert der Dachs sein Revier?

Durch das »Stempeln« (Abdruck der Analregion auf der Erde, an Stämmen und Ästen).

760 | Wann verlassen die Jungen den elterlichen Bau?

Die Jungdachse erscheinen frühestens im Alter von 8 Wochen auf dem Mutterbau.

761 | Wann werden Dachse geschlechtsreif?

Mit 18–22 Monaten.

762 | Wann ist die Paarungszeit des Dachses?

Mehr als 80 % der Fähen werden gleich nach der Geburt der Jungen (im Februar und März) wieder begattet. In der im Juli und August zu beobachtenden Ranz werden vor allem die Jungfähen belegt.

763 | Wie lange ist die Tragzeit?

Inklusive der Keimruhe ist die Fähe 11–12 Monate tragend.

764 | Wann kommen die Jungen zur Welt?

Ende Januar bis Ende März.

765 | Wie viele Welpen wirft die Dachsfähe?

Im Mittel 2–4 Junge, blind.

Weidmannssprache

brummen	Lautäußerung
Bürzel	Schwanz
Geschleif	ausgetretene Rinne vor der Einfahrt zum Bau
keckern	Lautäußerung
murren	Lautäußerung
schnaufen	Lautäußerung
Schmalz	Fett
Schmalzröhre	Hauttasche mit Drüsen zwischen Bürzel und Weidloch
Schwarte	Fell
stechen	Herausscharren von Fraß aus dem Boden
Stinkloch	s. Schmalzröhre
weiden	Nahrungssuche
Zügel	Gesichtsstreifen

Fischotter *(Lutra lutra)*

Lebensraum und Lebensweise: Der Fischotter – auch Flussotter oder Flussmarder genannt – ist von allen Marderartigen am weitesten an das Leben im Wasser angepasst. Er schwimmt mit Schwimmhäuten zwischen den Zehen und taucht ausdauernd. Oft geht er von einem Gewässer zum anderen weit über Land. Am Wasser hat er einen »Ein- und Ausstieg«, wo man Beutereste (Fischskelette) und mit Schuppen durchsetzte Losung findet. Tagesverstecke sind häufig gegrabene Bauten in Ufernähe mit Zugang unter Wasser.

Seine Nahrung sind Fische, Krebse und junge Wasservögel, die er schwimmend erjagt.

Der Fischotter ist in Mitteleuropa vornehmlich durch extreme Verschlechterung seines Lebensraumes vom Aussterben bedroht. Bei uns gibt es noch Restbestände in Schleswig-Holstein, im nördlichen Niedersachsen, in Mecklenburg-Vorpommern, Brandenburg sowie im Bayerischen Wald. Schutzprogramme, einschließlich Zucht und Wiedereinbürgerung, können nur bei Vorhandensein sauberer, fischreicher, gegebenenfalls renaturierter Gewässer positiv umgesetzt werden. Der Otter hat ganzjährig Schonzeit. Bei Ottervorkommen muss auf die Fangjagd mit Schlageisen im und am Wasser verzichtet werden.

Otter leben territorial.

766 | Wo kommt der Otter in Europa noch in gesicherten Beständen vor?
Britische Inseln, Skandinavien, Spanien.

767 | Wie ist es um den Otter in Deutschland bestellt?
Er ist immer noch existenzgefährdet. Seine Bestände entwickeln sich jedoch positiv.

768 | Wie schwer wird der Otter?
8–15 kg.

769 | Wie dicht behaart ist ein Otterbalg?
Der Otterbalg weist die dichteste Behaarung aller jagdbaren Haarwildarten auf (30.000–50.000 Haare/cm^2 Balg). Otterbälge sind auch im Sommer wertvoll.

770 | Was unterstützt den Otter beim Schwimmen und Tauchen?
Die Schwimmhäute zwischen den Zehen der Vorder- und Hinterläufe.

771 | Frisst der Otter nur Fische?
Nein, der Otter ist Nahrungsgeneralist (Fisch, Amphibien, Krebse, Bisam, Wassergeflügel).

772 | Wird der Otter auch an Land angetroffen?
Ja, er wandert auch weite Strecken an Land.

773 | Sind Otter tag- oder nachtaktiv?
Otter sind nachtaktiv.

774 | Ist der Otter im eigentlichen Sinne ein Kulturflüchter?

Echte Marder: Dachs, Baummarder, Steinmarder und Fischotter

Stinkmarder: Iltis, Nerz, Mink, Großes Wiesel (Hermelin), Kleines Wiesel (Mauswiesel)

Steckbrief Fischotter

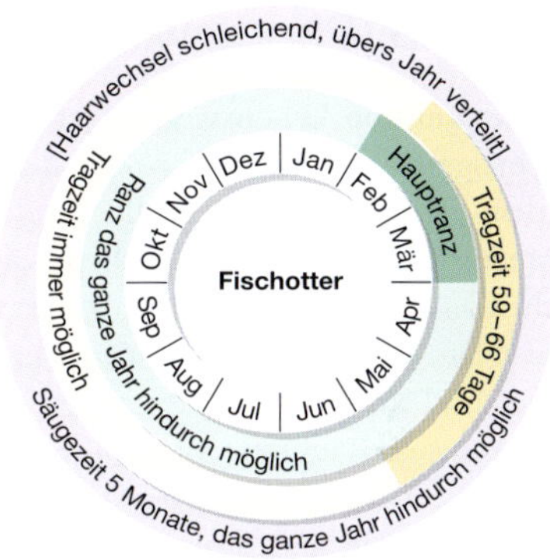

Jahreszyklus

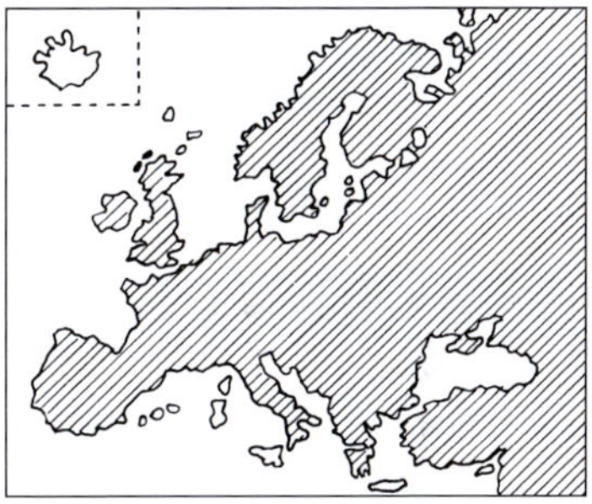
Verbreitungsgebiet

Verbreitung: Ursprünglich ganz Europa flächendeckend; heute Mittel-, West- und Südeuropa meist nur noch sporadisch besiedelt.
Körperbau: Gesamtlänge ♂ bis 140 cm; Gewicht bis 15 kg; Schulterhöhe etwa 30 cm; Zehen vorne und hinten je 5 mit Schwimmhäuten; 6 Zitzen.
Sinne: Sehvermögen und Geruchssinn sehr gut, Hörsinn gut; Vibrissen im Gesicht.
Lautäußerungen: Muckern als Kontaktlaut, Pfeifen als Ranzlaut, Fauchen und Keckern als Drohlaut.
Lebensweise: Überwiegend nachtaktiv; lebt an Gewässern mit hoher Wassergüte, wandert auch beträchtliche Strecken über Land; Winterruher.
Fortpflanzung: Geschlechtsreife ♂ mit 24–36 Monaten, ♀ mit 30–42 Monaten; wahrscheinlich Dauerehe; Ranzzeit ganzjährig, Schwerpunkt Februar/März; Tragzeit 59–66 Tage; 3–4 (7) Junge, blind, schwach behaart, Nesthocker; Öffnen der Seher mit 15–35 Tagen; Säugezeit bis 5 Monate; Führung durch die Mutter bis 6 Monate.
Nahrung: Fische bis 5 kg, Amphibien, Reptilien, Nager bis Bisam. Nahrungsbedarf ca. 1 kg/Tag.
Zahnformel: $\frac{3\,1\,4\,1}{3\,1\,3\,2} = 36$

Nein, sein Rückgang ist vornehmlich durch die Zerstörung seiner Lebensräume bedingt.

775 | Wo verbringt der Otter den Tag?

Er verschläft den Tag in gewässernahen, in der Regel unterirdischen Verstecken.

776 | Wann ranzt der Otter?

Er ranzt vornehmlich im Februar bis März. Es werden aber auch über das ganze Jahr verteilt Ranzen beobachtet.

777 | Wie viele Junge wirft die Otterfähe?

3–4 Junge.

778 | Woran ist die Otterspur zu erkennen?

An den zwischen den Zehen sich im weichen Boden abdrückenden Schwimmhäuten.

779 | Wo sterben in Europa viele Otter?

Auf Straßen bei ihren Wanderungen sowie in Fischnetzen und -reusen.

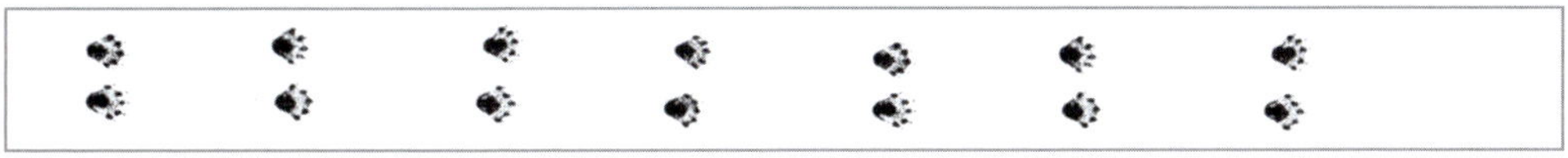
Fischotterspur

Robben (Pinnipedia)
Seehund *(Phoca vitulina)*

Lebensraum und Lebensweise: Der Seehund ist der einzige einheimische Vertreter der Robben, der dem Jagdrecht unterliegt. Die in den letzten Jahren vermehrt an den deutschen Küsten auftauchenden Ringel- und Kegelrobben stehen unter Naturschutz. Ihre Nahrung besteht aus Fischen und Krebsen.

Robben sind Raubtiere, die sich weitgehend an das Leben im Wasser angepasst haben (»Flossenfüße«, fischähnliche Körperform, Tauchvermögen mit verschließbaren Ohren- und Nasenöffnungen). Der Seehund bewohnt die Küstengewässer der Nord- und Ostsee. Bei Ebbe gehen die »Hunde« (meist in Rudeln) auf flachen Sand- und Schlickbänken im Wattenmeer zur Ruhe. Störungen an den Ruheplätzen durch Wassersport und Tourismus sowie die Verschmutzung der Meere haben ihre Lebensbedingungen verschlechtert. Hauterkrankungen und Verletzungen durch Schiffsschrauben nehmen zu. Deshalb wurden Seehundschutzgebiete im Wattenmeer ausgewiesen sowie Aufzuchtstationen für verlassene Jungtiere (Heuler) eingerichtet. »Heuler« sind Junghunde, die mutterlos aufgegriffen werden (entweder verlassene Zwillinge, da die Mutterhündin nur einem Jungen folgen kann, öfter jedoch infolge von Störungen während der Ruhe auf Sandbänken verlassene Junge).

Der Seehund wurde früher als »Konkurrent« der Fischer stark verfolgt. Nachdem er 1934 dem Jagdrecht unterstellt wurde, fand eine nachhaltige Bejagung statt (Abschussplan). Er durfte nur mit der Kugel während der Ruhe an Land erlegt werden, da ein im Wasser beschossener Seehund meist verloren geht. Ortsfremde Jäger durften nur unter Führung eines Seehundjagdführers jagen. Inzwischen genießt der Seehund ganzjährige Schonzeit. Nur amtliche Seehundjäger erlegen in Einzelfällen kranke und verletzte Tiere.

780 | Welche Teile des Meeres werden von den Robben bevorzugt bewohnt?

Der Seehund bevorzugt flache, sandige Küstengewässer (Wattenmeer), die Kegelrobbe bevorzugt Felsküsten.

781 | Wie lassen sich die 2 Robbenarten unterscheiden?

- Seehund: runder Kopf, grauweiße Fellgrund-

Robben kommen nur zum Ruhen und Werfen an Land.

Steckbrief Seehund

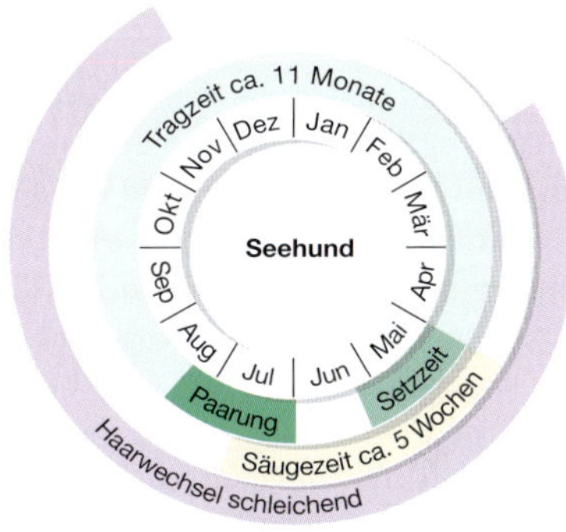

Jahreszyklus

Verbreitungsgebiet

Körperbau: Körperlänge ♂ bis 200 cm; Gewicht im Mittel 100 (–150) kg; Nasenöffnungen verschließbar.
Sinne: Sehvermögen (an Land kurzsichtig) und Geruchsinn mäßig, Hörsinn gut; Vibrissen im Gesicht.
Lautäußerungen: Heiseres Bellen als Kontaktlaut, »Heulen« bei Jungtieren.
Fortpflanzung: Geschlechtsreife mit 3–4 Jahren; polygam; Paarungszeit Juli/August; Tragzeit ca. 11 Monate; 1 sehendes, voll behaartes, schwimm- und tauchfähiges Junges; Säugezeit 4–6 Wochen.
Nahrung: Fische und Krebstiere.
Lebensweise: Tagaktiv; lebt in größeren Rudeln; ruht auf Sandbänken, schläft auch im Wasser; taucht bis 10 Minuten und bis 145 m tief.
Zahnformel: $\frac{3\,1\,4\,1}{2\,1\,4\,1} = 34$

farbe mit vielen kleinen, dunklen Vollflecken an Rücken und Seite. Tasthaare (Schnurren) weiß.

- Kegelrobbe: spitzer Kopf, hell- oder dunkelgraue Grundfarbe mit vielen ovalen bis rundlichen, schwarzen Vollflecken an Rücken und Seite. Schnurren grau-weiß.

782 | Wovon leben Robben?

Von Fischen und Krustentieren. Seehunde bevorzugen Plattfische.

783 | Wie viele Jungen kommen zur Welt und wie ist ihre Entwicklung?

In der Regel 1 Junges; Zwillinge sind nicht selten. Sie werden auf Sandbänken, voll entwickelt, schwimm- und tauchfähig, geboren. Junge Seehunde schwimmen vor der Mutter, die dem Jungtier folgt.

784 | Was ist ein Heuler?

Ein von der Mutter dauerhaft getrennter junger Seehund.

785 | Wie werden Seehundbestände erfasst?

Durch Zählungen aus der Luft sowie vom Boot. Es werden die auf Sandbänken bei Ebbe ruhenden Seehunde zeitgleich gezählt.

Federwild

Zum Federwild zählen die dem Jagdrecht unterliegenden Vogelarten. Die Zahl der Arten ist größer als beim Haarwild. Vögel sind wie die Säugetiere warmblütige Wirbeltiere. Alle heutigen Vogelarten stammen von dem im Jura erstmalig auftretenden Urvogel *Archaeopteryx* ab.

Alle Vogelarten – und nur sie – besitzen Federn und sind zweibeinig laufend. Grundsätzlich sind die Vordergliedmaßen zu Flügeln umgeformt, mit denen Vögel unter Zuhilfenahme ihres Federwerkes aktiv fliegen können. Die bei einigen Vogelarten zu beobachtende Flugunfähigkeit ist immer als sekundärer Flugverlust zu werten, der durch Lebensweise und Anpassung an den Lebensraum zu erklären ist (z. B. straußenartige Vögel, Pinguine, Hawaiigans etc.).

Ein hoch spezialisiertes Atmungssystem, bestehend aus einer volumenkonstanten kleinen Lunge und den ihr angeschlossenen großen, volumenvariablen Luftsäcken, erleichtert durch Gewichtsverminderung das Fliegen. Aussackungen der Luftsäcke sind in vielen Knochen zu finden, die dadurch trotz höherer Mineralisation leichter als Säugetierknochen sind.

Alle Vögel sind grundsätzlich eierlegend. Diese ausschließliche Reproduktion über das Ei – nicht eine Vogelart ist lebend gebärend – ist als einzigartig im Stamm der Wirbeltiere anzusehen.

Als Organ mit der höchsten Sinnesleistung ist beim Vogel der Gesichtssinn herauszustellen. Vögel sind optisch orientiert, alle übrigen Sinne treten in den Hintergrund.

Der Verdauungstrakt beinhaltet als Aussackung der Speiseröhre häufig einen Kropf. Weiter unterscheiden wir in artspezifischer Ausformung einen Drüsenmagen und einen

Stockenten – hier ein Erpel – sind gute Flieger.

ihm nachgeschalteten Muskelmagen (s. Grafik Seite 197). 2 große, der Zelluloseverdauung dienende Blinddärme sind charakteristisch für Hühner- und Gänsevögel. Alle Vögel haben eine dreigeteilte Kloake, die den Endabschnitt des Darms sowie der Harn- und Geschlechtsorgane darstellt.

Die Vögel zeigen vielseitige Anpassungen an vorgegebene Lebensbedingungen. Die Ausformung der Flügel (Schwingen) und der Beine (Ständer) lässt auf die Art der Fortbewegung schließen (z. B. schnelle Flieger wie Schwalben, Falken; Segelflieger wie Bussard, Adler; wendige Kurzstreckenflieger wie Eichelhäher, Habicht; gute Läufer wie Hühnervögel; schlechte Läufer wie Tauben; Schwimmvögel mit Ruderfüßen; Greifvögel mit bewehrten »Fängen«). Die Form des immer zahnlosen Schnabels ist seiner Funktion bei der Nahrungsaufnahme angepasst (z. B. der Stecher der Schnepfe, der Seihschnabel der Enten, der Hakenschnabel der Greifvögel usw.).

Dem Haarwechsel der Säugetiere entspricht der Federwechsel der Vögel – die Mauser. Damit ist bei manchen Arten eine zeitliche oder permanente Änderung des Aussehens verbunden (buntes Pracht- oder Brautkleid, einfaches Schlicht- oder Ruhekleid). Großgefieder (Schwung- und Stoßfedern) und Kleingefieder (übrige Körperbedeckung) werden oft in unterschiedlichen Intervallen gemausert. Manche Arten (z. B. Enten, Greifvögel) sind zur Zeit der Großgefiedermauser flugunfähig.

Bei manchen Arten bestehen deutliche Geschlechtsunterschiede in der Gefiederfärbung im Brautkleid (Männchen auffallend bunt, Weibchen schlicht gefiedert, was auf eine alleinige Aufzucht durch das Weibchen hindeutet, z. B. Fasan, Ente). Bei anderen sind die Partner äußerlich nicht unterscheidbar (z. B. Tauben, Rabenvögel).

Wir unterscheiden Bodenbrüter, Gebüsch- und Baumbrüter sowie Höhlenbrüter als Hauptgruppen nach dem Standort der Gelege. Viele

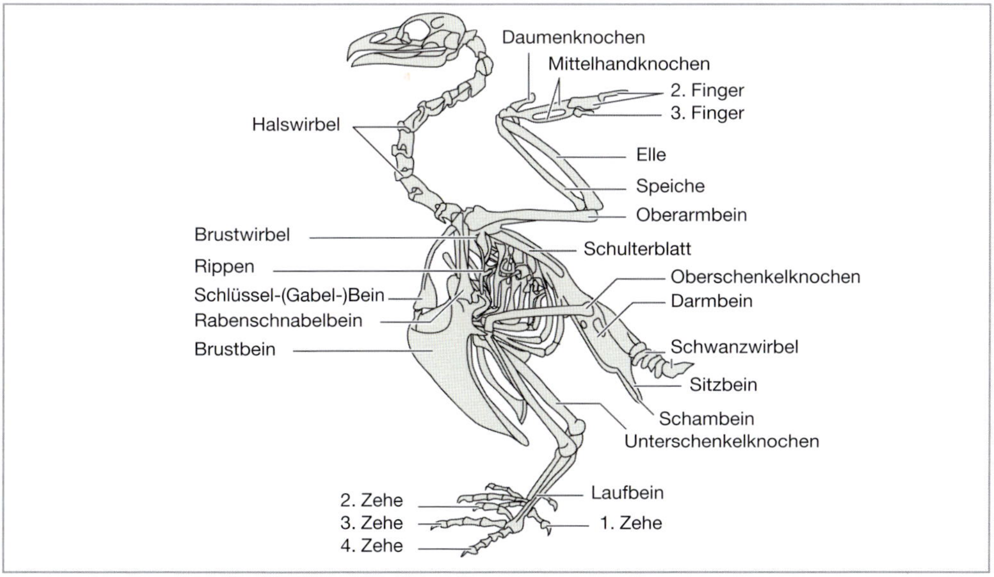

Skelett eines Auerhahns (Beispiel für das knöcherne Stützgerüst der Vögel)

Zoologische Einteilung der aufgeführten Vögel (Aves)

Ordnung: **Hühnervögel (Galliformes)**
Familie: Fasanenvögel (Phasianidae)
Unterfamilie: Raufußhühner (Tetraoninae)
Auerhuhn *(Tetrao urogallus)*
Birkhuhn *(Lyrurus tetrix)*
Haselhuhn *(Tetrastes bonasia)*
Alpenschneehuhn *(Lagopus muta)*
Unterfamilie: Feldhühner (Perdicinae)
Rebhuhn *(Perdix perdix)*
Wachtel *(Coturnix coturnix)*
Steinhuhn *(Alectoris graeca)*
Unterfamilie: Fasane (Phasianinae)
Jagdfasan *(Phasianus colchicus)*
in verschiedenen Unterarten und Rassen
Unterfamilie: Truthühner (Meleagridinae)
Wildtruthuhn *(Meleagris gallopavo)*

Ordnung: **Gänsevögel (Anseriformes)**
Familie: Entenvögel (Anatidae)
Unterfamilie: Schwäne und Gänse (Anserinae)
Schwäne
Höckerschwan *(Cygnus olor)*
Singschwan *(Cygnus cygnus)*
Zwergschwan *(Cygnus bewickii)*
»Graue« Gänse
Graugans *(Anser anser)*
Saatgans *(Anser fabilis)*
Zwerggans *(Anser erythropus)*
Blessgans *(Anser albifrons)*
Kurzschnabelgans *(Anser brachyrhynchus)*
»Bunte« Gänse
Weißwangengans *(Branta leucopsis)*
Ringelgans *(Branta bernicla)*
Kanadagans *(Branta canadensis)*
»Halbgänse«
Nilgans *(Alopochen aegyptiaca)*
Rostgans *(Tadorna ferruginea)*
Brandgans *(Tadorna tadorna)*
Unterfamilie: Enten (Anatinae)
Schwimm- oder Gründelenten
Stockente *(Anas platyrhynchos)*
Löffelente *(Anas clypeata)*
Spießente *(Anas acuta)*
Schnatterente *(Anas strepera)*
Pfeifente *(Anas penelope)*
Krickente *(Anas crecca)*
Knäkente *(Anas querquedula)*
Tauchenten
Kolbenente *(Netta rufina)*
Tafelente *(Aythya ferina)*
Moorente *(Aythya nyroca)*
Reiherente *(Aythya fuligula)*
Bergente *(Aythya marila)*
Meerenten
Eiderente *(Somateria mollissima)*
Eisente *(Clangula hyemalis)*
Trauerente *(Melanitta nigra)*
Samtente *(Melanitta fusca)*
Schellente *(Bucephala clangula)*
Säger
Gänsesäger *(Mergus merganser)*
Mittelsäger *(Mergus serrator)*
Zwergsäger *(Mergellus albellus)*

Ordnung: **Lappentaucher (Podicipediformes)**
Familie: Lappentaucher (Podicipedidae)
Haubentaucher *(Podiceps cirstatus)*
Rothalstaucher *(Podiceps grisegena)*
Schwarzhalstaucher *(Podiceps nigricollis)*
Zwergtaucher *(Tachybaptus ruficollis)*

Ordnung: **Tauben (Columbiformes)**
Familie: Tauben (Columbidae)
Ringeltaube *(Columba palumbus)*
Hohltaube *(Columba oenas)*
Turteltaube *(Streptopelia turtur)*
Türkentaube *(Streptopelia decaocto)*

Ordnung: **Greifvögel und Falken (Accipitriformes und Falconiformes)**
Familie: Habichtsvögel (Accipitridae)
Unterfamilie: Wespenbussarde (Perninae)
Wespenbussard *(Pernis apivorus)*
Unterfamilie: Milane (Milvinae)
Roter Milan *(Milvus milvus)*
Schwarzer Milan *(Milvus migrans)*

Ordnung: Falken
Baumfalke *(Falco subbuteo)*
Wanderfalke *(Falco peregrinus)*
Turmfalke *(Falco tinnunculus)*
Unterfamilie: Adler und Habichte (Accipitrinae)
Habichte *(Accipiter* spec.)
Habicht *(Accipiter gentilis)*
Sperber *(Accipiter nisus)*
Bussarde *(Buteo* spec.)
Mäusebussard *(Buteo buteo)*
Raufußbussard *(Buteo lagopus)*
Adler *(Aquila* spec.)
Steinadler *(Aquila chrysaetos)*

Unterfamilie: Seeadler (Haliaeetinae)
Seeadler *(Haliaeëtus albicilla)*
Unterfamilie: Fischadler (Pandioninae)
Fischadler *(Pandion haliaetus)*
Unterfamilie: Weihen (Circinae)
Rohrweihe *(Circus aeruginosus)*
Kornweihe *(Circus cyaneus)*
Wiesenweihe *(Circus pygargus)*
Unterfamilie: Altweltgeier (Aegypiinae)
Gänsegeier *(Gyps fulvus)*
Bartgeier *(Gypaetus barbatus)*

Ordnung: **Pelikanartige (Pelecaniformes)**
Familie: Reiher (Ardeidae)
Reiher
Graureiher *(Ardea cinerea)*
Purpurreiher *(Ardea purpurea)*
Silberreiher *(Ardea alba)*
Dommeln
Rohrdommel *(Botaurus stellaris)*
Zwergdommel *(Ixobrychus minutus)*

Ordnung: **Tölpel (Suliformes)**
Familie: Kormorane (Phalacrocoracidae)
Kormoran *(Phalacrocorax carbo)*

Ordnung: **Kranichvögel (Gruiformes)**
Familie: Kraniche (Gruidae)
Kranich *(Grus grus)*
Familie: Rallen (Rallidae)
Blesshuhn *(Fulica atra)*
Teichhuhn *(Gallinula chloropus)*
Wasserralle *(Rallus aquaticus)*
Wachtelkönig *(Crex crex)*
Tüpfelsumpfhuhn *(Porzana porzana)*
Kleines Sumpfhuhn *(Porzana parva)*
Zwergsumpfhuhn *(Porzana pusilla)*
Familie: Trappen (Otididae)
Großtrappe *(Otis tarda)*

Ordnung: **Watvögel und Möwenvögel (Charadriiformes)**
Unterordnung: Regenpfeiferartige
Familie: Triele (Burhinidae)
Triel *(Burhinus oedicnemus)*
Familie: Austernfischer (Haematopodidae)
Familie: Regenpfeifer (Charadriidae)
Kiebitz *(Vanellus vanellus)*
Familie: Schnepfenvögel (Scolopacidae)
Großer Brachvogel *(Numenius arquata)*
Waldschnepfe *(Scolopax rusticola)*
Bekassine *(Gallinago gallinago)*
Doppelschnepfe *(Gallinago media)*
Zwergschnepfe *(Lymnocryptes minimus)*
Unterordnung: Möwenartige
Familie: Möwen (Laridae)
Mantelmöwe *(Larus marinus)*
Heringsmöwe *(Larus fuscus)*
Silbermöwe *(Larus argentatus)*
Sturmmöwe *(Larus canus)*
Lachmöwe *(Larus ridibundus)*
Familie: Seeschwalben (Sternidae)

Ordnung: **Eulen (Strigiformes)**
Familie: Schleiereulen (Tytonidae)
Schleiereule *(Tyto alba)*
Familie: Eigentliche Eulen (Strigidae)
Ohreulen
Uhu *(Bubo bubo)*
Waldohreule *(Asio otus)*
Sumpfohreule *(Asio flammeus)*
Käuze
Sperlingskauz *(Glaucidium passerinum)*
Steinkauz *(Athene noctua)*
Waldkauz *(Strix aluco)*
Raufußkauz *(Aegolius funereus)*

Ordnung: **Sperlingsvögel (Passeriformes)**
Familie: Rabenvögel (Corvidae)
Kolkrabe *(Corvus corax)*
Rabenkrähe *(Corvus corone corone)* *, **
Nebelkrähe *(Corvus corone cornix)* *, **
Saatkrähe *(Corvus frugilegus)*
Elster *(Pica pica)* **
Eichelhäher *(Garrulus glandarius)*
Tannenhäher *(Nucifraga caryocatactes)*
Dohle *(Corvus monedula)*
Alpendohle *(Pyrrhocorax graculus)*
Alpenkrähe *(Pyrrhocorax pyrrhocorax)*

* Unterarten der Aaskrähe *(Corvus corone)*, die sich äußerlich deutlich unterscheiden.
** Nebel- und Rabenkrähe sowie Elster sind in verschiedenen Bundesländern jagdbare Vogelarten; Länderjagdgesetzgebung beachten.
Die **fett** gedruckten Arten unterliegen dem Jagdrecht. In Klammern gedruckt sind die wissenschaftlichen Bezeichnungen.

Arten bauen ein mehr oder weniger kunstvolles Nest, andere legen die Eier in polsterlose Bodenmulden (z. B. Hühnervögel) oder in Baumhöhlen (z. B. Spechte).

Die schlüpfenden Jungvögel sind entweder Nesthocker, die im Nest von den Eltern gefüttert werden, bis sie flügge sind (z. B. Singvögel, Greifvögel), oder sie sind Nestflüchter, die sofort den Altvögeln (oft der Mutter allein) folgen und selbstständig Nahrung aufnehmen (z. B. Hühnervögel, Entenvögel). Das Gefieder der Jungen unterscheidet sich bei manchen Arten von denen der erwachsenen Vögel (Jugend- und Alterskleid). Großvögel brauchen mehrere Jahre bis zur Geschlechtsreife (z. B. Schwäne, Adler).

Die Paarungszeit wird als Balzzeit, das dabei gezeigte, meist auffällige Verhalten als Balz bezeichnet. Eine Bindung der Partner über die Balz

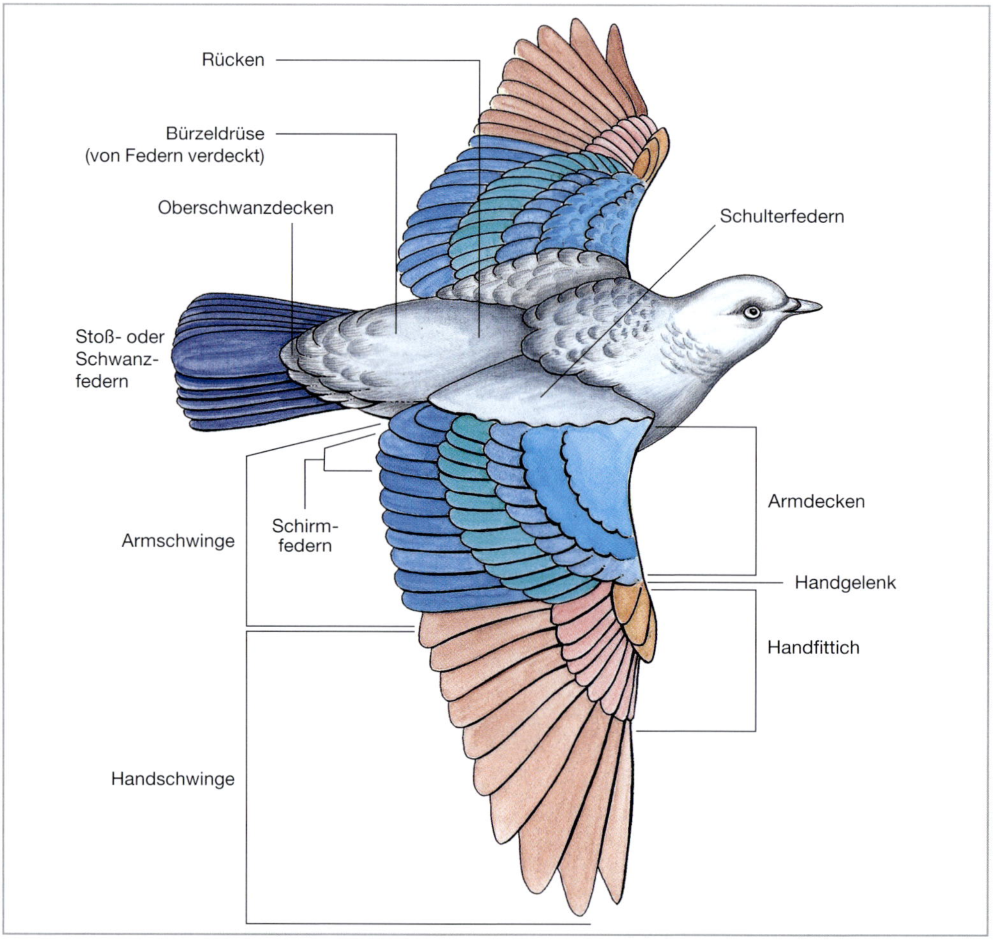

Gefiederteile

hinaus fehlt entweder ganz (Brutpflege allein durch das Weibchen) oder es kommt zu einer Paarbindung in Form einer »Saisonehe« (bei mehreren Bruten im Jahr jeweils auf eine Brut beschränkt), »Jahresehe« oder »Dauerehe« (bei Großvögeln oft lebenslang, z. B. Kolkrabe, Graugans).

Das Flugvermögen erlaubt schnelle Ortswechsel, um Nahrungsquellen aufzusuchen bzw. ungünstige Klimazonen zu verlassen. Bezogen auf einen bestimmten geografischen Raum sprechen wir von Standvögeln (die das ganze Jahr dort verbleiben), Strichvögeln (die je nach Wetterlage mehr oder weniger weit ausweichen) und Zugvögeln (die regelmäßig im Herbst oder Frühjahr fortziehen). Verlässt nur ein Teil der Population das Brutgebiet, handelt es sich um Teilzieher.

Eine hier ausreichende zoologische Ordnung der Vögel ist der nachfolgenden Aufstellung zu entnehmen.

Ordnung:

- Gänsevögel: Schwäne, Gänse, Enten, Säger
- Hühnervögel: Feldhühner (Glattfußhühner), Waldhühner (Raufußhühner)
- Tauben: Tauben
- Sperlingsvögel: z. B. Haussperling, Stare, Amsel, Rabenvögel
- Storchenartige: Störche
- Lappentaucher: z. B. Haubentaucher
- Pelikanartige: Reiher, Dommel, Störche
- Kranichvögel: Kraniche, Rallen, Trappen
- Greifvögel und Falken: Habicht- und Falkenartige
- Eulen: Eulen und Käuze
- Wat- und Möwenvögel: Schnepfenvögel und Möwen
- Tölpel: Kormorane

Der Vogelschutz ist ein wichtiges Teilgebiet des Natur- und Artenschutzes. Jäger müssen gute Kenntnisse der heimische Vogelwelt besitzen.

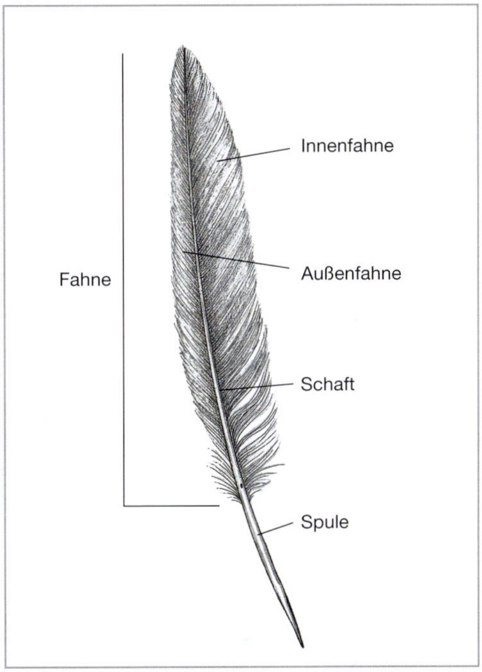

Federaufbau am Beispiel einer Schwungfeder

786 | Aus was bestehen Federn?

Aus verhornten Hautzellen (Keratin). Fertige Federn sind tote Gebilde.

787 | Welche wichtigen Federn unterscheiden wir?

Deck- oder Konturfedern, Schwungfedern, Stoß- oder Steuerfedern, Halbdaunen- und Daunenfedern (Daune = Dune). Schwung- und Stoßfedern stellen gesamthaft das Großgefieder dar.

788 | Wie pflegen Vögel ihr Federkleid?

Mit dem öligen Sekret aus der Bürzeldrüse, einer Hautdrüse auf dem Rücken des Steißes. Kormoranen fehlt die Bürzeldrüse. Tauben pflegen ihr Gefieder mit dem Federweiß, einer Abschilferung von speziellen Puderdunen.

789 | Wie und wie oft erfolgt der Wechsel des Federkleides?

Das Großgefieder wird einmal pro Jahr gewechselt, das Kleingefieder befindet sich bei vielen Vogelarten in einem kontinuierlichen Wechsel.

790 | Welche Arten sind durch den Federwechsel behindert?

Entenerpel, Habicht, Sperber, Falken, Gänse, von den Greifvögeln jeweils das brütende Weibchen.

791 | Welche Schnabelformen werden unterschieden?

Pickschnabel (Hühnervögel, Tauben), Rupfschnabel (Gänse), Seih- oder Filterschnabel (Enten), Stecher (Schnepfen), Reißhakenbeißschnabel (Falken, Eulen), Reißhakenschneideschnabel (Greifvögel).

792 | Welche Vögel haben einen Kropf?

Alle Hühnervögel und Tauben; bei den Entenvögeln ist der Kropf nur als spindelförmige Erweiterung der Speiseröhre angedeutet. Bei den Schreitvögeln dient die ganze Speiseröhre als Vorratsorgan.

793 | Welche Fußformen werden unterschieden?

Scharrfuß (Hühnervögel), Schwimmfuß (Gänsevögel), Greiffuß (Greifvögel und Eulen), Schreit- und Sitzfuß (Singvögel), Kletterfuß (Spechte).

794 | Bei welchen Federwildarten verfügen die Männchen über einen Penis?

Bei den Gänsevögeln.

795 | Welche Funktion hat der Kropf?

Er dient der Bevorratung der Nahrung.

796 | Wie erfolgt die Begattung bei Vögeln ohne Penis?

Durch die beim Tretakt stattfindende Kloakenreibung.

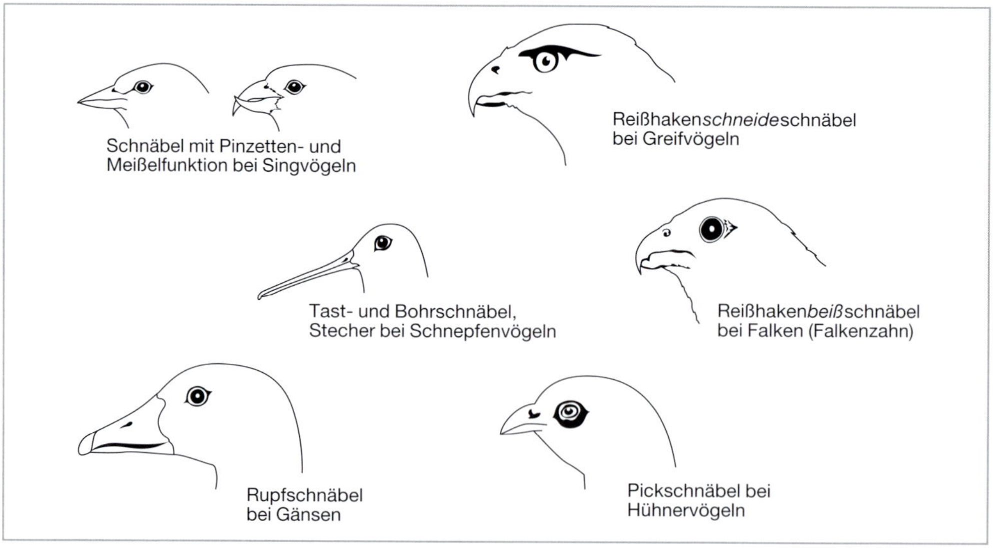

Schnabelformen

797 | Was sind Nesthocker?

Jungtiere, die nach dem Schlupf aufgrund ihres vergleichsweise geringen Entwicklungszustandes im Nest verbleiben müssen (geschlossene Augen, unbefiedert).

798 | Was sind Nestflüchter?

Jungtiere, die wenige Stunden nach dem Schlupf das Nest laufend verlassen können.

799 | Was sind Standvögel?

Vögel, die das ganze Jahr über in ihrem geografischen Lebensraum verbleiben.

800 | Was kennzeichnet Zugvögel?

Zugvögel ziehen regelmäßig im Herbst in ihre Winterquartiere und kommen im Frühjahr wieder zurück.

801 | Wann spricht man von Teilziehern und wann von Strichvögeln?

Ziehen Teile einer Population in Überwinterungsgebiete, sprechen wir von Teilziehern. Strichvögel weichen ungünstigen Wetterlagen nur temporär aus.

802 | Welche Federwildarten sind Bodenbrüter?

Alle Hühnervögel, alle Schwäne, Gänse und Enten (ausgenommen Schellente, Gänsesäger und gelegentlich Stockenten), alle Schnepfenvögel, Taucher, Rallen, Weihen, Kranich, Möwen und die Großtrappe.

803 | Welche Federwildarten brüten in Bäumen?

Alle Greifvögel, ausgenommen die Weihen, alle Tauben, Störche und Reiher und der Kormoran.

804 | Gehören Eulen zu den Greifvögeln?

Nein, Eulen sind eine eigene Ordnung.

805 | Welche Vogelart legt keine Eier?

Keine, alle Arten legen Eier.

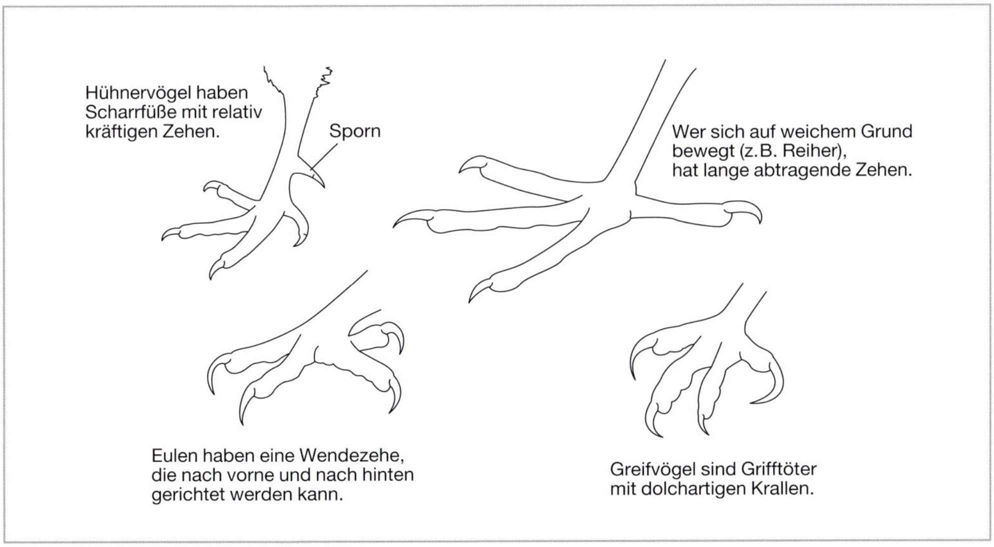

Fußformen

Hühnervögel

Mit Ausnahme des Steinhuhns unterliegen alle einheimischen Hühnervögel dem Jagdrecht. Sie leben vorwiegend am Boden (Laufvögel) und fliegen selten über weite Strecken. Mit ihren kurzen, breiten Schwingen sind sie wenig wendig. Mit Ausnahme der Wachtel sind alle Hühnervögel Standvögel. Mit dem kräftigen Pickschnabel nehmen sie verschiedenartige pflanzliche Äsung auf, daneben auch Insekten und andere Kleintiere. Die Küken ernähren sich in den ersten Lebenswochen ganz überwiegend von eiweißreicher Insektennahrung. Alle einheimischen Hühnervögel sind Bodenbrüter. Die Henne legt das Gelege in eine Bodenmulde mit wenig Nistmaterial, beginnt nach Ablage des letzten Eies mit der Brut, die 3–4 Wochen dauert. Die Küken sind Nestflüchter und nach 2–3 Wochen flugfähig. Auerwild, Birkwild und Fasan sind polygam (Brutpflege erfolgt allein durch die Henne). Haselhuhn, Rebhuhn und Schneehuhn leben in Jahresehe, Hahn und Henne führen die Küken.

Das Rebhuhn gilt heute als gefährdete Wildart.

Hühnervögel haben einen Drüsenmagen und einen nachgeschalteten großen Muskelmagen. In letzterem wird die Nahrung mechanisch zerrieben, bevor die eigentliche Verdauung durch Magensäfte einsetzt. Bewusst mit aufgenommene »Magensteine« (Weidkörner) unterstützen im Muskelmagen die mechanische Zerkleinerung der Nahrung. Eine weitere Besonderheit sind die paarigen, langen Blinddärme, aus denen eine eigene Losung abgesetzt wird (Balzpech des Auerhahns).

Eine Besonderheit sind die Balzrosen der Hähne der Hühnervögel. Unbefiederte, rot gefärbte Hautstellen über den Augen, die zur Balz stark durchblutet anschwellen, dienen der innerartlichen Kommunikation (Birk- und Auerhahn; beim Fasanenhahn auch Hautbezirke an den Kopfseiten).

Wir unterscheiden bei den Hühnervögeln die Raufuß- oder Waldhühner (Auerwild, Birkwild, Haselwild, Alpenschneehuhn) von den Feld- oder Glattfußhühnern (Rebhuhn, Wachtel, Steinhuhn, Fasan, Wildtruthuhn).

Raufußhühner haben bis zu den Zehen hinab befiederte Ständer. An den Zehen selbst tragen sie zu Hornlamellen umgebildete Federn zur Oberflächenvergrößerung der fußenden Zehen. Diese »Balzstifte« genannten Hornlamellen werden alljährlich erneuert. Die Ständer der Feldhühner sind unbefiedert und mit festen, arttypischen Hornplatten bedeckt.

Die Auerwildvorkommen beschränken sich auf einige Mittelgebirge und den Alpenraum. Birkwild kommt in gesicherter Bestandsstärke noch in den Alpen vor. Seine Restvorkommen, vornehmlich in der norddeutschen Tiefebene, stehen unter besonderer Beobachtung. Alpenschneehühner finden wir nur in den Alpen. Das Haselwild ist ein seltener Vogel vornehmlich einiger Mittelgebirge. Das Rebhuhn ist – bedingt durch die gegenwärtige Landwirtschaft – in seinem Bestand existenziell bedroht. Auch beim Fasan beobachten wir einen lebensraumbedingten, besorgniserregenden Rückgang.

Waldhühner (Tetraoninae)

Auerhuhn *(Tetrao urogallus)*

Aussehen: Wie viele männliche Hühnervögel trägt der Auerhahn ein Prachtgefieder, während die Hennen schlicht gefärbt sind. Der dunkel gefärbte Große Hahn oder Urhahn, wie der Auerhahn auch genannt wird, trägt auf der Brust ein grünliches, die Henne ein bräunliches Schild. Der weiße Schwingenfleck des Hahnes heißt Spiegel.

Lebensraum: Auerwild bevorzugt ausgedehnte, naturnah aufgebaute, störungsfreie Wälder. Ursprünglich war es auch im Flachland überall zu finden, heute gibt es in Deutschland nur noch Restbestände im montanen und alpinen Raum. Stärkere Vorkommen gibt es noch in Österreich, Skandinavien, Schottland und Osteuropa.

Balz: Diese kann schon im März beginnen und bis Mai andauern. Gelegentlich sind Balzgesänge auch im Herbst hörbar, aber ohne eigentliche Balz und Tretakt. Gegen Abend schwingt sich der Hahn in seinen Schlafbaum ein, »überstellt« sich wiederholt (Platzwechsel) und »worgt« laut.

Vor Tagesanbruch beginnt er sein leises Balzlied, das aus dem Knappen (»Telak-telak-telak«), dem Triller, dem Hauptschlag (»Titock«) und dem Schleifen (wie das Wetzen einer Sense) besteht. Das Schleifen übertönt fremde Geräusche, sodass der Jäger in diesem Teil der Balzarie den Auerhahn »anspringen« kann. Anstrengung und Erregung beeinträchtigen in diesem Moment die Sinne des balzenden Auerhahns stark, machen ihn aber weder blind noch taub.

Körperbezeichnungen beim Auerhahn

Steckbrief Auerhuhn

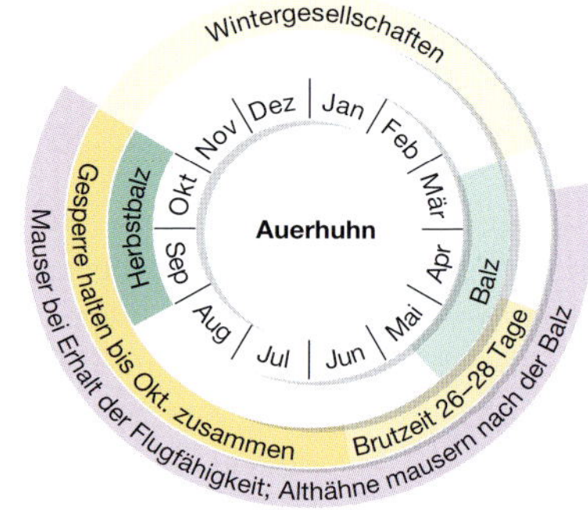

Jahreszyklus

Verbreitungsgebiet

Körperbau: Gewicht ♂ bis 6,5 kg, ♀ bis 2,5 kg. Pflück- und Reißschnabel. Scharrfüße. Kräftiger Muskelmagen; 2 besonders lange Blinddärme (wegen schwer verdaulicher Äsung).

Lautäußerungen: Reviergesang während der Balz (Balzlied), Worgen (auch im Herbst); Rauschen mit den Schwingen bei der Bodenbalz. Variantenreiche Alarm- und Kontaktrufe der Henne und der Küken / Junghühner.

Lebensweise: Hähne nach der Balz gelegentlich in Zweiergruppen, ansonsten einzeln. Henne und Küken (Jungvögel) bleiben bis Oktober zusammen. Danach Bildung von Wintergruppen (Geschlechter meist getrennt).
Auerwild hudert gerne und nutzt Ameisen (Einemsen) gegen Ektoparasiten. Nächtigung in Bäumen (Ausnahme: Henne mit Küken).
Im Winter gräbt es zur Nächtigung Schneehöhlen (Feindvermeidung, Kälteschutz).
Bei geringer Schneehöhe auch Übernachtung in Schneegruben unter überhängenden Zweigen.

Fortpflanzung: Polygam. Balz März bis Mai; bei Tagesanbruch Baumbalz, danach Bodenbalz. 6–10 Eier; Brutzeit 26 Tage. Gesperre bleiben bis Oktober zusammen.

Nahrung: Küken anfangs nur Insekten, dann zunehmend pflanzliche Nahrung. Würmer, Ameisenpuppen und Schnecken, im Spätsommer und Herbst viel Beeren. Im Winter weitgehend Nadeln.

Hähne balzen traditionell immer auf denselben Balzplätzen. Man unterscheidet zwischen der Baum- und Bodenbalz. Die Hennen stehen dem nach Sonnenaufgang aus der Baumbalz zu Boden gehenden Hahn zu und werden fast ausschließlich vom jeweiligen Platzhahn begattet (getreten).

806 | Wo kommt in Deutschland noch Auerwild in freier Wildbahn vor?

In den Alpen. Restvorkommen in einigen Mittelgebirgen (Bayer. Wald, Schwarzwald, Harz).

807 | Welche Lebensräume bewohnt das Auerwild bei uns?

Naturnahe Bergwälder (unterschiedliche Baumaltersstufenbieten ganzjährig Äsung und Deckung).

808 | Wer beeinflusst die Lebensraumqualität des Auerwildes am meisten?

Der wirtschaftende Mensch (Forstwirtschaft mit naturnahem Waldbau) sowie der weiter zunehmende Tourismus.

809 | Welche Art der Waldbewirtschaftung kommt dem Auerwild entgegen?

Lockere Altersklassenwälder, die über Schirm- oder Femelschläge (s. Seite 804) verjüngt werden, mit vielen Verjüngungsinseln und reicher Beerkrautdecke.

810 | Wie schwer wird ein Auerhahn?

Die Henne bis 2,5 kg, der Hahn bis 6,5 kg.

811 | Wie unterscheiden sich Hahn und Henne?

Durch das Gefieder. Henne tarnfarbig braun mit schwarzen und weißen Bändern. Hahn schwärzlicher Grundton, grünmetallisch schimmernde Brust, dunkelbraune Schwingen, blaugrauer Hals; Hahn wesentlich stärker als Henne.

812 | Wie sind die Ständer des Auerwildes?

Sie sind befiedert.

813 | Was sind Balzstifte?

Zu Hornstiften umgestaltete Federn beiderseits an jeder Zehe (Schneeschuheffekt).

814 | Was sind Balzrosen?

Auffallend rot gefärbte Hautpartien unmittelbar oberhalb der Augen.

815 | Was versteht man beim Auerwild unter Schaufeln?

Die Stoßfedern werden als Schaufeln bezeichnet.

816 | Was ist der Spiegel?

Der weiße Schwingenfleck in Höhe des Schultergelenkes.

817 | Wie mausert das Auerwild?

Die Althähne mausern regelmäßig nach der Balz, die Junghähne mausern erstmalig im Oktober des Schlupfjahres. Hähne tragen über das ganze Jahr ihr Prachtgefieder.

818 | Welche Merkmale unterscheiden den alten vom jungen Hahn?

Bis zum 2. Lebensjahr laufen bei beiden Geschlechtern die äußeren Federn der Handschwinge spitz aus. Der Bart des jungen Hahnes ist kurz, der des alten lang und struppig-borstig. Die Enden der Schaufel sind beim Althahn gerade, beim Junghahn sind sie abgerundet.

819 | Welche Krankheit befällt das Auerwild?

Die Schwarzkopfkrankheit (Leber-Blinddarm-Entzündung, hervorgerufen durch den einzelligen Parasit *Histomonas meleagridis.*

820 | Was äst das Auerwild im Sommer?

Junge Nadeln, Beerenkraut, Knospen, Früchte verschiedener Beerensträucher, Insekten, Amei-

Das Balzlied des Auerhahns besteht aus mehreren Strophen. Es beginnt mit einzelnen »Glepfern«, die sich verdichten und zum »Triller« werden. Diesem folgt der »Hauptschlag« und abschließend das »Schleifen«.

Bei polygam lebenden Vögeln wie dem Auerhuhn sind die Hähne stärker und auffälliger gefiedert als die Hennen.

senpuppen, Würmer, Schnecken (reiches Nahrungsspektrum).

821 | Welche Insekten werden besonders gerne genommen?
Ameisen und deren Puppen. Küken leben in den ersten Wochen fast ausschließlich von Ameisen und anderen Insekten.

822 | Was ist die Winteräsung des Auerwildes?
Vornehmlich Koniferennadeln, Kiefernnadeln werden bevorzugt.

823 | Lebt Auerwild gesellig?
Ja, es lebt – bei hoher Dichte – getrennt nach Geschlechtern in Kleingruppen.

824 | Wo nächtigen Auerhühner?
Auf Bäumen und im Winter auch in Schneehöhlen.

825 | Wie schützt sich Auerwild vor großer Kälte?
Durch stundenlanges Verharren an windgeschützten Stellen und Nächtigung in Schneehöhlen.

826 | Wann findet die Balz statt?
Zweite Märzhälfte bis Mai.

827 | Wo balzen die Auerhähne?
Sowohl auf Bäumen als auch am Boden (Baum- und Bodenbalz).

828 | Woraus besteht der Balzgesang des Auerhahns?
Aus dem Knappen, dem Triller, dem Hauptschlag und dem Schleifen.

829 | Wie verhalten sich Hennen in der Balz?
Die Hennen streichen nach Sonnenaufgang zum Balzplatz und werden bei der Bodenbalz begattet (getreten).

830 | Wie viele Eier umfasst ein Gelege?
6–10 rot getupfte, bräunliche Eier.

831 | Wie lange dauert die Brutzeit?
Ca. 26 Tage.

832 | Sind die Küken Nesthocker?
Nein, sie sind Nestflüchter.

833 | Wer brütet und wer führt die Küken?
Ausschließlich die Henne.

834 | Kreuzt sich Auerwild mit anderen Wildhühnern?
Ja, mit dem Birkwild. Das Kreuzungsprodukt ist das untereinander unfruchtbare Rackelhuhn.

835 | Was versteht man unter Balzlosung?
Neben der festen, walzenförmigen Normallosung zu findende, breiige Blinddarmlosung (Balzpech). Irrtümliche Bezeichnung, da zu jeder Jahreszeit dieser Blinddarmkot abgesetzt wird.

836 | Was versteht man unter Abendeinfall?
Das Einfallen des Platzhahnes auf seinem Balzbaum zur Nächtigung.

837 | Was sind Magensteine?
Kleine Steinchen, die bewusst aufgenommen werden, um im Muskelmagen die Mahlbewegungen zur mechanischen Zerkleinerung der Nahrung zu unterstützen. Sie werden auch Weidkörner genannt und als Erinnerungsschmuck gefasst.

Fuß des Auerhahns mit Balzstiften

838 | Welche Feinde hat das Auerwild?
Die Gelege werden von Dachs, Fuchs, Marder und Schwarzwild geplündert. Erwachsene Vögel gehören zum Beutespektrum von Steinadler, Habicht, Uhu, Luchs, Fuchs und Marder.

Weidmannssprache*

abreiten	wegfliegen (abstreichen)
Äsung	Nahrung
äugen	sehen
Balzkragen	Kehlfedern des Hahnes
Balzpech	Blinddarmlosung
Balzstifte	Hornstifte an den Zehen
brocken	äsen
Brocker	Schnabel
einemsen	Huderbad in Ameisennestern
einfallen	sich anfliegend niederlassen
Fächer	Stoß
Fährte	Spur
Gesperre	Henne mit Küken
Grandeln	sinngemäß Malerfeder
hudern	Staubbad nehmen
Hahnbart	Federbüschel von Unterstoß u. Läufen
Huderpfanne	Mulde, die beim Hudern entsteht
Läufe	Beine (Ständer)
Losung	Kot
Mauser	Federwechsel
nadeln	Fichten- und Kiefernnadeln äsen
Rosen	rote Hautpartie über den Augen
Schaufel	einzelne Stoßfeder
Schild	Brustfleck
Schneider	junger Hahn
Schwingen	Flügel
Spiegel	weißer Fleck am Schwingenbug
Stingel	Hals
Stoß	Schwanzfedern
überstellen	den Standort wechseln
verlusen	verhören
verschweigen	verstummen
Weidkorn	Magenstein

* Da das Auerwild traditionell zum »Hochwild« gehört, weichen einige Ausdrücke der Jägersprache von den sonst für Federwild üblichen ab.

Birkhuhn *(Lyrurus tetrix)*

Aussehen: Wie beim Auerwild trägt der Birkhahn permanent ein Prachtgefieder, während die Henne auf hellbraunem Grund schlicht dunkel gebändert ist. Auf den Schwingen tragen beide Geschlechter einen kleinen weißen Spiegel. Der Stoß der Henne ist leicht gegabelt, der Unterstoß auf weißem Grund dunkel gebändert. Auffallend sind beim Hahn die besonders in der Balz gewölbten, hochroten Rosen über den Augen. Der Birkhahn (Spielhahn, Schildhahn, Schneidhahn oder Kleiner Hahn) trägt einen lyraförmigen Stoß, der bei jungen Hähnen beiderseits durch je 1–2, bei alten Hähnen durch bis zu 4 krumme Stoßfedern (Sicheln) sowie auffällige weiße Unterstoßfedern geformt wird.

Lebensraum: Birkwild bewohnt offene, locker mit Gebüsch und Bäumen durchsetzte Landschaften: im Flachland Moore und Heiden, in höheren Mittelgebirgen die licht bewaldeten Kammlagen, im Hochgebirge die Latschen- und Almregion oberhalb der Waldgrenze. Im Flachland ist das Birkwild bis auf kleine Reste (norddeutsche Moore, Lüneburger Heide) von der Landeskultur verdrängt. Außerhalb der Alpen gibt es nur noch im Bayerischen Wald, auf der Langen Rhön und im Erzgebirge Restbestände in Mittelgebirgen. Die alpinen Vorkommen selbst haben sich gut gehalten, sind jedoch durch touristische Erschließungen gefährdet. Zahlreich kommt Birkwild noch in Skandinavien, Schottland und Osteuropa vor.

Balz: März/Anfang April bis Ende Mai. Balzplätze sind offene Flächen (Heiden, Moore, Wiesen, Almen), wo die Hähne in der Morgendämmerung einfallen. Ihre Lautäußerungen bestehen aus zwei Strophen, dem Kullern (Rodeln, Grugeln, Trommeln) und dem Blasen (Zischen). Das Kullern erfolgt in trippelnder Bewegung bei nach

Birkhähne sind polygam und balzen anfangs ohne Hennen. Jeder Hahn beansprucht ein nur wenige Quadratmeter großes Balzrevier, dessen Grenzen genau eingehalten werden. Die ranghöchsten Hähne balzen in der Mitte.

Steckbrief Birkhuhn

Körperbau: Gewicht ♂ bis 1,9 kg, ♀ bis 1,1 kg.
Lautäußerungen: Kullern der Hähne als weithin hörbarer Reviergesang fast ganzjährig; beim Balzgesang zusätzlich Zischen (Blasen). Beim Hahn ferner kurzer Ruf vor dem Abflug und Alarmrufe (Bodenfeinde, Luftfeinde); Hennen recht ruffreudig: Warnruf, Flugruf, Kontaktruf.
Lebensweise: Polygam. Gesperre bleiben bis in den Herbst zusammen. Hähne bilden auch im Sommer Kleingruppen. Im Winter auch größere Gruppen aus Hähnen oder Hennen. Nächtigung auf Bäumen, im Winter auch in Schneehöhlen (teils auch am Tage).
Fortpflanzung: April bis Mai; bei Tagesanbruch Gemeinschaftsbalz am Boden, nach Sonnenaufgang Einzelbalz auf Bäumen. 6–10 Eier; Brutzeit bis 28 Tage. Küken sind Nestflüchter.
Nahrung: Küken zunächst nur Insekten und Wirbellose, dann mehr und mehr pflanzliche Nahrung (Knospen, Blüten, Beeren). Im Sommer werden hauptsächlich Zwergsträucher genutzt, im Winter Knospen der Laubbäume, Nadelanteile geringer.

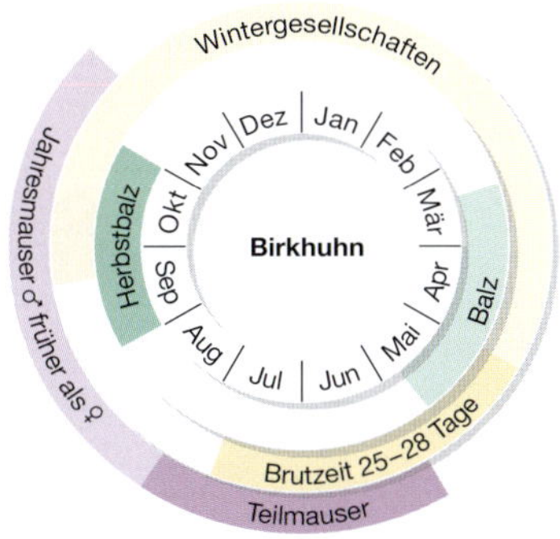

Jahreszyklus

Verbreitungsgebiet

oben gefächertem Stoß – der weiße Unterstoß wird auffällig sichtbar – und mit nach unten abgespreizten Schwingen. Beim Zischen erfolgt ein hoher Flattersprung. Um den ranghöchsten »Platzhahn« balzen mehrere »Beihahnen« (Gesellschaftsbalz). Bei Sonnenaufgang verstummen die Hähne für eine kurze Zeit, setzen dann die Balz gern auf erhöhten Standorten (Bäumen, Torfstapeln) fort (Sonnenbalz). Die Hennen streichen zu den Balzplätzen und werden von den ranghöchsten Hähnen getreten.

Feinde: Adler, Habicht, Uhu, Fuchs und Marder. Gelege sind durch Dachs, Schwarzwild, Krähen und Elstern gefährdet.

839 | Welche Lebensräume bewohnt das Birkwild?

Im Flachland Moore und Heiden, im Bergland licht bewaldete Kammlagen, im Hochgebirge den Bereich der Baumgrenze.

840 | Wo gibt es in Europa noch bedeutende Birkwildvorkommen?

Schottland, Österreich, Schweiz, Balkan, Skandinavien und osteuropäische Staaten einschließlich Russland.

841 | Wie schwer wird ein Birkhahn?

Bis 1,9 kg.

Birkhahn in Balzpose mit Körperbezeichnungen

842 | Wie weicht Birkwild starker Kälte aus?

Birkwild gräbt aktiv Schneehöhlen, in denen es sich dann auch einschneien lässt (Iglueffekt).

843 | Wie unterscheiden sich alte und junge Birkhähne?

Der alte Hahn trägt ein schwarzblaues Gefieder, seine Sicheln (jederseits 4 Schwanzfedern) sind lang und stark gekrümmt. Der junge Hahn zeigt Brauntöne im Gefieder (Rücken), seine Sicheln (1–2) sind kurz und nur angedeutet eingekrümmt.

844 | Lässt sich der 2- vom 3-jährigen Hahn unterscheiden?

Bis zum Herbst des 2. Lebensjahres verbleiben die spitz auslaufenden äußeren beiden Federn der Handschwinge. Nach der Herbstmauser sind die neuen Federn an der Spitze abgerundet. Rücken und Schwingen des 2-jährigen Hahns erscheinen braun.

845 | Was entscheidet über die Rangstellung eines Hahnes?

Das Alter.

846 | Welche Lautäußerungen kennen wir beim Birkwild?

Beim balzenden Hahn unterscheiden wir das Kullern und das Blasen. Die Hennen locken. Auch außerhalb der Balz hört man das Kullern der Hähne.

847 | Was äst das Birkwild im Sommer?

Blätter, Blüten, Triebe, Insekten, Samen (reichhaltiges Futterspektrum).

848 | Auf welche Nahrung sind die Küken angewiesen?

Auf Insekten.

849 | Was äst Birkwild im Winter bevorzugt?

Heidekraut, Birkenknospen (kleines Futterspektrum).

850 | Leben Birkhühner territorial?

Nein, nur der Platzhahn hat ein festgelegtes Balzterritorium.

851 | Wie verhalten sich die Geschlechter zueinander?

Sie leben nach Geschlechtern getrennt in kleinen Gruppen. Im Winter werden bei guten Vorkommen größere Zusammenschlüsse von Hähnen beobachtet.

852 | Wann findet die Balz der Birkwildes statt?

Im April/Mai.

853 | Wo balzen die ranghohen Hähne?

Im Zentrum des Balzplatzes, umgeben von rangniedrigeren (jüngeren) Hähnen.

854 | Wie unterscheidet sich die Balz der Birkhähne von jener der Auerhähne?

Die Birkhähne fallen bei Tagesanbruch zur Bodenbalz ein und überstellen sich später zur Sonnenbalz in meist weiter entfernte Bäume. Auerhähne verhalten sich genau umgekehrt.

Die Hennen tragen ein Tarnkleid.

855 | Balzen Birkhähne auch außerhalb der eigentlichen Paarungszeit?

Ja, im Herbst, dann jedoch keine Tretakte.

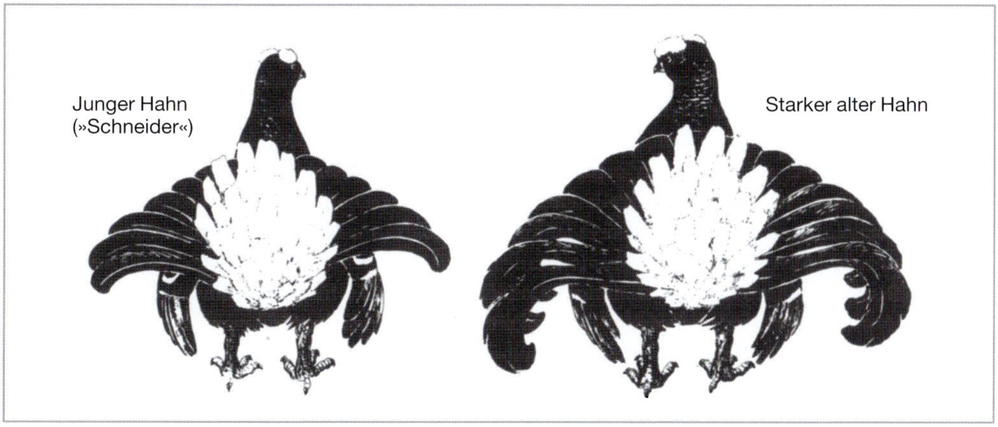

Junger Hahn / alter Hahn

856 | Wer trifft die Partnerwahl?

Die Hennen. Sie streichen gegen Ende der Balzzeit frühmorgens zum Balzplatz und lassen sich in der Regel nur vom Platzhahn treten.

857 | Wie viele Eier umfasst das Birkwildgelege?

Es beinhaltet 6–10 rotbraun getüpfelte Eier bei heller Grundfarbe.

858 | Wie lange werden die Eier bebrütet?

28 Tage, Bodenbrut, Jungtiere sind Nestflüchter.

859 | Wer brütet und wer führt die Küken?

Ausschließlich die Henne!

860 | In welchem Alter werden die Küken flugfähig?

Ab der 3. Lebenswoche.

861 | Wie kann man den Birkhahn am Balzplatz zum Zustehen bewegen?

Durch Nachahmen der Balzlaute (Reizen).

862 | Welche natürlichen Feinde hat das Birkwild?

Adler, Uhu, Habicht. Fuchs und Marder. Gelegeprädation durch Dachs, Schwarzwild, Krähe, Elster.

Weidmannssprache

blasen	Balzlaut (auch zischen, fauchen)
Geläuf	Spur
Gestüber	Losung
kullern	Balzlaut (auch rodeln, grugeln)
Schneidhahn	alpenländische Bezeichnung für Birkhahn (auch Spielhahn)
Sonnenbalz	Baumbalz
Sichel	einzelne krumme Feder aus dem Stoß des Hahnes
Spiel	Stoß

Rackelwild

Der Artenkatalog des Bundesjagdgesetzes enthält noch das Rackelwild. Hierbei handelt es sich um Bastarde (Kreuzungsprodukte) aus Auer- und Birkwild, die gelegentlich in Gebieten auftreten, in denen beide Arten gemeinsam vorkommen. Ganz überwiegend tritt der Birkhahn eine Auerhenne, die sich gemeinsam mit Birkhennen auf einem Balzplatz einfindet. Der umgekehrte Fall (Auerhahn × Birkhenne) ist möglich, aber im Hinblick auf Lebensraum und Balzverhalten des Auerhahns weniger wahrscheinlich.

Rackelhühner (Hähne und Hennen) zeigen Merkmale beider Elternarten, stehen in der Größe zwischen Auer- und Birkwild; auch im Balzverhalten von Rackelhähnen treten Verhaltensweisen und Lautäußerungen beider Arten in unterschiedlicher Kombination auf. Fruchtbare Rückkreuzungen mit Partnern einer der Ursprungsarten scheinen möglich zu sein, während Rackelhühner untereinander unfruchtbar sind.

Rackelhahn vom Auerwild-Typ

Haselhuhn *(Tetrastes bonasia)*

Haselhahn und Haselhenne tragen fast das gleiche Gefieder, aber nur der Hahn hat einen schwarzen Kehlfleck.

Aussehen: Der Haselhahn trägt einen Schopf (Holle), rote Balzrosen und einen schwarzen Kehlfleck (Schwarzkehlchen), der weiß eingerahmt ist. Das übrige Gefieder ist rostbraun bis grau, die Oberseite dunkel gefleckt. Der Stoß trägt beim Hahn eine dunkle Querbinde. Die Henne hat eine weiße Kehle.

Lebensweise: Haselwild lebt paarweise bzw. in Familiengruppen (Gesperre) in unterholzreichen Laub- und Mischwäldern der Mittelgebirge sowie in den tieferen Lagen des Alpenbergwaldes. Der gern sandbadende Hühnervogel meidet freie Flächen und klettert äußerst geschickt in Büschen und Bäumen. Sein Lebensraum wurde vor allem durch Umwandlung von Niederwäldern in nadelholzreichen Hochwald zerstört. Deshalb sind seine Vorkommen in den westdeutschen Mittelgebirgen heute fast erloschen. Haselwild ist in Deutschland ganzjährig geschont.

Balz: Im Herbst grenzen die Hähne mit Reviergesang (Spissen, ein feines »Tsi-tsi-tsi«), Imponierverhalten und Kämpfen ihre künftigen Territorien ab und gehen eine Paarbindung mit einer Henne ein (Verlobung). Der Lockruf der Henne wird Bisten genannt. Die Hühner bleiben den Winter über paarweise zusammen; die Begattung im Frühjahr erfolgt ohne auffälliges Balzverhalten. Die Jungvögel werden schon im August selbstständig.

863 | Welche Lebensräume sagen dem Haselwild zu?

Unterholzreiche Laub- und Mischwälder.

864 | Welche Waldbauform kommt dem Haselhuhn am meisten entgegen?

Der Plenterwald (s. Seite 802 ff.)und die nicht mehr durchgeführte Haubergbewirtschaftung (Eichenlohegewinnung).

865 | Wie groß ist ein Haselhuhn?

Es ist rebhuhngroß und erreicht ein Gewicht bis zu 500 g.

866 | Was unterscheidet Hahn und Henne im Gefieder?

Hähne tragen einen schwarzen Kehlfleck, eine Federholle und schwarze Stoßbinden, Hennen nicht.

867 | Wie sind die Ständer und Füße des Haselwildes?

Ständer und Füße des Haselwildes sind befiedert.

868 | Hat die Haselhenne Balzstifte?

Ja, beide Geschlechter tragen im Winter an den Zehen Hornstifte.

869 | Was äsen Haselhühner bevorzugt?

Erwachsene Tiere äsen Knospen, frische Triebe,

Steckbrief Haselhuhn

Körperbau: Gewicht ♂ ♀ bis 500 g. Geringer Geschlechtsdimorphismus, Hähne haben schwarzen Kehlfleck, schwarze Stoßbinde und Holle.
Lautäußerungen: Reviergesang des Hahnes (Spissen), vor allem während der Balz und im Herbst, aber auch im Sommer. Kontaktlaut beider Geschlechter (»Gijü«), ebenso Alarmruf (»Wid-wid-wid-wid«).
Lebensweise: Monogam; im Sommer Gesperre, die sich Ende August / Anfang September auflösen, sonst meist paarweise. Nächtigung in Sommer ausschließlich in Bäumen, im Winter auch in Schneehöhlen. Haselhühner hudern häufig. Hauptaktivitäten in den frühen Morgenstunden und von Spätnachmittag bis Sonnenuntergang. Intensives Sonnenbaden und Hudern.
Fortpflanzung: Herbstbalz der Hähne im September, dient vorwiegend der Revierabgrenzung. 6–10 Eier; Frühjahrsbalz ab Ende März bis Mai; Eiablage ab Mitte April. Brutzeit 21–23 Tage. Nestflüchter.
Nahrung: Küken zunächst Insekten, ab 2. Lebenswoche vermehrt pflanzlich. Adulte Hühner nehmen überwiegend Knospen, Blüten und Triebe von Zwergsträuchern und Laubgehölzen, Blätter und Samen von Kräutern.

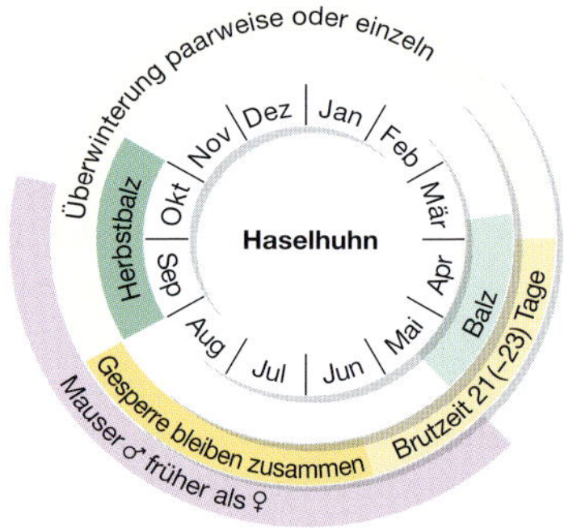

Jahreszyklus

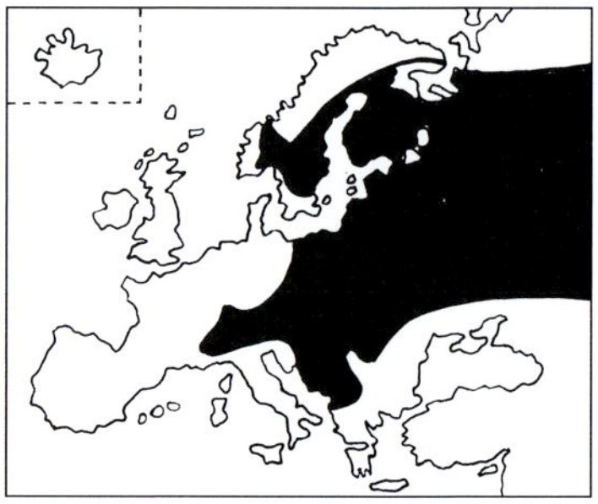
Verbreitungsgebiet

Beeren, Sämereien, Insekten, Würmer, Weichtiere. Küken sind – wie bei allen Hühnervögeln – auf Insektennahrung angewiesen.

870 | Wie ist das Sozialverhalten der Haselhühner?
Haselhühner leben paarweise und territorial.

871 | Wo nächtigen die Haselhühner?
In Bäumen (aufgebaumt).

872 | Welches Komfortverhalten pflegt Haselwild?
Das Hudern im Sand (Sandbaden).

873 | Welche Besonderheiten zeichnet die Balz des Haselwildes aus?
Die Paar- und Revierbildung findet im Herbst statt.

874 | Wo brütet die Henne und wie stark sind die Gelege?
Die Henne bebrütet in einer Bodenmulde 6–10 rostrot gesprenkelte Eier.

875 | Wie verläuft die Aufzucht der Küken?
Nestflüchter, Führung ausschließlich durch die Henne. Sie sind am Ende der 2. Lebenswoche flugfähig.

Alpenschneehuhn
(Lagopus muta)

Aussehen und Lebensweise: Das Schneehuhn hat Rebhuhngröße. Es lebt in der Alpenregion über der Baumgrenze. Im Sommer ist der Hahn bei weißer Unterseite und weißen Handschwingen schwarzbraun, die Henne gelbbraun gefleckt. Im Winter sind beide Geschlechter weiß bis auf schwarz endende Stoßfedern und beim Hahn den Zügel (einen schwarzen Streifen vom Schnabel »durch« das Auge) und die Balzrosen. Läufe und Zehen sind befiedert.

Hahn und Henne halten in Einehe (Jahresehe) zusammen; nach der Balz im Frühjahr bleibt der Hahn als Wächter im Brutrevier und schließt sich dem von der Henne betreuten Gesperre an. Die Küken sind Nestflüchter und ernähren sich zunächst von Insekten. Die Ketten (Elternpaar und Jungvögel) bleiben über Winter beisammen.

Den schmalen schwarzen Streifen vom Auge zum Schnabel besitzt nur der Schneehahn.

876 | Wo leben in Europa Schneehühner?
Schneehühner kommen in Mittel- und Nordskandinavien (Moorschneehühner), in Schottland (Grouse) sowie in Mitteleuropa im Hochgebirge oberhalb der Baumgrenze (Alpenschneehuhn) vor.

877 | Welche Lebensräume bewohnen Alpenschneehühner?
Sie leben ganzjährig in den Geröllfeldern und Felsregionen der Alpen.

878 | Mit welchen anderen Wildhühnern überschneidet sich der Lebensraum des Schneehuhns?
Mit dem des Birkwildes und des Auerwildes (mit letzterem vornehmlich in Skandinavien).

879 | Wie schwer wird ein Schneehuhn?
Hähne erreichen ein Gewicht bis zu 600 g, Hennen sind mit knapp 500 g etwas geringer.

880 | Welche Besonderheiten weist das Gefieder des Schneehuhns auf?
Das Wintergefieder ist weiß. Beim Hahn verläuft von der Schnabelwurzel über das Auge nach hinten hinaus ein schwarzer Zügel.

881 | Welchen Ruf lässt das Schneehuhn hören?
Ein knarrendes oder scharrendes, weit tragendes kurzes, wiederholtes »Karr«.

882 | Welche Nahrung nimmt das Schneehuhn auf?
Knospen, Flechten, Blattspitzen, Beeren sowie Insekten.

883 | Wie verhalten sich die Geschlechter zueinander?
Während der Balz und der Brutzeit leben sie paarweise, außerhalb dieser Zeit schließen sie sich zu Familienflügen zusammen.

Steckbrief Alpenschneehuhn

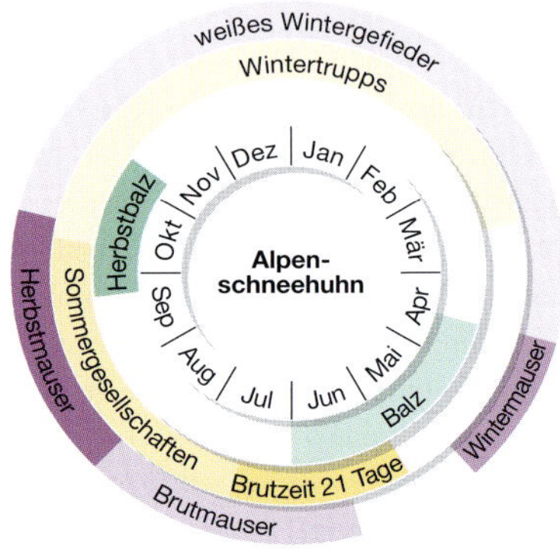

Jahreszyklus

Körperbau: Gewicht ♂ bis 600 g, ♀ bis 470 g. Geringer Geschlechtsdimorphismus, Hähne haben im Wintergefieder schwarzen Augenstreif und ganzjährig Balzrosen.
Lautäußerungen: Reviergesang (Knarren) des Hahnes fast ganzjährig. Hennen lassen bei Gefahr und als Verständigungslaut ein leises Gockern hören.
Lebensweise: Monogam; nicht verpaarte Hähne und Hennen schließen sich nach der Balz zusammen. Familien schließen sich ebenfalls zusammen, gehen aber mit Winterbeginn wieder auseinander (kleine Gruppen von maximal 10 Vögeln). Hauptaktivitäten in den frühen Morgenstunden und von Spätnachmittag bis Sonnenuntergang. Nächtigung am Boden, im Winter auch in Schneehöhlen.
Fortpflanzung: Balz ab Mitte April; Hähne führen steile Balzflüge aus. 7–14 Eier; Brutdauer 21 Tage. Nestflüchter; Hahn und Henne führen gemeinsam.
Nahrung: Küken zunächst Insekten, ab 2. Lebenswoche vermehrt pflanzlich. Adulte Hühner nehmen überwiegend Knospen, Blüten und Triebe von Zwergsträuchern und Laubgehölzen, Blätter und Samen von Kräutern der alpinen Rasen. Küken werden durch Henne aktiv gefüttert.

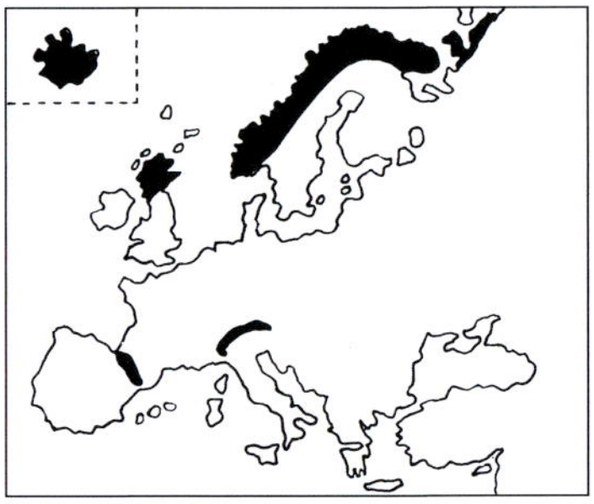
Verbreitungsgebiet

884 | Wo nächtigen Schneehühner?
Im Winter in selbst gegrabenen Schneehöhlen, im Sommer in Verstecken am Boden.

885 | Wie verbringen Schneehühner den Winter?
Sie lassen sich häufig einschneien, wobei Gänge bis an die Bodenäsung gescharrt werden.

886 | Wo findet sich das Gelege des Schneehuhns?
Das Schneehuhn ist wie alle Raufußhühner Bodenbrüter.

887 | Wie viele Eier werden wie lange von wem bebrütet?
Das Gelege umfasst 7–14 Eier, die 21 Tage von der Henne bebrütet werden (kürzeste Brutzeit aller Raufußhühner als Anpassung an den Lebensraum).

888 | Wer übernimmt die Kükenaufzucht?
Hahn und Henne führen gemeinsam.

889 | Welche natürlichen Feinde hat das Schneehuhn?
Alle im Lebensraum vorkommenden Beutegreifer, Gelegeprädation durch Rabenvögel.

Feldhühner

Als Feldhühner werden hier vereinfacht alle einheimischen Hühnervögel mit unbefiederten Ständern zusammengefasst, also die eigentlichen Feldhühner, die Fasane und Truthühner (Perdicinae, Phasianinae, Meleagrinae). Wie nicht alle »Waldhühner« im Wald leben (Birkwild, Schneehuhn!), so sind auch nicht alle »Feldhühner« Feldbewohner. Eine Sonderstellung nimmt das aus Amerika eingeführte Wildtruthuhn ein, dessen Vorkommen in Deutschland jedoch unbedeutend ist.

Rebhuhn *(Perdix perdix)*

Aussehen: Hahn und Henne sind annähernd gleich groß und gleich gefärbt. Nur die Querbänderung der oberen Flügeldeckfedern der Henne erlauben eine sichere geschlechtliche Differenzierung, da diese dem Hahn fehlen. Beim Wache stehenden Rebhahn kann man nicht selten seine kleinen, rot leuchtenden Rosen erkennen. Junge Rebhühner haben gelbe Ständer und einen schwarzen Schnabel, erwachsene Rebhühner dagegen graue Ständer und einen grauen Schnabel.

Das Rebhuhn ist das typische Feldhuhn offener Ackerfluren. Hahn und Henne leben in Jahresehe; die Ketten (Eltern und Jungen) halten über Winter bis zur Balzzeit im Vorfrühling zusammen. Der Hahn wacht und warnt bei Gefahr.

Lebensweise: Rebhühner bewegen sich meist laufend fort, sie streichen nur selten, etwa bei Gefahr oder größeren Ortsveränderungen. Der Hahn lockt das verstreut eingefallene Volk rasch wieder zusammen: »Kirrik-kirrik-kirrik.«

Die Intensivierung der Landwirtschaft, vor allem mit den enormen strukturellen Veränderungen im Ackerbau, hat den einst optimalen Lebensraum des Rebhuhns erheblich verschlechtert – bis hin zu einer existenzgefährdeten Populationssituation. Die Beseitigung von Hecken und Rainen zugunsten einer großflächigen, maschi-

Im März setzen sich die Rebhuhnpaare aus den Winterverbänden ab.

Steckbrief Rebhuhn

Körperbau: Etwa 350–460 g schwer, mit kurzen, runden Flügeln (»harter« Flug) und kurzem Stoß.
Lautäußerungen: ♂ Revierruf »Girrhäk«. ♂ ♀ Kontaktruf »Kirrik«.
Lebensweise: Wintervölker lösen sich im März auf. Paare beziehen Reviere; Hähne markieren Reviere mit Gesang und verteidigen sie. Ketten bleiben zusammen. Im Herbst auch Bildung von Völkern. Hauptaktivitäten in den frühen Morgenstunden und in der Abenddämmerung. Häufiges Sonnen- und Sandbaden. Nächtigung immer dicht zusammengedrängt auf dem Boden im freien Feld.
Fortpflanzung: Monogam; Legezeit meist ab Ende April; 12–20 Eier; Brutzeit 24 Tage; Nestflüchter. Der Hahn bewacht die brütende Henne und beteiligt sich an der Führung der Gesperre.
Nahrung: Küken zunächst nur Insekten, ab der 2. Woche auch pflanzliche Nahrung. Später Insekten, Würmer, Blattteile, Knospen, Blüten und Samen von Gräsern, Wildkräuter und landwirtschaftliche Kulturpflanzen.

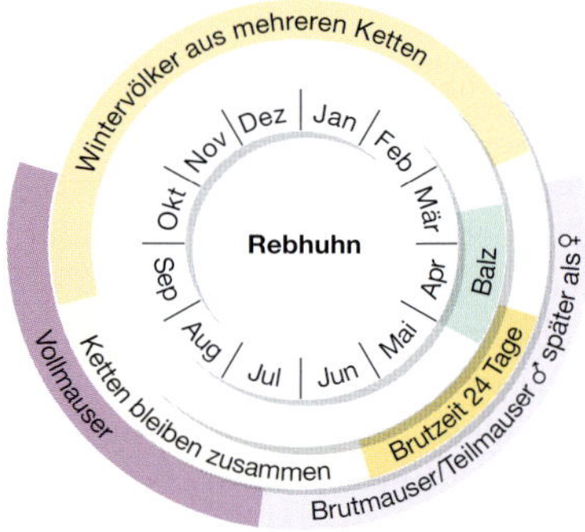

Jahreszyklus

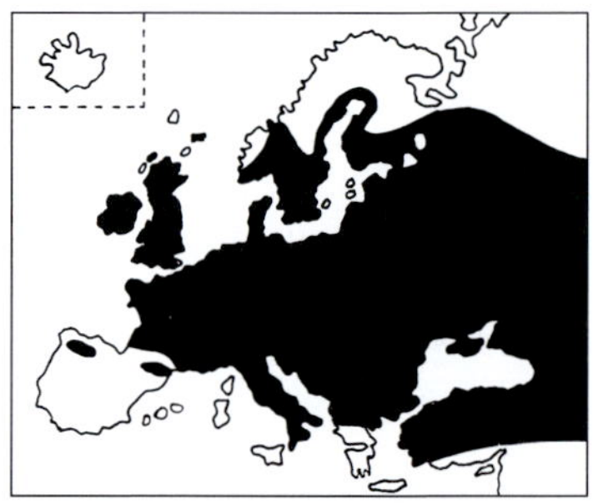
Verbreitungsgebiet

nengerechten Bewirtschaftung hat dem Rebhuhn Brutplätze und Deckung vor seinen Feinden genommen und die »Grenzlinien«, die zur Abgrenzung der Brutreviere erforderlich sind, wesentlich verringert. Monokulturen und chemische Schädlingsbekämpfung (Pestizide) mit der Vernichtung von »Unkräutern« und Insekten haben dem Rebhuhn die notwendige vielseitige Nahrungsgrundlage genommen.

890 | Welches Verbreitungsgebiet hat das Rebhuhn?

Europa und große Teile des asiatischen Bereiches von Russland. Von Skandinavien sind nur die südlichen Bereiche besiedelt. Es fehlt im größten Teil Spaniens und auf vielen Mittelmeerinseln.

891 | Wie ist die Situation des Rebhuhns in Deutschland?

Das Rebhuhn gilt als gefährdete Wildart.

892 | Was macht den Rebhühnern am meisten zu schaffen?

Die hochtechnisierte, intensive Landwirtschaft mit großen Flächen (Verringerung der Grenzlinien), die eine massive und umfassende Lebensraumvernichtung für das Rebhuhn bedeutet.

893 | Welche Lebensräume bewohnen Rebhühner?

Als ehemaliger Steppenvogel ist das Rebhuhn bei uns der typische Bewohner einer klein parzellierten Felder- und Wiesenlandschaft.

894 | Sind Rebhühner immer »Tieflandbewohner«?

Während in Mittel- und Nordeuropa Rebhühner Lebensräume bis maximal 400 m über NN besiedeln, finden wir sie im Süden und Westen ihres Verbreitungsgebietes auch in höheren Lagen.

895 | Wie unterscheiden wir beim Rebhuhn Hahn und Henne?

Durch die oberen Deckfedern der Schwingen. Diese zeigen bei beiden Geschlechtern einen hellen, weißlichen Kiel, bei der Henne kommen über die Federfahne verlaufende weißliche Querbinden dazu.

896 | Wie unterscheiden sich Junghühner von Althühnern?

Junge Rebhühner (diesjährige) haben gelbe Ständer und einen schwarzen Schnabel, alte Rebhühner haben graue Ständer und graue Schnäbel. Die beiden äußeren Federn der Handschwinge sind beim jungen Huhn spitz, beim Althuhn abgerundet.

897 | Wie sind die Schwingen der Rebhühner konstruiert und was folgern wir daraus?

Die Schwingen sind klein, rundlich, stumpf, d. h. Rebhühner sind Kurzstreckenflieger.

898 | Was ist die Nahrung des Rebhuhns?

Gras-, Kraut- und Getreidespitzen, Sämereien, Insekten, Würmer, Getreidekörner.

899 | Was ist die Nahrung der Küken in der 1. Lebenswoche?

Küken ernähren sich in der 1. Lebenswoche ausschließlich von Insekten. Als Bewegungsseher erkennen die Küken nur sich bewegende Insekten und deren verschiedene Entwicklungsstadien.

Bei der Rebhenne fehlt der braune Bauchfleck manchmal.

900 | Wie leben Rebhühner im Winter?

In Ketten zusammen auf freiem Feld. Deckung bietende Strukturen werden aus Gründen der Feindvermeidung gemieden.

901 | Wie verhalten sich die Geschlechter zueinander?

Sie bilden Paare (Paarhühner).

902 | Wie leben die Rebhühner im Sommer?

Hahn und Henne betreuen die Jungtiere und bilden mit ihnen einen Familienverband (Kette).

903 | Wann trennen sich die Familienketten?

Erst kurz vor der Paarbildung im zeitigen Frühjahr des darauffolgenden Jahres.

904 | Wie markieren Rebhähne ihre Reviere?

Durch ihr Rufen, das gerne von einem erhöhten Punkt vorgetragen wird.

905 | Wann paaren sich die Rebhühner?

Im zeitigen Frühjahr (Jahresehe).

906 | Welche Brutplätze bevorzugt das Rebhuhn?

Brutverstecke in Altgrasstreifen werden bevorzugt.

907 | Wie viele Eier umfasst ein Gelege und wie lange werden sie bebrütet?

Das Gelege beinhaltet 10–20 hellbraune Eier, die 24 Tage bebrütet werden. Die Jungen sind Nestflüchter.

Weidmannssprache

Gabelhuhn	nicht ausgewachsenes Rebhuhn
Kette	Familienverband
locken	Ruf des Hahnes
Paarhühner	Hahn und Henne im Frühjahr
schildern	Federwechsel der jungen Hähne
schnippen	Zucken mit dem Stoß
Volk	mehrere Ketten zusammen
warnen	Lautäußerung des Hahnes

908 | Wer kümmert sich um die Küken?

Hahn und Henne.

909 | Welcher Faktor ist entscheidend für den Bruterfolg der Hühner?

Die Witterung in den beiden ersten Lebenswochen der Küken.

910 | Wie kann man die Rebhuhnbestände erfassen?

Durch »Verhören« der rufenden Hähne im Frühjahr.

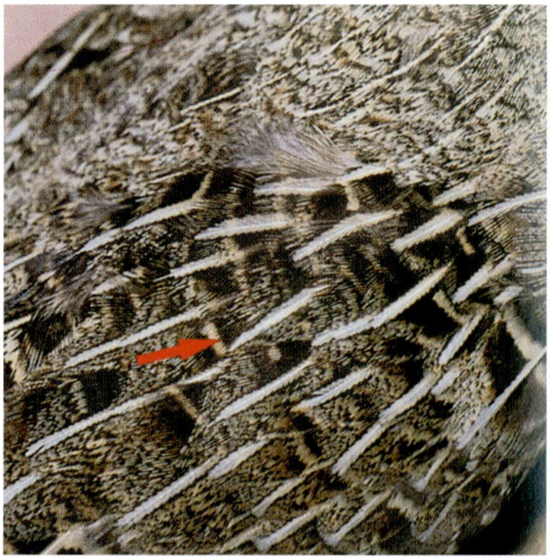

Die Oberflügeldeckfedern des Rebhahns haben nur einen hellen Längsstreifen. Die der Rebhenne (rechts) haben den Längsstreif und einen Querstreif.

Wachtel *(Coturnix coturnix)*

Aussehen und Lebensweise: Die Wachtel sieht dem Rebhuhn ähnlich, ist aber kleiner, nicht geschildert, ihr Stoß ist kürzer als der des Rebhuhns. Die Grundfarbe ist bräunlich, das Seitengefieder gestrichelt. Ein weißer Streifen zieht sich bogenförmig von der Schnabelwurzel beiderseits oberhalb des Auges zum Nacken. Die Wachtel ist der einzige Zugvogel unter unseren Hühnervögeln. Sie verlässt uns Ende September und kehrt im April/Mai zurück. Ihr Ruf »Pick-wer-pick«, der Wachtelschlag, ist im Sommer nicht nur am Tage, sondern auch in hellen Mondnächten zu hören. Die Lebensweise der Wachtel ist der des Rebhuhns sehr ähnlich. Einst recht häufig, ist die Wachtel bereits vor dem Rebhuhn und noch stärker als dieses zurückgegangen und heute bei uns überall, wo sie noch vorkommt, im Bestand bedroht. Sie hat deshalb ganzjährige Schonzeit.

911 | Welches Verbreitungsgebiet hat die Wachtel?

Wachteln kommen in mehreren Unterarten in ganz Europa, Mittel- und Ostasien sowie Nordwest-, Ost- und Südafrika vor.

912 | Welche Lebensräume bewohnt sie?

Sie lebt in weitgehend busch- und baumfreien Feld- und Wiesengebieten, die eine ständige Deckung nach oben bieten (Getreideschläge).

913 | Wie leben Wachteln?

Bis zu Beginn der Brutperiode leben Wachteln paarweise. Dann verlässt der Hahn die Henne, die ihre Küken alleine führt.

914 | Wie groß ist die Wachtel?

Mit etwa Starengröße ist sie der kleinste europäische Hühnervogel.

Ein Wachtelpaar

Steckbrief Wachtel

Körperbau: Etwa starengroß; Aussehen ähnlich Rebhuhn.
Lautäußerungen: Reviergesang der Hähne markantes »Pick-wer-pick«.
Lebensweise: Tag- und nachtaktiv. Zugvogel. Fortbewegung im Brutrevier hauptsächlich zu Fuß.
Fortpflanzung: Monogam. Legebeginn ab Mitte Mai; 7–14 Eier; Brutzeit ca. 18 Tage. Junge mit 3 Wochen voll flugfähig.
Nahrung: Küken Insekten; erwachsene Vögel feine Sämereien, Blattspitzen, Getreide.

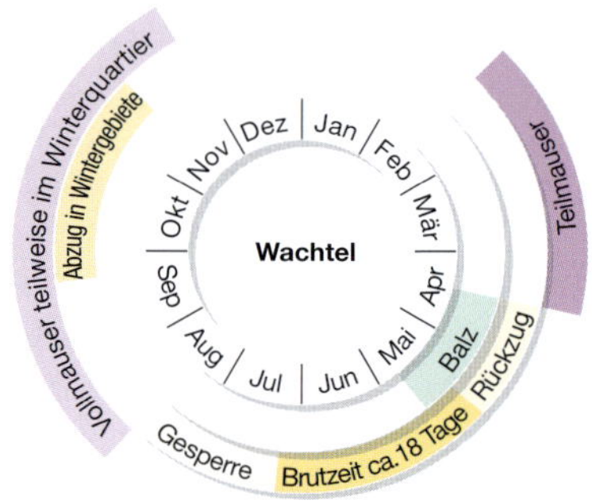

Jahreszyklus

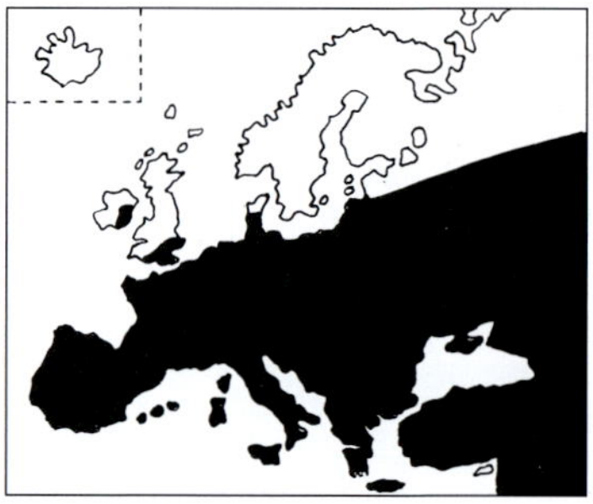
Verbreitungsgebiet

915 | Wem sieht die Wachtel ähnlich?
Dem Rebhuhn.

916 | Wovon lebt die Wachtel?
Das Nahrungsspektrum gleicht dem des Rebhuhns und beinhaltet neben Insekten Blätter, Knospen und Sämereien.

917 | Ist die Wachtel ein Standvögel?
Nein, sie ist der einzige Zugvogel unter den hühnerartigen, jagdbaren Wildvögeln.

918 | Wann trifft die Wachtel bei uns ein?
Im April/Mai.

919 | Wann verlässt uns die Wachtel?
Im Oktober.

920 | Wie kann der Jäger feststellen, ob in seinem Revier Wachteln leben?
Wachteln sind an ihrem charakteristischen Ruf (Wachtelschlag) zu erkennen, sowohl am Tag als auch in der Dämmerung und in mondhellen Nächten.

921 | Wie pflanzen sich Wachteln fort?
Die Henne legt 7–14 Eier, die 18 Tage lang bebrütet werden. Küken sind bereits nach 6 Wochen selbstständig.

Steinhuhn *(Alectoris graeca)*

Aussehen und Lebensweise: Das Steinhuhn ist ein »Feldhuhn«, das die offenen Matten und Geröllhalden der Alpen oberhalb der Waldgrenze besiedelt. Es unterliegt bei uns nicht dem Jagdrecht. Etwa so groß wie das Schneehuhn, ist es auffallend bunt gezeichnet: Es trägt einen schwarz begrenzten weißen Kehlfleck, die Oberseite ist graubraun, die Seiten sind stark gebändert. Der Hahn hat im Unterschied zu der Henne einen roten Schnabel und rote Ständer mit einem stumpfen, warzenartigen Sporn. Beim alten Hahn tritt das schwarze, vom Schnabel über die Augen laufende Kropfband, das die weiße Kehle einrahmt, verstärkt hervor. Steinhühner leben in Einehe und Familienketten. Im deutschen Alpenbereich gibt es nur noch ein kleines Vorkommen bei Berchtesgaden.

Die Kehle ist beim Steinhahn rein weiß, das schwarze Band scharf abgegrenzt.

Steckbrief Steinhuhn

Körperbau: Etwas stärker als Rebhuhn.
Lautäußerungen: Reviergesang der Hähne wetzendes »Kakabi« oder »Tschatzibitz«. Lockruf »Gack-gack«.
Lebensweise: Dämmerungs- und tagaktiv. Nahrungssuche am Boden. Gesperre bleiben bis Herbst zusammen. Im Winter Bildung von Ketten. Fortbewegung hangauf meist laufend, hangabwärts meist streichend.

Verbreitungsgebiet

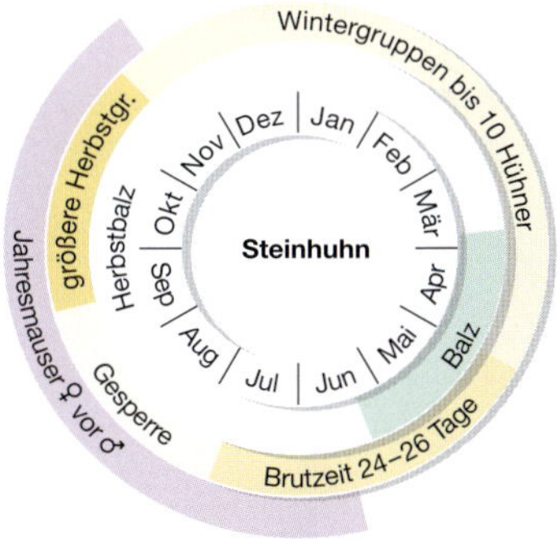

Jahreszyklus

Fortpflanzung: Monogam. Balz April bis Juni; Eiablage ab Mai; 9 bis 14 Eier; Brutzeit 24–26 Tage; Nestflüchter, mit 3 Wochen flugfähig.
Nahrung: Küken anfangs nur Insekten. Später Blättchen, Blüten und Samen alpiner Rasen und Zwergsträucher. Im Winter auch dürre Gräser.

Fasan *(Phasianus colchicus)*

Rassen: Die bei uns unter dem Sammelbegriff »Jagdfasan« vorkommenden Fasane sind ein Gemisch aus verschiedenen Unterarten. Von Natur aus bei uns nicht heimisch, wurden sie schon vor vielen Jahrhunderten (beginnend zur Römerzeit) aus ihrer ostasiatischen Heimat nach Europa eingeführt und dort vielfach in Gefangenschaft (Fasanerien) gezüchtet und gekreuzt.

Seine Beliebtheit als Jagdwild hat dazu geführt, dass er in großem Maßstab auch in Gegenden eingebürgert wurde, wo er sich auf die Dauer nicht halten konnte, sondern immer wieder Auffrischung aus Zuchtbeständen benötigte. Eine Fasanenhege in ungeeigneten Biotopen mit ungeeigneten Rassen steht im Widerspruch zur Erfordernis, einen artenreichen, heimischen Wildbestand zu hegen. Als »Bereicherung der Wildbahn« ist der Fasan nur da zu betrachten, wo er sich ohne künstliche Nachhilfe in die Lebensgemeinschaft einfügt. Auch auf die Fasanenbestände hat die aktuelle Landbewirtschaftung erhebliche negative Auswirkungen.

Lebensraum/Lebensweise: Klimatisch milde Gebiete (bis etwa 400 m Höhenlage), Auwälder und gemischte Feld-Wald-Reviere mit Hecken, Feldgehölzen und buschigen Waldrändern sowie der Uferbewuchs von Gewässern sind die bevorzugten Lebensräume unserer Fasane. Die Vögel sind tagaktiv.

Fortpflanzung: Fasane leben polygam. Im Territorium eines Hahnes leben mehrere Hennen, die dort brüten und die Jungen allein aufziehen (bilden Gesperre). Der Hahn beteiligt sich nicht an der Brutpflege, doch kommt seine Wachsamkeit gegen Feinde (Warnruf) den brütenden Hennen zugute. Es wird ein Geschlechterverhältnis von 1 Hahn auf 3–4 Hennen als natürlich angesehen. Die Balz beginnt im März. Sie ist durch den Balzruf »Gököck!« und den nachfolgenden schwirrenden Schwingenschlag des Hahnes gekennzeichnet. Territoriumskämpfe zwischen rivalisierenden Hähnen sind häufig zu

Der Fasanenhahn unterscheidet sich durch sein Prachtgefieder deutlich von der schlicht gefärbten Henne.

Steckbrief Fasan

Körperbau: Gewicht ♂ 1,1–1,5 kg, ♀ 0,9–1,3 kg. Pickschnabel. Kräftige Scharrfüße.
Lautäußerungen: Revierruf des Hahnes (Balzruf) lautes »Gögöck«, anschließend lautes Flügelgeräusch. Beim Abflug etwas leiseres »Gohöckgohöckgo«.
Lebensweise: Tagaktiv mit Aktivitätsschwerpunkt nach Sonnenaufgang und am Spätnachmittag. Fortbewegung überwiegend laufend. Kurzstreckenflieger. Nächtigung auf Bäumen. Außerhalb Brut und Aufzucht gemischte Gesellschaften, auch Trupps aus Hähnen.
Fortpflanzung: Polygam (Harem). Balz März bis Mai. 8–12 Eier; Brutdauer 23–26 Tage. Nestflüchter; flugfähig ab 9 Tagen, Aufbaumen mit 3 Wochen.
Nahrung: Nahrungsaufnahme am Boden. Küken anfangs nur Insekten, ab der 3. Woche zunehmend vegetarisch. Erwachsene Fasane nehmen im Frühjahr Keimlinge, junge Blätter, im Sommer hohe Anteile an Weichtieren und Wirbellosen, Sämereien, Getreide, im Herbst Beeren und Eicheln.

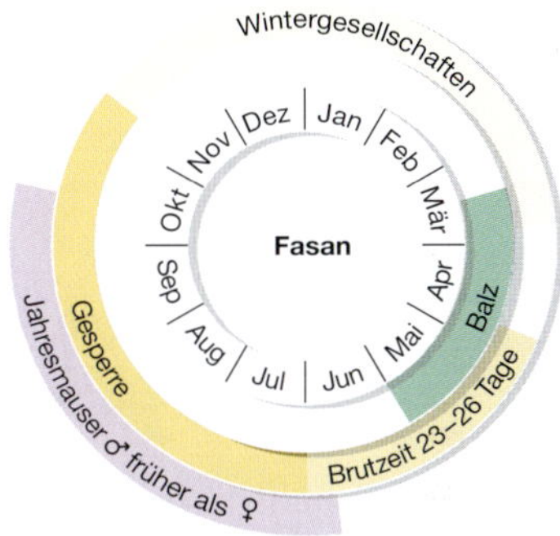

Jahreszyklus

beobachten. Das Gelege befindet sich in Wiesen, Weiden, Hecken und Gehölzen. Gelege in Grünland sind durch Ausmähen stark gefährdet. Der zurzeit zu konstatierende dramatische Rückgang der Fasanenbestände – die Strecken gingen in den vergangenen Jahren von über 400.000 Exemplaren auf weniger als 100.000 zurück – sind zurückzuführen auf einen mangelnden Aufzuchterfolg wegen fehlender Insektennahrung für die Küken.

***Colchicus*-Fasan** *(Phasianus colchicus colchicus)* – Auch Böhmischer Jagdfasan, Kupferfasan oder Waldfasan genannt. Der Hahn ist tief kupferrot mit grünblau schillerndem Kopf und hat keinen Halsring (ringloser Fasan). Die Unterart bevorzugt gemischte Wald-Feld-Reviere, Feldgehölze, Waldränder und Unterholz in Misch- und Auwäldern, baumt zum Übernachten regelmäßig

Colchicus-Hahn

Mongolicus-Hahn

Torquatus-Hahn

Tenebrosus-Hahn

Versicolor-Hahn

Körperbezeichnungen beim Fasanenhahn

auf Schlafbäume auf und ist bis in Höhenlagen um 500 m relativ winterhart. Diese an unsere Verhältnisse gut angepasste, früher am weitesten verbreitete Rasse ist heute leider zurückgedrängt bzw. stark mit anderen, weniger geeigneten Rassen vermischt, da sich der Colchicus nicht so gut in großen Zuchtvolieren züchten lässt.

Mongolicus-Fasan *(Ph. c. mongolicus)* – Ein »Ringfasan«, mit kastanienbraunem Gefieder und hellbraunen Schwingen. Obwohl die Rasse in ihrer asiatischen Heimat in größeren Höhenlagen vorkommt, hat sie sich bei uns nicht überall bewährt. Die Hähne werden schwerer als die anderer Rassen. Der reinblütige Mongolicus ist am hellen Auge (weiße Iris) erkennbar.

***Torquatus*-Fasan** *(Ph. c. torquatus)* – Ein »Ringfasan« mit weißem, am Nacken unterbrochenem Halsring; auch Chinesischer Reisfasan oder Feldfasan genannt. Der Hahn ist viel heller braunrot als der Kupferfasan, auch die Hennen sind blass graubraun. Er bevorzugt die offene Feldflur (Getreide, Mais), geht wenig in den Wald und baumt meist nicht auf (Gefährdung durch Raubwild bei nächtlicher Ruhe am Boden!).

***Tenebrosus*-Fasan** *(Ph. c. tenebrosus)* – Dieser dunkle, blauschwarze Fasan ohne Halsring ist eine dunkle Farbmutation des Colchicus-Fasans, eine Farbmutation, die sich genetisch festgelegt hat und vererbt wird. Im Verhalten und in den Ansprüchen gleicht er dem Colchicus.

***Versicolor*-Fasan** *(Ph. c. versicolor)* – Ebenfalls ein ringloser, hell grünblau gefiederter Fasan mit rotbraunem Schultergefieder und hellbraunen Schwingen, auch Japanischer Buntfasan genannt. Bei ähnlicher Eignung für gemischte Wald-Feld-Reviere ist er klimatisch empfindlicher als der Colchicus, auch schwieriger zu züchten und deshalb wenig verbreitet.

922 | Wo ist die Heimat der bei uns vorkommenden Fasanenrassen?

Der Colchicus ist östlich des Schwarzen Meers beheimatet, der Torquatus stammt aus China, der Versicolor aus Japan. Die Heimat des Mongolicus ist Zentralasien.

923 | Seit wann ist der Fasan bei uns eingebürgert?

Er wurde von den Römern eingeführt. Schon 800 n. Chr. wurde er an Fürstenhöfen gehalten. Seit dem 13. Jahrhundert lebt er in geeigneten Lebensräumen in der freien Wildbahn in nennenswerten Populationsgrößen.

924 | Wie ist die Verbreitung des Fasans in Europa?

Der Fasan ist heute in West-, Mittel- und in den westlichen Ländern Osteuropas verbreitet. Er besiedelt im Norden noch Südschweden, seine südliche Verbreitungsgrenze reicht bis Mittelspanien, Mittelitalien und das nördliche Griechenland.

925 | Welche Lebensräume sind fasanentauglich?

Optimale Lebensräume sind kleinparzellierte (d.h. grenzlinienreiche) Kulturlandschaften mit kurzen, wenig harten Wintern. Offenes Wasser muss verfügbar sein. In Mitteleuropa werden Höhenlagen von 400 m über NN selten überschritten.

926 | Wie ist der Tagesrhythmus?

Fasane sind tagaktiv mit Schwerpunkt am Morgen und am Spätnachmittag.

927 | Wie lässt sich der Hahn im 1. Lebensjahr vom mehrjährigen Hahn unterscheiden?

Hähne im 1. Lebensjahr haben einen kurzen, stumpfen Sporn, ältere Hähne einen längeren spitzen. Allerdings wird der Sporn auch stark abgenutzt, sodass alte Hähne oft einen sehr kurzen Sporn haben.

928 | Kann man am Sporn die Lebensjahre ablesen?

Theoretisch ja, die Hornauflagerungen des Sporns sind durch Jahresringe gegeneinander abgesetzt. Da die Sporne aber mit zunehmendem Alter wieder kürzer werden, sind die Hornauflagen nur schwer zu erkennen.

929 | Wie sind die Zehen des Fasans angeordnet?

Die 1. Zehe ist nach innen hinten gerichtet, die übrigen 3 nach vorne. Alle Zehen sind von glatten Hornplättchen überzogen (typischer Scharrfuß).

930 | Welche Lautäußerungen kennen wir beim Fasan?

Den Balzruf des Hahnes (Gohöck); den Warnruf des Hahnes, das Piepen der Hennen.

931 | Welche Parasiten werden in Fasanerien zum Problem?

Der rote Luftröhrenwurm und Kokzidien.

932 | Können Fasane an Kokzidien erkranken?

Ja, vor allem Jungtiere.

933 | Welche Nahrung bevorzugt der erwachsene Fasan?

Vegetarische Nahrung.

934 | Welche Nahrung nehmen Küken in ihrer 1. Lebenswoche auf?

Ausschließlich animalische Nahrung (Insekten).

935 | Womit wird der Fasan im Winter gefüttert?

Mit Getreide, Rosinen, Kohl, in Schütten, Automaten oder frei.

936 | Wo nächtigen Fasane?
Im Herbst und Winter in der Regel auf Schlafbäumen. Während der Sommermonate nächtigen sie häufig in guter Felddeckung am Boden.

937 | Wie verhalten sich die Geschlechter zueinander?
Fasane leben gesellig, ab Herbst häufig nach Geschlechtern getrennt.

938 | Welches Geschlechterverhältnis wird beim Fasan angestrebt?
Ein Verhältnis von 1:4.

939 | Wie lange bleiben Gesperre zusammen?
Bis zum Spätherbst des Schlupfjahres (Herbstmauser).

940 | Wann findet die Balz statt?
Von März bis Mai (Einzelbalz).

941 | Wo und wann brütet die Henne?
Hennen brüten ab Ende April gern in Hecken, Wiesen und Kleeschlägen.

942 | Wie viele Eier hat ein Gelege und wie lange werden sie bebrütet?

Fasanengelege

Weidmannssprache

aufstehen	vom Boden aus wegfliegen
Äsung	Nahrung
Bukett	mehrere zugleich aufstehende Fasane
Gesperre	Jungfasanen mit Henne
Gockel	Fasanenhahn
gocken	Locklaute
Hörner	Federohren (Schmuckfedern am Kopf)
Infanterist	Fasan zu Fuß
Ring	weißer Halsring
Rosen	rote Hautpartien um die Augen, schwellen zur Balz an
Spiel	Stoß beim Hahn
Sporn	spitzer Dorn an der Hinterseite jeden Ständers beim Hahn

Gelegegröße: 8–12 Eier, selten 15 Eier. Brutzeit: 24 Tage. Küken sind Nestflüchter, Flugvermögen schon nach 9 Tagen.

943 | Beteiligt sich der Hahn an der Aufzucht?
Nein, nicht direkt. Indirekt, indem er im Brutterritorium seiner Hennen während der Brutzeit als Wächter fungiert.

944 | Was sind die größten nichtjagdlichen Verlustursachen?
Kükenverluste durch schlechte Witterung sowie Mangel an Insekten in den ersten beiden Lebenswochen.

945 | Welche natürlichen Feinde hat der Fasan?
Alle bei uns vorkommenden Beutegreifer.

946 | In welchen landwirtschaftlichen Kulturen verursachen Fasane Schäden?
Frisch gedrillte Getreide- und Maisflächen sowie am auflaufenden Mais.

Wildtruthuhn
(Meleagris gallopavo)

Das Wildtruthuhn (Bronzeputer) stammt aus Mittel-/Nordamerika. Dort wurde es bereits von indianischen Völkern domestiziert und ist somit die Stammform des Haustruthuhns. Wildtruthühner wurden im vergangenen Jahrhundert mehrfach in einigen deutschen und österreichischen Revieren ausgesetzt. Die meisten Vorkommen sind wieder erloschen. In Deutschland hält sich noch ein Vorkommen im Bereich des Kottenforsts (bei Köln). Jagdlich spielt es bei uns keine Rolle, bejagbare Bestände gibt es in Tschechien.

Das Wildtruthuhn ist die größte Art der Hühnervögel. Ausgewachsene Hähne erreichen ein Gewicht von bis zu 10 kg und werden im Stand bis zu 1 m hoch. Hennen sind etwas kleiner, aber deutlich leichter (bis zu 4 kg). Das vor allem beim Hahn metallisch schimmernde Gefieder ist dunkelbraun und schwarz. Charakteristisch sind der lange, unbefiederte Stingel und Kopf sowie beim Hahn ein 6–8 cm langer roter Hautlappen, der zwischen den Augen entspringt und quer über den Schnabel hängt.

Das tagaktive Wildtruthuhn lebt in Familiengruppen im Wald, wo es seine Äsung (Pflanzen, aber auch Insekten und Reptilien; Allesfresser) am Boden sucht. Nächtigt auf Schlafbäumen. Paarungszeit beginnt im März. Auffällig sind die kollernden Balzlaute der Hähne (»Gobbel-obbel-obbel«). Im Bodennest werden 6–14 Eier gelegt. Die Küken sind Nestflüchter.

Wildtruthühner sind sehr scheu. Sie äugen hervorragend. Bei geringstem Argwohn flüchten sie, zunächst meist laufend. Sie sind aber auch durchaus gute Flieger. Ihre Feinde sind alle bei uns vorkommenden Beutegreifer.

Das exotisch aussehende Wildtruthuhn zählt zu den größten flugfähigen Vögeln unserer Erde.

Entenvögel (Anatidae)

Schwäne

Schwäne sind die größten Vertreter der Familie der Entenvögel (Anatidae). Durch ihre Größe und ihr rein weißes Gefieder (Jungvögel bis ins 3. Lebensjahr braungrau) sind sie die auffälligsten Großvögel auf unseren Gewässern. Sie leben paarweise (mehrjährige bzw. lebenslange Ehe), brüten am Boden am Rand von Gewässern und betreuen die 4–8 Jungen (Nestflüchter) gemeinsam. Der männliche Schwan verteidigt und bewacht das Brutrevier.

Ihre Nahrung (vorwiegend Wasserpflanzen) holen Schwäne so tief aus dem Wasser, wie sie gründelnd mit ihrem langen Hals reichen können. Sie weiden aber auch gerne in Grün- und Saatflächen in Ufernähe.

Dem Jagdrecht unterliegt nur der Höckerschwan. Die beiden kleineren Arten Singschwan und Zwergschwan kommen als Wintergäste aus ihren hochnordischen Brutgebieten zu uns. Sie unterliegen nicht dem Jagdrecht.

Höckerschwan *(Cygnus olor)*

Ursprünglich ein scheuer Wildvogel auf größeren Seen in Nord- und Ostdeutschland, kommt der Höckerschwan heute auf fast allen mittleren und größeren Binnengewässern und seichten Meeresbuchten vor, oft als halbzahmer Parkvogel, im Winter in Scharen an Futterplätzen gemeinsam mit Stockenten, Blesshühnern und Möwen. Der Schnabel ist rot, die Ständer (Ruder) schwarz.

Schwäne müssen beim Abheben vom Wasser erst Anlauf nehmen.

Steckbrief Höckerschwan

Körperbau: Schwarzer Stirnhöcker. Langer, dünner Hals. Kein Geschlechtsdimorphismus. Deutlich größer und schwerer als Graugans.
Lautäußerungen: Meist schweigsam; zur Brutzeit gurgelnde bis trompetende Laute.
Lebensweise: Tag- und nachtaktiv. Bei uns Stand- und Strichvogel. Abheben vom Boden nur mit Anlauf. Im Sommer Familien, im Winter teils größere Trupps. Nichtbrüter ganzjährig in Trupps.
Fortpflanzung: Monogam. Balz teilweise schon im Herbst. 5–8 Eier; Brutdauer 35–41 Tage; ♂♀ führen gemeinsam.
Nahrung: Wasser- und Sumpfpflanzen bis 1 m Tiefe (gründeln), Gras, Getreidesaaten und andere landwirtschaftliche Pflanzen. Dabei kommt es nicht selten zu Trittschäden und durch den Kot der Schwäne zu erheblicher Verschmutzung der auflaufenden Saat.

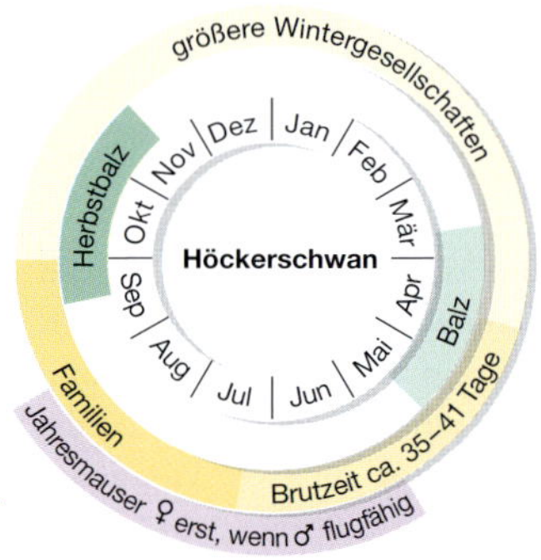

Jahreszyklus

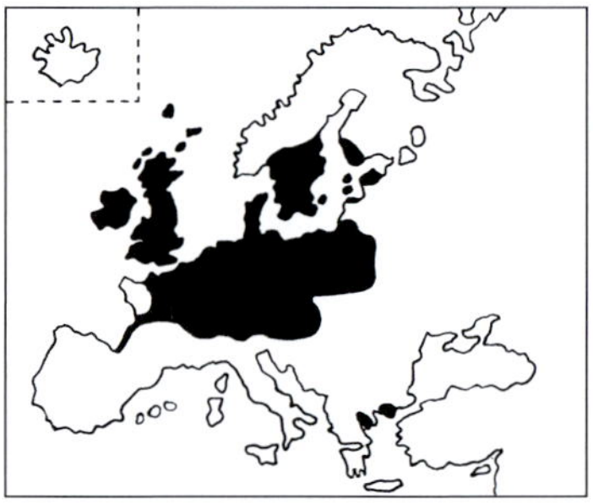

Verbreitungsgebiet

Der männliche Höckerschwan zeigt häufig seine Imponierhaltung, indem er mit segelartig aufgestellten Schwingen drohend gegen einen Rivalen oder Gegner schwimmt. Mit Schnabelbissen und Schwingenschlägen vermag sich der Schwan wirksam zu verteidigen. Nach der Aufzuchtzeit bleibt die Familie bis in den Winter beisammen und verstreicht gegebenenfalls an größere offene Gewässer. In die Luft erhebt sich der Schwan erst nach längerem Anlauf auf dem Wasser und fliegt dann mit laut singendem Fluggeräusch.

Bei der derzeitigen hohen Siedlungsdichte schreiten nicht mehr alle Paare zur Brut. Da Verluste durch winterlichen Nahrungsmangel häufig durch Fütterung verhindert werden, verbleibt trotzdem ein »Überbesatz«, der auf kleineren und flacheren Gewässern zu einer übermäßigen Nutzung der Wasserpflanzen führen kann. Hieraus resultieren nachteilige Auswirkungen für andere Wasservögel und den Fischbesatz. Eine jagdliche Nutzung bzw. Regulierung des Höckerschwans ist in solchen Fällen angebracht.

Die Jagdzeit ist in den Bundesländern unterschiedlich geregelt (z. T. auch ganzjährig geschont).

Der nicht dem Jagdrecht unterliegende **Singschwan** *(Cygnus cygnus)* ist deutlich kleiner als der Höckerschwan, hat einen gelb und schwarz gezeichneten Schnabel und keinen »Höcker«. Leicht mit ihm zu verwechseln ist der nur wenig kleinere **Zwergschwan** *(Cygnus bewickii);* sein Schnabel ist mehr schwarz, nur an der Wurzel wenig gelb.

947 | Woran erkennt man den Höckerschwan?
An seinem Höcker auf der Schnabelwurzel, seinem beim Schwimmen häufig gebogen getragenen Hals sowie dem orangeroten (fleischfarbigen) Schnabel. Im Flug macht der Schwingenschlag »singende« Geräusche.

948 | Woran erkennen wir Jungschwäne?
An ihrem graubraunen Gefieder.

949 | Woran erkennen wir den Singschwan?
Sein Schnabel ist an der Schnabelbasis sowie an dessen Seiten leuchtend gelb, an der Spitze schwarz. Beim Schwimmen wird der schlank erscheinende Hals immer senkrecht getragen. Keine Fluggeräusche.

950 | Wie ernähren sich Schwäne?
Vegetarisch (Wasser- und Uferpflanzen).

951 | Welche Schäden machen Höckerschwäne beim Äsen an Land?
Tritt- und Fraßschäden an Wintergetreide und Raps, Verkotungen.

Dem Singschwan fehlt die schwarze Schnabelwurzel.

952 | Wie erheben sich Schwäne vom Wasser?
Sie laufen schwingenschlagend eine längere Strecke auf dem Wasser (sie benötigen eine »Startbahn«).

953 | Wo verbringen Schwäne die Nacht?
An Land auf dem Boden, gelegentlich auch auf dem Wasser.

954 | Wo brüten Höckerschwäne?
In großen, auffallenden Nestern im oder am Wasser.

Auch Höckerschwäne gründeln im Flachwasser nach Nahrung.

Wildgänse

Wildgänse sind eine besondere Gruppe aus der Familie der Entenvögel (Anatidae). Obwohl Schwimmvögel, die zum Ruhen und zur Jungenaufzucht auf größere Gewässer angewiesen sind, suchen sie ihre Nahrung fast ausschließlich an Land, wo sie Grünpflanzen (Gras, Getreidesaat, manche Arten auch Seetang und Wattpflanzen) abweiden. Gänse sind daher die besten Läufer unter allen Schwimmvögeln und bewegen sich an Land auf kräftigen Ständern. Auf dem Zug zwischen Brutgebieten und Winterquartieren legen sie im Frühjahr und Herbst weite Strecken zurück.

Wildgänse leben paarweise in meist lebenslanger Ehe, zeigen ein ausgeprägtes Sozialverhalten und verfügen über ausdrucksreiche Stimmlaute zur Verständigung. Sie sind Bodenbrüter im deckungsreichen Uferbereich; die meist 4–6 Jungen sind Nestflüchter und werden vom Elternpaar betreut. Wie bei anderen monogam lebenden Arten (z. B. Rebhuhn, Haselhuhn, Ringeltaube) gibt es keinen ausgeprägten Geschlechtsdimorphismus. Die Männchen werden aber etwas schwerer und größer als die Weibchen.

Brutvögel waren bei uns bis vor Kurzem nur die Graugans und die eingebürgerte Kanadagans. Zwischenzeitlich ist die aus Gehegen entwichene Nilgans ebenfalls Brutvogel in Deutschland. Alle übrigen Arten sind nordische Brutvögel und kommen als Wintergäste in unsere Küstengebiete und z. T. auch bis ins Binnenland.

Nach den starken Verlusten in der ersten Hälfte des letzten Jahrhunderts zeigt der westpaläarktische Wasserwildbestand bei fast allen Gänsen, Wildenten, Schwänen und Blesshühnern seit Mitte der 1950er-Jahre wieder ansteigende Populationen. Leider kommt es durch den starken Bestandsanstieg der Gänse zunehmend zu Wildschäden, vor allem in den klassischen Küstenüberwinterungsgebieten in Nordwestdeutschland, Holland und England. So werden in den Niederlanden zwischenzeitlich höchst fragwürdige Methoden zur Einregulierung der Gänse angewandt.

Alle Wildgänse unterliegen dem Jagdrecht; doch nur die nachfolgend einzeln aufgeführten Arten haben eine Jagdzeit, die übrigen (selteneren) Arten sind ganzjährig geschont (einzelne Bundesländer haben die Jagdzeiten noch weiter eingeschränkt).

Wildgänse streichen morgens zu ihren Äsungsgebieten und abends zurück zu ihren Schlafgewässern.

Graue Gänse *(Anser spec.)*

Graugans *(Anser anser)* – Als größter einheimischer heute wieder verbreiteter, hellgrau gefiederter Brutvogel ist die Graugans die Stammform unserer Hausgänse. Nachdem die wilden Graugänse infolge Kultivierung der weiten, ungestörten Moor- und Seengebiete stark zurückgegangen waren, ist in neuerer Zeit wieder eine augenfällige Zunahme zu verzeichnen. Sie beruht weitgehend auf Aussetzen (Auswilderung) von in Gefangenschaft gezüchteten Graugänsen. So sind vor allem in Norddeutschland, aber auch im Donaugebiet zahlreiche neue Vorkommen entstanden. Diese Vögel bleiben z.T. auch im Winter bei uns. Erfreulicherweise haben auch die letzten ursprünglichen Brutbestände im norddeutschen Raum erheblich zugenommen.

Saatgans *(Anser fabilis)* – Etwas kleiner als die Graugans, dunkler braungrau gefiedert, Schnabel weitgehend schwarz mit gelben Abzeichen. Stellt im Küstengebiet die größte Zahl der überwinternden nordischen Gänse; ins Binnenland kommt sie nur in kleineren Flügen. Als Winterquartier benötigt sie größere flache Gewässer als Ruheplätze sowie ausgedehnte Grünflächen zur Äsung. Wo große Scharen regelmäßig äsen, treten Wildschäden auf.

Blessgans *(Anser albifrons)* – Sie ist deutlich kleiner als die Graugans (Gewicht 1,6–2,4 kg) und auffallend dunkler gefiedert (dunkelgrau mit schwarzer Fleckung und Bänderung). Der rosa bis gelbliche Schnabel ist an seiner Wurzel von einer weißen, bis zur Stirn reichenden Blesse umgeben (die Blesse fehlt im Jugendkleid). Als ark-

Steckbrief Graugans

Körperbau: Gewicht ♂ bis 4 kg, ♀ bis 3,5 kg.
Lautäußerungen: Nasales Gegacker als Kontaktlaut, insbesondere auch bei Aufregung und vor Abflug. Zischen als Drohlaut.
Lebensweise: Stand- und Strichvogel. Tag- und nachtaktiv, V-förmige Flugformation. Mausergesellschaften aus Nichtbrütern. Außerhalb der Brutzeit größere Gesellschaften.

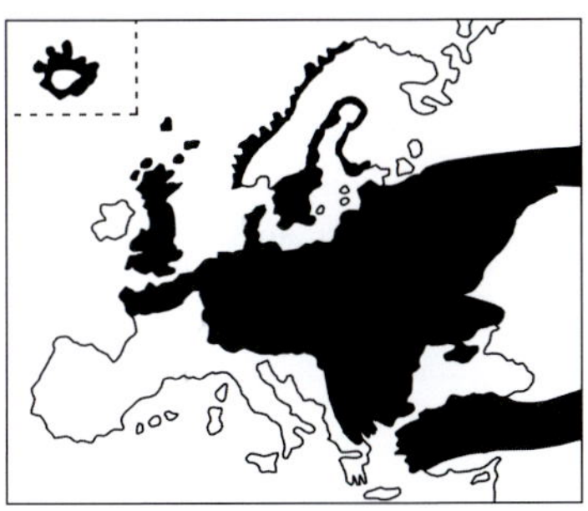

Verbreitungsgebiet

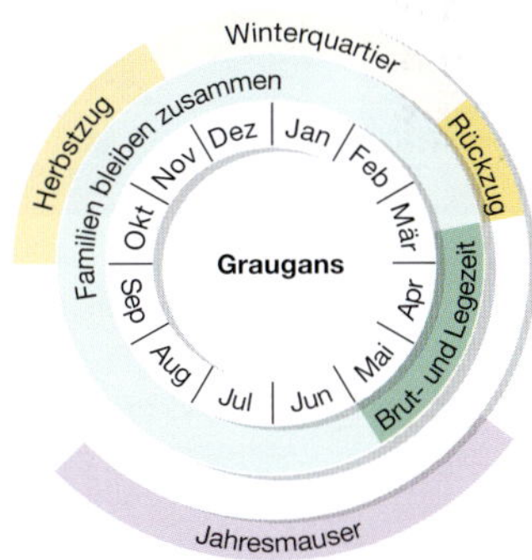

Jahreszyklus

Fortpflanzung: Monogam (Dauerehe); Paarbildung schon vor Geschlechtsreife (3. Kalenderjahr). 4–9 Eier; Brutzeit 28 Tage; beide Eltern führen. Mit ca. 60 Tagen bedingt flugfähig.
Nahrung: Nahrungsaufnahme an Land und im Wasser. Gräser, Kräuter, landwirtschaftliche Kulturpflanzen.

Graugänse (links) haben im Gegensatz zu Saatgänsen (rechts) keine schwarze Abzeichen am Schnabel.

Links: Die Zwerggans mit weißer Schnabelwurzel
Rechts: Blessgans, wie Zwerggans aber größer

Kurzschnabelgans

tischer Brutvogel erscheint sie regelmäßig, auch ähnlich zahlreich wie die Saatgans, in unseren Küstengebieten, um hier zu überwintern.

Zwerggans *(Anser erythropus)* – Brutvogel in den Tundren des nördlichen Skandinaviens und Nordrusslands. Zieht südwärts bis Spanien und Türkei. Im Aussehen ähnelt sie der Blessgans, unterscheidet sich von ihr durch den leuchtend gelben Augenring und die hochgezogene Stirnblesse. Gewicht 1,4–2,2 kg. Jungvögeln fehlt die weiße Blesse noch.

Kurzschnabelgans *(Anser brachyrhynchus)* – Brutvogel auf Grönland, Island und Spitzbergen. Etwas kleiner als Saatgans (Gewicht 2,5–3,5 kg), aber mit dieser leicht zu verwechseln. Ihr Schnabel ist, daher der Name, deutlich kürzer und mit einem rosafarbenen Band versehen. Als Wintergast ist sie hauptsächlich im westlichen Europa anzutreffen. Bei uns fast ausschließlich an der Nordseeküste.

Bunte Gänse *(Branta spec.)*

Weißwangengans *(Branta leucopsis)* – Die Weißwangengans, wegen ihrer charakteristischen Kopfzeichnung auch Nonnengans genannt, ist mit keiner anderen Gans zu verwechseln. Mittelgroß, das Gewicht beträgt etwa 1,5–2 kg. Brutvogel im hohen Norden und nur im Winter Gast an der Nordseeküste (Schleswig-Holstein bis Niederlande). Sie erscheint im Oktober/November und tritt im April den Heimweg in die Brutgebiete an. Im Binnenland ist sie nur ganz ausnahmsweise zu beobachten. Nahrung: Queller, Gräser und Wintersaaten entlang der Küste.

Weißwangengänse (Nonnengänse)

Ringelgans *(Branta bernicla)* – Eine sehr kleine »bunte« Gans (Gewicht 1–1,5 kg), sehr dunkel mit halbmondförmigen weißen Halsflecken (»Ring«). Brutvogel in der Arktis, bei uns nur als häufiger Wintergast im Bereich des Wattenmeeres, wo sie sich als typische »Meergans« fast ausschließlich von Seetang, Algen und Wattpflanzen ernährt. Am Festland und auf den Halligen weiden die Ringelgänse (oft große Scharen) auch Gras und Wintersaat ab. Im Wattenmeer und an der Küste sind sie von Oktober bis Anfang Mai zu beobachten.

Ringelgans

Kanadagans *(Branta canadensis)* – Im Unterschied zu den »grauen« Gänsen (auch »Feldgänse« genannt) ist die Kanadagans ein Vertreter der »bunten« Gänse der Gattung *Branta*. Sie ist etwas größer als die Graugans (Gewicht 3,0–6,5 kg) und auffällig schwarzweiß gezeichnet (Körperoberseite graubraun mit hellen Streifen, Hals, Kopf und Schnabel schwarz, Wangen, Kehle und Brust weiß). Die ursprüngliche Heimat der Kanadagans ist Nordamerika, seit den 60er Jahren breitet sie sich in Mitteleuropa aus. 2017 meldeten mehr als ein Viertel der Revierinhaber in Deutschland ein Vorkommen der Kanadagans – ein Plus von 91 Prozent gegenüber 2009.

Kanadagänse mit Küken

Nilgans (Auge im schwarzen Feld!)

Rostgans (schwarzer Halsring!)

Halbgänse

Halbgänse (Tadorninae)

Nilgans *(Alopochen aegyptiaca)* – Die bei uns zum Brutvogel gewordene Nilgans stammt von aus Gehegen und Wildparks entflogenen Vögeln ab. Sie tritt häufig paarweise auf, gelegentlich auch in kleineren Flügen, ihre überwiegend braunrote Farbe und die charakteristische bunte Kopf- und Halsfärbung machen sie unverwechselbar. Der Neubürger darf nach Länderrecht bejagt werden (s. Landesgesetze).

Rostgans *(Tadorna ferruginea)* – Diese Halbgans stammt aus den Steppenzonen Asiens. Ihre natürliche Verbreitung reicht bis zum Donaudelta. Inzwischen gibt es Brutnachweise in Nordrhein-Westfalen, dort auch kleine Ansammlungen. Wahrscheinlich handelt es sich um Gefangenschaftsflüchtlinge. Wie die heimische Brandgans ist sie Höhlenbrüter. Gelege finden sich in Fuchs-/Dachsbauen, Schuppen oder hohlen Bäumen. Rostgänse leben in Dauerehe; das Gelege besteht aus 8–12 Eiern. Beide Elternteile führen.

Brandgans *(Tadorna tadorna):* Eine Sonderstellung zwischen Enten und Gänsen nimmt die Brandgans (auch Brandente) ein. Deutlich größer als Stockente. Beide Geschlechter sind kontrastreich schwarz-weiß-rotbraun gefärbt, der Schnabel ist rot (bei Jungvögeln grau), der Erpel hat einen roten Höcker an der Schnabelbasis. Die Art brütet an europäischen Meeresküsten, bei uns an Nord- und Ostsee und im nördlichen Binnenland. Die Nordsee ist wichtigstes Mausergebiet und Winterquartier der nordeuropäischen Brutvögel. Die Brandente brütet in Erdhöhlen (Kaninchenbaue), an Felsküsten auch unter Steinen.

955 | Welche Arten brüten in Deutschland?
Die Graugans, die Brandgans, die Rostgans, die eingebürgerte Kanadagans und neuerdings die Nilgans.

956 | Welche Arten kommen auch im tiefen Binnenland vor?
Neben Grau-, Kanada- und Nilgans sind vornehmlich Saat- und Blessgans vertreten.

957 | Wie alt können Gänse werden?
Mehr als 20 Jahre.

958 | Wie leben Gänse?
Lebenslänglich monogam. Geht der Partner verloren, wird aber ein neuer genommen.

959 | Wovon ernähren sich Wildgänse?
Ganz überwiegend vegetarisch. Sie »weiden« vornehmlich an Land Grünpflanzen (Gräser, Kräuter, Getreidewintersaaten). Schnabel mit Schneideleisten. Meeresgänse ernähren sich von Unterwasservegetation.

960| Welche Wildgansarten sind Standvögel?
Graugans, Kanadagans und Nilgans.

961 | Wie ist der Tagesrhythmus der Wildgänse?
Gänse sind tagaktiv (Nahrungsaufnahme), die Nacht wird auf dem Wasser verbracht.

962 | In welcher Formation fliegen Wildgänse?
Vor allem in Keilform, seltener in seitlicher Parallelform.

963 | Welche Gänsearten kommen als Wintergäste vor?
Saatgans, Kurzschnabelgans, Zwerggans, Blessgans, Ringelgans, Weißwangengans.

964 | Wie viele Eier hat ein Graugansgelege?
4 bis 9 Eier in einem mit Dunen ausgepolsterten Bodennest. Baumbruten (Kopfweiden, alte Horste) kommen vor.

965 | Sind junge Gänse Nesthocker oder Nestflüchter?
Nestflüchter.

966 | Wer kümmert sich um die Aufzucht?
Gans und Ganter kümmern sich gemeinsam um die Aufzucht der Jungen.

967 | Wie sind Grau- und Saatgans zu unterscheiden?
Graugans: Schnabelfarbe orangerot (fleischfarbig). Saatgans: Schnabelfarbe überwiegend schwarz mit gelben Abzeichen.

968 | Woran erkennt man die Blessgans?
An der namensgebenden großen, weißen Blesse an der Schnabelwurzel, die auf den Frontschädel übergeht.

969 | Richten Gänse in der Landwirtschaft Schäden an?
Ja, in den Rast- und Überwinterungsgebieten durch Fraß- und Trittschäden sowie durch Verkotungen an Wintergetreide und Raps ebenso wie in Wiesen und Weiden.

970 | Welches ist die größte in Deutschland brütende Gänseart?
Die Kanadagans.

971 | Was ist charakteristisch für die Nilgans?
Die dunkle Umrandung des Auges.

972 | Woher stammt die Rostgans?
Aus Asien.

Enten (Anatinae)

Die Wildenten sind die artenreichste Gruppe in der Familie der Entenvögel (Anatidae). Sie sind Schwimmvögel, die auf nahrungs- und deckungsreiche Gewässer angewiesen sind. Enten sind gute und schnelle Flieger, die unschwer weite Entfernungen zu günstigen Nahrungsquellen bzw. Rastgewässern zurücklegen. Viele Arten ziehen regelmäßig in klimatisch günstige Winterquartiere und sammeln sich dort auf geeigneten Gewässern in oft großen Scharen. Während unsere einheimischen Brutvögel teilweise bei uns überwintern oder als Strichvögel in mildere Gebiete Südwesteuropas (manche auch bis nach Afrika, z. B. Knäkente) ausweichen, überwintern bei uns regelmäßig Enten aus Nord- und Nordosteuropa in großer Zahl. An Land bewegen sich Enten unbeholfen watschelnd fort.

Im Prachtkleid sind die Erpel bei allen Arten auffällig bunt gefiedert, die weiblichen Enten schlicht bräunlich. Im Schlichtkleid tragen auch die Erpel vorübergehend ein den weiblichen Vögeln ähnelndes Gefieder. Erpel der verschiedenen Arten sind im Prachtkleid an ihrer Färbung leicht zu unterscheiden. Schwieriger anzusprechen sind sie im Schlichtkleid sowie die weiblichen Enten ganzjährig. Eine Hilfe beim Ansprechen ist der »Spiegel«, das buntfarbige Federfeld an den Schwingen, das bei beiden Geschlechtern und auch im Schlichtkleid vorhanden ist.

Die Ständer sind mit Schwimmhäuten zwischen den Zehen zu »Rudern« (oder »Latschen«) ausgebildet. Typisch im Unterschied zu anderen Schwimmvögeln ist der breite Schnabel, der mit seitlichen Hornlamellen als Seihapparat wirkt, um Nahrung aus Wasser und Schlamm festzuhalten.

Körperbezeichnungen bei der Stockente

Die häufigste und jagdlich bedeutendste Wildente ist die Stockente, zahlenmäßig (vor allem im Winterhalbjahr) gefolgt von Tafel- und Reiherente sowie der Pfeifente im Küstengebiet.

Schwimmenten und Tauchenten: Nach Körperbau und Verhalten werden Schwimmenten (Gründelenten) und Tauchenten unterschieden.

Schwimmenten liegen bzw. schwimmen hoch auf dem Wasser und können senkrecht von der Wasseroberfläche auffliegen. Nahrung nehmen sie von der Wasseroberfläche sowie aus der flachen Zone, die sie durch Gründeln erreichen, d. h., sie kippen den Körper senkrecht ab, sodass Hals und vordere Körperhälfte unter Wasser reichen. Schwimmenten können zwar auch tauchen, tun dies aber in der Regel nicht zur Nahrungssuche, sondern nur auf der Flucht vor Verfolgern, vornehmlich wenn sie flugunfähig sind. Alle Schwimmenten mit Ausnahme der Pfeifente sind einheimische Brutvögel.

Tauchenten haben einen gedrungenen Körperbau und liegen tiefer im Wasser, meist mit eingetauchtem Bürzel. Sie fliegen vom Wasser erst nach platschendem Anlauf auf. Nahrung holen sie tauchend auch aus größeren Wassertiefen. Sie überwintern daher oft in großen Scharen auf tieferen Gewässern. An Land gehen Tauchenten nur unmittelbar am Ufer, sie laufen unbeholfener als Schwimmenten. Die häufigsten Tauchenten und gleichzeitig einheimische Brutvögel sind Tafel- und Reiherente; seltener brütet auch die Kolbenente bei uns. Die übrigen Arten sind nordische Brutvögel, die als Wintergäste zu uns kommen. Eine Ausnahme ist die Moorente: Sie ist in Südosteuropa daheim und erreicht bei uns die Nordwestgrenze ihrer Verbreitung.

Diejenigen Tauchenten, die fast nur an der Meeresküste anzutreffen sind, werden Meerenten genannt (Eiderente, Trauerente, Samtente, Eisente; auch die selten im Binnenland brütende Schellente zählt zu den Meerenten).

Eine Sonderstellung nimmt die Brandgans ein; als Vertreter einer eigenen Unterfamilie der Entenvögel, nämlich der Halbgänse zeigt sie einige von den Wildenten abweichende Merkmale.

Nahrung: Enten nehmen vielseitige pflanzliche und tierische Nahrung aus Wasser, Schlamm und

Wichtigste Typen der → Schwimmvögel

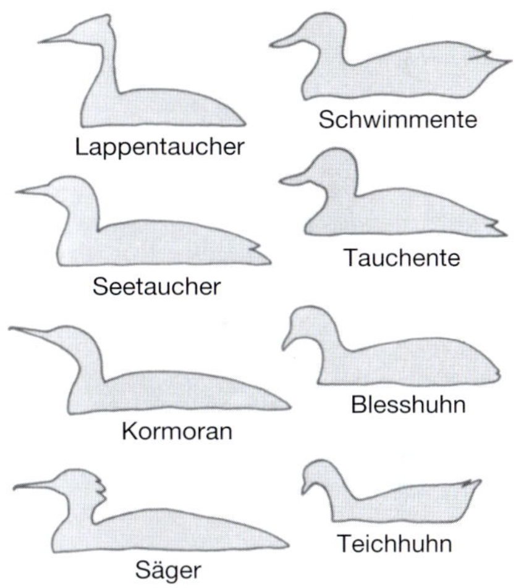

Schwimmfüße

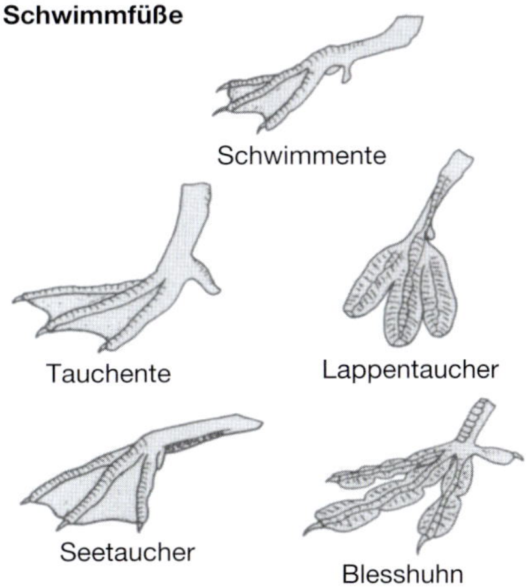

auch an Land auf. Als Allesfresser am vielseitigsten ist die Stockente, die zur Äsung von Eicheln oder Getreide weit über Land streicht und auch feuchte Wiesen nach Schnecken absucht. Ansonsten ernähren sich Schwimmenten vorwiegend in Flachwasser und Überschwemmungsgebieten, indem sie mit ihrem Seihschnabel Wasser und Schlamm durchsuchen.

Tauchenten tauchen nach Wasserpflanzen in tieferen Gewässern. Meeresenten nehmen u.a. Muscheln, Schnecken und Kleinkrebse. Die Eutrophierung von Gewässern (»Verschmutzung« mit organischen Stoffen) hat in den vergangenen Jahrzehnten die Nahrungsgrundlage für die Enten, vor allem für die Stockente, verbessert.

Lebensraum und Lebensweise: Stockenten und mit ihnen andere Schwimmenten sind »Pendler«. Tagsüber liegen sie gern im Schilf oder ähnlich ruhigen, geschützten Plätzen. Erst gegen Abend brechen die Schofe zu ihren Nahrungsflügen auf. Gegen Morgen streichen sie von ihren nächtlichen Nahrungsplätzen zurück zu ihren Ruheplätzen. Nur in der Mauser und in der Brutzeit und wenn die gewohnten Gewässer zugefroren sind, ändern sich ihre Gewohnheiten.

Tauchenten sammeln sich außerhalb der Brutzeit vorwiegend auf größeren offenen Gewässern.

Mauser: Vom Herbst bis ins späte Frühjahr hinein tragen die Erpel ein Prachtgefieder. Im Frühsommer, während die Enten brüten, suchen

Pfeifenten grasen gerne an Land und nehmen regelmäßig Getreide auf; hierbei sind kurze, einfache »Grasschnäbel« vorteilhaft.

Blesshühner sind Allesfresser und picken gerne an Land nach Nahrung. Sie haben »Pickschnäbel«.

Eiderenten tauchen und knacken harte Muschelschalen; sie benötigen lange und kräftige Schnäbel, die als Hebel- und Knackwerkzeuge dienen.

Löffelenten haben voluminöse, vorne verbreiterte Schnäbel, mit denen sie das Wasser aufwirbeln, einsaugen und durch die an den Seiten platzierten Lamellenbürsten drücken, welche die im Wasser befindliche Nahrung zurückhalten.

Stockenten sind typische Allesfresser und haben mittelgroße, mit relativ wenigen Lamellen versehene, kräftige Schnäbel, die so lang sind, dass sich damit auch kräftig im Schlamm wühlen lässt.

Säger sind Fischjäger mit dünnen, flachen Greifschnäbeln, die zum Festhalten der schlüpfrigen Fische mit spitzen Hornzähnen ausgestattet sind.

Unterschiedliche Schnabeltypen

die Erpel deckungsreiche Gewässer (Schilf) auf und beginnen zu mausern. Da sie dabei das Großgefieder auf einmal verlieren, sind sie einige Wochen im Juli/August flugunfähig (Mauser- oder Rauerpel). Auch das Kleingefieder wird gewechselt. Das sommerliche Schlichtkleid ähnelt dem der weiblichen Enten. Erst im Herbst (September/Oktober) haben die Erpel wieder ihr Prachtkleid angelegt. Die führende Mutterente mausert später, um die Zeit, wenn ihre Jungen flugfähig werden. Bei einigen anderen Entenarten erfolgt die Mauser 3 bis 4 Wochen später als bei der Stockente, daher rührt der unterschiedliche Beginn der Jagdzeiten.

Fortpflanzung: Das Paarungsverhalten der Wildenten weicht von dem der meisten anderen Vogelarten ab. Die eigentliche Balz und Paarbindung erfolgt bereits im Herbst und Winter: Der Erpel umwirbt die Ente mit ausdrucksvollen Schwimmbewegungen im Wasser. Wenn sich ein Paar gefunden hat, bleibt es den Winter über beisammen (sogenannte »Verlobungszeit«), auch innerhalb größerer Ansammlungen von Enten auf Überwinterungsgewässern.

Die eigentliche Paarungszeit ist im Februar/März, bei der Stockente »Reihzeit« genannt wegen der dann häufigen Verfolgungsflüge mehrerer Erpel hinter einer Ente (bei anderen Entenarten ist dieses Verhalten weniger auffällig). Nach der Reihzeit beginnt die weibliche Ente mit dem Gelege. Der Nistplatz wird von dem Paar noch gemeinsam ausgesucht. Bis zum Beginn der Brutzeit hält sich der Erpel in der Nähe des Geleges

Legezeit/Brutzeit der bei uns brütenden Wasservögel

Art	Legezeit						Ei-Zahl	Brut-Tage*
	März	April	Mai	Juni	Juli	Aug.		
Stockente	■	■	■	■			7–14	26–28
Gänsesäger	▐	■	■	■			8–12	30–32
Brandgans		■	■	■			8–10	29–31
Graugans		■	■	■			4–9	27–29
Blesshuhn		■	■	■	■		5–10	23–24
Krickente		■	■	■	■		8–10	21–23
Schellente		■	■	▌			6–11	29–30
Knäckente		▐	■	■			8–11	21–23
Löffelente		▐	■	■	▌		8–12	22–23
Tafelente			▐	■	■		5–12	27–28
Eiderente			▐	■	■		4–6	25–28
Höckerschwan		▐	■				5–8	35–41
Kolbenente				■	■		8–11	26–28
Schnatterente				■	■		8–12	24–26
Reiherente				■	■	▌	6–11	23–28
Moorente				■	■	■	7–11	23–27

* Kernbruttage; bei einigen Arten kommen Ausreißer nach vorne und hinten vor.

auf. Dann verlässt er die brütende Ente und sucht zur Mauser das oft weitab liegende Mausergewässer auf. Allein die weibliche Ente brütet und führt die Jungen (Schof).

Wildenten sind hauptsächlich Bodenbrüter, meist in Deckung der Ufervegetation an Gewässern. Die Jungen sind Nestflüchter, die gleich nach dem Schlüpfen mit der Mutter ins Wasser gehen. Am vielseitigsten ist die Stockente: Sie brütet oft auch weitab von Gewässern und nicht nur am Boden, sondern gern auf Kopfweiden, in Ortschaften auch auf Gebäuden. Sie nimmt gern künstliche Nisthilfen (Brutkästen, Brutkörbe) an. Das Vollgelege besteht aus etwa 7–14 Eiern, die 26–28 Tage bebrütet werden.

Stimmlaute: Die verschiedenen Entenarten verfügen über vielfältige quakende, knarrende und pfeifende Lautäußerungen als Balz- und Lockrufe. Das bekannte, laute und oft lang anhaltend wiederholte »Paak-paak« der Stockente (vom Jäger auch als Lockruf nachgeahmt) ist ausschließlich ein Laut der weiblichen Enten; die Stockerpel lassen nur ein kurzes, gedämpftes »Räp, Räp« hören.

Feinde: Erwachsene Enten können von großen Greifvögeln geschlagen werden (Seeadler, Habicht), auch vom Uhu, Jungenten von der Rohrweihe. Gelege und Jungenten fallen Wanderratte, Iltis, Steinmarder, Hermelin, Fuchs, Dachs, Marderhund, Rabenkrähe und Elster zum Opfer.

Hege: An erster Stelle steht die Sicherung geeigneter Lebensräume, ungestörter Brutgebiete und Überwinterungsquartiere. Neben anderen Entenarten hat gerade die Stockente von der Eutrophierung der Gewässer profitiert. Nahrung für Wildenten ist in unserer Landschaft reichlich vorhanden; knapper sind deckungsreiche, ungestörte Brutplätze vor allem für die Arten, die weniger anpassungsfähig sind als die Stockente.

973 | Wie werden Schwimm- und Tauchenten auf dem Wasser unterschieden?

Schwimmenten: Körper lang gestreckt, waagerechte Rückenlinie, Stoß deutlich angehoben. Körper nur zur Hälfte im Wasser.
Tauchenten: Körper abgerundet, Rückenlinie gewölbt, Stoß abgesenkt auf oder unter Wasser liegend. Körper zu zwei Dritteln im Wasser.

974 | Wie verhalten sich Schwimm- und Tauchenten bei der Nahrungssuche?

Schwimmenten gründeln (Kopf, Hals, vordere Brustpartie unter Wasser) in Flachwasserzonen. Tauchenten tauchen mit dem ganzen Körper unter und nehmen Nahrung vom (tiefen) Gewässergrund auf.

975 | Wie verläuft die Mauser der Enten?

Wir unterscheiden die Klein- und die Großgefiedermauser. Das Großgefieder wird in Form einer Sturzmauser gewechselt.

976 | Beeinträchtigt die Mauser das Verhalten der Enten?

Ja, Erpel sind nach der Großgefiedermauser (als Mausererpel, Rauerpel) im Juni/Juli mehrere Wochen flugunfähig; Enten mausern erst im August, in der Zeit der Großgefiedermauser sind sie flugbehindert.

977 | Wie leben Erpel während der Mauser?

Erpel leben während der Mauser flugunfähig, aber schwimmfähig auf dem Wasser; deckungsreiche Seen werden als Mausergewässer aufgesucht.

978 | Was ist ein Schof?

Ein Zusammenschluss mehrerer Enten, z. B. Mutterente mit Jungen.

979 | Wie wird die Paarungszeit genannt?

Reihzeit.

980 | Wann findet die Verlobung der Enten statt?

Im Spätherbst/Frühwinter

981 | Wie spielt sich die Balz ab?

Der eigentlichen Paarbildung (ab Ende September) geht bei der Stockente eine Gemeinschaftsbalz mehrerer Erpel voraus. Paarbildung erfolgt durch »Antrinken«, Neben- und Hintereinander herschwimmen, Vertreiben anderer Erpel (Verlobung). Im Herbst Tretakte im Wasser ohne Spermaübertragung.

982 | Paaren sich Haus- und Wildenten?

Ja, die Stockente ist die Stammform der Hausente.

983 | Sind Entenküken Nesthocker?

Nein, Entenküken sind schwimmfähige Nestflüchter.

984 | Was ist die erste Nahrung der Küken?

Insekten.

985 | Wie lenkt die Ente Feinde vom Gelege ab?

Sie stellt sich krank (flugbehindert).

986 | Welche Feinde haben Entenküken?

Ratten, Iltis, Mink, große Raubfische, Krähen, größere Möwenarten.

987 | Wer oder was fordert unter Entenküken die meisten Verluste?

Schlechte Witterungsverhältnisse (Kälte).

988 | Welche Entenarten brüten in Baumhöhlen?

Schellente und Gänsesäger immer, Stockente gelegentlich.

Weidmannssprache

abstreichen	wegfliegen
aufstehen	sich in die Luft erheben
beflogen	flügge
Draller	gelockte Stoßfedern des Stockerpels
einfallen	sich niederlassen (auf Gewässer/Feld)
Ente	weibliche Ente
Entenstrich	morgendliches und abendliches Streichen
Erpel	männliche Ente
Flug	mehrere Schofe (s. u.) zusammen
Gans	weibliche Gans
Ganter	männliche Gans
Geläuf	Spur
Gelege	Eier im Nest
Gescheide	Gedärm
Gestüber	Kot
Gössel	junge, noch nicht flugfähige Wildgänse
gründeln	Nahrungsaufnahme mit dem Kopf unter Wasser und dem Steiß nach oben
Hakeln	Draller (s. o.)
Latschen	Zehen mit den Schwimmhäuten
liegen	auf dem Wasser schwimmen
Locken	Draller (s. o.)
locken	Mutterruf nach den Jungen
Mauser (Raue)	Federwechsel
Nagel	harte Schnabelspitze
Rauerpel	Erpel in der Mauser
reihen	mehrere Erpel folgen einer Ente
Reihzeit	Paarungszeit, Begattungszeit
Ruder	Füße
Schar	Vereinigung von mehreren Flügen
Schof (Schoof)	Mutterente mit Jungen, auch allgemein mehrere Enten zusammen
Schwingen	Flügel
Spiegel	farbiger oder weißer Fleck auf den Schwingen
streichen	fliegen
Strich	morgendlicher und abendlicher Flug zu den Äsungsstellen bzw. Übernachtungsgewässern
stürzen	in Gründelstellung gehen s. o.: gründeln
Tritt	Latschenabdruck

Schwimm- oder Gründelenten *(Anas spec.)*

Die Stockente ist die größte der heimischen Entenarten. Charakteristisch ist der Spiegel beidseits auf der Mittelschwinge, den beide Geschlechter aufweisen.

Stockente *(Anas platyrhynchos):* Häufige und weit verbreitete Wildente, Stammform der Hausente. Sehr vielseitig in der Ernährung (Allesfresser) und der Wahl der Brutplätze.

Erpel (Prachtkleid): grüner Kopf, weißer Halsring, Brust rotbraun, Unterseite aschgrau, Oberrücken dunkelbraun, Unterrücken schwarz mit grünlichem Schein. Ober- und Handschwingen graubraun, Spiegel (beiderseits auf der Mittelschwinge) stahlblau, weiß gesäumt; Erpelfedern (Hakeln oder Locken) bei jungen Erpeln 2, bei alten 4.

Erpel (Schlichtkleid): der weiblichen Ente sehr ähnlich, aber Schnabel grüngelb (bei Ente eher bräunlich), Latschen leuchtend orangerot.

Ente: braun »geschuppt«, Spiegel wie beim Erpel, leuchtend orange-rote Latschen.

Steckbrief Stockente

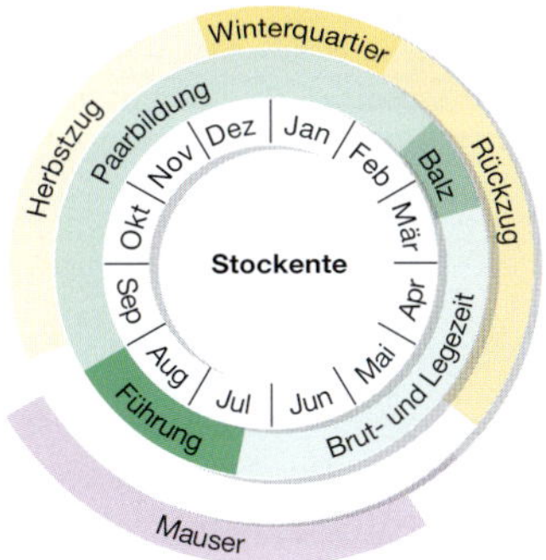

Jahreszyklus

Körperbau: Größte heimische Schwimmente; häufig mit Hochbrutflugente verbastardiert und dann größer. Erpel im Prachtkleid mit grün-metallisch schimmerndem Kopf.
Lautäußerungen: ♂ ganzjährig gedämpftes »Rähb«; bei Erregung und Paarung hoher Grunzpfiff; ♀ lautes »Waak waak«.
Lebensweise: Stand- und Strichvogel. Tag- und nachtaktiv.
Fortpflanzung: Paarbildung schon im Spätsommer und Herbst; meist Saisonehe. Gesellschaftsbalz der ♂ vor der Paarbildung. Nest meist am Boden, gelegentlich auf Balkonen oder in hohlen Bäumen. Legezeit ab Ende Februar. 7–14 Eier. Brutdauer ca. 26 Tage. Flügge mit 60 Tagen. 1 Jahresbrut, aber Nachgelege. ♀ brütet und führt alleine.
Nahrung: Allesfresser; im Frühjahr überwiegt tierische Nahrung: Insekten, Weichtiere, Krebstiere, Amphibien, Fischlaich. Später überwiegt pflanzliche Nahrung: Wasserpflanzen, Sämereien, Eicheln.

Schwimmenten (Gründelenten)

Löffelente (Paar)

Spießente (Paar)

Schnatterente (Paar)

Pfeifente (Paar)

Krickente (Paar)

Löffelente *(Anas clypeata):* Verbreiteter, jedoch nicht häufiger Brutvogel, Durchzügler und Wintergast. Auffallend ist der namensgebende löffelartige, bis zu 7 cm lange Schnabel. Nahrung vorwiegend Plankton nährstoffreicher Gewässer.

Erpel: Auffallend breiter Schnabel, Kopf und Hals mittelgrün, Oberschwingen himmelblau, Spiegel grün-metallisch, Brust weißlich, Bauch bräunlich.

Ente: Schnabel gleichfalls auffallend breit, Gefieder schlicht braun (ähnlich wie Stockente), Spiegel bläulich.

Spießente *(Anas acuta):* Seltener Brutvogel, regelmäßiger Wintergast, mehr im Küstengebiet als im Binnenland. Hauptbrutgebiete im nördlichen Russland.

Erpel: Kopf braun mit weißem Halsstreif, Spiegel grünbraun, spitz auslaufender Stoß, der zum Namen geführt hat.

Ente: grauer Schnabel, spitzer Stoß, braun gemustertes Federkleid.

Schnatterente *(Anas strepera):* Fast so groß wie Stockente, Erpel nicht bunt (graubraun), in Deutschland regelmäßiger Brutvogel im Küstenhinterland der Nordsee, im Herbst Durchzügler aus Osteuropa zum Mittelmeer.

Erpel: Gefieder grau, Steiß schwarz, Spiegel auf brauner Schwingendecke weiß.

Ente: Schnabel gelblich, Spiegel schmal und weiß, im Flug deutlicher.

Pfeifente *(Anas penelope):* Deutlich kleiner als Stockente, bei uns kein Brutvogel, aber im Küstengebiet sehr häufiger Wintergast in großen Scharen, äst vorwiegend Wattpflanzen und Algen, Schäden am Wintergetreide und Raps. Brutgebiete: Nordeuropa, Nordasien.

Erpel: Kopf braun mit hellbraunem bis blassgelbem Scheitel, Brust rostbraun, Schnabel grau und kurz, weißes Schwingenband.

Ente: Schnabel blaugrau, heller Schwingenstreif, Spiegel grau.

Krickente *(Anas crecca):* Sie ist die kleinste Schwimmente (»Halbente«, weil etwa halb so groß wie die Stockente, ca. 35 cm Länge), verbreiteter, aber nicht häufiger Brutvogel, als Wintergast zahlreicher.

Erpel: dunkler Kopf mit grüner Augenbinde, weißer Schwingenstreif, grüner Spiegel.

Ente: schlicht braun mit grünem Spiegel.

Knäkente *(Anas querquedula):* Ebenso klein wie die Krickente. Bevorzugt tierische Nahrung. Zur Brutzeit ausgesprochen territorial. Als Brutvogel seltener, zieht im Herbst bis Afrika, deshalb Durchzügler, kein Wintergast.

Erpel: weißer Kopfstreif, bläulicher Schulterfleck, Zierfedern an den Schultern.

Ente: graue Schwingen, mattgrüner Spiegel, Ruf »Knäk«.

Knäkente (Paar)

Tauchenten *(Netta und Aythya)*

Kolbenente *(Netta rufina):* Etwa stockentengroß. Wenige Brutgebiete im Küstengebiet wie auch an großen Binnengewässern (z. B. Bodensee). Hauptbrutgebiete in Mittelasien, Winterquartiere im Mittelmeer- und Schwarzmeerraum. Nicht gefährdet.

Erpel: Schnabel leuchtend rot, Kopf kolbenartig verdickt, rotbraun, Brust schwarz, Flanken weiß.

Ente: Scheitel dunkel, Schnabel nur an der Spitze rot, Wangen grau, Gefieder blassbraun, Schwingenfleck hellgrau.

Tafelente *(Aythya ferina):* Etwas kleiner als Stockente. Name ist Hinweis auf das als schmackhaft angesehene Wildbret. Häufigste Tauchente Mitteleuropas, vor allem an größeren Gewässern, dazu viele Wintergäste aus dem Nordosten (bis von Sibirien kommend).

Erpel: Schnabel schwarz mit hellblauer Querbinde, Kopf und Hals rostbraun, schwarze Brust, hellgrauer Rumpf, dunkler, kurzer Steiß.

Ente: Kopf und Brust graubraun, Schnabel schwarz mit hellem Fleck am Schnabelgrund, dunkler Steiß.

Moorente *(Aythya nyroca):* Kleinste Tauchente. Beide Geschlechter unterscheiden sich nur wenig. Brutvogel in Südosteuropa, bei uns sehr selten (Nordwestgrenze der Verbreitung). Zieht im Winter bis nach Afrika.

Erpel: Kopf, Hals und Flanken dunkelbraun, Augen weißlich, auffallend weiße Stoßunterseite, Spiegel weiß.

Ente: Färbung wie Erpel, aber matter. Braunes Auge.

Reiherente *(Aythya fuligula):* Kleine, kompakte Ente. Neben der Tafelente häufigste heimische Tauchente, im Winter Zuzügler aus Nordeuropa, oft in großen Scharen auf größeren Gewässern, Bastarde mit der Tafelente kommen vor.

Erpel: auffallender Federschopf am Hinterkopf, Oberseite und Rücken schwarz, Bauch und Flanken weiß. Schnabel recht kurz, blaugrau mit schwarzer Spitze. Auge gelb.

Ente: Schopf am Hinterkopf angedeutet, Farbe insgesamt dunkelbraun (ähnlich wie Bergente), wenig oder kein Weiß am Schnabelgrund. Auge gelb

Bergente *(Aythya marila):* Der Reiherente ähnlich, doch ohne Federschopf und etwas größer. Hochnordischer Brutvogel (Island, Nordskandinavien bis Sibirien), Wintergast im Küstengebiet, selten an Binnengewässern.

Erpel: Kopf leicht grünlich glänzend, Hals und Brust schwärzlich, Schnabel blaugrau, Rücken grau, Flanken weiß, dunkler Stoß.

Ente: braun mit großer, weißer Blesse am Schnabelgrund, schmaler, weißer Schwingenstreif.

Tauchenten

Kolbenente (Paar)

Tafelente (Paar)

Moorente (Paar)

Reiherente (Paar)

Bergente (Paar)

Meerenten *(Somateria, Clangula, Melanitta und Bucephala)*

Eiderente *(Somateria mollissima)*: Größte einheimische Ente, etwas größer als Stockente. Sehr guter Taucher, lebt überwiegend von Muscheln. Brütet an Meeresküsten von Sibirien bis Westeuropa (»Meeresente«), häufig auf Nord- und Ostsee, auch als Wintergast, selten auf Binnengewässern. Im Sommer treffen sich große Mausergesellschaften im Wattenmeer der Nordsee. Der wissenschaftliche Name weist auf die weichen und wärmenden Daunen dieser Art hin (lateinisch: mollissima = sehr weich).

Flug abwechselnd schwingenschlagend bzw. gleitend, Kopf tief gehalten.

Erpel: Kopf groß, keilförmig zugespitzt, weiß mit schwarzem Scheitel, Hinterkopf grün, Hals, Brust und Rücken weiß, Schwingen und Bauchseite dunkel. Augenfarbe bei beiden Geschlechtern braun.

Ente: Kopf groß, keilförmig, Körper braun mit schwarzen Bändern geschuppt und gestrichelt.

Eisente *(Clangula hyemalis)*: Kleinste »Meerente«. Sehr schneller Flieger. Besonderheit: Wechselt dreimal im Jahr das Gefieder. Hochnordischer Brutvogel, bei uns nur als Wintergast im Küstengebiet.

Erpel: Kopf, Hals und Unterseite weiß, Brust, Rücken und Schwingen dunkelbraun. Sehr langer, spitz auslaufender Schwanz.

Ente: Kopf weiß mit dunklem Scheitel, Brustband und Oberseite dunkel.

Trauerente *(Melanitta nigra)*: Etwas kleiner als Stockente. Brütet in Nordeuropa bis Sibirien, bei uns nur als Wintergast im Küstengebiet, selten auf Binnengewässern. Namensgebend ist das schwarze Prachtgefieder des Erpels.

Erpel: Tiefschwarz ohne Spiegel. Schnabel breit, flach, mit gelbem Fleck und Höcker an der Basis.

Ente: Scheitel schwarz, Wangen grau, übriger Körper bräunlich, kein Spiegel.

Samtente *(Melanitta fusca)*: Etwa stockentengroß. Verbreitung ähnlich wie Trauerente, überwintert an der Meeresküste in Nord- und Mitteleuropa, selten auf Binnengewässern.

Erpel: schwarz mit weißem Spiegel, weißer Augenfleck.

Ente: braun, ebenfalls weißer Augenfleck und weißer Spiegel.

Schellente *(Bucephala clangula)*: Kleiner als Stockente. Brutvogel in Nord- und Osteuropa (Höhlenbrüter in Baumhöhlen und Nistkästen!), bei uns selten (Norddeutschland). Als Wintergast auf größeren Binnengewässern.

Erpel: dunkelgrüner Kopf, Stoß und Rücken schwarz, Hals und Bauch weiß, weißer Backenfleck, leuchtend gelbe Augen.

Ente: Gefieder grau, dunkelbrauner Kopf ohne Backenfleck, gelbe Augen, weißes Halsband.

Meerenten

Eiderente (2 ♀, ♂)

Eisente (♂)

Trauerente

Samtente (Paar)

Schellente (Paar)

①

②

③

④

⑤

① Stockente (Schwimmente)
② Löffelente (Schwimmente)
③ Spießente (Schwimmente)
④ Pfeifente (Schwimmente)
⑤ Schnatterente (Schwimmente)

⑥

⑦

⑧

⑨

⑩

⑥ Krickente (Schwimmente)
⑦ Knäkente (Schwimmente)
⑧ Kolbenente (Tauchente)
⑨ Tafelente (Tauchente)
⑩ Moorente (Tauchente)

① Reiherente (Tauchente)
② Bergente (Tauchente)
③ Schellente (Meerente)
④ Trauerente (Meerente)
⑤ Eisente (Meerente)

⑥

⑦

⑧

⑨

⑩

⑥ Samtente (Meerente)
⑦ Gänsesäger (Säger)
⑧ Mittelsäger (Säger)
⑨ Zwergsäger (Säger)
⑩ Brandgans (Halbgänse)

989 | Was versteht man unter Reihzeit?
Mit Reihzeit wird die Zeit der Paarbildung bei Enten bezeichnet.

990 | Wo suchen Schwimmenten ihre Nahrung?
In Flachwasserzonen und an Land.

991 | Wie werden die Schwimmenten wegen der Art ihrer Nahrungssuche noch bezeichnet?
Als Gründelenten, weil sie ihre Nahrung vom Boden eines Gewässers aufnehmen. Dabei tauchen die Vögel nicht komplett unter, sondern kippen vornüber, sodass Kopf und Hals unter Wasser sind, während der Körper noch auf dem Wasser schwimmt.

992 | Wie unterscheiden sich Schwimmenten und Tauchenten, wenn sie aus dem Wasser aufstehen?
Die Schwimmenten fliegen fast senkrecht nach oben ab (sie »stehen auf«), die Tauchenten fliegen mit Anlauf flach ab (sie »laufen an«).

993 | Welches ist die häufigste Entenart?
Die Stockente.

994 | Was hat die Stockenten wesentlich begünstigt?
Die Eutrophierung der Gewässer sowie städtische wasserreiche Parkanlagen.

995 | Von was ernährt sich die Stockente?
Sie ist ein Allesfresser, nimmt also pflanzliche wie tierische Nahrung auf.

996 | Braucht die Stockente große Wasserflächen?
Nein, kleine Tümpel, Gräben etc. reichen ihr.

997 | Wann mausern die Stockenten?
Juni bis August. Erpel flugunfähig im Juli und August.

998 | Welche Lautäußerungen kennen wir bei der Stockente?
Das laute Quaken der Ente, das feine, leise Rufen der Erpel (»Rääb, rääb«) und deren »Grunzruf« während der herbstlichen Gemeinschaftsbalz.

999 | Wo befinden sich beim Stockerpel die Locken (Erpellocken)?
Auf der oberen Rückenseite, kurz vor dem Stoß.

1000 | Aus wie vielen Eiern besteht ein Stockentengelege?
Das Vollgelege besteht aus 7–14 Eiern.

1001 | Was macht die Ente, wenn sie das Gelege verlässt?
Sie deckt das Gelege mit Daunenfedern aus der Nestpolsterung sowie Pflanzenmaterial ab.

1002 | Wie lange brütet die Stockente?
Ca. 26 Tage.

1003 | Können die Küken unmittelbar nach dem Schlüpfen schwimmen?
Ja.

1004 | Welche Schwimmenten kommen fast nur als Wintergäste an der Küste vor?
Die Pfeifente und die Spießente.

1005 | Welche Tierarten gefährden die Gelege besonders?
Die Ratte, der Mink und der Waschbär.

1006 | Welche Entenart brütet oft weit vom Wasser entfernt in Wiesen?
Die Löffelente, gelegentlich auch die Stockente.

1007 | Welche Lebensräume bevorzugt die Pfeifente?
Die Pfeifente bevorzugt Feuchtgebiete, Seen, Teiche, Hochmoore, Sumpfgebiete, Überschwemmungsgebiete.

1008 | Wodurch sind Erpel und Ente der Kolbenente gut zu unterscheiden?
Durch die Farbe des Schnabels. Männchen haben einen roten Schnabel und Weibchen einen braunen Schnabel mit oranger Spitze.

1009 | Die Erpel welcher Entenarten haben ein schwarzes Gefieder?
Die der Trauer- und der Samtente.

1010 | Welche Schwimmentenart hat einen besonders breiten Schnabel?
Die Löffelente.

1011 | Mit welcher anderen Schwimmentenart kann die Krickente aufgrund ihrer Größe leicht verwechselt werden?
Mit der Knäkente.

1012 | Brütet die Moorente auch bei uns?
Ja, in Deutschland ist sie jedoch nur mit wenigen Brutpaaren vertreten.

1013 | Welche Tauchenten dürfen nach Bundesverordnung erlegt werden?
Berg-, Reiher-, Tafel-, Samt- und Trauerente.

1014 | Was sind Meerenten?
Tauchenten, die fast ausschließlich an den Meeresküsten auftreten.

1015 | Welche Meerente brütet in Baumhöhlen?
Die Schellente.

1016 | Wovon ernähren sich Tauchenten?
Tauchenten ernähren sich vornehmlich von tierischer Kost, pflanzliche Nahrung wird auch genommen.

1017 | Welche Meerenten kommen auch (wenn auch selten) ins Binnenland?
Brand- und Schellente, vereinzelt auch Samt-, Trauer- und Bergente.

1018 | Wo brütet die Eiderente?
Ursprüngliche Brutgebiete der Eiderente sind die Meeresküsten von Sibirien bis Westeuropa. Seit Jahren auch Brutvogel an Nord- und Ostsee.

1019 | Wo brüten die übrigen Meerenten?
Schellente, Eisente, Trauerente und Samtente brüten alle in nordischen Bereichen.

1020 | Welche Meerente übersommert bei uns in großer Zahl als Mausergast?
Die Brandente, ihr größtes Mausergebiet sind die Vogelinseln der Nordsee.

1021 | Wo brütet die Brandgans?
Die Brandgans brütet in Erdhöhlen (Kaninchenbaue, Fuchsbaue).

1022 | Kommt die Brandgans auch im Binnenland vor?
Gelegentlich brütet sie auch im Binnenland.

1023 | Darf die Brandgans erlegt werden?
Nein, sie ist ganzjährig geschont.

1024 | Was sind Hochbrutflugenten?
Wildfarbene domestizierte Enten. Häufig schwerer als Stockenten.

1025 | Welche Tierarten gefährden Gelege und Küken der Meerenten?
Hohe Verluste verursachen vor allem auch die größeren Möwenarten.

Säger

Säger sind eine besondere Gruppe der Entenvögel (Anatidae). Sie ähneln im Aussehen den Wildenten (Erpel buntes Prachtkleid, Weibchen schlicht graubraun), haben aber einen schmalen Schnabel, der an den Rändern charakteristisch sägeartig gekerbt ist (»Säger«) und immer eine hakenförmige Spitze trägt. Dadurch können sie bei der Unterwasserjagd auf Fische ihre Beute sicher fangen und halten. Säger sind von allen Entenvögeln am weitesten an das Leben im Wasser angepasst. Sie ernähren sich fast ausschließlich von Fischen, die sie tauchend unter Wasser verfolgen. Schwimmend sind sie (ähnlich wie Tauchenten) durch ihre tiefe Lage im Wasser leicht zu erkennen. Im Flug ist ihr Körper gestreckt. An Land nutzen sie nur die Uferzone, wo sie auch in Bodendeckung (Mittelsäger, Zwergsäger) oder in Baum- und Felshöhlen (Gänsesäger) nisten. Die bei uns vorkommenden, nachfolgend aufgeführten Säger unterliegen dem Jagdrecht mit ganzjähriger Schonzeit.

Gänsesäger (♀)

(♂)

Mittelsäger (♀)

(♂)

Zwergsäger (♀)

(♂)

Gänsesäger *(Mergus merganser):* Der größte der drei Säger (stärker als die Stockente). Roter Schnabel und rote Ruder. Kopf beim Männchen grünschwarz, beim Weibchen braun, Unterseite weiß. Brutvogel in Nordeuropa. In Deutschland einzelne Brutgebiete in Schleswig-Holstein und in den Alpen (Oberlauf der Bergflüsse, an Bergseen).

Der Gänsesäger ist ein Höhlenbrüter und nimmt auch Nisthilfen an (Baumgans).

Mittelsäger *(Mergus serrator):* Größe einer Stockente, Schnabel und Ruder rot, Kopf beim Männchen schwarz, beim Weibchen braun. Hals beim Männchen weiß mit dunklem Brustansatz. Charakteristisch: große weiße Flügeldecken, Federschopf im Nacken. Brutvogel im Norden (bis Schleswig-Holstein und Niedersachsen) an Seen und Flüssen, auch im deutschen Binnenland.

Zwergsäger *(Mergellus albellus):* Der kleinste Säger, weißer Kopf (Männchen) bzw. braun weißer Kopf (Weibchen). Wie der Mittelsäger große helle Flecken auf den Schwingen, außerdem noch auf der Körperoberseite. Hochnordischer Vogel, bei uns nur im Küstengebiet Wintergast, seltener auf großen Binnengewässern.

Lappentaucher
(Podicipediformes)

Lappentaucher sind eine Gruppe von Schwimmvögeln, die noch besser als die Entenvögel an das Leben am Wasser angepasst sind. Bei uns kommen verschiedene Arten vor. Die wesentlich größeren Seetaucher sind hochnordische Vögel, bei uns nur seltene Wintergäste im Küstengebiet.

Die Lappentaucher werden in älterer Literatur auch »Steißfüße« genannt wegen ihrer weit hinten am Körper befindlichen Ruder. Der Name Lappentaucher leitet sich von den lappenförmigen Schwimmhäuten an den Zehen ab. An Land gehen sie nicht; sie können sich kaum laufend fortbewegen. Ihre schmalen, kurzen Schwingen benutzen sie beim Tauchen als Ruder; vom Wasser erheben sie sich erst nach längerem Anlauf. Der dünne Schnabel wird beim Fischfang wie eine Harpune eingesetzt. Die Nahrung besteht ausschließlich aus Wassertieren, vorwiegend kleinen Fischen, aber auch Wasserinsekten, Larven, Kleinkrebse, Lurche.

Beide Geschlechter sehen im Pracht- wie im Schlichtkleid gleich aus. Das Nest steht im Wasser auf schwimmenden Inseln aus Pflanzenresten; die entstehende Fäulniswärme hilft beim Ausbrüten. Die 2–6 Jungen sind Nestflüchter, die sofort schwimmen und oft von den Eltern auf dem Rücken getragen werden. Gemeinsame Brutpflege.

Haubentaucher *(Podiceps cristatus):* Strichvogel und größte heimische Taucherart (stockentengroß), weitverbreitet auf größeren Gewässern. Im Prachtkleid auffällig rostrotschwarz gezeichneter Federkragen und büschelförmige Haube auf dem Kopf. In der Balz (Frühjahr) vollführt das Paar eindrucksvolle Schwimmtänze. Im Winter halten sie sich oft in größeren Gruppen auf offenen Gewässern auf (Strichvogel). Nest meist in der Ufervegetation im Wasser.

Haubentaucher auf dem Nest

Zwergtaucher

Rothalstaucher

Schwarzhalstaucher

Zwergtaucher *(Tachybaptus ruficollis):* Als Stand- und Strichvogel bei uns auf dicht bewachsenen Gewässern weitverbreitet, zusätzlich in noch größerer Zahl als Wintergast. Wandert schon ab Mitte Juni von den Brutplätzen ab; im Sommer teilweise Mauserkonzentrationen. Der Zwergtaucher ist tag- und nachtaktiv. Als Nahrung dienen ihm überwiegend Insekten (Larven), Mollusken, Krebstierchen und Kaulquappen. Im Winterhalbjahr vermehrt kleine Fischchen. Nest sowohl frei schwimmend als auch an Land, dicht am Ufer. Balz im März, Legebeginn 2. Märzhälfte.

Die übrigen Taucherarten sind kleiner, seltener und weniger weit verbreitet als der Haubentaucher. Einheimische Brutvögel (vorwiegend im Norden und Osten) sind **Rothalstaucher** *(Podiceps grisegena)* und **Schwarzhalstaucher** *(Podiceps nigricollis)*. Der hoch im Norden brütende **Ohrentaucher** *(Podiceps auritus)* ist bei uns nur ein seltener Wintergast.

Tauben (Columbiformes)

Bei uns vorkommende und brütende Wildtauben sind die Ringeltaube, die Hohltaube, die Turteltaube und die Türkentaube. Die Geschlechter der jeweiligen Art sehen nahezu gleich aus. Tauben brüten auf Bäumen in Wäldern, Feldgehölzen und in Parkanlagen. Nur die Hohltaube ist Höhlenbrüter. Zur Äsung streichen die schnellen und guten Flieger regelmäßig, zeitweise in Schwärmen, ins Feld. Am Boden bewegen sie sich auf kurzen Ständern trippelnd fort. Die Nacht verbringen sie aufgebaumt auf Schlafbäumen. Dem Jagdrecht unterliegen nur Ringel- und Türkentaube.

Äsung: Die Äsung besteht je nach Jahreszeit aus Teilen von Grünpflanzen, Sämereien (Getreide), Beeren, Eicheln, Bucheckern, Schnecken, Insekten. Tauben nehmen regelmäßig Wasserstellen (Tränken) an. Im Gegensatz zu anderen Vögeln saugen sie das Wasser mit voll eingetauchtem Schnabel an. Sie picken gerne an Salzlecken.

Fortpflanzung: Nach der Balz im Frühjahr lebt das Taubenpaar in Jahresehe. Beide Partner bebrüten (13–)18 Tage abwechselnd das aus nur 2 Eiern bestehende Gelege. Die Jungen sind unbeholfene Nesthocker, die rund 4 Wochen lang als Nestlinge gefüttert werden. Die Fütterung durch beide Eltern erfolgt anfangs mit Kropfmilch (= käsiges Sekret, Produkt der Kropfschleimhaut), später auch mit pflanzlichem Kropfinhalt. Bis zu 4 Bruten erfolgen im Jahr.

Lautäußerungen: Wildtauben haben vorwiegend gurrende und rucksende Balz- und Locklaute. Die Strophen des »Reviergesangs« sind artspezifisch.

Ringeltauben leben außerhalb der Brutzeit in Schwärmen.

Schäden: Ringeltauben verursachen vor allem im Gemüsebau, aber auch an Raps erhebliche Schäden durch Zerhacken und Verkoten der Pflanzen. Wegen der langen Brutzeit wurde die Jagdzeit auf Tauben deutlich verkürzt, wobei Hohl- und Turteltaube (die Türkentaube in einigen Bundesländern) ganzjährig geschont sind. Bei Schäden in der Landwirtschaft können vorzeitige Jagdgenehmigungen durch die Behörde erteilt werden.

Ringeltaube (Altvogel)

Ringeltaube *(Columba palumbus):* Größte der 4 bei uns vorkommenden Wildtaubenarten. Der ehemals scheue Waldvogel ist dem Menschen in seine Siedlungsgebiete als Brutvogel gefolgt, sodass sein Lockruf »Ruckuku, kuku, rukuku,

Steckbrief Ringeltaube

Körperbau: Gewicht ♂ bis 600 g, ♀ bis 460 g. Jungtauben fehlt weißer Halsfleck bis zum Alter von 2 1/2 Monaten. Geringer Geschlechtsdimorphismus.
Lautäußerungen: Revierruf dumpfes »Ruguhguhgugu«; Nestruf weicher und leiser »Ruh rkuh«. Lautes Klatschen mit den Schwingen.
Lebensweise: Teilzieher mit Standvogelneigung. Tagaktiv. Paare bleiben bis Herbst zusammen. Flügge Jungtauben bilden Schwärme. Zugschwärme von mehreren 100 Tauben. Rückkehr weniger auffällig.
Fortpflanzung: Monogam. Locker geschichtetes Reisignest. Balz ab März; Brut bis September, 2 Eier, Brutzeit 18 Tage; Nestlingsdauer gut 4 Wochen.
Nahrung: Grüne Blätter von Gräsern, Kräutern und Kulturpflanzen; Erbsen, Getreide, Eicheln, Bucheckern.

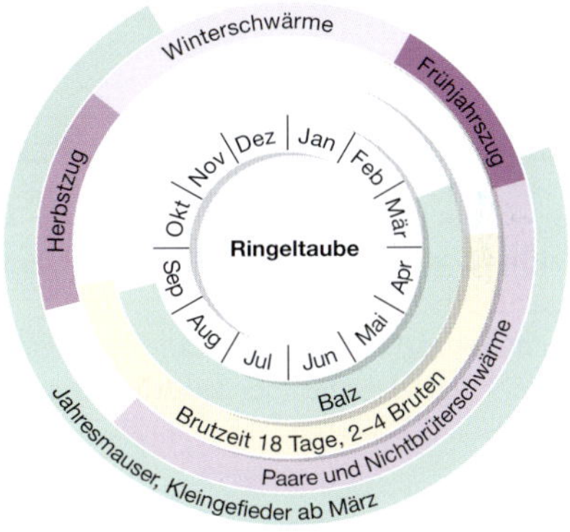

Jahreszyklus

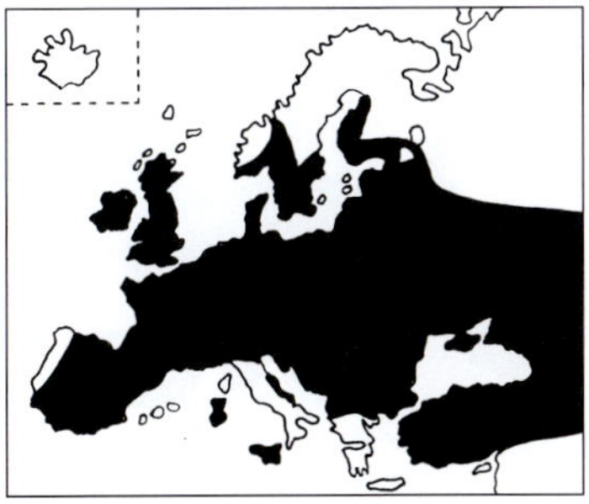

Verbreitungsgebiet

Hohltaube

kuku, rukuku, kuku, kuk« heute überall in Parks und Grünanlagen der Städte zu hören ist.

Nach der Brutzeit ziehen Ringeltauben in Schwärmen umher. Strengen Wintern weichen sie als Strichvögel nach Westen und Südwesten aus (Niederlande, Südfrankreich, Mittelmeergebiet). In den letzten Jahrzehnten hat die Ringeltaube stark zugenommen.

Hohltaube *(Columba oenas):* Graublaue Grundfarbe mit dunklen Schwingenbinden und grün schimmerndem Halsfleck, ohne Weiß im Gefieder, kleiner als die Ringeltaube. Sie brütet in Baumhöhlen (alten Schwarzspechthöhlen) in Altholzbeständen, auch in Nistkästen, vor allem in Mischwäldern mit alten Buchen und Eichen. Sie kommt nur vereinzelt vor, nach der Brutzeit in kleinen Flügen.

Steckbrief Hohltaube

Körperbau: Etwas leichter als Ringeltaube; kein weißer Halsfleck, keine weißen Flügelbinden. Geringer Geschlechtsdimorphismus.
Lautäußerungen: Nestruf gedämpftes »Kuhu u up«. Lautes Flügelklatschen bei Ausdrucksflug über Nestbereich.

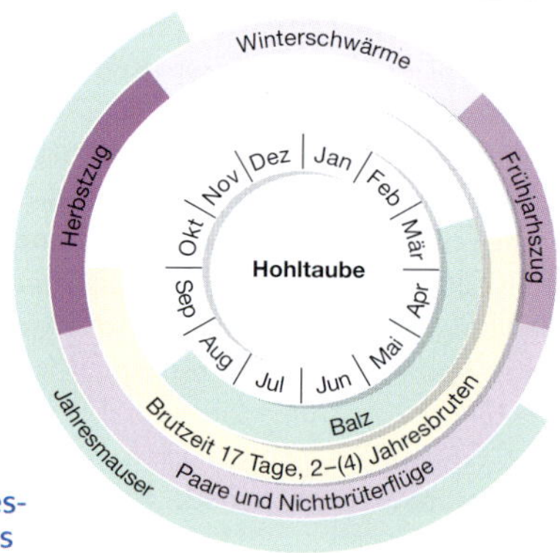

Jahres-zyklus

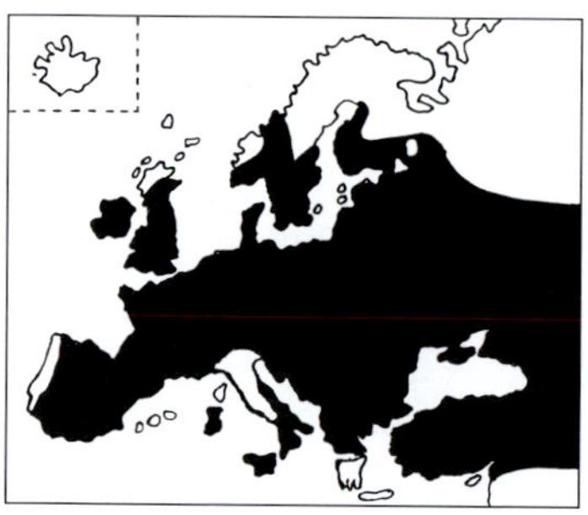

Verbreitungsgebiet

Lebensweise: Teilzieher, in wintermilden Gebieten auch Standvogel. Tagaktiv. Gelegentlich mit Ringeltauben vergesellschaftet.
Fortpflanzung: Monogam. Höhlenbrüter. 2 (–4) Jahresbruten; 2 Eier; Brutzeit 17 Tage; Nestlingszeit knapp 4 Wochen.
Nahrung: Weitgehend wie Ringeltaube.

Steckbrief Turteltaube

Körperbau: Gewicht ♂♀ bis 175 g. Geringer Geschlechtsdimorphismus.
Lautäußerungen: Revierruf schnurrendes »Turr-turr«.
Lebensweise: Langstreckenzieher, der südlich der Sahara überwintert. Tag- und dämmerungsaktiv. Gerne in größeren Gesellschaften, auch während der Brutzeit.

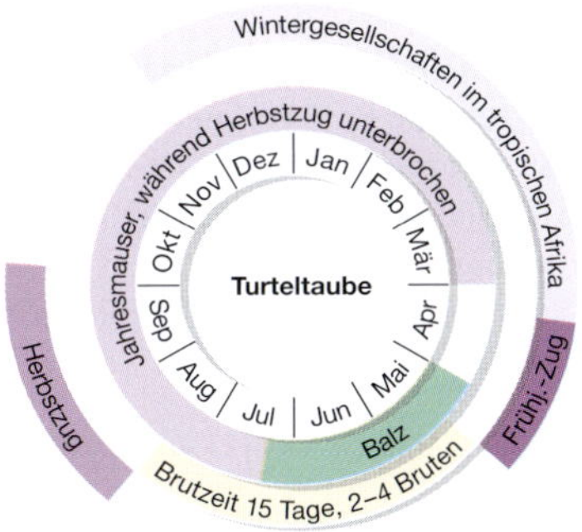

Jahreszyklus

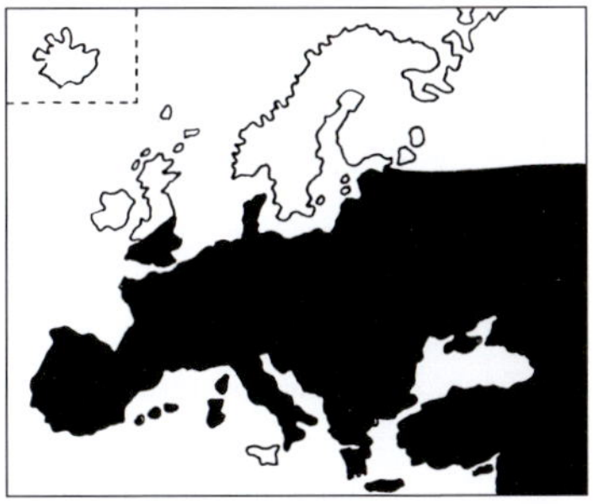

Verbreitungsgebiet

Fortpflanzung: Paarbildung teils schon auf dem Rückflug. Nest in Hecken und im unteren Baumbereich. Legebeginn Mitte Mai; 2–4 Jahresbruten. 2 Eier; Brutzeit ca. 15 Tage; Nestlingsdauer ca. 3 Wochen.
Nahrung: Überwiegend Sämereien von Ackerwildkräutern.

Turteltaube *(Streptopelia turtur):* Als kleinste der 4 Wildtaubenarten fällt die Turteltaube durch ihren braun geschuppten Rücken und einen schwarzweiß gebänderten Fleck an den Halsseiten auf. Ihr langer Stoß ist schwarz mit weißer Umrandung, die Grundfarbe des Gefieders hellgraubraun. Sie brütet in Hecken und Feldgehölzen. Als ausgesprochener Zugvogel verbringt sie den Winter im tropischen Afrika. Lockruf: »Turr, turr, turr«. Vogel des Tieflandes, der in höheren Lagen fehlt. Wendiger Flieger. Fehlt in geschlossenen, dichten Wäldern.

Turteltaube

Steckbrief Türkentaube

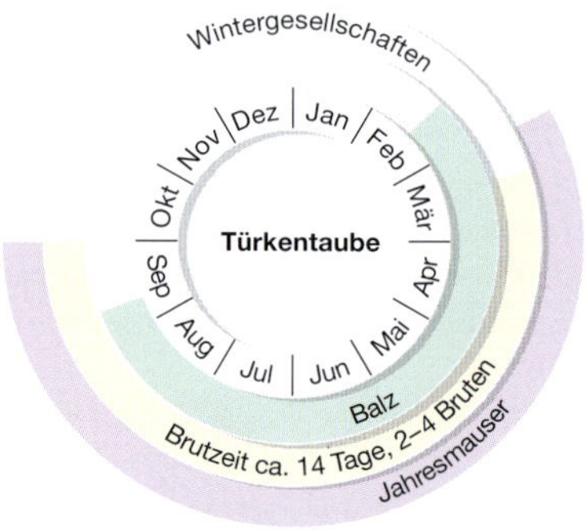

Jahreszyklus

Körperbau: Größe wie Turteltaube.
Lautäußerungen: Revierruf tiefes, dumpfes »Gu-guu gu«; in der Erregung heiseres »Chrräi«. Lockruf: »Ku, kuku, kukuku, kukuku«.
Lebensweise: Standvogel, vor allem im urbanen Bereich. Außerhalb Brutzeit größere Schlafgemeinschaften.

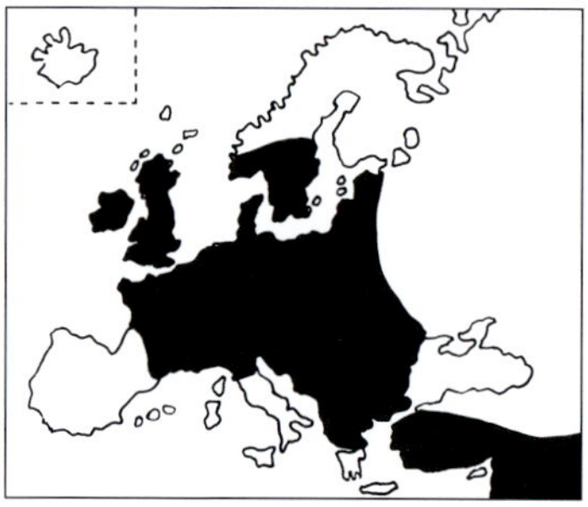
Verbreitungsgebiet

Fortpflanzung: Monogam. Balz ab Februar, beginnt oft schon in der Morgendämmerung. Nester auch an Gebäuden. 2–4 Jahresbruten, gelegentlich sogar Winterbruten.
Nahrung: Keimlinge, grüne Blattteile von Gräsern und Kräutern, Sämereien, Beeren, Haustierfutter, Lebensmittelabfälle.

Türkentaube

Türkentaube *(Streptopelia decaocto):* Sandfarbene kleine Taube mit schmalem, schwarzem Nackenband, das den Jungtauben fehlt. Weißer Unterstoß. Die Türkentaube ist zwischen 1950 und 1960 vom Balkan her bei uns eingewandert. Nach anfänglich starker Vermehrung und Verbreitung gehen ihre Bestände zurzeit aus ungeklärter Ursache auffällig zurück.

Die Taube hält sich eng an menschliche Siedlungen, meidet den geschlossenen Wald und brütet in Bäumen größerer Hausgärten, an Gebäuden, in ortsnahen Gehölzen und Waldrändern. Sie ist Standvogel geworden und kommt gerne an Futterplätze für Singvögel und Hausgeflügel. Im ländlichen Raum bilden Türkentauben auch Flüge, die im Feld gemeinsam nach Futter suchen. Lockruf: »Ku, kuku, kukuku, kukuku«.

1026 | Welche Taubenarten leben bei uns?
Die Ringeltaube, die Hohltaube, die Türkentaube und die Turteltaube.

1027 | Welche Art ist zugewandert?
Die Türkentaube.

1028 | Wie verhalten sich die Geschlechter zueinander?
Tauben leben monogam (Jahresehe).

1029 | Wie markieren Tauben ihr Revier?
Durch Rufen und flügelklatschende Balzflüge.

1030 | Wie viele Eier enthalten die Gelege der Tauben?
Jeweils 2 weißschalige Eier.

1031 | Wer bebrütet das Gelege?
Täubin und Tauber (Brutwechsel häufig in der Mittagszeit).

1032 | Womit ernähren Wildtauben ihre Nestjungen?
Mit der Kropfmilch, einem quarkartigen Nahrungsbrei, der von der Kropfschleimhaut gebildet wird (kein Drüsenprodukt).

1033 | Welche Krankheit breitet sich bei hoher Taubendichte häufig aus?
Die Taubenpocken (Viruserkrankung).

1034 | Welche Taubenarten ziehen in Winterquartiere?
Die Turteltaube ist Zugvogel (Afrika), die Hohl- und Ringeltaube sind Teilzieher bzw. Strichvögel.

1035 | Welche Feinde haben Tauben?
Wanderfalke, Habicht, Sperberweib, Marder.

1036 | Wie schwer wird eine Ringeltaube?
Rund 500 g (Pfundtaube).

1037 | Sind die Geschlechter bei Tauben äußerlich zu unterscheiden?
Nein.

1038 | Welche Lebensräume besiedeln die Ringeltauben?
Feldgehölze, Baumgruppen, Waldränder und Parkanlagen.

1039 | Aus was bestehen die großen Taubenflüge im Sommer?
Vornehmlich aus Jungtauben und Nichtbrütern.

1040 | Woran erkennen wir die ganz junge Ringeltaube?
Am fehlenden weißen Halsfleck; dieser auffällige Federfleck erscheint frühestens im Alter von 2 1/2 Monaten.

1041 | Was ist die Nahrung der Ringeltaube?
Sie ernährt sich ganz vorwiegend vegetarisch (Blattstücke, Sämereien, Getreidekörner).

1042 | Welche Waldfrüchte werden von Ringeltauben gerne geäst?
Eicheln und Bucheckern, Ahornsamen.

1043 | Wie ist das Nest der Ringeltaube beschaffen?
Es besteht aus locker geschichteten, wenig kunstvoll verbauten Reisern.

1044 | Wie viele Gelege tätigt die Ringeltaube?
Bis zu 4 Bruten sind häufig.

1045 | Wo lebt die Hohltaube?
Sie ist in ihrem Brutgebiet vom Vorkommen von Baumhöhlen abhängig (kernfaule Eichen und Rotbuchen). Auf den Nordseeinseln mit Kaninchenvorkommen brütet sie auch gerne und häufig in deren Bauen.

1046 | Mit welcher anderen Taubenart ist die Hohltaube zu verwechseln?
Mit der Ringeltaube. Die Hohltaube ist jedoch kleiner und trägt nie einen weißen Halsfleck.

1047 | Vergesellschaften sich Hohltauben und Ringeltauben?
In kleinen Flügen sind sie gelegentlich gemeinsam anzutreffen.

1048 | Brüten Hohltauben in Nistkästen?
Ja, Nistkästen, gruppenweise angebracht, sind gerne angenommene Brutstätten.

1049 | Hat die Hohltaube eine Jagdzeit?
Nein, sie ist ganzjährig geschont.

1050 | Welche Landschaften sagen Turteltauben zu?
Abwechslungsreiche, durch Feldgehölze charakterisierte Kulturlandschaft abseits menschlicher Siedlungsgebiete.

1051 | Wo brütet die Turteltaube?
In Mischwaldungen, Hecken, Unterholz der Feldgehölze.

1052 | Wann zieht die Turteltaube ins Winterquartier?
August und September (Nachtflieger).

1053 | Wo überwintert die Turteltaube?
In Nordafrika und in den subtropischen Bereichen Afrikas.

1054 | Woran ist die Türkentaube von der Turteltaube zu unterscheiden?
Am schwarzen Nackenband, das der Turteltaube fehlt.

1055 | Sind Türkentauben Jahrestauben?
Ja, sie sind Standvögel.

1056 | Welche Lebensräume bevorzugt die Türkentaube?
Die Türkentaube sucht die Nähe menschlicher Siedlungen.

1057 | Welche Taubenarten dürfen in Deutschland bejagt werden?
Nur Ringel- und Türkentauben.

Anfangs werden die Jungtauben mit Kropfmilch ernährt.

Unsere Tauben legen nur 2 Eier.

Greifvögel (Accipitriformes) und Falken (Falconiformes)

Die Greifvögel sind eine artenreiche Vogelgruppe. Die tagaktiven Beutegreifer schlagen zum größten Teil lebende Beutetiere; einige sind auch Aasfresser. Äußere Anpassungen an diesen Beuteerwerb sind die zu »Fängen« entwickelten Füße mit scharfen Krallen (Waffen) an den Zehen sowie der Hakenschnabel, der zum Rupfen und Zerteilen größerer Beutetiere dient. Jagd- und Tötungsmethoden sowie das Beutespektrum der einzelnen Greifvogelarten sind artspezifisch. Nahrungsgeneralisten werden den Nahrungsspezialisten gegenübergestellt.

Die zoologische Systematik stellt die Falken den eigentlichen Greifen gegenüber. Falken sind »Bisstöter«, die ihre mit den Fängen festgehaltenen (gebundenen) Beutetiere durch einen Nackenbiss mit dem Schnabel töten. Hierzu dient auch der nur den Falken eigene Falkenzahn am Oberschnabel. Die übrigen Greifvögel sind »Grifftöter«, die durch Zugriff mit den stark bewehrten Fängen durch Organverletzungen töten.

Falken besitzen kein Nestbauverhalten. Sie sind Boden- und Nischenbrüter an Felswänden und Gebäuden oder benützen alte Nester anderer Vogelarten. Alle anderen Greifvögel bauen Reisighorste, in der Regel auf Bäumen; nur die Weihen sind Bodenbrüter. Fels- und Baumhorste (z. B. von Adler, Habicht, Mäusebussard) werden nicht jedes Jahr neu gebaut, sondern häufig nur ausgebessert; gelegentlich kommen auch Wechsel zwischen mehreren Horsten im Brutrevier eines Paares vor. Steinadler und Habichte haben stets mehrere Horste.

Der Fischadler ist Nahrungsspezialist.

Die im Alpenraum vorkommenden Gänsegeier (»Lämmergeier«) und Bartgeier (durch Wiederansiedlungsprojekte) sind ausschließlich Aasfresser.

Alle Greifvögel und Falken (s. Seite 439) unterliegen dem Jagdrecht, haben jedoch ganzjährige Schonzeit. Sondergenehmigungen für Fang oder Abschuss können (nach Landesrecht unterschiedlich) in begründeten Fällen für Habicht und Mäusebussard erteilt werden.

Fortpflanzung: Alle Greifvögel und Falken leben in Einehe (mindestens Jahresehe, große Arten auch lebenslang). Beide Partner beteiligen sich an der Brutpflege. Die Jungen sind Nesthocker. Die Geschlechter sind bei den meisten Arten am Gefieder nicht zu unterscheiden (Ausnahme: Weihen, einige Falken). Bei vielen Arten ist das Weibchen (Weib) deutlich größer als das Männchen (Terzel). Dieser Unterschied ist am deutlichsten bei Habicht, Sperber und Wanderfalke. Die Namensgebung »Terzel« ist auf die zum Teil um ein Drittel geringere Größe des Männchens im Vergleich zum Weibchen zurückzuführen.

Bei den Jungvögeln folgt auf das Dunenkleid der Nestlinge ein Jugendkleid, das sich bei einigen Arten deutlich vom Gefieder der erwachsenen Vögel unterscheidet (Habicht, Weihen, Falken, Adler). Die Vermehrungsrate ist vom Beuteangebot abhängig: Nur hohes oder ausreichendes Nahrungsangebot bei Nahrungsspezialisten führt zu einem Vollgelege und zum Überleben der Nestlinge. Bei Nahrungsgeneralisten (z. B. Habicht) sind solche Schwankungen weniger ausgeprägt, da sie bei Mangel an einer Beutetierart auf andere Arten ausweichen können.

Vorkommen: Die Siedlungsdichte wird, zumindest während der Brutzeit, durch das Territorialverhalten begrenzt. Brutpaare verteidigen ihr Brutrevier gegen Artgenossen; nur nichtbrütende Jungvögel werden geduldet. Einen Hauptengpass stellt Nahrungsmangel im Winter vor allem für solche Arten dar, deren Hauptbeute Mäuse sind (Turmfalke). Grundsätzlich sind stärkere Greifvogelarten natürliche Feinde schwächerer Arten; auch innerhalb einer Art kann es zu »Kannibalismus« kommen, vor allem bei Angriffsjägern wie dem Habicht. Greifvogelarten, die in der Ernährung vorwiegend auf Insekten und/oder Kleinvögel, Fische und Lurche spezialisiert sind, ziehen im Winter bis ins tropische Afrika (Wespenbussard, Baumfalke, Fischadler, Weihen), die übrigen sind Stand- und Strichvögel. Darüber hinaus kommen von Ende September bis März Wintergäste, wie Raufußbussard, Merlin und vereinzelt die Kornweihe.

Greifvögel und Falken sind Endglieder von Nahrungsketten, manche auch auf bestimmte Beutearten spezialisiert. Sie sind deshalb durch

Bisstöter: Schnabel eines Falken mit Falkenzahn

Den Greifen – hier Habicht – fehlt der Falkenzahn.

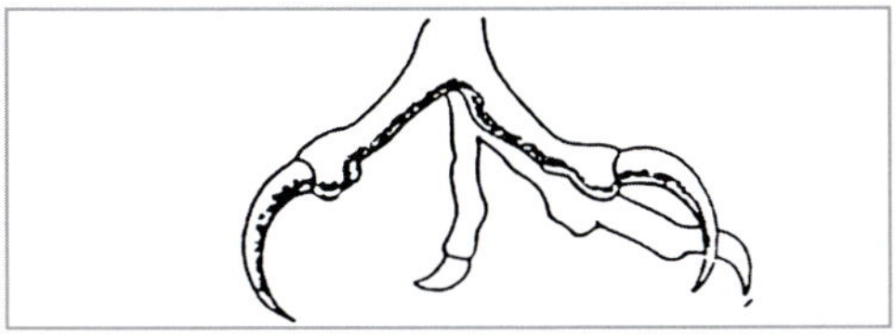

Grifftöter

die Belastung ihrer Beutetiere mit Pestiziden gefährdet. Der ehemals erlaubte Einsatz von DDT hat viele Greifvogelpopulationen existenzgefährdend beeinträchtigt. Heute sind Greifvögel und Falken durch Zerstörung ihrer Lebensräume und direkte Störungen an ihren Horstplätzen gefährdet, viele Arten im Bestand bedroht. Nur die anpassungsfähigen Arten mit gesicherter Nahrungsgrundlage sind noch allgemein verbreitet und häufig. Das sind vor allem Mäusebussard und Turmfalke, neuerdings auch wieder der Habicht.

Flugbilder und Jagdweise: Flugbilder und das charakteristische Verhalten im Beuteerwerb erlauben ein sicheres Ansprechen der Greifvögel und Falken.

Das Flugbild zeigt vor allem an den Proportionen von Schwingen und Stoß markante Unterschiede: Bussarde und Adler sind Vögel mit langrechteckig breiten Schwingen – daher gute Segelflieger, die gern im Aufwind kreisen. Sie schlagen ihre Beute am Boden aus einem Suchflug über offenem Gelände oder von einer Ansitzwarte aus.

Lange und breite Schwingen – vor allem im Verhältnis zum leichten und zierlichen Körperbau – haben auch die Weihen. Ihr Gaukelflug ist ein besonders langsamer Suchflug; ihre Beute sind Kleintiere am Boden.

Im Gegensatz dazu sind die Edelfalken auf sichelartig schmalen, spitzen Schwingen schnelle Flieger, die ihre Beute fast ausschließlich im Verfolgungs- oder Stoßflug in der Luft schlagen.

Die kurzen, runden Schwingen von Habicht und Sperber gemeinsam mit dem sehr langen

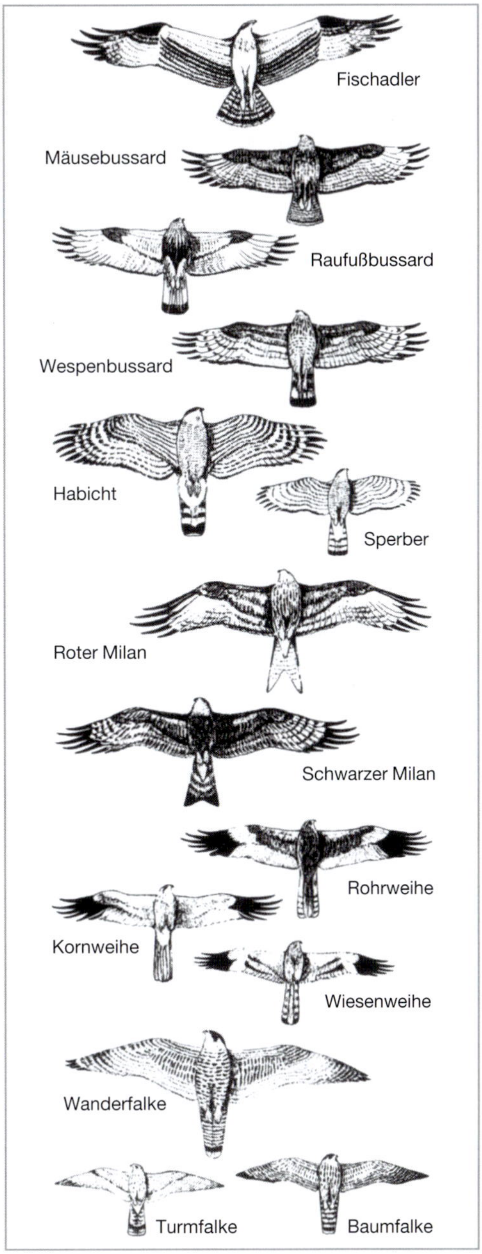

Flugbilder heimischer Greifvögel und Falken

Stoß als Steuerruder charakterisieren die schnellen Angriffsjäger über kurze Strecken in deckungsreichem Gelände, die ihre Beute gleich geschickt aus der Luft oder am Boden schlagen.

Die beiden Milanarten sind bei ihren segelnden Suchflügen an ihrem gegabelten Stoß zu erkennen.

Während der Mauser muss die Flugfähigkeit zum Beuteerwerb erhalten bleiben. Das Großgefieder (Schwingen, Stoß) wird deshalb zeitversetzt gemausert; die jeweils fehlenden und noch nicht nachgewachsenen Federn bilden symmetrische »Mauserlücken« in den Schwingen. Bei einigen Arten (Habicht, Sperber, Falken) macht das Weibchen die Mauser während der Brutzeit durch, ist dann flugbehindert und wird vom Terzel mit Beute versorgt, die er ihm in Horstnähe übergibt.

Auffällige Zeichen von Greifvögeln sind **Rupfungen** = Stellen, an denen ein Greifvogel ein größeres Beutetier gerupft hat, sowie **Gewölle** = ausgewürgte Speiballen aus unverdauten Haar- und Federresten. Knochen werden vom Magensaft der Greifvögel weitgehend verdaut und sind daher im Gewölle kaum vorhanden. Dagegen sind in den Gewöllen der Eulen auch feinste Mäuseknochen unversehrt erhalten.

Falknerei: Die Falknerei ist eine alte, ursprünglich im Orient beheimatete Jagdart. Gezähmte (abgetragene) Greifvögel werden eingesetzt, um Wild zu erbeuten. Im Mittelalter erreichte die Falknerei ihre kulturelle Blüte. Sie verfiel mit dem Ende der Feudalzeit und lebte erst um 1930 in Deutschland wieder auf. Die heutige Falknerei knüpft an historische Vorbilder an und hat sich darüber hinaus dem Greifvogel- und Falkenschutz verschrieben (z. B. Zucht und Auswilderung von Wanderfalken).

Die für die Falknerei (Beizjagd) nötigen Kenntnisse müssen in einer speziellen Falknerprüfung zusätzlich zur Jägerprüfung nachgewiesen werden.

1058 | Welches Geschlecht ist bei den Greifvögeln größer?

Das weibliche Geschlecht (das Weib).

1059 | Welche Greifvögel und Falken sind Zugvögel?

Fischadler, Schreiadler, Wespenbussard, Schwarzer Milan, Roter Milan, alle Weihen, Baumfalke, Turmfalke, Raufußbussard und Merlin bedingt.

1060 | Welcher Greifvogel ist fast nur im Winter bei uns?

Der Raufußbussard und der Merlin.

1061 | Welche Milane brüten bei uns?

Roter und Schwarzer Milan.

1062 | Welche beiden echten Bussarde kommen bei uns vor?

Mäusebussard und Raufußbussard(Wintergast).

1063 | Welche Adler kommen in Deutschland regelmäßig vor?

Steinadler, Seeadler, Fischadler, Schreiadler, Schlangenadler und Zwergadler.

1064 | Welche Weihen sind in Deutschland Brutvögel?

Rohrweihe, Kornweihe, Wiesenweihe.

1065 | Woran erkennen wir die Weihen im Flug?

Ihr Suchflug ist als schaukelnd-schwebend zu charakterisieren (Gaukelflug).

1066 | Welche beiden Greifvögel sind leicht zu verwechseln?

Korn- und Wiesenweihe.

1067 | Welche Artengruppe hat dunkle Augen?

Die Falken.

1068 | Welche Greifvögel haben gelbe Augen?
Habicht, Sperber, Wespenbussard.

1069 | Welche Greifvögel und Falken rütteln?
Turmfalke, Fischadler, ansatzweise der Mäusebussard.

1070 | Welche Greifvögel und Falken sind (auch) Ansitzjäger?
Habicht, Sperber, Mäusebussard, Baumfalke, Turmfalke.

1071 | Welche Arten jagen hauptsächlich in der offenen Landschaft?
Falken, Weihen, Milane.

1072 | Welche Arten sind an größere Wasserflächen gebunden?
Seeadler, Fischadler, Rohrweihen.

1073 | Welche Arten finden wir im Wald bzw. an Waldrändern?
Habicht, Sperber, Mäusebussard.

1074 | Welche Greifvögel ernähren sich teilweise von Aas?
Stein- und Seeadler, Milane, Mäuse- und Raufußbussard.

1075 | Welche Greifvögel begrünen ihre Horste?
Habicht, Mäuse- und Wespenbussard.

1076 | Welche Greifvögel bauen in ihre Horste Zivilisationsmüll ein?
Der Rote und der Schwarze Milan.

1077 | Welche Greifvögel brüten am Boden?
Alle Weihenarten.

1078 | Wie verhalten sie sich in der Brutzeit?
Bei Habicht, Sperber, Falken kommt das Weib in der Brutzeit in die Großgefiedermauser. In dieser Zeit starker Flugbehinderung wird es vom Terzel mit Atzung versorgt.

1079 | Sind Greifvögel polygam?
Nein, sie leben zumindest in Jahresehe.

1080 | Wie schlüpfen die Greifvögel?
Da Greifvögel mit der Ablage des ersten Eis mit der Brut beginnen, schlüpfen die Jungtiere nach der Eiablage im Abstand von ca. 2 Tagen.

1081 | Was ist Kainismus?
Das Töten und Auffressen des/der letztgeschlüpften Jungtiere(s) durch das/die erstgeschlüpfte(n).

Weidmannssprache

Ästling	noch nicht flügger Jungvogel, der sich auf den Ästen um den Horst herum bewegt
Atzung	Nahrung
aufblocken	niederlassen auf Gestein, Boden, Baumstumpf oder Ähnlichem
aufhaken	niederlassen auf einem Ast
binden	Greifen und Festhalten der Beute
Fänge	Füße
Geschmeiß	Exkremente
Gewölle	Speiballen
Horst	Nest
Horstfeld	Brutrevier
Horstzeit	Brutzeit
Hosen	lockere Befiederung der Ständer
kröpfen	fressen
lahnen	Bettelruf der Jungen
manteln	die Beute mit den Schwingen abdecken
Nestling	junger Greifvogel im Nest
schlagen	Beute greifen
Terzel	männlicher Vogel
Waffen	Krallen
Weib	weiblicher Vogel

Wespenbussarde (Perninae)

Wespenbussard *(Pernis apivorus)*: Er wird nur wegen seines Exterieurs als »Bussard« bezeichnet. Vom Mäusebussard unterscheidet er sich vor allem durch das gelbe Auge, den schlankeren Körperbau und (nicht immer!) stärkeren Kontrast zwischen brauner Oberseite und heller, dunkel gebänderter Unterseite. Der Kopf wirkt taubenartig wegen der dichten, schuppenförmigen Befiederung der Schnabelwurzel und rings um die Augen sowie des schlanken, wenig hakenförmigen Schnabels. Dies ist eine Anpassung an die einzigartig spezialisierte Ernährung: Der Wespenbussard gräbt mit Fängen und Schnabel Erdnester von Wespen und Hummeln auf und ernährt sich und seine Jungen fast ausschließlich von den Larven dieser Insekten. Daneben nimmt er manchmal auch Lurche, Reptilien (z. B. Blindschleichen) und nestjunge Vögel.

Als Zugvogel zieht er schon im Spätsommer bis ins südliche Afrika und kehrt erst spät (April) zurück. Im Reisighorst zieht das Paar meist nur 1–2 Junge auf; in nasskalten Sommern kommen die Jungen oft um.

Verwandtschaftlich steht der Wespenbussard den Milanen und Weihen näher als dem Mäusebussard.

Der Wespenbussard hat sich auf die Larven von Wespen und Hummeln als Nahrung spezialisiert.

Steckbrief Wespenbussard

Lebensraum: Von der Küste bis ins Gebirge. Bevorzugt Waldrandlagen, auch Feldgehölze. Nahrungssuche bevorzugt über offenem Land.

Fortpflanzung: Horst auf hohen Bäumen, häufig dicht am Stamm, wird begrünt. Jahresehe. ♂ und ♀ brüten. Legeintervall 3–5 Tage. Brutdauer 30–35 Tage. Nestlingsdauer bis 40 Tage. 1 Jahresbrut. Familienzusammenhalt bis Abzug.
Verhalten: Langstreckenzieher (bis 7000 km).

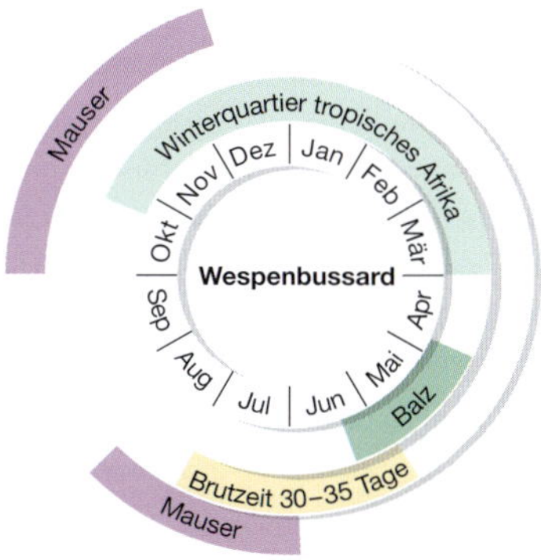

Jahreszyklus

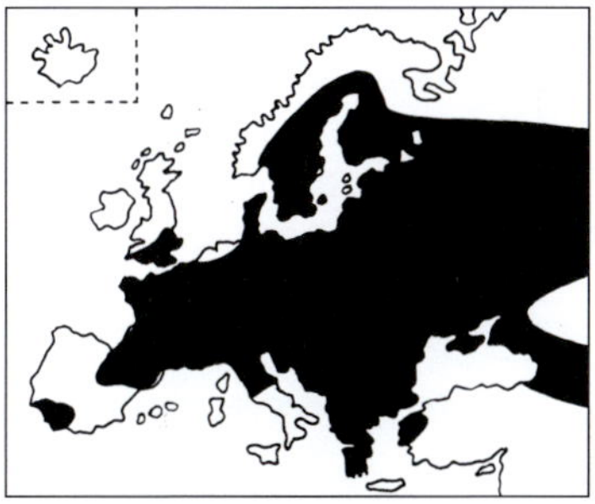

Verbreitungsgebiet

1082 | Welche markanten Körpermerkmale hat der Wespenbussard?

Helles (gelbes) Auge, dichte, schuppige Befiederung des Schnabelgrundes.

1083 | Ist der Wespenbussard Jahresbussard?

Er ist Zugvogel, er überwintert im südlichen Afrika.

1084 | Auf welche Nahrung hat er sich spezialisiert?

Auf Erdhummeln und Erdwespen, vornehmlich auf die in den Waben steckenden Larven.

1085 | Wie kommt er an seine Beute?

Er gräbt sie mit Schnabel und Fängen aus.

1086 | Wie schützt er sich vor Stichen?

Durch das Gefieder, speziell die schuppenartige Befiederung an der Schnabelwurzel.

Wespenbussarde sind Zugvögel und Nahrungsspezialisten, die den Winter im tropischen Afrika verbringen.

Milane (Milvinae)

Beide bei uns heimische Milane sind große Greifvögel (größer als Bussard) mit relativ schwachen Schnäbeln und Fängen: Sie sind mehr Sammler als Jäger, leben vorwiegend von Kleintieren (Reptilien, Lurche, Insekten, Jungvögel) und Aas (besonders tote Fische). Sie jagen anderen Greifvögeln gern die Beute ab. Für den über offenem Gelände, besonders Flusstälern, kreisenden Vogel ist der gegabelte Stoß typisch.

Der große Reisighorst steht hoch in Kronen von Auwaldbäumen; als Nistmaterial werden oft Abfälle (Papierfetzen, Lumpen) verwendet.

Roter Milan *(Milvus milvus)*: Gefieder vorwiegend rotbraun, Stoß tief gegabelt (»Gabelweihe«). Größer, aber seltener als der Schwarze Milan. Brutvorkommen in Flusstälern des Flachlandes und klimatisch milden Mittelgebirgen. Im Herbst meist Zug bis in den Mittelmeerraum, teilweise auch Überwinterung im Brutgebiet (Teilzieher). Nestreviertreue über viele Jahre. Dauerehe oder Verpaarung auf dem Zug. Manche Paare besitzen mehrere Horste. Meist 2–3 Eier, die 33 Tage oder länger bebrütet werden. Nestlingsdauer ca. 8 Wochen. Die erheblichen Verluste durch Windkraftanlagen beeinflussen das Populationsgeschehen stark negativ.

Rote Milane besitzen oft mehrere Horste, die sie mit »Müll« auskleiden.

Steckbrief Roter Milan

Lebensraum: Reich gegliederte Landschaften, weniger an Wasser gebunden als Schwarzer Milan.

Fortpflanzung: Jahres- oder Dauerehe. Legeintervall 2–4 Tage. Brutdauer 33(–38) Tage. Nur ♀ brütet. ♂ trägt Nahrung zu. Nestlingszeit bis 56 Tage. 1 Jahresbrut.
Verhalten: Kurzstreckenzieher, teilweise auch Standvogel. Nestreviertreue über viele Jahre. Schlafplätze in kleinen Gehölzen.

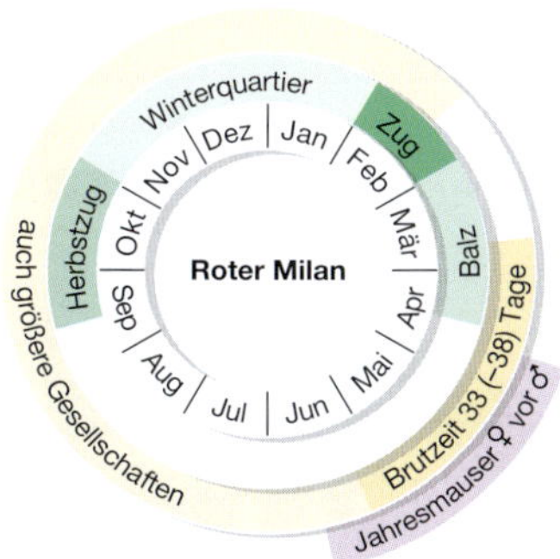

Jahreszyklus

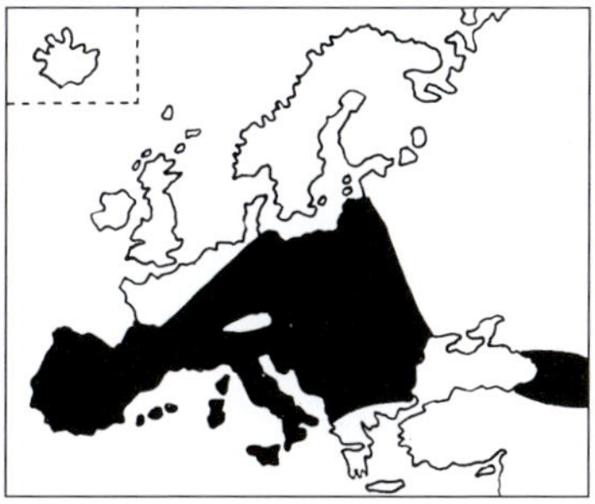
Verbreitungsgebiet

Schwarzer Milan *(Milvus migrans)*: Der Schwarze Milan ist etwa bussardgroß, sein Gefieder ist schwarzbraun und der Stoß nur schwach gegabelt. In wasserreichen Gebieten (Flussauen, Seen) häufiger als der Rote Milan. Langstreckenzieher, der hauptsächlich in Westafrika überwintert. Nahrung neben Kleinsäugern, Fischen und Amphibien überwiegend tote Fische und anderes Aas bzw. Abfälle (Straßenfallwild). Häufig im kreisenden Segelflug zu beobachten, oft zu mehreren, besonders zur Zugzeit in größeren Trupps. Wird erst gegen Ende des 3. Lebensjahres geschlechtsreif, danach Dauerehe. Horst hoch, meist über 7 m hoch angelegt.

1087 | Unterscheiden sich bei den Milanen die Geschlechter?

In der Färbung sind sie nahezu gleich, die Weibchen sind jedoch etwas schwerer.

Schwarzer Milan am Horst

Steckbrief Schwarzer Milan

Lebensraum: Brutvogel in Eurasien und Afrika, fehlt in Nord- und Nordwesteuropa.
Fortpflanzung: Horst in hohen Nadel- und Laubbäumen. In der Regel Dauerehe. Legeintervall 24 Std. Brutdauer 26–38 Tage. Meist brütet ♀, gelegentlich auch ♂. ♂ trägt Nahrung zu. Nestlingsdauer bis 45 Tage. 1 Jahresbrut.
Verhalten: Häufig Segel- oder Gleitflug, auch wendiger Suchflug zwischen Bäumen. Neigt zur Vergesellschaftung.

Jahreszyklus

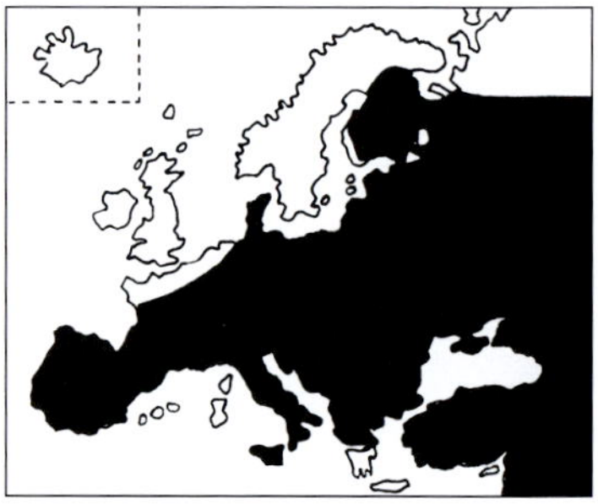

Verbreitungsgebiet

1088 | An was ist der Rote Milan am Flug zu erkennen?

Am gegabelten Stoß (heißt auch Gabelweihe).

1089 | Wo brütet der Rote Milan?

Er ist Baumbrüter, meist auf Laubbäumen im Wald.

1090 | Baut der Rote Milan selbst einen Horst?

Er baut selbst, übernimmt jedoch auch Althorste anderer Vögel.

1091 | Wo überwintert der Rote Milan?

In Südwestfrankreich, Spanien, Nordwestafrika.

1092 | Welche Lebensräume bevorzugt der Schwarze Milan?

Er bevorzugt Auwälder oder gewässernahe Wälder, ohne direkt an Wasser gebunden zu sein.

1093 | Was fällt an seinem Horst auf?

Er beinhaltet wie der des Roten Milans oft Zivilisationsmüll (Lumpensammler).

1094 | Welche Nahrung bevorzugt der Schwarze Milan?

Kleinere Säugetiere, Jungvögel, Amphibien, Fische.

1095 | Ist der Schwarze Milan Jahresvogel?

Nein, er ist ein Zugvogel, er überwintert im tropischen und südlichen Afrika.

Falken (Falconiformes)

Falken unterscheiden sich durch Besonderheiten im Körperbau und Verhalten von den übrigen Greifvögeln und werden deshalb als eigene Ordnung betrachtet. Stark gewölbter, runder Kopf, große schwarze Augen, Oberschnabel mit scharfem Zahn (Falkenzahn), entsprechende Einkerbung im Unterschnabel (»Bisstöter!«), schwarzer Backenstreif (Falkenbart), der bei kleineren Falken nur angedeutet ist. Schwingen schmal, lang und spitz zulaufend, Stoß mittellang, am Ende verjüngt.

Wanderfalke *(Falco peregrinus):* Größter heimischer Falke (etwa Krähengröße), Oberseite schwarzgrau, Unterseite hell mit schwarzer Bänderung (Jungvögel bräunlich, Unterseite dunkel längs gefleckt). Brütet in Felsnischen (Alpen, Jura), an hohen Gebäuden, im Flachland auch in Baumhorsten (alte Krähen-, Bussardhorste). Restvorkommen werden zum Teil durch Aus-

Wanderfalke

Steckbrief Wanderfalke

Lebensraum: Küste bis Hochgebirge, auch in Städten. Meidet geschlossene Wälder.
Fortpflanzung: Meist Dauerehe. Bei uns überwiegend Felsbrüter. Brutdauer 29–32 Tage. ♀ und ♂ brüten. Nestlingsdauer bis 42 Tage. 1 Jahresbrut.
Verhalten: Stand- und Strichvogel. Jagdgeschwindigkeit bis über 300 km/h, schnellster Vogel.

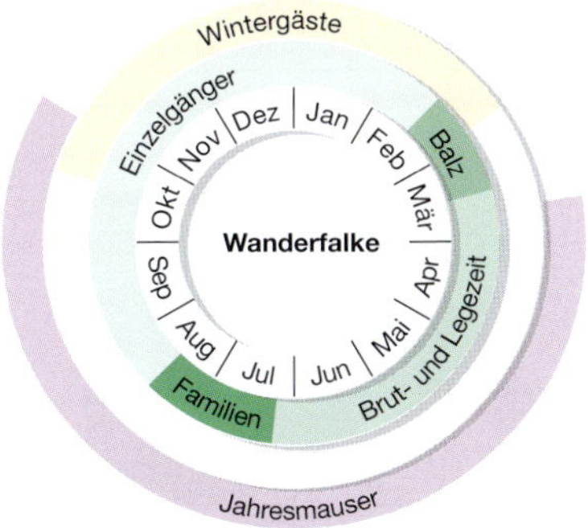

Jahreszyklus

Verbreitungsgebiet

Der Baumfalke ist Zugvogel.

wilderung gezüchteter Vögel verstärkt (positiver Populationstrend). Hauptgefahr sind illegale Aushorstungen sowie Störungen der Brutplätze; natürliche Feinde sind Habicht, Uhu und Steinmarder. Geringe Vermehrungsrate (1–3 Junge, nicht in jedem Jahr). Schlägt Beute nur im Flug (Vögel von Drosselgröße bis Tauben, Krähen, Enten), tötet größere Beutevögel erst am Boden, nachdem er sie in der Luft »gebunden« oder zu Boden geschlagen hat. Über Winter Strichvogel.

Baumfalke *(Falco subbuteo):* Aussehen wie Wanderfalke, jedoch nur taubengroß. Oberseite schwarzgrau, Unterseite hell mit dunkler Fleckung, rostrote »Hosen« (Jungvögel unterseits bräunlich längs gefleckt). Weitverbreitet, aber selten, Baumbrüter (alte Krähennester); jagt nur im Flug, spezialisiert auf Kleinvögel (Lerchen, Schwalben) und fliegende Großinsekten (Käfer, Libellen), die meist in der Luft gekröpft werden. Zugvogel, zieht bis ins tropische Afrika.

Steckbrief Baumfalke

Lebensraum: Verlandungszonen, Moore, Ödflächen, Waldränder (Insekten!).
Fortpflanzung: Saisonehe. Brutplatztreue. Baut selbst keinen Horst. Brutdauer 28–34 Tage. ♀ brütet, selten ♂. Nestlingsdauer bis 34 Tage. 1 Jahresbrut.
Verhalten: Langstreckenzieher. Jagt von Sitzwarte aus, auch in der Dämmerung, gelegentlich mehrere gemeinsam.

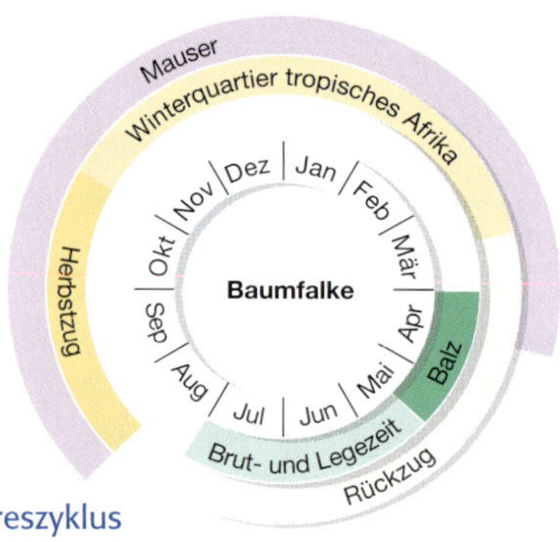

Jahreszyklus

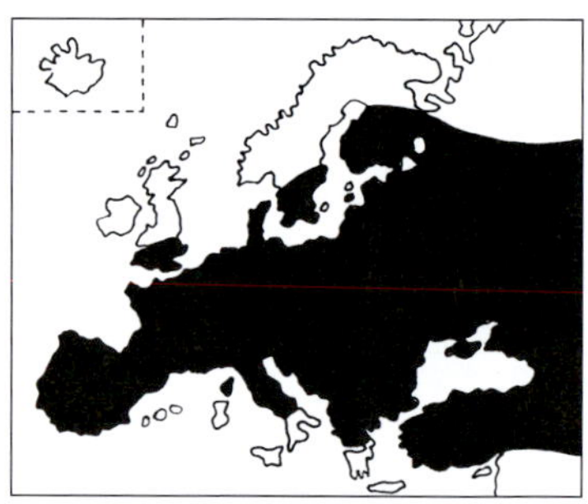

Verbreitungsgebiet

Turmfalke *(Falco tinnunculus):* Im Gegensatz zu den seltenen »Edelfalken« (Wander- und Baumfalke) ein recht häufiger Vogel der offenen Kulturlandschaft. Gefieder rostrot, Weibchen mit dunkler Fleckung, Terzel mit aschgrauem Kopf und Stoß, Backenstreifen (Zügel) undeutlich, etwa Taubengröße. Nischen- bis Höhlenbrüter in Felsnischen, oft in und an Gebäuden (Türme, Fabriken), auch in Baumhöhlen und frei in alten Krähennestern, 3–6 Junge, abhängig vom Mäusevorkommen. Beute vorwiegend Mäuse, größere Insekten, weniger Kleinvögel, die er von einer Ansitzwarte oder aus dem typischen Rüttelflug (Rüttelfalke) am Boden schlägt. Oft in Städten und neben Verkehrsstraßen zu beobachten. Im Winter Strichvogel.

Turmfalken brüten gerne in Mauernischen, auf Türmen und Dachböden.

1096 | Welche Falkenarten brüten derzeit in Deutschland?
Wander-, Baum- und Turmfalke.

1097 | Leben Falken polygam?
Nein, sie leben monogam (Jahresehe).

1098 | Bauen Falken selbst Horste?
Nein, sie übernehmen Nester anderer Vögel oder brüten in Felsnischen etc.

1099 | Wie ist die Brutpflege der Turmfalken?
Das Falkenweib mausert während der Brut (wird dadurch flugunfähig) und wird in dieser Zeit durch den Terzel mit Nahrung versorgt.

1100 | Was ist der Falkenzahn?
Der Falkenzahn ist eine nach unten zeigende scharfe Zacke im vorderen Drittel des Oberschnabels (Bisstöter!).

1101 | Welchen Falken finden wir häufig in freier Landschaft auf Leitungen und Bäumen sitzend?
Den Turmfalken.

1102| Welcher Falke jagt gerne an Waldrändern von Ansitzwarten aus?
Der Turmfalke und Baumfalke.

1103 | Welche Art jagt auch im Luftraum über Großstädten?
Der Wanderfalke.

1104 | Was erbeutet der Wanderfalke bevorzugt?
Tauben.

1105 | Schlägt der Wanderfalke Feldhasen?
Nein.

1106 | Wo schlägt der Wanderfalke seine Beute?
Ausschließlich in der Luft.

1107 | Wo brütet der Wanderfalke?
Heute bei uns vorwiegend in Felswänden. Selten Baumbrut.

Steckbrief Turmfalke

Lebensraum: Waldränder, offene Flächen, urbane Bereiche.
Fortpflanzung: Saisonehe. Fremde Nester oder Gebäude als Brutplätze. Brutdauer 27–32 Tage. ♀ brütet. Nestlingsdauer bis 32 Tage. 1, gelegentlich 2 Bruten.
Verhalten: Langstreckenzieher, Teilzieher, Strich- und Standvogel. Jagt auch in der Dämmerung, von Ansitzwarte oder rüttelnd.

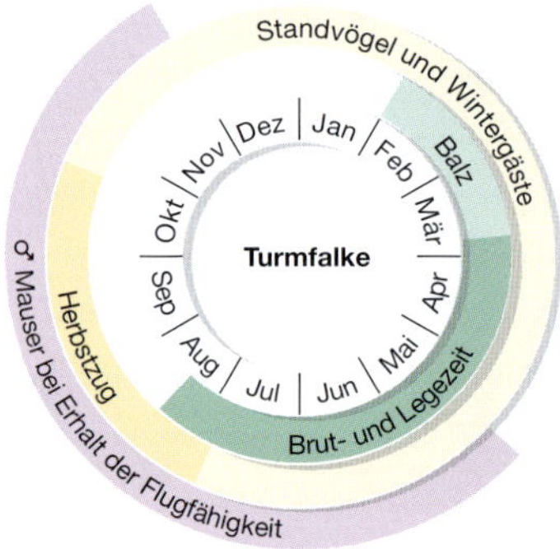

Jahreszyklus

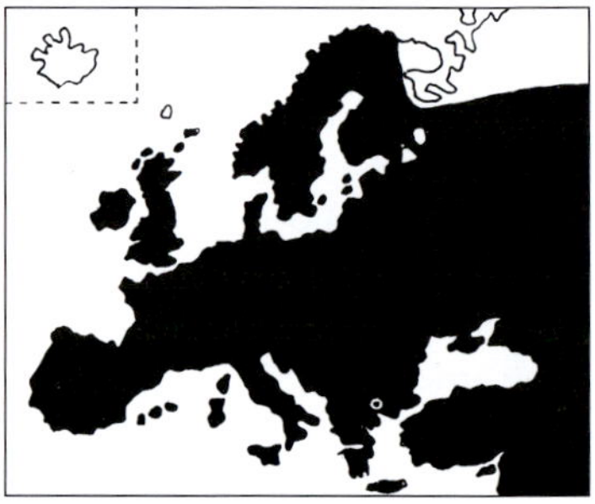

Verbreitungsgebiet

1108 | Welche Falkenart erbeutet regelmäßig Großinsekten?
Der Baumfalke.

1109 | Wie jagt der Baumfalke?
Er schlägt seine Beute nur in der Luft, er kröpft sie auch in der Luft.

1110 | Welche Beute bevorzugt er?
Kleinvögel (Schwalben, Lerchen, Mauersegler) und Großinsekten.

1111 | Wo brütet der Baumfalke?
In Nestern von Krähen oder alten Greifvogelhorsten.

1112 | Ist der Baumfalke Jahres-, Strich- oder Zugvogel?
Er ist ein Zugvogel.

1113 | Was ist die Hauptnahrung des Turmfalken?
Kleinnager (90 % Mäuse), selten Kleinvögel, Großinsekten, Eidechsen.

1114 | Wo schlägt der Turmfalke meist seine Beute?
Fast ausschließlich am Boden.

1115 | Wo brütet der Turmfalke?
In verlassenen Krähennestern, in Felswänden, in hohen Gebäuden (Kirchtürme etc.).

1116 | Ist der Turmfalke Jahres-, Strich- oder Zugvogel?
Er überwintert in milden Wintern bei uns oder streicht in südliche mitteleuropäische Länder. Wenige Vögel fliegen als Zugvogel bis in das äquatoriale Afrika.

Adler und Habichte (Accipitrinae)

Habicht und Sperber

Mit kurzen, runden Schwingen und langem Stoß sind die Grifftöter Habicht und Sperber schnelle, wendige Kurzstreckenflieger, die in deckungsreichem Gelände Beutetiere im Überraschungsangriff schlagen. Beim sitzenden (aufgeblockten) Vogel ragt der Stoß weit über die Schwingenspitzen hinaus. Die Augen sind hellgelb bis orange (»Habichtsauge«). Der Terzel ist deutlich (etwa um ein Drittel) kleiner als das Weib. Beide Arten bauen Reisighorste auf Bäumen. Mit Ausnahme der kreisenden Balzflüge im Frühjahr sind sie selten über freiem Gelände zu sehen.

Habicht *(Accipiter gentilis):* Weib größer als Mäusebussard, Terzel um ein Drittel kleiner. Altvögel oberseits graubraun, unterseits weißlich mit typischer dunkler Querbänderung (»gesperbert«), der Stoß hat breite Querbinden. Jugendkleid: kaffeebraun, Unterseite gelbbraun mit dunkelbraunen, tropfenförmigen Flecken (Rothabicht). Reisighorst in Altholzbeständen, 2–4 Junge; während der Brutzeit jagt nur der Terzel und versorgt das brütende Weib, das gleichzeitig das Großgefieder mausert. Erst bei größerem Atzungsbedarf der heranwachsenden Nestlinge jagen beide. Der Terzel erbeutet vorwiegend Vögel wie Drossel, Eichelhäher, Ringeltauben. Das stärkere Weib schlägt auch Wildkaninchen, Junghasen, Krähen, Bussard, Fasan. Häufig werden Haustauben und Haushühner bei waldnahen Siedlungen vom Habicht erbeutet.

Bei häufigem Vorkommen des Habichts kann eine örtliche Verminderung durch Aushorsten der Jungtiere zum Schutz gefährdeter Beutetiere (Restbestände in gestörten Lebensräumen, z.B. Birkwild, Brachvogel, Rebhuhn) sinnvoll sein. Die Bundesländer sehen dafür entsprechende Ausnahmen von der grundsätzlichen ganzjährigen Schonung vor. Das konkurrenzlos vielseitige Beutespektrum des Habichts lässt kaum Nahrungsengpässe entstehen.

Während der Brut- und Aufzuchtszeit ist das Habichtsweib flugunfähig.

Habicht-Altvogel

Steckbrief Habicht

Lebensraum: Bevorzugt waldreiche Gebiete oder abwechslungsreiche Landschaften mit reicher Deckung.
Fortpflanzung: Bis zu 8 Horste. Monogam, hohe Revier- und Partnertreue. Legeintervall 2–4 Tage. Brutdauer 35–40 Tage. ♀ brütet, ♂ trägt Futter herbei. Nestlingsdauer bis 40 Tage. 1 Jahresbrut.
Verhalten: Stand- und Strichvogel. Ansitz- und Pirschjäger. Wendiger Jagdflug, häufig dicht über dem Boden.

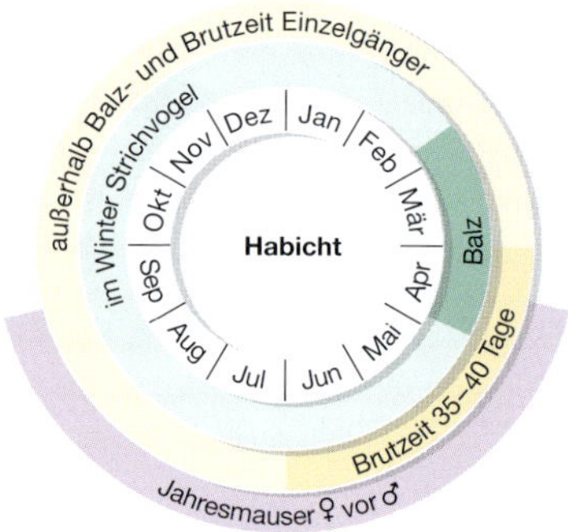

Jahreszyklus

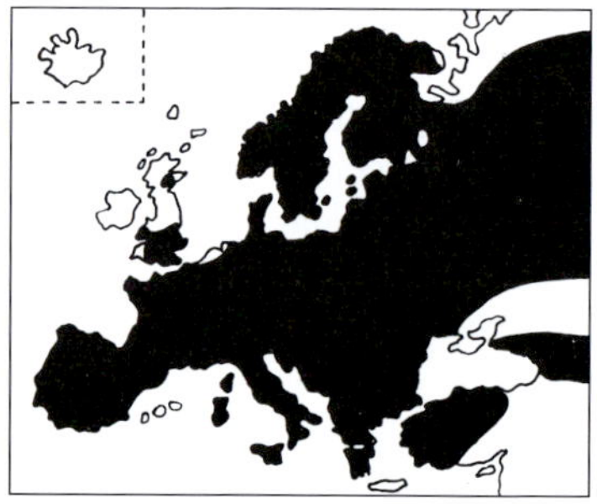
Verbreitungsgebiet

Starkes Sperberweib

Sperber *(Accipiter nisus):* Der etwa taubengroße Sperber ähnelt im Aussehen dem viel größeren Habicht. Das Sperber-Männchen wird »Sprinz« genannt (bei allen anderen Greifen »Terzel«) und ist deutlich kleiner als das Weibchen. Das starke Sperberweib kann unter Umständen mit einem schwachen Habichtterzel verwechselt werden. Der Horst steht meist im oberen Drittel dichter Stangenhölzer. Hauptbeute sind Kleinvögel an Waldrändern, Hecken, Feldgehölzen, im Winter auch in Ortschaften (Futterplätze), meist Finkenvögel, Sperlinge, Stare, Drosseln. Das stärkere Weib erbeutet auch Häher und Tauben sowie Küken der Hühnervögel. Während der Brut- und beginnenden Aufzuchtzeit jagt allein der Terzel.

Natürliche Feinde des Sperbers sind der Habicht sowie als Nesträuber der Baummarder.

1117 | Wo baut der Habicht seinen Horst?

Steckbrief Sperber

Lebensraum: Brutvogel in ganz Europa, Asien und Nordafrika. Bevorzugt strukturreiche Landschaft, auch urban.
Fortpflanzung: Horst sehr flüchtig gebaut. Monogam, Partnertreue. Legeintervall 2 Tage, Brutbeginn ab 4. Ei. Brutdauer 36–40 Tage. ♀ brütet, ♂ trägt Futter herbei. Nestlingsdauer bis 30 Tage. 1 Jahresbrut.
Verhalten: Jagd vom Ansitz aus oder im niedrigen Suchflug.

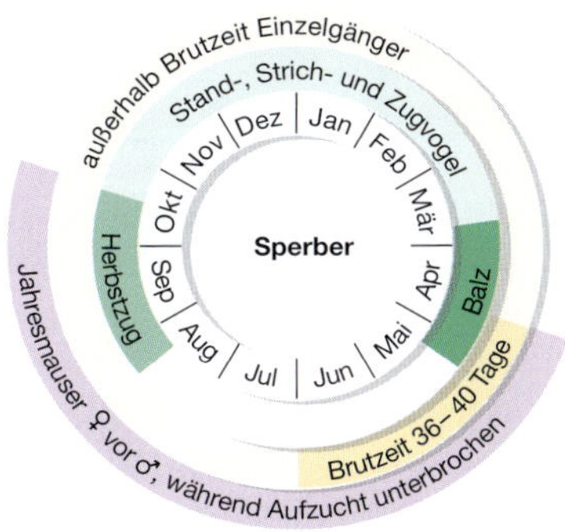

Jahreszyklus

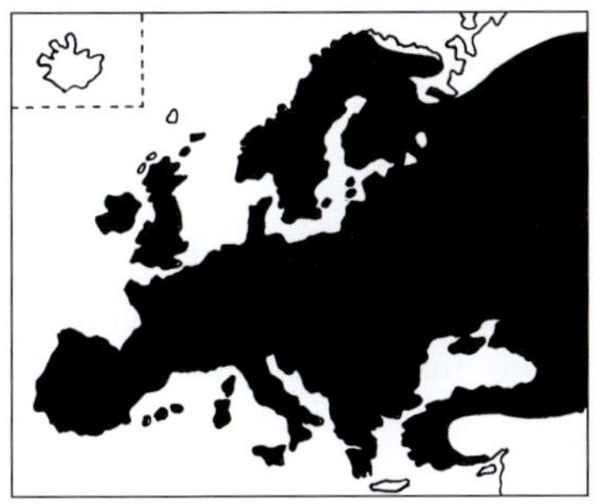

Verbreitungsgebiet

In Altholzbeständen größerer Waldgebiete. Immer im oberen Baumdrittel am Stamm.

1118 | Wird der Horst mehrere Jahre hindurch bewohnt?

Ja.

1119 | Was kennzeichnet den Habichtshorst?

Der besetzte Habichtshorst ist regelmäßig mit frischen Zweigen getarnt (begrünt).

1120 | Wie verläuft die Mauser des Habichts?

Das Weib mausert während der Brutzeit ihr Großgefieder (und ist dann flugunfähig).

1121 | Wer versorgt die Jungen mit Atzung?

Anfänglich nur der Terzel, später bei höherem Futterbedarf der herangewachsenen Jungtiere Terzel und Weib.

1122 | Welches Beutespektrum hat der Habicht?

Der Habicht ist ein Nahrungsgeneralist, der Vögel bis zur Raufußhuhngröße und Säuger bis zum Hasen überwältigen kann.

1123 | Wie wird das Sperbermännchen bezeichnet?

Sprinz.

1124 | Welche Beute schlägt der Sperber hauptsächlich?

Singvögel aller Art.

1125 | Mit wem ist ein starkes Sperberweib zu verwechseln?

Mit einem schwachen Habichtsterzel.

1126 | Mit wem kann ein schwacher Sperbersprinz verwechselt werden?

Mit dem Kuckuck.

Bussarde *(Buteo spec.)*

Sammelbegriff für mittelgroße Greifvögel von gedrungenem Körperbau, auf breiten Schwingen wenig wendig, aber gute Segelflieger, die häufig im Aufwind über freiem Gelände kreisen. Oft auf Ansitzwarten in der Feldflur. Gefieder braun mit verschiedenen Abweichungen, von fast schwarz bis fast weiß (Mäusebussard). Fänge verhältnismäßig schwach bewehrt. Beute: Mäuse und andere Kleintiere. Umfangreiche Reisighorste auf Bäumen in Wäldern und Feldgehölzen.

Mäusebussard

Mäusebussard *(Buteo buteo):* Häufigster heimischer Greifvogel. In der Luft kreisend oder in freier Flur auf Ansitzwarten blockend (Pfähle, Masten, häufig neben Verkehrsstraßen) oft zu beobachten. Färbung unterschiedlich, von tiefbraun bis fast weiß; meist Oberseite kaffeebraun, Unterseite hell mit dunkler Fleckung, Stoß mehrfach schmal gebändert. Augen dunkel. Geschlechter nicht unterscheidbar. Schlägt Beute nur am Boden, vorwiegend Mäuse; jahreszeitlich besteht auch ein großer Anteil aus Insekten und Würmern (auf gemähten Wiesen), regelmäßig Aasfresser (Fallwild, Verkehrsopfer). Auffallende Stimme (»Katzenschrei«). Vermehrungsrate (2–5

Steckbrief Mäusebussard

Lebensraum: Von der Küste bis zur Waldgrenze. Offene Kulturlandschaft bevorzugt. Viele Wintergäste.
Fortpflanzung: Saisonehe. Legeintervall 2–3 Tage. Brutbeginn ab 1./2. Ei. Brutdauer 32–36 Tage. ♀ und ♂ brüten. Nestlingsdauer bis 49 Tage. 1 Jahresbrut.
Verhalten: Stand- und Strichvogel, Kurzstreckenzieher. Jagt vom Ansitz aus, im Gleit- oder im Rüttelflug.

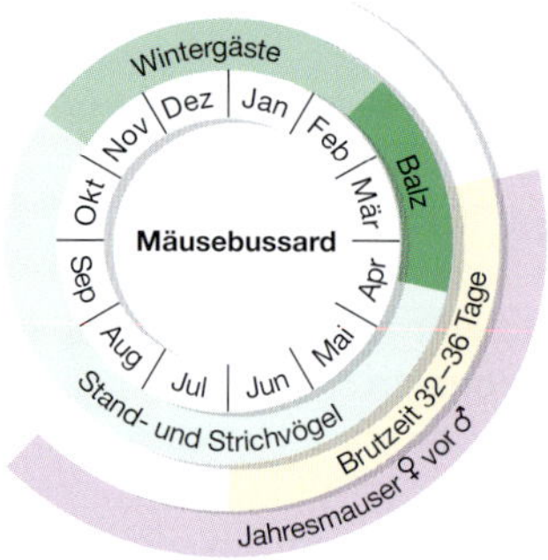

Jahreszyklus

Verbreitungsgebiet

Junge in Baumhorst) je nach Mäusevorkommen schwankend. Im Winter Stand- bis Strichvogel, bei hoher Schneelage oft starke Verluste.

Natürliche Feinde sind Habicht, Uhu sowie als Nesträuber der Baummarder. Trotz seiner Größe ist der Mäusebussard nicht imstande, gesunde erwachsene Hasen, Fasane oder Rebhühner zu schlagen. In deckungsarmen Fluren erbeutet er jedoch einen gewissen Anteil Jungwild.

Raufußbussard *(Buteo lagopus):* Ähnlich dem Mäusebussard, meist etwas heller (vor allem heller Kopf), Ständer bis auf die Fänge hinunter befiedert. Bei flüchtigem Ansprechen leicht mit Mäusebussard zu verwechseln. Im Winter gelegentlich auch mit diesem vergesellschaftet. Hochnordischer Brutvogel, der bei uns vor allem in Norddeutschland als Wintergast auftritt, in strengen Wintern häufiger. Nahrung ähnlich Mäusebussard, vor allem Kleinnager. Aufbruch in die nordischen Brutreviere schon ab Februar.

Raufußbussard

Steckbrief Raufußbussard

Lebensraum: Bei uns nur Wintergäste, überwiegend in den nördlichen Landesteilen. Im Südwesten und im tieferen Binnenland selten zu sehen. Fast immer nur im offenen Land anzutreffen.
Verhalten: Kurz- und Mittelstreckenzieher. Tag- und stark dämmerungsaktiv. Jagt im Rüttel- und Gleitflug. Tritt bei uns gerne in Gesellschaft auf. Gelegentlich auch mit Mäusebussarden vergesellschaftet und von diesen nur sehr schwer zu unterscheiden.

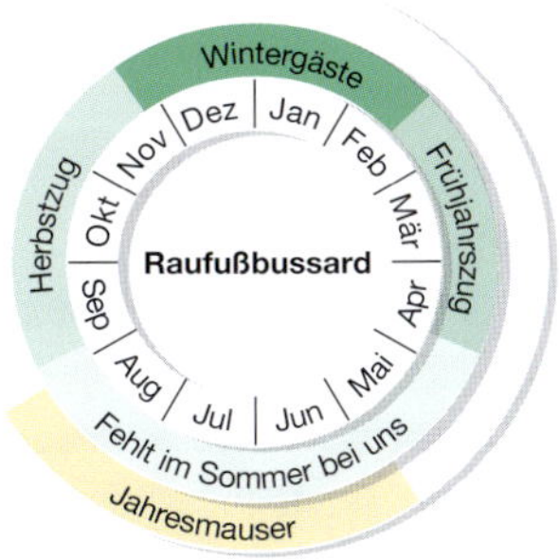

Jahreszyklus

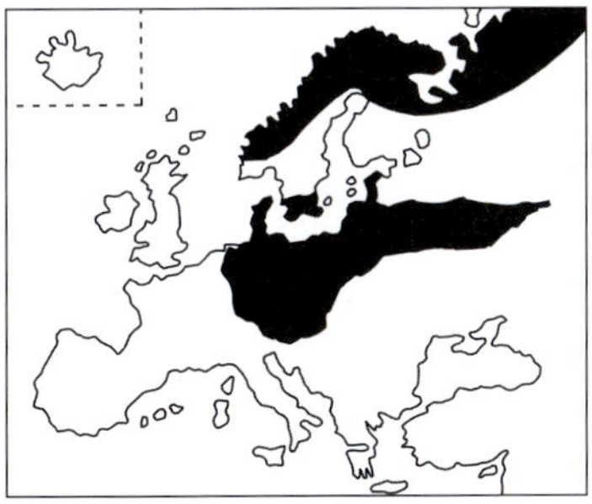

Verbreitungsgebiet

1127 | Wie ist das Auge des Mäusebussards gefärbt?

Dunkel.

1128 | Wie ist der Stoß des Mäusebussards?

Die Stoßfedern tragen 10–12 Querbinden.

1129 | Was ist die Hauptnahrung des Mäusebussards?

Mäuse und andere Kleinsäuger.

1130 | Kann der Mäusebussard auch ausgewachsene Hasen schlagen?

In der Regel nicht, wohl aber Junghasen.

1131 | Woran ist der Raufuß- vom Mäusebussard zu unterscheiden?

Im Gegensatz zum Mäusebussard sind seine Ständer bis auf die Fänge hinunter namensgebend befiedert. Der Raufußbussard hat immer eine dunkle breite Endbinde am Stoß.

Adler *(Aquila* spec. und andere*)*

Große, grifftötende Greifvögel von bussardartiger Gestalt, Segelflieger mit breiten Schwingen. Sammelbegriff für mehrere nicht näher verwandte Arten. Bei uns kommen hauptsächlich Stein- und Seeadler vor, beide zählen zum Hochwild, selbstverständlich mit ganzjähriger Schonzeit. Verwandte kleinere Arten, die als seltene Gäste aus Osteuropa auftreten können, sind zwei Adler, die nur wenig größer als ein Mäusebussard sind: **Schelladler** *(Aquila clanga)* und **Schreiadler** *(Aquila pomarina)*. Der **Fischadler** *(Pandion haliaetus)* gehört zu einer anderen Unterfamilie.

Steinadler *(Aquila chrysaetos):* Wesentlich größer als Mäusebussard (Spannweite bis 2,30 m), einfarbig braun, Jugendkleider (bis 5. Jahr) mit hellen Flecken an den Schwingen und hellem Stoß mit dunkler Endbinde, dunkles Auge, lange Federhosen an den Ständern. Segelflug mit ge-

Steckbrief Steinadler

Lebensraum: Ursprünglich fast ganz Europa, heute in BRD auf Alpenraum beschränkt.
Fortpflanzung: Mehrere altern. benutzte Horste. Geschlechtsreife erst im 4./5. Lebensjahr. Dauerehe. Brut ab 1. Ei. Brutdauer 43–45 Tage. Nur ♀ brütet. ♂ bringt Futter herbei. Nestlingsdauer bis 80 Tage. 1 Jahresbrut. Jugendsterblichkeit bis 70 %.
Verhalten: Standvogel. Reviere werden verteidigt. Jagt im Überraschungsflug.

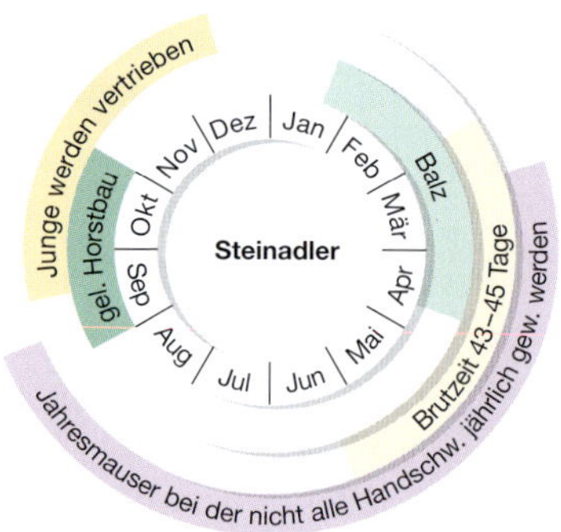

Jahreszyklus

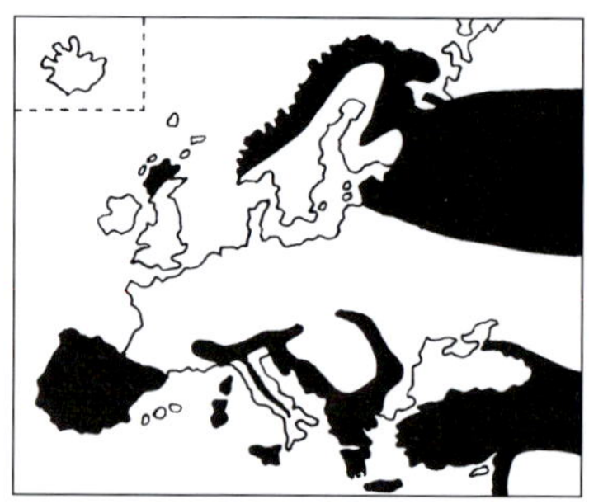

Verbreitungsgebiet

spreizten Handschwingen. Bei uns nur noch im Alpenraum (früher allgemein in Waldgebieten). Großer Reisighorst in Felswänden unterhalb der Waldgrenze. Das Paar zieht (nicht jedes Jahr) 1–2 Junge auf (Brutzeit rund 6 Wochen; erst nach etwa 80 Tagen flügge). Hauptbeute sind Murmeltiere, Hasen, Füchse, Gams- und Rehwild (Kitze, kümmernde Stücke), Hühnervögel und – vor allem im Winter – Fallwild (Aas). Die Paare beanspruchen große Brutreviere (bis 100 qkm). In den Alpen ist der Bestand gesichert, soweit die Horste zur Brut- und Aufzuchtzeit nicht beunruhigt werden.

Seeadler *(Haliaeëtus albicilla):* Größter Greifvogel Europas (Spannweite bis 2,50 m); deutscher Wappenvogel. Vertreter der Unterfamilie der Seeadler (Haliaeëtinae). Federkleid: hellbraun mit kurzem, keilförmigem weißen Stoß (im Jugendkleid brauner Stoß); sehr kräftiger Schnabel; Schnabel und Ständer im Alter gelb, bei Jungvögeln grau. Ständer nicht bis zu den Zehen befiedert. In Deutschland Brutpaare mit steigender Tendenz in Schleswig-Holstein sowie in den neuen Bundesländern (v.a. in Mecklenburg-Vorpommern), sonst in Skandinavien, Polen bis Nordrussland, auch im Donauraum. Große Reisighorste auf Bäumen, 1–2 Junge. Hauptbeute sind Wasservögel, Fische (an der Wasseroberfläche), mittelgroße Säugetiere (Hase, Rehkitz), meist nahe an Gewässern, als Wintergast auch im Binnenland. Nimmt auch Aas. Da Bleivergiftungen beim Seeadler diagnostiziert wurden, die durch Geschossreste aus Aufbrüchen bedingt sein können, sollten Aufbrüche von mit bleihaltiger Munition erlegtem Schalenwild den Seeadlern nicht zugängig sein. (Auch keine Fütterung im Winter mit ebenso erlegtem Haarwild).

1132 | Wann wird der Steinadler geschlechtsreif?

Im 4. oder 5. Lebensjahr.

Steinadler sind meist Fels-, aber auch Baumbrüter.

Seeadler und Nebelkrähen auf dem Eis

1133 | Sind Steinadler Baumbrüter?

Bei uns in den Alpen sind sie überwiegend Felsnischenbrüter.

1134 | Wie viele Eier hat ein Steinadlergelege?

2–3 (seltener 1–4) weiße Eier mit bräunlich roter Tüpfelung. Bebrütung ab dem 1. Ei. In der Regel fliegt nur ein Jungadler aus.

Fischadler (Pandioninae)

Fischadler *(Pandion haliaetus):* Etwa bussardgroß mit völlig weißer Unterseite, Schnabel und Ständer blaugrau, helle Augen, Oberseite dunkelbraun, mit weißer Kopfhaube. Als »Stoßtaucher« ganz auf Fischbeute in größeren Gewässern spezialisiert. Zum besseren Ergreifen der Beute kann die Außenzehe als Wendezehe nach hinten gerichtet werden. In den norddeutschen Bundesländern und in Brandenburg ist der Fischadler als Brutvogel beheimatet. In Westdeutschland kommt er als regelmäßiger Gast aus Nord- und Osteuropa vor. Durch sein weißes Untergefieder, aber auch durch seine langen, im Flug abknickenden Schwingen ist der Fischadler eine markante Erscheinung und mit keinem anderen Greifvogel zu verwechseln.

Der Fischadler stößt mit den Fängen voran ins Wasser und greift die Beute.

1135 | Wo baut der Fischadler seinen Horst?
Er baut seinen Horst in Baumwipfeln und auf Strommasten.

1136 | Wie erbeutet der Fischadler Fische?
Er rüttelt über dem Wasser und erbeutet den Fisch im »Stoßtauchen«.

1137 | Welche Besonderheiten ermöglicht ihm einen sicheren Griff seiner Beute?
Er kann seine Außenzehe nach hinten wenden (Wendezehe).

Steckbrief Fischadler

Lebensraum: Reviere mit stehenden, fischreichen Gewässern. In Süd- und Westdeutschland nur Nichtbrüter.

Fortpflanzung: Saisonehe. Horsttreue. Brutdauer 34–40 Tage. ♀ brütet, selten ♂. Nestlingsdauer bis 60 Tage. 1 Jahresbrut.
Verhalten: Zugvogel. Jagt im Sturzflug Fische.

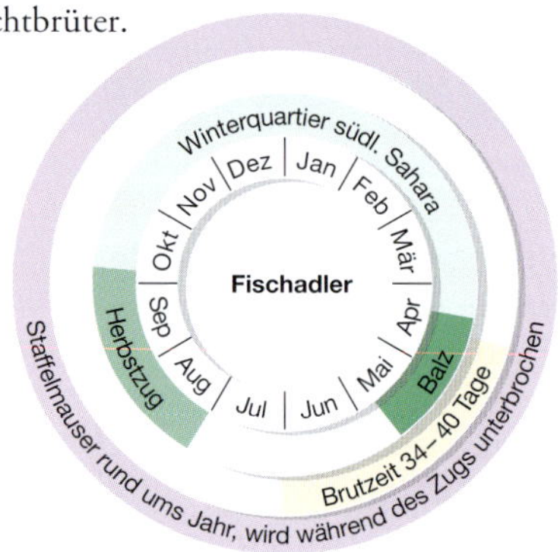

Jahreszyklus

Verbreitungsgebiet

Weihen (Circinae)

Weihen sind betont schlanke Greifvögel mit auffallend hohen und dünnen Ständern. Ihr schwebend schaukelnder Flug in geringer Höhe ist charakteristisch. Im Gleitflug sind die langen, rechteckigen Schwingen V-förmig nach oben gebogen. Die Augen sind mehr vorn im Kopf angeordnet als bei den übrigen Greifvögeln. In langsamem, niedrigem Suchflug suchen sie offenes Gelände (Heide, Moore, Wiesen, Gewässerufer) nach Beute ab, die vorwiegend aus Kleintieren (Mäuse, Lurche, Jungvögel) besteht. Weihen sind Bodenbrüter. Sie bauen ihre Horste aus Halmen in Sumpfwiesen, Schilfbeständen oder Getreidefeldern. Die Geschlechter sind unterschiedlich gefärbt. Um die Augen sind die Federn zu einem »Schleier« angeordnet (ähnlich wie bei Eulen). Alle Arten sind selten und im Bestand bedroht. Sie sind vorwiegend Zugvögel (Mittelmeerraum bis Afrika).

Rohrweihen sind Bodenbrüter.

Steckbrief Rohrweihe

Lebensraum: Offene Landschaften in Gewässernähe.
Fortpflanzung: Saisonehe. Bodenbrüter. Legeintervall 2–3 Tage. Brutdauer 31–36 Tage. ♀ brütet. ♂ bringt Futter. Nestlingsdauer ca. 40 Tage. 1 Jahresbrut.
Verhalten: Kurz- und Langstreckenzieher. Jagt im gaukelnden Suchflug. Außerhalb Brutzeit Schlafplatzgesellschaften im Schilf.

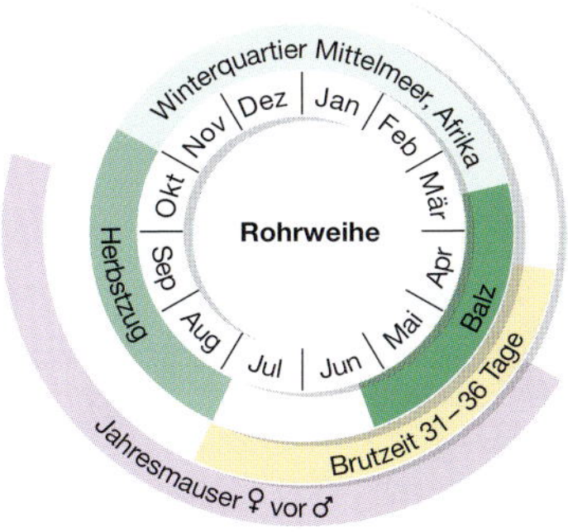

Jahreszyklus

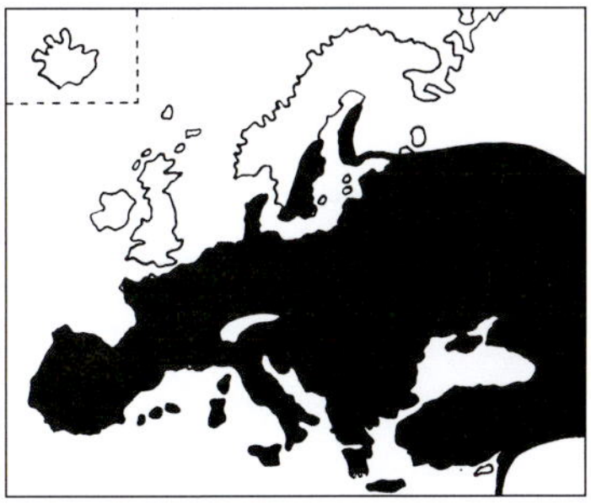

Verbreitungsgebiet

Rohrweihe *(Circus aeruginosus):* Die größte und noch häufige heimische Weihe. Das Weibchen ist dunkelbraun mit gelbem Kopf und heller Kehle, der Terzel heller braun mit grauen Schwingen und grauem Stoß. Fast bussardgroß, aber deutlich schlanker. Die Rohrweihe jagt über Gewässern, Schilf und Sumpfwiesen. Sie schlägt Kleintiere bis zu halbwüchsigen Enten und Blesshühnern. Der Bodenhorst steht in dichtem Schilf, häufig unmittelbar an oder über dem Wasser. Im Herbst zieht die Rohrweihe regelmäßig in Winterquartiere am Mittelmeer oder bis Nordafrika.

Kornweihen sind selten geworden.

Kornweihe *(Circus cyaneus):* Kleiner und zierlicher als die Rohrweihe. Weibchen braun mit heller, längs gestreifter Unterseite; Terzel hell blaugrau, Unterseite weiß. Sehr seltener Brutvogel in Heiden und extensiv genutzten Wiesen, bei moderner Landwirtschaft kaum mehr in Getreidefeldern (»Korn«). Vorkommen vorwiegend in Norddeutschland. Vom Aussterben bedroht. Im Winter Strichvogel (Südosteuropa), manchmal auch überwinternd. Kornweihen sind stark auf Kleinnager (Feldmäuse) und Kleinvögel spezialisiert.

Wiesenweihe *(Circus pygargus):* Der Kornweihe sehr ähnlich, aber zierlicher. Terzel dunkler grau mit schwarzer Schwingenbinde und rotbraun gefleckter Unterseite. Ebenfalls seltener Brutvogel

Steckbrief Kornweihe

Lebensraum: Bevorzugt offenes Tiefland.
Fortpflanzung: Saisonehe und Polygynie. Bodenbrüter. Legeintervall 1–3 Tage. Brutdauer 29–31 Tage. ♀ brütet. ♂ bringt Futter. Nestlingsdauer ca. 40 Tage. 1 Jahresbrut.
Verhalten: Kurzstreckenzieher und Strichvogel. Schlafplatzgesellschaften.

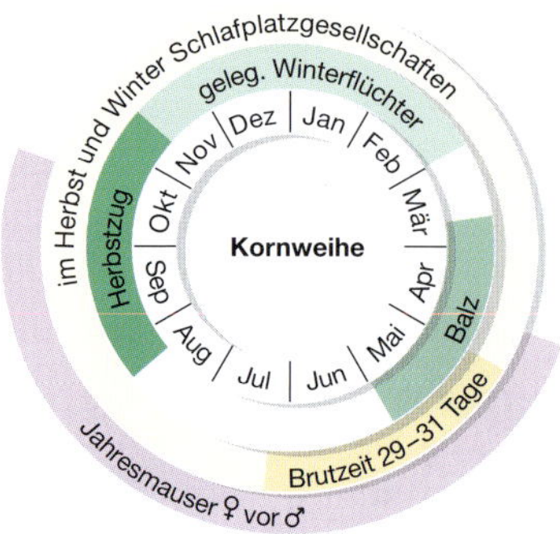

Jahreszyklus

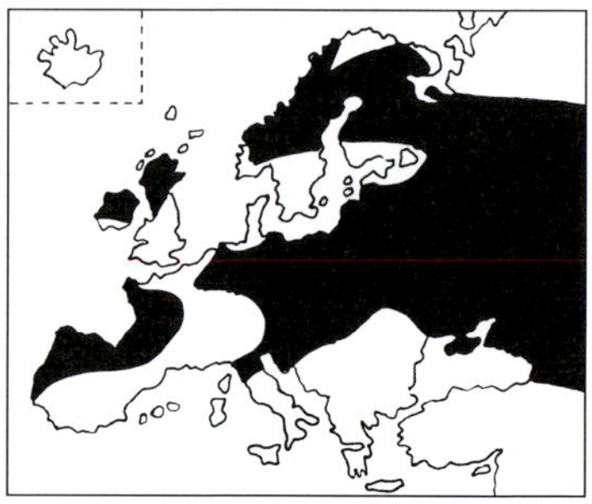

Verbreitungsgebiet

Steckbrief Wiesenweihe

Lebensraum: Feuchtland.
Fortpflanzung: Saisonehe. Bodenbrüter. Brut ab dem 1. Ei. Brutdauer 28–35 Tage. ♀ brütet. ♂ bringt Futter. Nestlingsdauer bis 40 Tage. 1 Jahresbrut, aber Nachgelege.
Verhalten: Langstreckenzieher. Gesellig, oft mehrere Horste dicht beieinander.

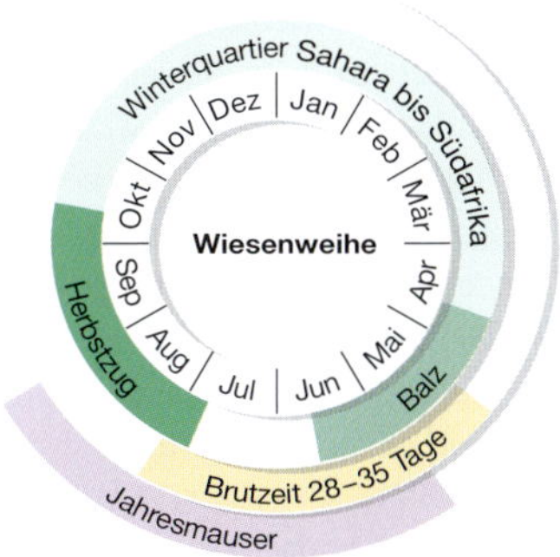

Jahreszyklus

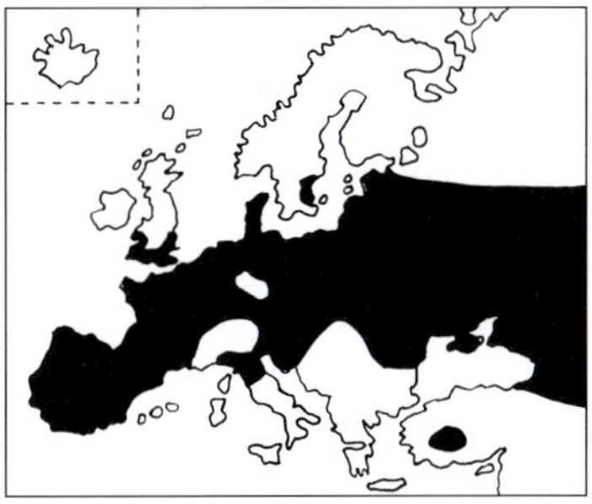

Verbreitungsgebiet

in Heiden, Mooren und Wiesen (offene Landschaft) im Flachland. Als ausgesprochener Zugvogel verbringt sie den Winter in Afrika. Beutetiere sind noch kleiner als bei den beiden anderen Weihen; Insekten (Heuschrecken, große Käfer) und Reptilien spielen eine wesentliche Rolle.

1138 | Welche Lebensräume bevorzugt die Rohrweihe?

Moor- und Sumpflandschaften, Gewässer mit Schilfgürtel.

1139 | Wo überwintert die Kornweihe?

In Südosteuropa.

1140 | Welche Lebensräume bevorzugt die Wiesenweihe?

Sumpfige Niederungen, Feuchtwiesen, Dünen und Heiden.

1141 | Welche Beute schlägt sie hauptsächlich?

Kleinvögel, Kleinnager, Insekten, Reptilien.

1142 | Ist die Wiesenweihe ein Standvogel?

Nein, sie ist ein Zugvogel. Sie überwintert im mittleren Afrika.

Die Wiesenweihe ist die kleinste Weihenart.

Altweltgeier (Aegypiinae)

Geier sind spezialisierte Aasfresser, allerdings sind sie nicht in der Lage, Beute zu schlagen. Die beiden heimischen Arten, Bartgeier und Gänsegeier, wurden bereits Mitte des 19. Jahrhunderts ausgerottet. Inzwischen sind beide Arten wieder im Alpenraum anzutreffen. Stabile Bestände gibt es in Süd- und Südosteuropa (Spanien, Balkan). Sie ernähren sich fast ausschließlich von Fallwild und den Kadavern von verunglücktem Weidevieh. Sie hätten im Alpenraum gute Überlebensmöglichkeiten, wenn das auf den Almen zu Tode kommende Vieh nicht kostenintensiv beseitigt werden müsste.

Gänsegeier *(Gyps fulvus):* Das derzeit nördlichste Verbreitungsgebiet der Gänsegeier ist das österreichische Bundesland Salzburg, wo sie im Sommerhalbjahr regelmäßig anzutreffen sind. Von dort aus streichen sie auch auf deutsches Gebiet. Im Gegensatz zu den Bartgeiern sind die hiesigen Gänsegeier Zugvögel, die den Winter am Balkan verbringen. Als Aasfresser sind sie nicht so stark auf Knochen spezialisiert wie die Bartgeier.

Bartgeier *(Gypaetus barbatus):* Bartgeier – auch Lämmergeier genannt – ist hier noch bei den Altweltgeiern aufgeführt, wurde aber neuerdings der Unterfamilie Gypaetinae unterstellt. Bartgeier wurden vom WWF im Alpenraum (Österreich, Schweiz) erfolgreich wiedereingebürgert und schreiten heute dort zur Brut. Sie sind Standvögel und hervorragende Segelflieger, die weite Strecken zurücklegen. Mit ihren starken Reißschnäbeln leisten sie Pionierarbeit für viele andere Kadaververwerter. Sie selbst verwerten fast nur Knochen, die sie entweder komplett verschlingen oder aus großer Höhe auf Steinplatten fallen lassen, damit sie zerbrechen und dann aufgenommen werden.

1143 | Von welcher Nahrung lebt der Bartgeier?

Altvögel fast ausschließlich von Knochen, Jungvögel auch von Fleisch.

1144 | Wie zerkleinert der Bartgeier seine Nahrung?

Kleinere Knochen werden komplett abgeschluckt. Große Knochen lässt er aus großer Höhe auf Steinplatten fallen, damit sie zersplittern.

Der Gänsegeier ist an seinem nackten Hals leicht zu erkennen.

Bartgeier beginnen schon im Dezember/Januar mit dem Brutgeschäft.

Pelikanartige (Pelecaniformes)

Reiher (Ardeidae)

Viele Reiher sind auffällige Großvögel mit langen Ständern und langem Schnabel. Sie erbeuten vorwiegend kleinere Wassertiere (Fische, Lurche, Wasserinsekten), indem sie im seichten Wasser stehen oder langsam pirschen und die Beute mit jähem Zustoß des Schnabels packen. Auch auf Schlammflächen und im Uferbereich wird so auf Kleintiere Jagd gemacht, in hellen Nächten sind Reiher auch nachtaktiv.

Im Flugbild unterscheiden sich Reiher von Kranichen, Störchen und Wildgänsen durch den typische S-förmig gekrümmten Hals.

Reiher bauen große Reisighorste auf Bäumen oder im Gebüsch; die meisten Arten (ausgenommen Dommeln) sind Koloniebrüter. Die Geschlechter sind gleich gefärbt; beide Partner (Jahresehe) beteiligen sich an der Brutpflege. Die Jungen sind Nesthocker und werden von den Eltern aus dem Kropf gefüttert.

Graureiher

Graureiher/Fischreiher *(Ardea cinerea):* Der bei uns sehr häufig vorkommende Graureiher wurde früher als »Schädling« der Fischerei stark verfolgt. Heute hat er in allen Bundesländern ganzjährige Schonzeit. Bei örtlichen, schwerwiegenden Schäden in Fischzuchtanlagen kann eine begrenzte Bejagung erlaubt werden; in einigen Bundesländern besteht auch eine auf die Nähe von Fischzuchtanlagen beschränkte kurze Jagdzeit. Nahrungsmangel in ausgehenden strengen Wintern ist das wesentlichste Bestandsregulativ.

Silberreiher *(Egretta alba):* Der weiß gefiederte Silberreiher war ursprünglich in Deutschland nicht heimisch, ansonsten auf allen Kontinenten außer der Antarktis. Inzwischen starke Ausbreitungstendenz von Süd- und Südosteuropa nach Norden. Erste Brutnachweise in Deutschland und regelmäßiger Gast.

Silberreiher

Purpurreiher *(Ardea purpurea):* Etwas kleiner und schlanker als der Graureiher, mit purpurrot und schwarz gestreiftem Hals. Er brütet in ausgedehnten Schilfgebieten und überwintert als Zugvogel in Afrika. In Deutschland nur geringes Vorkommen, hauptsächlich Süddeutschland (entlang der Donau) und Rheinland. Wie Graureiher tag- und nachtaktiv, etwa gleiches Nahrungsspektrum. Jagt am liebsten in Kleingewässern und in Deckung. Brütet meist in kleinen Kolonien.

Rohrdommel *(Botaurus stellaris):* Etwa bussardgroß, braun mit schwarzer Fleckenzeichnung, nistet als Bodenbrüter im Schilf. Ihr dumpfer, schon Mitte Februar zu hörender Reviergesang war Anlass zur volkstümlichen Namensgebung »Moorochse«. Teilzieher.

Zwergdommel *(Ixobrychus minutus):* Etwa hähergroß, oberseits schwarz, unterseits gelbbraun gefiedert. Ihr Nest flicht sie aus Schilffasern und dünnen Halmen um Schilfhalme oder in Weidenbüsche. Mit ihren langen Zehen klettert sie geschickt durch das Schilf. Zugvogel. Kennzeichnend für die Dommeln ist die starre »Pfahlstellung«, die sie bei Gefahr einnehmen.

1145 | Benötigt der Graureiher ausgedehnte Feuchtgebiete?

Nein, als sehr anpassungsfähiger Vogel besiedelt er alle Lebensräume, die ihm ausreichend Nahrung bieten.

1146 | Wie unterscheiden sich Reiher und Storch im Flug?

Der Reiher fliegt stets mit S-förmig eingekrümmtem, der Storch mit lang ausgestrecktem Hals.

1147 | Was frisst der Graureiher?

Neben Fischen frisst der Graureiher auch Amphibien, Reptilien und Kleinsäuger (Mäuse).

1148 | Wie jagen die Reiher?

Sie sind am Land oder im Wasser stehende Lauerjäger.

Purpurreiher

Große Rohrdommel

Zwergdommel

Tölpel (Suliformes)

Kormorane (Phalacrocoracidae)

Kormorane, auch Scharben genannt (wenn sie einen Schopf tragen), sind dunkel gefiederte Schwimm- und Tauchvögel mit großen Schwimmhäuten (Rudern) und Hakenschnabel, mit dem sie Fische tauchend und unter Wasser schwimmend erbeuten. Bei uns ist diese Vogelgruppe hauptsächlich durch den eigentlichen Kormoran vertreten.

Kormoran *(Phalacrocorax carbo):* Der fast gänsegroße Vogel (auch »Seerabe« genannt) brütet kolonieweise in Reisignestern auf Bäumen in der Nähe größerer Gewässer. Der Brutbestand des Kormorans ist nach einem drastischen Rückgang Mitte des 20. Jahrhunderts in den 1980er-Jahren wieder stark angewachsen. Von der Fischereiwirtschaft werden inzwischen hohe Schäden beklagt. In Deutschland ist der Kormoran heute mit ca. 24.000 Brutpaaren vertreten. Auch in den westdeutschen Bundesländern ist der Vogel zwischenzeitlich vor allem an größeren Binnengewässern immer häufiger als Brutvogel anzutreffen. Als Durchzügler und Wintergast regelmäßig auch auf kleineren Binnengewässern. Der Kormoran unterliegt nicht dem Jagdrecht. Einzelne Bundesländer haben Jagd- und Schonzeiten für ihn erlassen.

Das Gefieder des Kormorans ist im Gegensatz zu anderen Wasservögeln nicht wasserabweisend und wird beim Tauchen durchnässt. Das verringert den Auftrieb unter Wasser und ermöglicht kurzfristig schnelleres Tauchen. Nach dem Tauchen muss der Vogel sein Gefieder längere Zeit an Luft und Sonne trocknen.

Kormorane sind sowohl Zug- und Strich- als auch Standvögel. Sie treten meist in Gesellschaft auf. Unter Wasser schwimmen sie gut und verfolgen dabei ihre Beute. Es wurden Tauchtiefen bis 3 m, eine Tauchdauer bis 60 Sekunden und Tauchstrecken bis 16 m nachgewiesen. Kormorane brüten in Kolonien, zu denen bis 1000 Vögel gehören können.

Das Kormorangefieder ist nicht wasserabweisend. Es muss nach jedem Tauchen getrocknet werden.

Kranichvögel (Gruiformes)

Rallen (Rallidae)

Die Rallen bewohnen mit Ausnahme des Wachtelkönigs Feuchtbiotope: Vorwiegend finden wir sie an dicht bewachsenen Uferzonen von Gewässern, wo sie im Pflanzenbewuchs, im Schlamm, Seichtwasser und von Wasserpflanzen Kleintiere und z. T. auch pflanzliche Nahrung aufnehmen. Mit ihren sehr langen Zehen (Oberflächenvergrößerung!) laufen sie über Schlamm und schwimmende Wasserpflanzen, können auch schwimmen und z. T. tauchen. Sie leben paarweise territorial, das Elternpaar zieht die Jungen gemeinsam auf, die Geschlechter sind gleich gefärbt.

Mit Ausnahme des Blesshuhns unterliegen alle Rallen nicht mehr dem Jagdrecht.

Blesshuhn *(Fulica atra):* Das Blesshuhn (Blessralle) ist unsere größte Rallenart. Es ist als echter Schwimmvogel am stärksten an das Leben auf dem Wasser angepasst. Seine langen Zehen tragen seitliche Schwimmlappen. Blesshühner bewegen sich vorwiegend schwimmend fort und suchen ihre Nahrung zu einem großen Teil (im Winter fast ausschließlich) tauchend. Sie nutzen daher nicht nur wie die übrigen Rallen den Uferbewuchs und das ufernahe Seichtwasser, sondern auch größere und tiefere Gewässer.

Im Winter sammeln sie sich oft in großen Scharen auf Seen und Flüssen. Zur Brutzeit sind Blesshühner unverträglich gegenüber Artgenossen (Territorialverhalten); bei genügend vorhandener Deckung beeinträchtigen sie aber das Brutgeschäft anderer Wasservögel (Enten) kaum.

Sein aus Pflanzenstängeln gebautes Nest legt das in Jahresehe lebende Blesshuhnpaar dicht am Uferrand im Schilfbewuchs an. Die etwa 5–10 Eier werden rund 24 Tage von beiden Eltern abwechselnd bebrütet. Die Jungen sind Nestflüchter und tragen ein buntes Dunenkleid (schwarz mit auffallend rot-gelb gezeichnetem Kopf).

Blesshühner bauen Rampennester.
♂ bauen auch noch während der Brutzeit.

Erwachsene Blesshühner sind mit ihrem schwarzen Gefieder mit hellem Schnabel und weißer Stirnplatte (Blesse) unverwechselbar. Sie schwimmen kopfnickend, tauchen »über Kopf« und fliegen von der Wasserfläche erst nach längerem, platschendem Anlauf auf. In der Luft sind sie schnelle, aber wenig wendige Flieger. Häufig sind ihre glucksenden oder bellenden Rufe zu hören.

Weitere heimische Rallenarten:

Teichhuhn *(Gallinula chloropus):* Etwa so groß wie ein Rebhuhn, schwärzlich graugrün gefiedert, doch mit dunkelbraunem Rücken und dunkelbraunen Schwingen, Schnabelspitze gelb, Stirnblesse rot, die Ständer grün (»Grünfüßiges Teichhuhn«). Es findet sich an Uferzonen und in Verlandungsbereichen aller langsam fließenden und

Teichhuhn

stehenden Gewässer. Es ernährt sich überwiegend von pflanzlicher Nahrung (Samen und Früchte von Wasser- und Sumpfpflanzen, Blattspitzen). An tierischer Nahrung werden Schnecken, Würmer, Käfer, Kaulquappen und Aas genommen.

Wasserralle *(Rallus aquaticus):* Amselgroß. Sie ist oberseits bräunlich, unterseits schiefergrau, Flanken schwarzweiß gestreift. Der rote Schnabel ist relativ lang und leicht gebogen, die Ständer sind rot. Sie lebt heimlich im Uferbewuchs (Schilf). Wasserrallen sind Teilzieher mit Tendenz zu Standvögeln. Ihre Nahrung besteht meist aus Weichtieren, Insekten und Wirbellosen.

Wachtelkönig *(Crex crex):* Diese »Wiesenralle« ähnelt sehr einer Wachtel und hat sich mit ihren relativ kurzzehigen Ständern weit von der Bindung an Wasser und Sumpf entfernt. Sie bewohnt den gleichen Lebensraum wie Rebhuhn und Wachtel (Wiesen, Getreide-, Kartoffel- und Rübenfelder), wurde dort früher, als sie noch häufiger war, auch bei der Jagd auf Feldhühner angetroffen und erlegt. Daher der volkstümliche Name »Wachtelkönig«. Heute ist diese Ralle sehr selten und im Bestand bedroht. Der Wachtelkönig ist Langstreckenzieher und verbringt den Winter im südlichen Afrika.

Sumpfhühner *(Porzana* spec.*):* Sehr selten und unauffällig sind die Sumpfhühner (Sumpfrallen). Die etwa starengroßen Zugvögel leben ähnlich wie die Wasserralle verborgen im Uferbewuchs. Das bräunliche Gefieder trägt dunkle und helle Streifen- und Fleckenzeichnungen. Die 3 Arten Tüpfelsumpfhuhn, Kleines Sumpfhuhn und das sehr seltene Zwergsumpfhuhn sind schwer zu unterscheiden.

1149 | Welche Lebensräume besiedelt das Blesshuhn?
Alle stehenden oder langsam fließenden Gewässer mit Flachufern und Ufervegetation.

1150 | Ernährt sich das Blesshuhn vegetarisch?
Überwiegend (Algen, faulendes Pflanzenmaterial etc.); seltener auch Weichtiere und Insekten.

1151 | Wovon profitiert das Blesshuhn?
Von der Eutrophierung der Gewässer.

1152 | Sind Blesshühner Standvögel?
Bei uns ja, sie weichen jedoch harten Wintern aus (Winterflüchter).

1153 | Wo brüten Blesshühner?
Im Flachwasserbereich, innerhalb wie außerhalb des Schilfes (Hügelnester mit Rampe).

1154 | Wann balzen Blesshühner?
Je nach Witterung Februar bis April; mit Revierbesetzung, Territorialverhalten.

1155 | Wie erfolgt die Fortpflanzung?
Tretakt im Wasser.

1156 | Wer kümmert sich um die Aufzucht der Jungen?
Beide Elternteile. Der Vater führt, während die Mutter noch brütet.

Trappen (Otididae)

Großtrappe *(Otis tarda)*: Diese kräftigen Laufvögel sind die schwersten flugfähigen Vögel der Erde. Sie können jedoch nur nach Anlauf schwerfällig zum Flug abheben. Ihr Lebensraum sind weite, offene Steppengebiete, auch die »Kultursteppe« großer Ackerfluren. Als Brutvogel kommt die Großtrappe heute nur noch in geringen Restbeständen in den Bundesländern Sachsen, Brandenburg, Mecklenburg-Vorpommern, vereinzelt auch in Thüringen sowie in Polen, Ungarn und im österreichischen Burgenland vor. In strengen Wintern erscheinen einzelne Trappen als Strichvögel aus dem Osten auch in Westdeutschland.

Der Trapphahn wird bis 15 kg schwer und ist etwa doppelt so groß wie die Henne. In der Balz bläht er seinen Kehlsack weit auf, legt den Stoß über den Rücken und dreht die Unterseiten der Schwingen nach außen, sodass er wie eine große, weiße Federkugel erscheint. Die Hennen bebrüten am Boden 2–3 Eier rund 4 Wochen lang und betreuen die Jungen (Nestflüchter) allein. Die Hähne stehen außerhalb der Balzzeit meist in kleinen Trupps oder einzeln. Die gemischte Nahrung besteht aus Sämereien, Pflanzenteilen und Kleintieren. Die Bestandsgefährdung und Ausrottung in weiten Teilen des ehemaligen Vorkommens beruht auf zunehmender Störung der freien Landschaft und auf der intensiven Landwirtschaft. Ein großes Problem ist die zunehmende Verdrahtung der Landschaft.

Die früher übliche Bejagung ist heute in allen europäischen Ländern eingestellt. Bei uns unterliegt die Großtrappe zwar dem Jagdrecht, hat aber ganzjährige Schonzeit.

Es wird versucht, durch künstliche Aufzucht und Aussetzen in Schutzgebieten Restbestände zu erhalten und zu stärken. Das kann nachhaltig nur Erfolg haben, wenn gleichzeitig der nötige Lebensraum vor Störungen und nachteiligen Veränderungen geschützt werden kann.

Balzender Trapphahn

1157 | Welche Ansprüche stellt die Großtrappe an ihren Lebensraum?
Große, schwach gegliederte und waldarme Offenlandschaften in den Tiefebenen (Steppenvogel).

1158 | Wie schwer wird eine Großtrappe?
Mehrjährige Hähne bis 15 kg, Hennen bis 6 kg.

1159 | Gibt es einen deutlichen Geschlechtsdimorphismus?
Alte Hähne sind doppelt so groß wie Hennen und tragen beidseitig einen deutlich sichtbaren Bart.

1160 | Sind Großtrappen Einzelgänger?
Nein, sie leben (außerhalb der Balz-, Brut- und Aufzuchtzeit) gesellig.

1161 | Sind Großtrappen gute Flieger?
Nein, sie fliegen schwerfällig (Verluste durch Anfliegen von künstlichen Hindernissen).

1162 | Welche Nahrung nimmt die Großtrappe?
Pflanzliche (junge Pflanzenteile) wie tierische Nahrung (Würmer, Mäuse, Amphibien, Reptilien).

1163 | Sind Großtrappen Standvögel?
Nein, sie sind Strichvögel (weichen schneereichen Wintern aus, Flug nach Westen bis zur Atlantikküste).

1164 | Wie läuft die Balz der Großtrappe ab?
Einzelbalz (Hähne balzen mehrere 100 m auseinander), die als Sichtbalz angelegt ist.

1165 | Leben Hähne monogam?
Nein.

1166 | Wo brütet die Henne?
Fast ausschließlich in landwirtschaftlichen Kulturen (hohe Verluste durch Bewirtschaftung!).

Großtrappen sind Bodenvögel und eher schwerfällige Flieger.

Watvögel und Möwenvögel (Charadriiformes)

Schnepfenvögel (Scolopacidae)

Die Schnepfenvögel sind eine sehr artenreiche Vogelgruppe, aus der früher viele Arten unter dem Sammelbegriff »Sumpfvögel« bejagt wurden. Heute unterliegt nur die Waldschnepfe dem Jagdrecht.

Die Waldschnepfe hat sich in ihrer Lebensweise am weitesten von den »feuchten« Lebensräumen entfernt und den Wald besiedelt. Alle anderen Arten benötigen Sumpf- und Moorgebiete, Feuchtwiesen oder Flachwasserzonen zur Nahrungssuche und als Brutgebiete. Der Schwund dieser Lebensräume durch Trockenlegung und Kultivierung zu Trockenwiesen oder Ackerland sind ursächlich für den starken Rückgang und die Bestandsbedrohung vieler Schnepfenvogelarten.

Zu den Schnepfen im engeren Sinn gehören neben der Waldschnepfe die kleinere Bekassine, die sehr seltenen Doppel- und Zwergschnepfen, die der Bekassine ähneln, und als größter Schnepfenvogel der Große Brachvogel. Nur diese früher auch jagdlich bedeutsamen Arten werden im Folgenden näher behandelt.

Die meisten Schnepfenvögel haben als »Watvögel« auffällig lange Ständer sowie recht lange Schnäbel zur Nahrungssuche in Schlick, Schlamm und Flachwasser. Die Geschlechter sehen äußer-

Körperbezeichnungen bei der Waldschnepfe

Steckbrief Waldschnepfe

Körperbau: Gewicht ♂ ♀ bis 350 g. Kein Geschlechtsdimorphismus.
Lautäußerungen: Hähne streichen mit dumpfem Quorren und mit durchdringend hohen »Psiwitt-Rufen« (Puitzen).
Lebensweise: Überwiegend Zugvogel, in wintermilden Gebieten auch Strich- und Standvogel.
Fortpflanzung: Polygam. Balzflüge ab Ende März. Bodenbalz. Nest ist eine Erdmulde; meist 4 Eier; Brutzeit 22 Tage; Nestflüchter.
Nahrung: Weichtiere und Wirbellose auf und im Boden; teilweise auch Sämereien, Beeren, Keimlinge.

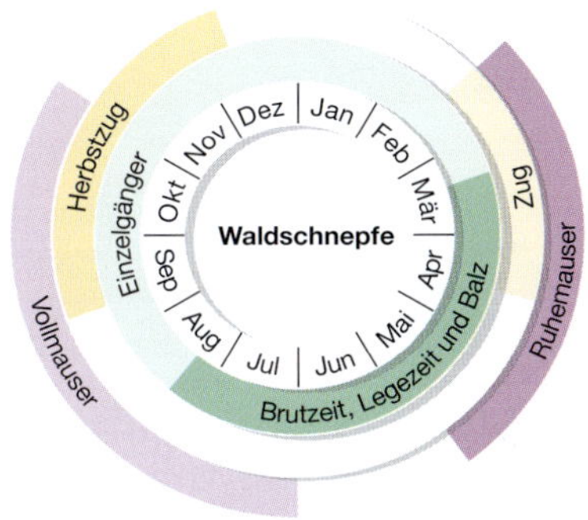

Jahreszyklus

lich gleich aus; die meisten Arten leben in Jahresehe (Ausnahme: Waldschnepfe). Sie sind Bodenbrüter, deren Gelege meist aus vier Eiern besteht; die Jungen sind Nestflüchter. Fast alle Arten sind Zug- oder zumindest Strichvögel, die den Winter in nahrungsreichen Gebieten verbringen.

Waldschnepfe *(Scolopax rusticola):* Die Grundfarbe der Waldschnepfe ist bräunlich bis erdfarben mit viel Bänderung. Die Kopfbefiederung ist quergestreift (im Gegensatz zur Bekassine, deren Kopffedern längsgestreift sind). Charakteristisch ist der lange, gerade Schnabel (Stecher).

Die Balz beginnt im Frühjahr während des Zuges in die Brutgebiete.

Waldschnepfen leben in feuchten Waldpartien am Boden. Während der Balz streichen die Männchen in der Abenddämmerung an Waldlichtungen, Waldrändern, Niederungen und Talhängen entlang auf der Suche nach Weibchen (Schnepfenstrich). Die Weibchen sitzen am Boden und locken die Männchen mit einem eigenen Ruf zum Landen. Bisweilen kommt es zwischen zwei Männchen, die über dasselbe Balzgebiet streichen, zur rasanten Verfolgungsjagd, dem Schnepfenduell oder Schnepfenstechen. Vom Zugverhalten und von den Balzflügen abgesehen streichen Schnepfen nur bei Störung ab und halten sich meist unauffällig am Waldboden auf.

Beim »Wurmen« oder »Stechen« bohrt die Waldschnepfe ihren Stecher bis zur Wurzel in weichen Waldboden. Mit dem Tastorgan, mit dem ihr Oberschnabel ausgestattet ist, findet sie die Beute, biegt das vordere Drittel des Oberschnabels auf, erfasst den Wurm und zieht ihn an die Oberfläche. Oft bewegt sie sich beim Wurmen im Kreise.

Bekassine *(Gallinago gallinago):* Sie ist etwa halb so groß wie die Waldschnepfe. Ihre Schwingen sind schmaler und spitz zulaufend. Beim Aufstehen ruft sie »Ätsch!« und bis zu einer gewissen Höhe fliegt sie pfeilschnell im Zickzack. Die hellen Kopfstreifen sind längs gerichtet. Die Bekassine lebt auf offenen Moor- und Feuchtflächen, Streuwiesen und dergleichen. Im Frühjahr hört man in der Abenddämmerung ihr eintöniges »Ticke-ticke, ticke-ticke«. Noch bekannter ist ihr Meckern im Sturzflug während der Balz (»Himmelsziege«). Das Meckern entsteht im

Die Bekassine besiedelt nur Feuchtgebiete mit guter Deckung.

Großer Brachvogel am Gelege

Sturzflug durch das Vibrieren der gespreizten Stoßfedern.

Doppelschnepfe *(Gallinago media):* Sie ist drosselgroß, ihre Stoßunterfedern sind fast weiß. Sie kommt nur in Norddeutschland vor und liebt feuchte Wiesen. Sie balzt im Mai. Im Gegensatz zur Bekassine fliegt sie stumm und schwerfällig.

Zwergschnepfe *(Lymnocryptes minimus):* Die nur starengroße Zwergschnepfe ist die kleinste Schnepfenart. Sie steht stumm auf und fliegt nicht im Zickzack. Wie die Bekassine trägt sie Längsbänder auf dem Kopf, hat aber im Unterschied zu jener kein Weiß im Stoß.

Die Zwerg- oder Haarschnepfe ist nur starengroß und tritt kaum in Erscheinung.

Großer Brachvogel *(Numenius arquata):* Er hat auffallend lange Ständer und ist an seinem etwa 15 cm langen, nach unten gekrümmten Stecher und seinem melodischen Ruf (»Trü-trü-trü«) leicht zu erkennen. Er ist ein typischer Brutvogel feuchter Wiesen in Moorgebieten (Wiesenbrüter). Durch Trockenlegung und intensive Landwirtschaft ist er bei uns stark gefährdet. Nordische Brutvögel ziehen in größeren Scharen zur Zugzeit an die norddeutschen Küstengebiete. Seine Gefiederfärbung ist gelbbraun gestreift mit schwarzbraunen Flecken und Binden. Die 4 Eier werden in eine Grasmulde gelegt.

1167 | Welche Lebensräume sagen der Waldschnepfe besonders zu?

Wälder mit feuchten oder humusreichen Böden (Waldvögel).

1168 | Woran ist die Waldschnepfe zu erkennen?
An ihrem langen Schnabel, den auffallend hoch im Kopf angeordneten Augen sowie der dunklen Querbänderung über den Kopf.

1169 | Welche Besonderheiten weist der Stecher der Waldschnepfe auf?
Er ist mit vielen Tastorganen ausgestattet, die Spitze des Oberschnabels ist beweglich.

1170 | Wo ist der Schnepfenbart?
Er steht als Rosette auf der zitzenförmigen Hauterhebung der Bürzeldrüse auf dem Rücken des Steißes. Er gilt als Trophäe und wird am Hut getragen.

1171 | Was sind Malerfedern?
Kleine, harte Federchen mit feiner Spitze, jeweils die äußerste rudimentäre Feder der Handschwinge (ca. 2,5 cm lang).

1172 | Welche Nahrung bevorzugt die Waldschnepfe?
Würmer, Insekten.

1173 | Bleiben die Schnepfen ganzjährig bei uns?
Die Schnepfen sind Teilzieher oder Zugvögel. Bei uns überwinternde Schnepfen werden als Lagerschnepfen bezeichnet.

1174 | Welche Gebiete werden im Winter verlassen?
Die nördlichen und nordöstlichen Brutreviere (z. B. Skandinavien, Russland).

1175 | Welche Laute sind bei der Balz zu hören?
Das Quorren und das Puitzen der Schnepfenhähne sowie das Locken der Weibchen, die leise Pieptöne hören lassen.

1176 | Wann trifft die Waldschnepfe bei uns ein?
Im März/April. Zusammen mit der Bachstelze.

1177 | Wann sind Balzflüge zu beobachten?
Von März bis Juli. (Erst- und Zweitgelege).

1178 | Wo brütet das Weibchen?
Auf dem Waldboden.

1179 | Wie viele Eier enthält ein Gelege und wie lange werden sie bebrütet?
Regelmäßig 4 Eier, die drei Wochen bebrütet werden. Küken sind Nestflüchter.

1180 | Wer führt die Küken?
Die Henne.

1181 | Wo finden wir die Bekassine?
In Feuchtgebieten (Feuchtwiesen, Marschgebieten, Geestmooren, Rieselfeldern).

1182 | Wie erkennen wir die Bekassine?
Drosselgroßer Schnepfenvogel mit einer Gefiederlängsbänderung über den Kopf.

Weidmannssprache

Lagerschnepfe	bei uns überwinternde Waldschnepfe
Malerfedern	je eine kleine Feder (Daumenschwinge) am Flügelbug
puitzen	Lautäußerung (Locklaut) bei beiden Geschlechtern
quorren	Balzlaut des Hahnes
Schnepfenbart	Federbüschelchen auf der Bürzeldrüse
Schnepfenstrich	Balzflug
stechen	Nahrungssuche nach Würmern im Boden
Stecher	Schnabel
wurmen	gleichbedeutend mit stechen

Möwen (Laridae)

Möwen sind schlanke, in ihrem vorwiegend weißen Gefieder mit grauen oder dunklen Partien und mit roten oder gelben Schnäbeln und Ständern »elegant« wirkende Vögel. Sie sind ausgezeichnete Flieger und Segler auf langen Schwingen, schwimmen hoch auf dem Wasser (Zehen mit Schwimmhäuten) und laufen auch kürzere Strecken trippelnd an Land. Die meisten Arten leben an den Meeresküsten, nur die Lachmöwe weitgehend auch an Seen im Binnenland.

Möwen sind Allesfresser, die ihre Nahrung von der Wasseroberfläche sowie im Strand- und Uferbereich aufnehmen. Einige größere Arten sind Nesträuber (Eier und Küken anderer Bodenbrüter). Neben der Nahrung aus Gewässern stellen gemähte Wiesen, frisch gepflügte Äcker und offene Müllkippen eine hervorragende Nahrungsressource für die Möwen dar. Im Winter halten sie sich oft »futterzahm« auch in Städten auf. Die starke Vermehrung mancher Möwenarten ist auf das reichliche Nahrungsangebot durch Abfälle zurückzuführen.

Möwen brüten kolonieweise am Boden oder auf Felsklippen. Das Gelege besteht in der Regel aus 3 Eiern. Das Paar (Jahresehe) betreut die Brut gemeinsam, beide Geschlechter sind gleich gefärbt. Jungvögel (bei Großmöwen bis ins 4. Lebensjahr) tragen ein bräunliches Jugendkleid. Die Jungen sind Nesthocker.

Als Raubmöwen bezeichnet man greifvogelartige Seevögel mit dunklem Gefieder aus der Familie Stercorariidae: Spatel-, Schmarotzer- und Falkenraubmöwe sowie Skuas (selten). Nur an den Küsten vorkommend.

Möwen treten fast immer in großen Gesellschaften auf.

Alle Möwen unterliegen dem Jagdrecht. Eine Jagdzeit (nach Bundesjagdzeiten-VO) haben jedoch nur folgende 5 Arten: Lach-, Sturm-, Silber-, Mantel- und Heringsmöwe (Landesrecht beachten).

Den Möwen ähnlich, aber wesentlich kleiner und schlanker sind die Seeschwalben (Sternidae). Alle einheimischen Arten sind selten bzw. im Bestand bedroht, so vor allem die auch im Binnenland brütende Fluss-Seeschwalbe *(Sterna hirundo)*. Die Seeschwalben unterliegen nicht dem Jagdrecht.

Lachmöwen und ihr Gelege.
Der Nistplatz wird vom Männchen bestimmt.

Lachmöwe *(Larus ridibundus):* Eine kleine, etwa taubengroße Möwe, weiß, mit grauen Schwingen und dunklen Enden der Handschwingen, im Brutkleid dunkelbrauner Kopf, im Ruhekleid Kopf weiß mit kleinem, dunklen Ohrfleck, Schnabel und Ständer rot, bei Jungvögeln gelbbraun.

Außer an der Küste gibt es auch an Binnengewässern größere Brutkolonien (an Ufern und auf Inseln auch kleinerer Seen).

Außerhalb der Brutzeit in großen Schwärmen, dazu Wintergäste aus Osteuropa.

Silbermöwe

Silbermöwe *(Larus argentatus):* Häufigster Vertreter der Großmöwen (etwa Bussardgröße) im Küstenbereich. Gefieder weiß, Rücken und Schwingen oberseits grau, Schwingenspitzen schwarz, Schnabel gelb, Ständer rötlich (nördliche Rasse) oder gelb (südliche Rasse). Bedingt durch ihre starke Zunahme erscheint sie immer häufiger auch im Binnenland, vor allem als Überwinterer an größeren Gewässern.

Heringsmöwe

Heringsmöwe *(Larus fuscus):* Kleiner und zierlicher als Silber- und Mantelmöwe, Gefiederzeichnung der Mantelmöwe ähnlich (Oberseite schwarzgrau). Brutvogel an der Nordseeküste, jedoch viel seltener als die Silbermöwe, gelegentlich an großen Binnenseen.

Mantelmöwe

Mantelmöwe *(Larus marinus)*: Größer als die Silbermöwe (starker Schnabel), Oberseite der Schwingen schwarz, Schnabel und Ständer mattrosa. Seltener als die Silbermöwe, kein Brutvogel an den deutschen Küsten, jedoch regelmäßig in kleineren Flügen als Wintergast aus Nordeuropa und England bei uns.

Sturmmöwe *(Larus canus)*: Etwas größer als die Lachmöwe, Schwingen und Rücken oberseits blaugrau, Kopf weiß, Schnabel und Ständer gelb. Brutvogel an der Nord- und Ostseeküste, im Binnenland selten. Verhalten ähnlich der Lachmöwe.

Sturmmöwe

1183 | Welche Arten kommen im Binnenland vor?

Am häufigsten die Lachmöwe. Silbermöwen, seltener auch Mantel- und Heringsmöwen sind ebenfalls im küstennahen Binnenland anzutreffen (Gastvögel).

1184| Wo finden wir die Lachmöwe?

An größeren Binnengewässern als Brutvogel (Kolonie), häufig in Schwärmen an Mülldeponien.

1185 | Welche Nahrung nehmen Lachmöwen auf?

Insekten, Würmer, Mäuse, wenig Jungfische und Laich.

1186 | Warum folgen Lachmöwen dem Pflug oder dem Güllefass?

Optimierung des Nahrungsangebotes.

1187 | Wo brüten die übrigen Möwenarten?

In Kolonien als Bodenbrüter (auch auf Felsklippen) an der Küste und auf den Inseln (3 Eier, die Jungen sind Nesthocker).

1188 | Welche Arten unterliegen dem Jagdrecht?

Alle Möwenarten. Nach dem BJagdG haben aber nur die Lach-, Sturm-, Silber-, Mantel- und Heringsmöwe eine Schusszeit.

1189 | Was für Schnäbel haben Möwen?

Pickschnäbel.

1190 | Wie sind die Füße der Möwen beschaffen?

Sie tragen Schwimmhäute.

Eulen (Strigiformes)

Eulen sind weitgehend nachtaktive, beutegreifende Vögel. Äußere Zeichen dieser Anpassung sind das Frontgesicht, das mit den großen Augen räumliches Sehen auch in der Dämmerung ermöglicht, sowie der feine Gehörsinn, der von schalltrichterartigen Federstrukturen am Kopf (Schleier) unterstützt wird. Der lautlose Flug der Eulen wird durch das besonders weiche Gefieder ermöglicht. Der Kopf kann aufgrund der hohen Beweglichkeit zwischen Kopf und den ersten zwei Halswirbeln bis zu 270° gedreht werden, ohne dass die Eule ihre Körperhaltung verändern muss. Anpassungen an das Erbeuten und Kröpfen ausschließlich lebender Beutetiere sind der krumme Schnabel und die scharf bewehrten Fänge. Letztere sind wie die Ständer stets befiedert, die Außenzehe ist als Wendezehe konstruiert. Ähnlichkeiten mit den Greifvögeln sind nur in der Ernährungsweise gegeben; verwandtschaftlich stehen die Eulen den Greifvögeln fern. Die früher übliche Bezeichnung der Eulen als »Nachtgreifvögel« ist irreführend, da sie nicht zu den Greifvögeln zählen.

Die Eulen bauen keine Nester; sie sind entweder Höhlenbrüter, benutzen alte Nester anderer Vogelarten, v. a. Krähen- und Elsternnester (Waldohreule) oder sind Bodenbrüter (Sumpfohreule). Die rundlichen, weißen Eier werden ohne Nistmaterial auf die Unterlage gelegt und vom 1. Ei an bebrütet, sodass die Jungen im Abstand des Legezeitpunktes der Eier schlüpfen. Die Nesthocker mit einem zunächst weißen Dunenkleid werden von beiden Eltern betreut. Eulen leben in Einehe, die Geschlechter sind äußerlich nicht zu unterscheiden (Ausnahme Schneeeule), jedoch sind die weiblichen Eulen meist stärker als die männlichen.

Hauptbeute sind Kleinsäuger (vorwiegend Mäuse), zum Teil auch Kleinvögel; kleine Eulen-

Der Uhu ist die größte heimische Eule.

Übersicht der heimischen Eulen

Art

- Schleiereule
- Uhu, Waldohreule, Sumpfohreule, Sperlingskauz, Steinkauz
- Waldkauz, Raufußkauz

Vorkommen

- Allgemein verbreitet und häufig, auch im Kulturland: Waldkauz, Waldohreule
- Verbreitet, doch nicht in Wäldern und im Gebirge, regional neuerdings selten geworden: Steinkauz, Schleiereule
- Verbreitet in Bergwäldern: Raufußkauz, Sperlingskauz
- Selten im Mittelgebirge und in den Alpen: Uhu
- In Mooren und auf Heideflächen: Sumpfohreule, selten vorkommend

Brutplätze

- Höhlenbrüter im geschlossenen Wald: Raufußkauz, Sperlingskauz, Waldkauz
- Baumhöhlenbrüter im Kulturland: Steinkauz, Waldkauz
- In Gebäuden, Scheunen, Mauerlöchern usw.: Schleiereule, Waldkauz, Steinkauz
- Auf Felsbändern, Felsterrassen usw.: Uhu
- Auf dem Boden: Sumpfohreule
- In Krähen- und Elsternnestern: Waldohreule

Besondere Merkmale

- Federohren: Uhu, Waldohreule
- Kleiner als Taube: Steinkauz, Raufußkauz, Sperlingskauz
- Dunkle Augen: Waldkauz, Schleiereule
- Gelbe Augen: Sumpfohreule, Steinkauz, Raufußkauz, Sperlingskauz
- Gelbrote Augen: Uhu, Waldohreule

arten (Steinkauz, Sperlingskauz) erbeuten auch Insekten; nur der Uhu schlägt auch größere Beutetiere (Jungfuchs, Kaninchen, Hasen, Krähen, Wasservögel u.a.). Die Gewölle gleichen äußerlich denen der Greifvögel, sie enthalten jedoch unversehrte Knochenteile, die von den Greifvögeln weitgehend verdaut werden.

Obwohl vorwiegend nachtaktiv, sehen Eulen auch bei Tag ausgezeichnet; manche Arten jagen auch bei Tag. Meist verbringen sie den Tag aber ruhend in Deckung, aufgeblockt auf einem Ast, wobei sie sich gern von der Sonne bescheinen lassen. Werden sie trotz ihrer Reglosigkeit und guten Tarnfärbung von anderen Vögeln entdeckt (kleine Singvögel, Rabenvögel, Greifvögel), so »hassen« diese unter Warngeschrei auf die Eule. Aus diesem Verhalten leitet sich die Verwendung von Eulen (besonders Uhu) zur Lockjagd (»Hüttenjagd«) auf Rabenvögel und Greifvögel ab.

Alle Eulen sind nach dem Naturschutzrecht besonders geschützt und unterliegen nicht dem Jagdrecht. Mit Ausnahme von Waldkauz und Waldohreule sind die verbleibenden Arten im Bestand gefährdet.

Eingeteilt werden die Eulen in die Familien der Schleiereulen und der Eigentlichen Eulen. Erstere sind bei uns nur mit einer einzigen Art vertreten, der Schleiereule. Die Eigentlichen Eulen werden unterteilt in Ohreulen und Käuze.

Schleiereulen (Tytonidae)

Schleiereule *(Tryto alba):* Schlanke, krähengroße Eule, ohne Federohren, mit dunklen Augen. Gefieder oben hell graubraun, unterseits gelbbraun oder fast weiß mit nagelförmigen Längsflecken. Der sehr große, helle, herzförmige »Schleier« nimmt das ganze Gesicht ein. Die dämmerungs- und nachtaktive Eule ist eng an menschliche Siedlungen gebunden; Nischenbrüter auf Dachböden, in Scheunen, Kirchtürmen u. a. Zieht in guten »Mäusejahren« 2–3 Bruten auf. In strengen Wintern sind die Verluste hoch. Bedroht ist die Schleiereule besonders durch Mangel an geeigneten Nistplätzen. »Eulenlöcher« in Scheunengiebeln, Schalllöcher an Kirchtürmen sollten ihr daher wieder geöffnet werden; sie nimmt auch gern Nisthilfen (offene Kisten) im Dachgebälk an.

Die Schleiereulen bilden eine eigene Familie. Der Gesichtsschleier bündelt und verstärkt Geräusche und leitet sie zu den Ohren.

Steckbrief Schleiereule

Lebensraum: Offene Niederungsgebiete mit wenig Schnee und offenen Gebäuden.
Fortpflanzung: Dauerehe. Dunkle Brutnischen. Gewölle als Nestunterlage. Brutdauer 30–34 Tage. ♀ brütet. ♂ füttert. Nestlingsdauer bis 44 Tage. 1–2 (3) Jahresbruten, je nach Mäusejahr.
Verhalten: Standvogel, aber gelegentlich evasionsartige Abwanderungen. Ansitzjagd und Suchflug. Beute am Boden und im Flug.

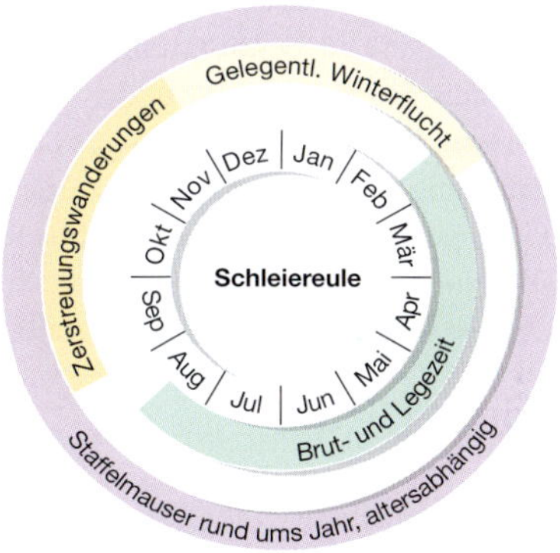

Jahreszyklus

1191 | Ist die Schleiereule ein Waldvogel?
Nein, als Kulturfolger ist sie dem Menschen in seine Siedlungen gefolgt.

1192 | Worunter leidet die Schleiereule am meisten?
Fehlende Brutmöglichkeiten.

1193 | Woher hat die Schleiereule ihren Namen?
Von ihrem deutlich ausgeprägten, herzförmigen Gesichtsschleier (fungiert als Schalltrichter).

1194 | Was ist die Hauptnahrung der Schleiereule?
Mäuse, selten Kleinvögel (Sperlinge).

1195 | Was enthält das Gewölle der Schleiereule?
Knochen der Beutetiere (Eulen haben weniger Magensäure als Greifvögel).

1196 | Ist die Schleiereule nur nachtaktiv?
Nein, dämmerungs- und nachtaktiv.

1197 | Wie sieht ihr Nest aus?
Schleiereulen bauen kein Nest.

1198 | Wie viele Eier legt sie?
4–8 Eier, in guten Mäusejahren bis 14 Eier; dann sind 2 Bruten die Regel. Bei Nahrungsmangel keine Brut.

1199 | Wie sehen die Eier aus?
Weiß und eher rund als oval.

Eigentliche Eulen (Strigidae)

Uhu *(Bubo bubo)*: Der Uhu ist die größte einheimische Eule (fast so groß wie der Steinadler). Charakteristisch sind seine großen Federohren und die orangegelben Augen. Er brütet auf dem Boden meist in Nischen von Felswänden, seltener in alten Greifvogelhorsten. Außer Kleinsäugern zählen auch Igel, Wildkaninchen, Hasen, Katzen, Jungfüchse, Wasservögel, Tauben, Krähen, Raufußhühner, Fasane, Greifvögel (die er von Schlafbäumen schlägt) sowie alle kleineren Eulenarten zu seinem Beutespektrum. Der Uhu ist die einzige Eule, die auch tote Beutetiere nimmt. Durch Verfolgung, Unfälle an Drahtleitungen und Störungen an den Horstplätzen war der Uhu von der Ausrottung bedroht. Nach strengem Schutz, Horstbewachung und systematischem Aussetzen von in Gefangenschaft gezüchteten Uhus konnten die Bestände großräumig wieder angehoben werden, sodass der Bestand zurzeit gesichert ist.

Uhu

Da die Haltung lebender Eulen gesetzlich stark eingeschränkt ist, wird die Hüttenjagd heute nur noch mithilfe von Uhuattrappen ausgeübt, die aus Hasenbälgen und Hühnerfedern hergestellt werden können.

Steckbrief Uhu

Lebensraum: Gegliederte Landschaften vom Tiefland bis zum Hochgebirge, bevorzugt mit Felswänden.
Fortpflanzung: Dauerehe. Horste, Felsbänder oder Höhlungen als Niststandorte. 2–3 Eier. Brutdauer 31–36 Tage. ♀ brütet. ♂ füttert. Nestlingsdauer in Bodennestern bis 25 Tage, in Fels- und Baumhorsten bis 50 Tage. 1 Jahresbrut.
Verhalten: Standvogel.

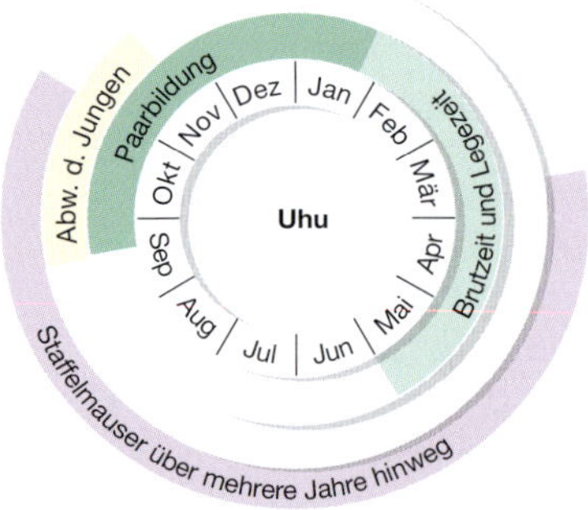

Jahreszyklus

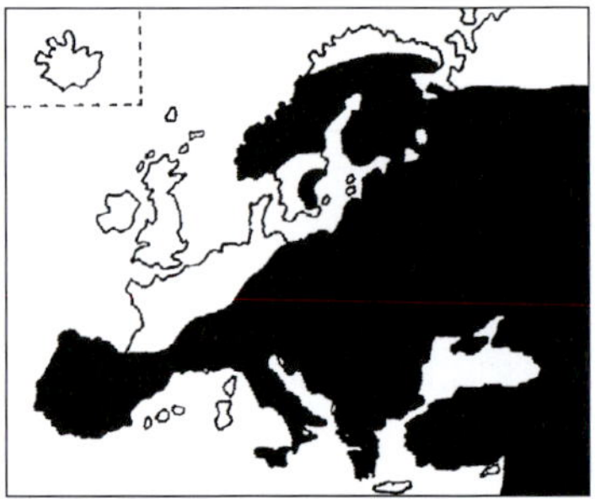

Verbreitungsgebiet

Waldohreule *(Asio otus):* Kennzeichen der »Ohreulen« sind 2 als »Ohren« oder »Hörner« bezeichnete Schmuckfederbüschel auf dem Kopf. Die nachtaktive Waldohreule ist neben dem Waldkauz unsere am weitesten verbreitete Eule. Sie ist schlanker und etwas kleiner als der Waldkauz (knapp Krähengröße), hat orangegelbe Augen, das Gefieder ist braun mit dunkler Zeichnung (baumrindenfarbig). Die Waldohreule ist Freibrüter, vorwiegend in alten Krähennestern. Sie erbeutet überwiegend Mäuse an Waldrändern und lässt sich leicht durch »Mäuseln« anlocken. Da sie weniger auf andere Beute (Kleinvögel) ausweichen kann, leidet sie stark unter strengen Wintern und kommt dann manchmal truppweise in städtischen Anlagen vor. Auffällig sind die Bettelrufe der Jungen (Ästlinge) im Frühsommer, die dem Fiepen des Rehwildes ähneln.

Waldohreulen brüten gerne in Greifvogelhorsten, Krähen- oder Taubennestern, an Waldrändern oder in Feldgehölzen.

Steckbrief Waldohreule

Lebensraum: Bevorzugt Waldränder, Feldgehölze, Parklandschaften.
Fortpflanzung: Benutzt Nester von Greif- und Rabenvögeln, Tauben, Reiher u.a. Saisonehe. 4–8 (–10) Eier. Brutdauer 27–28 Tage. ♀ brütet. ♂ füttert. Flugfähig mit 35 Tagen.
Verhalten: Strich- und Standvogel. Junge streifen im Herbst umher. Meist Flugjagd, seltener Ansitz.

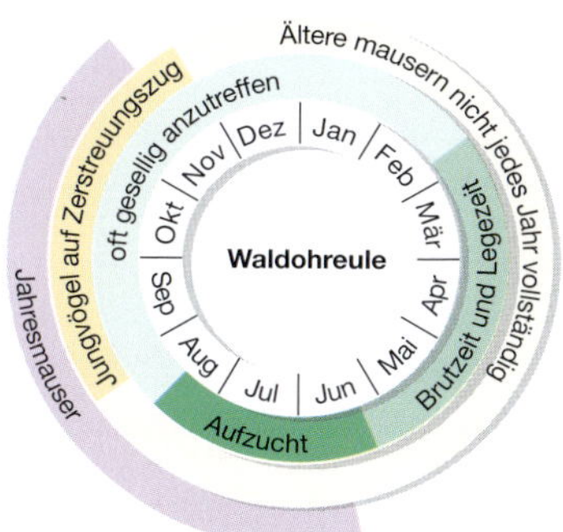

Jahreszyklus

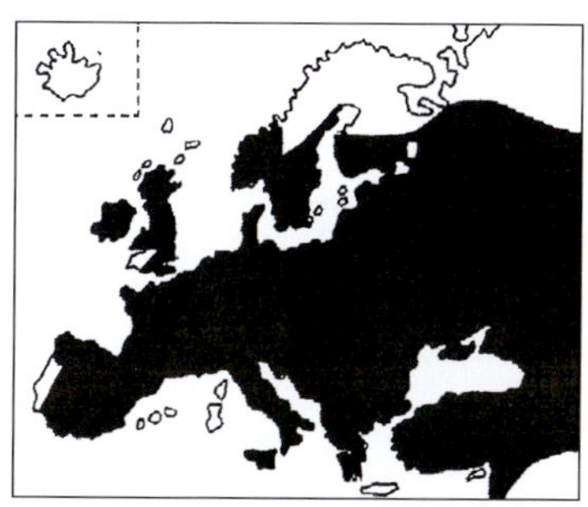

Verbreitungsgebiet

Sumpfohreule

Sumpfohreule *(Asio flammeus):* Die Federohren der zumeist tagaktiven Sumpfohreule sind sehr kurz und kaum sichtbar, ihre Augen mehr gelb als orange. Sie ist Bodenbrüter im Offenland (Heiden, Moore), bei uns als Brutvogel selten, aber regelmäßig als Durchzügler und Wintergast aus dem Norden. Zur Zugzeit liegen Sumpfohreulen häufig truppweise in Brachland, Rüben- und Kartoffeläckern und streichen bei der herbstlichen Suchjagd überraschend vor dem Hund ab.

Sperlingskauz *(Glaucidium passerinum):* Die kleinste einheimische Eule (knapp Starengröße), Gestalt ähnlich dem Steinkauz (flacher Kopf, gelbe Augen), Unterseite sehr hell mit schmalen,

Steckbrief Sumpfohreule

Lebensraum: Moore, Verlandungsgürtel, Feuchtwiesenlandschaften, Brachland.
Fortpflanzung: Bodenbrüter. Saisonehe. 7–10 Eier. Legeabstand 2 Tage. Brutdauer 24–28 Tage. Nestlingsdauer bis 17 Tage.
Verhalten: Dämmerungs- und (seltener) tagaktiv. Niedriger Suchflug auch mit Rütteln. Flug erinnert an Weihen. Außerhalb der Brutzeit oft in lockeren Gruppen. Im Winter regelmäßig Gäste aus dem Osten.

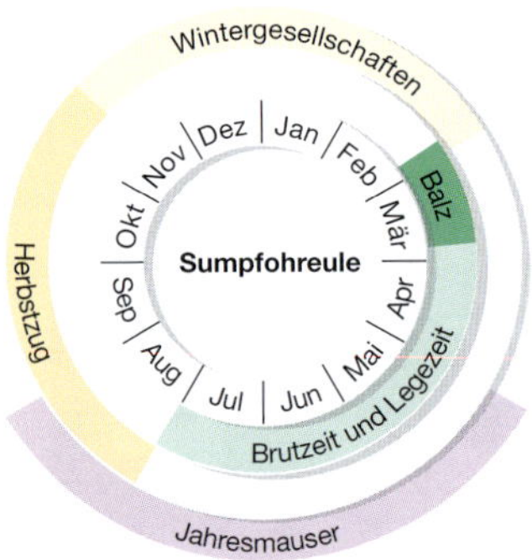

Jahreszyklus

Steckbrief Sperlingskauz

Lebensraum: Reich strukturierte (Berg-)Wälder mit hohem Nadelholzanteil.
Fortpflanzung: Saisonehe. Höhlenbrüter. Kein Nistmaterial. 3–7 Eier. Legeintervall 2 Tage. Brutdauer 28–29 Tage. ♀ brütet. ♂ füttert. Nestlingsdauer bis 34 Tage. 4 Wochen Führungszeit.
Verhalten: Standvogel. Dämmerungs- und tagaktiv. Gelegentlich Invasionen aus Nord- und Osteuropa. ♂ singt das ganze Jahr.

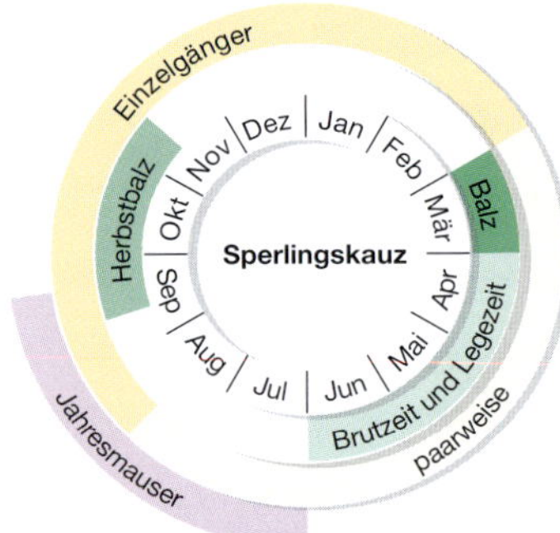

Jahreszyklus

braunen Längsstreifen. Höhlenbrüter in Spechthöhlen vorwiegend in Nadelwäldern höherer Gebirgslagen. Oft tagaktiv, erbeutet mehr Kleinvögel als Mäuse und legt auch Vorratslager an, sog. Fraßhöhlen als Winterdepots. Auffallend ist der Gesang des Sperlingskauzes (von unten nach oben vorgetragene Tonleiter), der vor allem in der Morgen- und Abenddämmerung zu hören ist. Natürliche Feinde sind alle größeren Eulen, Greifvögel und der Baummarder.

Steinkauz *(Athene noctua):* Viel kleiner als der Waldkauz (knapp Taubengröße), gedrungene Gestalt mit flachem Kopf, gelbe Augen, Gefieder braun mit lebhafter, heller Fleckung. Bevorzugte

Steckbrief Steinkauz

Lebensraum: Offene Wiesenlandschaften mit reichlich Gehölzen (Obstbäume). Braucht ganzjährig kurze Vegetation.
Fortpflanzung: Dauerehe. Höhlenbrüter. 3–5 Eier. Brutdauer 23–29 Tage. ♀ brütet. ♂ füttert. Nestlingsdauer ca. 35 Tage.
Verhalten: Standvogel. Nacht- und tagaktiv. Spechtartiger Wellenflug. Ansitzjagd und niedriger Suchflug. Sucht am Boden hüpfend nach Insekten und Würmern.

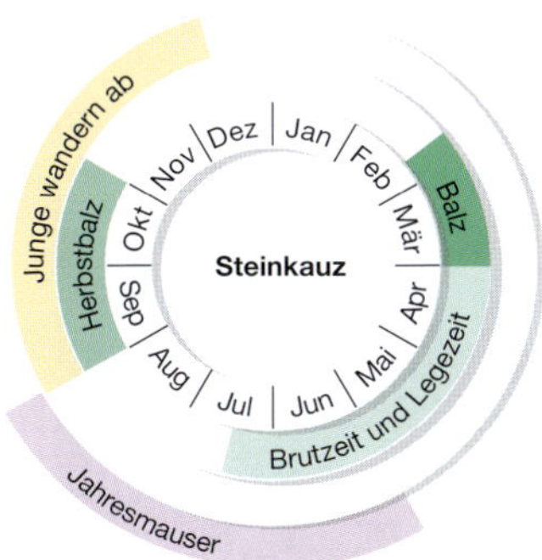

Jahreszyklus

Im Winter fängt der Sperlingskauz hauptsächlich Kleinvögel, während der Brutzeit jedoch überwiegend Mäuse.

Der Steinkauz ist bei der Nahrungswahl flexibel und nimmt neben Kleinnagern und Kleinvögeln auch Reptilien und Insekten.

Der Waldkauz kommt in einer dunklen und einer hellen Gefiederfärbung vor.

Lebensräume sind offene Parklandschaften, Obstgärten, Ortschaften. Jagt in der Dämmerung und oft auch bei Tag auf Mäuse, Kleinvögel und Insekten, Würmer. Der Steinkauz ist im Bestand bedroht, vornehmlich da ihm Nisthöhlen in alten Obstbäumen und verfallenen Gebäuden fehlen. Durch Anbringen von Niströhren kann die Population gestützt werden. In strengen Wintern treten starke Verluste ein. Sein monotoner Reviergesang und der miauende Lockruf sind nur noch selten zu hören.

Waldkauz *(Strix aluco):* Fast bussardgroß, gedrungene Gestalt mit »dickem Kopf«, Gesichtsschleier und dunklen Augen. Gefieder unterschiedlich von braun bis grau mit dunklen Streifen, kein Geschlechtsdimorphismus. Der anpassungsfähige Waldkauz ist nicht nur in Wäldern, sondern auch in Ortschaften verbreitet. Vorwiegend Höhlenbrüter in Baumhöhlen und ent-

Steckbrief Waldkauz

Lebensraum: Lichte Wälder und andere baumreiche Landschaften, auch urban.
Fortpflanzung: Herbst- und Frühjahrsbalz. Dauerehe. Höhlenbrüter. 3–5 Eier. Legeintervall 3 Tage. Brutdauer 28–29 Tage. ♀ brütet. ♂ füttert. Nestlingsdauer 25 Tage. Selbstständig nach 3 Monaten.
Verhalten: Standvogel. Territorial. Einzelgänger oder paarweise. Dämmerungs- und nachtaktiv. Ansitzjagd und Suchflug.

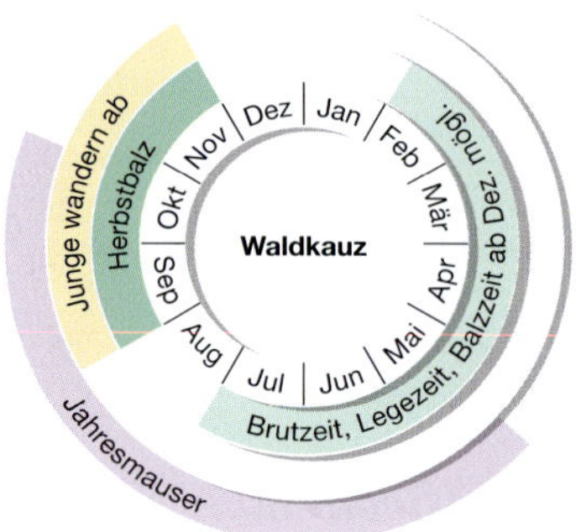

Jahreszyklus

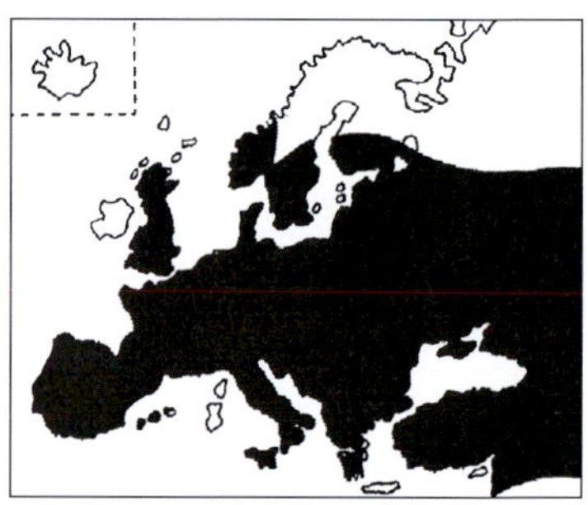

Verbreitungsgebiet

Steckbrief Raufußkauz

Lebensraum: Nadelholzwälder im Alpenraum und einigen Mittelgebirgen.
Fortpflanzung: Saisonehe. Bezieht überwiegend Schwarzspechthöhlen. 2–8 Eier. Brutdauer 26–27 Tage. ♀ brütet. ♂ füttert. Nestlingsdauer bis 38 Tage. Führungsdauer 6 Wochen. Gelegentlich 2 Bruten.
Verhalten: Stand- und Strichvogel. Territorial. Nachtaktiv. Ansitzjäger. Beuteüberschuss wird als Vorrat deponiert.

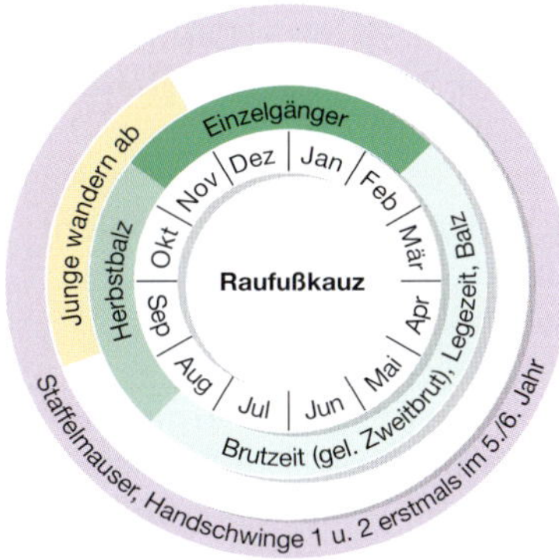

Jahreszyklus

sprechend großen Nistkästen, aber auch in Gebäuden (Dachböden, Kirchtürmen, Ruinen), notfalls auch Freibrüter in alten Krähennestern oder am Boden. Zu seinem Nahrungsspektrum zählen hauptsächlich Kleinnager (Mäuse, Ratten, Bilche), besonders im Winter auch Vögel bis Drossel- und Taubengröße. Im Sommer werden Reptilien und Amphibien erbeutet. Der heulende Ruf (Reviergesang) und der schrille Lockruf »Kuit« sind häufig (schon ab Spätwinter) zu hören. Durch »Mäuseln« kann man den Waldkauz in der Abenddämmerung nahe heranlocken.

Raufußkauz *(Aegolius funereus):* Etwa so groß wie der Steinkauz, aber mit dickem, runden Kopf, ebenfalls helle Augen, Bauchseite sehr hell, Ständer samt Zehen weiß befiedert. Höhlenbrüter in Spechthöhlen in den Wäldern der Alpen und Mittelgebirge; jagt auch am Tag auf Kleinnager und Kleinvögel. Der unverkennbare Reviergesang im Frühjahr ähnelt dem Lockruf von Truthühnern. Der nachtaktive Vogel jagt im Wald seine Nahrung, die aus Kleinnagern und Vogelarten bis Drosselgröße besteht.

Raufußkauz

Sein Hauptproblem in unseren Wirtschaftswäldern ist der Mangel an Nisthöhlen. Er nimmt gerne künstliche Bruthöhlen an und besiedelt dann auch einförmige Fichtenwälder.

1200 | Welche Lebensräume bevorzugt der Uhu?
Waldreiche Mittelgebirge, Offenlandschaften mit Klippen, Berghängen, Kiesgruben, Steinbrüchen.

1201 | Welche Spannweite erreicht der Uhu?
160 bis 170 cm.

1202 | Wann ist der Reviergesang des Uhus zu hören?
Im Herbst und zur Balzzeit (Februar bis April).

1203 | Wo brütet der Uhu?
Ganz überwiegend in Felsnischen. Sehr selten in Althorsten anderer Vögel oder auf der Erde.

1204 | Welche Lebensräume bevorzugt die Waldohreule?
Waldränder (Nadel- und Laubholzwälder), Flurgehölze, Parks.

1205 | Mit wem kann die Waldohreule verwechselt werden?
Mit dem Uhu, sie ist aber bedeutend kleiner.

1206 | In welcher Jahreszeit ist die Waldohreule zu hören?
Vom Herbst bis in den März.

1207 | Wo brütet die Waldohreule?
In verlassenen Nestern und Horsten anderer Vögel.

1208 | Wie viele Eier umfasst ihr Gelege?
4–8 Eier.

1209 | Wie viele Bruten tätigt sie?
Zweitbruten sind vom Nahrungsangebot abhängig, selten.

1210 | Ist die Sumpfohreule ein Waldvogel?
Nein, sie lebt in Mooren, Heiden, Dünen.

1211 | Wie groß ist die Sumpfohreule?
Länge 38 cm, Flügelspannweite 100 cm.

1212 | Welche Nahrung bevorzugt sie?
Mäuse und Ratten.

1213 | Ist die Sumpfohreule Standvogel?
Strichvogel, teilweise auch Standvogel.

1214 | Ist die Sumpfohreule auch tagaktiv?
Ja.

1215 | Lebt die Sumpfohreule gesellig?
Im Winter ja.

1216 | Wo brütet die Sumpfohreule?
Bodenbrüter.

1217 | Wie verhält sich das Männchen während der Brut- und Aufzuchtzeit?
Es trägt Futter herbei, das vom Weibchen an die Jungen verfüttert wird.

Sperlingsvögel (Passeriformes)

Unterordnung Singvögel (Passeri)

Die Singvögel sind weltweit die artenreichste Vogelgruppe. Bei uns kommen rund 100 Arten vor, die zu 20 Familien gehören. Heute unterliegen sämtliche Singvögel dem Naturschutzrecht; die meisten von ihnen genießen besonderen Schutz. Jagdlich relevant ist bei uns nur die Familie der Rabenvögel.

Rabenvögel (Corvidae)

Zu den Rabenvögeln zählen die einheitlich schwarzgrau gefärbten eigentlichen Raben, Krähen und Dohlen sowie die bunt gefiederten Häher und die Elster. Bei allen Arten sind die Geschlechter äußerlich nicht zu unterscheiden. Sie leben paarweise in Jahresehe, manche auch in Dauerehe. Sie sind Nahrungsgeneralisten, die z.T. in der Kulturlandschaft günstige Lebensbedingungen finden. So ernähren sich z.B. Aaskrähe und Kolkrabe im Winter weitgehend von Abfällen und treten scharenweise an Müllkippen auf. Aaskrähe, Kolkrabe und Eichelhäher brüten einzeln und territorial, Saatkrähe und Dohlen sind ausgesprochene Koloniebrüter. Rabenvögel bauen Reisignester auf Bäumen; nur die Dohlen sind Höhlenbrüter. Sprichwörtlich ist die Gelehrigkeit von Rabenvögeln in Gefangenschaft. Dieser »Klugheit« entspricht die große Aufmerksamkeit und Lernfähigkeit frei lebender Vögel, die sie schnell Gefahren erkennen und vermeiden lassen.

Aaskrähen und Elstern kommen häufig vor und sind als Nesträuber sowie als Fressfeinde von Junghasen und Fasanen-, Hühner- und Entenküken bekannt. In der zoologischen Systematik wer-

Alle Rabenvögel sind, so wie die Kolkraben, Aasverwerter. Kolkraben besiedeln wieder viele Räume, in denen sie längst als ausgestorben galten.

den die Unterarten Rabenkrähe und Nebelkrähe zu einer Art »Aaskrähe« *(Corvus corone)* zusammengefasst; Die Aaskrähe wird westlich der Elbe durch die Rabenkrähe, östlich der Elbe durch die Nebelkrähe vertreten. Beide Unterarten sind untereinander fruchtbar. Dies gilt auch für ihre Nachkommen.

Während der Kolkrabe bundesweit dem Jagdrecht unterliegt, genießen alle übrigen Rabenvogelarten nach dem Naturschutzrecht besonderen Schutz. In der Mehrzahl der Bundesländer wurden auch Elster und Aaskrähe, in einigen Ländern auch der Eichelhäher dem Jagdrecht unterstellt.

Kolkrabe, deutlich größer als Rabenkrähe

Kolkrabe *(Corvus corax):* Der mächtige, fast doppelt rabenkrähengroße Kolkrabe (Körperlänge 54–67 cm) ist der größte Rabenvogel und damit auch unser größter Singvogel. Er ist tiefschwarz mit metallischem Schimmer, sein Schnabel groß und klobig. Im Flug erscheint der Stoß keilförmig auslaufend. Auf breiten Schwingen segeln Kolkraben gern im Aufwind an Berghängen. Ihr klangvoll tiefer Ruf »Klong-klong« ist vor allem im Frühjahr zur Balzzeit oft zu hören. Der Mitte des 20. Jahrhunderts als bedroht eingestufte Rabe hat

Steckbrief Kolkrabe

Lebensraum: Sehr flexibel, von der Küste bis über Waldgrenze, Wälder und offene Landschaften.
Fortpflanzung: Dauerehe. Horst in Bäumen und Felswänden, dann oft mehrere Horste. 4–6 Eier. Brutdauer 19–21 Tage. ♀ brütet. ♂ füttert. Nestlingszeit mind. 40 Tage. 1 Jahresbrut.
Verhalten: Standvogel, Nichtbrüter streifen weit umher.

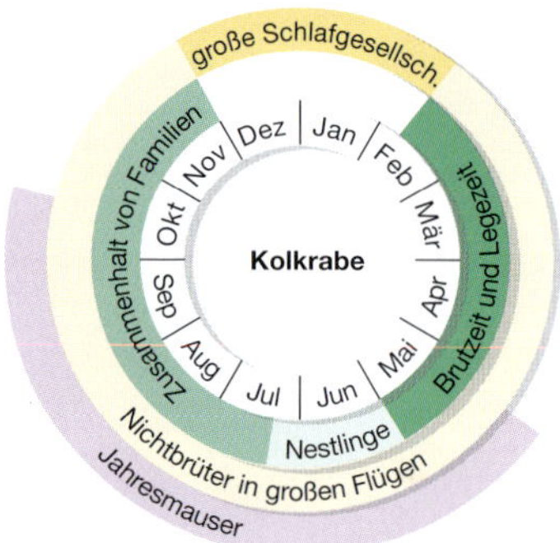

Jahreszyklus

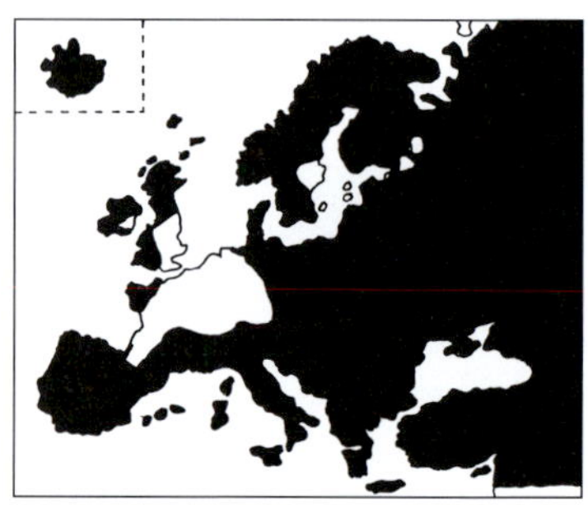

Verbreitungsgebiet

sich im letzten Jahrzehnt stark vermehrt. In allen nördlichen, östlichen und südlichen Bundesländern ist er heute Brutvogel. Neben den territorialen Brutpaaren streifen Schwärme junger, unverpaarter Raben umher. Der Horst steht auf Bäumen oder in Felswänden. Die Brut (2–6 Eier) beginnt schon im Februar/März; Brutzeit rund 20 Tage, Nestlingszeit 40 Tage. Die Familie bleibt bis zum Herbst beisammen. Als Allesfresser lebt der Kolkrabe von allen Tieren, die er bewältigen kann (Insekten, Mäuse, Vogelgelege, Jungwild), von Aas (Fallwild) und auch von Abfällen (Müllkippen).

Der Kolkrabe unterliegt dem Jagdrecht, hat jedoch ganzjährige Schonzeit (beachte landesrechtliche Bestimmungen, z. B. Jagdzeit in Mecklenburg-Vorpommern).

Rabenkrähe

Rabenkrähe *(Corvus corone corone):* Sie ist unser häufigster, allgemein bekannter Rabenvogel, kurz »Krähe« genannt. Sie ist nur etwa halb so groß wie der Kolkrabe, im Flug erscheint das Stoßende abgeflacht. Das Krähenpaar baut sein Reisignest auf hohen Bäumen an Waldrändern und in Feldgehölzen. Die offene Flur wird zur Nahrungssuche aufgesucht. Große geschlossene Wälder werden gemieden. Als ausgesprochener Allesfres-

Steckbrief Aaskrähe

Lebensraum: Bevorzugt halboffene Landschaften, Küste bis ins Gebirge.
Fortpflanzung: Dauerehe. Nester bis 30 m hoch. 2–6 Eier. ♀ brütet. ♂ füttert. Brutdauer 18–20 Tage. Nestlingsdauer bis 35 Tage.
Verhalten: Bei uns Standvogel, im Osten Zugvogel. Während Brutzeit territorial. Nichtbrüter stören Brutpaare. Ab November Wintergäste und gemischte Schwärme mit Dohlen und Saatkrähen.

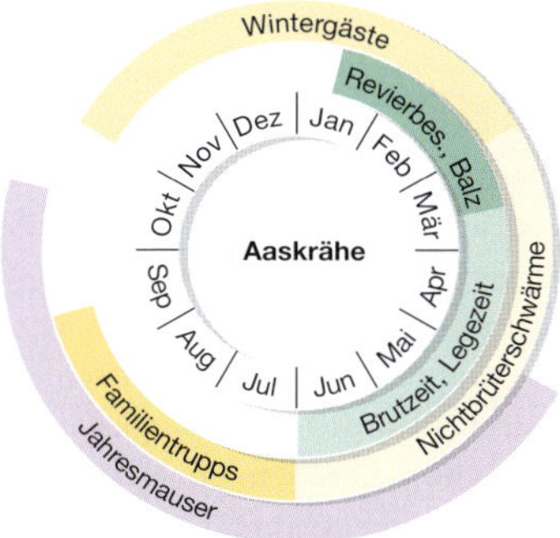

Jahreszyklus

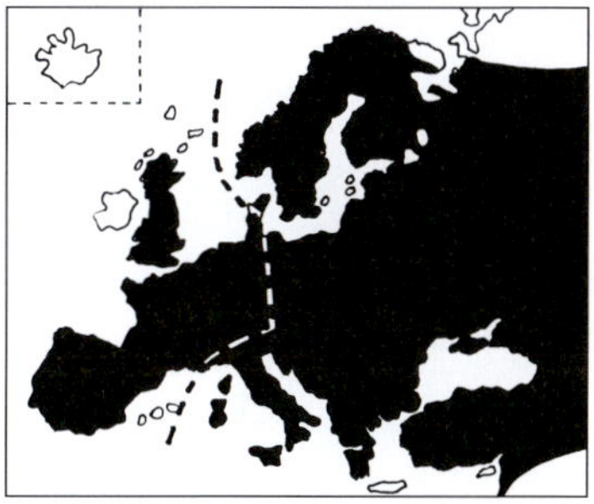
Verbreitungsgebiet

ser nimmt die Rabenkrähe unter anderem auch Vogelgelege, nestjunge Vögel, Junghasen. Auf Straßen überfahrene Tiere sowie Abfälle auf Müllkippen, Dunghaufen, Rieselfelder, in Städten auch Futterplätze und dergleichen bieten hervorragende Lebensbedingungen in der Kulturlandschaft. Neben den Brutpaaren gibt es Schwärme von Nichtbrütern, die auch Krähennester plündern und so zur Regulation der eigenen Art beitragen. Diese Junggesellenschwärme werden überwiegend aus 1-jährigen, noch nicht paarungsbereiten Vögeln gebildet. Nach der Brutzeit (rund 3 Wochen, danach 4 Wochen Nestlingszeit) ziehen die Rabenkrähen in Schwärmen umher, im Winter oft in Gesellschaft von Saatkrähen und Dohlen.

Adulte Saatkrähen sind an ihrer hellen Schnabelwurzel leicht zu erkennen.

Nebelkrähe *(Corvus corone cornix):* Die Lebensweise der Nebelkrähe gleicht völlig der der Rabenkrähe. Das Gefieder ist nur an Schwingen, Stoß und Kopf schwarz; Rücken und Unterseite sind grau. Während die Rabenkrähe Westeuropa und das westliche Mitteleuropa besiedelt, kommt die Nebelkrähe in ganz Nord-, Ost- und Südeuropa (südlich der Alpen) vor. Die geografische Grenze beider Formen geht entlang der Elbe längs durch Deutschland.

Nebelkrähe

Saatkrähe *(Corvus frugilegus):* Sie ist knapp so groß wie die Rabenkrähe, aber schlanker und mit blauviolettem Schimmer am Gefieder. Der Schnabel ist schmaler und spitzer. Hauptunterscheidungsmerkmal ist die unbefiederte, grauweiße, grindige Hautpartie um die Schnabelwurzel, die das Gesicht erwachsener Saatkrähen kennzeichnet. Achtung: Jungvögel im 1. Lebensjahr haben das Gesicht wie die Rabenkrähe voll befiedert. Die Saatkrähe ist Koloniebrüter in Parklandschaften, Feldgehölzen und an Waldrändern im Flachland. Aus Osteuropa kommen große Schwärme, die bei uns überwintern, auf der Feldflur und an Müllkippen tagsüber Nahrung suchen (oft gemeinsam mit Rabenkrähen, Dohlen und Lachmöwen) und zum Übernachten in hohe Baumgruppen einfallen, oft in städtischen Anlagen, auf Friedhöfen und dergleichen. Die Nahrung besteht hauptsächlich aus Sämereien und Kleintieren; an keimender Getreidesaat können Schäden entstehen. Saatkrähen sind nicht jagdbar!

Steckbrief Saatkrähe

Lebensraum: Saatkrähen lieben offene Landschaften und leben auch urban.
Fortpflanzung: Partnersuche schon im Herbst. Dauerehe. Kolonienbrüter. 3–5 Eier. Brutdauer 16 Tage. Nestlingsdauer bis 35 Tage. ♀ brütet. ♂ füttert. 1 Jahresbrut.
Verhalten: Standvogel, Teilzieher, Kurz- und Mittelstreckenzieher. Im Herbst Massenschlafplätze. Soziale Hierachie.

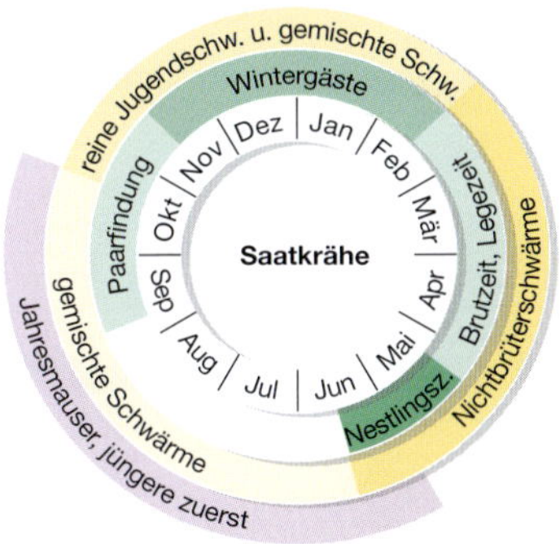

Jahreszyklus

Steckbrief Elster

Lebensraum: Offene und halboffene Landschaften, auch urbane Gebiete.
Fortpflanzung: Horstmulde mit Lehm, überdacht. Jahresehe und Dauerehe. 5–7 Eier. Brutdauer 17–18 Tage. ♀ brütet. ♂ füttert. Nestlingsdauer 22–27 Tage. Führung ca. 6 Wochen. 1 Jahresbrut.
Verhalten: Standvogel. Territorial. Schlafplatzgesellschaften. 1- bis 2-Jährige leben ganzjährig in lockeren Trupps.

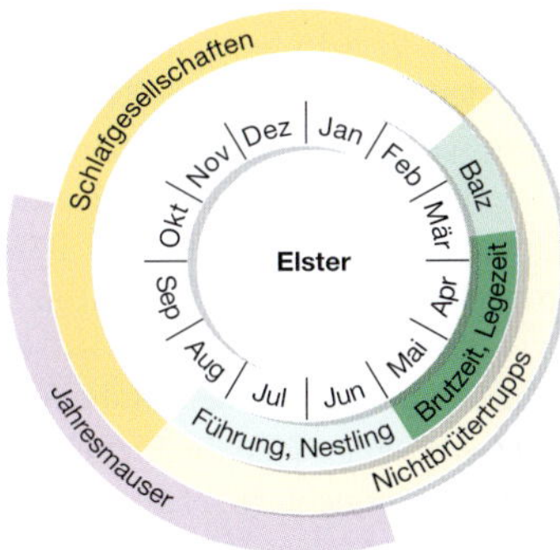

Jahreszyklus

Elster *(Pica pica):* Sie ist nur etwa halb so groß wie die Rabenkrähe. Auffällig sind ihr langer Stoß, die kontrastreiche Färbung (Schultern und Bauch weiß, Kopf, Brust, Rücken, Schwingen und Stoß dunkel, grünblau schillernd) sowie ihr »schackernder« Ruf. Zur Brutzeit leben Elstern paarweise in offener Wald-Feld-Landschaft, die Nester stehen in höheren Büschen und Bäumen in Feldgehölzen, an Waldrändern, in Alleen und Parkanlagen. Das Elsternpaar baut in der Regel mehrere Nester, bevor es sich für eines entscheidet, das dann sorgfältig ausgebaut wird. Die Nestmulde wird mit Lehm ausgestrichen und mit sperrigem Reisig kuppelförmig überdacht (»Kugelnest«). Nach der Aufzucht (je ca. 3 Wochen

Elster

Brut- und Nestlingszeit) streichen Elstern in Trupps umher. Sie halten sich meist an Gebüsch und Gehölze, meiden die weite offene Feldflur ebenso wie geschlossene Wälder. Als Allesfresser leben sie vorwiegend von Insekten und anderen Kleintieren, sind aber auch Nesträuber; im Winter nehmen sie Sämereien, Früchte sowie Aas.

Eichelhäher *(Garrulus glandarius):* Der Eichelhäher ist einer unserer häufigsten und bekanntesten Waldvögel. Er fällt durch sein buntes Gefieder und die »rätschenden« Warnrufe auf, die auch von anderen Wildtieren verstanden werden. Er ahmt gerne andere Vogelrufe nach, so den miauenden Schrei des Mäusebussards. Zur Balz im Vorfrühling ist sein schwätzender Gesang oft anhaltend zu hören. Das Paar baut sein kleines Reisignest in guter Deckung von höheren Büschen oder in dichte Bäume. Mit etwa 16 Tagen Brut- und knapp 3 Wochen Nestlingszeit hat er die kürzeste Aufzuchtzeit unter den Rabenvögeln. Nach der Aufzuchtzeit streifen die Eichelhäher in Trupps umher. Zu ergiebigen Nahrungsquellen wie fruchttragenden Eichen, Obstkulturen, reifem Getreide und Mais kann sich ein regelmäßiger »Häherstrich« bilden. Im Sommer leben Eichelhäher vorwiegend von Insekten und anderen Kleintieren, sie sind auch Nesträuber kleinerer Singvögel. Bemerkenswert ist die »Hähersaat«: Häher bevorraten viele Eicheln und Bucheckern, die sie nicht gleich fressen. Da sie nicht alle Verstecke im Waldboden wiederfinden, tragen sie so zur Verbreitung von Eichen und Buchen bei, deren schwere Samen sonst nicht über größere Strecken verfrachtet werden könnten.

Eichelhäher

Steckbrief Eichelhäher

Lebensraum: Gut strukturierte Wälder und halboffene Landschaften.
Fortpflanzung: Saisonehe, auch Dauerehe. 4–8 Eier. Brutdauer 16–17 Tage. ♀ brütet. ♂ füttert. Nestlingsdauer bis 21 Tage. 1 Jahresbrut, bei Verlust aber Ersatzgelege.
Verhalten: Standvogel, jedoch immer wieder Invasionen aus dem Osten. Lebt außerhalb Brutzeit meist einzeln. Auf dem Zug und im Spätwinter in Trupps.

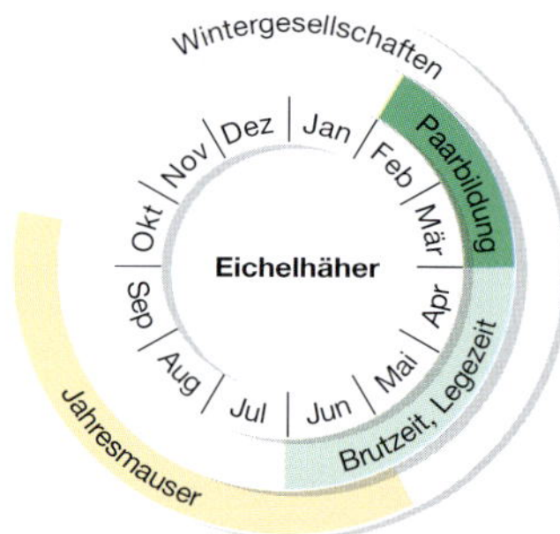

Jahreszyklus

Tannenhäher *(Nucifraga caryocatactes):* Etwa so groß wie der Eichelhäher. Kaffeebraunes Gefieder, übersät mit kleinen weißen Flecken; Schwingen und Stoß sind schwarz, die Unterstoßfedern weiß, der Oberkopf einfarbig dunkelbraun. Bei

Steckbrief Tannenhäher

Lebensraum: Nadelwälder im Gebirge, in denen Kiefernarten (Zirben) wachsen. Invasionsvögel auch im Flachland.
Fortpflanzung: Saisonehe, 3–5 Eier. Brutdauer 17–19 Tage. ♀ und ♂ brüten. Nestlingsdauer bis 28 Tage. Junge werden noch 7 Wochen geführt. 1 Jahresbrut.
Verhalten: Standvogel, aber Invasionen aus dem Osten. Brütende Standvögel verteidigen Reviere, zumindest Nestbereich.

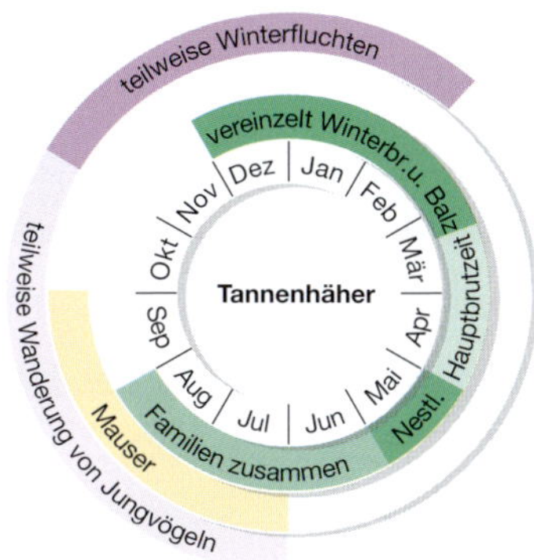

Jahreszyklus

uns kommt der Tannenhäher nur in Bergwäldern der Alpen und höherer Mittelgebirge (Schwarzwald, Harz, Bayerischer Wald) vor. Hier vertritt er den Eichelhäher. Im Winter weicht er gern in Tallagen und Vorländer aus. Die Nahrung entspricht an Vielseitigkeit der des Eichelhähers, jedoch bevorzugt er die Samen von Nadelbäumen sowie Haselnüsse. Wo Arven (Zirbelkiefern) vorkommen, ernährt er sich weitgehend von deren Samen (Zirbelnüssen) und trägt mit »Hähersaat« viel zur Verbreitung dieser Bäume bei.

Der bei uns vorkommende Tannenhäher gehört einer »dickschnäbligen« Unterart an. In strengen Wintern kommen gelegentlich invasionsartig Sibirische Tannenhäher zu uns, eine »dünnschnäblige« Unterart, die bis auf den schlankeren Schnabel den einheimischen Tannenhähern sehr ähneln. Diese Einwanderer treten auch im Flachland auf und bleiben zum Teil auch über Sommer, verschwinden aber bald wieder.

Dohle *(Corvus monedula):* Die Dohle ist ein mittelgroßer Rabenvogel, wenig größer als der Eichelhäher, dunkel schwarzgrau gefiedert mit hellgrauem Nacken und Hinterkopf sowie hellgrauen Augen, der Schnabel ist relativ kurz. Dohlen sind Koloniebrüter in Baumhöhlen (Auwäl-

Tannenhäher sind Einzelgänger.

Dohlen leben immer gesellig.

Steckbrief Dohle

Lebensraum: Lichte Buchenaltbestände mit ausreichend Höhlen, Gebäude nahe Parkanlagen oder landwirtschaftlichen Flächen.
Fortpflanzung: Kolonienbrüter. Dauerehe. 4–7 Eier. Brutdauer 16–19 Tage. ♀ und ♂ brüten. Nestlingsdauer bis 35 Tage. 1 Jahresbrut.
Verhalten: Standvogel und Teilzieher. Im Winter oft gemeinsam mit Saatkrähen. Brutplätze an Gebäuden oft zusammen mit Straßentauben oder Turmfalken.

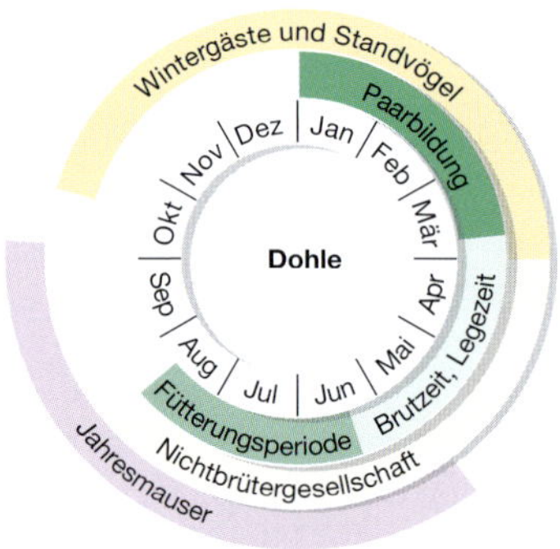

Jahreszyklus

der) ebenso wie in Felsnischen und Mauerlöchern; gern besiedeln sie Ruinen, Kirchtürme und andere hohe Gebäude (»Turmdohle«) in enger Nachbarschaft zum Menschen. In den Brutkolonien herrscht eine ausgeprägte soziale Rangordnung. Die Paare halten in lebenslanger Dauerehe zusammen. Als Allesfresser nehmen sie im Sommer vorwiegend Insekten, Würmer und andere Kleintiere auf. Sie sind auch Nesträuber und fressen Obst und Beerenfrüchte. Im Winter erscheinen Schwärme von Wintergästen aus Osteuropa, meist gemeinsam mit Saatkrähen, in der Feldflur und an Abfallplätzen.

Nandu

Laufvögel (Rheiformes)

Nur ein einziger Vertreter der Laufvögel ist in Deutschland aus landwirtschaftlicher und jagdlicher Sicht relevant. Es handelt sich um den Nandu (Rhea americana). Um die Jahrtausendwende waren einige Nandus aus einem Freigehege bei Groß Grönau in Schleswig-Holstein ausgebrochen, seither vergrößert sich die Population vor allem in Mecklenburg-Vorpommern stetig.

In Deutschland zählt der Nandu zu einer streng geschützten Art. Das Vorkommen wird allerdings mittlerweile als potenziell invasiv eingestuft, in Mecklenburg-Vorpommern haben Nandus inzwischen eine Jagdzeit vom 1. November bis 31. März.

Lebensraum: Graslandschaften und offene Wälder. Fortpflanzung: polygam lebend, 13-30 (max. 80) Eier (Gemeinschaftsnester), eine Brut pro Jahr. Brutdauer: 35-40 Tage, unabhängig nach 6 Monaten, Brutpflege ausschließlich durch das Männchen. Laufvögel sind Bodenbrüter.

1218 | Welche Lebensräume bevorzugt der Kolkrabe?

Er bevorzugt Waldgebiete.

1219 | Wie unterscheiden wir Kolkrabe und Rabenkrähe?

Der Kolkrabe ist annähernd doppelt so groß wie die Rabenkrähe. Der Kolkrabe hat einen keilförmigen Stoß, die Rabenkrähe einen abgeflachten.

1220 | Wie alt können Kolkraben werden?

Bis zu 30 Jahre.

1221 | Wovon lebt der Kolkrabe?

Er ist Allesfresser/Nahrungsgeneralist.

1222 | Wie ist das Sozialverhalten der Kolkraben?

Sie leben als Brutpaare zusammen (mindestens Jahresehe), unverpaarte Tiere schließen sich zu Junggesellenschwärmen zusammen.

1223 | Wo brüten Kolkraben?

In Baumhorsten oder in Felswänden.

1224 | Wie viele Eier enthält das Gelege und wie lange werden sie bebrütet?

4–6 Eier, Brutdauer 20 Tage.

1225 | Wie lange sitzen die Jungen im Horst?

40 Tage Nestlingszeit.

1226 | Wie lange bleiben die Familien zusammen?

Bis Spätherbst.

1227 | In welchen Lebensräumen erreichen Krähen ihre höchste Brutdichte?

In offenen Kulturlandschaften, die durch Feldgehölze, Busch- und Baumgruppen gegliedert sind.

1228 | Welche Schnabelform haben Krähen?

Einen Pickschnabel.

1229 | Wie alt können Krähen werden?

Um die 20 Jahre.

1230 | Wovon ernährt sich die Rabenkrähe?

Sie ist ein Allesfresser/Nahrungsgeneralist.

1231 | Scheiden Rabenkrähen Gewölle aus?

Ja.

1232 | Sind Krähen Standvögel?

Bei uns ja, in Osteuropa nein.

1233 | Sind Rabenkrähen territorial?

Die Brutpaare sind territorial.

1234 | Welche zwei Gruppen von Krähen unterscheiden wir im Sommerhalbjahr?

Junggesellenschwärme und Brutpaare.

1235 | Welche Schäden verursachen Krähen in der Landwirtschaft?

Abpicken von auflaufenden Getreide- und Maisblättchen, Herauspicken des Saatkornes, Zerpicken von Silageabdeckungen.

1236 | Haben Krähen Einfluss auf das Niederwild?

Raben- und Nebelkrähen plündern Gelege aller Art und nehmen Jungtiere von Säugern und

Vögeln. Die Einflussgröße auf das Niederwild ist jedoch nicht quantifiziert.

1237 | Wie ist das Brutverhalten der Rabenkrähe?
Saisonale Monogamie, nur das Weibchen brütet.

1238 | Wo leben Saatkrähen bevorzugt?
In ackerbaulich genutzten Gebieten mit kleinen Feldgehölzen der Ebene, in der Menge vornehmlich in Osteuropa.

1239 | Woran lassen sich adulte Saatkrähen von Rabenkrähen unterscheiden?
An der unbefiederten, grauweißen, grindig erscheinenden Schnabelwurzel. Achtung: Jungen Saatkrähen fehlt die grauweiße Schnabelwurzelfärbung!

1240 | Wovon ernähren sich Saatkrähen?
Insekten, Würmer, Engerlinge, Raupen, Mäuse sowie pflanzlich.

1241 | Wo brüten Saatkrähen?
Auf Bäumen in Feldgehölzen, Parks, Einzelbäumen. Immer in Kolonien.

1242 | Wie viele Eier werden gelegt und wie lange bebrütet?
3–5 Eier, Brutdauer: nur 16 Tage.

1243 | Ist die Elster ein Kulturflüchter?
Nein, ein Kulturfolger. Gerade in urbanen Bereichen kommt es zu hohen Siedlungsdichten.

1244 | Wo finden wir die Horste der Elster?
In hohen Bäumen oder in dichten Hecken.

1245 | Baut jedes Brutpaar nur ein Nest?
Nein, sie bauen mehrere Spiel- und Schlafnester.

1246 | Woran erkennt man den Elsternhorst?
Er ist ein kugelig geschlossenes Gebilde (»Kugelnest«) aus Reisig, innen in der Regel mit einer Lehmmulde ausgestattet.

1247 | Wie groß ist der Eichelhäher?
Länge 34 cm, Gewicht 175 g.

1248 | Was ist markant an ihm?
Die blau-schwarz gebänderten Flügeldecken sowie sein rätschender Ruf.

1249 | Welche Nahrung nimmt der Eichelhäher auf?
Insekten, Gelege, Jungvögel, Samen von Buchen und Eichen, Mais, Getreide.

1250 | Hat der Eichelhäher Einfluss auf das Niederwild?
Nein.

1251 | Sind Eichelhäher Standvögel?
Stand- und Strichvögel.

1252 | Wie fällt der Eichelhäher im Flug auf?
Er ist ein »Flatterflieger«.

1253 | Warum ist der Häher im Wald nützlich?
Er versteckt als Wintervorräte Eicheln und Bucheckern im Waldboden. Aus nicht wiedergefundenen Samenvorräten entwickeln sich sogenannte Hähersaaten.

1254 | Wodurch macht er sich in der Landwirtschaft unbeliebt?
Fressschäden an reifenden Maiskolben.

1255 | Wo finden wir das Nest des Eichelhähers?
Die kleinen, flachen Nester werden im Wald in der Regel auf halber Baumhöhe angelegt.

1256 | Wie viele Eier hat sein Gelege?
4–8 Eier, durchschnittlich 6.

1257 | Leben Eichelhäher polygam?
Nein, saisonal monogam.

1258 | Wo lebt der Tannenhäher?
In Nadelwäldern der Gebirge Süddeutschlands sowie im Harz.

1259 | Wie groß ist der Tannenhäher?
Etwa so groß wie ein Eichelhäher.

1260 | Wie ist sein Gefieder?
Dunkelbraun mit vielen weißen Tropfenflecken. Schwanzfedern weiß besäumt, weiße Unterstoßfedern.

1261 | Welche Nahrung sucht sich der Tannenhäher?
Haselnüsse, Samen von Nadelbäumen (Zirben), Eicheln, Bucheckern, Insekten, Vogeleier und -brut.

1262 | Für die Erhaltung welcher Baumart ist der Tannenhäher wichtig?
Für die Zirbe. Daher seine mundartliche Bezeichnung »Zirbenhäher«.

1263 | Sind Dohlen Waldvögel?
Ursprünglich waren sie Waldvögel. Heute fast ausschließlich in Städten.

1264 | Wie unterscheiden sich Dohlen von Rabenkrähen?
Sie sind kleiner und haben ein hellgraues Wangen- und Nackengefieder sowie ein auffallend graubläulich weißes Auge.

1265 | Welche Nahrung bevorzugen Dohlen?
Großes Nahrungsspektrum wie bei allen Rabenvögeln, wobei der pflanzliche Anteil überwiegt.

1266 | Sind Dohlen gesellige Vögel?
Ja, sie leben in Schwärmen.

1267 | Sind Dohlen Jahresvögel?
Bei uns ja.

1268 | Vergesellschaften sich Dohlen mit Saat- oder Rabenkrähen?
Ja, im Winter häufig.

1269 | Wo brüten Dohlen?
Heute ganz überwiegend in Gebäuden (Kirchturm etc.). Die Baumbrüterpopulation ist stark zurückgegangen.

E Wildbrethygiene

Einführung

Wildbret ist ein erstklassiges Naturprodukt mit vielen Vorzügen gegenüber dem heute weitgehend industriell gewonnenen Fleisch und Fleischprodukten von Haustieren. Um diese hohe Qualität auch an den Verbraucher weitergeben zu können, steht der Jäger in der Pflicht, sich ausreichende Kenntnisse anzueignen über die Wildkrankheiten wie Tierseuchen, vor allem jedoch auch über die Behandlung des erlegten Wildes. Insbesondere muss er Bescheid wissen über die hygienisch erforderlichen Maßnahmen, die Beurteilung der gesundheitlich unbedenklichen Beschaffenheit des Wildbrets und seine Verwendung als Lebensmittel.

Welch hohen Stellenwert der Gesetzgeber der Wildbrethygiene zumisst, mag auch daran zu erkennen sein, dass im Rahmen einer geplanten Novelle des Bundesjagdgesetzes in puncto Vereinheitlichung der Jägerprüfungsanforderungen diesem Fachgebiet der Status eines Sperrfachs zuteilwerden sollte. Wer also nicht zumindest ausreichende Leistungen im Fach Wildbrethygiene erbringen würde, bestünde die Prüfung insgesamt nicht.

Insgesamt regeln eine Vielzahl rechtlicher Vorschriften – auf EU- wie nationaler Ebene – den Umgang mit dem Lebensmittel Wildbret (s. Übersicht auf Seite 524) wie den Bereich Wildkrankheiten.

Mehr zum Thema Wildverwertung gibt es im Video

https://www.jagdleben.com/ExklusivfuerKrebs-Leser

Zusatzinfos und laufend aktualisierte Inhalte zu Zoonosen und Wildkrankheiten unter www.jagdleben.com/wildbrethygiene-richtig-verhalten

Wildkrankheiten

Allgemeines

Das Bundesjagdgesetz wie das Tiergesundheitsgesetz sowie die entsprechenden Verordnungen weisen dem Jäger verantwortungsvolle Aufgaben im Zusammenhang mit dem Vorkommen von Wildkrankheiten zu. So ist er im Rahmen des Jagdschutzes verpflichtet, das Wild vor einer Reihe von Gefahren, darunter auch vor Wildseuchen zu schützen (§ 24 BJagdG, § 9 Tiergesundheitsgesetz). Bei Verdacht oder Ausbruch einer anzeigenpflichtigen Tierseuche nach § 10 Tiergesundheitsgesetz (z. B. Tollwut, Schweinepest) hat er bei der zuständigen Behörde (Veterinäramt, Amtstierarzt) eine entsprechende Anzeige zu erstatten (§ 24 BJagdG). Die Ordnungsbehörde/das Veterinäramt kann Jäger zur Hilfeleistung verpflichten und weitere Auflagen machen.

Weiterhin muss er schwer krankes Wild unverzüglich erlegen, um es vor »vermeidbaren Schmerzen und Leiden zu bewahren«, sofern er es nicht fangen und erfolgreich versorgen kann (§ 22a BJagdG).

Um diesen Bestimmungen nachkommen zu können, muss der Jäger die wichtigsten Wildkrankheiten, insbesondere die Tierseuchen, kennen und erkennen. Darüber hinaus muss er beurteilen können, ob ein Wildtier erkrankt ist. Voraussetzung hierfür ist das Wissen über das Aussehen und das Verhalten des gesunden Wildes sowie das Aussehen von gesunden Organen.

Begriffsbestimmungen

Infektionskrankheit Sie wird durch Prionen, Viren, Bakterien, Pilze oder Parasiten hervorgerufen und direkt oder indirekt übertragen.

Virus Ein Krankheitserreger, der zur Vermehrung eine lebende Zelle benötigt.

Bakterium Ein Kleinstlebewesen (Zelle), das nur mikroskopisch sichtbar ist.

Pilz Ein mehrzelliger Organismus, der weder zu den Pflanzen noch zu den Tieren zählt.

Parasit Ein zeitweise oder dauernd im Körper (Endoparasit) oder auf dem Körper (Ektoparasit) lebender Schmarotzer.

Zwischenwirt Ein Organismus, in oder auf dem sich Entwicklungsformen (z. B. Larven) von Parasiten vorübergehend aufhalten.

Zoonose/Anthropozoonose Eine Krankheit, die auf Mensch und Tier übertragbar ist (z. B. Tollwut, Trichinose, Tuberkulose).

Wildseuche Eine Wildkrankheit, die seuchenartigen Umfang annehmen kann.

Anzeigepflichtige Tierseuche Eine Tierseuche, die bei Auftreten oder bei Verdacht des Ausbruches nach § 10 Tierseuchengesetz angezeigt werden muss (bei Veterinäramt/Amtstierarzt).

Krankheitsursachen

Man unterscheidet unbelebte und belebte Krankheitsursachen. Zu den unbelebten gehören Gifte (z.B. Schädlingsbekämpfungsmittel, Pflanzenschutzmittel, Chemikalien), Witterungseinflüsse, Verletzungen (z.B. durch Straßenverkehr, Rangkämpfe, landwirtschaftliche Maschinen, Drahtzäune), Nahrungsmangel und Stress.

Zu den belebten Krankheitsursachen gehören Viren, Bakterien, Pilze und Parasiten. Wenn diese Erreger zu Erkrankungen führen, spricht man von Infektionskrankheiten. Der Ausbruch derartiger Krankheiten wird begünstigt durch Schwächung der Abwehrkräfte eines Organismus, z.B. durch länger anhaltende extreme Witterungsbedingungen (Regen, Überschwemmungen, ebenso außergewöhnliche Schneefälle, längere Frostperioden oder Trockenheit), anhaltende Beunruhigung im Revier (Erholungsbetrieb, Freizeitsport), gravierende Änderungen des Biotopes durch Wegfall von Deckung und Äsung (Ernteschock) oder zu hohe Wilddichte.

Krankheits- bzw. Todesursachen bei Wild können durch Tierärzte oder tierärztliche Institute festgestellt werden. Bei anzeigepflichtigen Tierkrankheiten stellt das Veterinäramt (Amtstierarzt) den Ausbruch der Seuche fest.

Krankheitsmerkmale

Krankheitsmerkmale können sich am lebenden Tier in vielfacher Form zeigen, z. B. an verändertem Aussehen wie Abmagerung, Haarausfall oder verschmutzter Spiegel. Sie können aber auch erst beim Aufbruch am Tierkörper oder an den Organen erkennbar sein z.B. Abszesse, Veränderungen in Größe, Farbe, Konsistenz, Blutungen.

Tierkörperbeseitigung

Tierkörper oder Körperteile von frei lebendem Wild, die nicht als Nahrungsmittel für den Menschen verwendet werden, unterliegen keiner Beseitigungspflicht. So kann der Aufbruch von gesund erlegtem Wild im Revier verbleiben, z.B. als Köder am Luderplatz. Hier sind allerdings auch noch andere Bestimmungen zu berücksichtigen, z. B. Verordnungen über Wasserschutzgebiete. Ebenso ist auf Empfindsamkeiten der Bevölkerung Rücksicht zu nehmen. Anders ist es aber bei Wildtieren oder Teilen von Wildtieren, bei denen der Verdacht besteht, dass sie mit einer auf Mensch und Tier übertragbaren Krankheit infiziert sind. Sie müssen mit Rücksicht auf die öffentliche Sicherheit in einer Tierkörperbeseitigungsanstalt (TBA) entsorgt werden. Dazu gelten die Bestimmungen der VO (EG) Nr. 1774/2002 (Tierkörperbeseitigung).

Infektionskrankheiten

Infektionskrankheiten werden durch lebende Krankheitserreger hervorgerufen (Prionen, Viren, Bakterien, Pilze und Parasiten).

Krankheiten durch Viren

Tollwut

Die Tollwut, eine akute Infektion durch das Rabiesvirus, ist auf fast alle Säugetierarten, Vögel und den Menschen übertragbar. Ein spezieller Virusstamm findet sich bei den Fledermäusen. Hauptträger in der Wildbahn ist der Fuchs, bei der urbanen Form Hund und Katze.

Die Viren werden hauptsächlich durch den Biss infizierter Tiere übertragen. Die Erreger breiten sich entlang der Nervenbahnen zum Gehirn und von dort auch auf andere Organe aus. Die Viren werden dann massenhaft über den Speichel ausgeschieden. Sie können in Boden und Fleisch monatelang infektiös bleiben. Die Krankheitserscheinungen fallen unterschiedlich aus. Nach einer Inkubationszeit von 2 Wochen bis 10 Monaten (abhängig von der Bissstelle) zeigen die Tiere verändertes Benehmen (Verlust der Scheu vor dem Menschen, Füchse greifen Hunde an, heisere Stimme), Hunde und Katzen werden scheu oder aggressiv (»stille« oder »rasende Wut«). Im weiteren Verlauf treten starker Speichelfluss, Lähmungen des Unterkiefers und der Atemmuskulatur auf. Die Krankheit führt immer zum Tode. Beim Menschen kann eine Immunisierung aber unmittelbar nach der Infektion (Biss) den Ausbruch noch verhindern.

Die gesetzlichen Bekämpfungsmaßnahmen sind in der Tollwutverordnung festgelegt – z.B. Errichtung von Sperrbezirken, Untersuchung von Füchsen, Auslegung von Impfködern für

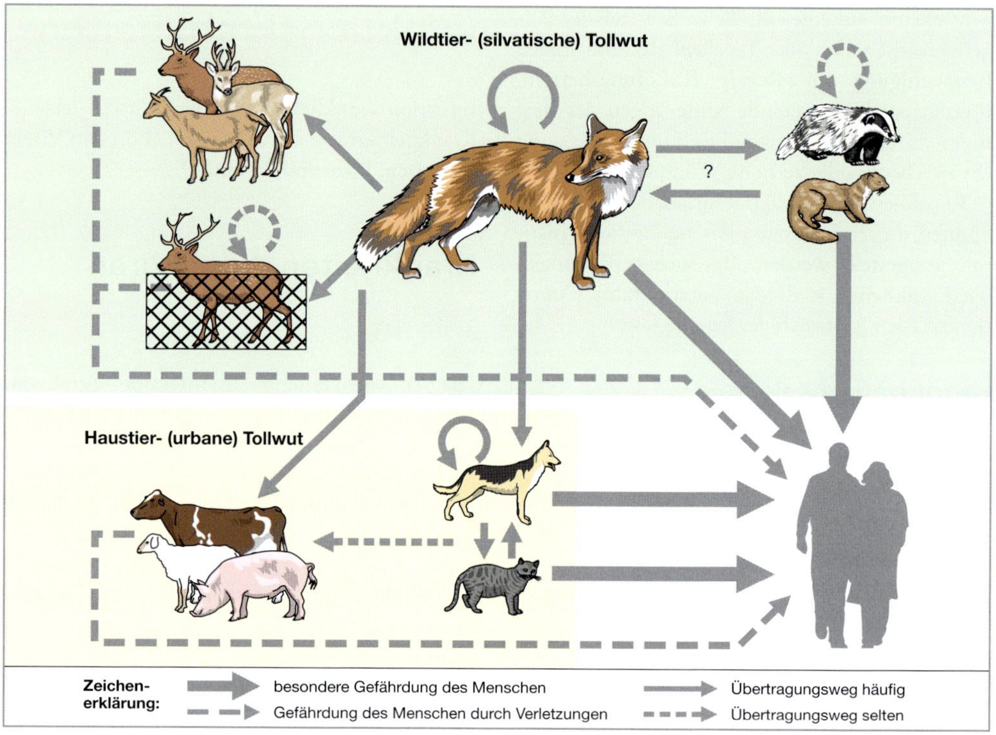

Füchse. Die Jäger können zur Mithilfe verpflichtet werden.

Als vorbeugende Maßnahmen gelten:

- Regelmäßige Schutzimpfung der Hunde
- Auslegung von Impfködern für Füchse
- Anfassen von verdächtigen Tieren nur mit Schutzhandschuhen
- Sofortiges Aufsuchen des Arztes bei Kontakt mit tollwutverdächtigen Tieren.

Das Wildbret kranker oder verdächtiger Tiere ist genussuntauglich und muss unschädlich beseitigt werden (Tierkörperbeseitigungsanstalt, TBA).

Der Verdacht oder der Ausbruch der Krankheit ist anzeigepflichtig!

Deutschland gilt seit 2008 als tollwutfrei (von terrestrischer Tollwut).

Afrikanische Schweinepest

Die Afrikanische Schweinepest (ASP) ist eine häufig tödlich verlaufende, anzeigepflichtige Tierseuche der Haus- und Wildschweine, die seit September 2020 auch in Deutschland vorkommt. Menschen und andere Tierarten erkranken nicht. Das Virus kann direkt und indirekt übertragen werden. Die größte Infektionsgefahr geht von Kadavern, Blut und kontaminierten Fleischprodukten aus.

Die Krankheit geht mit hohem Fieber, Schwäche, Atemnot und Blutungsneigung einher. Häufig fallen Tiere durch Desorientiertheit und mangelnde Scheu auf. Beim Aufbrechen und Zerwirken können flohstichartige Blutungen festgestellt werden.

Die gesetzlich festgelegten Bekämpfungsmaßnahmen sind in der Schweinepestverordnung festgelegt. Sie beinhalten die Ausweisung eines gefährdeten Gebietes und einer Pufferzone, Jagd- und Betretungsverbote in den sogenannten Kernzonen, die Errichtung von Zäunen, die Fallwildsuche sowie die verstärkte Bejagung in angrenzenden Regionen. Der Jagdausübungsberechtigte hat den Anordnungen für sein Revier Folge zu leisten. Jeder Verdacht ist anzuzeigen!

Um den Eintrag bzw. die Verbreitung der ASP zu vermeiden, ist Jagdhygiene das oberste Gebot. Von Jagdreisen in betroffene Regionen sollte abgesehen werden. Schlacht- und Küchenabfälle dürfen nicht im Revier ausgebracht werden. Jedes verendet aufgefundene Wildschwein muss dem Veterinäramt angezeigt werden.

Klassische Schweinepest

Die Symptome der Klassischen und Afrikanischen Schweinepest sind sehr ähnlich. Die Klassische Schweinepest ist seit 2009 in Deutschland nicht mehr aufgetreten und kommt derzeit in der EU nicht vor. Die Bekämpfung erfolgt ebenfalls auf Grundlage der Schweinepestverordnung. Für die Bekämpfung steht ein Köderimpfstoff zur Verfügung.

Maul- und Klauenseuche (MKS)

Die Maul- und Klauenseuche ist auf alles Schalenwild direkt oder indirekt übertragbar. Die Krankheit äußert sich durch Blasenbildung an der Schleimhaut von Äser und Lecker sowie an den Schalen.

Die gesetzlichen Bekämpfungsmaßnahmen sind in der MKS-Verordnung festgelegt. Das Wildbret verdächtiger und befallener Tiere ist genussuntauglich und muss unschädlich beseitigt werden (TBA). Der Verdacht oder der Ausbruch der Krankheit ist anzeigepflichtig!

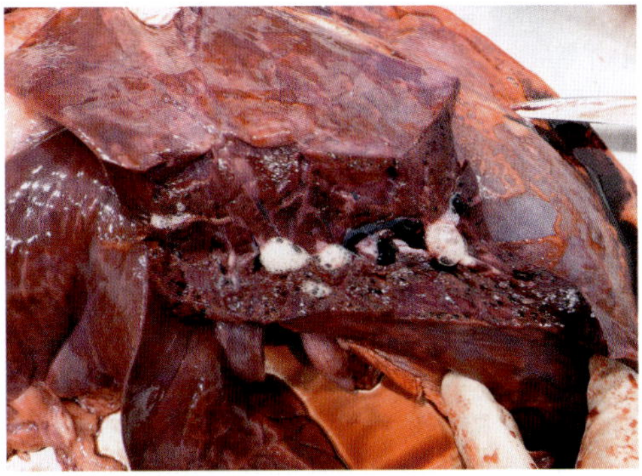

Schaumige Flüssigkeit in der Lunge bei Befall mit ASP.

Myxomatose

Die Krankheit kommt bei Wildkaninchen vor. Das Virus wird durch direkten Kontakt oder durch stechende Insekten übertragen.

Die Krankheitserscheinungen zeigen sich im Anschwellen der Schleimhäute (»Löwenkopf«). Die geschwächten Tiere suchen den Bau nicht mehr auf und werden leichte Opfer ihrer Fressfeinde oder sie verenden nach einigen Tagen. Bei Ausbruch der Krankheit ist eine scharfe Bejagung

An Myxomatose erkranktes Kaninchen

der infizierten Bestände notwendig. Das Wildbret verdächtiger oder kranker Tiere ist genussuntauglich und unschädlich zu beseitigen (TBA).

Geflügelpest (Vogelgrippe)

Die anzeigepflichtige Krankheit kann durch mehrere Virusvarianten bei allen Haus- und Wildvögeln vorkommen. Das Virus wird durch direkten Kontakt und Körperausscheidungen übertragen. Die Krankheitserscheinungen zeigen sich durch Atembeschwerden, Durchfall, Blutungen, gehäufte Todfunde. Die gesetzlichen Bekämpfungsmaßnahmen sind in der Geflügelpestverordnung festgelegt (z. B. Stichproben auf Vogelgrippe, Keulen). Das Wildbret von verdächtigen oder kranken Tieren ist genussuntauglich. Die Tierkörper sind unschädlich zu beseitigen (TBA). Als atypische Geflügelpest wird die Newcastle-Krankheit bezeichnet.

Geflügelpocken

Die Geflügelpocken kommen bei Haus- und Wildgeflügel vor (Hühnervögel, Tauben, Greife). Das Virus wird durch direkten Kontakt übertragen. Die Krankheitserscheinungen treten am Schnabel, Kopf und an den Ständern als borkige Pocken auf. Später erfolgen Atemnot und Tod. Die Krankheit wird gesetzlich bekämpft und ist anzeigepflichtig. Das Wildbret ist genussuntauglich und der Tierkörper ist unschädlich zu beseitigen (TBA).

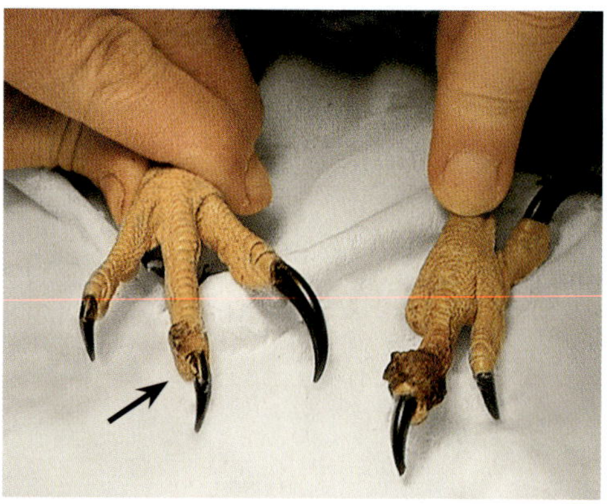

Pockeninfektion bei einem Greifvogel

Virale Leberentzündung der Hasen (EBHS)

Die virale Leberentzündung kommt bei Hasen vor. Das Virus wird durch direkten Kontakt übertragen. Die erkrankten Hasen sind geschwächt und verenden bald. Beim Aufbrechen fällt eine Gelbsucht auf, die Leber ist geschwollen. Das Wildbret ist genussuntauglich und unschädlich zu beseitigen (TBA). Der Verdacht und der Ausbruch der Krankheit sind anzeigepflichtig.

Chinaseuche (RHD)

Die Krankheit kommt hauptsächlich bei Wildkaninchen vor, seltener bei Hasen. Die Kaninchen sterben schnell an einer Leberentzündung. Das Wildbret ist genussuntauglich und unschädlich zu beseitigen (TBA). Die Krankheit ist anzeigepflichtig.

Frühsommer-Meningoenzephalitis (FSME)

Die FSME kommt bei Tieren und bei Menschen vor. Das Virus wird hauptsächlich durch Zeckenstiche übertragen. Die Krankheitserscheinungen beim Menschen beginnen mit grippeähnlichen Symptomen, Fieber, Gehirnhautentzündung, später auch Lähmungen und Ausfallserscheinungen, die lebenslang auftreten können. Der Jäger sollte sich vor allem in Risikogebieten unbedingt vorbeugend gegen die FSME impfen lassen. Einer Grundimpfung müssen regelmäßige Auffrischungen des Impfschutzes folgen.

Krankheiten durch Bakterien

Borreliose (Lyme-Krankheit)

Die Krankheit kommt bei Tieren (z. B. Hunde) und beim Menschen vor. Die Bakterien werden hauptsächlich durch Zecken (Stich) übertragen. Die Borreliose-Infektion zeigt sich beim Menschen zunächst durch eine ringförmige Hautrötung, später kann sie zu massiven Gelenkentzündungen, Herzmuskelschwäche und zu bleibenden oder wiederkehrenden Lähmungen führen.

Als vorbeugende Maßnahme für Jäger gilt beindichte Kleidung. Nach einem Zeckenbiss sollte man den Arzt aufsuchen. Eine vorbeugende Impfung gegen Borreliose beim Menschen gibt es nicht. Hunde kann man aber durch Antiparasitika oder eine Schutzimpfung schützen.

Gamsblindheit

Die Gamsblindheit kommt bei Gams und Steinwild vor (seltener auch beim Reh). Die Übertragung erfolgt durch direkten Kontakt und durch stechende Insekten. Die erkrankten Tiere haben tränende Augen (infektiöse Hornhaut- und Bindehautentzündung), später erblinden sie und magern ab. Befallene Tiere fallen durch unsicheren Gang auf. Das Wildbret ist genussuntauglich.

Aktinomykose (Strahlenpilz)

Bei den Wildtieren ist von der Einzelerkrankung am häufigsten das Reh (vor allem Schalenwild) betroffen. Die Bakterien dringen bei Verletzungen der Haut/Schleimhaut (Zahnwechsel) in den Körper ein. Die Krankheitserscheinungen zeigen sich entweder am Knochen (Unterkiefer) oder an Weichteilen (Milchdrüsen) als entzündliche Gewebewucherungen. Das betroffene Tier kommt im Laufe der Erkrankung ab. Das Wildbret des betroffenen Tieres ist im Anfangsstadium genusstauglich. Früher wurde angenommen, die Aktinomykose würde durch Pilze hervorgerufen, daher auch die Bezeichnung Strahlenpilz. Es handelt sich aber um eine bakterielle Mischinfektion.

Tularämie (Nagerpest)

Die Krankheit kommt vor allem bei Hasen und Nagetieren, aber auch beim Menschen vor. Die Bakterien werden durch direkten Kontakt übertragen. Die erkrankten Tiere sind geschwächt. Jäger können sich beim Aufbrechen infizieren.

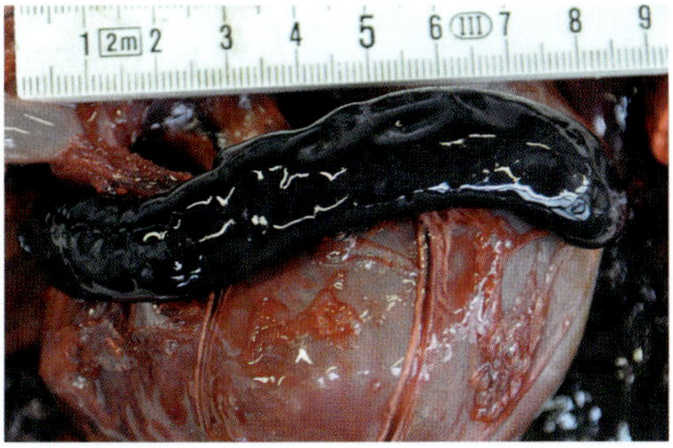

Milzschwellung beim Hasen. Eine derartige Schwellung weist auf eine Infektionskrankheit durch Bakterien hin (z. B. Rodentiose, Hasenseuche, Tularämie, Brucellose).

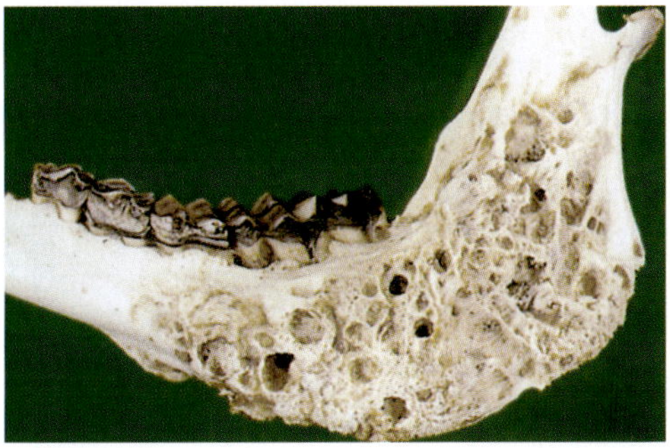

Abgekochtes Präparat eines Rehunterkiefers mit Aktinomykose (schwammartige Auftreibung des Knochens sowie Lockerung und mangelhafte Abnutzung der Zähne)

Das Wildbret ist genussuntauglich und unschädlich zu beseitigen (TBA).

Tuberkulose (Tbc)

Tbc kann bei allen Tieren, Vögeln und beim Menschen vorkommen (Zoonose). Die Verbreitung der Bakterien erfolgt über Tröpfcheninfektion (auch über Milch). Im Krankheitsverlauf kommt es zu Abmagerung und Atembeschwerden. Beim Aufbrechen fallen knotige, verkäste Herde in Organen und Lymphknoten auf. Die gesetzlichen Bekämpfungsmaßnahmen sind in der Tbc-Verordnung geregelt. Das Wildbret befallener Tiere ist genussuntauglich und unschädlich zu beseitigen (TBA). Der Verdacht oder der Ausbruch der Krankheit ist anzeigepflichtig!

Brucellose

Die Krankheit kann bei allen Tieren (vor allem Hasen) und beim Menschen vorkommen. Die Bakterienübertragung erfolgt durch Ausscheidungen. Anzeichen sind Anschwellen und Vereitern der Geschlechtsorgane. Vorsicht beim Aufbrechen! Das Wildbret verdächtiger und erkrankter Tiere ist genussuntauglich und unschädlich zu beseitigen (TBA). Der Verdacht oder der Ausbruch der Krankheit ist anzeigepflichtig!

Salmonellose

Salmonellen (Salmonellose) können bei allen Tieren, Vögeln und beim Menschen vorkommen. Die Übertragung erfolgt durch Ausscheidungen. Die Krankheit ruft Magen- und Darmentzündung, Durchfall und Blutvergiftung hervor. Gesetzliche Bekämpfungsmaßnahmen sind in der Salmonellose verordnung geregelt. Das Wildbret verdächtiger oder erkrankter Tiere ist genussuntauglich und unschädlich zu beseitigen (TBA). Verdacht sowie Ausbruch der Erkrankung sind anzeigepflichtig.

Krankheiten durch Pilze

Pilzerkrankungen kommen beim Wild sehr selten vor. Es kann zu örtlichen Besiedlungen von Haut, Lunge oder Magen/Darm kommen. Bei Pilzbefall ist das Wildbret genussuntauglich.

Krankheiten durch Parasiten

Endoparasiten

Kokzidien
Die einzelligen Erreger können bei allen Haar- und Federwildarten vorkommen, insbesondere in Darm und Leber. Die Übertragung erfolgt durch direkten Kontakt oder über die Aufnahme von verschmutzter Äsung. Es kommt zu Darmentzündung mit Durchfall und in der Folge zu Schwächung und Tod. Erkrankte Tiere sind genussuntauglich.

Magen-Darm-Würmer
Es gibt verschiedene Rund- oder Fadenwurmarten, die bei allen Wildtieren vorkommen können. Befallene Tiere scheiden mit der Losung Wurmeier aus, daraus entwickeln sich Larven, die mit der Äsung aufgenommen werden.

Starker Wurmbefall ruft eine Magen-Darm-Entzündung hervor, verbunden mit Durchfall, Abmagerung und Schwäche. Verzögerter Haarwechsel und geringe Trophäen sind die Folgen. Konzentration von Tieren und mangelnde Hygiene an Futterstellen begünstigen die Ausbreitung der Parasiten. Der jeweilige Zustand des Tieres entscheidet über die Verwertung.

Lungenwürmer
Der Große und der Kleine Lungenwurm (L.) können bei allen Wildarten vorkommen. Federwild (z.B. Fasane) wird hauptsächlich vom Rotwurm (Luftröhrenwurm) befallen. Die ge-

schlechtsreifen Würmer sitzen in den Bronchien (Großer L.) bzw. im Lungengewebe (Kleiner L.) und legen Eier ab, die hochgehustet, dann abgeschluckt und mit der Losung ausgeschieden werden. Die sich daraus entwickelnden Larven werden mit der Äsung aufgenommen. Beim Kleinen Lungenwurm sind Schnecken oder Regenwürmer (Lungenwurm des Schwarzwildes) als Zwischenwirte notwendig. Starker Wurmbefall führt zu Lungenentzündung, Husten und Kümmern. Je nach Zustand wird das Tier verwertet.

Entwicklung des Magenfadenwurms

Trichinen

Trichinen (Trichinose) können bei Fleisch- und Allesfressern in der Muskulatur vorkommen. Auch der Mensch kann sich infizieren. Nach Aufnahme von trichinösem Fleisch werden im Magen die eingekapselten Larven frei, entwickeln sich zu geschlechtsreifen Würmern, die wieder neue Larven gebären. Sie gelangen mit dem Blut in die Muskulatur, kapseln sich ein und bleiben jahrelang infektiös.

Die neuen Larven verursachen in der 1. Woche heftige Darmkoliken. Bei Besiedelung der Muskulatur, nach 2–3 Wochen, treten heftige rheumaähnliche Muskelschmerzen, Bewegungsstörungen, Herzschwäche und Lähmungen auf. Beim Menschen können bleibende Schäden oder

Entwicklungsstadien des Kleinen Lungenwurms

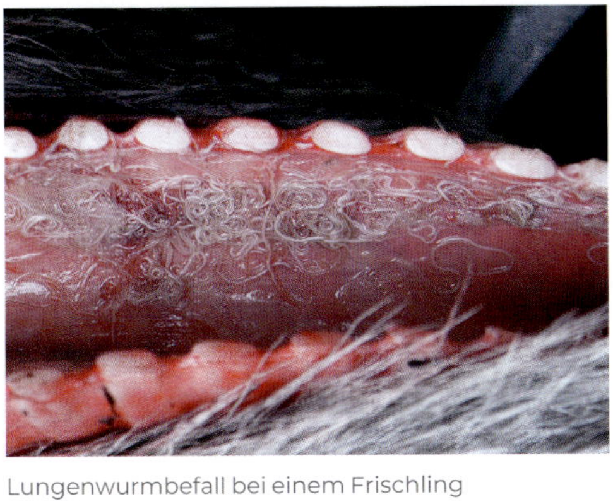

Lungenwurmbefall bei einem Frischling

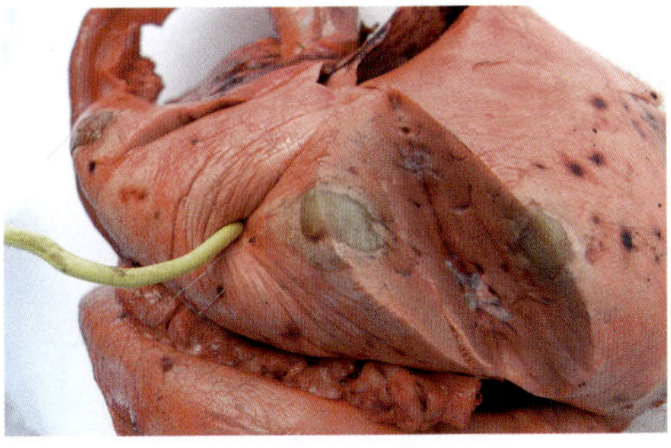

Lungenwurmbrutknoten in einer Rehlunge. Diese Knoten sind vorwiegend im hinteren Lungenhauptlappen lokalisiert.

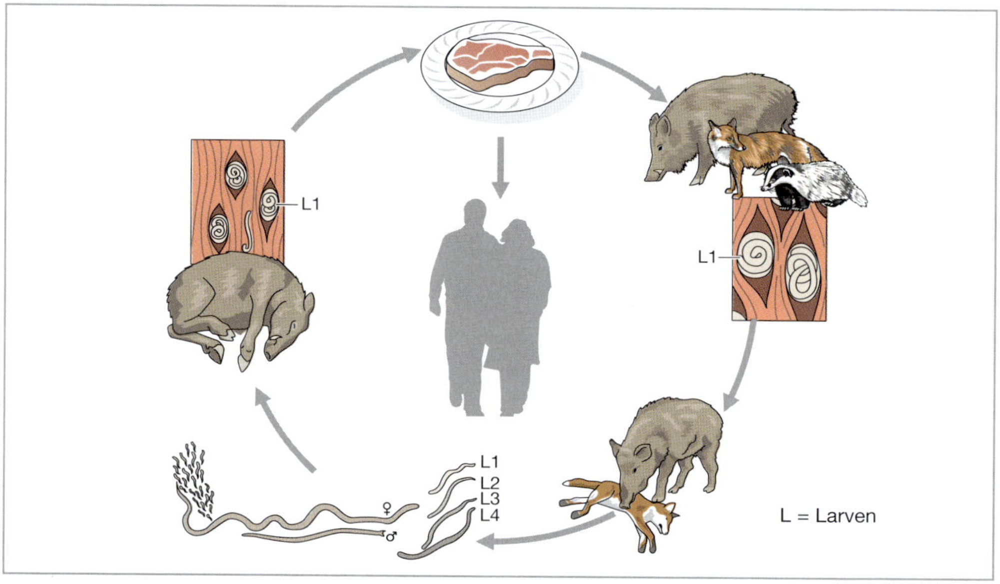

Entwicklung der Trichinose

Todesfälle auftreten. Deshalb ist bei allen Schweinen, Bären, Füchsen, Dachsen sowie anderen fleischfressenden Tieren und Vögeln eine Untersuchung auf Trichinen vorgeschrieben, wenn das Wildbret verzehrt werden soll. Befallene Tiere sind genussuntauglich und unschädlich zu beseitigen (TBA).

Bandwürmer

Bei allen Wildarten können spezifische Bandwürmer (Plattwürmer) vorkommen. Auch der Mensch kann sich infizieren. Die Bandwürmer parasitieren im Darm der Endwirte und geben ständig Eier mit der Losung ab. Die Eier werden von einem Zwischenwirt aufgenommen, in dem sich in

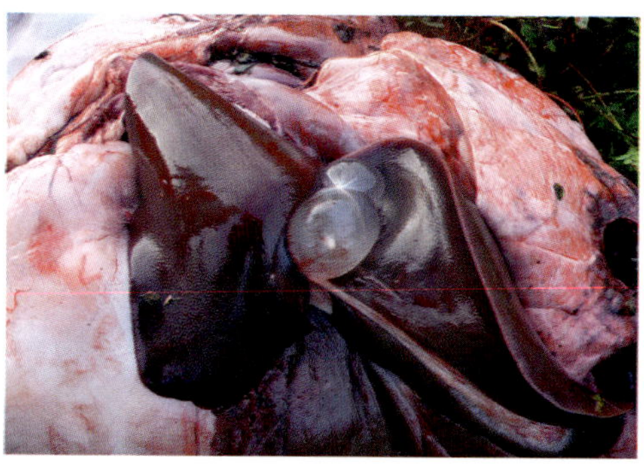

Deutlicher Befall einer Wildschweinleber mit Finnen

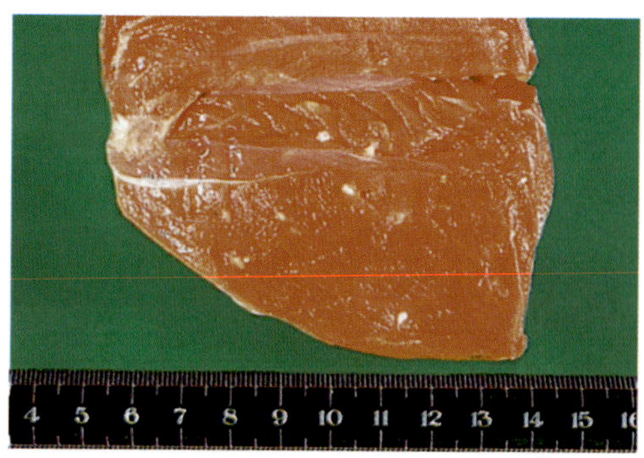

Befall der Oberschenkelmuskulatur eines Rehes mit der Rehfinne *(Cysticercus cervi)*

Bandwurmart	Endwirt	Zwischenwirt Finne
Fuchsbandwurm	Fuchs	Kleine Nagetiere, Mensch
Hundebandwurm	Hund	Floh
Geränderter Bandwurm	Fuchs, Hund	Schalenwild
Gesägter Bandwurm	Fuchs, Hund	Hase, Kaninchen

oder an bestimmten Organen oder der Muskulatur die Zwischenstadien (Finnen) entwickeln. Die Finnen sind blasige oder feste Gebilde von unterschiedlicher Größe (reiskorn- bis traubenartig).

Nach Aufnahme der Finnen entwickeln sich im Darm des Endwirtes die jeweiligen Bandwürmer.

Beim Menschen können die Finnen schwere Erkrankungen hervorrufen, z. B. kann es nach oraler Aufnahme von Eiern des Fuchsbandwurmes zu einer Leberdurchsetzung kommen.

Hunde mit Bandwurmbefall sind zu entwurmen. Zur Verhinderung der Bandwurmentwicklung ist das Gescheide des Wildes genau auf

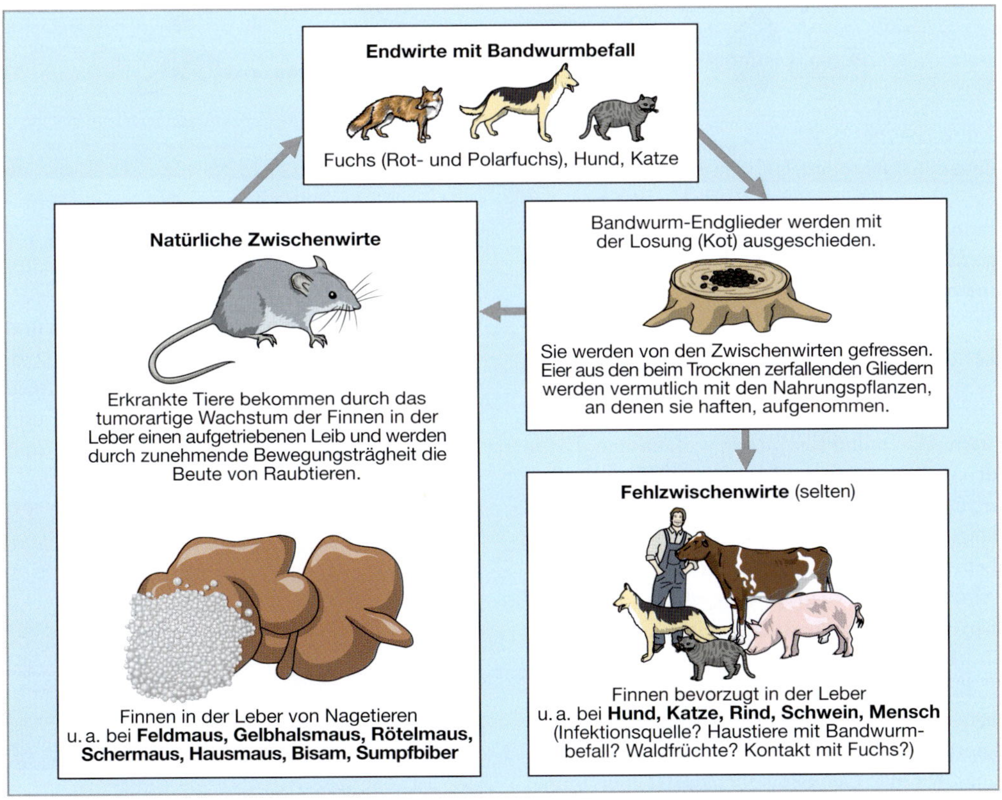

Entwicklungskreislauf des Kleinen Fuchsbandwurms

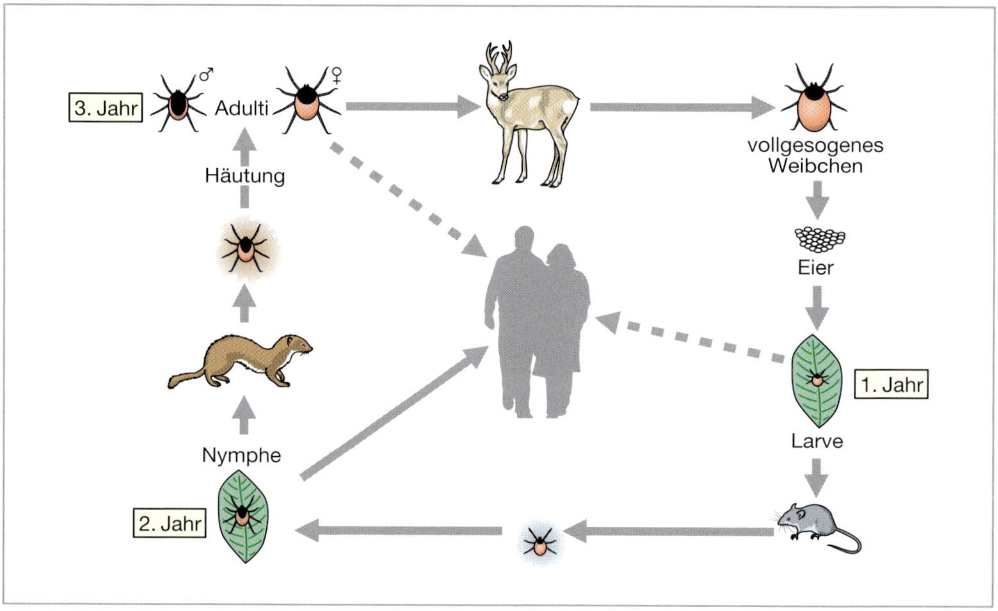

Entwicklungszyklus der Schildzecke

Finnen zu untersuchen. Befallenes Wildbret ist genussuntauglich und unschädlich zu beseitigen (nicht verfüttern!).

Leberegel

Die Plattwürmer können bei allen Schalenwildarten, Hasen und Kaninchen vorkommen. Die in den Gallengängen der Leber parasitierenden Egel legen Eier ab, die mit der Losung ins Freie gelangen. Zur weiteren Entwicklung benötigt der Leberegel einen Zwischenwirt (Zwergschlammschnecke), der Kleine Leberegel zwei Zwischenwirte (Kalkschnecke und Ameise). Die Endwirte infizieren sich über die Äsung.

Bei starkem Befall schädigen die Egel die Leber, was zu Durchfall und Kümmern führen kann. Der jeweilige Zustand der Tiere entscheidet über die Genusstauglichkeit (Leber immer untauglich).

Ektoparasiten (Außenparasiten)

Zecken

Die Parasiten gehören zu den Spinnentieren und können bei allen Wildarten vorkommen (z. B. »Holzbock«, *Ixodes ricinus)*. Die Zecken gelangen von Gräsern oder Sträuchern auf Tier und Mensch und brauchen zu ihrer Ernährung und

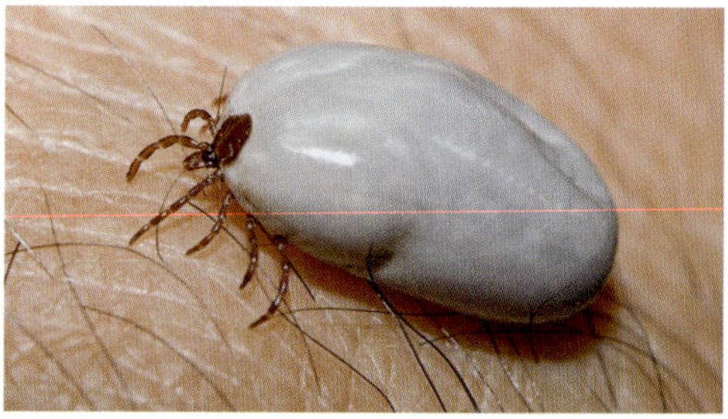

Vollgesogene Zecke: Der Körperumfang hat sich erheblich vergrößert.

Entwicklung Blut. Ist eine Zecke mit Krankheitserregern infiziert, kann sie für den Menschen (auch Hunde) gefährliche Krankheiten übertragen – insbesondere FSME (Frühsommer-Meningoenzephalitis) und Lyme-Borreliose (auch Tularämie). Beim Stich gelangen die Erreger, bei FSME Viren, bei Borreliose Bakterien, aus den Speicheldrüsen oder dem Darm der Zecke über den Stechapparat in den Körper des Blutwirts. Durch eine Blutmahlzeit vergrößert sich der Umfang einer Zecke erheblich. Damit kann sie auch sehr lange überleben, in freier Natur 3–5 Jahre.

Gamsgeiß mit Gamsräude

Milben

Die verschiedenen Arten der Spinnentiere können bei allen Wildarten vorkommen. Besondere Bedeutung haben die Grabmilben (Sarcoptesräude bei Gams und Fuchs). Die Ansteckung mit Milben erfolgt durch direkten Kontakt oder indirekt (14 Tage lebensfähig), hier besteht vor allem bei der Baujagd eine Ansteckungsgefahr für Hunde. Die Milben bohren Gänge in die Haut. Bei Befall kommt es zu starkem Juckreiz, Hautentzündung, Haarausfall, borkiger Haut. Da eine Ausheilung sehr selten ist, empfiehlt sich der Abschuss der erkrankten und verdächtigen Tiere. Das Wildbret ist genussuntauglich.

Flöhe, Läuse, Lausfliegen

Flöhe, Läuse und Lausfliegen können bei allen Wildarten vorkommen. Sie können Infektionskrankheiten beim Stich übertragen. Flöhe gelten als Zwischenwirt für den Hundebandwurm.

Stark von Räude befallener Fuchs

Hautdasseln
Die Hautdassellarven kommen bei allen wiederkäuenden Schalenwildarten vor. Die Dasselfliegen legen ihre Eier (Mai bis August) an den Flanken der Tiere ab. Die daraus schlüpfenden Larven bohren sich durch die Haut und wandern zum Rücken, den sie im Dezember/Januar erreichen Dort bohren sie ein Atemloch, durch das sie im März/April den Wirt verlassen. Nach Verpuppung im Boden schlüpfen im Mai/Juni die reifen Dasselfliegen. Bei starkem Befall werden die Wirtstiere geschwächt, der Rücken entzündet sich. Je nach Befall ist das Wildbret genussuntauglich (ekelerregend). Durch die Atemlöcher ist auch das Leder wertgemindert.

In Revieren mit starkem Befall den Abschuss möglichst früh durchführen.

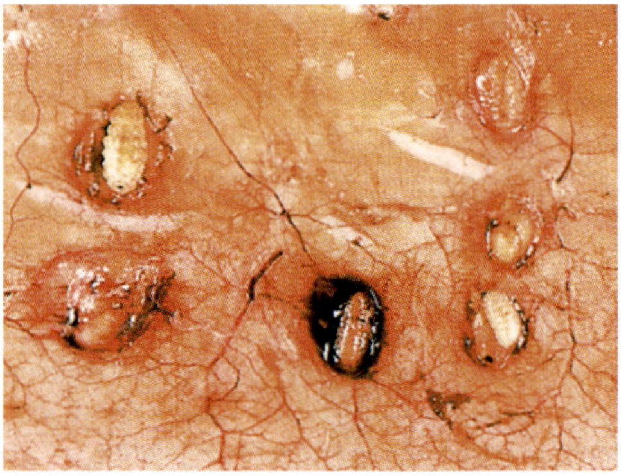

Zahlreiche Dassellarven mit Entzündung in der Unterseite der abgezogenen Decke eines Rehes

Rachenbremsen (Rachendasseln)
Die Rachenbremsenlarven kommen bei allen wiederkäuenden Schalenwildarten vor. Die Rachenbremsen spritzen von Juni bis August im Flug die Larven in den Windfang des Wildes. Die Larven wandern in den Nasen-Rachen-Raum und wachsen dort bis zur Verpuppungsreife. Im April/Mai werden sie ausgeniest und verpuppen sich im Boden. Nach 4–6 Wochen schlüpft die reife Fliege. Stark befallene Tiere fallen durch Niesen und Husten auf. Das Wildbret ist genusstauglich.

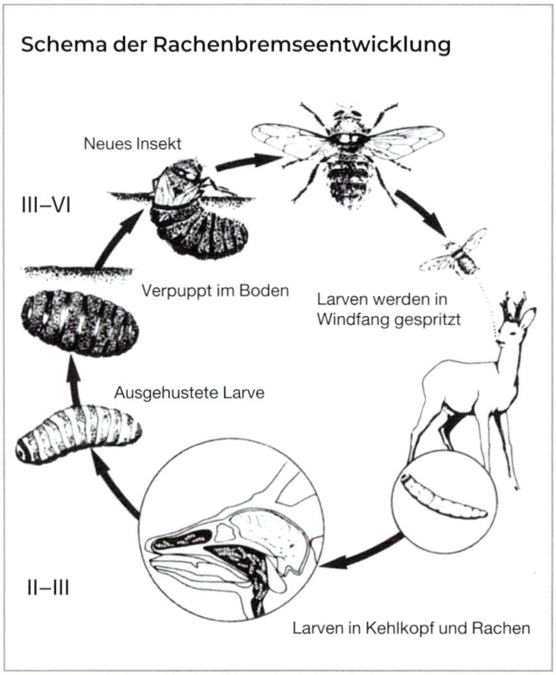

Rachenbremsenentwicklung im Jahresverlauf (römische Zahlen = Monate)

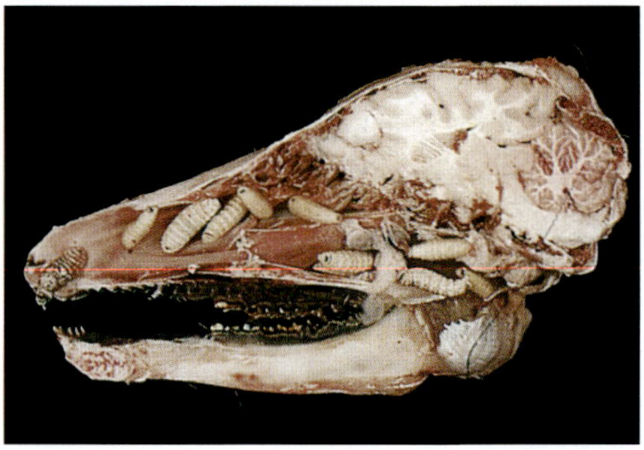

Befall durch Rachenbremsenlarven bei einem Reh (Schädel in Längsrichtung gespalten)

Nicht infektiöse Erkrankungen

Vergiftungen

Vergiftungen kommen bei Wildtieren relativ selten vor. Als Ursache sind zahlreiche Stoffe bekannt: Beizmittel, Insektizide, Gifte zur Nagetierbekämpfung, Schwermetalle. Die Krankheitsbilder sind sehr unterschiedlich, z. B. Krämpfe, Bewegungsstörungen, Durchfall, Schädigung von Nieren und Leber (Gelbsucht). Das Wildbret ist genussuntauglich.

Mykotoxikosen

Mykotoxikosen sind Erkrankungen nach Aufnahme von Pilzgiften, insbesondere von Schimmelpilzen durch verschimmelte Äsung. Die Folge sind meist Magen-Darm-Entzündungen (Durchfall). Das Wildbret ist genussuntauglich.

Botulismus

Die Krankheit wird durch Gifte (Botulinustoxine) bestimmter Bakterien hervorgerufen. Die Gifte bewirken eine Schädigung des Nervensystems und führen zu Bewegungsstörungen, Lähmungen, Schwäche. Das Wildbret ist genussuntauglich.

Verletzungen

Verletzungen können durch Straßenverkehr, landwirtschaftliche Maschinen, Draht etc. entstehen. Die Folgen können sehr unterschiedlich ausfallen, z. B. Perückenbildung nach Verletzung des Kurzwildbrets (Hormonstörung).

Kampfverletzung, Rehbock

Perückenbildung: Rehbock nach Verletzung am Kurzwildbret

Einflüsse durch Biotopveränderung, Witterung

Durch intensive Beeinflussung des Lebensraumes der Tiere (Ernteschock, Verlust der Deckung und Äsung, Monokulturen) sowie durch extreme Witterung (z. B. lang anhaltende Nässe) kann es zur Schwächung einzelner Tiere oder des gesamten Bestandes kommen.

Stark ausgewachsene Schalen eines Mufflons infolge ungenügender Abnutzung in einem Waldrevier

Sogenanntes Frostgeweih beim Rehbock

Missbildungen, Mutationen, Farbabweichungen

Missbildungen sind angeborene Abweichungen von der normalen Gestalt des Körpers bzw. der Organe. Sie kommen selten vor. Es gibt genetische Ursachen, aber auch Entwicklungsstörungen in der Gebärmutter während der Trächtigkeit, die zu Missbildungen führen können.

Beispiele für Missbildungen an Skelett und Organen sind:

- Doppel- oder Mehrfachbildungen (Beispiele: überzählige Gliedmaßen, Zähne)
- Fehlen, Verkümmerung oder abnorme Gestalt von Organen (Beispiele: Fehlen der Augen, Stummelschwanz, Unter- oder Oberkieferverkürzung, Schnabelverbiegung)
- Geschlechtsanomalien (Beispiele: Zwitterbildungen = gleichzeitig männliche und weibliche Geschlechtsmerkmale; Kryptorchismus = eine oder beide Brunftkugeln befinden sich in der Bauchhöhle)

Sehr viele Fälle von Missbildungen verursachen keine Beeinträchtigung der Lebensfähigkeit (z. B. Farbvarianten der Haare, aber auch Missbildungen der Rosenstöcke). In anderen Fällen sind die betroffenen Tiere nicht lebensfähig oder kümmern stark, etwa bei Fehlstellungen von Ober- und Unterkiefer. Grobe Missbildungen, vor allem solche der Gliedmaßen oder des Verdauungstraktes, führen zu einem frühen Tod durch Prädatoren.

Schutzmaßnahmen, Ermittlung von Krankheitsursachen

Für die Ermittlung von Tierseuchen ist das Veterinäramt/Amtstierarzt zuständig. Zudem gibt es in fast allen Bundesländern Institute, an denen Wilduntersuchungen (Krankheits-/Todesursachen) durchgeführt werden.

1 | Welche Gesetze regeln den Umgang mit krankem Wild?
Bundesjagdgesetz, Tierschutzgesetz, Tiergesundheitsgesetz und entsprechende Verordnungen (z. B. Tollwut-VO).

2 | Welche Pflichten hat der Jäger beim Verdacht des Auftretens einer Wildseuche?
Bereits der Verdacht ist dem zuständigen Veterinäramt anzuzeigen. Der Jäger ist zur Mithilfe bei Bekämpfungsmaßnahmen verpflichtet.

3 | Wie wird Tollwut übertragen?
Die Viren werden mit dem Speichel ausgeschieden und beim Biss auf andere Tiere oder den Menschen übertragen.

4 | Wie lange ist die Inkubationszeit?
Tage bis Monate (abhängig von der Bissstelle).

5 | Wer ist der Hauptüberträger der Tollwut?
Hauptüberträger (85–90 %) ist in Deutschland der Fuchs.

6 | Welche Symptome zeigen erkrankte Tiere?
Wesensveränderung: Verlust der Scheu, Aggressivität; außerdem Lähmungen, heisere Stimme, starker Speichelfluss.

7 | Wie lange sind die Viren infektiös?
Die Viren bleiben im Boden und im Fleisch monatelang infektiös. Hitze und UV-Licht töten sie schnell ab.

8 | Wie kann man Hunde vor der Tollwut schützen?
Durch eine regelmäßige Schutzimpfung (alle 3 Jahre).

9 | Welche Maßnahmen werden gegen die Tollwut getroffen?
Die Krankheit oder der Verdacht ist anzeigepflichtig. Die Bekämpfungsmaßnahmen sind in der Tollwut-Schutzverordnung festgelegt (Sperrbezirk, Untersuchungen, Impfköderauslegung).

10 | Bei welchen Tierarten kommt die Schweinepest vor?
Sie ist auf Haus- und Wildschweine übertragbar.

11 | Wie wird die Schweinepest übertragen?
Die Viren werden mit Kot, Urin, Speichel ausgeschieden und durch direkten und indirekten Kontakt übertragen. Die Übertragung kann durch Futter (z. B. Schlacht- oder Küchenabfälle) oder durch verschmutzte Gegenstände erfolgen.

12 | Welche Symptome zeigen erkrankte Tiere?
Fieber (Durst), schwankender Gang, Schwäche. Beim Aufbrechen zeigen sich punktförmige Blutungen an Kehlkopf, Darm, Blase,Niere, Haut.

13 | Welche Bedeutung hat die Schweinepest?
Der Ausbruch – auch bei Wildschweinen – führt zu hohen finanziellen Verlusten in der Landwirtschaft (Keulung, Handelssperren).

14 | Welche Maßnahmen werden gegen die Schweinepest getroffen?
Die Krankheit oder der Verdacht ist anzeigepflichtig. Die gesetzlichen Maßnahmen sind in der Schweinepestverordnung festgelegt (Sperrbezirke, Tötungen). Die Jagdausübungsberechtigten werden zur Mithilfe verpflichtet (z. B. Abliefern von Wildschweinen).

15 | Was geschieht mit dem Wildbret von schweinepesterkranken oder -verdächtigen Tieren?
Es ist genussuntauglich und unschädlich zu beseitigen (TBA).

16 | Welche vorbeugenden Maßnahmen hat der Jagdausübungsberechtigte im Schwarzwildrevier zu treffen?

Energische Bejagung des Schwarzwildes, insbesondere der Frischlinge. Kein Ausbringen von Schlacht- und Küchenabfällen (z. B. Kirrung).

17 | Bei welchen Wildarten kann die Maul- und Klauenseuche (MKS) vorkommen?

Bei sämtlichem Schalenwild.

18 | Wie wird die Maul- und Klauenseuche (MKS) übertragen?

Das Virus kann über die Äsung oder durch direkten Kontakt übertragen werden.

19 | Wie äußert sich die Maul- und Klauenseuche?

Blasenbildung im Äser, Lahmheit (Ablösen der Schalen).

20 | Welche Maßnahmen werden gegen die Maul- und Klauenseuche (MKS) getroffen?

Die Krankheit ist anzeigepflichtig. Die gesetzlichen Maßnahmen sind in der MKS-Verordnung festgelegt.

21 | Was geschieht mit dem Wildbret von MKS-verdächtigen Tieren?

Das Wildbret ist genussuntauglich und unschädlich zu beseitigen.

22 | Bei welchen Wildarten kommt die Myxomatose vor?

Sie kommt bei Wildkaninchen seuchenhaft vor.

23 | Wie wird die Myxomatose übertragen?

Das Virus wird durch direkten Kontakt oder stechende Insekten übertragen.

24 | Welche Symptome zeigen erkrankte Tiere?

Anschwellen der Schleimhäute (»Löwenkopf«). Die erkrankten Kaninchen sind geschwächt und suchen den Bau nicht mehr auf.

25 | Welche Maßnahmen kann der Jäger treffen?

Scharfe Bejagung erkrankter wie gesunder Bestände.

26 | Wie ist das Wildbret eines an Myxomatose erkrankten Tieres zu beurteilen?

Das Wildbret ist genussuntauglich und muss unschädlich beseitigt werden (TBA).

27 | Bei welchen Wildarten kommt die Geflügelpest (Vogelgrippe) vor?

Sie kommt bei allen Wildgeflügelarten vor – hauptsächlich betroffen sind Hühnervögel, Enten, Gänse und Greife, auch Hausgeflügel.

28 | Wie wird die Geflügelpest übertragen?

Das Virus wird durch direkten Kontakt oder durch Körperausscheidungen übertragen.

29 | Wie äußert sich die Geflügelpest?

Gesträubtes Gefieder, Atembeschwerden, Durchfall, Blutungen.

30 | Welche Maßnahmen werden gegen die Geflügelpest getroffen?

Der Verdacht oder die Krankheit ist anzeigepflichtig. Die gesetzlichen Maßnahmen sind in der Geflügelpestverordnung festgelegt.

31 | Wie ist das Wildbret an von Geflügelpest erkrankten Vögeln zu beurteilen?

Das Wildbret ist genussuntauglich und muss unschädlich beseitigt werden (TBA).

32 | Bei welchen Wildarten kommen Geflügelpocken vor?

Bei allem Wildgeflügel (Hühnervögel, Tauben, Greife).

33 | Welche Krankheitserscheinungen treten nach einer Infektion mit Geflügelpocken auf?

Die durch Kontakt übertragene Krankheit zeigt sich durch borkige Pocken an Schnabel,Kopf und Ständern sowie Atemnot.

34 | Wie ist das Wildbret eines an Geflügelpest erkrankten Tieres zu beurteilen?

Das Wildbret ist genussuntauglich. Die Krankheit ist anzeigepflichtig.

35 | Bei welchen Wildarten kommen EBHS und RHD vor?

Die EBHS kommt hauptsächlich bei Hasen, die RHD hauptsächlich bei Kaninchen vor.

36 | Welche Wildarten werden von Zecken befallen?

Alle Haar- und Federwildarten, auch Hund und Mensch.

37 | Welche Krankheiten übertragen Zecken?

FSME und Lyme-Borreliose.

38 | Wer kann an FSME und Lyme-Borreliose erkranken?

Alle Wildarten sowie Hunde und Menschen können sich infizieren.

39 | Wie werden die FSME- und Borreliose-Erreger übertragen?

Hauptsächlich durch Zeckenbisse.

40 | Welche Symptome sind typisch für FSME?

Beim Menschen kommt es zu Fieber, grippeähnlichen Symptomen bis hin zur Hirnhautentzündung.

41 | Welche Vorbeugungsmaßnahmen gibt es gegen FSME?

Gegen FSME gibt es eine Impfung als Vorsorgemaßnahme. Jäger sollten dichte Beinkleider tragen und ggf. Repellents auftragen. Nach einem Zeckenbiss den Arzt aufsuchen! Beim Hund kommen Antizeckenmittel zum Einsatz und man kann den Hund gegen Borreliose impfen.

42 | Welche Erreger verursachen die Lyme-Borreliose?

Bakterien, die sich im ganzen Körper ausbreiten.

43 | Welche Symptome sind typisch für Borreliose?

Es können eine Vielzahl oft untypischer Anzeichen auftreten, z.B. Kopf- und Gliederschmerzen, Fieber, Muskel- und Nervenschmerzen, in späteren Stadien auch geschwollene Gelenke bis hin zu Lähmungen. Ein recht eindeutiges Merkmal ist die sogenannte Wanderrötung, eine Rötung rund um die Zeckenbissstelle, die jedoch nicht immer auftritt.

44 | Kann man sich gegen die Lyme-Borreliose impfen lassen?

Beim Menschen gibt es keine Vorsorgeimpfung, für Hunde wohl.

45 | Bei welchen Wildarten kommt Gamsblindheit vor?

Hauptsächlich bei Gams, Stein- und Rehwild.

46 | Wie wird die Gamsblindheit übertragen?

Durch direkten Kontakt und durch stechende Insekten (von Schafen).

47 | Bei welchen Wildarten kommt Tularämie vor?

Hauptsächlich bei Hasen, Kaninchen und Nagern (»Nagerpest«). Auch der Mensch kann sich durch Kontakte infizieren.

48 | Welche Symptome treten beim Befall von Tularämie auf?
Die geschwächten Tiere zeigen eine deutliche Milzschwellung.

49 | Wie ist das Wildbret von mit Tularämie infiziertem Wild zu beurteilen?
Es ist genussuntauglich und unschädlich zu beseitigen (TBA).

50 | Bei welchen Wildarten kommt Brucellose vor?
Sie kann bei allen Wildarten vorkommen, tritt aber hauptsächlich bei Hasen auf. Auch der Mensch kann sich anstecken.

51 | Welche Symptome treten bei einer Brucellose auf?
Vereiterte Geschlechtsorgane, vergrößerte Hoden.

52 | Welche Maßnahmen werden gegen die Brucellose getroffen?
Die Krankheit ist anzeigepflichtig. Die gesetzlichen Maßnahmen sind in der Brucelloseverordnung festgelegt. Das Wildbret ist genussuntauglich und unschädlich zu beseitigen (TBA).

53 | Bei welchen Wildarten kann Tuberkulose (Tbc) vorkommen?
Bei allen Wildarten; auch beim Menschen.

54 | Welche Symptome treten bei einer Tuberkuloseinfektion auf?
Atembeschwerden, speckige oder eitrige Herde in Lymphknoten und Organen.

55 | Welche Maßnahmen werden gegen die Tuberkulose getroffen?
Die Krankheit ist anzeigepflichtig. Die gesetzlichen Maßnahmen sind in der Tbc-Verordnung festgelegt. Das Wildbret ist genussuntauglich und unschädlich zu beseitigen (TBA).

56 | Bei welchen Wildarten kommt Salmonellose (Paratyphus) vor?
Sie kann bei allen Wildarten vorkommen. Auch der Mensch kann sich anstecken.

57 | Welche Symptome treten bei einer Salmonellose auf?
Magen-, Darmentzündung mit Durchfall, Blutvergiftung.

58 | Wie ist das Wildbret an Salmonellose erkrankter Tiere zu beurteilen?
Als genussuntauglich.

59 | Bei welchen Wildarten tritt Aktinomykose (Strahlenpilz) auf?
Hauptsächlich beim Schalenwild. (Die Bezeichnung Strahlenpilz ist irreführend, da es sich um eine bakterielle Erkrankung handelt.)

60 | Welche Symptome treten bei Aktinomykose auf?
Bei Knochenaktinomykose (Unterkiefer) oder Weichteilaktinomykose (Milchdrüse) treten schwammartige Gewebezubildungen auf.

61 | Wie ist das Wildbret an Aktinomykose erkrankter Tiere zu beurteilen?
Nach Entfernen der Veränderungen ist das Wildbret genusstauglich.

62 | Bei welchen Wildarten kommen Kokzidien vor?
Diese können bei allen Haar- und Federwildarten vorkommen.

63 | Welche Symptome treten bei Kokzidienbefall auf?
Starker Durchfall, Schwächung.

64 | Bei welchen Wildarten kommen Fadenwürmer (Magen-Darm-Würmer, Lungenwürmer) vor?

Sie können bei allen Haar- und Federwildarten vorkommen.

65 | Wie erfolgt die Ansteckung mit Fadenwürmern?

Die Larven werden mit der Äsung aufgenommen.

66 | Welche Symptome treten bei Fadenwurmbefall auf?

Bei stärkerem Befall von Magen-Darm-Würmern kommt es zu Durchfall und Kümmern. Bei Befall mit Großen oder Kleinen Lungenwürmern zu Husten und Lungenentzündung.

67 | Bei welchen Wildarten kommen Trichinen vor?

Bei allen Fleisch- und Allesfressern (z. B. Schwarzwild, Fuchs, auch bei Nagetieren).

68 | Wie erfolgt die Ansteckung mit Trichinen?

Durch Aufnahme von Fleisch, das mit Muskeltrichinen befallen ist.

69 | Kann der Mensch an Trichinen erkranken?

Ja, der Verzehr von trichinösem Fleisch (z. B. Wildschwein) kann zu sehr schweren Erkrankungen führen.

70 | Welche Maßnahmen werden gegen die Trichinose getroffen?

Durch die gesetzlich vorgeschriebene Trichinenbeschau werden befallene Tiere erkannt und unschädlich beseitigt.

71 | Was muss der Jäger beim Aufbrechen eines Wildschweines beachten?

Die Zwerchfellpfeiler – der Lieblingssitz der Trichinen – darf nicht entfernt werden. Von dort werden Proben zur Untersuchung entnommen.

72 | Welche Wildarten werden von Bandwürmern befallen?

Bandwürmer können bei allen Haar- und Federwildarten vorkommen.

73 | Wie vermehren sich Bandwürmer?

Sie brauchen für ihre Entwicklung Zwischenwirte, die Bandwurmeier aufnehmen und ein Zwischenstadium entwickeln.

74 | Wie bezeichnet man das Zwischenstadium von Bandwürmern?

Bandwurmfinne. Bei den Finnen handelt es sich um blasige oder feste, linsen- bis eigroße Gebilde.

75 | Wo befinden sich die Bandwurmfinnen?

Sie finden sich in oder an den Organen oder in der Muskulatur.

76 | Kann der Mensch an Bandwürmern erkranken?

Ja. Nach Aufnahme von Eiern des Fuchsbandwurmes kann die Finne in der Leber des Menschen tumorartig zu wachsen beginnen.

77 | Was ist bei Finnenbefall des Wildes zu beachten?

Das Wildbret/Gescheide muss unschädlich beseitigt werden, um den Entwicklungskreislauf des Bandwurms zu unterbrechen.

78 | Welche Wildarten werden von Leberegeln befallen?

Der Große wie auch der Kleine Leberegel kann alle Schalenwildarten sowie Hase und Kaninchen befallen.

79 | Wie erfolgt die Ansteckung mit Leberegeln?

Durch Aufnahme von Larven, die sich über Zwischenwirte entwickelt haben.

80 | Wie ist das Wildbret eines von Leberegeln befallenen Tieres zu beurteilen?

Als genusstauglich. Die Leber ist jedoch untauglich.

81 | Welche Wildarten werden von Milben befallen?

Alle Haar- und Federwildarten – am häufigsten Fuchs und Gams (Räude).

82 | Welche Symptome treten bei Milbenbefall auf?

Hautentzündung, Juckreiz, Haarausfall, schorfige Veränderungen.

83 | Wie ist das Wildbret von milbenbefallenem Wild zu beurteilen?

Bei stärkerem Befall ist das Wildbret genussuntauglich (ekelerregend).

84 | Was tun Sie mit einem räudigen Fuchs?

Unschädlich entsorgen: Tierkörperbeseitigung oder vergraben (mind. 50 cm tief).

85 | Welche Schadwirkungen können Zecken, Flöhe, Läuse und Hirschlausfliegen haben?

Die blutsaugenden Parasiten können Infektionskrankheiten übertragen (Viren, Bakterien).

86 | Welche Wildarten werden von Rachenbremsen befallen?

Wiederkäuendes Schalenwild.

87 | Wie erfolgt die Ansteckung mit Rachenbremsen?

Die Fliegen spritzen ihre Larven in den Windfang des Wildes.

88 | Wo entwickeln sich Rachenbremsenlarven im Körper?

In den Nasenhöhlen und im Rachen, bis sie im Frühjahr durch Niesen herausgeschleudert werden.

89 | Wie ist das Wildbret eines von Rachenbremsen befallenen Tieres zu bewerten?

Als genusstauglich.

90 | Welche Tierarten werden von Hautdasseln befallen?

Wiederkäuendes Schalenwild.

91 | Wie erfolgt die Ansteckung mit Hautdasseln?

Die Fliegen legen die Eier auf die Flanken und Läufe ab, daraus schlüpfen die Larven.

92 | Wo entwickeln sich Hautdassellarven im Wild weiter?

Die Larven durchbohren die Haut und wandern durch die Unterhaut zum Rücken. Hier bohren sie ein Atemloch, durch das sie den Wirt im Frühjahr verlassen.

93 | Wie schädigen die Dassellarven das Wirtstier?

An den Einniststellen entwickeln sich Gewebereaktionen (Beulen, Entzündungen). Die Qualität der Haut wird durch die Löcher gemindert (Lederherstellung).

94 | Wie ist das Wildbret eines von Dassellarven befallenen Tieres zu bewerten?

Bei Befall kann es zu Entzündungen des Gewebes kommen und damit zur Genussuntauglichkeit (ekelerregend).

95 | Zu welchen Geweihveränderungen kann es bei Verletzung des Kurzwildbrets kommen?

Zur Perückenbildung beim Rehbock.

Wildverwertung

Allgemeines

Grundsätzlich gilt, dass Wild, das nicht mit der Schusswaffe oder der kalten Waffe erlegt wurde, nicht als Lebensmittel in den Verkehr gebracht werden darf. Das heißt, dass Fallwild, tot aufgefundenes Unfallwild, aber auch Wild, das im Rahmen von Drückjagden durch Anrennen gegen ein Hindernis verendet oder von Hunden gefangen wurde, nicht in den Verkehr gebracht werden darf. Andererseits kann noch lebend aufgefundenes und mit einem Fangschuss getötetes Unfallwild nach einer amtlichen Fleischuntersuchung (mit Freigabe) in den Verkehr gebracht werden.

Lebensmittelunternehmer: Gemäß den Fleischhygiene-Vorschriften gilt jeder Jäger als »Lebensmittelunternehmer«. Damit trägt er die Verantwortung dafür, dass in den Verkehr gebrachtes Wild(bret) »sicher«, d.h. genusstauglich ist. Es gilt daher, der geforderten Wildbrethygiene in vollem Umfang gerecht zu werden. Das beginnt mit der Beschau des lebenden und (nach dem Schuss) des toten Stücks, setzt sich über das Aufbrechen, den fachgerechten Transport, das ordnungsgemäße Kühlen, das hygienisch einwandfreie Zerlegen bis zur Abgabe an den Endverbraucher fort. Unbedingt zu beachten: Wir haften, straf- und zivilrechtlich, mit unserem gesamten Vermögen für die Genusstauglichkeit unseres Produktes!

Eine hygienische Wildversorgung beginnt schon mit dem Transport des Wildes ab Erlegungsort. Aufgebrochen wird heute idealerweise in der Wildkammer.

Rechtsgrundlagen & Begriffsbestimmungen

EU-Vorschriften
- VO (EG) 178/2002: Lebensmittelbasisverordnung
- VO (EG) 852/2004: Allgemeine Hygienevorschriften
- VO (EG) 853/2004: Spezielle Hygienevorschriften
- VO (EU) 2075/2005 i. V. m. 1375/2015: Amtliche Fleischbeschau auf Trichinen

Nationale Vorschriften
- Lebensmittel- und Futtermittelgesetzbuch (LFGB)
- Verordnung zur Durchführung von Vorschriften des gemeinschaftlichen Lebensmittelhygienerechts
  Artikel 1: Lebensmittelhygieneverordnung (LMHV)
  Artikel 2: Tierische Lebensmittelhygieneverordnung (Tier-LMHV)

Eine kundige Person
- ist mindestens eine Person einer Jagdgesellschaft, die ausreichend geschult ist, um das Wild vor Ort einer ersten Untersuchung unterziehen zu können.
- ist ein Jäger, der ausreichend geschult ist, um als kundige Person gelten zu können.

Die kundige Person ist erforderlich,
- wenn erlegtes Großwild (Schalenwild), ohne Kopf und Organe, an zugelassene Wildverarbeitungsbetriebe abgegeben werden soll.
- wenn Kleinwild (Hasen, Kaninchen, Federwild) an zugelassene Wildbearbeitungsbetriebe abgegeben werden soll.

Primärproduktion: Erlegen und Ausweiden von Wild, Zerwirken nur nach behördlicher Registrierung als Lebensmittelunternehmer

Primärerzeugnis: Wildbret (einschließlich Aufbruch) im Ganzen oder in Teilstücke zerwirkt

Sekundärproduktion: Verarbeiten von Wildbret (Zulassung als Wildbearbeitungsbetrieb notwendig)

Sekundärerzeugnis: Schinken, Wurstwaren, Pasteten etc.

Fleischbeschau: Grundsätzlich gilt zunächst, dass erlegtes Wild, das für den menschlichen Verzehr bestimmt ist, der amtlichen Fleischuntersuchung unterliegt. In dieser Hinsicht sind wir Jäger jedoch privilegiert: Wir müssen nämlich nicht mit jedem Stück Wild gleich zur Fleischuntersuchung. Man gesteht uns zu, eine erste Beschau selbst durchzuführen. Diese Beschau besteht aus zwei Teilen:
- Beschau des lebenden Stücks und
- Beschau des toten Stücks.

Kundige Person: Zunächst muss jeder, der auf ein Stück Wild schießt, das später verwertet werden soll, auf das Verhalten dieses Tieres achten, weil sich aus dem Verhalten schon bedenkliche Merkmale ergeben können. Weitere bedenkliche Merkmale werden dann am erlegten Stück gesucht. Untersucht werden stets alle Organe (Herz, Leber, Lunge, Niere, Milz) wie auch die Eingeweide (Schlund, Drossel, Magen-Darm-Trakt) und der gesamte Wildkörper. Dieser Teil der Beschau darf jedoch nicht von jedem Jäger durchgeführt werden, sondern nur von darin geschulten. Wir sprechen von einer »kundigen Person«. Inzwischen (seit 2006) ist die Schulung Bestandteil der Ausbildung und mit Bestehen der Jägerprüfung hat man den Status der »kundigen Person«.

Amtliche Fleischuntersuchung: Werden vom Jäger bei der Beschau keine Merkmale festgestellt, die das Wildbret für den menschlichen Verzehr bedenklich erscheinen lassen, kann die amtliche Fleischuntersuchung unter folgenden Vorgaben unterbleiben:
- Das Fleisch wird im privaten, häuslichen Bereich verwendet (Eigenverbrauch).
- Das Wildbret (ganzes Stück oder auch zerlegt – hierbei spricht man von Primärerzeugnissen) wird in kleinen Mengen an den Endverbraucher, an nahe gelegene Einzelhandelsgeschäfte (Metzgerei etc.) oder an Gastronomie-

Bedenkliche Merkmale (gem. Tier-LMHV, Anlage 4)

Beim Gewinnen des Fleisches ist Folgendes zu beachten:

- Großwild ist so schnell wie möglich, Kleinwild spätestens bei der Abgabe aufzubrechen und auszuweiden. Das Enthäuten und eine Zerlegung von Großwild am Erlegeort ist nur zulässig, wenn der Transport sonst nicht möglich ist.
- Großwild ist unmittelbar nach dem Aufbrechen und Ausweiden so aufzubewahren, dass es gründlich auskühlen und in den Körperhöhlen abtrocknen kann. Kleinwild ist unmittelbar nach dem Erlegen so aufzubewahren, dass es gründlich auskühlen kann. Großwild muss alsbald nach dem Erlegen auf eine Kerntemperatur von höchstens + 7 °C, Kleinwild auf eine Kerntemperatur von höchstens + 4 °C abgekühlt sein; erforderlichenfalls ist das erlegte Wild dazu in eine geeignete Kühleinrichtung zu verbringen.

Beim Erlegen, Aufbrechen, Zerwirken und weiteren Behandeln ist auf Merkmale zu achten, die das Fleisch als gesundheitlich bedenklich erscheinen lassen.
Diese liegen vor bei

- abnormen Verhaltensweisen oder Störungen des Allgemeinbefindens,
- Fehlen von Anzeichen äußerer Gewalteinwirkung als Todesursache (Fallwild),
- Geschwülsten oder Abszessen, wenn sie zahlreich oder verteilt in inneren Organen oder in der Muskulatur vorkommen,
- Schwellungen der Gelenke oder Hoden, Hodenvereiterung, Leber- oder Milzschwellung, Darm- oder Nabelentzündung, bei Federwild Entzündung des Herzens, des Drüsen- oder Muskelmagens,
- fremdem Inhalt in den Körperhöhlen, insbesondere Magen- und Darminhalt oder Harn, wenn Brust- oder Bauchfell verfärbt ist,
- erheblicher Gasbildung im Magen- und Darmkanal mit Verfärbung der inneren Organe,
- erheblichen Abweichungen der Muskulatur oder der Organe in Farbe, Konsistenz oder Geruch,
- offenen Knochenbrüchen, soweit sie nicht unmittelbar mit dem Erlegen in Zusammenhang stehen,
- erheblicher Abmagerung,
- frischen Verklebungen oder Verwachsungen von Organen mit Brust- oder Bauchfell,
- Geschwülste oder Wucherungen im Kopfbereich oder an den Ständern bei Federwild,
- verklebten Augenlidern, Anzeichen von Durchfall, insbesondere im Bereich der Kloake, sowie Verklebungen und sonstigen Veränderungen der Befiederung, Haut- und Kopfanhänge sowie Ständer bei Federwild,
- sonstigen erheblichen sinnfälligen Veränderungen außer Schussverletzungen.

Eingeweide, die Veränderungen aufweisen, sind so zu kennzeichnen, dass die Zugehörigkeit zu dem betreffenden Wildkörper festgestellt werden kann; sie müssen bis zum Abschluss der amtlichen Untersuchungen beim Wildkörper verbleiben.

Bei Wild, das eines der vorgenannten Merkmale aufweist und an einen Wildbearbeitungsbetrieb geliefert wird, muss der amtliche Tierarzt über die Genusstauglichkeit des Fleisches entscheiden! (Kapitel VIII, Buchstaben A und B)

betriebe, die die Erzeugnisse unmittelbar an den Endverbraucher abgeben, veräußert. Hierbei ist Voraussetzung, dass der Jäger als Lebensmittelunternehmer bei der zuständigen Behörde registriert ist. Was die Abgabe betrifft, sind Nachweise über Wildart, Menge und Tag der Abgabe zu führen, die 2 Jahre aufbewahrt werden müssen und auf Verlangen der Behörde vorzuzeigen sind.

Hat die »kundige Person« beim erlegten Stück Wild jedoch bedenkliche Merkmale festgestellt, ist vor jeglicher Abgabe das Stück einschließlich aller zugehörigen Organe und der Eingeweide dem für den Jagdbezirk oder Wohnort zuständigen amtlichen Veterinär zur Fleischuntersuchung vorzulegen, wenn es als Lebensmittel in den Verkehr gebracht werden soll.

Übersicht – »Inverkehrbringen« von Wild bzw. Wildbret

1. Abgabe in der Decke an

a) Endverbraucher (Privatpersonen)
b) Einzelhändler (Metzger, Gastwirte)
c) zugelassene Wildbearbeitungsbetriebe

Bedingungen zu a und b

- keine Verhaltensstörungen/bedenkliche Merkmale
- geringe Mengen
- Abgabe im Bereich des Wohn- oder Erlegungsortes (Umkreis 100 km).

Bedingungen zu c

- Bescheinigung einer kundigen Person (liegt eine Bescheinigung nicht vor, müssen die Organe – außer Magen/Darm – und der Kopf beigefügt werden).

2. Abgabe von Wildbret an

a) Endverbraucher (Privatpersonen)
b) Einzelhändler (Metzger, Gastwirte)

Bedingungen zu a und b

- keine Verhaltensstörungen/bedenkliche Merkmale
- geringe Mengen
- Abgabe im Bereich des Wohn- oder Erlegungsortes (Umkreis 100 km).
- Registrierung des Jägers (Landratsamt)
- Hygienevorschriften VO 852/2004

Abgabe an zugelassenen Wildbearbeitungsbetrieb: Bei der Abgabe von Großwild (Schalenwild) ohne Kopf und Organe (Schwarzwild immer mit Haupt – ohne Gewaff – und Zwerchfell) sowie Kleinwild an einen zugelassenen Wildbearbeitungsbetrieb (Wildhändler etc.) muss die kundige Person

1. sofern nicht selbst Erleger, Informationen vom Erleger einholen, ob am lebenden Stück abnorme Verhaltensweisen zu erkennen waren,
2. Wildkörper und Eingeweide auf bedenkliche Merkmale untersuchen,
3. einen Verdacht auf Umweltkontamination abklären und
4. darüber eine Bescheinigung mit Ort, Datum und Zeitpunkt der Erlegung ausstellen.

Diese Bescheinigung ist nicht notwendig, wenn beim Großwild dem Wildbearbeitungsbetrieb Kopf und rote Organe mitgeliefert werden.

96 | Was ist eine kundige Person?

Ein Jäger, der ausreichend geschult ist, um das Wild vor Ort einer ersten Untersuchung unterziehen zu können.

97 | Wann ist eine kundige Person erforderlich?

- Wenn erlegtes Schalenwild, ohne Kopf und Organe (Schwarzwild immer mit Kopf und Zwerchfell), an zugelassene Wildbearbeitungsbetriebe abgegeben werden soll.
- Wenn Kleinwild (Hasen, Kaninchen, Federwild) an zugelassene Wildbearbeitungsbetriebe abgegeben werden soll.

98 | Welche Aufgaben hat die kundige Person?

- Informationen vom Jäger einholen, ob am lebenden Stück abnorme Verhaltensweisen zu erkennen waren.
- Wildkörper und Eingeweide auf bedenkliche Merkmale untersuchen.
- Verdacht auf Umweltkontamination abklären.
- Bescheinigung darüber ausstellen mit Ort und Zeitpunkt der Erlegung.

99 | Auf welche Temperaturen sind Wildkörper abzukühlen?

Schalenwild ist auf + 7 °C, Kleinwild (Hasenartige, Federwild) auf + 4 °C Körperkerntemperatur herunterzukühlen.

Transport

100 | Eignen sich Foliensäcke zum Transport von Wild?
Nein. Wild, das verwertet werden soll, darf nie in Foliensäcken transportiert werden, da es in diesen verhitzt.

101 | Wie muss erlegtes Schalenwild transportiert werden?
In der Regel bereits aufgebrochen und möglichst luftig.

102 | Darf man Hase oder Federwild zum Transport im Kofferraum aufeinanderschichten?
Nein. Wildkörper, die der Verwertung zugeführt werden sollen, dürfen nicht aufeinander gelagert werden.

103 | Wie wird Niederwild bei Gesellschaftsjagden transportiert?
Luftig hängend auf dem Wildwagen. Federwild wird mit dem Kopf oben aufgehängt, Hasen und Kaninchen an den Hinterläufen. Zwischen den Treiben wird das Wild ausgenommen.

104 | Wann spricht man von einer »stickigen Reife«?
Wenn infolge späten Aufbrechens oder unsachgemäßen Transportes das Wildbret eine dunkle Farbe und einen strengen Geruch angenommen hat.

105 | Was geschieht mit solchen Stücken?
Entweder sie werden gleich unschädlich entsorgt oder zur Fleischbeschau angemeldet, was sich meist aber nicht lohnt.

106 | Wie wird eine erlegte Gams transportiert?
In einem geräumigen Rucksack oder auf einem Tragegestell oder geschränkt über der Schulter.

107 | Was tun Sie, wenn Rotwild in so schwierigem Gelände zur Strecke kommt, dass Sie es nicht als Ganzes bergen können?
An Ort und Stelle zerwirken und die Teile einzeln heraustragen.

108 | Dürfen Sie dieses Stück in den Handel bringen?
Nein, denn Schalenwild darf nur in einem den Vorschriften der Lebensmittelhygieneverordnung entsprechenden Zerwirkraum zerlegt werden.

109 | Was tun Sie mit Federwild, das zum Präparieren bestimmt ist?
In den Schnabel und in Schusswunden (z. B. Kugelschuss beim Auerhahn) wird Watte oder saugfähiges Papier (z. B. Papiertaschentuch) gesteckt, um den Schweißaustritt zu verhindern. Bereits ausgetretener Schweiß wird sorgfältig abgetupft.

110 | Sie haben in Brandenburg ein Stück Schwarzwild geschossen und günstig erworben. Dürfen Sie dieses im Kofferraum mit nach Bayern nehmen und dort in Verkehr bringen?
Nein, denn der ungekühlte Transport von Wild oder Wildteilen darf nicht länger dauern als 2 Stunden, auch dann nicht, wenn der Wildkörper zuvor auf eine Kerntemperatur von + 7 °C heruntergekühlt wurde.

111 | Innerhalb welcher Zeit müssen im Balg befindliche, nicht ausgeweidete Hasen und Kaninchen in einem be- oder verarbeitenden Betrieb angeliefert werden?
Alsbald.

Erstversorgung

112 | Welche wichtigen Bestimmungen hat der Jäger beim Umgang mit Wildbret zu beachten?

Die am 1. Januar 2006 in Kraft getretenen EG-Verordnungen 852/2004 bis 854/2004 (»Lebensmittelhygienepaket«), VO (EG) 178/2002 sowie die VO (EG) 2075/2005. LMHV und Tier-LMHV.

113 | Warum muss Wild möglichst unverzüglich aufgebrochen werden?

Weil schon nach einer halben Stunde die Darmbarriere bricht. Die im Gescheide vorhandenen Bakterien breiten sich dann im gesamten Wildkörper aus und vermehren sich.

114 | Dürfen Sie bei der Drückjagd die erlegten Rehe von einem Treiber aufbrechen lassen?

Nein, es sei denn, der Treiber hat selbst die Jägerprüfung abgelegt oder Sie selbst oder ein anderer Jäger stehen/steht dabei, um die Untersuchung durchzuführen.

115 | Wie öffnen Sie den Bauchraum beim Schalenwild?

Mit einem Schnitt in die Bauchdecke, gefolgt von einem Schnitt bis zum Brustbein und einem bis zu den Keulen.

116 | Wie öffnen Sie die Brusthöhle?

Direkt das Brustbein auftrennen, bei jungen Stücken mit dem Weidnicker, bei älteren mit der Knochensäge oder Knochenschere.

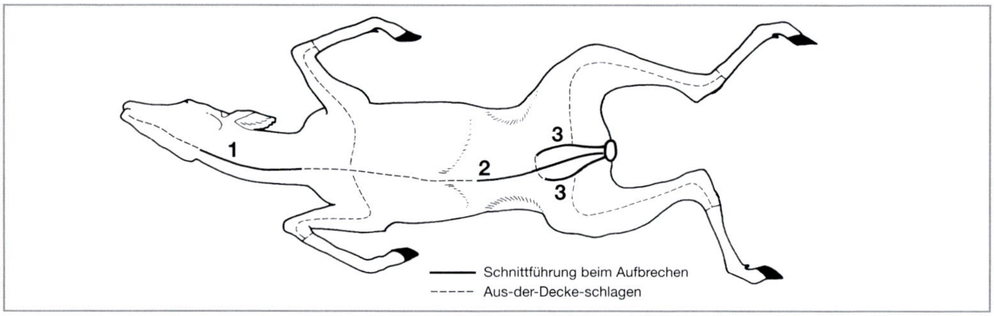

Aufbrechen nach der herkömmlichen Methode

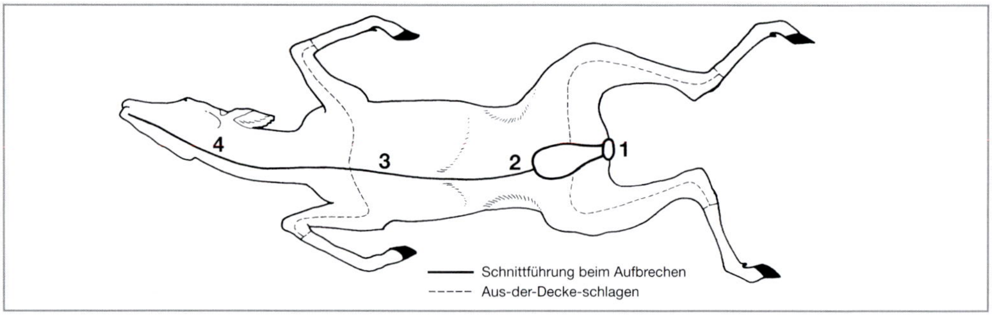

Aufbrechen nach der skandinavisch-osteuropäischen Methode, die im Hängen besser durchgeführt werden kann

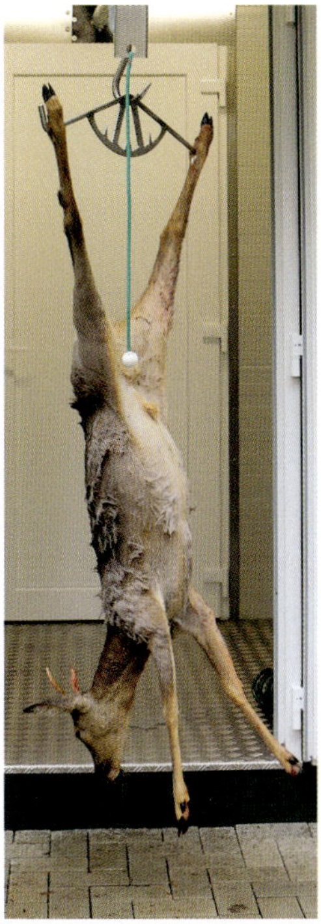

Idealerweise wird Wild in der Wildkammer, an den Hinterläufen aufgehängt, dann aufgebrochen.

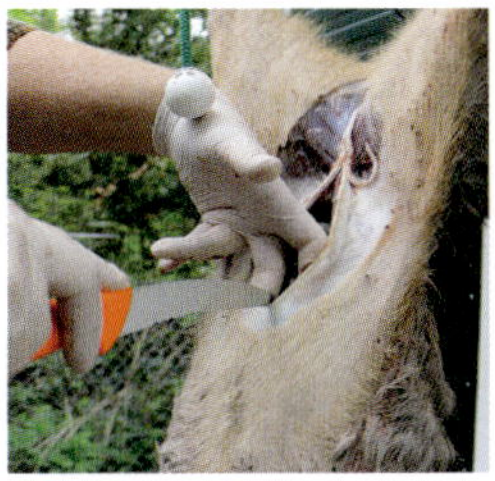

Ein Aufbrechhaken verhindert ein Verletzen des Pansens.

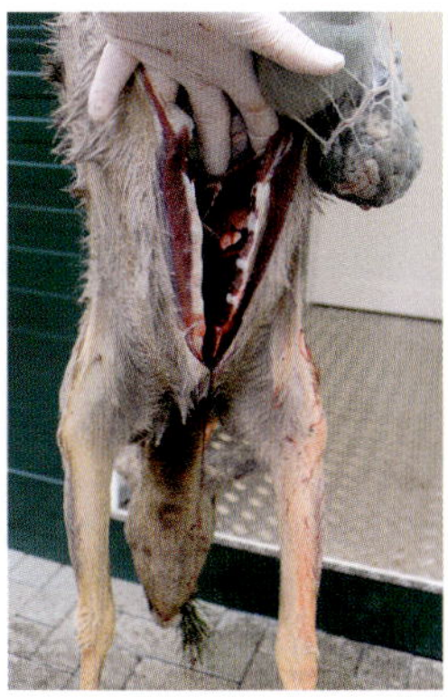

Das Stück ist bis zum Brustbein aufgeschärft.

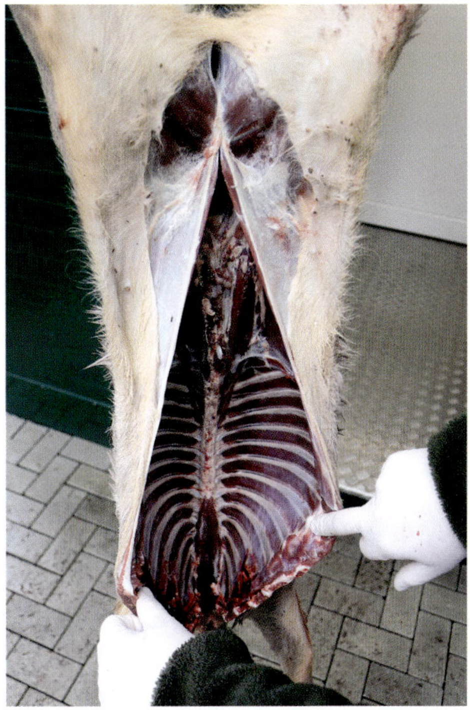

Sauber aufgebrochen: Gescheide und Organe, mit Ausnahmen der Nieren, sind entnommen.

Lage Organe (Rehwild):
① Drossel
② Schlund
③ Herz
④ Lunge
⑤ Milz
⑥ Leber
⑦ Niere
⑧ Pansen (großes Gescheide)
⑨ Eingeweide (Dünn- und Dickdarm/kleines Gescheide)

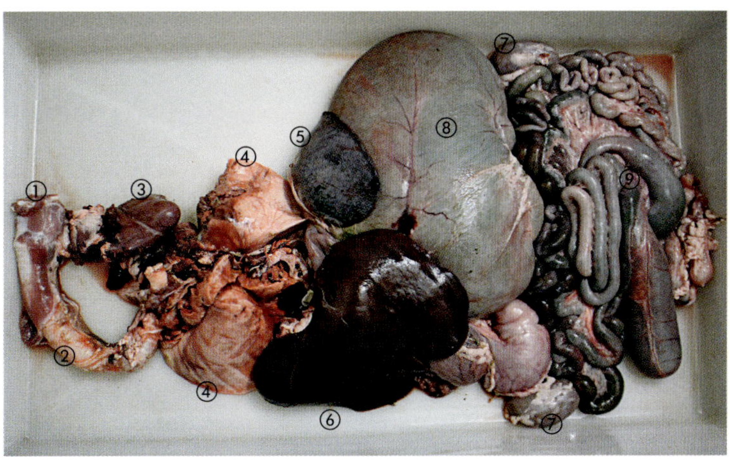

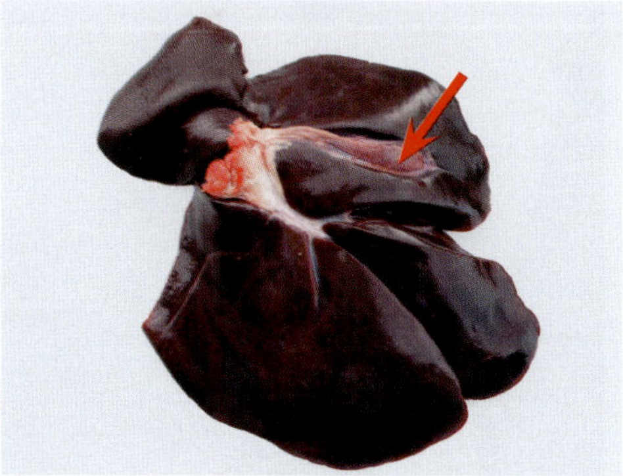

Wildschweinleber mit Gallenblase (→) und Gallengängen. Die Gallenblase kann stumpf entfernt werden.

117 | Welche Organe liegen im Brustraum?

Die Lunge, das Herz und die Speiseröhre (Schlund).

118 | Welche Organe liegen in der Bauchhöhle des Schalenwildes?

Leber, Milz, Nieren, Blase, innere Geschlechtsorgane sowie der Pansen (Weidsack beim Schwarzwild), bezeichnet als großes Gescheide, sowie Dünn- und Dickdarm, bezeichnet als kleines Gescheide.

119 | Wo befinden sich beim Schalenwild die Brandadern?

Rechts und links im Becken.

120 | Auf welchem Organ sitzt die Gallenblase?

Auf der Leber.

121 | Bei welchen Haarwildarten müssen Sie beim Aufbrechen/Ausnehmen auf die Gallenblase achten?

Bei Schwarzwild, Gams-, Stein-, Muffelwild, Wisent, Hase und Kaninchen. Gallenblase vorsichtig entfernen!

122 | Mit welchem Organ ist die Luftröhre verwachsen?

Mit der Speiseröhre (Schlund).

123 | An der Leber eines Rehs findet sich eine hühnereigroße Blase. Was tun Sie?

Vermutlich handelt es sich um Finnen, daher wird die Leber mit der Finnenblase unverletzt entsorgt.

124 | Muss erlegtes Schalenwild auch bei winterlichen Temperaturen unverzüglich aufgebrochen werden?

Grundsätzlich ja.

125 | Was tun Sie bei einem Stück mit Pansenschuss?

Unverzüglich aufbrechen, Brust und Bauchhöhle mit fließendem Trinkwasser ausspritzen und alle eventuell verschmutzten Teile großzügig ausschneiden.

126 | Warum wird im Hochgebirge und in anderen Teilen Europas auf das Öffnen des Schlosses (Verwachsungsnaht der beiden Hüftknochen) verzichtet?

Damit beim Liefern das Wildbret der Keulen nicht ausreißt und nicht verschmutzt. Meist wird hier auch auf den Drosselschnitt verzichtet.

127 | Wie wird in diesem Falle der Darm ausgelöst?

Es wird von außen ein Kreisschnitt um das Weidloch gezogen und Darm sowie Blase nach innen gezogen (ringeln).

128 | Muss auch das Gescheide untersucht werden?

Ja, weil gerade im Darmbereich Entzündungen auftreten, die auf bakterielle Infektionen des Tieres schließen lassen, ebenso Bandwurmfinnen.

129 | Welche Organe des Schalenwildes gehören zum Jägerrecht?

Herz, Lunge, Leber, Milz, Nieren und Zwerchfell.

130 | Wem gehört der Aufbruch vom Schalenwild?

Grundsätzlich gehört er dem Jagdausübungsberechtigten. Nach altem Brauch wird er aber jenem überlassen, der das Stück aufgebrochen hat, auch dann, wenn dieser nicht selbst Jäger ist.

131 | Welche Erstversorgung ist bei Hasen und Kaninchen üblich?

Die Blase muss ausgedrückt werden.

Als absolute Erstversorgung muss dem Hasen die Blase ausgedrückt werden, selbst wenn er danach gleich ausgenommen wird.

132 | Wie wird die Blase ausgedrückt?

Der Hase/das Kaninchen wird so an den Vorderläufen gefasst, dass der Rücken des Tieres an unserem Oberschenkel Halt findet. Mit der freien Hand wird dann mehrmals kräftig in Richtung Keulen über den Bauch gestreift.

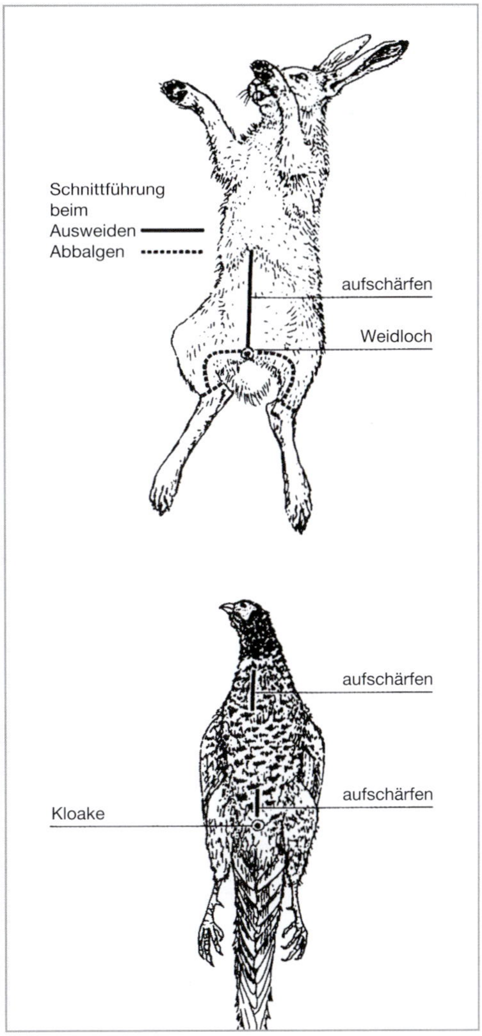

Ein kleiner Schnitt von der Kloake bis zum Brustbein ermöglicht das saubere Ausnehmen aller Federwildarten wie z.B. oben: Wildente und unten: Wildtaube.

Bei Tauben ist es besonders wichtig, unmittelbar nach ihrer Erlegung den Kropf zu öffnen. Die abgebildete Taube hatte 56 Bucheckern im Kropf.

133 | Genügt es, Hasen auszudrücken?

Nein, der Hase wird – wie Schalenwild – komplett ausgenommen.

134 | Sie haben einige Ringeltauben erlegt. Was tun Sie?

Ich entferne zunächst den Kropf, mache dann einen kleinen Schnitt von der Kloake zum Brustbein und entferne alle Organe aus der Bauchhöhle.

135 | Warum müssen Sie beim Federwild den Kropf entfernen?

Weil der Kropfinhalt sehr schnell säuert und sich darin Bakterien vermehren.

136 | Wie werden erlegte Hühnervögel versorgt?

Ebenso wie Ringeltauben (s. Frage 134).

137 | Wie werden Wildenten versorgt?

Im Prinzip wie das übrige Federwild, doch wird der Kropf erst beim Rupfen oder Abbalgen entfernt.

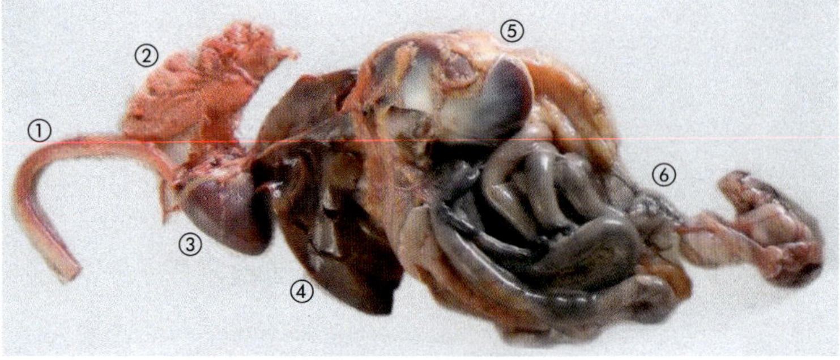

Lage Organe Wildgans:
① Drossel
② Lunge
③ Herz
④ Leber
⑤ Magen
⑥ Därme

Untersuchung auf Genusstauglichkeit

138 | Muss jedes Stück Haarwild zur amtlichen Fleischuntersuchung?

Nein, nur jene Stücke, bei denen Verhaltensstörungen, bedenkliche Merkmale oder Verdacht auf Umweltkontamination festgestellt werden, wenn sie als Lebensmittel in den Verkehr gebracht werden sollen.

139 | Was ist bei Schwarzwild zu beachten?

Bezüglich der Fleischbeschau gilt für Schwarzwild dieselbe Regelung wie für alles übrige Schalenwild. Es muss aber jedes Stück Schwarzwild zur Trichinenbeschau.

140 | Werden im Wildbret enthaltene Trichinen beim Braten zuverlässig abgetötet?

Nicht zuverlässig, daher muss auch jenes Schwarzwild beschaut werden, das wir in der eigenen Küche verwerten.

Die Trichinenuntersuchung

Eine Trichinenuntersuchung von Schwarzwild oder anderem Wild (Dachs, Bär, Fuchs, ggf. Federwild) **ist grundsätzlich vorgeschrieben,** wenn es für den eigenen häuslichen Gebrauch verwendet oder an Dritte (Endverbraucher, Metzgerei, Gastwirt) abgegeben wird. Nur wenn bei der Trichinenuntersuchung keine Trichinen nachgewiesen wurden, darf es in Verkehr gebracht oder dem Eigenbedarf zugeführt werden. Eine Zuwiderhandlung ist nach § 23 Abs. 2 Nr. 1 und 2 Tier-LMHV eine Straftat!

Ausnahmen

- Wird Wild über zugelassene Wildbearbeitungsbetriebe in Verkehr gebracht, braucht der Jäger keine Proben zu entnehmen, weil die Trichinenprobenentnahme und -untersuchung im Rahmen der amtlichen Fleischuntersuchung im zugelassenen Wildbearbeitungsbetrieb durchgeführt werden muss.
- Wenn Jäger unbeprobtes Schwarzwild (oder Dachse) direkt von der Strecke mitnehmen. Sie sind in diesem Fall verpflichtet, die Beprobung selbst zu veranlassen.
- Auch Metzger und Gastwirte als Einzelhandelsbetriebe können unbeprobtes Schwarzwild von der Strecke direkt mitnehmen, wenn sie selbst dafür Sorge tragen, dass eine Trichinenuntersuchung erfolgt.

Trichinenprobenentnahme

Bei Wildschweinen und Dachsen ist je eine Probe aus der Zwerchfellmuskulatur, vorzugsweise dem **Zwerchfellpfeiler**, der Unterarmmuskulatur (Vorderlauf) von mindestens 10 g zu entnehmen; ersatzweise aus anderer Muskulatur des Zwerchfells, des Unterarms oder der Zunge (Unterzungenmuskulatur).
Die Probenentnahme erfolgt durch den amtlichen Tierarzt oder kann durch die Veterinärbehörde an besonders geschulte Jäger mit gültigem Jahresjagdschein (Jagdpächter, Jagdaufseher oder auch Jagderlaubnisscheininhaber) übertragen werden (gem. § 6 Abs. 2 Tier-LMÜV: Tierische Lebensmittel-Überwachungsverordnung). Die Probennahme ist nicht nur auf selbst erlegtes Wild im eigenen Revier beschränkt.
Die Trichinenprobe, die ein Jäger selbst entnommen hat, kann unter Verwendung einer Wildmarke und des Wildursprungsscheins als amtliche Kennzeichnungselemente bei der für den Erlegungsort oder der für den Wohnort zuständigen Behörde abgeben werden. Es muss jedoch gewährleistet sein, dass sich das Wild bis zum Abschluss der Untersuchung im Zuständigkeitsbereich der Veterinärbehörde befindet, die den Jäger zur Probennahme beauftragt hat.

Zu beachten: Ein Stück darf erst nach Vorliegen eines negativen Untersuchungsergebnisses zerwirkt werden! Es kann jedoch schon vor Ergebnisvorlage abgeschwartet werden. Nicht zulässig ist, dass Treiber oder Hundeführer Aufbruch von erlegtem Schwarzwild unmittelbar nach der Jagd mitnehmen. Auch Aufbruch darf erst nach Vorliegen des Ergebnisses der Trichinenuntersuchung in Verkehr gebracht (oder im eigenen Haushalt verwertet) werden.

141 | Wer muss Schwarzwild zur Trichinenbeschau anmelden?

Der Revierinhaber. Dieser kann jedoch andere Personen damit beauftragen, etwa andere Jäger, Gastwirte oder Metzger.

142 | Darf der Revierinhaber einen Frischling ohne Trichinenbeschau abgeben?

Ja, aber nur wenn der Käufer Jäger, Gastwirt oder Metzger ist. Der Käufer muss die Untersuchung dann selbst veranlassen.

143 | Ist die Abgabe von unbeschautem Schwarzwild an Wildhändler statthaft?

Ja, bei einem Wildbearbeitungsbetrieb findet immer eine Trichinenuntersuchung statt.

144 | Wie erkennt ein Wildkäufer, ob eine Sau amtlich auf Trichinen beschaut wurde?

An den amtlichen Trichinenschau-Stempeln oder dem Begleitpapier.

145 | Wo finden sich die Trichinenschau-Stempel?

Auf der Innenseite der Keulen oder auf dem Brustbein.

146 | Welche Teile sind für die Trichinenuntersuchung vom Schwarzwild zu entnehmen?

Dies ist je nach Veterinäramt unterschiedlich. Als Probe dienen Zwerchfellpfeiler, Unterarmmuskulatur und Zungengrund. Die Probenmenge sollte 100 g betragen.

147 | Dürfen Sie eine Sau zerwirken, ehe die Trichinenbeschau abgeschlossen ist?

Nein.

148 | Welche Teile des Wildkörpers muss der Jäger »beschauen«?

Grundsätzlich alle, also auch sämtliche inneren Organe.

149 | Welchen Status hat der Jäger bei dieser Aufgabe?

Er hat bei der Beschau von Haar- und Federwild die Position eines amtlichen Fleischkontrolleurs.

150 | Wann beginnt die Untersuchung auf bedenkliche Merkmale?

Beim Ansprechen des lebenden Stückes.

151 | Ein Reh bricht mit Pansenschuss verendet zusammen. Muss es zur Fleischuntersuchung?

Nein, nur wenn ein abnormes Verhalten, bedenkliche Merkmale oder der Verdacht auf Umweltkontamination feststellbar sind.

152 | Welches Wildbret gilt grundsätzlich als nicht genusstauglich?

Wildbret von Fallwild.

153 | Wann verhitzt Wild besonders schnell?

Bei Wärme und hoher Luftfeuchtigkeit.

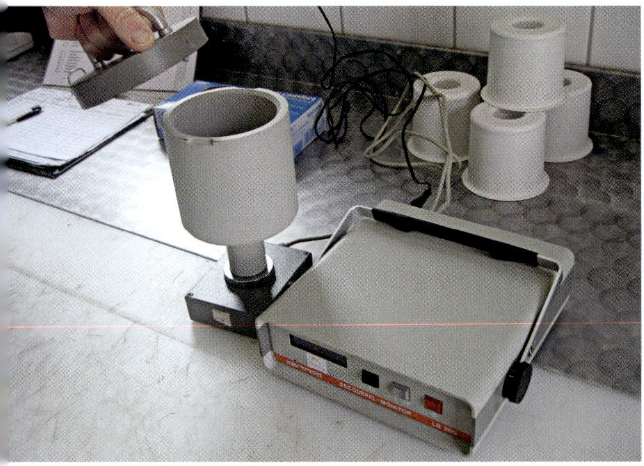

Insbesondere Schwarzwild wird darauf untersucht, ob das Wildbret radioaktiv belastet ist.

154 | Was bedeutet ein erheblich aufgeblähter Pansen mit Verfärbung der Organe?

Es hat eine erhebliche Gasbildung stattgefunden. Das Stück muss zur amtlichen Fleischuntersuchung angemeldet oder entsorgt werden.

155 | Auf welche Organe muss in diesem Zusammenhang besonders geachtet werden?

Insbesondere auf Leber, Milz und Nieren.

156 | Was ist im Zweifelsfalle immer geboten?

Die Anmeldung zur amtlichen Fleischuntersuchung.

157 | Ein Reh wurde angefahren. Sie finden es 2 Stunden später tot auf. Dürfen Sie es gleich an einen Gastwirt verkaufen?

Nein, grundsätzlich nicht. Das Reh wurde nicht erlegt, es ist an seinen Verletzungen verendet.

158 | Ein am Abend beschossenes Reh wird am nächsten Morgen unweit vom Anschuss mit einem Kammerschuss gefunden. Muss es zur amtlichen Fleischuntersuchung?

Nur bei erheblicher Gasbildung mit Verfärbung der inneren Organe.

159 | Ist ein Reh mit Lungenwurmbefall genusstauglich?

Wenn es ansonsten gesund ist, ja.

160 | Darf verendet gefundenes Schalenwild in Verkehr gebracht werden?

Nein.

161 | Die Bauchdecke eines Hasen schimmert nach dem Abbalgen grünlich. Was bedeutet das?

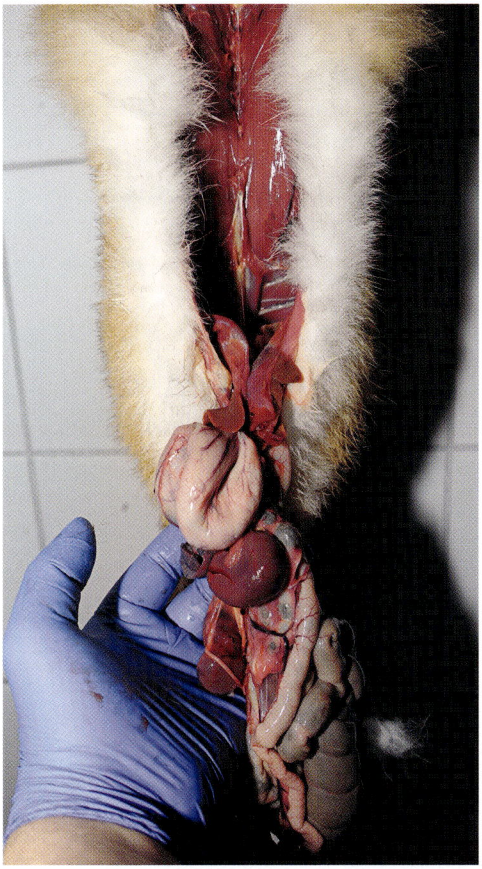

Aufbrechen von einem Hasen: Auch erlegtes Niederwild muss auf bedenkliche Merkmale untersucht werden.

Die grüne Farbe ist ein Zeichen von Fäulnis, der Hase ist somit genussuntauglich.

162 | Beim Aufbrechen eines Rehs haben Sie Wucherungen im Brustraum entdeckt. Dürfen Sie das Wildbret in den Handel bringen?

Das Stück muss zunächst zur amtlichen Fleischuntersuchung.

Wildkammer

163 | Gibt es auch Vorschriften, die Hilfsgeräte wie Gehänge betreffen?
Ja, die VO (EG) 852/2004.

164 | Wie lange dauert es mindestens, bis ein Reh in der Kühlkammer eine Kerntemperatur von +7 °C erreicht hat?
24–48 Stunden.

165 | Warum muss erlegtes Wild heruntergekühlt werden?
Um die Vermehrung von Bakterien zu unterbinden.

166 | Wie lange können sachgerecht versorgte Hasen und Wildkaninchen vor dem Abbalgen im Kühlraum hängen?
Etwa 1 Woche.

Wild, das in den Handel gebracht wird, darf nur in vorschriftsmäßig ausgestatteten Zerwirkräumen zerlegt werden.

Anforderungen Wildkammer

- Leicht zu reinigende und zu desinfizierender Boden, Wände und Decke
- Fliegensicher vergitterte Fenster
- Geruchssicherer und abgedeckter Abfluss
- Waschbecken mit Warmwasserzufluss (Trinkwasser) und Einrichtungen zur Reinigung, Trocknung und Desinfektion der Hände sowie der Arbeitsgeräte
- Wasseranschluss mit Schlauch
- Arbeitsplatte mit leicht zu pflegender und zu desinfizierender Oberfläche (kein Holz)
- Gute Beleuchtung, die Farbabweichungen am Fleisch erkennen lässt
- Rostfreies Gehänge zum Aufhängen des Wildes
- Kühlkammer oder Kühlschrank

167 | Dürfen Sie Wild in der Decke oder im Balg frosten, um es später zu verarbeiten?
Nein. Haarwild darf in Balg oder Decke maximal auf eine Oberflächentemperatur von – 1 °C heruntergekühlt werden. Der Wildkörper selbst ist dann noch nicht gefrostet.

168 | Wann ist der Reifeprozess im Wildbret abgeschlossen?
Je nach Wildart zwischen 24 Stunden (Hasen, Kaninchen) und 90 Stunden (Hirsch).

169 | Wie entsteht die Totenstarre?
Durch die Umwandlung des in den Muskeln gespeicherten Glykogens in Milchsäure. Sobald das Glykogen zu 80 % umgebaut ist, verhärten die Muskeln.

170 | Wie löst sich die Totenstarre wieder?
Während der Totenstarre steuern Enzyme biochemische Prozesse, bei denen Muskelverhärter und bestimmte Eiweißmoleküle aufgelöst werden. Dadurch löst sich die Totenstarre wieder.

171 | Welche Veränderungen sind beim pH-Wert zu beobachten?
Mit Eintritt der Totenstarre sinkt der pH-Wert, wodurch kurzfristig die Vermehrung von Bakterien reduziert wird. Später steigt der pH-Wert wieder an, wobei sich die Totenstarre löst.

172 | Welche Folgen hat das ohne Kühlung?
Die jetzt ansteigende Vermehrung der Keime setzt Fäulnisprozesse in Gang.

173 | Wie lange benötigt Federwild für die Fleischreife?
Etwa 12–24 Stunden.

174 | Wie lange kann man Federwild ungerupft abhängen lassen?
Auf + 4 °C heruntergekühlt etwa 5 Tage.

Verwertung

175 | Welche Wildarten werden aus der Decke geschlagen?
Alle wiederkäuenden Schalenwildarten.

176 | Welche Wildarten werden abgebalgt?
Hasenartige, Nager, Raubwild und Vögel.

177 | Welche Wildarten werden abgeschwartet?
Schwarzwild und Dachs.

178 | Was bedeutet beim Schalenwild »zerwirkt«?
Der aus der Decke geschlagene (abgeschwartete) Wildkörper wird zerlegt.

179 | In welche Teile wird ein Reh zerlegt?
In 2 Keulen, 2 Blätter, 2 Wände (Rippen), den Träger (Hals), den Rücken und das Haupt.

180 | Was versteht man unter »Kochwildbret«?
Das sind jene Teile, die sich weniger zum Braten eignen: Träger, Wände und Blätter.

181 | Dürfen Sie ein Reh selbst zerwirken und in den Handel bringen?
Ja, sofern Sie es in einem den lebensmittelhygienischen Vorschriften entsprechenden Raum zerwirken.

182 | Beim Zerwirken zeigt sich auf der Innenseite der Wände ein Schmierfilm. Dürfen Sie diesen mit Essig abwaschen?
Nein.

183 | Ist das Wildbret eines Brunfthirschs oder eines rauschigen Keilers genusstauglich?
Weisen Muskulatur oder Organe »erhebliche« Abweichungen im artspezifischen Geschlechtsgeruch auf – dies hat der Jäger im Einzelfall zu beurteilen –, muss die Genusstauglichkeit im Rahmen einer Fleischuntersuchung beurteilt werden.

184 | Tritt starker Brunftgeruch nur während der eigentlichen Brunftzeit auf?
Nein. Einzelne Hirsche (auch junge!) entfalten noch im November und Dezember starken Brunftgeruch, wenn einzelne Tiere zur Nachbrunft kommen.

185 | Beim Zerwirken werden Dassellarven festgestellt. Muss das Stück zur Fleischbeschau?
Das kommt auf die Stärke des Befalles an bzw. auf das Vorhandensein von Gewebeentzündungen.

186 | Wo trennen Sie beim Zerwirken eines Kalbes die Hinterläufe ab?
Wie bei anderem Schalenwild auch am Fersengelenk.

187 | Wie schwer ist etwa ein gesunder, ausgewachsener Hase?
Etwa 4–6 kg.

188 | Muss man Wildbret vor der Zubereitung in eine Beize legen?
Nein, mit der Beize wollte man früher den »strengen Wildgeschmack« mildern, der in Wirklichkeit Fäulnisgestank infolge mangelnder Wildbrethygiene war.

189 | Was versteht man unter »Hautgout«?
Fäulnisgeruch, der beim unsachgemäßen Abhängen des Wildkörpers entsteht. Wurde früher als typisch und edel begriffen.

190 | Lässt sich die Fäulnis durch Einlegen des Wildbrets in eine Beize (Essig, Rotwein, Buttermilch) beseitigen?
Gemildert wird zwar der Fäulnisgeschmack, aber nicht die Fäulnis selbst.

191 | Darf Wildbret zu Tartar verarbeitet oder anderweitig roh (z. B. Carpaccio) angeboten werden?
Ja.

192 | Dürfen Sie aus dem Wildbret Wurstwaren oder Schinken herstellen lassen und diese in den Handel bringen?
Ja, wenn die Herstellung durch einen Fleischer erfolgt und Sie für den Verkauf ein Gewerbe angemeldet haben.

193 | Darf man aus Wildbret hergestellte Salami anbieten?
Das ist erlaubt, weil hier das Pökelsalz konserviert.

194 | Darf der Jagdpächter einem Treiber einen nicht ausgeweideten Hasen schenken?
Nein, weil er sich vor der Abgabe von Haarwild

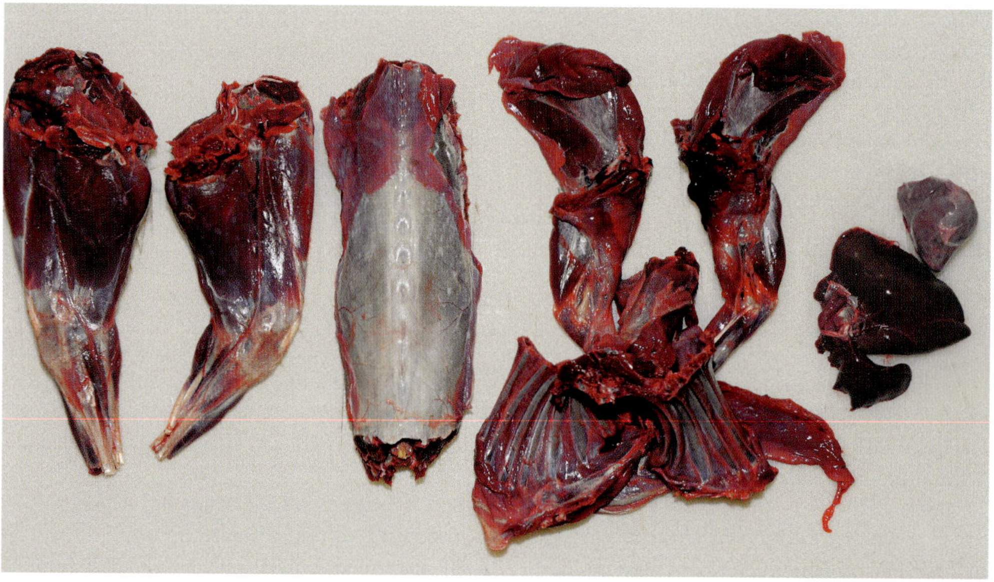

Hase zerwirkt: Keulen, Rücken. Schlegel, Wände (Rippen), Herz und Leber

an Privatpersonen, Gaststätten und Wildeinzelhändler vergewissern muss, dass das Wildbret für den menschlichen Verzehr tauglich ist.

195 | Welche Enten sind besonders schwer zu rupfen?

Jene, die noch nicht voll vermausert sind.

196 | Müssen Enten unbedingt gerupft werden?

Nein, man kann Enten auch abbalgen. Dann fehlt zwar die nach dem Braten knusprige Haut, unter dieser sitzen aber auch die meisten Schadstoffe (Fettgewebe).

197 | Dürfen Sie Fasanen und Stockenten ohne Geflügelfleischuntersuchung an einen Gastwirt verkaufen?

In »kleinen Mengen«, sofern keine bedenklichen Merkmale festgestellt wurden.

198 | Welche Verwertungsmethode ist bei Wildenten noch gebräuchlich?

Es werden nur die beiden Brustfilets gerupft und ausgelöst. Der Rest wird abgebalgt und zu Brühe u. a. verarbeitet.

199 | Wie werden Tauben verwertet?

Man kann sie komplett rupfen oder nur die Brust rupfen und die beiden Brustmuskeln auslösen.

200 | Sie wollen Tauben im eigenen Haushalt verwerten. Wie lange können Sie diese aufbewahren?

In gerupftem Zustand im Kühlschrank etwa 2 Tage, in der Gefriertruhe gut ein halbes Jahr.

Es ist verboten,

- Fleisch von Fall- und Unfallwild in den Verkehr zu bringen.
- Fleisch mit bedenklichen Merkmalen vor Abschluss der amtlichen Untersuchung abzugeben.
- Fleisch von Schwarzwild (und auch von Dachs) vor abgeschlossener Trichinenuntersuchung – auch nicht für den Eigenbedarf – weiterzuverarbeiten (z.B. zerlegen) oder abzugeben.
- Wild unaufgebrochen an den Endverbraucher abzugeben.
- erlegtes Wild in der Decke/Schwarte bzw. im Federkleid einzufrieren.

201 | Wie kann man ein Murmeltier verwerten?

Das allerdings tranig schmeckende Wildbret wird im Alpenraum vielfach gegessen. Das cortisonreiche Fett (Feist) wird ausgelassen und als Salbe verarbeitet. In Deutschland hat das Murmeltier ganzjährig Schonzeit.

202 | Kann man einen Dachs verwerten?

Wenn er auf Trichinen beschaut wurde, ja. Früher wurde das Wildbret selbstverständlich gegessen. Heute werden in Frankreich für geräucherten Dachsschinken Spitzenpreise bezahlt. Grundsätzlich eignet sich das Wildbret auch zur Wurstherstellung. Das Dachsschmalz (Fett) wird ausgelassen und zu einer entzündungshemmenden Salbe (z. B. bei Rheuma) verarbeitet oder als Lederfett verwendet.

F Jagdhunde

Jagdhunderassen und deren Arbeitsgebiete

Allgemeines

Historie: Der Hund ist das älteste Haustier; seine Domestikation liegt mehr als 31.000 Jahre zurück. Seine Wildform ist der Wolf, der durch seine hohe Lernfähigkeit und sein ausgeprägtes Sozialverhalten beste Voraussetzungen mitbrachte, um sich als Haustier in die »Rudelgemeinschaft« mit dem Menschen einzufügen. Die ersten »Hauswölfe« waren sicher noch keine Jagdgefährten der Menschen, sondern dienten vermutlich als Schlachttiere zur Nahrung, bald wohl auch als Wächter der Lager und Wohnstätten. Als mit Schaf und Ziege weitere Haustiere vorhanden waren, dürfte der Weg über die Verteidigung dieser Herden gegen wilde Raubtiere bis zum Helfer beim Aufspüren von Wild und zur weiteren Verwendung als »Jagdgehilfe« begonnen haben.

Diese vorgeschichtliche Verwendung des Hundes liegt weitgehend im Dunkeln; in den schriftlichen und bildlichen Zeugnissen früher Hochkulturen erscheint jedenfalls der Jagdhund bereits in vielgestaltiger Form. Bevor die Jagd hauptsächlich mit Feuerwaffen ausgeübt wurde, also bis ins 18. Jahrhundert, bedeutete »jagen« ausdrücklich das Verfolgen von Wild mithilfe von Hunden. Wehrhaftes Wild (Keiler, Bär) konnte nur mit der blanken Waffe abgefangen werden, wenn starke, doggenartige »Packer« es überwältigt hatten. Flüchtiges Wild (Rotwild, Reh, Hase) wurde von Hundemeuten »zu Stande gehetzt« oder in Fangnetze getrieben. Im Wald geschah das durch Bracken, die mit der Nase auf Spur und Fährte des Wildes jagten, im offenen Gelände durch Windhunde, die das Wild auf Sicht im schnellen Lauf verfolgten. Kleine Stöberhunde dienten zum Auf-

Übersicht Jagdhunderassen

Haarart / Rasseschlag / Rassengruppe	Kurzhaar: Kurze, knappe Behaarung am ganzen Körper und im Gesicht, Haar entweder glatt und fein (Glatthaar) oder bürstenartig grob (Stockhaar), kurze, aber dichte Unterwolle.	Langhaar: Körper lang behaart, Rute mit »Fahne«, an Läufen »Hosen«, Haar seidig glatt, gewellt oder gekräuselt, Gesicht stets kurz und glatt behaart. Zu feines und übermäßig langes Haar unerwünscht.	Rauhaar: Körperbehaarung sehr unterschiedlich, knapp »stichelhaarig« bis zottig, Gesicht immer mit »Bart« und buschigen Augenbrauen. Unterwolle dicht und fest. Zu weiches und wolliges Haar unerwünscht.
Bracken Dachsbracken	Deutsche Bracke Westfäl. Dachsbracke Brandlbracke Tiroler Bracke Beagle u.a.		Steirische Rauhaarbracke (Peintinger Bracke)
Schweißhunde	Alpenländ. Dachsbracke Hannoverscher Schweißhund Bayerischer Gebirgsschweißhund		Alpenländische Dachsbracke
Stöberhunde		Deutscher Wachtelhund English Cocker Spaniel English Springer Spaniel Welsh Springer Spaniel	
deutsche Vorstehhunde	Deutsch-Kurzhaar Weimaraner (K)	Deutsch-Langhaar Großer Münsterländer Kleiner Münsterländer Weimaraner (L)	Deutsch-Stichelhaar Griffon Deutsch-Drahthaar Pudelpointer
englische Vorstehhunde	Englischer Pointer	Englischer Setter Irischer (Roter) Setter Gordon-Setter (Schottischer Setter)	
französische Vorstehhunde	(Braque – versch. Rassen)	Bretone (und andere Epagneuls)	Barbet
ungarische Vorstehhunde	Ungarisch-Kurzhaar		Ungarisch-Drahthaar
Erdhunde: Teckel (Dachshunde, Dackel)	Kurzhaarteckel	Langhaarteckel	Rauhaarteckel
Terrier	Erdhunde: Terrier Deutscher Jagdterrier Foxterrier Parson Russel Terrier		Deutscher Jagdterrier Foxterrier (Irish Terrier, Welsh Terrier) Parson Russel Terrier
Apportierhunde (Retriever)	Labrador-Retriever	Golden-Retriever	

Weidmännische Ausdrücke am Hund

Ausdruck	Bedeutung
Behang (Behänge)	Schlappohren
Decke	Fell
Fahne	Haarbehang der Rute
Fang	Schnauze
Fänge	Eckzähne
Färben	Austreten von Schweiß aus der Schnalle der hitzigen Hündin
Feuchtglied	männliches Glied
Gebäude	Körper
Gebiss	**Zähne**
Gesäuge	Milchdrüsen
Geschröt	Hoden
Klauen	Krallen
Läufe	Beine
Lefzen	Lippen
Rute	Schwanz
Schnalle	weiblicher Geschlechtsteil
Weidloch	After
Losung	Kot

Aus dem Arbeitsbereich des Jagdhundes

Ausdruck	Bedeutung
Appell	Gehorsam
apportieren	bringen
blenden	vorstehen ohne Wild
blinken	vorhandenes Wild nicht anzeigen
Buschieren	suchen im Busch
faseln	unsicheres Herumsuchen
firm oder ferm	fertig abgerichtet
Geläut	anhaltender Spurlaut eines oder mehrerer Jagdhunde (Bracken)
Hals oder Laut geben	bellen
Hasenreinheit	Nichtbeachtung von Hasen
Hatz, Hetze	Wild verfolgen
markieren	anzeigen von Wild
nachprellen	aufstehendem Wild ohne Befehl nachhetzen
Nase	Geruchssinn
nässen	Wasser lassen
revieren	Gelände absuchen
Schärfe	Angriffslust
Stechen	Wild hochmachen
schusshitzig	unruhig im Schuss
schussscheu	Ängstlichkeit bei Schuss
Wesensfestigkeit	Zuverlässigkeit, Nervenruhe

Sonstiges:

Ausdruck	Bedeutung
abgesäugt	Ende der Saugperiode
belegen, decken	begatten
hängen	nach Kopulation verbunden bleiben
Hitze	Läufigkeit der Hündin
Hündin	weiblicher Hund
Rüde	männlicher Hund
Welpen	nestjunge Hunde
wölfen	gebären
Wurf	Geschwister (Wurf-G.)

stöbern von Niederwild in dichter Deckung, um es in Netze zu treiben oder um es mit dem Beizvogel (Falke oder Habicht) zu erbeuten. Auch niedrige, kurzläufige Hunde, Vorläufer unserer Erdhunde zur Bauarbeit auf Raubwild, wurden verwendet.

Das Bild änderte sich, als die Vervollkommnung der Feuerwaffen die Jagdtechnik völlig veränderte. Der Jäger war nun wehrhaftem Wild auch ohne Hilfe der Hunde überlegen, und er vermochte scheues und schnelles Wild auch über größere Entfernung zu erlegen. Die früher dazu

Körperbezeichnungen beim Hund

nötigen Hunde wurden entbehrlich (Packer, Hatzhunde, Meutehunde, Windhunde). »Vor dem Schuss« wurden Hunde nur noch zum Aufsuchen und Aufstöbern von Niederwild benötigt; dazu kam nun aber die Arbeit »nach dem Schuss« zur Nachsuche von angeschossenem und verendetem Wild.

Eine weitere Änderung brachte die gesellschaftliche Entwicklung. Mit dem Ende der Feudalherrschaft verschwanden auch die großen, kostspieligen Hundehaltungen der Fürstenhöfe. Die neue »bürgerliche« Jagd, endgültig etabliert nach der Revolution 1848, bevorzugte den vielseitig verwendbaren Jagdgebrauchshund für den einzeln jagenden Jäger. Von dieser Entwicklung ist der Einsatz von Jagdhunden, ungeachtet der großen Stöberjagden, bis heute geprägt.

1 | Von wem stammt der Hund ab?

Man kann davon ausgehen, dass der europäische Hund vom Wolf abstammt. Für diese Ansicht spricht, dass das Genmaterial von Wolf und Hund zu 99 % übereinstimmt.

2 | Wie entstanden die heute bei uns geführten Rassen?

Der Hund als Jagdgehilfe des Menschen erscheint erstmals um 10.000 v. Chr. Man jagte zuerst mit zwei unterschiedlichen Gruppen von Hunden: Der auf Sicht hetzende, schnelle Windhund, wie ihn die Steppenvölker entwickelten, und die mit der Nase jagende Bracke schlechthin. Die weitere Entwicklung führte lange später zum Typus des Stöberhundes, der wiederum hinüberleitet zu den Vorstehhunden.

3 | Was gehört zu den Anlagen eines Hundes?

Zu den wichtigen angeborenen Anlagen eines Jagdhundes, je nach Rasse, zählen: Nase, Spur- bzw. Fährtenwille, Wildschärfe, Stöbern, Vorstehen, Spur- bzw. Fährtenlaut.

4 | Bei welchen Jagdhundegruppen sind Fährten- bzw. Spurlaut besonders wichtig?

Bei Bracken, Schweiß- und Stöberhunden.

5 | Was versteht man unter einem Vollgebrauchshund?

Ein Jagdhund, der bis auf das Brackieren und die Bauarbeit alle bei der Jagd im Wald, Feld und am Wasser anfallenden Arbeiten beherrscht.

6 | Was ist ein »Erdhund«?

Zu den Erd- oder Bauhunden zählen die Teckel (Dackel) sowie Fox-, Jagd- und Parson Russell Terrier. Ihr Hauptwild ist der Fuchs.

7 | Was versteht man unter Stockmaß?

Die Schulterhöhe, gemessen in natürlicher Haltung vom Boden bis zum Widerrist, wobei der Hund auf einer ebenen Fläche steht.

8 | Wie viele Zähne hat das Dauergebiss des Hundes?

42 Zähne.

9 | Was für ein Gebiss soll der Jagdhund haben?

Scheren- oder Zangengebiss.

10 | Welche Gebissformen sind fehlerhaft?

Vorbeißer, Rückbeißer.

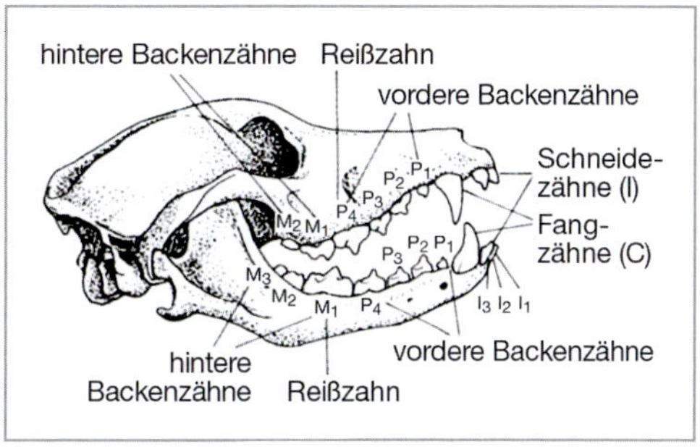

Zahnformel (Dauergebiss) des Hundes:

$\frac{3142}{3143} = 42$

11 | In welchem Alter ist der Zahnwechsel abgeschlossen?

Zwischen 9 und 12 Monaten.

12 | Was ist beim Hund eine Fahne?

Die langen Haare an der Rute langhaariger Hunde.

13 | Was sind beim Jagdhund die »Fransen«?

Die langen Haare an den Behängen langhaariger Hunde.

14 | Was versteht man unter der Kruppe?

Die Kruppe wird von Becken und Kreuzbein gebildet. Sie soll beim Hund lang und breit sein und im Allgemeinen gut bemuskelt.

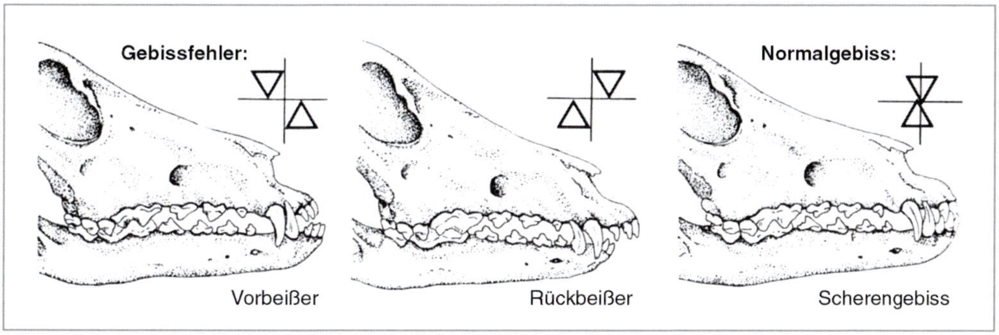

Gebissfehler und Normalgebiss des Hundes

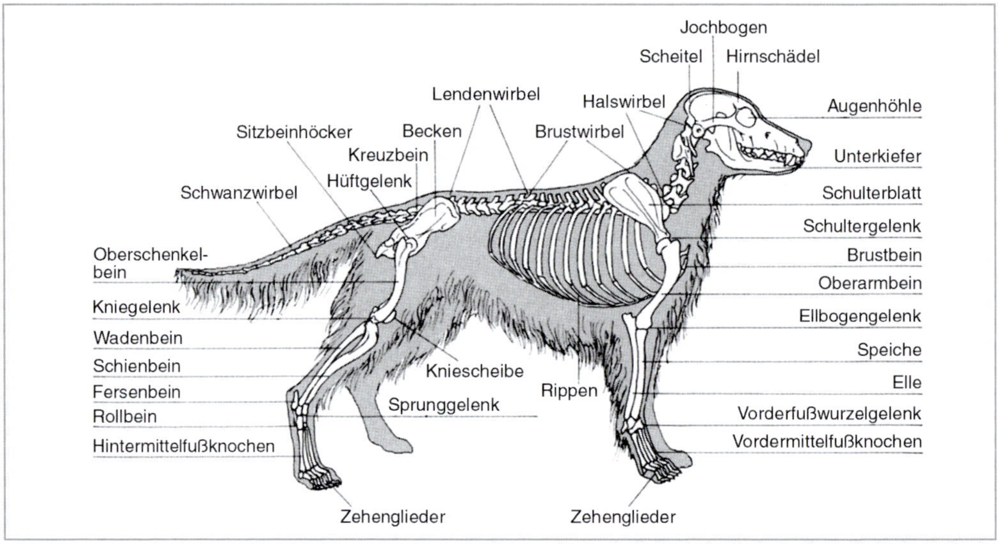

Skelett des Hundes

15 | Wie werden beim Hund die Ohren genannt?

Beim Terrier spricht man von Ohren (sie stehen). Bei allen anderen Jagdhunden heißen die Ohren Behänge.

16 | Was ist eine Pfostenschau?

Hierbei beurteilen die Zuchtvereine, inwieweit ein Hund dem Standard seiner Rasse entspricht. Die einzelnen Hunde werden vorgestellt und ihre Form und ihr Haar bewertet. Dazu wurden die Hunde früher am Pfosten angebunden. Heute spricht man von einer Zuchtschau und die Hunde werden von ihren Führern auch in der Bewegung vorgestellt. Diese »Formbewertung« ist eine der Voraussetzungen zur späteren Zuchtzulassung.

17 | Was ist ein Problemhund?

Ein Hund, der durch Fehler in der Zucht oder bei der Ausbildung Verhaltensauffälligkeiten wie Bissigkeit, Scheue etc. aufweist.

Bracken

Bracken (auch Laufhunde oder »jagende Hunde« genannt) sind die ältesten Jagdhundeformen, von denen im Lauf der Zuchtgeschichte fast alle anderen Jagdhunde abgeleitet wurden. Sie werden sowohl einzeln als auch (früher vorwiegend) in der Meute zum ausdauernden, fährtenlauten Jagen von Wild verwendet.

Bracken sind spurlaute, spurwillige und ausdauernde Hunde. Der Schwerpunkt ihrer Verbreitung lag ursprünglich dort, wo das Wild eher dünn gesät oder die Reviere schwer zugänglich waren. Sie sollten es finden und laut jagend vor den oder die Schützen bringen. Ein Hund, der in der Lage ist, die Spur eines Hasen zu halten, hat alle Voraussetzungen für die Schweißarbeit. Das eigentliche Brackieren hat im jagdlichen Alltag an Bedeutung stark verloren. In den skandinavischen Ländern, in Teilen Frankreichs und in der Schweiz hat das Brackieren heute noch eine viel größere Bedeutung als bei uns. Von den früher zahlreichen bodenständigen Brackenformen hat sich bei uns nur noch die Deutsche Bracke (Westfälische, Sauerländer oder Olper Bracke) erhalten, andere sind längst verschwunden.

In der Schweiz finden wir den Schwyzer, Luzerner und Jura-Laufhund und von jeder dieser Rassen gibt es wiederum einen niederläufigen Schlag (Niederlaufhunde). Diese entstanden durch kantonale Jagdvorschriften, die das Jagen mit hochläufigen Hunden einschränken.

Weitere Verbreitung, vor allem in den Hochwildrevieren der Alpen und der Mittelgebirge, haben die österreichischen Gebirgsbracken (Alpenländische Dachsbracke, Brandlbracke, Tiroler Bracke, Steirische Rauhaarbracke) gefunden. Auch sie werden heute – im Gegensatz zu früher – vorwiegend als Schweißhunde und zum Stöbern, weniger zum Brackieren verwendet.

Ursprünglich aus der Slowakei stammt die Schwarzwildbracke, die in Deutschland unter

Übersicht Bracken inklusive der Laufhunde und Stövare

Alle Bracken sollen festes Stockhaar tragen, ausgenommen Steirische Bracke mit Stichelhaar.

Deutschland	
Deutsche Bracke (DBr)	rot bis gelb mit schwarzem Sattel/Mantel, weiße Abzeichen, 40–53 cm
Westfälische Dachsbracke (WDBr)	rot bis gelb mit schwarzem Sattel/Mantel, weiße Abzeichen, 30–38 cm
Österreich	
Alpenländische Dachsbracke (ADBr)	semmel- bis dunkelhirschrot, schwarz mit rostrotem Brand, gelegentlich weißer Stern, 34–42 cm
Brandlbracke (BrBr)	schwarz mit rotem Brand, rötlich braun, rot gestichelt, 46–58 cm
Tiroler Bracke (TBr)	rot, schwarz-rot, rotgelb und dreifarbig, 42–50 cm
Steirische Rauhaarbracke (StBr)	fahlgelb bis hirschrot, 45–53 cm
England	
Beagle (Bg)	rot-weiß-schwarz, dreifarbig und zweifarbig, 33–40 cm
Slowakei	
Schwarzwildbracke (Kopov)	wie Brandlbracke, 40–50 cm
Schweiz	
Laufhunde	alle 4 Schläge Rüden 49–59 cm, Hündinnen 47–57 cm
Berner Laufhund	weiß-schwarz mit lohroten Abzeichen
Jura-Laufhund	ähnlich Brandlbracke
Schwyzer Laufhund	rot-weiß
Luzerner Laufhund	wie Berner Laufhund, aber »blaue« Grundfarbe
Niederlaufhunde	vier Schläge wie oben, jedoch Rüden nur 35–43 cm und Hündinnen 33–40 cm
Schweden	
Schiller-Stövare	schwarz, mit rotem Brand oder lohfarben, 53–57 cm
Hamilton-Stövare	dreifarbig, 51–61 cm
Småland-Stövare	schwarz mit Brand, 46–50 cm
Finsk Stövare	dreifarbig, mit schwarzem Mantel, 54–59 cm
Drever	schwarz-weiß, rehbraun-weiß oder dreifarbig, 30–38 cm

dem Namen Kopov bekannt wurde. In Aussehen, Form und Farbe gleicht die Schwarzwildbracke der bekannten Brandlbracke. Ihre jagdliche Verwendung findet die Schwarzwildbracke bei Bewegungsjagden auf Schalenwild (Schwerpunkt Schwarzwild) und in der Schweißarbeit.

In Süd- und Südosteuropa existieren noch eine ganze Reihe weiterer Brackenschläge. Alleine in den Ländern des ehemaligen Jugoslawien sind fünf im deutschsprachigen Raum kaum bekannte Schläge häufig anzutreffen: die Istrianer Bracke (kurz- und rauhaarig), die kurzhaarige Save-Bracke, die rauhaarige Bosnische Bracke und die unserer Brandlbracke gleichende Montenegrinische Bracke. In Deutschland sind diese Bracken – derzeit – noch selten zu sehen.

Eigene Brackenschläge finden wir in Skandinavien. So die in Schweden beheimateten Stövare oder in Finnland die Finsk Stövare.

In den Ländern der klassischen Reitjagd, also in Großbritannien und Frankreich, entstanden eigene Brackenformen, die noch in alter Art zur Meutejagd, vorzugsweise auf Fuchs und Schalenwild, verwendet werden. Nur ausnahmsweise wird in diesen Ländern eine Bracke auf Schweiß geführt.

Deutsche Bracke

Westfälische Dachsbracke

Die **Deutsche Bracke** (DBr) wird gelegentlich auch als Sauerländer Bracke, Westfälische Bracke oder nach ihrem Hauptzuchtgebiet als Olper Bracke bezeichnet. Früher wurde diese Bracke hauptsächlich als Hasenhund eingesetzt, wobei es bei der klassischen Brackenjagd mehr um das Erleben als um die Strecke geht. In den letzten Jahren wird sie immer häufiger bei großen Stöberjagden verwendet. Das Stockmaß beträgt zwischen 40 und 53 cm. Das Zuchtbuch führt der Deutsche Bracken-Club e.V.

Die **Westfälische Dachsbracke** (WDBr) ist niedriger und langsamer als die Deutsche Bracke. In Schweden wird sie unter der Bezeichnung Drewer gezüchtet, wobei ein Zuchtaustausch mit Deutschland stattfindet. Das Stockmaß liegt zwischen 30 und 38 cm. Auch für die WDBr führt der Deutsche Bracken-Club e.V. das Zuchtbuch. Die Zahl der Welpen liegt unter 40.

Die **Brandlbracke** (BrBr) wird im Ursprungsland Österreich auch als Kärntner Bracke oder »Vieräugl« bezeichnet. Sie ist ein leichter, eleganter, spurlauter Hund mit einer Schulterhöhe von 46–58 cm. Farbe schwarz mit rotem Brand

(Abzeichen), vereinzelt auch rot oder rot gestichelt oder schwarz mit weißem »Brackenstern«. Sie wird heute meist als vielseitiger Waldgebrauchshund mit dem Schwerpunkt Schweißarbeit geführt. In Deutschland werden jährlich nicht mehr als 60 Welpen gezüchtet. Die Brandlbracke wird vom Deutschen Brackenverein e.V. betreut.

Die **Tiroler Bracke** (TBr) hat ein Stockmaß von 42–50 cm, ist also meist kleiner als die Brandlbracke und mit dieser eng verwandt. Sie kommt in mehreren Farbvariationen vor: schwarz mit rotem Brand, rot und rotgelb, hinzu kommen weiße Abzeichen. Mehrheitlich werden TBr als »vielseitige Schweißhunde« geführt. Das heißt, sie werden auch zum Brackieren verwendet. Bei der Gebrauchsprüfung müssen sie auch leichtes Wild bringen. In Deutschland führt der Klub Tirolerbracke e.V. das Zuchtbuch. Jährlich werden ca. 50–60 Welpen darin eingetragen.

Um 1870 kreuzte der steirische Industrielle Peintinger Hannoversche Schweißhunde mit Istrianer Bracken. Daraus entstand die rote bis fahlgelbe **Steirische Rauhaarbracke**, auch unter dem Namen Peintinger-Bracke bekannt. Mit einer Schulterhöhe von 45–53 cm ist sie ein eleganter, leichter Hund für alpines Gelände. Die StRBr wird in Deutschland von Deutschen Brackenverein e.V. betreut, das Welpenaufkommen in Deutschland dürfte kaum über 30 liegen.

Die **Alpenländische Dachsbracke** (ADBr) gehört zu den vom JGHV offiziell anerkannten Schweißhundrassen. Das bedeutet, dass diese Bracke in Deutschland überwiegend für die Schweißarbeit eingesetzt wird. Die Herkunft der ADBr kommt aus den Bracken, den jagenden Hunden. Die Farbe dieser Hunde ist dunkelhirschrot sowie schwarz mit rostrotem Brand. Das Stockmaß beträgt 34–42 cm. Betreut wird

Brandlbracke

Tiroler Bracke

Steirische Rauhaarbracke

Alpenländische Dachsbracke

Schwarzwildbracke

die aus Österreich stammende Rasse vom Verein Dachsbracke e.V.

Die **Schwarzwildbracke** (Slovensky Kopov) entspricht im Aussehen – schwarz mit lohfarbenen Abzeichen – weitgehend der Brandlbracke, ihr Stockmaß beträgt 40–50 cm. Der Kopov, Herkunftsland Slowakei, wird bei uns überwiegend als Stöberhund auf Schalenwild, Schwerpunkt Schwarzwild, und als Nachsuchenhund geführt. Das Zuchtbuch wird vom Schwarzwildbrackenverein e.V. geführt.

Der **Beagle** (Bg) stammt aus England, wo er in der Meute zur Fuchsjagd eingesetzt wird. Er hat einen guten Spurlaut, aber eine geringe Wildschärfe. In seiner Heimat wird er überwiegend als Meutehund gehalten. Für die Schweißarbeit ist er nur für Totsuche geeignet, da die meisten Beagles krankes Wild nicht zu Stande hetzen oder niederziehen. Das Stockmaß beträgt 33–40 cm. Ein Zuchtbuch führen gleich zwei Vereine: der Beagle Klub Deutschland e.V. und der Verein Jagd-Beagle e.V.

Der **Schweizer Laufhund** wird in 4 Schlägen gezüchtet: Berner Laufhund (weiß-schwarz mit

Beagle

Schweizer Laufhund

lohroten Abzeichen), Luzerner Laufhund (wie vorstehend, aber Grundfarbe »blau«), Jura-Laufhund oder Bruno (ähnliche Brandlbracke) und Schwyzer Laufhund (weiß-orange). Das Stockmaß liegt zwischen 47 und 59 cm. Die Laufhunde werden heute noch zum Brackieren von Schalenwild eingesetzt, aber auch zur Schweißarbeit. Von allen 4 Schlägen gibt es noch eine niederläufige Variante (Niederlaufhunde) mit einem Stockmaß von 33–43 cm.

18 | Für welche Arbeiten werden Bracken eingesetzt?

Sie werden für die Brackier-, Schweiß- und Stöberarbeit eingesetzt.

19 | Welche Anlagen sind bei Bracken besonders wichtig?

Fährten- und Spurwille, Spursicherheit und ein lockerer Fährten- und Spurlaut.

20 | Welche Haarform haben Bracken?

Mit Ausnahme der Steirischen Rauhaarbracke sind alle Bracken stockhaarig.

21 | Wie werden Bracken auch genannt?

Sie werden Laufhunde oder jagende Hunde genannt.

22 | Kann man Bracken zum Vorstehen abrichten?

In der Regel nicht. Nur selten sind ausreichend Vorstehanlagen vorhanden.

23 | Eignen sich Bracken für die Wasserarbeit?

In der Regel nicht. Es gibt aber durchaus einzelne Bracken, die gerne ins Wasser gehen.

24 | Müssen Bracken apportieren?

Nur wenn sie auf einer Gebrauchsprüfung geführt werden.

Schweißhunde

Alle Schweißhunde gehen auf Bracken zurück. Beim Hannoverschen Schweißhund war es der alte, längst ausgestorbene Segusier-Hund. Direkter Vorläufer des Hannoverschen Schweißhundes war der alte »Leithund«. Leithunde waren besonders ruhige und fährtentreue Hunde, mit denen die Fährte des einzelnen Hirsches »bestätigt« wurde als Voraussetzung für die Jagd mit der Meute. Die ruhige, konzentrierte Arbeit auf der gesunden Hirschfährte, am langen »Leitseil«, wurde später zur Grundlage für die Nachsuche auf angeschweißtes Hochwild. Der Bayerische Gebirgsschweißhund entstand durch Kreuzung Hannoverscher Schweißhunde mit österreichischen Gebirgsbracken.

Beide Rassen sind heute Schalenwildspezialisten. Sie werden daher vorwiegend von ebenso »spezialisierten« Forstleuten und Berufsjägern in Hochwildrevieren geführt. Besonders der Hannoversche Schweißhund wird vorzugsweise in Regionen bzw. großen Jagdrevieren mit hohem Hochwildabschuss abgeführt. Hingegen wird der Bayerische Gebirgsschweißhund oft in reinen Rehwildrevieren für Nachsuchen eingesetzt. Er hat auch bei Nichtjägern eine große Verbreitung gefunden.

Als dritte Schweißhundrasse wurde 1997 vom JGHV die Alpenländische Dachsbracke anerkannt, was nichts daran ändert, dass es sich bei ihr um eine reine Bracke handelt. Heute, wo das Brackieren – ausgenommen Südtirol und Schweiz – ohnehin fast in Vergessenheit geraten ist, wird die Mehrzahl der Dachsbracken fast ausschließlich als Schweißhund geführt, neuerdings aber auch wieder vermehrt als Stöberhund auf Schalenwild.

Der **Hannoversche Schweißhund** (HS) ist ein schwerer und ruhiger Hund (man unterscheidet einen schwereren »Leithundtyp« und einen leichteren »Brackentyp«), mit einem Stockmaß von

Übersicht anerkannte Schweißhunderassen

Hannoverscher Schweißhund (HS)	Bayerischer Gebirgsschweißhund (BGS)	Alpenländische Dachsbracke (ADBr)
stockhaarig rot und rot-schwarz gestromt nur Hochwildnachsuchen	stockhaarig rot, rot gestromt, schwarz gestromt Schalenwildnachsuchen	stockhaarig rot, schwarz mit rotem Brand Schalenwildnachsuchen und Brackierarbeit

50–60 cm, meist hirschrot mit schwarzer Gesichtsmaske, aber auch braunrot und gestromt (und dann mit besonders tiefschwarzem Kopf und Gesicht). Nach der sogenannten Jägerhofmethode wird er auf der kalten Gesundfährte als junger Hund ausgebildet bzw. abgeführt (lanziert). Betreut wird der HS durch den Verein Hirschmann e.V. (anno 1894).

Der **Bayerische Gebirgsschweißhund** (BGS) ist aus dem Hannoverschen Schweißhund und roten Gebirgsbracken entstanden, daher brackenartig leichter und eleganter, besser zum Steigen und Springen (z.B. bei der Nachsuche auf Gams) geeignet. Die Farbe ist fahl- bis hirschrot, die schwarze Gesichtsmaske mehr oder weniger stark ausgeprägt. Sein Stockmaß beträgt 44–52 cm. Das Zuchtbuch führt der Klub für Bayerische Gebirgsschweißhunde 1912 e.V. Inzwischen fallen mehr Welpen aus Schwarz- als aus Leistungszuchten.

25 | Welche Arbeiten werden von einem Schweißhund verlangt?

Allgemeiner Gehorsam, Riemenarbeit, Hetzen, Stellen und eventuell Niederziehen von geringem Schalenwild.

26 | Sollen Schweißhunde fährtenlaut sein?

Sie sollen fährtenlaut sein, da der Führer ansonsten eine Hatz nicht akustisch verfolgen kann.

27 | Welche Eigenschaften zeichnen Schweißhunde meist aus?

Feinste Nase, Finderwillen, Hetzpassion, Lautfreudigkeit, Wildschärfe und Wesensfestigkeit.

Hannoverscher Schweißhund (gestromt)

Bayerischer Gebirgsschweißhund

28 | Haben Schweißhunde eine bessere Nase als andere Jagdhunderassen?

Ihre Nasenleistung entspricht der anderer feinnasiger Hunde. Ihre Leistungen auf der Wundfährte resultieren aus ihrem ruhigen Wesen, ihrer Spezialisierung und der Leistung ihrer Führer.

29 | Wie wird das Alter eines Schweißhundes bezeichnet?

Behang, weil der Schweißhund früher erst im 2. Lebensjahr am »Behängseil« einer Hochwildfährte »nachhängen« durfte (1. Behang = im 2. Lebensjahr).

Stöberhunde

Stöberhunde sind kleine bis mittelgroße, langhaarige Hunde, deren ursprüngliche Aufgabe es war, Niederwild aus dichter Deckung (Gebüsch, Schilf) aufzustöbern. Dazu müssen sie auch in Dornen und Schilf ausdauernd selbstständig suchen, hartnäckig wasserfreudig sein, spurlaut jagen und sich trotzdem gehorsam lenken lassen. Diese vielseitigen Eigenschaften befähigen sie bei entsprechender Abrichtung neben dem eigentlichen Stöbern und der Wasserarbeit auch zum Buschieren sowie nach dem Schuss zum Verlorenbringen von Niederwild und zur Schweißarbeit auf Schalenwild. Heute wird vor allem der Deutsche Wachtelhund (DW) – neben der Schweißarbeit, bei der er Hervorragendes leistet – als Stöberhund bei großen Schalenwildjagden eingesetzt. Gerade unter den Wachtelhunden finden sich aber auch Vertreter, die hervorragend brackieren. Der DW entstand aus dem alten Vogelhund, der früher teilweise schon als Wachtelhund bezeichnet wurde. Erste schriftliche Nachweise gehen zurück bis 1669. Doch erst im Übergang vom 19. ins 20. Jahrhundert entstand, durch Einkreuzung von Spanielblut, der »Deutsche Wachtelhund«, so wie wir ihn heute kennen. Trotz seines liebenswürdigen Wesens ist der DW kein Hund für Gelegenheitsjäger; sein lebhaftes Temperament ist nicht leicht zu bändigen und verlangt nach ständiger Arbeit im Revier.

Während wir unter den Wachtelhunden ausgesprochene Weitjager finden, neigen die beiden deutlich kleineren Spaniels – Springer- und Cockerspaniel – eher zur »Jagd unter der Flinte«. Sie werden in Deutschland als vielseitige kleine Gebrauchshunde geführt. In der Schweiz liegt ihr Arbeitsschwerpunkt bei den Rehwildtreibjagden, wo sie als Stöberer eingesetzt werden. Daher wird ihr Spurlaut in der Schweiz gelegentlich auch auf der Rehfährte geprüft. Neben Springer- und Cockerspaniel gibt es aber noch eine ganze Reihe weiterer Spaniels, die jedoch in Deutschland kaum jagdliche Bedeutung haben. Die Heimat der Spaniels ist Großbritannien, wo sie als Stöberspezialisten rein auf Niederwild geführt werden.

»Stöbern«: Sprachlich führt das Wort »Stöberhund« gelegentlich zu Missverständnissen. Grund-

Übersicht Stöberhunde

Einziger deutscher Stöberhund		
Deutscher Wachtelhund (DW)	1/3 kupiert*	welliges Langhaar braun, braunschimmel oder rehrot
Englische Stöberhunde		
English Cocker Spaniel (CSp)	kupiert*	Langhaar rot, schwarz, schwarz-weiß, schwarzschimmel
English Springer Spaniel (SpSp)	kupiert*	Langhaar braun-weiß, schwarz-weiß

* Das Kupieren ist in Deutschland grundsätzlich verboten. Für Jagdhunde besteht derzeit noch eine Ausnahmeregelung. In einigen Nachbarländern dürfen auch Jagdhunde nicht mehr kupiert werden.

Deutscher Wachtelhund

English Cocker Spaniel

Springerspaniel

sätzlich müssen wir unterscheiden zwischen den eigentlichen, hier genannten Stöberhunden und all jenen Hunden anderer Rassen, die ebenfalls zum Stöbern eingesetzt werden. So ist das Stöbern beispielsweise ein Prüfungsfach bei der Verbandsgebrauchsprüfung (VGP) und Teil der Gebrauchsprüfung des Deutschen Jagdterrier-Clubs e.V. Gleichwohl handelt es sich beispielsweise bei einem stöbernden Deutsch Drahthaar nicht um einen Stöber-, sondern um einen Vorstehhund.

Der **Deutsche Wachtelhund** (DW) ist ein vielseitig einsetzbarer Jagdgebrauchshund (Stockmaß 45–54 cm). Er wird in 2 getrennten Farbschlägen als Brauner und Braunschimmel gezüchtet (daneben kommen auch braun-weiße Schecken und selten Rote und Rotschimmel vor). Die Verwendbarkeit reicht vom gehorsamen Buschieren über das Stöbern zu Land und Wasser bis (bei besonders ausgeprägtem Spurwillen) zum Brackieren (Weitjager). Beim Verlorenbringen von Niederwild bewährt er sich ebenso wie auf der Schweißfährte von Schalenwild, bei genügender Schärfe auch in der Saumeute. Das Zuchtbuch führt der Verein für Deutsche Wachtelhunde e.V.

Der **English Cocker Spaniel** (ECS) ist die bei uns bekannteste der vielen englischen Spanielrassen. Er ist von gedrungener Gestalt, rot, schwarz, schwarz mit rotem Brand, braun oder orangeweiß (alle drei Farben auch als »Schimmel«). Als kleiner, eher kurz jagender, trotzdem temperamentvoller Stöberer ist er ähnlich einsetzbar wie der DW. Hinsichtlich Körperkraft (beim Verlorenbringen) und Ausdauer (Weitjager, Hetze) ist er diesem jedoch unterlegen. Das Stockmaß beträgt 38–41 cm. Da der Cockerspaniel vielfach aus jagdfremder Liebhaberei gezüchtet wird, ist besonders darauf zu achten, einen Hund aus jagdlicher Leistungszucht zu erhalten.

Der **Springerspaniel** (SpSp) ist größer als der Cockerspaniel, bei sonst ähnlichen Eigenschaften (jagt meist stumm), daher körperlich besser zu ausdauerndem Verlorenbringen (Hase) geeignet. Der Springerspaniel ist in der Regel braun-weiß gescheckt und hat ein Stockmaß bis 51 cm.

Der Cocker- sowie der Springerspaniel sind besonders geeignet zur Buschierarbeit in guten Kaninchen- und Fasanenrevieren sowie zur Wasserarbeit. Beide Spanielrassen werden in Deutschland von folgenden beiden Zuchtvereinen im JGHV betreut: Jagdspaniel-Klub e.V. und Verein Jagdgebrauchsspaniel e.V.

30 | Welche Anlagen müssen beim Stöberhund vorhanden sein?

Eine gute Nase, Finderwille, Spurlaut, Spurwille, Spursicherheit, Stöbern, Wasserfreude und Schussfestigkeit.

31 | Welche Arbeiten werden von einem Stöberhund verlangt?

Stöbern, Buschieren, Wasserarbeit, Apportieren und Schweißarbeit.

32 | Kann nur mit Stöberhunden gestöbert werden?

Nein. Jagdhunde, die spurlaut sind und die Eigenschaften zum Stöbern haben, können ebenfalls als Stöberhunde eingesetzt werden.

33 | In welchen Schlägen wird der DW gezüchtet?

In 2 Farbschlägen als Brauner und Braunschimmel, braun-weiße Schecken. Rote und Rotschimmel kommen selten vor.

34 | Welche Farbschläge zeigen Spaniels?

Braun-weiß, rot, schwarz, schwarz-weiß, rotbraun. Es kommen fast alle Jagdhundfarben vor, jedoch keine gestromten Hunde.

Bauhunde

Zu den Bau- oder Erdhunden werden nur die Dachshunde und Terrier gerechnet, wobei keineswegs alle Terrierrassen zu den Bauhunden zählen. Der Name dieser Hundegruppe bezieht sich auf ihren Einsatz »unter der Erde« – für die Bauarbeit. Terrier und die Dachshunde haben gemeinsam, dass sie klein genug sind, um dem Raubwild (Fuchs, Dachs) in den Bau zu folgen. Im Bau sind die Erdhunde Spezialisten, deren Arbeit von keinem größeren Hund geleistet werden kann. Daneben sind sie aber – bei entsprechender Abrichtung – auch als vielseitige kleine Jagdgebrauchshunde verwendbar. Ihre Grenzen liegen dabei in der körperlichen Leistungsfähigkeit, z. B. beim Verlorenbringen von Niederwild oder bei der Arbeit in schwierigem Gelände. So ist dem Jagdterrier zwar ein ordentliches Maß an Wasserfreude erblich mitgegeben, an großen verschilften oder mit üppiger Unterwasserflora bewachsenen Gewässern sind ihm aber schlichtweg physische Grenzen gesetzt.

Trotz allem kann ein möglichst vielseitig ausgebildeter Erdhund ein vollwertiger Jagdgefährte sein, wenn sein Führer die Leistungsgrenzen beachtet. Unter den häufig beengten Haltungsbedingungen (Stadtwohnung) ist der kleine Hund meist der geeignetere. Der Erdhund ist aber, bei entsprechender Jagdgelegenheit, auch eine sinnvolle Ergänzung des großen Gebrauchshundes oder des Schweißhundes.

Dachshunde (Teckel, Dackel) sind ursprünglich »Zwergbracken« und eigentlich erst in zweiter Linie Erdhunde. Neben der Bauarbeit sind ihre Stärken das spurlaute Stöbern und Jagen auf Spur und Fährte. Teckel sind hervorragend für die Schweißarbeit geeignet. Ihre kurzen Läufe setzen ihnen aber bei der Hatz in schwierigem Gelände Grenzen. Teckel gibt es in 3 Haarvariationen: Kurzhaarteckel (KT), Langhaar-

Übersicht Bauhunde, geordnet nach Herkunft, Rasse, Schlag

Deutsche Bauhunde		
Kurzhaarteckel (KT)	unkupiert	rot oder schwarz mit rotem Brand
Langhaarteckel (LT)	unkupiert	rot oder schwarz mit rotem Brand
Rauhaarteckel (RT)	unkupiert	schwarzgrau »gestichelt«
Deutscher Jagdterrier (DJT)	$^1/_3$ kupiert	Rauhaar und Glatthaar, schwarz mit rotem Brand, selten rein braun
Englische Bauhunde		
Foxterrier (FT)	kupiert	Rauhaar und Glatthaar, weiß, weiß mit schwarzen Abzeichen
Parson Russel Terrier (PRT)	kupiert	Rauhaar und Glatthaar, weiß, weiß mit gelben/schwarzen Abzeichen

teckel (LT), Rauhaarteckel (RT). Das Zuchtbuch wird vom Deutschen Teckelklub 1888 e.V. (DTK) geführt.

Der **Kurzhaarteckel** ist nach wie vor eine ast reine »Zwergbracke«, deren »Zwischenform« wahrscheinlich ein der Dachsbracke ähnlicher Hund war. Gezüchtet wird der Kurzhaarteckel in den Farben Rot oder Schwarz mit rotem Brand, seltener in der Farbe Braun, die den Bracken und Dachsbracken besonders nahe steht. Er ist nur noch selten zu sehen und in reinen Liebhaberzuchten häufiger anzutreffen als in jagdlichen Leistungszuchten.

Durch Einkreuzung von kleinen langhaarigen Stöberhunden entstand der **Langhaarteckel,** rot oder schwarz mit rotem Brand. Auch er wird heute jagdlich eher selten geführt.

Mit Abstand am häufigsten begegnen wir auf der Jagd dem dritten und zeitlich jüngsten Teckelschlag, dem **Rauhaarteckel.** Er entstand durch Einkreuzung verschiedener kleiner Terrierrassen, das förderte seine Schärfe, ohne das alte Brackenerbe – Spurlaut und Spurwille – zu beeinträchtigen. Wie bei allen rauhaarigen Jagdhunden soll sein Haar knapp, dicht und drahtig sein, nicht zu lang und zu weich. Er ist meist »wildsaufarbig« (schwarzgrau gestichelt), seltener »dürrlaubfarbig« (braun oder graubraun).

In allen 3 Haararten werden besonders kleine Dachshunde als Zwergteckel vom Normalstamm getrennt gezüchtet. Die kleinsten Zwergteckel sind als »**Kaninchenteckel**« sogar zur Arbeit in Kaninchenbauen geeignet. Doch bringt die

Kurzhaarteckel

Rauhaarteckel

Zucht auf extreme Kleinheit, wie bei allen Zwergrassen von Haustieren, erbliche Mangelerscheinungen mit sich.

Die **Terrier** sind die eigentlichen Erdhunde (der Name kommt vom lateinischen »terra« = Erde). Sie sind die einzigen Jagdhunde, die nicht ursprünglich auf Brackenformen zurückgehen; daher haben sie auch keine Schlappohren (Behänge), sondern aufrecht stehende spitze oder »gekippte« Ohren. Sie waren ursprünglich Rattenfänger (»Rattler«) in Haus und Hof und auch reine »Kampfhunde« gegen Raubwild. Auf dem Kontinent, nicht in der Heimat der Terrier, in Großbritannien, wurden aus den Rattenfängern und »Dachswürgern« vielseitigere kleine Gebrauchshunde gezüchtet.

Der englische **Foxterrier** (FT), früher weitverbreitet, wird bei uns leider nur noch selten geführt. Er ist weiß mit schwarzen oder braunroten Platten. Gezüchtet werden 2 Haarvarianten – kurz- oder drahthaarig. Das Stockmaß für Rüden darf 39 cm nicht überschreiten, Hündinnen sollen etwas kleiner sein. Der Foxterrier wird betreut vom Deutschen Foxterrier-Verband e.V. Dieser trägt jährlich etwa 700 Welpen in sein Zuchtbuch ein.

Der **Deutsche Jagdterrier** (DJT) wurde aus dem Foxterrier und anderen Terrierrassen herausgezüchtet. Er ist schwarz mit rotem Brand, meist rau-, seltener kurzhaarig. Stockmaß 33–40 cm. Auch beim DJT wurde die Schärfe in der Zucht lange Zeit überbetont. Inzwischen ist durch sorgfältige Zuchtauslese ein vielseitigerer und umgänglicherer kleiner Jagdgebrauchshund entstanden. Als reiner Bauhund wird er nur noch selten gehalten. Bei entsprechender Abrichtung ist er zum Stöbern und zur Wasserarbeit ebenso einsetzbar wie zum Verlorenbringen von leichtem Niederwild und zur Schweißarbeit. Er ist mit

Langhaarteckel

Foxterrier

Deutscher Jagdterrier

seinen längeren Läufen dem Dachshund vor allem an »Geländegängigkeit« und Schnelligkeit überlegen. Der »Deutsche Jagdterrier-Club e.V.« führt das Zuchtbuch.

Der **Parson Russell Terrier** (PRT) ist rein weiß oder weiß mit lohfarbenen, gelben und/oder schwarzen Abzeichen an Kopf oder am Rutenansatz. Stockmaß 25–38 cm. Vor 1999 hieß die Rasse Jack Russel Terrier nach dem englischen jagdbegeisterten Pfarrer John (Jack) Russell, der um 1820 mit der Zucht dieses Arbeitsterriers begann. Russell wollte aber eine Reinzucht unter allen Umständen vermeiden. Und so kreuzte er seine »Working-Terrier« (Arbeitsterrier) immer wieder mit allen möglichen anderen Terrierrassen ein. Die bewusste Nicht-Reinzucht blieb bis in die jüngste Vergangenheit Tradition. Seit 2001 teilt der FCI die hochläufigeren dieses Typs als Parson Russel Terrier und die niederläufigen als Jack Russel Terrier ein. In Deutschland findet der PRT seine jagdliche Verwendung als Saufinder und Rottensprenger. Allerdings jagt der PRT fast nur sichtlaut. Der für den Jäger und für das Wild wichtige Spurlaut (tierschutzgerechte Jagdausübung) ist beim PRT nicht so ausgeprägt wie beim DJT. Das Zuchtbuch führt der Parson Russell TerrierClubDeutschland e.V.

Parson Russell Terrier

35 | Welche Anlagen müssen beim Bauhund vorhanden sein?

Für die Arbeit im Bau vor allem Jagdverstand und Wesensfestigkeit, gepaart mit Schärfe. Für die Arbeit über der Erde sind Nase, Spurlaut, Spurwille, Spursicherheit und beim Terrier noch Wasserfreude erforderlich.

36 | Für welche Arbeiten über der Erde werden Fox- und Jagdterrier noch eingesetzt?

Bevorzugt bei Stöberjagden auf Schalenwild.

37 | Welche Schläge unterscheiden wir bei den Terriern?

Glatthaarige und rauhaarige.

38 | Wie entstand der DJT?

Herausgezüchtet wurden alle bei uns jagdlich geführten Terrierrassen aus dem alten englischen Foxterrier.

39 | Welche Teckelschläge werden unterschieden?

Kurzhaar-, Langhaar- und Rauhaarteckel und innerhalb dieser 3 Haarvarianten auch 3 Größenvarianten, nämlich Normalgröße, Zwergteckel und Kaninchenteckel.

40 | Was sind die Arbeitsgebiete eines Dackels (Teckels)?

Die Baujagd, die Stöberjagd und die Schweißarbeit.

41 | Woher kommt der Parson Russell Terrier?

Aus England.

42 | In welchen Schlägen wird er gezüchtet?

Er wird rauhaarig und glatthaarig in Reinweiß oder Weiß mit lohfarbenen, gelben oder schwarzen Abzeichen an Kopf und/oder am Rutenansatz gezüchtet.

Vorstehhunde allgemein

Die Vorstehhunde sind die entwicklungsgeschichtlich jüngste Gruppe unserer Jagdhunde. Ihre kennzeichnende Eigenschaft ist das Vorstehen. Das heißt, sie stoßen in Deckung liegendes Wild, sobald sie es durch die Nase gefunden haben, nicht nach Art der Stöberhunde oder Bracken sofort heraus, um es zu verfolgen, sondern sie bleiben wie gebannt abwartend vor dem Wild stehen. Dieses für die Vorstehhunde typische Verhalten geht auf eine Verhaltensweise zurück, die wir auch bei anderen Rassen und sogar bei Wildhunden beobachten können: das momentane Verharren und »Maßnehmen« vor dem Zusprung auf die Beute. Auch der mausende Fuchs zeigt uns dieses Verhalten. Das kurze »Markieren« wurde durch die Zucht zum lang dauernden Vorstehen gesteigert, denn es ist eine für den Jäger im freien Feld sehr vorteilhafte Eigenschaft: Der Hund zeigt ihm dabei an, wo das Wild liegt.

Schon vor Aufkommen der Feuerwaffen wurde Niederwild (Rebhühner, Wachteln) samt dem vorstehenden Hund mit großen Decknetzen bedeckt und so erbeutet. Auch für die Falkenbeize war der Vorstehhund nützlich, weil er dem Falkner Zeit gab, mit seinem Falken aufzurücken. So entstand aus Bracken- und Stöberhundformen, auch teilweise mit Einkreuzung von rauhaarigen Hütehunden, eine Fülle kurz-, lang- und rauhaariger Vorstehhunderassen.

Die Jagd mit der Flinte machte den Vorstehhund unentbehrlich, besonders bei der Flugwildjagd. So wurde der »Hühnerhund« zum unentbehrlichen Begleiter des Feldjägers. Die Suche war die hauptsächliche Jagdart. Während jedoch in anderen europäischen Ländern Vorstehhunde als »Feldjagdspezialisten« gezüchtet und geführt wurden, ging die Entwicklung im deutschsprachigen Raum in Richtung vielseitiger Jagdgebrauchshund, der – ausgenommen die Bauarbeit – bei allen Arbeiten vor und nach dem Schuss einsetzbar ist. Deshalb sind Vorstehhunde heute die am weitesten verbreiteten und häufigsten Jagdhunde Mitteleuropas.

Übersicht Vorstehhunde

Deutsche Vorstehhunde:

Rasse	Farbe
kurzhaarig	
Deutsch Kurzhaar (DK)	braun, braunschimmel, schwarzschimmel
Weimaraner Kurzhaar (WK)	silbergrau
rauhaarig	
Deutsch Drahthaar (DD)	braun, braunschimmel, schwarzschimmel
Deutsch Stichelhaar (DSt)	braun, braunschimmel
Pudelpointer (PP)	braun oder schwarz
Griffon (Gr)	braun-grau-schimmel
langhaarig	
Weimaraner Langhaar (WL)	silbergrau
Großer Münsterländer (GM)	schwarz-weiß
Kleiner Münsterländer (KlM)	braun-weiß
Deutsch Langhaar (DL)	braun, braunschimmel

Englische Vorstehhunde:

Rasse	Farbe
kurzhaarig	
Pointer (P)	weiß/zitronengelb, weiß/leberbraun, weiß/schwarz, tricolor oder auch einfarbig braun
langhaarig	
Englischer Setter (ES)	weißbunt
Irischer Setter (IS)	rot, rot-weiß
Gordon-(Schottischer)Setter (GS)	schwarzrot

Französische Vorstehhunde:

Rasse	Farbe
langhaarig	
Bretonischer Vorstehhund (EB)	braun-weiß, rot-weiß, schwarz-weiß, tricolor

Ungarische Vorstehhunde (Magyar Vizsla):

Rasse	Farbe
kurzhaarig	
Ungarisch-Kurzhaar (UK)	semmel- bis sandgelb
rauhaarig	
Ungarisch-Drahthaar (UD)	semmel- bis sandgelb

Deutsch-Drahthaar

Deutsch-Kurzhaar

Deutsch-Langhaar

Deutsche Vorstehhunde

Die meisten deutschen Vorstehhunde gehen auf die mittelalterlichen Vogelhunde zurück. So sprechen manche Wissenschaftler davon, dass es sich nicht um verschiedene Rassen, sondern um einzelne Schläge handelt. Wir bleiben trotzdem beim Begriff der einzelnen Rassen. Im Gegensatz zu den englischen Pointern und Settern, die wirklich nur zum Vorstehen gezüchtet wurden, stellen die deutschen Vorstehhunde die Gruppe der Vollgebrauchshunde, die im Feld, im Wald und auch im Wasser gearbeitet werden. Bei den einzelnen Rassen werden in der Zucht z. T. verschiedene Schwerpunkte gesetzt. Sei es die weite Suche, die Arbeit nach dem Schuss oder besonders die Wasserarbeit. Trotz des rückläufigen Besatzes an Federwild erfreuen sich die Vorstehhunde wegen ihrer Vielseitigkeit nach wie vor großer Beliebtheit, da sie sich auf die Fächer spezialisieren lassen, in welche sie intensiv eingearbeitet werden. So wird z. B. eine Anzahl von Vorstehhunden verschiedener Rassen als reine Schweißhunde gearbeitet.

Der **Deutsch Drahthaar** (DD) ist der in Deutschland meist geführte Jagdhund. Seine Verwendung ist vielseitig, er ist in allen Anforderungen leistungsstark. Das Haar ist von unterschiedlichem Typ (bis fast kurzhaarig), entstanden aus rauhaarigen Ursprungsformen (DST, Griffon) und Kurzhaar (DK); Farbe braun, braunschimmel und auch schwarzschimmel. Das Stockmaß beträgt 61–68 cm, bei Hündinnen 57–64 cm. Der Verein Deutsch-Drahthaar e.V. ist der mitgliederstärkste Zuchtverein. Jährlich werden ca. 3000 Welpen im Zuchtbuch eingetragen.

Beim **Deutsch Kurzhaar** (DK) sind Braun und Braunschimmel sowie Schwarzschimmel die vorherrschenden Farben. Überwiegend werden sie in Feldrevieren geführt. Die Gesamterscheinung des

DK soll edel und harmonisch sein, seine Form Ausdauer, Schnelligkeit und Kraft gewährleisten. Das Stockmaß beim Rüden beträgt 62–66 cm, bei der Hündin weniger, jedoch nicht unter 58 cm. Das Zuchtbuch führt der Deutsch-Kurzhaar-Verband e.V. Jährlich werden etwa 1200 Welpen eingetragen.

Der **Deutsch Langhaar** (DL) findet seine Verwendung als vielseitiger Jagdgebrauchshund mit dem Schwerpunkt nach dem Schuss. Die braune Farbe ist heute beim DL dominant gegenüber der Schimmelfarbe. Sein Haarkleid prädestiniert ihn für die Wald- und Wasserarbeit. Das Stockmaß beträgt bei Rüden 60–70 cm, bei Hündinnen 58–66 cm. Das Zuchtbuch führt der Deutsch-Langhaar-Verband e.V. Jährlich werden ca. 550 Welpen in das Zuchtbuch eingetragen.

Großer Münsterländer

Kleiner Münsterländer

Der schwarz-weiße **Große Münsterländer** (GM) ist eine Spielart des Deutsch Langhaar und wurde zunächst auch in dessen Zuchtbuch geführt. Wird beim DL die schwarze Farbe verboten, so ist sie beim GM das Markenzeichen. Somit ist der Große Münsterländer genetisch eine Variante des Deutsch Langhaar. Geführt wird er als vielseitiger Gebrauchshund mit lockerem Spurlaut und ausgeprägter Wildschärfe. Seine Schwerpunkte liegen in der Arbeit nach dem Schuss und in der Wasserarbeit. Das Stockmaß der Rüden beträgt 60–65 cm, das der Hündinnen 58–63 cm. Seit 1923 wird das Zuchtbuch für GM vom Verband Große Münsterländer e.V. geführt. Jährlich werden ca. 400 Welpen ins Zuchtbuch eingetragen.

Der **Kleine Münsterländer** (KlM) ist der kleinste deutsche Vorstehhund, Farbe braun-weiß oder braunschimmel mit braunen Platten. Er stellt eine völlig eigenständige Rasse dar und ist mit dem GM nicht verwandt. Das Stockmaß der Rüden liegt zwischen 52 und 56 cm, das der Hündinnen zwischen 50 und 54 cm. Früher wurde der KlM als »Münsterländer Heidewachtel« bezeichnet. Nach der Zucht des Deutschen Wachtelhundes wurde dieser Begriff durch Kleiner Münsterländer Vorstehhund ersetzt. Der Kleine Münsterländer ist ein tüchtiger Vorstehhund und hat seine Stärke in der Arbeit nach dem Schuss. Betreut wird der KlM vom Verband für Kleine Münsterländer e.V., der jährlich ca. 1000 Welpen ins Zuchtbuch einträgt.

Deutsch-Stichelhaar

Der **Deutsch Stichelhaar** (DSt) mit knappem, drahtigem Rauhaar ist die älteste, heute aber seltenste Ursprungsrasse der rauhaarigen Vorstehhunde. Bei den Rüden beträgt das Stockmaß 60–70 cm, das der Hündinnen 58–68 cm. Das Zuchtzentrum und die Heimat dieser Rasse ist Ostfriesland. Der Deutsch Stichelhaar hat den größten Anteil an der Entstehung des Deutsch Drahthaar, was zur Folge hat, dass man diese beiden Rassen oft nicht unterscheiden kann. Jährlich werden nicht mehr als ca. 50 Welpen ins Zuchtbuch des Verein Deutsch Stichelhaar e.V. eingetragen.

Griffon

Der **Griffon** (Gr) ist ein ausgezeichneter Feld- und Wasserhund, der seine Entstehung dem in Deutschland lebenden Holländer Korthals verdankt (»Korthals-Griffon«). Das dichte, typische kokosmattenartige Haar in blaugrauer Farbe mit braunen Platten und der dicht behaarte Kopf mit dem deutlich vorhandenen Bart und den Augenbrauen unterscheiden den Griffon von anderen rauhaarigen Vorstehhunderassen. Die Rute wird nur ein Drittel bis nicht ganz zur Hälfte kupiert. Betreut wird er vom Griffon-Club e.V. von 1888. Jährlich werden etwa 70 Welpen ins Zuchtbuch eingetragen.

Weimaraner Kurzhaar

Beim **Weimaraner** handelt es sich um den ältesten deutschen Vorstehhund. Er gilt als besonders wesensfest und scharf. Der **Kurzhaarige Weimaraner** (WK) erinnert in der Form an einen Deutsch Kurzhaar. Zwischen beiden bestehen dennoch äußerliche Unterschiede. Der Weimaraner ist größer als der DK, wobei das Stockmaß beim Rüden bei 50–70 cm, bei Hündinnen bei 57–65 cm liegt. Wie alle deutschen Vorstehhunde wird er kupiert. Die Farbe ist silber-, reh- oder mausgrau.

Der seltenere **Langhaarige Weimaraner** (WL) entstand sprunghaft aus dem WK und ist ebenfalls von der typisch fahlgrauen bis silbergrauen

Farbe und hat ein helles, bernsteinfarbenes Auge. Der Langhaar-Weimaraner bleibt unkupiert. Das Stockmaß entspricht dem seines kurzhaarigen Bruders. Da beide Weimaraner ausgeprägt stumm jagen, sind ihrem Einsatz auf der Schalenwild-Wundfährte Grenzen gesetzt. Die Weimaraner, Kurz- und Langhaar, werden in Deutschland vom Weimaraner Klub e.V. betreut.

Weimaraner Langhaar

Der **Pudelpointer** (PP) ist meist einfarbig braun mit kleinen weißen Abzeichen, selten auch schwarz. Das Haar ist knapp, manchmal fast kurzhaarig. Der PP entstand aus gezielter Kreuzung von Pointer und Barbet (Wasserpudel). Mit 60–68 cm Stockmaß bei den Rüden und 55–63 cm bei den Hündinnen ist er ein sehr großer Hund. Wegen ihrer Verwandtschaft (und im DD auch züchterischen Vermischung) sind rauhaarige Vorstehhunde ihrem Aussehen nach oft nicht exakt einem bestimmten Schlag zuzuordnen. Betreut wird der PP vom Verein Pudelpointer e.V., der alljährlich etwa 140 Welpen in sein Zuchtbuch einträgt.

Pudelpointer

Englische Vorstehhunde

Die Briten haben sozusagen das Urheberrecht für 2 Vorstehhunderassen, nämlich für den Pointer und die Setter. Was nun den Pointer betrifft, so wird er zwar von den Briten reklamiert, seine Wiege stand aber höchstwahrscheinlich nicht im Vereinigten Königreich, sondern in Spanien. Der Stammvater der 3 Setter-Schläge. Ursprünglich waren die aus Spanien stammenden Pointer recht schwere, grobzellige Hunde. Um sie leichter und vor allem eleganter zu machen, kreuzten die Briten vor allem Foxhounds ein. Die Setter werden in 3 Schlägen gezüchtet: Englischer Setter, Irisscher Setter und Gordon-Setter. Letzterer wird auch als Schottischer Setter bezeichnet. Ihr langes Haar bekamen die Setter erst durch weitere Einkreuzungen – mit Spaniels. Diese Spaniels waren freilich mit den heutigen Cocker- oder Springerspaniels nicht zu vergleichen. Nebenbei sei erwähnt, dass Langhaar auch sprunghaft aus Kurzhaar entstehen kann.

Die Briten selbst setzen ihre Pointer und Setter bis heute ausschließlich bei der Suche im Feld ein. Zum Stöbern oder Buschieren verwenden sie hauptsächlich Spaniels, während das erlegte Wild von den Retrievern gesucht und gebracht wird. Es herrscht also eine strenge Arbeitsteilung. Außerhalb ihres Heimatlandes werden die englischen Vorstehhunde vor allem zur Feldjagd verwendet. Sie sind vorwiegend »Feldspezialisten«

Pointer

Englischer Setter

Irischer Setter

für die Suchjagd. Allerdings werden die in Deutschland gezüchteten Hunde möglichst vielseitig (ähnlich wie die deutschen Jagdgebrauchshunde) ausgebildet und eingesetzt. Ihre Nase prädestiniert sie durchaus auch zur Schweißarbeit. Dem stehen aber die oft geringe Schärfe und der mangelhafte Laut entgegen. Der Schwerpunkt liegt aber allgemein bei der Feldarbeit.

Der **Pointer** (P) ist knapp kurzhaarig, mit langer, unkupierter Rute, der Kopf mit ausgeprägten Lefzen und Stirnabsatz (»Stop«), die Farbe recht unterschiedlich: weiß/zitronengelb, weiß/leberbraun, weiß/schwarz, tricolor oder auch einfarbig braun. Seine Schulterhöhe soll bei Rüden zwischen 63 und 69 cm liegen, bei Hündinnen zwischen 61 und 66 cm. Der Pointer ist der klassische Vorstehhund für anspruchsvolle Niederwildreviere, der in Deutschland sowohl vom Verein für Pointer und Setter e.V. als auch vom »Deutscher Pointerclub e.V.« betreut wird.

Der **Englische Setter** (ES; auch unter dem Namen Laverack Setter bekannt) wird in mehreren Farbvariationen gezüchtet: Die Grundfarbe ist immer Weiß mit schwarzen, braunen oder gelben Tupfen, also tricolor. Die Schulterhöhe der Rüden beträgt 65–68 cm, die der Hündinnen 61–65 cm. In Deutschland wird der Englisch Setter von 2 Zuchtvereinen betreut: vom English-Setter-Club e.V. und vom Verein für Pointer und Setter e.V. Letzterer betreut, wie sein Name schon verrät, neben den 3 Setter-Schlägen auch den Pointer.

Der **Irische Setter** (IS) ist bei uns fast nur als »Mahagoni-Setter« bekannt, also mit mahagonirotem Haarkleid. Daneben gibt es aber auch eine rot-weiße Variante (Irish Red and White Setter), die bei uns kaum zu sehen ist. Vermutlich ist sie sogar älter und der mahagonifarbene Setter aus ihr herausgezüchtet. Für jede gibt es einen eigenen Rassestandard: Rüden sollen eine Schulterhöhe von 58–67 cm haben, Hündinnen eine solche von 55–61 cm. Betreut wird der Irish Setter sowohl vom Verein für Pointer und Setter e.V. wie auch vom Irish Setter Club Deutschland e.V. Letzterer kümmert sich allerdings nur um den mahagonifarbenen Irish Red Setter.

Der **Schottische Setter** oder **Gordon-Setter** (GS) ist schwarz mit rotem Brand. Er zeigt mehr Schärfe und ist auch wasserfreudiger als die beiden anderen Setter und wird auf dem Festland gerne als vielseitiger Gebrauchshund geführt. Mit 66 cm (Rüden) und 62 cm (Hündinnen) Schulterhöhe ist er geringfügig kleiner als die beiden anderen Setter. Betreut wird er vom Verein für Pointer und Setter e.V. sowie vom Gordon Setter Club Deutschland e.V. Verglichen mit den deutschen Vorstehhunden ist die Zahl aller 3 Setter gering.

Gordon-Setter

Epagneul Breton

Französische Vorstehhunde

Von den zahlreichen französischen Vorstehhundrassen hat vor allem der Epagneul Breton (Bretonische Vorstehhund) bei uns viele Freunde gefunden, weil er (ähnlich wie unser Kleiner Münsterländer) die Bedürfnisse von Jägern gut befriedigt, die an einem kleinen, leichtführigen Vorstehhund interessiert sind.

Die übrigen französischen Rassen werden bei uns selten geführt, neuerdings aber vom Verein für Französische Vorstehhunde e.V. betreut. Es gibt verschiedene kurzhaarige (Braque), langhaarige (Epagneul) und auch rauhaarige Rassen (Griffon, Barbet).

Epagneul Breton (EB), der »Bretone«, ist ein langhaariger, besonders kleiner (der kleinste) Vorstehhund. Die Farben sind rot-weiß, schwarz-weiß, braun-weiß oder tricolor und sein typisches Merkmal ist die kurze Stummelrute. Als Stockmaß sind maximal 51 und minimal 46 cm zugelassen. Das Aussehen erinnert mehr an einen Spaniel, doch ist er ein richtiger Vorstehhund. Der Bretone ist ein ausgeglichener, aufmerksamer, intelligenter und leichtführiger Jagdhund. In Deutschland wird diese Rasse durch den Club für Bretonische Vorstehhunde e.V. betreut und es werden jährlich ca. 50 Welpen ins Zuchtbuch eingetragen.

Ungarischer Vorstehhund

Der Magyar Vizsla entstand im 18. Jahrhundert aus der ungarischen Bracke, die vor allem mit gelben türkischen Jagdhunden (Windhunden) eingekreuzt wurde. Im 19. Jahrhundert floss dann auch das Blut weiterer Hunderassen in die Zucht, vor allem Pointerblut. Neben dem kurzhaarigen Ungarisch-Kurzhaar (UK) gibt es auch den selteneren rauhaarigen Ungarisch-Drahthaar (UD), der aus Kreuzungen mit Deutsch Drahthaar entstanden ist. Vertreter beider Schläge sind in der Regel leichtführige Vollgebrauchshunde. Sie haben die Anlagen für eine gute Nase, ein festes Vorstehen, für Stöbern, Apportieren, Wasserfreudigkeit und arbeiten gerne eng mit ihrem Führer zusammen. Der Magyar Vizsla zeichnet sich durch ein gutes Gedächtnis, Lernvermögen und Leichtführigkeit aus. Leider fehlt bei dieser Rasse sehr häufig der Spurlaut, was ihrem Einsatz bei Stöberjagden, wo laut jagende Hunde erforderlich sind, Grenzen setzt.

Der **kurzhaarige Magyar Vizsla** (Ungarisch-Kurzhaar; UK) ist immer von semmelgelber bis sandgelber Farbe. Vereinzelt kommen kleine weiße Flecken an Brust oder Pfoten vor. Das Haar ist derb und hart, aber kurz und dicht anliegend. Rüden sollen ein Stockmaß zwischen 58 und 64 cm haben, Hündinnen ein solches zwischen 54 und 60 cm. Wie bei allen kurzhaarigen Vorstehhunden (ausgenommen Pointer) werden ihre Ruten kupiert. Der kurzhaarige Ungarische Vorstehhund ist in Deutschland häufiger anzutreffen als der rauhaarige.

Abgesehen von der Behaarung entspricht der **rauhaarige (drahthaarige) Magyar Vizsla** im Standard weitgehend dem kurzhaarigen. Durch die Einkreuzung von deutschen drahthaarigen Vorstehhunden entstand dieser Schlag in den 30er-Jahren des 20. Jahrhunderts. In Deutschland werden die Vizsla betreut durch den Zuchtverein Verein Ungarischer Vorstehhunde e.V. Jährlich werden in Deutschland etwa 200 Welpen ins Zuchtbuch eingetragen.

43 | Was ist das Arbeitsgebiet eines Vorstehhundes?

Vorstehhunde (mit Einschränkung Pointer und Setter) sind vielseitige Gebrauchshunde in Feld, Wald und Wasser.

Ungarisch-Kurzhaar

Ungarisch-Drahthaar

44 | Welche Anlagen müssen beim Vorstehhund vorhanden sein?
Nase, Spurwille, Suche, Vorstehen, Wasserfreude und Arbeitsfreude.

45 | Welche deutschen Vorstehhunde sind kurzhaarig?
Nur Deutsch Kurzhaar und kurzhaariger Weimaraner.

46 | Welche deutschen Vorstehhunde sind rauhaarig?
Deutsch Stichelhaar, Deutsch Drahthaar, Griffon, Pudelpointer.

47 | Welche Vorstehhunde werden in Deutschland (noch) kupiert?
Deutsch Kurzhaar (DK), Deutsch Drahthaar (DD), Deutsch Stichelhaar (DST), Weimaraner Kurzhaar (WK), Griffon (Gr) und Pudelpointer (PP).

48 | Welche Arbeiten werden von Pointer und Setter in ihrer Heimat verlangt?
Nur das Suchen und Vorstehen von Niederwild (ohne Rehwild).

49 | Kann man mit einem Pointer oder Setter stöbern?
Bedingt, nach der jeweiligen Anlage des Hundes.

50 | In welchen Farbschlägen wird der Pointer gezüchtet?
Weiß/zitronengelb, weiß/leberbraun, weiß/schwarz, tricolor oder auch einfarbig braun.

51 | Können Sie einen Pointer auf einer Verbandsschweißprüfung führen?
Ja, da der Zuchtverein dem JGHV angeschlossen ist.

52 | Eignet sich ein Setter für die Wasserarbeit?
Ja, da er vielseitiger einsetzbar ist als der Pointer.

53 | Welche englischen Vorstehhunde sind langhaarig?
Die Setter.

54 | Für welche Arbeiten werden die französischen Vorstehhunde eingesetzt?
Wie die deutschen Vorstehhunde als Vollgebrauchshunde.

55 | Welches ist der kleinste Vorstehhund?
Der Bretonische Vorstehhund (Epagneul Breton).

56 | Kann man einen Epagneul Breton auf der VGP führen?
Ja, genauso wie jeden anderen Vorstehhund.

57 | Wird der Epagneul Breton auch kurzhaarig gezüchtet?
Der Epagneul Breton ist immer langhaarig.

58 | Unterscheidet sich das Arbeitsgebiet der Ungarischen Vorstehhunde von jenem der deutschen Vorstehhunde?
Nein, die Arbeitsgebiete der Vizsla sind vergleichbar mit denen der deutschen Vorstehhunde.

59 | Können Sie mit einem Magyar Vizsla in Deutschland eine Prüfung ablegen?
Ja, er wird zu allen Prüfungen des Vereins Ungarischer Vorstehhunde e.V. und des JGHV zugelassen.

60 | In welchen Farbschlägen wird der Magyar Vizsla gezüchtet?
In den Farbschlägen semmel- bis sandgelb.

Apportierhunde

Apportierhunde sind mittelgroße, stämmige Hunde, lang- oder stockhaarig, im Aussehen etwa zwischen Stöber- und Vorstehhunden, die in England als Apportierspezialisten zum Verlorenbringen von Niederwild gezüchtet wurden. Dazu müssen sie bei ruhigem Temperament, ausgeprägtem Gehorsam und Spurwillen feinnasig, ausdauernd und auch sehr wasserfreudig sein. Die bei uns gezüchteten und verwendeten Retriever werden vielseitiger eingesetzt. Sie eignen sich bei entsprechender Ausbildung auch zum Buschieren und für die Schweißarbeit. Sie jagen jedoch auf Spur und Fährte meist stumm! Bekannt sind bei uns vor allem der Golden Retriever (langhaarig, cremefarben bis dunkelgolden) und der Labrador Retriever (stockhaarig, schwarz, braun oder gelb).

Die Stärken des **Golden Retriever** (GR) sind der Finderwille und seine Apportierfreudigkeit von Niederwild in Feld, Wald und Wasser. Leider muss man heute in Deutschland sehr lange suchen, bis man einen Golden Retriever aus einer reinen Leistungszucht bekommt. Diese Hunderasse ist ein beliebter Modehund geworden. In Deutschland wird der GR vom Deutschen Retriever-Club e.V. betreut.

Der **Flat-Coated Retriever** geht wie alle Retrieverrassen auf den »Kleinen Neufundländer« oder »St. John's Dog« zurück. Seine jagdlichen Qualitäten sind mit denen des Labrador vergleichbar. Er hat ein mittellanges, dichtes Haarkleid in den Farben Schwarz oder Leberbraun. In Deutschland wird er sehr selten geführt.

Der **Labrador Retriever** (LR) ist ein beliebter Apportierhund für die Wasserarbeit. Das Stockmaß der Rüden soll 56–57 cm betragen, das der Hündinnen 54–56 cm. Dem Labrador fehlen häufig Wildschärfe und Spurlaut, was seine

Übersicht Apportierhunde

Ihr Heimatland ist England

stockhaarig	
Labrador Retriever (LR)	gelb, schwarz, braun
Flat-Coated Retriever (FCR)	schwarz, braun
langhaarig	
Golden Retriever (GR)	cremefarben

Flat-coated Retriever

Golden Retriever

jagdliche Verwendung einschränkt. In Deutschland wird der LR durch den Deutschen Retriever-Club e.V. und durch den Labrador-Retriever-Club Deutschland betreut.

61 | Wo ist die Heimat der Apportierhunde?

In England.

62 | Welche Arbeiten werden von Apportierhunden in ihrer Heimat verlangt?

In England wird der Apportierhund neben dem Vorstehhund geführt. Man sagt ihm nach, dass er alles apportiert, was sich nicht wehrt.

63 | Muss ein Retriever spurlaut sein?

Nein, seine Aufgabe ist die reine Apportierarbeit.

64 | Wie werden Apportierhunde in Deutschland jagdlich eingesetzt?

Zum Verlorensuchen im Wald und im Wasser, aber zunehmend auch zur Schweißarbeit.

65 | Kann man einen Labrador auf der Verbandsgebrauchsprüfung (VGP) führen?

Bei vorhandener Vorstehanlage ja. Geführt werden kann er aber auf der Gebrauchsprüfung seines Zuchtverbandes ohne Vorstehen, mit Zusatzfächern »Verlorensuchen im Wald«.

Sonstige

Neben den in Deutschland bekannten klassischen Jagdgebrauchshunderassen erscheinen in unseren Jagdrevieren immer mehr Jagdhunde fremder Herkunft, aber auch in Deutschland entstandene Neuzüchtungen. Motive für die Wahl einer »neuen« Jagdhunderasse sind ein gewisser Hang zur »Exklusivität«, aber auch negative Erfahrungen mit Vertretern der traditionell bei uns geführten Rassen. Ob eine fremde oder neue Hunderasse immer für unsere Jagdverhältnisse geeignet ist, ist eine andere Sache.

Die in Deutschland im JGHV zusammengeschlossenen Jagdhunderassen haben sich durch langjährige intensive Zucht für die Jagd in Deutschland bestens bewährt. Einige ausländische Jagdhunderassen unterscheiden sich zum Teil nur geringfügig im Aussehen von den heimischen Rassen. Andere haben keinen internationalen Standard und sind vom JGHV jagdkynologisch nicht anerkannt, z. B. der Rhodesian Ridgeback, der Westfalenterrier (glatt- und rauhaarig, Farbe »weizenblond«) und der aus Deutschem Jagdterrier und Airdale Terrier entstandene Heideterrier.

Seit einigen Jahren findet die russisch-europäische Jagdhunderasse **Laika** (LK) auch unter

Labrador Retriever

Laika

Häufig gebrauchte Abkürzungen

Bracken	
DBr	Deutsche Bracke
StRBr	Steirische Rauhaarbracke
WDBr	Westfälische Dachsbracke
ADBr	Alpenländische Dachsbracke
BrBr	Brandlbracke
Bg	Beagle
TBr	Tiroler Bracke
Fh	Foxhound
Kop	Kopov (Schwarzwildbracke)
Schweißhunde	
HS	Hannoverscher Schweißhund
BGS	Bayerischer Gebirgsschweißhund
Stöberhunde	
DW	Deutscher Wachtel
SpSp	Springerspaniel
CSp	Cockerspaniel
Teckel	
KT	Kurzhaarteckel
LT	Langhaarteckel
RT	Rauhaarteckel
Terrier	
FT	Foxterrier
DJT	Deutscher Jagdterrier
PRT	Parson Russell Terrier
Vorstehhunde	
DK	Deutsch Kurzhaar
Gr	Griffon
W	Weimaraner
P	Pointer
DL	Deutsch Langhaar
ES	Englischer Setter
GM (GrM)	Großer Münsterländer
IS	Irischer Setter
KlM	Kleiner Münsterländer
GS	Gordon-Setter (Schottischer Setter)
DSt	Deutsch Stichelhaar
EB	Épagneul Breton (Bretone)
DD	Deutsch Drahthaar
UK	Ungarisch-Kurzhaar
PP	Pudelpointer
UD	Ungarisch-Drahthaar
Apportierhunde	
LR	Labrador Retriever
LK	Laika
GR	Golden Retriever
FCR	Flat-Coated Retriever

den deutschen Jägern Liebhaber. Sie wurde im Zuge der deutschen Wiedervereinigung 1990 vom JGHV übernommen. In der ehemaligen DDR wurde die Laika durch Jäger in den russischen Streitkräften besonders bekannt. Das Wort »Laika« stammt aus der russischen Sprache und heißt »verbellen«. Die Laika jagt gesundes Schalenwild mit Auge und Nase stets stumm und gibt erst am gestellten Wild Standlaut. Hierbei ist es wichtig, dass der Hund nicht scharf stellt und das Wild »bewegt«, sondern »hütet« und an einer Stelle bindet. In Deutschland werden die wenigen Laika-Hunde durch den Zuchtverband Laika-Club e.V. betreut. Am meisten geführt wird die Russisch-Europäische Laika, seltener die Westsibirische und die Ostsibirische Laika. Nur sehr wenige Jäger führen den Schwedischen Elchhund oder den Grauen Norwegischen Elchhund. Dasselbe gilt für den Karelischen Bärenhund.

66 | Welche Rassen werden den Nordischen Hunden zugerechnet?

Die Russisch-Europäische Laika, die Westsibirische Laika und die Ostsibirische Laika.

67 | Für welche Arbeiten können diese Hunde eingesetzt werden?

Die Laika suchen stumm das Wild und verbellen es dann lediglich. Der Jäger kann sich dann an das Wild heranpirschen und es eventuell erlegen.

68 | Was ist der Nachteil dieser Rassen?

Dass die meisten Angehörigen dieser Rassen absolut stumm jagen und sehr oft keine Wildschärfe zeigen.

Jagdhundehaltung

Grundsätzliches zur Hundehaltung: Für das Halten und Züchten von Hunden gelten in Deutschland seit dem 1. Januar 2022 die neuen Bestimmungen der vom Bundesministerium für Verbraucherschutz, Ernährung und Landwirtschaft erlassenen Tierschutz-Hundeverordnung. Sie sind auch vom Halter eines Jagdhundes zu beachten.

Grundsätzlich ist es jedem freigestellt, ob er seinen Hund in der Wohnung oder im Freien hält. Es muss sichergestellt sein, dass der Hund gemäß seiner Rasse, seinem Alter und seinem Gesundheitszustand ausreichend Auslauf und ausreichend Sozialkontakte erhält, d.h., Umgang mit einer Betreuungsperson hat.

Haltung in der Wohnung (Vorschriften): Für die Räume sind genügend Tageslichteinfall (Fenster von mindestens einem Achtel der Bodenfläche oder eine ergänzende Beleuchtung entsprechend dem Tag-Nacht-Rhythmus) und ausreichende Frischluftversorgung vorgeschrieben. Des Weiteren muss der Blick aus dem Gebäude gewährleistet sein. Nicht beheizbare Räume müssen einen trockenen, wärmegedämmten Liegeplatz oder eine Schutzhütte haben, die vor Luftzug und Kälte schützen.

Haltung in der Hütte und im Zwinger: Die Haltung im Freien dient der Abhärtung des Hundes gegenüber Nässe, Kälte und Witterungsschwankungen. Wer genügend Platz hat, wird einen Zwinger einrichten. Die Tierschutz-Hundeverordnung schreibt für die Haltung im Freien eine Schutzhütte und zusätzlich einen witterungsgeschützten, schattigen Liegeplatz mit wärmegedämmtem Boden vor. Ein derartiger Liegeplatz ist dem Hund auch für Ruhezeiten während der Ausbildung zur Verfügung zu stellen.

Die Schutzhütte muss der Größe des Hundes angepasst sein, sie soll aus wärmedämmendem, trockenem Material bestehen, sodass sie der Hund mit seiner Körperwärme warm halten kann, und so groß sein, dass er darin stehen und ausgestreckt liegen kann. Es empfiehlt sich, die

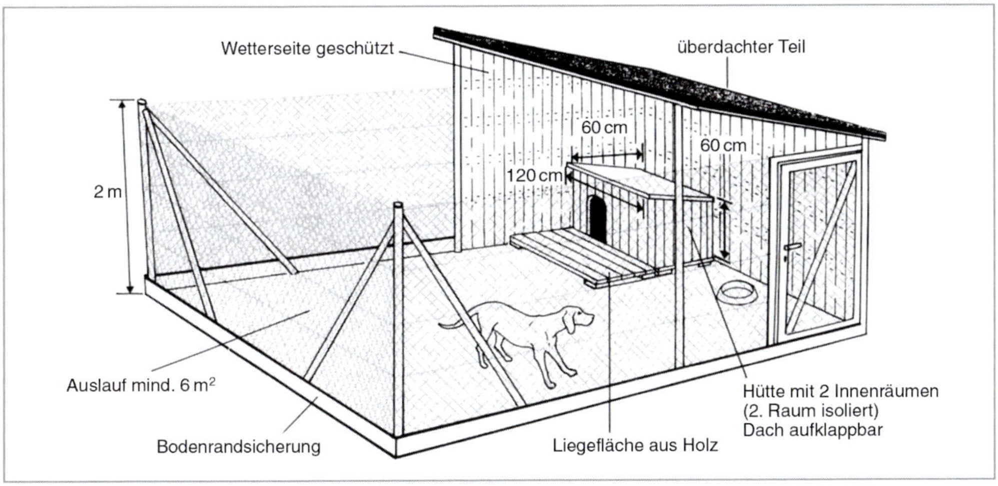

Hundezwinger-Anlage

Hütte für Reinigungszwecke mit einem abnehmbaren oder aufklappbaren Deckel zu versehen.

Für die Bodenfläche des Zwingers ist die Widerristhöhe (Größe des Tieres im Schulterbereich) maßgebend. Bei einer Widerristhöhe bis zu 50 cm hat sie 6 m^2, von 50–65 cm 8 m^2, darüber 10 m^2 zu betragen. Für jeden weiteren Hund im selben Zwinger ist die Hälfte dieser Bodenfläche hinzuzurechnen. An der Einfriedung des Zwingers darf sich der Hund nicht verletzen können. Sie muss so gestaltet sein, dass der Hund sie nicht überwinden oder untergraben kann, Stromleitungen müssen so hoch angebracht sein, dass sie der aufgerichtete Hund mit seinen Vorderpfoten nicht berühren kann. Der Boden muss trocken und leicht zu reinigen sein. Der Zwinger muss dem Hund an mindestens einer Seite freie Sicht nach draußen bieten, mehrere Zwinger auf einem Grundstück sollen so gestellt sein, dass die Hunde miteinander Sichtkontakt haben.

Anbindehaltung: Seit der Änderung der Tierschutz-Hundeverordnung, die am 1.1.2022 in Kraft getreten ist, ist eine Anbindehaltung grundsätzlich verboten. Nur bei der Ausbildung darf der Hund von der Betreuungsperson mit einer mindestens 3 m langen Leine angebunden werden.

Hunde im Fahrzeug: Die Straßenverkehrsordnung schreibt vor, dass der Fahrer eines Fahrzeuges dafür sorgen muss, dass seine Ladung (Hund zählt als Gepäck) gesichert wird und dass seine Sicht und das Gehör nicht durch z.B. Tiere beeinträchtigt wird (§§ 22, 23). Praktisch bedeutet dies für die Beförderung des Hundes im Auto:

- Hund in einer Transportkiste,
- Hund angeschnallt auf der Rückbank oder im Kofferraum mit Trenngitter.

Verbleibt ein Hund ohne Aufsicht in einem Fahrzeug, ist für ausreichende Frischluft und eine angemessene Lufttemperatur zu sorgen. Empfehlenswert ist es, ausreichend frisches Trinkwasser bereitzustellen, bei Kälte braucht der Hund ein wärmendes Lager.

Halsbänder: Am 1.1.2022 ist eine neue Tierschutz-Hundeverordnung in Kraft getreten. Sie besagt u.a., dass Hunden keine Stachelhalsbänder mehr angelegt werden dürfen

Fütterung und Pflege

Gemäß der Tierschutz-Hundeverordnung ist der Hund mit artgemäßem Futter in ausreichender Menge und Qualität sowie jederzeit mit Trinkwasser zu versorgen.

Zusammensetzung: Der Hund wird zwar als Fleischfresser bezeichnet, braucht aber dennoch pflanzliche Kost. Darin gleicht er seinem Stammvater, dem Wolf, der seinen Bedarf an pflanzlichen Stoffen im Wesentlichen aus den Innereien seiner Beutetiere deckt. Es entspricht also einer naturgemäßen Ernährung, wenn eine gemischte Kost angeboten wird, wobei für den Hund der Anteil an Fleisch zwei Drittel, der an Beikost ein Drittel betragen soll.

Das Hauptfutter soll den Eiweiß- und Energiebedarf des Hundes decken und besteht überwiegend aus Muskelfleisch sowie Innereien wie Herz, Lunge, Leber, Nieren und Milz von Haustieren und Wild. Ein gutes Ergänzungsfutter sind Pansen von Wiederkäuern und von Schalenwild, entweder getrocknet (auch im Handel erhältlich) oder »grün« und nur grob gereinigt. Nicht verfüttert werden darf rohes Schweinefleisch, weil dabei ein Virus, der Erreger der Aujeszkyschen Krankheit (Pseudowut), übertragen werden kann.

Wichtige Bestandteile des animalischen Futters sind tierische Fette (etwa 10–20 %) und hin und wieder Knochen (am besten Kalbsknochen, keine Geflügelröhrenknochen). Unter Umständen können auch Eier, Milchprodukte oder Fische verfüttert werden. Das Fleisch sollte möglichst roh, eventuell sogar »anbrüchig« (in beginnender Zersetzung) sein, das entspräche einer artgemäßen Nahrung. Neuerdings wird aber verstärkt gefordert, nur gekochtes Fleisch zu verfüttern, um der Gefahr einer Übertragung von Krankheitserregern, z. B. Fleischvergiftern (Salmonellen), vorzubeugen.

Das Beifutter, die sogenannte vegetabilische Kost, besteht überwiegend aus Getreideflocken oder Reis, eventuell auch Teigwaren. Obst und bestimmte Gemüsearten, z. B. Karotten (keine blähenden Hülsenfrüchte), stellen eine geeignete Ergänzung dar. Kartoffeln sind weniger geeignet, desgleichen Brot (ausgenommen Vollkornbrot). Es schadet nicht, wenn das Futter leicht gesalzen ist; Gewürzzusätze sind jedoch überflüssig, teilweise sogar schädlich.

Zusatzstoffe: Vielfach wird ein Zusatz von Kalziumpräparaten, Vitamintabletten, Lebertran oder anderen »Aufbaustoffen« zum Futter empfohlen. Bei einer ausgewogenen Nahrung sind solche Beimengungen jedoch entbehrlich, sie können unter Umständen sogar gesundheitsgefährdend sein (Vitaminüberdosierung!). Sie sind daher nur nach tierärztlicher Verordnung zu verabreichen. Im Übrigen begegnen viele Hunde einem Mangel an Vitaminen und Spurenelementen auf natürliche Weise, nämlich durch die gelegentliche Aufnahme von Gras oder Obst.

Für Hundehalter, die wenig Zeit oder Lust zur Zubereitung des Futters haben, gibt es eine Unterstützung durch im Handel erhältliches Fertigfutter. Dieses wird in Dosen oder als Trockenfutter, aber auch als Tiefkühlkost angeboten und enthält im Allgemeinen alle erforderlichen Nährstoffe, Vitamine, Mineralstoffe und Spurenelemente. Dosenfutter muss aber, da es sich um Weichfutter handelt, aus Gründen der Zahnpflege mit Kalbsknochen ergänzt werden.

Flüssigkeitsbedarf: Einem Hund muss immer frisches Wasser zur Verfügung stehen. Der Flüssigkeitsbedarf des Tieres erhöht sich mit dem Salzgehalt der Nahrung.

Spezialfall Trächtigkeit und Aufzucht: Die trächtige Hündin braucht zunächst nicht mehr Nahrung als gewöhnlich. Erst gegen Ende der Trächtigkeit ist die Futtermenge, vor allem der Eiweißanteil, zu steigern. Das werdende Muttertier darf jedoch nicht »gemästet« werden, da es sonst zu Geburtsstörungen kommen kann.

Nach dem Werfen ist der Nahrungsbedarf als Folge der Milchproduktion deutlich höher. Daher sind mehrere größere Mahlzeiten pro Tag erforderlich, wobei das Futter besonders mit Obst und Gemüse, eventuell auch mit Kalkpräparaten angereichert werden muss.

Welpen erhalten anfangs ein Übergangsfutter. Man beginnt mit der Beifütterung in der 3. und 4. Lebenswoche, während noch ausreichend Muttermilch zur Verfügung steht. Hierzu sind im Handel sehr gute Welpenfuttermittel erhältlich, die alles beinhalten, was die Welpen brauchen!

Futtermenge und Fütterungsintervalle: Die Menge und Anzahl der täglichen Mahlzeiten richten sich grundsätzlich nach dem Alter, der Größe und der Leistung des Hundes. Ein Welpe, der im Alter von 7–9 Wochen abgesetzt wird, braucht täglich noch 4–6 Mahlzeiten. Das verringert sich ab etwa der 14. Woche auf 3, ab 6 Monaten auf 2 und ab 12 Monaten auf 1 Fütterung. Die Fütterungszeiten sollen regelmäßig eingehalten werden und die Futtermenge soll etwa so bemessen sein, dass sie der Hund auf einmal vertilgt. Übrig gelassene Speisen dürfen nicht stehen bleiben, sondern sind bald zu beseitigen. Es sollte zur guten Gewohnheit werden, dass Futter- und Wasserbehälter stets gründlich gereinigt werden.

Fütterungsfehler: Fütterungsfehler können die Entstehung von Krankheiten fördern oder verursachen. Einige Beispiele: Ausgesprochen schädlich sind Süßigkeiten wie Schokolade, Zuckerstücke, Pralinen und dergleichen. Stark gewürzte Speisen wie Pökelfleisch, geräuchertes Fleisch und Salzhering können, wenn nicht ausreichend Trinkwasser vorhanden ist, zur Schädigung von Leber und Nieren führen. Eine einseitige Zusammenstellung des Futters ruft auf die Dauer Mangelkrankheiten hervor. Die Verfütterung von übermäßig viel Knochen hat mitunter die Bildung von »Knochenkot« mit Verstopfung zur Folge.

Pflege: Die Betreuungsperson ist für die regelmäßige Pflege und Gesundheitsüberwachung und für eine saubere, ungezieferfreie Unterbringung verantwortlich. Die Pflegemaßnahmen dienen dem Wohlbefinden des Tieres, der Vorbeugung von Krankheiten und dem Kontakt mit dem Hundeführer. Im Vordergrund steht die Körperpflege. Die Reinigung des Felles erfolgt am besten durch häufiges Schwimmen. Regelmäßiges, möglichst tägliches Bürsten oder Kämmen sind weitere wichtige Säuberungsmaßnahmen. Sollte einmal ein Bad fällig sein, empfiehlt es sich, spezielle Hundeshampoos zu verwenden.

Verschmutzte Augen werden mit Kamillentee oder Borwasser und einem sauberen Tuch, verschmutzte Ohren mit einem feuchten Wattestäbchen gereinigt. Es gibt auch spezielle Reinigungsmittel, die in die Gehörgänge einmassiert werden und die der Hund dann selbst ausschüttelt. Im Winter sind die Pfoten nach jedem Auslauf gründlich von Streusalzresten zu säubern. Die Krallen sollen bei ungenügender Abnutzung mit einer Krallenschere gekürzt, Wunden an den Ballen mit Hautsalben geschützt werden. Eine Zahnpflege ist bei richtiger Ernährung überflüssig. Wichtig ist die tägliche Überprüfung der Ausscheidungen, insbesondere der Losung, ob Hinweise auf Verdauungsstörungen oder Parasitenbefall vorliegen.

Zur Pflege gehört auch die regelmäßige Inspektion von Zwinger und Hütte sowie gegebenenfalls deren Reinigung und Desinfektion mit für den Hund unschädlichen Mitteln. Selbstverständlich sollten Futter- und Wassernapf stets peinlich sauber gehalten werden.

Ausstellungsverbot: Kupierte Hunde dürfen nur ausgestellt werden, sofern die Amputation von Körperteilen, bei einigen Jagdhunderassen beispielsweise der Rute, durch das Tierschutzgesetz erlaubt ist oder aufgrund einer tierärztlichen Indikation erfolgen musste. In Österreich und der Schweiz ist das Kupieren generell verboten.

69 | Welche Gesetze sind für die Hundehaltung von Bedeutung?

Das Tierschutzgesetz und die Tierschutz-Hundeverordnung.

70 | Wie groß muss der Zwinger sein?

Widerristhöhe	Mindest-Bodenfläche
bis 50 cm	6 m^2
50–65 cm	8 m^2
über 65 cm	10 m^2

Für jeden weiteren in demselben Zwinger gehaltenen Hund sowie für jede Hündin mit Welpen muss zusätzlich die Hälfte der für einen Hund vorgeschriebenen Bodenfläche zur Verfügung stehen.

71 | Wie muss die Hütte beschaffen sein?

Die Schutzhütte muss aus wärmedämmendem und gesundheitsunschädlichem Material hergestellt und so beschaffen sein, dass der Hund sich daran nicht verletzen und trocken liegen kann. Sie muss so bemessen sein,

1. dass der Hund sich darin verhaltensgerecht bewegen und hinlegen und
2. den Innenraum mit seiner Körperwärme warm halten kann, sofern die Schutzhütte nicht beheizbar ist.

72 | Was ist bei Zwingerhaltung besonders zu beachten?

Die Einfriedung des Zwingers muss aus gesundheitsunschädlichem Material bestehen und so beschaffen sein, dass der Hund sie nicht überwinden und sich nicht daran verletzen kann. Hunde dürfen im Zwinger nicht angebunden werden.

73 | Wie soll der Hund im Haus gehalten werden?

Der Hund soll in der Gemeinschaft mit dem Menschen (Familie) seinen festen Hundeplatz in einem Hundekorb oder auf einer Decke bekommen.

74 | Welche Vorteile kann die Haltung im Haus haben?

Man kann schnell erkennen, falls der Hund krank oder verletzt ist. Die Beziehung zwischen Hund, Hundeführer und Familie wird gefestigt.

75 | Unter welchen Umständen ist der Hund im Zwinger besser aufgehoben?

Wenn er im Haus unter der Ablehnung durch Familienangehörige zu leiden hätte oder wenn er sich dort nicht ungestört zurückziehen kann (etwa wegen der Kinder) oder wenn ihm dort nur ein ungünstiger Platz zugewiesen werden kann.

76 | Darf ein Jagdhund an der Kette gehalten werden?

Nein. Eine Anbindehaltung ist grundsätzlich verboten.

77 | Auf wen soll der Hund fixiert sein?

Auf den Hundeführer.

78 | Was fördert die Bindung des Hundes an seinen Führer?

Enger Kontakt, Zuspruch, Konsequenz im Umgang, Futter durch den Hundeführer, Einbindung in den Jagdbetrieb, gemeinsame Jagd.

79 | Ist es sinnvoll, mit einem Welpen oder Junghund ausgiebig zu spielen?

Für alle Jungtiere – besonders solche von »Raubtieren« – bedeutet Spiel Vorbereitung auf das spätere Leben und Sozialisierung. Da der Welpe oder Junghund bei uns in der Regel alleine aufwächst, müssen wir die Rollen seiner Geschwister und anderer Rudelmitglieder übernehmen.

80 | Wie oft wird ein ausgewachsener Hund gefüttert?

Einmal täglich (vorzugsweise abends).

81 | Wer soll den Hund füttern?

Der Hundeführer.

82 | Wie wird ein Hund artgerecht gefüttert?

Durch gemischte Kost, d. h. zwei Drittel Fleisch und den Rest als vegetarische Kost (Getreideflocken, Reis, Obst, Gemüsearten).

83 | Welche Futtermenge braucht ein Hund pro Tag?

Die Menge richtet sich nach Größe, Alter und Leistung des Hundes. Die Futtermenge soll so bemessen sein, dass der Fressnapf leer gefressen wird.

84 | Können Hunde auch fasten?

Außerhalb der Jagdzeit, in der vom Hund keine große Leistung verlangt wird, schadet ein Fastentag in der Woche nicht. Sinnvoller ist jedoch eine dem Energieverbrauch angemessene Futtermenge.

85 | Wann erhöhen Sie die Futterration Ihres Hundes?

Bei der Hündin gegen Ende der Trächtigkeit oder grundsätzlich in Zeiten hoher Leistung.

86 | Dürfen Sie Ihrem Hund rohes Schweinefleisch füttern?

Nein. Es besteht die Gefahr der Ansteckung mit der Aujeszkyschen Krankheit.

87 | Was dient der Zahnpflege des Hundes?

Das regelmäßige Benagen weicher, nicht splitternder Knochen (z. B. Kalbsknochen).

88 | Was muss dem Hund immer zugänglich sein?

Täglich frisches Trinkwasser.

89 | Welche Gefahr besteht, wenn Sie Ihren Hund nur mit industriellem Fertigfutter füttern?

Es besteht grundsätzlich keine Gefahr, doch wird der Hund für Abwechslung dankbar sein.

90 | Darf der Hund Gras fressen?

Ja. Er reguliert damit Magenübersäuerung oder er hat unverdauliche Gegenstände im Magen, die nach dem Grasfressen erbrochen werden.

91 | Warum vergräbt der Hund Knochen und Fleisch?

Es ist der angeborene Instinkt, momentan nicht zu verzehrende Beute in Sicherheit zu bringen.

92 | Welche Maßnahmen führen wir regelmäßig durch?

Mehrfachimpfung und Wurmkur.

93 | Was tun wir, wenn der Hund bei niedrigen Temperaturen im Wasser war?

Sofort trockenreiben, eine Decke um den Hund legen und diesen in einen warmen Raum bringen.

94 | Lassen Sie den Hund hinter Ihrem Auto laufen?

Es ist grundsätzlich verboten, den Hund am Auto laufen zu lassen. Allerdings darf er am Fahrrad geführt werden.

95 | Wo legen wir den Hund in unserer Wohnung nicht ab?

Nicht direkt neben der Heizung und nicht in einem kalten/nassen Raum oder im Durchzug.

Zucht

Allgemein: Wer erstmals mit seinem Hund züchten will, wende sich zunächst an den zuständigen Zuchtverein. Dort wird er beraten und über die Zuchtbestimmungen informiert. Allgemein gilt, dass sowohl der Rüde als auch die Hündin eingetragen sein und eine Zuchteignungsprüfung abgelegt haben müssen (nach näheren Bestimmungen des jeweiligen Zuchtvereins, s. auch Abschnitt »Zuchtwesen«, S. 605 ff.).

Das Ziel ist, nur gesunde und wesensfeste Jagdhunde zur Zucht zuzulassen. Sie müssen frei von zuchtausschließenden Mängeln, insbesondere Erbfehlern, sein und dem Standard ihrer Rasse entsprechen. Ob der Züchter für seine Hündin selbst einen Rüden bestimmen darf, der die Zuchtkriterien erfüllt, oder ob dies der zuständige Zuchtwart bestimmt, richtet sich nach dem jeweiligen Zuchtverband.

Übersicht Zuchtvoraussetzungen

- Der Hundezüchter ist Mitglied in einem Zuchtverein des JGHV.
- Der Hund muss in höchstmöglicher Weise über rassespezifische Eigenschaften verfügen.
- Der Hund muss die erforderlichen Leistungsprüfungen haben.
- Der Hund muss gesund sein.
- Die Ahnentafel muss vorhanden sein.
- Der Zuchtwart des jeweiligen Zuchtvereins muss seine Zustimmung geben.
- Der Zuchtwart bestimmt in der Regel die Verbindungen der Hunde.

Geschlechtsreife: Der Eintritt der Geschlechtsreife variiert von Rasse zu Rasse. Rüden werden in der Regel im Alter von 1 Jahr geschlechtsreif, Hündinnen mit 6–8 Monaten. Letztere werden zweimal im Jahr läufig (sie kommen in die Hitze) – meist im Spätwinter und Spätsommer. Rüden sind das ganze Jahr hindurch in der Lage, eine Hündin zu befruchten.

Zuchtreife: In der Regel wird eine Hündin frühestens bei der 3. Hitze (Zuchtreife) zum Decken zugelassen. Deckrüden sollten das 2. Lebensjahr vollendet haben. Die Hündin sollte höchstens einmal jährlich wölfen. Nach Möglichkeit ist eine Geburt im Frühjahr anzustreben, damit die Welpen in einer günstigen Jahreszeit heranwachsen können.

Hitze: Die Hitze dauert rund 3 Wochen und teilt sich in 3 Phasen: Die Vorhitze (1. bis 9. Tag), gekennzeichnet durch das Anschwellen der Schnalle und beginnendem Färben (blutiger Ausfluss); in ihr werden die Rüden olfaktorisch angelockt, aber noch nicht geduldet. Die Haupthitze findet vom 10. bis 15. Tag statt. Das Färben lässt nach und die Hündin »steht« jetzt, d.h., sie lässt den Rüden zu. Vom 11. bis 20. Tag befindet sich die Hündin in der Nachhitze; sie wird ruhiger, kann aber Rüden immer noch zulassen.

Deckakt: Der Deckakt dauert 10–45 Minuten. Nach meist kurzem Aufreiten geht der Rüde von der Hündin herunter. Beide hängen dann aber noch längere Zeit (während der die Samenabgabe erfolgt) fest. Es ist Tierquälerei, die Tiere jetzt gewaltsam oder durch Kaltwassergüsse zu trennen.

Trächtigkeit und Geburt: Die Trächtigkeit liegt im Mittel bei 63 Tagen (56–66 Tage); sie ist rasseabhängig. Die hochträchtige Hündin zeigt einen vergrößerten Bauchumfang und ein Anschwellen des Gesäuges. In den letzten Tagen vor dem Werfen wird sie unruhig. Für das Wölfen stellen wir am besten in einem ruhigen, etwas abgedunkelten Raum eine Wurfkiste bereit, die der Größe der Hündin angepasst ist. Um die Wände der Wurfkiste läuft innenseitig in etwa 15 cm Höhe eine breite Leiste, damit die Welpen von der Hündin nicht versehentlich erdrückt werden. Die Geburt muss überwacht, gleichzeitig aber jede unnötige Störung vermieden werden.

Die Geburt dauert üblicherweise mehrere Stunden. Die Hündin beißt nach jeder Geburt eines Welpen die Nabelschnur ab und frisst die Nachgeburt auf. In den folgenden Tagen bemerkt man bis zur Dauer von 3 Wochen einen rötlichen bis grünlich braunen Ausfluss aus der Schnalle.

Die Welpen werden gleich nach der Geburt von der Hündin trocken geleckt. Sie streben bald nach dem Gesäuge und suchen eine Zitze. Geboren werden die Welpen blind und taub. Erst im Alter von 10–13 Tagen öffnen sie die Augen, und mit gut 2 Wochen können sie sehen. Etwa ab dem 15. Lebenstag funktioniert auch der Gehörsinn. Mit ca. 18 Tagen machen sie ihre ersten Gehversuche, doch dauert es noch geraume Zeit, ehe ihre Motorik völlig funktioniert.

Wurfkiste: Wichtig ist die umlaufende Leiste.

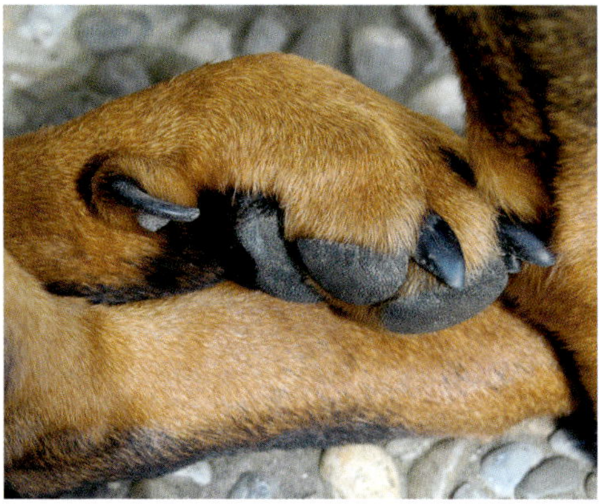

Manche Welpen werden mit Wolfskrallen geboren, die entfernt werden müssen.

In den ersten Tagen nach dem Wölfen erfolgen das Entfernen etwaiger Wolfskrallen und das Kupieren der Ruten durch den Tierarzt (soweit noch erlaubt!). Das Kupieren ist in den meisten europäischen Ländern auch bei Jagdhunden verboten. In Deutschland dürfen Ruten nur dann gekürzt werden, »wenn der Eingriff im Einzelfall … bei jagdlich zu führenden Hunden für die vorgesehene Nutzung des Tieres unerlässlich ist und tierärztliche Bedenken nicht entgegenstehen«. Die Ausnahme für den Einzelfall gilt jedoch jeweils für die gesamte Rasse. Die Amputation darf nur ein Tierarzt vornehmen. Das gilt auch für die Wolfskrallen an den Hinterläufen, durch die sich der Hund im Jagdbetrieb gelegentlich schwere Verletzungen zuzieht.

Kennzeichnung und Eintragung: Bald nach dem Wölfen erfolgen durch den Tierarzt die Kennzeichnung (Chip) und durch den Zuchtwart die Eintragung des Wurfs in das Zuchtbuch. Jeder Welpe erhält einen Doppelnamen. Der erste Name ist der persönliche des Hundes und der zweite ist der Zwingername (z. B. »Asterix vom Gießbachtal«). Die meisten Zuchtvereine bestimmen, dass die Namen aller Welpen eines Wurfes, unabhängig vom Geschlecht, mit dem gleichen Buchstaben beginnen. Der »A-Wurf« wäre demnach der erste Wurf, der in einem eingetragenen Zwinger fällt, der »B-Wurf« der zweite. Anstelle der früher grundsätzlich üblichen Tätowierung wird heute auf der linken unteren Halsseite (in anderen EU-Ländern zwischen den Schulterblättern) des Hundes ein nur wenige Millimeter großer Mikrochip mittels einer Spritze eingesetzt.

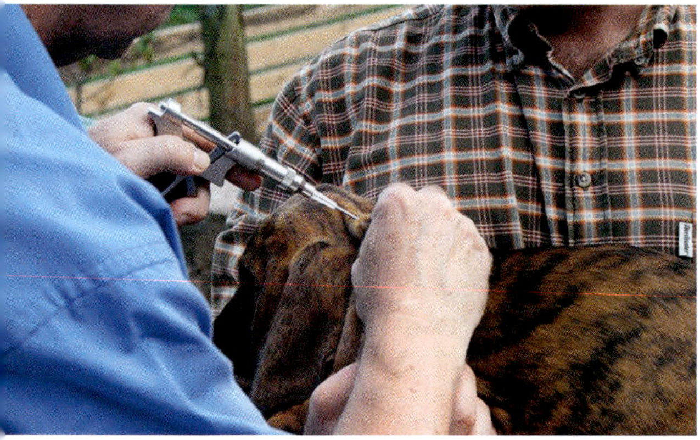

Das Bild zeigt, wie ein Transponder (Chip) bei einem Welpen implantiert wird.

Säugen ist für die Gesundheit der Welpen von großer Bedeutung.

Inzwischen sind Chips in den Ländern der EU Pflicht und auch die Zuchtverbände haben die Tätowiernummer im Ohr weitgehend durch den Chip ersetzt. Bei Reisen ins europäische Ausland ist der Chip immer Pflicht. Er hält lebenslänglich, sendet aber nur dann Daten, wenn ein Lesegerät angesetzt wird. Jeder gechipte Hund erhält so eine 12-stellige Nummer, die in internationalen Datenbanken registriert ist.

Ahnentafel: Die Abstammung eines Hundes wird durch die Ahnentafel dokumentiert. In ihr finden wir neben Name, Geschlecht, Geburtstag, Kennzeichen und Zuchtbuchnummer auch die Vorfahren des Hundes, einschließlich aller ihrer Prüfungen. Ferner werden neben dem Züchter alle Besitzer des Hundes vermerkt.

Aufzucht: Wird für die Welpenaufzucht eine fremde Hündin als Amme gebraucht, so hat das keinen Einfluss auf die Erbanlagen und die wesensmäßige Entwicklung der Welpen.

Für die Welpen ist entscheidend, dass sie bald nach der Geburt hochwertige Kolostralmilch erhalten. Diese vermittelt ihnen als Immunschutz lebenswichtige passive Antikörper. Deshalb ist es notwendig, dass die Welpen so bald wie möglich nach der Geburt von der Mutter gesäugt werden. Diese erste Flüssigkeitszufuhr trägt auch wesentlich zum Kreislaufvolumen des Neugeborenen bei. Eine gute Immunität und ein stabiles Herz-Kreislauf-System senken das Risiko der Frühsterblichkeit.

Welpen sind auch wärmebedürftig. Sie unterkühlen schnell. Der Zitterreflex bei Kälte besteht in den ersten 6 Lebenstagen noch nicht. Daher sind Welpen zur Erhaltung ihrer Körpertemperatur auf äußere Wärmequellen wie den Körper der Mutter angewiesen.

Die Welpen werden normalerweise bis zum Alter von 6–7 Wochen gesäugt und können dann abgesetzt werden. Die Abgabe an einen neuen Besitzer sollte aus tiermedizinischer Sicht erst bei komplettem Impfschutz, also im Alter von etwa 12 Wochen erfolgen. Da sich aber der Hund in diesem Alter bereits in einer wichtigen Prägephase befindet, geben viele Züchter die Welpen schon mit 8 Wochen ab. In diesem Falle muss aber der neue Halter das Befinden des übernom-

Impfplan für den Hund

Als Grundimmunisierung von Welpen gelten alle Impfungen in den ersten beiden Lebensjahren.

Im Alter von	
8 Lebenswochen:	Hepatitis, Leptospirose, Parvovirose, Staupe, Zwingerhusten
12 Lebenswochen:	Hepatitis, Leptospirose, Parvovirose, Staupe, Zwingerhusten, Tollwut
16 Lebenswochen:	Hepatitis, Parvovirose, Staupe, Tollwut
15 Lebensmonaten:	Hepatitis, Leptospirose, Parvovirose, Staupe, Zwingerhusten, Tollwut

Wiederholungsimpfungen	
jährlich	Leptospirose, Zwingerhusten
alle 2–3 Jahre	Hepatitis, Parvovirose, Staupe, Tollwut

Tipp: Aufgrund der erhöhten Infektionsgefahr bei Jagdhunden durch von Zecken übertragene Krankheiten empfiehlt sich außerdem eine zusätzliche Impfung gegen Borreliose.

Impfschema

Grundimmunisierung:
2 Impfungen im Abstand von 14–21 Tagen

1. Wiederholungsimpfung:
4–6 Monate nach der Grundimmunisierung

Im 2. Jahr: 2. Wiederholungsimpfung 4–6 Monate nach der 1. Wiederholungsimpfung

Ab dem 3. Jahr: Wiederholungsimpfungen jährlich vor Beginn der Zeckensaison

menen Tieres besonders aufmerksam beobachten und bei jedem kleinsten Krankheitsanzeichen sofort den Tierarzt aufsuchen. Wird nämlich ein Hund früher abgegeben, besteht bei unvollständigem Impfschutz die Gefahr einer Schwächung und Erkrankung des Hundes, was durch den Stress des Besitzerwechsels ausgelöst werden kann (neue Umgebung, anderes Futter, Fehlen des Muttertieres, der Geschwister und der bisherigen Bezugspersonen).

Unerwünschte Trächtigkeit: Eine unerwünschte Trächtigkeit kann innerhalb weniger Tage nach dem Deckakt durch einen Tierarzt mittels einer Hormoninjektion abgebrochen werden. Zu einem späteren Zeitpunkt besteht lediglich die Möglichkeit operativer Eingriffe. Hormonbehandlungen werden auch zur Verhinderung bzw. Unterdrückung der Hitze vorbeugend durchgeführt. In jedem Fall ist ein Tierarzt zu konsultieren. Zu bedenken ist, dass mit den Hormongaben gesundheitliche Gefahren verbunden sind. Andere Vorbeugungsmittel, z. B. geruchtilgende Tabletten, Schürzen oder Ähnliches, sind unzuverlässig. Die sicherste Vorbeugungsmaßnahme gegen eine ungewollte Belegung ist eine strenge Überwachung der läufigen Hündin, besonders in und gegen Ende der Haupthitze.

96 | Wie kann die Identität eines Hundes festgestellt werden?

Heute mithilfe eines dem Hund unter die Decke implantierten Chips. Früher mithilfe der Tätowiernummer im Ohr/Behang.

97 | Was sind »Schwarz-« und was sind »Leistungszuchten«?

»Schwarzzuchten« sind willkürliche Verbindungen von Hunden ohne Absprache mit einem Zuchtverein. »Leistungszuchten« erfolgen nur mit vom jeweiligen Zuchtverband zugelassenen Hündinnen und Rüden.

98 | Was versteht man unter einer »Hundefabrik«?

»Hundefabriken« sind kommerziell ausgerichtete Zuchten, oft ohne Rücksicht auf Leistungs- und Gesundheitszustand der Elterntiere.

99 | In welchem Alter tritt erstmals die Hitze ein?

Zwischen dem 6. und 8. Lebensmonat.

100 | Was versteht man unter Zuchtreife?

Unter Zuchtreife versteht man ein Mindestalter, mit dem Hunde zur Zucht verwendet werden sollen. Hündin ab der 3. Hitze; Rüde im Alter von frühestens 2 Jahren.

101 | In welchen Abständen wird die Hündin läufig?

Die Hündin wird in der Regel alle 6–9 Monate läufig.

102 | Wie macht sich die Hitze bemerkbar?

Anfangs durch das Anschwellen der Schnalle und danach durch einen blutig wässrigen Ausfluss. Die Hündin »färbt«.

103 | Was versteht man unter Vorhitze?

Die erste Phase der Hitze, 1. bis 9. Tag.

104 | Wann ist die Hündin deckbereit?

In der zweiten Phase der Hitze, der Haupthitze, am 10. bis 15. Tag.

105 | Wie lange dauert der Deckakt?

Der Deckakt dauert zwischen 10 und 45 Minuten.

106 | Was versteht man unter »Hängen«?

Nach dem Aufreiten des Rüden auf die Hündin

kommt die längere Phase des »Hängens«, während der die Samenabgabe erfolgt. Dabei geht der Rüde von der Hündin herunter, hängt aber mit dem Glied in der Schnalle (Scheide) fest.

107 | Was versteht man unter Nachhitze?

Die 3. Phase der Hitze wird als Nachhitze bezeichnet. Die Hündin wird ruhiger und ist spätestens ab dem 20. Tag nicht mehr paarungsbereit.

108 | Wie lange dauert die Hitze insgesamt?

Die Hitze der Hündin dauert bis zu 24 Tage.

109 | Wie lange ist die Tragzeit?

Im Mittel 63 Tage.

110 | Ist es möglich, dass die Welpen eines Wurfes von zwei verschiedenen Rüden stammen?

In der Haupthitze ist es möglich, dass die Hündin von mehreren Rüden befruchtet werden kann.

111 | Welche unterschiedlichen Erbgänge kennen Sie?

Dominante und rezessive Erbgänge.
Dominante Merkmale treten immer in Erscheinung.
Rezessive Merkmale werden von dominanten Eigenschaften überdeckt, können aber bei weiterer Vererbung (nächste oder übernächste Generation) wieder in Erscheinung treten.

112 | Was ist eine Wurfkiste?

Eine Kiste, die der Größe der Hündin angepasst ist und in der sie wölfen soll. Zum Schutz der Welpen werden innenseitig in rund 10–15 cm Höhe, je nach Größe der Hündin, etwa 8 cm breite Leisten angebracht. Diese sollen verhindern, dass ein Welpe von der Hündin versehentlich an die Wand gedrückt wird.

113 | Wie kommen die Welpen zur Welt?

Behaart, aber blind und taub.

114 | Wie verhält sich die Hündin nach der Geburt?

Die Hündin beißt nach jeder Geburt eines Welpen die Nabelschnur ab und frisst die Nachgeburt auf.

115 | Was sind Wolfskrallen?

Es ist eine selten vorkommende Kralle an der Innenseite der Hinterläufe, die nicht mit dem Laufknochen verwachsen ist, sondern an der Haut hängen. Wolfskrallen werden in den ersten Lebenstagen entfernt, damit sie sich der Hund nicht später im Gelände abreißt.

116 | Welche Jagdhunderassen werden in Deutschland (derzeit noch) kupiert?

Die Rassen Deutsch Drahthaar, Deutsch Stichelhaar, Pudelpointer, Deutsch Kurzhaar, Weimaraner Kurzhaar, Deutscher Wachtelhund, Terrier und Spaniel.

117 | Wer darf kupieren?

Das Kupieren ist nur durch einen Tierarzt erlaubt.

118 | Wie oft werden Welpen gefüttert?

Anfangs werden Welpen fünf- bis sechsmal am Tag gefüttert.

119 | Wann werden Welpen erstmals entwurmt?

Gegen Spulwürmer ab der 2. Lebenswoche.

120 | Wann wird erstmals geimpft?

Ab der 8. Lebenswoche gegen Staupe, Hepatitis, Leptospirose, Parvovirose (Katzenseuche) und Zwingerhusten.

Anschaffung eines Jagdhundes

Allgemeines: Wer sich einen Jagdhund zulegen möchte, der sollte neben der persönlichen Sympathie zur Rasse die Haltung des Hundes, den Zeitaufwand und die Einsatzmöglichkeiten gründlich bedenken. Kann er diese grundsätzlichen Fragen bejahen, muss er gut überlegen, welche Rasse unter den gegebenen Umständen infrage kommt. Wenn er keinen Züchter in seiner Umgebung kennt, wird er im Internet schauen oder Kontakt mit einem Zuchtverein aufnehmen.

Besonders sollte der Jäger darauf achten, dass er einen Jagdhund aus einem der anerkannten Zuchtverbände, die im Jagdgebrauchshundverband – JGHV – zusammengeschlossen sind, erwirbt. Die Hunde aus sogenannten »Schwarz- oder Dissidenzzuchten« unterliegen keiner gesundheitlichen Kontrolle und besitzen keinen Stammbaum mit Wesens- und Leistungsnachweisen. Vorsicht ist vor allem beim Kauf von sogenannten »Modehunden« geboten, also von solchen Rassen, die gerne von Nichtjägern gehalten werden, da bei ihnen viele Züchter nur »auf Schönheit« und nicht auf jagdliche Leistungen züchten.

Vor dem Kauf des Welpen sollte man sich den Zuchtzwinger ansehen und eventuell den Welpen im Alter von 6 Wochen aussuchen. In diesem Alter lässt sich schon erkennen, ob die Welpen gesund sind und unter welchen Umständen diese aufgezogen werden.

Übernahme des Welpen: Bei der Übernahme (Kauf) muss der Welpen mindestens 8 Wochen alt, gesund, gechipt, entwurmt und geimpft sein. Kaufvertrag, Impfpass und Ahnentafel werden dem neuen Besitzer mit dem Welpen ausgehändigt.

Damit dem Welpen die Trennung vom Wurf nicht so schwerfällt, sollte man sich bei Über-

Vor dem Kauf sollte man sich den Welpen im Alter von ca. 6 Wochen aussuchen. Dann lässt sich schon erkennen, ob die Welpen gesund sind und wie sie aufgezogen werden.

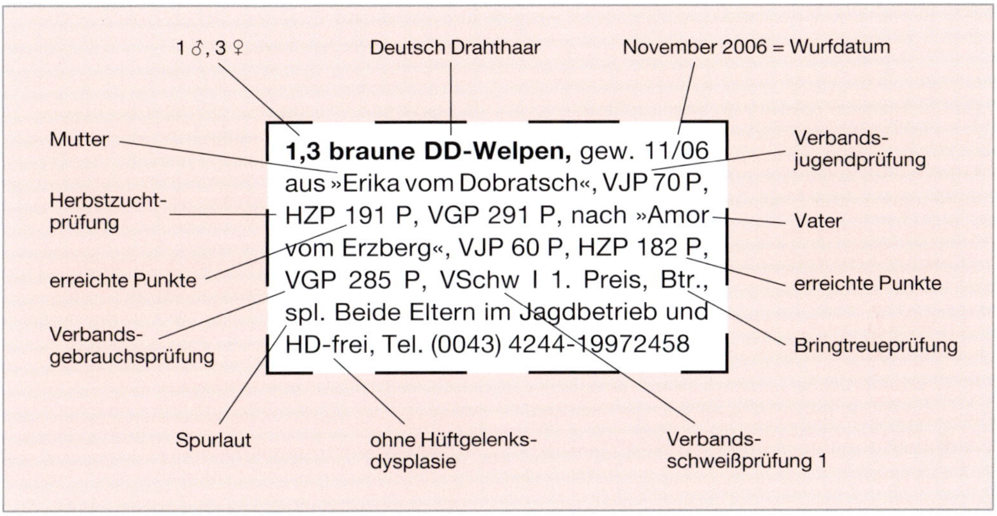

Verkaufsanzeige eines Deutsch-Drahthaar-Wurfes

nahme des Welpen viel Zeit lassen, am besten schon am Vortag anreisen und sich mit den Welpen viel abgeben. Hilfreich ist es, wenn die Decke, auf der der Welpe während der Fahrt liegen soll, den Geruch des Zwingers und der übrigen Welpen trägt. Ist die Trennung von den Wurfgeschwistern für den Welpen auch noch mit einer längeren Autofahrt verbunden, empfiehlt sich, vorher den Tierarzt um Rat zu fragen. Meist helfen dem Welpen schon wenige »Notfalltropfen« über entstehende Probleme hinweg.

121 | Muss jeder Jäger unbedingt selbst einen Hund halten?

Nein, da für den gelegentlichen Bedarf in der Regel brauchbare Jagdhunde zur Verfügung stehen.

122 | Welche Kriterien sollten bei der Anschaffung eines Jagdhundes berücksichtigt werden?

Zeit, Platz, Arbeits- bzw. Einsatzmöglichkeiten für den Jagdhund. Die ganze Familie sollte die Anschaffung eines Jagdhundes voll unterstützen.

123 | Wie hoch ist gegenwärtig der Preis für einen Welpen aus einer Leistungszucht?

Der Welpenpreis ist je nach Rasse sehr unterschiedlich. Für Jagdhundwelpen aus Leistungszuchten liegt er meist zwischen 700 und 1500 Euro.

124 | Auf was achten Sie beim Kauf eines Hundes?

Auf den Gesamteindruck und den Gesundheitszustand des Welpen, seiner Geschwister und der Mutterhündin, auf sein Wesen (lebhaft oder eher ruhig, dominant oder eher unterlegen) und auf den Impfnachweis. Auch die Abstammungsnachweise und die Gesundheitsergebnisse der Elterntiere sollte man sich zeigen lassen.

125 | In welchem Alter kann ein Welpe von der Mutter getrennt werden?

Ein Welpe darf erst im Alter von 8 Wochen von der Mutter getrennt werden (Tierschutz-Hundeverordnung).

126 | Was ist zu beachten, wenn bei Übernahme eine längere Autofahrt ansteht?

Dass der Welpe vorher nicht gefressen hat. Die ihm unangenehme Autofahrt wird mehrfach unterbrochen, wobei der Hund sich im Freien bewegen darf. Zu empfehlen ist die Verabreichung sogenannter Notfalltropfen. Hunde, die bei ihrer ersten längeren Fahrt überfordert werden, bleiben oft für immer »autoscheu«.

127 | Was tun Sie, wenn Ihr Hund das Autofahren nicht erträgt?

Dem Hund das vom Tierarzt verordnete Medikament oder Notfalltropfen verabreichen. Häufige Fahrtunterbrechungen und Bewegung erleichtern den Transport.

128 | Was erleichtert dem Welpen die Trennung von der gewohnten Umgebung?

Bei der Übergabe vom Züchter sollte dem Welpen eine Decke oder Ähnliches mit den gewohnten Gerüchen seiner Wurfgeschwister mitgegeben werden. Wichtig ist der intensive menschliche Kontakt zu den neuen Rudelmitgliedern und seiner Bezugsperson (Führer).

129 | Sind Hunde aus einer Leistungszucht Hunden ohne Papiere grundsätzlich überlegen?

Bei Hunden aus einer Leistungszucht ist die Wahrscheinlichkeit, dass sie die für den Jagdbetrieb erforderlichen Anlagen besitzen, groß. Andererseits werden bei einer über Generationen währenden Leistungszucht (bei allen Tierarten) auch erwünschte Merkmale getilgt. Je enger und reiner eine Zuchtbasis ist, umso höher ist das Risiko genetisch fixierter Defekte. Diese Dinge beachtet der Züchter einer Schwarzzucht nicht. Natürlich sind bei den Hunden ohne Papiere auch leistungsstarke dabei, meist aber nur beim ersten Wurf. Diese Erkenntnisse rechtfertigen aber keine Schwarzzucht.

130 | Welche Eigenschaften des Hundes sind genetisch bedingt?

Die Anlagen: Nase, Spurlaut, Wesensfestigkeit, Wasserfreude, Bringfreude, Spurwille, Finderwille, Vorstehen, Wildschärfe.

131 | Können Anlagen durch Abrichtung gebildet werden?

Grundsätzlich nein. Vorhandene Anlagen können aber durch Verständnis und Übung gefördert (freigelegt) werden.

132 | Wann ist ein Hund spurlaut?

Wenn er – ohne das Wild zu sehen – dessen frischer Spur lauthals folgt.

133 | Wie wird dem Hund der Spurlaut beigebracht?

Spurlaut muss als Anlage vorhanden sein. Bei manchen Hunden muss diese Anlage aber gefördert und ausgebaut werden.

134 | Was ist der Unterschied zwischen Spurlaut und Sichtlaut?

Beim Spurlaut folgt der Hunde der Spur laut, ohne das Wild zu sehen. Beim Sichtlaut gibt der Hund nur Laut, solange er das Wild sieht.

135 | Was versteht man unter Spurwille?

Die Ausdauer, mit der ein Hund eine Spur zu halten und ihr zu folgen versucht.

Anlagen (angewölfte Eigenschaften)

- Fährten-/Spurlaut
- Spurwille
- Finderwille
- Vorstehen
- Wildschärfe
- Wasserfreude
- Bringfreude
- Wesensfestigkeit (Nervenstärke)

Übersicht Leistungszeichen

Bestandene Prüfungen oder Nachweise einzelner Leistungen werden durch besondere Leistungszeichen vermerkt, die vor oder nach dem Namen des Hundes stehen und auch in die Ahnentafel eingetragen werden. Die gebräuchlichsten Leistungszeichen sind folgende:

\ (Spurlautstrich) – nachgewiesener Spurlaut auf der Hasenspur (bei Vorstehhunden auch lautes Stöbern)
\\ (Weitjagerstrich) – brackenartig lang anhaltendes Jagen und »Zurückbringen« des Hasen auf der Spur beim Deutschen Wachtelhund
/ (Würgestrich) – im praktischen Jagdbetrieb nachgewiesenes Abwürgen von wehrhaftem Raubwild
— (Totverbeller) – nachgewiesenes Totverbellen
| (Totverweiser) – nachgewiesenes Totverweisen
: (Schweißpunkte) – Leistungsnachweis auf natürlicher Schweißfährte von Schalenwild
Btr. (Bringtreue) – Bringtreueprüfung bestanden
Vb. (Verlorenbringen) – Verlorenbringerprüfung bestanden
Sw I, II, III/I, II, III – Verbands-Schweißprüfung bestanden (I = sehr gut, II = gut, III = ausreichend; Angaben vor dem Schrägstrich gelten für die Prüfung über 20 Stunden, nach dem Schrägstrich für die erschwerte Prüfung über 40 Stunden)
FS I, II, III – Verbands-Fährtenschuhprüfung bestanden (Leistungszeichen sonst wie VSwP).
SchH I, II – Schutzhundprüfung bestanden (Klasse I und II)

spl. spurlaut
sil., sl. sichtlaut
st. stumm
} festgestellt beim Jagen auf der Hasenspur

H Härte
RS Raubwildschärfe
m.S. mit Schärfe
} bei einzelnen Rassen unterschiedlicher Hinweis auf nachgewiesene Raubwildschärfe

Hunde, die besonders schwierige Prüfungsbedingungen erfüllen, erhalten bei manchen Rassen spezielle »Siegertitel« wie z. B. Psg. Prüfungssieger (bei DW); KS Kurzhaarsieger (bei DK); Gs Gebrauchssieger (bei Teckeln)

International werden die Prädikate CACIT (Anwartschaft auf das internat. Leistungschampionat) und CACIB (Anwartschaft auf das internat. Schönheitschampionat) verliehen.

136 | Was ist Spursicherheit?

Das Maß der Sicherheit, mit der ein Hund eine Spur hält.

137 | Wann ist ein Hund wirklich wasserfreudig?

Wenn er das Wasser unaufgefordert und freudig annimmt.

138 | Wo wird die Schärfe eines Jagdhundes festgestellt?

Nur im Rahmen des Jagdbetriebes.

139 | Welche Formen der Schärfe werden unterschieden?

Wildschärfe, Raubwildschärfe (Härte) und Mannschärfe.

140 | Wann ist ein Hund raubwildscharf?

Wenn er krankes Raubwild fängt und abwürgt.

141 | Wann ist ein Hund schussscheu?

Wenn er auf einen Schuss ängstlich reagiert oder gar flüchtet.

Ausbildung und Führung

Die Anlagen eines Hundes sind die Grundlagen, auf denen die Ausbildung aufbaut. Diese soll die angewölften Anlagen fördern und für die spätere Praxis des Hundes entwickeln. Hinzu kommen Fähigkeiten, die nicht angewölft sind, sondern erlernt werden müssen.

Grundlage jeder Abrichtung ist der »Gehorsam« des Hundes, seine Ein- und Unterordnung in die Gemeinschaft mit dem Führer. Darauf müssen wir bei der Erziehung des Welpen bereits in frühester Jugend hinwirken.

Lernfähigkeit und die Anlage, sich dem Führer unterzuordnen, sind individuell unterschiedlich vorhanden. Der Mensch als Hundeabrichter muss auf diese Fähigkeiten eingehen, indem er mit Überlegung und Konsequenz so auf den Hund einwirkt, dass dieser die erwünschten Verhaltensweisen zuverlässig annimmt (sie lernt und sich merkt). Dabei müssen wir vor allem das Vertrauen des Hundes gewinnen und festigen, also (vom Hund aus gesehen) das gleiche Verhältnis, wie es unter Wildhunden (Wölfen) zwischen den Rudelmitgliedern und dem Leittier besteht.

Jeder Hund will Beute machen und nutzt dabei seinen angeborenen Jagdtrieb. Wir nutzen diesen Trieb, ersetzen die Beute aber in letzter Konsequenz durch Lob und/oder Futter. Hunde lernen jedoch nicht nur aus Erfolgen, sondern mehrheitlich zunächst aus Misserfolgen. Dazu gehört beispielsweise auch die Erkenntnis, dass er ein gesundes Reh oder einen abfliegenden Fasan nicht fangen kann, dass es aber durchaus Sinn macht, eine ihm von uns angebotene Schleppe oder Schweißfährte auszuarbeiten, weil an ihrem Ende eine Belohnung erfolgt. Einen Hund zu strafen, wenn er Grund oder Sinn der Strafe nicht einsehen kann, ist kontraproduktiv. Beispiel: Un-

Die Dressurangel ist ein gutes Hilfsmittel, wenn es darum geht, den Junghund ans Wasser zu gewöhnen.

ser Junghund hetzt ein gesundes Reh und missachtet unseren Pfiff. Er kehrt irgendwann zurück. Wenn wir ihn jetzt strafen, wird er verunsichert, weil er nicht klar erkennt, warum wir ihn strafen. Also wird er sich beim nächsten Mal mit der Rückkehr noch mehr Zeit lassen, weil er die unangenehmen Konsequenzen fürchtet.

Das Wissen um diese natürlichen Voraussetzungen im Verhalten des Hundes erleichtert bei der Abrichtung vieles und hilft Fehler vermeiden. Die Fehler entstehen meist dann, wenn der Hund vermenschlicht und daher ungerecht behandelt (sowohl bestraft wie verwöhnt) wird. Der Hund kann aber nicht wie wir Menschen abstrakt denken oder Pflicht- und Moralvorstellungen empfinden. Er kann nur – das aber in erstaunlich hohem und feinfühligem Maß – aus Erfahrung lernen, d. h. sich merken, wie er sich in bestimmten Situationen zu verhalten hat, damit wir als »Rudelführer« mit ihm zufrieden sind.

Da sich die Wünsche des Hundes nicht von vornherein mit den unseren decken, besteht die Kunst der Abrichtung darin, dem Hund alles das, was er tun soll, konsequent anzugewöhnen, dagegen alles, was wir nicht wünschen, zu verleiden. Wir können dem Hund nicht »sagen«, was wir von ihm wollen, sondern wir können nur in den entsprechenden Situationen immer wieder in gleicher Weise auf ihn einwirken (mit »Lob« oder »Strafe«), bis er nach ausreichender Wiederholung begriffen hat, wie er sich verhalten soll. Das Lernen des Hundes beruht also auf wiederholten Erfahrungen, die er sich merkt.

Der gute Abrichter muss sich also in das Wesen des Hundes hineinversetzen. Er darf den Hund nicht »vermenschlichen«, sondern muss sein eigenes Denken »verhundlichen«, um sich dem Hund verständlich zu machen. Dazu gehören Geduld, Konsequenz und ein allgemein ausgeglichener, beherrschter Charakter. Ungeduldige und jähzornige Menschen scheiden als Abrichter und Führer aus.

Bevor man sich einen Hund anschafft, sollte man zum besseren Verständnis seines Wesens die Fachbücher (Piper-Verlag) des 1991 verstorbenen Verhaltens- und Hundeforschers Eberhard Trumler sorgfältig lesen.

Abrichtehilfsmittel

142 | Welche wichtigen Hilfsmittel benötigen wir zum Abrichten eines Gebrauchshundes?

Eine Führleine, eine Feldleine, den Schweißriemen, den Apportierbock, den Dummy, die Dressurangel und die Hundepfeife.

143 | Welchen Vorteil hat die Führleine?

Eine Führleine hängt man quer über die rechte Schulter und führt den Hund an der linken Seite. Dabei hat man z. B. für die Jagdwaffe zur Schussabgabe beide Hände frei.

Der Telebock schießt den Dummy bis 120 m weit.

144 | Wozu dient die Hundepfeife?
Zur Abgabe von Kommandos für den Hund auf weitere Entfernung (Hörweite).

145 | Was ist eine Feldleine?
Ein 20–30 m langes, leichtes Seil mit Karabinerhaken. Sie dient zur Einarbeitung bei der Quersuche und beim Vorstehen.

146 | Was ist eine Ablegekette?
Eine mit Leder umwickelte Kette. Sie wird benötigt, wenn der Hund beim Ablegen die Leine zerbeißt, sich »abschneidet«. Aufmerksamkeit und rechtzeitiges Einwirken von klein auf sind besser.

147 | Was ist eine Dressurangel?
Die Dressurangel besteht aus einem 3 bis 4 Meter langen, biegsamen Stock, einer gleich langen Schnur und einem »Köder« in Form eines faustgroßen Ballens von Decken- oder Balgfetzen. Sie dient dazu, den Jagdtrieb und das Vorstehen des Junghundes zu fördern, und als Hilfsmittel zur Einarbeitung des Kommandos »Halt«.

148 | Wie lang sollte ein Schweißriemen mindestens sein?
Mindestens 6–12 m.

149 | Was ist ein Apportierbock?
Ein Bringgegenstand aus Holz in unterschiedlicher Größe bis zu 8 kg Gewicht. Meist wird er in der Mitte mit einem Balgfetzen umwickelt. Es gibt »fixe« Apportierböcke und solche, bei denen man durch seitliches Aufstecken von Metallscheiben das Gewicht variieren kann. Daneben gibt es auch schmale Ledersäcke, die variabel mit Sand befüllt werden. Der schwere Apportierbock wird erst nach dem Zahnwechsel eingesetzt (ab dem 8. bis 9. Monat).

Verschiedene Apportiergegenstände, Halsungen und Leinen zählen zur Grundausstattung.

150 | Der Einsatz welcher Hilfsmittel ist generell verboten?

Teletaktgeräte und Stachelhalsbänder (sog. Koralle).

151 | Was ist ein Fährtenschuh?

Der Fährtenschuh ist eine geteilte Sohle aus Holz oder Metall, in die die Schale eines Stückes Rot- oder Schwarzwild geklemmt und unter den eigenen Schuh geschnallt wird. Damit wird eine künstliche Fährte zur Einarbeitung des Hundes getreten.

Allgemeine Erziehung

Die Grundlagen für vertrauensvolle Unterordnung werden bereits bei der Erziehung des Welpen gelegt. Der Welpe durchläuft in den ersten 4–5 Lebensmonaten mehrere »Prägungsphasen«, das sind kurze Zeitabschnitte, in denen er für erlebte Eindrücke besonders empfänglich ist und die seine weitere Entwicklung unwiderruflich prägen. Deshalb ist es besonders wichtig, dass der kleine Welpe (der meist im Alter von 8–10 Wochen zu seinem neuen Besitzer kommt) richtig behandelt wird. Wir dürfen ihn weder unbeachtet sich selbst überlassen noch überschwenglich verwöhnen. Er muss seinen festen Platz in der Familie haben, mit Menschen und anderen Hunden Kontakt aufnehmen, seine nähere Umgebung (Haus, Garten) erkunden, die nötige Ruhe haben – aber zugleich an eine regelmäßige Ordnung und an eine übergeordnete Bezugsperson als »Rudelführer« gewöhnt werden.

Der erste Lernschritt ist die **Stubenreinheit**. Wenn wir den Welpen während der ersten Tage nie in der Wohnung allein lassen, ihn nach den Fütterungen und bei entsprechender Unruhe gleich ins Freie lassen, wird er bald lernen, sich bei Bedarf auffällig zu melden. (Eine Tierquälerei wäre es, den Welpen für das Malheur nachträglich zu strafen – das würde sein Begriffsvermögen überfordern und sein Vertrauen zu uns erschüttern.)

Im Zusammenhang mit der Fütterung lernt der Welpe seinen **Rufnamen** und unseren Pfiff als Locksignale kennen, die etwas Angenehmes (Lob, Futter) bedeuten.

Seinen **Liegeplatz** schätzt der ruhebedürftige Welpe als sicheren Aufenthalt. Bald verknüpft er unser Wort »Platz!« damit, wenn wir ihn dorthin tragen und loben, wenn er liegen bleibt.

Macht er sich anderswo unerwünscht zu schaffen, sagen wir scharf »**Pfui!**«. Schon wird er nach der strafenden Behandlung gern den sicheren Zufluchtsort aufsuchen – und wird dort von uns gelobt. Das ist bereits die Vorstufe für das spätere Ablegen!

Gegen **Halsband und Leine** sträubt sich zuerst jeder Welpe. Sobald er jedoch begriffen hat, dass es »Gassi gehen« bedeutet, gewinnt er schnell eine freudige Einstellung dazu. Früh gewohnt, fällt dann auch die Übung der korrekten Leinenführigkeit leichter.

Früh lassen sich auch bereits unterhaltsame **Nasenübungen** veranstalten: Eine kurze »Futterschleppe«, mit einem Stückchen Fleisch bis zur Futterschüssel auf den Boden gerieben oder mit Milch getropft, schnüffelt schon der kleine Welpe begierig aus. Beim Spielen im Garten oder auf einem kurzen Spaziergang verstecken wir uns plötzlich unbemerkt. Der Welpe vermisst uns, winselt, sucht – und begreift, dass er seine Nase gebrauchen kann, um seinem Herrn auf die Spur zu kommen (großes Lob und Wiedersehensfreude!).

So wächst der Welpe allmählich in ernstere Übungen hinein. Wenn wir vor jeder Fütterung und bei jedem An- und Ableinen konsequent das Kommando »**Sitz!**« verlangen, kann es mit 3–4 Monaten schon recht gut klappen. Das Sichtzeichen (der erhobene Zeigefinger) ersetzt allmählich das gesprochene Hörzeichen »Sitz«.

Im Hinblick auf den späteren Jagdgebrauch wollen wir alle Kommandos so leise wie möglich geben. Sind die Hörzeichen eingearbeitet, können wir mehr und mehr Sichtzeichen verwenden. Sichtzeichen sind nämlich nur dann sinnvoll, wenn ich nicht gerade etwas in der Hand habe, z. B. die Flinte. *Der Hund beobachtet uns so aufmerksam und hört so fein, dass jedes lautstarke Herumkommandieren nur ein Armutszeugnis für den Abrichter ist!*

152 | Welche Entwicklungsphasen werden unterschieden?

- Die vegetative Phase (1. und 2. Lebenswoche)
- Die Übergangsphase (3. Lebenswoche)
- Die Prägungsphase (4.–7. Lebenswoche)
- Die Sozialisierungsphase (8.–12. Lebenswoche)
- Die Rangordnungsphase (13.–16. Lebenswoche)
- Die Rudelordnungsphase (5. und 6. Monat)
- Die Pubertätsphase

153 | Was sind die ersten Ziele beim Umgang mit einem Welpen?

Ein guter Übergang vom Züchter zur neuen Umgebung und zur neuen Bezugsperson (Führer).

154 | Wie fördern wir die Stubenreinheit?

- Wird der Welpe unruhig, dann sofort nach draußen tragen, damit er sich eventuell lösen kann. Wenn er getragen wird, löst er sich auf dem Weg nach draußen nicht mehr.
- Den Welpen nicht ständig in der Wohnung herumlaufen lassen, sondern an seinen Platz gewöhnen.
- Nach jeder Fütterung mit dem Welpen nach draußen gehen.
- Nach einer Schlafphase mit dem Welpen nach draußen gehen.
- Den Welpen an regelmäßige Zeiten für das Nach-draußen-Gehen gewöhnen.

155 | Wann ist ein Hund stubenrein?

Wenn er zu erkennen gibt, dass er raus muss, um zu nässen und sich zu lösen.

156 | Was sind die ersten Kommandos, die der Welpe befolgen soll?

Wir rufen seinen Namen, worauf er zu uns kommen soll. Dies fördern wir durch Lob (etwas Fressbares). Ein Teil der täglichen Futterration wird beim Üben als Leckerchen verbraucht.

157 | Was müssen wir vor Erteilung eines Kommandos bedenken?

Wir dürfen nicht mehr verlangen, als dem Hund nach seinem Ausbildungsstand und seiner körperlichen Verfassung möglich ist. Wir müssen aber auch auf der Ausführung eines bekannten Befehls konsequent bestehen. Neue Kommandos muss er erst kennenlernen und die erwünschte Reaktion darauf damit verknüpfen.

158 | Auf was müssen wir bei der Früherziehung Rücksicht nehmen?

Dass wir den Welpen nicht überfordern und auf keinen Fall die Geduld verlieren oder Gewalt anwenden.

159 | Wie verständigen wir uns akustisch mit dem Hund?

Durch Rufen oder mit der Hundepfeife.

160 | Was versteht man unter Stubendressur?

Es sind die ersten Abrichteschritte, die wir mit dem Hund im Alltag (und eben auch in der »Stube«) üben können. Dazu gehören u. a. die Leinenführigkeit, das Ablegen, Sitz und leichte Apportierübungen.

161 | Wo und wie üben wir die Leinenführigkeit?

Grundsätzlich läuft der Hund angeleint und

links vom Hundeführer. Im Raum können wir dicht an einer Wand entlanggehen, im Freien entlang von Hindernissen, wie Zäunen, Hecken, Gräben oder Bäumen.

162 | Wie soll der Hund neben uns gehen?

Er soll seinen Kopf etwa auf der Linie unseres Beines haben, uns nicht überholen wollen und nicht seitlich von uns abweichen oder an der Leine zerren.

163 | Wie erziehen wir den Hund zum korrekten Gehen?

Sobald sich die Leine spannt, bleiben wir stehen und geben kurze, leichte Rucke auf die Leine. Sobald die Leine wieder locker hängt, gehen wir weiter. Regelmäßige Haken und Wendungen fördern die Aufmerksamkeit des Hundes.

164 | Welches Kommando verwenden wir bei der Leinenführigkeit?

»Bei Fuß!«.

165 | Wie üben wir das Gehen frei bei Fuß?

Tadellose Leinenführigkeit ist die Voraussetzung für das einwandfreie »Gehen frei bei Fuß«.

166 | Wann ist der Hund »leinenführig«?

Wenn er freudig bei Fuß geht und nicht an der Leine zerrt sowie stehen bleibt oder sich setzt, sobald der Führer stehen bleibt.

167 | Was bedeutet »Down«?

Eine Unterordnungsübung, die während der Abrichtung und der späteren Praxis angewendet wird, um den Hund »einzubremsen«. Er liegt dabei gerade auf dem Bauch und hat seinen Kopf flach zwischen den Vorderläufen auf dem Boden.

168 | Wie wird der Hund in Down-Lage gebracht?

Wir drücken ihn erst sanft auf den Boden, greifen dann mit der einen Hand die Vorderläufe und drücken mit der anderen seinen Kopf flach zwischen die Läufe. Während wir unsere Hand noch einige Zeit unterstützend auf seinem Kopf lassen, loben wir ihn.

169 | Welche Zeichen geben wir dem Hund für die Down-Lage?

Senkrechtes Heben eines Arms und das Kommando »Down!«. Auf Entfernung wird das Kommando mit einem Trillerpfiff ersetzt.

170 | Wie gewöhnen wir den Hund an das Ablegen?

Schon als Welpe soll dieser das Ablegen kennen in Verbindung mit einer Decke, einer alten Jacke, einem Rucksack oder Ähnlichem. Anfangs legen wir ihn neben uns ab, später alleine.

171 | Bei welchen Gelegenheiten üben wir das Ablegen?

Beim Ansitz erst mit ihm, später alleine, bei Revierarbeiten, bei Pirschgängen oder wenn wir uns mit jemandem unterhalten.

Ein brauchbarer Jagdhund muss aus Tierschutzgründen stets zur Verfügung stehen.

172 | Wie legen wir den Hund ab?
Konsequent auf oder neben einem Gegenstand (Rucksack, Mantel usw.), zunächst angeleint, später auch frei.

173 | Was tun Sie, wenn Ihr Junghund auf mehrfaches Rufen nicht kommt?
Auf keinen Fall dem Hund nachlaufen, sondern in die entgegengesetzte Richtung gehen oder in die Hocke gehen, um optisch kleiner (entfernter) zu wirken.

174 | Wie behandelt man einen Jagdhund, der von der Hetze eines gesunden Rehs zurückkommt?
Sofort anleinen und mit Verachtung strafen. Laut zu schimpfen oder ihn mit der Gerte zu strafen ist falsch.

175 | Wie gewöhnen wir den Hund ans Wasser?
Wir lassen den Junghund in der warmen Jahreszeit gemeinsam mit einem älteren Hund im Wasser stöbern, gehen mit ihm schwimmen und durchqueren häufig kleine Bäche. Apportierfreudige Junghunde lässt man zunächst aus ganz flachem Wasser apportieren.

176 | Welches Kommando verwenden wir, um den Hund ins Wasser zu schicken?
»Voran!«.

177 | Wann bezeichnen wir einen Hund als wasserfreudig?
Wenn dieser unbefangen und freudig ins Wasser geht.

178 | Was müssen wir bei einem zaghaften Hund am Wasser vermeiden?
Auf keinen Fall darf man den Hund mit lauten Kommandos bearbeiten oder ihn gar ins Wasser werfen.

179 | Was fördert die Wasserfreude des Hundes?
Die Anwesenheit von Wasserwild auf dem Gewässer, insbesondere im Schilf.

180 | Wie gewöhnt man den Junghund an die Schussabgabe?
Auf Distanz einen Schuss abgeben lassen und den Hund dabei beschäftigen.

181 | Was ist der Unterschied zwischen Schussfestigkeit und Schussruhe?
Der schussfeste Hund reagiert nicht ängstlich, muss aber auch nicht ruhig bleiben. Der schussruhige Hund bleibt ruhig und aufmerksam sitzen oder liegen.

182 | Was muss der abgelegte Hund bei Schussabgabe tun?
Die Schussruhe bewahren, nicht aufspringen oder bellen.

183 | Wie lässt sich Nervenschwäche feststellen?
Es ist nicht einfach, die Nervenschwäche eines Hundes festzustellen. Nervenschwäche darf man nicht mit Vorsicht, schneller Reaktionsfähigkeit oder Passion verwechseln. Zeigt der Hund ein gedrücktes Verhalten, klemmt ständig die Rute ein und wirkt stark verunsichert, kann man von Nervenschwäche sprechen. Scheues und ängstliches Verhalten beim Schuss oder gegenüber Menschen ist ebenfalls meist eine Nervensache oder durch falsche Behandlung anerzogen.

184 | Was wird unter Führigkeit verstanden?
Die Bereitschaft des Hundes, in Feld, Wald und Wasser mit seinem Führer zusammenzuarbeiten und auch bei größeren Entfernungen Kontakt zu ihm zu halten.

185 | Wie prüfen und fördern wir den Spurlaut?
Auf der frischen Hasenspur, wobei der Hund den Hasen nicht sehen darf.

186 | Wann ist die Arbeit auf der Hasenspur besonders schwierig?
Bei Frost und großer Hitze.

187 | Wie lange etwa soll der Hund den Hasen jagen?
Je nach Gelände und Schwierigkeitsgrad (Zeitverlust, Witterungsbedingungen) soll der Junghund die Hasenspur mindestens 300–500 m sicher arbeiten.

188 | Können wir den Spurlaut ersatzweise auch auf der Rehfährte üben?
Die Rehfährte ist zum Üben des Spurlauts kein Ersatz, da ihre Witterung gegenüber jener der Hasenspur wesentlich intensiver ist und länger steht. Hinzu kommt, dass man bei der Hasenspur im offenen Gelände die Hundearbeit gut kontrollieren kann. In der Schweiz wird der Laut jedoch teilweise auch auf der Rehfährte geprüft.

189 | In welchem Alter beginnen wir mit den ersten Apportierübungen?
Mit etwas 4–5 Monaten.

190 | Welche Kommandos verwenden wir bei Apportierübungen?
Beim Aufnehmen des Apportiergegenstandes »Apport!«, vor dem Ausgeben »Sitz!« und schließlich »Aus!«. Später kommt noch »Such verloren Apport!« dazu.

191 | Kann man das Apportieren spielerisch üben?
Ja, über spielerische Grundübungen mit Welpen zum positiven Verknüpfen. Erst wenn alles genau verstanden ist und sauber ausgeführt wird, wird das Apportieren zum Muss.

192 | Welche Gegenstände lassen wir zuerst apportieren?
Einen Welpendummy oder Ähnliches, Hauptsache leicht und nicht zu hart.

193 | In welchen Arbeitsschritten gehen wir beim Apportieren vor?
- Hund duldet die Hand des Führers im Fang
- Hund duldet den Strohbock oder Kaninchenbalg im Fang, hält und trägt ihn
- Dieselben Übungen mit dem leichten Apportierbock
- Hund greift auf Kommando den in der Hand gehaltenen Stroh- oder Apportierbock
- Hund nimmt auf Kommando den Apportierbock vom Boden auf
- Hund nimmt leichtes kaltes Wild auf und bringt es
- Hund nimmt schweren Apportierbock auf und bringt ihn.

194 | Worauf müssen wir achten?
Dass jeder Übungsschritt vom Hund konsequent und sauber ausgeführt wird, bevor wir den nächsten Arbeitsschritt machen.

195 | Wie soll der erste Apportierbock beschaffen sein?
Er sollte anfangs leicht, nicht zu groß und starr sein. Er wird am Anfang mit Stroh oder einem Kaninchenbalg umwickelt.

196 | Welches Gewicht soll ein im Apportieren fertig durchgearbeiteter Vorstehhund tragen?
Etwa 5–8 kg. Hier ist allerdings auf Rasse und Konstitution des Hundes Rücksicht zu nehmen.

197 | Wann gehen wir zum Apportieren von Federwild über?

Wenn der Hund die Bringübungen mit dem Apportierbock und Kaninchenbalg zuverlässig beherrscht.

198 | Welche Vögel sind dem Hund besonders unangenehm?

Krähe und Taube.

199 | Wie soll der Hund apportiertes Wild übergeben?

Er soll sitzen und erst auf das Kommando »Aus!« das Wild abgeben.

200 | Was ist ein Knautscher?

Ein Hund, der Niederwild (wie z. B. Hase, Kaninchen oder Flugwild) beim Apportieren (mehrmals) so fest fasst, dass das Wildbret entwertet wird.

201 | Wie wird dem Hund das Knautschen abgewöhnt?

Taube und Ei sind Gegenstände, mit denen wir dem Hund ein zartes Fassen angewöhnen können.

202 | Wie gestalten wir den Übergang zum Verlorenbringen?

Indem wir dem Hund mit Apportier-Wild, das er bringen muss, eine Schleppe legen.

203 | Womit legen wir eine Schleppe?

Am Anfang mit leichtem Niederwild wie Kaninchen oder Ente.

204 | In welchem Gelände legen wir die Schleppe?

Am Anfang in übersichtlichem Gelände, damit wir den Hund bei der Arbeit genau beobachten können.

205 | Worauf müssen wir beim Legen einer Schleppe achten?

Auf die Windrichtung (Nackenwind).

206 | Wie lassen wir den Hund die Schleppe arbeiten?

Bei BP und HZP darf der Hund 20 bzw. 30 m am Riemen gearbeitet werden. Bei der VGP muss er frei arbeiten. (Abk. s. Seite 617)

207 | Mit welchem Kommando schicken wir den Hund auf die Schleppe?

»Such verloren Apport!«.

208 | Wann changiert ein Hund?

Wenn er die richtige Fährte, Spur oder Schleppspur verlässt und auf einer anderen Fährte oder Spur weiterarbeitet. Der Begriff kommt aus dem Bereich der Schweißhundeführung.

209 | Was tun wir, wenn der Hund das gefundene Schleppenwild nicht bringt?

Der Hund wird kommentarlos angeleint und zum Stück geführt. Dort angekommen, bekommt der Hund das Kommando »Apport!« und muss dann das Schleppenwild bis zum »Anschuss« apportieren. Es empfiehlt sich, die Apportierübung einmal zu wiederholen. Entweder war der Hund im Apport noch nicht durchgearbeitet oder überfordert.

Fächer vor dem Schuss

210 | Was versteht man unter »Fächer vor dem Schuss«?
Buschieren, Stöbern, Suche und Vorstehen.

211 | Welche Regel gilt für die Folge der Abrichtefächer vor dem Schuss?
Vom Land ins Wasser.

212 | Wie verständigen wir uns mit dem Hund bei der Einarbeitung im Feld?
Mit Handzeichen, Kommandos und Hundepfeife.

213 | Welches Hilfsmittel verwenden wir bei Suche und Vorstehen?
Feldleine und Hundepfeife.

214 | Wie heißt es, wenn der Junghund mit einem erfahrenen Hund vorsteht, ohne das Wild selbst in der Nase zu haben?
Sekundieren.

215 | Wie wirken wir akustisch auf den vorstehenden Hund ein, der Wild in der Nase hat, und die Gefahr besteht, dass er einspringt?
Damit er nicht einspringt, wird dem Hund mit der Stimme oder der Hundepfeife das Kommando »Down!«/»Halt!« gegeben.

216 | Was versteht man unter Schusshitze?
Wenn der Hund bei der Schussabgabe in die Leine springt oder losstürmt.

Übersicht Fächer vor dem Schuss

Bracken	Schweißhunde	Stöberhunde	Bauhunde*	Vorstehhunde**
Führigkeit	Führigkeit	Führigkeit	Führigkeit	Führigkeit
Hasenspur mit Nase, Spurlaut, Spurwille		Hasenspur mit Nase, Spurlaut, Spurwille	Hasenspur mit Nase, Spurlaut, Spurwille	Hasenspur mit Nase, Spurlaut, Spurwille
		Stöbern	Stöbern	Stöbern
		Stöbern im Wasser	Stöbern im Wasser	Stöbern im Wasser
			Bauarbeit	
				Suche im Feld
				Vorstehen
Ablegen	Ablegen	Ablegen	Ablegen	Ablegen
Verteidigen	Verteidigen	Verteidigen	Verteidigen	Verteidigen
Schussfestigkeit	Schussfestigkeit	Schussfestigkeit	Schussfestigkeit	Schussfestigkeit
Anschneideprüfung	Anschneideprüfung	Anschneideprüfung	Anschneideprüfung	Anschneideprüfung

* Teckel
** Bei Vorstehhunden wird Spur- oder Sichtlaut nicht zwingend verlangt.

217 | Wann prellt ein Vorstehhund nach?

Wenn er ohne Kommando aufstehendem Wild nachläuft – »nachprellt«.

218 | Wann zieht ein Vorstehhund nach?

Wenn er dem sich vor ihm langsam weglaufenden Wild vorsichtig nachschleicht.

219 | Was versteht man unter »Durchstehen«?

Ein sicheres, festes Vorstehen des Hundes, der dabei die Ruhe vor dem Wild bewahrt.

220 | Was ist ein Blinker?

Ein Blinker ignoriert wahrgenommenes Wild, weicht ihm aus und sucht unbeeindruckt weiter.

221 | Was ist ein Blender?

Ein Blender steht auch dann vor, wenn kein Wild vorhanden ist.

Das Vorstehen ist eine Anlage, die durch Ausbildung gefördert wird.

222 | Welche Leistungen muss der Hund vor dem Schuss im Wasser erbringen?

Das Stöbern in deckungsreichem Gewässer (Schilf).

223 | Was tun wir, ehe wir den Hund ins Wasser schicken?

Wir nehmen ihm die Halsung ab, damit er sich nicht im Schilf oder an Holz verfangen kann.

224 | Darf der Hund erst einen Schilfbestand umschlagen, ehe er ins Wasser geht?

Der erfahrene Hund orientiert sich zunächst am Wind, den er sich vom Ufer aus holt. Daher ist dieses Verhalten kein Fehler.

225 | Ist die Arbeit mit der lebenden Ente erlaubt?

Ja. Allerdings darf die Ente keine gestutzten Schwingen haben. Lediglich mit einem Papierstreifen an den Schwingenfedern wird kurzfristig im Wasser die Flugfähigkeit beeinträchtigt. Da die Arbeit mit der lebenden Ente ständig in der Kritik der Öffentlichkeit steht, müssen die jeweiligen Landesjagdgesetze bzw. Durchführungsverordnungen beachtet werden.

226 | Was ist eine Schwimmspur?

Die Wittrung der schwimmenden Ente liegt noch einige Zeit auf dem Wasser. Ihr muss der Hund schwimmend folgen.

227 | Wo üben wir mit dem Hund das Stöbern?

In kleineren, übersichtlichen Wäldchen oder Feldgehölzen, die nicht größer als ein Morgen (2500 m^2) sein sollten und in denen wahrscheinlich Wild steckt.

228 | Wie fördern wir das Stöbern im Schilf?

Indem wir den Hund regelmäßig an einem mit Enten oder Blesshühnern besetzten Gewässer

Bei der Arbeit hinter der lebenden (ausgesetzten) Ente ist diese nur kurzzeitig flugunfähig.

arbeiten lassen, eine lebende Ente im Schilf aussetzen oder eine erlegte Ente außer Sicht des Hundes ins Schilf werfen und anschließend den Hund zum Stöbern schicken.

229 | Welche Aufgabe hat der Hund bei dieser Arbeit?

Wild selbstständig zu suchen, aufzustöbern und es anschließend spur- oder fährtenlaut zu verfolgen.

230 | Mit welchem Kommando schicken wir den Hund zum Stöbern?

»Such voran!«.

231 | Ist es sinnvoll, 2 oder 3 Hunde gleichzeitig zum Stöbern zu schicken, damit diese eine Meute bilden?

Der klassische Stöberhund ist in der Regel Solojäger. Wir arbeiten ihn daher am besten alleine ein. Im praktischen Jagdbetrieb werden aber durchaus mehrere Stöberhunde gleichzeitig eingesetzt, wobei jeder für sich alleine arbeitet.

232 | Wann ist ein Hund »bogenrein«?

Wenn er vorkommendes Wild nicht nennenswert über die Grenzen eines Treibens, »den Bogen«, hinaus verfolgt.

233 | Muss der Stöberhund »rehrein« sein?

Heute wird ein Teil des Rehwildes im Rahmen von Bewegungsjagden vor Stöberhunden erlegt. Daher muss und kann der Stöberhund nicht absolut »rehrein« sein.

234 | Wann ist ein Hund absolut »rehrein«?

Wenn er einer frischen, gesunden Rehfährte oder einem vor ihm abspringenden Reh nicht unaufgefordert folgt.

235 | Wann ist ein Hund »weidlaut«?

Wenn er laut »jagt«, ohne auf einer Fährte oder Spur zu sein.

236 | Wann (in welchem Alter) setzen wir den Junghund bei der Stöberjagd ein?

Der Hund soll mindestens 1 Jahr alt und sicher im Gehorsam sein.

237 | Wie machen wir den Junghund mit Raubwild vertraut?

Indem wir ihn regelmäßig an erlegtem/überfahrenem Raubwild wittern und zufassen lassen.

238 | Wo machen wir den Bauhund mit seiner Arbeit vertraut?

Am Übungsbau des Teckel- oder Terrierclubs oder an einem Kunstbau im Revier.

239 | Wie muss ein Kunstbau beschaffen sein?

Aus Röhren mit 20 cm Durchmesser, mit einer oder mehreren Ausfahrten und einem Kessel.

240 | Welche Vorteile hat die Arbeit am Kunstbau?

Im Bedarfsfall kann man dem Hund helfen, weil der Kessel oder die Röhren von außen geöffnet werden können. Kunstbaue kann man immer unter Berücksichtigung guten Schussfeldes anlegen.

241 | Schicken wir den Junghund gleich in den Naturbau?

Nein, da der unerfahrene Junghund leicht vom Fuchs oder Dachs geschlagen wird.

242 | Was versteht man unter »sprengen«?

Wenn der Bauhund den Fuchs oder Dachs aus dem Bau jagt, »sprengt« er ihn.

243 | Fördern wir die Schärfe an der lebenden Katze?

Das »Abrichten« an lebenden Katzen ist grundsätzlich verboten!

244 | In welchem Alter beginnen wir, mit dem Bauhund ernsthaft zu arbeiten?

Gegenüber dem Fuchs muss sich der Bauhund mit Kraft und einem festen Gebiss wehren können. Daher muss der Bauhund für die Baujagd mindestens 1 1/2 Jahre alt sein. Gebiss und Körperbau müssen voll entwickelt sein.

245 | Welche Baue meiden wir?

Offensichtlich vom Dachs befahrene Baue und Baue, die wir nicht graben können: sehr große Naturbaue mit zahlreichen Röhren, Felsenbaue, reine Sandbaue und Ähnliches.

Arbeitsfächer nach dem Schuss

246 | Was versteht man unter »Fächer nach dem Schuss«?

Verlorensuche (meist frei) auf Niederwild und Nachsuche auf Schalenwild (meist am Riemen) einschließlich Hatz.

247 | Wie bereiten wir den Hund zur Nachsuche auf Schalenwild vor?

Er wird auf der Kunstfährte eingearbeitet, wobei wir die Schwierigkeit nach Länge und Stehzeit steigern. Erst wenn der Hund auch schwierige Übernacht-Kunstfährten zuverlässig arbeitet, darf er auch Schalenwild nachsuchen.

248 | Was ist der Unterschied zwischen Schleppe und Schweißfährte?

- Bei der Schleppe wird ein Stück Wild oder Teile davon (Balg, Decke, Knochen, Lungenbrocken usw.) auf dem Boden gezogen.
- Schweißfährten werden mit Blut (Schweiß) getupft oder gespritzt.

249 | Kann man zum Legen von Schweißfährten auch Rinderblut verwenden?

Ja, Rinderblut ist für die Einarbeitung des Hundes auf der Schweißfährte eine Alternative.

250 | Wie gewinnen und lagern Sie Schweiß?

Übersicht Fächer nach dem Schuss

Schweißhunde	Vorstehhunde/Stöberhunde
Vorsuchen	Verlorensuchen (Finden) von Niederwild
Riemenarbeit auf krankes Schalenwild	Verlorenbringen (Apportieren) von Niederwild
Hetzen von krankem Schalenwild	Raubwildschärfe am kranken Raubwild
Stellen von krankem Schalenwild	Korrektes Festhalten von apportiertem Niederwild
Verhalten am erlegten Wild	

Wir fangen den Schweiß in einem größeren Gefäß (z. B. Eimer) auf und lassen ihn durch ein Küchensieb und einen Trichter »portionsgerecht« in kleine Kunststoffflaschen laufen. Diese lassen sich problemlos in der Gefriertruhe lagern.

251 | Welche Möglichkeiten, eine künstliche Übungsfährte zu legen, gibt es?

- Schleppen von faustgroßen Lungen- oder Pansenstückchen oder Deckenfetzen
- Spritzen von Wildschweiß oder Rinderblut
- Tupfen von Wildschweiß oder Rinderblut
- Treten einer Übungsfährte mit dem Fährtenschuh

252 | Wie stellen Sie den künstlichen Anschuss her?

Es wird etwas Schnitthaar verstreut und Schweiß/Blut verspritzt.

253 | Wie markieren Sie die künstliche Schweißfährte?

Mit Textil- oder Kunststoffbändern, mit Papier oder Kreidestrichen, immer in Sichtweite. Unverrottbare Bänder werden später eingesammelt.

254 | Warum markieren wir die Kunstfährte?

Um die Arbeit des Hundes zu kontrollieren und ihn ggf. wieder ansetzen zu können.

255 | In welchem Alter können wir mit der Arbeit auf der künstlichen Schweißfährte beginnen?

Im Alter von 4 Monaten ohne Weiteres.

256 | Verbessert sich die Nasenleistung des Hundes mit zunehmendem Alter?

Nein, der Hund lernt jedoch, seine Nase richtig zu gebrauchen.

257 | Was müssen wir beim Legen einer Fährte für den Junghund beachten?

Sie darf durchaus über Nacht stehen, aber nicht zu lang sein, weil dem Junghund noch Ausdauer und Verständnis fehlen.

258 | Welche Fährtenlänge ist für den Junghund angemessen?

Wir können mit 50 m beginnen und steigern im Lauf der nächsten Monate auf Prüfungslänge.

259 | Wie soll der Verlauf einer künstlichen Schweißfährte sein?

Soweit möglich soll die Fährte mit dem Wind gehen und einen oder mehrere Haken und ein künstliches Wundbett enthalten.

260 | Was findet der Hund am Ende einer Übungsfährte?

Am Ende der Übungsfährte liegt eine Wilddecke oder Sauschwarte mit etwas Futter als Lob für die erfolgreiche Arbeit.

Legen einer Schweißfährte mit Tropfflasche und Markierkreide

261 | Hat der Hund noch ausreichend Witterung, wenn es auf die Kunstfährte regnet?

Außer nach Extremniederschlägen ist eine Kunstfährte auch nach Regen für den Hund noch gut wahrnehmbar. Der Schweiß (oder das Blut) wird vom Regen zwar abgewaschen, die Wittrung ist aber für die Hundenase immer noch vorhanden.

262 | Muss der Schweißriemen aus Leder sein?

Nein, es gibt heute gute (sogar bessere) Alternativen aus anderen Materialien wie z. B. Cordura® oder Biothane®.

263 | Mit welchem Kommando wird der Hund zur Fährte gelegt?

Am Ende der künstlichen Schweißfährte liegt ein Stück Wild oder eine Decke.

Mit dem Kommando »Such verwund, mein Hund!«.

264 | Wie soll der Hund eine Schweißfährte ausarbeiten?

Der Hund soll ruhig, konzentriert und sicher die Schweißfährte ausarbeiten.

265 | Was tun Sie, wenn der Hund zu faseln beginnt?

Der schon etwas erfahrene und passionierte Hund beginnt zu »bögeln«, wenn er die Fährte verloren hat, und nimmt sie selbstständig wieder auf, sobald er sie findet. Der Hundeführer kann den von der Fährte abgekommenen Hund auch abtragen und beim letzten gefundenen Schweiß/Schalenabdruck/Schnitthaar neu ansetzen.

266 | Wann und wie tragen Sie den Hund ab?

Wenn man die Riemenarbeit des Hundes auf der richtigen Fährte abbrechen oder unterbrechen will, so bleibt man stehen, hebt den Hund vorne an und dreht ihn zur Seite von der Fährte weg. Kleine Hunde kann man auf den Arm nehmen.

267 | Wie wird der Hund beim Zeigen von Pirschzeichen ermuntert?

Mit den Worten »So ist brav« oder »Lass sehen, mein Hund«.

268 | Wie erzieht man den Hund zum Verweiser?

Er wird bei jedem Zeigen oder Verweisen von Pirschzeichen auf der Fährte gelobt.
Wir legen im Revier Fallwild, Decken, Wildläufe, Knochen und Ähnliches. aus und gehen mit dem frei laufenden Hund »zufällig« in der Nähe vorbei. Wenn er das »Wild« findet, rufen wir ihn bei Fuß, loben ihn und schicken ihn erneut zum »Wild«. Abgeschlossen wird die Übung mit einer Belohnung.

269 | Wird der Hund am Stück belohnt?
Ja, indem man das dem Hund mit Worten und Freude oder mit Futter deutlich zeigt.

270 | Muss der Hund ein Totverbeller sein?
Nein, das muss nicht unbedingt sein. Bei starkem Wind oder im Gebirge wird das Verbellen oft gar nicht gehört.

271 | Darf der Hund das gefundene Stück beuteln?
Ja, er hat ja am Ende seiner Arbeit »Beute« gemacht. Allerdings muss man aufpassen, dass das Beuteln nicht in ein Rupfen und Anschneiden übergeht.

272 | Was versteht man unter Verlorenbringen?
Der Hund sucht frei und selbstständig das erlegte Wild und bringt es seinem Führer.

273 | Welche Übung dient der Einarbeitung des Verlorenbringens?
Wir werfen ein frisch erlegtes Wild kontrolliert in gut bewachsenes Gelände (z. B. Kulturfläche, Wildstaudenfläche usw.), gehen im Anschluss mit dem Hund »zufällig« an der Fläche vorbei, lassen den Hund »Sitz« oder »Down« machen, geben einen Schuss ab und schicken dann den Hund zur Verlorensuche.

274 | Mit welchem Kommando wird der Hund zur Verlorensuche geschickt?
»Such verloren Apport!«.

275 | Wie lautet das Kommando, wenn der Hund gefundenes Niederwild bringen soll?
»Apport!«.

276 | Was ist ein Totengräber?
Ein Hund, der gefundenes Wild nicht dem Führer bringt, sondern es im Gelände vergräbt.

Totverbeller am gefundenen Rehbock

277 | Welche Ursachen kann es haben, dass ein Hund zum Totengräber wird?
Meistens sind Fehler bei der Abrichtung die Ursache. Die Korrektur ist schwierig und erfordert sehr viel Erfahrung. Ursachen, wodurch der Hund zum »Totengräber« wird, liegen u. a. in der nicht gefestigten Beziehung zwischen Hund und Führer oder daran, dass der Hund im Apportieren nicht sauber durchgearbeitet wurde, oder daran, dass er bei den Bringübungen überfordert wurde.

278 | Wie fördern wir die Bringtreue?
Indem man Störungen einbaut. Man lässt während der Arbeit einen zweiten Hund laufen, gibt einen Schuss ab, benutzt die Hasenklage usw. Diese Störungen werden von einem sauber ausgebildeten Hund ignoriert.

279 | Warum darf der Hund eine aus dem Wasser apportierte Ente nicht ablegen, ehe er sich das Wasser aus der Decke schüttelt?
Bei noch lebenden Enten besteht die Gefahr, dass sie zurück ins Wasser laufen, während sich der Hund schüttelt.

Die Führung in der Praxis

280 | Darf der Jagdhund in einem Tollwut-sperrgebiet jagdlich geführt werden?

Ja, vorausgesetzt, der Hund ist tollwutgeimpft.

281 | Welche Hunde darf man nicht zur Gesellschaftsjagd mitnehmen?

Hunde, die nicht gegen Tollwut geimpft sind, und läufige Hündinnen sowie Hunde, die nicht sozialverträglich oder ungehorsam sind. Nur geprüfte Hunde dürfen im Jagdgebrauch eingesetzt werden.

282 | Warum dürfen stumm jagende Hunde zur Stöberjagd auf Schalenwild nicht eingesetzt werden?

Es ist ein Konflikt mit dem Tierschutz- und Jagdgesetz. Stumm jagende Hunde überraschen und hetzen das Wild, können gesundes Wild sogar fangen. Außerdem versetzen sie eventuell das Wild so in Panik, dass es hochflüchtig vor die Schützen kommt und damit ein sicherer Schuss nicht möglich ist. Zudem werden stumme Hunde vom Schützen nicht wahrgenommen (Gefährdung bei einer Schussabgabe).

Großer Münsterländer stellt laufkrankes Alttier.

283 | Wie beginnen Sie die Nachsuche?

Zuerst muss sorgfältig der Anschuss kontrolliert werden, um Klarheit über den Sitz des Geschosses und den wahrscheinlichen Verlauf der Nachsuche zu bekommen. Dabei wird der Hund in Sichtweite abgelegt.

284 | Was versteht man unter »fährtenrein«?

Wenn der Hund an der ihm zugewiesenen Fährte eisern festhält und andere Fährten (Verleitfährten) ignoriert.

285 | Was ist eine Verleitfährte?

Gesundfährten, die eine Krankfährte kreuzen oder einige Zeit begleiten.

286 | Was versteht man unter »umschlagen«?

Steht die Fährte in eine Dickung, so wird diese mit dem Hund (Vorsuche) oder alleine »umschlagen«, um festzustellen, ob das kranke Wild in der Dickung steckt.

287 | Was ist ein Wundbett?

Ein Lager, in dem sich das kranke Wild während seiner Flucht niedergetan hat.

288 | Was ist ein Tropfbett?

Auf der Fluchtstrecke bleibt das verletzte Wild stehen. Dabei tropft der Schweiß nach unten auf einen Fleck, das »Tropfbett«.

289 | Wo wird der Hund zur Hatz geschnallt?

Am noch warmen Wundbett oder wenn das ziehende Wild vor dem Hund flüchtig wird.

290 | Wer bestimmt, wann der Hund bei der Nachsuche geschnallt wird?

Immer der Hundeführer.

291 | Was ist der Standlaut?

Wenn der Hund das kranke Wild stellt und dabei Laut gibt.

292 | Wer gibt dem vom Hund gestellten Schalenwild den Fangschuss?

Nur der Hundeführer oder (in seltenen Ausnahmen!) ein anderer direkt von ihm beauftragter Jäger, weil immer Gefahr besteht, dass beim Fangschuss der Hund verletzt oder erschossen wird. Zudem hat ein Schweißhundführer in der Regel Vollmantelgeschosse bei sich, damit er ggf. durch lichtes Gras schießen kann und im Fall der Fälle der Hund eine größere Überlebenschance hat.

293 | Was ist ein Totverbeller?

Ein Hund, der durch anhaltenden Laut zu erkennen gibt, dass er verendetes Wild gefunden hat.

294 | Welchen Nachteil hat das Totverbellen?

Der Laut des Hundes ist häufig gelände- und witterungsbedingt nicht zu hören.

295 | Was ist ein Totverweiser?

Der Totverweiser kehrt, wenn er verendetes Wild gefunden hat, zu seinem Führer zurück und zeigt ihm dies durch sein spezielles Verhalten an. Anschließend führt er zum Wild, indem er zwischen dem Führer und dem Stück hin- und herpendelt. Es gibt verschiedene Methoden des Verweisens:

- Freies Verweisen
- Lautes Verweisen
- Verweisen mit dem Bringsel

296 | Wie zeigt ein Bringselverweiser, dass er ein verendetes Stück Wild gefunden hat?

Der zum Verweisen geschickte Hund trägt ein »Bringsel« (Knebel aus Holz oder Leder) an der Halsung. Hat er gefunden, nimmt er das Bringsel in den Fang und läuft so zu seinem Führer. Dieser nimmt ihn an den Riemen und folgt ihm zum Stück.

297 | Was dient der Sicherheit des zur Hatz geschnallten Hundes?

Leuchtfarbene, breite Signalhalsbänder, auf denen der Name des Hundes und die Telefonnummer seines Führers vermerkt sind. Zur Positionsortung des Hundes werden GPS-Sender am Halsband eingesetzt. Zum Schutz gegen Verletzungen durch wehrhaftes Schwarzwild werden Schutzwesten aus Kevlar® verwendet.

298 | Was ist ein Anschneider?

Ein Hund, der verendetes Wild findet und es dann anfrisst (anschneidet).

299 | Welche Lautarten des Hundes sind im Jagdbetrieb zu hören?

- Spurlaut (der Hund folgt mit der Nase einem Stück Haarniederwild)
- Fährtenlaut (der Hund folgt mit der Nase einem Stück Schalenwild)

Bringselverweiser signalisiert, dass er gefunden hat.

- Sichtlaut (der Hund folgt Nieder- oder Schalenwild auf Sicht)
- Standlaut (der Hund verbellt ein gestelltes Stück Wild)
- Totverbellen (der Hund verbellt totes Wild)
- Weidlaut (Hund gibt Laut, obwohl kein Wild vorhanden ist – unerwünscht)
- Baulaut (Hund gibt im Bau laut, obwohl der Bau leer ist – unerwünscht)

300 | Ein Hase wurde krank geschossen. Wie lange warten Sie mit der Nachsuche?

Der Hund wird sofort am Anschuss angesetzt, weil sich die Wittrung des Hasen schnell verflüchtigt.

301 | Ein geflügelter Fasan fällt in einem Senfschlag ein. Was tun Sie?

Dort, wo der Fasanenhahn aufgeschlagen und/oder wo er in den Senfschlag gelaufen ist, wird sofort der Verlorenbringer angesetzt.

Hannoverscher Schweißhund mit Hundeschutzweste gegen Verletzungen durch wehrhaftes Schwarzwild

302 | Bei welcher Arbeit soll der Vorstehhund mit hoher Nase arbeiten?

Bei der Arbeit vor dem Schuss sucht der Vorstehhund mit hoher Nase deckungsreiche Felder ab, um Niederwild zu finden und es vorzustehen, damit es der Jäger erlegen kann.

303 | Wie wird ein Hund genannt, der verendet gefundenes Niederwild verscharrt?

Totengräber.

304 | Wo wird der Hund bei der Nachsuche auf einen Hasen geschnallt?

Am Anschuss, dort liegt meist etwas Wolle.

305 | Wann »sticht« der Hund einen Hasen?

Wenn der Hund die Spur des Hasen arbeitet und dieser unmittelbar vor ihm aus der Sasse flüchtet.

306 | Ihr Hund findet ein verendet in einen Kartoffelacker gefallenes Rebhuhn nicht. Was tun Sie?

Ich warte etwas, bis sich die Wittrung meines eigenen Hundes verflüchtigt hat, und bitte dann einen anderen Jäger mit erfahrenem Verlorenbringer, das Huhn zu suchen.

307 | Wann wird dem Hund die Halsung abgenommen?

Vor der Wasser- und vor der Bauarbeit. Allerdings tragen heute viele Bauhunde aus Sicherheitsgründen ein Senderhalsband, mit dessen Hilfe sie unter der Erde geortet werden können. Diese Halsungen sind aus elastischem Material, sodass sich der Bauhund im Notfall, wenn er hängen bleibt, davon befreien kann.

Zucht- und Prüfungswesen

Allgemeines

Unsere Jagdgesetze verlangen bei bestimmten Jagdarten den Einsatz brauchbarer Jagdhunde. Das sind in der Regel (nach den Landesjagdgesetzen) alle Such-, Drück- und Treibjagden, die Wasserwildjagd sowie sämtliche Nachsuchen.

Das Gesetz verlangt jedoch nicht, dass jeder einzelne Jäger oder Revierinhaber selbst einen brauchbaren Hund halten muss. Vorgeschrieben ist nur die Verwendung eines brauchbaren Hundes bei den genannten Jagdarten. Das bedeutet, dass der Jäger, Revierinhaber bzw. Jagdleiter, der selbst keinen brauchbaren Hund hat, dafür sorgen muss, dass im Bedarfsfall ein entsprechender Hund zur Verfügung steht. Einige Bundesländer verlangen sogar den Nachweis, dass für ein betreffendes Revier ein brauchbarer Jagdhund stets verfügbar ist (im Besitz des Revier-

Niederwildjagd ohne einen gut ausgebildeten Verlorenbringer ist gesetzwidrig.

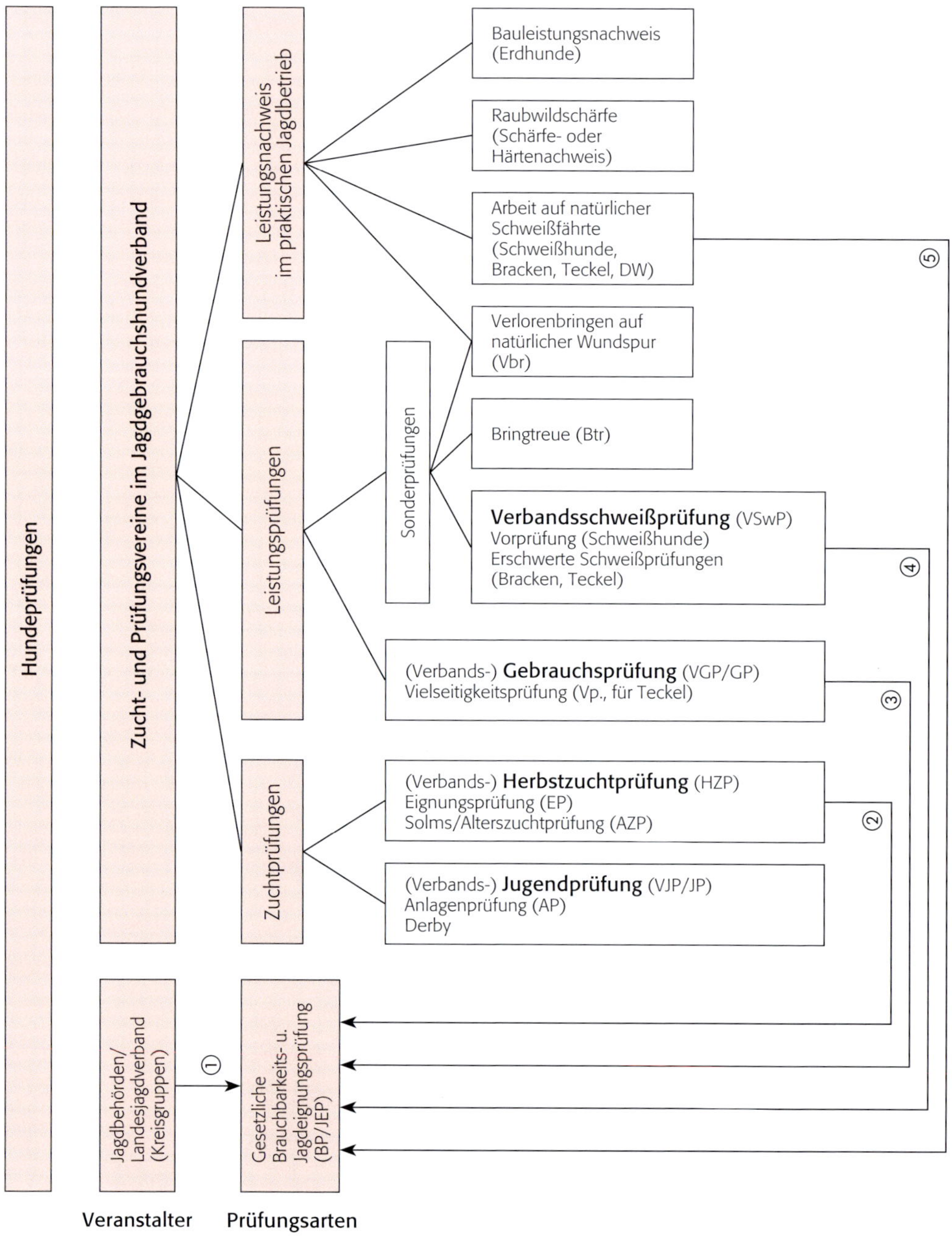
Hundeprüfungen
Zucht- und Prüfungsvereine im Jagdgebrauchshundverband
Leistungsnachweis im praktischen Jagdbetrieb
Leistungsprüfungen
Sonderprüfungen
Zuchtprüfungen
Bauleistungsnachweis (Erdhunde)
Raubwildschärfe (Schärfe- oder Härtenachweis)
Arbeit auf natürlicher Schweißfährte (Schweißhunde, Bracken, Teckel, DW)
Verlorenbringen auf natürlicher Wundspur (Vbr)
Bringtreue (Btr)
Verbandsschweißprüfung (VSwP)
Vorprüfung (Schweißhunde)
Erschwerte Schweißprüfungen (Bracken, Teckel)
(Verbands-) Gebrauchsprüfung (VGP/GP)
Vielseitigkeitsprüfung (Vp., für Teckel)
(Verbands-) Herbstzuchtprüfung (HZP)
Eignungsprüfung (EP)
Solms/Alterszuchtprüfung (AZP)
(Verbands-) Jugendprüfung (VJP/JP)
Anlagenprüfung (AP)
Derby
Jagdbehörden/ Landesjagdverband (Kreisgruppen)
Gesetzliche Brauchbarkeits- u. Jagdeignungsprüfung (BP/JEP)
①
②
③
④
⑤
Veranstalter
Prüfungsarten

inhabers, Jagdaufsehers, des Jagdnachbarn oder ständigen Jagdgasts).

Der Sinn dieser Vorschrift liegt nicht im Einsatz von Jagdhunden vor dem Schuss. Der Einsatz brauchbarer Jagdhunde ist vielmehr klar auf die Arbeit nach dem Schuss abgestellt, also auf die Nachsuche. So ist beispielsweise bei der Wasserjagd fast zwingend mit einer Arbeit nach dem Schuss zu rechnen. Denn wie sollte der Jäger eine tot oder gar geflügelt ins Schilf gestürzte Ente ohne Hund auch finden und bergen? Und das gilt selbstverständlich auch für den mit zwei Schroten im Gescheide noch flüchtenden Hasen. Manchmal kann auch nicht sicher beurteilt werden, ob ein Stück Wild getroffen wurde oder nicht. Der Hund kann das, dank seiner hervorragenden Nase, viel leichter.

Die Pflicht zur Nachsuche und zur Verwendung eines brauchbaren Hundes hat also ganz klar 3 Gründe:

- Krankem Wild (durch Unfall oder Schuss) soll ein unnötig langes Leiden erspart werden.
- Erlegtes Wild soll geborgen werden, um es verwerten zu können.
- Krankes oder verendet herumliegendes Wild soll bei der Öffentlichkeit keinen Unmut gegen die Jagd erregen.

Da es gerade bei der Niederwildjagd häufig darauf ankommt, einen Hund sofort einsetzen zu können, genügt es nicht, sich eines Helfers mit brauchbarem Hund zu versichern, der auf Abruf erscheint. Vielmehr muss ein solcher, zumindest bei jeder Niederwildjagd, zugegen sein. Für schwierige Nachsuchen auf Schalenwild sollte immer ein erfahrener Schweißhund eingesetzt und eine Wartezeit von mindestens 4 Stunden eingehalten werden. In dieser Zeit kann das Wild in Ruhe »krank« werden. Eindeutige Totsuchen (Lungenschuss) können nach einer geringen Wartezeit mit brauchbaren Gebrauchshunden durchgeführt werden.

Vereinswesen

Der Verband für das Deutsche Hundewesen (VDH) ist die oberste Dachorganisation der Hundehalter in Deutschland. Er repräsentiert auch Deutschland im Weltverband der Kynologie, der Fédération Cynologique Internationale (FCI). Dem VDH gehören 175 Mitgliedsorganisationen mit mehr als 650.000 Mitgliedern an. Über 250 verschiedene Rassen werden von den Zuchtvereinen des VDH betreut. In die Zuchtbücher des VDH werden jährlich ca. 90.000 Welpen eingetragen – gezüchtet nach den strengen Zuchtbestimmungen des VDH und mit entsprechenden Wurfkontrollen.

Der Jagdgebrauchshundverband (JGHV) ist ein Dachverband, dem die meisten deutschen Jagdhunde-Zuchtvereine angeschlossen sind. Nicht alle Vereine, die sich mit der Zucht von Jagdhunden beschäftigen, und nicht alle Jagdhunderassen sind vom JGHV anerkannt. Solche Vereine schließen sich teilweise direkt dem VDH an. Der JGHV regelt die Jagdhunde betreffenden Angelegenheiten im Einvernehmen mit dem VDH, der direkt für alle übrigen Rassen zuständig ist. JGHV und VDH arbeiten eng zusammen, sie sind wechselseitig außerordentliche Mitglieder der jeweils anderen Organisation.

Außer den Zuchtvereinen gehören dem JGHV auch sämtliche »Prüfungsvereine« (Jagdgebrauchshundevereine) an. Letztere befassen sich nicht mit der Zucht, sondern allgemein mit der Ausbildung von Hundeführern, halten Abrichtelehrgänge ab

Der »Sperlingshund«, das Markenzeichen des deutschen Jagdgebrauchshundverbandes.

Übersicht Verbandswesen

Zuchtvereine, die dem Jagdgebrauchshundverband angehören: Stand 2017

- Verein für Französische Vorstehhunde e.V. »BBFL«
- Klub für Bayerische Gebirgsschweißhunde 1912 e.V.
- Beagle Club Deutschland e.V.
- Verein Jagd-Beagle e.V.
- Deutscher Reiter-u. Fahrerverb. FG Jagdreiten e.V. (Meutehunde)
- Deutscher Brackenverein e.V. (für Brandl-, Tiroler- u. Steirische Rauhaarbracke)
- Verein Dachsbracke e.V.
- Deutscher Bracken-Club e.V.
- Schwarzwildbrackenverein e.V.
- Klub Tirolerbracke Deutschland e.V.
- Club für Bretonische Vorstehhunde e.V.
- Club Cesky Fousek - Böhmisch Raubart e.V.
- Deutscher Retriever Club e.V.
- Labrador Club Deutschland e.V.
- Verein Deutsch-Drahthaar e.V.
- Deutsch-Kurzhaar-Verband e.V.
- Deutsch-Langhaar-Verband e.V.
- Verein Deutsch Stichelhaar e.V.
- Deutscher Jagdterrier-Club e.V.
- Verein für Deutsche Wachtelhunde e.V.
- Jagdspaniel-Klub e.V.
- Verein Jagdgebrauchsspaniel e.V.
- Verein für Pointer und Setter e.V.
- English-Setter-Club Deutschland e.V.
- Irish Setter Club Deutschland e.V.
- Deutscher Pointerclub e.V.
- Gordon Setter Club Deutschland e.V.
- Deutscher Foxterrier-Verband e.V.
- Griffon-Club e.V. von 1888
- Verband Große Münsterländer e.V.
- Verein Hirschmann e.V. (Hannoversche Schweißhunde)
- Verband für Kleine Münsterländer e.V.
- Laika-Club e.V.
- Parson Russell Terrier Club Deutschland e.V.
- Verein Pudelpointer e.V.
- Spinone-Italiano-Club Deutschland e.V.
- Deutscher Teckelklub 1888 e.V.
- Verein für Jagd-Teckel e.V.
- Verein Ungarischer Vorstehhunde e.V.
- Weimaraner Klub e.V.

und führen Verbandsprüfungen (meist für Vorstehhunde) durch. Jagdhunde aller Rassen, die eine Gebrauchsprüfung bestanden haben (Verbands-Gebrauchsprüfung oder vergleichbare Prüfung eines Zuchtvereins), werden unter einer eigenen Eintragungsnummer in das Deutsche Gebrauchshunde-Stammbuch (DGStB) eingetragen. Diese DGStB-Nummer wird hinter der Zuchtbuchnummer des Hundes angegeben.

Zuchtvereine, die nicht vom JGHV anerkannt (Mitglied) sind, stellen ebenfalls Ahnentafeln aus und halten Prüfungen ab. Hunde mit derartigen Ahnentafeln können allerdings nicht an den Prüfungen jener Zucht- und Prüfungsvereine teilnehmen, die Mitglied im JGHV sind. Auf Antrag werden zu den JGHV-Prüfungen auch Hunde aus jagdlichen Zuchten des Auslands zugelassen, für die es keinen Zuchtverein unter dem Dach des JGHV gibt.

Die Jagdeignungs- oder Brauchbarkeitsprüfungen (JEP oder BP) werden meist von jagdlichen Organisationen im Auftrag der Jagdbehörden abgehalten. Sie haben sich an das jeweilige Landesrecht zu halten. Festgestellt wird bei diesen Prüfungen die jagdliche Brauchbarkeit im Sinne von Mindestanforderungen. Über die bestandene Prüfung wird eine Bestätigung ausgestellt. In einigen Bundesländern werden zur JEP/BP auch Hunde ohne Papiere zugelassen.

In Deutschland ist es legal, wenn ein Hundezüchter für die von ihm gezüchteten Hunde selbst Ahnentafeln ausstellt. Daher sind Inserate in Jagdzeitschriften mit dem Hinweis »mit Stammbaum« oder »mit Ahnennachweis« bzw. »mit Zertifikat« mit Vorsicht zu behandeln. Grundsätzlich stellt die Ahnentafel nicht der Züchter, sondern der für die jeweilige Rasse zuständige Zuchtverein aus.

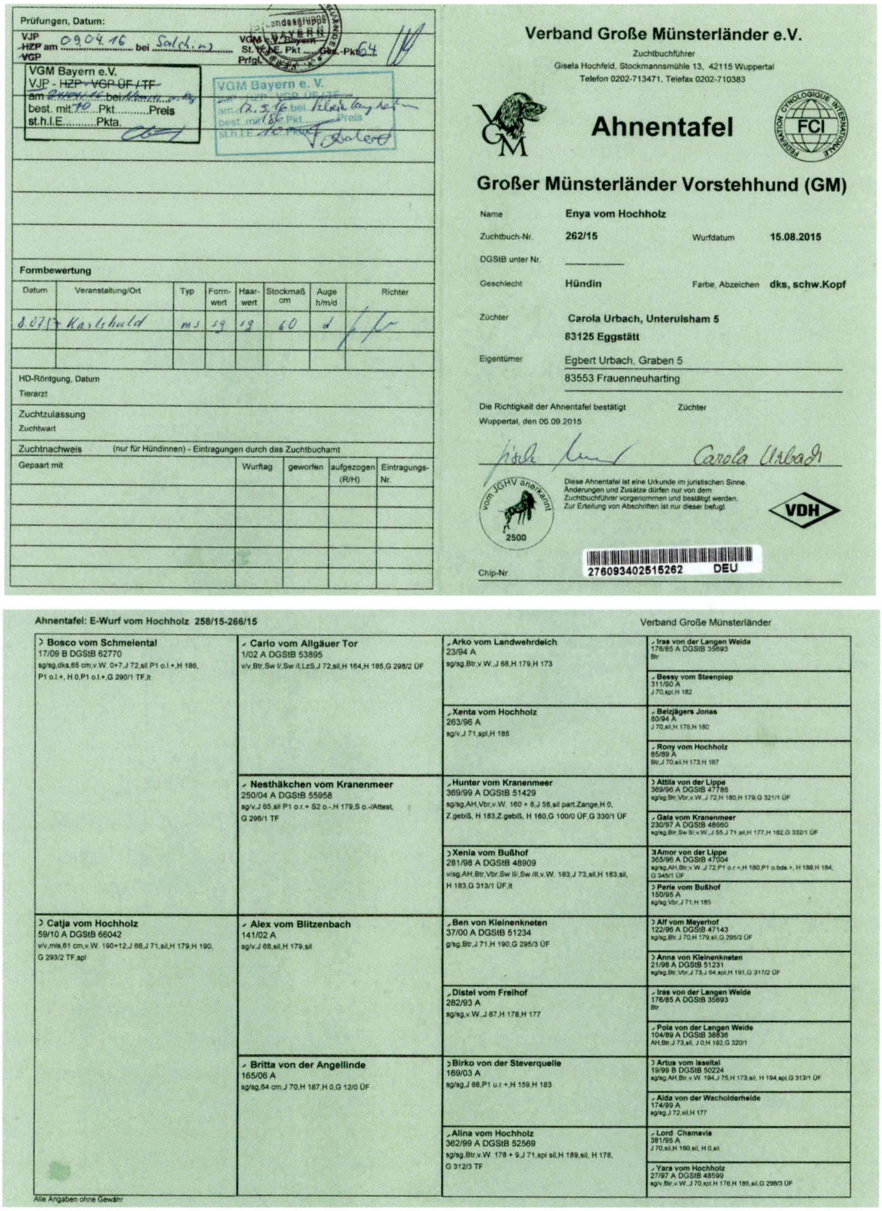

Prüfungen, Datum:

VJP ~~HZP~~ ~~VGP~~ am 09.04.16 bei Salching VGM e.V. Bayern St. h. l. E. Pkt ...... Ges.-Pkt. 64 Prfgl.

VGM Bayern e.V.
VJP - ~~HZP - VGP ÜF / TF~~
am .... bei ....
best. mit 70 Pkt .... Preis
st.h.l.E. .... Pkta.

VGM Bayern e. V.
~~VJP - HZP - VGP ÜF / TF~~
am 12.5.16 bei ......
best. mit 186 Pkt .... Preis
st.h.l.E. .... Pkt.

Formbewertung

Datum	Veranstaltung/Ort	Typ	Form-wert	Haar-wert	Stockmaß cm	Auge h/m/d	Richter
8.07.17	Karlshuld	ms	sg	sg	60	d	

HD-Röntgung, Datum
Tierarzt

Zuchtzulassung
Zuchtwart

Zuchtnachweis (nur für Hündinnen) - Eintragungen durch das Zuchtbuchamt

Gepaart mit	Wurftag	geworfen	aufgezogen (R/H)	Eintragungs-Nr.

Verband Große Münsterländer e.V.
Zuchtbuchführer
Gisela Hochfeld, Stockmannsmühle 13, 42115 Wuppertal
Telefon 0202-713471, Telefax 0202-710383

Ahnentafel

FCI – Fédération Cynologique Internationale

Großer Münsterländer Vorstehhund (GM)

Name: **Enya vom Hochholz**
Zuchtbuch-Nr.: **262/15** Wurfdatum: **15.08.2015**
DGStB unter Nr.: ——
Geschlecht: **Hündin** Farbe, Abzeichen: **dks, schw.Kopf**
Züchter: **Carola Urbach, Unterulsham 5, 83125 Eggstätt**
Eigentümer: Egbert Urbach, Graben 5, 83553 Frauenneuharting

Die Richtigkeit der Ahnentafel bestätigt
Wuppertal, den 06.09.2015

Züchter
Carola Urbach

vom JGHV anerkannt 2500

Diese Ahnentafel ist eine Urkunde im juristischen Sinne. Änderungen und Zusätze dürfen nur von dem Zuchtbuchführer vorgenommen und bestätigt werden. Zur Erteilung von Abschriften ist nur dieser befugt.

VDH

Chip-Nr. 276093402515262 DEU

Ahnentafel: E-Wurf vom Hochholz 258/15-266/15 Verband Große Münsterländer

Eltern	Großeltern	Urgroßeltern	Ururgroßeltern
Bosco vom Schmeiental 17/09 B DGStB 62770 sg/sg,dks,65 cm,v.W. 0+7,J 72,sil P1 o.l.+,H 186, P1 o.l.+, H 0,P1 o.l.+,G 290/1 TF,lt	**Carlo vom Allgäuer Tor** 1/02 A DGStB 53895 v/v,Btr,Sw I/,Sw /I,LzS,J 72,sil,H 164,H 185,G 298/2 ÜF	**Arko vom Landwehrdeich** 23/94 A sg/sg,Btr,v.W.,J 68,H 179,H 173	**Iras von der Langen Weide** 176/85 A DGStB 35693 Btr
			Bessy vom Steenpiep 311/90 A J 70,spl,H 182
		Xenta vom Hochholz 263/96 A sg/v,J 71,spl,H 185	**Beizjägers Jonas** 80/94 A J 70,sil,H 176,H 180
			Rony vom Hochholz 65/89 A Btr,J 70,sil,H 173,H 167
	Nesthäkchen vom Kranenmeer 250/04 A DGStB 55958 sg/v,J 65,sil P1 o.r.+ S2 o.-,H 179,S o.-/Attest, G 296/1 TF	**Hunter vom Kranenmeer** 369/99 A DGStB 51429 sg/sg,AH,Vbr,v.W. 160 + 8,J 58,sil part.Zange,H 0, Z.gebiß, H 183,Z.gebiß, H 160,G 100/0 ÜF,G 330/1 ÜF	**Attila von der Lippe** 369/96 A DGStB 47786 sg/sg,Btr,Vbr,v.W.,J 72,H 180,H 179,G 321/1 ÜF
			Gala vom Kranenmeer 230/97 A DGStB 48660 sg/sg,Btr,Sw II/,v.W.,J 55,J 71,sil,H 177,H 182,G 332/1 ÜF
		Xenia vom Bußhof 281/98 A DGStB 48909 v/sg,AH,Btr,Vbr,Sw II/,Sw /II,v.W. 183,J 73,sil,H 183,sil, H 183,G 313/1 ÜF,lt	**Amor von der Lippe** 365/96 A DGStB 47004 sg/sg,AH,Btr,v.W.,J 72,P1 o.r.+,H 180,P1 o.bds.+, H 188,H 184, G 345/1 ÜF
			Perle vom Bußhof 150/95 A sg/sg,Vbr,J 71,H 185
Catja vom Hochholz 59/10 A DGStB 66042 v/v,mls,61 cm,v.W. 190+12,J 66,J 71,sil,H 179,H 190, G 293/2 TF,spl	**Alex vom Blitzenbach** 141/02 A sg/v,J 68,sil,H 179,sil	**Ben von Kleinenkneten** 37/00 A DGStB 51234 g/sg,Btr,J 71,H 190,G 295/3 ÜF	**Alf vom Meyerhof** 122/96 A DGStB 47143 sg/sg,Btr,J 70,H 179,sil,G 295/3 ÜF
			Anna von Kleinenkneten 21/98 A DGStB 51231 sg/sg,Btr,Vbr,J 73,J 64,spl,H 191,G 317/2 ÜF
		Distel vom Freihof 282/93 A sg/sg,v.W.,J 67,H 178,H 177	**Iras von der Langen Weide** 176/85 A DGStB 35693 Btr
			Pola von der Langen Weide 104/89 A DGStB 38836 AH,Btr,J 73,sil, J 0,H 192,G 320/1
	Britta von der Angellinde 165/06 A sg/sg,64 cm,J 70,H 187,H 0,G 12/0 ÜF	**Birko von der Steverquelle** 169/03 A sg/sg,J 68,P1 u.r.+,H 159,H 183	**Artus vom Isseltal** 19/99 B DGStB 50224 sg/sg,AH,Btr,v.W. 194,J 75,H 173,sil, H 194,spl,G 313/1 ÜF
			Aida von der Wacholderheide 174/99 A sg/sg,J 72,sil,H 177
		Alina vom Hochholz 362/99 A DGStB 52569 sg/sg,Btr,v.W. 178 + 9,J 71,spl sil,H 189,sil, H 178, G 312/3 TF	**Lord Chamavia** 381/95 A J 70,sil,H 160,sil, H 0,sil
			Yara vom Hochholz 27/97 A DGStB 48599 sg/v,Btr,v.W.,J 70,spl,H 176,H 185,sil,G 298/3 ÜF

Alle Angaben ohne Gewähr

Ahnentafel gemäß EU-Vorgaben

308 | Ist der Jäger verpflichtet, einen geprüften Jagdhund zu halten?

Der Jäger nicht, aber in einigen Bundesländern der Jagdausübungsberechtigte.

309 | Erkennt der Gesetzgeber nur Hunde aus einer Leistungszucht an?

Nein, in einigen Bundesländern werden auch Hunde ohne Papiere zur Jagdeignungsprüfung zugelassen.

310 | Was ist der Verband für das Deutsche Hundewesen e.V. (VDH)?

Der VDH ist die oberste kynologische Dachorganisation Deutschlands.

311 | Was ist der Jagdgebrauchshundverband (JGHV)?

Der Zusammenschluss und Dachverband der meisten Zuchtvereine für Jagdgebrauchshunde in Deutschland. Der JGHV vertritt nach außen die Interessen des Jagdgebrauchshundewesens.

312 | Welche Jagdhunderassen werden beim JGHV aufgenommen?

Solche, die einen FCI-anerkannten Standard haben und die aufgrund ihrer Anlagen weidgerechtem Jagen in Deutschland dienen können.

313 | Wer ist für die Zucht und Prüfung der einzelnen Rassen zuständig?

Der Zuchtverband/Zuchtverein der jeweiligen Rasse.

314 | Wer schafft die Voraussetzung für die Eintragung eines Welpen?

Der Zuchtwart des für die Rasse zuständigen Vereins, indem er die Welpen im Alter von 6–8 Wochen begutachtet, zumindest tätowiert und der Tierarzt die Welpen chipt.

315 | Wer stellt die Ahnentafel aus?

Der Zuchtwart des jeweiligen Zuchtvereins oder einer vom Vorstand beauftragten Institution. Theoretisch kann jeder Züchter oder jede Organisation Ahnentafeln ausstellen, doch werden diese vom JGHV und seinen Mitgliedsverbänden nicht anerkannt.

316 | Welche Angaben in der Ahnentafel sind für den Käufer eines Hundes besonders wichtig?

- Die Zuchtbuchnummer in der Ahnentafel, die mit der Tätowierungs- oder Chipnummer des Hundes übereinstimmen muss
- Der Stempel des Zuchtvereins und des JGHV (Sperlingshund im Stempel)
- Bei Schweißhunden muss der Zusatzstempel, der Achteck-Stempel des I.S.H.V. (Internationaler Schweißhunde-Verband), vorhanden sein
- Alle Angaben zu Eltern und weiteren Zuchtverbindungen (vier Generationen) müssen eingetragen sein

317 | Was wird unter Rassestandard verstanden?

Die spezifischen und klassischen Merkmale, die in Summe nur auf diese eine Rasse (Erscheinungsbild) zutreffen; festgelegt vom Ursprungs-Zuchtverband.

318 | Was sind Verbandsrichter?

Verbandsrichter sind Prüfungsrichter für Hundeprüfungen, die nach den Richtlinien des JGHV für Verbandsprüfungen ausgebildet und bestätigt sind. Sie dürfen nicht nur bei den von ihrem Zuchtverband ausgerichteten Prüfungen richten, sondern grundsätzlich bei allen (standardisierten) Verbandsprüfungen.

Anlage- und Jugendprüfungen

Die Anlage- oder Jugendprüfung ist die erste Prüfung überhaupt, auf der ein Jagdhund im Alter von etwa 8–12 Monaten, also zur Zeit der beginnenden Abrichtung, auf seine Erbanlagen überprüft wird. Es ist eine reine Anlagenprüfung, die im Frühjahr stattfindet. Es werden noch keine »Leistungen« verlangt, vielmehr soll der Junghund zeigen, was »in ihm steckt«: Arbeit auf der Hasenspur mit Feststellung des Lautes; Anlage zum Suchen und Vorstehen (Vorstehhunde) bzw. Stöbern und Wasserfreudigkeit (Stöberhunde); allgemeine Führigkeit (Bereitschaft zur Zusammenarbeit mit dem Führer), Schussfestigkeit und Wesensfestigkeit. Dazu eine Beurteilung der körperlichen Entwicklung, wobei auf erbliche Mängel besonders geachtet wird wie Gebissfehler (Vorbeißer, Rückbeißer, fehlende Zähne), Missbildungen der Augenlider (Entropium, Ektropium) und Hodenfehler (Monorchismus, Kryptorchismus), schlechte Stellung der Läufe und Pfoten.

Bei der Formbewertung wird festgestellt, ob der Hund dem Rassestandard entspricht.

Übersicht Jugend-/Anlageprüfungen

Bracken einschließlich Beagle:
Anlageprüfung → Hasenspur, Gehorsam, Leinenführigkeit, Schussfestigkeit.

Schweißhunde:
BGS Vorprüfung → 1000 m Kunstfährte (Totverweisen oder Totverbellen freiwillig), Verhalten an und Verteidigen von erlegtem Wild, Leinenführigkeit, Schussfestigkeit und Ablegen.
HS Vorprüfung → Riemenarbeit auf gesunder Kaltfährte von Hochwild oder getretene Übernacht-Fährte ohne Schweiß, Vorsuche, Gehorsam, Ablegen mit Schussabgabe.

Stöberhunde:
DW Jugendprüfung → Hasenspur, Stöbern, Wasserarbeit, Schussfestigkeit.
CSp, SpSp Anlageprüfung → Hasenspur, Stöbern, Freiverlorensuche, Haarwildschleppe, Wasserarbeit, Schussfestigkeit.

Erdhunde:
Teckel Spurlautprüfung → Hasenspur (keine Altersgrenze).
DJT, FT Zuchtprüfung → Hasenspur, Bringen auf der Schleppe, Bringen von Wasserwild, Führigkeit, Schussfestigkeit (keine Altersgrenze).

Vorstehhunde:
Alle Rassen Verbands-Jugendprüfung (VJP) → Hasenspur, Suche, Vorstehen
Pointer und Setter ebenfalls VJP, aber auch vereinsinterne Prüfung → Nase, Nachziehen, Stil, Schnelligkeit, Ausdauer, Führigkeit und Schussfestigkeit.
Alle Rassen auch Herbstzuchtprüfung (HZP) → Nase, Suche, Vorstehen, Arbeitsfreude, Stöbern hinter der Ente, Verlorensuchen in deckungsreichem Gewässer, Verlorenbringen von Federwild, Haarwildschleppe, Gehorsam.

Retriever:
Alle Rassen Bringleistungsprüfung als Zuchtprüfung → Bringen.

Bei den Schweißhunden tritt an die Stelle der Anlagen- die Vorprüfung. Bei ihr wird allerdings bereits Leistung mit gemessen. Weiterhin wird unter dem Prüfungsfach »Führung des Schweißhundes« das Sozialverhalten gegenüber Menschen und anderen Hunden beurteilt.

319 | In welchem Alter absolviert der Hund die Jugendprüfung?

Im Alter von etwa 8–12 Monaten.

320 | Welche Fächer werden bei einer Anlagenprüfung – JP – geprüft?

- Arbeit auf der Hasenspur mit Feststellung des Lautes
- Anlagen zum Suchen und Vorstehen bei Vorstehhunden
- Stöbern und Wasserfreudigkeit bei Stöberhunden
- Allgemeine Führigkeit
- Schussfestigkeit
- Wesensfestigkeit

321 | Worin unterscheiden sich die Anlageprüfungen von Vorsteh- und Stöberhunden?

Bei Vorstehhunden werden u. a. das Suchen und Vorstehen und bei Stöberhunden das Stöbern und die Wasserfreude geprüft.

322 | Nach welchem System erfolgt bei Anlageprüfungen die Bewertung?

Dies ist bei den Stöber- und Vorstehhunden unterschiedlich. Die jeweiligen Prüfungsfächer haben Fachwertziffern von 1 bis 3. Für seine Leistungen kann der Hund Noten zwischen 0 (ungenügend) und 12 (hervorragend) bekommen. Fachwertziffer mal Leistungsnote ergibt die Punktzahl für das jeweilige Fach.

323 | Welche Prüfung absolviert ein Vorstehhund zuerst?

Die Verbandsjugendprüfung (VJP).

324 | Welche Anlageprüfung (AP) gibt es für die Teckel?

Die Spurlautprüfung, bei der folgende Fächer geprüft werden:

- Nase
- Spurlaut am Hasen
- Spurwille
- Schussfestigkeit

325 | Auf welcher Spur wird der Spurlaut geprüft?

Auf der Hasenspur.

326 | Welche Fächer absolviert ein DW auf der Anlageprüfung?

- Nase
- Spurlaut
- Spurwille
- Spursicherheit
- Stöberanlagen
- Wasserfreude
- Führigkeit
- Schussfestigkeit

327 | Wie nennt man die »Jugendprüfung« bei den Schweißhunden?

Vorprüfung. Gearbeitet werden Fährten, die mit einem Fährtenschuh getreten werden, oder bestätigte Gesundfährten von Hochwild. Bei den BGS wird der Prüfungsfährte Schweiß beigegeben, bei den HS nicht.

328 | In welchem Alter wird ein Hund auf der Zuchtschau vorgestellt?

Im Alter von ca. 12 Monaten. Die Zuchtvereine handhaben dies unterschiedlich.

329 | Wer beurteilt die Hunde auf einer Zuchtschau?

Formwertrichter, die vom VDH und vom zuständigen Zuchtverein anerkannt sind.

Herbstzuchtprüfung (HZP)

Auf der Herbstzuchtprüfung werden Vorstehhunde im Herbst ihres 2. Lebensjahres (1. Feld) geführt. Während bei der Jugendprüfung nur ihre Anlagen geprüft werden, will man bei der HZP sehen, wie diese sich unter dem Einfluss der Abrichtung weiterentwickelt haben. Es ist also bereits eine gewisse abrichtungsbedingte Leistung gefragt. Dazu gehören das Verlorenbringen auf Haar- und Federwildschleppe, die Wasserarbeit sowie der Gehorsam. Bei der HZP erfolgt neuerlich eine Beurteilung von Gebiss, Augen, etwaigen körperlichen Mängeln oder Verhaltensauffälligkeiten, um die körperliche Entwicklung zu begutachten. Für die HZP zugelassen werden nur eingetragene Vorstehhunde. Eine ähnliche Prüfung, die Eignungsprüfung (EP), gibt es allerdings für Deutsche Wachtelhunde. Sie ist vor allem für jene Hunde gedacht, die besonderer Umstände wegen nicht auf einer Jugendprüfung geführt wurden, zu der nur Hunde bis zu einem Alter von 18 Monaten zugelassen werden.

Herbstzuchtprüfung (HZP) Anlage- und Abrichtefächer

Anlagefächer:

- Nase
- Suche
- Vorstehen
- Führigkeit
- Wasserarbeit
  a) Stöbern hinter der Ente
  b) Verlorensuchen aus tiefem Schilfwasser

Abrichtefächer:

- Verlorenbringen von Federwild
  a) Arbeit am geflügelten Huhn
  b) Verlorensuche und -bringen
  c) auf der Huhnschleppe
- Haarwildschleppe
- Art des Bringens
  a) Hase und Kaninchen
  b) Ente
  c) Huhn oder Fasan
- Gehorsam
- Arbeitsfreude

330 | Was ist eine HZP?

Die HZP ist eine kombinierte Anlagen- und Leistungsprüfung. Sie zählt noch zu den Zuchtprüfungen.

331 | Welche Fächer werden bei der HZP geprüft?

Anlage- und Abrichtefächer.

332 | Welche Sonderform der HZP gibt es für DK?

Die Solms – Kurzform für »Prinz-Solms-Gedächtnisprüfung«.

Leistungsprüfungen

Die **Verbandsgebrauchsprüfung** (VGP) ist eine reine, anspruchsvolle Leistungsprüfung für Vorstehhunde. Der fertig abgerichtete Hund (meist im 3. Lebensjahr = 2. Feld) soll sozusagen seine »Meisterprüfung« ablegen. Neben sämtlichen in Betracht kommenden Arbeiten vor dem Schuss (Suche mit Vorstehen, Buschieren, Stöbern, Wasserarbeit) werden Verlorenbringen von Haar- und Federwild auf der Schleppe (auch Fuchs), Stöberarbeit und Verlorenbringen aus tiefem Schilfwasser sowie Schweißarbeit auf künstlicher Schweißfährte (ggfs. Totverbellen oder Totverweisen als Zusatz) geprüft sowie bei allen Prüfungsfächern auf exakten Gehorsam geachtet. Noch einmal werden die Hunde auf Wesensmängel (Ängstlichkeit, Schussempfindlichkeit) und körperliche Fehler überprüft. Die bestandene Gebrauchsprüfung erfüllt grundsätz-

Übersicht Leistungsprüfungen

Für alle Rassen
- Verbandsschweißprüfung (VSwP)
- Verbandsfährtenschuhprüfung (VFSP)
- Verbandsprüfung nach dem Schuss (VPS)
- Bringtreueprüfung (Btr)
- Verlorenbringer-Nachweis (Vbr)

Bracken
- Gebrauchsprüfung (GP)
- Verbandsschweißprüfung (VSwP)
- Sonderschweißprüfungen (SSwP)

Teckel
- Eignungsprüfung (EP)
- Gebrauchsprüfung (GP)
- Spurlautprüfung (Sp)
- Stöberprüfung (St)
- Schweißprüfungen (SwP)
- Waldprüfung (WP)
- Bauhund (Baueignungsnachweis) (Bh)
- Prüfungen für Kaninchen- und Zwergteckel
- Vielseitigkeitsprüfung (Vp)

Schweißhunde
- Hauptprüfung (HP)

Stöberhunde
- Eignungsprüfung (EP)
- Gebrauchsprüfung (GP)
- Prüfung nach dem Schuss (PnS)

Terrier
- Bauprüfung (BP)
- Zuchtprüfung (ZP)
- Gebrauchsprüfung (GP)
- Verbandsschweißprüfung (VSwP)
- Schweißprüfung (SWP)

Kontinentale Vorstehhunde
- Herbstzuchtprüfung (HZP)
- Verbandsgebrauchsprüfung (VGP)

Englische Vorstehhunde
- Herbstzuchtprüfung (HZP)
- Herbstprüfung, »Spezialverein« im JGHV

Apportierhunde
- Bringtreueprüfung (Btr)
- Jagdgebrauchsprüfung (GP)
- Spezial-Jagdgebrauchsprüfung (SpJGP/R)

Laika
- Gebrauchsprüfung (GP)

lich auch den Nachweis der gesetzlichen Brauchbarkeit, da sie wesentlich höhere Anforderungen als die Brauchbarkeits- oder Jagdeignungsprüfung stellt.

Die **Verbandsprüfung nach dem Schuss** (VPS) stellt eine Sonderform dar. Die einzelnen Fächer entsprechen jenen der VGP, jedoch werden keine Feldfächer geprüft.

Auch die **Bringtreueprüfung** (Btr) ist eine Sonderprüfung für Vorstehhunde, bei welcher der Hund zeigen muss, dass er zufällig gefundenes Wild auch ohne Befehl des Führers diesem bringt.

Die **Verlorenbringer-Nachweis** (Vbr) erfolgt auf der natürlichen Spur von Fuchs oder Hase.

Die **Gebrauchsprüfung** (GP) steht bei den meisten Nicht-Vorstehhunden anstelle der VGP. Die bei ihr geforderten Leistungen entsprechen grob jenen der VGP. Für Wachtelhunde gibt es zusätzlich die **Prüfung nach dem Schuss** (PnS), bei der alle Fächer nach dem Schuss in (verglichen mit der GP) erschwerter Form geprüft werden. Bei den Terriern kommt noch die Arbeit unter der Erde hinzu.

Die **Vielseitigkeitsprüfung** (Vp) ist sozusagen die GP der Teckel. Sie entspricht der Summe aller Fächer einer Gebrauchsprüfung. Sonst werden die einzelnen Leistungen der Teckel auf jeweils getrennten Prüfungen festgestellt (Spurlaut-, Stöber-, Schweißprüfung, Bauleistungsnachweis).

Die **Verbandsschweißprüfung** (VSwP) gehört ebenso zu den Leistungsprüfungen wie die **Verbandsfährtenschuhprüfung** (VFSP). Zu beiden werden Hunde aller Rassen zugelassen, die vorher den Nachweis des lauten Jagens erbracht haben. Hunde, die eine dieser beiden Prüfungen erfolgreich absolviert haben, gelten für reine Schalenwildreviere grundsätzlich als brauchbar im Sinne des Gesetzes.

Bei Schweißhunden gibt es die **Vorprüfung** (entsprechend der Jugendprüfung) und die **Hauptprüfung** (HP). Auf der Hauptprüfung arbeiten die Hunde keine Kunstfährte. Vielmehr findet die HP im Rahmen des Jagdbetriebes statt. Das heißt, die Hunde müssen krankes Schalenwild nachsuchen, wobei es nach Möglichkeit zur Hatz kommen soll. Da nun die anfallenden Nachsuchen nicht standardisiert werden können, ist ein guter Preis bei dieser Prüfung auch etwas vom Zufall und Prüfungsglück abhängig. Die HP wird im Rahmen von größeren Gesellschaftsjagden auf Hochwild oder durch schwierige Nachsuche bei der Einzeljagd durch mindestens 2 Prüfungsrichter abgenommen.

Prüfungsrichter der Zuchtverbände müssen eine Anwärterzeit bei verschiedenen Prüfungsarten (Anlage- und Leistungsprüfungen) über mehrere Jahre durchlaufen, ehe sie als Prüfungsrichter anerkannt werden.

Ziel der Jagdhundeausbildung sind die unverzügliche Erlösung verletzten Wildes nach der Jagd und Unfällen sowie der Einsatz auf der Jagd.

333 | Was gehört allgemein zu den Arbeiten nach dem Schuss?

Das Suchen und Finden von krankem oder verendetem Wild.

334 | Welche Hunde werden auf der VGP geführt?

Alle Vorstehhunde im JGHV mit Ausnahme der Englischen Vorstehhunde. Diese haben eine spezielle Herbstprüfung.

335 | Welche Fächer werden auf der VGP geprüft?

- Waldarbeit
- Wasserarbeit
- Feldarbeit
- Gehorsam
- Bringen
- Zusammenarbeit mit dem Führer
- Arbeitsfreude

336 | Welche Anforderungen werden im Fach Schweiß bei der VGP gestellt?

- Übernachtfährte oder einer Fährte, die 2–5 Stunden steht.
- Beide sind 400 m lang mit 2 stumpfen Haken und werden mit Wildschweiß getupft oder gespritzt.
- Für die Arbeit des Totverbellers oder Totverweisers wird die Fährte um 200 m verlängert. Der Hund wird dann am zweiten Wundbett geschnallt und muss frei zum Stück finden. Als Totverbeller zeigt er, dass er gefunden hat, als Totverweiser führt er zum Stück.

337 | Was wird in den Fuchsfächern der VGP gefordert?

- Bringen von Fuchs auf der Schleppe (300 m)
- Bringen von Fuchs über Hindernis

338 | Welche Leistung muss der Hund bei der VGP im Wasser erbringen?

- Stöbern ohne Ente
- Verlorenbringen aus tiefem Schilfwasser
- Schussfestigkeit im Wasser

339 | Wie wird bei der VGP der Gehorsam geprüft?

Verbands-Gebrauchsprüfung (VGP) Prüfungsfächer

I. Waldarbeit
- Schweißarbeit (Riemenarbeit, Totverbeller, Totverweiser)
- Fuchsschleppe
- Hasen- oder Kaninchenschleppe
- Stöbern
- Buschieren

II. Wasserarbeit
- Stöbern ohne Ente
- Verlorenbringen aus tiefem Schilfwasser

III. Feldarbeit
- Nase
- Suche
- Vorstehen
- Manieren am Wild einschließlich Nachziehen
- Arbeit am geflügelten Huhn (Fasan) einschließlich Bringen
- Oder: Verlorensuchen Huhn (Fasan)

IV. Gehorsam
- Gehorsam im Wald
- Verhalten auf dem Stand
- Folgen frei bei Fuß
- Ablegen
- Riemenführigkeit
- Gehorsam bei der Wasserarbeit
- Gehorsam im Feld
- Schussruhe
- Benehmen vor Wild
  a) Federwild
  b) Haarwild

V. Bringen
- Fuchs
- Hase oder Kaninchen
- Federwild
  a) Ente
  b) Huhn oder Fasan
- Über Hindernis mit Fuchs

Der Hund muss sich jederzeit an flüchtendem Wild halten lassen, in allen Fächern des Gehorsams wie Leinenführigkeit, Folgen frei bei Fuß, Ablegen, Verhalten auf dem Stand (Schussruhe) firm sein sowie bei allen Arbeiten seinen Gehorsam unter Beweis stellen.

340 | Welche Rassen werden zu einer VSwP zugelassen?

Alle Rassen, die vom JGHV anerkannt sind.

341 | Welche Schwierigkeiten beinhaltet eine VSwP?

- Stehzeit mindestens 20 Stunden, bei erschwerter VSwP 40 Stunden
- Fährtenlänge 1000 m
- Schweißmenge ¼ l
- Fährtenverlauf mit 3 scharfen Haken
- 2 Wundbetten

342 | Muss der Hund auf der VSwP totverbellen?

Pflicht ist nur die Riemenarbeit, Totverbellen und Totverweisen können aber auf Antrag des Hundeführers geprüft werden.

343 | Was beinhaltet die Verbandsprüfung (VPS) nach dem Schuss?

Die einzelnen Prüfungsfächer entsprechen der VGP (Schweißarbeit auf Übernachtfährte), jedoch ohne die Feldfächer (vor dem Schuss).

344 | Welche Hunde werden zu dieser Prüfung zugelassen?

Hunde aller Rassen, die körperlich in der Lage sind, die Fächer dieser Prüfung abzuleisten, und die vom JGHV oder VDH anerkannte Ahnentafeln haben.

345 | Wie bekommt der Hund das Verlorenbringerzeichen?

Der Hund muss die Wundspur eines Hasen oder

Abkürzungen für Hundeprüfungen

BP	Brauchbarkeitsprüfung	zur Feststellung der »gesetzlichen Brauchbarkeit«
JEP	Jagdeignungsprüfung	
VJP	Verbandsjugendprüfung	nach einheitlicher Prüfungsordnung des Jagdgebrauchshundverbandes (für Vorstehhunde)
HZP	Herbstzuchtprüfung	
VGP	Verbandsgebrauchsprüfung	
VSwP	Verbandsschweißprüfung	für Hunde aller Rassen
D	Derby (Frühjahrszuchtprüfung für Deutsch Kurzhaar und Englische Vorstehhunde)	
S	Solms (Herbstzuchtprüfung für Deutsch Kurzhaar)	
AZP	Alterszuchtprüfung (bei manchen Vorstehhunden)	
IKP	Internationale Kurzhaar-Prüfung	nach eigenen Prüfungsordnungen für Stöberhunde und Terrier
JP	Jugendprüfung	
JZ	Jugendzuchtprüfung	
EP	Eignungsprüfung	
FS	Feldsuche	
gen	genügend	
GP	Gebrauchsprüfung	
Gs/G.Sg	Gebrauchssieger	
gew.	geworfen, gewölft	
JGP/R	Jagdgebrauchsprüfung	
j	aus jagdlicher Zucht	
JGHV	Jagdgebrauchshundverband	
LL	Leistungsliste	
LZ	Leistungszucht	
PO	Prüfungsordnung	
SW I	Verbandsschweißprüfung auf der über 20 Stunden alten Fährte mit I. Preis bestanden	
SW II	Verbandsschweißprüfung bestanden: auf der über 20-stündigen Fährte II. Preis	
SW/III	Verbandsschweißprüfung bestanden: auf der über 40-stündigen Fährte III. Preis	
FS I	Verbands-Fährtenschuhprüfung (Prüfung sinngemäß wie VSwP)	
Tvb	Totverbeller	
VJP	Verbandsjugendprüfung	
VJP 67 P	Verbandsjugendprüfung mit 67 Punkten bestanden	
VGP I	VGP mit I. Preis bestanden	
Vbr	Verlorenbringerprüfung auf natürlicher Wundspur (Hase oder Fuchs)	
VZPO	Ordnung für Verbandszuchtprüfungen	
VGPO	Verbandsgebrauchsprüfungsordnung (s.o.)	
VPS	Verbandsprüfung nach dem Schuss	
VHZP	Vereins-Herbstzuchtprüfung (s.o.)	
wdl	Weidlaut	
WP	Wasserprüfung	
ZPO	Zuchtprüfungsordnung	
A-Sgr	Ausstellungssieger	
Btr	Bringtreueprüfung (am Fuchs)	
JEP	Jagdeignungsprüfung	
HN	Härtenachweis	
Sp.	Spurlautprüfung bestanden	
St.	Stöberprüfung bestanden	
SchwhK	Schweißprüfung auf Kunstfährte bestanden	
SchwhN	Leistungsnachweis auf natürlicher Schweißfährte	
BhFK	Bauleistungsnachweis Fuchs/Kunstbau	
BhFN	Bauleistungsnachweis Fuchs/Naturbau (für Arbeit am Dachs steht D statt F)	
Vp.	Vielseitigkeitsprüfung bestanden	

Steht J hinter dem Leistungszeichen (z.B. Sp./J) bedeutet es, dass der Hund bei der Prüfung nicht älter als 12 Monate war (»Jugend«).

Fuchses, den er zuvor nicht eräugt hat, mindestens 300 m beobachtbar arbeiten und den Hasen oder Fuchs seinem Führer zutragen.

346 | Was ist eine Bringtreueprüfung?

Mindestens 2 Stunden vor Beginn wird ein toter Fuchs in einem Altholz oder einer Dickung mindestens 100 m vom Rand entfernt ausgelegt. Der Hund wird ohne Bringbefehl zum Stöbern geschickt und soll den Fuchs innerhalb von 20 Minuten finden und selbstständig bringen.

347 | Wie wird der Härtenachweis erbracht?

Der Härtenachweis darf nur im Rahmen der praktischen Jagdausübung erbracht werden, wobei der Hund ein Stück Raubwild, i.d.R. Fuchs abtut. Eine derartige Arbeit muss von einem glaubhaften Zeugen bestätigt werden.

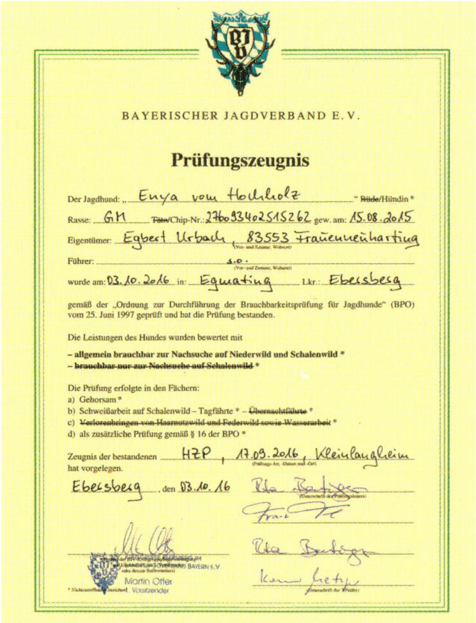

BAYERISCHER JAGDVERBAND E.V.

Prüfungszeugnis

Der Jagdhund: „Enya vom Hochholz" ~~Rüde~~/Hündin *

Rasse: GM ~~Täto~~/Chip-Nr.: 276093402515262 gew. am: 15.08.2015

Eigentümer: Egbert Urbach, 83553 Frauenneuharting (Vor- und Zuname, Wohnort)

Führer: s.o. (Vor- und Zuname, Wohnort)

wurde am: 03.10.2016 in: Eguating Lkr.: Ebersberg

gemäß der „Ordnung zur Durchführung der Brauchbarkeitsprüfung für Jagdhunde" (BPO) vom 25. Juni 1997 geprüft und hat die Prüfung bestanden.

Die Leistungen des Hundes wurden bewertet mit

– allgemein brauchbar zur Nachsuche auf Niederwild und Schalenwild *
– ~~brauchbar nur zur Nachsuche auf Schalenwild~~ *

Die Prüfung erfolgte in den Fächern:
a) Gehorsam *
b) Schweißarbeit auf Schalenwild – Tagfährte * – ~~Übernachtfährte~~ *
c) ~~Verlorenbringen von Haarnutzwild und Federwild sowie Wasserarbeit~~ *
d) als zusätzliche Prüfung gemäß § 16 der BPO *

Zeugnis der bestandenen HZP, 17.09.2016, Kleinlangheim (Prüfungs-Art, -Datum und -Ort) hat vorgelegen.

Ebersberg, den 03.10.16

(Unterschrift des Prüfungsleiters)

(Unterschrift der Prüfer)

Martin Otter
Vorsitzender

* Nichtzutreffendes streichen

Prüfungszeugnis einer Brauchbarkeitsprüfung

Jagdeignungsprüfung/ Brauchbarkeitsprüfung

Als Nachweis der vom Gesetzgeber verlangten jagdlichen Brauchbarkeit gelten die Jagdeignungs- oder Brauchbarkeitsprüfungen (JEP/BP). Sie stellen ausschließlich Mindestanforderungen an die Eignung für die Arbeit nach dem Schuss. Sie werden in den meisten Bundesländern im Auftrag der Jagdbehörde von der Jägerschaft (Kreisgruppen, Vereine) unter Mitwirkung von Prüfungsrichtern der jagdkynologischen Organisation durchgeführt.

Die Prüfungsordnungen sind in den einzelnen Bundesländern Bestandteil der Durchführungsverordnungen zu den Landesjagdgesetzen.

348 | Welche Hunderassen werden zur JEP zugelassen?

Alle Jagdhunderassen. Einige Bundesländer erweitern die Zulassung durch »jagdtaugliche Hunderassen«.

349 | Welche Fächer werden auf der JEP/BP geprüft?

- Gehorsam
- Schussfestigkeit
- Bringen von Nutzwild
- Schweißarbeit
- Wasserarbeit

350 | Kann man einen Teckel auf der JEP/BP führen?

Ja, für ihn gilt eine eingeschränkte Brauchbarkeitsprüfung nur auf der künstlichen Schweißfährte.

351 | Was gehört beim Vorstehhund auf der JEP/BP zu den Arbeiten nach dem Schuss?

- Schweißarbeit
- Verlorenbringen

352 | Wie wird das Bringen bei der JEP/BP geprüft?

- Verlorenbringen aus tiefem Schilfwasser
- Arbeit am geflügelten Huhn (Fasan) einschließlich Bringen
- Oder Bringen auf der Huhnschleppe (Fasan)
- Bringen von Hase oder Kaninchen
- Bringen von Federwild a) Ente, b) Huhn oder Fasan

353 | Wie alt muss die künstliche Schweißfährte bei der JEP/BP mindestens sein?

Allgemein 2–5 Stunden. Bei der eingeschränkten Brauchbarkeitsprüfung für Schweißhunde und Teckel ist die Übernachtfährte von mindestens 14 Stunden vorgeschrieben.

354 | Wo wird bei der JEP/BP die Haarwildschleppe gelegt?

In unübersichtlichem Gelände.

355 | Muss ein Teckel bei der JEP/BP apportieren?

Nein. Für Teckel gilt die eingeschränkte JEP oder er absolviert die volle BP mit leichtem Wild (kleine Ente oder Taube, leichtes Kaninchen).

356 | Welche Verhaltensformen des Hundes führen zum Durchfallen bei der JEP/BP?

- Schussscheue
- Verweigerung beim Bringen von Nutzwild
- Schweißarbeit ohne Erfolg
- Gehorsamsfehler (als Jagdbegleiter für den Jäger nicht geeignet)
- Knautscher, Totengräber, Anschneider.

Hundekrankheiten

Krankheiten sind der Ausdruck gestörter Lebensfunktionen des Körpers bzw. seiner Organe. Sie werden beim Hund, wie bei allen Lebewesen, im Allgemeinen durch die Einflüsse aus der Umwelt hervorgerufen, die den Organismus in seiner Anpassungsfähigkeit überfordern, z.B. in Haltung, Pflege und Ernährung sowie durch Krankheitserreger, Gifte, Witterungseinflüsse. Der Hundehalter kann vielen Erkrankungen seines Tieres durch optimale Haltungs- und Fütterungsbedingungen vorbeugen.

Ist ein Hund krank, zeigt sich das an seinem veränderten Verhalten. Will ein Hundebesitzer beurteilen können, ob sein Hund gesund oder krank ist, muss er das normale Verhalten seines Schützlings kennenlernen. Dazu bedarf es neben einer längeren intensiven Beobachtung des Hundes in allen möglichen Lebenslagen auch einer gewissen Grundkenntnis von den allgemeinen Merkmalen der Gesundheit. Bestehen Anzeichen für eine Krankheit, ist in jedem Fall ein Tierarzt zurate zu ziehen.

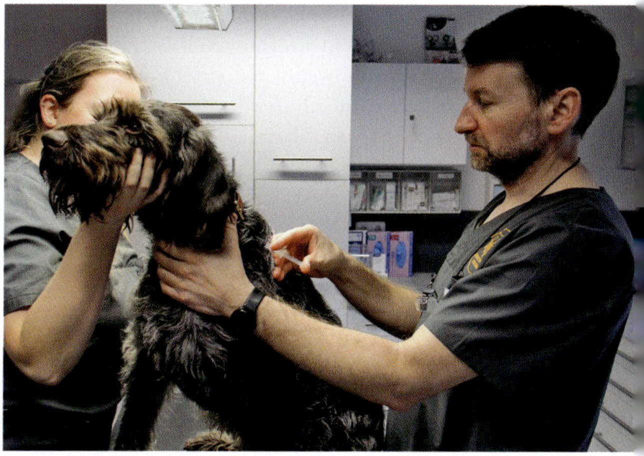

Die 5-fach Impfung zählt zu den Pflichtimpfungen.

Der gesunde Hund

Das Benehmen ist altersabhängig. Im Allgemeinen erwartet man Lebhaftigkeit, Aufmerksamkeit, Bewegungs- und Lauffreudigkeit und Interesse an den Vorgängen in der Umgebung des Hundes. Bei jungen Hunden kommt noch ein ausgeprägter Spieltrieb hinzu. Der Blick ist klar. Das Fell ist bei richtiger Pflege glatt und glänzend. Ein nennenswerter Haarausfall tritt nur im Haarwechsel, vor allem im Frühjahr, auf. Der Nasenspiegel ist meist feucht. Ein trockener Nasenspiegel allein ist jedoch kein Alarmsignal. Der Appetit ist bei ausgewogener Kost gleichbleibend, nur bei großer Hitze herabgesetzt. Manchmal erbricht der Hund nach der Mahlzeit. Dies ist nicht immer krankhaft, nur wenn es fortlaufend in kurzen Abständen erfolgt, ist der Verdacht auf eine Erkrankung gerechtfertigt. Hunger und Durst sind abhängig von der Leistung und der Umgebungstemperatur. Die übermäßige Aufnahme von Wasser, wiederholt über längere Zeit, ist krankheitsverdächtig. Die Losung soll wurstförmig, dick pastös und braun gefärbt sein. Bei sehr festem, kalkig knochenhartem Kot ist die Knochenration herabzusetzen. Vorübergehend dünnbreiiger Kot ist ungefährlich. Durchfall hingegen bedarf einer sofortigen Behandlung.

Liegen Hinweise auf eine Erkrankung vor, sollte der Hundeführer die Körpertemperatur des Hundes messen. Hierzu verwendet man ein Fieberthermometer, das nach Anfeuchten vorsichtig in den After eingeführt und nach der vorgeschriebenen Zeit (abhängig vom Fabrikat) abgelesen wird. Normalwerte: 37,5 bis 38,5 °C, bei jungen Hunden bis 39,5 °C. Deutlich höhere oder niedrigere Werte weisen auf eine Erkrankung hin. Es gibt aber auch Krankheiten, bei denen die Körpertemperatur zeitweise oder ständig im Normbereich liegt.

Die Beurteilung der Atmung ist relativ schwierig, vor allem wenn der Hund hechelt. Im Ruhezustand beträgt die Zahl der Atemzüge (bei geschlossenem Fang) zwischen 10 und 30 in der Minute.

Körperliche Mängel

357 | Was bedeutet die Abkürzung »HD«?

Hüftgelenksdysplasie (HD). Das ist eine Verformung der Hüftgelenke und beeinträchtigt die Beweglichkeit des Hundes.

358 | Welche Krankheit tritt beim Teckel häufig auf?

Die Dackel- oder Teckellähme, ein Bandscheibenschaden.

359 | Welche körperlichen Mängel treten relativ häufig beim DJT auf?

Linsenluxation.

Übersicht wichtigster Hundekrankheiten

Virusinfektionen:	Tollwut, Aujeszkysche Krankheit (Pseudowut), Staupe (Darm-, Lungen- und Hirnstaupe), Zwingerhusten, Welpensterben, Hepatitis (ansteckende Leberentzündung), Parvovirose.
Bakterielle Erkrankungen:	Leptospirose (Stuttgarter Hundeseuche oder Weilsche Krankheit), Borelliose (Übertragung durch Zecken).
Parasitäre Erkrankungen:	Endoparasiten: Bandwurmbefall (Fuchsbandwurm, Hundebandwurm u.a.), Spulwurmbefall; Ektoparasiten: Flöhe, Läuse, Milben, Zecken.

360 | Bei welchen Rassen treten häufig Allergien auf?

Besonders bei Weimaranern und Wachtelhunden.

361 | Welche Körpertemperatur hat der gesunde Hund?

Normalwert: 37,5–38,5 °C, bei jungen Hunden bis 39,5 °C.

362 | Wie wird beim Hund die Körpertemperatur gemessen?

Indem man ein Fieberthermometer, das man vorher anfeuchtet, vorsichtig in den After einführt.

363 | Welche Gefahr besteht, wenn eine Hündin sterilisiert wird?

Übergewicht und Harninkontinenz.

364 | Welche Geschwülste treten bei Hunden auf?

Gutartige und bösartige Geschwülste. Die Tumoren können in jedem Organ oder Gewebe entstehen und sich von dort auf andere Organe und den ganzen Körper ausbreiten.

365 | Welche Gebissfehler treten beim Hund auf?

Vorbeißer (Unterkiefer vorstehend); Rückbeißer (Unterkiefer zu kurz); Fehlen von Zähnen; falsche Zahnstellung.

366 | Wie entstehen Harnwegsentzündungen bzw. -erkrankungen?

Bei Jagdhunden häufig infolge unsachgemäßer Behandlung (z. B. den Hund nass im Auto lassen) nach dem jagdlichen Einsatz in der nasskalten Jahreszeit.

367 | Was verursacht Gebärmutterentzündungen und welche Symptome zeigen sich?

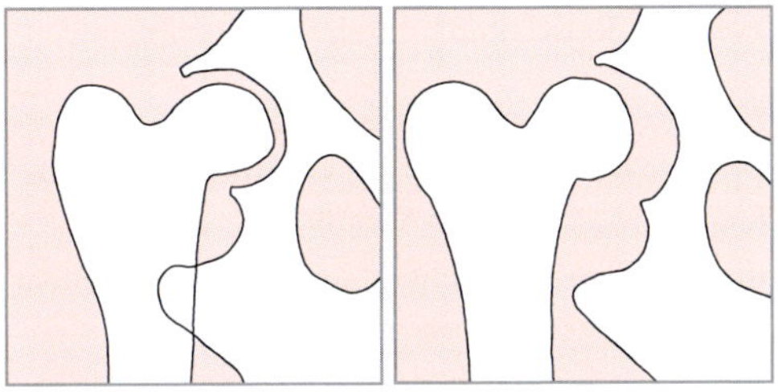

Hüftgelenksdysplasie (HD), schematisch dargestellt

Unregelmäßige Läufigkeit und hormonelle Läufigkeitsunterdrückung. Ausfluss aus der Schnalle, starker Durst und Appetitlosigkeit.

368 | Wie äußert sich Scheinträchtigkeit?

Gesäugeveränderung, Milchbildung und »Nestbauverhalten« der Hündin. Weiterhin Ausfluss aus der Schnalle, starker Durst und Appetitlosigkeit.

369 | Was versteht man unter Ohrenzwang?

Entzündung oder Reizung der Gehörgänge durch Fremdkörper, Milben, Verletzungen oder einer Infektion im äußeren Ohr. Zu späte Behandlung von Ohrenzwang führt zu einer chronischen Verlaufsform.

370 | Wie erkennen Sie, dass Ihr Hund unter Ohrenzwang leidet?

Durch Kopfschütteln, häufiges Kratzen, Schmerzäußerung bei Berühren des Ohres und/oder einem übel riechenden Ohrensekret.

371 | Welche beiden Formen des Ohrenzwangs kennen Sie?

Die parasitäre Form durch Milbenbefall und die bakterielle Form durch Eiterherde.

372 | Wie wird Ohrenzwang verhindert oder geheilt?

Regelmäßige Reinigung und Pflege der Ohren, eventuell Behandlung durch Ohrentropfen.

373 | Was ist eine Analbeutelentzündung?
Eine starke Eindickung des Sekrets in den Analbeuteln beiderseits des Weidloches, wenn sich diese längere Zeit nicht entleert haben, vor allem bei zu weicher Losung.

Allgemeines Wohlbefinden

374 | An welchem Körperteil ist die Stimmung des Hundes abzulesen?
Am Gesichtsausdruck und an der Rute.

375 | Worauf achten wir täglich?
Allgemeines Verhalten des Hundes, Kotbeschaffenheit sowie die Futter- und Wasseraufnahme.

376 | Welches Hausmittel hilft als Erstversorgung bei Durchfall?
Nahrungsentzug und Diätfutter.

377 | Was versteht man unter »Schlittenfahren«?
Afterrutschen auf dem Boden.
Der Hund will dabei meist seine Analbeutel (Analdrüsen) entleeren. Durch starke Füllung können sich diese entzünden. Dadurch entsteht starker Juckreiz. Der Tierarzt spült die Drüsen aus und entleert sie durch Druck zwischen zwei Fingern.

378 | Was verursacht beim Jagdhund eine übermäßige Zahnsteinbildung?
Falsche Ernährung, zu viel Füttern von Nass- oder Weichfutter.

379 | Wie wird diese behandelt?
Eine Zahnsteinentfernung kann nur unter Narkose beim Tierarzt durchgeführt werden. Zahnpflege durch Kauen von Knochen, Büffelleder oder Ähnlichem.

Infektionskrankheiten

380 | Welches sind die zurzeit wichtigsten Virusinfektionskrankheiten der Hunde?
Parvovirose, Welpensterben, Staupe, Zwingerhusten, Aujeszkysche Krankheit.

381 | Welche Krankheiten sind für Welpen bis 12 Wochen besonders bedrohlich?
Parvovirose (Katzenseuche), Staupe.

382 | In welchem Alter wird der Hund erstmals geimpft?
Mit 8 Wochen.

383 | Wann wird die Tollwutschutzimpfung wiederholt?
Alle 2–3 Jahre.

384 | Warum ist die Schutzimpfung gegen Tollwut beim Jagdhund besonders wichtig?
Deutschland, Österreich und andere europäische Länder sind mittlerweile tollwutfrei. Dennoch ist die Impfung der Jagdhunde wichtig, da gegen Tollwut geimpfte Tiere nach der Tollwutverordnung bei Kontakt mit seuchenverdächtigen Tieren besser gestellt sind.

385 | Kann der Amtstierarzt die Tötung eines tollwutverdächtigen Jagdhundes anordnen?
Nur wenn er nicht aktuell gegen die Tollwut schutzgeimpft wurde.

386 | Gegen welche Infektionskrankheiten sind Hunde regelmäßig zu impfen?
Staupe, Hepatitis (ansteckende Leberentzün-

dung), Stuttgarter Hundeseuche, Parvovirose, Tollwut, Zwingerhusten.

387 | Was ist die Aujeszkysche Krankheit?

Eine Virenerkrankung, die durch das Verfüttern von rohem Schweinefleisch verursacht werden kann. Das Erscheinungsbild ist ähnlich wie bei der Tollwut. Daher heißt diese Krankheit auch »Pseudowut«.

388 | Welche Symptome zeigt diese Krankheit?

Schwankender Gang, anfangs Fieber, dann Speicheln, Schluckstörungen, Lichtscheue, gelegentlich Tobsuchtsanfälle, Benagen der Läufe bis zur Selbstverstümmelung (Juckreiz), oft schneller Todeseintritt innerhalb 24 Stunden.

389 | Was ist Parvovirose?

Eine Virenerkrankung mit vergiftungsartigem Erscheinungsbild: wiederholtes Erbrechen und blutiger Durchfall; oft kein Fieber.

390 | Wie schützt man den Jagdhund vor Parvovirose?

Durch eine vorbeugende Schutzimpfung.

391 | Ihr Hund hat starken Augen- und Nasenausfluss. Auf was schließen Sie?

Es kann eine übliche Erkältung sein. Es können aber auch die Symptome einer Staupe-Erkrankung sein, dann jedoch oft in Verbindung mit Durchfall.

392 | Wodurch wird die Staupe hervorgerufen?

Ursache durch Staupeviren.

393 | Welche Verlaufsformen der Staupe gibt es?

Im Wesentlichen als fieberhafte Entzündung der Atmungsorgane (Atembeschwerden, Husten), der Kopfschleimhäute (Augen- und Nasenausfluss) und Darmkatarrh; manchmal mit pustel artiger Hautentzündung, im späteren Stadium mit Verhornung der Ballen und des Nasenspiegels verbunden (sogenannte Hartballenkrankheit); in der Spätphase mitunter als Hirn- oder nervöse Staupe mit Zuckungen, Krämpfen; eine überstandene Staupe ist oft an den deformierten Zähnen des Tieres zu erkennen (sogenanntes Staupegebiss mit Defekten des Zahnschmelzes).

394 | Was verursacht die Hepatitis beim Hund?

Die ansteckende Leberentzündung (Hepatitis) wird verursacht durch Viren (gleiche Erreger wie bei der sogenannten Fuchsenzephalitis).

395 | Welche Symptome zeigt der Hund bei Hepatitis?

Vergiftungsartige Symptome: Erbrechen, blutiger Durchfall, hohes Fieber, schneller Verlauf.

396 | Was versteht man unter Weilscher Krankheit?

Diese Krankheit ist auch bekannt unter dem Namen Leptospirose. Sie geht von Ratten aus und ist auf den Menschen übertragbar. Symptome sind: Fieber mit Blutungsneigung und Gelbsucht.

397 | Was enthält der Impfstoff (Vakzine) Ihres Hundes?

Der Impfstoff enthält inaktive Viren, die den Hund gegen die Krankheiten Staupe, Hepatitis, Leptospirose, Tollwut, Parvovirose (SHLTP) und Zwingerhusten schützen sollen.

398 | Was versteht man unter Zwingerhusten?

Es handelt sich um eine hochansteckende Viruserkrankung, die sich wie eine Grippeerkrankung zeigt. Besonders bei Welpen kommt der Zwingerhusten vor.

399 | Bei welchen Infektionen des Hundes besteht die Gefahr einer Ansteckung des Menschen?

- Infektionen durch Viren: Tollwut
- Infektionen durch Bakterien: Salmonellose, Weilsche Krankheit; eiternde Entzündungen der Haut. In diesem Zusammenhang wird auch die Tuberkulose genannt, die aber so selten auftritt, dass sie praktisch bedeutungslos ist. Außerdem ist der Infektionsweg in der Regel umgekehrt, vom Menschen auf den Hund.
- Infektionen durch Pilze: Pilzerkrankungen der Haut
- Infektionen durch Parasiten: Außenparasiten wie Flöhe, Zecken und Räudemilben, Spulwürmer (Larvenwanderung beim Menschen), dreigliedriger und fünfgliedriger Bandwurm (Echinokokkose beim Menschen)

Parasiten

400 | Mit welchen Ektoparasiten werden Jagdhunde häufig konfrontiert?

Mit Flöhen und Zecken.

401 | Warum werden konsequent die Hundeflöhe bekämpft?

Sie sind unangenehm für den Hund, können sich auf den Menschen übertragen und sind Überträger von Krankheiten wie Tularämie oder Nagerpest.

402 | Wie kann man gegen Ektoparasiten vorbeugen?

Durch medikamentöse Floh- und Zeckenprophylaxe.

403 | In welchem Alter sollen Welpen erstmals gegen Spulwürmer behandelt werden?

Ab der 2. Woche.

404 | Gegen welche Parasitenstadien sind Wurmmittel wirkungslos?

Gegen Eierstadien.

405 | Welche Parasiten können durch den Verzehr von rohem Fleisch auf den Hund übertragen werden?

Spul- und Bandwürmer.

406 | Welche Darmschmarotzer kommen beim Jagdhund vor?

Band-, Spul-, Peitschen-, Faden- und Hakenwürmer.

407 | Welches Verhalten zeigt Ihr Hund bei Wurmbefall?

Der Wurmbefall kann sich zeigen durch Abmagerung, »Schlittenfahren« und Durchfall.

408 | Welche Bandwürmer schmarotzen im Jagdhund?

Es sind die Echinokokken.

409 | Wie merken Sie, dass Ihr Hund einen Bandwurm hat?

Durch Bandwurmglieder im Hundekot.

410 | Ist der Hund Wirt oder Zwischenwirt des Bandwurms?

Der Hund kann Wirt sowie auch Zwischenwirt des Bandwurms sein.

411 | Wie bekämpfen Sie beim Hund Bandwürmer?

Durch eine Wurmkur.

412 | Kann der Hund an Kokzidiose erkranken?

Ja, durch die Aufnahme von Pflanzenfresser-Kadavern (Kaninchen, Hase).

413 | Wie können Sie dieser Erkrankung vorbeugen?

Man sollte dem Hund grundsätzlich verbieten, Aas zu fressen.

Verletzungen/Vergiftungen

414 | Was tun Sie, wenn Ihr Hund vom Keiler geschlagen wird?

Erstversorgung der Wunde durch einen Druckverband und sofort einen Tierarzt aufsuchen.

415 | Welche Vorsorge treffen Sie, wenn Sie Ihren Hund bei einer Stöberjagd auf Schwarzwild einsetzen?

Jagdleitung und Hundeführer sollten immer Verbandsmaterial für die Erstversorgung mitführen. Es muss bekannt sein, welcher Tierarzt am Jagdtag Dienst hat und wie er erreichbar ist. Hunde kann man mit Schutzwesten gegen Verletzungen durch das Schwarzwild schützen.

416 | Welche Symptome zeigt der Hund bei einer Vergiftung?

Die Symptome sind Erbrechen, Durchfall und Blutung (besonders bei Rattengift).

417 | Was tun Sie bei Vergiftungsverdacht?

Sofort einen Tierarzt aufsuchen. Die Verpackung oder Reste des Giftes, das der Hund eventuell gefressen hat, dem Tierarzt mitbringen.

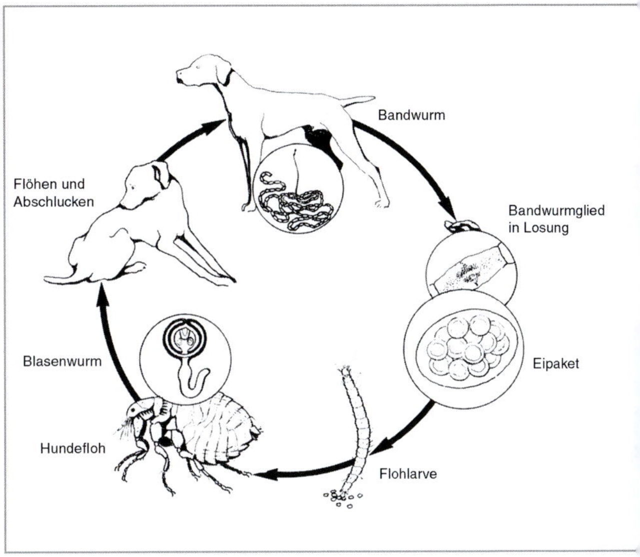

Schema der Entwicklung des kürbiskernförmigen Hundebandwurmes

Selbst schwächere Sauen können einen Hund ernsthaft verletzen.

G Jagdpraxis

Mehr zum Thema Vor und nach dem Schuss gibt es im Video

https://www.jagdleben.com/ExklusivfuerKrebs-Leser

Allgemeines

Bestehen der deutschen Jägerprüfung (s. auch Sachgebiet Recht, Seite 27): Die Jagd in Deutschland unterliegt grundsätzlich gesetzlichen Regelungen seitens des Bundesjagdgesetzes und der jeweiligen Landesjagdgesetze sowie deren Ausführungsverordnungen. Darüber hinaus verpflichtet sich jeder Jäger, nach dem bestehenden Ehrenkodex der Weidgerechtigkeit zu handeln.

Wer in Deutschland die Jagd ausüben will, muss einen auf seinen Namen ausgestellten gültigen Jagdschein (Jahres-, Tages-, Jugendjagdschein) besitzen. Der Jagdschein gilt im gesamten Bundesgebiet, die erste Erteilung ist vom erfolgreichen Bestehen einer Jägerprüfung abhängig.

Für die Ausübung der Jagd mit Greifvögeln oder Falken (Beizjagd) ist ein gültiger Falknerjagdschein notwendig. Zu seiner ersten Erteilung ist eine gesonderte Falknerprüfung zusätzlich zur Jägerprüfung abzulegen.

Um die Jagd tatsächlich ausüben zu können, bedarf es eines eigenen Jagdrechts (Besitz einer Eigenjagd), eines Jagdpachtvertrages, eines Jagderlaubnisscheines oder einer Jagdeinladung.

Die Jagd im Wandel: Die Jagd als eines der ursprünglichen Tätigkeitsfelder des Menschen hatte in der Historie durchaus unterschiedliche Gründe. Sie diente unseren Urahnen in erster Linie zur Gewinnung von Nahrung. Nicht essbare Tierteile wie Felle, Knochen, Sehnen, Hörner und Geweihe fanden als Rohmaterial Verwendung bei der Herstellung von Kleidung, Werkzeug, alltäglichen Gebrauchsgegenständen, aber auch Schmuck, wie wir es heute noch von Naturvölkern in ähnlicher Weise kennen.

Später in der Geschichte wandelte sich die Jagd zu einer feudalen Freizeitbeschäftigung des Adels und des Klerus. Das erbeutete Wildbret galt aber auch da als kulinarische Delikatesse.

In der Neuzeit, vornehmlich ab dem 19. Jahrhundert, entwickelte sich die Jagd zunehmend zur Freizeitbeschäftigung oder zum Sport der wohlhabenden Bevölkerungsschicht. Die Trophäenjagd kam auf. In manchen Kreisen nimmt sie bis heute eine geradezu groteske Entwicklung (Trophäenzucht/Trophäenjagd mit entsprechendem weltweitem Marktanteil).

Im 20. Jahrhundert machte die Jagd eine zusätzliche Entwicklung im Wandel der Zeiten durch. Ökologische Begründungen stellten sich ein, wie die durch den Jäger notwendige Regulierung von Wildtierpopulationen zur Erhaltung des biologischen Gleichgewichts als Ersatz für das bis dahin in Europa ausgerottete Großraubwild. Die immer wieder regelmäßig auftretende Tollwut stellte für den Menschen keine unerhebliche Gefahr dar. So ist es nicht weiter verwunderlich, dass es bald ein erklärtes Ziel war, die Jagd als Instrument der Seuchenbekämpfung zu sehen. Raubwild wurde in der Bestandsdichte entsprechend scharf verfolgt, der Fuchs als Hauptüberträger genoss keinerlei Schonzeit und wurde rigoros verfolgt. Selbst die Behörden verordneten regelmäßige Begasungsaktionen der Fuchsbaue (und brachten dadurch auch den Dachsbesatz fast zur Ausrottung) und Gifteiaktionen in jedem Frühjahr.

Gegen Ende des 20. Jahrhunderts fokussierte die Land- und Forstwirtschaft klare wirtschaftliche Gründe. Durch eine enorme Intensivierung wandelte sich die bis dahin eher kleinstrukturell geprägte Landwirtschaft in eine industrielle Agrarsteppe, die Forstwirtschaft hingegen setzte auf naturnahen Waldumbau als Zeichen gegen den Klimawandel. Beides führte insbesondere bei den Schalenwildarten zu drastischen Bestandsregulierungen, in manchen Regionen (Bergwaldsanierungsgebiete) glichen sie Ausrottungsfeldzügen unter dem Deckmantel der Wildschadensminimierung. Die Jagd spaltet seither die Gesellschaft in das Lager der wirtschaftlichen Hardliner und auf der anderen Seite in eine Jägerschaft, die für eine Jagd als Freizeitgestaltung mit starkem Erholungsfaktor von einer immer schnelleren und intensiveren Berufswelt steht.

Die Jagd in der Gesellschaft: Die Ansichten der Gesellschaft zur Jagd sind gespalten und widersprüchlich. Teile der Bevölkerung stehen natürlichen Abläufen wie dem Tod immer distanzierter gegenüber. Sie wenden sich gegen das Töten von Tieren als Freizeitvergnügen. Die wirtschaftlich orientierten Kreise (Land-/Forstwirtschaft) fordern dagegen eine Intensivierung vor allem der Schalenwildbejagung. Zudem entspricht das Bild von der Jagd, wie es der Gesellschaft heute von diversen Medien präsentiert wird, vielfach nicht der Realität. So steht die Jagd im gesellschaftlichen Spagat zwischen »Schädlingsbekämpfung« und heiler Welt durch Selbstregulierung (momentan verklärte Begrüßungskampagne zur Wolfsthematik).

Allerdings scheint die Tendenz in der Bevölkerung, der Jagd positiv gegenüberzustehen, zuzunehmen, wenn man sich die seit Jahren ständig wachsende Zahl der Jagdscheinabsolventen ansieht.

Insgesamt gesehen ist es daher immens wichtig, dass unser Tun als Jäger transparent und für die Gesellschaft nachvollziehbar dargestellt wird.

Ziele und Aufgaben der Jagd: Um die von der Gesellschaft gesteckten Ziele erreichen zu können, bedienen sich die mit der Jagd in Deutschland beauftragten Institutionen unterschiedlicher, zum Teil regional abgewandelter Jagdstrategien und Jagdmethoden, die wissenschaftlich fundiert sind oder noch in der Erprobung stehen. Diese Jagdstrategien bilden einen wildbiologisch ge-

Gesellschaftsjagd auf Niederwild: Auslaufen einer Schützen-/Treiberkette zum Abstellen eines Waldtriebs.

rechtfertigten Rahmen, der für den Zweck der Bejagung Zeitfenster vorgibt (Intervallbejagung, Schwerpunktbejagung), um mit möglichst angepasster Störungsbelastung eine größtmögliche Effizienz zu erreichen, oder ergebnisoffen als Freizeitgenuss (ohne Strategie) verstanden wird. Die Jagdmethode beschreibt eher den jagdhandwerklichen Weg, der zum Strategieziel führen soll (z. B. Ansitzjagd, Pirsch, Drückjagd, Kirrjagd). Die verschiedenen Jagdmethoden werden – je nach örtlichen und personellen Verhältnissen – im Rahmen beider Jagdstrategien angewendet.

Verschiedene Jagdarten: Die Jagd in Deutschland findet keineswegs nur mit Büchse und Flinte statt. Die älteste Methode zu jagen ist die **Fangjagd**. Sie geht bis in die menschlichen Anfänge zurück. Heute erstreckt sie sich fast ausschließlich auf die Kontrolle des nachtaktiven und daher mit der Waffe schwer zu beeinflussenden Raubwildes. Die Jagd mit der Falle ist dabei nicht so einfach, setzt sie doch genaue Kenntnisse der revierbezogenen Örtlichkeiten und der wildbiologischen Gewohnheiten der einzelnen Raubwildarten voraus.

Ebenfalls weit in die Zeitgeschichte zurück reicht die **Beizjagd** mit Greifvögeln und Falken, eine Jagdart mit uralter Tradition, die aus diesem Grund für Deutschland 2016 von der UNESCO in die weltweite »Repräsentative Liste des imma-

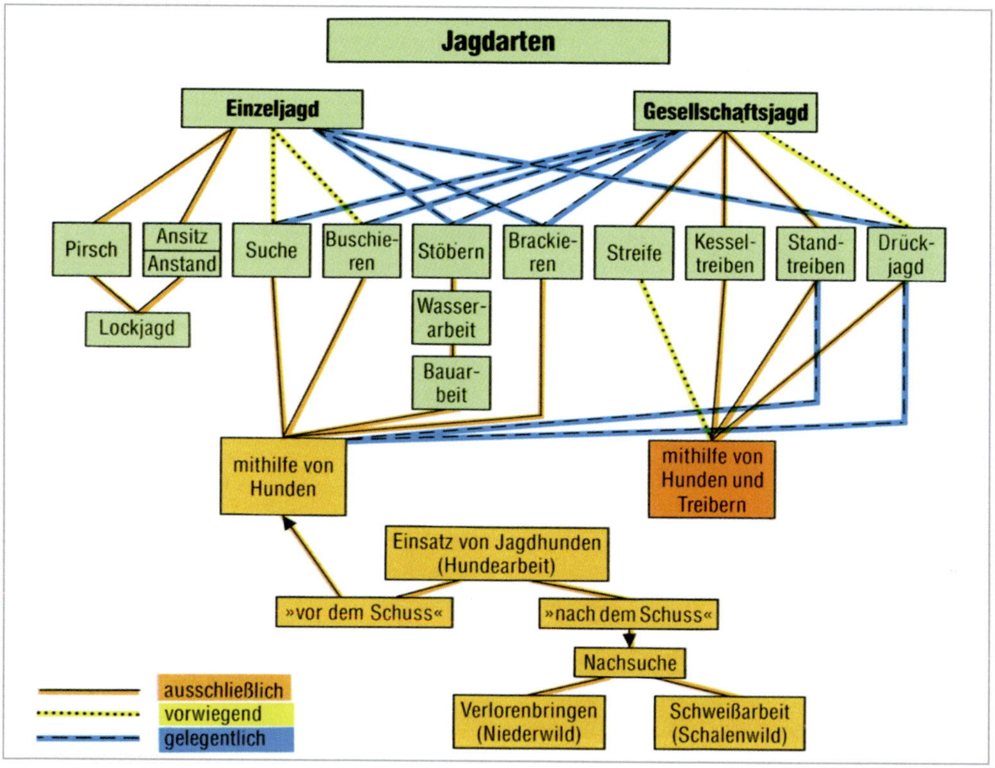

Übersicht Jagdarten

Unterschiedliche Jagdstrategie

Freizeitjagd	Schwerpunktjagd	Intervalljagd
Sie erntet zufällig und orientiert sich primär an Zeit und Interessen des Jägers. Ihre Effizienz ist eher bescheiden, der Jagddruck mitunter sehr hoch.	Sie hat zum Ziel, auf begrenzter Fläche und in einem begrenzten Zeitrahmen die Wilddichte durch Abschuss möglichst gering zu halten. Im Wald soll Schwerpunktjagd eine schnelle und sichere Verjüngung des Waldes ermöglichen. Im Feld soll sie Schalenwild bis zur Ernte der Feldfrüchte abhalten.	Sie hat zum Ziel, durch längere jagdliche Ruheperioden das Wild wieder vertrauter werden zu lassen. Je größer die Fläche ist, auf der Intervalljagd betrieben wird, und je länger sie durchgeführt wird und je länger die Ruheperioden ausgedehnt werden, umso effizienter ist sie. Am schnellsten reagieren Rot- und Schwarzwild auf die Intervalljagd.

teriellen Kulturerbes der Menschheit« gemäß der UNESCO-Konvention zur Erhaltung des immateriellen Kulturerbes aufgenommen wurde.

Eine der Ansitz- und Pirschjagd mit der Büchse ähnliche Variante ist die **Bogenjagd**. Sie ist jedoch in den deutschsprachigen Ländern derzeit verboten und wird aus den unterschiedlichsten Gründen von vielen Jagdverbänden abgelehnt. Dabei ist sie weit älter als die Jagd mit Feuerwaffen. Sie ist weltweit im Vormarsch und erfordert weit mehr handwerkliches Können als die Fangjagd oder die Jagd mit Büchse und Flinte.

Eingeschränkt wird die Jagd durch eine Vielzahl an jagd-, waffen-, naturschutzrechtlicher und sonstiger Bestimmungen, aber eben auch durch die Erwartungshaltung und Befindlichkeit der Bevölkerung.

Wetter und Jagd

Alle im Rahmen der Einzeljagd ausgeübten Jagdarten hängen ganz wesentlich von folgenden Faktoren ab. Die Aktivität des Wildes ist notwendig, denn im Rahmen der Einzeljagd erwarten wir das ziehende und austretende Wild. Ferner bestimmen die unterschiedlichen Wetterlagen die Aktivitätsphasen des Wildes zum Teil erheblich.

Gerade der Wind spielt für den Jäger bei fast allen Jagdarten – zumindest bei den sich mit dem Windfang orientierenden Wildarten – eine entscheidende Rolle für den Jagderfolg. Ein unsteter oder gar heftiger Wind kann das Wild in seinem Sicherheitsempfinden und der Ortung von Feinden so weit verunsichern, dass es ebenfalls seine gewohnten Aktivitäten wie Wechseln und Aufsuchen von Äsungsflächen ändert.

Bei einem länger anhaltenden Schlechtwettertief muss alles Wild trotzdem äsen und seinen Tagesrhythmus einhalten. Es meidet jedoch große Freiflächen fernab seiner Einstände und bewegt sich gern so lange in Einstandsnähe oder innerhalb desselben. Das muss der Jäger wissen und kann in so einem Fall auf vorher präparierten Plätzen im Bestand erfolgreich sein.

Günstige Wetterkonstellationen für die Einzeljagd sind die Stunden unmittelbar nach einem Gewitter, nachlassender Starkregen oder das Aufklaren nach einer längeren Schlechtwetterphase. Im Sommer ist das Wild auch gerne bei einem leichten, warmen Landregen tagsüber auf den Läufen, denn die Einstände sind nun tropfnass. Die Aktivität des Wildes wird meist auch noch dadurch begünstigt, dass bei diesem Wetter wenig Menschen im Revier unterwegs sind und stören könnten. Im Winter sind sonnige, windstille

Morgenrot kündet baldigen Regen an.

Einzelne Haufenwolken sind Schönwetterwolken.

Auch ausfransende Kondensstreifen bringen Wetterwechsel.

Abendgewitter sind meist kurzlebig.

Typische Inversionslage mit Nebel in den Tälern

und nicht zu kalte Frosttage ideal. Oft bewegt sich das Wild dann gerade auch um die Mittagszeit, um die schon wärmenden Sonnenstrahlen aufzunehmen.

Anhaltend große Hitze und Trockenheit sowie drückende Gewitterluft hingegen lähmen jede Wildbewegung. Das Wild liegt in kühlen Nordhanglagen und zieht erst spät auf die Äsung. Ungünstig sind auch Wetterwechsel von einer Hochwetterlage zu einem Tiefdruckgebiet. Fällt frischer Neuschnee oder gar der erste Schnee im Jahr, stellt das Wild nicht selten die Aktivität fast gänzlich ein. Rot- und Schwarzwild überliegt nicht selten ein paar Tage im Einstand und ist dann nirgends im Revier zu fährten. Rehwild und Fuchs hingegen scheinen zu besonderer Aktivität angeregt zu sein. Klirrender Frost und beißender Ostwind verringern ebenfalls jegliche Aktivität beim Wild, das gerade dann auf Energiesparmodus setzt.

1 | Was wird unter Jagd verstanden?

Der Begriff Jagd ist in § 1 Bundesjagdgesetz definiert als die ausschließliche Befugnis, dem Wild nachzustellen, es zu erbeuten und sich anzueignen.

2 | Welche Voraussetzungen muss der Jäger erfüllen, um die Jagd ausüben zu dürfen?

1. Besitz eines gültigen Jagdscheins (der die bestandene Jägerprüfung voraussetzt) und
2. ein gültiger Jagdpachtvertrag oder
3. ein Unterpacht-Vertrag oder
4. ein entgeltlicher oder unentgeltlicher Jagderlaubnisschein oder
5. eine Jagdeinladung (Gesellschaftsjagd oder Einzeljagd unter Führung).

3 | Welche Dokumente muss der Jäger bei der Jagdausübung mitführen?

Personalausweis, Waffenbesitzkarte und Jagdschein, ggf. Jagderlaubnisschein oder Dienstausweis als bestätigter Jagdaufseher oder als Forstbediensteter.

4 | Was versteht man unter Intervalljagd?

Die Jagd wird innerhalb der gesetzlich vorgegebenen Jagdzeit auf möglichst großer Fläche nur in zeitlich begrenzten Intervallen intensiv ausgeübt. Dazwischen liegen ausgedehnte Zeiten der Jagdruhe. Damit soll der Jagddruck auf das Wild gesenkt und seine Vertrautheit gefördert werden.

5 | Was bezweckt die Schwerpunktjagd?

Ziel ist es, auf lokal begrenzter Fläche und für einen befristeten Zeitraum möglichst intensiv Jagddruck auszuüben. Zum einen soll möglichst viel Wild erlegt, zum anderen durch den gleich bleibend hohen Jagddruck nachrückendes Wild lang anhaltend vergrämt werden.

6 | Wo wird Schwerpunktjagd ausgeübt?

Auf forstlichen oder landwirtschaftlichen Problemflächen, auf denen für begrenzte Dauer möglichst wenig Schalenwild leben soll. Sobald die Jungbäume über Äserhöhe oder die Feldfrüchte abgeerntet sind, endet die Schwerpunktbejagung.

7 | Welche Wildarten reagieren auf Jagdruhe besonders schnell?

Arten, die hoch sozialisiert sind und in Rudeln/Rotten leben wie Rot-, Dam-, Gams- und Schwarzwild.

8 | Was kündigt starkes Morgenrot an?

Ein Tiefdruckgebiet mit baldigem Regen, oft schon in den nächsten Stunden.

9 | Womit ist zu rechnen, wenn sich im Sommer Haufenwolken hoch aufblähen und verdichten?

Mit einem Gewitter.

10 | Was bedeutet es, wenn die Wiesen im Sommer in der Früh ohne Tau sind?

Möglicherweise ist ein Gewitter im Anzug, zumindest wird es bald regnen.

11 | Welche Gewitter bringen meist anhaltendes Schlechtwetter?

Kaltfrontgewitter, die am Morgen aufziehen.

12 | Welche Wetterlagen sind im Gebirge jagdlich besonders günstig?

Herbstliche Inversionslagen (Temperaturumkehrschichten), bei denen Kälte und Nebel in den Tälern liegen, während oben bei angenehmen Temperaturen dauerhaft die Sonne scheint.

13 | Welche Vormittage sind bei der Schalenwildbejagung besonders attraktiv?

Sonnige Vormittage nach langen, kalten Nächten im Herbst und Frühwinter.

14 | Welche Regel gilt für den Wind im Gebirge?

Bei Nacht und in Schattenlage streicht er talwärts, bei Sonne bergauf. Die generelle Windrichtung kann sich also innerhalb eines Ansitzes oder Pirschganges ändern. Das ist aber nur eine grobe Regel. Hangneigung und Waldstruktur sorgen für viele Überraschungen.

15 | Welches Wetter begünstigt eine lebhafte Hirschbrunft?

Die Hirschbrunft ist am lebhaftesten (lautesten) bei kaltem, windarmem Wetter. Kühles Regenwetter ist immer noch besser als warmes Wetter. Bei warmem Frühherbstwetter schreien die Hirsche wenig.

16 | Welches Wetter begünstigt angeblich das Treiben der Rehböcke?

Angeblich schwülheiße Hundstage. Allerdings geht das Brunftgeschehen immer von der Geiß aus, deren Paarungsbereitschaft (Östrus) nicht vom Tageswetter abhängt, sondern vom Setzzeitpunkt. Die höchste Brunftaktivität bei den Rehböcken findet an windstillen und mäßig warmen Sommertagen statt.

17 | Welchen Einfluss hat schlechtes Wetter speziell auf Niederwildtreibjagden?

Das Wild liegt fester als sonst. Regen bzw. Regenschutzkleidung beeinflusst die Schießleistung negativ. Starker Wind macht das Federwild pfeilschnell und mindert die Trefferquote.

18 | Wie verhält sich das Schalenwild bei Schnee und anhaltend starkem Frost?

Mit steigender Schneedecke reduziert vor allem das wiederkäuende Schalenwild seine Bewegungsaktivitäten, um Energie zu sparen. Es ruht, fährt seinen Stoffwechsel herunter und wartet, bis sich der lockere Neuschnee gesetzt hat. Dann kostet das Ziehen und Flüchten weniger Energie.

Wenn die Nächte länger und kälter werden, nutzt das Rehwild gerne die Sonne.

Wildnutzung

Nachhaltigkeit: Die Wildnutzung durch die Jagd muss nachhaltig erfolgen. Sie darf für die bejagte Wildart nicht bestandsgefährdend sein. Das gilt auch dann, wenn Tiere einer bestimmten Art in ihrem Bestand lokal reduziert werden sollen. In diesem Falle gehen die Abgänge durch die Jagd über den Rahmen der kompensatorischen Sterblichkeit (Vielzahl der Sterblichkeitsfaktoren, z. B. Krankheit, Feinde, Jagd, Wetter, die sich gegenseitig ausgleichen) hinaus. Die Existenz der Art wird jedoch nicht bedroht, weil die verschärfte Bejagung nach der angestrebten Reduktion wieder zurückgefahren und angepasst wird.

Ausnahmen vom Grundsatz der Nachhaltigkeit gibt es dennoch lokal begrenzt, etwa dort, wo der Gesetzgeber die Hege einer Wildart nur in einem begrenzten Gebiet (Rotwildhegegemeinschaften in Bayern) zulässt und dieses vom Gesetzgeber verkleinert oder aufgelöst werden soll, oder wenn eine neu zugewanderte Wildart lokal unerwünscht ist.

Bestandsermittlung als Grundlage der Abschussplanung: Grundlage jeder Nutzung ist eine Abschätzung des vorhandenen Bestandes der jeweiligen Art. Früher wurde insbesondere das Schalenwild im Frühjahr gezählt und dann der Zuwachs errechnet. Dabei ging man von relativ gleich bleibenden Zuwachsraten aus und beim Nachwuchs wurde meist ein Geschlechterverhältnis von 1:1 unterstellt. Niederwild wurde hingegen weitgehend »nach Gefühl« bejagt. Man schoss, solange man noch genug sah, was beim Hasen lokal zu einer Übernutzung führte.

Die zahlenmäßige Erfassung der Schalenwildbestände ist zwar mit heutiger Technik (Wildkamera / Wärmebildkamera / Scheinwerfertaxation bei Rotwild) möglich, aber enorm arbeits-, zeit- und personalaufwendig. Daher wird heute beim Schalenwild weitgehend auf Bestandserfassungen verzichtet; die Abschusshöhe orientiert sich am Vegetationszustand und an der körperlichen Verfassung der jeweiligen Wildart (Wiederkäuer) sowie an der Schadenssituation in der Forst- und Landwirtschaft.

Während man früher davon ausging, dass die meisten Wildarten im Geschlechterverhältnis 1:1 geboren werden, weiß man heute, dass das Geschlechterverhältnis bei der Geburt von Jahr zu Jahr sehr großen Schwankungen unterliegen kann. Bei hoher Wilddichte, verschobener Altersstruktur oder Nahrungsknappheit werden meist deutlich mehr männliche als weibliche Jungtiere geboren. Durch diese Verschiebung des Zuwachses zur männlichen Seite bremst die Natur kurzfristig die Zuwachsraten. In der Regel sind

Erlegtes Wild ist Lebensmittel, das man ohne unnötige Verschmutzung liefert.

weibliche Föten und weibliche Jungtiere schwächer als männliche. Sie werden daher in Krisensituationen als Erste getilgt (Resorption, Abortus, frühe Jugendsterblichkeit).

Auch die Abgänge durch den Straßenverkehr, durch Krankheiten, Raubwild und Witterung sind nicht kalkulierbar. So gesehen können der Zustand des Lebensraumes und die körperliche Verfassung des Wildes als tendenzieller Zeiger für die Abschussplanung beim Schalenwild brauchbar sein. Der jagdpolitische Trend geht zu einem völligen Verzicht auf den Abschussplan beim Rehwild.

Beim Niederwild, das in den letzten Jahrzehnten fast überall stark rückläufig ist, wird zunehmend die Besatzerfassung vom Jäger freiwillig als Grundlage für eine Bejagung gemacht (Wildtierkataster). Bei manchen Arten verlangt der Gesetzgeber bereits Zähldaten, um eine lokale Bejagung zuzulassen (Baden-Württemberg). Verantwortungsbewusste Jäger erfassen die Feldhasenbesätze zumindest im Frühjahr und unmittelbar vor einer geplanten Jagd mithilfe der Scheinwerfertaxation, die Fasanenbesätze durch Frühjahrs-, Sommer- und Frühherbstzählungen und den Rebhuhnbesatz durch Zählung der Paarhühner im Frühjahr (Verhören der Hähne) und der Gesperre im Sommer.

Füchse, Marder, aber auch Marderhund und Waschbär können zahlenmäßig nicht erfasst werden. Diese Arten werden seit Jahrzehnten weit unter dem Zuwachs bejagt, sodass ihre Besätze insgesamt gesehen weiter steigen. Dabei wäre es im Interesse der Niederwildjagd und des gesamten Artenschutzes (Bodenbrüter im Feldrevier und Raufußhühner) dringend geboten, insbesondere diese Arten als Gewinner im Strukturwandel der Kulturlandschaft intensiv durch die Jagd zu

In Revieren mit geringem Waldanteil und gut überschaubarem Gelände lassen sich die Feldhasenbesätze mit Scheinwerfertaxationen oder dem Einsatz von Wärmebildkameras gut erfassen. Gelegentlich wird so auch Rotwild gezählt.

Verpaarte Rebhähne markieren mit ihrem Ruf ihre Reviere. Die Zahl der rufenden Hähne entspricht der Zahl der Brutpaare. Unverpaarte Hähne rufen nicht.

kontrollieren. Seit nunmehr 20 Jahren werden in den einzelnen Landesjägerschaften und im DJV Monitorings durchgeführt, im Zuge derer jeder Jagdausübungsberechtigte gebeten wird, jährlich einen Wildtiererfassungsbogen auszufüllen. Dies geschieht freiwillig, ist jedoch für den Gesetzgeber maßgeblich, um über die Jagd und deren Gesetze zu entscheiden.

19 | Welche Möglichkeiten der Bestandsschätzung gibt es beim Rotwild?

Im Gebirge kann man – bei ausreichend langer und hoher Schneelage – die Bestände an den Winterfütterungen erfassen. Im Mittelgebirge und Flachland kann unter sehr günstigen Bedingungen der Frühjahrsbestand mithilfe der Scheinwerferzählung erfasst werden, wobei in der Regel mit einer Dunkelziffer zu rechnen ist. Bestandserfassungen auf Revierbasis sind beim Rotwild – Großreviere ausgenommen – ohnehin zwecklos.

20 | Wie lassen sich Gamsbestände einschätzen?

Schätzungen sind nur sinnvoll, wenn sie im Herbst – zwischen Wandersaison und Schneefall – auf Basis einer Hegegemeinschaft gleichzeitig und mehrmals durchgeführt werden. Der typische Gamswildlebensraum ist nie voll einsehbar. Zählungen sind nur oberhalb der Baumgrenze möglich.

21 | Welche Weiser für die Tragbarkeit des Wildbestandes kann man beim Rehwild heranziehen?

Neben dem Verbiss der Hauptbaumarten achten wir auf Weiserpflanzen, die beim Rehwild als Äsungspflanzen beliebt sind, und auf dessen körperliche Verfassung.

22 | Wie verschafft man sich einen Überblick über die Besatzdichte des Feldhasen?

Mithilfe der Scheinwerfertaxation, die zweimal im Jahr durchgeführt werden muss. Im Frühjahr zur Erfassung des Grundbesatzes und im Herbst nach der Ernte. So lassen sich der Zuwachs über Sommer und bis zur nächsten Frühjahrszählung dann auch die Winterverluste (natürliche Abgänge, ggf. Verkehrsfallwild und Jagdstrecke) tendenziell ermitteln.

23 | Wie wird die Zahl der Rebhuhnbrutpaare ermittelt?

Rebhühner leben territorial in Einehe. Die Hähne markieren im Frühjahr mit ihrem Ruf ihre Reviere, so werden die Brutpaare erfasst. Im Sommer werden die Ketten nach der Getreideernte im Feld gezählt.

24 | Wie wird der Fasanenbesatz geschätzt?

Im März trennen sich die Wintergemeinschaften; jeder Hahn schart eine bestimmte Zahl Hennen um sich. Der Jäger fährt das Feldrevier ab und zählt die Harems bei der Äsung. Im Sommer werden die Gesperre gezählt.

25 | Welches Wild wird nur aufgrund eines Abschussplanes bejagt?

Alle Schalenwildarten, Schwarzwild ausgenommen. Vorgeschrieben ist der Abschussplan ferner für Auer-, Birk- und Rackelhähne sowie für Seehunde. Diese Arten genießen in Deutschland momentan aber eine ganzjährige Schonzeit.

26 | Warum wird Schwarzwild ohne Abschussplan bejagt?

Die Schwarzwildbestände sind nicht erfassbar und die Zuwachsraten stark schwankend.

27 | Auf welche Flächeneinheit beziehen sich die Angaben über die Wilddichte beim Schalenwild?

Normalerweise auf 100 ha.

28 | Welches Geschlechterverhältnis wird beim Schalenwild angestrebt?

Meist 1:1, doch ist der Einfluss des Jägers auf das Geschlechterverhältnis zumindest beim Reh- und Schwarzwild gering, da die natürlichen Geschlechterverhältnisse bei der Geburt schwanken und später durch jagdliche Einflüsse und falsche Jagdstrategien vielfach noch weiter zugunsten des weiblichen Wildes verschoben werden. Folglich sind erhebliche Bestandszuwächse gerade bei diesen beiden Wildarten in gewisser Weise hausgemacht.

29 | Was versteht man unter Reduktionsabschuss?

Wenn nicht nur der Zuwachs genutzt, sondern der Grundbestand deutlich abgesenkt werden soll.

30 | Wie hoch belaufen sich die jährlichen Junghasenverluste?

Je nach Witterung auf bis zu 80 %.

31 | Welches Stück schießen Sie bei Wahlmöglichkeit?

Das schwächere Stück, wobei wir hier vielfach optischen Täuschungen unterliegen, oder ein sichtbar krankes Stück. Grundsatz: Jung vor Alt, Klein vor Groß.

32 | Kann auf den Abschuss von Bachen verzichtet werden?

Nein, sobald die Frischlinge selbstständig sind, sollten auch Bachen erlegt werden.

33 | Wir sehen ein Rudel Kahlwild; welches Tier schießen wir auf keinen Fall?

Das Leittier, das beim Ziehen als Erstes erscheint.

34 | Was geschieht mit verwaisten Rotwildkälbern?

Sie werden vom Rudel abgeschlagen und verenden oder kümmern.

35 | Was geschieht mit verwaisten, dreimonatigen Frischlingen?

Sie werden von der Rotte akzeptiert und kommen in der Regel problemlos durch. Entstammen sie einer Einzelrotte (nur 1 Bache mit Frischlingen), vagabundieren sie umher und verursachen lokal verstärkte Wildschäden.

36 | In welchem Alter sind Rehkitze nicht mehr auf die Muttermilch angewiesen?

Im Alter von etwa 2 ½ Monaten sind Kitze nicht mehr auf die Muttermilch angewiesen, wohl aber noch auf die Führung durch die Mutter.

37 | Sie wollen Ricke und Kitz erlegen. Welches Stück schießen Sie zuerst?

Grundsätzlich das Kitz oder die Kitze zuerst.

38 | Wie beurteilen Sie ein Rehkitz, das im November aufgebrochen 8 kg wiegt?

Es ist ausgesprochen schwach. Ein durchschnittliches Novemberkitz sollte aufgebrochen zumindest 12 kg wiegen.

39 | Wann verlieren Frischlinge ihre hellen Streifen?

Etwa im Alter von 3 Monaten.

40 | Wann werden weibliche Frischlinge erstmals rauschig?

Wenn sie ein Körpergewicht von etwa 40 kg erreicht haben.

41 | Welche Schüsse auf Schalenwild gelten als unweidmännisch?

Der Schuss spitz von hinten, auf stark schräg stehendes Wild und bei gesundem Wild der Schuss auf Haupt oder Träger. Während bei den beiden ersten Situationen das Treffen lebenswichtiger Organe deutlich erschwert bis unmöglich und die Gefahr der Wildbretentwertung groß ist, wird beim Schuss auf Haupt oder Träger bewusst der Tierschutz missachtet oder zumindest arg strapaziert.

Jagdliche Einrichtungen

Zu den Reviereinrichtungen oder jagdlichen Einrichtungen gehören alle baulichen Einrichtungen, die der Jäger zur Verbesserung von Hegemaßnahmen und Jagd in seinem Revier baut oder aufstellt. Dazu zählen zur Ausübung der Einzeljagd Ansitzeinrichtungen der unterschiedlichsten Bauarten vom ebenerdig erstellten Schirm bis zur geschlossenen Panoramakanzel (s. Grafik und Kasten). Der Hochsitz beispielsweise dient dem Jäger als Versteck und gleichzeitig Wetterschutz bei der Jagd. Seine Höhe ermöglicht ihm das frühzeitige Erkennen des Wildes und damit das Ansprechen in aller Ruhe. Zudem unterstützt er durch seine Bauweise die Schussabgabe (Auflage) und erhöht dabei die Sicherheit deutlich (Kugelfang). Beim Errichten von Ansitzeinrichtungen sind sowohl jagdliche Überlegungen (gute Sicht und freies Schussfeld/störungsfreie Erreichbarkeit/Wildwechsel dürfen durch Pirschweg nicht gekreuzt werden/Berücksichtigung der Hauptwindrichtung) als auch sicherheitstechnische Grundbedingungen (Arbeits- und Unfallverhütungsvorschriften) zwingend. Bauliche Einrichtungen sollten sich dabei immer harmonisch in die Umgebung einfügen.

Für die Hege der verschiedenen Wildarten gehören speziell angelegte Äsungsflächen, Remisen und Ententeiche genauso zu den jagdlichen Requisiten wie Fütterungseinrichtungen, Vorrichtungen zum Abwerfen der Geweihstangen, Entenbrutkästen, Salzlecken und Suhlen.

Zur effektiven Raubwildbejagung erweitern wir die Reviereinrichtungen beispielsweise um Fallen, Fallensteige, Luderplätze und Kunstbaue.

Verschiedene Ansitzeinrichtungen

Hochsitze		Bodensitze	
Kanzeln:	Leitersitze:	Ansitzhütten:	Ansitzschirme:
• geschlossen • überdacht • offen	• frei stehend • angelehnt • Aufstieg von vorne mit Innenaufstieg • überdacht oder offen	• geschlossen	• überdacht • offen • mobil

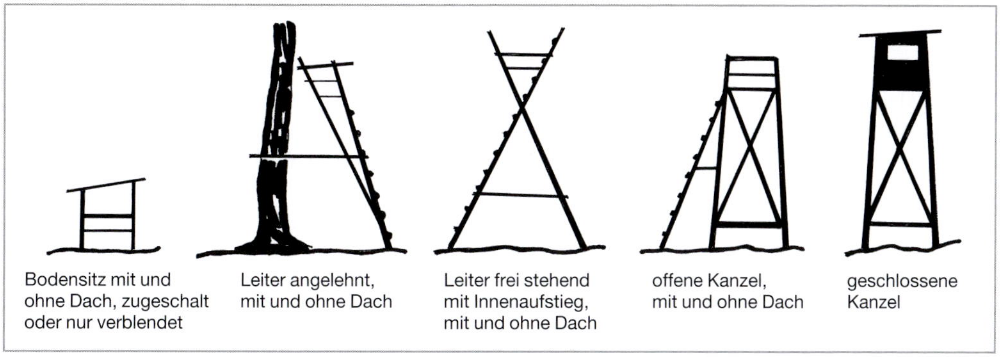

Schematisch dargestellte Ansitzeinrichtungen

In Deutschland unterliegt der Bau von Jagdeinrichtungen den Unfallverhütungsvorschriften der Landwirtschaftlichen Berufsgenossenschaften.

Eine vernünftige Ausstattung des Jagdreviers setzt beim verantwortungsvollen Jäger Einfühlungsvermögen und natürlich auch ein gewisses handwerkliches Können voraus. Grundlage und Planungsunterlage für die Verwendung jagdlicher Einrichtungen ist die gut geführte Revierkarte.

Gesetzliche Bestimmungen: Beim Bau von Jagdeinrichtungen in Deutschland sind die einschlägigen gesetzlichen Bestimmungen (BJagdG, LJG, BGB, UVV u.a.) zu beachten. Grundsätzlich muss der Grundbesitzer mit der Errichtung einverstanden sein, er kann sie unter besonderen Umständen auch ablehnen. Auf alle Fälle steht ihm eine angemessene Entschädigung zu. In der Regel wird der Jäger aber für die Platzierung eines Hochsitzes keine »Pacht« bezahlen müssen.

Ansitzeinrichtungen

42 | Wann spricht man von einer geschlossenen Kanzel?

Wenn die Seiten zugeschalt und mit Schießluken versehen sind.

43 | Was ist eine frei stehende Leiter?

Eine Ansitzleiter, die so konstruiert (abgestützt) ist, dass sie nicht an einen Baum gelehnt werden muss.

44 | Wird eine Kanzel/Ansitzleiter stabiler, wenn wir sie mit einem Baum verbinden?

Nein, denn dann muss sie alle Bewegungen des Baumes mitmachen. Tragende Nägel werden dadurch abgebrochen und Präzisionsschüsse sind bei Wind unmöglich.

45 | Welche Leitern oder Kanzeln empfehlen sich für Waldränder?

Solche mit »Innenaufstieg« in Blickrichtung, damit das vor dem Waldrand stehende Wild den Jäger beim Auf- oder Abstieg nicht bemerkt.

46 | Welchen Nachteil haben geschlossene Hochsitze (Kanzeln)?

Man sitzt isoliert, empfängt weniger Geräusche aus der Umgebung.

47 | Wie hoch muss eine Kanzel sein, um uns sicher aus dem Wind zu heben?

Kein offener Hochsitz hebt uns sicher aus dem Wind, da dieser nicht konstant linear über den Boden streicht. Der Jäger muss bei jeder offenen Ansitzeinrichtung den Wind beachten.

48 | Wo ist der Wind besonders unberechenbar?

An Waldrändern, an Hangkanten und Blößen sowie an Wegen oder Schneisen kann der Wind drehen oder sich überschlagen.

49 | Was ist ein Ansitzschirm oder Bodensitz?

Eine einfache, ebenerdige Ansitzeinrichtung, bestehend aus einer Sitzgelegenheit und einer Blende als Tarnung und Schießauflage. Bodensitze können überdacht und teilweise zugeschalt sein. Achtung: ggf. kein Kugelfang hinter dem Stück Wild.

50 | Womit kann man schnell einen provisorischen Ansitzschirm errichten?

Mithilfe eines im Rucksack mitgeführten Stücks Tarnnetz oder ein paar starken Fichtenwedeln.

51 | Welche Vorteile haben Bodensitze?

Man kann sie sehr gut vom Wild unbemerkt beziehen.

52 | Welche Nachteile haben Bodensitze?

Die Einsicht in das Vorfeld ist geringer als von einem Hochsitz aus und je nach Gelände fehlt der Kugelfang.

53 | Was ist eine Luderhütte?

Ein überdachter und geschlossener Bodensitz für die Nachtjagd auf Raubwild am Luderplatz.

Kunstbau

54 | Wozu dienen Kunstbaue?

Sie sollen die Baujagd auf den Fuchs erleichtern.

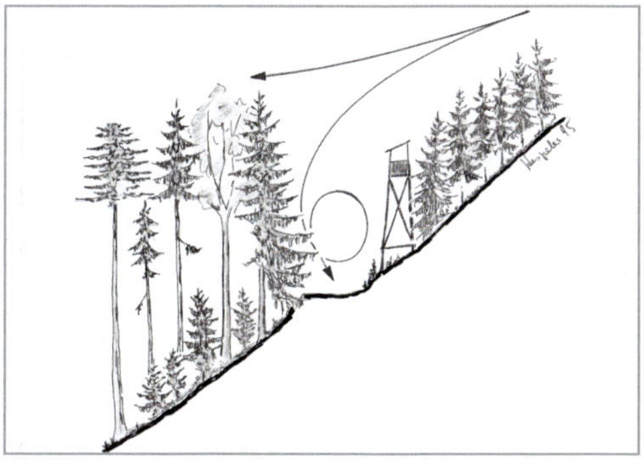

In »Löchern« kann der Wind kreiseln.

An Waldrändern kann sich der Wind überschlagen.

Wegeinschnitte o.Ä. wirken wie Windkanäle.

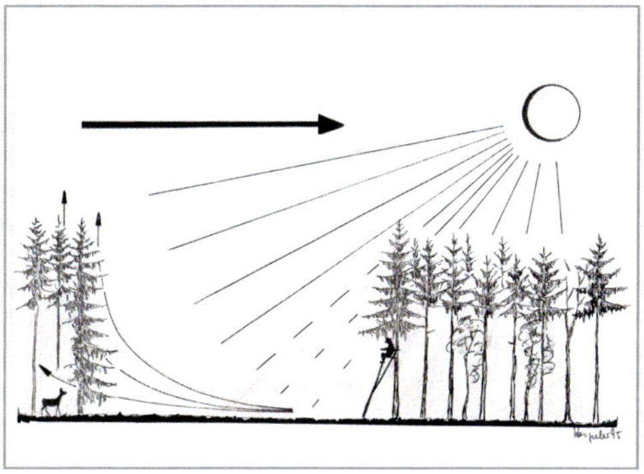

Starke Erwärmung zieht Kaltluft ab.

Anlage eines Kunstbaus aus Betonrohren

55 | Aus welchen Materialien können Kunstbaue gefertigt werden?

Aus Beton-Fertigteilen, aus Kunststoffröhren, aus Steinen oder aus Holz.

56 | Wie viele Röhren muss ein Kunstbau haben, damit er vom Fuchs angenommen wird?

Eine Röhre genügt, der Kessel muss aber so konstruiert sein, dass der Fuchs immer eine Fluchtmöglichkeit vor dem Erdhund hat (Gabelung der Röhre mit Y-Stück vor dem Kessel oder Mittelsäule im Kessel).

57 | Worauf muss man beim Bau eines Kunstbaus achten?

Er muss so konstruiert sein, dass es nicht zwangsweise zur Konfrontation zwischen Fuchs und Erdhund kommt. Der Kessel muss trocken (höher als die Röhren) liegen, eine grabfeste Bodenplatte haben und frei von Zugluft sein. Er darf nicht zu tief liegen und muss sich im Bedarfsfall möglichst leicht öffnen lassen. Die Röhren sollten möglichst 8–10 m lang sein und einen Durchmesser von nur 20 cm haben, damit der Dachs aus dem Bau ferngehalten wird.

58 | Ist es hilfreich, Heu oder Stroh in den Kessel zu geben?

Nein, denn Vegetationsmaterial beherbergt nur Parasiten und wird alsbald mulchig.

59 | Kann man Kunstbaue auch ohne Bauhund jagdlich nutzen?

Ja, man kann am Kunstbau ansitzen und warten, bis der Fuchs ausfährt, oder man kann den Kessel so konstruieren, dass der Fuchs mechanisch (z. B. mit einem Stab) zum Springen veranlasst werden kann. Zudem gibt es verschiedene Möglichkeiten, den Revierkunstbau zu einer Lebendfangeinrichtung umzubauen.

60 | Welche Wildarten kann man im Kunstbau antreffen?

Kunstbaue, deren Röhren weiter als 20 cm sind, werden auch vom Dachs angenommen. Gelegentlich stecken im Kunstbau auch Waschbär, Katze, Steinmarder oder Iltis. In Gewässernähe kommen auch Bisam oder Nutria vor, besonders bei lange anhaltendem Frost.

Die Schweizer tragen den Gams gerne auf der Schulter, wobei die geschränkten Läufe mit der Stirn gehalten werden.

Sonstige Hilfsmittel

61 | Womit kann man Fuchs und Hase bequem tragen oder ein Reh ziehen?
Mit einem selbst gebastelten Wildträger (Handgriff aus Holz und Schlaufe).

62 | Was sollte der Jäger zum Bergen von Schalenwild immer mitführen?
Ein etwa 5 m langes Seil. Es gibt heutzutage spezielle Wildbergehilfen im Fachhandel.

63 | Darf man erlegtes Wild in Kunststoffsäcken transportieren?
Nein, weil das Wild darin verhitzen würde.

64 | Wie wird im Gebirge schweres Wild geliefert?
Auf einem einrädrigen Hirschkarren oder einem Hörnerschlitten, unter dessen Kufen mitunter eine Achse mit zwei Rädern geschraubt wird.

65 | Wie kann leichteres Schalenwild bei Schneelage transportiert werden?
In einer muldenförmigen, als Schlitten einsetzbaren Wildwanne.

66 | Wie wird ein Gams getragen?
Entweder in einem geräumigen Rucksack oder auf einer Kraxe. In der Schweiz wird der geschränkte Gams auch im Nacken getragen.

67 | Welche Hilfsmittel braucht der Jäger im Hochgebirge auf steilen Grashängen oder in vereistem Gelände?
Einen Bergstock und Steigeisen.

68 | Wie macht man Suhlen, Wechsel und Kirrungen für Rot- und Schwarzwild attraktiv?
Durch Bestreichen von Malbäumen mit Buchenholzteer.

Einzeljagd

Merkmale: Einzeljagd stellt einen Sammelbegriff für alle Jagdarten dar, die der Jäger ohne direkt abgestimmtes Zusammenwirken mit mehreren anderen Jägern und/oder Treibern ausübt.

Eine Gesellschaftsjagd liegt nach den Landesgesetzen dann vor, wenn mehrere Treiber und Jäger zusammenwirken. Die Anzahl an Personen, die zu einer Gesellschaftsjagd führen, muss dem jeweiligen Landesgesetz entnommen werden, sie liegt zwischen 4 und 8 Personen. Beim sogenannten Sammelansitz handelt es sich jedoch um Einzeljagd, auch wenn eine größere Zahl Jäger daran teilnimmt, denn die Teilnehmer wirken ja nicht zusammen. Anders ist die Situation, wenn das Wild bei einem Sammelansitz durch Hunde und/

Für viele Jäger ist die Einzeljagd immer noch am reizvollsten, besonders wenn sie kurze Pirsch und Ansitz verbinden können.

Übersicht Einzeljagd

Jagdart	Standort	Bejagte Wildarten	Merkmale
Ansitz	Wald- und Feldrevier – überall mit Ansitzeinrichtung, Sitzstock oder natürlicher Sitzgelegenheit	Schalenwild, Fuchs und anderes Raubwild, Feldhase, Murmeltier*, Ringeltauben	1 Jäger alleine oder geführt oder mehrere Jäger, bei denen jeder selbstständig jagt
Anstand (ohne Ansitz-einrichtung)	Am Bau, am Wasser, im Feld, unter Schlafbäumen, im Wald	Fuchs und Dachs, Enten, Gänse, Feldhase, Tauben, Elstern, Krähen, Schnepfen (nur noch Herbststrich)	1 Jäger alleine oder mehrere Jäger, bei denen jeder selbstständig jagt
Pirsch	Pirschsteige, Wege, im Gebirge auch »querfeldein«	Überwiegend Schalenwild, insbesondere Gamswild	1 Jäger alleine, gelegentlich geführt
Suche	Hauptsächlich im Feldrevier	Niederwild	Jäger und Hund
Brackieren	Hauptsächlich im Wald, Gebirge	Hase und Fuchs	Jäger und Hund
Stöbern	Hauptsächlich im Wald	Hase, Fuchs, Schalenwild	Jäger und Hund
Buschieren	Feld oder Buschgelände	Hase, Kaninchen, Rebhuhn, Fasan, Schnepfe	Jäger und Hund
Baujagd	Feldrevier oder Waldrevier	Fuchs und anderes Raubwild	Jäger und Hund
Frettieren	Feldrevier oder Waldrevier	Kaninchen	Jäger und Frettchen
Beizjagd	Feld oder Buschgelände	Niederwild, Rabenvögel	Jäger und Beizvogel (gelegentlich + Hund)
Balzjagd	Oberhalb Waldgrenze, im Wald	Birkhahn* Auerhahn*	1 Jäger (+ Führer) 1 Jäger (+ Führer)

* nicht mehr in Deutschland

oder Treiber bewegt wird. Einzeljagd liegt ferner dann vor, wenn ein Jäger von einem anderen Jäger (Pirschführer) begleitet wird. So sitzt der Jagdgast eventuell gemeinsam mit dem Jagdpächter oder einem Jagdaufseher auf einen Bock oder Hirsch an. Auch wenn 2 Jäger vorstehen und ein dritter durchgeht, handelt es sich noch um Einzeljagd.

Die **Ansitzjagd** ist wohl unter den in einer dicht besiedelten Kulturlandschaft herrschenden Wald-Feld-Strukturen und den geringen Reviergrößen die beliebteste und erfolgreichste Jagdart. Der Jäger hat hier in der Regel optimale Möglichkeiten zum Ansprechen des Wildes und für einen sicheren Schuss.

Die **Pirsch** ist für so manchen Jäger eine sehr reizvolle Jagdart, denn hier muss der Jäger aktiv seine Fähigkeiten, sein jagdliches Können (Ortskenntnis, geräuschloses Pirschen, Wind prüfen, Deckung ausnutzen, schwierige Schussabgabe u. a.) einsetzen, um schließlich erfolgreich zu sein. Besonders günstige Revierverhältnisse (Größe/

Ruhe/Begehbarkeit/Sichtfeld) und ausreichende Zeitfenster sind bei dieser Jagd vonnöten, sonst wird die Pirsch spätestens beim wiederholten Misserfolg zum denkbar größten Störfaktor für das Wild.

Ebenso werden alle Varianten der **Lockjagd** (Fuchsreizen, Taubenlocken, Blattjagd, Jagd mit dem Hirschruf u.a.) als Einzeljagd ausgeübt, selbst dann, wenn 2 Jäger gemeinsam jagen.

Als Einzeljagd können auch viele Jagdarten zusammen mit dem Jagdhund ausgeübt werden (Suche, Stöbern, Brackieren, Baujagd).

In Deutschland muss der Jäger in gefährlichen Situationen (z. B. bei der Jagd im Hochgebirge) aus Sicherheitsgründen einen Begleiter mitnehmen, so will es die UVV. Allerdings ist dies in der Praxis (z.B. Berufsjäger, Förster) nicht immer durchführbar. Unter Gebirge wird in der UVV auch nicht per se alles verstanden, sondern nur die gefährlichen Zonen. Wer in den Talauen oder im Bergwald ansitzt und gesund ist, benötigt sicher keinen Begleiter. Anders bei der Gamsjagd in felsigen Hochlagen. Aber dort wird jeder vernünftige Jäger ohnehin einen Begleiter mitnehmen, nicht zuletzt wegen der oft problematischen Bergung des erlegten Wildes.

Bejagte Wildarten: Die Einzeljagd wird keineswegs nur auf Schalenwild ausgeübt. Fasan, Rebhuhn, Ente und Hase werden bei der Einzeljagd mit dem Hund (Suchjagd) bejagt. Enten und Gänse werden beim Morgen- oder Abendstrich geschossen oder mit dem Lockbild.

Auch der Ansitz auf den Fuchs (Pass/Luderplatz/Bau), der Taubenstrich, der Ansitz auf den Küchenhasen am Pass (Hasenkur) gehören zur Einzeljagd. Bei den vor allem in Nordrhein-Westfalen und Niedersachsen populären Taubenjagdtagen, bei denen meist eine größere Zahl Jäger gleichzeitig auf Tauben ansteht, handelt es sich – solange die Tauben nicht getrieben werden – ebenfalls um eine Form der Einzeljagd.

Ansitz

69 | Welche Vorteile hat eine überlegte Ansitzjagd?

Das Wild wird i. d. R. weniger gestört als bei der Pirsch und die Einblicke in das Verhalten des Wildes sind intimer. Der Schuss kann ruhig aufgelegt, mit fester Dreipunktauflage erfolgen.

70 | In welcher Tageszeit wird bevorzugt angesessen?

In den frühen Morgenstunden (beim Tagwerden) und am Abend. Rehwild tritt aber häufig erst weit nach Sonnenaufgang bis in den Vormittag hinein aus. Auch die Jagd auf Gams und Muffelwild erfolgt tagsüber.

71 | Wo verspricht der Ansitz im Rot- oder Schwarzwildrevier an heißen Tagen Erfolg?

In schattigen Nordhanglagen, kühl-feuchten Bruchwäldern und Suhlen, in denen das Wild Kühlung und Schutz vor Insekten sucht.

72 | Welche Nachteile hat die Ansitzjagd bei Nacht?

Nachtjagd bedeutet zusätzliche Störung, die sich auf das Verhalten des Wildes negativ auswirkt.

73 | Wie unterscheidet sich der Ansitz in den frühen Morgenstunden von jenem am Vormittag?

Während der lauten Tageszeit äst das Wild mehr in den Einständen und tritt weniger auf Freiflächen aus.

74 | Was ist bei Ansitzeinrichtungen innerhalb der Einstände wichtig?

Dass die Ansitzeinrichtung möglichst ohne Störung des Wildes über gepflegte Pirschwege in der Deckung erreicht werden kann, auch ohne Wildwechsel mit der menschlichen Wittrung kreuzen zu müssen.

75 | Welche Vor- und Nachteile haben Ansitzeinrichtungen an oder bei Forststraßen oder Wanderwegen?
Das Wild ist dort Störungen gewohnt. Der Jäger kann die regelmäßigen Störungen beim Beziehen der Ansitzeinrichtung ausnutzen. Geräusche des Jägers werden von denen der Waldbesucher oder des Verkehrs kaschiert. Menschliche Wittrung stört dort, auch bei suboptimalem Wind, relativ wenig. Nachteilig ist, dass das Wild meist sehr spät zum Äsen auf die Seitenstreifen tritt oder die Forststraße nur zügig überquert. Geschotterte Forststraßen sind aufgrund starker Gefährdung des Umlandes durch Geschossabpraller kein sicherer Kugelfang.

76 | Was versteht man unter Hüttenjagd?
Die heute weitgehend vergessene Jagd auf Rabenvögel mithilfe einer auf einer Jule sitzenden Uhu-Attrappe (Einsatz eines lebenden Uhus ist verboten!).
Hinter der Jule muss sich ein Baum befinden, in dem die Rabenvögel einfallen. Vor der Jule steht die »Krähenhütte«, in der der Jäger sitzt.

77 | Wo wird der Fuchs in hellen Nächten und bei Schnee bejagt?
Vorwiegend im Feld, entweder an einem Luderplatz oder mit der Hasenquäke (Reizjagd).

Pirsch

78 | Pirscht man besser alleine oder zu zweit?
Mit Ausnahme der Jagd im alpinen Raum pirscht man am besten alleine, um möglichst wenig zu stören.

79 | Was muss der Jäger bei der Pirsch besonders berücksichtigen?
Er muss den Pirschgang speziell nach den Windverhältnissen planen, über entsprechende Ortskenntnisse verfügen und die Verhaltensweisen des Wildes kennen.

80 | Welche Gefahr besteht bei häufigem Pirschen?
In kleinen Revieren und bei hoher Jägerdichte wird das Wild rasch vergrämt.

81 | Wer hilft dem pirschenden Jäger, Wild frühzeitig zu erkennen?
Der begleitende und gehorsame Jagdhund.

82 | Welche Nachteile haben Pirschsteige?
Sie werden leicht von Wanderern, Pilzsuchern oder Mountainbikern entdeckt und missbraucht. Sie verraten Unbefugten auch die Standorte von versteckt eingebauten Reviereinrichtungen.

83 | Wozu sind saubere Pirschsteige erforderlich?
Beispielsweise zum störungsarmen Erreichen einer Ansitzeinrichtung.

Lock- und Rufjagd

84 | Womit wird der Brunfthirsch gelockt?
Der Jäger reizt den Hirsch mit den verschiedenen Rufen eines Rivalen oder mit dem Mahnen des Kahlwildes.

85 | Was ahmt der Jäger bei der Lockjagd auf den Rehbock nach?
Den Fieplaut der Geiß oder den beim Treiben zu hörenden Sprengfiep, seltener in der Hochbrunft auch das »Angstgeschrei«.

86 | Lassen sich weibliches Rehwild und Kitze auch mit dem Ruf locken?
Im Frühherbst, solange die Mutter-Kind-Bindung noch sehr eng ist, lässt sich die Geiß

mit dem Kitzfiep rufen und die Kitze mit dem Geißfiep.

87 | Welche Instrumente werden dabei verwendet?

Meist variable »Rehblatter« aus Holz, Kunststoff oder Gummi. Mit etwas Geschick und Übung eignen sich auch natürliche Blatter aus dickwandigen Blättern wie Buche oder Lorbeer.

88 | Mit welchen Lockrufen wird der Fuchs bejagt?

Auf nähere Distanz mit dem Mauspfiff (Instrument, Daumennagel, Handrücken oder nur mit den Lippen) und auf größere Distanz mit der Hasenklage oder Kaninchenklage. In der Ranz hat der Jäger mehr Erfolg mit dem sogenannten Ranzbeller, mit dem er wichtige Kontaktlaute von Rüde und Fähe imitieren kann.

89 | Ist die Kirrung von Schalenwild erlaubt?

Die Kirrung von Schwarzwild ist unter Auflagen in allen Bundesländern erlaubt, die von wiederkäuendem Schalenwild ist in den meisten Bundesländern untersagt.

90 | Wann ist es sinnlos, Schwarzwild zu kirren?

Wenn es im Wald eine reichhaltige Eichen- und Buchenmast gibt.

91 | Wie wird erreicht, dass Kirrfutter für Schwarzwild nicht von anderen Schalenwildarten angenommen wird?

Durch Einarbeiten des Kirrfutters ins Erdreich eines Wühlackers oder durch Vorlage in abgedeckten Kisten oder Behältern, die von den Sauen bewegt werden müssen, um ans Futter zu gelangen.

92 | Darf man Sauen mit Schlachtabfällen ankirren?

Instrumente für die Rufjagd auf den Brunfthirsch: Eifel-Hirschruf, Tritonmuschel, Ochsenhorn, Heracleumrohr (Riesenbärenklau) und Faulhaber-Hirschruf (v. l.)

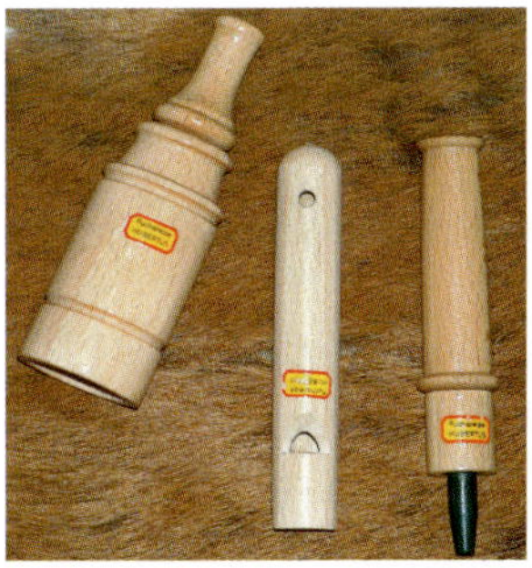

Verschiedene Fuchslocker: links Belllaut, Mitte Ranzlautlocker, rechts Hasenquäke, mit Mauspfeifchen kombiniert

Verschiedene Rehblatter

Übersicht akustische Lockjagd *

Wildart	Laute der Beutetiere	Laute der jeweiligen Art	Revier
Rotwild		Mahnen	Feld- und Waldrevier
Rothirsch		Brunftschreie, Trenzen	Waldrevier
Rehwild		Kitzfiep, Geißfiep, Sprengfiep, Angstgeschrei	Feld- und Waldrevier
Schwarzwild	Kitzfiep (im Frühsommer)	Kontaktlaut	Feld- und Waldrevier
Fuchs	Hasenquäke, Kaninchenklage, Mauspfeifchen, Vogelangstruf	Bellen, Ranzruf (Wimmern)	Feld- und Waldrevier
Marder	Mauspfeifchen, Vogelangstruf		Feld- und Waldrevier
Hermelin	Mauspfeifchen, Vogelangstruf		überwiegend Feld
Stockente		Kontaktruf	Wasser und Feld
Ringeltaube		Revierruf des Taubers	Waldrevier
Wachtel		Revierruf des Hahns	Feldrevier
Haselhahn		Revierruf des Hahns	Waldrevier
Birkhahn		»Fauchen« des Hahns	Balzplatz
Elstern		Kontaktruf	Feld- und Waldrevier

* Beachte, dass eine Reihe von Wildarten in Deutschland nicht mehr bejagt werden darf.

Übersicht optische Lockjagd

Wildart	Lockobjekt	Revier
Ringeltauben	Locktauben aus Kunststoff und bereits erlegte Tauben, Taubenkarussell	Tauben werden im Feld (z.B. Stoppeln oder Lagergetreide) truppweise ausgesetzt. In Schussweite muss sich Deckung für den Jäger befinden (z.B. Schirm in Gehölzstreifen, Strohballen).
Stockenten*	Lockenten aus Kunststoff	Enten werden an Schnüren befestigt und im Wasser in Schussweite einer Deckung für den Jäger ausgesetzt (Morgenstrich). Enten werden im Feld (Lagergetreide, Stoppeln) ausgesetzt (Abendstrich).
Wildgänse**	Lockgänse aus Kunststoff	Gänse werden auf den Äsungsflächen (z.B. Wintersaat, Raps) ausgesetzt.
Rabenvögel***	Uhu, meist aus Kunststoff (»feindliches Lockbild«)	Uhu wird auf eine »Jule« gesetzt. Diese steht zwischen einem »Fallbaum« und der Krähenhütte.
Rabenvögel***	Lockkrähen, Lockelstern, Krähenkarussell aus Kunststoff	Lockvögel werden auf dem Feld ausgesetzt (freundliches Lockbild).

* Stockenten sind nachtaktiv und kehren in der Früh an ihr Ruhegewässer zurück.
** Gänse sind tagaktiv und streichen am Morgen zu ihren Äsungsflächen.
*** Beachte die lokal gültige Rabenvogelregelung.

Übersicht Lockjagd mit Futtermitteln 1)

Wildart	Futtermittel	Zeitpunkt/Ausführung
Rehwild 2)	Hauptsächlich Apfeltrester, aber auch Äpfel und Mais	Trester wird zunächst vergoren; Vorlage nach Frosteintritt
Rotwild	Rüben, Kartoffeln, Trester, Äpfel	Vorlage nach Frosteintritt
Schwarzwild 3)	Hauptsächlich Körnermais	Ganzjährig bei verdeckter Vorlage
Fuchs 4)	Früher »Luder«, heute vielfach Hundefutter	Luderplatz mit Luderhütte oder Hochsitz; »Anludern« im Herbst, Jagd während der Balgreife
Dachs	Fallobst (z.B. Zwetschgen), Mais	Vorlage im Spätsommer auf kurz gemähten Wiesen in Nähe einer Ansitzeinrichtung
Steinmarder 5)	Hauptsächlich Dörrobst, aber auch Honig und Eier	Vorlage meist am Ortsrand bei Obstbäumen, auf Scheunendächern
Stockenten 6)	Getreide	Futterfloß, Futtereimer, Vorlage am Ufer
Fasane 7)	Getreide	Anfüttern in Gehölzstreifen oder Maisäckern kurz vor der Jagd, um die Fasane zu konzentrieren

1) Gekirrt wird mit pflanzlichen Stoffen; geludert wird mit tierischen Stoffen.
2) Immer jagdrechtliche Bestimmungen der Länder beachten!
3) Die meisten Länder gestatten die Vorlage nur so, dass andere Arten keinen Zugriff haben.
4) Lebensmittelreste und Reste von Tierkadavern dürfen nicht mehr auf den Luderplatz.
5) Darauf achten, dass Kirrstelle nicht im befriedeten Bezirk liegt.
6) Nie im Wasser selbst kirren und nicht in Wasserschutzgebieten und nie in großen Mengen.
7) Fasane werden zur Zeit der Getreideaussaat auch gekirrt, um sie von frischen Saaten abzulenken.

Nein, das ist – mit Blick auf die Schweinepest – streng verboten.

93 | Was ist bei Luderplätzen zu beachten?

Eine Vielzahl von Rechtsvorschriften (z.B. Wasserschutzgesetz, Tierkörperbeseitigungsgesetz, Lebensmittelgesetz, Naturschutzverordnungen u.a.). Ferner besteht bei einer unsachgemäßen Beschickung immer die Gefahr öffentlichen Ärgernisses.

Schwarzwildkirrung – hier unbedingt die Auflagen der Länder beachten.

Anstand

94 | Auf welche Wildarten wird der Anstand/Ansitz am Boden ausgeübt?

Man kann generell auf alle Wildarten am Boden anstehen oder ansitzen. Gebräuchlich ist der Anstand beim Entenstrich; auf Tauben im Feld, an der Salzlecke, an der Wasserstelle oder unter den Schlafbäumen; auf Elstern unter den Schlafbäumen (wo erlaubt!); auf den Hasen am Auslauf.

95 | Was versteht man unter »Hasenkur«?

Der Anstand oder Ansitz auf den zu Felde rückenden Hasen. Wird heute wieder vermehrt dort ausgeübt, wo die Feldhasen nicht mehr auf Treibjagden bejagt werden können.

96 | Wie unterscheiden sich Enten- und Gänsestrich?

Enten liegen tagsüber auf dem Wasser, streichen am Abend zu den Äsungsplätzen und streichen in der Früh wieder zurück. Gänse liegen in der Nacht auf dem Wasser, streichen in der Früh zu den Äsungsplätzen und kehren am Abend zurück.

97 | Worauf achten Sie beim Anstand/ Ansitz am Fuchsbau?

Auf perfekten Wind und insbesondere darauf, dass der Fuchs den Jäger nicht aus der Röhre heraus schon eräugen kann. Darüber hinaus auf ein freies und sicheres Schussfeld.

98 | Wo steht/sitzt der Jäger auf den Steinmarder an?

In der Nähe seines Schlafplatzes, meist hinter Gehöften oder am Dorfrand.

Fangjagd

Die Raubwildarten haben in der freien Wildbahn Aufgaben im Ökosystem. Dazu zählt vor allem die Gesunderhaltung der Niederwildbestände, denn kranke und geschwächte Tiere sind für sie eine leichte Beute. In den wenigen heute noch existierenden gut besetzten Niederwildrevieren, insbesondere Fasanenrevieren, konzentriert sich das Raubwild jedoch, da der Tisch entsprechend gedeckt ist. Dort kann es nennenswerten Schaden anrichten, der weit über die natürliche Aufgabe hinausgeht.

In weiten Teilen unserer Landschaft sind aus wirtschaftlichen Gründen unzählige Deckungsstrukturen beseitigt worden. In den wenigen übrig gebliebenen Biotopen konzentrieren sich nicht nur die wenigen Niederwildarten und in der Feldflur gefährdeten Bodenbrüter, es wird dem flächendeckend reichlich vorkommenden Raubwild (insbesondere den Gewinnern des Strukturwandels Fuchs, Steinmarder und verwilderte Hauskatze) auch die Jagd auf das dauergestresste Niederwild entlang der wenigen Strukturen erleichtern. Damit die gefährdeten Tierarten (vor allem die Bodenbrüter) nicht vollständig verschwinden und einer weiteren Artenverarmung Vorschub geleistet wird, muss der Jäger regulierend eingreifen. Zudem stehen beim einheimischen Raubwild die wertvollen Winterbälge als legitime Form der nachhaltigen Nutzung außer Frage.

Übersicht erlaubte Fanggeräte*

Lebendfallen:	Totfangfallen:
Kastenfalle für Fuchs	Schwanenhals, Bügelweite 56–70 cm (s. Seite 651 **)
Kastenfalle für Kleinraubwild	Eiabzugseisen, Bügelweite 37 cm (s. Seite 651 **)
Wippbrettfalle	
Rohrfalle (s. Seite 651 **)	

* Bitte immer die jeweils geltenden Landesverordnungen beachten!

** Seitenverweis für Abbildungen

Alle Raubwildarten sind dämmerungs- und nachtaktiv, eine erfolgreiche Bejagung mit der Waffe ist entsprechend schwierig bis unmöglich. Effektiven Ersatz bringt die Jagd mit der Falle. Allerdings ist sie nicht einfach, sondern verlangt vom Jäger genaue Kenntnisse über das Revier und die Verhaltensweisen des für den Laien »unsichtbaren« Raubwildes.

Verboten sind in Deutschland alle Fallen, die nicht unversehrt lebend fangen oder nicht sofort töten. Dem Fallenjäger obliegt eine besondere Verantwortung, muss er doch die tägliche Kontrolle und sichere Verwendung der Fallen garantieren.

Betonrohrfalle

99 | Welches Wild darf mit Fallen gefangen werden?

Raubwild, Wildkaninchen und Nutria (wenn nach Landesrecht jagdbar).

Eiabzugseisen im Fangbunker

100 | Welche Fallen sind grundsätzlich verboten?

Überall verboten sind Tellereisen, Schlingen und alle anderen Fallen, die nicht unversehrt lebend fangen oder sofort töten. Darüber hinaus können die Länder den Gebrauch weiterer Fallen verbieten.

101 | Darf jeder Jäger die Fangjagd ausüben?

Sofern die Länder keine abweichenden Regelungen getroffen haben, ja. In den meisten Bundesländern muss die Teilnahme an einem Fangjagdlehrgang nachgewiesen werden.

Schwanenhals mit gefangenem Fuchs

102 | Wie unterscheiden sich Abzugseisen von Tellereisen?

Die gespannten Bügel des Abzugseisens werden freigegeben und schlagen zu, wenn der in der Mitte platzierte Köderteller angehoben wird (Auslösung auf Zug). Die Bügel der Tellereisen schlagen zu, wenn Druck auf den in der Mitte platzierten Teller kommt (Auslösung auf Druck).

Zudem haben Abzugseisen eine größere Bügelspannweite für den tötenden Körperfang. Tellereisen haben einen kleinen Bügel für den Brantenfang.

103 | Welche Abzugseisen werden unterschieden?

Der große Schwanenhals und das kleinere Eiabzugseisen.

104 | Für welche Wildarten ist der Schwanenhals gedacht?

Hauptsächlich für Fuchs, Marderhund und Dachs.

105 | Welche Wildarten fangen sich im Schwanenhals, der außerhalb eines Fangbunkers oder nach oben abgedeckten Fanggartens aufgestellt wird?

Insbesondere Greifvögel, aber auch Schwarzwild!

Darüber hinaus stellt der frei gestellte Schwanenhals eine ernste Gefahr für Hunde und Menschen (Kinder) dar.

106 | Fangen Totschlagfallen selektiv?

Absolut selektiv fängt keine Totschlagfalle, jedoch kann der Jäger mit der Fangplatzwahl, der Zugangsöffnung zum Fangbunker und die Köderwahl unerwünschte Beifänge nahezu ausschließen.

107 | Welche Wildarten werden mit dem Eiabzugseisen gefangen?

Die Zielwildarten sind Stein- und Baummarder.

108 | Wie fangen sich Katzen und Waschbären im Eiabzugseisen?

Überwiegend mit den Branten (Tierquälerei!). Die Fallen müssen daher so eingebaut werden, dass Katzen und Waschbären keinen Zugang haben.

109 | Mit welcher Falle fangen Sie den Waschbär?

Mit Lebendfallen wie der großen Kastenfalle oder der Röhrenfalle. Waschbären sind sehr neugierig und nehmen auch Kastenfallen an, die unverblendet und unbeködert aufgestellt werden.

110 | Gibt es noch andere Totschlagfallen?

Ja, eine ganze Reihe. Die bekanntesten Typen sind Scherenfalle, Rasenfalle und Marderschlagbaum. Sie fangen alle nicht selektiv, da sie nicht zielführend umbaut werden können. Sie fallen in der Regel heute deshalb unter die in den Landesverordnungen verbotenen Fallen.

111 | Was ist bei der Verwendung von Abzugseisen zu beachten?

Die Verkehrssicherungspflicht. Fangeisen dürfen nur so aufgestellt werden, dass keine Personen gefährdet werden. Eine Gefährdung kann z. B. vermieden werden, wenn Fangeisen in verblendeten Fangbunkern, Fallenkästen oder Fangburgen eingebaut werden.

112 | Was ist ein Fangbunker?

Ein Gehäuse aus Holz oder Stein, in dem das Abzugseisen aufgestellt wird.

113 | Was ist eine Fangburg oder ein Fanggarten?

Ein raubwildsicher umzäunter Luderplatz, Stroh- oder Asthaufen, an dem Mäuse mit Getreide angefüttert werden und der dann mit einer oder mehreren Kastenfallen bestückt wird.

114 | Wie werden Fangeisen gespannt?

Die UVV schreibt vor, dass Fangeisen nur mit einer entsprechenden Vorrichtung (Spannhebel) gespannt werden dürfen. In vielen Bundesländern gibt es Fangjagdverordnungen, die einen Fallen-TÜV vorschreiben. So müssen Abzugseisen hinsichtlich der Schlag-/Klemmkraft gewisse Standards erfüllen, die in regelmäßigen Abständen überprüft werden. Zusätzlich sind alle Abzugseisen so zu kennzeichnen und der Behörde mitzuteilen, dass jederzeit der Besitzer festzustellen ist.

115 | Wo fangen Kastenfallen besonders gut?

Auf Zwangswechseln aller Art, besonders in Verbindung mit einem sauber gekehrten Fangsteig, aber auch auf Stegen über Gräben, in Zaunecken oder direkt an Gebäudewänden.

116 | Welche Lebendfallen eignen sich für den Fuchsfang?

Die große, mindestens 2 m lange Kastenfalle und die Betonrohrfalle.

117 | Wie wird die Betonrohrfalle aufgestellt?

Sie wird in der Regel in die Erde eingebaut. Man kann sie aber auch auf die Erde stellen und verblenden.

118 | Dürfen Sie gefangenes Raubwild mit der Faustfeuerwaffe erlegen?

Ja, mit Kopfschuss aus nächster Nähe in der Falle oder besser in einem Abfangkorb abseits des Fangplatzes.

Beizjagd

Die Beizjagd oder Falknerei umfasst das Abrichten, die Pflege und das Jagen mithilfe eines Greifvogels oder Falken. Feder- und Haarwildarten des Niederwildes sind hierbei Ziel dieser Jagd.

In einer zunftgerechten Falknerei unterscheidet man die Beizvögel vom »niederen Flug« (Habicht, Adler und Sperber), die von der Faust des Falkners aus direkt in einem kurzen Jagdflug ihr Jagdwild (Haar- und Flugwild) verfolgen und schlagen, und jene vom »hohen Flug« (Falken), die ausschließlich Flugwild nach weiten und hohen Jagdflügen oder aus der Anwarte heraus jagen.

Das Abtragen (Ausbildung) eines Beizvogels verlangt vom Falkner viel Geduld, Einfühlungsvermögen und Konsequenz sowie umfassende Kenntnisse in der Biologie und den Verhaltensweisen von Greifvögeln und Falken und ihren Beutetieren. Die Haltung von Greifvögeln und Falken ist in der Bundeswildschutzverordnung geregelt.

2016 wurde die Falknerei von der UNESCO in die weltweite »Liste des immateriellen Kulturerbes« aufgenommen und genießt damit auch in Deutschland einen privilegierten Schutzstatus.

Die wichtigsten Ausdrücke der Falknerei

Ästling	noch nicht flügger Jungvogel, der sich auf den Ästen um den Horst herum bewegt
Atzung	Nahrung
aufblocken	niederlassen auf Gestein, Boden, Baumstumpf oder Ähnlichem
aufhaken	niederlassen auf einem Ast
binden	greifen und festhalten der Beute
Fänge	Füße
Geschmeiß	Exkremente
Gewölle	Speiballen
Horst	Nest
Horstfeld	Brutrevier
Horstzeit	Brutzeit
Hosen	lockere Befiederung der Ständer
kröpfen	fressen
lahnen	Bettelruf der Jungen
manteln	die Beute mit den Schwingen abdecken
Nestling	junger Greifvogel im Nest
schlagen	Beute greifen
Terzel	männlicher Vogel
Waffen	Krallen
Weib	weiblicher Vogel

119 | Wo liegen die Wurzeln der Beizjagd?
Vermutlich im Orient, eventuell auch weiter östlich.Die genaue Herkunft ist umstritten.

120 | Welche rechtlichen Voraussetzungen gibt es für die Haltung von Beizvögeln?
Der Halter muss in Deutschland im Besitz eines gültigen Falknerjagdscheines sein (§ 3 Abs. 2 Nr. 1 BWildSchV).

121 | Wer bekommt in Deutschland einen Falknerjagdschein ausgestellt?
Der Antragsteller muss sowohl die »normale« Jägerprüfung als auch die Falknerprüfung erfolgreich abgelegt haben. Bei der Jägerprüfung entfallen allerdings die theoretische und die praktische Schießprüfung, sofern der Antragsteller ausschließlich die Beizjagd ausüben will.

122 | Welche Falkenarten werden zur Beizjagd verwendet?
Neben dem heimischen Wanderfalken auch Ger-, Lanner-, Lugger-, Prärie- und Sakerfalken.

123 | Was ist ein »Anwarter«?
Der Falke steht hoch in der Luft über dem Falkner oder dessen Hund und wartet darauf, dass Wild hochgemacht wird, das er dann jagt.

124 | Was versteht man unter »binden«?
Der Greifvogel oder Falke hält das Beutetier mit seinen Fängen fest.

125 | Welche Beizvögel tragen eine Haube?
Die Falken, manchmal auch Adler, weil diese

Der Wanderfalke schlägt seine Beute fast ausschließlich in der Luft.

Die Beizjagd wurde in die UNESCO-Liste des »Immateriellen Kulturerbes« aufgenommen.

ansonsten aufgeregt in die Ferne schauen und ständig zum Jagdflug starten wollen.

126 | Wann wird die Haube abgenommen?

Sobald Wild hoch wird, das der Falke jagen soll, oder wenn er sich in die Anwarte begeben soll.

127 | Welcher Beizvogel lässt sich universell einsetzen?

Der Habicht. Er ist äußerst wendig, schlägt seine Beute in der Luft wie am Boden und jagt sowohl im freien wie im deckungsreichen Gelände.

128 | Welche Jagdgehilfen werden bei der Beizjagd noch eingesetzt?

Vorstehhunde vor allem bei der Jagd mit Falken; Stöberhunde vor allem bei der Jagd mit dem Habicht. Der Habicht kommt auch bei der Frettierjagd zum Einsatz.

129 | Kann man mit dem Wanderfalken Hasen beizen?

Nein, der Wanderfalke schlägt nur Flugwild und dieses weitgehend in der Luft.

130 | Welches Wild wird mit dem Steinadler bevorzugt gejagt?

Feldhase und Fuchs.

131 | Darf der Falkner junge Habichte aushorsten, um sie abzutragen?

Nein, Beizvögel dürfen nur aus legaler Zucht bezogen werden. Illegale Beschaffung wird in Deutschland mit Bußgeldern belegt und, wenn sie gewerbs- oder gewohnheitsmäßig begangen wird, mit Freiheits- oder Geldstrafen.

132 | Darf der Falkner selbst Greifvögel oder Falken züchten?

Mit legal erworbenen und registrierten Vögeln darf ohne weitere Genehmigung gezüchtet werden.

Gesellschaftsjagd

Ab wann das jagdliche Zusammenwirken mehrerer Jäger/Treiber als Gesellschaftsjagd gilt, ist in den jeweiligen Landesjagdgesetzen definiert. So ist dies beispielsweise in Bayern eine Jagd, an der mehr als 4 Personen, in Baden-Württemberg eine Jagd, an der mehr als 8 Personen teilnehmen.

Unter einer Gesellschaftsjagd auf Niederwild fasst man folgende Arten der Treibjagd zusammen:

- Vorstehtreiben im Wald und im Feldrevier mit dem sogenannten Scherentreiben oder Hobeln, wenn (meist im Wald) 2 Treiberwehren im Treiben gegensätzlich treiben
- Kesseltreiben
- Streife und Böhmische Streife

Ein gut ausgewählter Standplatz ist für den Jagderfolg wichtig.

Übersicht Gesellschaftsjagden*) **)

Bezeichnung	Schützenzahl	bejagte Wildarten	Hunde	Treiber
Niederwild-treibjagd (Streife, Standtreiben, Kesseltreiben)	Etwa ab 10 Schützen und nach oben offen, abhängig vom Gelände	Niederwild schlechthin, aber auch Schalenwild, insbesondere Schwarzwild	Werden bei mobilen Jagden (z.B. Streife) nur zum Verlorensuchen und Apportieren eingesetzt, bei Standtreiben auch zum Stöbern	Bei Niederwildtreibjagden im Idealfall 2 Treiber auf 1 Schützen
Stöberjagd (kann auch Einzeljagd sein!)	Etwa ab 4 Schützen, nach oben offen; bei Jagden auf Rot- und Schwarzwild meist ab 50 Schützen aufwärts, da sehr große Flächen bejagt werden	Niederwild und Schalenwild	Hunde suchen das Wild und »treiben« es den Schützen zu.	Bei großen Stöberjagden auf Schalenwild gehen teilweise einzelne Hundeführer mit durch, um Fangschüsse anbringen zu können.
Drückjagd	Etwa ab 4 Schützen, nach oben offen	Fuchs und Schalenwild		Treiber »drücken« durch.
Ansitz-drückjagd	Etwa ab 10 Schützen, selten über 20	Schalenwild und Fuchs		1 oder wenige »Durchgeher« bringen das Wild diskret in Bewegung.

Riegeljagd = lokale Bezeichnung sowohl für Stöberjagd auf Schalenwild als auch für Drückjagd auf Schalenwild.

*) Teilweise wird auch der Name »Bewegungsjagden« verwendet, weil bei diesen Jagdarten das Wild bewegt wird.
**) s. auch Seite 658/659

- Fuchsdrücken
- Taubenjagdtage (wenn zusätzlich getrieben wird)

Aber es finden auch Gesellschaftsjagden auf Schalenwild mit unterschiedlichen Abläufen und Zielsetzungen statt:

- Sammelansitz (mit Anrühren durch Treiber)
- Drückjagd auf Rot-, Dam- und Schwarzwild
- Riegeljagden auf Rot-, Dam- und Gamswild
- Stöberjagden
- Mais- oder Erntejagden

Bewegungsjagd: Unter dem heute üblichen Begriff der Bewegungsjagd werden in Summe unterschiedliche Jagdarten zusammengefasst, bei denen Schalenwild organisiert und planvoll über die gesamte Zeitdauer der Jagd gleichzeitig auf großer Fläche durch frei suchende und fährtenlaut jagende Hunde (und ggf. Treiber) so in Bewegung gebracht wird, dass es die auf vorher ausgesuchten Ständen abgestellten Jäger möglichst vertraut anwechselt, somit gut angesprochen und wildbretschonend sowie tierschutzgerecht erlegt werden kann.

Jagdleitung: Grundsätzlich muss bei Gesellschaftsjagden ein Jagdleiter bestellt werden, sofern der Jagdherr (Eigenjagdbesitzer, Jagdpächter, Leiter einer Forstverwaltung) diese Aufgabe nicht selbst wahrnimmt. Diese Aufgabe kann auch einem revier- und sachkundigen Jagdgast übertragen werden.

Der Jagdleiter trägt Sorge dafür, dass nur Schützen mit gültigem Jagdschein (Österreich = Jagdkarte; Schweiz = Jagdpass) teilnehmen. Er hat den Schützen und Treibern die erforderlichen Anordnungen für den gefahrlosen Ablauf der Jagd zu geben. Er hat insbesondere die Schützen und Treiber vor Beginn der Jagd zu belehren und ihnen die Signale bekannt zu geben. Der Jagdablauf wird von ihm geleitet, seine Anordnungen sind zu befolgen.

Es können, beispielsweise wenn bei einer Gesellschaftsjagd in mehreren Gruppen gejagt wird, auch mehrere Jagdleiter bestellt werden. Formal handelt es sich dann um mehrere (synchronisierte) Jagden.

Gesellschaftsjagden beinhalten immer auch ein erhöhtes Unfallrisiko. Dies gilt für den Transport der Schützen ebenso wie für deren Umgang mit der Schusswaffe und die Disziplin beteiligter Treiber und sonstiger Helfer. Hinzu kommt bei den heute meist großräumig angelegten Gesellschaftsjagden im Wald, dass der direkte optische und akustische Kontakt des Jagdleiters zu den Teilnehmern weitgehend verloren geht. Auch das heute allgegenwärtige Handy kann nicht immer Kontakt herstellen. Daher wird oft »nach der Uhr« gejagt, d h., Beginn, eventuelle Aufbrechpausen sowie das Ende sind auf bestimmte Uhrzeiten festgelegt.

Gesellschaftsjagden auf Niederwild

133 | Wie funktioniert ein Standtreiben (Vorstehtreiben)?

Der vorgesehene Trieb wird mit Schützen umstellt und die Treiber gehen durch.

Niederwildjagd im Feld: Streife mit Schützen und Treibern

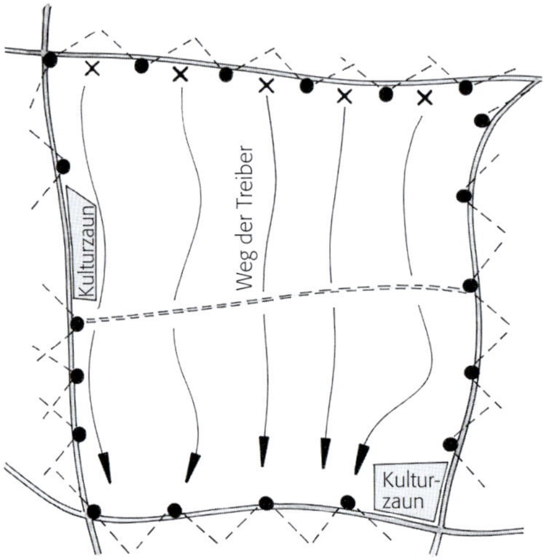

Standtreiben im Wald
Schützen stehen und schießen nach außen, Treiber und eventuell Hunde gehen durch.

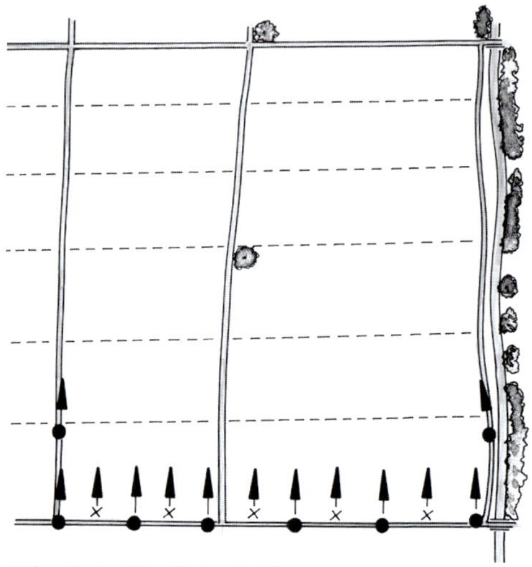

Böhmische Streife im Feld
Schützen und Treiber rücken gleichmäßig vor, Hunde bleiben am Riemen.

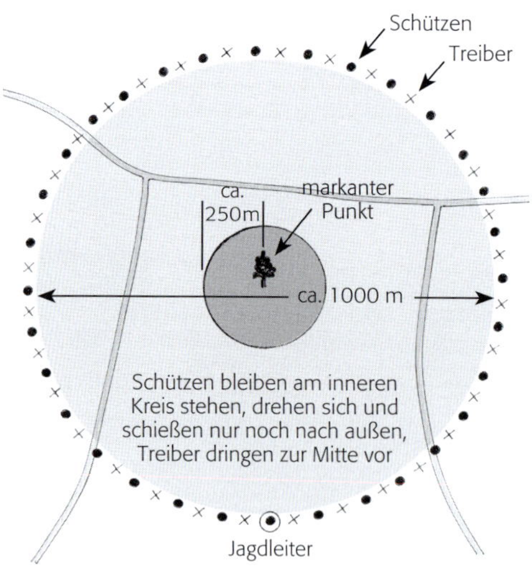

Kesseltreiben
Übersichtliches Gelände, große Zahl Jäger und Treiber, Durchmesser bis zu 1 km

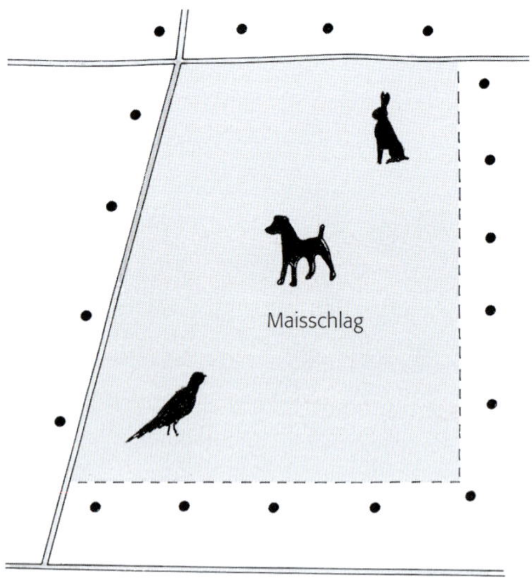

Stöbern im Feld oder im Wald
Schützen umstellen eine unübersichtliche Feldparzelle oder Dickung im Wald, Hunde arbeiten selbstständig.

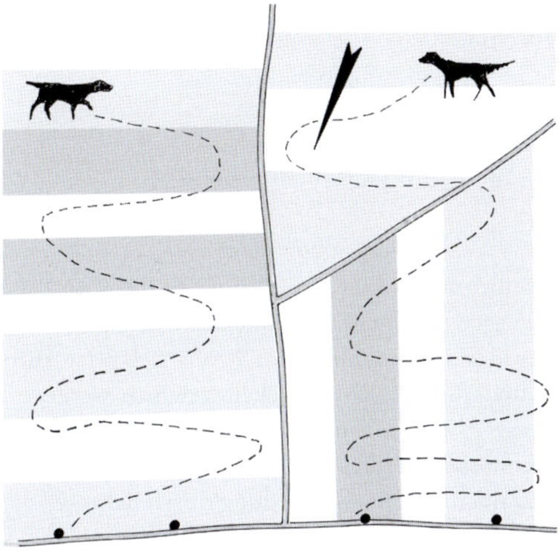

Suche im Feld
1–2 Vorstehhunde, 1–4 Jäger. Hunde suchen weiträumig, stehen vor und lassen Jäger aufrücken.

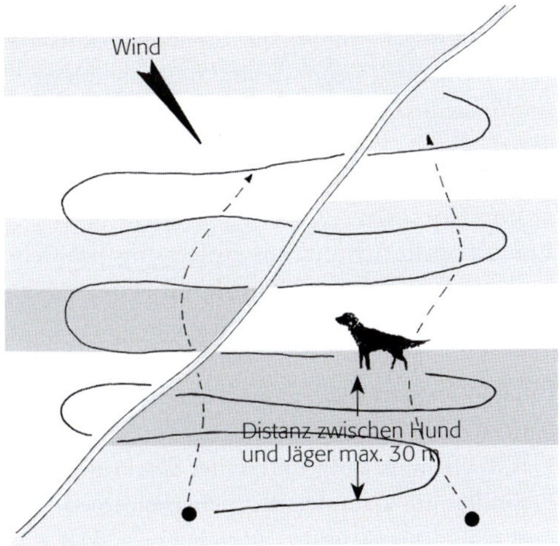

Buschieren
Hund muss »unter der Flinte« suchen, 1–2 Jäger folgen; Jagdart im bebuschten Gelände.

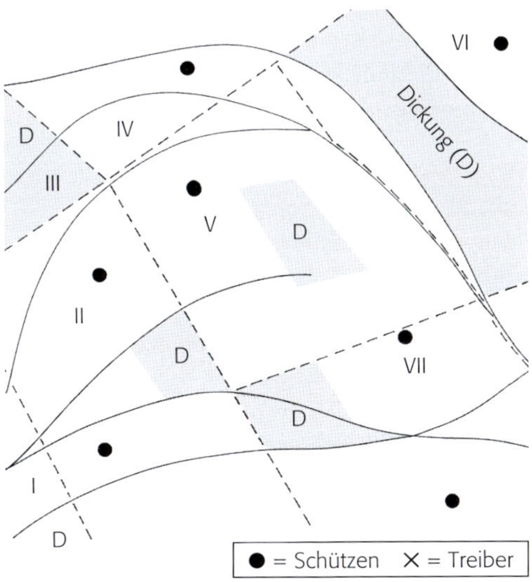

Hochwild-Drückjagd
Schützen weiträumig verteilt, nicht an Wegen und Dickungsrändern, Hundeführer und Hunde arbeiten in Gruppen.

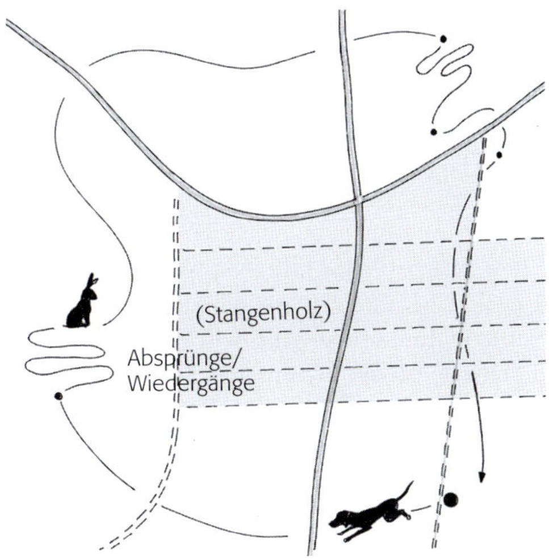

Brackieren
1–2 Jäger, 1 Hund; der Hund »sticht« den Hasen in der Sasse und verfolgt ihn ausdauernd und spurlaut, bis dieser zurückkehrt.

134 | Wo finden Standtreiben statt?
Im Wald sowie grundsätzlich überall dort, wo die Sichtverhältnisse begrenzt sind und folglich eine geordnete Streife nicht möglich ist.

135 | Wie weit sollen die Schützen bei einem Vorstehtreiben auseinanderstehen?
Etwa doppelte Schrotschussentfernung, um sich im Bedarfsfall gegenseitig noch »unterstützen« zu können.

136 | Was sind die Voraussetzungen für eine Treibjagd?
Das Revier muss aufgrund seiner Struktur, insbesondere aus Gründen der Sicherheit (Siedlungsnähe/Infrastruktur), geeignet sein, dass die Durchführung einer Treibjagd möglich ist. Sicherlich muss genügend Wild vorhanden sein. Kommen auf jedes erlegte Stück Niederwild drei oder mehr Schützen, ist die Treibjagd einer kritischen Öffentlichkeit gegenüber sicher nicht zu rechtfertigen.

137 | Wird bei Treibjagden das gesamte Revier bejagt?
Nein, es ist vernünftig, wechselweise auf etwa einem Drittel der Fläche die Jagd ruhen zu lassen.

138 | Wie funktioniert eine Streife?
Es wird eine Schützenlinie gebildet, die langsam vorrückt. Im Idealfall geht zwischen 2 Treibern 1 Schütze. Bei der Böhmischen Streife werden auch noch 2 kurze Seitenflügel gebildet, sodass sich ein in Triebrichtung offenes »U« ergibt.

139 | Was ist die Voraussetzung für eine Streife?
Das Gelände muss guten Sichtkontakt über die komplette Grundlinie hinweg zulassen. Dies ist nicht der Fall, wenn im Treiben große Maisschläge oder Gehölze liegen oder wenn das Gelände in sich stark kupiert und reich strukturiert ist.

140 | Wie sollte das Verhältnis Schützen zu Treiber bei einer Streife sein?
Im Idealfall 2 Treiber auf 1 Schützen.

141 | Was ist ein Kesseltreiben?
Treiber und Schützen bilden einen Kreis und bewegen sich langsam auf dessen Mittelpunkt zu, der idealerweise mit einem Strohwisch oder Ähnlichem für alle sichtbar gekennzeichnet werden muss. Es darf so lange nach vorne und hinten geschossen werden, bis der Kreisdurchmesser nur noch 300 m (Gefährdung durch Schrote) beträgt. Dann wird das Signal »Treiber in den Kessel« geblasen. Jetzt bleiben alle Schützen stehen und schießen nur noch nach außen, während die Treiber zum Mittelpunkt des Kessels vorrücken.

142 | Was ist die Voraussetzung für ein Kesseltreiben?
Flaches Gelände, das Übersicht bietet und ein gleichmäßiges Vorrücken zulässt.

143 | Welche Wildarten werden hauptsächlich buschiert?
Hauptsächlich Kaninchen, Fasane und Waldschnepfen.

144 | Welche Hunde werden zum Buschieren verwendet?
Buschieren lässt sich sowohl mit Vorstehhunden als auch mit Stöberhunden. Bedingung ist nur, dass der Hund maximal 25 m vor dem Jäger (»unter der Flinte«) sucht, damit dieser aufstehendes Niederwild noch beschießen kann.

145 | Auf welche Wildart wird die Suchjagd ausgeübt?
Als klassische Suche gilt die Jagd auf Rebhühner.

Dabei suchen 1–3 Jäger mit Vorstehhunden das Feld ab. Sobald ein Hund vorsteht, begibt sich der nächste Jäger zu ihm, tritt die Hühner heraus und schießt. Die Suchjagd mit dem Vorstehhund gelingt auch auf Hasen und Fasane.

146 | Bei welcher Jagd werden auch Streupatronen verwendet?

Überall dort, wo auf kurze Distanzen geschossen werden muss (Frettieren, Baujagd, Enteneinfall, Buschieren, Stöbern auf Kaninchen).

147 | Wann dürfen Durchgehschützen auch schießen?

Das Mitführen der Schusswaffe kann z. B. für den Durchgeh- oder Treiberschützen zweckmäßig sein

- zur Eigensicherung bei annehmendem Schwarzwild,
- für den Fangschuss auf krankes Wild auf nächste Distanz,
- für den Fangschuss auf von Hunden gestelltes Wild.

148 | Welche Schrotgröße ist bei der kombinierten Hasen- und Fasanenjagd angebracht?

Schrote Nummer 5 = 3 mm. Britische Jäger verwenden selbst hierbei Nummer 6 oder 7 (2,6/2,7 mm), halten sich aber sehr selbstdiszipliniert strikt an eine maximale Schrotschussentfernung von 25 m.

149 | Welches Jagdhorn wird auf Treibjagden während des Jagdablaufs vorrangig geblasen?

Das Fürst-Pless-Horn.

150 | Wie lassen sich bei der Treibjagd erlegte Alt- und Junghasen unterscheiden?

Am Stroh'schen Zeichen, einer erbsengroßen Verdickung (Wachstumsfuge) oberhalb des Handwurzelgelenks.

151 | Wann stellt der verantwortungsbewusste Jagdleiter die Bejagung der Hasen ein?

Wenn sich bei der Treibjagd bis Mittag 50 % oder mehr der erlegten Hasen als Althasen erweisen.

Bewegungsjagden auf Schalenwild

Überlegt und maßvoll betriebene Gesellschaftsjagden auf Schalenwild können nicht nur den Jagddruck mindern, sie bringen auch jagdliches Erleben. Sie nutzen die kurzen Herbst- und Wintertage und finden überdies in einer Zeit statt, in der Früh- und Abendansitz vielerorts nicht sehr effektiv sind und die berufstätigen Jäger nur am Wochenende Zeit zur Jagd finden.

Große Gesellschaftsjagden bedeuten aber auch immer eine wesentliche Beunruhigung, nicht nur des jagdbaren Wildes, sondern des gesamten Reviers. Drück- oder Stöberjagden auf Schalenwild sollten möglichst nur einmal im Jahr auf gleicher Fläche stattfinden.

Das Ziel von Gesellschaftsjagden muss es immer sein, beim Schwarzwild, weiblichen Schalenwild und deren Nachwuchs »Strecke« zu machen. Sie dürfen nicht zum Selbstzweck, zum Alibi oder zur reinen Gesellschaftspflege verkommen.

152 | Welche rechtlichen Unterschiede müssen wir bei Bewegungsjagden auf Schalenwild beachten?

Die Länder definieren Drückjagd und Treibjagd unterschiedlich, wobei Treibjagden auf Schalenwild teilweise verboten oder genehmigungspflichtig sind.

153 | Welche unterschiedlichen »Techniken« der Bewegungsjagd auf Schalenwild kennen Sie?

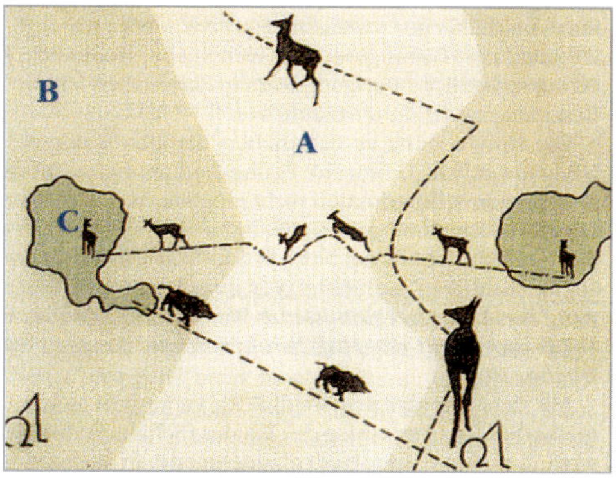

Fluchtverhalten von Schalenwild bei Bewegungsjagden (nach WÖLFEL)

Das Wild kann von Treibern (Durchgehern) in Bewegung gebracht werden oder nur von Hunden (Stöberjagd) oder von beiden gemeinsam.

154 | Wie wird bei Drückjagden/Riegeljagden auf Schalenwild abgestellt?

Es wird die zu bejagende Fläche nicht umstellt, vielmehr wird strategisch an den bekannten Fluchtwechseln im Treiben abgestellt, damit das Wild möglichst mehrere Schützen anläuft, bevor es das Treiben verlassen kann.

Richtig aufgebrochen kann das Wild ausschweißen und lüften.

155 | Auf was muss bei der Planung solcher Jagden besonders geachtet werden?

Auf öffentliche Straßen, die sich im bejagten Bereich oder unmittelbar daneben befinden, und auf stark vom Publikum genutzte Waldwege (Gefahr durch flüchtendes Wild oder Jagdhunde).

156 | Welche Vorkehrungen trifft der Jagdleiter bezüglich öffentlicher Verkehrswege?

Er verständigt rechtzeitig die Polizei oder zuständige Behörde über die geplante Jagd und macht die Verkehrsteilnehmer mit Warntafeln und Streckenposten auf die besondere Situation aufmerksam. In Ausnahmefällen sind sogar befristete Geschwindigkeitsbegrenzungen oder Straßensperrungen möglich.

157 | Wie erkennen Sie bei einer Bewegungsjagd auf Schalenwild, wohin Sie nicht schießen dürfen?

Gefahrenbereiche, in die nicht geschossen werden darf, werden mit Schussfeldbegrenzern, d. h. Stangen, Signalbändern oder Farbmarkierungen, gekennzeichnet.

158 | Wann dürfen Sie auch in einen freigegebenen Bereich nicht schießen?

Wenn durch einen Schuss Treiber, Nachbarschützen, Unbeteiligte oder Hunde gefährdet würden.

159 | In welcher Ordnung verlässt ein »Dreier-Rudel« Rotwild (Alttier, Kalb, Schmaltier) das »Treiben«?

Das Alttier zieht/flüchtet vorweg, sein Kalb folgt an der Seite oder dicht dahinter, nachfolgend dann das Schmaltier.

160 | Welchen wichtigen Verhaltensunterschied in der Flucht gibt es zwischen Rot- und Rehwild?

Rotwild ist stets bestrebt, im Rudel zu bleiben. Rehwild trennt sich häufig. Rotwild flüchtet gerne in große helle Räume (z.B. Althölzer). Rehe versuchen, im Dunkeln (Dickung) zu bleiben, und drücken sich bei Gefahr.

161 | Lässt sich Rehwild treiben?

Im eigentlichen Sinne nicht. Es ist bestrebt, seinen gewohnten Wohnraum nicht zu verlassen, und kehrt bogenförmig zum Ausgangspunkt zurück.

162 | Wie verhält sich Schwarzwild?

Schwarzwild wird vor allem bei häufiger Bejagung ausgesprochen dickfellig. Es lässt sich im Kessel von den Hunden verbellen und flüchtet möglichst in der Rotte. Es nutzt bei der Flucht dunkle Bereiche.

163 | Wie verhält sich geriegeltes Gamswild?

Gamswild strebt stets in felsige Bereiche. Die Kitze bleiben bei den Geißen. Größere Rudel teilen sich meist.

164 | Bedarf es für die Bewegungsjagd eigener Reviereinrichtungen?

Insbesondere die Sicherheit steht bei Bewegungsjagden ganz oben an. Der ebenerdige Stand an einer Markierung sollte deshalb der Vergangenheit angehören. In stark kupiertem Gelände mit ausreichend natürlichem Kugelfang kann sich der Jagdleiter mit einem Schirm behelfen. In jedem anderen Gelände müssen spezielle Drückjagdsitze wackelfrei aufgestellt werden, die aufgrund ihrer Höhe bis zu einer Schussentfernung von 80–100 m ausreichend Kugelfang geben. Auf ihnen kann der Schütze frei stehend mitschwingen, aber auch für den weiten Präzisionsschuss auf stehendes Wild sicher auflegen. Die Verwendung geschlossener Sitze für die Ansitzjagd ist in diesem Fall gänzlich ungeeignet.

Früher wurden einzelne Bereiche auf Wegen umstellt und durchgedrückt (weiß). Die Schützen gefährdeten sich gegenseitig. Hatte das Wild die Schützenkette durchbrochen, war es in Sicherheit. Besser ist es, eine größere Fläche in Linien abzustellen (grün), damit das Wild mehrere Schützen anläuft. Die Gefahr durch Geschosssplitter und Querschläger ist minimiert.

Warntafeln, die an Straßen auf eine Bewegungsjagd hinweisen, sind Pflicht, sie entlassen den Jagdleiter jedoch nicht aus der Verantwortung.

Mit Hunden jagen

Historie: Die Jagd mit Hunden stellt sicher eine der ältesten Jagdmethoden dar. Es ist zu vermuten, dass Hunde schon sehr früh als Jagdhelfer eingesetzt wurden. Ebenso ist es wahrscheinlich, dass schon unsere Vorfahren laut jagende Hunde bevorzugten, einfach weil der Hundelaut sie über das nicht einsehbare Geschehen informierte.

Der brauchbare Jagdhund ist zweifelsfrei für eine effektive, aber auch weidgerechte Jagdausübung unerlässlich. Wir haben in Deutschland eine große Zahl von anerkannten Jagdgebrauchshunden. Neben den sogenannten Allroundern, die für fast jedes Arbeitsgebiet in fast jedem Revier und Metier verlässlich eingesetzt werden können, entstanden über die Jahrzehnte auch reine Spezialisten. So gibt es Schweißhunde für die Arbeit auf der kranken Hochwildfährte, Erdhunde für die Arbeit unter der Erde an Fuchs und Dachs, englische Vorstehhunde für die eindrucksvolle Arbeit vor dem Schuss auf Federwild, Stöberhunde und Bracken für die laute Jagd im Wald und spezielle Apportierhunde für die exzellente Arbeit nach dem Schuss bei großen Niederwildjagden. Gerade mit dem Spezialistentum sind genetisch fixierte Anlagen und rassetypische Eigenschaften eng gekoppelt. So ist es ein hoher Verdienst der Jagdgebrauchshundezucht, dem Jäger für die unterschiedlichsten Einsatzgebiete heute bestens geeignete Hunde stellen zu können.

Die in den letzten Jahren flächig zunehmenden großräumigen Bewegungsjagden in Waldrevieren beispielsweise verlangen nach selbstständig arbeitenden, wildscharfen Hunden mit einem hohen

Ohne gute Stöberhunde hätten Bewegungsjagden auf Schalenwild nur wenig Erfolg.

Übersicht »Mit Hunden jagen«

Brackieren	Stöbern	Buschieren	Suchen	Baujagd
Einzusetzende Hunde				
Bracken oder andere spurlaute, spurwillige und spursichere Hunde.	Stöberhunde, aber auch Hunde anderer Rassen, soweit im Stöbern ausgebildet	Vorstehhunde, Stöberhunde, gelegentlich auch Apportierhunde	Im Feld Vorstehhunde (z. B. Hühnersuche), am Wasser auch Stöber- und Apportierhunde	Bauhunde (Teckel und Terrier)
Bejagtes Wild				
Hase und Fuchs, in anderen Ländern auch Schalenwild.	Niederwild und Schalenwild	Niederwild, insbesondere Hase, Kaninchen, Fasan, Schnepfe	Niederwild, insbesondere Rebhühner, Fasan, Ente und Hase	Primär Fuchs, gelegentlich auch Dachs, Marderhund und Waschbär
Jägerbeteiligung				
1 Jäger mit Hund, gelegentlich auch mehrere Jäger. Bei mehreren Jägern und Hunden oft Übergänge zur Stöberjagd	1 Jäger (kleinste Form), aber nach oben völlig offen. In den letzten Jahren oft groß angelegte Stöberjagden auf Schalenwild mit zum Teil über 100 Jägern	1 Jäger mit Hund oder kleine Jägergruppe mit mehreren Hunden (es muss im bebuschten Gelände noch Sichtverbindung bestehen)	1 Jäger mit Hund oder kleine Jägergruppe mit mehreren Hunden. Bei der klassischen Hühnersuche selten mehr als 2 Hunde und 5 Jäger	1 Jäger mit Hund oder kleine Jägergruppe (etwa bis 4) mit mehreren Hunden, wobei immer nur ein Hund im Bau sein sollte

Grad an Nasenleistung, Härte, Ausdauer, Verträglichkeit und Orientierungssinn. Eigenschaften, die bei Weitem nicht bei jedem Hund gleich ausgeprägt zu finden sind, die aber diese großen Wildjagden erst so effektiv werden lassen. Ohne Frage steigert die Wahl eines nach seinen ererbten Anlagen und aufgrund seiner praxisnahen Einarbeitung erfahrenen Hundes das gewollte Ergebnis zum Optimum. Das gilt selbstverständlich nicht nur für die Bewegungsjagd, sondern für alle Einsatzbereiche – vom Wasser bis zum Bau.

Brackieren

Unter Brackieren versteht man die Arbeit der Bracke auf der Spur von Fuchs und Hase. Der Hund soll frei suchend den Hasen auf dessen Nachtspur finden, ihn aus der Sasse stechen und dann so lange fährtenlaut (der Brackenjäger spricht bei der Hasenspur von Fährte!) jagen, bis dieser wieder in die Nähe seiner Sasse zurückkommt und dort von dem wartenden Jäger erlegt werden kann.

165 | Welche Beschränkung der Brackenjagd sieht das Gesetz in Deutschland vor?

Die Brackenjagd darf nur auf Flächen von mindestens 1000 ha ausgeübt werden. Diese Fläche kann sich aber auf 2 oder mehr Reviere erstrecken.

166 | Kann man nur mit Bracken brackieren?

Nein, im Prinzip kann man mit Hunden beliebiger Rasse brackieren, vorausgesetzt, der jeweilige Hund ist spurlaut und sehr spurwillig. Solche Typen findet man außerhalb der Brackenschläge am ehesten bei Wachtelhunden und Teckeln.

167 | Kann man mit jeder Bracke brackieren?

Nein, absolut nicht. Heute fehlt es manchen Bracken durchaus am Spurwillen. Auch legen viele Brackenführer keinen Wert auf diese alte, schöne Jagdart und unterlassen bewusst die gezielte Förderung der wichtigen Anlage.

168 | Welche Wildarten können brackiert werden?

Üblich ist die Brackenjagd auf Feldhase, Schneehase (nicht in Deutschland!) und Fuchs. In Skandinavien werden auch Rehe brackiert. Früher wurde im Alpenraum auch Rotwild brackiert.

169 | Warum kommen bei der Brackenjagd weniger Füchse als Hasen zur Strecke?

Weil der gejagte Fuchs häufig einen Bau annimmt.

Der Vorstehhund hat eine kleine Kette Rebhühner hochgemacht.

170 | Auf welchem Prinzip basiert die Brackenjagd?

Der Hase hat einen festen Wohnraum, den er nicht verlassen möchte. Vom Hund gejagt, kehrt er bogenförmig an den Ausgangspunkt der Jagd (meist die Sasse) zurück.

171 | Was ist eine »Bucht«?

Darunter versteht man eine Strecke (einen Kreis), die der Hase vor der Bracke läuft. Die Hasenterritorien sind meist kleiner als 10 ha.

172 | Muss der Jäger bei nassem Wetter gröbere Schrote laden?

Es stimmt nicht, dass der nasse Hasenbalg die Schrote schwerer durchlässt. Abgesehen davon ist das Haar des Hasen wasserabweisend und auch bei nassem Wetter fast immer trocken.

Suchjagd

Vor den Zeiten der Maiswirtschaft bei deutlich höheren Besätzen an Feldhühnern und Hasen war die Suche mit dem Vorstehhund in allen Feldrevieren eine geläufige und äußerst attraktive Jagdart. Heute kennen leider viele junge Jäger sie nur noch aus Erzählungen. Vorstehhunde suchen vor dem Schützen möglichst reich strukturierte Felder nach Niederwild (klassisch nach Rebhühnern) ab. Der Suchengang war erfolgreich, wenn der Hund das gefundene, sich drückende Wild so lange vorstehen konnte, bis es von dem Jäger herausgetreten und beim Abstreichen erlegt werden konnte. Eine gute Suche zeichnet sich beim Hund durch Finderwillen, Arbeitstempo, Ausdauer und planmäßiges Absuchen der Fläche aus.

173 | Welche Wildarten werden auf der Suche bejagt?

Die »klassische« Suchjagd gilt immer den Rebhühnern. Heute, wo die Rebhühner in fast allen Revieren geschont werden, gilt sie Feldhase und Fasan.

174 | Wie viele Schützen sind zur Suchjagd notwendig?
Die Suchjagd kann durchaus alleine mit 1 Hund ausgeübt werden. In der Regel arbeiten 1–3 Jäger mit 1 Hund.

175 | Wie bringen Sie vom Hund vorgestandenes Federwild zum Abstreichen?
Der Hund erhält das Kommando »Voran« oder man tritt das Wild selbst heraus.

Buschieren

Unter Buschieren versteht man die Arbeit mit einem kurz suchenden Hund unter der Flinte.

Im traditionellen Sinne erfolgt das Buschieren auf Federwild wie Fasane und Waldschnepfen, zunehmend auch auf Hase und Kaninchen in kupiertem, mäßig deckungsreichem, noch relativ offenem Gelände.

Wenngleich sich dafür viele Vorsteh- und Stöberhunde, die im engen Einwirkungsbereich ihres Herrn bereitwillig suchen, eignen, sind die aus England stammenden Spaniels die klassischen Buschierhunde.

176 | Auf welche Wildarten wird buschiert?
Am häufigsten werden Kaninchen buschiert. Selbstverständlich werden bei der Buschierjagd auch Schnepfen, Hasen und Fasanen erlegt, daneben gelegentlich ein Fuchs.

177 | Wie müssen die Hunde beim Buschieren arbeiten?
Die Hunde müssen unter der Flinte suchen, und zwar nicht weiter als 20 m, damit der Jäger aufstehendes Wild noch in weidgerechter Schrotschussentfernung beschießen kann.

178 | Welche Schrotstärke halten Sie beim Buschieren für angemessen?
Nicht stärker als 3 mm, da eher auf weiches Wild und kurze Entfernung geschossen wird. Die gute Deckung der Schrotgarbe ist hier weit wichtiger als eine hohe Durchschlagskraft einzelner Schrote.

Stöbern

Das Stöbern ist eine weitere Arbeit des Jagdhundes vor dem Schuss. Der geschnallte Hund soll dabei in deckungsreichem Gelände (meist Wald, aber auch Schilf und Mais) selbstständig und weiträumig Wild suchen und, wenn er es gefunden hat, anhaltend spur- oder fährtenlaut jagen, bis es außerhalb der Dickung von den wartenden Jägern erlegt werden kann. Der mit einiger Erfahrung ausgestattete Hund soll sich nach Verlassen der Dickung abrufen lassen oder erneut selbstständig die Deckung annehmen und neues Wild suchen. Tut er das, anstatt flüchtiges Wild weiter zu hetzen, jagt er bogenrein.

179 | Welche Anforderungen werden an einen Stöberhund gestellt?
Er muss vor allem spurlaut sein, damit die außen vorstehenden Schützen rechtzeitig über anwechselndes Wild informiert werden.

180 | Auf welche Wildarten wird gestöbert?
Gestöbert wird auf nahezu alle Niederwildarten einschließlich Rehwild, bei groß angelegten Jagden auch auf sonstiges Schalenwild.

181 | Wie groß ist das Treiben bei einer Rehwild-Stöberjagd?
Das richtet sich nach den örtlichen Verhältnissen (Waldstruktur, Jägerzahl). Die Untergrenze liegt etwa bei 3 ha, die Obergrenze bei mehreren 100 ha. Werden zu kleine Flächen bejagt, kommen

die Rehe zu schnell. Ohnehin ist nur der Schuss auf stehendes Wild anzustreben.

182 | Welches Problem ergibt sich, wenn auf Sauen gestöbert wird?

Erfahrene Sauen bleiben im Kessel sitzen oder rotten sich zusammen, ohne flüchtig zu werden. Um dies zu verhindern, gehen oft Treiber oder Hundeführer mit durch, um die von den Hunden gestellten Sauen in Schwung zu bringen.

183 | Welche Eigenart zeigt der Fuchs bei Stöberjagden?

Er verdrückt sich gerne nach rückwärts. Daher muss auch die Rückseite des Triebs abgestellt werden und die Schützen müssen sich besonders diszipliniert und aufmerksam verhalten.

184 | Was muss man bedenken, wenn auf Kaninchen gestöbert wird?

Kaninchen nehmen schnell ihre Baue an. Folglich müssen bei den bekannten Bauen sichere Schützen postiert werden.

185 | Welche Hunde eignen sich für die Stöberarbeit?

Vorsteh-, Stöber- und Bauhunde, teilweise auch Apportierhunde, sofern sie spurlaut und entsprechend eingearbeitet sind.

Baujagd

Unter der Erde sind eine wohldosierte Raubwildschärfe und Jagdverstand seitens des eingesetzten Erdhundes sinnvoll und notwendig. Nicht eine bedingungslose Schärfe am Raubwild macht den Spezialisten unter der Erde aus, sondern die richtige Vorgehensweise. Heute wird in erster Linie der Fuchs im Bau bejagt, früher auch der Dachs. Kurze, heftige Attacken, schnelles Verlassen des im Endrohr festsitzenden Fuchses und die Suche nach einem anderen Angriffsweg sind das überzeugende Rezept des scharfen »Fliegers«, des routinierten Fuchssprengers.

Dagegen springt der Dachs selten. In der Regel muss er gegraben werden. Zum Dachsgraben braucht der Jäger den mäßig scharfen »Steher«, dessen Aufgabe es ist, den Dachs im Bau zu bewegen, ein Endrohr anzunehmen und sich unter Fassversuchen dem laut vorliegenden Hund Fang an Fang zu stellen, bis der Jäger von oben mit Schanzzeug einen Einschlag über dem Hund machen kann. Wichtig ist, dass der geöffnete Bau anschließend wieder verschlossen wird.

Auch das Frettieren fällt in den Bereich der Baujagd. Mit domestizierten Abkömmlingen des Iltis (oder auch dem sogenannten Kaninchenteckel) werden Kaninchen aus dem Bau gesprengt und vom Jäger mit der Flinte erlegt oder in Netzen, sogenannten Kaninchenhauben, lebend gefangen.

186 | Auf welche Wildarten wird die Baujagd ausgeübt?

Auf Fuchs, Dachs und Wildkaninchen.

187 | Welche Hunderassen eignen sich für die Baujagd?

Alle niedrigen Terrierrassen, soweit jagdlich geführt. Bei uns sind dies hauptsächlich der Deutsche Jagdterrier, der Foxterrier und der Parson Russell Terrier, ansonsten die Teckel in ihren 3 Haarvarianten.

188 | In welcher Jahreszeit verspricht die Baujagd auf den Fuchs Erfolg?

Von November bis gegen Ende der Ranzzeit im Februar. Ab Ende Februar sollte die Baujagd ein Ende finden, da die nun dick gehenden Fähen dem Hund oft nicht mehr weichen und Verletzungen vorprogrammiert sein können.

Übersicht Baujagd

Wann steckt der Fuchs am sichersten im Bau?	November bis Januar, danach fast nur noch Fähen.
Steckt der Fuchs auch bei nassem Wetter?	Ja, weil es mit nassem Balg im Bau angenehmer ist als draußen im Wind.
Stecken auch mehrere Füchse in einem Bau?	Außerhalb der Ranz gelegentlich, iIn der Ranz meistens (bis zu 5).
Stecken Fuchs und Dachs gemeinsam in einem Bau?	In großen Bauen fast regelmäßig.
Wann sollte man mit der Baujagd beginnen und wann sollte man sie beenden?	Am frühen Vormittag beginnen und am frühen Nachmittag beenden, um notfalls noch graben zu können.
Wie lange dauert es, ehe ein Fuchs springt?	Das hängt von der Größe des Baus ab, vom Verhalten des/der Schützen und davon, ob der Fuchs schon Erfahrung mit der Baujagd hat. Im Optimalfall springt er innerhalb 5–10 Minuten.
Wie viele Schützen sollten an der Baujagd teilnehmen?	Das hängt von Größe und Lage des Baus ab. Je weniger Schützen, umso weniger gegenseitige Gefährdung und umso weniger Misstrauen des Fuchses.
Wie viele Hunde dürfen/können gleichzeitig arbeiten?	1 Hund im Bau ist ideal. 2 Hunde nur, wenn sich diese gut kennen und vertragen.
Wie stellt sich der Jäger am Bau an?	Unter Berücksichtigung des Windes. So, dass ihm der springende Fuchs nicht ins Gesicht schaut, und nicht zu dicht an einer Hauptröhre.
Wie verhält sich der Jäger auf dem Bau?	Absolut still, ohne Zurufe an den Hund.

189 | Welche Baue sollten nicht bejagt werden?

Felsenbaue stellen immer ein großes Risiko für den Hund dar, weil sie nicht gegraben werden können, jedoch sind Naturbaue in reinem Sand durch die Gefahr des Verklüftens oder Verschüttetwerdens weitaus gefährlicher für den arbeitenden Hund.

190 | Wie wird der Hund zum Bau geschickt?

Der Hund sucht sich eine befahrene Röhre selbst. Schlieft er nicht ein, verlassen wir den Bau und gehen zum nächsten. Falsch ist es, den Hund anzurüden, da dies ein im Bau steckender Fuchs immer mitbekommt, der dann nicht mehr springen will.

191 | Welches technische Hilfsmittel erleichtert das Finden eines Bauhundes?

Heute gibt es kleine Sender, die dem Bauhund angelegt werden, um ihn schneller zu finden, wenn er den Bau nicht mehr selbst verlassen kann.

192 | Was versteht man bei der Baujagd unter einem »Flieger«?

Darunter versteht man einen Bauhund, der nicht stur vor dem Fuchs liegt und diesen verbellt, sondern vielmehr laufend von unterschiedlichen Röhren aus zum Fuchs vordringt und diesen damit verunsichert und zum Springen veranlasst.

193 | Was ist ein »Steher«?

Ein Bauhund, der stur vor dem Fuchs (Dachs)

liegt, ohne seine Position zu verändern, oder das Raubwild zu würgen versucht.

194 | Was versteht man unter »Verklüften«?

Wenn der Dachs zwischen sich und dem mit großem Abstand zu vorsichtig vorliegenden Hund Erdmaterial aufschichtet.

Ein Halsbandsender hilft, den verklüfteten Hund im Bau zu orten.

195 | Was versteht man unter »Überrollen«?

Wenn sich der Fuchs über den Hund hinweg oder an diesem vorbei ins Freie oder in einen anderen Teil des Baus flüchtet.

196 | Wann ist ein Hund »baulaut«?

Wenn er aus Angst, Unsicherheit oder Überpassion im Bau Laut gibt, obwohl sich in diesem kein Raubwild befindet.

197 | Was muss der Jäger bei der Baujagd mitführen oder in der Nähe wissen?

Geeignetes Grabwerkzeug, um dem Hund im Notfall mit einem Einschlag helfen zu können oder einen vom Hund gewürgten Fuchs auszugraben.

198 | Was muss der Jäger tun, wenn er einen Bau gegraben hat?

Er muss ihn anschließend wieder so schließen, dass die Röhren erhalten bleiben.

Der krank geschossene Fuchs ist für den Hund ein ernster Gegner.

Frettieren

199 | Was ist ein Frettchen?

Beim Frettchen handelt es sich um die domestizierte Form des Iltis. Es wird in mehreren Farbvarianten gezüchtet und heute mehrheitlich als Haustier gehalten wird.

200 | Welche Tierarten können noch in einem Kaninchenbau stecken?

Vor allem der Iltis, Steinmarder und gelegentlich streunende Katzen.

201 | Wie verhindern Sie, dass das Frettchen selbst ein Kaninchen erbeutet?

Das Frettchen wird nicht hungrig in den Bau gelassen. Außerdem bekommt es ein Glöckchen um, das die Kaninchen vor dem nahenden Feind warnt, oder einen Beißkorb angelegt. Der Jäger muss darauf achten, dass das Frettchen nicht müde gearbeitet wird. Sinnvoll ist, nach jedem Stöbergang, die Frettchen zu wechseln.

202 | Was tun Sie, wenn das Frettchen im Bau bleibt?

Ich stelle die dem Tier vertraute Transportkiste auf den Bau und hinterlasse frisches Wasser und etwas Futter, um später regelmäßig zu kontrollieren, ob das Frettchen wieder in seiner Transportkiste ist.

203 | Was müssen Sie tun, wenn Sie mit Ihrem Frettchen im EU-Ausland frettieren wollen?

Ich muss ihm vom Tierarzt einen Chip einsetzen und einen EU-Gesundheitspass ausstellen lassen.

204 | Ist zur Baujagd auf Kaninchen das Frettchen unentbehrlich?

Nein, gelegentlich werden auch Kaninchenteckel eingesetzt. Allerdings sind Frettchen im Bau deutlich beweglicher.

205 | Wird beim Frettieren immer mit der Schusswaffe gejagt?

Nein, frettiert wird auch im Rahmen der Beizjagd mit dem Habicht. Gelegentlich werden die Röhren auch mit Netzen abgedeckt, in die die Kaninchen springen, ehe sie der Jäger herausnimmt und tötet. Gerade in befriedeten Bezirken (Parkanlagen, Friedhöfen, Gleisanlagen und Werksanlagen) finden die Jagden ohne Waffe statt.

206 | Bedarf es eines Jagdscheins, um Frettchen zu halten?

Nein, aber wer mit dem Frettchen jagen will, muss eine Jagdberechtigung haben. Keines Jagdscheins bedarf es, um das Frettchen mit Einverständnis des Jagdausübungsberechtigten in den Bau zu schicken. Schießen oder die in Netzen gefangenen Kaninchen auslösen und töten darf nur, wer zur Ausübung der Jagd berechtigt ist.

Frettchen sind verspielt und gesellig. Sie können beim Züchter im Alter von 8-12 Wochen gekauft werden.

Bejagung der Wildarten

Haarwild

Rotwild

Rotwild, insbesondere das Kahlwild, wird vornehmlich beim Ansitz und – in dazu von der Größe und Struktur her geeigneten Revieren – auf der Pirsch bejagt. Für den Ansitz eignen sich am besten die frühen Morgen- und späten Abendstunden in guter Deckung und bei günstigem, konstantem Wind. Eine besondere Rolle spielt die Jagd zur Brunftzeit auf den starken Erntehirsch mit dem Hirschruf durch Nachahmen von Brunftlauten. Neben Ansitz und Pirsch in der Nähe oder an den bekannten Brunftplätzen kann dabei der Brunfthirsch im Einstand angegangen werden. Der Jäger täuscht beim Angehen von Zeit zu Zeit den Ruf eines suchenden Rivalen vor.

Immer geht dem Schuss auf Rotwild ein sorgfältiges Ansprechen und Abwägen voraus. Das gilt für jede ausgeübte Jagdart, insbesondere auch für Bewegungsjagden, die als Ansitzdrückjagden durchgeführt werden. Mit nur ein- oder zweimaliger Beunruhigung auf der bejagten Fläche soll sie einen Großteil der Strecke beim Kahlwild und den Kälbern liefern. Derartige Rotwilddrückjagden nennt man auch Wildjagden.

Damwild

Das Damwild wird durch Ansitz und Pirsch bejagt, es gilt im Wesentlichen das beim Rotwild Gesagte. Die Jagd auf den Brunftschaufler findet am Hauptbrunftplatz, besser noch an den kleinen Nebenbrunftplätzen oder an den Wechseln zwischen den Brunftplätzen statt. Der Kahlwildabschuss erfolgt meist auf Bewegungsjagden.

Muffelwild

Die Jagd auf das hervorragend äugende Muffelwild erfolgt auf äußerst vorsichtiger Pirsch und Ansitzjagd. Für die »Hege mit der Büchse« gelten die gleichen Grundsätze wie bei anderem Schalenwild. Aus hegerischer Sicht sind schalenkranke Stücke sowie bei den Widdern »Einwachser und Scheuerer« unbedingt zu erlegen.

Elchwild

Das Elchwild genießt in Deutschland (bisher wenige Einwanderer) eine ganzjährige Schonzeit. Die tag- und dämmerungsaktiven Elche können auf der Pirsch gut bejagt werden. In Skandinavien wird der Elch überwiegend mit Elchhunden bejagt, die der frischen Fährte folgen. Entweder stellt sich der Elch vor dem verbellenden Hund oder wird noch während der Hetze von im Treiben verteilt stehenden Schützen angesprochen und erlegt.

Rehwild

Rehwild wird in vielen Revieren in der Regel beim Ansitz, auf der Pirsch, aber auch im Rahmen von Bewegungsjagden bejagt, wobei diese nicht mehr im Januar durchgeführt werden sollten. Die Jagd auf Rehböcke und Schmalrehe beginnt am 1. Mai. Gelegenheit zu intensiver Beobachtung besteht schon im März und April, wenn das Rehwild aufgrund der frischen Äsung eine besonders hohe Tagesaktivität zeigt. Die Sichtbarkeit der Rehe ist allerdings stark von den jeweiligen Deckungs- und Äsungsverhältnissen abhängig.

Aber auch die Sichtbarkeit bei den Einstandskämpfen im zeitigen Frühjahr und entsprechende Verhaltensbeobachtungen erleichtern das Ansprechen der Böcke. Neben ausgesprochenen

Kümmerern, die sich durch schlechte körperliche Verfassung und spätes Verfärben verraten, sollten zu Beginn der Jagdzeit vorrangig Jährlinge erlegt werden (je nach Bundesland 50–60 % des Bockabschusses). Im Juni und in der ersten Julihälfte ist die Sichtbarkeit der Rehböcke gering (Feistzeit).

Die Brunft beginnt mehrheitlich in der dritten Juliwoche. Hier sind die Böcke hoch aktiv. Mit dem Blatten (Lockjagd auf den Rehbock mit dem Blatter) sollte erst gegen Ende der Brunft begonnen werden, wenn die meisten Schmalrehe und Geißen bereits beschlagen sind, also etwa ab Anfang August.

Mit Aufgang der Bockjagd am 1. Mai beginnt auch für Schmalrehe in den meisten Bundesländern die Schusszeit. Diese sind im Mai in der Regel gut von der Ricke/Geiß (geht »dick«) zu unterscheiden. Dennoch ist ein genaues Ansprechen (keine Spinne!) unerlässlich, um zum Ende des Monats nicht versehentlich eine Geiß, die bereits gesetzt hat, zu erlegen. Beim späteren Kitz- und Geißenabschuss ab Anfang September gelten ein paar einfache Regeln:

- Körperlich schwaches Wild ist vorrangig zu erlegen (Kitzflecken/fehlende Rosenstöcke beim Bockkitz), vorzugsweise mitsamt der Geiß.
- Von 2 körperlich starken Kitzen einer starken Geiß erlegen wir entweder ein Geißkitz (Korrektur des GV/Geschlechterverhältnis) oder bei 2 Bockkitzen das schwächere, um nur ein starkes Kitz in den Winter gehen zu lassen.
- Der Abschussschwerpunkt liegt bei alten Geißen inklusive Nachwuchs und generell bei Geißkitzen (Korrektur GV).
- Selektiv werden noch Schmalrehe erlegt.

Drückjagdböcke sind nach der Unfallverhütungsvorschrift (UVV) Jagd inzwischen Pflicht.

Gamswild

Gamswild wird auf Pirsch oder Ansitz bejagt. Die im Hochgebirge traditionsreiche Riegeljagd (weiträumig angelegte Drückjagd) wird nur noch selten praktiziert. Die Jagdzeit beginnt am 1. August und reicht bis zum 15. Dezember. Zur Brunft (Mitte November/Dezember) wird hauptsächlich auf Böcke mit jetzt voll entwickeltem Bart gejagt. Das in der Regel schwierige Gelände stellt an den Gamsjäger hohe körperliche Anforderungen. Für Jagdgäste ist Führung durch einen revierkundigen und bergerfahrenen Jäger unerlässlich.

Schwarzwild

Nach wie vor werden beim Einzelansitz an der Kirrung (in der Nacht bei Mondschein und Schnee) die meisten Sauen geschossen. Daneben bringen richtig geplante und gekonnt durchgeführte Bewegungsjagden mit Hunden gute Strecken. Die notwendige scharfe Bejagung wird erfreulicherweise immer mehr im Rahmen dieser revierübergreifenden Bewegungsjagden betrieben.

Die »Hege mit der Büchse« muss darauf ausgerichtet sein, den Bestand in Grenzen zu halten. Da die Zuwachsraten bei den gegebenen günstigen Lebensbedingungen (Deckung und Fraß dank Waldumbau und intensiver Landwirtschaft / Energiemaisanbau) bei ca. 300 % liegen, ist eine intensive und effektive Bejagung unumgänglich. Hierbei ist jeder Frischling, dessen man habhaft werden kann, zu erlegen. Des Weiteren Überläufer und im Spätherbst/Winter auch nachgeordnete Bachen, deren Frischlinge der Führung nicht mehr bedürfen. Solche Bachen können leicht selektiv an Kirrungen erlegt werden.

Da mindestens 70 %, besser 80 % des Abschusses auf Frischlinge entfallen sollen, ist grundsätzlich der Schuss auf ein geringes Stück einer Rotte, nicht zuletzt immer auch aus Tierschutzgründen, zu empfehlen. Führende (nicht nur säugende!) Bachen und Leitbachen großer Rotten sind auf jeden Fall auch während der Jagdzeit zu schonen.

Aufgrund des Eintrags der ASP werden immer mehr Jagdausübungsberechtige mit der Jagdausübung in Pufferzonen und angrenzenden Regionen konfrontiert sein. Bei Gesellschaftsjagden ist das Aufbrechen der Tiere zentral durchzuführen. Von jedem Tier ist eine Probe zur Untersuchung auf die ASP zu nehmen.

Altersklassen beim Schwarzwild

AK	Alter/Lebensjahr	männlich	weiblich
0	1. LJ (bis 31.03. des Folgejahres)	Frischlingskeiler	Frischlingsbache
1	2. LJ (ab 01.04.)	Überläuferkeiler	Überläuferbache
2 und mehr	im 3. LJ	2-jähriger Keiler	2-jährige Bache
	im 4. LJ	angehendes Schwein	grobe Bache
	im 5. LJ	hauendes Schwein	
	ab 7. LJ	grobes Schwein, Hauptschwein	

Altersklasseneinteilungen sind je nach Bundesland und Lehrbuch verschieden. Keiler werden selten älter als 5–6 Jahre, Bachen 7 Jahre und älter.

207 | Wie sollte der Rotwildabschuss strukturiert sein?

- Hirsche: In der Jugendklasse (Hirschkälber bis 3-jährige Hirsche) 75 %, in der mittleren Altersklasse (4–10-jährige Hirsche) 10 %; obere Altersklassen (ab 12 Jahren) 15 %.
- weiblich: Wildkälber und Schmaltiere 65 %; Alttiere (ab 2 Jahren) 35 %.

208 | Welche Vor- und Nachteile hat die Bejagung der Schmaltiere im Sommer?

Schmaltiere stehen von Mai bis Juli in kleinen Trupps zusammen, da sie von ihren Müttern kurz vor dem Setzen nicht mehr in unmittelbarer Nähe geduldet werden. Das Erlegen der in der Regel früh austretenden, unerfahrenen Jungtiere ist einfach. Um Verwechslungen mit Alttieren zu dieser Zeit gänzlich ausschließen zu können, muss ein exaktes Ansprechen zweifelsfrei sein. Behutsam und mit Maß durchgeführt, können derartige Selektionsabschüsse im Abschussplan und im gesamten Hegekonzept durchaus Vorteile bringen.

209 | Wann werden Alttiere und Kälber (Kahlwild) bejagt?

Der Abschuss des weiblichen Wildes sollte in der zweiten Oktoberhälfte nach der Brunft beginnen und Ende Dezember zum allergrößten Teil erledigt sein. Grundsätzlich ist das Kalb vor dem Alttier zu erlegen. Aus Tierschutzgründen sollten Bewegungsjagden auf Rotwild im Januar unterbleiben, da sich das Wild dann in einem natürlichen Stoffwechseltief befindet. Beunruhigungen zu dieser Zeit bringen nicht nur konditionelle Nachteile für das Wild, sondern provozieren regelrecht Waldwildschäden in erheblichem Ausmaß.

210 | Wann gilt ein Rothirsch als wirklich reif?

Mit dem 12. Kopf und älter.

211 | Wie alt ist ein reifer Damhirsch?

Ein reifer Damhirsch ist 8 Jahre und älter.

212 | Welche Jagdarten auf das Rehwild sind bei uns gebräuchlich?

Rehwild wird vornehmlich auf dem Ansitz und vereinzelt auf der Pirsch erlegt. Die Erlegung auf Bewegungsjagden gewinnt auch bei uns an Bedeutung.

213 | Wann sind männliche und weibliche Rehe immer sicher zu unterscheiden?

In der Zeit, in der der Bock sein Geweih schiebt/trägt. Im Winter ist fast immer der Pinsel zu sehen.

214 | Welche Zeiten eignen sich für die Einzeljagd besonders?

Die Morgen- und Abendstunden in den Monaten, in denen das Rehwild aktiv ist, sowie in der Zeit der Brunft.

215 | Welches von 2 Kitzen wollen wir bevorzugt erlegen?

Möglichst das schwächere.

216 | Wird auf Rehe auch die Lockjagd ausgeübt?

Ja, sie wird beim Rehwild als Blattjagd bezeichnet. Am erfolgreichsten springt der Rehbock gegen Ende der Brunft ab Anfang August (regional unterschiedlich).

217 | Welches Wetter ist für die Blattjagd besonders günstig?

Sommerliches, beständiges Wetter ohne starken Wind bei mäßigen Temperaturen um die 25 °C. Die früher oft angepriesenen schwülheißen Hundstage lassen auch das Rehwild faul in kühlen Laubholzbeständen verweilen. Die Brunftaktivitäten werden dann gern in die Dämmerung oder (Vollmond-) Nacht verlegt.

218 | Spielt das Wetter bei den Bewegungsjagden auf Rehe eine Rolle?

Bei starkem Wind vernimmt das Wild die Treiber/Hunde spät oder gar nicht. Es drückt sich oder flüchtet besonders schnell; Schützen hören anwechselndes Rehwild kaum. Auch warme Herbsttage (z. B. Föhnlagen) bringen selten gute Strecken. Rehe lassen sich am besten bei hellhörigem, aber bedecktem Himmel und Temperaturen um den Gefrierpunkt drücken.

219 | Wann sollte die Bejagung des Rehwildes abgeschlossen sein?

Spätestens Ende Dezember.

220 | Welche Jagdarten sind beim Rehwild gebräuchlich?

Ansitzjagd und Pirsch.

221 | Wie werden Gämse im Wald bejagt?

Bei Pirsch und Ansitz gleichermaßen.

222 | In welcher Jahreszeit werden die Gams hauptsächlich bejagt?

In den Sommermonaten.

223 | Welche Vorteile hat die Bejagung im Sommer?

Die Einstände der Gämse sind leichter erreichbar, das Wild leichter zu bergen. Die durch die Jagd hervorgerufene Beunruhigung (Flucht, Umstellung etc.) und die daraus resultierenden Energiedefizite sind durch die Sommeräsung leicht ausgleichbar. Das Wildbret ist besser. Die Jagd ist körperlich weniger anstrengend.

224 | Muss bei der Gamsjagd immer weit geschossen werden?

Nein. Weite Schüsse sind sicherlich gelegentlich nötig, aber nicht die Regel.

225 | Wann gilt ein Gamsbock als reif?

Ab einem Alter von 8 Jahren.

226 | An welchen Merkmalen werden die Geschlechter unterschieden?

Figur, Krucke, Bart und Pinsel, Verhalten.

227 | Auf was muss der Jäger beim Aufbrechen eines Bartbockes achten?

Um die Haare des Gamsbartes, die sich auf dem hinteren Teil des Ziemers befinden, beim Aufbrechen nicht zu verschmutzen und weil sie am warmen Stück leichter zu rupfen sind, rupft man den Bart vor dem Aufbrechen. Mit einem Holzspan oder Ähnlichem versteift und sorgfältig eingewickelt, gelingt der sichere Transport zum Bartbinder.

228 | Gibt es für Schwarzwild einen Abschussplan?

Für Schwarzwild gibt es keinen Abschussplan.

229 | Wie wird Schwarzwild bejagt?

Auf dem Ansitz, auf der Pirsch, auf Bewegungsjagden.

230 | Womit wird in der Regel gekirrt?

Überwiegend mit Mais, aber auch mit Hackfrüchten, Waldfrüchten oder Getreide (Landesverordnung beachten).

231 | In welcher Altersklasse muss der Großteil des Abschusses erfüllt werden?

In der Frischlingsklasse (mindestens 70 %, besser 80 % der Gesamtstrecke).

232 | Kann man auf den Abschuss von Bachen verzichten?

Nein.

233 | Wann können Bachen bedenkenlos erlegt werden?

Nachgeordnete Bachen aus Familienverbänden können bedenkenlos von Mitte Oktober bis Ende Dezember erlegt werden.

234 | Welche Bachen sollen auf keinen Fall geschossen werden?

Führende Bachen sind grundsätzlich zu schonen (BJagdG, Tierschutzgesetz).

235 | Was ist ein Saufang?

Eine aus Palisaden oder Baustahlgitter erbaute, stabile Falle zum Lebendfang einzelner Sauen sowie ganzer Rotten.

236 | Gibt es mobile Frischlingsfänge?

Ja, überdimensionierte Kastenfallen aus Baustahlgewebe werden zum Frischlingsfang eingesetzt (wissenschaftliche Zwecke oder in Schweinepestgebieten zum Abfang von Frischlingen).

237 | Darf der Jäger den Sau- oder Frischlingsfang jederzeit einsetzen?

Nein, für diese Fangvorrichtung bedarf es einer Genehmigung der zuständigen Behörde.

Feldhase

Die Hasenstrecken sind erschreckend rückläufig. Sie haben mit ca. 236.600 Tieren im Jagdjahr 2022/23 ihren bisherig tiefsten Stand erreicht. Die jetzige Hasenstrecke entspricht weniger als der Hälfte der letzten Sauenstrecke! Die Bejagung ist daher unbedingt dem jeweiligen Besatz und dem errechneten Zuwachs anzupassen. Treibjagden sollten nur nach einer zufriedenstellenden Besatzermittlung mittels Scheinwerfertaxation vor der Jagd und bewusst nur auf einem Teil der Revierfläche (jährlich wechselnd), mit genügendem Abstand der Schützen abgehalten werden, damit ein Teil der Hasen unbeschossen übrig bleibt.

Nach den einzelnen Treiben sind die erlegten Hasen am Stroh'schen Zeichen nach Jung- und Althasen zu klassifizieren. Bei überwiegendem Althasenanteil ist die Jagd abzubrechen, ebenso wenn die aufgrund der Besatzerhebung errechnete Zahl der zu streckenden Hasen erreicht ist. In schlechten Hasenjahren muss ganz auf die Jagd verzichtet werden, um den Grundbesatz nicht zu gefährden. Ein möglichst frühzeitiger Beginn der Jagd (Anfang/Mitte Oktober) ermöglicht es, die Junghasen noch mit zu nutzen, die sonst vielleicht an Krankheiten wie der Kokzidiose eingehen würden. Mit Ende des Kalenderjahres ist auch die Bejagung des Hasen einzustellen.

Wildkaninchen

Auf Kaninchen wird die Stöberjagd ausgeübt, buschiert sowie frettiert (Baujagd mit dem Frettchen). Da sie sofort die nächste Deckung aufsuchen, sind Kaninchen bei Treibjagden nicht über längere Strecken zu treiben. Der Schrotschuss auf Kaninchen erfordert routinierte Flintenschützen. Zu Schaden gehende Kaninchen in Ortsnähe (Friedhöfe, Parks, Schrebergärten) werden beim Frettieren mit Sprengnetzen oder Drahtkörben lebend gefangen. Auf Kaninchen wird häufig auch die Beizjagd mit dem Habicht ausgeübt.

Fuchs

Die Jagd auf den Fuchs ist vielfältig. Nicht selten kommt er dem Ansitzjäger zufällig vor Büchse oder Flinte. Der Ansitz in hellen Winternächten am langfristig beschickten Luderplatz oder auch gezielt am Fuchsbau (vor allem in der Ranzzeit) bringt Erfolg. Dagegen ist das Pirschen auf den hellhörigen Fuchs nur am Rande übersichtlicher Kahlflächen (Wiesen und abgeerntete Felder) in Verbindung mit guten Pirschsteigen und Hochsitzen erfolgversprechend. Die Reizjagd (das Fuchsreizen mit Hasenklage oder Mauspfiff) kann bei Geschick, Ausdauer und gutem Wind Erfolg bringen, wenn der Fuchs im Winter hungrig ist. Bei Treibjagden gibt es Stände, die als »Fuchsstände« bekannt sind. Der Schrotschuss spitz von vorn und spitz von hinten auf den Fuchs ist zu vermeiden, da er in der Regel nicht tödlich ist. Auch Drück- und Riegeljagden können den einen oder anderen Winterbalg einbringen, wenn man die Pässe kennt und einen Treiber hat, der sein Handwerk versteht.

Die Baujagd mit erfahrenen Erdhunden ist eine sehr reizvolle und vor allem effektive Jagdart.

Die Fangjagd sollte nur von erfahrenen Fallenstellern ausgeübt werden. Die dafür geltenden gesetzlichen Vorgaben sind unbedingt einzuhalten. Unter den erlaubten Fangeisen wird zum Fuchsfang ausschließlich der »Schwanenhals« (ein großes Abzugseisen) eingesetzt. Diese Falle reagiert nur auf Abzug, kann aber bei nicht sachgerechter Aufstellung (außerhalb von Fangbunkern und Fanggärten) zu artenschutzrelevanten Fehlfängen, z. B. Fischotter, Wildkatze und Greifvögel, führen. Bei Vorkommen von Fischotter und Wildkatze muss der Einsatz von Abzugseisen unterbleiben. Sowohl für die Baujagd als auch zum Fallenfang können Kunstbaue dienen, die mit eingegrabenen Beton- oder Kunststoffröhren angelegt werden.

Im Herbst und Winter wird auf den Fuchs im reifen Balg gejagt.

Dachs

Die Jagd auf »Grimbart«, wie der Dachs in der Tierfabel heißt, wird durch Ansitzen am Bau ausgeübt. Bei Begegnungen in mondhellen Nächten ist er auf Wiesen und in Obstgärten zu erbeuten. Beim Schrotschuss sollten grobe Schrote (3,5 mm) auf kurze Entfernung verwendet werden. Aufgrund seiner körperlichen Kompaktheit empfiehlt sich aber besser der Büchsenschuss. Die Fangjagd mit der Betonrohrfalle ist ebenfalls effektiv.

Stein-/Baummarder

Bejagung Steinmarder:

- Ausneuen = Ausgehen der Spur bei Neuschnee und Aufstöbern aus dem Versteck am Boden
- Ausklopfen = Veranlassung zum »Springen« aus Scheunen usw. durch metallischen Lärm oder durch Hunde
- Fangjagd mit dem Eiabzugseisen im Marderbunker

Bejagung Baummarder:

- Ausneuen = Verfolgen der Spur bei Neuschnee Am Schlafplatz (Bäume) wird der Marder durch Klopfen zum »Springen« veranlasst.
- Ansitz am Luderplatz, der für den Marder durch Beigabe von Obst attraktiver wird
- Fangjagd mit Eiabzugseisen im Marderbunker

Hermelin/Iltis/Mauswiesel

Zufallsbeute mit der Flinte. Eine gezielte Fangjagd mit der Wieselwippbrettfalle wird vielfach nicht mehr ausgeübt. Die Bejagung des Hermelins als niederwildrelevanter Beutegreifer ist diskussionswürdig.

Waschbär/Marderhund

Waschbär und Marderhund sind mittlerweile in fast allen Bundesländern jagdbar.

Der Waschbär wird in der Regel zufällig an Saukirrungen oder bei Mondschein unter Obstbäumen erlegt. Eine Fangjagd ist aus Tierschutzgründen nur mit der Lebendfalle möglich. Schlageisen verursachen fast immer Brantenfänge, da der Waschbär seine Nahrung grundsätzlich mit den Vorderläufen ertastet und aufnimmt.

Auch Marderhunde werden meist zufällig in später Dämmerung, oft am Luderplatz oder auf Stoppelfeldern in Gewässernähe, sowie bei der Fangjagd erbeutet.

Mink

Der Mink ist nicht in der Liste der jagdbaren Tiere im Bundesjagdgesetz aufgeführt, in Länderjagdgesetzen dagegen wohl. Er wird vornehmlich mit der Falle gefangen. Das Durchstöbern ufernaher Bereiche mit einem raubwildscharfen Hund bringt gelegentlich Erfolge.

Nutria/Bisam

Je nach Landesrecht ist die Nutria jagdbar. Sie kann mit Schrot oder Kugel an Gewässern erlegt werden. Ihr Balg stellt ein gutes Pelzwerk dar. Das Wildbret der Nutrias ist wohlschmeckend und genießbar (Trichinenbeschau notwendig). Der Bisam unterliegt nicht dem Jagdrecht. Zum Erlegen wird eine Schießerlaubnis benötigt.

238 | Was tun Sie, um Ihren Hasenbesatz nicht zu übernutzen?

Der Hasenbesatz muss vor großen Jagden unbedingt eingeschätzt werden. Das geschieht am einfachsten und sichersten, wenn der Jäger im Frühjahr und Spätherbst im Feldrevier regelmäßige Scheinwerfertaxationen durchführt. Aus den Zähldaten lassen sich der jährliche Zuwachs und die höchstens nutzbare Strecke ableiten, ohne dem notwendigen Grundbesatz im nächsten Frühjahr langfristig zu schaden.

239 | Wie wird der Hase bejagt?

Auf der Treibjagd (Vorstehtreiben, Kesseltreiben, Böhmische Streife) bei guten Besätzen. Einzelansitz (Hasenkur), Buschierjagd und Stöberjagd mit dem Hund zur Erlegung weniger Küchenhasen sind in den meisten Revieren noch möglich.

240 | Auf welche Distanz wird ein Hase mit Schrot beschossen?

Maximal bis 35 m.

241 | Darf man einen Feldhasen mit der Kugel erlegen?

Ja (z. B. .22 Mag., .22 Hornet, .222 Rem.).

242 | Wie wird ein krank geschossener Hase tierschutzgerecht getötet?

Mit einem kräftigen Schlag in das Genick.

243 | Haben Kaninchen eine Schonzeit?

Nach dem Bundesjagdgesetz nicht, nach Ländergesetzen sinnvollerweise ja.

244 | Womit werden Kaninchen üblicherweise geschossen?

Mit Schrot (2,5–2,7 mm). Aufgrund der oftmals geringen Schussdistanzen eignen sich bei der Kaninchenjagd Jagd-Streupatronen besonders.

245 | Welche Jagdarten auf den Fuchs sind gebräuchlich?

Ansitz, besonders am Luderplatz, spezielle Fuchstreiben, die Baujagd, die Lock- oder Reizjagd sowie die Fangjagd (verschiedene Fangjagdsysteme).

246 | Wird der Fuchs auch in der Nacht bejagt?

Ja, bei Mondschein und Schnee können der Ansitz am Luder sowie die Reizjagd erfolgreich ausgeübt werden.

247 | Womit wird der Fuchs angeludert?

Zum Anludern von Füchsen sind laut Tierkörperbeseitigungsgesetz ausschließlich Wildkörperteile aus dem jeweiligen Revier zulässig (Aufbruch, Zerwirkabfälle, überfahrenes Wild).

248 | Was versteht man unter Fuchssprengen?

Die Ausübung der Baujagd mit dem Erdhund (Teckel, Terrier). Der Hund treibt den Fuchs aus dem Bau, er »sprengt« ihn.

249 | Was versteht man unter Fuchsriegeln?

Ein leises Durchdrücken bekannter Fuchsaufenthalte (Dickung, Schilf, eingezäunte Kultur) mit an Pässen vorgestellten Schützen.

250 | Welche Formen der Lockjagd werden ausgeübt?

Zum einen die Reizjagd. Dabei imitiert der Jäger Laute von Beutetieren des Fuchses. Das »Mäuseln« bezeichnet die Nachahmung des Mäusepfiffs und das »Quäken« oder »Klagen« die Nachahmung der Klagelaute von Hase oder Kaninchen. (Merke: Der Fuchs maust = er fängt Mäuse; der Jäger mäuselt = er lockt den Fuchs.) Auch mit dem Vogelangstruf kann man den Fuchs anlocken.
Zum anderen die Lockjagd, bei der der Jäger den Kontaktlaut vom Fuchsrüden oder der Fähe mit einem Instrument, dem Ranzbeller, so täuschend echt nachahmen kann, dass man das Gefühl hat, sich mit dem Fuchs über lange Distanzen regelrecht zu unterhalten.

251 | Mit welchen Fallen wird der Fuchs gefangen?

Mit Totschlagfallen (Schwanenhals) oder in Lebendfangsystemen wie Betonröhrenfallen oder großen Kastenfallen.

252 | Wo muss der Schwanenhals aufgestellt werden?

Die meisten Länder schreiben die Verwendung von geschlossenen »Fangbunkern« oder überdachten und umzäunten Fanggärten vor, in denen sich der Altfuchs aber kaum fängt.

253 | Was ist ein Kunstbau?

Ein aus Beton- oder Kunststoffrohren gefertigter Bau mit 1 oder 2 Röhren und einem Kessel, der bei Bedarf geöffnet werden kann.

254 | Wie zeichnet der getroffene Fuchs?

Er rudert/schlägt mit der Lunte.

255 | Wie wird der Steinmarder bejagt?

Mit der Falle (Eiabzugseisen) und Kastenfallen, Abendansitz an der Kirrung (Dörrpflaumen, Feigen, Datteln); Abspüren (Ausneuen) bei Neuschnee und Ausklopfen aus dem Tagesversteck.

256 | Wann ist der Balg des Steinmarders verwertbar?

Von November bis Februar.

257 | Womit schießt man einen Marder?
Mit feinem Schrot (2,5–2,7 mm).

258 | In welcher Falle wird der Steinmarder hauptsächlich gefangen?
In Eiabzugseisen.

259 | Wie wurde der Baummarder bejagt?
Früher gezielt durch das »Ausneuen« und Ausklopfen bei Schnee sowie mit dem Marderschlagbaum (hochgestellte Totschlagfalle).

260 | Wie wird der Dachs bejagt?
Ansitz in den frühen Morgenstunden an den Pässen zum Bau oder zu Beginn der Schusszeit auch abends am Bau.

261 | Womit schießt man den Dachs?
Mit grobem Schrot (nie spitz von vorne) und Kugel (Hornet und ähnliche Kaliber).

262 | Kann man den Dachs aus dem Bau sprengen?
Aus dem Naturbau nur selten.

263 | Welche Gefahr besteht für den Bauhund bei der Dachsbejagung?
Der Hund wird von dem sich im Bau stellenden Dachs geschlagen (= gebissen). Die angeblichen schweren Verletzungen des Hundes durch die Krallen der Dachsbranten sind Märchen. Hunde, die einen zu weiten Abstand beim Stellen halten, laufen Gefahr, sich beim Absetzen des Dachses im Sandbau selbst zu verklüften (Verschließen der Röhre hinter und vor sich durch Sand).

264 | Was ist eine Dachsgabel?
Eine früher beim Dachsgraben benutzte eiserne Gabel, mit der der Dachs im Bau über dem Nacken fixiert wurde.

Federwild

Auerwild

Auerwild gehört zum jagdbaren Wild, ist aber in Deutschland ganzjährig geschont. In Österreich und in Teilen Ost- und Südosteuropas wird es bejagt, ebenso in Skandinavien, wo es als Fleischlieferant gilt; ähnlich erfolgt die Bejagung in Russland. Der Schuss mit grobem Schrot auf nahe Entfernung (< 30 m) ist in der Regel dem Kugelschuss vorzuziehen. Beim Kugelschuss besteht die Gefahr, dass der kranke Hahn noch »abreitet« und dann verloren geht.

Birkwild

Keine Bejagung mehr bei uns. In Österreich und in Osteuropa wird die bei uns früher übliche Jagd am Balzplatz von einem Ansitzschirm aus noch ausgeübt: Weiter entfernte Hähne kann man »reizen« (heranlocken), indem man akustisch einen Nebenbuhler vortäuscht. Erlegt wird der Spielhahn auf nahe Entfernung mit grobem Schrot, auf weitere Distanz mit einer kleinkalibrigen Kugel. In Teilen der Schweiz und Italiens werden die Hähne im Herbst bejagt, ebenso in Skandinavien und Schottland.

Haselwild

Haselwild ist in Deutschland ganzjährig geschont. Die Jagd wurde früher im Herbst als Lockjagd ausgeübt. Mit dem »Pfeiferl«, einem aus einem Knöchelchen hergestellten Lockinstrument, täuschte man dem Hahn durch »Spissen« einen Nebenbuhler vor und erlegte ihn beim Zustehen. Bejagt wird das Haselwild noch in Österreich, Skandinavien und Teilen Osteuropas.

Rebhuhn

Der dramatische Rückgang dieses Feldhuhns erlaubt in vielen Regionen Deutschlands seine Bejagung nicht mehr. Wo es der Besatz noch erlaubt (Minimum 3 Brutpaare pro 100 ha), ist die Suchjagd mit dem Vorstehhund (»Hühnersuche«) üblich. Da die jungen Hühner erst in der zweiten Septemberhälfte voll ausgewachsen und flugfähig sind, sollten vorher keine Jagden durchgeführt werden. Der Vorstehhund sucht in flotter Quersuche die Kartoffel- und Rübenschläge ab, die von den Hühnern in dieser Jahreszeit bevorzugt als Tagesdeckung benutzt werden. Steht der Hund Hühner vor, so werden sie herausgetreten und einzeln beschossen. Früher wurden bei reichlichem Besatz Rebhühner auch bei Treibjagden (Streife, Standtreiben) geschossen.

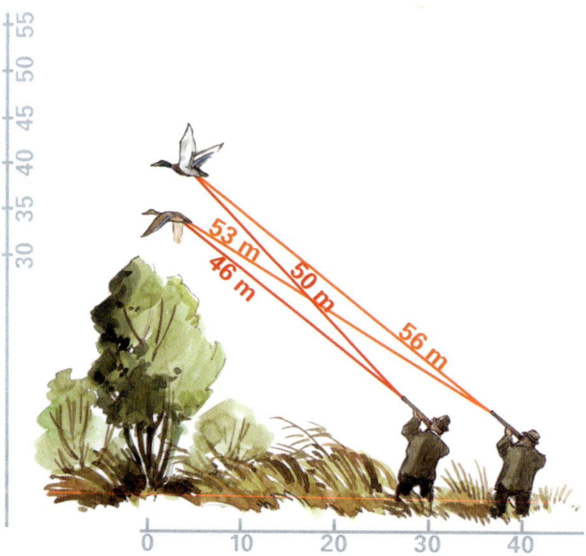

Bäume können als Marken beim Schätzen der Distanz zwischen Jäger und Ente dienen. Die 10 m über den Bäumen fliegende Ente ist vom Jäger um fast 67 % weiter entfernt als der Baum selbst!

Fasan

Die Jagd erfolgt zumeist als Treibjagd. Dabei ist eine dichte Treiberkette Voraussetzung für das Gelingen, denn Fasane drücken sich gern und werden oft überlaufen. Das Buschieren, das Stöbern und schließlich auch die Suche mit dem guten Gebrauchshund sind beliebte Jagdarten. Der Schuss auf den laufenden Fasan (Infanteristen) ist verpönt, ebenso wie der Schuss ins »Bukett«, d.h. in einen Trupp zugleich aufstehender Fasane.

Wildenten

Stockenten werden in der Regel auf dem Morgen- bzw. Abendstrich bejagt. Erfolgreich kann auch das Angehen an kleineren Gewässern (Bachläufe, Teiche) sein, an schilfreichen Gewässern auch der Einsatz von stöbernden Hunden.

Wildgänse

In vielen Regionen Deutschlands hat der Besatz an Wildgänsen zum Teil deutlich zugenommen. Nach BJagdG dürfen Grau-, Saat-, Bless-, Ringel- und Kanadagans bejagt werden. Die Länder haben hier Einschränkungen bzw. Erweiterungen (z. B. Nilgans) vorgenommen. Wildgänse werden beim Ansitz/Anstand beim Morgen- und Abendstrich und auf ihren Äsungsflächen mit dem Lockbild (Kunststoffattrappen) bejagt. Bestens getarnte Verstecke (Erdgruben, Schirme oder Gänseliegen) sind aufgrund der hervorragend äugenden Vögel Voraussetzung für den Erfolg. Unbedingt zu beachten: Wildgänsearten müssen genau angesprochen werden, da einige keine Jagdzeit haben.

Aufgrund ihrer Größe wird im Flug leicht die Entfernung unterschätzt. Da Gänse recht schusshart sind, sollte man nur bis ca. 30 m schießen.

Empfehlenswert sind eng schießende Flinten (Kaliber 12/76) und gröberes Schrot (3,5 mm).

Wildtauben

Der Ringeltaube kommt eine hohe jagdliche Bedeutung zu. Türkentauben werden dagegen meist zufällig erlegt. Da sie sich vorwiegend in der Nähe von Ortschaften aufhalten (ortsnahe Feldgehölze, Parkanlagen, Waldränder), sind die Jagdmöglichkeiten begrenzt.

Durch revierübergreifende Jagden an sogenannten Taubenjagdtagen sind gute Ringeltaubenstrecken zu erzielen, die gerade die starken Winterschwärme reduzieren und darüber hinaus auch zeitweilig vergrämen.

Waldschnepfe

Die Frühjahrsjagd (Schnepfenstrich) ist seit 1977 in Deutschland verboten. Die meisten Schnepfen werden anlässlich von Waldtreibjagden zufällig oder – bei häufigem Vorkommen in Rastgebieten – auf der Suche und beim Buschieren mit dem Hund erbeutet.

Als Kuriosum ist die frühere Esszubereitung des Darmtraktes nach besonderen Rezepten unter dem Begriff »Schnepfendreck« anzusehen.

Rabenvögel

Als »Singvögel« gehören Raben-/Nebelkrähe, Elster und Eichelhäher eigentlich zu den besonders geschützten Arten. Etliche Bundesländer haben jedoch vor allem die Krähen als jagdbar erklärt (mit Jagd- und Schonzeit), einige auch die Elster, Bayern z. B. auch den Eichelhäher.

Bejagt werden sie mit der Flinte, gelegentlich auch mit dem Habicht oder Wanderfalken gebeizt. Sehr erfolgreich auf Krähen kann das Lockbild sein, bei der Elster der Ansitz im Herbst an ihren Schlafbäumen oder die Lockjagd mit dem »Schackern«, einem Kontaktlaut.

Lockbild mit Krähenattrappen im »freundlichen Lockbild«

Kaum noch ausgeübt wird die »Hüttenjagd« mit dem Uhu (Kunststoffattrappe), das früher sehr gebräuchliche Ausschießen der Nester im Frühjahr ist in Deutschland heute verboten.

265 | Darf Auerwild oder Birkwild bei uns noch bejagt werden?

Nein, beide Arten gehören zwar zum jagdbaren Federwild, sind aber ganzjährig geschont.

266 | Wie erfolgt die Balzjagd?

Nach Bestätigung des Auerhahns beim Abendeinfall (= Verlosen) wird er am Morgen während der Baumbalz »angesprungen«.

267 | Welche Jagdarten sind auf den Birkhahn gebräuchlich?

Die Ansitzjagd vom Schirm aus während der Balz; in Skandinavien die Suche mit dem Hund. In der Schweiz und in Italien die Herbstjagd.

268 | Wie werden/wurden Rebhühner traditionell bejagt?
Auf der Suche mit dem Vorstehhund.

269 | Welche Hühner einer aufstehenden Kette werden geschossen?
Da in der Regel zuerst Althühner aufstehen, sollte nur auf nachfolgend aufstehende, einzeln fliegende Junghühner abseits der Kette geschossen werden.

270 | Welche Jagdarten auf den Fasan sind gebräuchlich?
Die Suche mit dem Hund, das Stöbern, das Standtreiben.

271 | Wann ist die richtige Zeit zur Bejagung des Fasans?
Nach der Herbstmauser, wenn die Junghähne »durchgeschildert« sind, also ihr erstes vollständiges Prachtkleid tragen.

272 | Womit wird der Fasan geschossen?
Mit Schrot im Flug.

273 | Welcher Schuss auf den Fasan gilt als unweidmännisch?
Der Schuss auf den sitzenden, den laufenden oder aufgebaumten Fasan.

274 | Dürfen auch Hennen geschossen werden?
Ja, wenn sie eine Schusszeit haben (je nach Landesrecht) und auch vom Jagdleiter freigegeben sind.

275 | Welche Gänsearten dürfen bejagt werden?
Nach BJagdG Grau-, Saat-, Bless-, Kanada- und Ringelgänse. Ländergesetzgebung beachten.

276 | Welche Wetterlage ist bei der Gänsejagd vorteilhaft?
Regen, Wind und Nebel, da die Gänse dann niedriger streichen.

277 | Wie werden Wildgänse bejagt?
Ansitz beim Morgen- und Abendstrich und auf den Äsungsflächen mit dem Lockbild (Plastiklockvögel).

278 | Worauf muss der Jäger besonders achten?
Es darf nicht zu weit geschossen werden (< 30 m). Genaues Ansprechen der Arten.

279 | Was ist bei der Entenjagd unbedingt notwendig?
Ein brauchbarer Jagdhund.

280 | Wie werden Stockenten bejagt?
In der Regel auf dem Abend- und Morgenstrich (= Nahrungsflüge) oder Angehen an Gewässern.

281 | Wann sind alle Stockenten wieder voll flugfähig?
Ab September. Zuletzt erlangen die Weibchen, die zuvor gebrütet haben, ihre Flugfähigkeit zurück.

282 | Darf man Stockenten mit Bleischrot erlegen?
Ja, das Erlegen ist aber nur abseits von Gewässern. An Gewässern ist Stahlschrot gesetzlich vorgeschrieben.

283 | Kann man auf Stockenten die Lockjagd ausüben?
Ja, sowohl mit auf Flachgewässern in der Nähe des anstehenden Jägers ausgebrachten Lockenten aus Kunststoff (früher lebend oder aus Holz) als auch mit akustischen Entenlockern.

284 | Darf man lebende Lockenten verwenden?
Nein.

285 | Wer fliegt bei 2 oder 3 Enten in der Regel vorne?
Die weibliche Ente.

286 | Ist es verboten, überzählige Erpel mit dem Kleinkaliber zu schießen?
Nein. Der Schuss aufs Wasser ist jedoch aufgrund möglichen Abprallens des Geschosses von der Wasseroberfläche gefährlich!

287 | Worauf muss der Jäger bei der Entenjagd achten?
Auf gute Deckung, insbesondere das helle Gesicht und die hellen Hände sind weithin sichtbar und warnen die vor dem Einfall kreisenden Enten.

288 | Worauf muss der Jäger bei der Jagd auf Ringeltauben im Feld achten?
Auf gute Deckung.

289 | Welche Jagdarten sind bei der Ringeltaube gebräuchlich?
Der Ansitz an vorab ausgemachten Flugrouten (Nahrungsplätze, Wasserstellen). Revierübergreifende Taubenjagdtage sind wegen der großflächigen Beunruhigung der Tauben sehr erfolgversprechend. Der abendliche Anstand an den vorher erkundeten Schlafbäumen in älteren Fichtenstangenhölzern.

290 | Womit werden Tauben geschossen?
Mit Schrot im Fluge, mit Kleinkaliber auf die sitzende Taube – Kugelfang beachten!.

291 | Womit kann man Ringeltauben anlocken?
Mit der Nachahmung des Taubenrufs (Taubenlocker oder mit den geschlossenen Händen) sowie mit aufgestellten Locktauben.

292 | Was sollte der Jäger bei erlegten Tauben unverzüglich tun?
Den Kropf und das Gescheide entnehmen, um einer schnell einsetzenden Versäuerung vorzubeugen und das Wildbret genießbar zu halten.

293 | Welche heute verbotene Bejagungsart hatte bei der Schnepfe besondere Tradition?
Der Schnepfenstrich im Frühjahr beim Balzflug.

294 | Wie werden die Waldschnepfen in Deutschland heute bejagt?
Im Herbst als Zufallsbeute bei Treibjagden, beim Stöbern, Buschieren oder beim Herbststrich.

295 | Womit werden Waldschnepfen geschossen?
Mit feinem Schrot (Nr. 7, 2,5 mm).

296 | Sind Raben- und Nebelkrähe jagdbares Wild?
In einigen Bundesländern ja.

297 | Wie werden die beiden Arten bejagt?
Mit der Flinte. Gelegentlich auch mit dem Habicht oder dem Wanderfalken gebeizt.

298 | Ist es erlaubt, Krähen zu fangen?
Nein, generell ist der Fang von Federwild verboten. Ausnahmen für den Einzelfang sind auf Antrag möglich.

299 | Darf die Elster bejagt werden?
In einigen Bundesländern ja.

300 | Welche Jagdarten auf die Elster sind gebräuchlich?
Am erfolgreichsten sind Ansitze mehrerer Jäger an den Schlafbäumen im Herbst. Auch die Lockjagd mit dem »Schackern«, einem Kontaktlaut der Elster, der durch Schütteln einer halbgefüllten Streichholzschachtel nachgeahmt wird, kann erfolgreich sein.

Vor und nach dem Schuss

Der Jäger wird schon aus ganz eigennützigen Gründen immer bestrebt sein, dass das von ihm beschossene Wild im Feuer liegt. Schließlich will er es sich als Jagdbeute aneignen und als Lebensmittel verwerten. Nach dem Tierschutzgesetz muss er dem Wild vermeidbare Leiden ersparen.

Um diesen Anforderungen gerecht zu werden, nimmt der verantwortungsbewusste Jäger regelmäßig an Übungsschießen mit Büchse und Flinte teil. Dazu gehört selbstverständlich auch das korrekte An- und regelmäßige Kontrollschießen seiner Waffen zu Beginn der Jagdzeit.

Flinten müssen in diesem Sinne nicht »angeschossen« werden. Wohl aber übt der verantwortungsbewusste Jäger regelmäßig und insbesondere vor Aufgang der Niederwildjagden auf dem Wurftaubenstand. Praxisnahes Schießen ist vor allem auf sogenannten Jagdparcours möglich, wo die Wurftauben unberechenbarer (und damit praxisnäher) kommen als beim herkömmlichen Skeet- oder Trapschießen.

Zur Vorbereitung auf die heute immer beliebter werdenden Bewegungsjagden auf Schalenwild gibt es mit Abstand keine bessere Übung als die in einem Schießkino. Dort werden Szenen von sich in natürlicher Umgebung bewegendem Wild auf eine Leinwand projiziert. Der Jäger schießt dabei in der Regel mit seiner gewohnten Jagdwaffe. Die Treffer werden dem Schützen angezeigt. Mit Infrarottechnik kann auch der Schrotschuss auf Niederwild geübt werden.

Selbstverständlich müssen Waffe und Optik immer in einwandfreiem Zustand sein.

In der Praxis hat der Jäger vor dem Schuss – beim Schrot- wie beim Büchsenschuss – zunächst drei Dinge festzustellen:

1. Darf das Wild, das er beschießen will, tatsächlich erlegt werden (Abschussplan, Schonzeit)?
2. Ist der Schuss ohne Gefährdung Dritter möglich?

Der abgelegte Hund beobachtet aufmerksam die Anschussuntersuchung.

3. Ist der Schuss so anzubringen, dass dem Wild unnötige Schmerzen und Leiden erspart bleiben (Weidgerechtigkeit)?

Vor allem bei Gesellschaftsjagden und generell bei in Bewegung befindlichem Niederwild sind diese Entscheidungen intuitiv zu treffen.

Was die Gefährdung Dritter betrifft, so ist immer zu bedenken, dass Schrote, Flintenlaufgeschosse, Büchsengeschosse oder auch Teile davon unkontrolliert abprallen können. Eine Gefährdung besteht folglich nicht nur in direkter Richtung des Schusses, sondern auch seitlich davon. Über die mit der Schussabgabe verbundenen Gefahren wird in den Kapiteln »Waffen, Munition, Optik« und »Unfallverhütung« ausführlich berichtet.

Beim Schrotschuss ist neben der Einhaltung der korrekten Schussdistanz (30–35 m) auch die Wahl der richtigen Schrotstärke wichtig. Häufig wird – in der falschen Hoffnung, damit weiter schießen zu können – mit zu groben Schroten geschossen. Dabei wirkt der Schrotschuss weniger aufgrund hoher Durchschlagskraft einzelner Schrote als vielmehr im gleichzeitigen Auftreffen vieler Schrote (Deckung der Schrotgarbe) auf die Nervenenden der Jagdbeute.

Körperhaltung: Das Wild darf nur in einem optimalen, zumindest noch vertretbaren Winkel beschossen werden, um eine entsprechend schnell tötende Wirkung zu erzielen und die Umgebung nicht zu gefährden. Idealerweise soll Schalenwild im Schuss breit stehen und das Haupt oben haben, damit sich bei einer anschließenden Flucht nicht die vorher überspannte Decke über den Ausschuss schiebt und diesen verdeckt. Bei Bewegungsjagden ist auch der Schuss auf ziehendes Wild, bei hohem Trainingsstandard auch auf laufendes, nie jedoch auf hochflüchtiges Wild zulässig (sehr hohes Risiko des Krankschießens, meist mit einhergehender Wildbretentwertung),

Die Flugbahn des Geschosses muss frei von Hindernissen sein. Diese werden bei schlechtem Licht leicht übersehen und können dann zur Ablenkung oder zum frühzeitigen Zerlegen des Geschosses führen.

Der Jäger muss sich unmittelbar vor der Schussabgabe die Position und die Körperhaltung des Wildes einprägen, um später den Anschuss leichter zu finden. Das Wissen um die Körperhaltung erleichtert dem Jäger die Beurteilung der später am Anschuss gefundenen Schusszeichen.

Zeichnen: Wichtig ist auch, zu erkennen, wie das Wild zeichnet. Unter »Zeichnen« versteht man die durch das Geschoss, eventuelle Geschossteile, durch Bestandteile des vom Geschoss getroffenen Bodens oder von Pflanzen sowie durch den vom Geschoss erzeugten Luftdruck ausgelösten Körperreaktionen des Wildes. Das Zeichnen des Wildes lässt Rückschlüsse auf den Sitz des Geschosses und auf die Art der Verletzungen zu. Eine bevorstehende Nachsuche kann so unter Umständen besser geplant und vorbereitet werden.

Am Anschuss findet der Jäger weitere Pirschzeichen. Hierzu gehören vom Geschoss abgerissene Haare (Riss- und Schnitthaare), Knochensplitter, Wildbret, Organteile, Feist, Inhalt der Verdauungsorgane und Schweiß. Zu den Pirschzeichen gehören auch die markanten Schaleneingriffe und -ausrisse zu Beginn der Flucht, abgeschossene Pflanzenteile und der Kugelriss im Boden.

Vor dem Schuss

301 | Auf was achtet der Jäger vor dem Schuss?

Auf das Hinterland und einen Kugelfang im gewachsenen Boden (Sicherheit!), auf seinen eigenen Stand, auf den genauen Standort des Wildes bei der Schussabgabe, auf dessen Körperhaltung (breit und Haupt oben) und auf eine freie Schussbahn.

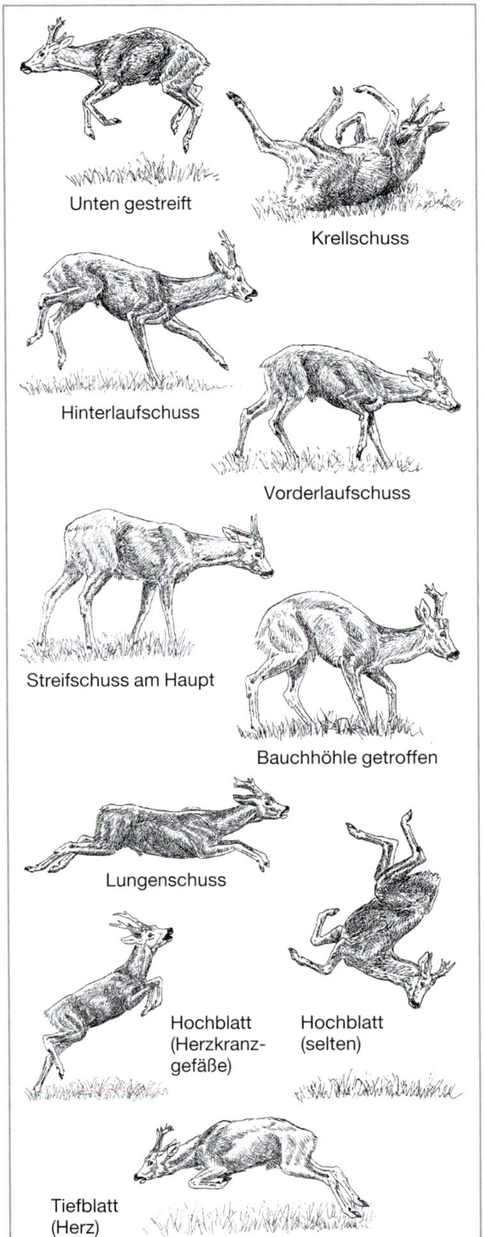

Zeichnen des Rehwildes

302 | Wie kann er sich den Standort des beschossenen Wildes merken?
Mithilfe von Geländemarken wie Bäumen, Steinen, Gebäuden im Hintergrund usw.

303 | Wie merkt er sich seinen eigenen Stand?
Liegt das Wild nicht im Feuer, markiert er seinen Stand, bevor er ihn verlässt. Beim Schuss von einer Reviereinrichtung aus erübrigt sich dies.

Wie zeichnet das Wild?

304 | Auf was achtet der Jäger im Schuss?
Auf das Zeichnen des beschossenen Stückes, die Fluchtrichtung, insbesondere die Stelle, wo das Wild in der Deckung verschwindet, und wie sich ggf. weitere Stücke verhalten.

305 | Ein Fasan steigt im Schuss steil hoch. Auf welchen Schuss tippen Sie?
Der Fasan himmelt. Vermutlich hat er Schrote in der Lunge.

306 | Ein Reh schlägt im Schuss hinten aus. Wo wird der Schuss sitzen?
Vermutlich weich im Bereich des kleinen Gescheides kurz vor den Keulen.

307 | Ein Reh klagt im Schuss. Was wurde vermutlich getroffen?
Es wird sich um einen sehr schmerzhaften Schuss handeln, vermutlich um einen Knochentreffer oder einen Treffer im Bereich der Nieren.

308 | Ein Reh steigt im Schuss steil auf und flüchtet mit tiefem Haupt hochflüchtig in die Dickung. Was für ein Schuss wird das sein?
Vermutlich ein tiefer Kammertreffer mit Sitz im Herzbereich.

309 | Ein Schmaltier bleibt im Schuss mit gespreizten Läufen und vorgestrecktem Haupt einige Zeit stehen, ehe es flüchtet. Um was für einen Schuss könnte es sich handeln?

Möglicherweise um einen Äserschuss, bei dem das Stück zunächst benommen ist.

310 | Wie zeichnet ein Alttier mit Vorderlaufschuss?

Sind Knochen und Sehnen noch intakt, wird der Lauf meist leicht angezogen. Ist der Knochen zertrümmert, schlenkert der Lauf.

311 | Ein Stück Schalenwild bricht im Schuss schlagartig zusammen. Welchen Schuss vermuten Sie?

Es könnte ein Krellschuss sein. Sofortiges Repetieren und Beobachten des Stücks durch das Zielfernrohr für eine geraume Zeit sind Pflicht. Sollte sich das Stück wieder bewegen, schlegeln oder sich gar vorn erheben, muss sofort nachgeschossen werden. In diesem Fall eines weiteren Fangschusses ist auch ein Keulen- oder Rückentreffer von hinten legitim.

312 | Was vermuten Sie, wenn am Anschuss eines Rehs viele Schnitthaare und Hautfetzen liegen?

Vermutlich handelt es sich um einen Streifschuss, es muss aber nicht immer so sein.

313 | Sie beschießen ein Kalb, das mit dem Alttier in den Bestand flüchtet. Kurz

Zeichnen des Schwarzwildes

darauf hören Sie das Alttier in einiger Entfernung mehrmals schrecken. Was schließen Sie daraus?
Höchstwahrscheinlich ist das Kalb nach kurzer Flucht in der Deckung zusammengebrochen.

314 | Sie beschießen eine Ricke, die abspringt und im Bestand schreckt. Was schließen Sie daraus?
Ich habe wahrscheinlich gefehlt, muss aber dennoch sorgfältig den Anschuss untersuchen und eine Kontrollsuche veranlassen, denn es könnte ja auch ein anderes Stück geschreckt haben.

315 | Sie beschießen in der Brunft einen Rehbock, der – scheinbar völlig gesund – mit der Geiß in die Dickung flüchtet. Nach einiger Zeit erscheint die Geiß alleine. Was schließen Sie daraus?
Vermutlich ist der Bock verendet oder sitzt schwer krank in der Dickung im Wundbett.

316 | Sie beschießen einen Frischling, dermit dem Rest der Rotte wie gesund abgeht. Worauf achten Sie besonders?
Auf den Pürzel. Getroffene Sauen klappen den Pürzel ab, bei gefehlten, also gesunden wird er weiterhin hochgehalten.

317 | Ein beschossenes Wild bricht auf der Flucht hörbar durch dürres Geäst. Was schließen Sie daraus?
Vermutlich ist es tödlich getroffen und flieht bereits unkontrolliert Bäume an.

Nach dem Schuss

318 | Wie verhalten Sie sich nach dem Schuss?
Nach angemessener Wartezeit wird zuerst der Anschuss auf Schweiß und Pirschzeichen sorgfältig kontrolliert, um Klarheit über den Sitz des Geschosses und den wahrscheinlichen Verlauf der Nachsuche zu bekommen.

319 | Welche Schweißarten finden Sie am Anschuss?
- Lungenschweiß (hellrot und meist blasig)
- Leberschweiß (dunkel und etwas »griesig«)
- Milzschweiß (fast schwarz)
- Wildbretschweiß (reines »Herzrot«)
- Wildbretschweiß, mit Knochenmark vermischt (sieht dann aus wie blasiger Lungenschweiß)
- Weidwundschweiß (grün verunreinigt).

320 | Am Anschuss einer Sau finden sie Gescheideinhalt. Was tun Sie?
Sauen mit Weidwundschüssen erfordern eine Wartezeit von mindestens 3 Stunden. Bei solchen Schüssen können Sauen noch sehr weit laufen und die ersten Stunden im Wundbett noch leben.

321 | Was erwartet Sie bei reichlich Lungenschweiß?
Ein tödlicher Schuss, wobei das Wild durchaus noch über eine größere Distanz (bis 200 m) flüchten kann. Bei solchen eindeutigen Schüssen genügt eine sehr geringe Wartezeit.

322 | Welche Pirschzeichen finden Sie bei einem Äser- oder Gebrechschuss?
Teile vom Lecker, vom Kopfbereich, vom Kieferknochen, kurzes Gesichtshaar und Zähne. Solche Nachsuchen sind sehr schwierig.

323 | Ein Alttier hat einen Äserschuss bekommen. Was tun Sie?
Mindestens 3 Stunden warten und nur mit erfahrenem Hund suchen. Reviernachbarn verständigen und Vorstehschützen organisieren.

324 | Wie markieren Sie den Anschuss?

Klassisch mit einem Anschussbruch, besser mit einem Markierungsband.

325 | Wie finden Sie am Anschuss feine Schweißspritzer?

Durch Abtupfen mit einem weißen Papiertaschentuch.

326 | Am Anschuss eines Stücks Schalenwild finden Sie hellroten, blasigen Schweiß. Welches Organ hat das Geschoss getroffen?

Die Lunge.

327 | Am Anschuss eines Rehs finden Sie bräunlichen, grießigen Schweiß. Wo könnte der Schuss sitzen?

Da wird die Leber getroffen sein, möglicherweise nur von einem Splitter.

328 | Was suchen Sie am Anschuss von Schalenwild?

Pirschzeichen in Form von Schnitthaar, Schweiß, Knochensplitter, Feist, Schlund- und Panseninhalt, Kugelriss sowie Schaleneingriffe.

329 | Wie wird krank geschossenes Schalenwild getötet?

Wann immer möglich durch einen Fangschuss, nur im Notfall durch Abfangen mit der kalten Waffe (Nicker).

330 | Sie finden ein Schmaltier noch lebend unweit vom Anschuss. Dürfen Sie den Fangschuss mit der Faustfeuerwaffe geben?

Ja, wenn die Mündungsenergie (E_0) mindestens 200 Joule beträgt.

331 | Welche Mündungsenergie muss ein Geschoss für den Fangschuss mit der Faustfeuerwaffe auf Raubwild erbringen?

Hier ist keine Mindestenergie vorgeschrieben.

Mit einem weißen Taschentuch wird der Anschuss abgetupft.

Zeichnen des Federwildes beim Schrotschuss

Schnitthaare sind oberhalb der Wurzeln abgeschossen. Streifschüsse produzieren besonders viele Schnitthaare.

Farbe und Konsistenz des Schweißes (hier Lungenschweiß) lassen Rückschlüsse auf den Sitz des Geschosses zu.

Beschaffenheit und Form von Knochensplittern geben Hinweise auf die Art der bevorstehenden Nachsuche.

Neben Schnitthaar, Schweiß und Knochensplitter findet sich gelegentlich auch »Weißes« (Feist) am Anschuss.

Die Länder können jedoch eine solche für die Abgabe von Fangschüssen bei der Bau- und Fallenjagd vorschreiben.

332 | Was tun Sie, wenn ein geflügelter Fasan außerhalb des Treibens davonläuft?

Wenn kein brauchbarer Hund in der Nähe ist, schieße ich nach, vorausgesetzt, die Schussentfernung ist akzeptabel und ich gefährde niemanden.

333 | Was versteht man unter »abfedern«?

Früher übliche Art, krank geschossenes Federwild zu töten. Dabei wurde dem Stück eine Schwungfeder ausgerissen und mit dem Federkiel durch die Öffnung im Hinterhaupt gestoßen. Gilt heute zu Recht als Tierquälerei. Heute erfolgt das Töten mit einem harten Schlag (Stock) auf den Hinterkopf.

334 | Wie wird ein krank geschossener Hase tierschutzgerecht getötet?

Mit einem kräftigen Handkantenschlag ins Genick, eventuell auch mit einem Stock.

Auf dem Brombeerblatt findet sich Panseninhalt. Rehwild geht mit einem solchen Schuss nicht mehr weit, Sauen schon.

Jagdliches Brauchtum

Allgemeines zur Historie: Das Brauchtum ist auch heute noch ein fester Bestandteil der Jagd und des jagdlichen Selbstverständnisses. Gleichwohl haben unsere Vorfahren auf Brauchtum im Sinne von Ritual wenig Wert gelegt. Die von ihnen gepflegten »Bräuche« waren als brauchbare Handlungen des Jagdhandwerks gedacht, für die es keinen brauchbaren Ersatz gab.

Bruchzeichen: Brüche sind frisch gebrochene (nicht abgeschnittene) grüne Zweige gerechter Baumarten, die in der Jägerei bestimmte Bedeutungen haben. Zu den gerechten Baumarten zählen Tanne, Fichte und Kiefer als Nadelhölzer und Eiche und Erle als Laubhölzer.

Bruchzeichen waren notwendig, da es weder Kugelschreiber noch exakte Revierkarten gab. Sie waren lokal verschieden, und man wollte auch gar keine Vereinheitlichung – um sie nicht für jedermann lesbar zu machen.

Man unterscheidet den Haupt- und Leitbruch, den Anschuss- und verschiedene Fährtenbrüche, den Schützenbruch, Inbesitznahmebruch und den letzten Bissen am gestreckten Wild, den Wartebruch und den Warnbruch sowie den Trauerbruch am Grabe eines verstorbenen Jägers.

Jägersprache: Zum jagdlichen Brauchtum gehört selbstverständlich auch die überlieferte Jägersprache. Sie ist besonders bildhaft und damit ausdrucksstark in der Bedeutung ihrer Wörter und Begriffe. Die Jägersprache ist lebendiges Kulturgut und entwickelt sich ständig weiter, wobei sie nie einheitlich war, sondern sich insbesondere durch regionale Unterschiede auszeichnet.

Jagdhörner: Der Gebrauch von Jagdhörnern war bei Gesellschaftsjagden eine elementare Notwendigkeit. Wie auch hätte man sich sonst verständigen sollen? Man konnte eben nicht schnell mit dem Auto auf die andere Talseite fahren und schon gar nicht telefonieren. Verwendet wurden zunächst jedoch mehrheitlich Ochsenhörner und später eintönige Treibjagdhupen.

Auch die Jagdsignale waren lokal völlig verschieden und höchst simpel. Das Verblasen der Strecke war völlig unbekannt. Mehrtönige Hörner wurden im deutschsprachigen Raum erst mit der Einführung der vorher schon vor allem in Frankreich gepflegten Parforcejagden und dann der eingestellten Jagden populär. Mit der Erfindung von Hinterladerflinten gewannen Niederwildjagden an Bedeutung. Damit ergab sich zu deren Leitung und Ausrichtung die Notwendigkeit eines Systems von Jagdleitsignalen. Die Mehrzahl der verwendeten »Leitsignale« wurde dem militärischen Reglement entlehnt. Beispiele: »Linker Flügel vor« oder »Das Ganze halt«. Verwendet wurden dafür völlig unterschiedliche Militärhörner, später »Jagdtrompeten« genannt. Als sich die Preußen das Königreich Hannover einverleibten, verboten sie beispielsweise sofort die Verwendung der länglichen Hannover'schen Hörner bei der Jagd.

Das heute gebräuchliche Fürst-Pless-Horn ist nichts anderes als ein mit grünem Leder umwickeltes Posthorn, das Fürst Pless zu Beginn des 20. Jahrhunderts in seiner Standesherrschaft dem Personal verordnete.

Im Zuge der Gleichschaltung der 1930er-Jahre wurde es verbindlich zum »Jagdhorn« erklärt. Gleichzeitig wurden die vorher unterschiedlichen »Schlachtsignale« vereinheitlicht und durch zahlreiche Neukompositionen von Prof. Clewing (insbesondere »Totsignale«) ergänzt. Ein Teil der Totsignale entstand erst im letzten Drittel des 20. Jahrhunderts. Totsignale hatten schon deshalb wenig Bedeutung, weil das Legen der Strecke, wie wir es heute kennen, noch in der ersten Hälfte des 20. Jahrhunderts weitgehend unbekannt war.

Das Verblasen der Strecke bildet einen stimmungsvollen Abschluss des Jagdtages. Jagdhornsignale gehören zum jagdlichen Brauchtum.

Jagdliches Brauchtum

■ **Jägersprache**
Einzelne Elemente sind sehr alt, wurden aber lokal völlig unterschiedlich gepflegt.
1934 wurde die Jägersprache vereinheitlicht und traditionelle lokale Sprachgebräuche wurden aufgehoben.
Die Jägersprache ist in Weiterentwicklung begriffen.

■ **Bruchzeichen**
Wurden früher ebenfalls lokal unterschiedlich verwendet und 1934 vereinheitlicht. Heute nur noch symbolische Bedeutung.

Brüche des Jagdablaufs:	Standplatzbruch, Hauptbruch, Wartebruch, Warten aufgegeben, Anschussbruch, Fährtenbruch, Warnbruch
Brüche am Wild:	letzter Bissen, Inbesitznahmebruch
Brüche am Jäger:	Standesbruch, Schützenbruch, Trauerbruch
Bruch für Jagdhund:	die Hälfte des Schützenbruches für erfolgreiche Nachsuche

■ **Jagdhornblasen**
Ursprünglich nur »technische« Leitsignale, später auch Totsignale und »Schmuckstücke«.
Zunächst eintönige Hifthörner (aus Horn), rein zur Verständigung.
Französische Reitjagdhörner (Parforcehörner) bei Reitjagden und eingestellten Jagden.
Militärhörner zum Leiten (Steuern) von großen Niederwildjagden, unterschiedliche Modelle.
Eintönige Signalhörner aus Metall zur Verständigung bei Treibjagden.
Um 1900 lokal Posthörner, später statt der Kordeln und Quasten Lederriemen.
Anfang des 20. Jahrhunderts Ausdehnung des Jagdhornblasens auf Totsignale (Strecke verblasen).
In der 2. Hälfte des 20. Jahrhunderts Ausweitung auf »Umrahmungsblasen« (bei jagdlichen Veranstaltungen).

■ **Hubertusmesse**
Erstmals 1965 in Heidelberg aufgeführt, seither weite Verbreitung.

■ **Jagdkleidung**
Ursprünglich nur Uniformen beim Jagdpersonal, im Alpenraum jedoch immer Tracht.
Bürgerliche Jägerei trug nach 1848 Zivilkleidung, meist weißes Hemd und dunkler Anzug.
Grüne Kleidung kam erst gegen Mitte des 20. Jahrhunderts auf.

■ **Legen der Strecke**
In der heutigen Form 1934 eingeführt.

■ **Jägerschlag**
In der heute gebräuchlichen Form ohne jagdlichen Hintergrund und Tradition, sondern diversen Orden entlehnt (Vorbild: Ritterschlag). Ursprünglich wurden nur gelernte Jäger vor versammeltem Jagdbetrieb vom Lehrherrn »frei geschlagen« (»aufs Maul geschlagen«).

Jagdmusik: Tatsächlich alt ist die Jagdmusik. Zahllose Kompositionen alter Meister werden heute noch konzertant gepflegt. Eine andere alte und gleichwohl fast vergessene Jägertradition war das Singen. Heute gibt es nur noch ganz wenige Jägerchöre.

Wildverwertung: Nicht vergessen wollen wir, dass auch die früher üblichen Bräuche der Wildverwertung, angefangen vom Aufbrechen über die Totenwacht bis zum Zerwirken, den Notwendigkeiten der Zeit entsprachen. Wer beispielsweise seinen Rehbock noch 2 Stunden im

Rucksack heimtragen musste, der tat – des Wildbrets wegen! – gut daran, vorher so lange eine »Totenwacht« zu halten, bis der Schweiß eingetrocknet und der Bock einigermaßen ausgekühlt war.

Aber auch die Jagdzeiten müssen wir im Zusammenhang mit den damaligen technischen Möglichkeiten sehen. So können wir den Frühjahrsbock im losen, grauen Winterhaar zwar heute einigermaßen hygienisch in unserer Wildwanne transportieren. Stopfen wir ihn in den Rucksack, ist hernach das Wildbret voller Haare. Auch dass man den Rehbock lieber im kalten Dezember schoss als im schwülwarmen Juli, ist logisch, denn Kühlmöglichkeiten gab es damals einfach nicht.

Trophäen: Zum Brauchtum gehört auch die Trophäe. Versteht man geschichtlich darunter ein Objekt, das als Zeichen des Triumphs dient, so ist die Jagdtrophäe nach heutiger Auffassung ein Erinnerungsstück an eine erfolgreiche Jagd. Üblich ist, dass der Jäger nur von selbst erlegtem Wild Trophäen in Besitz nimmt. Die Formen der Trophäen sind mannigfaltig, sie reichen vom Ganz- und Teilkörperpräparat (selbst eines Elefanten) und Schädel (Bär) über Geweihe (Rothirsch), Hörner (Gams), Zähne (Gewaff des Keilers), Felle, Decken, Schwarten, Krallen bis hin zu Federn (Spielhahn, Malerfeder der Schnepfe).

Abzulehnen ist ein Trophäenkult, bei dem ein Jäger ausschließlich nach der stärksten Trophäe einer Wildart trachtet.

Gleichwohl wollen wir »brauchbares« Brauchtum pflegen, auch wenn viele Teile dieses Brauchtums noch keine 100 Jahre alt sind. Es schadet niemandem, solange es frei von Kitsch und Penetranz ist, und es ist nicht ohne Reiz.

Jägersprache

335 | Welchen Sinn macht die Jägersprache?

Die Jägersprache ist eine bildhafte, lebendige Sprache für den Jagdgebrauch, die sich allerdings vielfach sehr weicher und teilweise auch verharmlosender Ausdrücke bedient.

336 | Kennt die Jägersprache regionale Unterschiede?

Durchaus. Erinnert sei nur an die norddeutsche Ricke und die süddeutsche Geiß. Auch der im Allgäu, in Vorarlberg und Teilen Österreichs und der Schweiz immer noch verwendete Ausdruck »Hornerer« für einen Hirsch wird im Norden nicht verstanden.

337 | Macht es Sinn, sich mit anderen Jägern in der Jägersprache zu unterhalten?

Durchaus, weil sie viele Dinge viel präziser und kürzer benennt als die deutsche Umgangssprache.

338 | Macht es Sinn, gegenüber Nichtjägern die Jägersprache zu benutzen?

Es ist eine Frage der Höflichkeit und des Respekts, ob man im Gespräch eine Sprache benutzt, die der Gesprächspartner nicht versteht. Wir haben für solche Fälle eine gemeinsame, allgemein verständliche Muttersprache.

Brüche

339 | Was sind Brüche?

Bruchzeichen sind so alt wie die Jagd selbst. Sie sind eine Art Zeichensprache der Jäger.

340 | Welche Brüche haben heute noch Bedeutung?

Aus Gründen der Tradition haben sich vor allem der Schützenbruch, der letzte Bissen, der Inbesitznahme- und der Trauerbruch gehalten. Die meisten anderen Brüche haben kaum mehr praktische Bedeutung.

341 | Welche Nachteile haben am Boden liegende oder im Boden steckende Brüche?

Sie werden leicht übersehen oder mit zufällig am Boden liegenden Zweigen verwechselt.

342 | Ist es heute noch üblich, den Anschuss zu verbrechen?

Ja, aber bei Gesellschaftsjagden setzen sich immer mehr die weithin gut erkennbaren Faserbänder durch.

343 | Was ist ein Fährtenbruch?

Er gehört zum Anschussbruch und besteht aus zwei Ästen, einem kürzeren, der quer zum zweiten den Anfang des Bruches darstellt, und einem längeren, der in Fluchtrichtung zeigt. Liegt die gewachsene Spitze in Fluchtrichtung, handelt es sich um ein weibliches Stück, bei der gebrochenen um ein männliches.

344 | Wozu dient ein Warnbruch?

Er soll vor Gefahr warnen. Beispiel: Hängt ein Warnbruch an einer Ansitzleiter, erkennt der Jäger, dass hier eine Gefahr lauert, z. B. eine kaputte Leiter oder morsche Stützen.

345 | Was ist ein Hauptbruch?

Es handelt sich um einen armlangen Zweig, der befegt ist und am Boden liegt. Er signalisiert, dass sich etwas in Richtung der gewachsenen Spitze befindet, dies kann z. B. ein weiterer Bruch sein.

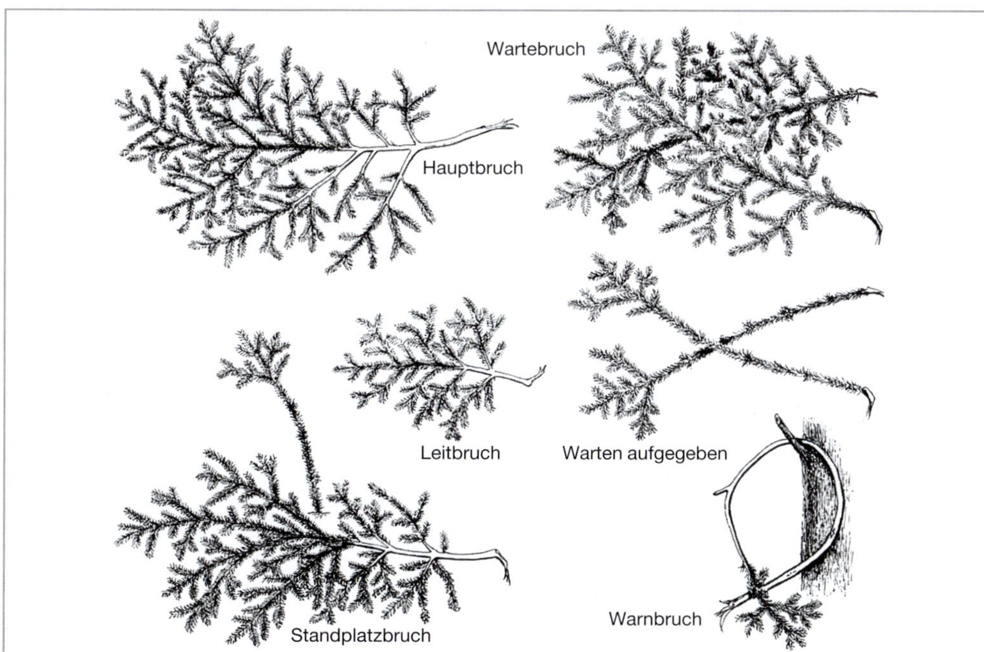

Bruchzeichen, wie sie FREVERT 1934 festlegte

346 | Was ist ein Wartebruch?

Er signalisiert einem nachfolgenden Jäger, dass dieser an der betreffenden Stelle warten soll. Gibt dieser das Warten auf, bricht er die Seitenzweige der beiden gekreuzten Brüche ab und legt sie so auf den Boden, dass zu erkennen ist, dass er in Richtung der Winkelhalbierenden die gewachsenen Spitzen entfernt hat.

347 | Welche Holzarten gelten als »bruchgerecht«?

Als bruchgerechte Baumarten werden Kiefer, Fichte, Tanne, Eiche und Erle verwendet.

Streckelegen

348 | In welcher Reihenfolge wird das Wild nach der Jagd zur Strecke gelegt?

Hochwild vor Niederwild, Cerviden vor Boviden, männliches vor weibliches Wild. Alle Stücke werden in eine Richtung gestreckt, liegen auf der rechten Körperseite (Herz nach oben), je Wildart wird eine neue Reihe angefangen. Bei einer Niederwildstrecke wird, um die Stückzahl schneller zu ermitteln, jedes 10. Stück eine halbe Körperhälfte vorgezogen.

349 | Ist das traditionelle Streckelegen unbedenklich?

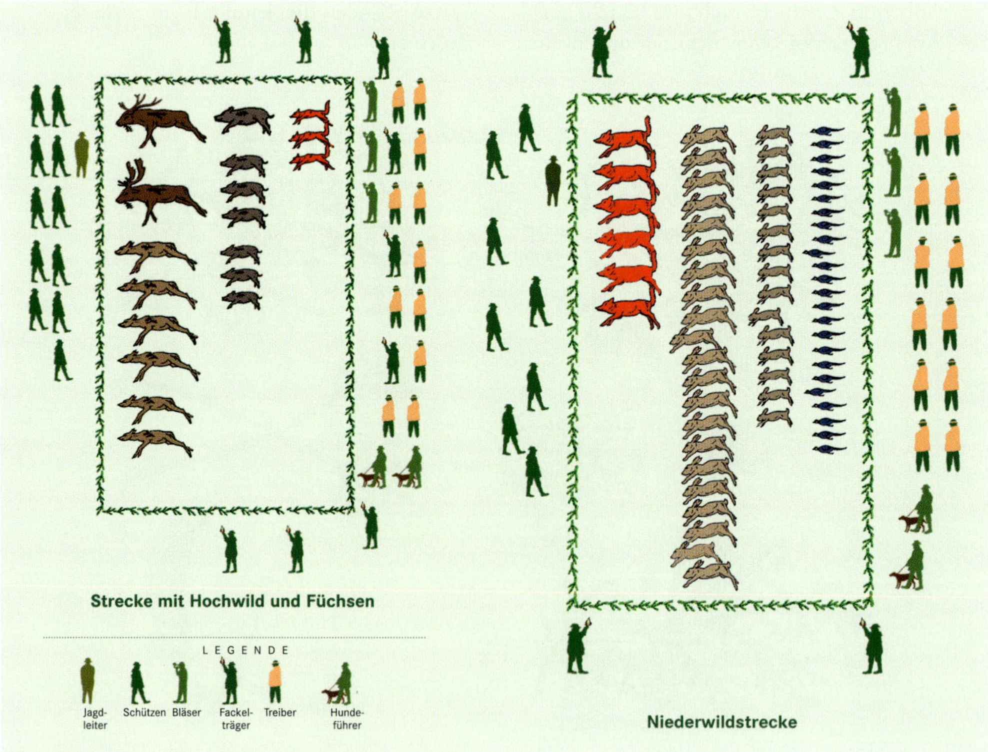

Streckelegen

Das erlegte Wild darf nach dem Aufbrechen nicht mehr mit dem Waldboden in Berührung kommen, um nicht mit Keimen kontaminiert zu werden. Daher wird Schalenwild heute bereits vielfach hängend aufgebrochen und die Strecke auch hängend verblasen. Vielfach wird nur noch eine exemplarische Strecke mit wenigen Stücken stellvertretend gelegt, während der Rest bereits versorgt in der Wildkammer/Kühlkammer hängt.

350 | Auf welcher Körperseite liegt das Wild?
Auf seiner rechten Körperseite.

351 | Wo stehen die Schützen an der Strecke?
Die Schützen stehen vor der Strecke (sie schauen dem Wild ins Gesicht).

352 | Wo stehen die Bläser?
Die Bläser stehen hinter dem Wild.

353 | Wo stehen die Treiber?
Die Treiber stehen hinter den Bläsern.

354 | Wo stehen die Hundeführer?
Die Hundeführer stehen links neben den Treibern.

355 | Wo steht der Jagdleiter?
Vor den Schützen, am Kopf der Strecke.

356 | Wie läuft das Streckelegen ab?
Das Wild ist auf Brüche gebettet oder wird von solchen umrahmt. Der Jagdleiter gibt die Strecke bekannt und überreicht den Schützen die Brüche. Die Bläser verblasen die Strecke.

357 | Wer gilt als Erleger, wenn Schalenwild von mehreren Schützen beschossen wurde?
Jener, der den ersten Schuss angetragen hat, der alleine nach angemessener Zeit zum Tode geführt hätte oder im Rahmen einer Nachsuche wahrscheinlich zur Strecke gekommen wäre.

358 | Wie ist das beim Niederwild?
Als Erleger gilt, wer die Flucht des Stückes beendet hat, wobei reine Fangschüsse auf das bereits an den Platz gebundene Wild nicht zählen.

Trophäen

359 | Hat der Jäger als Gast ein Anrecht auf Überlassung der Trophäen des von ihm erlegten Wildes?
Grundsätzlich nein, aber es ist Brauch, einem Jäger legal und selbst erbeutete Trophäen zu überlassen.

360 | Was gilt bei einem Hirsch als Trophäe?
Das Geweih, die Grandeln und der Hirschbart.

361 | Wo wachsen die Haare für den Hirschbart?
Am Träger (Brunftmähne).

362 | Welche Trophäen liefert ein Alttier?
In erster Linie die Grandeln, gelegentlich die Decke.

363 | Haben Rehe Grandeln?
Ja, aber das kommt sehr selten vor.

364 | Wie behandeln Sie ein Rehgeweih/ Hirschgeweih?
Das von der Decke befreite Haupt wird zunächst einen Tag lang gewässert, danach so lange abgekocht, bis sich Wildbret und Sehnen vom Knochen ablösen lassen. Anschließend wird der blank geputzte Schädelknochen mit Wasserstoffperoxyd behandelt und gebleicht.

365 | Wie sägen Sie den Schädelknochen eines Rehbocks durch?
Am einfachsten geht das mit einer Gehörnsäge (Einspannvorrichtung).

366 | Welche Trophäen liefert ein Gams?
Die Krucken, den Bart, gelegentlich die Decke.

367 | Wo hat der Gamsbock die längsten Haare?
Auf der Kruppe.

368 | Wann wird der Gamsbart gerupft?
Im November und Dezember, bei frischem Fallwild auch später.

369 | Wie wird eine Gamskrucke präpariert?
Im Prinzip wie Geweihe, die Krucken werden aber zur Schonung des Pechbelages mit Lappen umwickelt und so bald als möglich von den Stirnzapfen abgezogen. Vorher vermisst man den Abstand der Kruckenspitzen zueinander, um diese später wieder in der originalen Stellung aufsetzen zu können.

370 | Welche Trophäen liefert eine Sau?
Von den Keilern die Waffen, die Federn als Saubart und (von allen Sauen) gelegentlich die Schwarte.

Trophäen: Bisamzähne (li.o.), Fuchshacken (re.o.), Rotwildgrandeln (li.u.), Eichelhäherfedern (re.u.)

371 | Wo wird der Saubart gerupft?
Die längsten Haare finden sich im Nacken und auf dem Vorderrücken.

372 | Sie wollen das Haupt eines Keilers oder eines Rehbockes präparieren lassen. Wo trennen Sie das Cape ab, das Sie zum Präparator bringen?
Unmittelbar hinter den Vorderläufen.

373 | Wo trennen Sie den Kiefer eines Keilers ab, um die Waffen auszulösen?
Zwischen P4 und M1, da die als Trophäen betrachteten Zähne sich vor den Molaren befinden.

374 | Wie lösen Sie Keilerwaffen aus?
Die Kieferknochen werden abgesägt und ca. 30 Minuten gekocht, danach lassen sich die Zähne herausdrücken. Dann wird der Zahnnerv sauber entfernt. Die gereinigten Zähne müssen langsam trocknen, um nicht zu springen.

375 | Womit werden Keilerwaffen ausgegossen?
Vor dem Aufsetzen werden sie – ebenfalls um nicht zu reißen – mit einem Zweikomponentenkleber, mit Bienenwachs oder Paraffin gefüllt.

Auch die Haken der Bachen können als Trophäen präpariert und montiert werden.

Dachsbart (vom Rücken), kenntlich am hellen Reif, kürzer als die anderen Bärte
Gamsbart (vom Ziemer/Rückenoberseite), kenntlich am silbergrauen Reif
Hirschbart (von der Brunftmähne), kenntlich am hellbraunen Reif
Saubart (vom Genick und Widerrist), Borsten sind braun bereift und gespleißt (v. l.)

376 | Welche Gefahr besteht bei Keilerwaffen, die nicht ausgegossen werden?

Keilerwaffen reißen leicht.

377 | Wie verhindern Sie, dass Schädelskelette Fettflecken bekommen?

Beim Auskochen wird ein fettlösendes Mittel beigegeben. Die gereinigten Schädel werden dann 48 Stunden in eine Mischung aus Holzleim (Ponal) und Wasser (1:1) getaucht.

378 | Welche Trophäen findet der Jäger gelegentlich im Pansen von Rot-, Gams- oder Steinwild?

Die Bezoarkugeln. Das sind feste, verfilzte Ballen aus Haaren und Äsungsfasern, die durch die rollenden Pansenbewegungen rund werden. Gelegentlich erhalten sie durch Ablagerung anorganischer Salze einen festen Überzug; sogenannte Magensteine.

379 | Welche Trophäen kennt man beim Hasen?

In manchen Gegenden werden die Vibrissen (Schnurrhaare) zum Hasenbart gebunden. Gelegentlich stecken sich Jungjäger die Blume ihres ersten Hasen hinters Hutband.

380 | Welche Trophäen liefert der Fuchs?

Zu den Trophäen des Fuchses zählen der Balg und die Fangzähne, die zu Schmuck verarbeitet werden.

381 | Wozu können Fuchs- und Marderbälge verarbeitet werden?

Zu Mänteln und Jacken (hier auch als Futter), Krägen, einem Muff oder einer Tagesdecke.

382 | Wie viele Fuchs-/Marderbälge werden etwa für eine Jacke benötigt?

Etwa 20/40.

383 | Welche Marderart liefert die wertvolleren Bälge?

Der Steinmarder.

384 | Welche Trophäen liefert der Dachs?

Den Dachsbart (Haare der Rückenlinie) und die Schwarte.

385 | Welche Trophäen liefert sonstiges Raubwild?

In der Regel die (Winter-)Bälge, teilweise werden die Schädel ausgekocht und aufbewahrt. Üblich sind auch Teil- und Vollpräparate.

386 | Was gilt beim Murmeltier als Trophäe?

Die orangefarbenen Nagezähne, der Balg oder das komplette Tier als Präparat.

387 | Was gilt bei der Waldschnepfe als Trophäe?

Die Malerfedern (die beiden äußersten Handfedern) und der Schnepfenbart (am Pürzel) oder die ganze Schnepfe als Präparat.

388 | Welche Trophäen liefert der Stockerpel?

Die Locken (gehakelte Stoßfedern).

389 | Welche Wildarten liefern Haare, die zu Bärten gebunden werden?

Hirsch, Gams, Sau, Dachs und Feldhase (Vibrissen).

390 | Welche Felle eignen sich als trittfeste Vorleger?

Die Sommerdecken der Rehe, Sauschwarten und Dachsschwarten.

391 | Worauf ist beim Abbalgen von Raubwild zu achten?

Die Bälge dürfen nicht durch Schnitte beschädigt werden; Krallen müssen bis zum letzten Glied ausgelöst werden; Ohrmuscheln bleiben am Kern; Lider, Lefzen und der Nasenschwamm dürfen nicht beschädigt werden; die Luntenwurzel muss völlig aus dem Balg gezogen werden.

392 | Wie werden Raubwildbälge behandelt?

Sie werden mit der Hautseite nach außen auf ein Spannbrett gegeben, dabei werden die Läufe sowie die aufgetrennte Lunte mit Zeitungspapier beklebt oder mit Sägemehl bestreut, damit sich die Haut nicht einrollt und fault. Kurz bevor die Bälge trocken sind, werden sie gedreht. Statt sie aufzuspannen, kann man die Bälge aber auch salzen und so zum Gerber bringen. Dachsschwarten werden entweder gesalzen oder mit kleinen Nägeln z. B. auf eine Bretterwand geheftet.

393 | Müssen Bälge und Schwarten gespannt werden, damit sie ihre Größe behalten?

Nein. Auch wenn sie beim Trocknen schrumpfen, bekommen sie beim Gerben wieder ihre ursprüngliche Größe.

Jagdhornblasen

394 | Welchen Sinn hatte das Jagdhornblasen früher?

Es diente ausschließlich der Verständigung bei der Jagdausübung.

395 | Welche beiden Arten von Blasinstrumenten sind in der Jägerei in Gebrauch?

Hörner (z. B. Parforcehörner und Ventilhörner) und Trompeten (z. B. Fürst-Pless-Horn).

396 | Was unterscheidet Hörner und Trompeten?

Die Länge der Rohre und Windungen.

397 | Wie alt ist das Fürst-Pless-Horn?

Es ist ein mehrere Jahrhunderte hindurch gebräuchliches Posthorn, das in der zweiten Hälfte des 19. Jahrhunderts vom Fürsten Pless in Schlesien als Signalhorn für die Niederwildjagden übernommen wurde. Rohrlänge 140 cm, Stimmlage B.

398 | Was ist ein Sauerländer Halbmond?

Ein großes, halbmondförmiges, weithin schallendes Horn, meist in der Tonlage B, das hauptsächlich bei der Brackenjagd in den Haubergen verwendet wird. Rohrlänge 110–140 cm.

399 | Was ist ein Parforcehorn?

Ein Signalhorn der französischen Parforcejagden, das so groß gebaut wurde, dass man es beim Reiten über der Schulter tragen kann. Es hat seit den 1970er-Jahren Einzug bei uns gehalten und bereichert vor allem die konzertante Jagdmusik. Rohrlängen 240–460 cm, auf Tonlagen B (12 Töne), Es (mind. 16 Töne) und D ausgelegt.

400 | Was ist ein Clewing'sches Taschenhorn?

Ein von Professor Clewing entworfenes, kleines Plesshorn, das in der Tasche getragen werden kann. Sechsfach gewunden, Rohrlänge 220 cm, Stimmlage B.

401 | Was ist ein Ventilhorn?

Ein Plesshorn mit Ventilen, auf dem auch die Zwischentöne geblasen werden können.

402 | Was ist ein Waldhorn?

Ein Konzerthorn mit Ventilen.

403 | Was ist eine Hubertusmesse?

Die Hubertusmesse kommt ebenfalls aus dem französischen Sprachraum und wurde im deutschen Sprachraum (in Heidelberg) erstmals 1965 aufgeführt. Dabei wird die Messe thematisch auf den Hubertusgedanken ausgerichtet und von Parforcehornbläsern begleitet.

404 | Was verstand man früher unter einer Jägermesse?

Eine verkürzte Form der Heiligen Messe, die im katholischen Raum speziell bei den Standesherrschaften zu Beginn eines Jagdtages gelesen wurde.

405 | Was versteht man unter »Strecke verblasen«?

In der zweiten Hälfte des 20. Jahrhunderts hat es sich eingebürgert, das zur Strecke gelegte Wild mit Totsignalen zu verblasen.

406 | Was versteht man unter »Leitsignalen«?

Das sind die Jagdsignale, die bei einer Gesellschaftsjagd als Anweisungen für Schützen und Treiber dienen.

407 | Welches sind die wichtigsten Leitsignale?

Das »Anblasen« (Beginn des Treibens), »Nicht mehr in den Kessel schießen/Treiber in den Kessel« und das »Abblasen« (Ende des Treibens, Hahn in Ruh).

408 | Was ist der Jägerschlag mit dem Hirschfänger?

Er hat mit Brauchtum nichts zu tun, sondern ist eine Erfindung neuerer Zeit, in Anlehnung an den »Ritterschlag«. Ursprünglich bekamen nur Berufsjäger (die vielfach adelig waren) bei ihrer Freisprechung im Rahmen einer besonderen Zeremonie den Jägerschlag, und zwar in Form dreier »Ohrfeigen«.

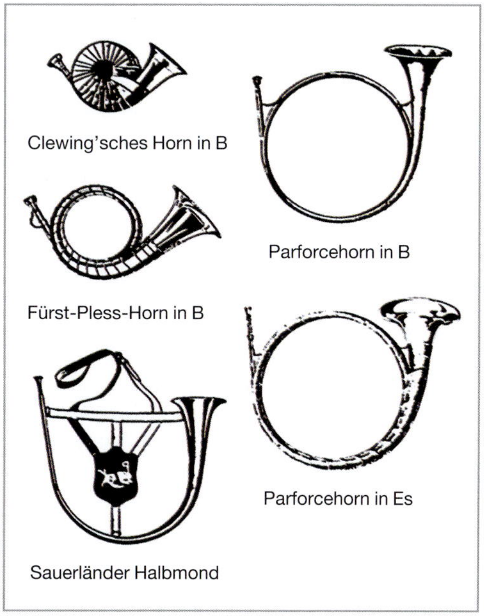

Verschiedene Jagdhörner

H Unfallverhütung

Ansitze jeglicher Art müssen den Unfallverhütungsvorschriften entsprechen.

Allgemeines

Die Jagd ist mit Risiken verbunden, immer wieder passieren Unfälle – bei der Jagdausübung selbst, beim Bau von Reviereinrichtungen sowie im Umgang mit der Waffe. Aus diesem Grund hat der Gesetzgeber die Jagd in die gesetzliche Unfallversicherung integriert. Für die Jagd zuständig ist die Sozialversicherung für Landwirtschaft, Forsten und Gartenbau (SVLFG), in der die Jäger eine eigene Risikogruppe bilden. Für Jagdpächter, Eigenjagdbesitzer und Jagdgenossenschaften, die ihr Revier selbst bewirtschaften, ist die Mitgliedschaft in der SVLFG Pflicht, sie tritt bei der Übernahme eines Reviers automatisch in Kraft. Im Sinne der landwirtschaftlichen Unfallversicherung gilt dieser Personenkreis als Unternehmer. Als solcher hat er Beiträge an die SVLFG zu entrichten, Beitragsmaßstab ist die bejagbare Fläche.

Versicherte Personen: Allerdings genießen nicht alle, die in einem Revier mitjagen oder mitarbeiten, automatisch Versicherungsschutz.

Versichert sind:

- Jagdunternehmer (Eigenjagdbesitzer, die die Jagd selbst ausüben, Jagdpächter, Pächtergemeinschaften)
- alle Beschäftigten (Jagdbedienstete wie Berufsjäger, bestellte Jagdaufseher, bezahlte Treiber)
- übrige Personen, die ohne Arbeitsvertrag wie Beschäftigte (z. B. als Treiber, Helfer beim Hochsitzbau) tätig werden.

Kein Versicherungsschutz besteht hingegen für Jagdgäste, Begehungsscheininhaber und Schweißhundeführer. Hier vertritt die SVLFG die Ansicht, dass bei diesen Personen die Jagdausübung dem privaten und somit unversicherten Lebensbereich zuzuordnen ist.

Versicherungsschutz: Der Versicherungsschutz erstreckt sich für den versicherten Personenkreis auf alle mit der Jagdausübung zusammenhängenden Tätigkeiten, beinhaltet jedoch nur Körperschäden, die dem Versicherten selbst entstehen (z.B. bei Arbeitsunfällen, Berufskrankheiten).

Unfallverhütungsvorschriften: Um Unfälle möglichst zu verhüten, wurden von den Versicherungsträgern Vorschriftswerke erlassen. Diese Unfallverhütungsvorschriften (kurz UVV), heute als »Vorschrift für Sicherheit und Gesundheitsschutz (VSG)« bezeichnet, sind für die Mitgliedsunternehmen verbindlich. Für den Bereich der Jagd ist dies die VSG 4.4. Aufgrund ihrer Bedeutung ist sie im Folgenden im vollen Wortlaut abgedruckt.

Diese Vorschriftswerke haben zwar keinen Gesetzescharakter, Verstöße können dennoch gravierende Auswirkungen nach sich ziehen. So wurde beispielsweise von Gerichten die Nichtbeachtung der UV-Vorschrift, dass Schusswaffen im Fahrzeug nur ungeladen untergebracht werden dürfen, als Verstoß gegen die Zuverlässigkeit des Waffenbesitzers angesehen – mit der Folge, dass ihm die waffenrechtliche Erlaubnis (WBK) entzogen wurde.

Unfallverhütungsvorschrift Jagd (VSG 4.4) mit Durchführungsanweisungen

§ 1 Grundsätze

Diese Unfallverhütungsvorschrift gilt für den Umgang mit Waffen und Munition sowie für die Ausübung der Jagd.

§ 2 Waffen und Munition

(1) Es dürfen nur Schusswaffen verwendet werden, die den Bestimmungen des Waffengesetzes entsprechen und nach dem Bundesjagdgesetz für jagdliche Zwecke zugelassen sind. Die Waffen müssen funktionssicher sein und dürfen nur bestimmungsgemäß verwendet werden.

Durchführungsanweisung zu Absatz 1

1. Eine Waffe ist zum Beispiel funktionssicher, wenn sie zuverlässig gesichert werden kann, ihr Verschluss dicht ist und wenn sie keine Laufaufbauchungen, Laufdellen oder die Funktionssicherheit beeinträchtigende Rostnarben aufweist.
2. Keine bestimmungsgemäße Verwendung ist zum Beispiel die Benutzung der Waffe zum
   - Niederhalten von Zäunen beim Übersteigen,
   - Aufstoßen von Hochsitzluken,
   - Erschlagen des Wildes.
3. Auf die einschlägigen Bestimmungen
   - des Waffengesetzes (WaffG),
   - der Verordnungen zum Waffengesetz (WaffV),
   - der Verwaltungsvorschrift zum Waffengesetz (WaffVwV),
   - des Bundesjagdgesetzes (BJagdG) wird hingewiesen.

(2) Es darf nur die für die jeweilige Schusswaffe bestimmte Munition in einwandfreiem Zustand verwendet werden.

Durchführungsanweisung zu Absatz 2

1. Hinweise auf die verwendbare Munition geben zum Beispiel die Angaben auf der Schusswaffe.
2. In nicht einwandfreiem Zustand ist zum Beispiel feucht gewordene Munition, selbst wenn sie getrocknet wurde.

(3) Auch nicht gewerbsmäßig hergestellte Munition muss den gesetzlichen Bestimmungen entsprechen.

Durchführungsanweisung zu Absatz 3

1. Hierzu gehört zum Beispiel wiedergeladene Munition.
2. Auf die einschlägigen Bestimmungen des Waffengesetzes und des Sprengstoffgesetzes wird hingewiesen.

(4) Flintenlaufgeschosspatronen müssen so mitgeführt werden, dass Verwechslungen mit Schrotpatronen ausgeschlossen sind.

§ 3 Ausübung der Jagd

(1) Schusswaffen dürfen nur während der tatsächlichen Jagdausübung geladen sein. Die Laufmündung ist stets – unabhängig vom Ladezustand – in eine Richtung zu halten, in der niemand gefährdet wird. Nach dem Laden ist die Waffe zu sichern.

(2) Eine gestochene Waffe ist sofort zu sichern und zu entstechen, falls der Schuss nicht abgegeben wurde.

(3) Beim Besteigen von Fahrzeugen und während der Fahrt muss die Schusswaffe entladen sein. Beim Besteigen oder Verlassen eines Hochsitzes, beim Überwinden von Hindernissen oder in ähnlichen Gefahrlagen müssen die Läufe (Patronenlager) entladen sein.

(4) Ein Schuss darf erst abgegeben werden, wenn sich der Schütze vergewissert hat, dass niemand gefährdet wird.

Durchführungsanweisung zu Absatz 4

Eine Gefährdung ist zum Beispiel dann gegeben, wenn

- Personen durch Geschosse oder Geschossteile verletzt werden können, die an Steinen, gefrorenem Boden, Ästen, Wasserflächen oder am Wildkörper abprallen oder beim Durchschlagen des Wildkörpers abgelenkt werden,
- beim Schießen mit Einzelgeschossen kein ausreichender Kugelfang vorhanden ist.

(5) Von Wasserfahrzeugen aus darf im Stehen nur geschossen werden, wenn das Fahrzeug gegen Umschlagen und der Schütze gegen Stürzen gesichert sind.

(6) Bei einer mit besonderen Gefahren verbundenen Jagdausübung ist ein Begleiter zur Hilfeleistung mitzunehmen.

Durchführungsanweisung zu Absatz 6

Besondere Gefahren können sich ergeben zum Beispiel durch Witterungs-, Gelände- und Bodenverhältnisse, vor allem im Hochgebirge, auf Gewässern und in Mooren oder bei der Nachsuche auf wehrhaftes Wild.

(7) Fangeisen dürfen nur mit einer entsprechenden Vorrichtung gespannt und nur mit einem geeigneten Gegenstand ge- bzw. entsichert werden.

(8) Fangeisen dürfen fängisch nur so aufgestellt werden, dass keine Personen gefährdet werden.

Durchführungsanweisung zu Absatz 8

Eine Gefährdung kann zum Beispiel vermieden werden, wenn Fangeisen in verblendeten Fangbunkern, Fallenkästen oder Fangburgen aufgestellt werden.

§ 4 Besondere Bestimmungen für Gesellschaftsjagden

(1) Bei Gesellschaftsjagden muss der Unternehmer einen Jagdleiter bestimmen, wenn er nicht selbst diese Aufgabe wahrnimmt. Die Anordnungen des Jagdleiters sind zu befolgen.

Durchführungsanweisung zu Absatz 1
Zur Gesellschaftsjagd gehören zum Beispiel Treibjagden und Drückjagden.

(2) Der Jagdleiter hat den Schützen und Treibern die erforderlichen Anordnungen für den gefahrlosen Ablauf der Jagd zu geben. Er hat insbesondere die Schützen und Treiber vor Beginn der Jagd zu belehren und ihnen die Signale bekannt zu geben.

Durchführungsanweisung zu Absatz 2
Zur Belehrung gehört insbesondere der Hinweis auf die Vorschriften in Absatz 3 sowie in den Absätzen 6 bis 11.

(3) Sofern der Jagdleiter nichts anderes anordnet, ist die Waffe erst auf dem Stand zu laden und nach Beendigung des Treibens sofort zu entladen.

(4) Der Jagdleiter hat Personen, die infolge mangelnder geistiger und körperlicher Eignung besonders unfallgefährdet sind, die Teilnahme an der Jagd zu untersagen.

(5) Der Jagdleiter kann für einzelne Aufgaben Beauftragte einsetzen.

Durchführungsanweisung zu Absatz 5
Zu den Aufgaben des Beauftragten können z. B. das Einweisen der Schützen in die Schützenstände und das Führen der Treiberwehr gehören.

(6) Bei Standtreiben haben der Jagdleiter oder die von ihm zum Anstellen bestimmten Beauftragten den Schützen ihre jeweiligen Stände anzuweisen und den jeweils einzuhaltenden Schussbereich genau zu bezeichnen. Nach Einnehmen der Stände haben sich die Schützen mit den jeweiligen Nachbarn zu verständigen; bei fehlender Sichtverbindung hat der Jagdleiter diese Verständigung sicherzustellen. Sofern der Jagdleiter nichts anderes bestimmt, darf der Stand vor Beendigung des Treibens weder verändert noch verlassen werden. Verändert oder verlässt ein Schütze mit Zustimmung des Jagdleiters seinen Stand, so hat er sich vorher mit seinen Nachbarn zu verständigen.

(7) Wenn sich Personen in gefahrbringender Nähe befinden, darf in diese Richtung weder angeschlagen noch geschossen werden. Ein Durchziehen mit der Schusswaffe durch die Schützen- oder Treiberlinie ist unzulässig.

(8) Mit Büchsen- oder Flintenlaufgeschossen darf nicht in das Treiben hineingeschossen werden. Ausnahmen kann der Jagdleiter nur unter besonderen Verhältnissen zulassen, sofern hierdurch eine Gefährdung ausgeschlossen ist.

Durchführungsanweisung zu Absatz 8
Besondere Verhältnisse können zum Beispiel gegeben sein durch die Geländeform oder bei Ansitzdrückjagden.

(9) Bei Kesseltreiben bestimmt der Jagdleiter, ab wann nicht mehr in den Kessel geschossen werden darf; spätestens darf jedoch nach dem Signal »Treiber in den Kessel« nicht mehr in den Kessel geschossen werden.

(10) Die Waffe ist außerhalb des Treibens stets ungeladen, mit geöffnetem Verschluss und mit der Mündung nach oben oder abgeknickt, zu tragen. Bei besonderen Witterungsverhältnissen kann der Jagdleiter zulassen, dass Waffen geschlossen und mit der Mündung nach unten getragen werden, wenn sie entladen sind.

(11) Durchgeh- oder Treiberschützen dürfen während des Treibens nur entladene Schusswaffen mitführen. Dies gilt nicht für Feldstreifen und Kesseltreiben.

Durchführungsanweisung zu Absatz 11
1. Als Feldstreife kann nach Entscheidung des Jagdleiters auch eine Streife mit flankierenden Schützen in sonstigem übersichtlichem Gelände gelten.
2. Das Mitführen der unterladenen Schusswaffe mit entladenen Läufen (Patronenlager) ist ausnahmsweise für den Durchgeh- und Treiberschützen zulässig: für den Fangschuss, für den Schuss auf vom Hund gestelltes Wild.

(12) Bei Gesellschaftsjagden müssen sich alle an der Jagd unmittelbar Beteiligten farblich deutlich von der Umgebung abheben.

Durchführungsanweisung zu Absatz 12

Zur deutlichen farblichen Abhebung von der Umgebung eignet sich großflächige Oberbekleidung in Signalfarbe wie z. B. Warnwesten.

(13) Bei schlechten Sichtverhältnissen hat der Jagdleiter die Jagd einzustellen.

Durchführungsanweisung zu Absatz 13

Schlechte Sichtverhältnisse liegen zum Beispiel vor bei dichtem Nebel, einsetzender Dunkelheit oder Schneetreiben.

§ 5 Nachsuche

(1) Der Hundeführer wird durch den Unternehmer oder seinen Beauftragten als Jagdleiter bestimmt; er hat damit Weisungsrecht bei der Nachsuche, falls weitere Personen beteiligt sind.

(2) Der Hundeführer muss die notwendige persönliche Schutzausrüstung benutzen.

Durchführungsanweisung zu Absatz 2

Hierzu kann z. B. das Tragen einer Schutzbrille und von Schutzhandschuhen gehören.

(3) Der Lauf der Waffe ist vor eindringenden Fremdkörpern zu schützen.

Durchführungsanweisung zu Absatz 3

Hierzu eignen sich zum Beispiel Klebestreifen aus durchschießbarem Material.

(4) Kinder und Jugendliche dürfen nicht an der Nachsuche teilnehmen.

(5) Der Unternehmer hat bei der Nachsuche für die Bereitstellung von Erste-Hilfe-Material zu sorgen.

Durchführungsanweisung zu Absatz 5

Auf die Unfallverhütungsvorschrift »Erste Hilfe« (VSG 1.3) wird verwiesen.

(6) Es gelten im Übrigen die Vorschriften von § 4 Absätze 2, 3, 5, 6, 7, 10 und 12 entsprechend.

§ 6 Übungsschießen

(1) Das Übungsschießen ist nur auf behördlich zugelassenen Schießständen erlaubt.

Durchführungsanweisung zu Absatz 1

1. Die behördliche Zulassung kann auf Grundlage des Bundesimmissionsschutzgesetzes oder des Waffengesetzes erfolgen.
2. Auf die Schießstandordnung und die Schießvorschrift des Deutschen Jagdschutz-Verbandes e.V. wird hingewiesen.

(2) Beim Schießen ist geeigneter Gehörschutz zu tragen.

Durchführungsanweisung zu Absatz 2

Als geeigneter Gehörschutz sind zum Beispiel Gehörschutzkapseln anzusehen. Auf die Unfallverhütungsvorschrift »Allgemeine Vorschriften für Sicherheit und Gesundheitsschutz« (VSG 1.1) wird verwiesen.

§ 7 Hochsitze

(1) Der Unternehmer muss sicherstellen, dass

1. Hochsitze, ihre Zugänge sowie Stege fachgerecht errichtet und mit Einrichtungen gegen das Abstürzen von Personen gesichert sind,
2. bei ortsveränderlichen Hochsitzen die Standsicherheit gewährleistet ist,
3. Hochsitze vor jeder Benutzung, mindestens jedoch einmal jährlich, geprüft werden,
4. nicht mehr benötigte Einrichtungen abgebaut werden.

Durchführungsanweisung zu Absatz 1 Ziffer 1

1. Als Absturzsicherung bei Ansitzleitern wird die Waffenauflage angesehen.
2. Auf die Unfallverhütungsvorschrift »Allgemeine Vorschriften für Sicherheit und Gesundheitsschutz« (VSG 1.1) und die Unfallverhütungsvorschrift »Arbeitsstätten, bauliche Anlagen und Einrichtungen« (VSG 2.1) wird verwiesen.

3. Als fachgerecht hergestellt gelten Jagdeinrichtungen, wenn zum Beispiel die Hinweise in der Broschüre »Sichere Hochsitzkonstruktion« beachtet sind.

Durchführungsanweisung zu Absatz 1 Ziffer 2
Auf die Unfallverhütungsvorschrift »Technische Arbeitsmittel« (VSG 3.1) wird verwiesen.
(2) Aufgenagelte Sprossen sind nur an geneigt stehenden Leitern zulässig. Sie sind mit den Leiterholmen fest zu verbinden und auf diesen nach unten hin abzustützen.

§ 8 Ordnungswidrigkeiten

Ordnungswidrig im Sinne des § 209 Absatz 1 Nr. 1 Siebtes Buch Sozialgesetzbuch (SGB VII) handelt, wer vorsätzlich oder fahrlässig den Bestimmungen des
§ 2 Abs. 1,
§ 3 Abs. 1 Satz 1,
§ 4 Abs. 1 Satz 1, Abs. 2, 3, 6, 7, Abs. 8 Satz 1, Abs. 10 Satz 1 oder Abs. 11 Satz 1,
§ 5 Abs. 4,
§ 6 Abs. 1 oder
§ 7 Abs. 1 Ziffern 3 oder 4 zuwiderhandelt.

§ 9 Inkrafttreten

Die VSG 4.4 (Allgemeine Vorschriften für Sicherheit und Gesundheitsschutz) trat am 1. Januar 2000 in Kraft. Gleichzeitig trat die Unfallverhütungsvorschrift – Jagd (UVV 4.4) vom 1. Januar 1981 in der Fassung vom 1. Januar 1981 außer Kraft.

Unfallverhütung Jagdausübung

1 | Wer leitet verantwortlich eine Gesellschaftsjagd?

Bei Gesellschaftsjagden muss der Unternehmer einen Jagdleiter bestimmen, wenn er nicht selbst diese Aufgabe wahrnimmt. Die Anordnungen des Jagdleiters sind zu befolgen.

2 | Kann ein Jagdgast Jagdleiter sein?

Ja, wenn er über die notwendige Orts- und Sachkenntnis verfügt.

3 | Welche Aufgaben hat der Jagdleiter?

Der Jagdleiter trägt Sorge dafür, dass nur Schützen mit gültigem deutschem Jagdschein (Österreich = Jagdkarte; Schweiz = Jagdpass) teilnehmen. Er hat den Schützen und Treibern die erforderlichen Anordnungen für den gefahrlosen Ablauf der Jagd zu geben. Er hat insbesondere die Schützen und Treiber vor Beginn der Jagd zu belehren und ihnen die Signale bekannt zu geben. Der Jagdablauf wird von ihm geleitet.

4 | Können bei einer Gesellschaftsjagd auch mehrere Jagdleiter bestellt werden?

Ja, aber nur dann, wenn auch in mehreren Gruppen gejagt wird. Formal handelt es sich dann um mehrere (synchronisierte) Jagden.

5 | Wer darf in Deutschland als Schütze an einer Gesellschaftsjagd teilnehmen?

Wer einen gültigen Jahres- oder Tagesjagdschein (Inländer- oder Ausländerjagdschein) besitzt und das 18. Lebensjahr vollendet hat.

6 | Welchen Personen muss der Jagdleiter die Teilnahme an der Jagd untersagen?

Der Jagdleiter hat Personen, die infolge mangelnder geistiger und körperlicher Eignung besonders unfallgefährdet sind, die Teilnahme an der Jagd zu untersagen. Personen, die im Besitz eines Jugendjagdscheines sind, dürfen nicht als Schütze an der Jagd teilnehmen.

7 | Was sagt die VSG 4.4 über die Ausrüstung der Schützen und Treiber?

Bei Gesellschaftsjagden müssen sich alle an der Jagd unmittelbar Beteiligten deutlich farblich von der Umgebung abheben durch großflächige, signalfarbene Oberbekleidung. Ein Hutband alleine reicht heutzutage nicht mehr aus.

8 | Was muss der Jagdleiter/Ansteller dem Schützen bei der Einnahme des Standes angeben?

Bei Standtreiben haben der Jagdleiter oder die von ihm zum Anstellen bestimmten Beauftragten dem Schützen den jeweils einzuhaltenden Schussbereich genau zu bezeichnen sowie bei fehlender Sichtverbindung die Verständigung mit den Nachbarn sicherzustellen.

9 | Darf ein Schütze seinen Stand vor Beendigung des Treibens verlassen?

Sofern der Jagdleiter nichts anderes bestimmt – nein! Verändert oder verlässt ein Schütze mit Zustimmung des Jagdleiters seinen Stand, so hat er sich vorher mit seinen Nachbarn zu verständigen.

10 | Was tun Sie bei einem Vorstehtreiben nach Einnahme Ihres Standes?

Ich gebe mich meinen Nachbarschützen durch Handzeichen zu erkennen und überzeuge mich, dass ich von diesen auch wahrgenommen wurde.

Im Jagdgebrauch dürfen nur geprüfte Hunde eingesetzt werden.

11 | Dürfen »Durchgehschützen« in Deutschland im Treiben schießen?

Durchgeh- oder Treiberschützen dürfen während des Treibens nur entladene Schusswaffen mitführen. Dies gilt nicht für Feldstreifen und Kesseltreiben.

12 | Wann dürfen Sie bei einer Drückjagd laden und schießen?

Je nach Anweisung des Jagdleiters entweder nach Einnahme des Standes oder es wird eine fixe Uhrzeit vereinbart oder es wird angeblasen.

13 | Wann darf bei Gesellschaftsjagden nicht mehr geschossen werden?

Nach dem Signal »Hahn in Ruh« oder nach einer vereinbarten Zeit.

14 | Wie wird die Flinte zwischen den Treiben getragen?

Die Waffe ist außerhalb des Treibens stets ungeladen, mit geöffnetem Verschluss und mit der Mündung nach oben oder abgeknickt zu tragen. Bei besonderen Witterungsverhältnissen kann der Jagdleiter zulassen, dass Waffen geschlossen und mit der Mündung nach unten getragen werden, wenn sie entladen sind.

15 | Dürfen Sie nach dem Signal »Treiber in den Kessel« noch schießen?

Ja, aber nur nach hinten, nicht mehr in den Kessel.

16 | Was tun Sie bei einer Treibjagd nach dem Signal »Hahn in Ruh«?

Die Waffe entladen.

17 | Welche Vorschriften gibt es für den Transport der Schützen und Treiber bei einer Gesellschaftsjagd?

Personen dürfen nur auf Fahrzeugen mit Sitzgelegenheiten transportiert werden, die mit einem Geländer gesichert sind.

18 | Dürfen Kinder als Treiber eingesetzt werden?

Grundsätzlich nein.

19 | Was ist auf Gesellschaftsjagden grundsätzlich verboten?

Das Anschlagen der Waffe in Richtung von Personen und das Durchziehen mit dem Gewehr durch die Schützenlinie.

20 | In welchem Fall müssen Sie bei einer Einzeljagd einen Begleiter mitnehmen?

Wenn mit der Jagdausübung besondere Gefahren verbunden sind.

21 | Was müssen Sie bei der Bergjagd unbedingt mitführen?

Erste-Hilfe-Material und entweder ausreichend Patronen oder ein Signalinstrument.

22 | Was sollte bei Ihrer Notausrüstung unbedingt dabei sein?

Eine Rettungsdecke aus isolierender Aluminiumfolie.

23 | Was sollte der Jäger vor der Jägerprüfung und später als Wiederholung absolvieren?

Einen Kurs in Erster Hilfe.

24 | Wie machen Sie sich auf der Einzeljagd bei einem Unfall bemerkbar?

Durch das international geltende alpine Notsignal (Rufe, Trillerpfiff, Signalschüsse) oder mithilfe des Handys.

25 | Womit müssen Sie bei einem Handy immer rechnen?

Mit einem Funkloch.

Unfallverhütung Jagdeinrichtungen

26 | Was ist bei Bau und Unterhaltung von Jagdeinrichtungen grundsätzlich zu beachten?

Das Einverständnis des Grundbesitzers ist einzuholen. Die einschlägigen VSG sind zu beachten (nur Deutschland). Die Jagdeinrichtung muss sich in das Landschaftsbild einfügen.

27 | Können Zuwiderhandlungen gegen die VSG Jagd geahndet werden?

Ja. Ordnungswidrig handelt, wer vorsätzlich oder fahrlässig Hochsitze nicht vor jeder Benutzung, mindestens jedoch einmal jährlich prüft und wer nicht mehr benötigte Einrichtungen nicht wieder abbaut.

28 | An welchen Leitern sind aufgenagelte Sprossen zulässig?

Aufgenagelte Sprossen sind nur an geneigt stehenden Leitern zulässig. Sie sind mit den Leiterholmen fest zu verbinden und auf diesen nach unten hin abzustützen.

29 | Müssen Leiterholme eingekerbt sein?

Nein, aber die Sprossen müssen nach unten hin abgestützt sein (z. B. Metallwinkel, Holzklötze usw.).

30 | Wie minimiert man die Gefahr des Abrutschens auf nassen Leitersprossen?

Die entrindeten Rundlinge werden der Länge nach aufgetrennt (halbiert), damit die Schuhsohle auf der Schnittkante Halt findet.

Früher mussten Holme eingekerbt werden, wodurch sie geschwächt wurden. Heute genügt ein untergesetzter starker Nagel.

Morsche Holme und Ständer dürfen nicht angeschuht werden. Sie müssen ersetzt werden oder die Einrichtung ist zu entfernen.

31 | Warum sollen Leitersprossen immer entrindet sein?

Weil sich die Rinde mit der Zeit löst und der Jäger bei feuchtem Wetter auf ihr leicht ausrutschen und stürzen kann.

32 | Wann sind schadhafte Jagdeinrichtungen zu reparieren?

Grundsätzlich unverzüglich.

33 | Wie werden Stege rutschsicher gemacht?

Durch Aufnageln von Maschengeflecht und/oder durch seitliches Anbringen von Latten, die das Abrutschen verhindern.

34 | Dürfen schadhafte Holme oder Stützen »angeschuht« werden?

Auf keinen Fall, sie sind umgehend auszuwechseln oder die Einrichtung ist abzureißen.

35 | Wer haftet, wenn ein Spaziergänger durch eine schadhafte Jagdeinrichtung zu Schaden kommt?

In der Regel der Jagdausübungsberechtigte.

36 | Entlässt ein an der Hochsitzleiter angebrachtes Verbotsschild den Jagdausübungsberechtigten aus der Haftung?

Nein, denn der Jagdausübungsberechtigte muss damit rechnen, dass sein Hochsitz auch von Kindern oder Personen bestiegen wird, die nicht lesen können.

37 | Wie kann man verhindern, dass Hochsitze unbefugt bestiegen werden?

Dadurch, dass die Leiter unten mit einem Laden verschlossen wird, oder dadurch, dass man die untersten vier Sprossen durch eine abnehmbare Einhängeleiter ersetzt. Praxisgerecht sind aber beide Lösungen nicht.

Unfallverhütung Waffe

38 | Wie muss die Jagdwaffe beschaffen sein?

Es dürfen nur Schusswaffen verwendet werden, die den gesetzlichen Vorgaben entsprechen. Die Waffen dürfen nur bestimmungsgemäß verwendet werden.

39 | Wann ist eine Waffe funktionssicher?

Wenn sie zuverlässig gesichert werden kann, ihr Verschluss dicht ist und wenn sie keine Laufaufbauchungen, Laufdellen oder die Funktionssicherheit beeinträchtigende Rostnarben aufweist.

40 | Wozu dürfen Jagdwaffen nicht verwendet werden?

Keine bestimmungsgemäße Verwendung ist z. B. die Benutzung der Waffe zum Niederhalten von Zäunen beim Übersteigen, zum Aufstoßen von Hochsitzluken, zum Erschlagen des Wildes.

41 | Welche Munition ist zu verwenden?

Es darf nur die für die jeweilige Schusswaffe bestimmte Munition in einwandfreiem Zustand verwendet werden.

42 | Wie sind Flintenlaufgeschosse zu behandeln?

Flintenlaufgeschosspatronen müssen so mitgeführt werden, dass Verwechslungen mit Schrotpatronen ausgeschlossen sind (nicht in derselben Tasche wie Schrotpatronen).

43 | Wann darf die Jagdwaffe geladen sein?

Schusswaffen dürfen nur während der tatsächlichen Jagdausübung geladen sein. Die Laufmündung ist stets – unabhängig vom Ladezustand – in eine Richtung zu halten, in der niemand gefährdet wird. Nach dem Laden ist die Waffe zu sichern.

44 | Wann ist die Waffe grundsätzlich zu entladen?

Beim Besteigen von Fahrzeugen und während der Fahrt, beim Besteigen oder Verlassen eines Hochsitzes, beim Überwinden von Hindernissen oder in ähnlichen Situationen.

45 | Wohin zeigt die Laufmündung einer Repetierbüchse beim Entladen?

Schräg nach oben.

46 | Wohin zeigt die Laufmündung einer Kipplaufwaffe beim Entladen?

Auf den Boden.

47 | Was machen Sie, wenn eine Patrone nicht zündet?

Mindestens 10 Sekunden warten (Nachbrenner), wobei der Lauf auf einen Kugelfang gerichtet sein muss.

48 | Wann darf geschossen werden?

Erst wenn sich der Schütze vergewissert hat, dass niemand gefährdet wird (ausreichender Kugelfang).

49 | Wann müssen Sie die Waffe auch auf dem Weg zum und vom Ansitz entladen?

Bei vereistem Boden.

50 | Was tun Sie mit Ihrer bereits eingestochenen Waffe, wenn Sie nicht zu Schuss kommen?

Sofort sichern und dann entstechen.

Beim Übersteigen von Zäunen muss das Gewehr entladen sein. Kipplaufwaffen sind zu brechen, bei allen anderen Waffen ist der Verschluss zu öffnen.

Vor dem Besteigen und vor dem Absteigen von einem Hochsitz, aber auch im Fahrzeug muss die Waffe entladen werden.

I Hege

Allgemeines

Historische Entwicklung der Hege: Menschheitsgeschichte war lange Zeit ausschließlich Jagdgeschichte. Seit die Jägerkultur sesshaft wurde und mit Ackerbau und Tierzucht begann, veränderte der Mensch die Naturlandschaft in eine Kulturlandschaft.

In der Karolingerzeit wurde die Waldrodung geordnet, Bannforste für die Jagd unter Schutz gestellt und die Feldflur nach der fränkischen Landordnung (Dreifelderwirtschaft) genutzt. Die Sprachwurzel für den Begriff »Hege« findet man im Wort »hegan«, was so viel wie »mit einem Hag, also mit einer Hecke umgeben« bedeutet.

Der Begriff der Hege findet sich ab dem Mittelalter. Sie wurde in den Bannforsten mit dem Ziel verfolgt, zum einen trächtige oder brütende Wildtiere vor einer Überbejagung zu schützen, zum anderen diente sie aber auch zur Steigerung der Wildbestände und Jagdmöglichkeiten in den herrschaftlichen Bannforsten.

Alte bäuerliche Kulturlandschaften waren geprägt von einem Mosaik aus kleinparzellierten Feldern. Diese vielfältige Feldflur in enger Vernetzung, d. h. mit vielen Grenzlinien, bot eine heute fast unvorstellbare Mannigfaltigkeit an Lebensräumen für Pflanzen und Tiere. Noch im 18. Jahrhundert wurde sogar eine Verordnung zur Umgrenzung (Hag) der Fluren mit Hecken erlassen.

In der vorindustriellen Kulturlandschaft vor dem 19. Jahrhundert erreichte die Kulturlandschaft den größten Artenreichtum. Mit dem Wegbrechen der landesherrlichen Jagdhoheit infolge der Revolution 1848 war nun das Jagdrecht an das Eigentum von Grund und Boden gebunden. Eine breite Masse der Bevölkerung erlangte die Möglichkeit zu jagen, jedoch ohne das traditionell kulturelle Verständnis von Weidgerechtigkeit, der Selbstbeschränkung und Fürsorgepflicht dem Wild gegenüber, das der Adel über Jahrhunderte entwickelte. Innerhalb kurzer Zeit führte dieser Wandel in der Jagdgeschichte zum Aussterben etlicher Wildarten.

Aus dem Bedürfnis heraus, die stark dezimierten Wildbestände zu regenerieren, entstanden in der Folge ordnende Jagdgesetze. Mit Beginn des 20. Jahrhunderts vollzog sich auch ein kultureller Wandel des Naturverständnisses. Man begann, auch andere Wildtiere, die keinen jagdlichen Nutzen hervorbrachten, zu hegen (= Vorläufer der Naturschutzbewegung). Wurde bisher nur Fleischjagd betrieben oder Raubwild zum Schutze des eigenen Viehs verfolgt, entwickelte sich zumindest in Deutschland die Trophäenjagd bei der jagenden Stadtbevölkerung.

Die Einbürgerung und Verbreitung von Tierarten wie Damwild, Mufflon, Fasan und Waschbär unterstreicht zu dieser Zeit das übliche Verständnis von Hegemaßnahmen zur Fleisch- und Pelznutzung, aber auch für die Trophäenvielfalt. Die zunehmende Ausrichtung der Hege auf den Schutz einzelner Arten unter Berücksichtigung von Nutzungsansprüchen anderer Naturnutzer an die Kulturlandschaft ist eine gesellschaftliche Entwicklung nach 1950. So erklärt sich auch die allgemein übliche Fütterung des Wildes in Notzeiten als hegerische Selbstverständlichkeit.

Mit der Ausbreitung von Neozoen, etwa Waschbär, Mink und Marderhund, umfasst der Hegebegriff zunehmend auch Schutzmaßnahmen für die einheimische Fauna, um einer Artenverdrängung vorzubeugen. Ein gezieltes Vorgehen gegen Tierseuchen wie Tollwut, Maul- und Klauenseuche oder Schweinepest beeinflusst seit Mitte des 20. Jahrhunderts ebenfalls die Hegebemühungen.

Hegemaßnahmen wurden immer dringender, je mehr die Naturlandschaft in eine Kulturlandschaft umgewandelt wurde, je mehr Menschen den Lebensraum von Wildpflanzen und Wildtieren für sich beanspruchten. Die lebendigen Bilder aus der historischen Kulturlandschaft kennen wir noch, heute sind sie Vorbild für den Naturschutz, für die Renaturierung der Industrielandschaft und für die Hege.

Maßnahmen und Ziele der Hege

Unter dem Begriff Hege werden heute im Jagdrecht alle Maßnahmen zusammengefasst, die die Lebensgrundlagen von Wildarten betreffen. Nach §1 Abs. 2 Bundesjagdgesetz hat die Hege »die Erhaltung eines den landschaftlichen und landeskulturellen Verhältnissen angepassten, artenreichen und gesunden Wildbestandes sowie die Pflege und Sicherung seiner Lebensgrundlagen« zum Ziel. Beeinträchtigungen einer ordnungsgemäßen Land-, Forst- und Fischereiwirtschaft, insbesondere durch Wildschäden, sollen durch entsprechende Hegemaßnahmen gering gehalten werden.

Wichtige Hegemaßnahmen sind heute die Bereitstellung genügender Äsungsflächen mit natürlicher Äsung von günstiger Qualität, die Schaffung von Winterdeckung und die Vernetzung von Lebensräumen in einer ausgeräumten Feldflur sowie die Ausweisung von ausgedehnten Wildruhezonen. Von diesen Maßnahmen profitieren nicht nur die Wildarten, sondern in beträchtlichem Maße alle wild lebenden Tierarten. In landwirtschaftlich intensiv genutzten Regionen lastet jedoch auf dem Jagdpächter vielfach ein beträchtlicher finanzieller Druck, um an geeignete Flächen in ausreichender Zahl zu gelangen.

Auch heute noch ist die Wildfütterung in artenarmer land- und forstwirtschaftlicher Intensivnutzung dringend angebracht, sofern nicht landesrechtliche Vorschriften der einzelnen Bundesländer diese gesetzlich einschränken oder gänzlich verbieten.

Hege bedeutet nicht Zucht möglichst starker Trophäen und nicht das Erreichen möglichst großer Strecken, sondern in erster Linie den Erhalt sowie die Verbesserung der Lebensbedingungen bedrängter Arten.

Die Pflicht zur Hege erstreckt sich nicht nur auf Arten mit Jagd- und Schonzeiten, sondern auch auf die Wildarten, die eine ganzjährige Schonzeit (ohne jagdliche Nutzungsmöglichkeit) genießen.

Zur Realisierung dieser Aufgabe sind Jagdpächter und Besitzer von Eigenjagden regional in Hegegemeinschaften zusammengeschlossen.

1 | Zu welcher Zeit wurden die Grundlagen für die heutige Hege und Jagd gelegt?

In der zweiten Hälfte des 19. Jahrhunderts.

2 | Wer ist zur Hege verpflichtet?

Der Grundeigentümer (Jagdgenossenschaft) und der Jagdausübungsberechtigte (Revierinhaber bzw. -pächter).

3 | Welche Ziele verfolgt jagdliche Hege heute?

Es geht um Arterhaltung und Artenvielfalt und um die Erhaltung, Verbesserung und Schaffung von Lebensräumen und Lebensbedingungen insbesondere bedrängter Arten.

4 | Was ist natürliche Äsung und was ist Fütterung?

Natürliche Äsung wächst im Lebensraum und steht qualitativ und quantitativ in Abhängigkeit vom Wildbestand sowie von der Land- und Forstwirtschaft. Der Jäger kann dem Wild zusätzliche (künstliche) Äsung (Wildacker) anbieten oder über die Winterfütterung in den Bestand einbringen. Insbesondere mit letzterem nimmt er Einfluss auf natürliche Abläufe wie Kondition, Wildschäden, Parasitenbefall, Wintersterblichkeit und Stickstoffeintrag.

5 | Welche natürliche Äsung bietet der Wald dem Schalenwild im Winter?

Triebmasse der Waldbäume und Sträucher (z. B. Brombeere, Heidelbeere), Baumfrüchte (z. B. Eicheln), Gräser (meist dürr), Kräuter und Wurzeln.

6 | In welcher Jahreszeit ist der Nahrungsbedarf des Schalenwildes am geringsten?

In den Wintermonaten nach der Wintersonnenwende.

7 | Was benötigt das Wild im Winter vordringlich?

Ruhe, und zwar vor Jagddruck ebenso wie vor Erholungssuchenden, damit es den Energieverbrauch artgemäß drosseln kann.

8 | Mit welchen Maßnahmen können Revierteile beruhigt werden?

Vor allem durch Besucherlenkung, die freiwillige Einrichtung von Wildruhezonen (in denen die gesamte Jagd langfristig ruht) oder durch die behördliche Ausweisung von Wildschutzgebieten.

9 | Wie kann der Jäger zur Ruhe im Revier beitragen?

Mit einer störungsarmen und effektiven Intervallbejagung unter Berücksichtigung der natürlichen Aktivitätsphasen des Wildes, insbesondere durch Vermeidung von Abschüssen in größeren Familienverbänden.
Das Jagdverbot zur Nachtzeit (BJagdG § 19), z. B. für Rot- und Rehwild, hat nur dann einen Sinn, wenn im Wald auch die Nachtjagd auf Schwarzwild unterbleibt.

Reviergestaltung

Die Reviergestaltung durch den Jäger nimmt wichtige Aufgaben wahr, wenn es darum geht, in der heutigen Kulturlandschaft insbesondere für die »Verlierer« eines modernen, technisierten Strukturwandels förderlich einzugreifen. Ihre oberste Zielsetzung muss es sein, im Rahmen der durch die Gesellschaft vorgegebenen Entwicklung unserer Landschaft – vornehmlich in der Feldflur – möglichst rasch wieder ökosystemgerechte Lösungen zu erreichen. In den zunehmend kleineren Reviereinheiten ist insbesondere im Aufgabenbereich der Revierentwicklung und Reviergestaltung eine starke Koordination durch die Hegegemeinschaften notwendiger denn je zuvor.

Die Möglichkeiten für den Flächenerwerb sind allerdings in einem Pachtrevier begrenzt. So muss der Jagdausübungsberechtigte entweder Grundflächen anpachten oder kaufen. Beides ist in der Regel schwierig, da die Nutzfläche überall und täglich beträchtlich schrumpft. Im Falle der Pachtung soll der Vertrag so verfasst sein, dass ein »Rückbau« der Reviergestaltung nach Ablauf der

Loipen sollen in ihrem Verlauf die Bedürfnisse des Wildes berücksichtigen; darüber zu informieren ist Sache der Jäger.

Beispiele für Reviergestaltungsmaßnahmen

Im Feld:

- Anlage von Hecken und Feldgehölzen → Äsung, Einstand, Trittsteine und Windschutz für Niederwild und nicht jagdbare Arten
- Verjüngung von Hecken und Feldgehölzen (immer sektionsweise) → Gewinnung von Prossholz (s. Seite 726) zur Äsung sowie von Steckhölzern zur Neuanlage von Hecken und Material für Benjeshecken, vor allem aber zur Heckenpflege
- Anlage von Benjeshecken → schnelle Deckung für Niederwild und Singvögel (später Nachbesserung und Beschleunigung durch Zupflanzung (modifizierte Benjeshecke)
- Anlage von Wildäckern → Äsung für Niederwild, Entlastung des Waldes vom Äsungsdruck, Bejagungshilfe
- Schaffung/Förderung von Zwischenfrucht → Äsung und Deckung für Niederwild im Herbst und Winter
- Schaffung von unbewirtschafteten Randstreifen entlang von größeren Schlägen, Gräben oder Hecken (lockere Einsaat verschiedener attraktiver Äsungspflanzen) → vernetzte Deckung, sichere Brutmöglichkeit und Äsung für Niederwild

Im Wald:

- Anlage von Wildäckern → vorwiegend Äsung für Schalenwild
- Wildwiesen → Äsung für Schalenwild und Hase und Gewinnung von Winterfutter (Heu, Silage)
- Pflege (Mahd, Düngung) von Abteilungslinien, Schneisen, Rückegassen und Erdwegen → Äsung für Schalenwild und Hase
- Ansaat von Lagerplätzen und ähnlichen Flächen mit Wildackerpflanzen oder Dauergrün → Äsung für Schalenwild und Hase
- Ansaat (Zwischensaat) von Kulturflächen → Äsung für die Dauer von 2 bis maximal 3 Jahren

Wasser/Ufer:

- Schwellstufen für Restwasser in Gräben → Wasser für Fasan, Enten, Rallen u. a.
- Uferbepflanzung an Gräben und Bachläufen → Schaffung von Brutmöglichkeit und Ruhezonen
- Überlegte, dosierte Fällung von Ufergehölzen → Verjüngung der Begleitgehölze, Schaffung von Brutdeckung am Ufer, Deckung für Enten im Wasser, Bereitstellung von Sonnenplätzen für Enten über dem Wasser
- Neubau von Kleingewässern → Entenansiedelung, Brutgelegenheit für Wasservögel, Raststation (Ufergehölze) für jagdbare und nichtjagdbare Arten, Landschaftsgestaltung
- Zonierung (Nutzungsbereiche) größerer Gewässer, Planung geregelter Zugänge → Schaffung von Ruhezonen für Wasserwild

Jagdpacht ausgeschlossen ist. Der Werterhalt einer ökologisch besser gestalteten Pachtfläche ist auch für den Grundstückseigentümer von Nutzen, z. B. die Streuobstbäume auf der Wildwiese. Bewährt haben sich in der jüngsten Vergangenheit verschiedene agrarpolitische Fördermaßnahmen, etwa in Form von Ackerrandstreifen, langfristige Flächenstilllegungen oder beim Zwischenfruchtanbau.

Vor Jahren bot die von der EU bestimmte Flächenstilllegung reelle Chancen für das Niederwild. Inzwischen werden aber die meisten ehemals stillgelegten Flächen zur Gewinnung von Biomasse (nachwachsende Rohstoffe) genutzt. Zwar hat die EU neue Agrarreformen verabschiedet, doch inwieweit das sogenannte »Greening« umgesetzt wird, bleibt abzuwarten. Unter »Greening« ist das Erbringen konkreter zusätzlicher Umweltleistungen durch Landwirte zu verstehen.Dazu gehört der Erhalt von Dauergrünlandflächen (Wiesen, Weiden), eine verstärkte Anbaudiversifizierung (größere Vielfalt bei der Auswahl der angebauten Feldfrüchte) sowie die Bereitstellung sogenannter »ökologischer Vorrangflächen« auf Ackerland. Nach wie vor ist die Industrialisierung und Technisierung der Landwirtschaft der entscheidende Faktor beim rasanten Artenschwund in der Feldflur.

Wo es um kostenintensive und aufwendige Maßnahmen, wie die Schaffung von Hecken, Feldgehölzen oder gar Feuchtgebieten, geht, ist der Jäger gut beraten, andere Interessengruppen (Gemeinde, Naturschutz, Bürgerinitiativen) als Verbündete zu gewinnen.

Wildäsungsflächen heute

Heute bestimmen sowohl in der Landwirtschaft als auch zum Teil in der Forstwirtschaft moderne, vielfach hoch technisierte Anbau- und Erntemethoden die Zusammensetzung der einzelnen Kulturen. Auf immer knapper werdenden Flächen wird der Ertrag bis zum Optimum getrimmt. Konkurrenz in Form von natürlicher Begleitflora wird bewusst über Düngung, Pflanzenschutz oder Anbaudichte verdrängt.

Dem Jäger ist heute weniger an einer hohen Schalenwilddichte gelegen als vielmehr an der Verbesserung der Kondition des ihm anvertrauten Wildes. Eine gekonnte Gestaltung und Aufwertung des Wildlebensraumes ist dabei der Schlüssel zum Erfolg, denn die Verbesserung des Äsungsangebotes (aber auch der Deckung für die Niederwildarten in der Feldflur) ergibt gesundes und kräftiges Wild. Gleichzeitig tragen Wildäsungsflächen mit ihrem vielseitigen und bevorzugten Äsungsangebot zu einer drastischen Verminderung von Schäl- und Verbissschäden bei. Zusätzlich beeinflussen geschickt angelegte Äsungs- und Deckungsflächen in einem beträchtlichen Umfang das Raum-Zeit-Verhalten des Wildes und verkürzen dadurch die Verweildauer der Tiere in den schadensträchtigen Intensivanbauflächen. Wildäsungsflächen dienen aber nicht nur der Minderung von Waldwildschäden, sondern erfüllen auch einen wesentlichen Beitrag zur Beobachtung und Feststellung des Wildbestandes sowie zur dezenten Bejagung in ansonsten unübersichtlichen Waldbeständen.

Der Begriff »Wildäsungsfläche« ist als Sammelbegriff zu verstehen, der sowohl den Wildacker, die Wildwiese als auch Prossholzflächen meint.

Während der Wildacker in aller Regel mit energiereichen landwirtschaftlichen Früchten jährlich neu bestellt wird und einer intensiven Bearbeitung und Düngung bedarf, stellt man mit dem perennierenden Süßgras-Klee-Kräuter-Aufwuchs einer Wildwiese vornehmlich den großen Wildwiederkäuern dauerhaft Äsung zur Verfügung. Gezielt angelegte Prossholzflächen bestehen aus Sträuchern und Weichhölzern, die das Schalenwild verbeißen und schälen soll, um aus forstlichen Schlägen herauszubleiben.

Wildäcker

10 | Ist der Jäger verpflichtet, Äsungsflächen anzulegen?
Nein, er ist nicht konkret verpflichtet, zumal er immer das Einverständnis des Grundeigentümers braucht.

11 | Ist es sinnvoll, Wildäcker für Rehwild im Feld anzulegen?
Ja, denn Rehe, die im Feld satt werden, verbeißen im Wald weniger!

12 | Wie sollten Wildäsungsflächen in Form und Größe in einem Niederwildrevier beschaffen sein?
Es sollten viele kleine Flächen (0,1–0,5 ha) mit langen Saumzonen sein, die mosaikartig im Revier verteilt sind. Es gilt, den Grenzlinienanteil wieder deutlich zu erhöhen. Ferner sollten sie Trittsteinbiotope sein und die Vernetzung zu anderen ökologischen Nischen herstellen, wie z. B.Hecken, Feldholzinseln, Streuobstwiesen.

13 | Warum liegt man mit der Wahl einer Saatgutmischung bei den oft wenig bekannten Standortverhältnissen eines Wildackers meist richtig?
Mit der Wahl einer artenreichen Saatgutmischung setzen sich einige Pflanzenarten, entsprechend den Standortverhältnissen, durch, unterversorgte werden zurückbleiben, zumal wir ja häufig ohne Bodenuntersuchung arbeiten.

Mit einer artenreichen Mischung werden die Bedürfnisse des Wildes nach vielseitiger Nahrung befriedigt. Außerdem gibt es keine Probleme mit mangelnder Selbstverträglichkeit der Pflanzenarten beim wiederholten Anbau. Schließlich bietet die Mischung dem Wild über einen längeren Zeitraum attraktivere Äsung, als es bei Monokulturen mit demselben Reifezeitpunkt der Fall wäre.

14 | Welche Flächen bieten sich im Wald zur Einsaat an?
Lichtreiche Schneisen, Leitungstrassen, Holzlagerplätze, Erdwege und gerodete Waldflächen.

15 | Was ist ein mehrjähriger Wildacker?
Ein Acker, der mit winterharten, ausdauernden (perennierenden) Pflanzen bestellt ist.

16 | Welche Äsungspflanzen sind mehrjährig?
Alle Gräser, viele Kräuter, Topinambur, Dauerlupine,Waldstaudenroggen und einige Kleearten.

17 | Welche Kreuzblütler eignen sich für den Wildacker?
Ölrettich, Raps, Rübsen, Senf und die Futterkohlarten.

Unter den Kohlarten sind es der Markstammkohl und der westfälische Furchenkohl.

Möglichst artenreiche Mischungen eignen sich für Wildäcker am besten.

Markstammkohl

Buchweizen

Sonnenblume

Esparsette

Futtermalve

Hirse

18 | Wie erhöhen Sie den pH-Wert einer Äsungsfläche?
Mit einer Kalkdüngung.

19 | Welche Leguminosenarten eignen sich für den Wildacker?
Kleearten (auch 1-jährige), Wicken, Erbsen, Bohnen und Süßlupinen.

20 | Was sind Körnerleguminosen oder Hülsenfrüchte?
Ackerbohne, Sojabohne, Futtererbse, Wicken (Winter-, Sommerwicke) und Lupinen.
Von den »Süßlupinen« ist erstens die Weiße Lupine (pH 6,5–7,0) und zweitens die Gelbe Lupine für kalkarme Böden (pH 4,5–6,0) geeignet. Die Blaue Lupine dient zur Grünwurzeldüngung und als Deckungspflanze (Pionierpflanze).

21 | Welche Wildackerpflanzen bieten besonders gute Deckung für die Niederwildarten?
Mais, Topinambur, Kohl, Hirse und die Sonnenblumen.

22 | Welche Wildackerpflanzen werden vom Rehwild besonders gerne genommen?
Buchweizen, Kulturmalve, die meisten Leguminosenarten und Futterkohlsorten.

Wildwiesen

23 | Welche Flächen sind für Rotwild im Waldrevier sinnvoll?
Wildwiesen und begrünte, gepflegte Schneisen, Abteilungslinien und ähnliche Flächen, die dem Wild möglichst ganztägig in Einstandsnähe zugänglich sein sollten, damit es seinen natürlichen ernährungsphysiologischen Rhythmus einhalten kann.

24 | Was sind Daueräsungsflächen?
Es handelt sich um Wildäcker mit perennierenden Äsungspflanzen, Klee-Gras-Flächen (Acker-Futterbau), Wildwiesen und andere Flächen mit Gräser-Leguminosen-Kräuter-Aufwuchs (z. B. ausreichend sonnenbeschienene Abteilungslinien).

25 | Welche Nutzungsmöglichkeiten bieten Wildwiesen?
Sie werden vom Wild als Äsungsflächen genutzt und dienen in der Regel gleichzeitig der Silage- und Raufuttergewinnung für die Notzeitfütterung im Winter.

26 | Was sollte eine Wildwiese im Rotwild- oder Schwarzwildrevier von einer solchen im Rehwildrevier unterscheiden?

Ungestörte Daueräsungsflächen sind im Rotwildrevier besonders wichtig.

Für Rotwild größere Flächen mit vielen Ober- und Untergräsern, Wiesenblumen/Kräutern und Kleearten. Für Rehwild viele kleine, verstreut liegende Flächen mit unterschiedlichen Kräutern, Kleearten, wenigen Süßgräsern und vielen Wiesenblumen. Für Schwarzwild mittelgroße Flächen mit vorwiegend Klee und Hafer oder Sommerweizen, um den hohen Bedarf an Eiweiß zu decken.

27 | Welche Kleeart zeigt eine wertvolle und richtig gedüngte Wildwiese an?

Der wilde, ausdauernde Wiesenrotklee ist eine Zeigerpflanze für besten Boden und ein ausgewogenes Kalium-Phosphor-Verhältnis. Mit einer hohen Stickstoffdüngung verschwindet der Wiesenrotklee und die Gräser überwiegen. Die Wildwiese sollte erst gemäht werden, wenn der Samen vom Wiesenrotklee reif ist, damit sie sich ständig regenerieren kann.

28 | Was sind Weiserpflanzen (Bioindikatoren)?

Wildpflanzen, die auf eine bestimmte Bodenreaktion hinweisen, im Acker (A) sind sie zahlreicher als im Grünland (G).

Übersicht wichtiger Weiserpflanzen

Versauert: Heidelbeere, Besenginster, Torfmoose, Bärlapp, Roter Fingerhut, Sauerklee, Wurmfarn, Besenheide

Mäßig sauer: Efeu, Tollkirsche, Fuchskreuzkraut, Brombeere, Himbeere, Weidenröschen, Buschwindröschen

Basenhaltig: Sumpfdotterblumen, Waldschachtelhalm, Engelwurz, Blutweiderich, Mädesüß, Baldrian

Basenreich: Pulverholz, Liguster, Bärlauch, Springkraut, Brennnessel, Bingelkraut

Kalkreich: Weißdorn, Schwarzdorn, Wolliger Schneeball, Schwalbenwurz, Pfirsichblättrige Glockenblume, Leberblümchen

- Staunässe in Krume und Untergrund: Ackerschachtelhalm, Ackerminze (A); Huflattich (A/G), Binse (G)
- Bodenverdichtung und saurer pH-Wert: Ampferarten (A/G), Stiefmütterchen, Echte Kamille (A), Scharfer Hahnenfuß, Binse (G)
- Schlechte Gare: Ackerkratzdistel, Hundskamille (A), Knötericharten (A/G)
- Gute Bodenstruktur und neutraler pH-Wert: Ackerwinde, Lichtnelke (A), Gelbklee, Löwenzahn, Salbei (G).

29 | Welche Nährstoffe begünstigen das Kräuterwachstum?

Phosphor und Kalium.

30 | Welcher Nährstoff begünstigt das Massenwachstum der Gräser?

Stickstoff.

Prossholzflächen

31 | Was ist Prossholz?

Sammelbegriff für holzige Zweige samt Rinde und Knospen, die sich als (Winter-)Äsung für Elch-, Reh-, Rot-, Dam-, Muffelwild, Feldhase und Wildkaninchen eignen.

32 | Welche Holzarten eignen sich besonders für den Prossholzanbau?

Vor allem die schnellwüchsigen Weidenarten, die auch das Wild im Revier verbeißt, sowie Espe, Eberesche, Robinie, Schwarzer und Roter Holunder.

33 | Welche Probleme ergeben sich beim Prossholzanbau?

Früher Totverbiss durch das Wild, Mäusefraß, Unterdrückung durch Begleitflora. Ist das Prossholz dem Äser entwachsen, muss es alljährlich für das Wild verjüngt werden.

34 | Wie kann der Jäger dezentralisiert ohne Pflanzung für Prossholz sorgen?

Durch Auslegen von Astmaterial, das beim Obstbaumschnitt, bei Landschaftsgärtnern oder bei Pflegemaßnahmen am Straßenrand in großer Menge anfällt.

35 | Was sind natürliche Weich- oder Prossholzflächen?

Naturnah aufgebaute Waldränder, Kulturflächen mit reichlich Anflug an Lichthölzern wie Weide oder der (kaum noch vorhandene) Niederwald mit seinen Stockausschlägen.

36 | Welche Pflege ist für Prossholzflächen wichtig?

Das Wild äst bevorzugt nur die Spitzen der neuen Jahrestriebe. Deshalb muss das Prossholz regelmäßig zurückgeschnitten werden.

37 | Wie können die meisten Weidenarten vermehrt werden?

Um die meisten Weidenarten zu vermehren, können vor der Kätzchenblüte Stecklinge geschnitten werden. Im Vorfrühling, nach dem Bodenfrost, werden die Stecklinge dann schräg zu zwei Dritteln in die Erde gesteckt.

Schaffung von Lebensräumen

Allgemein: In den gründlich ausgeräumten Feldfluren einer intensiven großflächig betriebenen Landwirtschaft kommt bei der Biotophege der Schaffung insbesondere von Deckungsmöglichkeiten eine weitaus wichtigere Bedeutung zu als zusätzliche Äsungsmöglichkeiten. Agrarpolitische Förderprogramme ermöglichen es dem Jäger in enger Absprache mit dem Landwirt, zumindest kurzfristig für die Herbst- und Wintermonate größere Deckungsflächen für das Niederwild und andere feldbewohnende Arten bereitzustellen. Meist geschieht das durch den gezielten Anbau von Zwischenfrüchten in Reinkultur oder in unterschiedlichen Mischungen.

Zusätzlich erlauben eigens für das Wild eingesäte Ackerrandstreifen, Lerchenfenster oder Uferschutzstreifen eine weitere lineare Vernetzung wichtiger Trittsteinbiotope in der Agrarlandschaft. Graswege und geschotterte Wirtschaftswege mit ungespritztem Bankett bieten hauptsächlich den Feldhühnern Möglichkeiten zur Nahrungssuche und zum Hudern.

Feldholzinseln und Hecken: Richtig strukturierte Feldholzinseln und Hecken mit ausgedehnten Saum-, Mantel- und Kernzonen bringen Deckung und Äsung, Möglichkeiten zum Brüten, Setzen und zur Jungenaufzucht von unzähligen Tierarten. Sie stellen in unserer heutigen grundlegend veränderten Kulturlandschaft die letzten übrig gebliebenen Kleinode dar.

Waldränder: Aber auch die Übergänge von einer intensiven Agrarsteppe zum reinen Wirtschaftswald lassen meist zu wünschen übrig. Stufig aufgebaute Waldaußen- und -innenränder bieten nicht nur wichtigen Lebensraum für die gesamte Flora und Fauna, sondern haben zusätzlich eine erhebliche Bedeutung für den Forstschutz, den Naturschutz und die Betriebssicherheit des Waldes. Sie puffern schädigende Bodenreaktionen, Erosionen durch Wasser und Wind sowie Immissionen ab und nehmen insbesondere für die Wildarten sicherheitsrelevante Sichtschutzaufgaben wahr. Ganz nebenbei verschönern sie das Landschaftsbild und tragen so mit einem angenehmen Psychotop wesentlich zur Erholung des Menschen in der Kulturlandschaft bei.

In den meisten Forstverwaltungen hat erfreulicherweise ein Umdenken stattgefunden. Artenreiche Wälder, durchsetzt von Bäumen verschiedener Altersklassen, sind nun gefragt. Frühe pflegende Eingriffe sorgen für reichlich Lichteinfall am Boden und fördern so nicht nur die waldbaulich interessante Naturverjüngung, sondern ebenso eine ökologisch wertvolle Begleitflora in Form von Sträuchern und krautigen Pflanzen als begehrte Äsung für Schalenwild, Hase und Kaninchen. Stabile Waldränder und ein hoher Anteil an Mast tragenden Waldbäumen tragen ebenfalls zu einem erhöhten Äsungs- und Nahrungsangebot unserer heimischen Fauna bei.

Gewässer: Ob Fließgewässer, Seen, Teiche oder Tümpel – sie sind für die Artenvielfalt einer Region stets von herausragender Bedeutung. Sie dienen der gesamten Flora und Fauna, also nicht nur dem jagdbaren Wild, als Biotop, vielen bedrohten Wasservögeln als wichtige Rast- und Brutplätze und dem Wild als eine Möglichkeit zum Schöpfen und Baden. Wassermangel führt gerade bei den großen Schalenwildarten zur Abwanderung aus dem Revier oder erhöht Wildschäden an Rüben und Kartoffeln drastisch.

Hecken und Feldgehölze

38 | Was ist eine Hecke und was ist ein Feldgehölz?

Hecken sind lineare Anpflanzungen oder Sameneintrag von Baum und Straucharten mit hohem Regenerationsvermögen.
Feldgehölze sind kleine Waldstücke oder Buschgruppen aus Laubholzarten. Beide sind für viele Bewohner der offenen Landschaft ein wichtiges Requisit des Biotops.

39 | Aus welchen Zonen setzt sich eine Hecke, ein Feldgehölz oder Waldrand zusammen?

Saum-, Mantel- und Kernzone.

40 | Welche Aufgabe hat die Saumzone?

Die Saumzone ist ein wichtiger Lebensraum für Wildkräuter und Insekten, die wiederum Nahrungsgrundlage u. a. für das Federwild sind. Hier findet der Hase artgerechte kräuterreiche Sommer- und Winteräsung.

41 | Welche Gehölze bevorzugen Sie für die Mantelzone?

Vor allem die Dornen tragenden Sträucher, z. B. die heimischen Wildrosen, Schwarz-, Weiß- und Sanddorn und Stechpalme (Ilex) als immergrüne Deckungsstrauchgruppen.

42 | Welche Straucharten wählen Sie zur Anlage einer Hecke?

Autochthone (einheimische) Arten wie: Heckenrosen, Schwarz-, Weißdorn, Schneeball, Roter, Schwarzer Holunder, Haselnuss, Pfaffenhütchen, Hartriegel, Liguster, Himbeere, Brombeere u. a.

43 | Welche Bäume bevorzugen Sie für die Kernzone?

Früchte tragende Bäume, z. B. Vogelbeere, Wildkirschen, Holzapfel, -birne, Feldahorn, Linde, Schwarzerle, Hainbuche. Nadelholz sollte nicht oder nur sehr sparsam verwendet werden (z. B. Eibe). Die Bäume der Kernzone sollten sehr weit gepflanzt werden, um ein Ausdunkeln darunter zu vermeiden.

44 | Für welche Wildarten sind Hecken und Feldgehölze von besonderer Bedeutung?

Für die meisten Niederwildarten.

45 | Was erhöht den Wert einer Hecke?

Die Pflanzenvielfalt, eine Vernetzung mit anderen Biotopen und eine regelmäßige Pflege. Alle 8–15 Jahre wird die Hecke in Abschnitten »auf den Stock gesetzt« (kniehoch zurückgeschnitten).
Je älter Hecken sind und je weiter die Bewirtschaftungsintervalle auseinanderliegen, umso geringer ist die Artenvielfalt im Heckenkern und in der Mantelzone infolge der Ausdunkelung.

Übersicht Sträucher und Bäume für Hecken und Feldgehölze

Randzone: niedrige Sträucher, die Dornen tragen oder sehr dicht wachsen → heimische Wildrosen, Brombeere, Himbeere, Liguster

Mantelzone: mittelhohe bis hohe Sträucher*, die unten dicht bleiben, mit und ohne Dornen → Weißdorn, Schwarzdorn, Pfaffenhütchen, Wolliger Schneeball (eher trockene Standorte); Weiden, Gewöhnlicher Schneeball, Hartriegel (eher frisch-feuchte Standorte)

Kernzone: hohe Sträucher** bis niedrige Bäume → Hasel, Vogelbeere, Feldahorn, Hainbuche, Robinie (eher trockene Standorte); Roterle, Baumweide (eher frisch-feuchte Standorte)

* Je schmäler eine Hecke, umso niedriger muss sie sein.
** Die Kernzone soll oben dicht und unten licht sein.

Pfaffenhütchen werden gerne verbissen.

Holunder trägt alljährlich überreich Beeren.

Der Liguster liebt frische Standorte.

Die Eberesche beansprucht viel Licht.

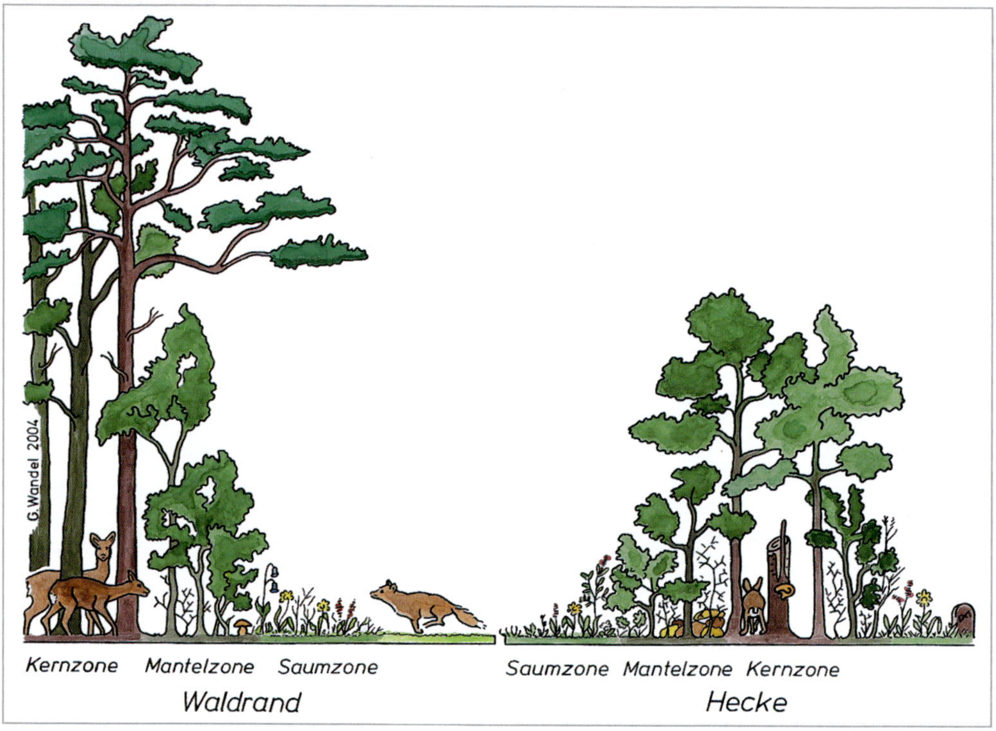

Profil einer Waldrand- und Heckenzone

Benjeshecken bieten sofort Deckung.

46 | Welche Funktionen haben Hecken und Feldgehölze für Vögel?

Sie sind Brut- und Aufzuchtplätze, Nahrungsplätze, Schlafplätze und Raststationen beim Vogelzug.

47 | Wie wirken Hecken auf Beutegreifer?

Die Beutegreifer bejagen die Heckenstreifen bevorzugt, vor allem, wenn es nur wenige im Revier gibt. Vorsorglich sollte deshalb hier die Fangjagd Anwendung finden.

48 | Welche Wildarten werden bei der Neuanlage einer Hecke wodurch zum Problem?

Feldhase, Kaninchen und Rehwild verbeißen und Rehböcke fegen.

Was sind Feuchtgebiete?

Feuchtwiese (einmalige Mahd) → Nasswiese (einmalige Mahd oder alle 2 Jahre) → Bruchwald (wird meist durch Gräben entwässert).

Graben (künstlich) → Bach (natürlich) → Fluss.

Temporäre Kleinstgewässer (einfache Bodenvertiefungen, Radspuren usw.) → Tümpel (starke Wasserstandsschwankungen) → Teich (Naturteich, Kunstteich) → See (natürlich oder angestaut) → Niedermoor (zugewachsener See) → Hochmoor (Endstufe mit einsetzender Mineralisierung und Bewaldung).

49 | Sie pflanzen eine Hecke und haben Rehwild im Revier. Was müssen Sie tun?

Bei hohem Rehwildbestand ist anfangs meist Zäunung erforderlich. Ansonsten werden Jungbäume und Sträucher verbissen und gefegt. Sinnvoller als jeder Zaun ist das breite Auslegen von Heckenschnittgut. Das erschwert dem Rehwild nicht nur den Zugang zum Pflanzmaterial, sondern bietet als Reisigschlauch bereits vielen Heckenbrütern einen sicheren Nistplatz und schützt die Pflanzen vor Sonneneinstrahlung und Austrocknung.
Daneben erspart es vielfach Pflegemaßnahmen wie Mulchen oder Ausmähen.

50 | Was ist eine Benjeshecke?

Ein locker aufgeschichteter Wall aus Ästen und Zweigen, in dessen Schutz Sträucher und Bäume wachsen sollen, deren Samen durch Anflug und Vogelkot eingetragen werden. Eine Bodenbearbeitung und Beipflanzung beschleunigt den Erfolg.

51 | Welche niedrigen Straucharten sind wichtige Winter-Äsungspflanzen?

Himbeere, Brombeere und die meisten Zwergsträucher wie Heidekraut, Heidelbeere, Preiselbeere oder Schneeheide.

Schaffung und Pflege von Feuchtgebieten

52 | Wer profitiert von neu geschaffenen Feuchtflächen?

Etwa 320 in Deutschland vorkommende höhere Tierarten hängen in ihrer Existenz vom Wasser ab. Dieses muss nicht nur in ausreichender Menge und Güte vorhanden sein, sondern auch ausreichend Nahrung enthalten. Zu den Tierarten gehören die Fische, fast alle Frösche, Kröten, Molche sowie alle Sumpf- und Wasservögel. Allein im Röhricht leben über 20 gefährdete Vogelarten.

53 | Wie heißt die Grundregel für die Neuanlage von stehenden Gewässern?

Auf keinen Fall dürfen Fließgewässer – auch nicht kleinste Rinnsale, die ganzjährig Wasser führen – angestaut werden. Jedes Anstauen zerstört die Fließwasserbiologie!

54 | Was müssen Sie vor dem Bau eines Teiches tun?

Die Zustimmung des Grundeigentümers einholen. Für Genehmigung und Planfeststellungsverfahren (§ 31 WHG) ist das Wasserwirtschaftsamt mit der Unteren Naturschutzbehörde oder Landespflegebehörde zuständig.

55 | Wie muss der Boden beim Bau eines Teiches beschaffen sein?

Der Boden muss wasserundurchlässig sein oder eine Tondichtung bekommen.

56 | Was ist ein »Himmelsteich«?

Ein Himmelsteich ist ohne Zulauf durch ein Fließgewässer oder Quelle. Verdunstung und Versickerung werden durch Niederschläge ausgeglichen. Künstlich angelegte Folienteiche sind störanfällig, teuer und nicht zu empfehlen.

57 | Wie soll die Uferlinie eines Teiches sein?
Reich an Grenzlinien mit vielen Ausbuchtungen.

58 | Was ist ein Grundwasserteich?
Der Grundwasserteich wird durch nachdrückendes Grundwasser gespeist.

59 | Worauf kommt es beim Profil eines Teiches an?
Das Teichprofil soll sich vom Ufer allmählich in die Tiefe absenken: von der Weichholzzone (Erlen, Weiden), Röhricht-, Schwimmblatt-, Tauchblattzone bis zu Tiefenalgen und Muschelschalen.

60 | Welche Pflanzen der Flachwasserzone kennen Sie?
Röhricht, Schilf und Seggen.

61 | Was sind Schwimmblattgesellschaften?
Pflanzen, deren Blätter auf dem Wasser schwimmen, wie Laichkrautarten, Teich- und Seerosen.

62 | Wo brüten Enten am sichersten?
Auf Inseln, die möglichst weit vom Ufer entfernt sind und so Schutz vor Beutegreifern (Ratten, Fuchs, Marder) bieten.

63 | Sind Bruthäuser für Enten sinnvoll?
Werden die Entenbruthäuser der Umgebung angepasst oder als Kopfweiden geprägt, erleichtern sie die Annahme des Biotops und tragen hegerische Früchte. Das Ziel ist aber ein gewachsener, naturnaher Lebensraum und keine »Möblierung mit Sozialwohnungen ohne Nahrung«. Auch eine Entenfütterung im Wasser (Verschmutzung/Eutrophierung) oder Uferbereich (Rattenplage) kann man nicht als Hege bezeichnen.

64 | Welche Gefahr besteht für Entengelege in künstlichen Bruthilfen?
Bei frei stehenden, festen Bauten, womöglich mit einem Dach aus Teerpappe, können erhöhte Temperatur und mangelnde Luftzirkulation die Gelege absterben lassen.

65 | In einem von uns gebauten Teich finden wir Fischbrut. Wie ist sie hineingekommen?
Wasservögel haben in ihrem Gefieder die Fischbrut zugetragen.

66 | Wie reduzieren Sie den Besucherdruck an Ihrem Teich?
Durch eine möglichst breite Vernässung der Uferzone. Aufwendig und zusätzlich genehmigungspflichtig wäre ein breiter Ringgraben mit buchtigen Kolken als Amphibienbiotop oder eine entsprechend breite Mantelzone mit Wildrosen und anderen Dornengehölzen.

Hege durch landwirtschaftliche Maßnahmen

67 | Mit welchen Maßnahmen schafft der Landwirt zusätzliche Herbst-/Winteräsung?
Durch Zwischenfruchtanbau nach der Getreideernte. Eine Beteiligung des Jägers an den Saatgutkosten erhöht meist die Bereitschaft beim Landwirt und gewährt Einflussnahme auf die Zusammenstellung und die Dauer der Maßnahme.

68 | Warum scheuen sich viele Landwirte, Zwischenfrucht erst im Spätwinter umzubrechen?
Weil auf schweren Böden nach dem Pflügen die Frostgare fehlt und eine zu späte Verrottung der Grünmasse die frühe Saatkeimung hemmt und weil die Äcker dann oft so durchnässt sind, dass nicht gepflügt werden kann.

Welche landwirtschaftlichen Maßnahmen dienen der Hege?

Stilllegung
- Möglichst viele schmale Streifen und dezentralisiert
- mehrjährige Brache mit jährlicher Teilfräsung
- günstige Sortenwahl bei Ansaat
- wildgerechte Mahd (in Etappen und buchtenreich)

Reduzierung der Parzellengröße
- Gliederung durch schmale Brachstreifen

Randstreifen in Kulturen
- Reduzierung der Saatstärke
- Beisaat wildfreundlicher Pflanzen
- Verzicht auf Herbizid e/Insektizide
- Überlassung als Wildäsung/Deckung

Zwischenfrucht/Gründüngung
- wildfreundliche Sortenwahl
- Überwinterung (Äsung und Deckung im Winter)

Randstreifen an Wegen
- Verzicht auf Umbruch
- Verzicht auf Herbizide/Insektizide
- reduzierte Mahd

Böschungen
- reduzierte Mahd oder Verzicht auf Mahd

Windschutzhecken
- Neuanlage
- richtige Platzierung (nicht an Wegen)
- Schaffung/Duldung von Randstreifen (Insekten für Federwildküken, Altgras für Hasen)
- Abstand bei Düngung/Chemieeinsatz

69 | Welche Niederwildarten profitieren von einem winterlichen Stoppelfeld?

Vor allem die Rebhühner, aber auch die Tauben, Enten, Gänse und Feldhasen. Stoppelfelder bieten Äsung durch Wildkräuter und Ausfallgetreide.

70 | Welche Äsung steht dem wiederkäuenden Schalenwild im Winter im Feld hauptsächlich zur Verfügung?

Das Wintergetreide und der Winterraps.

71 | Welche Flugwildarten äsen im Wintergetreide?

Vor allem Schwäne, Gänse und Tauben, im Sommer auch Stockenten (Lagergetreide).

72 | Welche Wildarten »verunreinigen« Wintersaaten und Grünkohlfelder gelegentlich?

In großen Schofen legen Wildgänse und Schwäne ihr Gestüber (Federwildlosung) in Raps

Wintersaatflächen bieten auch dem Schalenwild Äsung und entlasten den Wald.

und Wintergetreide. Sie verursachen erhebliche Tritt- und Verbissschäden, indem sie die leicht im Boden sitzenden Pflänzchen komplett herausziehen. Kopfzahlstarke Ringeltaubenflüge »verunreinigen« die Grünkohlfelder (Winterernte) beträchtlich.

73 | Wie reagiert Wintergetreide auf mäßigen Verbiss?

Es bestockt stärker in der Blatt- und Wurzelmasse (goldener Verbiss – früher förderte das der Landwirt gezielt durch dezente Beweidung mit Schafen).

74 | Was sind die wichtigsten Maßnahmen in der Niederwildhege?

Die Verbesserung der Lebensräume, Deckung und Äsung betreffend, und das Kurzhalten von Beutegreifern.

75 | Was erwarten wir von Wildäckern für Niederwild?

Schon von der Getreideernte bis zum Frühjahr eine gute Herbst-/Winteräsung mit ausreichender Deckung und vielen sonnigen, selbstbegrünten Ackerkrautlücken.

Stilllegungsflächen müssen strukturreich sein.

76 | Wie sieht ein geeigneter Rebhuhn-Lebensraum aus?

Ein reich strukturiertes Kulturland mit vielen Grenzlinien wie Feldrainen, vernetzten Hecken (Sichtblenden für die Balzterritorien), Böschungen, Altgras- und Ackerrandsteifen. Das kraut- und insektenreich bewirtschaftete Ackerland in kleinen Parzellen hilft dem Rebhuhn, nicht die Brachfläche.

77 | Für welche Niederwildarten sind ungespritzte Ackerrandstreifen und Wegränder mit Altgras und Wildkräutern besonders wichtig?

Für Rebhuhn, Fasan und Feldhase.

78 | Wie kann der Jäger Stilllegungsflächen zur Niederwildhege nutzen?

Mit Einverständnis des Grundeigentümers kann der Jäger Äsungsstreifen anlegen.

79 | Worauf kommt es bei der Mahd von Stilllegungsflächen an?

Ein striktes Mahd- und Mulchverbot besteht vom 1. April bis 15. August, während der Brut-, Setz- und Aufzuchtszeit. Die Mahd soll möglichst gestaffelt erfolgen.

80 | Wie können Maisflächen für das Wild attraktiver gemacht werden?

Durch ungespritzte Randstreifen und Untersaaten, die die Ackerkräuter unterdrücken, aber nicht vernichten.

81 | Was sind Ackerrandstreifen?

Wenige Meter breite Streifen am Rande der Äcker, die nicht mit Pestiziden und Herbiziden behandelt werden.

82 | Welche Extensivierungsmaßnahmen in der Landwirtschaft werden öffentlich gefördert?

Extensive Grünlandwirtschaft, Ackerrandstreifen, Erhalt, Anlage und Pflege von Streuobstwiesen u. a.
Jeweils auch auf die Agrar- und Umweltprogramme der Länder achten! Sie fördern die Einführung oder Beibehaltung von extensiven, ressourcenschonenden und besonders umweltverträglichen Produktionsverfahren in der Landwirtschaft.

83 | Wer wird im Flurbereinigungsverfahren als Vertreter der Jäger angehört?

Nicht der einzelne Jäger vor Ort, sondern ein sachkundiger Vertreter des zuständigen Jagdverbandes.

84 | Welche Formen landwirtschaftlicher Wege kommen dem Niederwild entgegen?

Erd-/Schotterwege oder Plattenspurwege, am besten mit begrüntem Mittelstreifen und breiten Randstreifen. Sie bieten Altgräser, Wildkräuter und Hudermöglichkeit.

85 | Welche Arten profitieren von nicht versiegelten Wegen?

Feldhase (Kräuter, Altgras, Staubbad), Rebhuhn und Fasan (Blüten, Samen, Insekten, Hudermöglichkeit) sowie viele nicht jagdbare Arten wie z. B. Schwalben (Lehm für Nestbau).

86 | Welche Biotopflächen können durch die Flurbereinigung neu entstehen?

Beispielsweise Hecken, Feldgehölze, Streuobstwiesen und Feuchtgebiete.

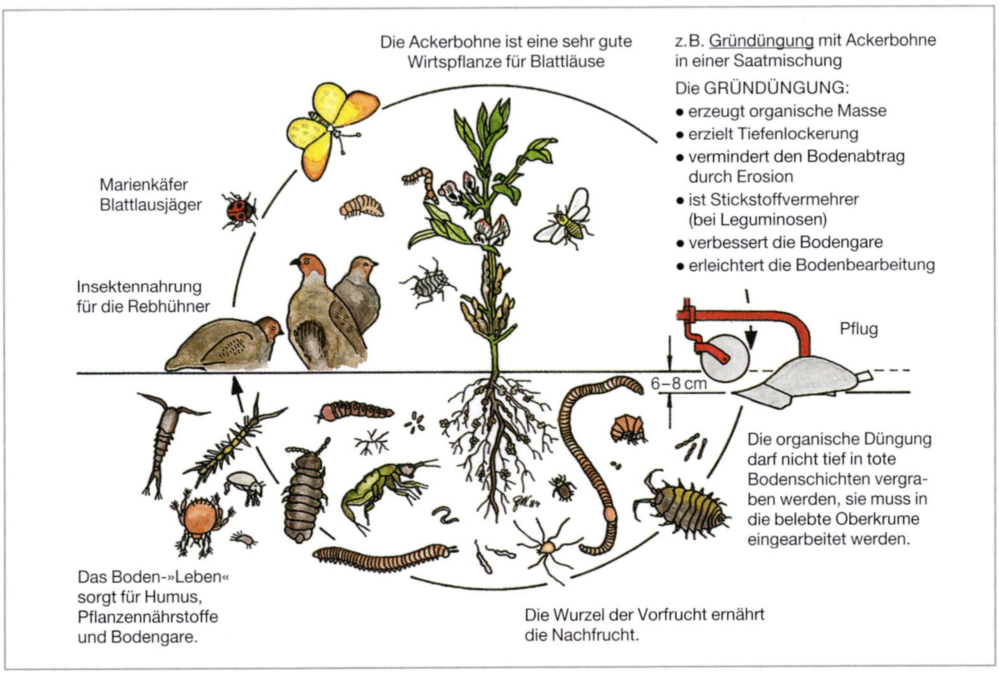

Gründüngung belebt den Bodenorganismus.

Hege durch forstliche Maßnahmen

87 | Welche forstliche Nutzung hilft dem Schalenwild?

Insbesondere die Femelnutzung, aber auch Schirm- und Saumhiebe sowie die Freistellung und Förderung Mast tragender Überhälter.

88 | Die Fällung welcher Baumart wird vom Rot- und Damwild im Winter gerne genutzt?

Die dünne Spiegelrinde der Kiefer wird von beiden Arten bevorzugt geschält.

89 | Die Fällung welcher Baumarten wird vom Rehwild im Winter gerne genutzt?

Die Triebe und Knospen der Tanne, Espe und Eiche werden gerne vom Rehwild geäst.

90 | Ist der Aufschluss des Waldes mit breiten Abteilungslinien und Rückegassen für das Schalenwild positiv zu sehen?

Ja, durch den Lichteinfall entsteht wertvolle Gras- und Krautäsung.

91 | Wie werden begrünte Erdwege und Schneisen gepflegt?

Die Wege und Schneisen werden im August gemäht oder gemulcht, um die vertrockneten Obergräser zu beseitigen und das Nachtreiben frischer Äsung anzuregen.

92 | Welche forsttechnischen Einrichtungen werden dem Auerwild zur Gefahr?

Kulturzäune, in denen sich das sehr schnell startende und niedrig fliegende Auerwild das Genick brechen kann.

93 | Welche waldbaulichen Maßnahmen begünstigen das Auerwild?

Erhalt der alten Balzplätze in ihrer Struktur, Schaffung ausgedehnter lichter Altbestände mit reichen Verjüngungsinseln und Kleinstrukturen, gut ausgebildete Kraut- und Zwergstrauchschicht (geringes Wegenetz!).

Übersicht forstliche Maßnahmen für die Jagd

- **Möglichst breite Wegaufhiebe**
  Licht schafft Äsung auf Randstreifen, erleichtert Bejagung.
- **Verzicht auf Befestigung der nicht für Lkw notwendigen Wege**
  Dauerbegrünung und Pflege durch Jäger möglich.
- **Freihaltung momentan nicht benötigter Lagerplätze**
  Ansaat und Pflege durch Jäger.
- **Breiter Aufhieb von Abteilungslinien**
  Nutzung als Äsungs- und Bejagungsflächen.
- **Gliederung größerer Verjüngungsflächen mit Linien**
  Äsungsflächen und Bejagungshilfen.
- **Intensive Durchforstung**
  Schafft Äsung in den Einständen.
- **Aufarbeitung von Durchforstungsmaterial (z. B. Hackschnitzel)**
  Bringt Licht und Bodengrün in Durchforstungsbestände.
- **Zwischensaat bei Laubholzkulturen**
  Schafft Äsung und günstiges Kleinklima.
- **Erweiterte Pflanzabstände bei Kulturbegründung**
  Schafft Äsung, hält Kulturen länger offen, bietet Sicht.
- **Naturnaher Waldbau**
  Breite Streuung und gute Vernetzung von Äsung und Deckung.
- **Hieb von Laubholz und Tanne im Winter**
  Schafft Äsung und lenkt von Jungbäumen ab.

94 | Ist die Durchforstung von Dickungen und Stangenhölzern mit Blick auf das Schalenwild günstig?

Ja, denn es lässt Licht auf den Waldboden und fördert so die krautige Äsung.

Fütterung

Historie: Im deutschsprachigen Kulturkreis hat die Winterfütterung der Wildtiere eine lange Tradition. Landgraf Philipp I. von Hessen ordnete schon im Winter 1556 die Fütterung von Wildtieren an.

Ursprünglich dienten viele Wälder in erster Linie der Viehweide (Waldweide) und waren daher alte, lichte Laubholzbestände, in denen für Schalenwild kaum genügend Einstand und Äsung war. Mit der über viele Jahrhunderte betriebenen Nutzung der Waldstreu verarmten die Waldböden obendrein und waren weitgehend kahl. Die meisten Wälder sind heute allerdings deutlich äsungsreicher als in früheren Zeiten.

Bedeutung: Ursprünglich diente die Schalenwildfütterung vor allem dazu, das Schalenwild zu konzentrieren. Später nahm die Fütterung einen bedeutenden Stellenwert bei der Trophäenhege ein. Diese glitt teilweise in ein unnatürliches Extrem von Trophäenolympiade und deutlich überhöhten Wildbeständen ab.

Mithilfe der Winterfütterung lassen sich zweifellos die Kondition des Schalenwildes verbessern und Verbiss und Schälschäden in beträchtlichem Umfang mindern – vorausgesetzt, die Futtermenge und die Qualität sind artgerecht und die Futterstellen für das Wild uneingeschränkt störungsfrei erreichbar.

Pro und Kontra: Zur Überlebensstrategie des Wildes im Winter gehören die Anlage von Feistvorräten im Herbst, eine Absenkung des Stoffwechsels, die Oberflächenverkleinerung der Pansenzotten beim wiederkäuenden Schalenwild und eine stark gedrosselte Äsungsaufnahme, einhergehend mit der Einschränkung von Bewegung und Aktionsradius. Deshalb darf die energiesparende Winterruhe nicht durch unnötigen Jagddruck und steigende Freizeitangebote in Wintersport- und Tourismusgebieten gestört werden. Aus Tierschutzgründen ist die Jagdruhe ab der Wintersonnenwende wichtiger als die Winterfütte-

Wintergatter für Rotwild: Zur Winterfütterung gehört das richtige Futter zur rechten Zeit.

rung des Wildes. Diskussionen um Jagdzeitenverlängerungen sind diesbezüglich entsprechend kontraproduktiv!

Eine erst im Hochwinter einsetzende Fütterung des Schalenwildes kommt aus ernährungsphysiologischer Sicht deutlich zu spät. Bei fehlender Herbstmast können die Körpermängel des Wildes nicht mehr ausgeglichen werden. Was das Schalenwild nicht braucht, sind nährstoffreiche Kraftfuttergaben in Zeiten seines Stoffwechseltiefs. Jetzt gereichtes Kraftfutter provoziert Azidose (Pansenübersäuerung) und Schäden an der Waldvegetation.

In den meisten Gegenden unseres Landes mit einem zunehmend wintermilden Klima und nur geringen Schneelagen ist es allemal vorteilhafter, wenn der Jäger in seinen Hegeabsichten aus ernährungsphysiologischer Zielsetzung auf die Ausweitung natürlicher Äsungsangebote in Form von Wildäckern und Daueräsungsflächen setzt. Zum einen stellen sie ein deutlich günstigeres Kosten-Nutzen-Verhältnis als jede Fütterung dar, zum anderen kommen sie den fünf wichtigsten in unseren Breiten vorkommenden Schalenwildarten in der freien Nahrungswahl entsprechend ihrem Verdauungstypus deutlich mehr entgegen.

Es gibt aber auch Situationen und Regionen, wo das nicht so einfach zu managen ist. Ausnahmen wie Überschwemmungsgebiete oder Landstriche nach Waldbränden verlangen dringend nach sofortigen Maßnahmen wie der Fütterung in Notzeiten. In den Gebirgsregionen mit entsprechend langen Wintern und hohen Schneelagen bleibt die Fütterung elementarer Bestandteil der Hege, denn den großen Wildwiederkäuern wie dem Rotwild wurden durch menschliches Handeln in Form von unüberwindbaren Verkehrswegen oder Zersiedlung der Landschaft die traditionellen Wanderwege in tiefer gelegene Wintereinstände wie Auniederungen (Isarauen oder Lechtalniederungen) mit günstigen Äsungsverhältnissen abgeschnitten. Dessen ungeachtet wird der verantwortungsvolle Jäger gerade bei den großen Schalenwildarten nicht um eine großflächige Fütterungskonzeption auf Basis der Hegegemeinschaften herumkommen.

In weiten Teilen des Alpenraums wird Schalenwild auch heute noch nicht oder nicht mehr gefüttert (z. B. Norditalien, Schweiz und teilweise Slowenien, Rehwild im Bayerischen Staatswald). In den meisten deutschen Bundesländern ist die Fütterung des Schalenwildes jedoch inzwischen verboten oder zumindest stark eingeschränkt.

Fütterung Schalenwild

95 | Was ist Fütterung, was ist Kirrung?

Fütterungen sind feste Plätze mit Fütterungseinrichtungen, an denen das Wild mit zusätzlicher Nahrung versorgt werden soll. Im engeren Umkreis der Fütterungen darf nicht gejagt werden, ferner gibt es zeitliche Einschränkungen (Landesrecht). Kirrungen sind Stellen, an denen Wild – in der Regel außerhalb der Notzeit – kleine Futtermengen angeboten werden mit dem Ziel, das Wild dort leichter erlegen zu können (Beschränkungen durch Landesrecht). Mit der Kirrung für Schalenwild vergleichbar ist der Luderplatz für Raubwild.

96 | Was ist vor jeder Fütterung zu beachten?

In allen Fällen sind die landesspezifischen Regelungen zu beachten – Landesjagdgesetz, Fütterungs- und Kirrverordnung.

97 | Ist die Fütterung von Rehwild in der Regel notwendig?

In den meisten Revieren ist vor Einbruch des Winters die Kondition (Feistdepot) des Rehwildes so gut, dass die Fütterung nicht notwendig ist. Voraussetzungen sind immer eine dem Lebensraum angepasste Wilddichte und Jagdruhe ab Weihnachten.

98 | Wer muss mit dem Bau einer Rotwildfütterung einverstanden sein?

Der Grundeigentümer. Teilweise dürfen Rotwildfütterungen auch nur in Absprache mit den Hegegemeinschaften bzw. nach Genehmigung durch die Jagdbehörde errichtet und betrieben werden (revierübergreifendes Fütterungskonzept).

99 | Wo sollen Rotwildfütterungen errichtet werden?

Zunächst dort, wo die Gefahr der Schälschäden am geringsten ist. Das ist hoch oben im Gebirge (rauere Rinde) eher der Fall als in den Tälern. Immer in sonnseitiger Exposition und an möglichst wenig störanfälliger Stelle.

100 | Welche baulichen Einrichtungen sind an Rotwildfütterungen üblich?

Heustadel, Silobehälter, Rübenmiete, Futtergetreide-Vorratsbehälter, Futtertische oder -tröge, Geweihabwurfstangen-Vorrichtungen, Heuraufen und ein Beobachtungsstand.

Übersicht Futtermittel für Schalenwild

Saftfutter:
Rüben, Kartoffeln, Topinambur, Äpfel;
Silagen: Grünsilage, Maissilage, Biertrester, Apfeltrester

Raufutter:
Heu (1. Schnitt), Grummet (Folgeschnitte);
Laubheu (ohne große Bedeutung)

Kraftfutter:
Futtergetreide aller Art,
Eicheln, Pellets

101 | Was sind Fütterungsgemeinschaften?

Die Reviernachbarn schließen sich zu einer Fütterungsgemeinschaft zusammen:

- Fütterungen werden unabhängig von den Reviergrenzen oder auf der Grenze eingerichtet.
- Futtereinkauf zentral, sodass an allen Fütterungen eine vergleichbare Qualität gewährleistet ist.

Raufe für trocken gelagertes Heu oder Grassilage

Futterlager mit Rübenmiete

- Futterkosten werden auf die verschiedenen Reviere umgelegt.
- Fütterungszeit jeden Tag zur gleichen Zeit und die Fütterungsperiode wird abgestimmt – wichtig für die Raumverteilung des Wildes und die Jagd.

102 | Was ist ein »Kälberstall«?

Ein aus Rundhölzern mit je nach Wildart unterschiedlichen Einschlupfabständen gefertigter Staketenzaun, der nur Jungwild (und Rehen) den Zutritt zum Futter gestattet.

103 | Was sind Wintergatter?

Bei der Bewirtschaftung des Rotwildes vor allem im Hochgebirge angelegte Gatter, in die das Rotwild im Herbst hineingefüttert und in denen es gehalten wird, bis im Frühling die frisch wachsende Vegetation sein Freilassen ohne die Folge großer Verbiss- und Schälschäden erlaubt.

104 | Was gehört zum Saftfutter?

Silagen, Rüben, Futterkartoffeln, Futterkohl, Apfeltrester und Biertreber.

105 | Was ist Silage?

Durch Milchsäuregärung unter Luftabschluss konserviertes Futter.

106 | Welche Futterstoffe eignen sich zum Silieren?

Wasserhaltige Futtermittel, wie z. B. Gras, Kleegras, Luzerne, Grünlaub- oder Maishäcksel, Trester und Treber.

107 | Wie wird Silage gelagert?

In Hoch-, Erd- bzw. Fahr-, Behelf- (Fass, Holz oder Kunststoff) und Schlauchsilos (Rundballen).

108 | Wie werden Rüben für die Winterfütterung gelagert?

Am besten in einer massiven Rübenmiete, aus Eichenrundholz in Satteldachform gebaut und mit Strohpressballen frostsicher abgedeckt.

109 | Was ist Raufutter?

Getrockneter Wiesenaufwuchs (Heu und Mahd, auch Laubheu).

110 | Was ist Heu und was ist Grummet?

Erster Schnitt ist Heu (Blüh- und Reifezustand), zweiter und weitere Schnitte liefern Grummet.

111 | Aus welchen Pflanzen lässt sich Laubheu gewinnen?

Aus Topinamburkraut oder aus dem Pflanzenmaterial, das beim Ausmähen der Kulturflächen anfällt.

Eicheln

Rosskastanien

Bucheckern

112 | Welche Gefahr besteht bei Fütterung mit Kraftfutter?

Wildwiederkäuern darf kein geschrotetes, gequetschtes Kraftfutter, z. B. Kokos-, Sesamschrot oder gemahlenes Futtergetreide, gereicht werden. Das geschrotete und wieder zu Pellets verarbeitete Industriekraftfutter ist ebenso ungeeignet, da es nicht lange genug wiedergekäut werden kann. Die Folge: Die Speichelproduktion wird vermindert, eine Pansenübersäuerung setzt ein und die Pansen- und Darmflora erkrankt. Je länger das Futter wiedergekäut und eingespeichelt wird, desto bekömmlicher ist es! Daher sollte das Futter aus einem Teil Kraftfutter zu vier Teilen Saftfutter bestehen.

113 | Soll man Schwarzwild im Winter füttern?

Fütterung ist Bestandteil der Hege (BJagdG). Eine Hege des Schwarzwildes aber ist in freier Wildbahn verboten.

Fütterung Niederwild

114 | Ist die Fütterung der Feldhasen notwendig?

Eine Lebenshilfe für den Feldhasen ist die Winterfütterung auf den großen Rüben-, Mais- (Energiemais-) und Getreidemonokulturen, die bereits wenige Tage nach der Ernte gepflügt werden und dann eine leblose Öde sind.
Der Hase ist genauso wie das Schalenwild in der Lage, im Herbst ausreichend Feist zu speichern. Ruhe und Deckung sind für ihn in den Wintermonaten mitentscheidend.

115 | Womit, wo und wann können Feldhasen gefüttert werden?

Mit Klee-Kräuter-Heu, Futter- oder Zuckerrüben, Markstammkohl und Obstbaumschnitt. Das Saftfutter ist an den Futterstellen wichtig.

Niederwildfütterungen

Winterattraktiver Wildacker (mit Abstand beste »Fütterung«!)
- alle Niederwildarten

Fasanenschütte (in Deckung)
- nur Fasan
- Getreide, Rosinen, Kohl

Futterautomaten (in Deckung)
- sehr zu empfehlen
- Mais und Weizen
- keine Ratten

Fasanenfütterung ohne bauliche Einrichtung (in Hecke oder Wildacker)
- besser als Schütte (keine Konzentration, geringere Krankheitsübertragung)
- Getreide, Rosinen, Kohl

Rebhuhnschütte (im offenen Feld)
- nur Rebhühner
- Getreide, Heublumen
- auch Futtereimer sehr zu empfehlen

Hasenfütterung (keine bauliche Einrichtung)
- Futter wird auch von Kaninchen und Rehwild aufgenommen.
- Heu, Rüben, Prossholz

Rehwildfütterung
- in den meisten Bundesländern stark eingeschränkt oder verboten
- Apfeltrester, Zuckerrüben (wenig frostempfindlich), Äpfel, Raufutter

Vom Waldrand, von der Deckung entfernt, nach der Hasenpassgabelung sind viele verteilte Futterplätze anzulegen. Für den Fütterungsbeginn müssen die ersten Frostnächte abgewartet werden. Der Frost unterdrückt die Weiterverbreitung der Kokzidiose.

116 | Womit werden Fasane gefüttert?

Drusch-, Getreidereinigungsabfall, der viele Körner und Unkrautsamen enthält. Ferner Mais, Weizen, Buchweizen, Sonnenblumen, halbierte

Rebhuhnschütten gehören ins offene Feld.

Rüben, Kohl, Rosinen und Vogelbeeren. Eicheln und Bucheckern sorgen in kalten Winternächten dafür, dass der Kropf lange gefüllt bleibt.

117 | Welche Gefahren birgt die Fütterung in Fasanenschütten?

Das Dach behindert die freie Sicht nach oben. An Schütten werden die Fasane konzentriert und ziehen so Beutegreifer an. In Feldholzinseln und Hecken lassen sich Fasanen mit weit gestreutem Futter genauso gut versorgen oder mit den mittlerweile weitverbreiteten Futtereimern oder Futterspendern. Sie gewähren den Fasanen Rundumsicht und halten Ratten fern.

118 | Sind die Rebhuhnbesätze mit Fütterung zu stabilisieren?

Mit der Fütterung können die Wintersterblichkeit der Rebhühner und das Abwandern reduziert werden.

119 | Womit kann man den Rebhühnern im Winter wirklich helfen?

Als Steppenbewohner lieben Rebhühner die freie Landschaft. Deshalb ist die selbstbegrünte Stoppelbrache, die erst im März umgepflügt wird, die beste Hege. Rebhühner leben während der Wintermonate in erster Linie von Grünäsung in Form von Wintergetreide. Bei verharschter und hoher Schneedecke leiden die Hühner allerdings

Schütten für Fasane und Rebhühner werden auch gerne von Beutegreifern aufgesucht.

Not. Sie sind nicht in der Lage, ausreichend Feist zu speichern. Druschabfall auf Haufen oder Futtereimer mit Bruchweizen und fetthaltigen Ölsaaten werden gut angenommen.

120 | Worauf ist bei der Kirrung von Wildenten zu achten?

Jede Kirrung unterliegt den Bestimmungen der Ausführungsverordnungen zum jeweiligen Landesjagdgesetz. Es darf nicht im oder am Wasser gekirrt werden. Kirrungen ziehen immer Ratten an.

Salzlecken, Suhlen, Medikamente

121 | In welcher Form wird dem Wild Salz angeboten?

In Form von natürlichem Bergkernsalz, künstlich gepressten Lecksteinen oder in loser Form als Viehsalz, das dann mit Lehm vermischt wird.

122 | Welche Wildarten nehmen Salzlecken regelmäßig an?

Alles Schalenwild, aber auch Feldhasen und Tauben lassen sich dort blicken.

123 | Welche Salzlecken kennen wir?

Wir unterscheiden nach der Bauweise Pfahl-, Stock- oder Lehmsulzen. Am zweckmäßigsten sind aber Pfahlsulzen. Sie können nicht durch Raubwildlosung verunreinigt werden und das Wild hat keinen direkten Kontakt mit dem Salz. Salzlecken bergen insbesondere im Winter die Gefahr von Schälschäden.

124 | Was ist eine Suhle?

Suhlen sind Schlammlachen, in denen sich Schwarzwild, Rot- und Sikahirsche suhlen (wälzen). Kahlwild steht im Wasser, es suhlt nicht im Schlamm. Die Suhlen dürfen nicht tief sein, der

Pfahlsulze

Stocksulze: Sulzen werden von etlichen Arten gerne angenommen.

Wasserstand wird reguliert und der Schlamm regelmäßig von Ästen und Steinen gereinigt (Rücksicht bei der Holzfällung).

125 | Wie kann man Suhlen künstlich anlegen?

An feuchten Erdstellen wird eine Mulde mit Lehm verdichtet.

126 | Wie werden Suhlen für Schwarzwild attraktiv gemacht?

Forstlich unbedeutende Bäume in der unmittelbaren Nähe werden mit reinem Buchenholzteer (Lockmittel) bestrichen = Malbäume.

127 | Muss Schalenwild entwurmt werden?

Nein. Problematisch sind Endoparasiten (Innenparasiten) nur bei überhöhter Wilddichte oder durch Konzentration an Fütterungen. Die Verabreichung von Medikamenten an Wildtiere durch jedermann ist verboten.

Suhlen dienen Rotwild und Schwarzwild zur Kühlung und Körperpflege.

Sonstige Hegemaßnahmen

Unser Land ist seit Jahrzehnten geprägt von einer ständig fortschreitenden Intensivierung und Technisierung der Land- und Forstwirtschaft und einer wachsenden Industrialisierung mit all ihren Folgen und Begleiterscheinungen für die Umwelt. Bedingt durch eine wachsende Verstädterung und stetig steigende exklusive Freizeitansprüche und Freizeitangebote erweitert sich vor allem auch die Infrastruktur in unserem Land so weit, dass selbst die entlegensten Ecken und Winkel voll erschlossen werden. Permanente Störungen zu beinahe allen Tages- und Nachtzeiten beeinträchtigen die Wildtiere insbesondere auch durch eine rücksichtslose Einengung ihrer Lebensräume.

Wald und Wild sind nicht nur für den Jäger, sondern auch für weite Teile der Bevölkerung keine sich ausschließenden Begriffe, sondern gehörten schon immer zusammen! Es liegt an uns, sich dafür einzusetzen, dass die Wildarten und damit auch die restlichen frei lebenden Tiere in einer entsprechenden Artenvielfalt in den jeweiligen Lebensräumen für die Nachwelt erhalten bleiben. Für uns Jäger zählen aus diesem Grund Hegemaßnahmen schlichtweg zu den bewährten Lösungswegen. Allerdings dürfen dabei insbesondere die momentan zu den Gewinnern im Ökosystem zählenden Schalenwildarten ihre Bestandszahlen nicht so weit überschreiten, dass dadurch eine ordnungsgemäße Land-, Forst- und Fischereiwirtschaft erheblich beeinträchtigt wird.

Deutschland verfügt im Vergleich mit vielen anderen Ländern der Welt trotz einer hohen Siedlungsdichte über eine ungewöhnlich artenreiche Fauna. Nicht zuletzt ist dies einer seit Jahrzehnten hohen ethischen Auffassung von der Jagd und einem ebenso hohen Verantwortungsbewusstsein für den Naturschutz in der Gesellschaft zu verdanken. Das Bewahren, Festigen und Ausbauen dieser vorbildlichen Tradition sollte für jeden Jäger und Naturschützer primäre Verpflichtung bleiben.

Hege mit der Büchse

Der Begriff »Hege mit der Büchse« ist zuerst Ende des 19. Jahrhunderts von Ferdinand von Raesfeld in der Fachliteratur eingeführt und erläutert worden. So verstand er damals unter Hegemaßnahmen alles, was geeignet war, unter Berücksichtigung der Interessen von Land- und Forstwirtschaft einen zahlenmäßig begrenzten Wildbestand zu erzielen und zu halten, der von seiner Körper- und Trophäenstärke her das Optimum eines Lebensraumes hergibt. Sicher war er seiner Zeit bereits weit voraus, als er sich massiv gegen eine Überhege aussprach und Instrumente wie den überlegten Wahlabschuss und ein Geschlechterverhältnis von 1:1 forderte.

Die Hege mit der Büchse zielt dabei im Wesentlichen auf die Herbeiführung einer dem Lebensraum und den landeskulturellen Vorgaben angepassten Wilddichte ab. Dies soll vorrangig bei geringen, kranken, jungen und ganz alten Stücken erfolgen. Reicht dazu der Wahlabschuss in desolaten Beständen nicht aus, muss zunächst zahlenmäßig über den Zuwachs eingegriffen werden. Nach Erreichen eines natürlichen Geschlechterverhältnisses von 1:1 und einer günstigen Altersklassenverteilung soll der verbleibende Anteil an gesunden, starken und entwicklungsfähigen Individuen beiderlei Geschlechts den Wildbestand bestimmen.

Der Jäger sollte sich als Teil der Natur begreifen und nicht diese nach seinen Wünschen formen wollen.

Mögen heute auch manche gesellschaftlichen Gruppen der sogenannten Trophäenjagd gegenüber kritisch eingestellt sein, kann sich der Jäger doch mit gutem Gewissen daran erfreuen, denn eine starke, natürlich gewachsene Trophäe ist stets ein Weiser für einen örtlich gesunden und starken Wildbestand und Lohn für richtig ver-

Eine einfache Formel für die Schalenwildbejagung

- **Jungwild reduzieren** – das Jungwild ist leicht anzusprechen und hier erfolgt der stärkste jagdliche Eingriff.
- **Hauptwild schonen** – das mittelalte, ausreifende Hauptwild ist die tragende Säule einer jeden Wildpopulation!
- **Altwild ernten** – das ausgereifte Altwild (Kern der Population) wird vor dem Greisenalter erlegt.
- **Jagdethos** – immer wird das Jungwild vor dem Mutterwild erlegt!

standende Hegemaßnahmen und konsequent richtige Bejagung. Voraussetzung für jegliche Hege mit der Büchse kann nur eine möglichst tiefgründige und umfassende Kenntnis der Wilddichte, des Geschlechterverhältnisses und der Altersstruktur mittels möglichst genauer Wildbestandsermittlung sein.

128 | Was ist das Ziel der »Hege mit der Büchse«?

Zunächst einmal die zahlenmäßige Anpassung des Wildbestandes an den jeweiligen Lebensraum. Dazu kommt ein ausgeglichenes Geschlechterverhältnis, eine vernünftige Wilddichte und eine naturnahe Altersstruktur.

129 | Ist eine Aufartung der Schalenwildbestände notwendig?

Nein, denn die durchschnittliche Verfassung eines Wildbestandes spiegelt in erster Linie seine Lebensumstände, nicht seine genetische Disposition wider.

Jagd ist Nutzung nachwachsender Ressourcen und nicht »Produktion«.

130 | Welche Gefahr besteht, wenn sich Abschussrichtlinien ausschließlich an Geweihmerkmalen orientieren?

Durch systematische Ausmerzung bestimmter Merkmale gehen auch solche verloren, die wir nicht kennen, und die genetische Bandbreite in der Population verengt sich.

131 | Wie ist es möglich, dass die Schalenwildstrecken seit mehr als einem Jahrhundert europaweit steigen?

Das ist nur möglich, weil – insgesamt – weniger als der jeweilige Zuwachs genutzt wurde und weil sich gleichzeitig für einige Arten (z. B. Rehwild und Schwarzwild) die elementaren Lebensbedingungen verbessert haben.

132 | Ist eine sorgfältige Selektion zielführend, wenn der Abschuss zu niedrig ist?

Nein. Die Wahl und vor allem eine nachhaltige Zahl sind wichtig. Natürlich kann man nur mit dem überwiegend weiblichen Abschuss die Wilddichte senken und ein verschobenes Geschlechterverhältnis korrigieren.

133 | Wächst in Ländern, in denen die Hege mit der Büchse nie praktiziert wurde, auch starkes, gesundes Wild?

Besonders starkes Rehwild finden wir in Großbritannien und in Skandinavien, wo nie eine Rehwildhege in unserem Sinne betrieben wurde.

134 | Was soll der Jäger bei der Abschusserfüllung herstellen?

Eine angemessene Wilddichte, einen gesunden Altersklassenaufbau und ein ausgeglichenes Geschlechterverhältnis.

135 | Ist das Geschlechterverhältnis 1:1 beim Schalenwild zwingend und immer natürlich?

Unter naturnahen Verhältnissen oder in gering

bejagten Wildbeständen schwankt das Geschlechterverhältnis. Der Jäger strebt dennoch das Verhältnis 1:1 an, um die Bestände zahlenmäßig in den Griff zu bekommen.

136 | Kann der Jäger einen der Umwelt angepassten Abschuss mit »Kranken und Schwachen« erfüllen?

Der Wildbestand wäre desolat, wenn der Abschuss nur mit krankem und schwachem Wild erfüllt werden könnte. Der Jäger erlegt überwiegend gesundes Wild und – bei Wahlmöglichkeit – lediglich vorrangig die »Kranken und Schwachen«.

Jungwildrettung

Biogasanlagen als Symbol für die Industrialisierung in der Landwirtschaft und in der Folge dieser Entwicklung immer schnellere, größere und effektivere Mähwerke, die bei entsprechenden Wetterlagen fast zeitgleich immense Feldschläge abernten, führen jedes Frühjahr aufs Neue zu besonders zahlreichen und qualvollen Verlusten beim Jungwild. Expertenschätzungen zufolge sind die Opferzahlen an zum Teil vom Aussterben bedrohten Bodenbrütern und deren Gelegen immens hoch, bei Hasen und Rehkitzen gehen die Zahlen in die Abertausende.

Seit Generationen unterstützen Jäger traditionell den örtlichen Landwirt, um zu verhindern, dass das Jungwild beim ersten Wiesenschnitt vermäht wird. Gelang bisher ein zufriedenstellender Erfolg mit Wildscheuchen, abendlichem Anmähen der Wiese und mit dem Absuchen durch Schulklassen oder mit dem Vorstehhund, sind diese konventionellen Methoden aufgrund des engen Zeitfensters, der Flächengrößen und Erntegeschwindigkeiten heute bei bestem Willen und Einsatzbereitschaft nicht mehr zufriedenstellend umzusetzen. Zu viele Wildtiere werden bei den traditionellen Suchformen übersehen und verenden dann trotz der Bemühungen in den kreiselnden Messern.

Inzwischen ist die Technik immerhin so weit, dass große Flächen sicher und effizienter mit Drohnen unter Einsatz von Wärmebildkameras in den frühen Morgenstunden abgesucht werden können. Dadurch kann die Kapazität der abgesuchten Fläche pro Multicopter 30–40 ha betragen.

Jungwildrettung ist ein Knochenjob, den der passionierte Jäger im Mai und Juni mehrere Wochen lang jeden Morgen für wenige Stunden um Sonnenaufgang auf sich nimmt, um, von der Öffentlichkeit überaus anerkannt, dem Tierschutz entgegenzukommen.

Übersicht Möglichkeiten der Jungwildrettung

Rehwild:

- Ricken mit praller Spinne Tage vorher beobachten.
- Besonders gefährliche Wiesen regelmäßig bei Dunkelheit stören.
- Aufstellen von Scheuchen unmittelbar vor der Mahd (geringer Erfolg).
- Absuchen der Wiese in Personenkette unmittelbar vor der Mahd.
- Absuchen der Wiese mit Wärmefinder.
- Einsatz technischer Wildretter an Maschine (Effizienz eher gering).
- Heraustragen gefundener Kitze aus der Wiese.

Hase:

- Insgesamt schwieriger (da kleiner) als bei Rehwild.
- Absuchen der Wiese mit Wärmefinder.

Fasan und Rebhuhn:

- Frühzeitiges Beobachten der Wiese (Paarhühner, Fasanhennen).
- Absuchen der Wiese in Personenkette.
- Absuchen der Wiese mit Wärmefinder.
- Gefundene Eier in Grastaschen packen, erschütterungsfrei transportieren und ausbrüten lassen.

Der modernen Landtechnik fallen viele Kitze zum Opfer.

137 | Welches (Jung-)Wild ist in den Wiesen vom Ausmähen bedroht?

Alle Arten, die in den Wiesen brüten, ihre Jungtiere dort aufziehen oder Schutz suchen.

138 | Was sind die Ursachen für hohe Mähverluste bei den Rehkitzen?

Die erheblich zugenommene Gewinnung von Silage führt zu einem frühen Schnitt – oft zur Hauptsetzzeit des Rehwildes. Das Rehwild gehört wildbiologisch zu den sogenannten »Duckern«. Speziell die Kitze drücken sich bei Gefahr und werden so häufig von den immer größeren, schnelleren Kreiselmähern erfasst.

139 | Wie sollte der Bauer eine Wiese mähen, um Jungwild zu retten?

Wegen der Fluchtrichtung in angrenzend hohe Deckung soll die Wiese immer von innen nach außen gemäht werden.

140 | Was können Sie tun, ehe eine Wiese gemäht wird?

Wiese am Abend vor der Mahd beobachten, ob Geißen da sind. Am Abend die Wiese verstänkern und Scheuchen aufstellen. Vorteilhaft ist das Anmähen der Wiese einen Tag zuvor. Früh morgens hat sich das Abfliegen mit Drohnen bewährt, die mit Wärmebildkameras arbeiten.

141 | Welche Grünlandnutzung ist für Rehkitze günstiger – Silage oder Heumahd?

Die Grassilage wird schon vor der Hauptsetzzeit und in einem Stadium durchgeführt, in dem der

Moderne Wildrettung: Mit einer Drohne, ausgerüstet mit einer Wärmebildkamera, können auch große Flächen zügig abgesucht werden.

Traditionelles Abgehen einer Wiese: Das Finden der abgelegten Kitze und Junghasen ist äußerst schwer.

Aufwuchs den Geißen noch zu niedrig erscheint, um ihre Kitzen darin abzulegen. Heu wird erst viel später gemacht, wenn der Großteil der Kitze in den Wiesen abliegt.

142 | Wie können gefundene Fasanen- und Rebhuhngelege gerettet werden?

Für die künstliche Brut und Aufzucht findet man am ehesten unter den Zwerghühnern noch eine Glucke für die Ammenaufzucht. Auch das Ausbrüten in einer Brutmaschine kann eine Alternative sein. Am besten werden die Eier erschütterungsfrei in Grasnestern transportiert.

143 | Welche Nahrung brauchen künstlich erbrütete Fasanenküken in der ersten Lebenswoche?

Vor allem tierisches Eiweiß, was im künstlichen Aufzuchtfutter reichlich vorhanden ist, oder hartgekochte Eier mit fein gewiegter Schafgarbe.

144 | Wie intensiv soll die Bindung der Küken an den Menschen sein?

Der Kontakt zum Menschen soll möglichst gering sein. Dazu sollte für die Aufzuchtvoliere ein ruhiger, abgeschiedener Platz im Revier gewählt werden, wo die Küken zum einen zwar Kontakt zu wilden Artgenossen haben, aber andererseits auch bereits Feinde erleben können. Für eine Beruhigung der Küken dient eine blickdicht gehaltene, kniehohe Sichtwand um das Gehege.

145 | Was ist eine Wildfasanerie?

Jungfasane haben von Anfang an freien Auslauf auf der Aufzuchtwiese, während die Glucke in einem verstellbaren Aufzuchtkasten mit Vorgitterstäben, durch die die jungen Fasane hindurchschlüpfen können, gehalten wird. Haben die Jungfasanen nach etwa 8–10 Wochen ihre Selbstständigkeit erreicht, so verstreichen sie von der Wildfasanerie aus ins Revier.

Aussetzen von Wild

In der Vergangenheit gab es bei vielen Wildarten Versuche, einzelne Tiere zur Verbesserung und Vermehrung des vorhandenen Bestandes/Besatzes als »Blutauffrischung« auszusetzen. Die Erfolge waren sehr unterschiedlich, meist jedoch entsprachen sie den Erwartungen nicht, da vielfach die Lebensraumbedingungen ursächlich für die Qualität und Quantität der darin lebenden Wildtiere sind. Folglich haben sich die Ansichten darüber im Laufe der Jahre sehr gewandelt und der Gesetzgeber hat dahin gehend reagiert, dass Wildkaninchen, Schwarzwild und gebietsfremde Tierarten generell nicht ausgesetzt werden dürfen, viele andere hingegen nur mit Genehmigung der Obersten Jagdbehörde. Aber auch bei vielen Niederwildarten, die zur Besatzstützung oder Neubegründung mit viel Aufwand ausgesetzt wurden, erlosch die Euphorie in den letzten Jahrzehnten weitgehend. Zu viele limitierende Faktoren erschwerten mühevolle und teure Hegebemühungen in der jüngsten Vergangenheit, vornehmlich durch den Wandel in der Lebensraumgüte und einer immer noch expandierenden Dichte bei nahezu allen Raubwildarten.

Brut und Aufzucht ausgemähter Gelege, ja. Massenaufzucht von lebenden Zielscheiben, nein.

146 | Darf der Jagdpächter jagdbares Wild im Revier aussetzen?

Das Aussetzen von Schwarzwild und Wildkaninchen ist gemäß § 28 Abs. 2 BJagdG verboten. Schalenwild und fremde Tierarten dürfen nur mit Genehmigung der Obersten Jagdbehörde ausgesetzt werden.

147 | Was ist die Voraussetzung beim Wiederaufbau von Fasanenrestbeständen?

Eine umfassende Lebensraumverbesserung und intensive Raubwildbejagung weit vor Beginn der Aussetzphase. Zudem Vorsicht bei Fasanen aus Großvolierenhaltung. Ihnen fehlt meist die natürliche Feinderkennung und nicht selten sogar der Bruttrieb. Zudem gefährden fremde Kokzidienstämme die restlichen Wildfasane. Große Mengen an zahm aufgezogenen Fasanen ziehen Raubwild an und gefährden damit das wenige vorhandene Niederwild zusätzlich.

Um bedrängten Arten zu helfen, ist eine intensivste Bejagung der Beutegreifer notwendig.

Umgang mit Beutegreifern

Durch die hochtechnisierten Bewirtschaftungsformen in der Land- und Forstwirtschaft ist es zu deutlichen Veränderungen in der Kulturlandschaft gekommen, die zu einem spürbaren Artenschwund sensibler Tierarten geführt haben. Anders als die großen Gewinner dieses Wandels besitzen sie nicht deren Anpassungsfähigkeit. Die letzten Restvorkommen – und nur ein geringer Teil davon sind jagdbare Arten – gilt es insbesondere durch Lebensraumgestaltung und spürbare Reduktion von Beutegreifern vor dem vollständigen Verschwinden zu schützen. Es liegt sicher nicht im Interesse des Jägers und eines jeden Naturschützers, nur die wenigen anpassungsfähigen und robusten Allerweltsarten im Ökosystem überleben zu lassen.

Wenn wir Jäger dem gesetzlichen Auftrag zur Hege des Wildes nachkommen wollen, können wir nicht auf eine zeitgemäße (arten- und tierschutzgerechte und selektive) Fangjagd verzichten. Die Jagd mit der Falle ist die älteste Jagdmethode überhaupt. Der Respekt vor der frei lebenden Kreatur gebietet es, an die Fangjagd dieselben Anforderungen zu stellen, die auch bei der sonstigen zielgerichteten Jagd allen anderen Wildarten zuteilwird – die Verwertung der Beute und das Jagderlebnis stehen im Vordergrund. Eine Raubwildbejagung ausschließlich zur Steigerung des nutzbaren Niederwildes erfüllt die Kriterien einer verantwortungsvollen Jagd heute sicher nicht.

148 | Welche Tierarten gefährden die Gelege von Fasan, Rebhuhn und Ente?

An erster Stelle gefährden Wanderratte, Rabenkrähe und Elster die Gelege der Bodenbrüter. Prädatoren wie Fuchs, alle Marderarten, Waschbär und Marderhund, aber auch das häufige Schwarzwild haben sicherlich ebenfalls ihren Anteil daran.

149 | Wie sehen die von Rabenvögeln geplünderten Eier aus?

Die Rabenvögel schlagen mit dem Schnabel die Eier quer zur Achse auf.

150 | Darf der Jäger Krähennester ausschießen?

Nein, weil in ihnen auch Waldohreule, Baumfalke oder Turmfalke brüten können und die Schonzeit es nicht erlaubt.

151 | Dürfen Rabenvögel gefangen werden?

Der Fang von Federwild ist verboten, landesrechtliche Ausnahmen sind möglich.

152 | Kann man von der Zahl der Habichtshorste auf die Zahl der Brutpaare schließen?

Nein, weil jedes Paar mehrere Horste besitzt. Nur die frisch begrünten Horste sind beflogen.

153 | Welche Niederwildarten werden vom Habicht geschlagen?

Hasen, Kaninchen, Fasane, Rebhühner, Schnepfen und Tauben.

154 | Welchen Einfluss haben Hauskatzen auf das Niederwild?

Sie reißen junges Federwild, Jungkaninchen und Junghasen. Typisch für Katzen ist das vermehrte Beutemachen aus einem Spieltrieb heraus und nicht ausschließlich zum Nahrungserwerb.

155 | Wo und wann begegnet der Jäger streunenden Hauskatzen regelmäßig?

Katzen benutzen wie alles Raubwild gerne trockene Feldwege und genau dort treffen wir sie am Morgen auf dem Heimweg und am Abend beim Auslaufen ins Revier häufig an.

156 | In welcher Jahreszeit werden frei laufende Hunde besonders zur Gefahr für das Wild?

Vor und in der Setzzeit und im Winter, wenn das Wild hochbeschlagen oder geschwächt ist.

157 | Wie soll der Jäger Waschbären fangen?

Aus Gründen des Tierschutzes ausschließlich in Lebendfallen, weil sie sich in Totschlagfallen fast immer mit den Vorderbranten fangen.

Elstern suchen systematisch nach Gelegen, werden aber auch selbst Opfer.

Waschbär und Marderhund (Bild) lassen sich nicht mehr verdrängen.

J Land- und Waldbau

Mehr zu den Themen Weizen sowie Einführung in die Forstwirtschaft gibt es in den Videos https://www.jagdleben.com/ExklusivfuerKrebs-Leser

Landwirtschaft

Landwirtschaft gestern und heute

Historie: Seit rund 6000 Jahren wird in unseren Breiten Ackerbau betrieben. Die Anbaupalette beschränkte sich über lange Zeit auf Einkorn, Hafer, Gerste, Hirse, Erbsen und Bohnen. Erst mit den Römern kamen neue Nutzpflanzen wie Obst und Gemüse, aber auch verbesserte Anbauverfahren in den germanischen Raum. Nach der Völkerwanderung um etwa 800 n. Chr. war die Dreifelderwirtschaft bereits weitverbreitet. Bis ins 18. Jahrhundert stiegen die Erträge nur langsam. Man erntete bei Getreide nur etwa die sechsfache Menge dessen, was man ausgesät hatte, also etwa 6 Dezitonnen (dt = 100 kg) je Hektar (ha). Spielte das Wetter nicht mit, waren Missernten und darauffolgend Hungersnöte unausweichlich.

Mitte bis Ende des 18. Jahrhunderts wurde der Ackerbau intensiviert. Man begann die Felder mit Kalk zu düngen, es wurde tiefer gepflügt. Unkraut bekämpfte man mit der Egge, vor allem aber wurden die Brachflächen mit Bodenverbesserern wie Luzerne, Rotklee oder Esparsette bebaut.

Den entscheidenden Schritt nach vorne brachte Ende des 19. Jahrhunderts die Einführung des Mineraldüngers. Zugleich gelang es, leistungsfähige Pflanzensorten zu züchten. Seit Beginn des 19. Jahrhunderts bis in die 1950er-Jahre stiegen so die Erträge jährlich um 1,5–2 %. Damit lagen 1950 die Getreideerträge bei 25–30 dt/ha.

In den letzten 60 Jahren verlief die Entwicklung stürmisch. Gezielter Einsatz von mineralischem Dünger und chemischen Pflanzenschutzmitteln sowie enorme Züchtungserfolge im pflanzlichen wie im tierischen Bereich führten aus der Mangelsituation nach dem Zweiten Weltkrieg bereits Ende der 1960er-Jahre zur Überschussproduktion. Durchschnittlich 70 dt Weizen je Hektar, bezogen auf das Bundesgebiet, werden heutzutage geerntet, die Spitzenerträge liegen bei über 100 dt/ha.

Trotz der guten Versorgungslage, die wir heute haben, sollte man sich immer vor Augen halten, dass es noch nicht allzu lange her ist, dass der Hunger in Europa besiegt werden konnte. Klimatische Änderungen, hervorgerufen durch den weltweiten Temperaturanstieg, aber auch wirtschaftliche Einflüsse, wie etwa eine zurückgehende Ölversorgung, können in kürzester Zeit die Überschusssituation ins Gegenteil verkehren.

Strukturwandel: Die rasante Entwicklung in den letzten 60 Jahren, hierbei vor allem auch der hohe Technisierungsgrad in allen Arbeitsbereichen, führte zu einer ganz erheblichen Abwanderung aus der Landwirtschaft und der Aufgabe unrentabler Höfe. Dieser sogenannte Strukturwandel hält auch heute noch an. Je nach Lage werden noch immer jährlich 2–4 % der landwirtschaftlichen Betriebe aufgegeben. Daraus resultiert unter anderem, dass derzeit rund 60 % der landwirtschaftlich genutzten Flächen (LF) verpachtet sind. Heute bestimmen immer mehr die Informations- und Kommunikationstechniken den Fortschritt, wofür etwa Präzisionslandwirtschaft, computergesteuerte Fütterung, der Melkroboter, seit einigen Jahren auch der Einsatz der Gentechnik Stichworte sind.

Von den rund 35,7 Mio. ha der Gesamtfläche der Bundesrepublik Deutschland wurden 2021 knapp 16,6 Mio. ha landwirtschaftlich und etwa 11 Mio. ha forstwirtschaftlich genutzt. Über 100 ha der landwirtschaftlichen Fläche gehen täglich für Bau- und Infrastrukturmaßnahmen verloren. Die Zahl der Betriebe über alle Rechtsformen betrug 2021 etwa 256.900.

Der massive Strukturwandel, d.h. das Wachsen der Betriebe bei gleichzeitig immer weniger Arbeitskräften, führte dazu, dass zum einen über Lohnunternehmen Arbeits- und Maschinenleistung zugekauft wird oder zum anderen die Landwirte sich in von ihnen gegründeten Maschinenringen gegenseitig unterstützen.

Kleinere Betriebe, die ihren Hof in der bisherigen Größe erhalten wollen, setzen zum Großteil auf eine außerlandwirtschaftliche Tätigkeit und führen den Betrieb im Nebenerwerb weiter oder sie schaffen sich z.B. über Direktvermarktung, Bauernmärkte, Hofläden, Bauernhof-Cafés oder über Urlaub auf dem Bauernhof (25.000 Betriebe) ein zweites Standbein.

Rund ein Quadratkilometer freie Landschaft geht täglich durch Bebauung oder den Abbau von Rohstoffen verloren.

Biogas: Deutliche Auswirkungen auf die Landwirtschaft hat die Klimadiskussion und die durch sie bedingte Energiewende, die viele Landwirte in den Betriebszweig »Energiewirt« als weiteres Standbein einsteigen ließ. Davon zeugen z.B. die zahlreichen Fotovoltaikanlagen auf den Dachflächen der Betriebsgebäude wie auch große Freilandanlagen. Erheblichen Einfluss auf die Landschaft und auch auf die Jagd brachte die Entwicklung auf dem Biogassektor. So standen 2021 in Deutschland rund 8600 Biogasanlagen (installierte elektrische Leistung: rund 6443 Megawatt) mit Schwerpunkten in Bayern und Niedersachsen. Da diese Anlagen bisher hauptsächlich mit Silomais als Nährsubstrat gefahren wurden, hat sich durch die Zunahme an sehr großen, zusammenhängenden und damit schlecht zu bejagenden Maisflächen das Schwarzwildproblem weiter verschärft. Um dieser »Vermaisung« der Landschaft entgegenzuwirken, gilt durch eine Änderung des Erneuerbare-Energien-Gesetzes ab 2017 ein »Maisdeckel«. D.h., Biogasanlagen dürfen nur noch zu 50 % mit Mais oder Getreide beschickt werden (ausgedroschenes Maisstroh wird als Stroh gerechnet, was zugelassen ist).

Biogasanlage

Klima

Deutschland liegt mit Ausnahme der hohen Gebirgslagen im Übergangsgebiet vom maritimen zum kontinentalen Klima. Es ist dies ein relativ ausgeglichenes, warmgemäßigtes Klima im Vergleich zu den Extremen im reinen maritimen oder kontinentalen Bereich. Das zeigt sich auch darin, dass die meisten landwirtschaftlichen Kulturpflanzen überall angebaut werden können. Der Ackerbau muss in den Mittelgebirgen und in den Alpen dem Grünland weichen, weil dort mit zunehmender Höhe die Vegetationszeit abnimmt und die zunehmenden Regenmengen die Ernte deutlich erschweren. Der kontinentale Einfluss nimmt von Nordwesten nach Südosten zu. Die Jahresmitteltemperaturen liegen im Rheingebiet bei etwa 9 °C, in Bayern bei 7–8 °C und in den höheren Lagen der Mittelgebirge unter 6 °C. Deutlicher ausgeprägt ist der kontinentale Einfluss in den Wintermonaten. So liegen die Januartemperaturen im Nordwesten bei + 1 bis + 2 °C, im Südosten Bayerns aber bei – 2 bis – 3 °C. Dies bewirkt, dass im Nordwesten rund 60 Frosttage gezählt werden, im Südosten aber fast das Doppelte.

Die Jahresniederschläge liegen in Deutschland im Schnitt bei 600–800 mm. Im Nordwesten liegen sie bei 800 mm, in Ostdeutschland bei 500–600 mm. In Südbayern steigen die Niederschläge von 800 auf 1500 mm am Rand der Alpen und in den Hochlagen auf über 1800 mm. In den Hochlagen der Mittelgebirge werden 1200 mm und mehr erreicht.

Im Unterschied zum Großklima ist das lokale Klima zu sehen, das durch die Geländegestaltung, Siedlungen, Wälder oder Moore auf kleinem Raum zu sehr unterschiedlichen Auswirkungen führen kann.

Klimaveränderungen: Seit einigen Jahrzehnten ist eine deutliche Erwärmung des Weltklimas zu beobachten. Solche zum Teil relativ raschen Änderungen hat es zu allen Zeiten gegeben. Der Wechsel von Warm- und Eiszeiten dürfte hauptsächlich durch den Kurs der Erde um die Sonne, die Stellung der Erdachse wie auch die Aktivitäten auf der Sonnenoberfläche ausgelöst worden sein. Der jetzige Anstieg der Durchschnittstemperaturen geht jedoch weit über die Schwankungsbreite der letzten Jahrtausende hinaus. Der anthropogene Einfluss auf dieses Geschehen, z. B. durch massiven Verbrauch fossiler Energieträger wie Kohle und Öl mit der Folge einer Erhöhung des Treibhauseffektes wegen der Zunahme des CO_2-Anteils in der Atmosphäre, ist nicht mehr wegzudiskutieren. Welche Auswirkungen dieser globale Temperaturanstieg langfristig haben wird, ist schwer einzuschätzen, es ist aber bereits jetzt festzustellen, dass es vermehrt zu lokalen Extremwettererscheinungen kommt, etwa massiven Starkregen und heftigen Stürmen bis hin zu Tornados.

Boden

Unsere heutigen Böden sind durch physikalische und chemische Verwitterung sowie durch biologische Umwandlungsprozesse entstanden. Der Humus, das ist die gesamte abgestorbene Bodensubstanz, entsteht durch die Arbeit von Bodentieren und Mikroorganismen, die Pflanzenmasse abbauen.

Bodenfruchtbarkeit: Der Humus hat entscheidende Bedeutung für die Bodenfruchtbarkeit. Er bindet Wasser und Nährstoffe, stabilisiert das Bodengefüge, sorgt für rasche Bodenerwärmung und enthält Kohlenstoff und Stickstoff. In der Ackerkrume beträgt der Humusgehalt 2–5 %, im Grünlandboden 5–8 %.

Wie rasch und mit welchem Ergebnis die biologische Umsetzung im Boden erfolgt, das hängt vom Ausgangsmaterial und von den Umweltbedingungen ab, wie Feuchtigkeit, Wärme, Durchlüftung und dem sehr wichtigen pH-Wert. Ein pH-Wert von 7 wird als neutral bezeichnet, im Bereich von 6–7 sind die Mobilisierung und Pflanzenverfügbarkeit der Nährstoffe sehr gut.

Saure Böden haben einen niedrigen pH-Wert (bei uns bis etwa 2,5), wobei es bereits bei einem pH-Wert von 5,5 zur Festlegung von Phosphor kommt und andere Nährstoffe wie etwa Kalium und Magnesium ausgewaschen werden. Sinkt der pH-Wert unter 6,5, befindet sich der Boden im sauren Bereich. Unterhalb pH 3 wird das Pflanzenwachstum eingestellt. Der pH-Wert von Torf liegt knapp darüber.

Basische Böden liegen im pH-Wert über 7,5.

Wasser ist entscheidend für die Abläufe im Boden, von der chemischen Verwitterung der Minerale bis zum Lösen der Pflanzennährstoffe. Nur einen Teil des an den Bodenteilchen haften bleibenden Wassers (Haftwasser) können die Pflanzen über die Saugkraft der Wurzeln nutzen (nutzbare Feldkapazität), der nicht nutzbare Teil wird Totwasser genannt.

Luft braucht der Boden genauso wie Wasser. Der Gasaustausch, also das Zuführen von Sauerstoff und die Abgabe von Kohlendioxid, findet über die größeren Bodenporen statt.

Bodenart: Mit dem Begriff Bodenart bezeichnet man die prozentualen Anteile von Ton, Schluff und Sand in einem Boden. So wird zum Beispiel ein Boden mit 30 % Tonanteil und 40 % Schluffanteil als »schwach toniger Lehm« bezeichnet. Ton, Schluff und Sand unterscheiden sich anhand ihrer Korngröße und bilden den Feinboden (Korngröße bis maximal 2,0 mm).

- Sandböden sind mineralischer Natur, nährstoffarm und mit geringer Wasserbindung, jedoch leicht zu bearbeiten.

Übersicht Bodenarten

Bodenarten	
Sand, sandig	S, s
reiner Sand	Ss
Schluff, schluffig	U, u
reiner Schluff	Uu
Lehm, lehmig	L, l
Ton, tonig	T, t
reiner Ton	Tt
schwach, mittel, stark	2, 3, 4

Fingerprobe	
Sand	Einzelteilchen gut sicht- und fühlbar; körnig, haftet nicht an den Fingern
Schluff	Einzelteilchen nicht oder kaum sicht- und fühlbar; mehlig, haftet deutlich in den Fingerrillen
Ton	Einzelteilchen nicht sicht- oder fühlbar; schmierig, gut form- und ausrollbar

- Tonböden sind »kalte« Böden, d. h., sie erwärmen sich schlecht, sind schwer bearbeitbar (»schwer«). Oft sind sie staunass, da kaum wasserdurchlässig, das Bodenwasser ist nur wenig pflanzenverfügbar, der Nährstoffgehalt ist jedoch hoch.
- Lehmböden stehen zwischen den Extremen, sie sind sehr ertragsfähig, Lösslehme sind absolute Spitzenböden.

Bodenskelett: Unter Bodenskelett oder Grobboden versteht man diejenigen Besatndteile des Bodens, die mineralische Korngrößen von über 2 mm Durchmesser haben (Grieß, Kies, Steine).

Bodenprofil: Der Boden ist nicht gleichförmig aufgebaut, sondern in Schichten gegliedert, die in etwa parallel zur Oberfläche verlaufen, den sogenannten Bodenhorizonten. Der Aufbau des Bodens aus diesen Bodenhorizonten wird als Bodenprofil bezeichnet.

Bodenprofil

Mit Mineralböden bezeichnet man die Bodenhorizonte, die unterhalb der organischen Auflage (0-Horizont) liegen, also ab dem A-Horizont. Des Weiteren werden als Mineralböden Gesteins- und Verwitterungsböden bezeichnet im Gegensatz zu Moorböden, bei denen keine mineralischen Bodenhorizonte erreicht werden.

Bodentyp: Aufgrund bestimmter Kombinationen von Bodenhorizonten lässt sich der Bodentyp feststellen:

- Ranker: Flache, ertragsarme, meist direkt auf dem Gestein aufliegende Böden in Hoch- und Mittelgebirgslagen.

- Rendzina: Flache, humusreiche Böden, meist auf Kalkgestein. Geringe Wasserspeicherfähigkeit.
- Schwarzerde: Beste, humusreiche Böden mit günstigem Bodengefüge, sehr aktivem Bodenleben und hoher Wasserspeicherfähigkeit.
- Braunerde und Parabraunerde: Böden mit braunem Unterboden. Braunerde lagert meist auf silikat- und quarzreichem Gestein, sie ist flachgründig. Parabraunerde aus Löss zählt mit zu den fruchtbarsten Böden.
- Podsol: Sauer, nährstoffarm, kaum Bodenleben, geringe Wasserspeicherfähigkeit, meist auf Sandschicht.
- Pelosol: Aus Tonablagerungen entstandene, bei Feuchte quellende und leicht staunasse Böden. Bei Trockenheit stark schrumpfend. Pelosole sind sog. Stundenböden, da die Zeit für eine gute Bodenbearbeitung jeweils nur auf wenige Stunden beschränkt ist.
- Pseudogleye: Staunass, leicht verschlämmend. Bei Trockenheit kein Wasservorrat.
- Gleye: Tal- und Niederungsböden, bei hoch anstehendem Grundwasser (weniger als 40 cm) schlechte Trittfestigkeit und Befahrbarkeit.
- Moorböden: Alle Böden mit über 30 cm starkem Torfhorizont und 30 % organischer Substanz, kalte Böden. Bei Ackernutzung stark durch Winderosion gefährdet.
- Marschböden: Sie entstanden aus Meeresablagerungen, sind kalkarm mit verdichtetem Untergrund. Auf Marschböden ist nur Grünlandnutzung möglich.

Bodenprobe: Der Zustand eines Bodens wird durch Entnahme einer Bodenprobe zur Feststellung des pH-Wertes sowie der Anteile an Hauptnährstoffen und Spurenelementen ermittelt.

Nährstoffe

Stickstoff: Ist für den Zellaufbau erforderlich und beschleunigt das Pflanzenwachstum (Ertragssteigerung). Stickstoff wird den Pflanzen mineralisch (über Handelsdünger) und organisch (Gülle, Mist, Gründüngung) sowie über die Luft zugeführt. Kalkstickstoff (Perlkalkstickstoff) hat neben der düngenden Wirkung zusätzlich die für den Boden sehr günstige Kalkwirkung zur Anhebung des pH-Wertes.

Phosphor: Fördert die Bildung von Blüten und Samen. Phosphormangel hemmt die Chlorophyllsynthese und führt somit zu Kümmerwuchs.

Kalium: »Kali« fördert die Wasseraufnahme der Pflanze und bremst die Wasserabgabe. Die Frostresistenz wird erhöht, Qualität und Lagerfähigkeit der Produkte werden gefördert. Schlecht mit Kali versorgte Pflanzen wirken welk und schlaff, die Blätter werden vom Rand her gelb und sterben ab. Auf humusarmen Lehmböden und auf Aueböden kommt es zu so starker Festlegung des Kaliums (Fixierung), dass es kaum mehr pflanzenverfügbar ist. Die Düngergaben müssen dann deutlich erhöht werden.

Magnesium: Reguliert im Zusammenspiel mit anderen Nährstoffen den pH-Wert und den Wasserhaushalt der Pflanze. Magnesiummangel

Übersicht Nährstoffe

Hauptnährstoffe	Spurenelemente *
Stickstoff (N)	Eisen (Fe)
Phosphor (P)	Mangan (Mn)
Kalium (K)	Zink (Zn)
Magnesium (Mg)	Kupfer (Cu)
Schwefel (S)	Chlor (Cl)
Kalzium (Ca)	Bor (B)
	Molybdän (Mo)

* Nur die wichtigsten Spurenelemente

bremst die Phosphataufnahme. Typische Magnesium-Mangelerscheinungen sind die Aufhellungen zwischen den Blattadern.

Kalk: Ist ein wichtiger Bodendünger, der vor allem den pH-Wert anhebt, also die Bodensäure vermindert. Kalk fördert weiter die Bodenstruktur und die biologische Aktivität im Boden. Kalkmangel ist selten, eine Unterversorgung führt zu verringertem Wachstum. Als Kalkdünger werden Kohlensaurer Kalk, Kohlensaurer Magnesiumkalk, Branntkalk, Konverterkalk, Hüttenkalk eingesetzt.

Spurennährstoffe: Schwermetalle wie Bor, Eisen, Kupfer, Mangan, Zink oder Molybdän.

Bodenbearbeitung

Die Bodenbearbeitung beinhaltet die Beseitigung von Strukturschäden im Boden, Bekämpfung von Wildkräutern, Einarbeitung von Ernterückständen und Dünger sowie die Vorbereitung des Saatbettes. Alle Arbeitsmaßnahmen müssen darauf gerichtet sein, den Boden fruchtbar zu halten und vor Erosion zu schützen. Eine fehlerhafte Bodenbearbeitung macht sich bald durch sinkende Ernteerträge bemerkbar.

Bodengare: Mit Bodengare bezeichnet man eine Struktur des Bodens, die günstig für den Luft- und Wasserhaushalt im Boden ist. Eine gute Bodengare erreicht man durch verschiedene Anbaumaßnahmen. So z. B. dadurch, dass auf dem im Herbst gepflügten Acker gröbere Strukturen durch den Frost zerkleinert werden (Frostgare). Vor allem lässt sich die Gare fördern, indem für eine möglichst durchgehende Pflanzendecke gesorgt wird (Schattengare). Durch diese Beschattung trocknet der Boden weniger aus, die Temperaturunterschiede zwischen Tag und Nacht sind nicht so groß, was die Krümelbildung im Oberboden begünstigt.

Wiesen müssen regelmäßig gekalkt werden.

Saatbett: Das Saatbett sollte im oberen Bereich locker und krümelig sein, damit das Saatgut in seiner optimalen Tiefe abgelegt werden kann und der Boden gut durchlüftet ist. Zugleich aber muss die Krume (der bearbeitete Teil des Bodens) nach unten dichter werden, damit genügend Bodenschluss für die kapillare Wasserbewegung vorhanden ist.

Geräte zur Bodenbearbeitung: Zur Bodenbearbeitung werden Pflug, Fräse, Grubber, Egge, Walze und Schleppe eingesetzt.

Der **Pflug** wendet und lockert die Erde bis in etwa 30 cm Tiefe. Die Wendewirkung ist gut, das

Mit dem Pflug kann der Boden bis in eine Tiefe von etwa 30 cm gewendet werden.

Die Fräse mischt mit ihren rotierenden Werkzeugen den Boden bis in 15 cm Tiefe und arbeitet Stroh und Aufwuchs gut ein.

Der Grubber hat vom Stoppelumbruch bis hin zur Tiefenlockerung eine große Einsatzbreite.

Mit dem Einzelkornsägerät wird z. B. Mais ausgebracht.

Einarbeiten von Ernterückständen und Wirtschaftsdünger ist weniger befriedigend.

Die **Fräse** bearbeitet mit rotierenden Zinken den Oberboden bis in 15 cm Tiefe. Sie durchmischt den Boden gut und arbeitet Stroh und Aufwuchs hervorragend ein.

Der **Grubber** folgt dem Pflug. Er lockert mit starren oder federnden Zinken den Unterboden bis etwa 15 cm Tiefe und mischt den Oberboden, er bricht Erdkrusten. Auch der Stoppelumbruch ist mit dem Grubber möglich, sowie mit entsprechend dimensionierten Geräten eine Tiefenlockerung.

Die **Egge** lockert den Oberboden (bis 10 cm), Schollen und Krusten werden zerkleinert. Mit leichten Eggen wird Unkraut bekämpft.

Die **Walze** dient hauptsächlich zum Andrücken hochgefrorenen Bodens, aber auch zum Krustenbrechen oder Anwalzen von Feinsämereien. Rauwalzen bestehen aus mehreren unterschiedlich geformten Ringen; Glattwalzen haben einen glatten Guss- oder Stahlmantel, sie werden meist auf Grünland eingesetzt.

Die **Schleppe** wird zum Einebnen des Saatbettes benutzt. Mit ihr erreicht man eine gut gekrümelte Oberfläche.

Saat (Anbau)

Bei Saatverfahren (auch Anbauverfahren genannt) werden Breitsaat, Frässaat und Drillsaat unterschieden. Knollenfrüchte wie Kartoffeln werden mit Legegeräten ausgebracht.

Die **Breitsaat** erfolgt entweder flächig per Hand, mit dem Düngerstreuer oder der Drillmaschine; anschließend Einarbeitung des Saatgutes mit Egge/Fräse (Futterbau, Grünlandaussaat).

Die **Frässaat** also sogenannte Minimal-Bestelltechnik erlaubt das Herrichten des Saatbetts und das Aussäen in einem Arbeitsgang. Der Boden muss hierzu nicht gepflügt werden.

Die **Drillsaat** erfolgt mit exaktem Reihenabstand (Getreide). Hierbei wird in der Spur der Schlepperräder nicht gesät, sodass die sogenannte Fahrgassen entstehen, die für genaue Abstände bei den Folgearbeiten wie Düngen und Pflanzenschutz sorgen.

Bei der **Einzelkornsaat** ist der Abstand der Saatkörner auch innerhalb der Reihe genau einzuhalten (Zuckerrüben).

Mit dem Schleuder- oder Pendelstreuer werden Mineraldünger flächig ausgebracht.

Düngung

Mit der Düngung werden die Erträge gesteigert und es wird die Qualität der Produkte gesteuert.

Es gibt folgende **Düngemaßnahmen:** Grunddüngung, Kopfdüngung und Spätdüngung.

- Die Grunddüngung sorgt für eine bedarfsgerechte Grundversorgung der Pflanzen mit Phosphor, Kalium und Magnesium bei Kulturbeginn.
- Die Kopfdüngung ist eine gezielte Düngung in der Wachstumsphase der Pflanzen, bei der hauptsächlich Stickstoff zugeführt wird.
- Als Spätdüngung bezeichnet man Stickstoffgaben für Getreide, und zwar einmal zwischen Schossen und Ährenschieben (zur Ertragssteigerung) und zum anderen zwischen Ährenschieben und Blüte, um die Qualität zu steigern.

Düngemittel: Mineraldünger (Handelsdünger) sind nur über den Handel erhältliche Dünger, im Gegensatz zu den Wirtschaftsdüngern, die aus dem landwirtschaftlichen Betrieb stammen.

Handelsdünger werden meist mit Schleuder- oder Pendelstreuer ausgebracht, die an der Drei-Punkt-Hydraulik des Schleppers angebracht sind und über die Zapfwelle angetrieben werden. Über das Zusammenspiel von Fahrgeschwindigkeit, Zapfwellenumdrehungen und Düngerauslauf kann die auszubringende Menge sehr gut abgestimmt werden.

Zur Kalkausbringung auf Feldern und Wiesen haben sich Großraumstreuer durchgesetzt, die an den Schlepper angehängt werden. Sie werden meist über Lohnunternehmen oder Maschinenringe eingesetzt.

Wirtschaftsdünger sind Stallmist, Jauche, Gülle, aber auch Zwischenfrüchte, Klärschlamm und Müllkompost aus kommunalen Einrichtungen. Bei den beiden Letztgenannten Düngern muss mit Folgeproblemen, z. B. mit Schwermetallrückständen, gerechnet werden.

Mit moderner Gülle-Ausbringtechnik lassen sich Nährstoffverluste und Geruchsbelästigungen vermeiden.

Bei unsachgemäßer Gülleausbringung besteht die Gefahr, dass es durch Abschwemmen zur Eutrophierung von Oberflächengewässern kommt (Stickstoff- und Phosphoreintrag). Das Grundwasser kann geschädigt werden, wenn dem Boden mehr Nährstoffe zugeführt als durch die Ernte entzogen werden. Die Atmosphäre wird durch Ammoniakbelastung geschädigt, wenn bei trockenem, heißem und windigem Wetter Gülle ausgebracht wird.

Die organischen Rückstände auf dem Feld gehören zu den Wirtschaftsdüngern, wie etwa das ausgedroschene Stroh und die Ernterückstände, bestehend aus Wurzel-, Halm- und Blattmasse (z. B. Rübenblatt). Sie vermehren den Humusanteil im Boden und erhöhen, regelmäßig gegeben, die Leistungsfähigkeit des Bodens: Bei leichten Böden erhöht sich die Wasserhaltefähigkeit, schwere Böden werden lockerer, die Umsetzungsvorgänge werden gefördert.

Gründüngung: Damit wird der Anbau von massereichen oder Stickstoff sammelnden Zwischenfruchtpflanzen zum Bodenschutz und zur Bodenverbesserung bezeichnet. Diese Pflanzen können noch nach der Ernte der Hauptfrucht angebaut werden. Mit der Gründüngung wird die Gare insgesamt gefördert. Speziell die Schattengare fördert das Bakterienleben im Boden. Weiter bleibt der Boden vor Erosion (Wind, Wasser) geschützt und die Nitratauswaschung in das Grundwasser wird vermindert.

Senf im Zwischenfruchtanbau bietet dem Wild Herbst- und Winteräsung sowie Deckung.

Zur Gründüngung eignen sich Raps, Rübsen und Senf sowie alle Leguminosenarten (z. B. Lupinen, Erbsen, Kleearten wie Inkarnatklee, Esparsette oder Serradella). Gründüngung bietet dem Wild im Winter gute Äsung.

Grünlanddüngung: Sie erfolgt mit Gülle und mineralischen Düngern.

Zeigerpflanzen (Weiserpflanzen) zeigen Nährstoffversorgung, Bodenreaktion (sauer/alkalisch) und Wasserhaushalt auf Grünlandflächen an. So weist Sauerampfer auf einen sauren Boden hin, Gelbklee auf einen alkalischen, Wiesenknöterich auf einen staunassen und Echtes Labkraut auf einen trockenen Boden.

Einseitige Nährstoffgaben verändern das Artenspektrum im Grünland.

Überdüngung: Hierbei können Nährstoffe – vor allem Nitrat – in Grundwasser oder in Oberflächengewässer gelangen, es kann sogar zu toxischen Anreicherungen einzelner Nährstoffe in den Kulturpflanzen kommen. Getreide verliert durch überhöhte Stickstoffgaben an Standfestigkeit, d. h., die Halme knicken um (Lagergetreide).

Nitratauswaschung: Bodenbakterien wandeln das in der Gülle enthaltene Ammonium um. Wird das so entstandene Nitrat nicht von den Pflanzen aufgenommen (Vegetationsruhe Dezember bis Februar), gelangt es auf wasserdurchlässigen Standorten in tiefere Bodenschichten und gefährdet das Grundwasser.

Unterversorgung: Eine Unterversorgung mit Nährstoffen führt zu Mangelerscheinungen und Ertragsdepressionen. Das gilt auch für die Wachstumsfaktoren Licht, Wasser und Temperatur.

Pflanzenschutz

Für die Zulassung von Pflanzenschutzmitteln ist in Deutschland das Bundesamt für Verbraucherschutz und Lebensmittelsicherheit (BVL) zuständig. Auf dessen dreieckigem Kennzeichen ist die jeweilige Zulassungsnummer eingetragen.

Mit den Maßnahmen des Pflanzenschutzes werden die Kulturpflanzen vor Schädlingen wie Bakterien, Viren, Pilzen sowie vor der Konkurrenz durch Unkräuter und Ungräser, weiter auch vor schädigenden Einflüssen von Standort und Witterung geschützt.

Man unterscheidet folgende Formen des Pflanzenschutzes: chemischen, mechanischen, integrierten und biologischen Pflanzenschutz.

Chemischer Pflanzenschutz: Hierbei werden ausschließlich industriell hergestellte, chemische Mittel eingesetzt. Bei der Dosierung sowie beim Ausbringen ist besondere Vorsicht geboten. Reste von Spritzmitteln oder Spritzbrühe dürfen nicht in offene Gewässer gelangen. Ebenso ist auf den Schutz der Bienen zu achten. Bienenschädliche Mittel dürfen nicht in blühende Bestände oder auf blühende Unkräuter ausgebracht werden.

Zum Schutz der Verbraucher vor schädlichen Rückständen dürfen nur zugelassene Präparate eingesetzt werden, die angegebenen Konzentrationen und die Wartezeiten (Zeit vom Ausbringen bis zur Ernte) müssen unbedingt eingehalten werden.

Als Wirkstoffe stehen im chemischen Pflanzenschutz folgende Wirkstoffgruppen zur Verfügung:

Übersicht Pflanzenschutz

Verfahren: Chemisch, mechanisch, integriert, biologisch

Chemische Mittel: Akarizide, Bakterizide, Fungizide, Herbizide, Insektizide, Molluskizide, Nematizide, Rodentizide

Moderne Pflanzenschutzspritzen arbeiten exakt, sparsam und damit umweltschonend.

- Akarizide (gegen Milben),
- Bakterizide (gegen Bakterien),
- Fungizide (gegen Pilze),
- Herbizide (gegen Unkräuter),
- Insektizide (gegen Insekten),
- Molluskizide (gegen Schnecken),
- Nematizide (gegen Nematoden),
- Rodentizide (gegen Nagetiere).

Vorbeugend eingesetzt werden Beizmittel, Saatgutpuder, Saatgutinkrustierungen und Vergrämungsmittel. So wird beispielsweise Maissaatgut gebeizt oder inkrustiert, um es vor Fasanenfraß zu schützen.

Mechanischer Pflanzenschutz: Hier werden Egge, Fräse oder Pflug zur Bekämpfung von Problemkräutern oder -gräsern eingesetzt. Im Maisanbau hat die sogenannte thermische Bekämpfung (Abbrennen der Unkräuter) eine gewisse Bedeutung erlangt. Der mechanische Pflanzenschutz gewinnt wieder an Bedeutung (z.B. Einsatz in Wasserschutzzonen).

Integrierter Pflanzenschutz: Es handelt sich hierbei um ein Kombination von Verfahren, bei denen unter vorrangiger Berücksichtigung der vorbeugenden und der direkten biologischen und mechanischen Maßnahmen die Anwendung chemischer Pflanzenschutzmittel auf das notwendige Maß beschränkt wird.

Biologischer Pflanzenschutz: Biologische Verfahren basieren auf den natürlichen Gegenspielern von Schädlingen und Krankheitserregern, wie Viren, Bakterien, Pilze, Milben, Nematoden oder Insekten. Auch natürliche Stoffe wie Extrakte aus bestimmen Pflanzen können Schadererreger bekämpfen, sie abwehren (Repellent) bzw. die Abwehrkräfte der Pflanze gegen die Schaderreger stärken.

Gentechnik im Pflanzenschutz: Bisher wurde die Gentechnik vor allem dazu genutzt, um verschiedene Kultursorten gegenüber Schädlingen oder Unkrautbekämpfungsmitteln resistent zu machen. Neuere Projekte zielen aber beispielsweise darauf ab, die Abwehrkräfte gegenüber Krankheiten zu stärken oder die Nährstoffaufnahme der Wurzeln zu verbessern.

Fruchtfolge

Viele Feldfrüchte sind nicht mit sich selbst verträglich. Werden sie mehrere Jahre hintereinander auf demselben Schlag angebaut, nimmt der Schädlings- und Krankheitsdruck zu und die Ertragskraft des Bodens ab. Durch einen jährlichen Wechsel von Halm- und Blattfrüchten, Winter- und Sommerung, Humuszehrern und Humusmehrern werden diese Gefahren vermieden. Ebenso wichtig ist ein Wechsel zwischen Flach- und Tiefwurzlern. Insgesamt soll die Bodenfruchtbarkeit erhalten und vermehrt werden.

Bestimmte Pflanzen sind selbstverträglich, d.h., die entsprechende Pflanze kann mehrere Jahre hintereinander auf demselben Acker angebaut werden, ohne dass Fruchtfolgeschäden (Krankheiten, Überhandnahme bestimmter Schädlinge) auftreten. So ist z.B. Mais sehr gut selbstverträglich. Bei Kreuzblütlern dagegen muss nach jedem Anbau eine 3- bis 4-jährige Pause erfolgen (Kohlherniegefahr).

Die Fruchtfolge hat auch ertragsfördernde Wirkung über die sogenannte Vorfruchtwirkung. Diese ergibt sich aus den Vorteilen für die nachfolgende Kultur durch Garezustand, pflanzliche Rückstände oder durch das Stickstoffsammeln der Leguminosen. Je schlechter ein Boden ist, umso besser zeigt sich die Vorfruchtwirkung.

Zwischenfruchtanbau: Beim Zwischenfruchtanbau wird der Acker sofort nach der Getreideernte mit entsprechenden Pflanzen bebaut, die das Feld bis zur Aussaat der nächsten Hauptfrucht bedeckt halten. Auf diese Weise werden Bodengare und Wasserhaushalt gefördert, Wind- und Wassererosion vermindert, die Nitratauswaschung ins Grundwasser wird verhindert sowie das Aufkommen von Unkraut unterdrückt. Zum Zwischenfruchtanbau eignen sich hauptsächlich Raps, Rübsen und Kleearten. Zwischenfrucht bietet dem Wild Äsung. Sie wird in der Regel in den Boden eingearbeitet und versorgt ihn mit Nährstoffen.

Landwirtschaftliche Nutzpflanzen

Getreide

Die Kulturpflanze Getreide gehört zu den Süßgräsern. Bereits vor 10.000 Jahren wurden deren Samen als Nahrungsmittel genutzt. Da Getreide sehr anpassungsfähig ist, der Produktionsaufwand sehr niedrig, die Mechanisierung des Anbaus leicht und das Erntegut sehr gut lagerfähig ist, hat sich der Getreideanbau von den Tropen bis zum Polarkreis ausgeweitet.

Die wichtigsten Getreidearten bei uns sind Weizen (Winter- und Sommerform), Gerste

Landwirtschaftliche Kulturpflanzen

Getreide	Hackfrüchte	Kreuzblütler	Sonstige
Weizen, Gerste, Roggen (je Sommer- und Winterform) Hafer Dinkel Triticale Mais	Beta-Rüben (Zucker- und Futterrübe) Kartoffeln Topinambur	Raps Rübsen Brassica-Rüben (Kohl-, Stoppelrübe, Markstammkohl) Rettich Kultursenf Kohl Meerrettich	Sonnenblumen Erbsen Bohnen Tabak Hopfen Weinrebe

(Winter- und Sommerform), Hafer, Roggen (Winter- und Sommerform) und Mais.

Die Wintersorten von Getreide wie auch von Raps werden im Herbst ausgesät und gehen nach der ersten Blattbildung als kleine Pflanze durch den Winter. Diese Pflanzen brauchen einen gewissen Kälteschock, um Frucht tragen zu können. Sie werden im Sommer des folgenden Jahres geerntet.

Entwicklungsverlauf von Getreide (außer Mais): Keimen, erste Blattbildung, Bestocken, Schossen, Ährenschieben, Blüte, Abreife.

Entscheidend für die Ertragsbildung sind die Bestandsdichte (ährentragende Halme je m^2), die Kornzahl je Ähre und das Korngewicht. Aufgrund dieser Zahlen lässt sich beispielsweise für die Wildschadensregelung der Ertrag schätzen.

Geerntet wird das Getreide im Stadium der Totreife, wenn das Korn noch einen Wassergehalt von 14–16 % hat. Bei großer Trockenheit in der Reifezeit kommt es zur sogenannten Notreife. Herrscht zur Erntezeit zu feuchtes Wetter, droht vor allem bei Roggen und Hafer Auswuchs, d. h., das Getreide beginnt bereits am Halm zu keimen und muss sofort geerntet werden.

Mit dem Mähdrescher können – mit dem jeweils passenden Schneidwerk – Getreide, Raps und Mais gedroschen werden.

Rundballenpressen können sowohl zur Silagegewinnung von Gras wie auch zum Bergen von Heu und Stroh eingesetzt werden.

Weizen: keine Grannen (außer Grannenweizen)

Roggen: halblange Grannen

Gerste: lange Grannen

Mais

Hafer

Weizen: Unsere Sorten gehören zur Kulturform Weichweizen. Angebaut werden Winterweizen (Aussaat Mitte bis Ende Oktober) und Sommerweizen (möglichst früh im Jahr). Geeignet sind fast alle Böden außer Trockenlagen, saure Böden, frischer Wiesenumbruch. Humusversorgung und Wasserhaltefähigkeit des Bodens sollten gut sein, Weizen hat einen hohen Nährstoffbedarf. Weizen dient zu Back-, Futter- und Brauzwecken.

Gerste: Sommergerste ist meist zweizeilig (zwei Ährenreihen an einem Halm). Sie wird im frühen Frühjahr gesät und als Braugerste verwendet. Nasse, stark verschlämmende oder moorige Böden sind nicht geeignet. Wintergerste ist meist mehrzeilig. Aussaatzeit ist etwa Mitte September. Sie verträgt bis -20 °C, ist aber durch Auswintern (z. B. Auffrieren des Bodens bei Kahlfrost und durch Schneeschimmel) gefährdet. Ihre Bodenansprüche sind bei ausreichender Düngung gering. Wintergerste wird verfüttert.

Dinkel: Dinkel ist eine sehr genügsame Getreidepflanze und zählt derzeit zum beliebtesten Brotgetreide.

Triticale: Bei Triticale handelt es sich um eine Kreuzung aus Weizen und Roggen, ähnelt im Äußeren dem Weizen und hat vom Roggen die Robustheit gegen Kälte und Trockenheit.

Hafer: Hafer stellt geringe Bodenansprüche, wird früh im Jahr gesät und braucht ausreichend Feuchtigkeit. Er gedeiht auf kultivierten Moorböden, sauren Waldböden und auf Wiesenumbruch. Hafer wird fast ausschließlich verfüttert.

Roggen: Hauptsächlich wird Winterroggen angebaut. Der deutlich ertragsschwächere Sommerroggen wird nur in extremen Lagen eingesetzt. Tetra-Roggen und Hybrid-Roggen haben nur ein geringes Vorkommen. Roggen ist anspruchslos und unempfindlich gegen Trockenheit.

Mais: Mais stammt aus Mittelamerika und konnte sich dank rascher Züchtungserfolge (niedrige FAO-Zahlen = kürzere Reifezeit) sowie gut technisierbarer Anbau- und Erntetechnik stark bei uns ausbreiten. Lagen mit Spät- und Frühfrösten sind für Mais nicht geeignet. Mais stellt an die Bodenqualität keine großen Ansprüche. Im Juli und

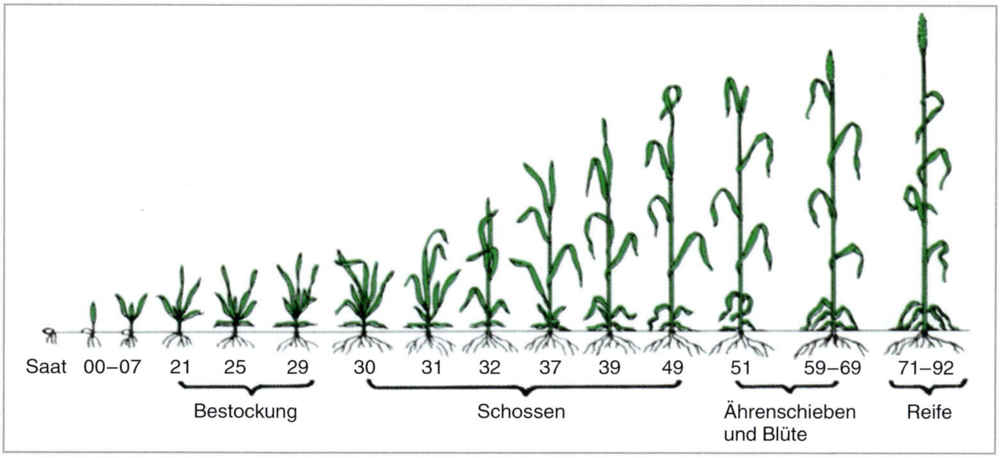

Entwicklung im Getreideanbau

August braucht er viel Wasser. Mais ist selbstverträglich, allerdings treten bei mehrjährigem Anbau Bodenverdichtungen und Erosion auf.

Nutzungsmöglichkeiten:

- Grünmais: Wird zur Viehfütterung nach früh räumenden Früchten angebaut. Geerntet wird die Gesamtpflanze nach der Milchreife.
- Silomais: Die Hauptnutzungsrichtung bei uns – entweder zur Rinderfütterung oder als Nährsubstrat für Biogasanlagen. Es wird die gesamte Pflanze in der Teigreife mit Häckslern geerntet und einsiliert. Silomais lässt sich auch gut in der Wildfütterung einsetzen. Bei der Ernte sollte die Gesamtpflanze einen Trockensubstanzgehalt von mindestens 25 % haben.
- Körnermais: Hier wird das Korn gedroschen, das Stroh bleibt auf dem Feld. Der Erntezeitpunkt ist erreicht, wenn der Feuchtigkeitsgehalt der Körner unter 40 % gesunken ist.

Hackfrüchte

Als solche werden Wurzel- (Beta- und Brassica-Rüben) oder Knollenfrüchte (Kartoffeln, Topinambur) bezeichnet. Sie bringen höhere Nährstofferträge je Hektar als Getreide, sind rohfaserarm und enthalten viel Wasser (bis zu 90 %). Wegen ihres süßlichen Geschmacks werden sie vom Wild gern angenommen.

Beta-Rüben: Zucker- und Futterrüben sind Fuchsschwanzgewächse.

- Die Zuckerrübe braucht tiefgründige, humose Böden mit annähernd neutralem pH-Wert. Die Wasserführung des Bodens sollte gut sein, die Oberfläche fein krümelig. Gegen Bodenverdichtungen ist die Zuckerrübe empfindlich. In der Fruchtfolge kommt sie nach Getreide und ist selbst eine gute Vorfrucht für Getreide.

Futterrüben

Kartoffeln

Mehrmaliger Anbau von Rüben auf derselben Fläche oder in Fruchtfolge mit Kreuzblütlern ist wegen Nematodengefahr zu vermeiden. Die Zuckerrübe wird hauptsächlich zur Zuckerherstellung verwendet (seit 2017 auch als Substrat für Biogasanlagen), das Rübenblatt wird frisch verfüttert, siliert oder dient als Gründüngung.

- Die Futterrüben (Runkelrüben) unterteilt man entsprechend ihrem Trockensubstanzgehalt in Masserüben (11–12 % TS), Kompromissrüben (13–14 % TS), Gehaltsrüben (15–16 % TS) und Zuckerfutterrüben (18–19 % TS). Obwohl die Futterrübe ein hervorragendes Futtermittel ist, geht ihre Anbaufläche zurück, da sich auf den meist kleinen Feldschlägen eine Mechanisierung der Arbeit nicht lohnt.

Zucker- und Futterrübe sind im stehenden Bestand dadurch zu unterscheiden, dass der nach unten spitz zulaufende Rübenkörper der Zuckerrübe tief im Boden steckt, während der walzenförmige Körper der Futterrübe nur eine geringe Bodentiefe hat.

Brassica-Rüben: Sie gehören zur Familie der Kreuzblütler. Von Bedeutung sind die Steckrübe, Stoppelrübe und der Markstammkohl. Die Feldvorbereitung entspricht dem Beta-Rübenanbau. Eine enge Fruchtfolge mit anderen Kreuzblütlern ist zu vermeiden. Brassica-Rüben sind gute Vorfrüchte für Getreide.

Kartoffel: Sie braucht lockere, warme Böden mit guter Durchlüftung und Wasserversorgung. Erntemenge und Qualität der Kartoffel werden stark von der Bodenart beeinflusst. Kartoffeln haben eine gute Vorfruchtwirkung für Getreide. Allerdings sollte ihr Anteil in der Fruchtfolge nicht über 25 % liegen, um die Vermehrung von Kartoffel-Nematoden zu vermeiden.

Topinambur: Ein Sonnenblumengewächs, das sich über Samen und Knollen fortpflanzt. Geeignet sind alle Böden vom leichten Sand bis zum schweren Ton. Topinambur wird hauptsächlich zur Wildfütterung angebaut. Dabei sollte man Sortengemische verwenden, da die einzelnen Sorten je nach Standort vom Wild unterschiedlich aufgenommen werden.

Die obere Hälfte der Stängel kann als Laubheu oder Silage genutzt werden, die Knollen schlägt

Hightech-Zuckerrübenroder: Diese Maschinen ernten meist 6-reihig und trennen Rübenkörper, Rübenblatt und Schmutzanteile in einem Arbeitsgang.

das Wild aus dem Boden. Im Boden verbleibende Knollen reichen meist zur Weiterführung des Bestandes aus. Topinambur ist auch als Deckungspflanze gut geeignet.

Weitere Kreuzblütler

Kreuzblütler sind eine vielfältige Pflanzenfamilie, zu der auch einige landwirtschaftliche Arten gehören.

Raps (Winter- und Sommerform): Winterraps liegt in der Bedeutung weit vor dem Sommerraps. Das Rapsöl erucasäurefreier Sorten wird in der Ernährung eingesetzt, die weiteren Sorten finden technische Verwertung. Raps wird auch für den Zwischenfruchtanbau genutzt, wobei entweder die ganze Pflanze eingearbeitet oder vorher die Blattmasse verfüttert wird.

Wegen seiner typischen Pfahlwurzel braucht der Raps tiefgründige Böden, Staunässe oder zu

Topinambur in Blüte

Raps

Ölrettich wird meist zur Gründüngung im Zwischenfruchtanbau eingesetzt.

Sonnenblumen werden überwiegend zur Gewinnung von Speiseöl angebaut.

trockene Böden sind nicht geeignet, der pH-Wert des Bodens sollte bei 6,5 liegen. Raps hat für alle Kulturen eine hervorragende Vorfruchtwirkung, ist aber nicht selbstverträglich. Wegen Kohlherniegefahr ist eine Anbaupause von 3–4 Jahren notwendig.

Rübsen: Er ist eine Kreuzung aus Raps und Chinakohl, es gibt ihn auch als Winter- und Sommerform. Rübsen stellt niedrigere Ansprüche an Boden und Klima, der Anbau ist aber trotzdem wegen geringerer Ertragsfähigkeit gegenüber Raps deutlich zurückgegangen. Rübsen wird im Zwischenfruchtbau eingesetzt.

Senf: Hauptsächliche Nutzung über Zwischenfruchtanbau und als Futterpflanze, auch Ölgewinnung möglich.

Feldfutterbau

Neben der Grünlandwirtschaft ist der Feldfutterbau Grundlage der Rinderhaltung. Typische Früchte sind kleeartige Pflanzen, Luzerne, Futtergräser sowie deren Gemische. Auch Silo- und Grünmais zählen zum Feldfutter.

Körnerleguminosen wie Ackerbohne, Erbse, Wicke und Lupine gehören zur Unterfamilie der Schmetterlingsblütler. Trotz ihrer sehr positiven Eigenschaft, über die Symbiose mit Knöllchenbakterien Stickstoff im Boden anzusammeln, ist ihre Anbaufläche relativ gering. Die Körnergewinnung für eiweißreiches Kraftfutter ist nicht sehr lohnend. Daher nutzt man sie zur Gründüngung oder als Futter, wobei die Gesamtpflanze verfüttert wird. Die Körnerleguminosen werden entweder im Gemisch miteinander oder mit Hafer (auch Sommerroggen) angebaut. Sie sollten früh gesät werden (Ende Juli, Anfang August), da ihre Jugendentwicklung langsam ist.

Die Grünland-Erntetechniken werden immer ausgefeilter. Hier der Krone Feldhäcksler BiG X 630.

Kleeartige Futterpflanzen: Die Pflanzen gehören zu den Leguminosen, und zwar zur Unterfamilie der Schmetterlingsblütler und bringen deren Vorteile für die Fruchtfolge mit (Gesundungsfrucht). Klee braucht einen feinkrümeligen, humosen Boden mit einem pH-Wert von etwa 7. Er entzieht dem Boden viel Kalk. Folgende Kleearten werden hauptsächlich angebaut: Rotklee, Inkarnatklee, Bastardklee, Alexandrinerklee, Perserklee, Gelbklee, Hornschotenklee und Esparsette.

Futtergräser: Welsches Weidelgras (überjährig), Einjähriges Weidelgras und Knaulgras werden entweder in Reinsaat oder in Mischungen mit Kleearten (Kleegrasmischung) angebaut. Genutzt werden die Futtergräser durch Beweiden oder Eingrasen (Grünfüttern), Heißlufttrocknung oder Silieren.

Luzerne: Kann als Untersaat für den Zwischenfruchtanbau (Pfahlwurzel bis 2 m Tiefe) eingesetzt oder in Reinsaat genutzt werden. Sie ist eine der ertragreichsten Futterpflanzen. Luzerne kann über 2–3 Jahre dreimal pro Jahr genutzt werden, darf aber nicht zu tief geschnitten werden. Sie ist wärmeliebend und reagiert empfindlich auf hohe Luftfeuchtigkeit sowie Staunässe, der Kalkbedarf ist hoch.

Silieren: Das Konservieren von Grünfutter durch die Bildung natürlicher Säuren (Gärung) nennt man Silieren. Für eine gute Silage, d. h. möglichst geringe Verluste an Stärkeeinheiten und keine Fehl- oder Nachgärungen zu haben, ist es wichtig, die richtigen Silierpflanzen auszuwählen. Sie sollten einen hohen Zuckergehalt, aber einen niedrigen Eiweißgehalt aufweisen. Sehr gut geeignet sind Silomais, Rübenblätter, Kohlarten, Topinambur, aber auch Wiesengras, Welsches Weidelgras, Kleegras und milchreifer Hafer.

Das Siliergut sollte auf einen Wassergehalt von 50–70 % vorgewelkt sein (Mais wird aus dem bestehenden Bestand gehäckselt). Wichtig ist, dass das Ausgangsmaterial möglichst wenig verschmutzt ist.

Beim Befüllen des Silos ist darauf zu achten, dass der Behälter rasch und in einem Durchgang befüllt wird, dass während des Silierens das möglichst kurz gehäckselte Pflanzenmaterial gut verdichtet und zum Abschluss der Silierbehälter absolut luftdicht verschlossen wird.

Bei schwer vergärbaren Pflanzen und/oder ungünstigen Voraussetzungen kann man den Siliervorgang durch Zugabe von Silierhilfsmitteln wie Propion- oder Ameisensäure beschleunigen (rasches Absenken des pH-Wertes im Siliergut).

In der Landwirtschaft haben sich aus arbeitswirtschaftlichen Gründen und auch aus Kostengründen für die Bereitung von Gras- oder Maissilage Fahrsilos durchgesetzt.

Heu: Getrocknetes Gras vom ersten Wiesenschnitt mit einem Wassergehalt von 15–20 % nennt man Heu. Es lässt sich auch von Luzerne und Klee gewinnen. Heu ist in der Fütterung der Wiederkäuer wichtig, da es die für die Pansenfunktion wichtige Rohfaser und Struktur liefert.

Weitere Grünlandschnitte werden als zweiter, dritter usw. Schnitt bezeichnet (regionale Bezeichnungen auch Grummet oder Öhmd).

Zur Gewinnung von Grünsilage in einem Arbeitsgang werden heute Press-Wickel-Kombinationen eingesetzt.

Grünland und Grünlandnutzung:
Wiese, Weide, Heu, Öhmd, Silo, künstliche Trocknung usw.

Wiese	– nur Schnittnutzung (einmalig bis fünf-, sechsfach) entweder für – Raufutter (Heu = 1. Schnitt/Grummet, Öhmd = folgende Schnitte) Heuschnitt Ende Mai/Anfang Juni – Silage (mehrmaliger Schnitt) erster Silageschnitt letztes Aprildrittel/Anfang Mai – Cobs = Trockenpellets (mehrmaliger Schnitt) heißluftgetrockneter Grünlandschnitt
Weide	– ausschließliche Nutzung durch Beweiden (Rinder, Pferde, Schafe) – extensive Formen: Hutung, Standweide – intensive Formen: Koppel-, Umtriebs-, Portionsweide, Kurzrasenweide
Mähweide	– Wechsel zwischen Mäh- und Weidenutzung auf derselben Fläche

Grünland

Grünland lässt sich definieren als eine »dauernde, von zahlreichen Pflanzenarten im Gemisch gebildete Grasnarbe«. Es wird als Wiese, Weide oder Mähweide genutzt. Grünland stellt die Grundlage der Rinderhaltung dar.

Typische Grünlandstandorte sind Gebiete mit entweder hohen Jahresniederschlägen (über 700 mm), relativ hohem Grundwasserstand, Überschwemmungsgebiete oder Hanglagen, die mit schweren Maschinen nicht mehr befahren werden können. Absolutes Grünland findet sich dort, wo keine Ackernutzung möglich ist. Folgende Bodentypen sind für Grünland kennzeichnend: Ranker, Pelosol, Podsol, Gley, Pseudogley, Aueböden, Marsch und Moorböden.

Die Grünlandflora setzt sich aus 20 Pflanzenfamilien zusammen, die wichtigsten sind die Süßgräser. Etwa 1600 verschiedene Pflanzenarten sind auf dem Dauergrünland Mitteleuropas zu finden.

Süßgräser: Sie sind meist mehrjährig. Entsprechend ihren Wuchseigenschaften werden sie in Ober- und Untergräser eingeteilt. Obergräser herrschen auf Wiesen vor, Untergräser auf Weiden. Dieser Unterschied zeigt sich deutlich nach der Mahd. Da Obergräser keine oder nur schwache Basalblätter haben, ist die Narbe auf der Wiese lückig. Die Weidenarbe dagegen ist nach der Mahd noch dicht.

Wichtige Süßgräser sind unter anderem: Wiesen-Fuchsschwanz, Wiesen-Lieschgras, Wiesen-Schwingel, Knaulgras, Goldhafer, Deutsches und Welsches Weidelgras, Quecke, Wiesen-Rispengras, Rot-Schwingel, Weißes und Rotes Straußgras, Trespen- und Zittergrasarten.

Sauergräser: Sie wachsen meist auf vernässten Stellen und auf Streuwiesen. Zu ihnen gehören die Seggen, Wollgräser und die Simsenarten.

Leguminosen: Zu ihnen gehören die verschiedenen Kleearten und kleeartige Pflanzen. Außer dem Weißklee sind sie fast alle empfindlich gegen häufigen Biss, Tritt und frühen Schnitt. Dementsprechend ändert sich der Anteil der Leguminosen in der Narbe je nach Nutzungsart. So ist auf Weiden kein Rotklee, dafür aber Weißklee zu finden. Zu den Grünlandleguminosen zählen: Wiesen- oder Rotklee, Weißklee, Schwedenklee, Gelbklee und Fadenklee wie auch Wiesen-Platterbse, Zaunwicke und Vogelwicke.

Grünlandpflanzen

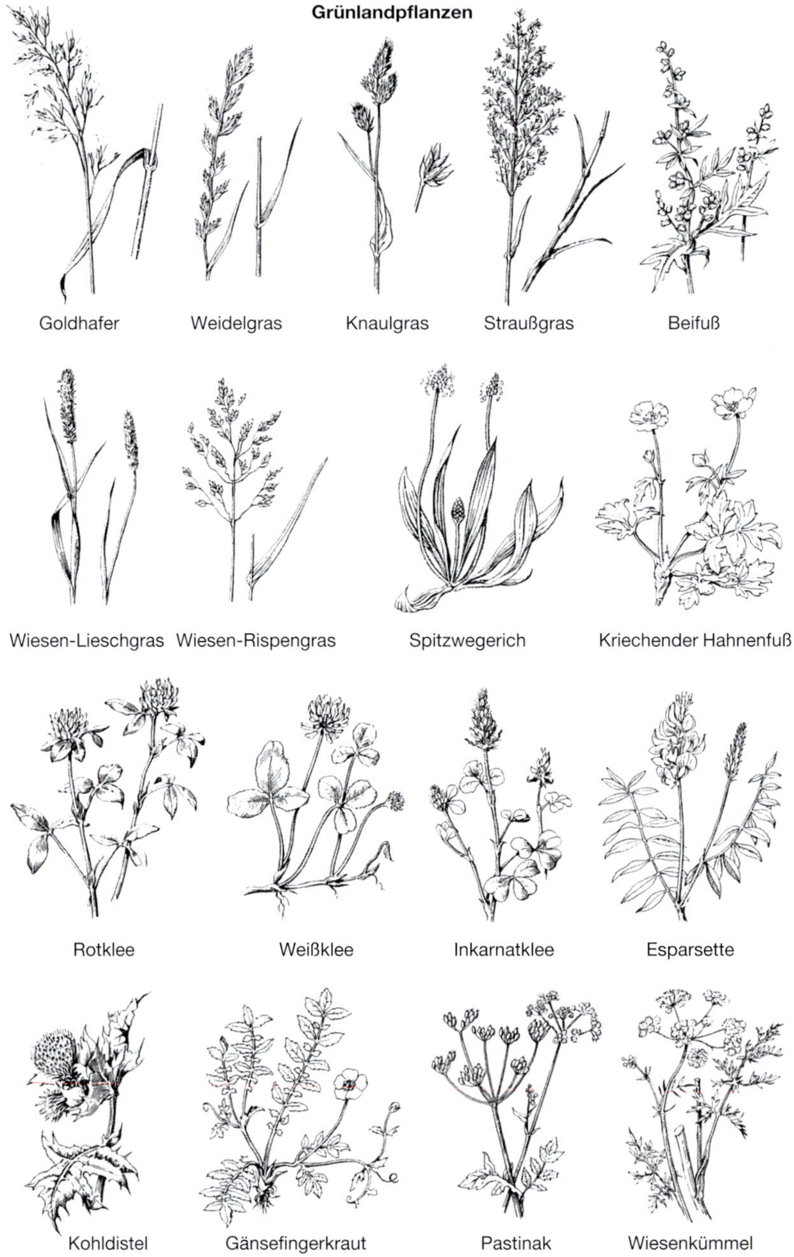

Grünlandkräuter: Für den Landwirt zählen alle Pflanzen des Grünlandes, die nicht den Gräsern oder Leguminosen zugeordnet werden können, zu den Kräutern. Zum Teil verbessern diese den Futterwert des Aufwuchses (Löwenzahn, Frauenmantel, Schafgarbe, Spitzwegerich), giftige Arten können ihn aber auch verschlechtern (Sumpfschachtelhalm, Scharfer Hahnenfuß, Herbstzeitlose, Weißer Germer, Jakobskreuzkraut). Kräuter sollten nicht mehr als 10 % des Aufwuchses ausmachen, da sie sonst die Gräser verdrängen und es bei der Ernte zu starken Bröckelverlusten kommt.

Wichtige Kräuter auf dem Grünland sind aus der Familie der Doldenblütler Wiesenkerbel, Bärenklau, Wiesenkümmel, Wilde Möhre, von den Lippenblütlern Günsel und Wiesensalbei, die Klappertopfarten aus der Familie der Rachenblütler, weiter die Wegericharten und von den Korbblütlern Löwenzahn, Wiesenpippau, Gänseblümchen, Schafgarbe. Von den Knöterichgewächse sind zu nennen der Stumpfblättrige Ampfer und der Sauerampfer.

Pflanzengesellschaften: Je nach Standort und Nutzung bilden sich typische Pflanzengesellschaften heraus, die die Standorteigenschaften Boden, Wasserversorgung, Nährstoffversorgung und Klima erkennen lassen. Die wichtigsten Pflanzengesellschaften des Grünlandes sind Trockenrasen, Borstgrasrasen, Zwergstrauchheiden, Röhrichte und Großseggenriede sowie die Wirtschaftswiesen mit Fettwiesen, Feuchtwiesen und Weißkleeweiden.

Zeigerpflanzen: Anhand dieser Pflanzen kann der Standort bezüglich der Nährstoffversorgung, Bodenreaktion oder des Wasserhaushaltes genau beurteilt werden. So weist z. B. der Sauerampfer auf eine saure Bodenreaktion hin, Gelbklee auf eine alkalische, Wiesenknöterich zeigt staunassen Boden an, Echtes Labkraut dagegen einen trockenen. Die Nutzungsintensität des Grünlandes schwankt stark je nach den Voraussetzungen.

Beweidung: Die Nutzung des Grünlandes über Beweidung reicht von armen Hutungen und extensiven Standweiden, der Almbewirtschaftung, bis hin zu Umtriebsweiden verschiedener Intensität, z. B. Portionsweiden, auf denen dem Vieh per Elektrozaun täglich eine bestimmte »Weideportion« zugeteilt wird.

Futtervorräte für den Winter: Silage, Heu und gebietsweise Cobs sind die Möglichkeiten, den Grünlandaufwuchs für die Winterfütterung zu konservieren.

Heu: Hierzu wird der Aufwuchs zu einem späteren Zeitpunkt als für die Silagegewinnung geschnitten, er hat daher mehr Rohfaser, was sich günstiger bei der Wiederkäuerfütterung auswirkt (zu Silage und Heu s. Seite 768). Hauptsächlich in den niederschlagsreichen Gebieten (Alpenvorland) hat sich die Heißlufttrocknung etabliert. In zentralen Trocknungsanlagen wird das Mähgut getrocknet und zu Cobs gepresst.

Grünlanddüngung: Diese erfolgt zum Teil über Mineraldünger, insbesondere aber auch über die Wirtschaftsdünger Festmist, Jauche und vor allem Gülle. Die Güllewirtschaft führt teilweise zu Problemen, wenn große Mengen ausgebracht werden. Dies kann bei hohen Niederschlägen zu starkem Eintrag von Dünger in Oberflächengewässer, aber auch zu Nitratauswaschung ins Grundwasser führen.

Durch einseitige Düngung (Gülle, Jauche), zu späte oder einseitige Nutzung wie auch durch Verletzung der Grasnarbe wird die Ausbreitung von Kräutern gefördert, die ab einem bestimmten Anteil der Narbe als Unkräuter einzustufen sind, z. B. Wiesenkerbel, Bärenklau, Ampfer, Quecke. Aber auch wertvolle, gern gefressene Kräuter wie der Löwenzahn können so zu »Unkraut« werden.

Da das Grünland von vielseitig zusammengesetzten Pflanzengesellschaften gebildet wird, sind im Gegensatz zum Ackerbau Krankheiten und Schädlinge kaum ein Thema. Von Bedeutung sind nur tierische Schädlinge wie z. B. Wühlmaus, Feldmaus, Maulwurf, Larven der Wiesenschnake und Engerlinge des Maikäfers.

Almwirtschaft: Eine Sonderstellung innerhalb der Grünlandwirtschaft nimmt die Almwirtschaft ein. Zum einen ist nur eine kurze Nutzungsdauer möglich (Mitte Mai/Anfang Juni bis Mitte/Ende September) und zum anderen ist wegen des steilen Geländes eine Grünlandwirtschaft im eigentlichen Sinn nicht möglich.

Almen werden als Weiden für Rindvieh, Schafe und Pferde genutzt. Wurde früher auf den Almen fast überall Milchvieh gehalten, wobei die Milch vor Ort zu Käse und Butter verarbeitet wurde, so hat diese Bewirtschaftung heute eigentlich nur noch auf den Sennalpen im Allgäu größere Bedeutung. Ansonsten wird hauptsächlich Jungvieh aufgetrieben.

Die Almwirtschaft ist enorm wichtig für die Landschaftserhaltung, da nicht mehr bewirtschaftete Flächen je nach Neigungswinkel die Lawinengefahr erhöhen, durch Bodenerosion gefährdet sind oder durch Anflug von Baum- und Strauchsamen relativ schnell zuwachsen. Dadurch werden die wertvolle Flora und Fauna zerstört, die sich hier über die Jahrhunderte entwickelt hat (hohe Biodiversität).

Als Bewertungsmaßstab der Almflächen dient im oberbayerischen Sprachraum das »Kuhgras«, im Schwäbischen die »Kuhweide«. Damit ist die Futterfläche gemeint, die notwendig ist, um eine ausgewachsene Kuh (1 GV = Großvieheinheit, entspricht 500 kg) über die 100 Tage Almweide zu bekommen. Auf guten, sonnseitigen Almen entspricht 1 Kuhgras in etwa 1 ha, auf der Schattenseite dagegen 1,5–2 ha. Für ein 1-jähriges Rind rechnet man 0,5 Kuhgräser, für ein Schaf 0,2.

Almen sind künstlich geschaffenes Kulturland, das der Bauer offen halten muss.

Feldgehölze/Hecken

Feldhecken sind dichte, meist nur wenige Meter breite Gehölzstreifen. Sie haben einen stufigen Aufbau, der dem eines intakten Waldrandes entspricht. Die unterste Schicht mit bis zu 3 m hohen Sträuchern bildet den Schutz gegen außen. Diese Sträucher sind oft dornenbewehrt (z. B. Schlehdorn). Am äußeren Rand der Hecken schließt sich die Krautschicht an die Büsche an. Die mittlere Schicht von 3–5 m Höhe bilden die hohen Sträucher wie etwa die Hasel. Die oberste Schicht besteht aus Bäumen, die nicht zu eng stehen dürfen.

Die Übergangszone zwischen dem Heckeninneren, wo es feuchter und schattiger ist, und der angrenzenden Flur ist, bezogen auf die bewachsene Fläche, sehr lang und bietet damit Lebensraum für eine Vielzahl von Tieren. So bietet eine Landschaft ohne Hecken nur 6 Vogelarten und 5 Säugetierarten Raum, eine Heckenlandschaft aber 37 Vogelarten und 20 Säugetierarten.

In einer Heckenlandschaft kommt es durch Verknüpfungen der einzelnen Glieder von Flora und Fauna zu einer Lebensgemeinschaft, was zu einer gegenseitigen Regulierung führt. Zum Beispiel leben Turmfalke und Waldohreule in der Hecke und bejagen die Feldmäuse, und Rotrückenwürger und Grasmücke jagen Insekten. Selbst Ameisen und Raubkäfer machen noch bis 50 m von der Hecke entfernt Beute.

Gegen Hecken können eine unerwünschte Beschattung, Erschweren des Maschineneinsatzes, Wurzelkonkurrenz oder die Platzfrage sprechen. Durch eine geschickte Anlage sowie richtige Wahl des Standorts und des Heckentyps lassen sich jedoch die negativen Wirkungen einer Hecke vermeiden.

Feldgehölze: Diese entsprechen in ihrem Aufbau in etwa dem der Hecke, sind aber anders geformt. Selbst an der engsten Stelle sollten sie 10 m Breite haben. Die Randausformung soll »lappig« sein, um eine möglichst große Überlappungszone zu schaffen. Diese sollte mit einer Krautschicht zur offenen Landschaft hin auslaufen.

Als Beispiel für die positive Wirkung von Gehölzen in der Landschaft kann man das Rebhuhn anführen. Nimmt die reine Feldflur ohne Raine, Hecken und Feldgehölze über 80 % der Fläche ein, geht die Zahl der Rebhühner zurück – Nahrung und Deckung fehlen.

Ökologischer Landbau

Unter dem Sammelbegriff »ökologischer Landbau« (alternativer Landbau) sind Landbaumethoden zusammengefasst, die im Gegensatz zum »konventionellen Landbau« den Einsatz von Mineraldüngern und chemischem Pflanzenschutz und mineralischem Dünger ganz oder weitgehend ablehnen. Etwa 9,9 % der landwirtschaftlichen Betriebe (26.100 in 2024) wirtschaften nach diesen Prinzipien.

Unterschieden werden der biologisch-dynamische Landbau nach dem Schweizer Anthroposophen Rudolf Steiner und der organisch-biologische Landbau nach Dr. Hans Müller (Schweiz) und Hans Peter Rusch (Deutschland). Die biologisch-dynamische Wirtschaftsweise hat die Steigerung der biologischen Aktivität von Boden und Pflanze zum Ziel, die natürlichen Kreisläufe sollen intensiviert werden. Die Pflege der hofeigenen Düngemittel spielt dabei eine wichtige Rolle. Um die Verrottung anzuregen und zu lenken, werden Heilkräuterpräparate eingesetzt. Der Einsatz von Mineraldünger ist nicht zugelassen, der Pflanzenschutz erfolgt mechanisch-physikalisch und über den Einsatz von Kieselpräparaten. Da der Erdorganismus, so die Lehre, seine Energie aus dem Kosmos, von der Sonne und den Gestirnen bezieht, werden diese Einflüsse in der praktischen Arbeit ganz bewusst berücksichtigt.

Der organisch-biologische Landbau zielt auf die Förderung des Bodenlebens ab, um so eine Steigerung der Bodenfruchtbarkeit zu erreichen. Der Boden wird nur flach gewendet, dafür aber tief gelockert. Im Unterschied zum biologisch-dynamischen Landbau wird hier der Mist meist flächig auf dem Feld kompostiert und mit Urgesteinsmehl vermischt. Geachtet wird auf vielseitigen Anbau, vor allem mit Zwischenfrüchten, hier besonders Leguminosen. Mineraldünger mit ätzender oder brennender Wirkung dürfen nicht eingesetzt werden. Chemischer Pflanzenschutz ist nur in Ausnahmefällen zulässig.

Um Menge und Qualität der lebenden Substanz im Boden feststellen zu können, wurde ein spezieller mikrobiologischer Test entwickelt. Der entscheidende Punkt beim organisch-biologischen Wirtschaftens ist die Einfügung in die ökologischen Bedingungen des Standortes.

Wildschäden

Schäden, die Wild an landwirtschaftlichen Nutzpflanzen und im Grünland verursacht, führen immer wieder zu Auseinandersetzungen zwischen Revierinhabern und den Bewirtschaftern. Daher ist der Bereich Wildschaden und Wildschadensersatz detailliert im Jagdrecht geregelt.

Weizen, Hafer, Roggen: An Weizen, Roggen und Hafer entsteht Wildschaden hauptsächlich während der Milch- und Teigreife sowohl durch Abäsen der Ähren wie auch durch großflächiges Niedertreten der Bestände (vor allem durch Rot-, Dam- und Schwarzwild). Auch das Rehwild äst gerne milchreifes Getreide, richtet aber keine großflächigen Schäden an. Gerste wird vom Wild wegen der langen Grannen nicht angenommen. In Schadensschwergebieten kann man durch Anbau von speziellem Grannenweizen Wildschäden vermeiden, allerdings ist sortenbedingt mit Mindererträgen von etwa 10 % zu rechnen.

Getreide-Wintersaaten sind zudem auf den Flugrouten oder in den Überwinterungsgebieten von Wildgänsen gefährdet, die sich in großer Zahl auf solchen Flächen zur Äsung einstellen.

Mais: Der Mais ist zunächst bei der Aussaat durch Schwarzwild, Fasane, Tauben und Rabenvögel gefährdet. Im Stadium der Milch- und Teigreife richtet dann vor allem das Schwarzwild Schaden an, sowohl durch Abfressen der Kolben

Im Getreide sind Lager- und Trittschäden oft höher als die Fraßschäden.

Einsatz Wiesenhobel: Gravierende Wühlschäden lassen sich oft nur mit schwerem Gerät beheben.

wie durch großflächiges Niedertreten. Ein ähnliches Schadbild wie bei Sauen verursacht auch der Dachs, jedoch in deutlich geringerem Ausmaß. Rehe knabbern die Kolben von der Spitze her an, auch Rabenvögel tun sich an den reifen Kolben gütlich.

Im Falle, dass viele Maisstängel umgeknickt sind, lohnt es sich, genauer hinzusehen, ob ein Befall mit dem Maiszünsler vorliegt. Dies gilt vor allem für die wärmeren Anbaugebiete. Typisch sind für den Maiszünsler die Bohrlöcher und Fraßgänge im Stängel.

Kommt in der Fruchtfolge z. B. Winterweizen nach Silomais, der stark von Sauen geschädigt war, so ist beim auflaufenden Winterweizen mit Schäden zu rechnen. Denn wenn im ausgehenden Winter das Nahrungsangebot nachlässt, graben die Sauen bis auf die Tiefe der Pflugfurche untergeackerte Maiskolben aus, die bei der Ernte in den niedergetretenen Beständen liegen geblieben sind. Wegen dieses massiven Umbrechens kann der Schaden bis hin zur Neuansaat mit einer allerdings ertragsschwächeren Sommerung gehen.

Raps: Rapssaaten werden vor allem von Rehwild, Damwild und Wildkaninchen (am Rand) beäst, ferner vom Biber, von Wildgänsen und Schwänen. In reifen Rapsschlägen können Schäden vor allem durch die Lager von Schwarz-, Rot- und Damwild entstehen, die die Deckung in diesen Schlägen schätzen. Fraßschäden fallen weniger ins Gewicht.

Kartoffeln: Bei Kartoffeln ist gleich nach dem Legen mit Schäden durch Schwarzwild zu rechnen, wenn sich die Sauen akribisch an den Dämmen entlangarbeiten. Bis zur Kartoffelblüte hin werden auch gerne noch die angefaulten, süßen Saatkartoffeln ausgegraben. Das Blattwerk wird von Rot- und Rehwild verbissen. Im Reifestadium bricht Schwarzwild nach Kartoffeln, Rotwild schlägt sie aus dem Boden.

Grünland: Gefürchtet sind die Schäden durch Sauen im Grünland. Sie suchen dort vor allem im Spätwinter und zeitigen Frühjahr tierisches Eiweiß wie Würmer, Engerlinge oder Mäusenester als Ergänzung zum pflanzlichen Eiweiß etwa aus Buchen- oder Eichelmast. Die Schäden reichen von einzelnen umgebrochenen Stellen, die durch händisches Wiedereinlegen und Festtreten der Grasnarbe ausgebessert werden können, bis hin zu regelrecht »schwarzem Grünland«, wenn eine Rotte großflächig und tief umgebrochen hat. Auf solchen Flächen muss das Grünland maschinell wieder eingeebnet und neu angesät werden. Die Arbeitskosten und der Ertragsausfall sind hierbei erheblich.

1 | Was versteht man unter dem Begriff Landbau?

Die Produktion von Feldfrüchten und Futterpflanzen.

2 | Wie viele Quadratmeter umfasst jeweils ein Hektar, ein Morgen, ein Ar und im süddeutschen Sprachraum ein Tagwerk?

- 1 Hektar (ha) = 10.000 m^2
- 1 Morgen = 2500 m^2
- 1 Ar = 100 m^2
- 1 Tagwerk = rund 3407 m^2.

3 | Was versteht man unter Humus?

Als Humus bezeichnet man die gesamte abgestorbene Bodensubstanz. Er entsteht durch die Arbeit von Bodentieren und Mikroorganismen, die Pflanzenmasse abbauen.

4 | Mit welchen Maßnahmen fördert der Landwirt die Bodengare?

Durch die Bodenbearbeitung (pflügen, grubbern, eggen) wird ein krümeliger (garer) Boden geschaffen. Die Beschattung des Bodens durch die Vegetationsdecke, das Einbringen von organischem Dünger und Kalk fördern die Gare.

5 | Welche Geräte nutzt der Landwirt zur Bodenbearbeitung?

Pflug, Grubber, Egge, Fräse, Walze, Schleppe.

6 | Wie bezeichnet man das flache Umpflügen der Stoppeln?

Schälen.

7 | Welcher pH-Wert im Boden ist als besonders günstig zu beurteilen?

pH 6 bis 7.

8 | Was bezeichnet der Landwirt als »Stundenboden«?

Aus Tonablagerungen entstandener Boden (Pelosol), die bei Feuchte stark quellen und bei Trockenheit stark schrumpfen. Die Zeit für eine gute Bodenbearbeitung ist auf jeweils nur wenige Stunden beschränkt.

9 | Was sind Spurennährstoffe?

Pflanzennährstoffe, die nur in geringen Mengen benötigt werden, wie etwa Bor, Eisen, Kupfer, Mangan, Molybdän.

10 | Was muss gedüngt werden, um bei saure Böden den pH-Wert anzuheben?

Kalk.

11 | Welche Düngemittel werden als »organische Dünger« bezeichnet?

Stallmist, Jauche, Gülle, Kompost, Stroh, Gründüngung.

12 | Was versteht man unter Nitratauswaschung?

Bodenbakterien wandeln die in der Gülle enthaltenen Stickstoffverbindungen um. Wird das so entstandene Nitrat nicht von den Pflanzen aufgenommen (Vegetationsruhe Dezember bis Februar), gelangt es auf wasserdurchlässigen Standorten in tiefere Bodenschichten und gefährdet das Grundwasser.

13 | Welche Pflanzen eignen sich zur Gründüngung?

Raps, Rübsen, Senf, Lupine, Serradella, Esparsette und verschiedene Kleearten.

14 | Der Zwischenfruchtanbau hat neben der Futtergewinnung weitere, erwünschte Wirkungen. Welche?

Durch die Pflanzendecke wird die Bodengare gefördert, Wind- und Wassererosion werden vermindert. Der Wasserhaushalt im Boden wird gefördert, die Nitratauswaschung ins Grundwasser vermindert. Zwischenfruchtbau bietet dem Wild Äsung und Deckung.

15 | Welche Pflanzen aus dem Zwischenfruchtbau bieten dem Wild Herbst- und Winteräsung?

Raps, Rübsen, Senf, Kleearten, Serradella, Esparsette, Felderbsen, Ackerbohnen, Wicken, Ölrettich, Stoppelrüben, Lupinen, Welsches Weidelgras.

16 | Welche Arten der Feldbestellung bieten dem Wild im Herbst und Winter Äsungsmöglichkeiten?

Der Anbau von Wintergetreide und der Zwischenfruchtanbau.

17 | Was ist gemeint, wenn man sagt, eine Pflanze sei »selbstverträglich«?

Die Pflanze kann mehrere Jahre hintereinander auf demselben Acker angebaut werden, ohne dass Fruchtfolgeschäden (Krankheiten, Überhandnahme bestimmter Schädlinge) auftreten. So ist z. B. Mais sehr gut selbstverträglich.

18 | Warum haben Hülsenfrüchte als Gründüngung eine bessere Wirkung als Halmfrüchte (Getreide)?

Hülsenfrüchte wie Ackerbohnen, Felderbsen oder Lupinen haben mehr Blatt- und Wurzelmasse, sie sind Stickstoffsammler (über Knöllchenbakterien), sie fördern die Bodengare.

19 | Welche Getreidearten werden bei uns angebaut?

Weizen, Gerste, Hafer, Roggen, Dinkel, Triticale und Mais.

20 | Welche Getreidesorten haben eine Winter- und Sommerform?

Weizen, Gerste, Roggen.

21 | Welches Wintergetreide wird jahreszeitlich zuerst gesät?

Wintergerste.

22 | Wann sollte ein Wildacker mit Hafer eingesät werden?

Im März oder April.

23 | Was versteht man unter Notreife?

Notreife entsteht, wenn ein Getreidebestand aufgrund von Trockenheit, extremer Hitze oder Krankheitsbefall abrupt abstirbt. Es kommt zu gering gefüllten Körnern (Schmacht- oder Schrumpfkorn).

24 | Wo befinden sich an der Getreidepflanze die Grannen?

Die Grannen befinden sich an der Ähre (typisch z. B. bei Gerste und Roggen).

25 | Was ist mit dem Begriff »Lager« im Zusammenhang mit dem Getreidebau gemeint?

Man spricht von Lagergetreide, wenn der Bestand ganz oder teilweise wie platt gewalzt am Boden liegt. Ursache ist meist eine Überdüngung mit Stickstoff, wodurch die Standfestigkeit der Halme leidet. Bei Sturm oder schwerem Regen knicken die Halme dann leicht um.

26 | Welches Getreide ist am anspruchslosesten und eignet sich somit für den Anbau auf dem Wildacker?

Hafer. Er wächst auf frischem Wiesenumbruch.

27 | Getreide hat in der Milchreife große Anziehungskraft auf das Schalenwild. Was meint man mit Milchreife?

Milchreife bezeichnet das Reifestadium des Getreides, in dem das Korn auf Druck einen milchigen Saft abgibt.

28 | Welche Getreideart bietet dem Wild am längsten Deckung in der Feldflur?

Silomais bleibt bis etwa Ende September, Anfang Oktober auf dem Feld, Körnermais je nach Witterung auch bis Ende Oktober.

29 | Welche landwirtschaftlichen Produkte werden als Hackfrüchte bezeichnet?
Zuckerrüben, Futterrüben (Runkelrüben), Steckrüben, Stoppelrüben, Markstammkohl, Kartoffeln und Topinambur.

30 | Welche zu den Brassica-Rüben gehörige Pflanze ist wegen ihrer Winterhärte gut für den Wildacker geeignet?
Markstammkohl. Er verträgt bis zu –12 °C.

31 | Welche Bodenansprüche stellt die Kartoffel?
Sie braucht einen lockeren, warmen Boden.

32 | Wie pflanzt sich Topinambur fort?
Über Samen und Knollen.

33 | Wann wird der Mais gesät?
Ende April.

34 | Wie lassen sich beim Maisanbau Schäden durch den Fasan vermeiden?
Saatgut beizen, tiefer säen, Scheuchen aufstellen.

35 | Welche Hackfruchtarten eignen sich auf dem Wildacker als Äsung für Schalenwild?
Alle Rübenarten, Kartoffeln, Topinambur, Möhren.

36 | Welche Futterpflanzen sind gut zur Anlage von Sommeräsungsflächen geeignet?
Klee und Kleegrasmischungen.

37 | Welche Futterpflanze wird vom Wild gerne als Sommeräsung genommen und im Winter als Heu?
Luzerne.

38 | Welche Verwendungsmöglichkeiten bietet der Raps?
Gewinnung von Speiseöl oder Öl für technische Zwecke. Im Zwischenfruchtbau Futtergewinnung und Gründüngung (Bodenverbesserung).

39 | Welche Ölfrüchte eignen sich zum Anbau auf dem Wildacker?
Raps, Rübsen, Senf.

40 | Welche Pflanzen- oder Futterarten eignen sich zum Silieren?
Silomais, Wiesengras, Welsches Weidelgras, Klee, Rübenblatt, Kartoffeln, Apfeltrester, Waldsilage.

41 | Was ist beim Silieren zu beachten, damit die Silage nicht verdirbt?
Das Siliergut muss möglichst sauber sein, der Behälter sollte zügig befüllt werden. Das Siliergut muss verdichtet werden. Silo nach dem Befüllen sofort luftdicht abschließen. Bei ungünstigen Voraussetzungen Silierhilfsmittel einsetzen.

42 | Was bedeutet der Begriff »Wartezeit« im Zusammenhang mit dem Pflanzenschutz?
Die Wartezeit ist der Zeitabstand, der eingehalten werden muss von der letzten Ausbringung eines Mittels bis zur Ernte des behandelten Bestandes. In dieser Zeit muss das Mittel so weit abgebaut sein, dass keine Rückstände mehr im Erntegut vorhanden sind.

43 | Was sind Zeigerpflanzen?
Für einen bestimmten Standort typische Pflanzen, die z. B. dessen Nährstoffversorgung, Bodenreaktion und Wasserversorgung anzeigen.

44 | Welche Vorteile bringen Feldhecken für die Landwirtschaft?
Windschutz bis auf eine Entfernung vom 15-Fachen der Heckenhöhe, verringerte Verdunstung in den angrenzenden Flächen, erhöhte Taurate.

Daraus resultieren, je nach Kultur, Ertragssteigerungen bis zu 30 %.

45 | Welcher Arbeitsgang ist im Frühjahr auf Wiesen und Weiden zur Pflege erforderlich?

Entfernen von Maulwurfshügeln. Walzen oder Abschleppen.

46 | Was sind landwirtschaftliche Sonderkulturen?

Kulturarten, deren Anbau auf bestimmte Regionen begrenzt ist, z. B. Hopfen, Tabak, Wein, Obst- und Gemüsebau.

47 | Was versteht man unter extensiver Bewirtschaftung?

Bewirtschaftungsintensität, Pflanzenschutz und Düngung werden weitgehend zurückgefahren. Ziel sind nicht mehr Höchsterträge.

48 | Was versteht man unter ökologischem Landbau?

Landbaumethoden, bei denen im Gegensatz zum konventionellen Landbau auf den Einsatz von Mineraldüngern und chemischem Pflanzenschutz verzichtet wird.

49 | Was zeichnet die biologisch-dynamische Wirtschaftsweise aus?

Verzicht auf Mineraldünger und chemischen Pflanzenschutz. Versuch, die biologische Aktivität und die natürlichen Abläufe zu intensivieren.

50 | Welche landwirtschaftlichen Kulturpflanzen sind nicht heimisch?

Mais, Kartoffeln, Topinambur, Tabak, ebenso die meisten Gemüsearten.

51 | Welche Getreidearten lassen sich (Wildacker!) auch in höheren und klimatisch raueren Lagen anbauen?

Hafer und Roggen bis in Lagen um 1000 m.

52 | Welche Hackfrüchte werden »angehäufelt«?

Kartoffeln.

53 | Für welche Verwendungen werden Kartoffeln angebaut?

Als Stärke-, Speise- und Pflanzkartoffeln.

54 | Wann wird Raps ausgesät?

Zwischen dem 20. und 25. August. Auf schweren Böden möglichst schon ab dem 10. August. Nach dem Räumen der Vorfrucht muss im Herbst noch genügend Vegetationszeit vorhanden sein, damit der Raps noch ein kräftiges Rosettenstadium bilden kann.

55 | Wann blüht der Winterraps?

In der ersten Maihälfte.

56 | Welchen pH-Wert bevorzugt Klee?

Klee braucht einen feinkrümeligen, humosen Boden mit einem pH-Wert von etwa 7. Er entzieht dem Boden viel Kalk.

57 | Welche Ansprüche stellt Rotklee?

Kühles, gemäßigtes Klima mit mittlerer Luftfeuchtigkeit. Außer humusarmen, sehr leichten Sanden und sauren Böden verträgt der Rotklee alle Böden gut.

58 | Wozu wird Serradella angebaut?

Serradella dient als Gründüngung und als Grünfutter für Rinder. Für Rot- und Rehwild, Hase, Kaninchen, Fasan und Rebhuhn ist der Äsungswert hoch.

59 | Welchen Nutzen hat Phacelia?

Die blau blühende Phacelia ist eine ausgezeichnete Bienenweide. Aus der Familie der Wasserblattgewächse stammend, ist sie mit keiner anderen Nutzpflanze verwandt und daher bestens zur Auflockerung der Fruchtfolge geeignet.

60 | Was sind typische Grünlandstandorte?

Typische Grünlandstandorte sind Gebiete mit entweder hohen Jahresniederschlägen (über 700 mm), relativ hohem Grundwasserstand, Überschwemmungsgebiete oder Hanglagen, die mit schweren Maschinen nicht mehr befahren werden können.

61 | Aus was setzt sich eine Wiese zusammen?

Aus Unter- und Obergräsern sowie aus Kräutern.

62 | Welche Kräuter werden durch einseitige Gülledüngung gefördert?

Stickstoff liebende Arten wie Löwenzahn, Stumpfblättriger Ampfer, Wiesenkerbel und auch Bärenklau.

63 | Welche Kleeart ist besonders trittfest?

Weißklee.

64 | Was versteht man im Grünland unter »Pflanzengesellschaft«?

Je nach Standort und Nutzung bildet sich eine typische Zusammensetzung verschiedener Pflanzen heraus, die die Standorteigenschaften wie Boden, Wasserversorgung, Nährstoffversorgung und Klima erkennen lässt.

65 | Was sind wichtige Pflanzengesellschaften des Grünlandes?

Die wichtigsten Pflanzengesellschaften des Grünlandes sind Trockenrasen, Borstgrasrasen, Röhrichte und Großseggenriede sowie die Wirtschaftswiesen mit Fettwiesen, Feuchtwiesen und Weißkleeweiden.

66 | Mit welchem Ertrag ist bei einer Wiese zu rechnen?

Bei Wiesen schwankt die Nutzungsintensität von der ein- oder zweischürigen Wiese mit einem Ertrag von 25–50 dt Grüngut je Hektar mit 1000–2000 KStE (Kilo-Stärke-Einheiten = Maßeinheit für den Energiegehalt des Futters) bis hin zur mehrschnittigen Wiese, die bis zu 130 dt/ha mit 5000–7000 KStE bringt. Diese mehrfache Nutzung bis hin zu 5 oder 6 Schnitten ist nur über Silage- und vor allem die Cobsgewinnung (heißluftgetrocknetes und gepresstes Erntegut) zu erreichen.

67 | Was ist Heu, was Grummet?

Mit Heu wird der getrocknete erste Wiesenschnitt bezeichnet, mit Grummet das Trockengut aus den weiteren Schnitten.

68 | Was meint »Silieren«?

Das Konservieren von Grünfutter durch die Bildung natürlicher Säuren (Gärung) nennt man Silieren.

69 | Warum ist Heu für die Fütterung der Wiederkäuer so wichtig?

Es liefert Rohfaser und Struktur im Futter, die zur optimalen Pansenfunktion notwendig sind.

70 | Wird das Gras zuerst für Heu oder für Silage gemäht?

Heu wird später als Silage gemäht, es hat daher mehr Rohfaser, was sich günstiger bei der Wiederkäuerfütterung auswirkt (mehr zu Silage und Heu s. unter Feldfutter).

71 | Wann ist der ideale Schnittzeitpunkt zur Heubereitung?

Vor der Blüte der Gräser (Anfang Juni).

72 | Wie verläuft die Milchsäurevergärung?

Sogenannte Milchsäurebakterien bauen Kohlenhydrate aus dem Pflanzenmaterial zu Milchsäure ab. Die Konzentration der Milchsäure im

Silo tötet Schaderreger wie Schimmelpilze, Colibakterien, Butter- und Essigsäurebildner ab. Nach etwa 4–6 Wochen bei einem pH-Wert von rund 4 sterben die Milchsäurebakterien ab, die Gärung ist abgeschlossen und das Futter für eine längere Zeit verlustfrei haltbar.

73 | Was versteht man unter Waldweide?

Alte Weiderechte der Bauern im Bergwald, vor allem noch in Oberbayern.

74 | Was ist mit »Wald- und Weidetrennung« gemeint?

Die Ablösung von Weiderechten im Bergwald durch Abfindung in Geld oder durch das Bereitstellen entsprechender Lichtweideflächen (Weide außerhalb des Waldes).

75 | Welche Reifestadien durchläuft das Getreide?

Milchreife, Teigreife, Gelbreife, Vollreife, Totreife.

76 | Wann ist Getreide besonders durch Schalenwild gefährdet?

Ab der Teigreife, wenn das Korn in der Größe bereits ausgereift, innen jedoch noch teigig weich ist.

77 | Welche Hackfrucht wird vom Schwarzwild besonders geschädigt?

Vor allem Kartoffeln.

78 | Womit werden landwirtschaftliche Kulturen vorübergehend gegen Schwarz- und Rotwildschäden geschützt?

Überwiegend mit Elektrizäunen, ferner mit chemischen und akustischen Mitteln sowie durch Präsenz des Jägers.

79 | Bei welchen Feldfrüchten wirken sich im Frühjahr nach der Aussaat Wildschäden durch Schwarzwild besonders stark aus?

Bei Kartoffeln und Mais.

80 | In welchem Zeitraum sind Kartoffeln durch Wild besonders gefährdet?

Durch Schwarzwild unmittelbar nach dem Legen. Zwischen Saat und Blüte nimmt es die angefaulten, süßen Saatkartoffeln. Im Reifestadium bricht Schwarzwild nach Kartoffeln, Rotwild schlägt sie aus dem Boden.

81 | Welche Wildarten gehen im Raps zu Schaden?

Rapssaaten werden vor allem von Rehwild, Damwild und Wildkaninchen (am Rand) beäst, ferner vom Biber, von Wildgänsen und Schwänen. Später entstehen durch Rot-, Dam-, Muffel- und Schwarzwild vor allem Lager-, aber auch Fraßschäden.

82 | Welches Wild schädigt junge Maissaaten?

Schwarzwild, Fasane, Tauben und Rabenvögel nehmen Saatmais auf.

83 | Wer hinterlässt im Mais ähnliche Schadbilder wie Schwarzwild?

Der Dachs, allerdings in geringerem Ausmaß.

84 | Wer interessiert sich für Maiskolben ab der Milchreife?

Schwarzwild, Rotwild, Damwild, Rehwild, Dachs, Biber, Rabenvögel u. a.

85 | Welche Sekundärschäden hinterlässt Schalenwild in Feldkulturen?

Es entstehen Tritt- und Lagerschäden, die die Fraßschäden übersteigen können.

86 | Welche Wildarten können nennenswert Wintersaaten schädigen?

Wiederkäuendes Schalenwild, Kaninchen, Wildgänse und Schwäne.

Forstwirtschaft

Die Geschichte des Waldes

Wald ist ohne den Einfluss des Menschen das natürliche Schlussglied der Vegetationsentwicklung in Mitteleuropa. Lediglich extreme Lagen wie Moore oder Felsregionen des Hochgebirges tragen keinen Wald. Der Wald wurde bereits im Mittelalter von den siedelnden Menschen in den vielfältigsten Arten beansprucht und auch häufig »übernutzt«. Vorausschauende Forstleute haben in den Forstordnungen versucht, dem entgegenzuwirken. Der sächsische Oberberghauptmann Hans Carl von Carlowitz hat 1713 in seinem Buch »von der wilden Baumzucht« die nachhaltige Nutzung beschrieben. Das bedeutet, man solle nicht mehr Holz nutzen, als nachwächst.

Nicht nur das gestiegene ökologische Bewusstsein, auch die schleichende Klimaerwärmung erzwingt einen Umbau der Wälder.

Von Carlowitz gilt damit als Vater der heute viel beschworenen Nachhaltigkeit.

Obwohl die natürlichen »Waldgesellschaften« außerhalb der extremen Hochlagen überwiegend aus Laubbäumen bestehen, hat man bei der Wiederbewaldung meist die weniger anspruchsvollen und ertragreicheren Nadelbaumarten gewählt. Wald war bis zur Entdeckung von Kohle und Erdöl der wichtigste Energieträger für die Industrie, sei es zur Eisenverhüttung, zur Salzgewinnung oder zur Glasherstellung. Der Wald diente der Brenn- und Nutzholzversorgung in der Landwirtschaft, aber auch der Viehwirtschaft, z. B. durch Waldweide, Eichelmast, Laubheu- und Waldstreugewinnung.

Auch die Forstwirtschaft unterlag gewissen Modeerscheinungen und manche nach dem Wissensstand der jeweiligen Epoche nach bestem Wissen und Gewissen gefällte Entscheidung stellte sich im Nachhinein als Fehler heraus. So weiß man heute, dass Nadelholzreinbestände sehr anfällig sind. Beispiele hierfür sind der Kahlfraß von 1893 bis 1896 im Nürnberger Reichswald durch die Raupen des Kiefernspanners, riesige Waldbrände 1975 in Niedersachsen, die verheerenden Stürme, von »Vivian« und »Wiebke« im Frühjahr 1990 bis zu »Kyrill« im Jahr 2007 und »Niklas« im Jahr 2015.

Es gibt in Deutschland praktisch keine Urwälder mehr, aber Forstpolitik, Beratung und staatliche Förderung zielen auf eine naturnahe Forstwirtschaft ab. Sie ist langfristig die stabilste und damit auch ökonomischste Wirtschaftsweise. Die größere Menge an Holz wird dabei sicher auch künftig über die Nadelbäume (Fichte, Kiefer, Tanne, Lärche) erzeugt, aber durch Beimischung von Laubbäumen kann der Boden verbessert und können die Standfestigkeit des Bestandes und die Resistenz gegen Schädlinge erhöht werden. Auch in Mischbeständen sollen die Laubhölzer Wertholz liefern. Wer eine gewisse Vielfalt an Baumarten in seinem Wald anstrebt, kann flexibel auf den Holzmarkt reagieren und je nach Bedarf in sein »gut sortiertes Warenlager« greifen. Zwar sind die Wälder heutzutage auch Leidtragende des Klimawandels, aber sie können gleichfalls nennenswert zum Abbremsen des Temperaturanstiegs beitragen. Dies haben ausdrücklich auch die Vereinten Nationen festgestellt.

Allgemeines

Rechtliches: Unter Wald versteht man allgemein eine mit Waldbäumen (Forstpflanzen) bedeckte Grundfläche, die ein Eigenklima entwickelt. Rechtsgrundlage für die Waldbewirtschaftung in Deutschland sind die Waldgesetze. Das Bundeswaldgesetz ist ein Rahmengesetz. Die Bundesländer regeln innerhalb dieses Rahmens mittels eigener Waldgesetze individuell ihre Waldbehandlungsmaßnahmen. Über die Einhaltung der gesetzlichen Regeln wachen in erster Linie die Forstbehörden der Länder.

Zertifizierung: Über die gesetzlichen Grundlagen hinaus weist die deutsche Forstwirtschaft ihre Nachhaltigkeit, Zuverlässigkeit und Glaubwürdigkeit über die Zertifizierung überwiegend nach PEFC nach. PEFC steht für »Programm zur Anerkennung von Forstzertifizierungssystemen«. PEFC ist eine gemeinnützige,internationale, regierungsunabhängige Organisation und bietet ein durchgängiges System vom Wald bis zum Holzprodukt. Der Kunde kann sich ganz bewusst für nachhaltige Holzprodukte entscheiden. Neben PEFC gibt es weitere Zertifizierungssysteme, z. B. FSC oder Naturland.

PEFC™
PEFC/04-01-01

Einfluss der Jagd: Auch die Jagd hat Einfluss auf zertifizierte Wälder. Wenn durch Wildverbiss eine Artenverarmung in den Wäldern eintritt, verstößt dies gegen die Leitlinien von PEFC, der

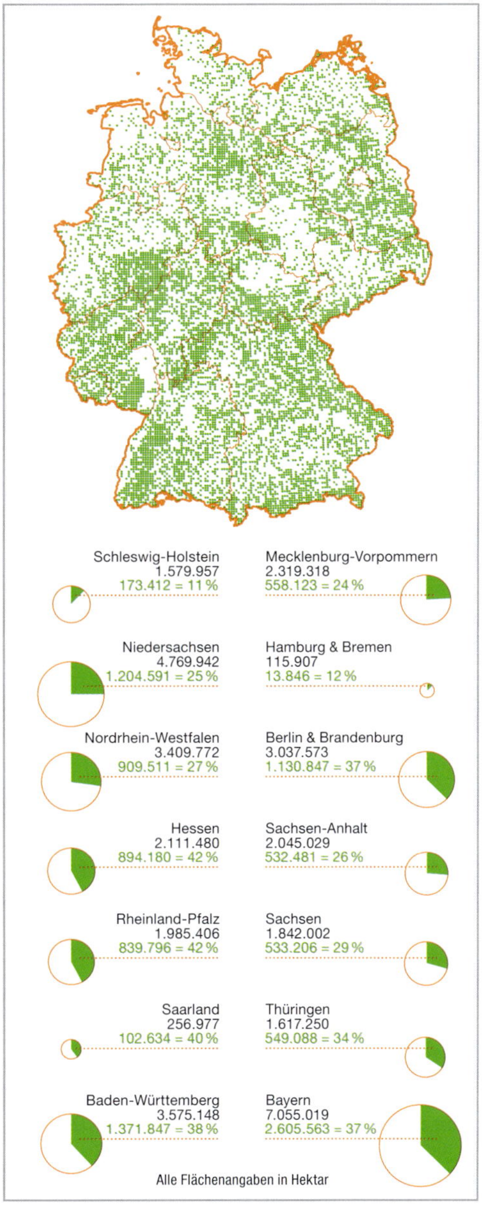

Fast ein Drittel Deutschlands ist bewaldet, allerdings mit deutlichen Unterschieden in den Bundesländern (Stand 2018).

Waldbesitzer würde die Anerkennung durch PEFC verlieren.

Aufgaben des Waldes: Der Wald hat ökonomische, ökologische und soziale Aufgaben. Er liefert den nachwachsenden und begehrten Rohstoff Holz, hat eine klimaausgleichende Wirkung, filtert Schadstoffe aus der Luft und schützt den Boden vor Erosion. Zusätzlich dient der Wald der Gesellschaft als Erholungsraum. Dem Wild bietet er Äsung und Deckung und schützt damit das ökologische Gleichgewicht.

Wirtschaftsfaktor Wald: Vor allem die bäuerliche Waldwirtschaft mit ihrer kleinteiligen Nutzung steht für Vielfalt. Heute gibt es in Deutschland rund 11,4 Mio. ha Wald, das ist fast ein Drittel (32 %) der Landesfläche. Die Waldfläche ist von 2002 bis 2012 (letzte Erhebung) um 50.000 ha oder 0,4 % gewachsen. Knapp die Hälfte der deutschen Wälder (48 % inklusive Treuhandflächen) befindet sich im Privateigentum. Etwa ein Drittel (33 %) ist Staatswald und ein Fünftel (19 %) ist Körperschaftswald, gehört also Kommunen, Kirchen oder sogenannten Waldkörperschaften.

Der Holzvorrat in den deutschen Wäldern beträgt 3,7 Milliarden Kubikmeter, er verteilt sich auf rund 90 Milliarden Bäume. Jährlich wachsen rund 120 Mio. m^3 Holz zu. Davon werden rund 76 Mio. genutzt. In der Forst- und Holzbranche sind bundesweit 1,1 Millionen Menschen beschäftigt. Sie erzielt einen Jahresumsatz in Höhe von 177 Milliarden Euro und ist damit ein wichtiger Wirtschaftszweig.

Die Wälder werden im Sinne der geregelten Forstwirtschaft gepflegt und beerntet. Sie baut auf die Grundsätze der Nachhaltigkeit. Die Waldeigentümer in Deutschland haben sich der multifunktionalen Forstwirtschaft verschrieben. Sie erfüllen damit sämtliche Funktionen des Waldes, also die Nutz-, Schutz- und Erholungsfunktionen auf ein und derselben Fläche.

Forstbetriebsgemeinschaften und andere Zusammenschlüsse: Das private Waldeigentum – es gibt rund 2 Millionen Waldbesitzer in Deutschland – ist breit gestreut. Im Durchschnitt entfallen auf einen Waldbesitzer rund 2,5 ha Waldbesitz. Um die Nachteile der kleinen Flächen auszugleichen, haben sich die Waldbesitzer in freiwilligen, privatrechtlichen Zusammenschlüssen, den Forstbetriebsgemeinschaften oder Waldbesitzervereinigungen, meist auf Landkreisebene organisiert. Ziel ist es, gemeinsam Holz zu vermarkten, Pflanz- und Zaunbaumaterial zu beziehen, Forstwege zu bauen und überbetrieblich Maschinen und Geräte einzusetzen. Hinzu kommen Information und Weiterbildung der Waldbesitzer. Die Zusammenschlüsse übernehmen durch Pflegeverträge auch die Bewirtschaftung und Pflege von Wäldern ihrer Mitglieder.

Eine weitere Ebene der Zusammenarbeit sind die Forstwirtschaftlichen Vereinigungen, freiwillige Zusammenschlüsse von anerkannten Forstbetriebsgemeinschaften und ähnlichen Zusammenschlüssen. Sie fördern die Holzverwertung, den gemeinsamen Maschineneinsatz und beteiligen sich an der forstlichen Rahmenplanung. Die Zusammenschlüsse sind vorrangig wirtschaftlich ausgerichtet. Politische Berufsvertretung sind die Waldbesitzerverbände und die Bauernverbände.

Schutzfaktor Wald: Zum Wohle der Gesellschaft hat der Wald zahlreiche Schutzfunktionen zu erfüllen: Wasserschutz, Bodenschutz, Lawinenschutz, Klimaschutz, Immissionsschutz, Lärmschutz, Sichtschutz, Straßenschutz.

Bodenschutzwälder sollen auf zur Erosion (Bodenabschwemmung) neigenden Steilhängen Bodenabtrag und Muren verhindern. Wälder können das Auslösen von Lawinen verhindern oder sie zum Stillstand bringen, bevor sie Siedlungen oder Straßen verschütten. Das Gleiche gilt für den Steinschlag. Bei diesen Schutzfunktionen ist es besonders wichtig, eine dauernde

Funktionen des Waldes

Schutzfunktionen:	Produktion:
Klimaschutz	Holzproduktion
Windschutz	– Wertholz (Furniere, Möbelholz. Instrumentenholz)
Hochwasserschutz	– Bauholz
Steinschlagschutz	– Industrieholz (Platten, Papier)
Lawinenschutz	– Brennholz
Lärmschutz	Christbaumproduktion
Luftfilterfunktion	Schmuckreisigproduktion
Erholungsfunktion	Harzgewinnung (nicht mehr aktuell)
Bodenschutz	Gerbrindengewinnung (nicht mehr aktuell)
Immisionsschutz	Futtergewinnung (nicht mehr aktuell)

Bestockung der Fläche ohne Kahlflächen zu gewährleisten. Dies wird durch eine einzelstammweise Nutzung erreicht.

Immissionsschutz- und Lärmschutzwälder sollen bei Industrieansiedlungen sowie entlang von Straßen und Autobahnen gezielt abschirmen, filtern und ausgleichen. Der Lärm von Verkehrswegen und Industrieanlagen kann bis zu einem Drittel vermindert werden. Häufig werden in den Wäldern Brunnen angelegt und Wasserschutzgebiete ausgewiesen, weil die Bäume und die Waldböden das Wasser filtern und so dem Wasserschutz dienen.

Erholungsfaktor Wald: In Deutschland darf jeder den Wald zur Erholung – auf eigene Gefahr – betreten und die Menschen nutzen die Wälder intensiv für Freizeitaktivitäten. Die Wälder erfüllen also in erheblichem Ausmaß Erholungsfunktionen. Um die Interessen der »Waldbesucher« mit den Belangen der Grundeigentümer und der Jagdausübungsberechtigten in Einklang zu bringen, sind Ordnungsmaßnahmen notwendig. Der Staat will durch Förderung der Forstwirtschaft einen Ausgleich der Interessen zwischen der Gesellschaft und den privaten Waldbesitzern herbeiführen.

Bäume

Wie funktioniert ein Baum? Bäume sind lebende Wesen. Ihr Erscheinungsbild hängt vom Standort, von ihrer Umgebung und der Pflege durch den Menschen ab. Der Baum besteht aus drei Hauptteilen: den Wurzeln, dem Stamm und der Krone.

Die **Wurzeln** verankern den Baum im Boden. Haupt- und Feinwurzeln versorgen ihn außerdem mit Wasser und Nährstoffen. Verschiedene Baumarten bilden unterschiedliche Wurzelsysteme aus. Den besten Halt im Boden bieten Pfahlwurzelsysteme, bei denen eine Haupt- oder Pfahlwurzel tief in den Boden reicht. Zu den Pfahlwurzlern zählen Kiefer und Eiche. Bei den Herzwurzlern gehen mehrere Hauptwurzeln eher in die Tiefe. Herzwurzler sind z. B. die Rotbuche, Berg- und Spitzahorn, Linde und Tanne. Bei den Flachwurzlern wachsen auch die Hauptwurzeln oberflächennah nach außen. Ein typischer Flachwurzler, man spricht auch von Tellerwurzlern, ist die Fichte.

Der **Stamm** ist durch seinen ausgeklügelten statischen Aufbau ein höchst belastbares Element.

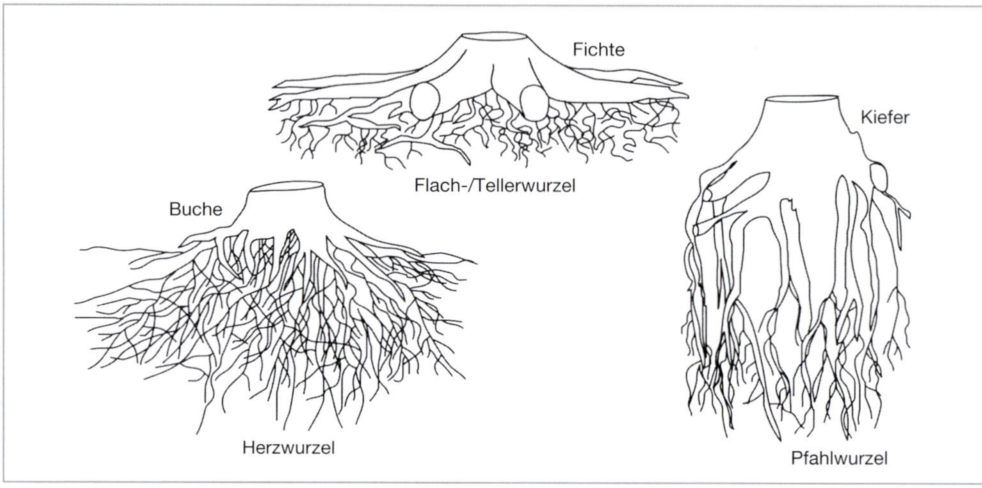

Wurzelformen einiger Waldbäume

Die besonderen Eigenschaften des Holzes hinsichtlich Druck-, Zug- und Biegefestigkeit werden in dieser Form von keinem anderen Material erreicht. Dem Stamm gilt bevorzugt das forstbetriebliche Interesse. Er bringt das meiste Geld.

Der Stamm besteht aus Borke oder Rinde, Bast, Kambium, Splintholz und Kernholz.

Die **Rinde** umgibt den Stamm und schützt ihn vor äußeren Einflüssen. Sie ist gleichzeitig die

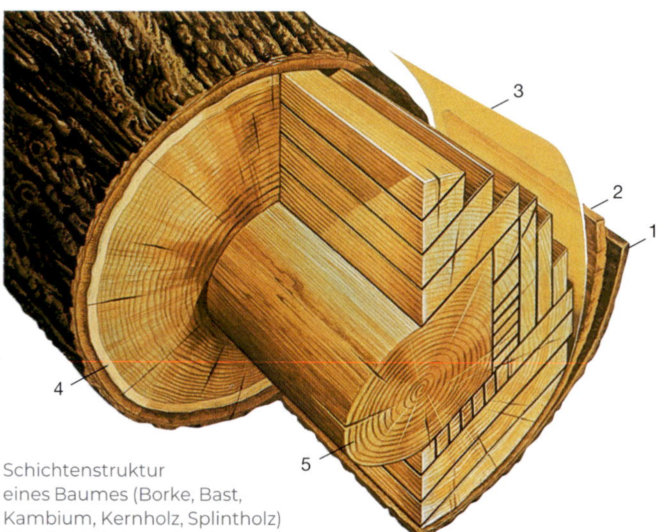

Schichtenstruktur eines Baumes (Borke, Bast, Kambium, Kernholz, Splintholz) (Quelle: Holzabsatzfonds, Bonn)

1 Borke (Rinde) als Schutz nach außen

2 Bast, transportiert alle lebensnotwendigen Nährstoffe

3 Kambium, die dünne Wachstumszone des Stammes (nach außen Bast und Borke, nach innen Holz)

4 Splintholzbereich, regelt den Wasserhaushalt, enthält das feine Leitungs- und Speichersystem

5 Kernholzbereich, die harte Stütze des Stammes

Haut und das Gesicht des Baumes. Bei Verletzungen der Rinde können Pilze eintreten, die das Holz zerstören und damit entwerten.

Zwischen Rinde und Holz liegt das Kambium, die Wachstumszone des Stammes. Von dort aus werden nach außen hin Bast und Rinde, nach innen Holz gebildet. Die jährlich während der Vegetationsperiode gebildeten Holzzellen lassen sich als Jahresringe erkennen. Am gefällten Stamm kann man über die Jahresringe seine »Lebensgeschichte« und sein tatsächliches Alter ablesen.

Die **Krone** ist das »Kraftwerk« des Baumes. Dort läuft die Fotosynthese ab: In den Blättern und Nadeln entstehen mithilfe von Blattgrün (Chlorophyll) und Sonnenlicht aus Wasser und dem Kohlendioxid der Luft Zucker und Sauerstoff. Zucker ist Energiespender und Grundbaustoff für die Pflanzen. Blätter und Nadeln verdunsten Wasser, sodass über die Wurzeln aus dem Boden Wasser mit darin gelösten Mineralsalzen nachgesogen wird. Bäume mit einer großen Krone erreichen eine höhere Fotosyntheseleistung und bringen mehr Zuwachs. Die Größe der Krone kann der Waldeigentümer durch die Waldpflege (Durchforstung) beeinflussen.

Der Waldeigentümer kann über die Bewirtschaftung das Verhältnis von Wurzeln, Stamm und Krone zueinander und damit die Standfestigkeit des Baumes beeinflussen. Das Verhältnis der Baumhöhe (in m) zum Stammdurchmesser in Brusthöhe (in cm) wird als HD-Verhältnis bezeichnet. Es drückt die Stabilität des Baumes sehr gut aus. Hohe Bäume mit dünnem Stamm (HD-Verhältnis > 1) sind weniger stabil als niedrigere Bäume mit dickem Stamm (HD-Verhältnis < 1). Ein Baum mit 24 m Höhe und 20 cm Stammdurchmesser (HD-Verhältnis 1,2) ist demzufolge weniger stabil als ein Baum mit 24 m Höhe und 30 cm Stammdurchmesser (HD-Verhältnis 0,8).

Baumarten

Fichte *(Picea abies)*

Der Brotbaum der Waldbesitzer ist die Fichte, wegen ihrer rötlich braunen Rinde auch »Rottanne« genannt. Hinzu kommt, dass im lateinischen Namen *abies* (= Tanne) vorkommt, dabei hat die Fichte mit der Tanne nichts gemein, außer dass beide Nadelbäume sind. Die Fichte ist waldbaulich einfach zu behandeln und bringt große Massenleistung. Deshalb erreicht sie eine hohe Wirtschaftlichkeit und ist die am weitesten verbreitete Baumart in Deutschland. Ihr natürliches Verbreitungsgebiet dagegen liegt in den Gebirgen Europas, wo sie meist in Höhen über 800 m bestandsbildend auftrat und vielfach die Waldgrenze erreichte.

Ihre Ansprüche an die Nährstoffe und an die Wärme sind bescheiden. Sie mag jedoch gute bis ausreichend feuchte Standorte mit lockeren und humosen Böden und Jahresniederschlägen von 600–800 mm. Im Jugendstadium kommt sie mit wenig Licht aus, mit zunehmendem Alter steigt ihr Lichtbedürfnis. Die Fichte trägt etwa 5–6 Nadeljahrgänge, im Hochgebirge bis zu 10. Die Zapfen hängen an den Zweigen und fallen nach der Reife und dem Samenabwurf geschlossen ab.

Bei der Erstaufforstung neigt die Fichte zu Rotfäule. Sie ist auf flachgründigen Standorten und im Reinbestand durch Windwurf und Schädlingsbefall gefährdet. Aufgrund ihrer positiven waldbaulichen Eigenschaften wurde die Fichte häufig auf nicht optimalen Standorten angebaut. Deshalb und weil sie nur flach wurzelt, leidet sie unter dem Klimawandel (mehr Stürme und Sommertrockenheit) stärker.

Weiß-Tanne *(Abies alba)*

Hauptverbreitungsgebiet der Tanne (botanisch korrekt: Weiß-Tanne) sind der Alpenraum, der

Fichte
Natürliche Verbreitung in montaner bis subalpiner Lage. Höhe 30–40 (50) m. Standortansprüche gering, von frisch bis nass, von basenreich bis stark sauer. Halbschattbaumart. Flachwurzler. Lebensdauer der Nadeln 5–12 Jahre. Zapfen hängend. Samenreife September bis November. Umtriebszeit 80–100 Jahre. Verwertung: Bauholz, Industrieholz, Brennholz. Wichtigste Wirtschaftsbaumart.

Tanne
Natürliche Verbreitung von 400–1800 m. Höhe 30–50 m. Standortansprüche: frische, nährstoffreiche, mittel- bis tiefgründige Böden, hohe Luftfeuchtigkeit. Schattbaumart. Herzwurzler. Lebensdauer der Nadeln 8–10 Jahre. Zapfen stehend. Zerfallen nach der Samenreife zur Aussaat. Nadeln unterseitig Silberstreifen. Umtriebszeit 120 Jahre. Verwertung: Bauholz, Industrieholz, Brennholz, Weihnachtsbäume, Schmuckreisig.

Douglasie
Herkunft Nordamerika. Vor der Eiszeit auch bei uns heimisch. Höhe bis 60 m. Standortansprüche: tiefgründige, feuchte, nährstoffreiche, lehmige Böden, regenreiche Klimalagen. Halbschattbaumart. Herzwurzler. Nadeln weich, duftend, Lebensdauer 6–8 Jahre. Kleine, hängende Zapfen. Umtriebszeit 80 Jahre. Verwertung: Bauholz, Industrieholz, Brennholz, Schmuckreisig.

Kiefer
Vom Tiefland bis in 1600 m Höhe. Wuchshöhe bis 40 m. Standortansprüche: mäßig trocken bis nass, kalkhaltig bis sauer, Lehm-, Sand-, Kies- und Torfböden. Lichtbaumart. Pfahlwurzler. Lebensdauer der Nadeln 2–3 Jahre, paarweise angeordnet. Zapfen hängend. Samen reifen erst im 2. Jahr. Umtriebszeit 120–140 Jahre. Verwertung: Bauholz, Möbelholz, Industrieholz, Brennholz.

Europäische Lärche
Natürliche Verbreitung in Gebirgslagen bis über die Waldgrenze. Höhe bis 40 m. Standortansprüche: frische, nährstoffreiche, lehmig-tonige, auch sandige Böden, Kalk wie Urgestein, lufttrockene, winterkalte Lagen. Lichtbaumart. Herzwurzler. Zapfen stehend, bleiben 2–3 Jahre am Baum. Nadeln weich, büschelweise, nur im Sommer. Umtriebszeit 100–140 Jahre. Verwertung: Möbelholz, Innenausbau, Fußböden.

Eichen
Trauben-Eiche (TE) vom Tiefland bis in 700 m, Stiel-Eiche (SE) bis in 1000 m. Wuchshöhe bis 30 m. Standortansprüche: TE trockene, wärmere Standorte, SE tiefgründige nährstoffreiche Böden mit hoher Bodenfeuchtigkeit. Lichtbaumart. Pfahlwurzelsystem. Blüte April/Mai, Fruchtreife September/Oktober. Umtriebszeit für Schnittholz 150–180 Jahre, für Furnierholz 250–300 Jahre. Alter bis 800 Jahre und darüber.

Rot-Buche
Vom Tiefland bis in 1600 m Höhe. Wuchshöhe 25–30 m. Standortansprüche: lockere, mittel- bis tiefgründige, steinige, kalkhaltige bis mäßig saure Lehmböden. Schattbaumart. Herzwurzler. Blüte April/Mai. Samenreife September/Oktober. Fruchtet in mehrjährigen Intervallen. Umtriebszeit 120–140 Jahre. Verwendung: Möbelholz, Böden, Innenausbau, Industrieholz, Brennholz.

Hainbuche
Vom Tiefland bis in 700 (1000) m Höhe. Wuchshöhe bis 25 m. Standortansprüche: mäßig nährstoffreiche, tiefgründige, frische, saure, sandige bis steinige Lehmböden, kalkfeindlich. Halbschattbaumart. Herzwurzler. Blütezeit Juni. Samenreife September/Oktober. Umtriebszeit 70–80 Jahre. Verwendung: sehr hartes Holz für Werkzeugherstellung, Industrieholz, Brennholz.

Schwarzwald, der Bayerische und der Thüringer Wald mit tiefgründigen, feuchten Böden. Die Tanne liebt ein kontinuierlich feuchtes Klima und Jahresniederschläge über 800 mm. Sie ist eine ausgesprochene Schattbaumart und bringt auf günstigen Standorten eine hohe Massenleistung. Wegen ihrer Schattenverträglichkeit ist die Tanne ein unverzichtbares Glied in der Plenterwaldwirtschaft (s. Seite 806). Sie kann lange im Unterstand verweilen und bildet bei Lichtstellung auch im hohen Alter noch eine größere Krone. Die Tanne hat ein langsames Jugendwachstum. Sie ist dadurch im Sämlings- und Pflanzenstadium besonders gefährdet durch Wildverbiss. Die Krone bildet im Alter eine Storchennestform. Die Zapfen der Tanne stehen aufrecht, nach dem Abfall der Schuppen bleiben die Zapfenspindeln stehen. Es besteht eine hohe Empfindlichkeit gegen Luftschadstoffe. Vor allem Schwefel machte ihr in den 1980er- und 1990er-Jahren zu schaffen.

Douglasie *(Pseudotsuga menziesii)*

Die Douglasie stammt aus Nordamerika. Seit etwa 140 Jahren wird sie in Deutschland mit Erfolg angebaut. Sie liebt frische und tiefgründige Böden. Wegen ihres enormen, raschen und anhaltenden Jugendwachstums eignet sich die Douglasie zur Ergänzung lückiger älterer Kulturen. Ein stabiles Herzwurzelsystem macht sie deutlich standfester als die Fichte.

Wald-Kiefer *(Pinus sylvestris)*

Die Kiefer, auch Föhre, Waldkiefer oder Gemeine Kiefer genannt, kommt vor allem auf sandigen und kargen Böden der Norddeutschen Tiefebene, Nordbayerns, Brandenburgs und des Pfälzer- und Odenwaldes vor. Sie ist sehr lichtbedürftig. Ihre tiefe Pfahlwurzel macht sie standfest. Sie eignet sich daher auch als Überhälter (s. Seite 804). Ihr Stamm ist im unteren Teil von einer starken schuppigen Rinde umgeben. Im oberen Drittel ist die Rinde rötlich hell und glatt, weshalb sie auch Spiegelrinde genannt wird. Die 3–5 cm langen Nadeln sind paarweise angeordnet, man findet davon an einem gesunden Baum 3–4 Jahrgänge. Durch Schneebruch, Schüttepilz, Hallimasch, Rüsselkäfer, Kiefernspanner, Kieferneule und Buschhornblattwespe ist die Kiefer sehr gefährdet. Als weitere Kiefernart kommt bei uns auch die Schwarz-Kiefer *(Pinus nigra)* vor.

Europäische Lärche *(Larix decidua)*

Die Europäische Lärche bevorzugt gut durchlüftete, nährstoffreiche, kiesige Böden. Als Lichtholzart liebt sie den Kopf frei und den Fuß bedeckt. Kuppen und Oberhänge sowie südliche Bestandsränder sind geeignete Standorte. Da sie ein Herzwurzelsystem besitzt, das ihr Stabilität gibt, eignet sie sich als Überhälter zur Wertholzerzeugung. Häufig wird die Lärche mit Buche unterbaut, das hilft, die schwer zersetzbare Streu der Lärche zu bewältigen. Die Nadeln der Lärche sitzen büschelweise auf Kurztrieben, an den Langtrieben sind sie dagegen einzeln spiralig angeordnet. Die Nadeln fallen im Herbst ab. Die kleinen, runden Zapfen bleiben nach der Samenreifen noch 2–3 Jahre am Baum.

Neben der Europäischen Lärche wird in Deutschland auch die **Japanische Lärche** *(Larix kaempferi)* angebaut, die in der Jugend sehr schnell wächst, dann aber nachlässt. Sie kann bereits nach 60–80 Jahren geerntet werden. Das Holz der Japanischen Lärche ist wegen der weiten Jahresringe nicht so vielseitig verwendbar wie das der Europäischen.

Eichen *(Quercus* spec.)

In Deutschland sind die **Stiel-Eiche** *(Q. robur)* und die **Trauben-Eiche** *(Q. petraea)* heimisch. Die **Rot-Eiche** *(Q. rubra)* stammt aus Nordamerika. Die heimischen Eichen sind Lichtbaumarten, lieben die Wärme und gedeihen kaum über einer Höhe von 650 m. Durch ihr Pfahlwurzelsystem hat die Eiche eine hohe Standfestigkeit. Die Eiche wird zur Wertholzerzeugung genutzt.

Die **Stiel-Eiche**, auch Deutsche Eiche genannt, hat kurz gestielte Blätter mit einem oft unregelmäßigen Blattgrund. Dieser ist geöhrt, d. h. mit 2 Lappen oder Anhängseln (Öhrchen) versehen. Die Eicheln sitzen an einem langen Stiel. Die Stiel-Eiche bevorzugt tiefgründige, nährstoffreiche Böden des Auwaldes und der Niederungen mit hoher Bodenfeuchtigkeit. Ihre Früchte, die Eicheln (botanisch: Nüsse), werden sehr gerne von Wildtieren aufgenommen.

Bei der **Trauben-Eiche** sitzen die Blätter an einem langen Stiel, das Blatt geht keilförmig in den Blattstiel über und hat einen regelmäßigen Umriss. Die Eicheln sitzen in Trauben am Zweig. Sie liebt trockenere Standorte und ist in wärmeren Lagen des Berg- und Hügellandes zu finden.

Rot-Buche *(Fagus sylvatica)*

Die Rot-Buche ist die »Mutter des Waldes«. Diese Auszeichnung verdient sie, weil sie mit ihrer Laubstreu ganz entscheidend zur Bodenverbesserung beiträgt. Die Rot-Buche ist eine Schattbaumart und daher unverzichtbar in der Plenterwaldwirtschaft. Sie bevorzugt tiefgründige, nährstoffreiche Kalkböden.

Bei der Buche ist natürliche Verjüngung sehr gut möglich. In der Jugend ist auf Dichtschluss zu achten, d. h., die Bäumchen stehen so eng aneinander, dass eine frühe Astreinigung erreicht wird. Die Früchte, die Bucheckern, sind dreieckig und braun. Sie fallen im Herbst aus einer stacheligen Einhäusung zu Boden. Mit einer intensiven Fruchtbildung, einer »Vollmast«, kann man alle 5–12 Jahre rechnen. Dazwischen ist eine »Sprengmast« (die Buchen tragen Früchte, aber nicht so intensiv) möglich. Bucheckern werden von Mäusen, aber auch allen Schalenwildarten gerne angenommen. Bei Schwarzwild beeinflussen »Mastjahre« wesentlich den Bestandszuwachs.

Hainbuche *(Carpinus betulus)*

Die Hainbuche (Weißbuche) gehört nicht zu den Buchen, sondern zu den Birkengewächsen. Sie ist eine dienende (s. Seite 798) Baumart, erreicht nur eine Höhe von etwa 25 m und wird wegen der extremen Schattenverträglichkeit im Unter- und Zwischenstand z. B. mit herrschenden Werteichen gemischt. Ihre Frucht befindet sich als Nuss an der Basis eines dreilappigen Deckblattes.

Erlen *(Alnus* spec.)

Die **Schwarz- oder Rot-Erle** *(Alnus glutinosa)*, die **Grau- oder Weiß-Erle** *(Alnus incana)* und die **Grün-Erle** *(Alnus viridis)* kommen in Deutschland autochthon (heimisch) vor. Wirtschaftliche Bedeutung hat aber nur die Schwarz-Erle. Sie wächst an Bächen und Flüssen und ist wegen ihrer großen Anpassungsfähigkeit weitverbreitet. Der Luftaustausch geschieht über weite Krokporen (Lentizellen) an der Stammbasis und den oberflächennahen Wurzeln, sodass auch unter Wasser liegende Wurzeln mit Sauerstoff versorgt werden. So können die Wurzeln den vernässten Untergrund tief erschließen. Das Laub der Schwarzerle zersetzt sich sehr leicht und verbessert den Boden. Ebenfalls positiv wirkt sich aus, dass die Schwarzerle ein Stickstoffsammler ist.

Blütenstand der Hainbuche

Schwarz-Erle
Vom Tiefland bis in 800 m Höhe. Wuchshöhe bis 25 m. Standortansprüche: tiefgründige, auch staunasse, nährstoffreiche, kalkarme Lehm-, Ton- und Kiesböden. Herzwurzler, Stickstoffsammler, Uferfestiger. Blätter leicht verrottbar, bodenverbessernd. Samen in Zapfen sitzend. Umtriebszeit 60–80 Jahre. Verwendung: Möbelholz, Schnitzholz, Wasserbau, Industrieholz. Geringere Verbreitung haben Grau- und Grün-Erle.

Berg-Ahorn
Vom Tiefland bis in 1600 m Höhe. Wuchshöhe bis 35 m. Standortansprüche: nährstoffreiche, tiefgründige, lockere und frische bis sickerfeuchte Böden. Halbschattbaumart. Herzwurzler. Blütezeit April/Mai. Samenreife September/Oktober. Umtriebszeit 100–140 Jahre. Verwendung: Möbelholz, Innenausbau, Instrumentenholz, Brennholz. Geringere Verbreitung haben Spitz-Ahorn und Feld-Ahorn.

Esche
Vom Tiefland bis in 1000 m Höhe. Wuchshöhe bis 40 m. Standortansprüche: lockere, nährstoff- und basenreiche bis mäßig saure, feuchte Böden, auch flachgründige Ton- und Lehmböden. Leitbaumart im Auwald. Lichtbedürftig. Pfahlwurzeler. Blütezeit Mai. Samenreife September/Oktober. Umtriebszeit 90–100 Jahre. Verwendung: Möbelholz, Innenausbau, Böden, Furnierholz, Industrieholz, Brennholz.

Linden
Sommer-Linde (SL) vom Hügelland bis in 1500 m, Winter-Linde (WL) bis in 1000 m Höhe. Wuchshöhe bis 40 m. Standortansprüche: frische, nährstoffreiche, kalkhaltige bis mäßig saure steinige Lehmböden. Schattenbaumarten. Herzwurzler. Blütezeit Juni/Juli, Samenreife September. Umtriebszeit 100–120 Jahre. Verwendung: Möbelholz, Instrumentenbau, Spielwarenfertigung, Schnitzerei, Drechslerei.

Sand-Birke
Vom Tiefland bis in 1900 m Höhe. Wuchshöhe bis 25 m. Standortansprüche: mäßig nährstoffreiche, feuchte bis trockene, eher saure Lehm-, Sand- und Steinböden. Lichtbaumart. Flachwurzler. Pionierbaum. Weibliche und männliche Blüten getrennt (Kätzchen). Samenreife August/September. Umtriebszeit 60–80 Jahre. Verwendung: Möbelholz, Innenausbau, Spielwaren, Industrieholz, Kaminholz.

Silber-Pappel
Natürliches Vorkommen im Tiefland. Wuchshöhe bis 30 m. Standortansprüche: Baum der Hartholzaue, nährstoff- und basenreiche Sand- und Lehmböden. Lichtbaumart. Wurzelsystem variabel. Umtriebszeit 50–60 Jahre, aber forstlich ohne Bedeutung, da durch Hybridpappeln verdrängt. Verwendung: Möbelholz, Prothesen-, Zündholz- und Palettenherstellung, Industrieholz, Papierholz.

Wegen ihres raschen Jugendwachstums eignet sich die Schwarzerle außerdem als Vorwald zum Schutz frostempfindlicher Baumarten.

Grau- und Grün-Erle sind ebenfalls Pionierbaumarten und werden vorwiegend zur Stabilisierung von Bergrutschflächen eingesetzt.

Ahorne *(Acer* spec.)

Es gibt in Deutschland drei autochthone Ahornarten, den **Berg-Ahorn** *(Acer pseudoplatanus)*, den **Spitz-Ahorn** *(Acer platanoides)* und den **Feld-Ahorn** *(Acer campestre)*, wobei der Berg-Ahorn am weitesten verbreitet ist. Er liebt nährstoffreiche, tiefgründige, lockere und frische Böden und gedeiht im Halbschatten. Berg-Ahorn lässt sich in der Regel leicht als Mischbaumart etablieren, da er eine üppige Naturverjüngung bringt. Durch Wildverbiss stark gefährdet.

Gewöhnliche Esche *(Fraxinus excelsior)*

Als Hauptbaumart bzw. Edellaubholz ist bei uns die Gewöhnliche Esche verbreitet. Siebevorzugt frische tiefgründige humose Böden (z. B. Auwälder). Sie hat ein tiefreichendes Pfahlwurzelsystem. In der Jugend ist sie für eine Überschirmung gegen Frost dankbar. Im Alter will sie viel Kronenfreiheit.

Als Nebenbaumart findet sich die **Eberesche** oder **Vogelbeere** *(Sorbus aucuparia)*, die aber zu den Rosengewächsen (Rosaceae) gehört und mit der Esche nicht verwandt ist. Die Eberesche hat als Pionierbaumart eher dienende Funktion. Weil sie stark verbissgefährdet ist, kann sie als Weiserpflanze für Wildverbiss herangezogen werden.

Weitere Baumarten

Daneben gibt es noch eine Reihe weiterer Baumarten, die forstlich genutzt werden. Dazu gehören die **Linden**, die **Pappeln** sowie die **Birken.** In Deutschland sind die **Winter-** *(Tilia cordata)* und die **Sommer-Linde** *(Tilia platyphyllos)* heimisch. Sie finden sich häufig als Straßenbäume.

Das recht weiche Holz der bis zu 40 m hoch werdenden Linden wird gerne in der Holzschnitzerei und im Möbelbau verwendet.

Die **Sand-** oder **Hänge-Birke** *(Betula pendula)* ist ein schnell wachsender Baum, der bis zu 25 m hoch werden kann. Charakteristisch ist die weiße Rinde dieser Lichtbaumart. Ihre Ansprüche an den Boden und das Klima sind gering – sie gilt als Pionierbaumart.

Als einzelne Exemplare und weniger für die Bestandsbildung von Interesse sind die Wildobstarten **Vogelkirsche** *(Prunus avium)*, **Wildbirne** *(Pyrus pyraster)*, **Elsbeere** *(Sorbus torminalis)* und **Speierling** *(Sorbus domesticus)*.

Forstlich interessant können auch die Weidenarten **Sal-Weide** *(Salix caprea)*, **Silber-Weide** *(Salix alba)* und **Korb-Weide** *(Salix viminalsi)* sowie die Pappelarten, u. a. die **Silber-Pappel** *(Populus alba)*, sein. Weiden und Pappeln eignen sich für Energiewälder, auch Kurzumtriebsplantagen genannt. Begründet werden sie aus Stecklingen, das sind Abschnitte junger Triebe. Der Aufwuchs wird alle 3–5 Jahre geerntet und zu Hackschnitzeln gehäckselt. Danach regenerieren sich die Bestände über Stockausschlag (s. Seite 798). Kurzumtriebsplantagen sind aber kein Wald im Sinne des Waldgesetzes, sondern werden als landwirtschaftliche Kulturen eingestuft. Das ist im Hinblick auf die Regelungen beim Wildschadenersatz wichtig.

Einteilung der Baumarten

Es gibt aus waldbaulicher Sicht eine ganze Reihe von Kriterien, nach denen sich die Baumarten einteilen lassen.

Als **Hauptbaumarten** bezeichnet man vorherrschende Baumarten, die sowohl im einzelnen Mischbestand als auch im Forstbetrieb den Produktionszeitraum bestimmen. **Nebenbaumarten** (auch dienende Baumarten genannt) dagegen sind Mischbaumarten von geringem Mischungsanteil ohne wesentliche Bedeutung für das Bestandsgefüge. Ein Beispiel ist die Beimischung der Hainbuche bei der Werteichen-Wirtschaft.

Baumarten, die in natürlichen Entwicklungsprozessen Freiflächen als Erste besiedeln, nennt man **Pionierbaumarten**. Dazu gehören Erle, Weide, Espe, Eberesche, Birke, Kiefer und Robinie. Sie haben besonders geringe Ansprüche an die Wasser- und Nährstoffversorgung und kommen auch unter ungünstigen Boden- und Klimabedingungen zurecht, brauchen aber häufig viel Licht.

Laubbaumarten, die gegenüber dem Standort in Hinblick auf Nährstoffreichtum und Wasserversorgung anspruchsvoller sind, bezeichnet man als **Edellaubbaumarten**. Dazu gehören die Eschen, die Ahorne, die Ulmen und die Vogelkirsche.

Das Lichtbedürfnis ist ein wichtiges Kriterium im Waldbau. Typische **Lichtbaumarten** sind Lärchen, Kiefern, Eichen und Birken. Im Gegensatz dazu stehen die **Schattbaumarten**, die vor allem im Jugendstadium tolerant gegen Beschattung sind und auch unter einem geschlossenen Kronendach gedeihen können. Typische Schattbaumarten sind Tanne, Buche und Eibe. Zwischen den Licht- und Schattbaumarten stehen die sogenannten **Halbschattbaumarten.** Dazu zählen die Fichte und die Ahorne.

Als **nicht autochthone Baumarten** bezeichnet man Arten, die entwicklungsgeschichtlich nicht am Standort entstanden sind. Dazu zählen Douglasie, Rot-Eiche, Küsten-Tanne, Weymouth-Kiefer und Japanische Lärche.

Masttragende Baumarten: Als masttragende Baumarten bezeichnet man Eiche, Buche, Wildobstbäume, Ebereschen und Kastanien. Wenn diese Baumarten in einem Jahr viele Früchte bilden, spricht man auch von einem Mastjahr.

Holzeigenschaften: Die Holzeigenschaften der Waldbäume unterscheiden sich deutlich voneinander. Jede Baumart hat dabei ihre Besonderheiten. Im Groben unterscheidet man zwischen Hartholz und Weichholz. Zu den Harthölzern zählen Eichen, Rot-Buche und Hainbuche. Zu den Weichhölzern gehören Linden, Erlenarten und Pappeln sowie die meisten Nadelbaumarten.

Als **Totholz** bezeichnet man Holz von abgestorbenen Bäumen, das im Wald verbleibt. Totholz, besonders von starken Laubbäumen, ist Lebensraum für viele gefährdete Tier- und Pflanzenarten.

Der Standort: Die Temperaturen und der Temperaturverlauf, die Niederschläge und deren Verteilung, der Boden, die Höhenlage und die Hangneigung beschreiben den Standort für Waldbäume. Sie sind entscheidende Faktoren für das Wachstum. Die einzelnen Baumarten stellen unterschiedliche Ansprüche an den Standort. Eine Erfassung der forstlichen Standortfaktoren, die sogenannte Standorterkundung, soll den Waldbesitzern fachliche Hinweise liefern, wo welche Baumarten hinpassen. Die unterschiedlichen Standorte sind dabei typisiert und katalogisiert. Für jeden Standort gibt es eine Baumarteneignungstabelle, die aussagt, welche Baumart für diesen Standort gut, weniger gut oder nicht geeignet ist. Die Entscheidung trifft der Waldbesitzer. Diese Standortkarten werden ergänzt durch sogenannte Klimarisikokarten, die Hinweise geben, ob ein bestimmter Standort für eine Baumart künftig noch geeignet ist.

Die Hauptbaumart Kiefer kommt auf trockenen Standorten. Im Auwald dagegen sind Ulme, Esche, Espe, Berg-Ahorn, Weide, Linde und Erle beheimatet. Auwald wächst entlang der Flüsse und beschreibt von daher eher feuchte Standorte. Die Eiche ist eine Baumart, die sich sowohl auf trockenen Standorten als auch im Auwald wohlfühlt. Eichen sind im Bergmischwald kaum zu finden. Typische Baumarten des Bergwaldes sind dagegen Fichte, Tanne, Buche und Berg-Ahorn. Der Tanne kommt dort eine besondere Funktion zu. Als Tiefwurzler stabilisiert sie die Hänge und mit ihrer Schattenverträglichkeit sorgt sie dafür, dass auch im weitgehend geschlossenen Bestand Verjüngung aufkommen kann.

Douglasien werden seit rund 140 Jahren bei uns angebaut, sie verjüngen sich auch hierzulande natürlich.

Sträucher

Allgemeines

Sträucher haben forstwirtschaftlich keine besondere Funktion. Sie sind aber elementarer Bestandteil des Ökosystems Wald. **Sträucher** sind ausdauernde Gewächse mit verholzten Sprossen über der Erde, aber ohne Stammbildung. **Stauden** sind im Gegensatz dazu Gewächse, deren Sprosse über der Erde jährlich absterben.

Das Auftreten von Sträuchern kann dem Waldbesitzer wichtige Hinweise zum jeweiligen Standort geben. So ist z. B. Holunder ein Anzeiger für gute Stickstoffversorgung. Roter Holunder und Zwerg-Holunder finden sich auf Freiflächen. Schwarzer Holunder wächst gerne leicht beschattet. Er findet sich ähnlich wie Seidelbast, Faulbaum, Gewöhnlicher Schneeball und Schnee-Heide häufig im lichten Altholz.

Sträucher sind auch Zeigerpflanzen für die Vegetationsperiode. So ist z. B. der Seidelbast die erste Strauchart, die im Frühling blüht. Sträucher dienen auch dem Wild und der übrigen Tierwelt als Äsung. Die häufig großflächig vorhandenen Zwergsträucher Heidelbeere und Heidekraut

Giftige krautige Pflanzen und Gehölze

Weißer Germer, Efeu, Blauer Eisenhut, Tollkirsche, Schierling, Liguster, Herbstzeitlose, Roter Fingerhut, Maiglöckchen, Einbeere, Gewöhnliche Heckenkirsche, Eibe, Echter Seidelbast, Gefleckter Aronstab, Buschwindröschen, Scharfer Hahnenfuß, Schlafmohn, Zypressen-Wolfsmilch, Rauschbeere, Wiesenbärenklau, Goldlack, Lupine (vielblättrige), Goldregen, Pfaffenhütchen, Faulbaum, Stechapfel, Krähenbeere, Eberesche, Alpenrose, Schneebeere.

Eine Anreicherung der Gifte ist sowohl in den Pflanzenteilen als auch in den Früchten festzustellen. Bei einigen Pflanzen wirken nur größere Mengen giftig.

Im Falle einer Vergiftung sind unterschiedliche Symptome bekannt. Häufig treten Schwindelgefühl, Bauchschmerzen und Erbrechen auf. Bei Verdacht sollte ein Arzt oder eine Klinik aufgesucht werden.

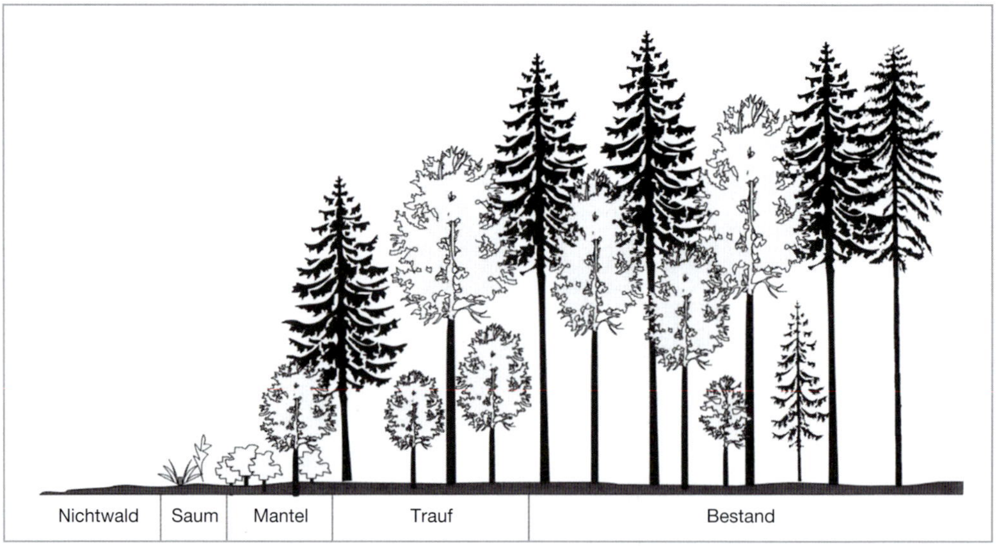

Aufbauschema eines funktionstüchtigen Waldrandes

vom Schalenwild geäst. Die beiden genannten Arten bieten zusammen mit der Brombeere auch im Winter grüne Blattäsung. Die schwarz glänzenden, bis zu 6 mm großen Steinfrüchte des schwarzen Holunders werden sehr gerne von Vögeln wie z. B. Amseln, Drosseln und Staren verzehrt. Aber auch die Menschen nutzen Beeren und Blütenstände zur Zubereitung von schmackhaften Säften, Marmeladen, Musen oder alkoholische Geränken.

Allerdings können Sträucher auch forstliche Betriebsarbeiten behindern, insbesondere wenn sie wie Schlehe (= Schwarzdorn), Heckenrose, Berberitze oder Weißdorn Dornen tragen, beziehungsweise Stacheln bei den Heckenrosen, oder wie die Brombeerranken das Gehen behindern.

Die Vermehrung von Sträuchern kann durch Steckhölzer, Stecklinge, Wurzelausläufer, Teilung und Samen erfolgen.

Eine wichtige Rolle kommt den Sträuchern schließlich bei der Gestaltung von Waldrändern zu (s. Grafik Seite 800). Der Waldrand sollte stufig aufgebaut, artenreich und vielschichtig sein. Er sorgt für ein intaktes Innenklima im Bestand und schützt diesen gegen Wind, Sturm und vor zu starker Sonneneinstrahlung. Er verhindert daher eine »Aushagerung« des Bodens. Die Vielfalt an Sträuchern und Bäumen bietet mit ihren Früchten und Verzweigungen verschiedensten Vögeln außerdem Nahrung und Nistgelegenheit.

Waldverjüngung

Der Wechsel zur nächsten Waldgeneration kann über natürliche Verjüngung, künstliche Verjüngung (Saat, Pflanzung) und Stockausschlag erfolgen. Anzustreben ist die Naturverjüngung, weil sie am kostengünstigsten ist. Allerdings muss eine Naturverjüngung unter Reinbeständen meist mit anderen Baumarten ergänzt werden, um Mischbestände zu erhalten.

Naturverjüngung

Bei der Naturverjüngung entsteht die nächste Waldgeneration aus Samen, die der vorhandene Bestand abwirft. Die Verjüngung sollte möglichst unter dem Schirm des Altbestandes durchgeführt werden. Der Waldbesitzer kann über das Bestandsinnenklima Einfluss auf die »Verjüngungsfreudigkeit« eines Bestandes nehmen. Es können durch Pflegemaßnahmen Wärme, Licht sowie Luft- und Wasserhaushalt so gesteuert werden, dass gute Bedingungen für das Auflaufen von Samen herrschen.

Naturverjüngung kann auch über **Anflug** entstehen. Darunter versteht man junge Bäume, die aus angeflogenen Samen entstanden sind. Vom Wind verfrachtet werden Fichte, Kiefer, Berg-Ahorn, Esche, Birke und Tanne. Naturverjüngung kann ebenfalls über **Aufschlag** entstehen. Darunter versteht man junge Bäume, die aus nicht flugfähigen Samen entstanden sind. Von Aufschlag spricht man zum Beispiel bei Eichen und Buchen.

Ausreichend Samenbäume im Altbestand und angepasste Schalenwilddichten ermöglichen eine Naturverjüngung.

Stockausschlag bei Mehlbeere

Bei Bäumen, die aus Anflug oder Aufschlag, also aus Samen erwachsen sind, spricht man von **Kernwuchs**. Das Gegenteil ist der **Stockausschlag**. Dabei erneuern sich die Bäume durch Austrieb am Stock. Fast alle Laubbaumarten, insbesondere Rot-Buchen, Eichen, Erlen, Weiden und Pappeln, sind dazu in der Lage. Auch Stockausschlag ist eine Form der Naturverjüngung.

Wildlingsgewinnung

Bei der Wildlingsgewinnung werden Pflanzen aus Naturverjüngung ausgezogen oder mit einem Ballenspaten ausgestochen und unmittelbar danach an einem anderen Ort wieder eingepflanzt. Die Pflanzen sind kostengünstig und passen aufgrund ihrer Herkunft in das jeweilige Wuchsgebiet.

Pflanzung

Die Herkunft ist auch bei der Pflanzung wichtig. Die anerkannten Baumschulen werden nach den Bestimmungen über forstliches Saat- und Pflanzgut von staatlichen Fachstellen streng überwacht. So soll sichergestellt werden, dass nur für den jeweiligen Standort zugelassene und dort bewährte Herkünfte Verwendung finden.

Bei der Pflanzung kommt es darauf an, einen möglichst hohen Anwuchserfolg zu erreichen. Heute gelten die sogenannte Klemm- und die Lochpflanzung als fachgerecht. Bei der **Klemmpflanzung** wird mit speziellen Pflanzhauen ein großer Spalt in den Boden geschlagen. In die entstandene Öffnung werden die (wurzelnackten) Pflanzen eingesetzt. Anschließend werden diese entweder mit dem Pflanzwerkzeug festgeklemmt oder festgetreten. Die früher übliche **Winkelpflanzung** gilt unter anderem wegen der Gefahr von Wurzeldeformationen nur noch für sehr kleine Pflanzen als fachgerecht. Die Klemmpflanzung erlaubt in der Regel eine höhere Flächenleistung als die Lochpflanzung.

Bei der **Lochpflanzung** wird mit dem Spaten – dazu werden überwiegend sogenannte Hohlspaten verwendet – ein Loch ausgehoben, in das die Pflanze gesetzt wird. Handelt es sich dabei um wurzelnackte Pflanzen, müssen das Pflanzloch und die Wurzeln sorgfältig verfüllt werden. Anschließend wird die Pflanze leicht festgetreten, man spricht von »antreten«. Die Lochpflanzung eignet sich sehr gut für Ballenpflanzen, auch Containerpflanzen genannt. Dabei werden die Pflanzen in einem Topf, meist in Topfbatterien, angeliefert. Der Anwuchserfolg ist so höher. Auch bei der Wildlingsgewinnung empfiehlt es sich, die Pflanzen mit dem Hohlspaten auszustechen und dann mit dem Wurzelballen wieder einzusetzen.

Bei einer **Stockachselpflanzung** wird die Pflanze unmittelbar am Stock zwischen zwei

Wurzelausläufern (Achseln) gepflanzt. Sie genießt zunächst den Schutz des alten Stocks und findet später über die verrotteten Wurzeln in Gängen leichter Zugang zu den tieferen Bodenschichten.

Pflanzzeit ist im Frühjahr ab Mitte März und im Herbst ab Mitte September. Laubhölzer und Lärchen sollten grundsätzlich in der blattlosen Zeit gepflanzt werden. Ballenpflanzen können dagegen das ganze Jahr über ausgebracht werden. Mit wurzelnackten Pflanzen sollte wegen der Gefahr des Austrocknens nur bei bedeckter oder trüber Witterung gearbeitet werden. Das Pflanzenmaterial muss frisch und auf kürzestem Wege angeliefert werden. Die Wurzeln sind durch eine Abdeckung stets vor Sonne und Wind gegen Austrocknen zu schützen. Die Pflanzen werden in bestimmten Abständen innerhalb einer Reihe gesetzt. Auch die einzelnen Pflanzreihen haben bestimmte Abstände. Man spricht von Pflanzverbänden. Diese und damit die benötigten Pflanzenzahlen pro Hektar unterscheiden sich von Baumart zu Baumart.

Entwicklungsphasen des Waldes

Anflug:	Junge Bäume, die auf natürlichem Wege aus angeflogenem Samen entstanden sind (z. B. Fichten, Birken).
Aufschlag:	Junge Bäume aus Samen, die nicht fliegen können, aber auf natürlichem Wege entstanden sind (z. B. Eichen und Buchen).
Kultur:	Eine mit gepflanzten jungen Bäumen bestandene Waldfläche.
Dickung:	Die Bäume sind so groß geworden, dass sie sich gegenseitig berühren und ein Dickicht bilden.
Stangenholz:	Ein Baumbestand, dessen Durchmesser der Bäume auf Brusthöhe zwischen 8 und 20 cm beträgt.
Baumholz:	Ein Baumbestand, dessen Bäume auf Brusthöhe mehr als 20 cm stark sind.
Altholz:	Ein alter Wald, der aus dicken Bäumen besteht, die hiebsreif sind.

Lebensabschnitte des Waldes

Lange Zeit wurden die Wälder als Altersklassenwald bewirtschaftet. Auch heute herrscht diese Wirtschaftsart noch vor. Dabei haben die Bäume auf einer bestimmten Fläche, in einem bestimmten Bestand, alle in etwa das gleiche Alter. In einem Altersklassenwald ergeben sich folgende Lebensabschnitte:

Kultur

Solange die Äste sich gegenseitig nicht berühren und man darüber wegschauen kann, spricht man von einer Kultur, im Gegensatz zur Naturverjüngung. Kulturen bedürfen häufig intensiver Pflege, die Pflanzen müssen durch Niedertreten oder Freischneiden der Konkurrenzpflanzen mit Sichel, Sense und Schere oder Motorsense gefördert werden. Auf chemische Präparate wird in der Forstwirtschaft überwiegend verzichtet.

Dickung

Sind die Bäume so groß, dass sie sich mit den Ästen berühren, dann ist aus der Kultur eine Dickung geworden. Davon spricht man, bis in einem Bestand die natürliche Astreinigung beginnt. Die Forstarbeiten in diesem Zeitraum nennt man Dickungs- oder Jungbestandspflege. Mit Heppe, Handsäge oder Freischneider wird ein Übermaß an Stämmchen entfernt, langsam wachsende Mischbaumarten werden durch Freistellen gefördert und schlecht geformte sowie zu stark vorwüchsige Bäumchen entnommen. Bereits jetzt wird über das Bestockungsziel entschieden. Es wird der Grundstein für die Mischung der Baumarten, die Art des Aufbaues, die Stabili-

Die ehemalige Kultur hat sich geschlossen und wurde zur Dickung.

tät und die Qualität gelegt. Das Alter einer Dickung lässt sich nicht immer eindeutig bestimmen. Bei Fichten kann es durch Zählen der Astquirle und Jahrestriebe ermittelt werden.

Aus der Dickung wurde ein bodenkahles Stangenholz.

Stangenholz

Wenn ein Baumbestand einen Brusthöhendurchmesser (BHD) von 8–20 cm erreicht hat, ist aus der Dickung ein Stangenholz geworden. Unter BHD versteht man den Durchmesser des Stammes in »Brusthöhe«, das ist 1,30 m über dem Boden.

In Dickungen und auch noch in Stangenhölzern können **Überhälter** stehen. Das sind zur Starkholzerzeugung vom vorherigen Bestand »übergehaltene« einzeln stehende Bäume. Als Überhälter findet man häufig die Baumarten Kiefer und Lärche. Bei Pflegemaßnahmen in Stangenhölzern und älteren Beständen spricht man auch von **Durchforstung**. Bei einer **Jungdurchforstung** werden die besten Bäume (Zukunftsbäume, kurz Z-Bäume genannt) durch Entnahme bedrängender Nachbarn in der Regel stark begünstigt. Dadurch vergrößert sich ihre Krone und ihr Zuwachs an wertvollem Holz steigt. Es gilt, das Gleichgewicht zwischen notwendigem Dichtstand und Freiraum für den Z-Baum zu finden. Z-Bäume sollen herrschend, gesund, feinastig und nicht drehwüchsig sein. Die Krone muss gut entwickelt und gleichmäßig ausgeformt sein. Ein weiteres Kriterium ist die Standfestigkeit. Z-Bäume sollen sich bis zur Ernte zu besonders wertvollen Stämmen entwickeln und Wertholz liefern. Bei allen Betriebsarbeiten ist auf die Z-Stämme besonders zu achten.

Wertholz nennt man Stammstücke, zumeist Erdstammstücke die astfrei sind und auch sonst keine Mängel aufweisen. Es gibt sie von allen Baumarten. Wertholz kann als Schreinerware, Tonholz oder Furnierholz verkauft werden. Der Erzeugung von Wertholz dient auch die sogenannte Wertastung. Sie wird in jüngeren Stangenhölzern durchgeführt. Dabei wird der untere Stammteil qualitativ hochwertiger Bäume entastet. Diese Investition sollte in den forstbetrieblichen Akten dokumentiert werden.

Baumholz

Die nächste Stufe nach dem Stangenholz ist das Baumholz. Dort ist der BHD von 20 cm bereits überschritten. Bei Pflegemaßnahmen steht weiter die Förderung der Z-Bäume im Mittelpunkt. Auslesedurchforstung heißt daher das Pflegeprogramm.

Altholz

Hat ein Bestand dann die Erntereife erreicht, spricht man von einem Altholz. Pflegemaßnahmen ab dem Zeitpunkt, an dem die Bäume ihr Hauptlängenwachstum abgeschlossen haben, nennt man Altdurchforstung. Das ist in der zweiten Hälfte der Umtriebszeit. Es geht immer noch um die Z-Bäume. Sie sollen ihre Kronen ausbauen können, weil große Kronen das Stärkenwachstum fördern. Die letzte Durchforstung eines Altbestandes vor der Ernte nennt man Enddurchforstung.

Waldnutzung

Nicht immer und nicht überall wurden die Wälder in der gleichen Art und Weise bewirtschaftet. Es gibt nach den jeweiligen Bedürfnissen und Zielen unterschiedliche Betriebsformen.

Nieder-, Mittel-, Hochwald

Niederwälder entstehen aus Stockausschlag oder Wurzelbrut. Sie dienten früher vorwiegend der Brennholz- und der Gerbrindenerzeugung. Bevorzugt wurde hierfür die Eiche verwendet. Niederwälder sind heute nur noch vereinzelt in den Haubergen, im Siegerland, an der Mosel und auch im oberen Maintal anzutreffen. Die fränkischen Rechtler-Wälder sind ebenfalls reine Niederwälder, in denen die Rechtler das Recht haben, alle 5-8 Jahre ihr Brennholz selbst zu werben.

Das Stangenholz wurde zum Baumholz. Hier hat die Förderung der Z-Bäume Vorrang.

Der **Mittelwald** ist durch einen zweischichtigen Aufbau charakterisiert. Die Unterschicht, aus Stockausschlägen entstanden, wird in kurzen Zeitabständen genutzt. Das durchgewachsene Oberholz, meist Eiche, wird als Bau- und Werkholz verwendet.

Im vorgelichteten Altholz entwickelt sich eine reiche Tannenverjüngung.

Hochwald ist die in der Forstwirtschaft übliche Betriebsart. Die Bäume sind aus »Kernwüchsen«, also aus Samen oder ausgepflanzten Jungpflanzen, hervorgegangen.

Altersklassenwald

In einem Altersklassenwald sind die Bäume alle weitgehend gleich alt (= Altersklasse). Altersklassenwälder entstehen meist aus einer Pflanzung. Solche Wälder lassen sich auch in Altersstufen

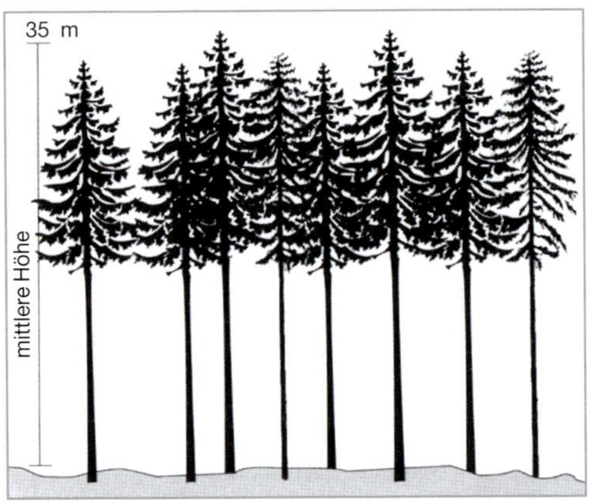

Einschichtiger Hochwald

einteilen. Dabei sind Altersgruppen zu je 20 Jahren üblich. Beispiel: Altersklasse I umfasst die Bäume zwischen 1 und 20 Jahre. Die Gesamtzeit von der Bestandsbegründung bis zur Endnutzung (Ernte) nennt man Umtriebszeit. Sie ist bei den einzelnen Baumarten unterschiedlich.

Naturgemäße Waldwirtschaft

Naturgemäße Waldwirtschaft findet ihren Ursprung in der sogenannten Dauerwaldidee. Das bedeutet, naturwidrige Eingriffe wie Kahlschlag und standortswidrige Bestockungen zu vermeiden. Naturgemäße Waldwirtschaft arbeitet mit den Kräften der Natur, die wesentlichen Merkmale sind natürliche Verjüngungen und einzelstammweise Ernte unter Nutzung der individuellen Zuwachskräfte mit entsprechender Vorratspflege.

Plenterwald

Plenterwald ist eine Betriebsart, bei der verschiedene Baumarten in allen Altersstufen auf kleinster Fläche zu finden sind. Die Nutzung erfolgt einzelstammweise. Hauptsächlich verwendete

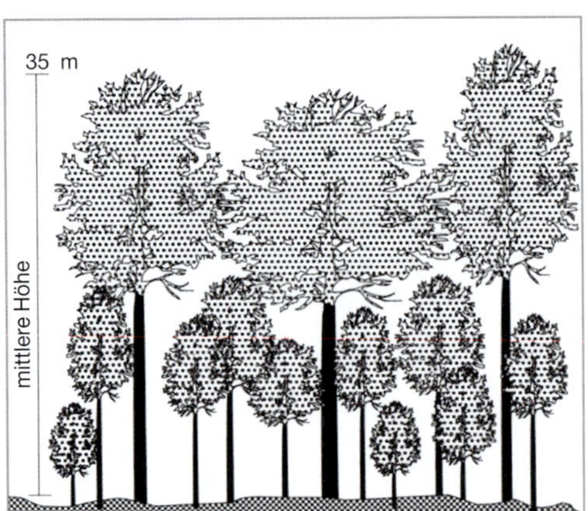

Zweischichtiger Hochwald

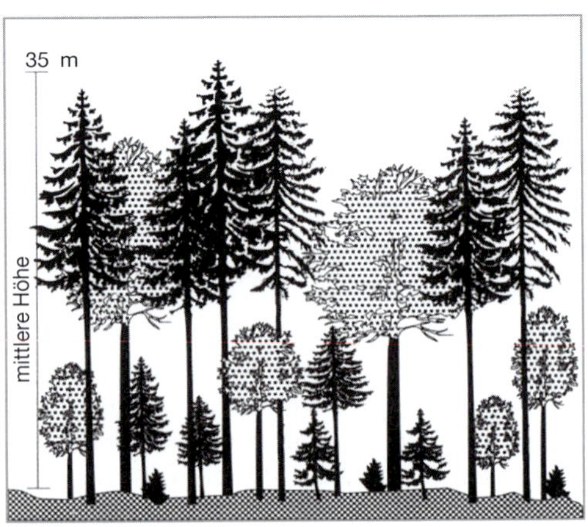

Plenterwald

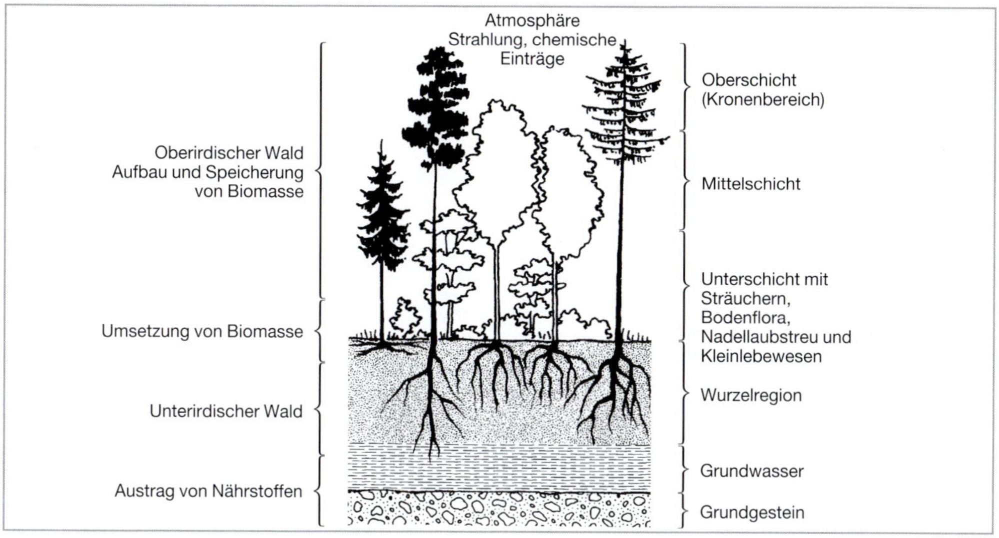

Beispiel für einen mehrstufig aufgebauten Wald

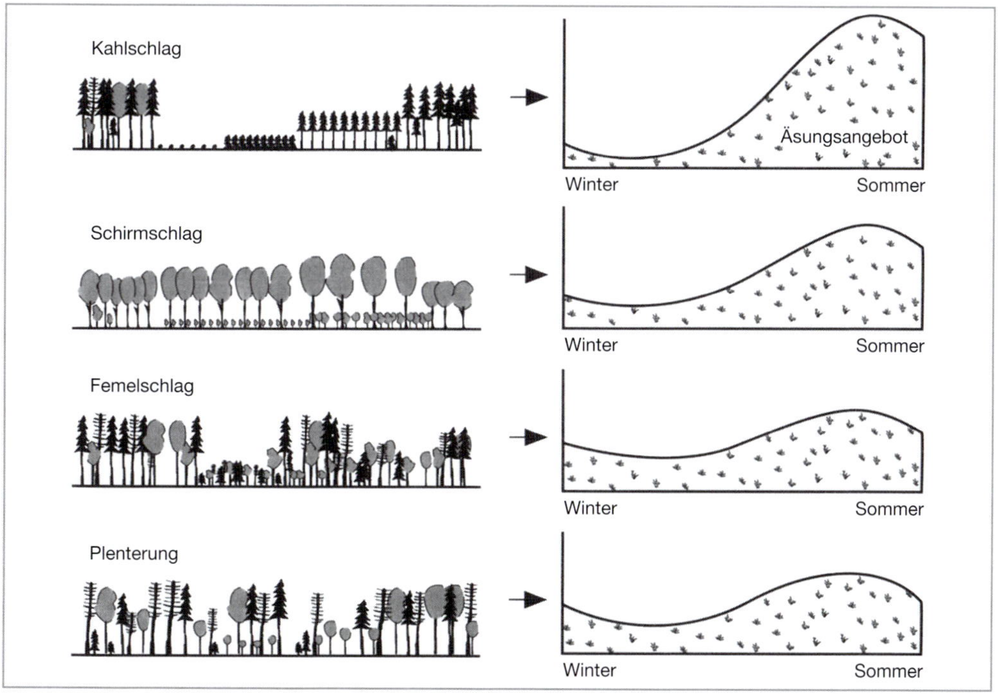

Verjüngungsform und Äsungsangebot im Jahresablauf

Naturnähe in der Waldwirtschaft bietet viele Vorzüge. Um sie zu erreichen, kann man sich die unterschiedlichen Eigenschaften der Baumarten zunutze machen.

Baumarten sind Fichte, Tanne und Buche. Die Plenterung ist von optimalen biologischen Produktionsabläufen und von hoher Stabilität gekennzeichnet. In der Waldwirtschaft herrscht ein klarer Trend in Richtung Plenterwald vor, wobei dies oft lange Zeiträume erfordert. Soweit dies auf dem jeweiligen Standort und mit den gewünschten Baumarten möglich ist, wird versucht, nicht nur eine stabile Mischung der Baumarten zu erreichen, sondern auch eine breite Mischung der verschiedenen Altersstufen auf ein und derselben Fläche.

Die Jagdausübung ist in solchen Wäldern wegen der großflächigen Deckung erschwert. Das Nahrungsangebot für das Schalenwild schwankt jahreszeitlich geringer als bei anderen Betriebsformen.

Formen der Holzernte

Beim **Femelschlag** bzw. bei der Femelwirtschaft werden unregelmäßige Schirm- und Löcherhiebe auf der ganzen Fläche geführt. Damit wird eine ungleichaltrige und ungleichwüchsige natürliche Verjüngung erreicht. Eine Verbissgefährdung ist für die ersten heranwachsenden Femelgruppen gegeben.

Beim **Saumschlag** wird der Hieb am Rande (am Saum) des Altholzes in einem unterschiedlich breiten Streifen (buchtig) geführt. So wird der Jungwuchs am Innensaum durch den Schirm des Altholzes, am Außensaum durch die Randstellung natürlich gefördert.

Die Verbissgefahr durch Schalenwild ist wegen der günstig gelegenen Einstände in den angrenzenden Dickungen relativ groß.

Beim **Schirmschlag** wird im Altbestand das Kronendach (Schirm) mit mehreren Hieben allmählich nach Lichtbedarf der nachfolgenden Verjüngung aufgelockert und schließlich völlig geräumt. Die Verbisssituation durch Schalenwild wird entschärft, da zunächst flächig Äsung im Halbschatten, aber keine Einstände vorhanden sind.

Beim **Kahlschlag** werden alle Bäume einer Bestandsfläche bei einer Hiebsmaßnahme entnommen. Dabei wird das waldtypische ausgeglichene Klima zerstört, der Abbau des Humus sowie eine starke Verunkrautung der Schlagfläche eingeleitet. Die Kahlfläche wird »künstlich« bepflanzt. Es entsteht ein Altersklassenwald. Die im Zuge der Wiederaufforstung meist aus Baumschulen stammenden Pflanzen sind durch Schalenwild besonders stark verbissgefährdet.

Holzverwertung

Holz wird in verschiedene Verwertungsrichtungen vermarktet: Als Stammholz an die Sägewerke, als Industrieholz an die Papier- und Holzwerkstoffindustrie und als Brennholz an Heiz(kraft)werke und Privatleute.
Stammholz – das sind die wertvollen Stämme bzw. Abschnitte davon – wird nach **Festmetern** vermarktet. Dazu wird das Volumen jedes einzelnen Stammes bzw. Abschnittes berechnet. **Papierholz** (2 m lang) und **Brennholz** (1 oder 2 m lang) wird meist im Wald aufgeschichtet (= Schichtholz) und nach **Raummetern** vermarktet. Ofenfertiges Brennholz (z.B. bei Lagerung in Gitterboxen) und Hackschnitzel (auf Lkw bzw. Anhängern) werden nach Schüttraummetern vermarktet. Auch Holzverkauf nach Gewicht gibt es. Brennholz sind Stämme oder Stammteile, die aufgrund geringer Qualität oder Dimension nur für die energetische Verwertung geeignet sind.

Industrieholz fällt meist bei Waldpflegemaßnahmen wie Durchforstungen sowie als Koppelprodukt in Starkholzhieben an. Diese Hölzer gehen zur Papier- und Zellstoffherstellung sowie zur Plattenfabrikation.

Holzernte

Die Holzernte umfasst das Fällen und Aufarbeiten. Hierzu gehören das Entasten und die Entrindung des Holzes, das Ablängen, das Bringen (Rücken) des Holzes vom Fällort zur Forststraße oder zum Holzlagerplatz, das Einteilen in Sortimente und das Vermessen.

Bevor mit der eigentlichen Arbeit begonnen wird, erfolgt das Auszeichnen des Bestandes. Dabei macht der Waldbesitzer oder Förster die zur Fällung bestimmten Bäume meist mit Farbe kenntlich.

Die Holzernte erfolgt heute mit der Motorsäge (motormanuell) oder hochmechanisiert mit

Schichtholz (Industrieholz) aus Durchforstung in »Raummeter-Maß« aufgesetzt

Forstwerkzeuge: : Motorsäge, Messkluppe, Forsthelm-Kombination, Äxte und Keile, Fällheber, Wendehaken, Schäleisen, Sappie, Stangensäge, Freischneider mit Gurt und Kopfschutz

selbstfahrenden Arbeitsmaschinen. Bei der **motormanuellen Holzernte** kommen Motorsäge, Greifzug, Winden, Fällheber, Wendehaken, Schäleisen und Axt zum Einsatz. Der Umgang mit der Motorsäge braucht Übung und ist sehr gefahrvoll, daher sind eine Sicherheitsausrüstung und eine umfassende Schulung (Lehrgänge) notwendig. Dabei lernt man z. B., dass der Fallkerb die Fallrichtung des Baumes festlegt.

Bei der **hochmechanisierten Holzernte** kommen Harvester, auch Prozessoren genannt, zum Einsatz. Das sind selbstfahrende Erntemaschinen, die von der Rückegasse aus die Bäume abschneiden (fällen), entasten, ablängen und die fertigen Sortimente für den nachfolgenden Tragschlepper seitlich an der Rückegasse ablegen.

Nach dem Fällen erfolgt die **Rückung.** Das ist der Abtransport des Holzes vom Fällort bis zu einem Lagerplatz, der von Lkws angefahren werden kann. Das Aufschichten des Holzes am Lagerplatz nennt man »poltern«. Holzlagerplätze können auch als Wildäsungsflächen genutzt werden. Früher wurde ausschließlich mit Pferden oder Ochsen Holz gerückt. Heute werden Pferde vereinzelt wieder zum Rücken von Schwachholz eingesetzt oder zum Vorrücken innerhalb der Bestände bis an die **Rückegassen**.

Für das Bringen oder Rücken des schweren Stammholzes sind Forstschlepper mit Seilwinden im Einsatz. Für schwächeres Holz und kurze Abschnitte, sogenannte Fixlängen, eignen sich Tragschlepper mit Kran und Rungenaufbauten, auch Forwarder genannt, sowie von Schleppern gezogene Rückewagen mit kleineren Kränen. Wurde das Holz mit der Motorsäge gefällt, kommen zum Vorliefern an die Rückgasse auch landwirtschaftliche Schlepper mit Seilwinden zum Einsatz. Unter den schwierigen Hochgebirgsbedingungen werden Seilkräne, vereinzelt auch Hubschrauber, eingesetzt. Seilkräne finden zunehmend auch im Flachland Verwendung, und zwar bei schwierig befahrbaren Böden wie etwa in Mooren.

Hochtechnisierte Holzernte: moderner Harvester im Einsatz

Rückeschäden an Fichte führen zur Rotfäule und zur Entwertung des Holzes.

Bei allen Verfahren gilt es, **Rückeschäden** zu vermeiden. Diese entstehen bei den verbleibenden Bäumen an den Wurzelanläufen und Stämmen durch das »Ausrücken« gefällter langer Stämme. Eine solche Beschädigung ermöglicht Fäulepilzen den Eintritt ins Holz.

Walderschließung

Eine Grunderschließung der Wälder mit Forststraßen, die mit Lkws befahrbar sind, ist für eine ordnungsgemäße Waldpflege und Waldbewirtschaftung, vor allem den termingerechten Abtransport des verkauften Holzes, unerlässlich. Forststraßen erleichtern außerdem die Erreichbarkeit der Flächen zur Jagd und den Abtransport des Wildes. Straßenböschungen und -ränder können dem Wild auch Äsung bieten.

Forststraßen können durch weniger gut ausgebaute Schlepperwege ergänzt werden. Diese erleichtern den Eigentümern das Erreichen ihrer Waldflächen. Die Bestände selbst werden durch Rückegassen erschlossen. Das sind unbefestigte Schneisen, die im Abstand von 20–40 m (PEFC – FSC) bei einer Breite von ca. 4 m dauerhaft angelegt werden. Diese werden bei der Holzernte von Harvestern, Forwardern und Forstschleppern befahren und nicht verlassen. Auch Schlepperwege und Rückegassen können für die Jagd als Wildäsungsflächen hergerichtet werden.

Waldschäden

Unsere Wälder leiden unter dem Einfluss von Luftschadstoffen sowie unter der Klimaerwärmung. Durch extreme Wetterereignisse werden Schneebruch (Nassschnee, Eisregen und schwerer Raureif) sowie Windwurf und Windbruch (Stürme) ausgelöst. Auch lang anhaltende Trockenheit kann die Bäume schädigen und Waldbrände begünstigen.

Insekten

Eine ganze Reihe von Insektenarten kann in den Wäldern Schäden anrichten. Bei der Kiefer sind die z. B. Kiefernspanner, Kieferneule und Kiefernbuschhornblattwespe und bei der Eiche Eichenwickler, Schwammspinner und Eichenprozessionsspinner. Die Fichte leidet unter der Gespinstblattwespe und der kleinen Fichtenblattwespe. Ihre Hauptschädlinge aber sind zweifellos die beiden Borkenkäferarten Buchdrucker und Kupferstecher.

Der **Buchdrucker** *(Ibs typographus)* befällt bevorzugt ältere und stärkere Fichten. Es gibt einen Befall an liegenden Stämmen und einen sogenannten »Stehendbefall«. Der Käfer bohrt sich in die Rinde ein und legt seine Eier in verzweigten Gängen ab. Den Befall erkennt man frühzeitig am braunen Bohrmehl, das auf der Außenseite des Stammes zu sehen ist. Nach wenigen Wochen schlüpfen die gefräßigen Larven, die aber nur im Bast und nicht im Holz fressen. Durch die Larvengänge wird der Saftfluss unterbunden. Die Nadeln verfärben sich und fallen ab. Der Baum verliert seine Rinde und stirbt schließlich. Der kleine »Borkenkäferbruder« heißt **Kupferstecher** *(Pityogenes chalcographus)*. Er befällt bevorzugt Fichtendickungen und Stangenhölzer und ist vor allem im oberen Stammbereich aktiv.

Bekämpfung: Beide Arten befallen zunächst vor allem Bäume, die bereits vorgeschädigt sind und daher eine geringere Abwehrkraft besitzen. Warmes Wetter in Verbindung mit Trockenheit begünstigt die massenhafte Vermehrung der Borkenkäfer. Bekämpft werden können die Borkenkäfer nur durch eine rechtzeitige Entnahme der befallenen Bäume (solange die Käfer noch im Baum sitzen) und deren Abtransport aus dem Wald. Ist die Abfuhr nicht möglich, müssen die Bäume entrindet und muss die Rinde mit Käfern und Brut verbrannt werden. Das Besprühen von Holzpoltern mit Insektiziden ist die letzte Möglich-

Wald- und Bodenerkrankung

Immer deutlicher ist die Walderkrankung im Kronenbereich der Bäume zu erkennen und setzt sich spiegelbildlich im Wurzelbereich fort. Das Feinwurzelwerk stirbt ab, ein ökologisches Indiz für die Bodenerkrankung. Die Bodenorganismen werden weniger und der Regenwurmbesatz schwindet. Die Brutdichte der Waldschnepfe ist vom Regenwurmbesatz abhängig! Die Lebensgemeinschaft Wald und Wild wird durch die Umweltverschmutzung bedroht. Im gesunden Boden ist die Biomasse an Regenwürmern pro Hektar mit der Körpermasse einer Kuh vergleichbar. Solch ein Regenwurmbesatz produziert bis zu 50.000 kg wertvollste Humuserde pro Hektar und Jahr. Welch ein Wunder dieser Erde!

Ursachen von Kalamitäten

Klima:	Umweltveränderungen:	Technik:	Tiere/Pilze:
Trockenheit	sinkender Grundwasserspiegel	Fällungsschäden Bodenverdichtung	Wurzelfraß (Mäuse, Larven)
Sonnenbrand	Luftverschmutzung	Rückeschäden	Verbiss (viele Tierarten)
Nässe	Bodenversauerung Klimaerwärmung		Schälschäden (Schalenwild, Hasen, Nager)
Frost			Insekten
Schneedruck			Pilze (z.B. Rotfäule)
Windwurf			
Windbruch			

Größere Schäden entstehen meist erst dann, wenn mehrere Ursachen zusammenwirken.
Beispiel: Sinkender Grundwasserstand führt zu Trockenschäden. Sie ziehen Insektenschäden nach sich, die wiederum zu Schneedruck oder Windwurf führen
Oder: Schälschäden lassen Pilze ins Holz eindringen, allgemeine Schwäche begünstigt Insektenfraß, dieser wiederum begünstigt Schneedruck oder Windbruch.

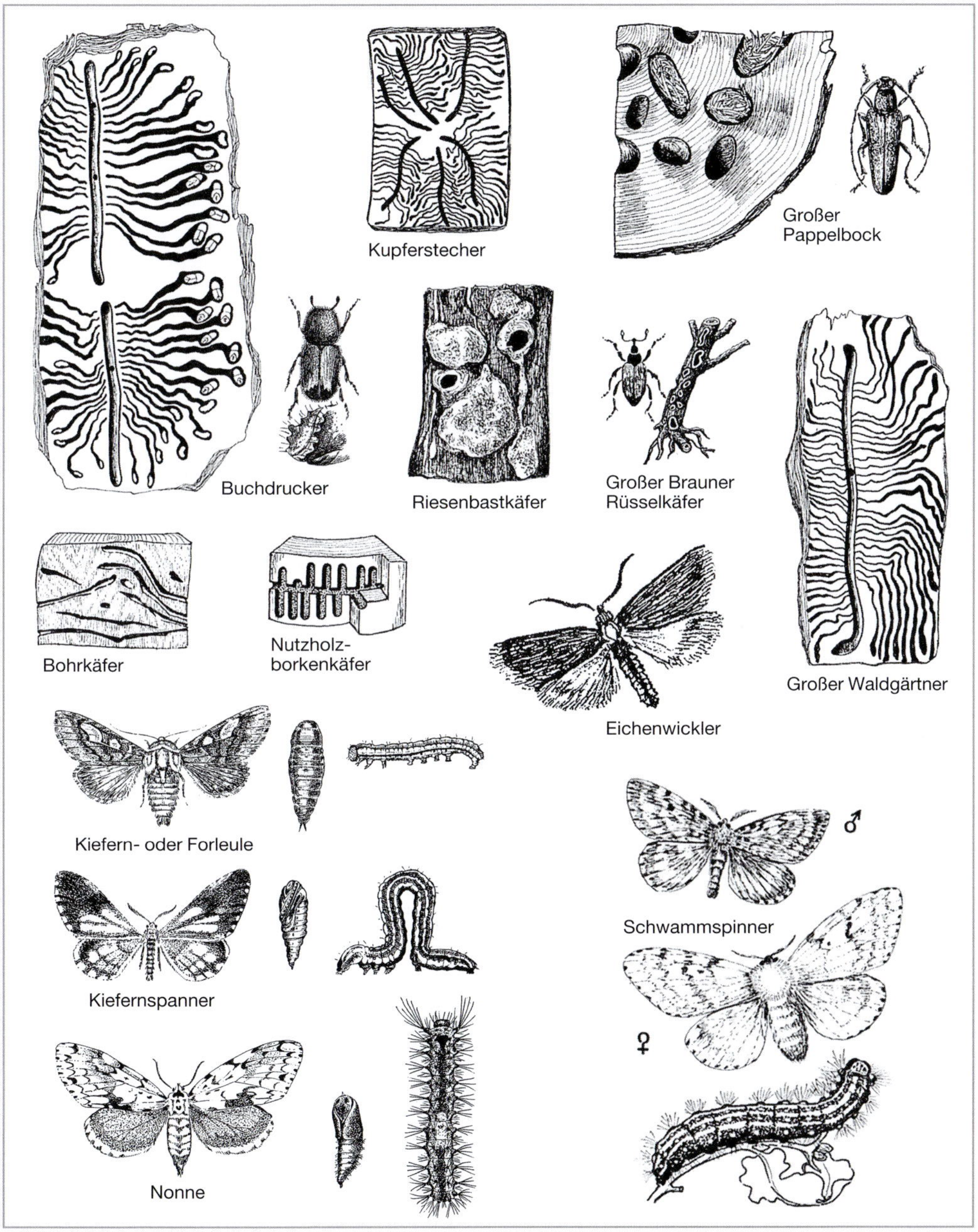

Forstschädlinge

keit der Borkenkäferbekämpfung. Duftstofffallen können lediglich die Flugaktivität der Käferpopulation aufzeigen, aber nicht die Käfer bekämpfen.

Generelles Entrinden von Fichten und Kiefern in der Vegetationszeit ist heute nicht mehr notwendig, da das Holz in aller Regel bald nach dem Einschlag abgefahren wird. Liegt das Holz länger im Wald, so können Fichtenstämme vom Buchdrucker und Kupferstecher befallen werden, aber auch vom Gestreiften Nutzholzborkenkäfer. Letzterer befällt auch Tannen, Lärchen und Kiefern und ist im Gegensatz zu Buchdrucker und Kupferstecher im Holz tätig. Bis zu 6 cm Tiefe reichen seine Gänge in das Holz. Die Qualität des Holzes wird dadurch erheblich beeinträchtigt.

Vor allem in Kulturen von Nadelbaumarten, die auf Hiebsflächen des Vorjahres entstehen, ist der **Große Braune Rüsselkäfer** *(Hylobius abietis)* aktiv. Durch den »Pockennarbenfraß« wird die Rinde der jungen Pflanzen beschädigt. Die Pflanze kann absterben.

Die **Kieferneule** *(Panolis flammea)* ist ein kleiner Schmetterling der Kiefernreinbestände. Die Larve frisst sowohl die Nadeln wie auch die Knospen. Bei Kahlfraß treibt der Baum nicht mehr aus. Die Raupe lässt sich im Endstadium zu Boden fallen und verpuppt sich in der Streu.

Die Raupe der **Kleinen Fichtenblattwespe** *(Pristiphora abietina)* frisst in der Vegetationszeit die zarten Nadeln der Fichte. Es kommt zum Teil zu Kahlfraß und zu Verbuschungen und Missbildungen der Baumkronen. Bei mehrjährigem starkem Fraß kommt es zum Absterben der Bäume. Die Puppen überwintern im Waldboden.

Mäuse

Mäuse können vor allem Forstkulturen schädigen. Die Erdmaus befrisst alle Jungpflanzen. Angefressene Pflanzen vertrocknen dadurch oder brechen ab. Die Rötelmaus benagt Jungpflanzen am Stamm bis teilweise über die Hälfte der Baumhöhe. Wühlmäuse richten unterirdisch an den Wurzeln erhebliche Verbissschäden an. Um Mäuse im Wald umweltfreundlich zu bekämpfen, sollte man ihre natürlichen Feinde fördern. Eine nützliche Maßnahme ist daher das Aufstellen von Greifvogelstangen. Der Fuchs gilt ebenfalls als ein wirksamer Regulator der Mäusepopulation. Wenn Mäuse vergiftet werden, besteht die Gefahr, dass auch ihre Fressfeinde wie Eulen und Greifvögel vergiftet werden.

Pilze

Auch Pilze können die Wälder bzw. die Bäume schädigen. Der **Wurzelschwamm** (oder Rotfäule – *Fomes annosus)* besiedelt sowohl lebendes als auch absterbendes Nadelholz. Er tritt vor allem an Fichten auf. Der Pilz dringt bevorzugt durch Rindenverletzungen ein und zersetzt im Inneren die Holzzellen. Eine direkte Bekämpfungsmöglichkeit gibt es nicht.

Ein weiterer Pilz, der auch Kiefer und Lärche schädigt, ist der **Hallimasch** *(Armillaria* spec.). Er entwickelt ein netzartiges, weißes Pilzgeflecht, das bevorzugt am Stammfuß und Wurzelanlauf unter der Rinde vorkommt. An jungen Nadelholzpflanzen tritt Harz aus. An diesen Stellen siedeln sich meist auch noch andere Pilze an, die im Zusammenwirken häufig den Tod des Baumes auslösen.

Ein Pilz, der die Douglasie schädigt, ist die **Douglasienschütte** *(Phaeocryptopus gaeumannii).* Und beim Ahorn kennt man die sogenannte **Teerfleckenkrankheit,** hervorgerufen durch Ascomyceten-Pilze (*Rhytisma* spec.).

Das sogenannte **Falsche weiße Stengelbecherchen** *(Hymenoscyphus fraxineus)* verursacht seit einigen Jahren das sogenannte **Eschentriebsterben**. Der Pilz wächst über die Blätter und Blattstiele in die jungen Triebe und tötet sie ab. Im Laufe weniger Jahre verlichtet die Krone zunehmend, bis der Baum schließlich abstirbt. Sollten sich keine resistenten Eschen finden, ist die Art bedroht.

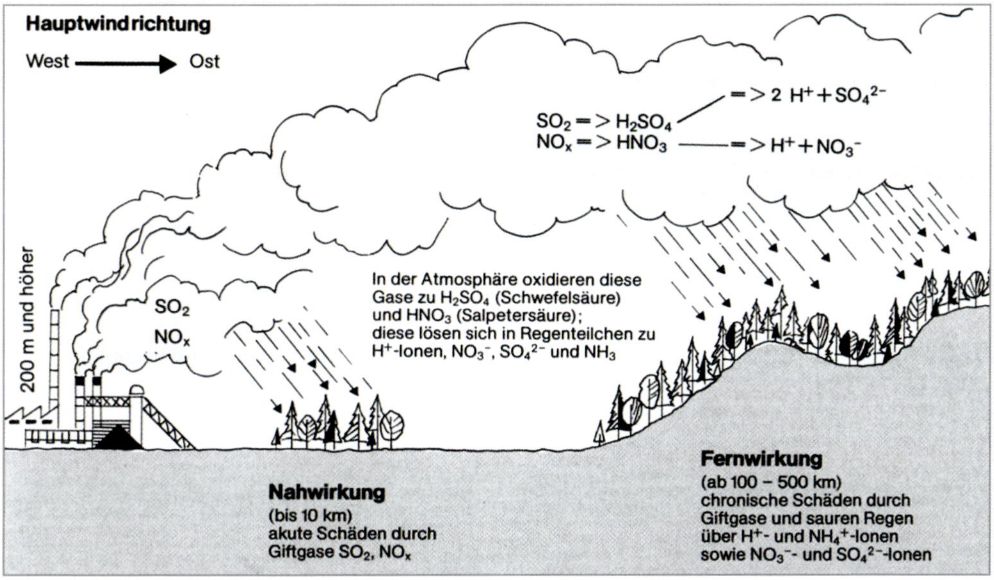

Schwefel- und Stickstoffverbindungen als Immissionsschadstoffe

Ein ähnliches Schicksal hat die Ulme schon erlitten. Diese typische Art des Auwaldes wurde durch einen Pilz an den Rand des Aussterbens gebracht. Übertragen wird der Pilz durch den Großen Ulmenpplintholzkäfer *(Scolytus scolytus).*

Umweltschäden

Neuartige Waldschäden werden durch Luftschadstoffe verursacht, die Nadeln und Blätter der Bäume schädigen und ihre Wachsschicht zerstören. Betroffen ist vor allem die Tanne, aber auch Buche und Eiche zeigen deutliche Symptome. Diese Erkenntnisse sind möglich, da seit dem Jahr 1983 in den Bundesländern jährlich Schadenserhebungen an allen Baumarten durchgeführt werden.

Ursachen sind Immissionen (= Schadstoffeinwirkungen), vor allem Stickoxide, Schwermetalle und Foto-Oxidantien, die über den Niederschlag auf die Blätter wirken. Die Bodenversauerung zieht Schäden im Feinwurzelbereich und so eine Störung der Nährstoffaufnahme nach sich. Ursprünglich war auch Schwefeldioxid stark am »Waldsterben« beteiligt. Nach starker Reduktion der SO_2-Emissionen (= Schadstoffausstoß) haben sich die Bäume jedoch wieder erholt. Die neuartigen Waldschäden zeigen sich auch im Lametta-Effekt: Wenn die Fichten einen Großteil ihrer älteren Nadeln verloren haben, hängen die entnadelten Zweige nackt wie Lametta herunter.

Wildschäden

Die Jagdgesetze, insbesondere das Bundesjagdgesetz, weisen dem Schutz der Landeskultur, vor allem dem Schutz des Waldes gegenüber Wildschäden, eine überragende Bedeutung zu. So ist nach dem Bundesjagdgesetz der Abschuss des Wildes so zu regeln, dass die berechtigten Ansprüche der Land-, Forst- und Fischereiwirtschaft auf Schutz gegen Wildschäden voll gewahrt bleiben sowie die Belange von Naturschutz und Landschaftspflege berücksichtigt werden. Beim Thema Wildschäden ist daher in erster Linie dem Vollzug der jagdrechtlichen Bestimmungen Rechnung zu tragen. Auch beim Ersatz von Wildschäden spielt der Begriff der Hauptbaumarten eine wichtige Rolle. Um Meinungsverschiedenheiten auszuschließen, sollten die Hauptbaumarten im Jagdpachtvertrag festgelegt werden.

Verbiss: Alle wiederkäuenden Schalenwildarten, Feld- sowie Schneehase und Wildkaninchen, Mäuse, Auerwild, das Eichhörnchen, aber auch Weidevieh verursachen Verbiss an jungen Bäumen, wobei Naturverjüngung weniger gefährdet ist als Pflanzungen. Rehwild verursacht durch Verbiss an Knospen von Tanne, Buche, Ahorn, Eiche und Esche die meisten Schäden.

Unterschieden werden **Leittrieb- und Seitentriebverbiss**. Beide können, je nach Baumart, im Winter oder im Sommer oder jederzeit entstehen (Winter- und Sommerverbiss). Wird bei jungen Fichten der Terminaltrieb (Mitteltrieb) verbissen, führt dies sehr häufig zu einer Zwieselbildung. Hierbei haben zwei gleichrangige Zweige die Leittriebfunktion übernommen.

Beurteilung von Verbissschäden: Folgende Fragen sind relevant: Wie sieht das Verbissbild aus? Welche Teile der Pflanze (Terminaltrieb, Seitentriebe) sind verbissen? Wer war der Verursacher? Auch ob Rehwild oder Feldhase der Verursacher war, lässt sich feststellen. Der Feldhase schneidet mit seinen scharfen Zähnen den Zweig schräg und glatt ab. Beim Rehwild ist die Verbissstelle fasrig, denn der Zweig wird abgerupft.

Folgen: Die Folgen von Wildverbiss sind Wuchsverzögerung oder Verkrüppelung der jungen Bäume und steigender Pflegeaufwand. Es können Ersatzpflanzungen notwendig werden. Wildverbiss kann auch zu einem Entmischungseffekt führen. Werden nämlich wichtige Mischbaumarten (z.B. Tanne, Buche oder Eiche) wiederholt verbissen, werden sie von anderen Baumarten, z.B. der Fichte überwachsen und verdrängt. Wird die gesamte Knospenmasse mehrmalig vollständig abgefressen, so spricht man von Totverbiss, weil das Bäumchen abstirbt.

Verbiss ist aber nicht der einzige durch Wild bedingte Schaden an Bäumen. Rehböcke verursachen beim Markieren des Einstandes (Territorialverhalten) im Frühjahr **Fegeschäden**. Der Rehbock fährt mit seinem Gehörn an Baum-

Die meisten Verbissschäden werden durch das Rehwild verursacht.

Fegeschäden entstehen, wenn Rehböcke ihr Revier markieren.

stämmchen auf und ab, um den Bast abzustreifen und gleichzeitig Duftstoffe anzubringen, die sein Revier markieren. Dabei wetzt er die Rinde ab. Erfolgt dies rund um den Stamm, ist der Saftstrom unterbrochen, das Bäumchen stirbt ab. Bevorzugt werden z. B. Lärche und Douglasie verfegt. Fegeschäden können durch das Anbringen von Schutzmanschetten um das fegegefährdete Stämmchen oder das Beistellen eines Raugipfels verhindert werden. Allerdings ist das aber gerade bei stammzahlreicheren Anpflanzungen viel Aufwand und sollte deshalb auf besonders beliebte oder empfindliche Baumarten beschränkt bleiben.

Rot- und Damhirsche hingegen verursachen **Schlagschäden**, indem sie junge Bäume und Äste durch schlagende Bewegungen mit dem Geweih traktieren.

Gefürchtet sind auch **Schälschäden** durch Rot-, Muffel- und Damwild. Sie entstehen durch das Abziehen und Abnagen der Rinde an den Baumstämmen. Besonders schälgefährdet sind Bäume mit einer feinen und glatten Rinde. Rotwild schält mit den Schneidezähnen des Unterkiefers. Die Sommerschäle ist schlimmer als die Winterschäle, weil im Sommer die in Saft stehende Rinde flächig abgezogen und die Schälwunde daher größer wird als bei der Winterschäle.

Rothirsch beim Schälen

Schälwunden führen zu Fäulnis.

Durch die Rindenverwundung (gilt übrigens auch beim Fegen) können z. B. bei der Fichte Pilze eintreten, die zur Rotfäule führen. Die Bestände werden dann labil, Schnee und Sturm können zu einem Zusammenbrechen des geschälten Bestandes führen. Bei der Kiefer führt Rotwildschäle übrigens nicht zur Fäulnis, sie überwallt Schälschäden relativ gut.

Schutzmaßnahmen

Schälschäden: Schälschäden kann durch artgerechte Fütterung des Wildes, durch beruhigte Zonen für das Wild und vor allem durch angepasste Wildbestände vorgebeugt werden. Auch **mechanische Maßnahmen** sind möglich. Dabei wird mit dem Rindenhobel oder Rindenkratzer die Rinde von Nadelhölzern (hauptsächlich Fichte) verletzt, damit es zu einem dosierten Harzausfluss kommt, der das Wild vom Schälen abhält. Dies muss während der Vegetationszeit mindestens bis in 2 m Stammhöhe, in schneereichen Lagen noch höher durchgeführt werden. Auch Polynet (ein Polyester-Geflecht-Einband), ein Grüneinband mit Ästen oder das Auftragen von Schälpaste kann die Bäume schützen. Schälschutz wird nur bei Zukunftsstämmen angebracht.

Um Wildschäden durch Rotwild zu vermeiden, werden – meist im Hochgebirge – sogenannte **Wintergatter** angelegt. Durch Anfüttern im Herbst wird es hineingelockt und den Winter über (Notzeit) dort gehalten und gefüttert. Das Wild kann im Frühjahr wieder entlassen werden und seine Lebensräume aufsuchen.

Verbissschäden: Es ist nicht möglich, den Wildverbiss auf null zu senken, denn junge Forstpflanzen gehören zum natürlichen Nahrungsspektrum des wiederkäuenden Schalenwildes und der Hasenartigen. Verbiss ist auch nicht immer ein Schaden. Entscheidend ist, dass von allen Baumarten so viele unverbissene Individuen räumlich so verteilt vorhanden sind, dass die Zielbestockung erreicht wird.

Die wichtigste Maßnahme gegen Wildverbiss ist ein Anpassen der Wildbestände, ergänzt durch Schwerpunktbejagung, d. h. Konzentration der Jagd auf verbissgefährdeten Flächen. Intensive Durchforstung, Schutz von eingebrachten, im Revier seltenen Baumarten und Kleingruppen (etwa Laubhölzer oder Douglasien in Käfer- oder Schneebruchlöchern) sowie eine grundsätzliche Verbesserung der Lebensbedingungen des Schalenwildes helfen ebenfalls, den Verbiss zu senken.

Möglich, aber relativ teuer sind **mechanische** oder **chemische Einzelschutzmaßnahmen** oder das **flächige Zäunen.** Der Waldbesitzer kann durch intensive Durchforstung und durch die Tolerierung von Verbissgehölzen zur Verringerung des Verbisses beitragen. Einstands- und Äsungsflächen außerhalb des Waldes tragen zur Entkrampfung der Wildschadensproblematik bei.

Kulturen können auch durch **Flächenschutz** vor Wildschäden bewahrt werden. Dazu ist es erforderlich, einen wilddichten Maschendrahtzaun zu errichten. Eine quadratische Form der Zaunfläche ist am zweckmäßigsten. Der Zaun ist nur wirksam, wenn er wilddicht ist. Er soll daher nicht zu groß sein. Die Jagd darf auch innerhalb des Zaunes ausgeübt werden. In der Praxis sind der Pfahlzaun und der Stützenzaun bekannt. Der Pfahlzaun hat fest eingerammte Pfähle, beim Hängestützzaun werden Stützenkreuze aus Holzstangen verwendet. Der Stützenzaun wird unter Spannung aufgestellt und kann im Bedarfsfall umgelegt und wieder leicht entfernt werden.

Um Rehwild abzuhalten, müssen die Zäune mindestens 1,5 m hoch sein, bei Rotwild mindestens 1,8 m. Je nach Maschenweite (bei Kanin-

Kulturpflanzen werden durch Einzelschutz gegen Verbiss geschützt.

Hordengatter

chen beispielsweise nicht mehr als 4 cm), Höhe und Aufbau sowie dem Versenken im Boden können Zäune auch vor allen übrigen Schalenwildarten und Hasen schützen.

Zäune verdrahten aber die Landschaft und entziehen dem Wild die gezäunte Fläche als Lebensraum. Die Begleitflora der Forstkultur steht nicht mehr als Äsung zur Verfügung, und wenn der Fuchs ausgesperrt wird, kann es zur Mäuseplage kommen. Die Überwachung ist sehr arbeitsaufwendig. Die Beseitigung des alten Zaunmaterials ist allgemein ein Problem. Schließlich sind Zäune sehr teuer und im Steilhang und bei extremer Schneelage nicht anwendbar.

Natürlicher und kostengünstiger ist dagegen ein Hordengatter. Dieses besteht aus unbehandelten Dachlatten und ist ein Naturprodukt. Es graut mit der Zeit nach und passt sich ins Landschaftsbild ein. Auch in Hanglagen ist es einsetzbar. Bei umgestürzten Bäumen hat das Hordengatter ebenso einen Vorteil gegenüber dem Drahtgeflecht. Dieses muss bis zu 50 m links und 50 m rechts vom umgestürzten Baum repariert werden, beim Hordengatter sind es zwei Horden, die ausgetauscht werden müssen. Die Entsorgung ist denkbar einfach, die Horden verrotten nach ihrer Standdauer und die Nägel, falls man keine Holzstifte verwendet hat, können mit einem Magneten schnell eingesammelt werden.

Weniger aufwendig ist in aller Regel der **Einzelschutz** vor Verbiss- und Fegeschäden. Er bietet sich an bei kleineren Stammzahlen oder wenn nur besonders wertvolle Mischbaumarten geschützt werden müssen. Für den mechanischen Einzelschutz gibt es Drahthosen, Kunststoffköcher, Alufolien, Drahtspiralen, Astquirle, Schafwolle und Wergfaser. Als chemische Verbissschutzmittel werden Teer oder und Industriepräparate eingesetzt.

Zur Kontrolle des Wildverbisses können **Weiserzäune** (sie zeigen, was sich unter Verbissausschluss verjüngt), **Zähltrakte** (sie zeigen, was verbissen und was unverbissen vorhanden ist) sowie Aufnahme der verbissenen Pflanzen auf offenen Probeflächen eingesetzt werden.

Weiserzäune werden relativ kleinflächig angelegt. Die eingezäunte Weiserfläche zeigt die natürliche Entwicklung der Vegetation ohne Schädigung. Beim Traktverfahren wird eine Traktstrecke (Messstrecke) fest ausgepflockt. Alljährlich oder im Abstand mehrerer Jahre werden jeweils 1 m rechts und links der Strecke der verbissene und der unverbissene Jungwuchs aufgenommen.

Einige Bundesländer führen zur Ermittlung des Wildverbisses auch aufwendige amtliche Erhebungen durch. So wird beispielsweise in Bayern alle 3 Jahre eine Verbissaufnahme durchgeführt, auf deren Grundlage die Forstbehörden ein Vegetationsgutachten mit Abschussempfehlungen erstellen. Dieses ist eine der Grundlagen bei der Abschussplanung.

87 | Was versteht man unter Wald?

Eine mit Waldbäumen (Forstpflanzen) bedeckte Grundfläche mit einem Eigenklima.

88 | Welche Gesetze regeln grundsätzlich die Waldbehandlung?

Das Bundeswaldgesetz als Rahmengesetz und die Länderwaldgesetze.

89 | Wie groß ist der Bewaldungsanteil in Deutschland?

11,4 Mio. ha Wald machen 32 % der Fläche der Bundesrepublik aus.

90 | Wer überwacht die Einhaltung der den Wald betreffenden Gesetze?

In erster Linie die Forstbehörden der Länder.

91 | Was sind Forstbetriebsgemeinschaften?

Freiwillige privatrechtliche Zusammenschlüsse von Waldbesitzern.

92 | Was sind Forstwirtschaftliche Vereinigungen?
Freiwillige Zusammenschlüsse von anerkannten Forstbetriebsgemeinschaften und ähnlichen Zusammenschlüssen.

93 | Welche Aufgaben hat der Wald?
Wirtschaftliche, landeskulturelle und volkskulturelle Aufgaben.

94 | Wie ist das Verhältnis Holzerzeugung zu Holzverbrauch in Deutschland?
In den heimischen Wäldern wächst mehr Holz nach, als genutzt wird.

95 | Welche Schutzfunktionen des Waldes kennen Sie?
Wasserschutz, Bodenschutz, Lawinenschutz, Klimaschutz, Immissionsschutz, Lärmschutz, Sichtschutz, Straßenschutz.

96 | Was versteht man unter Fotosynthese?
In grünen Pflanzenteilen entsteht mithilfe von Blattgrün = Chlorophyll und Sonnenlicht aus Wasser und dem Kohlendioxid der Luft Zucker und Sauerstoff.

97 | Was gehört zum Standort?
Klima, Vegetation, Boden, Höhenlage und Hangneigung.

98 | Aus was besteht ein Baum?
Im Wesentlichen aus den drei Hauptteilen Wurzeln, Stamm und Krone.

99 | Welche Wurzeltypen unterscheiden wir bei den Baumarten?
Pfahlwurzler, Herzwurzler und Flach- oder Tellerwurzler.

100 | Welche Hauptbaumart zählt zu den Flachwurzlern?
Die Fichte.

101 | Welche Hauptbaumarten sind Herzwurzler?
Rot-Buche, Berg- und Spitz-Ahorn und Linde.

102 | Aus was besteht der Stamm?
Aus Borke, Bast, Kambium, Splintholz, Kernholz.

103 | Wo erfolgt das Dickenwachstum der Bäume?
Im Kambium zwischen Rinde und Holz.

104 | Was passiert bei Verletzung der Rinde?
Es können Pilze eintreten.

105 | Welchen Einfluss hat die Krone auf das Wachstum des Baumes?
Je größer die Baumkrone ist, umso stärker ist das Dickenwachstum des Baumstamms.

106 | Welche Möglichkeiten der Waldverjüngung gibt es?
Natürliche Verjüngung, Saat, Pflanzung, Stockausschlag.

107 | Welche Ansprüche werden an das Pflanzgut gestellt?
Es muss frisch sein und die Herkunft muss für den geplanten Standort zugelassen sein.

108 | Was bedeutet »Anflug«?
Darunter versteht man junge Bäume, die aus angeflogenen Samen entstanden sind.

109 | Die Samen welcher Waldbäume werden vom Wind verfrachtet?
Fichte, Kiefer, Berg-Ahorn, Esche, Birke, Tanne.

110 | Was bedeutet »Aufschlag«?
Unter Aufschlag versteht man junge Bäume, die aus nicht flugfähigen Samen natürlich entstanden sind. Dazu zählen Eichen und Buchen.

111 | Was ist Stockausschlag?
Die Bäume erneuern sich durch Austrieb am Stock.

112 | Was versteht man unter Kernwuchs?
Bäume, die aus Samen erwachsen sind. Gegenteil: Stockausschlag.

113 | Welche Anforderungen werden an den stabilen Waldrand gestellt?
Er sollte stufig aufgebaut, artenreich und vielschichtig sein sowie mit einem Heckensaum beginnen.

114 | Welche Pflanzverfahren gibt es?
Heute gelten Klemm- und Lochpflanzung als fachgerecht.

115 | Wann wird die Lochpflanzung angewandt?
Die Lochpflanzung wird überwiegend für Ballenpflanzen verwendet.

116 | Wann wird gepflanzt?
Im Frühjahr ab Mitte März und im Herbst ab Mitte September.

117 | Was ist ein Überhälter?
Ein zur Starkholzerzeugung vom vorherigen Bestand »übergehaltener«, einzeln stehender Baum. Hierzu eignen sich besonders Kiefer und Lärche.

118 | Was ist ein Zukunftsbaum (Z-Baum)?
Ein Stamm von guter Qualität und gutem Wuchs, der bei Hiebreife wertvolles Holz liefern soll.

119 | Was ist ein Innenwaldrand?
Unter Innenwaldrand versteht man den Übergang zu kleinen offenen Flächen innerhalb des Waldes, wie z. B. Kahlflächen, Waldwegen, Wildwiesen, Holzlagerplätzen.

120 | Was sind Hauptbaumarten?
Vorherrschende Baumarten, die sowohl im einzelnen Mischbestand wie im Forstbetrieb den Produktionszeitraum bestimmen.

121 | Was sind Nebenbaumarten?
Baumarten von geringem Mischungsanteil ohne wesentliche Bedeutung für das Bestandsgefüge.

122 | Welche Nadelbaumarten finden bei uns eine weite Verbreitung?
Fichte, Tanne, Kiefer, Lärche, Douglasie.

123 | Wo ist das natürliche Verbreitungsgebiet der Fichte?
In den Gebirgen Europas in Höhen über 800 m bis zur Waldgrenze.

124 | Wie wird die Fichte gerne bezeichnet?
Die Fichte wird auch als der Brotbaum der Waldbesitzer bezeichnet.

125 | Wie hoch wird eine Fichte?
Die Fichte kann eine Höhe von 30–50 m erreichen.

126 | Wie lange ist die Umtriebszeit der Fichte?
80–100 Jahre.

127 | Braucht die Tanne viel Licht?
Nein, die Weiß-Tanne ist eine ausgesprochene Schattbaumart.

128 | In welcher Waldbewirtschaftung ist die Tanne unverzichtbar?
In der Plenterwirtschaft; aufgrund ihrer Schattenverträglichkeit.

129 | Wann ist die Douglasie hiebsreif?
Bereits mit 80 Jahren.

130 | Wie sieht die Rinde der Kiefer aus?
Ihr Stamm ist im unteren Teil von einer starken, schuppigen Rinde umgeben. Im oberen Drittel ist die Rinde glatt und hell. Sie heißt dort Spiegelrinde.

131 | Welche beiden Lärchen werden unterschieden?
Die Europäische Lärche und die Japanische Lärche.

132 | Welche Besonderheit hat die Lärche?
Sie wirft als einziger Nadelbaum im Herbst ihre Nadeln ab.

133 | Welche Eichen sind in Deutschland heimisch?
Die Stiel-Eiche und die Trauben-Eiche. Die Roteiche stammt aus Nordamerika.

134 | Welche Standorte liebt die Stieleiche?
Die Stieleiche bevorzugt tiefgründige, nährstoffreiche Böden des Auwaldes und der Niederungen mit hoher Bodenfeuchtigkeit.

135 | Welche Standorte liebt die TraubenEiche?
Die Trauben-Eiche liebt trockenere Standorte und ist in wärmeren Lagen des Berg- und Hügellandes zu finden.

136 | Welche Umtriebszeiten haben Eichen?
Das Erntealter liegt für Schnittholz bei 150–180 und bei Furnierholz bei 250–300 Jahren.

137 | Wie sind die Lichtansprüche der Rotbuche?
Die Rot-Buche ist eine Schattbaumart.

138 | Wie sehen die Früchte der Buche aus?
Die Bucheckern sind dreieckig und braun. Sie fallen im Herbst aus einer stacheligen Einhäusung zu Boden.

139 | Wie eng sind Rotbuche und Hainbuche verwandt?
Die Hainbuche gehört nicht zu den Buchen, sondern zu den Birkengewächsen.

140 | Welche Erlen kommen in Deutschland autochthon vor?
Schwarz-Erle (Rot-Erle), Grau-Erle (Weiß-Erle) und Grün-Erle.

141 | Wo wächst die Schwarz-Erle?
Sie wächst an Bach- und Flussläufen und ist wegen ihrer großen Anpassungsfähigkeit weitverbreitet. Sie kommt von der Ebene bis auf eine Höhe von 800 m vor.

142 | Wozu werden Weiß- und Grün-Erle angebaut?
Als Pionierbaumarten werden sie vorwiegend zur Stabilisierung von Bergrutschflächen eingesetzt.

143 | Welche Ahorne sind bei uns autochthon?
Berg-Ahorn, Spitz-Ahorn und Feld-Ahorn.

144 | Welche Eschenarten gibt es bei uns?
Die Gewöhnliche Esche. Die Eberesche, auch Vogelbeere genannt, gehört zu den Rosengewächsen.

145 | Welche Baumarten werden zu den Lichthölzern gerechnet?
Lärchen, Kiefern, Eichen und Birken.

146 | Welche Baumarten sind Schattbaumarten?
Tanne, Buche, Eibe, Linde und Spitzahorn.

147 | Welche Baumarten sind Halbschattbaumarten?
Fichte, Douglasie und die Ahorne.

148 | Was versteht man unter Edellaubbaumarten?
Dazu gehören die Eschen, die Ahorne, die Ulmen und die Vogelkirsche. Diese Arten sind gegenüber dem Standort anspruchsvoll.

149 | Was versteht man unter nachwachsenden Rohstoffen?
Pflanzliche Produkte, die nicht als Nahrungs- oder Futtermittel verwendet, sondern als Rohstoff für die Industrie (Energieerzeugung) eingesetzt werden.

150 | Welche Wildobstarten sind von forstlichem Interesse?
Vogelkirsche, Elsbeere, Speierling.

151 | Welche Hauptbaumarten gedeihen auf trockenen Standorten?
Kiefer, Trauben-Eiche.

152 | Welche Baumarten sind im Auwald beheimatet?
Stiel-Eiche, Ulme, Esche, Espe, Berg-Ahorn, Weide, Linde, Erle.

153 | Welche Baumarten gehören typischerweise zum Bergmischwald?
Zu einem Bergmischwald gehören Fichte, Tanne, Buche und Berg-Ahorn.

154 | Was versteht man unter einem Mastjahr?
Ein Mastjahr ist ein Jahr, in dem die masttragenden Baumarten (Eiche, Buche, Wildobstbäume, Ebereschen, Kastanien) besonders viele Früchte abwerfen.

155 | Welche Baumarten treiben Stockausschläge?
Fast alle Laubbaumarten, insbesondere Rotbuche, Eiche, Esche, Erle, Weide, Pappel.

156 | Welche Hauptbaumarten lassen sich besonders leicht natürlich verjüngen?
Fichte, Tanne, Buche, Bergahorn, Esche.

157 | Welche Baumarten lassen sich besonders gut aus Stecklingen/ Steckhölzern vermehren?
Weiden, Erlen.

158 | Wie wird die Eberesche im Wald eingeordnet?
Als Pionierbaumart und als Weiserpflanze für Wildverbiss (verbissgefährdet).

159 | Welche Bedeutung hat »Totholz« im Wald?
Totholz ist Lebensraum für viele gefährdete Tier- und Pflanzenarten.

160 | Welche Baumarten gehören zu den Weichhölzern?
Linde, Erlenarten, Pappeln, die meisten Nadelbäume.

161 | Auf was deutet ein reicher Unterwuchs aus Holunder hin?
Holunder ist ein Stickstoffzeiger.

162 | Welche Straucharten finden wir auch im lichten Altholz?
Schwarzer Holunder, Seidelbast, Faulbaum, Gewöhnlicher Schneeball, Schnee-Heide.

163 | Welche Straucharten tragen Dornen?
Schlehen, Berberitze, Weißdorn.

164 | Wie können Sträucher vermehrt werden?

Durch Steckhölzer, Stecklinge, Wurzelausläufer, Teilung und Samen.

165 | Was ist ein Altersklassenwald?

Die Bäume eines Bestandes sind alle weitgehend gleich alt = Altersklasse.

166 | Was versteht man unter Umtriebszeit?

Die Gesamtzeit von der Bestandsbegründung bis zur Endnutzung (Ernte).

167 | Was versteht man unter Pflanzverbänden?

In den Pflanzverbänden werden der Abstand von Forstpflanzen innerhalb einer Reihe sowie der Abstand von Reihe zu Reihe festgelegt.

168 | Was ist ein Altholz?

Unter Altholz versteht man ein erntereifes Baumholz.

169 | Welche Ansprüche stellt die Zertifizierung?

Die Zertifizierung verlangt vom Waldbesitzer den Nachweis, dass bei der Waldbewirtschaftung die Grundsätze der Nachhaltigkeit, der Zuverlässigkeit und der Glaubwürdigkeit befolgt werden.

170 | Welche beiden Betriebsformen werden üblicherweise unterschieden?

Schlagweiser Hochwald und Plenterwald.

171 | In welchen Maßeinheiten wird Holz beim Verkauf berechnet?

In Festmetern, in Raummetern, in Schüttraummetern und nach Gewicht.

172 | Was ist Schichtholz?

Auf 1 oder 2 m abgelängtes, wenig hochwertiges Holz, das aufgeschichtet wird. Es wird meist in Raummetern gemessen und gehandelt.

173 | Womit wird ein Bestand zur Holzernte und zu den Pflegearbeiten aufgeschlossen?

Durch Rückegassen.

174 | Was versteht man unter »Auszeichnen« des Holzes?

Unter »Auszeichnen« versteht man das Markieren der Bäume, die gefällt werden sollen (Negativauszeichnung), oder Markieren der Z-Bäume (Positivauszeichnung).

175 | Was versteht man unter »Rückung«?

Den Abtransport des Holzes vom Fällort bis zum Lagerplatz für die Lkw-fähige Abfuhr.

176 | Was sind Rückeschäden?

Verletzungen an Bäumen und Wurzelanläufen, die beim Rücken entstehen.

177 | Wo wird das eingeschlagene Holz gepoltert?

Auf Holzlagerplätzen, die von Lkws angefahren werden können.

178 | Kann man mit Fallen den Borkenkäferbefall einschränken?

Nein, die Falle zeigt lediglich die Flugaktivität der Käferpopulation auf.

179 | Woran erkennt man den Befall des Gestreiften Nutzholzborkenkäfers?

Er ist im Unterschied zu Buchdrucker und Kupferstecher (Rindenbrüter) im Holz selbst tätig.

180 | Was versteht man unter »neuartigen Waldschäden«?

Schäden an den Atmungsorganen (Nadeln und Blätter) der Bäume, die sich durch verringerte Nadel- oder Blattdichte äußern. Sie sind bei allen Baumarten festzustellen.

181 | Was sind die Ursachen der »neuartigen Waldschäden«?
Immissionen, vor allem Stickoxide, Schwermetalle und Foto-Oxidantien, früher auch Schwefeldioxid.

182 | Welcher Pilz schädigt besonders die Fichte?
Der Wurzelschwamm (Rotfäule).

183 | Welcher Pilz schädigt auch Kiefer und Lärche?
Der Hallimasch.

184 | Unter welcher Pilzerkrankung leiden Eschen?
Unter dem Eschentriebsterben.

185 | Welche Hauptbaumarten werden vom Rehwild besonders gerne verbissen?
Tanne, Buche, Ahorn, Eiche und Esche.

186 | Welche Tierarten (außer Schalenwild) verbeißen?
Hase, Wildkaninchen, Mäuse, Auerwild, Weidevieh, Eichhörnchen.

187 | Welche Wälder haben die geringste Verbissanfälligkeit?
Dem Standort angepasste, strukturreiche Mischwälder mit angepasster Wilddichte.

188 | Welche Verbissarten werden unterschieden?
Leittrieb- und Seitentriebverbiss; Winter- und Sommerverbiss.

189 | Welche Abwehrmaßnahmen gibt es gegen Wildverbiss?
Einzelschutz- und Flächenschutz-Abwehrmaßnahmen, Verringerung des Wildbestandes.

190 | Welche Wildarten verursachen Fege- und Schlagschäden?
Fegeschäden werden durch den Rehbock, Schlagschäden durch den Hirsch verursacht.

191 | Welche Wildarten schälen?
Rotwild, Muffelwild, Damwild.

192 | Wie entstehen Schälschäden?
Durch Abziehen und Abnagen der Rinde an den Baumstämmen.

193 | Welche Schutzmaßnahmen vor Schälschäden gibt es?
Gegen Schälschäden sind Rindenhobel, Anstrichmittel und Kunststoffbahnen sowie Grün- und Trockeneinbände in Verwendung. Schälschutz wird nur bei Zukunftsstämmen angebracht.

194 | Was ist Flächenschutz?
Die Errichtung eines wilddichten Maschendrahtzaunes oder Hordengatters.

195 | Wie hoch müssen Kulturzäune sein?
Kulturzäune müssen als Schutz vor Rehwild 1,5 m und bei Rotwild 1,8 m hoch sein.

196 | Was versteht man unter Einzelschutz?
Das Anbringen von Drahthosen, Alufolien, Drahtspiralen, Kunststoffköchern, Astquirlen, Schafwolle und Wergfaser, um Bäume vor Verbiss und Fegen zu schützen.

197 | Welche Möglichkeiten der Verbisskontrolle gibt es?
Weiserzäune, Zähltrakte sowie die Aufnahme der verbissenen Pflanzen auf offenen Probeflächen.

K Naturschutz

Allgemeines

Der Naturschutz ist die Idee zum Schutz und Erhalt des Naturhaushaltes. Ziel ist es, Natur und Landschaft aufgrund ihres eigenen Wertes und als Lebensgrundlage des Menschen zu erhalten (Bundesnaturschutzgesetz).

Als der Drachenfels bei Königswinter als Steinbruch genutzt werden sollte, gab es Widerstand. Die malerische Schönheit sollte erhalten bleiben. Das Gebiet wird heute als das älteste Naturschutzgebiet Deutschlands (1836) bezeichnet. Der frühe Naturschutz fand unter ästhetischen und romantischen Gesichtspunkten statt, weshalb vor allem beeindruckende Landschaften (z. B. das Naturschutzgebiet Königssee) und Tier- und Pflanzenarten (z. B. Schwäne) geschützt wurden. 1935 wurde das Reichsnaturschutzgesetz erlassen, was erst 1977 durch das Bundesnaturschutzgesetz (BNatSchG) ersetzt wurde. Nach dem Zweiten Weltkrieg war der Umgang mit der Natur rücksichtslos. Als Folge verseuchter Flüsse und verschmutzter Luft entwickelte sich in den 1970er-Jahren ein breites gesellschaftliches Interesse für Naturschutz. Doch der Naturschutz war und ist sehr uneinheitlich ausgeprägt. Da es sich um eine Idee handelt, die zwar eine generelle gemeinsame Linie kennt, unterscheiden sich die unterschiedlichen Präferenzen manchmal sehr, was immer wieder zu Konflikten innerhalb des Naturschutzes führt.

Eine gemeinsame Grundlage im internationalen Naturschutz ergaben sich auf der UN-Konferenz für Umwelt und Entwicklung (UNCED Rio 1992). Die nachhaltige Entwicklung wurde ins Zentrum gestellt. Diese betont die Gleichwertigkeit von Ökonomie, Ökologie und sozialer Gerechtigkeit Daraus folgt, die Natur soll nicht mehr vor, sondern für den Menschen geschützt werden. Damit wird auch ausgedrückt: Der Mensch ist Teil der Natur.

Rechtsgrundlagen

Der Naturschutz in Deutschland wird durch internationale Abkommen wie UNCED Rio 1992 und die Richtlinien der EU stark beeinflusst. National erlässt der Bund das Rahmengesetz »Gesetz über Naturschutz und Landespflege«, kurz das Bundesnaturschutzgesetz (BNatSchG) und dazu gehörige Verordnungen. Die Länder erlassen entsprechende Landesgesetzte und -Verordnungen (s. auch Kapitel Recht, Seite 75ff.)

Grundsätzliche Ziele des Naturschutzes und der Landschaftspflege: Natur und Landschaft sind aufgrund ihres Eigenwertes und als Grundlage für Leben und Gesundheit des Menschen so zu schützen, dass unter anderem

- die biologische Vielfalt,
- die Leistungs- und Funktionsfähigkeit des Naturhaushalts einschließlich der Regenerationsfähigkeit und nachhaltigen Nutzungsfähigkeit der Naturgüter sowie
- die Vielfalt, Eigenart und Schönheit sowie der Erholungswert von Natur und Landschaft auf Dauer gesichert sind.

Schutzvorschriften: Grundsätzlich dürfen wild lebende Tiere nicht mutwillig beunruhigt oder ohne vernünftigen Grund gefangen, verletzt oder getötet, wild wachsende Pflanzen nicht ohne Grund entnommen, beschädigt oder zerstört werden.

So ist es zum Schutz der Nist-, Brut- und Zufluchtsstätten frei lebender Tiere verboten,

- im Außenbereich in der Zeit vom 1. März bis zum 30. September Hecken, lebende Zäune, Gehölze oder Büsche abzuschneiden, auf den Stock zu setzen oder zu beseitigen;
- die Bodendecke auf Wiesen, Feldrainen, ungenutztem Gelände, an Hecken oder Hängen abzubrennen;
- sowie im selben Zeitraum Röhrichte zurückzuschneiden.

In den Ländern weichen die einschlägigen Bestimmungen voneinander ab. Die jeweiligen Landesgesetze sind zu beachten.

Amtlicher und privater Naturschutz: In Deutschland unterscheiden wir zwischen amtlichem und privatem Naturschutz. Der amtliche Naturschutz ist vierstufig aufgebaut:

- Oberste Naturschutzbehörde: das Bundesministerium, das zurzeit unter dem Namen »Bundesministerium für Umwelt, Naturschutz, nukleare Sicherheit und Verbraucherschutz« (Stand April 2022) firmiert. Dem Ministerium direkt unterstellt sind das Umweltbundesamt sowie das Bundesamt für Naturschutz.
- Oberste Landes-Naturschutzbehörde: z. B. das jeweilige Ministerium für Umwelt;
- Obere/Höhere Naturschutzbehörde (je nach Behördenaufbau): bei den Bezirksregierungen angesiedelt;
- Untere Naturschutzbehörde: Landratsamt, Kreisverwaltung.

Die Behörden werden bei ihrer Arbeit fachlich beraten und unterstützt durch

- den Naturschutzbeirat, ein ehrenamtliches Beratergremium, sowie
- die Naturschutzwacht/den Naturschutzdienst. Deren Angehörige haben im Wesentlichen die Aufgabe, Natur und Landschaft zu beobachten, und ggf. naturschutzrechtliche Verstöße und Schäden zu melden.

Daneben steht der private Naturschutz. Hierzu gehören beispielsweise der Deutsche Jagdverband (DJV) und die meisten Landesjagdverbände sowie Vereinigungen wie BUND, NABU oder Landesbund für Vogelschutz. Nach ihrer früheren Anerkennungsgrundlage – § 29 BNatSchG – werden diese langjährig anerkannten Verbände heute noch »29er-Verbände« genannt.

Um als Umwelt-/Naturschutzvereinigung anerkannt zu werden, müssen bestimmte Voraus-

Ökologische Grundbegriffe

Ökologie: Ökologie ist die Wissenschaft von allen Beziehungen der Lebewesen zu ihrer unbelebten und lebenden Umwelt.

Biodiversität: Bezeichnung für die gesamte biologische Vielfalt (Arten, Ökosysteme, genetische Vielfalt) gemäß der UN-Biodiversitäts-Konvention.

Biosphäre: Die Gesamtheit allen von Leben erfüllten Raums auf unserer Erdkugel – Festland, Meer und Atmosphäre.

Art (auch »Spezies«): Grundeinheit der biologischen Systematik, definiert als eine Gruppe sich tatsächlich oder potenziell miteinander fortpflanzender Individuen, die fruchtbare Nachkommen hervorbringen.

Population: Eine biologisch oder geografisch abgegrenzte Zahl von Individuen einer Art.

Biozönose: Ein wissenschaftlicher Name für die Lebensgemeinschaft, also die Gesamtheit aller Pflanzen und Tiere, die in einem bestimmten Gebiet leben.

Biotop: Der oder das Biotop ist die kleinste Einheit der Biosphäre. Lebensraum einer Lebensgemeinschaft wild lebender Tiere und Pflanzen (Biozönose).

Ökosystem: Lebensraumtypen, wie z. B. Stillgewässer, Fließgewässer, Trockenrasen oder Feuchtwiesen – mit allem belebten und unbelebten Inventar.

Habitat: Ein spezieller Lebensraum für Pflanzen- oder Tierarten.

Ökologische Nische: Die »Planstelle«, die ein Lebewesen in der Artengesellschaft ausfüllt.

Habitat-Nische: Ein kleiner, spezieller Lebensraum in einer großen Wirtschaftsfläche, wo sich Pflanzen und Tiere noch zurückziehen können, z. B. die Hecke oder das Feldgehölz.

Symbiose: Zusammenleben von artverschiedenen Organismen, das für beide Seiten vorteilhaft ist. Beispiel: Ameisen und Blattläuse. Die Ameisen bieten den Blattläusen Schutz, diese wiederum lassen sich von den Ameisen »melken«, wobei sie eine Zuckerlösung abgeben, welche die Ameisen als Nahrung nutzen.

Bioindikatoren: Organismen, die auf Umwelteinflüsse mit Veränderungen ihrer Lebensfunktionen reagieren und so Rückschlüsse auf die Qualität ihres Lebensraumes erlauben.

setzungen erfüllt sein. So muss die Vereinigung

- die Ziele des Umweltschutzes ideell und nicht nur vorübergehend vorwiegend fördern,
- im Zeitpunkt der Anerkennung mindestens 3 Jahre bestehen und in diesem Zeitraum zur Förderung des Umweltschutzes tätig geworden sein,
- die Gewähr für eine sachgerechte Aufgabenerfüllung bieten,
- gemeinnützige Zwecke verfolgen und
- jeder Person, die die Ziele der Vereinigung unterstützt, den Eintritt als Mitglied ermöglichen.

Rote Listen: Die Rote Liste ist ein Verzeichnis, in dem gefährdete Tier- und Pflanzenarten sowie auch Biotoptypen aufgeführt sind. Rote Listen werden weltweit (durch die IUCN) wie auch auf nationaler bis hin zu regionaler Basis erstellt. In Deutschland werden die nationalen Roten Listen durch das Bundesamt für Naturschutz (BfN) erstellt, die Bundesländer veröffentlichen eigene Rote Listen.

Die Gefährdungseinstufung erfolgt in folgenden Kategorien:

0 ausgestorben oder verschollen
1 vom Aussterben bedroht
2 stark gefährdet
3 gefährdet
R extrem selten
V Vorwarnliste (Gefährdung könnte in den nächsten 10 Jahren eintreten)
D Daten unzureichend

Rote Listen haben keinen offiziellen oder rechtsverbindlichen Charakter, sie gelten als Fachgutachten, die Politik und Behörden als Grundlage für ihr Handeln hinsichtlich Arten-, Natur- und Umweltschutz dienen sollen.

Jagd und Naturschutz: Der Deutsche Jagdverband und etliche Landesjagdverbände sind anerkannte Naturschutzverbände. Sie haben daher die Möglichkeit, im Rahmen der Verbandsanhörung oder durch die Verbandsklage Einfluss auf Gesetzesvorhaben wie Projekte, die in den Bereich Umwelt und Naturschutz fallen, zu nehmen.

Seit der UN-Konferenz in Rio 1992 ist die nachhaltige Nutzung aller Ressourcen ein zentrales Ziel für den Schutz der Lebensgrundlage geworden und damit auch ein Ziel der Jagd. Der Jäger leistet per se Naturschutzarbeit. Da die Jagd in Revieren ausgeübt wird, ist eine flächendeckende ganzjährige Beobachtung gewährleistet. Die Regulierung von Wildbeständen, von invasiven Arten oder die Bekämpfung von Wildtierkrankheiten (z. B. Afrikanische Schweinepest) sind Aufgaben der Jäger. Nicht zu vergessen sind die vielen Arbeiten, die der Verbesserung der Lebensräume in den Revieren dienen und somit nicht nur jagdbaren Tieren zugutekommen.

Aus den Reihen des Naturschutzes kommen unterschiedlichste Forderungen an die Jagd. In unserer Kulturlandschaft sind durch den nutzenden Menschen so viele Veränderungen entstanden, dass ein regulierendes Eingreifen absolut notwendig ist. Manche sehr anpassungsfähigen Generalisten profitieren von diesen Veränderungen und es kommt zu bedeutenden Einflüssen auf andere Arten. Der Fuchs, der überall Futter findet, hat einen Einfluss auf die am Boden lebende Tierwelt. Gleiches gilt für das Wildschwein. Da viele dieser Zusammenhänge bei den Fordernden nicht bekannt sind, ist eine wesentliche Aufgabe der Jäger dieses fundierte Wissen in die Diskussion einzubringen.

1 | Was ist Ziel des Naturschutzes?

Natur und Landschaft aufgrund ihres eigenen Wertes und als Lebensgrundlage des Menschen zu erhalten (Bundesnaturschutzgesetz).

2 | Welche Gesetze sind für den Naturschutz maßgebend?

Das Bundesnaturschutzgesetz als Rahmengesetz, die Bundesartenschutzverordnung sowie die Naturschutzgesetze der Bundesländer.

3 | Was versteht man unter amtlichem Naturschutz?

Den gesamten Arbeitsbereich der Naturschutzbehörden.

4 | Wo findet man die Untere Naturschutzbehörde?

Bei den Landratsämtern (Kreisverwaltungsbehörde), in kreisfreien Städten bei der Stadtverwaltung.

5 | Was sind »29er-Verbände«?

Traditionelle Bezeichnung aufgrund § 29 BNatSchG a. F. für langjährig anerkannte Naturschutzverbände oder -vereine wie z. B. der Deutsche Jagdverband, viele Landesjagdverbände oder z. B. der BUND.

6 | Was ist eine »Rote Liste«?

Ein Verzeichnis, das Pflanzen- und Tierarten in bestimmte Gefährdungskategorien einteilt.

7 | Wer stellt die Roten Listen auf?

Naturschutzbehörden und -organisationen. Die Listen werden laufend aktualisiert.

8 | Welchen allgemeinen Schutz genießen wild lebende Tiere?

Es ist verboten, wild lebende Tiere mutwillig zu beunruhigen oder ohne vernünftigen Grund zu fangen, zu verletzen oder zu töten.

Formen des Naturschutzes

Naturschutz ist zunächst ein sehr weit gefasster Begriff. Grob kann man ihn einteilen in Flächen- und Objektschutz sowie den Artenschutz. Letzterer beinhaltet den Schutz der wild lebenden Tierarten (Säugetiere, Vögel, Reptilien, Amphibien, Insekten etc.) sowie wild wachsender Pflanzen.

Um zu wissen, worüber gesprochen wird, muss sich der Jäger unbedingt mit den wichtigsten im Natur- und Umweltschutz verwendeten Begriffen vertraut machen (s. Kasten Seite 829).

Flächen- und Objektschutz

Deutschland ist heute eines der bevölkerungsreichsten und dichtbesiedelsten Länder Europas. Gleichzeitig hält der Flächenverbrauch für Siedlungsgebiete, Verkehrswege und Industrie unvermindert an. Täglich werden über 70 ha landwirtschaftlicher oder naturbelassener Fläche für Infrastrukturmaßnahmen in Anspruch genommen.

Der Flächenschutz befasst sich mit den besonders schützenswerten Landschaftsteilen. Hierzu gibt es das Instrument der Landschaftsplanung. Dieses dient der Verwirklichung der in den Naturschutzgesetzen festgelegten Ziele des Naturschutzes. Für den Bereich eines Bundeslandes wird ein »Landschaftsprogramm« aufgestellt, für Teile des Landes »Landschaftsrahmenpläne« und für Gemeinden »Landschaftspläne«. Mitentscheidenden Einfluss haben die zuständigen Naturschutzbehörden.

Auf nationaler Basis nach BNatSchG (und Landesnaturschutzgesetzen) gibt es folgende Kategorien der Unterschutzstellung (s. §§ 23–30 BNatSchG):

- Naturschutzgebiet
- Landschaftsschutzgebiet

Feuchtgebiete bereichern jede Landschaft und sind heute besonders gefährdet.

- Naturpark
- Nationales Naturmonument
- Naturdenkmal
- Geschützter Landschaftsbestandteil

Auf international beruhenden Normen und weiterer Definition im BNatSchG:

- Nationalpark (nach IUCN)
- Biosphärenreservat (UNESCO)
- Natura 2000 Schutzgebietssystem (Europäische Union)
- Feuchtgebiete der RAMSAR-Konvention

Kennzeichnung der Schutzgebiete: Die nationalen Schutzgebiete werden durch Gebotsschilder gekennzeichnet (s. Abb. Seite 834).

Naturschutzgebiet: Naturschutzgebiete sind rechtsverbindlich festgesetzte Gebiete, in denen ein besonderer Schutz von Natur und Landschaft in ihrer Ganzheit oder in einzelnen Teilen erforderlich ist.

Landschaftsschutzgebiet: Ein rechtsverbindlich festgesetztes Gebiet, in dem das Landschaftsbild wegen seiner Art und Schönheit erhalten werden soll. Auflagen und Einschränkungen sind geringer als für ein Naturschutzgebiet, von der Fläche ist es oft größer als ein solches. Landschaftsschutz unterliegt dem Landesrecht, daher unterscheiden sich auch die auf das Landschaftsschutzgebiet hinweisenden Schilder wesentlich. **Verbote:** Betretungs-, Bebauungs-, Veränderungs- und Beseitigungsverbot.

Naturparke: Dienen sowohl dem Schutz und Erhalt der Kulturlandschaften mit ihrer Biotop- und Artenvielfalt als auch der Erholung, dem nachhaltigen Tourismus und einer dauerhaft umweltgerechten Landnutzung (BfN).In Deutschland gibt es 104 Naturparke (Stand: April 2022).

Nationales Naturmonument: Nationale Naturmonumente sind einzigartige Naturerscheinungen von bundesweiter Bedeutung. Sie können wichtige Zeugnisse der Natur- und Kulturgeschichte sein und bieten Lebensraum für seltene Pflanzen und Tiere. Nationale Naturmonumente können mit ihrem besonderen Schutz in Verbindung mit einer behutsamen Besucherlenkung zu mehr Naturverstehen und Naturerleben für viele Menschen beitragen (BMUV).

Naturdenkmal: Naturdenkmäler sind rechtsverbindlich festgesetzte Einzelschöpfungen der Natur oder entsprechende Flächen bis zu fünf Hektar, deren besonderer Schutz erforderlich ist (BNatSchG).

Geschützte Landschaftsbestandteile: Geschützte Landschaftsbestandteile sind ein Instrument des Objektschutzes. Als Besonderheit weist die Kategorie jedoch Elemente des Flächenschutzes auf. Demnach können sowohl Einzelobjekte als auch Objektgruppen (z. B. Alleen, Hecken) oder Objekte mit einer flächenhaften Ausdehnung (z. B. Dorfweiher, Streuobstbestände) Schutzgegenstand sein (BfN).

Nationalpark: Ein ursprünglich von der IUCN definierter Schutzgebietstyp, der inzwischen ins BNatSchG Eingang gefunden hat. Ein Nationalpark ist ein großräumiges, ökologisch besonders wertvolles und/oder landschaftlich herausragendes Gebiet, das seiner natürlichen Entwicklung überlassen bleibt und weitgehend vor menschlicher Beeinflussung und Umweltverschmutzung geschützt wird.

Grundsätzlich soll in einem Nationalpark die Natur sich selbst überlassen werden. Es sind jedoch regulierende Eingriffe möglich, wie Bestandsregulierung von Wild, Wiederansiedlung von ehemals dort vorkommenden Arten wie auch Eliminierung von eingeschleppten, nicht heimischen Arten.**Verbote:** Betretungsverbot in den Kernzonen.

Der erste deutsche Nationalpark wurde 1970 mit dem Nationalpark Bayerischer Wald etabliert, inzwischen gibt es 16 Nationalparks in Deutschland.

Biosphärenreservat: Bei dem von der UNESCO 1970 initiierten weltweiten Programm »Der Mensch und die Biosphäre« (MAB) geht es nicht um Naturschutz im engeren Sinn, sondern es steht der Mensch im Vordergrund. Ziele in diesen großräumig ausgewiesenen Regionen sind der Erhalt der biologischen Vielfalt sowie der Ökosystemfunktionen, die nachhaltige Bewirtschaftung der Kulturlandschaft wie auch der Klimaschutz. Im BNatSchG sind Biosphärenreservate definiert alsinheitlich zu schützende und zu entwickelnde Gebiete, die

- großräumig für bestimmte Landschaftstypen charakteristisch sind,
- in wesentlichen Teilen ihres Gebiets die Voraussetzungen eines Naturschutzgebietes, im Übrigen überwiegend eines Landschaftsschutzgebiets erfüllen,
- vornehmlich der Erhaltung, Entwicklung oder Wiederherstellung einer durch hergebrachte vielfältige Nutzung geprägten Landschaft und der darin historisch gewachsenen Arten- und Biotopvielfalt, einschließlich Wild- und früherer Kulturformen wirtschaftlich genutzter oder nutzbarer Tier- und Pflanzenarten, dienen und
- beispielhaft der Entwicklung und Erprobung von die Naturgüter besonders schonenden Wirtschaftsweisen dienen.

In Deutschland gibt es 18 von der UNESCO anerkannte Biosphärenreservate (Stand 2019).

Natura 2000: Ein zusammenhängendes Schutzgebietssystem innerhalb der EU auf Basis der FFH-Richtlinie sowie der EU-Vogelrichtlinie. Zweck ist der länderübergreifende Schutz gefährdeter wild lebender heimischer Tier- und Pflanzenarten und ihrer natürlichen Lebensräume.

Ramsar-Konvention: Eines der ältesten internationalen Vertragswerke zum Naturschutz. Das

Der Nationalpark Bayerischer Wald ist heute wieder Heimat des Luchses.

Übereinkommen wurde 1971 in der iranischen Stadt Ramsar geschlossen. Anliegen war der Schutz von Feuchtgebieten, insbesondere als Lebensraum für ziehende Wasser- und Watvögel, aber auch eine »wohlausgewogene« Nutzung der Bestände. Weltweit stehen rund 2200 Gebiete mit einer Fläche von fast 2,1 Mio. Quadratkilometern unter dem Schutz der Ramsar-Konvention. In Deutschland gehören beispielsweise das Wattenmeer oder auch das Donaumoos dazu.

9 | Was versteht man unter »Ökologie«?

Ökologie ist die Wissenschaft von allen Beziehungen der Lebewesen zu ihrer unbelebten und lebenden Umwelt.

10 | Was ist die Biosphäre?

Die Gesamtheit allen von Leben erfüllten Raums auf unserer Erdkugel – Festland, Meer und Atmosphäre.

11 | Was versteht man unter Biozönose?

Biozönose ist der wissenschaftliche Begriff Lebensgemeinschaft, also für die Gesamtheit aller Pflanzen und Tiere, die in einem bestimmten Gebiet leben. Anders ausgedrückt bezeichnet sie eine Gemeinschaft von Organismen verschiedener Arten in einem abgrenzbaren Lebensraum (Biotop).

12 | Was sind Ökosysteme?

Das Zusammenspiel von Lebewesen und Lebensraum bildt ein Ökosystem. Das kann die Rinde

Kennzeichen für Naturdenkmal, Geschützter Landschaftsbestandteil und Naturschutzgebiet

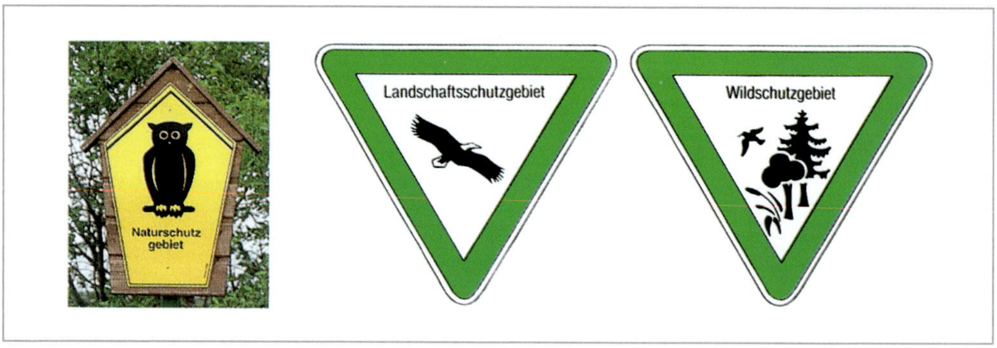

Kennzeichen für Naturschutz-, Landschaftsschutz- und Wildschutzgebiete

eines Baumes, ein Teich ein Wald oder das Ökosystem Erde sein.

13 | Was ist ein Biotop?
Der oder das Biotop ist die kleinste Einheit der Biosphäre und Lebensraum einer bestimmten Lebensgemeinschaft verschiedener Arten (Biozönose).

14 | Was ist ein Habitat?
Ein spezieller Lebensraum für Pflanzen- oder Tierarten.

15 | Was ist eine ökologische Nische?
Die ökologische Nische ist kein Ort, sondern die Beziehungen zwischen den Lebensansprüchen einer Art und ihrer Umwelt.

16 | Was ist eine Habitat-Nische?
Ein kleiner, spezieller Lebensraum in einer großen Wirtschaftsfläche, wohin sich Pflanzen und Tiere noch zurückziehen können, z. B. eine Hecke oder ein Feldgehölz.

17 | Was versteht man unter Artenschutz?
Die Bemühungen um Schutz und Erhaltung aller Pflanzen- und Tierarten.

18 | Welche Bedeutung hat der Biotopschutz?
Er steht heute vor dem Artenschutz, denn keine Art kann ohne geeignetes Biotop bestehen.

19 | Was versteht man unter Flächenschutz?
Besonders schützenswerte Landschaftsflächen.

20 | Was versteht man unter Objektschutz?
Darunter versteht man Einzelschöpfungen wie Bäume, Felsen, Findlinge oder Gletscher, die wegen ihrer Seltenheit, Alter, Eigenart oder Schönheit geschützt sind.

21 | Was sind Generalisten?
Generalisten sind Arten, die im Gegensatz zu den Spezialisten in ihren Umweltansprüchen und in ihrem Verhalten wenig spezialisiert sind. Sie sind gegenüber weiten Schwankungsbereichen von Nahrung, Temperatur, Feuchte, Licht etc. mehr oder weniger unempfindlich und können sehr flexibel unterschiedliche Ressourcen nutzen. Kulturfolger sind in der Regel Generalisten.

22 | Was ist Biodiversität?
So wird die biologische Vielfalt bezeichnet gemäß der Biodiversitäts-Konvention. Erhaltung und nachhaltige Nutzung der biologischen Vielfalt gelten als wichtige Grundlagen für das menschliche Wohlergehen.

23 | Was sind Biosphärenreservate und Nationale Naturmonumente?
Biosphärenreservate: Von der UNESCO anerkannte Gebiete, die repräsentativ vom Menschen nachhaltig entwickelt werden sollen.
Nationale Naturmonumente: Zusätzliche Schutzgebiete, die aus wissenschaftlichen, naturgeschichtlichen, kulturhistorischen und landeskundlichen Gründen und wegen ihrer Seltenheit, Eigenart und Schönheit von herausragender Bedeutung sind.

24 | Welcher Landschaftstyp wird durch die Ramsar-Konvention unter Schutz gestellt?
Großflächige Feuchtgebiete mit ihren Wasser- und Watvögeln.

25 | Was ist ein Naturschutzgebiet?
Ein Gebiet, in dem ein besonderer Schutz von Natur und Landschaft in ihrer Ganzheit oder in einzelnen Teilen erforderlich ist.

26 | Was unterscheidet einen Nationalpark von einem Naturschutzgebiet?
Für Nationalparks gelten neben dem nationalen

Schutzstatus internationale Kriterien. Nationalparks dienen neben dem reinen Naturschutz auch der wissenschaftlichen Forschung sowie der Information und Bildung der Bevölkerung. Nationalparke sind großflächige Schutzgebiete.

27 | Was ist ein Naturpark?

Naturparks sind großflächige Gebiete, die

1. überwiegend Landschafts- oder Naturschutzgebiete sind,
2. in der Landesplanung für die Erholung oder den Fremdenverkehr vorgesehen sind.

28 | Was ist ein Landschaftsschutzgebiet?

Ein rechtsverbindlich festgesetztes, abgegrenztes Gebiet, in dem vor allem das Landschaftsbild wegen seiner Eigenart und Schönheit erhalten werden soll.

29 | Wie werden Schutzgebiete/ geschützte Objekte gekennzeichnet?

Durch Gebotsschilder: Nationalpark, Naturschutzgebiet, Landschaftsschutzgebiet, Wildschutzgebiet (Bayern) und Naturdenkmal.

30 | Mit welcher Maßnahme können Landschaftsteile beruhigt werden?

Besucherlenkung durch die Ausweisung oder Verlegung von Wander-, Reit-, Fahrradwegen, Loipennetz, Wegegebot, -sperrung und Ausweisung von Wildschutzgebieten (nach Landesrecht).

31 | Welche Biotope sind heute besonders gefährdet?

Die meisten Sonderstandorte wie Feuchtgebiete, Trockenrasen, Streuobstwiesen oder Feldhecken.

32 | Darf der Landwirt eine Feuchtwiese entwässern?

Wenn die Fläche als Feuchtwiese ausgewiesen ist, bedarf es der Genehmigung.

33 | Darf der Bauer einen Trockenrasen aufforsten?

Damit müssen Forst-, Landwirtschafts- und Naturschutzbehörde einverstanden sein.

34 | Was ist ein Naturdenkmal?

Ein unter Naturschutz stehendes Landschaftselement: Entweder ein Einzelobjekt oder ein Flächennaturdenkmal bis zu 5 ha Größe.

35 | Was sind geschützte Landschaftsbestandteile?

Einzelbäume, Baumgruppen, Alleen, Hecken, Feldgehölze, Röhrichte, Moore und natürliche Kleingewässer können zu geschützten Biotopen erklärt werden.

36 | Wie heißen die 3 Zonen einer Feldhecke?

Saum-, Mantel- und Kernzone. Für die Artenvielfalt sind die Zonen von größter Bedeutung.

37 | Darf der Landwirt im April eine Hecke auf den Stock setzen?

Feldhecken dürfen in der Nist- und Brutzeit nicht zurückgeschnitten werden.

38 | Darf der Landwirt im August auf seinem Acker liegendes Stroh verbrennen?

Nein, nur mit Genehmigung der Naturschutzbehörde.

39 | Darf der Grundbesitzer eine alte Lehmkuhle verfüllen?

Nein, die mit Regenwasser gefüllte Lehmkuhle ist ein Kleingewässer.

40 | Darf der Revierinhaber einen von seinem Vorgänger angelegten Teich, der zu verlanden droht, ausbaggern?

Nur mit Genehmigung der Naturschutzbehörde, die vor allem den Zeitpunkt festlegt.

Artenschutz

Weltweit ist ein anhaltender Rückgang der biologischen Vielfalt, insbesondere der Arten, zu beobachten. Von den dem Jagdrecht unterliegen Tierarten sind nur wenige wirklich bedroht: die Raufußhühner, die Großtrappe, das Steinhuhn und das Rebhuhn. Sie sind verschwunden oder verschwinden gerade, weil sie in unserem Land keine geeigneten Lebensräume mehr finden. Genau das Gleiche gilt für viele andere Arten, seien es nun Vögel, Kleinsäuger, Reptilien, Amphibien, Insekten etc.

Um der Gefährdung der Tier- und Pflanzenwelt und ihrer Lebensräume entgegenzutreten, wurden zahlreiche internationale wie nationale Regelungen und Konventionen geschaffen. Dazu gehören:
- Das Washingtoner Artenschutzabkommen (WA = CITES)
- Die EU-Artenschutzverordnung
- Die EU-FFH-Richtlinie (Erhaltung der natürlichen Lebensräume sowie der wild lebenden Tiere und Pflanzen)
- Die EU-Vogelrichtlinie (Erhaltung wild lebender Vogelarten)
- Die EU-Verordnung über die Prävention und das Management der Einbringung und Ausbreitung invasiver Arten
- Die Bonner Konvention (Schutz wandernder Arten)
- Die Berner Konvention (Erhaltung der europäischen wild lebenden Pflanzen und Tiere und ihrer natürlichen Lebensräume)
- Das Bundesnaturschutzgesetz (und unter eigener Regie: die Naturschutzgesetze der Länder)
- Die Bundesartenschutzverordnung

Das Bundesnaturschutzgesetz kennt 3 Artenschutzkategorien (s. auch Seite 82 ff.):
- Allgemeiner Schutz: Generell unterliegen alle Tiere und Pflanzen dem Allgemeinen Schutz, da keine Pflanze oder Tier ohne triftigen Grund beschädigt, zerstört oder getötet werden darf.
- Besonderer Schutz: in der BArtSchV (Anlage 1 Spalte 2) aufgelistet
- Strenger Schutz: in der BArtSchV (Anlage 1 Spalte 3) besonders gekennzeichnet sowie über FFH-RL

Artendefinition

Heimische Art: Eine wild lebende Tier- oder Pflanzenart, die ihr Verbreitungsgebiet oder regelmäßiges Wanderungsgebiet ganz oder teilweise
- im Inland hat oder in geschichtlicher Zeit hatte oder
- auf natürliche Weise in das Inland ausgedehnt hat.

Als heimisch gilt eine wild lebende Tier- oder Pflanzenart auch, wenn sich verwilderte oder durch menschlichen Einfluss eingebürgerte Tiere oder Pflanzen der betreffenden Art im Inland in freier Natur und ohne menschliche Hilfe über mehrere Generationen als Population erhalten.

Gebietsfremde Art: Eine wild lebende Tier- oder Pflanzenart, wenn sie in dem betreffenden Gebiet in freier Natur nicht oder seit mehr als 100 Jahren nicht mehr vorkommt.

Invasive Art: Eine Art, deren Vorkommen außerhalb ihres natürlichen Verbreitungsgebiets für die dort natürlich vorkommenden Ökosysteme, Biotope oder Arten ein erhebliches Gefährdungspotenzial darstellt.

Geschützte Tiere

Säugetiere: Einige Beispiele für Säugetierarten, die nur dem »Allgemeinen Schutz« unterliegen:

Schermaus, Rötelmaus, Erdmaus, Feldmaus, Hausmaus, Wanderratte, Bisam, Nutria, Marderhund, Waschbär, Mink (Amerikanischer Nerz). Marderhund, Mink und Nutria unterliegen in fast allen Bundesländern dem Jagdrecht.

»Besonders geschützt« sind alle heimischen Arten mit Ausnahme der allgemein geschützten Arten, so z. B. Eichhörnchen, Igel, Feldhamster,

Beispiele für Insektenfresser

Spitzmäuse: Alpenspitzmaus, Feldspitzmaus, Hausspitzmaus, Sumpfspitzmaus, Waldspitzmaus, Zwergspitzmaus.

Maulwurf

Igel

Fledermäuse

Beispiele für Winterschläfer

Fledermäuse: Abendsegler, Bechstein-Fledermaus, Braunes Langohr, Fransenfledermaus, Große Hufeisennase, Kleine Bartfledermaus, Kleine Hufeisennase, Mausohr, Mopsfledermaus, Zwergfledermaus, Wasserfledermaus. (Schlaf mit Unterbrechungen von Oktober bis März/April)

Bilche: Siebenschläfer, Baumschläfer, Gartenschläfer, Haselmaus. (Anfang Oktober bis April mit gelegentlichem Aufwachen)

Murmeltier (Oktober bis April/Mai mit gelegentlichem Aufwachen)

Feldhamster (Ende August bis Ende März)

Igel (Oktober bis Ende März/April)

Beispiele für Winterruher

Bär (meist ab Anfang Dezember bis Februar, Bärinnen mit während des Winterschlafs geborenen Jungen auch bis Ende Mai)

Waschbär (unterbrochene Ruhe, je nach Wetterlage)

Marderhund (wetterabhängig mit Unterbrechungen)

Dachs (wetterabhängig kurze, unterbrochene Ruheperioden im Hochwinter)

Eichhörnchen (unterbrochene Ruhe im Hochwinter, je nach Temperatur und Nahrung)

Siebenschläfer

Haselmaus

Baumschläfer

Gartenschläfer

Igel

Große Hufeisennase

Abendsegler vor der Spechthöhle

Braunes Langohr

Tiefes Pflügen rottet den Hamster aus.

Der Wolf gehört in Deutschland zu den »streng geschützten« Tierarten.

Wiedehopf

Bilche (Siebenschläfer, Haselmaus), Spitzmäuse, alle Fledermausarten.

»Streng geschützt« sind: Bayerische Kleinwühlmaus sowie (über die FFH-RL, Anhänge II u. IV) z. B. Wolf, Luchs, Biber, Fischotter, Großer Abendsegler (Fledermausart).

Vögel: Wie heute noch in süd- und südwesteuropäischen Ländern war früher auch in Mitteleuropa der Vogelfang ein bedeutender Zweig der Jagdausübung. Seit 1934 ist der Vogelfang in Deutschland verboten. Sämtliche heimischen Vogelarten, sofern sie nicht dem Jagdrecht unterliegen, sind mittlerweile »besonders geschützt«.

Eisvogel

Beispiele für Höhlenbrüter

Geschlossene Höhlen (auch Nistkästen):
Brandgans, Schellente, Gänsesäger, Hohltaube, Raufußkauz, Sperlingskauz, Steinkauz, Waldkauz, Spechte, Eisvogel, Wasseramsel, Mauersegler, Uferschwalbe, Meisen, Kleiber, Baumläufer, Dohle, Star

Halbhöhlen, Spalten, Nischen:
Mittelsäger, Gänsesäger, Schleiereule, Steinkauz, Waldkauz (manchmal), Uhu, Wanderfalke, Turmfalke, Garten-, Hausrotschwanz, Grauschnäpper, Haussperling, Baumläufer

Neuntöter

Nachtschwalbe (Ziegenmelker)

Unser Star hat die halbe Welt erobert.

Feldsperling

Haussperling

Weißstorch

Schwarzstorch

Kranich

Tüpfelsumpfhuhn

Wasserralle auf dem Gelege

Teichhuhn

Wiesenralle (Wachtelkönig)

Kiebitz

Misteldrossel

Rotdrossel

Wacholderdrossel

Ringdrossel

Singdrossel

Amsel

Reptilien, Amphibien: Reptilien sind wechselwarme Kriechtiere mit einer von hornigen Schuppen oder Schilden bedeckten Haut. Als wechselwarm bezeichnet man Tiere, die keine konstante Körpertemperatur haben. Sie werden erst ab bestimmten Körpertemperaturen (=Außentemperaturen) aktiv (Schlange z. B. bei 32–38 °C), im Winter fallen sie in eine Kältestarre.

Zu den Reptilien gehören die Schlangen, die Echsen und die Sumpfschildkröte (s. Übersichtskasten). Sie ernähren sich von lebenden Beutetieren: von Insekten und dergleichen (Eidechsen) bis zu Amphibien (Nattern), Mäusen und Kleinvögeln (Nattern, Kreuzotter), Fischbrut und anderen Kleintieren im Wasser (Sumpfschildkröte, Ringelnatter). Zur Fortpflanzung legen die meisten Eier, einige gebären lebende Junge (Bergeidechse, Kreuzotter). Sie betreiben keine Brutpflege. Reptilien überwintern einzeln oder gesellig in Höhlen, Felsspalten, im Mulm alter Baumstümpfe, in Nagerhöhlen oder Komposthaufen und fallen in eine Winterstarre.

Amphibien sind wechselwarme Tiere (Lurche), die zeitweilig im Wasser und auf dem Land leben.

Kreuzotter

Die Blindschleiche gehört zu den Echsen.

Reptilienarten

Art	Lebensraum	Vermehrung
Unterordnung Schlangen:		
Kreuzotter (Höllenotter)	Heide, Moor, Bergwald	bis 18 lebende Junge*
Ringelnatter	Feuchtgebiete	10–30 Eier
Äskulapnatter	Trockenstandorte, mildes Klima	bis 10 Eier
Würfelnatter	Uferbereiche	bis 25 Eier
Unterordnung Echsen:		
Zauneidechse	Hecken, Waldränder, urbane Bereiche	bis 20 Eier
Smaragdeidechse	Weinberge, Steinbrüche (Weinbergsklima)	
Waldeidechse	Hügel- und Bergland	bis 12 lebende Junge
Blindschleiche	Grasland, Waldränder	bis 12 lebende Junge
Ordnung Schildkröten:		
Sumpfschildkröte	Altwasser in klimatisch milden Lagen	bis 16 Eier

* Arten, die auch kältere Lebensräume bewohnen, bringen lebende Junge zur Welt.

Ringelnatter

Zauneidechse

Lebensräume und Fortpflanzung heimischer Amphibien

Art	Lebensräume	Überwinterung	Laich
Froschlurche			
Frösche:			
Moorfrosch	Bruchwälder, Feuchtgebiete	an Land	Laichballen
Laubfrosch	Bäume, Büsche, wärmeliebend	an Land	Laichklumpen
Springfrosch	Laub- und Mischwälder	im Wasser	Laichballen
Wasserfrosch	Wasser/Uferbereich	an Land	Laichballen
Seefrosch	ganzjährig im Wasser	im Wasser	Laichballen
Grasfrosch	Wald, Offenland	im Wasser	Laichballen
Kröten:			
Erdkröte	Agrarland, Wald	an Land	Laichschnüre
Geburtshelferkröte	Laubwald	an Land	an Land
Wechselkröte	trockene Kulturlandschaft	an Land	Laichschnüre
Knoblauchkröte	leicht grabbare Böden	an Land	Laichschnüre
Kreuzkröte	sandige Böden, Abbaugruben	an Land	Laichschnüre
Unken:			
Gelbbauchunke	flache, gut besonnte Kleingewässer		
Rotbauchunke	Tiefland, Überschwemmungsbereiche	an Land	Laichklumpen
Schwanzlurche			
Salamander:			
Feuersalamander	bewaldetes Berg- und Hügelland	an Land	fertige Larven
Alpensalamander	Feuchtbereiche im Gebirge	an Land	lebende Junge
Molche:			
Kammmolch	Feuchtgebiete, Bodenabbaugruben	an Land	Einzelablage
Fadenmolch	Kleinstgewässer in Laubwaldgebieten	an Land	Einzelablage
Bergmolch	gewässerreiche Wälder im Gebirge	an Land	Einzelablage
Teichmolch	Grünlandgebiete mit Hecken und Wasser	an Land	Einzelablage

Wasserfrosch

Grasfrosch

Erdkröte

Wechselkröte

Feuersalamander

Alpensalamander

Rotbauchunke

Bergmolch

Teichmolch

Bei uns gibt es zwei Gruppen: Froschlurche, dazu gehören Frösche und Kröten, und Schwanzlurche, dazu gehören Salamander und Molche (s. Übersichtskasten Seite 845). Sie verbringen den Winter in Kältestarre im Boden oder im Schlamm von Gewässern.

Insekten, Spinnen: Insekten und Spinnen unterscheiden sich durch den Körperbau. Insekten haben einen segmentierten Körper aus 3 Teilen, nämlich aus Kopf, Brust und Hinterleib.

Spinnen sind flügel- und fühlerlose Gliederfüßer, deren Kopf und Brust zur sogenannten Kopfbrust verwachsen ist. Insekten haben 6 Beine, Spinnen haben 8 Beine!

Insekten/Spinnen überwintern je nach Art unterschiedlich: in Form von Eiern oder Puppen, in Larvenstadien unter der Erde (z. B. Engerlinge), als fertige Tiere in Kältestarre in Schlupfwinkeln.

Ökologische Bedeutung: Insekten sind zur Bestäubung vieler Pflanzen nötig. Sie sind überdies Nahrungsgrundlage zahlreicher Vogelarten. Viele Insekten sind aber auch »Insektenfresser«, z. B. fressen Hornissen Wespen, die Marienkäferlarve frisst Blattläuse.

Einige Insekten bilden »Staaten«, beispielsweise Honigbiene, Hummeln, Wespen, Hornissen, vor allem Ameisen. Wildbienen dagegen sind »Einsiedlerbienen«, sie bilden keinen Staat und sind besonders wichtig für die Bestäubung der Wildäsungspflanzen.

Unter besonderem Schutz stehen unter anderen alle Libellen, einige Arten Heuschrecken, alle Bienen und Hummeln, viele Käfer (z. B. Lauf-, Bock- und Hirschkäfer), die Rote Waldameise und die Schmetterlinge. Streng geschützt sind bei uns 6 Spinnenarten, darunter die Kreuzspinne. Der Schutz bezieht sich jeweils auf alle Entwicklungsstadien: Eier, Larven, Raupen, Puppen und Imagos wie auch ihre Nester (Ameisenhaufen).

Hirschkäfer (♂)

Blaugrüne Mosaikjungfer

Garten-Kreuzspinne

Hornisse

Viele Insektenarten sind durch den Verlust ihrer Lebensräume, Flächenversiegelung und die allgemeine Schadstoffbelastung der Luft gefährdet. Darüber hinaus spielt die Anwendung chemischer Schädlingsbekämpfungsmittel sei es direkt durch Insektizide, sei es indirekt infolge Vernichtung ihrer Nahrungspflanzen durch Herbizide, eine große Rolle beim Artenrückgang.

Sonstige Tiere: Hierzu gehören beispielsweise Krebs- und Muschelarten. In unseren Binnengewässern kommen Stein- und Edelkrebse als heimische Arten und der Amerikanische Krebs als eingebürgerte Art vor.

Unter den Weichtieren (Mollusken) sind alle Teich- und Flussmuscheln sowie die Weinbergschnecke geschützt. Genannt werden soll noch der Regenwurm, der für Bodenbildung, -fruchtbarkeit, -gefüge und -regeneration von größter Bedeutung und Nahrung für viele Tierarten ist.

Kleiner Fuchs

Schachbrettfalter

Segelfalter

Apollofalter

Flusskrebs (Edelkrebs)

Weinbergschnecke

Invasive Arten

Neozoen und Neophyten

Invasive Arten sind Organismen, die aus anderen Gebieten der Welt eingeschleppt wurden und durch ihre starke Vermehrung für die heimischen Ökosysteme ein erhebliches Gefährdungspotential darstellen. Eingeschleppte Tierarten werden als Neozoen, Pflanzenarten als Neophyten bezeichnet.

Das Auftreten gebietsfremder Arten (Tiere, Pflanzen, Pilze, Mikroorganismen) an neuen Standorten muss nicht immer ein Grund zur Besorgnis sein. Gebietsfremde Arten können jedoch invasiv werden und so zu gravierenden Beeinträchtigungen bis hin zur Verdrängung heimischer Arten führen. Um den nachteiligen Folgen invasiver Arten entgegenzuwirken, hat die EU inzwischen eine Verordnung (EU-VO Nr. 1143/2014) erlassen, um diese bekämpfen zu können. In einer hierzu erlassenen Liste sind lediglich 49 Tier- und Pflanzenarten und damit nur ein Bruchteil der EU-weit als kritisch für die heimische Tier- und Pflanzenwelt angesehenen invasiven Arten aufgeführt. Als jagdrechtlich relevante Arten werden genannt: Waschbär, Nutria, Marderhund, Nilgans sowie Chinesischer Muntjak und der Bisam.

Im September 2017 wurde diese EU-Verordnung national durch eine Novellierung des BNatSchG sowie des BJagdG umgesetzt. Danach bedarf das Ausbringen von Pflanzen in der freien Natur, deren Art in dem betreffenden Gebiet in freier Natur nicht oder seit mehr als 100 Jahren nicht mehr vorkommt, sowie von Tieren der Genehmigung der zuständigen Behörde. Davon ausgenommen ist das Ansiedeln von Tieren, die dem Jagd- und Fischereirecht unterliegen, sofern die Art in dem betreffenden Gebiet in freier Natur vorkommt und in den letzten 100 Jahren vorkam.

Weiterhin kann die zuständige Behörde anordnen, dass ungenehmigt ausgebrachte Tiere und Pflanzen oder sich unbeabsichtigt in der freien Natur ausbreitende Pflanzen sowie dorthin entkommene Tiere beseitigt werden, soweit es zur Abwehr einer Gefährdung von Ökosystemen, Biotopen oder Arten erforderlich ist. Um die Einbringung oder Ausbreitung von invasiven Arten zu verhindern oder zu minimieren, können die zuständigen Behörden die hierfür im Einzelfall erforderlichen und verhältnismäßigen Maßnahmen treffen. Hierzu können auch die Jagdausübungsberechtigten herangezogen werden (s. auch Sachgebiet Recht, Seite 37).

41 | Welche nicht jagdbaren Säugetiere sind besonders geschützt?

Europäischer Nerz, Baumschläfer, Bayerische Kleinwühlmaus, Sumpfmaus, Birkenmaus, Alpenspitzmaus und alle Fledermäuse.

42 | Dürfen gebietsfremde (nicht jagdbare) Tiere ausgesetzt werden?

Nein, das führt zur Faunenverfälschung.

43 | Welche Bedeutung haben Kleinsäuger?

Kleinsäuger spielen in Ökosystemen eine erhebliche Rolle als Konsumenten, Produzenten und Beutetiere.

44 | Welche heimischen Säuger sind Insektenfresser?

Der Igel, der Maulwurf, die Spitzmausarten und alle Fledermausarten.

45 | Wie finden sich Fledermäuse in der Dunkelheit zurecht?

Fledermäuse senden im Flug Ultraschalllaute aus, das zurückkehrende Echo fangen sie mit den Ohren auf und können so ihre Umwelt einschließlich ihrer Beutetiere wahrnehmen.

46 | Welche Fledermaus ist ein typischer Baumhöhlenbewohner und welche Art bewohnt großvolumige Dachböden?
Der Große Abendsegler ist ein Baumhöhlenbewohner; seine Winterschlafquartiere sind vor allem Spechthöhlen, aber auch Fassadenspalten und Hohlräume von Brücken und Burgen. Das Große Mausohr ist die typische »Dachbodenfledermaus«. Über Generationen hinweg ziehen die Weibchen ihre Jungen in denselben Dachböden auf.

47 | Welche nicht jagdbaren heimischen Säuger halten einen Winterschlaf?
Der Igel, der Hamster, die Fledermäuse und die Bilche.

48 | Wo verbringt der Igel den Winter?
In einem dicht geschlossenen Winternest aus einem großen Haufen Reisig, Stroh, Heu und Laub, das im Inneren mit trockenem Gras und Moos ausgepolstert ist.

49 | Welche Bilcharten gibt es bei uns?
Die Haselmaus, den Sieben-, Garten- und Baumschläfer.

50 | Wo lebt der Feldhamster?
Im Ackerland mit überwiegend Getreideanbau.

51 | Was bedroht die Existenz des Hamsters?
Infolge moderner Bodenbearbeitung, des Tiefpflügens und innerer Bodenerosion ist er selten geworden. Mit dem Verlust der Stoppelbrache haben wir den Feldhamster verloren.

52 | Welche nicht dem Jagdrecht unterliegenden Vogelarten sind besonders geschützt?
Sämtliche heimischen Vogelarten.

53 | Wodurch sind zahlreiche Vogelarten bedroht?
Durch Lebensraumverlust.

54 | Welche Vogelarten sind besonders bedroht?
Die meisten ziehenden Arten und solche, die sehr spezielle Ansprüche an ihren Lebensraum stellen, wie etwa die Raufußhühner oder Limikolen (Watvögel).

55 | Wie kann man Höhlenbrütern helfen?
Mit stehendem, starkem Totholz, Streuobstbäumen (Hochstamm) und Nistkästen für Höhlenbrüter. Erhalt sämtlicher bekannter Bäume mit Spechthöhlen (Markierung und Hiebverzicht!).

56 | Welche Eulenarten nehmen gerne Nistkästen an?
Die Käuze: Steinkauz, Raufußkauz und Waldkauz, selten auch der Sperlingskauz.

57 | Welche Eulenart brütet am Boden?
Die Sumpfohreule, gelegentlich der Uhu.

58 | Welche Vogelarten brüten in selbst gegrabenen Erdhöhlen?
Eisvogel, Bienenfresser und Uferschwalbe.

59 | Wie wird im Wirtschaftswald insektenfressenden Vögeln geholfen?
Durch stehendes und liegendes Totholz und mit Nistkästen.

60 | Welcher Vogel spießt Käfer und andere Insekten auf Dornen und Stacheln auf?
Der Neuntöter.

61 | Von was ernährt sich der Kuckuck?
Seine Nahrung besteht fast ausschließlich aus Insekten aller Art, vorzugsweise von haarigen Raupen, die andere Vögel meistens verschmähen.

62 | Zu welcher Singvogelgruppe gehört der Kreuzschnabel?
Zu den Finken.

63 | Welchen Lebensraum bewohnt die Goldammer?
Sie lebt in der Feldflur mit vielen Hecken, Feldgehölzen, bis hin zum reich strukturierten Waldrand.

64 | Wo finden Sie den Ziegenmelker?
Der Ziegenmelker lebt in lichten Wäldern mit kleinen Schlägen oder auf Moor- und Heideflächen.

65 | Wie unterstützt der Jäger den Vogelschutz?
Durch Anpflanzung und Pflege von Hecken, Aufhängen von Nistkästen und Markierung von Höhlenbäumen (Hiebverzicht im Forstbetrieb).

66 | Wie ist der Schwarzstorch gefiedert?
Bauch- und Unterstoßgefieder sind weiß, alles Übrige glänzend schwarz mit grünlichem Schimmer.

67 | Was ist die Nahrung des Schwarzstorches?
Fische, Amphibien, Reptilien, Würmer, Kleinnager.

68 | Ist der Schwarzstorch Jahresvogel?
Nein, er ist Zugvogel (überwintert in Afrika).

69 | Wo brütet der Schwarzstorch?
Überwiegend in großen, ruhigen Waldungen.

70 | Wie unterscheiden sich Reiher und Storch im Flug?
Der Reiher fliegt stets mit S-förmig eingekrümmtem, der Storch mit lang ausgestrecktem Hals.

71 | Welche Lebensräume bevorzugt der Kranich?
Große, ungestörte Moorgebiete und lichte Bruchwälder.

72 | Wie groß ist der Kranich?
Etwa 120 cm groß bei einem Gewicht von 5 kg.

73 | Was ist die Nahrung des Kranichs?
Pflanzliche und tierische Nahrung etwa zu gleichen Teilen (pflanzliche Kost: Getreide, Maiskörner).

74 | Sind Kraniche Standvögel?
Nein, sie sind Zugvögel (überwintern in Afrika).

75 | Wo steht das Nest der Kraniche?
In der Regel an sehr feuchten bis nassen Plätzen (Kleininseln im offenen Wasser).

76 | Wo brütet das Teichhuhn?
In Nestern in guter Deckung der Ufervegetation im oder nur wenig über dem Wasser, gelegentlich auch an Land.

77 | Welche Lebensräume bewohnt der Kiebitz?
Beim Kiebitz wird zwischen einer Wiesen- und einer Ackervogelpopulation unterschieden.

78 | Wie groß ist der Kiebitz?
Taubengroß, aber schlanker und längere Ständer.

79 | Gibt es beim Kiebitz einen deutlichen Geschlechtsdimorphismus?
Nein.

80 | Wie fällt der Kiebitz in der Luft auf?
Durch seine Flugmanöver und seinen typischen Ruf.

81 | Wo brütet der Kiebitz?
In Wiesen und auf Äckern.

82 | Sind die Kiebitzküken Nesthocker?
Nein, Nestflüchter.

83 | Welche Schäden an landwirtschaftlichen Kulturen können Star und Amsel anrichten?

Starenschwärme im Herbst verursachen erhebliche Schäden in Obstkulturen und Weingärten. Amseln verursachen vereinzelt Schäden in Gartenkulturen (Beerenobst).

84 | Wo brütet der Star?

Als Höhlenbrüter in Baumhöhlen und Nistkästen.

85 | Wo brütet die Amsel?

Als Freibrüter in Hecken, Gebüschen, auch an Gebäuden.

86 | Wie unterscheidet sich der Haussperling vom Feldsperling?

Der Haussperling ist graubraun, nur das Männchen hat eine graue Scheitelplatte und einen schwarzem Kehl- und Brustansatz. Der Feldsperling ist zierlicher, lebhafter braun gezeichnet mit völlig braunem Kopf und Nacken, beide Geschlechter gleich mit schwarzem Wangenfleck.

87 | Gehört die Blindschleiche zu den Schlangen?

Nein, zu den Echsen.

88 | Welche Eidechsen kommen bei uns vor?

Zauneidechse, Smaragdeidechse, Bergeidechse (Waldeidechse) und die Blindschleiche.

89 | Welche Schlangen kommen in Deutschland vor?

Die Schlingnatter, Äskulapnatter, Ringelnatter, Würfelnatter und die Kreuzotter.

90 | Welche Reptilien leben vorwiegend im Wasser?

Die Sumpfschildkröte (ständig), die Ringelnatter (häufig).

91 | Ist der Biss einer Kreuzotter tödlich?

Ein Kreuzotterbiss verursacht in der Regel nur heftige Beschwerden, ist aber für Nichtallergiker ungefährlich.

92 | Welche 2 Gruppen von Amphibien gibt es bei uns?

Froschlurche (Frösche und Kröten) und Schwanzlurche (Salamander und Molche).

93 | Welche Molche gibt es bei uns?

Teichmolch, Bergmolch, Fadenmolch und Kammmolch.

94 | Welche Frösche finden wir in Deutschland?

Laubfrosch, Grasfrosch, Moorfrosch, Springfrosch, Wasserfrosch und Seefrosch.

95 | Welche heimischen Kröten kennen Sie?

Erdkröte, Geburtshelferkröte, Wechselkröte, Knoblauchkröte, Kreuzkröte, Gelb- und Rotbauchunke.

96 | Welche Bedeutung haben Ameisen für den Wald?

Die Rossameise, Rote und Kleine Rote Waldameise sind wichtige Glieder für eine gesunde Waldlebensgemeinschaft. Ameisenhaufen (Nester) dürfen nicht zerstört werden!

97 | Dürfen die Nester von Wespen und Hornissen zerstört werden?

Hornissen, aber auch Hummeln- und Wespenarten sind nach der BArtSchV besonders geschützt, also auch ihre Nester. Weder Hornissen noch Wespen und Hummeln dürfen mutwillig beunruhigt und nicht ohne vernünftigen Grund gefangen, verletzt oder getötet werden.

Geschützte Pflanzen

Die Pflanzen sind weitgehend an ihren Standort gebunden. Sie besiedeln aber durch Samen und Wurzelausläufer auch ständig neue Standorte. Verändert sich durch Umwelteinflüsse das Leben im Boden, das Edaphon, so verändert sich auch die Pflanzengesellschaft. Zahlreiche wild wachsende Pflanzen sind durch die intensive Landeskultur (Land- und Forstwirtschaft) mit großflächigen Monokulturen, Düngung und Einsatz von Herbiziden, durch Kultivierung von »Ödland« und den »Landverbrauch« durch Baumaßnahmen (Infrastruktur, Siedlungs- und Industrieflächen) bedroht. Ein relativ neuer Aspekt ist die generelle Gefährdung der Bodenfruchtbarkeit durch zunehmende Versauerung des Niederschlagswassers.

Der Schutz der geschützten Pflanzen setzt an erster Stelle den Schutz der Umwelt voraus! An zweiter Stelle muss der Standort der Pflanzen, ihr spezielles Habitat, geschützt werden.

Rechtsgrundlage für den Schutz wild wachsender heimischer Pflanzen ist im Rahmen des Naturschutzrechts die Bundesartenschutzverordnung. Wie bei den Tierarten kennt das Naturschutzrecht »besonders« und »streng« geschützte Arten. Ganz allgemein ist es verboten, wild lebende Pflanzen der »besonders« geschützten Arten ohne vernünftigen Grund von ihrem Standort zu entnehmen oder zu nutzen oder ihre Bestände niederzuschlagen oder auf sonstige Weise zu verwüsten sowie ihre Lebensstätten ohne Grund zu beeinträchtigen oder zu zerstören.

Für den persönlichen Gebrauch ist es jedoch erlaubt, wild lebende Blumen, Gräser, Farne, Moose, Flechten, Früchte, Pilze, Tee- und Heilkräuter sowie Zweige wild lebender Pflanzen aus der Natur an Stellen, die keinem Betretungsverbot unterliegen, in geringen Mengen pfleglich zu entnehmen und sich anzueignen – die sogenannte »Handstraußregelung«.

Gewöhnliche Kuhschelle

Schachblume

Helm-Knabenkraut

Schwalbenwurz-Enzian

Frauenschuh

Diptam

Trollblumen

Frühlings-Knotenblume, Märzenbecher

Türkenbund

Adonisröschen

Alpenrose

Gelber Enzian

Frühlingsenzian

Breitblättriges Knabenkraut

Sonnentau

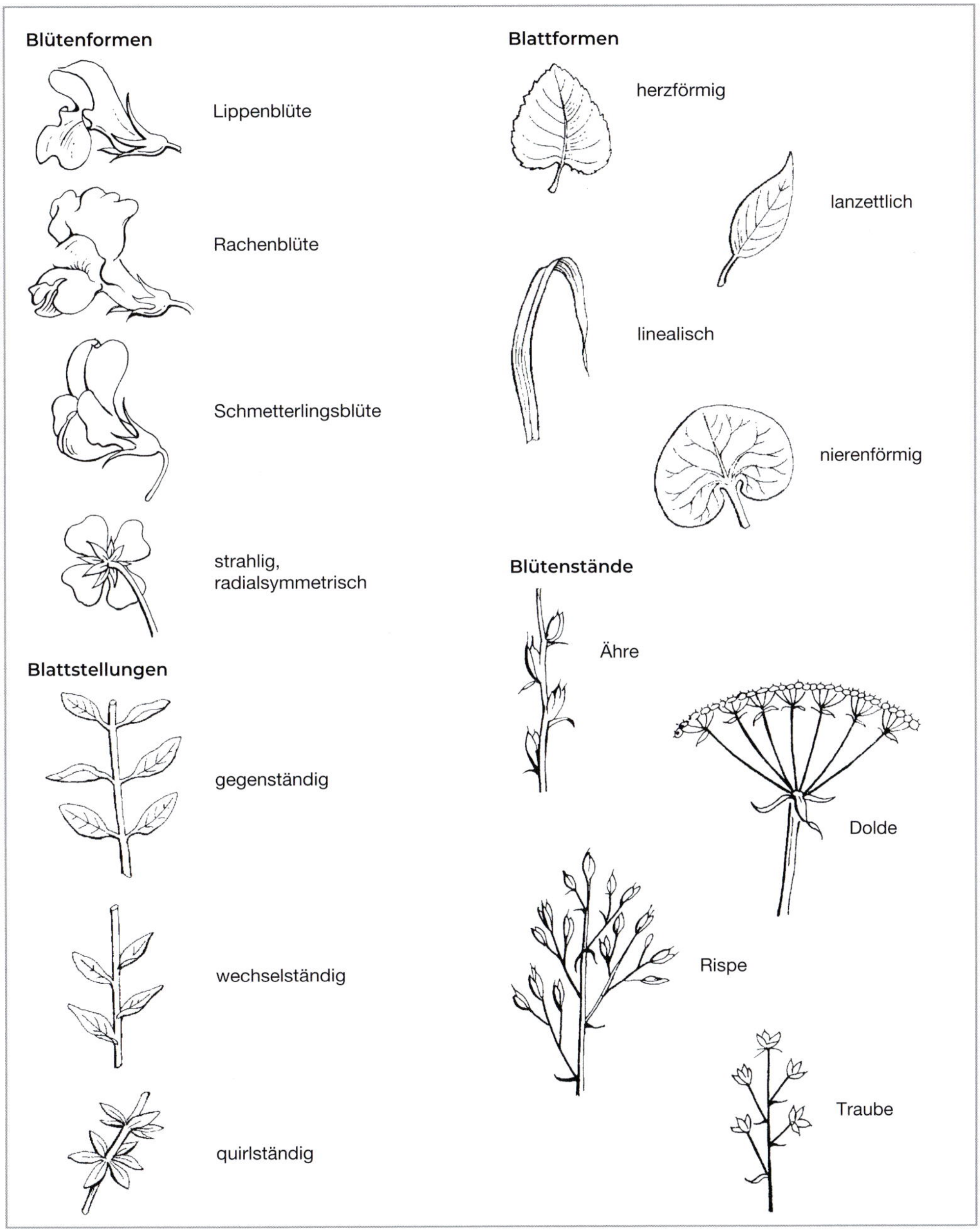

Blatt- und Blütenstellungen (aus: Der große BLV Pflanzenführer)

Stichwortverzeichnis

Fettgedruckte Zahlen verweisen auf Seiten; Buchstaben mit Zahlen auf das jeweilige Kapitel und die Nummer der Frage mit Antwort.

*Seitenzahlen mit * verweisen auf Abbildungen.*

C

D

G

JAEGER NXT

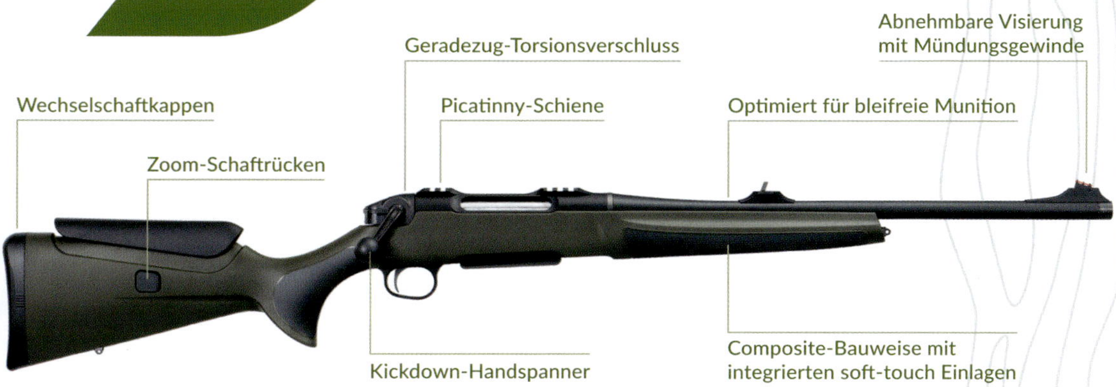
Geradezug-Torsionsverschluss
Abnehmbare Visierung mit Mündungsgewinde
Wechselschaftkappen
Picatinny-Schiene
Optimiert für bleifreie Munition
Zoom-Schaftrücken
Kickdown-Handspanner
Composite-Bauweise mit integrierten soft-touch Einlagen

Niggeloh
Gewehrgurt Automatic Pull
-mit automatischem Kurzzug und Stabilisierung der Waffe-
Made in Germany
www.niggeloh.de

L

S

LEICHT – LEICHTER – GAMS

DIE KÖNNTEN SIE AUCH INTERESSIEREN.

ISBN 978-3-96747-055-0

ISBN 978-3-96747-003-1

ISBN 978-3-96747-116-8

ISBN 978-3-96747-095-6

ISBN 978-3-96747-120-5

ISBN 978-3-96747-072-7

e Auch als E-Book erhältlich

Mehr von BLV auf **www.blv.de**

BLV jagdleben

Abkürzungsverzeichnis

ASP	Afrikanische Schweinepest
AWaffV	Allgemeine Waffengesetz Verordnung
BGBl.	Bundesgesetzblatt
BJagdG	Bundesjagdgesetz
BWildSchV	Bundeswildschutzverordnung
BArtSchV	Bundesartenschutzverordnung
BMVEL	Bundesministerium für Verbraucherschutz, Ernährung und Landwirtschaft
BNatSchG	Bundesnaturschutzgesetz
BGB	Bürgerliches Gesetzbuch
BWaldG	Bundeswaldgesetz
DEVA	Deutsche Versuchs- und Prüfanstalt für Jagd- u. Sportwaffen e.V.
DJV	Deutscher Jagdverband e.V.
E_{100}	Bewegungsenergie in Joule
EBHS	European Brown Hare Syndrome (virale Leberentzündung des Hasen)
EG / EU	Europäische Gemeinschaft / Union
ESP	Europäische Schweinepest
FACE	Zusammenschluss der Jagdverbände in der EG
F.C.I.	Internationaler Dachverband für das Hundewesen
FFH	Fauna-Flora-Habitat
FlHG	Fleischhygienegesetz
FlHV	Fleischhygieneverordnung
FSME	Frühsommergehirnhautentzündung
G.E.E.	Günstigste Einschießentfernung
GV	Geschlechtsverhältnis
IUCN	Internationale Union für die Erhaltung der Natur und der natürlichen Ressourcen
IFSG	Infektionsschutzgesetz
JGHV	Jagdgebrauchshundverband
JGV	Jagdgebrauchshundverein
JNA	Jagdnutzungsanweisung
KJB	Kreisjagdberater
KJM	Kreisjagdmeister, Kreisjägermeister
LBG	Landwirtschaftliche Berufsgenossenschaft
LFoG	Landesforstgesetz
LJG	Landesjagdgesetz
LJM	Landesjägermeister
LJV	Landesjagdverband
MKS	Maul- und Klauenseuche
NABU	Naturschutzbund Deutschland
NSG	Naturschutzgebiet
SDW	Schutzgemeinschaft Deutscher Wald e.V.
StPO	Strafprozessordnung
StGB	Strafgesetzbuch
TierNebG	Tierische Nebenprodukte Beseitigungsgesetz
TierSG	Tierseuchengesetz
TierSchG	Tierschutzgesetz
UVV-Jagd	Unfallverhütungsvorschriften Jagd
V_0	Velocitas, Anfangsgeschwindigkeit
V_{100}	Geschossgeschwindigkeit nach 100 m Flug
V_Z	Auftreffgeschwindigkeit im Ziel
VDF	Verband Deutscher Falkner
VDH	Verband für das deutsche Hundewesen
VO	Verordnung
WA	Washingtoner Artenschutzübereinkommen
WaffG	Waffengesetz
WBK	Waffenbesitzkarte

Abkürzungen für Jagdhunde und Jagdhundeprüfungen s. Seite 566 und 613

Bildnachweis

360°: 750 – AdobeStock: 26, 186, 224r, 321, 322, 324, 401, 418(1), 419(1), 418(5), 421(1), 462(1), 477(3,4), 478(1,2), 495r, 540, 550(3), 550ur, 582, 704, 766(2,3,4,5), 770ol, 770or, 809l, 826, 827, 840m, 843ol, 843ml, 849ol, 849mr, 854u, 855ol, 855ml, 855mr, 855ul, 856ml – Agravis Technik Heide-Altmark GmbH: 761u, 765 (beide), 771 – alamy: 228, 232, 393, 453, 469, 493, 561u, 754, 808, 838(o), 839mr, 842ul – Arndt H.: 222or, 223, 308, 360, 403u, 405u, 407m, 465o, 476, 778, 841ur – Arndt H./Pforr: 742u – Arndt S.E.: 301, 311, 356, 406ml, 408u, 636r, – Baatz: 565u – Ballistol GmbH: 166 – Bayerisches Landesamt für Gesundheit und Lebensmittelsicherheit (LGL): 507l – Benjes: 730u – Berberich: 725 – Bernard Golden/Alamy Stock Photo: 396ul – Bernsdorff: 548o, 552r, 556r, 557m, 557u, 562o, 563o, 566r, 568u, 569r – Bernhard Knöbel: 569l – Bilstein: 562u – Blaser Jagdwaffen GmbH: 171or – Blaser Group: 104, 163, 167, 169o, 172 ml – Sandra Blome, FLI: 505o – Breuer: 222ul, 330, 387, 643, 654r, 733 – commons.wikimedia.org: 834ol, 834or; -/coniferconifer: 396ur; -/Volbul: 548u; -/Elf at English Wikipedia: 562m; -/Martina Nolte: 755 – Danegger: 16, 238, 271, 272, 296, 297o, 302, 306, 310, 318, 342, 345, 347, 375, 383, 389, 410, 419, 430ur, 438l, 479, 494, 816(beide), 841or – Deutz: 509u(beide), 510r, 513u, 515l, 516u – Dieter Schütz/pixelio.com: 834mo – Dirk Waltmann: 135, 399, 530, 619 – dlv-Jagdmedien: 25, 698 – Doerenkamp: 5, 27, 77, 85, 153ol – dpa: 663u, 716 – Dynamit Nobel: 171ur – Eiber: 786 – Eisenbeiss: 729or, 729ul, 729ur, 854o, 856ol – Ernst M.: 700(1,2,3) – fotolia.com/Alexandra Giese: 461; -/Annatronova: 569o; -/Eudyptula: 566l; -/Genut: 564u; -/Johannes D. Mayer: 309o; -/Martina Berg: 549o; -/Otsphoto: 557o; -/Photohunter: 286, 309u; -/Ricant Images: 560o; -/Wolfgang Kruck: 219 – Gerlach: 491 – GettyImages/Mark Lee: 224l;- / GettyImages: 481, 496, 817ul – GettyImages/LauriPatterson: 500 – H. Krieghoff GmbH: 115 – Hahn: 502 – Haumann/Skogstad: 465u – Hecker: 793ol, 847u, 848ul – Hespeler: 199(1,5), 261, 532o, 532m, 536, 578o, 599, 532(alle), 636l, 640, 647m, 647u, 663o, 691o, 692ol, 701, 713 (beide), 720, 724(6), 734, 759o, 768r, 770ur, 795, 801, 804(beide), 805(beide), 817or, 818l, 849or, 849ul, 856or, 856mr – Hess: 400, 839ur – Hilpisch: 578ul, 602, 604 – Hirsch: 449u – HORSCH Maschinen GmbH: 760u, Höfer: 474ol – Höfer M.: 431ur – Hofmann A.: 466l, 466m – Hopf: 395, 403o, 657, 748ur, 831, 844o – Ignatzi: 105(beide), 109, 111(2), 124u(alle), 130o, 132(alle), 134(alle), 137, 145u, 149(alle), 150, 152(2), 152ur, 153or, 153u, 155u, 164 – imageBROKER/Martin Moxter: 102 – Irmen/Mackenberg: 523, 529(5), 532u – iStock/DevidDO: 556l – Jegen: 330, 406or, 418(3), 435, 468 – Jesse: 390(beide) – Judith/juniors@wildlife: 552l – Juniors/E. Krämer: 550o; -/M. Wegler: 564o – Kalden: 845r, 846ol, 846or – Kelle: 692or – Kellerer: 799 – Klein & Hubert: 319 – Koch: 818r – Konrad: 531 – Krewer: 279u – Kuczka: 340, – Lapinski: 456 – Laußer: 153ur, 802, 809r – Lebacher: 810r – Limbrunner: 199(2), 200(4), 316, 393, 399, 407o, 408o, 421(1,2,4,6), 423(1,3,4), 431ul, 438r, 445, 455o, 460, 464(beide), 472, 496(beide), 740l, 751l, 838(2,3), 839ol, 839ml, 839ul, 840or, 840u, 841ol, 842ml, 843mr, 843ur, 846ml, 846mr, 846ul, 848ol, 849ul, 849ur – LJV Jagd Service GmbH: 23 – Mahlke: 455u – Maier: 256ur, 391 – Marek: 217, 244, 250, 256ul, 258o, 295, 323, 329, 338, 373, 378, 381, 407u, 423(5), 466r, 549u, 550ul, 596, 597, 601, 670u – Markmann: 222ur, 293, 586, 587 – Matwijow: 485u – mauritius images/Johner/Hans Berggren: 626;-/ Arterra Picture/Library/Alamy/Alamy Stock Photos: 662 – mauritius images/FLPA/Alamy/Alamy Stock Photos: 257;- / mauritius images: 421(3), 715l – mauritius images/age fotostock/Berndt Fischer: 352u; -/age fotostock/Hugo Alonso: 470; -/Arterra Picture Library/Alamy: 277; -/imageBroker/Alfred & Annaliese Trunk: 444; -/imageBROKER/Frank Sommariva: 279o; -/imageBROKER/ Stefan Huwiler: 471;-/imageBROKER/W. Rolfes/Alamy Stock Photos: 673 - Nature in Stock/Alexander Koenders: 372; -/picture library/Bernard Castelein: 297u; -/nature picture library/Nick Upton: 404; -/nature picture library RF/Andy Trowbridge: 265; -/ Prisma/Bernhardt Reiner: 352o, 454, 487, -/Radius Images: 248; -/ Vic Pigula/Alamy: 396ol – Meopta Sports Optic: 168ul – Meyer: 289, 292(beide), 535, 538, 578ur, 625, 642o, 649, 664, 666, 683, 719, 743 (beide), 748ul, 779, 793or – Meyers: 189, 214, 216, 230, 264r, 276, 280u, 282, 294, 332, 485o, 486, 737, 842ol, 846ur – Migos: 406ol, 433, 434, 474or, 477(1), 492o, 605 – Minden Pictures – Tim Zurowski/BIA - Morerod: 354 – Muhr: 700(4) – Nagel: 242, 686, 746 – nature picture library: 423(2), 474u, 492u – Otto: 655 – Pforr: 314, 432, 724(1,2,3,4,5), 770ul, 793ur, 797u, 833, 845l, 847m, 854m, – Pieper: 253, 262, 288, 336 – Pirsch-Archiv: 252, 431ol – Pott: 495l, 792ol, 796(alle), 797o – Quedens: 422, 431or, 457, 477(2), 482, 484 – Rauwolf: 258ul, 723 – Reb: 106, 112(7), 122, 123ul, 123ur, 124o, 161, 180u, 181 – Reinhard: 729ol, 740m, 740r, 792ul – Riedel: 744 – Rogl: 268, 270, 285 – Röhrsheim: 505u – Schendel: 483 – Schiersmann: 240, 264l, 280o, 304r, 380, 490, 840ol – Schilling: 246, 256ol, 256or, 263ol – Schlude: 670o – Schmidt&Bender Zielfernrohre:170o – Schulz: 266, 362, 436 – Schwenen: 10, 142o, 153ol, 153or, 222ol, 611, 651o, 715r – Seidl: 792or, 792ur – Seilmeier: 642u – shutterstock: 2/3 (shutterstock/Abo Photography), 14 (shutterstock/Jurraß), 376, 440l, 440r, 550(2), 558, 568o, 762, 842mr, 841ul, 842mr, 848or, 855ur, 856ul; -/A.von Dueren: 467; -/Bildagentur Zoonar GmbH: 512; -/Branislav Cerven: 206; -/Catalin Petolea: 856ur; -/Jakub Mrocek: 394; -/Maciej Olszewski: 417; -/Romuald Cisakowski: 458; -/Rostislav Stach: 364; -/Stephan Morris: 350 – Siedel: 849ur – Stefan Hofer: 513o – Spönlein: 283 – Steimer: 560m – Steimer/ Kaltenbach: 554u – Steiner Optik: 169u – Steinhauser: 142u – Stöcker: 745 – Stockfood/GU/Coco Lang: 500 – Süß: 759u, 760o, 760m, 761o, 763, 769, 772 – Synatzschke: 844u – Tierfotoagentur.com/J. Hutfluss: 564m; -/K. Mielke: 549m; -/M. Rohlf: 563u – Teppe: 4, 103, 172l, 177, 178, 180o, 199(10), 591, 600, 615, 635, 650, 651, 587, 588, 671, 715l , 751r – Teppe/Schwenen: 529(1,2,3,4) – Tierfotoagentur.de/R. Richter: 554m – Tierpath. Inst. d. Univers. München: 506, 507l, 510l, 513o, 514o, 514ur, 515r, 516(beide) – Thiermeyer: 258ur, 544, 603, 700l, 721, 776 – thinkstockphotos.de/mirceax: 312 – Trötschel: 430ul – Urbach: 561o, 588, 609, 618 – Urban: 768l, 770or – Volkmar: 229, 263or, 629, 634, 651m, 651u, 748o, 749, 839or – Volmer: 406mr, 439, 459 – Wandel: 341, 647o, 739(beide), 742o, 834ul – Weidinger: 143 – Wernicke: 430ol, 430or, 430ml, 430mr – Willner: 793ul, 841ml, 848ur, 856ul – Witte: 534 – Wölfel: 260(alle) – Wothe: 382, 436 – www.deutsch-langhaarjagdhunde-in-wahlitz.de: 560u – www.djv-shop.de: 179(alle) – www.dn-defence.com: 147, 152(1,3), 152ul – www.frankonia.de: 111(1,3), 112(alle, außer 7), 113, 118, 119, 124m, 125, 126(beide), 127(beide), 129, 130u, 133 (beide), 136ul, 136ur, 170ml, 170mr, 171ol, 171ul, (1), 678, 694, 705, 712– www.hummeljakob.de: 577 – www.nachtsichttechnik-jahnke.de: 172r(2) – www.ponsse.com: 810l – www.rws-munition.de: 140(beide) – www.schiesskino-rudolph.de: 182 – www.schlehbusch.de: 554o – www.swarovski-optik.com: 168or, 168ur, 170ul, – www.zeiss.de: 168ol, 170ur – Zeininger: 304l, 385, 396or, 446, 447, 449o, 489, 654l, 842or, 842ur, 843or, 843ul, 847o, 855or – Zeitler: 111(4), 114(alle), 117, 155o

Cover: Frank Eckler
Zeichnungen: Angelika Brauner, Claus Caspari, Barbara von Damnitz, Hermut Geipel, Bruno Hespeler, Bella Illenberger, Birte Keil, Franz Lechner, Jörg Mair (Jahreszyklen u.a.), Gerold Wandel, Anina Westphalen, Dr. Jörg Mangold
Verbreitungskarten aus BLV Jagdlexikon ; Jörg Koch

Impressum

BLV ist eine eingetragene Marke der GRÄFE UND UNZER VERLAG GmbH, www.blv.de

ISBN 978-3-96747-151-9

71. Auflage 2025, vollständig überarbeitete Neuausgabe des Titels 978-3-96747-081-9

Projektleitung: Julia Herko
Lektorat: Stephanie Schlicht
Fachlich-sachliche Beratung: Jörg Koch
Bildredaktion: Natascha Klebl
Umschlaggestaltung: ki 36 Editorial Design, Bettina Stickel; kral & kral design, Dießen am Ammersee
Herstellung: Gloria Schlayer
Layoutkonzept: Anton Walter, Gundelfingen
Satz: Anton Walter, Gundelfingen
Repro: Repro Ludwig, Zell am See
Druck und Bindung: TZG Zapolex Sp z o.o., Polen

Wichtiger Hinweis

Das vorliegende Buch wurde sorgfältig erarbeitet. Dennoch erfolgen alle Angaben ohne Gewähr. Weder Autor noch Verlag können für eventuelle Nachteile oder Schäden, die aus den im Buch vorgestellten Informationen resultieren, eine Haftung übernehmen.

Liebe Leserin und lieber Leser,
wir freuen uns, dass Sie sich für ein BLV-Buch entschieden haben. Mit Ihrem Kauf setzen Sie auf die Qualität, Kompetenz und Aktualität unserer Bücher. Dafür sagen wir Danke! Ihre Meinung ist uns wichtig, daher senden Sie uns bitte Ihre Anregungen, Kritik oder Lob zu unseren Büchern. Haben Sie Fragen oder benötigen Sie weiteren Rat zum Thema? Wir freuen uns auf Ihre Nachricht!

GRÄFE UND UNZER Verlag
Grillparzerstraße 8
81675 München
www.gu.de/kontakt | hallo@gu.de

MIX Papier | Fördert gute Waldnutzung FSC® C127349